U0229263

特种设备安全与节能技术进展四

——2018特种设备安全与节能学术会议论文集

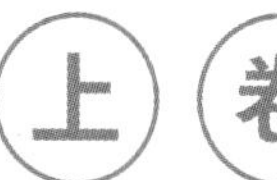

沈功田　李光海　吴　茉　主编
林树青　主审

化学工业出版社
·北京·

本书为2018年全国特种设备安全与节能学术会议的会议论文集，分为七部分，即锅炉、压力容器、压力管道、电梯、起重机械、游乐设施和综合部分，收录学术论文共134篇，会议共评选出一等奖6篇、二等奖21篇和三等奖16篇。

图书在版编目(CIP)数据

特种设备安全与节能技术进展．四，2018特种设备安全与节能学术会议论文集/沈功田，李光海，吴茉主编．—北京：化学工业出版社，2019.12

ISBN 978-7-122-35140-1

Ⅰ.①特…　Ⅱ.①沈…②李…③吴…　Ⅲ.①设备安全-中国-学术会议-文集②设备-节能-中国-学术会议-文集　Ⅳ.①X93-53②TB4-53

中国版本图书馆CIP数据核字（2019）第192937号

责任编辑：邢　涛　　　装帧设计：韩　飞

责任校对：边　涛

出版发行：化学工业出版社（北京市东城区青年湖南街13号　邮政编码100011）

印　　装：北京新华印刷有限公司

880mm×1230mm　1/16　印张56¼　字数1680千字　2019年10月北京第1版第1次印刷

购书咨询：010-64518888　　　售后服务：010-64518899

网　　址：http://www.cip.com.cn

凡购买本书，如有缺损质量问题，本社销售中心负责调换。

定　　价：398.00元

前 言

为不断营造特种设备学术氛围，培育科技创新环境，从而逐步提升特种设备检测科技水平，进一步促进特种设备安全与节能事业发展，以“科技领跑，创新发展”为主题的2018全国特种设备安全与节能学术会议于11月27日至30日在云南省昆明市召开。这是自2012年以来，由特种设备科技协作平台举办的第四届全国性特种设备安全与节能科技盛会。

本届学术会议得到了平台56家理事单位和中国特种设备安全与节能促进会、中国特种设备检验协会、中国锅炉水处理协会、全国锅炉压力容器标准化技术委员会、全国索道与游乐设施标准化技术委员会、中国特种设备安全杂志社、中国机械工程学会压力容器分会、中国机械工程学会无损检测分会、中国仪器仪表学会设备结构健康监测与预警分会和中国腐蚀与防护学会承压设备专业委员会共66家单位支持。

本次会议现场实际收到论文全文189篇。经同行专家评审、编审人员审核、出版社校核和作者修改，共收录论文134篇。收录的论文内容涵盖锅炉、压力容器、压力管道、电梯、起重机械、客运索道、大型游乐设施、场（厂）内专用机动车辆、大型常压储罐等设备的设计、检验检测、使用和安全监察等环节的安全和节能技术研究及应用。论文集分上、下两卷，共七部分，上卷包括锅炉、压力容器和压力管道，下卷包括电梯、起重机械、游乐设施和综合。

本次会议共有来自特种设备检验检测机构、高等院校和科研院所等单位的180余篇论文参加优秀论文评选。根据《2018全国特种设备安全与节能学术会议优秀论文评选办法》，经2018优秀论文评审委员会初评、复评，共评出一等奖论文6篇、二等奖论文21篇和三等奖论文16篇（获奖论文均收录在每一篇章的前面）。

本届学术会议的成功召开和这次论文集的及时顺利出版得到了国家市场监督管理总局科技和财务司、特种设备安全监察局和特种设备科技协作平台领导的大力支持，会议组委会和66家支持单位做了大量宣传和精心组织工作，论文评审专家也付出了很多辛勤工作，在此，一并表示衷心的感谢。同时，感谢参与论文编辑工作的研究生张文君和闻庆松。

为鼓励更多特种设备相关科技人员积极参与学术交流，本书收录的论文水平会高低不等。由于论文征集、评审和编辑出版过程较仓促，如有疏漏或不妥之处，敬请专家和广大读者批评指正。

编者

2019年7月于北京

2018年全国特种设备安全与节能学术会议 组织机构

一、组织委员会

主　席: 徐武强　贾国栋　林树青

副主席: 高继轩　沈功田

成　员: 王晓雷　姚泽华　郝　刚　沈　钢　汪东华　舒文华　邹定东　谭建军　丁春辉　丁克勤　李光海

二、顾问委员会

张　纲(原国务院参事)　刘人怀(院士)　钟群鹏(院士)

潘际銮(院士)　李鹤林(院士)　林宗虎(院士)

高金吉(院士)　陈学东(院士)　郭元亮

三、技术委员会(排名不分先后)

主　席: 沈功田

成　员: 丁克勤　于国欣　王华明　牛卫飞　尹献德　冯月贵　刘　明　刘爱国　刘　磊　孙云波　张晓斌　张路根　陈　克　陈　杰　罗伟坚　罗晓明　郑　宁　胡　滨　侯旭东　夏锋社　党林贵　梁广炽　曹怀祥　盛水平　董亚民　董君卯　韩立柱　谢常欢　樊　琨　薛季爱　张东平　汪艳娥　史红兵　于在海　徐金海　罗志群　苏　强　王　也　伏喜斌　赖跃阳　孙书成　叶伟文　陈家斌　徐桂芳　蒋　俊　黄　冀　郭伟灿　马溢坚　曾钦达　姚　钦　赵尔冰　韩建军　曹光敏　陈定岳　黄　凯　郑　凯　刘大宝　程义河　要万富　张　勇　邢谷贤　赵　丁　张一平　苏立鹏　张　海　胡玉龙　胡立权　徐洪涛　杨　虎　韩绍义　王　淼　邱志梅

四、工作委员会（排名不分先后）

主　席：沈功田

副主席：姚泽华　郝　刚　沈　钢　丁克勤　李光海

成　员：舒文华　汪东华　邹定东　丁春辉　谭建军　丁树庆　王骄凌
王淑兰　王恩和　王伟雄　王晓桥　王兴权　王胜利　王海忠
土国华　兰清生　业　成　刘　明　朱光艺　孙仁凡　李振华
李　丁　李文广　李文官　邢友新　余子游　汪　洋　汪　宏
宋金钢　宋正启　宋金泉　陈星斌　陈志刚　陈庆北　陈本瑶
张国健　张　峰　竺国荣　邹少俊　杨国义　杨玉山　郑苏录
金樟民　祝新伟　钟海见　郭　晋　郭　凯　赵世良　赵东辉
赵秋洪　赵小兵　高　俊　曾钦达　蒋　青　陶　然　黄凯东
黄学斌　熊穗平

2018 全国特种设备安全与节能学术会议
支持单位

（共 66 家单位　排名不分先后）

中国特种设备检测研究院
中国特种设备安全与节能促进会
中国特种设备检验协会
中国锅炉水处理协会
全国锅炉压力容器标准化技术委员会
全国索道与游乐设施标准化技术委员会
《中国特种设备安全》杂志社
中国机械工程学会压力容器分会
中国机械工程学会无损检测分会
中国仪器仪表学会设备结构健康监测与预警分会
中国腐蚀与防护学会承压设备专业委员会
云南省市场监督管理局
江苏省特种设备安全监督检验研究院
上海市特种设备监督检验技术研究院
重庆市特种设备检测研究院
沈阳市特种设备检测研究院
深圳市特种设备安全检验研究院
北京市特种设备检测中心
天津市特种设备监督检验技术研究院
广东省特种设备检测院
河北省特种设备监督检验院
河南省锅炉压力容器安全检测研究院
河南省特种设备安全检测研究院

福建省特种设备检验研究院
浙江省特种设备检验研究院
四川省特种设备检验研究院
安徽省特种设备检测院
江西省锅炉压力容器检验检测研究院
江西省特种设备检验检测研究院
广西壮族自治区特种设备监督检验院
湖南省特种设备检验检测研究院
陕西省特种设备检验检测研究院
云南省特种设备安全检测研究院
山东省特种设备检验研究院有限公司
辽宁省安全科学研究院
新疆维吾尔自治区特种设备检验研究院
贵州省特种设备检验检测院
海南省锅炉压力容器与特种设备检验所
内蒙古自治区特种设备检验院
内蒙古自治区锅炉压力容器检验研究院
广州市特种机电设备检测研究院
广州市特种承压设备检测研究院
杭州市特种设备检测院
南京市锅炉压力容器检验研究院
南京市特种设备安全监督检验研究院
武汉市特种设备监督检验所

武汉市锅炉压力容器检验研究所

西安市特种设备检验检测院

济南市特种设备检验研究院

长春特种设备检测研究院

大连市锅炉压力容器检验研究院

大连市特种设备监督检验院

宁波市特种设备检验研究院

厦门市特种设备检验检测院

温州市特种设备检测中心

北京市朝阳区特种设备检测所

安庆市特种设备监督检验中心

成都市特种设备检验院

绍兴市特种设备检测院

乌海市特种设备检验所

赤峰市特种设备检验所

衢州市特种设备检验中心

嘉兴市特种设备检验检测院

湖州市特种设备检测研究院

池州市特种设备监督检验中心

包头市特种设备检验所

目 录

上卷

第一篇 锅炉

第二篇 压力容器

第三篇　压力管道

下卷

第四篇　电梯

第五篇 起重机械

第六篇　游乐设施

第七篇　综合

第一篇　锅 炉

超临界 CO_2 非稳定换热及抑制实验研究

王振川[1,2]　张暴暴[1]　姜培学[2]

1. 中国特种设备检测研究院，北京 100029
2. 清华大学，北京 100084

摘　要： 超临界锅炉在一些运行工况下发生非稳定换热现象，对系统设计和安全运行产生影响。本文通过实验方法对超临界 CO_2 在管内对流换热发生的非稳定换热现象进行研究，采用管内内插螺旋丝的方式，对超临界 CO_2 管内对流换热传热恶化及非稳定换热进行抑制研究。结果表明，管内发生超临界流体非稳定换热现象时，壁温周期性振荡频率约为 0.05Hz，壁温幅值约为 40～150℃。进出口压降升高，浮升力与流动加速耦合作用导致的流场扰动、失稳作用是管内发生非稳定换热现象的主要原因。管内插入螺旋结构可以有效抑制非稳定换热现象，显著提高速度场与温度场的协同程度，有效提高对流换热强度。

关键词： 超临界流体；实验研究；非稳定换热；非稳定抑制

Experimental Research of Unsteady Heat Transfer and Inhibition of Supercritical CO_2

ZhenChuan Wang[1, 2], BaoBao Zhang[1], PeiXue Jiang[2]

1. China Special Equipment Inspection and Research Institute,　Beijing 100029
2. Tsinghua University,　Beijing 100084

Abstract: Unsteady heat transfer occurs in supercritical boilers under some operating conditions, which has an impact on system design and safe operation. In the present paper, the unsteady heat transfer phenomenon of supercritical CO_2 in the tube is studied by experimental method. Inserting the spiral wire in the tube to inhibit heat transfer deterioration and unsteady heat transfer of supercritical CO_2. The results show that when the supercritical fluid unsteady heat transfer occurs in the tube, the wall temperature periodic oscillation frequency is about 0. 05 Hz, and the wall temperature amplitude is about 40～150℃. The pressure drop increase, flow field disturbance and coupling effect of buoyancy and flow acceleration are the main reasons for the unsteady heat transfer in the tube. Inserting the spiral structure into the tube can effectively suppress the unstable heat transfer phenomenon, significantly improve the synergy between the velocity field and temperature field, effectively improve the convective heat transfer intensity.

Keywords: Supercritical fluid; Experimental research; Unsteady heat transfer; Inhibition of unsteady condition

0　引言

采用超临界锅炉可以有效提高机组效率，降低煤炭消耗。在超临界锅炉运行过程中，锅炉炉膛受热

基金项目：国家自然科学基金重点项目（编号 51536004），中国特种设备检测研究院内部项目（2018 青年 06）。

作者简介：王振川，1989 出生，男，工程师，博士，主要从事超临界流体流动换热研究，热交换器性能提升及能效评价研究。

面管内流体流动与传热特性十分复杂，一些工况下会出现类似于亚临界锅炉中两相流非稳定换热现象。超临界锅炉内出现非稳定换热现象，将会对锅炉负荷和安全性产生影响。研究超临界锅炉内非稳定换热现象发生规律和抑制措施，对系统设计和安全运行具有重要意义。

超临界流体管内对流换热与单相流体管内对流换热不同，主要受到变物性、浮升力等作用的影响。Jackson[1,2] 指出径向密度梯度产生很强的浮升力作用，导致流动剪切力改变，使得湍动能增强或减弱，管内传热强化或恶化。Jiang[3-5] 对超临界压力 CO_2 在竖直圆管内对流换热问题进行了实验和数值模拟研究，分析了进口雷诺数、热流密度、浮升力和热加速等因素对换热的影响规律。王飞[6] 在超临界压力水竖直管内对流换热实验研究中，指出在准临界温度附近物性剧烈变化使得传热强化，热流密度的增加或质量流量的减小均会使得传热恶化。

超临界流体管内非稳定换热研究较少，对于以抑制非稳定换热为目的的研究鲜有报道。Zuber[7] 指出存在三种热力振荡机制，低频率振荡在超临界压力系统中最为普遍。Treshchev 等[8] 研究结果表明，在研究范围内入口流量的变化不会对开始产生振荡的热流密度值产生影响。Johannes 等[9] 指出当有热量输入时，在各种管径、热流密度和流量下，壁温均存在周期性振荡，震动频率为 20Hz，振幅为 2K。Fukuda 等[10] 实验发现三种流动不稳定机制。一种为亥姆霍兹不稳定，其他两种均为密度波共振导致的。超临界压力流体管内非稳定换热抑制结构研究较少，Ankudinov[11]、Bae[12] 实验研究了超临界压力 CO_2 在内插螺旋丝管内对流换热，指出管内插入螺旋结构可以提高换热系数并抑制传热恶化，螺旋丝结构能够提高对流换热系数至少两倍。超临界压力水在内肋管[13]、内插螺旋结构管[14] 内强化换热结果表明，对流换热经验关联式 D-B 公式不能准确预测准临界温度附近对流换热系数。Li[15] 对超临界压力水在内肋管内对流换热进行了数值模拟研究，在一定 Bo^* 范围内，内肋管可以消除超临界压力水光管内传热恶化现象。已有研究结果均表明管内插入螺旋结构能够抑制浮升力导致的超临界压力流体管内传热恶化现象，但是对超临界压力流体非稳定换热现象抑制的影响研究较少。

本文通过实验方法对超临界压力 CO_2 在管内对流换热发生的非稳定换热现象进行了研究，同时通过管内内插螺旋丝的方式，对超临界压力 CO_2 在管内对流换热传热恶化及非稳定换热进行抑制研究。

1 实验系统及数据处理方法

1.1 实验系统与实验段

实验系统如图 1 所示，高压 CO_2 气体经超临界 CO_2 泵增压后，经质量流量计进入预热器，然后进入实验段进行对流换热研究。实验段采用交流稳压电源直接通电加热，测量物理量包括：实验段外壁温度，测温误差为±0.15℃；实验段进、出口温度，测温误差为±0.1℃；实验段进出口压力及压差，测量精度均为±0.075%；实验段入口质量流量，流量计精度为±0.1%；实验段加热电流，精度为±0.1%。

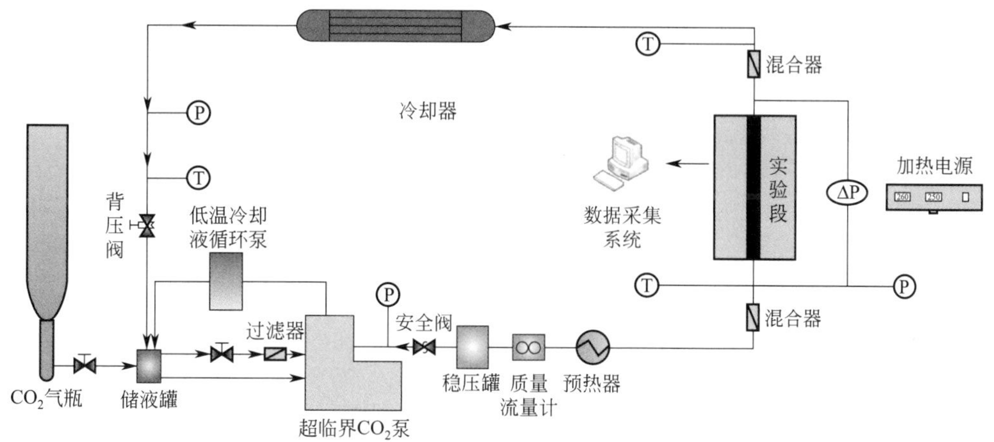

图 1 实验系统图

实验段垂直布置在实验系统中，采用外径 2.0mm、内径 1.0mm 的不锈钢管。实验段长度为 140mm，为内径 140 倍，实验段前后各布置 50mm 绝热段，以满足流体充分发展条件。在光管中插入的螺旋结构扫描电镜示意图如图 2 所示，螺旋结构线径 0.1mm，螺距 1.25mm，螺旋丝外径 0.9mm。螺旋丝外径略小于实验段内径，螺旋结构只起扰动流场的作用。

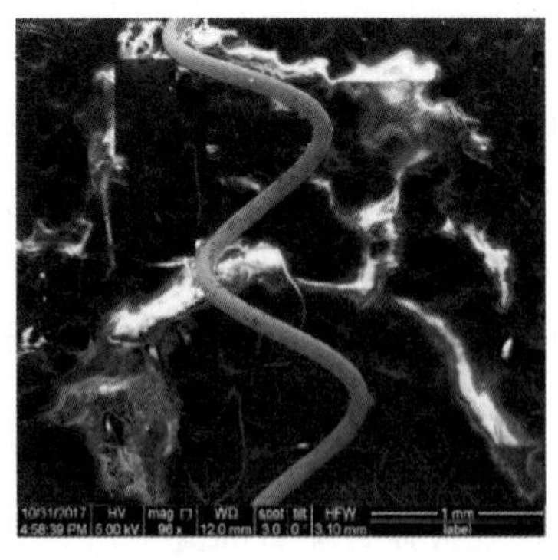

图 2 螺旋结构扫描电镜

1.2 数据处理方法

由于实验段外壁面包裹多层绝热保温材料，因此可将实验段管壁外侧认为是绝热边界条件，而实验段管壁向内侧为导热过程。近似地将管壁导热过程视为具有内热源的沿半径方向一维导热问题，实验段外壁面温度 $T_{w,o}$ 由热电偶测量得到，可以由下式推导出内侧壁温 $T_{w,i}$：

$$T_{w,i}(x)=T_{w,o}(x)+\frac{q_v(x)}{16\lambda}(D_o^2-D_i^2)+\frac{q_v(x)}{8\lambda}D_o{}^2 In\frac{D_i}{D_o} \tag{1}$$

式中，D_o 为圆管外径；D_i 为圆管内径；λ 为不锈钢材质的热导率，取值 16.38W/(m·K)；q_v 为直接通电加热时局部内热源强度。

实验段局部对流换热系数 $h(x)$ 由下式求得。

$$h(x)=\frac{q_w}{T_{w,i}(x)-T_f(x)} \tag{2}$$

式中，q_w 为壁面处热流密度，$T_f(x)$ 为局部流体温度。

2 实验结果及分析

2.1 压差特性研究

实验发现超临界流体在某个固定流量向上流动时，存在一个热流密度区间发生非稳定换热现象，而在向下流动中对应的热流密度区间没有发生非稳定换热现象。在流体入口温度 22℃，不同入口压力下流体向上流动发生的非稳定换热现象的部分实验工况条件如表 1 所示。

表 1 部分实验工况条件

q_w	7.7MPa					8.6MPa		9.6MPa	
/(kW/m²)	0.67kg/h	0.88kg/h	1.06kg/h	1.19kg/h	1.36kg/h	0.67kg/h	1.06kg/h	0.67kg/h	1.06kg/h
49	S	/	S	/	/	S	S	/	S
64	S	/	S	/	/	S	S	/	S
75	S	/	S	/	/	S	S	S	S
90	S	/	S	/	/	S	S	S	S
97	/	/	O	/	/	S	/	/	S
105	S	/	O	/	/	S	S	/	S
121	S	O	O	O	S	S	O	/	S
128	/	/	O	/	/	S	O	/	S
131	/	/	O	/	/	S	S	/	S
135	S	/	S	/	/	/	S	/	S
151	S	/	S	/	/	/	S	/	S
171	S	/	S	/	/	/	/	/	/
193	/	/	S	/	/	/	/	/	/

注："S"—稳定换热工况；"O"—非稳定换热工况；"/"—无实验工况。

在入口压力 7.7MPa 下，热流密度范围为 97～131kW/m^2 时，在入口压力 8.6MPa 下，热流密度范围为 121～128kW/m^2 时，不同流量下超临界压力 CO_2 在管内发生非稳定换热现象，此时发生非稳定换热现象的一个特征为实验段进出口压降会出现周期性振荡，压降振荡大小范围在图 3 中以线长形式给出。

由压降随壁面热流密度变化的曲线图可以看出，随着热流密度的增加，流动压降在不同入口压力下都呈现出先减小后增大的趋势。可以大体将进出口压降变化分为四个区域，压降下降区、平稳区、振荡区及上升区。在入口质量流量 1.06kg/h 工况下，入口压力为 7.7MPa（$P/P_{cr}=1.04$）时，振荡区的热流密度范围较广，而在入口压力为 8.6MPa（$P/P_{cr}=1.17$）时，振荡区的热流密度范围较窄。由表 1 所示，在入口压力为 9.6MPa（$P/P_{cr}=1.30$）时，在所选取的热流密度工况下均未发生非稳定换热现象。当入口压力为 7.7MPa（$P/P_{cr}=1.04$）时，在热流密度不变情况下，增加流量也会消除换热不稳定性现象。可以得出结论，在固定入口质量流量下，随着流体入口压力越靠近准临界压力，发生非稳定换热现象的热流密度范围越广。此外在固定入口质量流量下，热流密度增加或热流密度降低，也会导致非稳定换热现象消失。

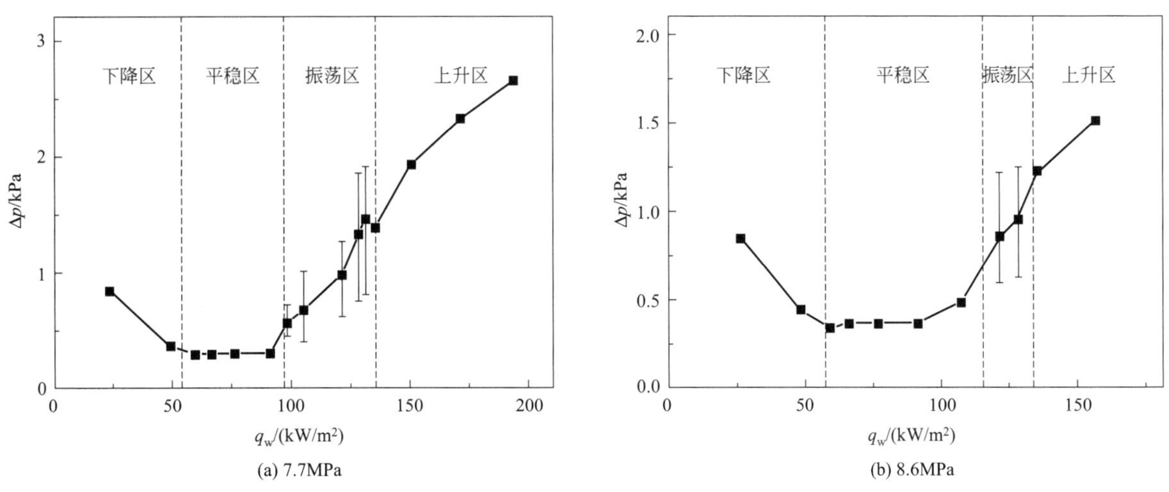

图 3　不同压力下压降随壁面热流密度变化关系

$Re_{in}=5500$，$T_{in}=22.0$℃，向上流动

2.2 对流换热特性研究

选取超临界压力 CO_2 入口压力 7.7MPa、入口流量 1.06kg/h、热流密度 $q_w=97\text{kW/m}^2$ 工况下，发生非稳定换热工况进行分析。图 4 给出了该工况下发生非稳定换热时，0～180s 时间区间内，$x/D=30$、$x/D=70$ 及 $x/D=110$ 处壁温随时间变化情况。由图中结果，超临界压力 CO_2 在管内发生非稳定换热时，壁面温度随时间呈周期性振荡趋势。在实验段前部 $x/D=30$ 和中部 $x/D=70$ 处，壁面温度振荡幅度较大，壁温幅值约为 40～150℃。当超临界压力流体发生非稳定换热现象时，壁温振荡非常大，会在实验段上产生非常大的热应力，需要采取措施避免在超临界压力流体应用系统中发生非稳定换热现象。对图 4 不同位置处壁面温度振荡曲线做频谱分析，可得如图 5 所示超临界压力 CO_2 管内非稳定换热频率范围，不同位置处壁温振荡频谱分析结果表明，壁温周期性振荡频率约为 0.05Hz。

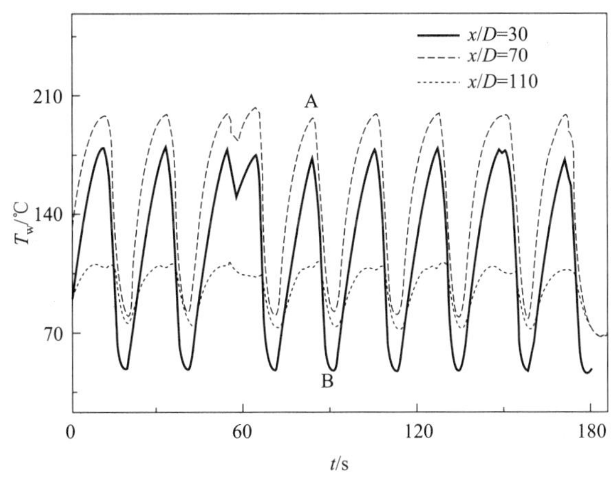

图 4　不同位置壁温随时间变化规律

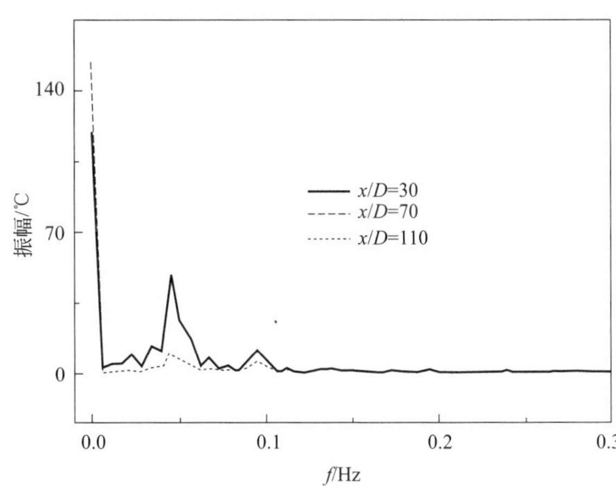

图 5　不同位置频谱分析

图 6 给出了入口压力 7.7MPa 下、入口温度 22.0℃时不同热流密度下实验段出口流体温度分布趋势。超临界压力 CO_2 在 7.7MPa 下，准临界温度为 32.85℃，由图 6 可以看出图中工况实验段出口温度均接近或超过 CO_2 准临界温度，说明流体温度在沿程某个局部位置跨越准临界温度。当热流密度 q_w=90kW/m^2 时，出口流体温度保持不变；当热流密度增加至 q_w=97kW/m^2 时，流体出口温度开始出现周期性振荡趋势。随着热流的增加，出口温度振荡趋势依旧存在，但是从图中可以看出，当热流密度较高时，出口温度的振荡幅值逐渐减小。当热流密度 q_w=135kW/m^2 时流体出口温度保持不变，超临界压力流体管内非稳定换热现象消失。超临界压力 CO_2 管内对流换热在入口压力 7.7MPa、入口质量流量 1.06kg/h 工况下，从热流密度 q_w=90kW/m^2 至热流密度 q_w=135kW/m^2 经历了稳定换热过渡到非稳定换热，最后再次趋于稳定换热的过程。超临界压力流体发生非稳定换热现象时，存在壁面温度、流体出口温度呈周期性振荡特征。

当超临界压力 CO_2 在管内发生非稳定换热现象时，另外一个特征是实验段入口质量流量发生周期性振荡。图 7 给出了入口质量流量随时间变化趋势，同时也给出了对应时刻下不同位置处壁温分布趋势。入口质量流量与壁温呈现负相关分布趋势，在一个周期内流量最大时刻壁温为最小值，流量最小值时刻对应着壁温最大值。

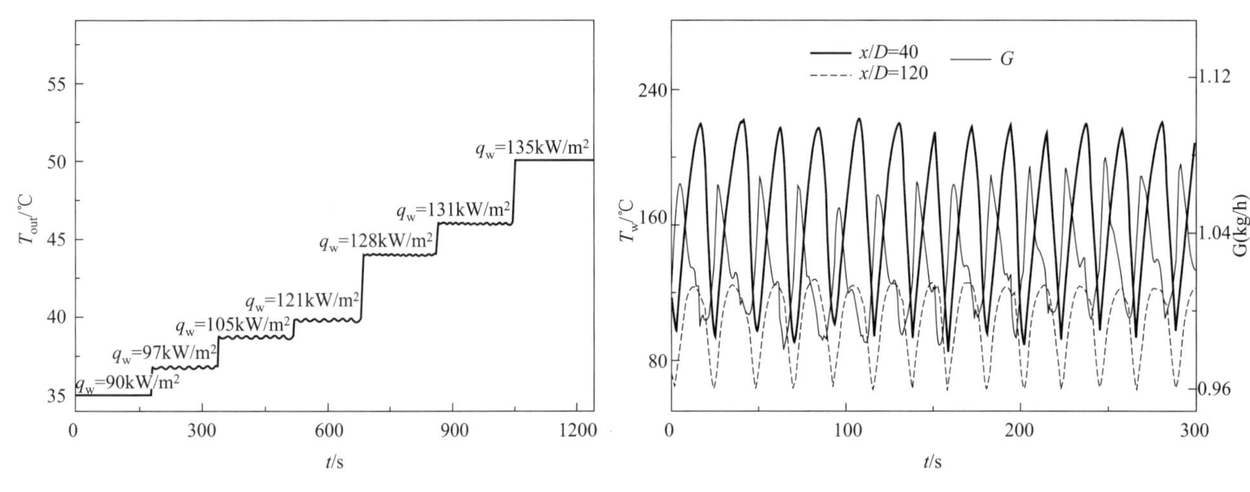

图 6 不同热流密度下出口流体温度　　图 7 入口质量流量随时间变化

图 8 给出了入口压力 7.7MPa、入口流量 G=1.06kg/h，稳定与非稳定换热三个热流密度 q_w=90kW/m^2、q_w=121kW/m^2 和 q_w=135kW/m^2 条件下沿程壁温与流体温度分布对比结果。其中热流密度 q_w=121kW/m^2 工况下超临界压力 CO_2 在管内发生非稳定换热现象，该工况下壁温呈现周期性振荡。因此选取一个振荡周期内，A、B 两个时刻的壁温和流体温度进行对比，其中 A 时刻表示实验段壁温处于最高值的时刻，B 时刻表示实验段壁温处于最低值的时刻。热流密度 q_w=90kW/m^2 及热流密度 q_w=135kW/m^2 两个工况下，超临界压力 CO_2 在管内均为稳定换热，没有发生非稳定换热现象。由图 8 可以看出，超临界压力 CO_2 在发生非稳定换热时，壁温在两个稳定工况壁温之间振荡，即 A 时刻壁温与热流密度 q_w=90kW/m^2 时壁温分布趋势相近，B 时刻壁温与热流密度 q_w=135kW/m^2 时壁温分布趋势相近。图 9 给出了图 8 工况下对流换热系数对比结果，同样可以看出在超临界压力 CO_2 发生非稳定换热时，管内对流换热过程介于前后两个稳定的换热过程之间。在热流密度较低时，传热恶化作用导致壁温较高，对流换热系数较低，随着热流密度增大，传热恢复作用使得壁温降低，对流换热系数升高，发生非稳定换热现象的热流区间处于传热恶化作用向传热恢复作用过渡区间。

2.3 超临界流体非稳定换热成因分析

上文对超临界压力 CO_2 非稳定换热压差特性、换热特性研究表明，发生超临界压力 CO_2 非稳定换热的成因与流体对流换热入口条件及壁面热流密度相对大小有关。当入口流体温度远小于准临界温度时，不会发生超临界压力 CO_2 非稳定换热现象，流体的热物性变化是产生超临界压力 CO_2 非稳定换热现象的诱因之一。流体热物性在准临界温度附近剧烈变化，径向密度梯度会引起浮升力作用，轴向密度梯度会导致流动加速作用。同时发生超临界压力 CO_2 非稳定换热现象时，管内流体对流换热处于传热恶化向传热恢复转变阶段，非稳定换热的成因与管内流体受到的浮升力、流动加速作用有关。

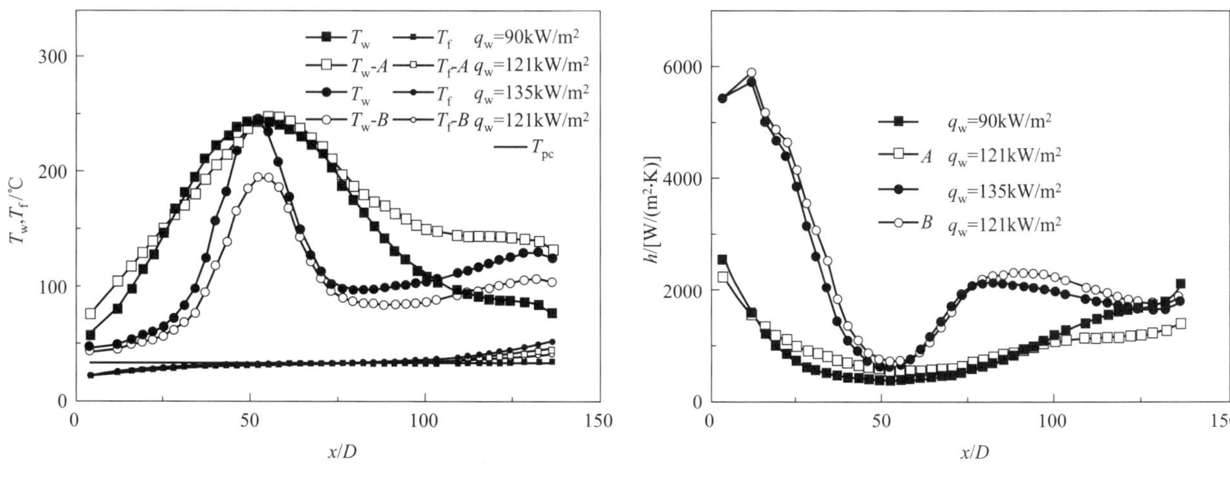

图 8　沿程壁温及流体温度对比

图 9　沿程对流换热系数对比

超临界压力流体发生的非稳定换热现象与亚临界两相流非稳定流动换热现象类似，主要是因为超临界压力流体温度跨域准临界温度时，密度剧烈变化导致产生轴向较大压降。入口流量扰动时，产生流量偏差或流量振荡。由上文中压差特性研究结果，发生非稳定换热现象的工况均处于压降上升区。本文发生的超临界压力 CO_2 非稳定流动换热现象是密度剧烈变化产生的轴向较大压降引起的，下文将对产生非稳定换热现象的扰动因素进行分析。图 10 给出了非稳定换热不同时刻及稳定换热的 Bo^* 数、Kv 数分布，非稳定换热工况与稳定换热工况的 Bo^* 数、Kv 数均处于临界阈值附近。尤其是在入口区域，热流密度 $q_w=90kW/m^2$ 时，流动加速作用可以忽略，流体对流换热受到浮升力的影响；在较高热流密度下，流动加速对换热起到传热恶化作用，同时浮升力对换热起到传热恢复的作用，流动加速与浮升力对换热起到耦合作用。流动加速与浮升力耦合作用会对入口流场产生扰动，结合进出口压降升高的因素，导致流场失稳，进而发生非稳定换热现象。

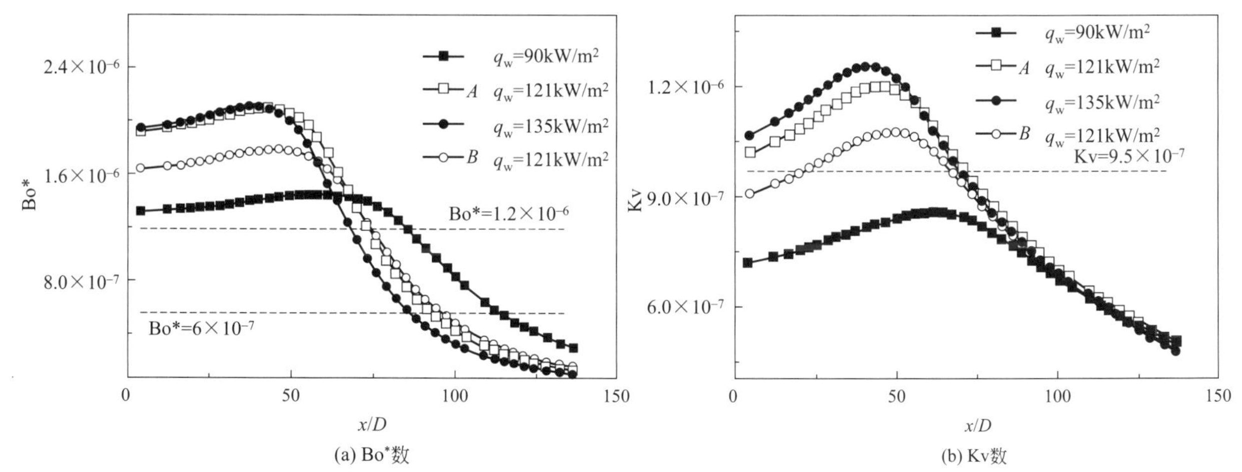

(a) Bo*数　　(b) Kv数

图 10　稳定与非稳定换热工况沿程 Bo^* 数、Kv 数对比

2.4 非稳定换热抑制研究

管内发生非稳定换热现象，会使得管壁金属因温度周期性剧烈变化而疲劳失效，同时会加快腐蚀速度，因此实际应用系统中应避免该现象发生。通过管内插入螺旋结构增强管内湍流发展，研究螺旋结构对非稳定换热现象的抑制作用。

图11给出了线径0.1mm螺旋结构管在入口压力7.7MPa、质量流量1.06kg/h，$q_w=97kW/m^2$、$q_w=105kW/m^2$ 时壁温及流体温度分布，同时也给出了在相同工况下光管发生非稳定换热现象时一个周期内壁温最大值时刻 A 与壁温最小值时刻 B 对应的壁温及流体温度分布。当管内插入螺旋丝后，超临界压力 CO_2 管内换热不再发生非稳定换热现象，壁温不发生周期性振荡并呈线性增长趋势，可以看出管内插入螺旋结构可以有效抑制非稳定换热现象发生。可以得出结论，管内插入螺旋丝结构，不仅可以增强传热恶化工况下对流换热强度，还可以有效抑制超临界压力 CO_2 非稳定换热现象的发生。螺旋结构可以有效抑制浮升力与流动加速耦合作用导致的流场扰动、失稳作用，使得管内流体流动处于充分发展湍流状态，对流换热为稳定换热工况。

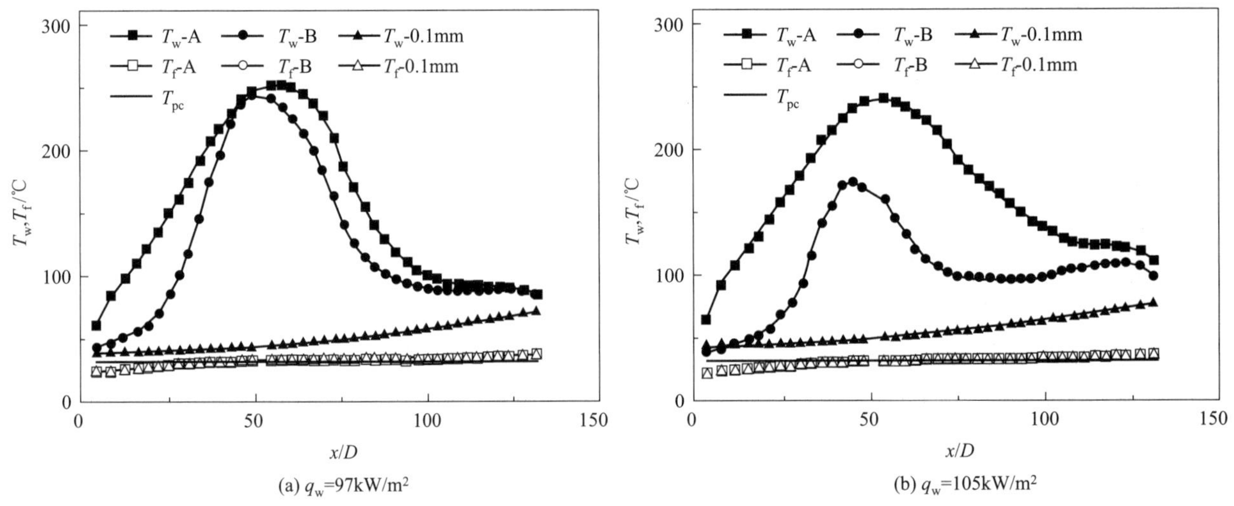

(a) $q_w=97kW/m^2$ (b) $q_w=105kW/m^2$

图11 沿程壁温分布、流体温度分布对比

3 结论

本文对超临界 CO_2 竖直管内非稳定换热现象及抑制方法进行了实验研究，分析了非稳定换热现象的影响因素及产生条件，探究了螺旋结构对非稳定换热现象的抑制作用，主要结论如下。

① 非稳定换热现象主要特征是壁温、出口温度及入口流量呈周期性振荡，振荡的频率约为0.05Hz。

② 进出口压降升高，浮升力与流动加速耦合作用导致的流场扰动、失稳作用是管内发生非稳定换热现象的主要原因。

③ 管内插入螺旋结构可以有效抑制非稳定换热，显著提高速度场与温度场的协同程度，有效提高对流换热强度。

参考文献

[1] Hall W B，Jackson J D. Laminarisation of a turbulent pipe flow by buoyancy forces [C]// 11th National Heat Transfer Conference，ASME Paper，1969，No. 69-HT-55.

[2] Mceligot D M, Jackson J D. "Deterioration" criteria for convective heat transfer in gas flow through non-circular ducts [J] . Nuclear Engineering and Design. 2004, 232: 327-333.

[3] Jiang P X, Zhang Y, Zhao C R, et al. Convection heat transfer of CO_2 at supercritical pressures in a vertical mini tube at relatively low reynolds numbers [J], Experimental Thermal and Fluid Science, 2008, 32 (8) : 1628-1637.

[4] Jiang P X, Zhao C R, Shi R F, et al. Experimental and numerical study of convection heat transfer of CO_2 at supercritical pressures during cooling in small vertical tube [J] . International Journal of Heat and Mass Transfer, 2008, 51 (11) : 3052-3056.

[5] Jiang P X, Liu B, Zhao C R, et al. Convection heat treanfer of supercrtical carbon dioxide in a vertical micro tube from transition to turbulent flow regim [J], International Journal of Heat and Mass Transfer, 2013, 56 (1) : 741-749.

[6] 王飞，杨珏，顾汉洋等．垂直管内超临界水传热实验研究．原子能科学技术，2013，47 (6)：933-939.

[7] Zuber, N. An analysis of thermally induced fl ow oscillations in the near-critical and super-critical thermodynamic region [R] . Report NASA-CR-80609, Research and Development Center, 1966.

[8] Treshchev, G G and Sukhov, V A. Stability of fl ow in heated channels in the supercritical region of parameters of state [J] . Thermal Engineering, 1977, 24 (5) , pp. 68-71.

[9] Johannes C. Studies of Forced Convection Heat Transfer to Helium I [M] . Advances in Cryogenic Engineering. Springer US, 1972: 352-360.

[10] Fukuda K, Hasegawa S, Kondoh T, et al. Instability of supercritical helium flow [J] . Heat Transfer - Japanese Research, 1991, 21 (2) : 177-186.

[11] Ankudinov, V B, Kurganov, V A. Intensification of deteriorated heat transfers in heated tubes at supercritical pressures [J] . High Temp, 1981, 19 (6) , 870-874.

[12] Bae Y Y, Kim H Y, Yoo T H. Effect of a helical wire on mixed convection heat transfer to carbon dioxide in a vertical circular tube at supercritical pressures [J]. International Journal of Heat and Fluid Flow, 2011, 32 (1) : 340-351.

[13] Wang J, Li H, Guo B, et al. Investigation of forced convection heat transfer of supercritical pressure water in a vertically upward internally ribbed tube [J]. Nuclear Engineering and Design, 2009, 239: 1956-1964.

[14] Li H, Wang H, Luo Y, et al. Experimental investigation on heat transfer from a heated rod with a helically wrapped wire inside a square vertical channel to water at supercritical pressures [J]. Nuclear Engineering and Design, 2009, 239: 2004-2012.

[15] Li Z H, Wu Y X, Tang G L, et al. Numerical analysis of buoyancy effect and heat transfer enhancement in flow of supercritical water through internally ribbed tubes [J]. Applied Thermal Engineering, 2016, 98: 1080-1090.

某超临界锅炉高温过热器爆管事故案例分析

车 畅 钱 公 刘 涛

中国特种设备检测研究院，北京 100029

摘 要： 对某超临界电站锅炉高温过热器爆管的失效原因进行分析，研究了此高温过热器管的服役特性，探讨了此锅炉管爆管失效机理。研究结果表明：随着服役时间的延长，高温过热器管材中大量σ相析出，析出相在晶界上呈连续链状分布，σ相性硬而脆，弱化了晶界，进而造成微观损伤，最终导致爆管。

关键词： 超临界锅炉；爆管；失效分析

Case Analysis on Tube Burst of High Temperature Superheater of a Supercritical Boiler

Che Chang，Qian Gong，Liu Tao

China Special Equipment Inspection and Research Institute， Beijing 100029

Abstract: The failure cause of some superheater burst in a supercritical boiler was analyzed，the service characteristics of this superheater were studied，the failure mechanism was discussed. The results show，with the extension of service time，σ phase precipitate in this superheater material，σ precipitates distribute at the grain boundaries by continuous chain，σ phase precipitates are hard and brittle，weakened grain boundaries and cause microscopic damage，eventually lead to burst.

Keywords: Supercritical boiler; Burst; Failure analysis

0 引言

某发电有限责任公司1＃锅炉型号为Пп-1650-25-545KT，制造厂为俄罗斯波道尔斯克奥尔忠尼启泽机器制造厂，投产时间为1996年2月。2015年3月8日10:15，1＃锅炉发生高温过热器爆管，并于19:00停炉，截至事故发生时，此锅炉累计运行136000h。本文对该超临界电站锅炉高温过热器爆管的失效原因进行了深入分析，研究了此高温过热器爆管的失效机理，其研究结果可为预防此类锅炉管失效事故的发生提供指导作用。

1 锅炉高温过热器管基本情况

1＃锅炉高温过热器管为苏联供货，材料牌号为12x18H12T，规格为ϕ32.0×6.0mm，设计压力为25.5MPa，设计温度为545℃。对该锅炉及爆管所属系统的相关技术资料进行查阅，包括设计制造资料、安

基金项目：国家重点研发计划“承压特种设备安全服役风险防控关键技术研究”（编号：2016YFC0801900）。
作者简介：车畅，1979年生，女，高级工程师，博士，主要从事电站锅炉失效分析及寿命评估相关研究。

装调试资料、锅炉运行资料、历次检验报告、维修记录以及修理改造及变更资料，均未发现异常情况；查阅该锅炉的运行资料，包括过热器壁温记录、超压记录等，均未发现超温、超压情况；查阅该锅炉检验报告，2014 年 3 月～5 月高温过热器管发生过防磨瓦翻转脱落或移位，电厂已进行防磨瓦更换处理，其他未发现异常；查阅该锅炉的受热面设备检修台账，发生爆管的高温过热器没有进行过修理改造及变更。

2 事故现场勘查情况

对爆管现场进行勘验，结果如下。

① 锅炉乙侧从前往后数 58 排，从左向右数第 6 根，距顶棚 1.5m 处存在爆口，爆口长度约为 240mm，爆口宽度约为 25mm，如图 1 所示。

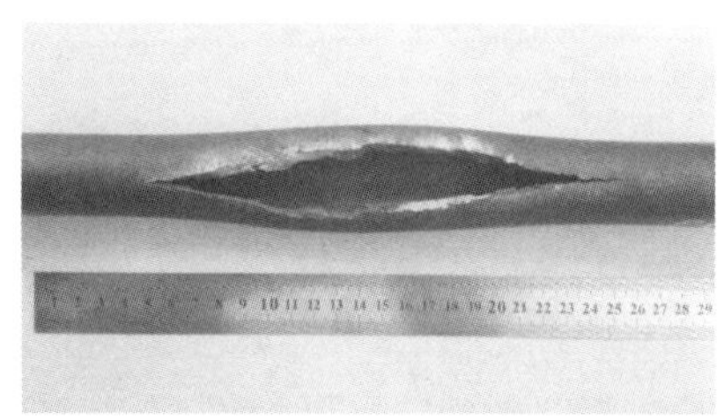

图 1 高温过热器 58-6 爆管现场形貌图

② 乙侧从前往后数 59 排，从左向右数第 4、5 根存在爆口，爆口边缘均存在明显吹损痕迹，第 4 根爆口长度约 330mm、宽度约为 34mm，第 5 根爆口长度为 160mm、宽度约为 29mm，第 4 根爆口处变形出列约 600mm，如图 2 所示。

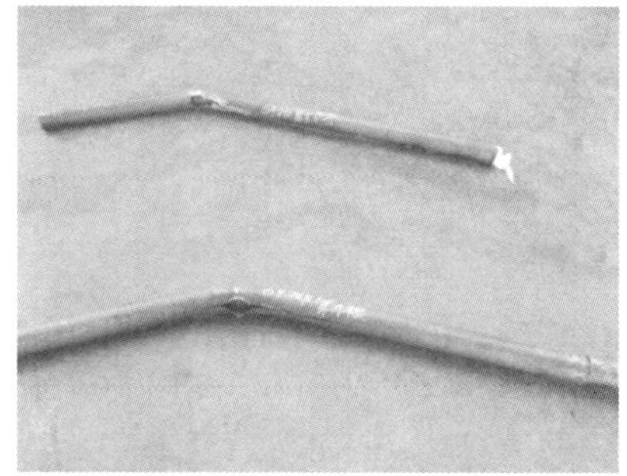

图 2 高温过热器 59-4，59-5 爆管现场形貌图

③ 第 59 排爆口周边第 2、3、6 根管子表面吹损较严重，第 7、8 根管子表面有轻微吹损，如图 3 所示。

图 3 第 59 排爆口周边管子表面吹损

由现场勘验结果初步确定，第 58 排第 6 根为首爆口，第 59 排第 4、5 根爆口为第 58 排第 6 根首爆口泄漏的蒸汽吹损所致。

3 事故产生原因分析

为分析爆管原因，对所取样管进行下列试验与分析。

3.1 宏观检查

图 4 为失效高温过热器首爆管爆口宏观形貌，经测量，爆口长约 24 cm，宽约 2.5 cm；除爆口部位外，整个管子无明显胀粗及变形；爆口张开不大，呈喇叭状；爆口边缘无明显减薄现象，断裂面较粗糙；管子内外表面无明显肉眼可见的氧化皮及腐蚀产物；在爆口外壁可见与轴向平行的裂纹，裂纹较细并沿轴向分布，管子内壁未发现肉眼可见裂纹。

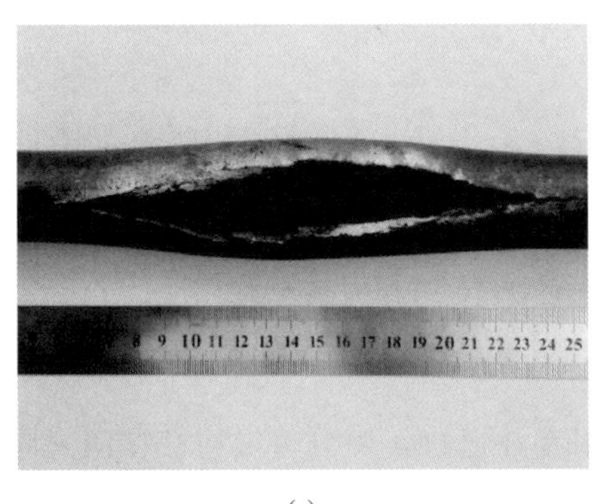

(a)

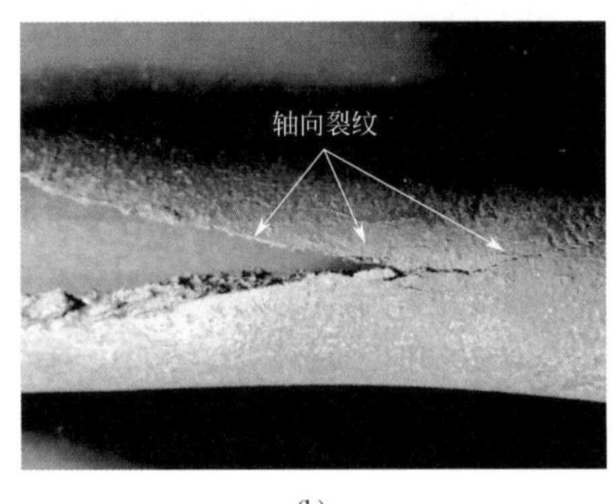

(b)

图 4 失效高温过热器管宏观形貌

3.2 化学成分分析

对新管样管、此次失效的原始首爆口样管进行化学成分分析，结果见表 1。经检测，新管样管、此次失效的首爆管化学成分分析均符合 GOST 5945—1975 标准中 12x18H12T 的化学成分要求。

表 1 试验高温过热器管的化学成分 质量分数，%

样管	C	Si	Mn	P	S	Cr	Ni	Ti
新管	0.068	0.51	1.30	0.026	0.016	17.24	11.65	0.64
失效首爆管	0.072	0.69	1.22	0.027	0.008	17.57	11.41	0.57
GOST 5945—1975 标准值	≤0.12	≤1.00	≤2.00	≤0.030	≤0.035	17.00～19.00	11.00～13.00	0.50～0.70

3.3 力学性能测试

对此次失效的首爆管、爆管周围管子及远离爆管区域管子进行力学性能测试，结果见表 2。从表 2 可以看出，所有样管向火侧和背火侧的力学性能相近，并且力学性能均符合 GOST 5945—1975 标准中 12x18H12T 的力学性能要求。但首爆管的断后伸长率较低，为 42%，接近标准值下限。

表 2 高温过热器管的力学性能

样管	取样位置	抗拉强度 R_m/MPa	屈服强度 $R_{p0.2}$/MPa	断后伸长率 A/%
首爆管	向火侧	657	263	42.0
	背火侧	653	268	42.0
爆管周围管子	向火侧	595	251	64.1
	背火侧	593	245	64.7

续表

样管	取样位置	抗拉强度 R_m/MPa	屈服强度 $R_{p0.2}$/MPa	断后伸长率 A/%
远离爆管区域管子	向火侧	668	354	50.2
	背火侧	668	356	49.7
GOST 5945—1975 标准	—	≥539	≥196	≥40

3.4 微观组织分析

对新管样管、此次失效的首爆管、爆管周围管子以及远离爆管区域管子进行微观组织观察，结果如图 5 所示。新管样管的微观组织为奥氏体和晶内孪晶，晶界和晶内弥散分布少量细小第二相，晶粒度等级为 4.5 级，见图 5(a)。事故发生时，爆管周围管子以及远离爆管区域管子的微观组织为奥氏体，晶内弥散分布一些第二相，晶界第二相尺寸较大，部分晶界第二相已成链状，晶界粗化，如图 5(b) 和图 5(c) 所示。首爆管爆口位置与距离爆口 500 mm 处的微观组织相同，为奥氏体和大量晶内孪晶，晶内及晶界分布较粗大的第二相，如图 5(d) 所示，组织与其他管样差别较大。

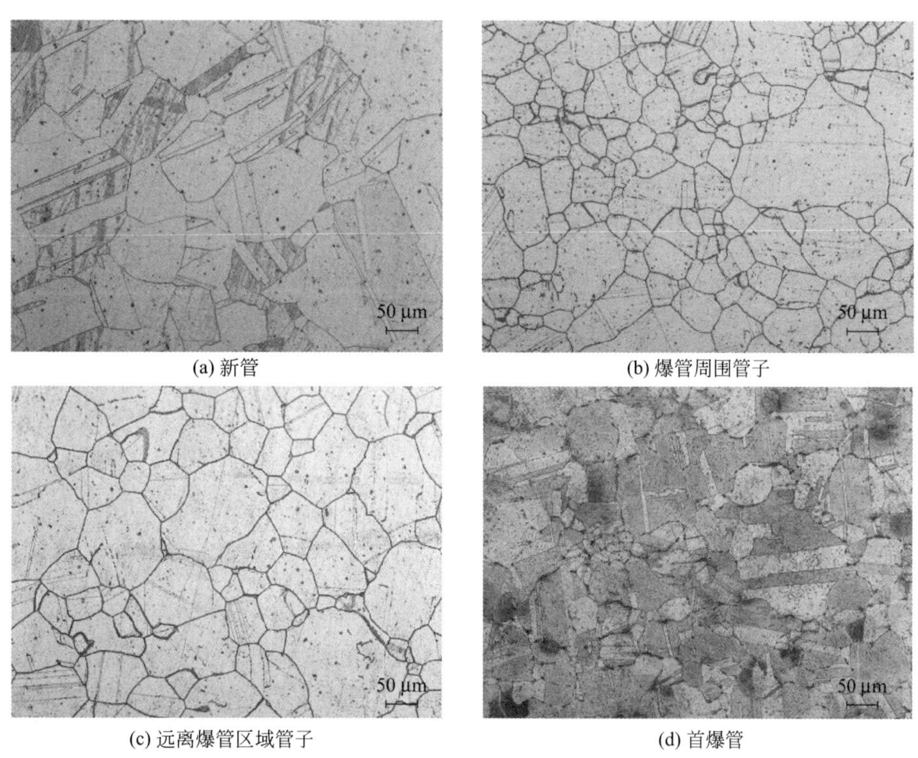

(a) 新管　(b) 爆管周围管子　(c) 远离爆管区域管子　(d) 首爆管

图 5 试验高温过热器管的微观组织

3.5 物相分析

从微观组织分析结果可以看出，爆管周围及远离爆管区域的管子、事故发生时的首爆管，晶界、晶内均存在析出的第二相（碳化物和 σ 相）。对析出第二相进行物相组成、含量和结构分析，结果见表 3 和图 6。

表 3 高温过热器管中第二相定量分析结果 质量分数，%

样管	$M_{23}C_6$	σ	TiC
爆管周围样管	42.76	25.14	32.10
远离爆管区样管	23.88	20.29	55.83
首爆管	21.05	64.29	14.65

事故发生时，远离爆管区域样管中第二相主要为 TiC（55.83%）、$M_{23}C_6$（23.88%）和 σ 相

图6 高温过热器管中第二相形貌

样管：(a)～(c) 远离爆管区管样；(d)～(e) 首爆管；第二相：(a)，(d)，(e) σ相；(b) TiC；(c) $M_{23}C_6$

(20.29%)，$M_{23}C_6$、TiC和σ相的形貌见图6(a)～(c)，$M_{23}C_6$在晶界呈链状分布，且尺寸较粗大；在晶内发现较多块状σ相，σ相尺寸为500 nm左右。

图6(d)～(e) 为事故发生时首爆管样的第二相和电子衍射图，首爆管样第二相主要为TiC (14.65%)、$M_{23}C_6$ (21.05%) 和σ相，σ相含量达到了64.29%，并且σ相在晶界处呈链状分布，尺寸粗大达到6 μm，晶内块状σ相的尺寸也达到微米级别。

3.6 失效原因分析

由微观组织观察结果可知，12x18H12T高温过热器管服役前，其微观组织为奥氏体和晶内孪晶，晶粒度略细，晶内有高密度位错，晶界和晶内弥散分布少量细小的第二相。

由第二相的试验结果可见，事故发生时远离爆管区样品和爆管样品中均发现了σ相，只是含量有所不同，爆管样品σ相含量最多，达到了64.29%，但服役时间相同的样品中σ相含量并不相同，由此分析认为此高温服役过程中σ相的析出量不仅仅取决于服役时间，还与材料的原始状态和服役温度有关。

此高温过热器锅炉管长期在高温下服役时，随着晶内、晶界析出第二相（如$M_{23}C_6$相、σ相等）的增多，对基体变形的阻碍不断增强（不论是晶内滑移，还是晶界滑移），使得锅炉管的塑韧性指标下降。析出相对不锈钢的塑韧性的影响不仅取决于析出相的数量，还与析出相的形态、大小和分布位置等有关，爆管试样析出σ相数量多，尺寸较大，并且析出相在晶界上呈连续链状分布，σ相性硬而脆，弱化了晶界，进而造成微观损伤。

4 结论

① 高温过热器管用奥氏体不锈钢随服役时间的延长，晶内孪晶消失，位错密度有所减少，且趋向呈直线形态，大量第二相（如$M_{23}C_6$相、σ相等）在晶内、晶界析出，且晶内、晶界处σ相数量逐渐增多、尺寸逐渐增大。

② 失效高温过热器爆管晶内晶界析出大量σ相，σ相的尺寸粗大，并在晶界呈连续链状分布，是引起爆管的主要原因。

③ 该电厂高温过热器管材性能目前虽符合标准要求，但材料普遍存在老化问题。应当缩短检查周期，定期进行割管金相组织检查及相关性能测试，加大监控力度。同时，应考虑安排同期运行高温过热器管的整体更换。

参考文献

[1] 王起江，洪杰，徐松乾，等．超超临界电站锅炉用关键材料［J］．北京科技大学学报，2012，24（1）：26-33.

[2] 杨富．超超临界机组管道及管件国产化的现状与展望［C］//超超临界机组管道及管件国产化研讨会论文集．天津，2010：1-6.

[3] 沈美华，祝新伟，潘金平，等．电站锅炉热管常见泄漏原因及主要特征［J］．理化检验（物理分册），2013，49（8）：533-537.

[4] Xia Hongliang. Power plant boiler failure analysis of main components［J］. Advanced Materials Research，2014，945-949：1073-1076.

[5] Luo Xiaoling，Zhang Zhi. Failure analysis and retrofitting of superheater tubes in utility boiler［J］. Engineering Failure Analysis，2015，50：20-28.

[6] Viswanathan R，Coleman K，Rao U. Materials for ultra-supercritical coal-fired power plant boilers［J］. Pressure Vessels and Piping，2006，83（11）：778-783.

[7] Jones D R H. Creep failures of overheated boiler，superheater and reformer tubes［J］. Engineering Failure Analysis，2004，11（6）：873-893.

[8] Wang Wei，Wang Xue，Zhong Wanli. Failure analysis of dissimilar steel welded joints in a 3033t/h USC boiler［J］. Procedia Materials Science，2014，3：1706-1710.

电站锅炉高温过热器用钢蒸汽氧化行为研究

朱邦同　杨必应　张凤安

安徽省特种设备检测院，安徽合肥 230051

摘　要： 针对实际服役后的两种电站锅炉高温材料，研究其内壁蒸汽氧化行为。利用 XRD、SEM、EDS 和金相手段分析了内壁蒸汽氧化膜的物相、形貌、成分及氧化膜邻近基体的组织变化。通过研究发现：两种材料经服役后内壁均产生了两层结构的氧化膜，蒸汽侧氧化膜由 Fe_2O_3 和 Fe_3O_4 组成，基体侧氧化膜由 Fe_3O_4 和 $FeCr_2O_4$ 组成；蒸汽侧氧化膜疏松多孔，基体侧氧化膜结构致密；两种钢基体侧氧化膜中 Cr 元素含量存在富集现象；T91 钢基体侧氧化膜的相对厚度大于 12Cr1MoVG 钢，T91 钢基体侧氧化膜中尖晶石结构的 $FeCr_2O_4$ 相对含量较高，表现出较优良的抗氧化性；经服役后的 12Cr1MoVG 钢在靠近氧化层的邻近基体附近存在有明显的脱碳现象，而 T91 钢不存在有明显的脱碳层，T91 钢表现出良好的组织稳定性。

关键词： 高温过热器；12Cr1MoVG 钢；T91 钢；氧化行为；脱碳层

Study on Steam Oxidation Behavior of Steel Used in High Temperature Superheater of Power Plant Boiler

Zhu Bang-tong，Yang Bi-ying，Zhang feng-an

Anhui Special Equipment Inspection Institute， Hefei， Anhui， 230051

Abstract: The steam oxidation behavior of two kinds of power plant boilers after high-temperature service was studied. The phase，morphology and composition of the inner wall oxide film were characterized by XRD，SEM and EDS. Microstructures between the oxide film and near substrate also analyzed used metallurgical microscope. The results show that the inner walls of these two materials both displayed a two-layer structure of oxide film after been served. The compositions of the surface oxide film near steam side were Fe_2O_3 and Fe_3O_4. While the sub-surface oxide film on the substrate was composed of Fe_3O_4 and $FeCr_2O_4$. The surface oxide film displayed loose and porous structure，while the sub-surface oxide film presented a dense structure. There is a Cr-rich region in the sub-surface of these two steel near the substrate side oxide film. Under the substantially same conditions of service，the thickness of the sub-surface oxide film showed that T91 steel is greater than 12Cr1MoVG steel. The sub-surface oxide film of the T91 steel contain relatively high content of spinel structured $FeCr_2O_4$，which exhibit relatively higher oxidation resistance. Besides，the significant decarbonization phenomenon was occurred near the oxide layer in 12Cr1MoV steel. No obvious decarbonization layer was found in T91 steel，exhibiting excellent structural stability.

Keywords: super-heater; 12Cr1MoVG steel; T91 steel; Oxidation behavior; Decarburization

---

作者简介：朱邦同，1983 年生，男，硕士，主要从事锅炉安全检验检测及高温材料失效方面的研究。

0 引言

电站锅炉四小管（过热器管、再热器管、水冷壁管和省煤器管）爆漏是锅炉承压部件最常见的失效模式，因四管爆漏造成非停事故占机组非停事故的近 50%，严重影响了机组的安全性和经济性[1]。作为四管中的过热器，是电站锅炉受热面管中服役环境最恶劣的高温承压部件，高温过热器在高温高压的恶劣环境中长期服役，管材的内壁会产生高温蒸汽氧化腐蚀[2-4]。氧化膜的存在导致管壁有效承载面积的减小，管壁的应力增大；氧化皮的绝热容易引起管壁超温；另外，脱落的氧化膜会在弯头处堵塞引起弯头处超温，炉管长期在超温环境下运行到一定程度就会引起过热爆管[5]。因此，对电站锅炉高温过热器用钢内壁蒸汽氧化行为的研究成为当前的一个研究方向。

12Cr1MoVG 和 T91 钢是电站锅炉高温过热器最常用的两种材料，本文主要研究高温过热器用 12Cr1MoVG 和 T91 钢在实际工况下服役时效后的内壁氧化膜及邻近基体微观组织结构的变化。

1 实验材料及方法

本文所用服役后的 12Cr1MoVG 钢（用 A_1 表示）和 T91 钢（用 B_1 表示）均是从火力发电厂亚临界电站锅炉的高温过热器截取下来的管段，并选取原始未服役的 12Cr1MoVG（用 A_0 表示）和原始未服役的 T91 钢（用 B_0 表示）进行对比研究。不同钢的截取部位和服役条件如表 1 所示。

表 1 12Cr1MoVG 和 T91 钢的截取部位及服役条件

样品代号	截取部位	材质	运行温度/℃	运行压力/MPa	运行时间/10^4h
A_0	原始管	12Cr1MoVG	/	/	/
A_1	高温过热器	12Cr1MoVG	541	18.2	3.0
B_0	原始管	SA-335 T91	/	/	/
B_1	高温过热器	SA-335 T91	541	17.5	3.0

服役后的 12Cr1MoVG 和 T91 钢的内表面呈现出深黑色。用 D/MAX2500V 型 X 射线衍射仪（XRD）对管内壁养护膜进行物相分析；SU8020 型场发射扫描电镜（SEM）及其配备的电镜能谱仪（EDS）对 12Cr1MoVG 和 T91 钢的内壁横截面的形貌及成分分布进行分析；利用 AxioObserver. A1m 型金相显微镜评价 12Cr1MoVG 和 T91 钢内壁氧化膜邻近基体的显微组织变化。

2 实验结果与分析

电站锅炉高温过热器管的内壁与高温高压过热蒸汽长期相互作用，其内表面会发现氧化和过渡层显微组织的变化。因此，本文以 12Cr1MoVG 和 T91 钢的内表面为研究对象，通过 X 射线物相分析、能谱成分分析和表面形貌分析研究两种材料内表面的氧化行为。

2.1 氧化层 X 射线物相分析

为了研究高温过热器管过热蒸汽氧化腐蚀产物的物相组成，对服役后的 12Cr1MoVG 和 T91 钢的内表面进行 X 射线衍射物相分析，图 1 为两种材料服役后内表面的 XRD 图谱。由图可知，两种材料 XRD 图谱中均发现了 Fe_2O_3 和 Fe_3O_4 的衍射峰，两种材料内表面氧化产物中均没有发现 Cr_2O_3。对于 Fe-Cr 合金，根据 Wagner 合金选择氧化理论和 Fe-Cr-O 合金相图，形成单一稳定的 Cr_2O_3 氧化膜的临界 Cr 浓度为 25%[6,7]，显然 12Cr1MoVG 和 T91 两种材料中的 Cr 含量均达不到临界浓度，并且耐热钢在长期服役过程中，不连续的 Cr_2O_3 氧化膜会转变成其他氧化产物；T91 钢内表面中发现尖晶石结构的腐蚀产物 $FeCr_2O_4$，该氧化产物致密性较高，能够一定程度上防止基体材料的进一步腐蚀，12Cr1MoVG 内表面氧化膜 XRD 中未出现 $FeCr_2O_4$ 的特征峰，可能的原因是该材料中的 Cr 含量较低，腐蚀产物中即使存在腐蚀产物 $FeCr_2O_4$，X射线物相分析并不能有效探测到该物质的存在。

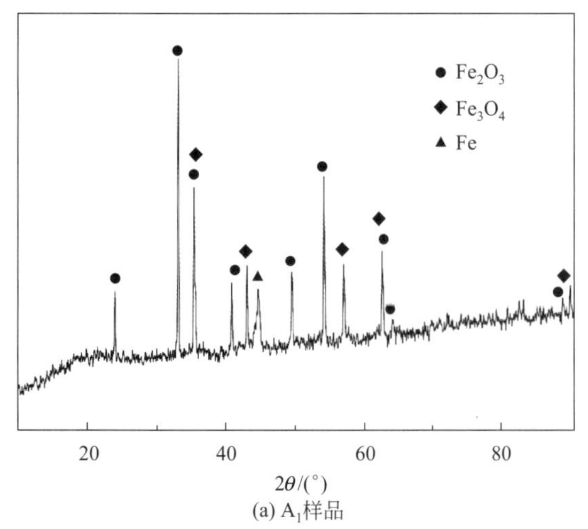

(a) A_1样品

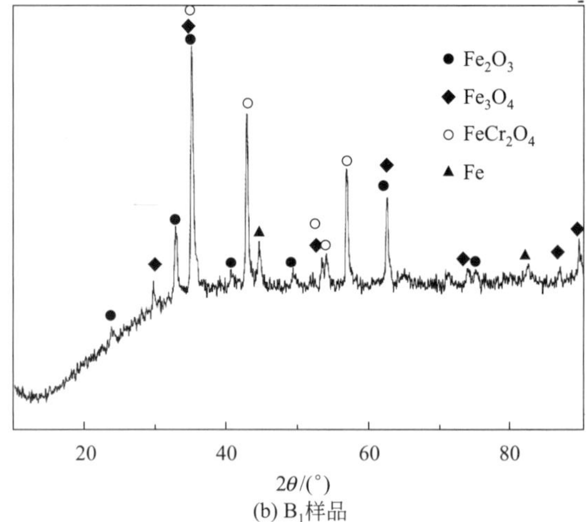

(b) B_1样品

图1 12Cr1MoVG和T91钢内表面XRD图谱

2.2 氧化膜横断面表面形貌分析

为了观察两种钢内表面氧化层形貌及元素成分，将试样用环氧树脂镶嵌后，制作金相磨面，进行扫描观察和微区EDS成分分析，横断面表面扫描观察如图2所示，其中（a）图为A1样品，（b）图为B1样品。在扫描电子显微镜下观察可知，经服役后的12Cr1MoVG和T91钢内壁氧化膜厚度约为100μm厚；氧化层均呈现两层结构，本文称为蒸汽侧氧化膜和基体侧氧化膜，基体侧氧化膜结构较为致密，蒸汽侧氧化膜疏松多孔。12Cr1MoVG钢两层氧化膜的厚度大致相当，而T91钢基体侧氧化膜厚度大于蒸汽侧氧化膜；两种材料蒸汽侧氧化膜中均发现不连续分布的空洞和空隙，其中T91钢氧化膜的空洞尺寸和数量大于12Cr1MoVG钢。

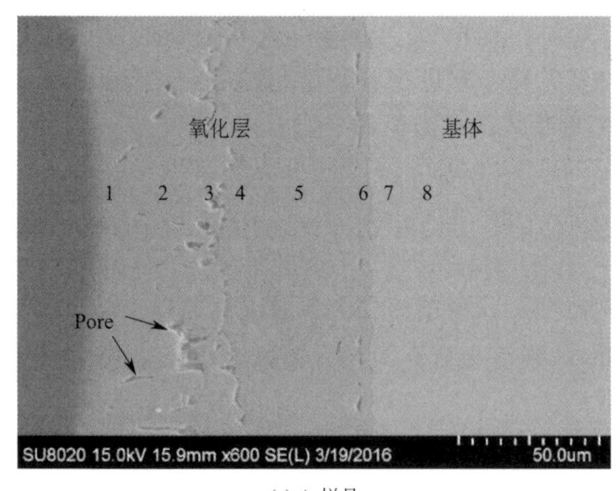

(a) A_1样品

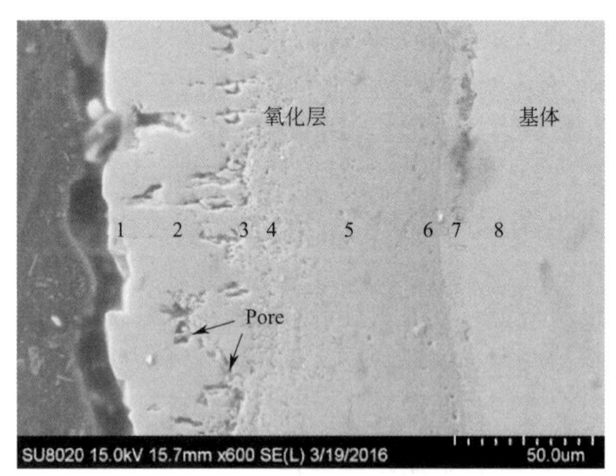

(b) B_1样品

图2 12Cr1MoVG和T91钢内表面横截面SEM形貌

2.3 氧化膜横断面成分分析

表2 12Cr1MoVG和T91钢内表面横断面测点微区EDS成分分析

检测点		12Cr1MoVG					T91				
		Fe	O	Cr	Mo	V	Fe	O	Cr	Mo	V
1	Wt%	67.2	32.8	/	/	/	69.5	30.5	/	/	/
	At%	36.9	63.1	/	/	/	39.5	60.5	/	/	/

续表

检测点		12Cr1MoVG					T91				
		Fe	O	Cr	Mo	V	Fe	O	Cr	Mo	V
2	Wt%	73.5	26.5	/	/	/	71.0	28.6	0.2	/	0.2
	At%	44.3	55.7	/	/	/	41.4	58.4	0.1	/	0.1
3	Wt%	75.4	24.4	0.3	/	0.3	71.2	27.9	0.5	0.2	0.2
	At%	47.2	52.4	0.2	/	0.2	42.0	57.5	0.3	0.1	0.1
4	Wt%	66.9	26.6	4.1	1.1	1.3	53.1	29.7	15.6	1.0	0.6
	At%	40.2	56.1	2.6	0.3	0.8	30.4	40.8	9.6	0.4	0.4
5	Wt%	71.3	26.5	1.8	0.1	0.3	56.4	28.5	14.9	/	0.2
	At%	42.9	55.7	1.1	0.1	0.2	32.8	57.5	9.4	/	0.1
6	Wt%	71.2	26.6	1.5	0.2	0.5	71.2	16.3	10.7	1.6	0.2
	At%	42.8	55.9	0.9	0.1	0.3	50.6	40.4	8.1	0.7	0.2
7	Wt%	97.0	/	1.4	0.7	0.9	88.9	/	9.7	1.3	0.1
	At%	97.0	/	1.6	0.4	1.0	88.8	/	10.3	0.8	0.1
8	Wt%	98.2	/	1.2	0.4	0.2	90.1	/	8.8	0.8	0.2
	At%	98.0	/	1.2	0.3	0.5	89.8	/	9.4	0.5	0.3

对图 2 中两种服役钢氧化膜内、外表面及邻近基体层分别选取微区进行 EDS 能谱成分的定量分析，其中内外层各选取三点、基体层选取两点，得到微区各元素的质量分数和原子分数，其结果如表 2 所示。由表可知，两种服役钢内表面氧化膜中 Fe、O 等元素的分布较为均匀，在对应的 Cr、Mo 合金元素最高处 Fe 含量出现低谷；两种钢蒸汽侧均富 Fe 贫 Cr，基体侧氧化膜富 Fe、Cr。其中 12Cr1MoVG 钢蒸汽侧靠近基体侧区域以及 T91 钢蒸汽侧中部和靠近基体侧处仅探测到极少量的 Cr、Mo、V 等合金元素，说明两种钢在蒸汽侧首先形成以 Fe 为主的氧化产物，这与电站锅炉大部分耐热钢的金属腐蚀特种相同[8-10]。两种钢基体侧氧化膜中 Cr 元素平均含量高于基体侧，并且在两层氧化膜的结合处基体侧 Cr 元素的含量最高，然后靠近基体 Cr 元素的含量依次降低，基体结合处氧化膜与基体中的含量大致相当。在氧化膜的形成和增厚过程中，水蒸气首先与 Fe 反应生成 Fe 的氧化物，部分 Cr、Mo 元素在参与氧化过程中反应生成易于挥发的 $CrO_2(OH)_2$ 和 MoO_2 等产物在 450℃以上运行环境中挥发掉，基体侧氧化膜中的 Cr、Mo 元素没有挥发掉，是因为蒸汽侧氧化膜中的空洞阻断了基体侧氧化膜 Cr、Mo 等元素的向外扩散，另外基体侧氧化膜中 Cr 的富集更容易形成具有尖晶石结构的以 FeO 为基的氧化产物 $FeCr_2O_4$。

本文利用（Fe、Cr）：O 之间的相对含量并结合 X 射线物相分析研究氧化膜中氧化产物的组成规律，由表 2 可以看出，在蒸汽侧氧化膜中，随着氧化层的深入，Fe 与 O 的质量比和原子比逐渐增大，氧的相对含量逐渐减少，说明氧化膜的形成主要是由氧的扩散控制。12Cr1MoVG 和 T91 钢位置 1 处的 Fe 与 O 的质量比和原子比均小于 Fe_2O_3（质量比 2.33，原子比 0.67）中 Fe 与 O 之比，说明两种材料在氧化膜的最外层，氧化得到充分进行。12Cr1MoVG 钢在 2 点和 3 点处 Fe 与 O 的质量比和原子比大于 Fe_3O_4（质量比 2.63，原子比 0.75）中 Fe 与 O 之比，为氧缺位型 Fe_3O_4 氧化产物。T91 钢在 2 点和 3 点处 Fe 与 O 的质量比和原子比介于 Fe_2O_3 和 Fe_3O_4 之间，腐蚀产物由 Fe_2O_3 和 Fe_3O_4 组成。综上所示，两种材料蒸汽侧氧化膜由 Fe_2O_3 和 Fe_3O_4 组成。12Cr1MoVG 钢基体侧氧化膜中 4、5、6 点处（Fe、Cr）与 O 的原子比接近 Fe_3O_4 和 $FeCr_2O_4$ 中的原子比，X 射线衍射图谱中未见 $FeCr_2O_4$ 的衍射峰，但是有文献报道该材料基体侧氧化膜中含有 $FeCr_2O_4$ 腐蚀产物[11]，结合微区成分分析可知 12Cr1MoVG 钢基体侧氧化膜由 Fe_3O_4 和少量 $FeCr_2O_4$ 组成。T91 钢 4、5、6 点处（Fe、Cr）与 O 的原子比总体大于 Fe_3O_4 和 $FeCr_2O_4$ 中的原子比，结合 X 射线图谱，其基体侧氧化膜由 Fe_3O_4 和 $FeCr_2O_4$ 组成，T91 钢基体侧氧化膜中 $FeCr_2O_4$ 相对含量远大于 12Cr1MoVG 钢中的相对含量，该氧化物结构致密，可以有效提高基体表面的抗腐蚀性能，并且 T91 钢基体侧氧化膜厚度大于 12Cr1MoVG 钢基体侧氧化膜，T91 钢表现出比 12Cr1MoVG 钢更加优异的抗腐蚀性能。

2.4 金相显微组织分析

对高温过热器用 12Cr1MoVG 钢和 T91 钢内壁氧化膜邻近基体进行了金相显微组织分析。图 3 为两种材料原始管和服役管内表面的金相显微组织图。12Cr1MoVG原始管和服役管的显微组织为典型的铁素体+珠光体组织，相比较原始管，服役管氧化膜附近的基体存在一片白色区域，分析可知，该白色区域为白色的铁素体，只有微量的珠光体存在，我们把氧化层附近的白色区域称为脱碳层，12Cr1MoVG高温过热器经长期高温高压水蒸气的作用产生的明显的脱碳现象。T91原始管和服役管的显微组织为典型的回火索氏体组织，相比较12Cr1MoVG钢，T91原始管和服役管的内表面均未见明显的脱碳现象，也同样说明T91钢在长期高温高压水蒸气作用下表现出比12Cr1MoVG钢更加优良的组织稳定性。

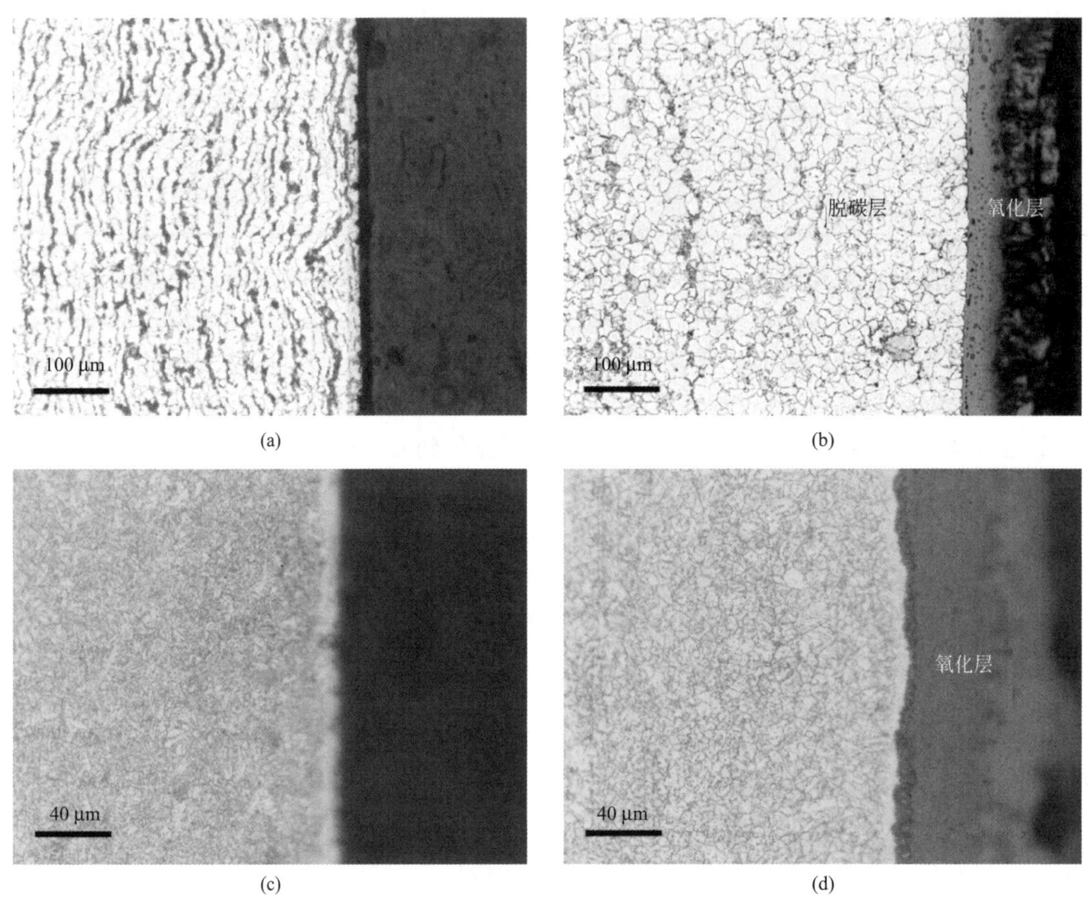

图3 12Cr1MoVG和T91钢内表面横断面显微组织

(a) A_0样品；(b) A_1样品；(c) B_0样品；(d) B_1样品

3 结论

本文对电站锅炉高温过热器用12Cr1MoVG钢和T91钢两种材料高温蒸汽氧化行为进行了研究。发现：

① 在高温高压水蒸气长时间服役后两种钢内壁均产生两层结构氧化膜；蒸汽侧氧化膜由Fe_2O_3和Fe_3O_4组成，基体侧氧化膜由Fe_3O_4和$FeCr_2O_4$组成；蒸汽侧氧化膜疏松多孔，基体侧氧化膜结构致密；两种钢基体侧氧化膜中Cr元素含量存在富集的现象。

② T91钢中基体侧氧化膜中$FeCr_2O_4$的相对含量远大于12Cr1MoVG钢中的相对含量，且T91钢基体侧氧化膜厚度大于12Cr1MoVG钢基体侧氧化膜，T91钢表现出比12Cr1MoVG钢更加优异的抗蒸汽腐蚀性能。

③ 经服役后的12Cr1MoV钢在靠近氧化层的邻近基体附近存在有明显的脱碳现象，而T91钢不存在有明显的脱碳层，T91钢表现出良好的组织稳定性。

目前，在用的亚临界电站锅炉高温过热器中12Cr1MoVG钢仍然是较常用的耐热钢材料，而T91

钢较 12Cr1MoVG 钢表现出优异的抗蒸汽腐蚀性能和良好的组织稳定性，因此亚临界电站锅炉高温过热器在设计选材阶段建议优先选取 Cr 含量较高的马氏体耐热钢。由于高温过热器用钢在长期高温服役过程中，内表面可能会产生明显的脱碳现象，外表面的金相组织不能完全代表材料的组织状态，对电站锅炉受热面管割管进行金相检验时，建议对受热面管横断面的金相组织进行全面分析。

参考文献

[1] 张磊，廉根宽. 电站锅炉四管泄漏分析与治理［M］. 北京：中国水利水电出版社，2009.

[2] Singh Raman，R. K.，and Gnanamoorthy，J. B.，1995，“Oxidation Behavior of Weld Metal，HAZ and Base Metal Regions in Weldments of Cr-Mo Steels，” Weld. J. Miami，FL，U. S.，744，pp. 133-139.

[3] 陈华，韩志海，马雁，等. 电厂锅炉管的高温腐蚀及金属陶瓷涂层防护［J］. 西安交通大学学报. 1997，3 (31)：86-91.

[4] 耿波，刘江南，赵颜芬，等. T91 钢高温水蒸气氧化层形成机理研究［J］. 铸造技术，2004，25 (12)：914-918.

[5] H. Nickel. T，Wouters. M，Thiele. W.. Quadakkers. The effect of water vapor on the oxidation behavior of 9 % Cr steels combustion gases，Fresenius J Anal Chem (1998) 361：540- 544.

[6] 李铁藩. 金属的高温氧化和热腐蚀［M］. 北京：化学工业出版社，2003.

[7] 岳增武，傅敏，李辛庚，等. 晶粒度对 P91 钢水蒸汽氧化性能的影响［J］. 腐蚀科学与防护技术，2008，20 (3)：162-165.

[8] Yun Chen，Kumar Sridharan，Todd Allen. Corrosion behavior of ferritic-martensitic steel T91 in supercritical water.

[9] 袁超，胡正飞，吴细毛. 热电厂 15CrMo 钢高温蒸汽氧化腐蚀机理研究［J］. 材料热处理学报，2012，33 (增刊)：90-95.

[10] 贾建民，陈吉刚，唐丽英等. 12X18H12T 钢蒸汽侧氧化皮及其剥落物的微观结构与形貌特种［J］. 中国机电工程学报，2008，28 (17)：43-48.

[11] 寇莉莉，王志武，艾永平. 12Cr1MoV 低合金耐热钢氧化膜结构形成机理研究［J］. 湖南电力，2008，(2)：3-5.

贴壁风喷口高宽比对660MW切圆燃烧锅炉流动和燃烧特性影响的研究

刘光奎　佟得吉

中国特种设备检测研究院，北京 100029

摘　要： 为解决电站锅炉水冷壁高温腐蚀严重的问题，本文提出了一种新型贴壁风技术。以1台660MW切圆燃烧锅炉为研究对象，通过气固两相流动特性试验和数值模拟方法研究贴壁风喷口高宽比对660MW切圆燃烧锅炉流动和燃烧特性影响。研究结果表明：贴壁风流经区域 O_2 浓度显著提高，CO浓度显著降低，近水冷壁区域氧化性气氛增强。随着贴壁风喷口高宽比的降低，喷口形状更加接近正方形，贴壁风射流刚性逐渐增强、扩散性逐渐变弱。贴壁风喷口高宽比对锅炉燃烧效果的影响可忽略不计。

关键词： 切圆燃烧锅炉；水冷壁；高温腐蚀；贴壁风

Effect of the height-width ratio of closing-to wall air nozzle on the flow and combustion characteristics of a 660MW tangentially fired boiler

Liu Guang-kui，Tong De-ji

China Special Equipment Inspection Institute， Beijing 100029

Abstract: To solve the problem of high temperature corrosion of water-cooled wall of power station boiler，this paper proposes a new type technology of closing-to wall air. Taking a 660MW tangentially fired boiler as the research object，gas-solid two phase flow experiments and numerical simulations were conducted to study the influences of the height-width ratio of closing-to wall air nozzle on the flow and combustion characteristics in the boiler. The results show that O_2 concentration in the flowing region is significantly increased，CO concentration is significantly reduced，and the oxidizing atmosphere in the near-wall region is enhanced. As the height-width ratio of the closing-to wall air nozzle is lowered，the shape of the nozzle is closer to a square，and the rigidity of the air flow is gradually increased，and the diffusibility is gradually weakened. The influence of the height-width ratio on the combustion effect of the boiler is negligible.

Keywords: Tangentially Fired Boiler; Water-ooled Wall; High Temperature Corrosion; Closing-to-wall air

0　引言

我国约80%以上燃用贫煤的电站锅炉存在不同程度的水冷壁高温腐蚀问题。近年来，国内电厂普遍采用

基金项目：质检公益性行业科研专项项目“带脱硫脱硝装置锅炉检测技术及安全、能效评价方法研究”（编号：201510067）子项目二“基于燃烧调整的水冷壁高温腐蚀评价及防治技术研究”。

作者简介：刘光奎，1986年生，男，高级工程师，工学博士，主要从事电站锅炉检验、检测及安全评价技术研究。

低 NO_x 燃烧技术和烟气脱硝技术相结合的综合防治措施来控制 NO_x 排放浓度。低 NO_x 燃烧技术通过降低主燃烧区的氧量来控制燃烧过程中 NO_x 的生成量，但同时增强了主燃烧区的还原性气氛，加剧了水冷壁高温腐蚀。锅炉水冷壁发生高温腐蚀后，壁厚减薄，强度降低，容易造成泄漏和爆管，危及锅炉安全运行。

贴壁风技术是缓解锅炉水冷壁高温腐蚀的有效手段。本文提出了适用于切圆燃烧煤粉锅炉的新型贴壁风技术，以某厂 660MW 切圆燃烧锅炉为研究对象，研究贴壁风喷口高宽比对炉内特别是近水冷壁区域流动和燃烧特性的影响。

1 新型贴壁风技术介绍

已见报道或实现示范应用的贴壁风技术主要包括孔缝型[1,2] 和前后墙对冲型[3] 两大类：前者风量小、风速低，虽然能在水冷壁向火侧形成比较均匀的空气膜，但喷口容易被灰颗粒或结焦堵死而失去其作用；后者仅适用于对冲燃烧煤粉锅炉，而且需要较大的贴壁风量和贴壁风速才能到达侧墙中心高温腐蚀最严重的区域，容易对炉内燃烧造成不利影响。

本文提出的新型贴壁风技术方案如图 1 所示：贴壁风喷口布置在水冷壁易发生高温腐蚀的位置，贴壁风喷口呈“凹”形结构，若干水冷壁管向炉膛内部弯曲形成内凹水冷壁，炉墙水冷壁和内凹水冷壁共同组成了贴壁风喷口。贴壁风箱布置于炉墙水冷壁外侧，完全罩住所述的贴壁风喷口，通过贴壁风连接管与风道连接。贴壁风连接管上装设调节挡板，通过调节挡板开度控制来自风道的贴壁风风量。

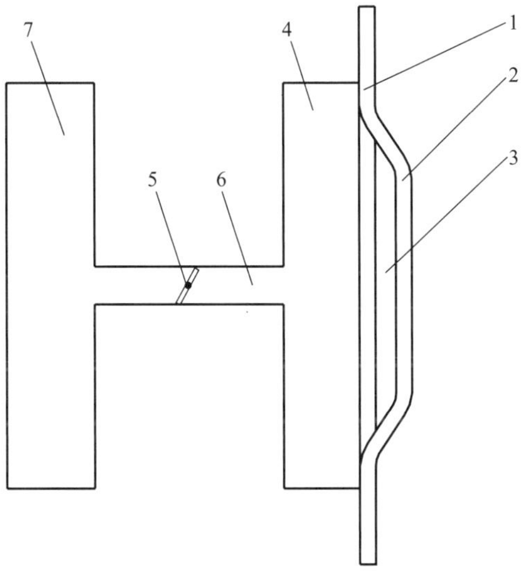

图 1 新型贴壁风技术方案示意图

1—炉膛水冷壁；2—内凹水冷壁；3—贴壁风喷口；4—贴壁风箱；5—调节挡板；6—贴壁风连接管；7—风道

2 研究对象及研究方法

2.1 研究对象

本文研究对象为某锅炉厂设计制造的 1 台墙式布置切圆燃烧 660MW 超临界锅炉，炉膛截面尺寸为 20.402m（宽）×20.072m（深），炉膛总体高度 68m，采用Ⅱ型布置。燃烧器分两级布置，共有 6 层喷口，BMCR 工况时投运 5 层。在燃烧器上方的炉膛四角布置 4 层燃尽风喷口（SOFA）。制粉系统采用中速磨直吹系统，乏气送粉，配 6 台磨煤机，投 5 备 1。锅炉设计煤质为褐煤。

2.2 研究方法

本文研究方法包括气固两相流动特性试验和燃烧特性数值模拟。

气固两相流动特性试验通过冷态模化的方法建立锅炉冷态试验模型，遵循以下准则：①模型与原型的比例取 1∶10；②模型流动处于第二自模化区；③模型和实际锅炉中各股气流的动量比相等，且一次风中的颗粒质量浓度也相一致；④斯托克斯准则。本试验采用的玻璃微珠真实密度为 2500kg/m^3，中位粒径为 42μm。这个粒径下炉内颗粒雷诺数范围在 20 至 40 之间，与原炉膛内的煤粉运动处于同一阻力区，流动具有相似性。试验用玻璃微珠的粒径分布如图 2 所示。粒径为 0～10μm 的细颗粒具有很好的跟随性，用来示踪气相流动，粒径在 10μm 以上的颗粒用来表征固相流动。采用相位多普勒粒子动态分析仪（PDA）进行测量，测量系统如图 3 所示，测量范围及误差见表 1。利用文丘里流量计测量空气流量，误差小于±10%。给料机配备变频调节装置控制实际给粉量。一次风粉混合物在喷入炉膛之前有较长的直段长度，使颗粒充分加速，在出口处速度分布趋于一致。模型的正面安装钢化玻璃，作为测量窗口。

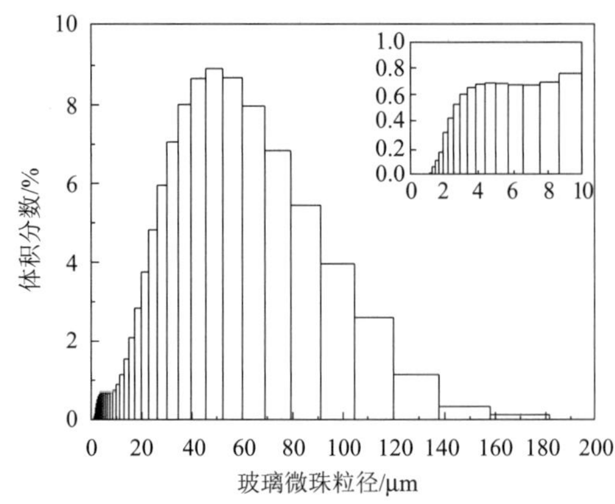

图2 试验用玻璃微珠粒径分布

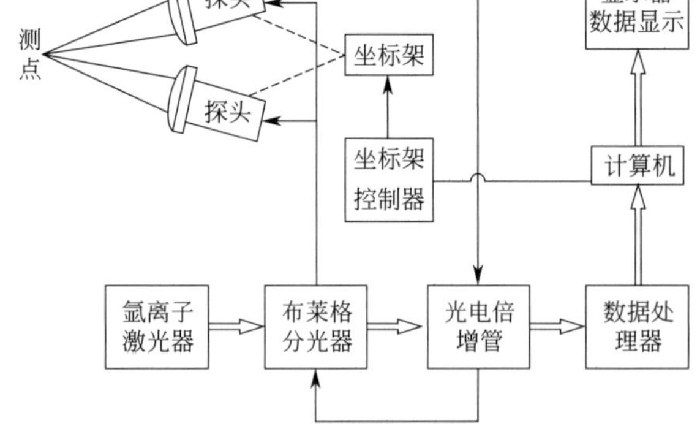

图3 PDA测量系统简图

表1 PDA系统的测量范围和精度

项目	速度	粒径	浓度
测量范围	−500～500m/s	0.5～10000μm	0～10^{12}个/cm^3
测量精度	1%	4%	30%

燃烧特性数值计算采用软件Fluent 6.3.26进行数值模拟。计算模型的选取如下：气相湍流流动采用可实现K-ε模型[4]，气固两相流动采用拉格朗日随机颗粒轨道模型[5]，辐射换热采用P-1模型[6]，挥发分的热解和燃烧采用双竞争反应模型和混合分数PDF法[7]，焦炭燃烧采用动力-扩散控制模型[8]。计算域进口和出口边界条件分别选择速度入口和压力出口，壁面边界条件按照无滑移条件取值。为了消除网格数量对计算结果的影响，数值模拟开始前进行了网格独立性验证，结果如图4所示。当网格数量足够大时，炉膛出口氧量的计算结果不再变化。本文数值计算时采用结构化六面体网格，网格总数为4634352个。

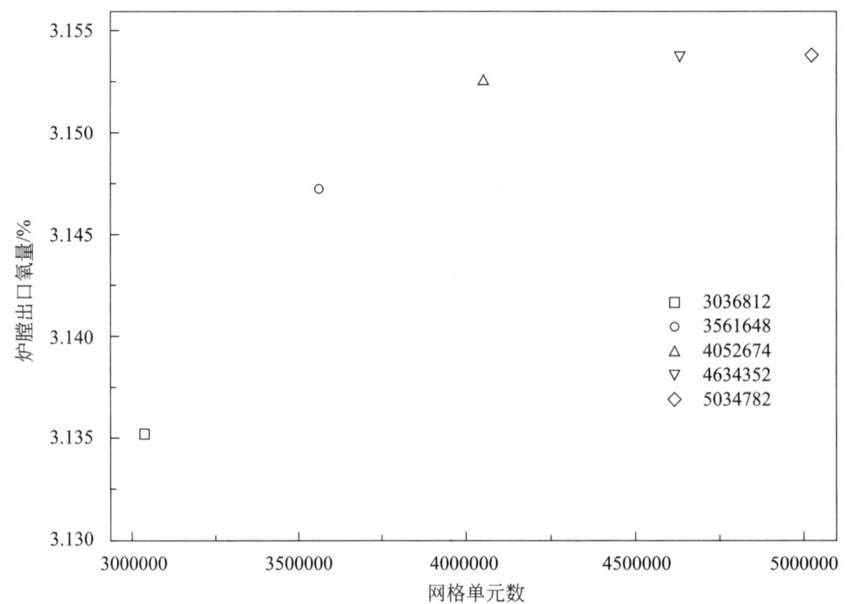

图4 数值计算网格独立性验证结果

2.3 工况安排

本文根据贴壁风喷口高宽比不同，共安排4个工况，喷口高宽比分别为：25、6.25、2.78和1.56。各工况其余参数相同，整台锅炉贴壁风喷口数量为20个，贴壁风率占入炉总风量的2%，贴壁风速为15m/s。

3 气固两相流动特性试验结果及分析

不同贴壁风喷口高宽比下气固两相 X 方向速度分布如图 5 所示。在图中可以看出，贴壁风喷口高宽比的改变，对燃烧器出口区域 X 方向速度影响很小，各工况在 X 方向速度分布基本一致，图像并无明显波动。

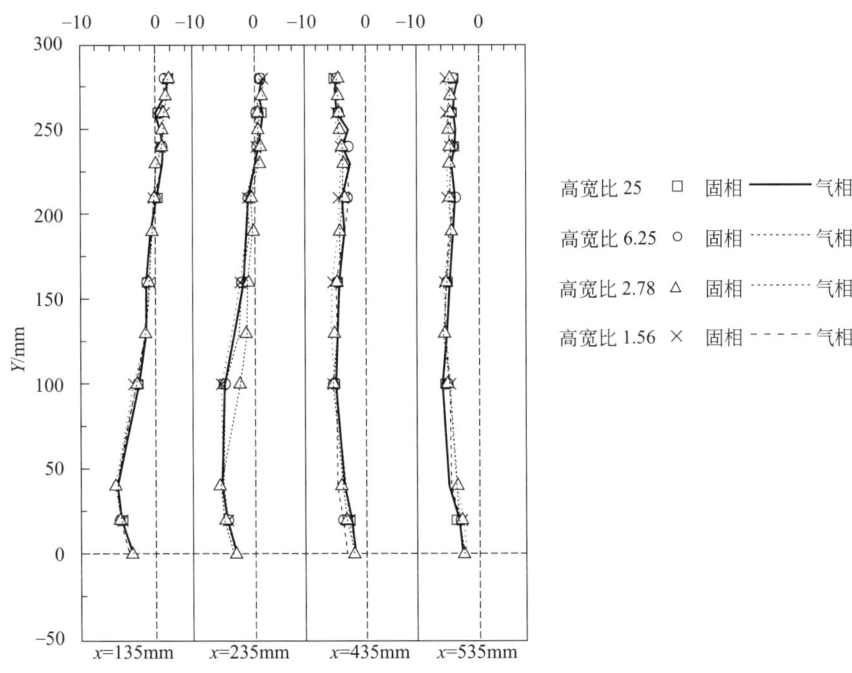

图 5 不同贴壁风喷口高宽比下燃烧器喷口区域 X 方向速度分布

不同贴壁风喷口高宽比下气固两相 Y 方向速度分布如图 6 所示。从图中可以看出，贴壁风喷口高宽比的改变，对燃烧器出口区域 Y 方向速度影响很小，不同贴壁风喷口高宽比下气固两相 Y 方向速度分布规律基本相同。在 $X=135\text{mm}$ 时，贴壁风喷口高宽比为 25 时，Y 方向速度最小。

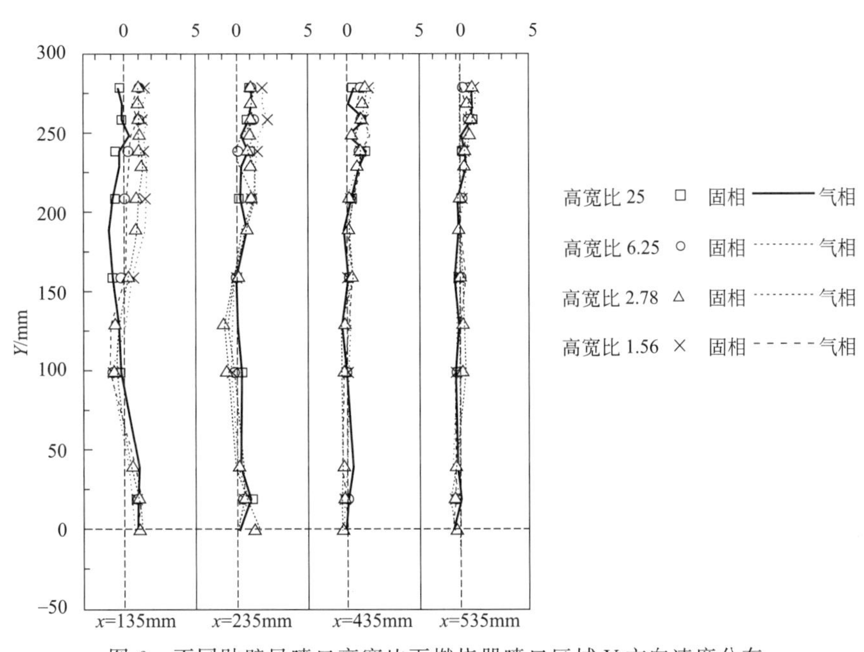

图 6 不同贴壁风喷口高宽比下燃烧器喷口区域 Y 方向速度分布

图 7 所示为不同贴壁风喷口高宽比下近水冷壁区域 X 方向速度分布。从图中可以看出，不同工况下，贴壁风均具有较好的穿透性，能够沿水冷壁流动至较远位置。贴壁风喷口高宽比的改变，对近水冷壁区域 X 方

向速度影响显著，随着贴壁风喷口高宽比降低，喷口越接近于正方形，贴壁风射流刚度增大，速度衰减变缓。同时，由于射流刚性增大，不利于气流在 Z 方向上的扩散，因此在 $Z=100$ 截面上风速较低。

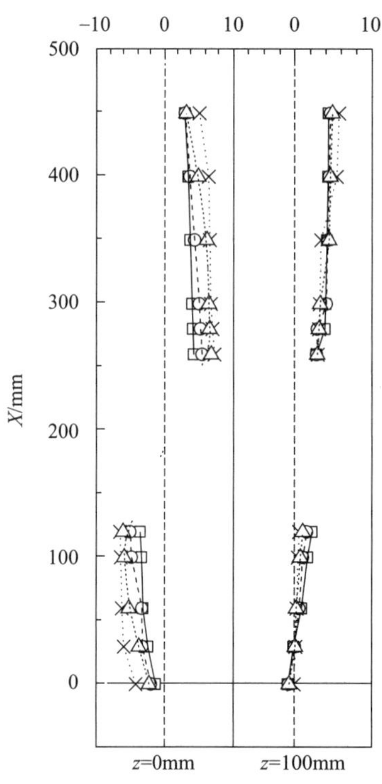

高宽比 25 □ 固相 ——— 气相 高宽比 6.25 ○ 固相 ········ 气相
高宽比 2.78 △ 固相 ········ 气相 高宽比 1.56 × 固相 - - - - 气相

图 7 不同贴壁风喷口高宽比下近水冷壁区域 X 方向速度分布

4 燃烧特性数值计算结果及分析

图 8 所示为不同贴壁风喷口高宽比下炉膛近水冷壁区域 O_2 浓度分布，图 9 所示为不同贴壁风喷口

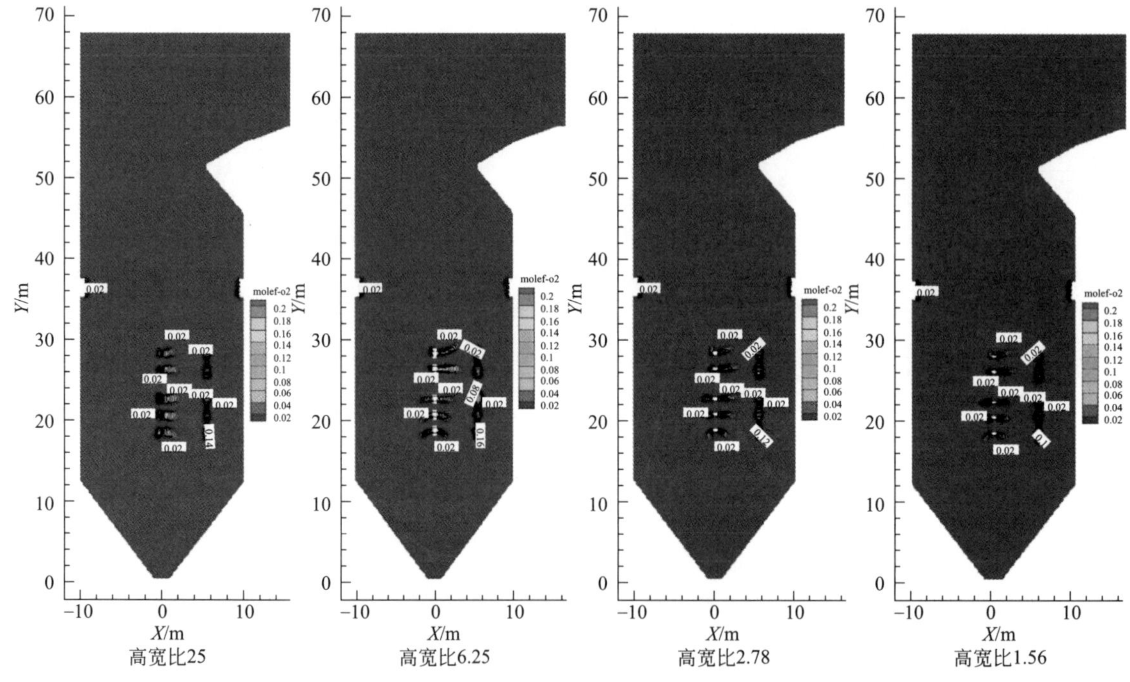

图 8 不同贴壁风喷口高宽比下炉膛近壁区域 O_2 浓度分布

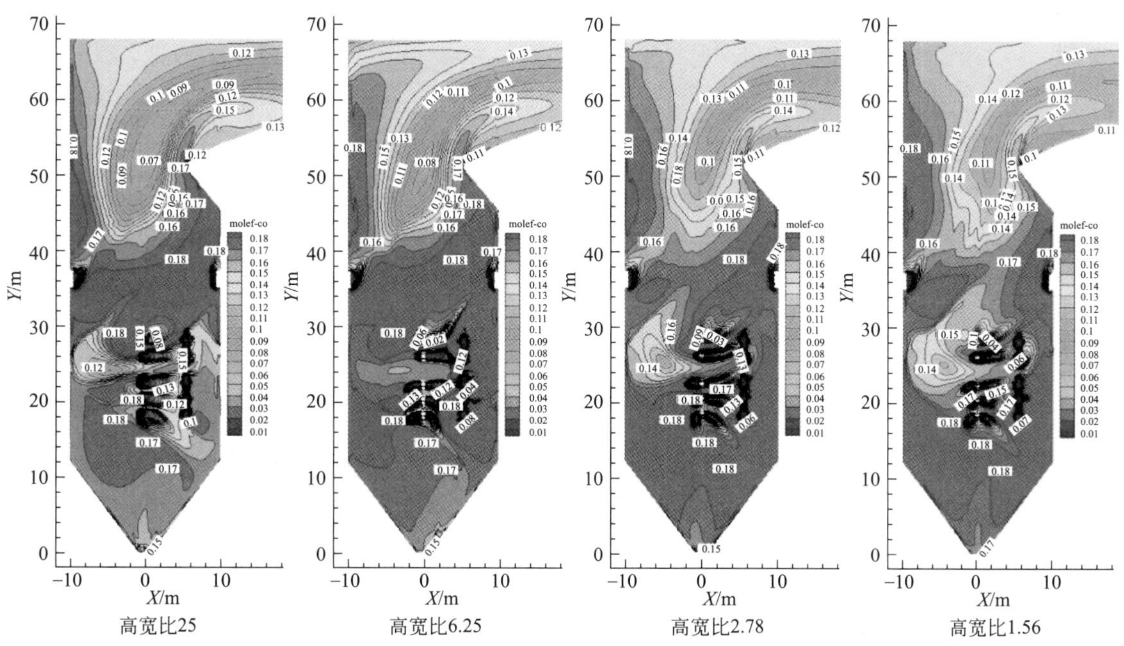

图9 不同贴壁风喷口高宽比下炉膛近壁区域CO浓度分布

高宽比下炉膛近水冷壁区域CO浓度分布。从图中可以看出，贴壁风流经的区域O_2浓度显著提高，均大于2%，CO浓度显著降低，均小于1%，但是射流扩散性较差，射流上下区域仍然存在部分面积的O_2浓度低于2%、CO浓度高于1%。由于受到炉内切圆主气流的影响，同一炉墙上的左右两侧贴壁风射流的穿透深度并不相同，与炉内主气流方向一致的贴壁风气流的穿透深度较大，与炉内主气流方向相反的一侧贴壁风气流的穿透深度较小。随着贴壁风喷口高宽比的减小，喷口的高宽比越接近1，喷口形状更加接近正方形，贴壁风射流刚性逐渐增强、扩散性逐渐变弱。

表2给出了不同贴壁风喷口高宽比下炉膛出口参数的数值计算结果。贴壁风喷口高宽比变化时，炉膛出口烟气温度、氧气浓度和CO浓度基本相同，飞灰可燃物含量6.4%～6.8%。各工况炉膛出口参数计算结果相差不大，说明贴壁风喷口高宽比变化对炉内燃烧的影响较小，对锅炉燃烧效率的影响可以忽略不计。

表2 不同贴壁风喷口高宽比下炉膛出口烟气平均温度及组分浓度

工况	烟气温度/K	O_2浓度/%	CO浓度/%	飞灰可燃物含量/%
高宽比25	1281	3.07	0.36	6.46
高宽比6.25	1287	3.13	0.41	6.77
高宽比2.78	1285	3.25	0.48	6.58
高宽比1.56	1290	3.19	0.30	6.66

5 结论

以1台660MW切圆燃烧锅炉为研究对象，采用新型贴壁风技术，通过气固两相流动特性试验和数值模拟方法研究贴壁风喷口高宽比对流动和燃烧特性的影响，得出以下结论：

① 本文提出的新型贴壁风均具有较好的穿透性，能够沿水冷壁流动至较远位置，对流经的水冷壁区域起到保护作用；

② 贴壁风增强了近水冷壁区域的氧化性气氛，贴壁风流经的区域O_2浓度显著提高，均大于2%，CO浓度显著降低，均小于1%，能够有效缓解水冷壁高温腐蚀；

③ 随着贴壁风喷口高宽比的降低，喷口形状更加接近正方形，贴壁风射流刚性逐渐增强、扩散性逐渐变弱；

④ 贴壁风喷口高宽比对锅炉燃烧效果的影响可忽略不计。

参考文献

[1] 李争起，陈智超，孙锐，等．防止水冷壁高温腐蚀和结渣的燃烧器墙式布置的锅炉装置：中国，CN1657825A［P］，2005.

[2] 张知翔，成丁南，王云刚，赵钦新．新型贴壁风装置的结构设计和优化模拟［J］．动力工程学报，2011，2(31)：79-84，102.

[3] 姚露，陈天杰，刘建民，等．组合式贴壁风对660MW锅炉燃烧过程的影响［J］．东南大学学报（自然科学版），2015，45（1）：85-90.

[4] Shih T H，Liou W W，Shabbir A A. New k-ε Eddy Viscosity Model for High Reynolds Number Turbulent Flows-model Development and Validation［J］. Computers Fluids，1995，24（3）：227-238.

[5] Gosman A D，Loannides E. Aspects of Computer Simulation of Liquid-fuelled Combustors［C］. AIAA 19th Aerospace Science Meeting，1981，81：323-333.

[6] Cheng P. Two-dimensional Radiation Gas Flow by a Moment Method［J］. AIAA Journal，1964，2：1662-1664.

[7] Smoot L D，Smith P J. Coal Combustion and Gasification［M］. New York：Plenum Press，1989：163-264.

[8] 周力行．湍流两相流动与燃烧的数值模拟［M］．北京：清华大学出版社，1991.

大型电站锅炉 T91 钢长时在役性能分析

张宏伟　胡玉龙　王英杰　崔　旺　袁　源

内蒙古自治区锅炉压力容器检验研究院，呼和浩特 010020

摘　要： 电站锅炉受热面管在高温、高压的参数下运行，随着运行时间的累积，材料的力学性能、微观组织都会有所变化，最终使材质劣化不能满足性能要求导致材料失效。本文主要用 X 射线衍射试验、扫描电镜观察、能谱分析等先进试验手段对材料的微观性能进行分析。材料选取在役约 5 万小时的锅炉末级过热器高温段管子为对象。本文的试验数据对研究电站锅炉 T91 钢各阶段的失效分析具有重大意义。

关键词： 电站锅炉；T91 钢；性能分析

Long service performance analysis of T91 steel for large power plant boiler

Zhang Hongwei，Hu Yulong，Wang Yingjie，Cui Wang，Yuan Yuan

The Inner Mongolia Autonomous Region boiler and pressure vessel inspection and Research Institute，Hohhot 010020

Abstract: The heating surface tubes of utility boilers operate under high temperature and high pressure. With the accumulation of operation time，the mechanical properties and micro-structure of materials will change，and ultimately the deterioration of materials can not meet the performance requirements and lead to material failure. In this paper，X-ray diffraction test，scanning electron microscopy observation，energy spectrum analysis and other advanced testing methods are used to analyze the Micro-properties of the material. The material is selected as the object of study for the tube in the high temperature section of the last superheater of the boiler in service for about 50,000 hours. The test data presented in this paper are of great significance to the failure analysis of T91 steel in various stages of power plant boilers.

Keywords: Power plant boiler; T91 steel; Performance analysis

0　前言

随着超临界、超超临界机组容量的增大参数的提高，T91 钢已作为大型电站锅炉受热面高温部件主要选用材料，从超高压以上（额定压力≥13.7MPa）电站锅炉的高温部件到超临界（额定压力≥22.1MPa）以上参数锅炉的受热面管子都将 T91 钢材广泛应用。主要用于制造壁温不超 650℃的高温过热器、高温再热器、屏式过热器等重要受热面部件[1-3]。可替代 TP304H 和部分 TP347H 用于亚临界锅炉的过热器和再热器管上，避免不锈钢在高温长时在役造成的氧化皮脱落和堆积的危害。而过去的十年是我国火电发展最迅速的阶段，意味着目前亚临界规模以上的大型电站锅炉以长时在役状态进入定期检验期。也是我们特种设备检验技术面临最严峻的考验时期[4]。

作者简介：张宏伟，1986 年生，男，检验人员，本科，主要从事特种设备检验检测工作。

从特种设备安全角度讲，研究该材料在使用过程的性能变化及其失效时间的预估直接关系到锅炉的安全经济运行。也可以为大型电站锅炉定期检验提供可靠的数据支撑，因此研究分析 T91 钢材料的失效过程及其性能的变化是非常有必要的[5,6]。

1 取样

① 在无应力作用下的原始 T91 钢管（规格为 ϕ63.5mm×11.5mm）截取样品。

② 内蒙古某电厂 2×600MW 亚临界机组 3＃锅炉末级过热器管子的背火侧和向火侧截取样品。

锅炉型号：SG-2059/17.5-M920，额定压力 17.5MPa，额定温度 541℃，累计运行小时数 47489h，查阅运行记录未出现超温超压现象。取样部位位于末级过热器中间管屏出口处最前侧高温段管子部位。

2 试验方法与试验结果

对试样主要进行力学性能试验、金相试验、X 射线衍射试验、扫描电镜观察、能谱分析等试验，通过以上试验方法得出的试验数据与同一厂家生产的同材质、同规格的原始管子进行对比试验数据并得出结论。

2.1 力学性能试验数据分析

在 T91 钢管的向火侧和背火侧分别取样并编号在室温下进行拉伸试验，试验所得数据见表 1，冲击试验数据结果见表 2。

表 1 T91 钢管拉伸试验结果

试样	抗拉强度 R_m/MPa
向火侧	644.60
背火侧	650.12

表 2 服役后的 T91 钢冲击试验数据

试样	冲击功(KV_2)/J
向火侧	71.5
背火侧	74

与室温下原始 T91 钢管标准（见表 3）相比可知，服役 5 万小时后 T91 钢管的向火侧及背火侧的抗拉强度平均值值分别为 644.60MPa、650.12MPa，可见服役后的 T91 钢的室温抗拉强度、冲击吸收能量满足 GB/T 5310—2017 规定的室温下的要求。

表 3 T91 钢的室温力学性能

标准号	屈服极限/MPa	抗拉强度/MPa	冲击功(KV_2)/J
GB/T 5310—2017	≥415	≥585	≥40

2.2 金相组织分析

图 1 是原始 T91 钢几个不同部位的光学金相组织照片。试验用 T91 钢管向火侧和背火侧几个不同位置的显微组织如图 2、图 3 所示。

从金相图片中可以看出

① 其组织为具有马氏体相位的回火索氏体，晶粒度为 7～8 级，有比较明显的细小针状特征且组织均匀，可以看见其原始的奥氏体晶粒，晶粒细小直径约 30～31μm，满足标准的要求，视场内没看到一些粗系非金属夹杂物，符合夹杂小于 2.5 级的标准。正是由于这样的组织结构，使得 T91 钢具有了良

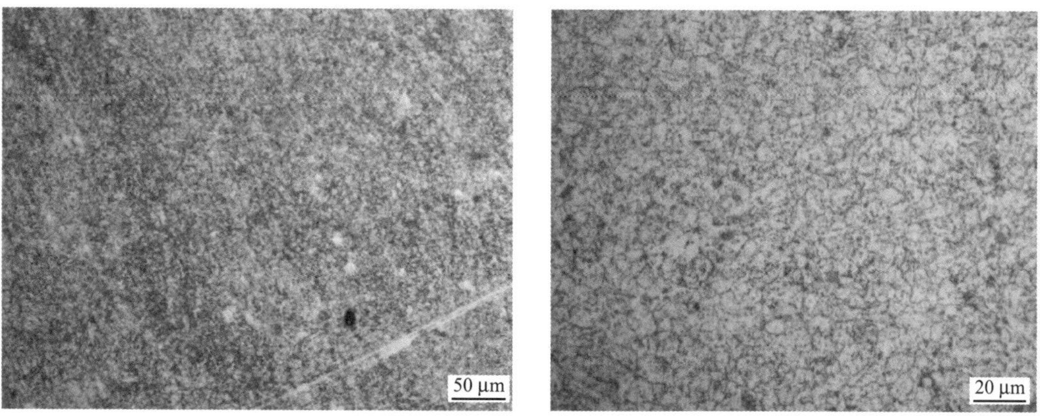

图 1　原始 T91 钢显微组织 200× 和 500× 的显微组织

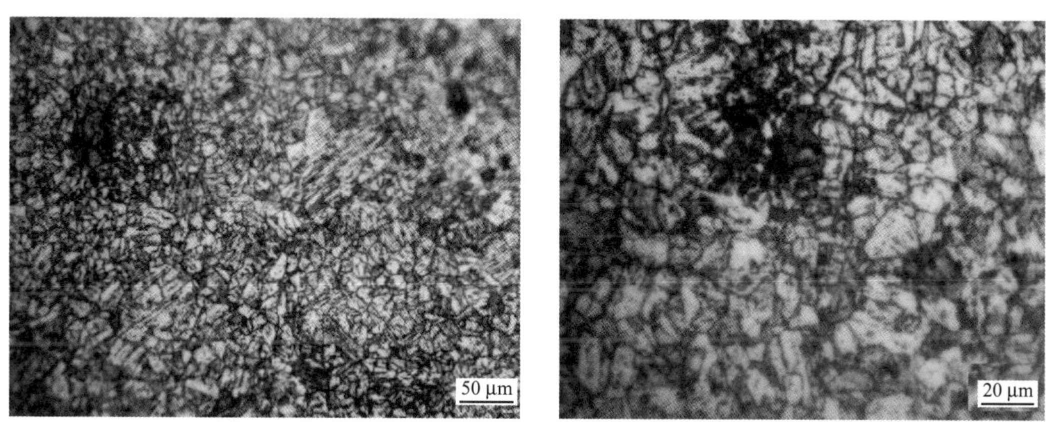

图 2　服役 5 万小时后 T91 钢向火侧 200× 和 500× 的显微组织

图 3　服役 5 万小时后 T91 钢背火侧 200× 和 500× 的显微组织

好的热强性能。

② 服役 5 万小时后的 T91 钢的显微组织与原始钢管组织对比有一定的差异。向火侧由于受热颗粒尺寸增长明显，晶粒边界更加清晰，晶粒数量减少，组织粗化。由于部分马氏体转化为铁素体存在，铁素体呈多边形状，板条状马氏体痕迹不明显。没有发现异常组织、蠕变空洞、裂纹等。

试验结论：晶粒尺寸增长明显，组织粗化，未发现异常组织、未发现微观裂纹。

2.3　X 射线衍射试验数据分析

T91 钢试样向火侧、背火侧、原始 T91 钢管试样 X 射线衍射结果如图 4～图 6。

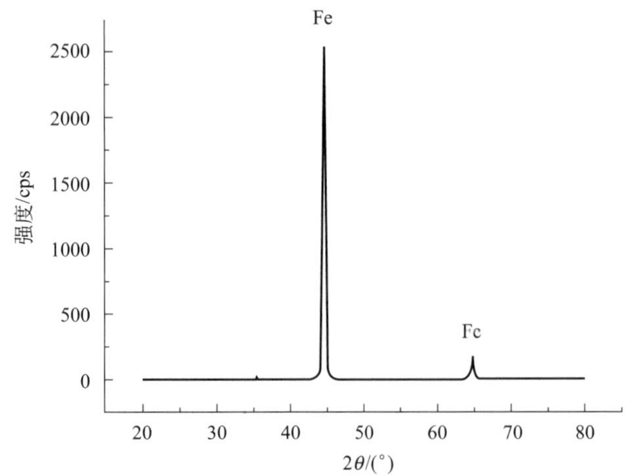

图 4　向火侧 X 射线衍射分析图

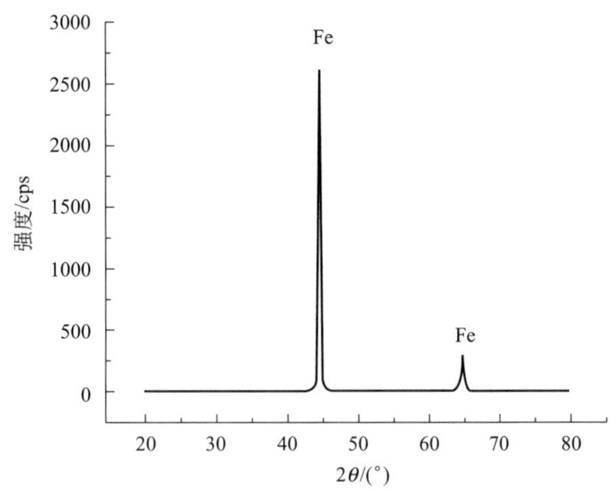

图 5　背火侧 X 射线衍射分析图

从试验结果可以看出，服役 5 万小时后的 T91 钢向火侧第一强峰的强度值为 2400cps，背火侧强度大约为 2500cps，最强峰与原始钢管中形成第一强峰的角度强度相比均在 45°左右，没有明显差异，由此说明服役前后并没有新相生成，其中含量最多的是 Fe 相。

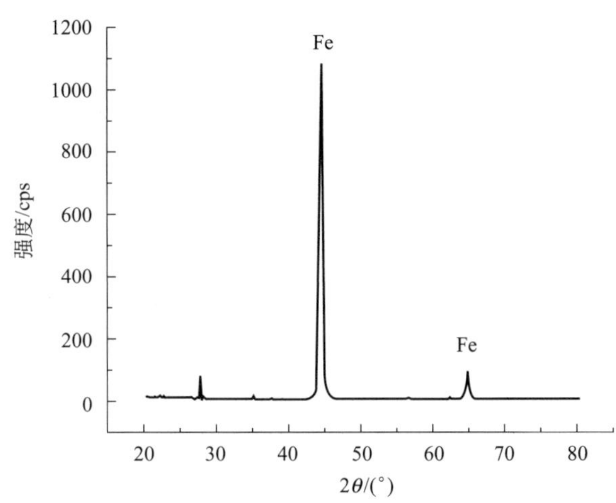

图 6　原始 T91 钢 X 射线衍射图

2.4　扫描电镜观察分析

本试验主要是利用扫描电镜扫描拉伸断口试样观察并分析断裂方式，断裂是材料外力条件下丧失连续性的过程，包括裂纹的萌生和扩展，断裂过程的研究有很大的实际意义。将试样放在 JEOL 扫描电子显微镜下得到其表面形态。背火侧及向火侧的放大 2000×如图 7、图 8 所示。

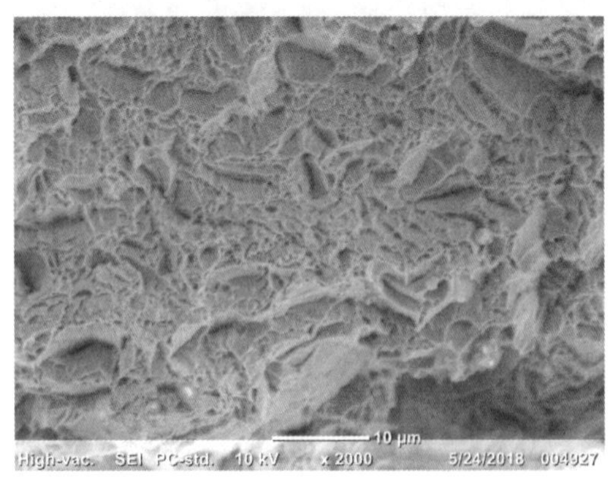

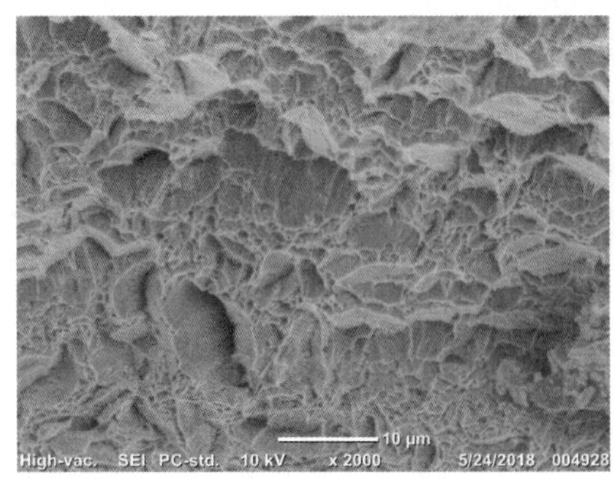

图 7　背火侧扫描电镜图 2000×

从照片中可以看出，拉伸后断口宏观上平直与正应力垂直，没有明显的塑性变形，断口可以拼合复原，裂纹走向沿着晶面不在某一平面上运动，只有少量韧窝存在且尺寸很小深度也很浅，断面颜色有的较光亮有的较灰暗，可以判断 T91 钢的断裂方式为脆性断裂，有明显的撕裂棱分布在断口。

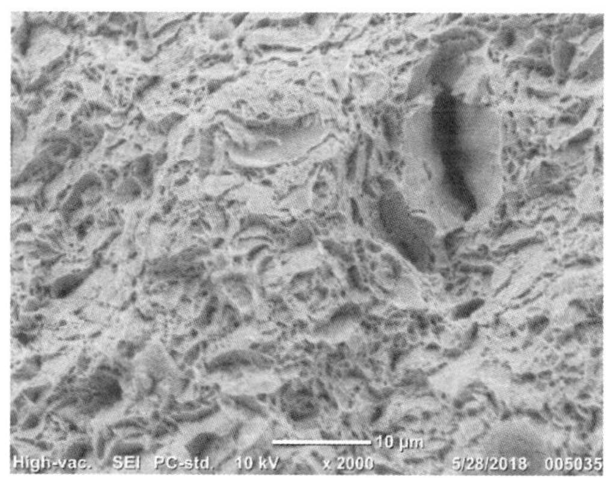

图 8 向火侧扫描电镜图 2000×

试验结论：断口有以拉长韧窝为主的韧性断裂向以拉长韧窝和撕裂棱为主的准解理断裂转变趋势。

2.5 能谱分析

T91 钢试样氧化膜表面形貌如图 9。

从照片中可以看出，T91 钢管内表面经高温氧化后，在基体与外界接触的表面会形成颗粒状晶粒，然后在表面形成完整的氧化膜。氧化膜表面凹凸不平，可以看到尺寸较大的孔洞呈黑灰色，具有明显的坑状结构且可以看到清晰的缝隙，说明表面形成的氧化膜与金属基体之间的黏结性变弱。

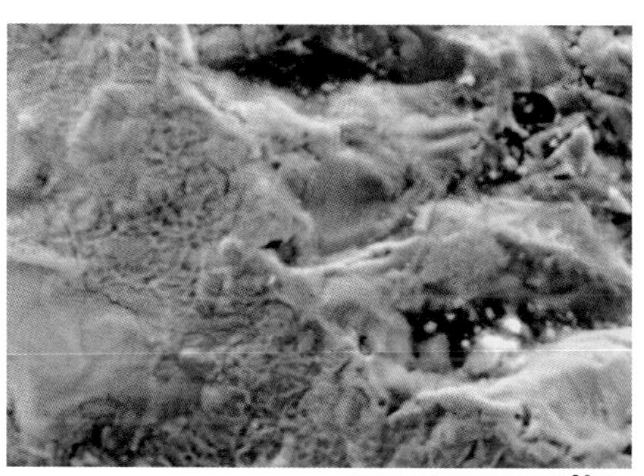

图 9 T91 钢试样氧化膜表面形貌图

从表 4 能谱检得出的数据来看，第一列为试件所含元素种类，第二列为检测相关元素所需要的能量，第三列为聚集数量，第四列为 δ 数值，第五列为原子比，一般用来确定成分 T91 钢中含有元素 C、O、Si、V、Cr、Fe，其中含量最多的是 C、O、Fe，因此可以确定氧化膜的主要产物为氧化物和碳化物。

表 4 T91 钢试样能谱数据

元素	能量/keV	质量/%	Sigma(δ)	原子含量/%	K
C K	0.277	14.95	0.19	29.28	2.5853
O K	0.525	32.27	0.34	47.44	25.6494
Si K	1.739	1.29	0.06	1.08	0.9355
V K	4.949	0.46	0.05	0.21	0.6355
Cr K	5.411	15.75	0.21	7.12	23.0064
Fe K	6.398	35.28	0.36	14.86	47.1880

3 结论

本文对服役 5 万小时的 T91 钢管进行了微观性能分析，利用光学显微镜对组织进行分析并与原始 T91 钢管试样的组织进行对比，通过 X 射线衍射、扫描电镜、能谱分析对 T91 钢断口表面形貌和管内壁氧化膜的成分进行分析得出如下结论。

① 电站锅炉服役 5 万小时后的过热器管 T91 钢的抗拉强度、冲击吸收功仍满足 GB/T5310 标准要求。

② 光学显微镜下运行后 T91 钢和原始 T91 钢的微观金相组织有一定的差异，晶粒尺寸增长明显，组织粗化，未发现异常组织、未发现微观裂纹。

③ 服役5万小时后的T91钢与原始钢管中的物相没有明显差异，并没有新相生成，其中含量最多的是Fe相。

④ T91钢的断裂方式为脆性断裂，有明显的撕裂棱分布在断口。断口有以拉长韧窝为主的韧性断裂向以拉长韧窝和撕裂棱为主的准解理断裂转变趋势。

⑤ 氧化膜表面凹凸不平，可以看到坑状结构。管材中含有元素C、O、Si、V、Cr、Fe，其中Fe、O、C元素的含量最多，氧化膜的主要成分为氧化物和碳化物。

参考文献

[1] 胡正飞，杨振国．高铬耐热钢的发展及其应用．钢铁研究学报，2003，15 (3)：60.

[2] 杨华春，屠勇．国外超临界锅炉用高温高压钢管材料特性及应用介绍．东方锅炉，2004，1：14.

[3] 史志刚，侯安柱，李益民．T91钢长期运行过程中微观组织老化研究 [J]．热力发电，2006 (4)：54-58.

[4] 杨富．跨世纪电站焊接技术的发展趋势 [J]．电站及锅炉用新钢种焊接论文集，2000：1-10.

[5] 杨富，章应霖．我国火电站焊接技术的现状及发展 [J]．第十次全国焊接会议论文集，第1册，2001：56-64.

[6] 李鹏辉，刘宗茂．关于T91钢寿命评估方法的探讨 [J]．河北工业科技，2007，24 (5) ：255-258.

冷凝式锅炉高含湿烟气温湿度测试方法研究

常勇强[1]　高建民[2]　管　坚[1]　齐国利[1]

1. 中国特种设备检测研究院，北京 100029

2. 哈尔滨工业大学，哈尔滨 150001

摘　要： 在我国冷凝式锅炉的使用刚刚起步，目前尚缺少冷凝式锅炉的热工测试法规、标准和评价依据。在凝结换热过程当中，烟气的相对湿度迅速增加，形成携带液滴的气液两相流体。由于换热表面液膜内温度梯度和凝结水二次冷却的作用，使得烟气中的液滴温度往往低于饱和温度。常规接触式测温装置一旦与凝结液滴接触后，反馈的是凝结液的温度，这样得到的温度会使其表征的烟气温度明显偏低。为了准确测量这种携带液滴高含湿烟气的温度、湿度，本文提出了一种新型的测试装置，对该装置的可用性进行了研究。

关键词： 冷凝式锅炉；高含湿烟气；烟气温度；湿度

Temperature and Humidity Measurement Method of the High Humidity Flue Gas which Carries Water Drops

Chang Yong-qiang[1], Gao Jian-min[2], Guan Jian[1], Qi Guoli[1]

1. China Special Equipment Inspection and Research Institute, Beijing 100029

2. Harbin University of Technology, Harbin 150001

Abstract: In China, the use of condensing boiler has just started. It is also insufficient in the thermal testing regulations, standards and evaluation for condensing boiler. In the condensation heat transfer process, the relative humidity of flue gas increases quickly, the gas-liquid two-phase fluid which carries droplets is formatted. Because of the temperature gradient in the liquid film condensation heat transfer surface water and double cooling effect, the temperature of liquid droplets in flue gas is often lower than the saturation temperature. The traditional contacting temperature measurement device once contacts the condensate droplets, the temperature which is displayed is the condensation droplets. While the temperature of the smoke which has been measured will be obvious low. In order to accurately measure the temperature and humidity of liquid drops which carries high moisture flue gas, this thesis put forwards a new testing device, and make relevant research on the availability of this device.

Keywords: Condensing boiler; High wet flue gas; Flue-gas temperature; Humidity

1　冷凝式锅炉基本情况

我国能源结构的调整以及经济的发展不单要适合自身经济发展的需求，还要受到能源结构特征的约

作者简介：常勇强，1985 年生，男，硕士研究生，工程师，职务，主要从事锅炉节能环保工作。

束。天然气作为清洁、优质、且高效的能源，越来越受到我国各相关部门的重视。在以天然气为燃料的换热装置中，最具节能潜力的是冷凝式锅炉。以天然气为燃料时，燃烧的主要产物为水和二氧化碳，这样，在天然气烟气中，存在大量的水蒸气，这些水蒸气里储存着大量的汽化潜热，如果将这些水蒸气的汽化潜热加以吸收，会使整个燃烧装置的热效率大大提高，这种可以吸收烟气中汽化潜热的装置称为冷凝式锅炉。冷凝式锅炉将烟气中的水蒸气冷凝，回收了排烟中的部分显热和水蒸气的凝结潜热，明显提高锅炉热效率，充分利用了能源，降低了使用费用[3]。烟气中水蒸气冷凝过程对部分气体，如 SO_x、NO_x 等，有一定吸收作用，降低了污染物的排放，冷凝式锅炉在国外的运行情况的统计结果显示，冷凝式锅炉排烟中有害物质浓度明显降低，可减轻对大气的污染，有利于环保[1-3]。

2 燃气冷凝式锅炉热工测试中存在的问题

目前我国的《工业锅炉热工性能试验规程》(GB/T 10180—2017)，不能很好地解决冷凝换热装置的热工测试问题。《工业锅炉热工性能试验规程》中规定在锅炉热平衡系统边界内发生烟气冷凝且热量回收利用的锅炉热效率由锅炉本体热效率和冷凝器热效率单独计算后相加得到。但是，目前冷凝锅炉的实际情况是很多锅炉没有单独的冷凝装置，锅炉本体出来的烟气已经发生冷凝，因此无法分为两部分单独计算。因此，应研究适用于所有有烟气水蒸气冷凝现象的锅炉的热效率测试方法。为了提出烟气水蒸气凝结条件下热工测试计算方法，最先要考虑的是如何准确测得相应的数据。

在冷凝式锅炉的热效率测试中，对热效率影响最大的是排烟热损失，然而要想知道烟气热损失，首先要准确的确定排烟温度的大小，现在常用的测量装置主要以接触式测量装置为主，其中比较常见的设备有热电偶、热电阻、水银温度计、光学高温计等。接触式测量装置在干燥的烟气中可以达到很好的测量效果。但是，对于含湿量较高的烟气，尤其是从相对湿度角度衡量处于饱和状态的烟气中往往含有大量液滴，这些液滴可能附着在接触式测温装置的探头表面，使装置测量的温度是液滴的温度，而不是烟气的温度，由于换热表面液膜内温度梯度和凝结水二次冷却的作用，而这些液滴的温度并不是与周围烟气温度相同的，往往要比测量的温度低 3～5℃。

在烟气湿度测量方面，现有的湿度测量装置也很难对含有液滴的高含湿烟气进行高精度的测量。主要原因是，烟气的冷凝过程是一个变化的过程，即：靠近壁面的先发生冷凝，但此时冷凝下的水蒸气马上被烟气蒸发带走，随着烟气温度的降低，最后烟气主流区域发生冷凝。烟气开始冷凝温度显然要低于烟气中水露点。随着烟气温度的降低，当换热器壁面温度首先等于露点时，烟气中的水蒸气靠近壁面的发生局部冷凝，此时烟气的主流温度高于露点。随着换热的进行，烟气主流温度低于露点，烟气开始主流区域也发生冷凝。烟气开始局部冷凝时的主流温度不仅跟烟气侧参数有关，而且和冷媒介质侧参数有关[4,5]。因此，在烟气温度高于露点温度的时候，虽然烟气在冷凝过程中会有水滴析出，但在整个换热过程中，并不是每点烟气的相对湿度都会达到饱和，在未饱和的烟气中的液滴可能是靠近壁面发生局部冷凝烟气中水蒸气冷凝落下的，如果这些液滴落在湿度探头上，湿度仪测试的相对湿度示值将为满量程的示值，这样就无法准确测得该状态下烟气的相对湿度。这样不仅影响实验的进度，湿度仪长期处于这种饱和量程状态，对本身的使用寿命，也会产生很大的影响。

3 高含湿烟气温、湿度测试方法的提出

在冷凝式换热系统中，换热系统出口烟气的水蒸气含量很高，烟气中可能携带一定数量的液滴，烟气中的水蒸气可能是饱和的，液滴也会处于过冷的状态，在做锅炉的热平衡测试的时候，排烟热损失 Q_2 无法准确测量。针对这一问题，我们提出了一种可以在烟气和液滴共存条件下，对烟气温度和湿度进行准确测量的方法。

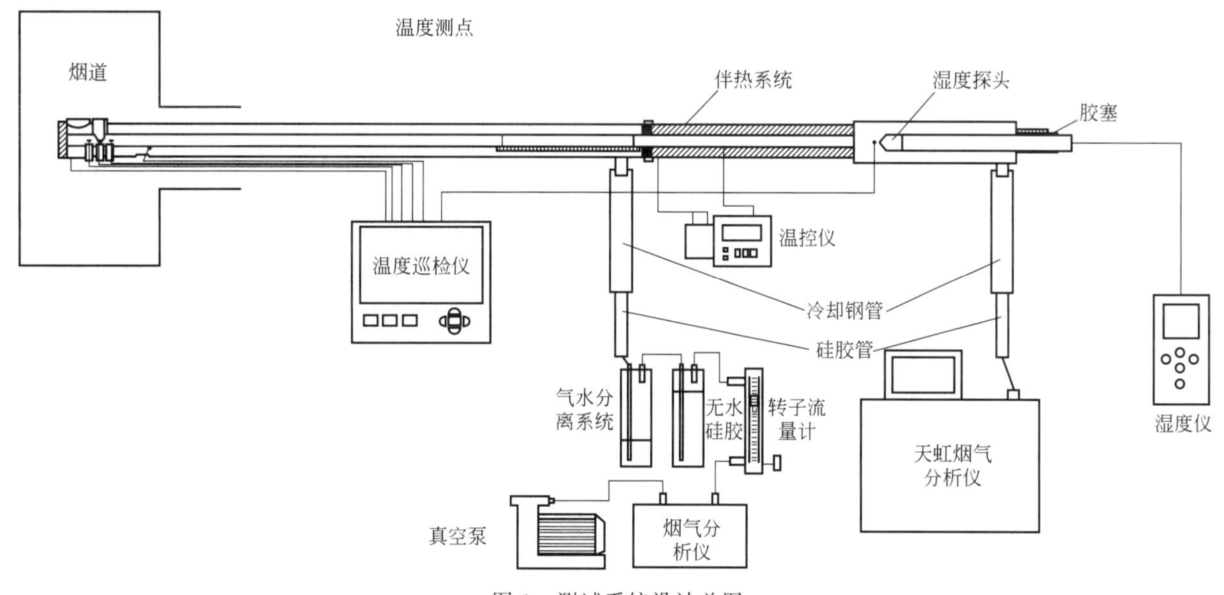

图 1 测试系统设计总图

该系统由两条不同的气路系统组成，两条抽气系统分别连接在取样系统上，取样系统由内外包裹构成，形成夹层式的封闭抽气管路。

携带液滴的高含湿烟气测试系统由内外两个封闭的管路套装而成，分别由不同的抽气系统进行取样工作。测试系统的工作原理图如图 2 所示。

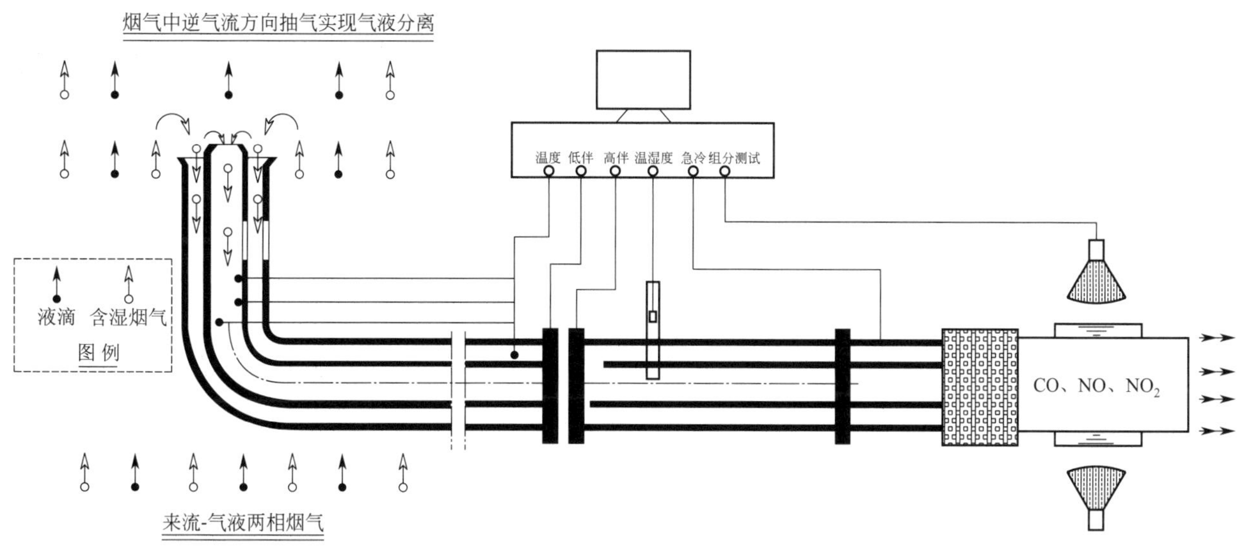

图 2 测试系统原理图

烟气在冷凝换热系统中，可能处于饱和状态，而且会有液滴存在，对直接测量会产生一定的影响，其中温度测量会受到过冷度的影响，湿度测量会受到冷凝水的影响，都无法进行准确的测量。

抽气式取样可以避免水滴的直接影响，但如果不对取样装置进行伴热，装置的壁面温度往往都要低于烟气温度，如果吸入的烟气中水蒸气的含量是饱和的或者是接近饱和的情况下，水蒸气会与低温壁面接触，生成液滴，这样不仅会对温度测量产生一定的影响，测量的湿度也往往比实际值低。但由于烟气温度无法事先预知，没有一种合适的伴热方式可以达到实验的要求，伴热温度过高和过低都对测试产生影响。基于这种情况，我们提出了夹层抽气的概念。

夹层抽气装置的原理是，通过外层管路对内层管路进行伴热。外层管路与真空泵连接，当真空泵的流量达到一定程度的时候，气体冲刷内层管路，使内层管路的温度无限接近测点的烟气温度。这样，当内管抽气的时候，便不用考虑内管避免温度对气体测试的影响。由于烟道内部流动可能不均匀，用测点附近的气体对内管进行伴热，才能达到最理想的效果。正常情况下，其他点烟气和外界冷空气都会与外管内气体进行换热，所以在外管的外面要有保温层，尽量降低外管内气体与烟道中其他点烟气以及外部冷空气之间的换热，对内管起到最好的伴热作用。这样内管中所抽取的气体才能最准确的体现该点烟气的温度和湿度。

如果烟气中的水蒸气处于饱和状态或者接近饱和状态的时候，即使用了抽气式取样装置，也无法完成对高含湿烟气的测试工作。因为湿度测试仪器所测量的是气体的相对湿度，当烟气中水蒸气接近饱和的时候，相对湿度接近100%，用湿度测量仪器是测不准的。基于这种原因，在经过抽气装置之后，要对烟气进行更高温度的伴热，使烟气的温度升高，相对湿度降低，然后根据抽气装置测出的烟气温度，可以折算出该点的烟气的相对湿度是多少。

该系统的原理图如图3所示，外层管路主要起到对内层管路伴热的作用。由于我们在测量的过程中需要对烟气温度进行精确的测量，而烟气在烟道中流动的时候，烟气温度是无法提前确切的得知，普通的伴热系统无法达到很好的伴热效果，而且普通的伴热系统温度起伏比较大，对周围烟气、以及内管中的气体都有很大的影响，使得实际测量中的相对误差较大，无法达到稳定的伴热效果，所以本实验中采用一种新型的夹层抽气式伴热系统。

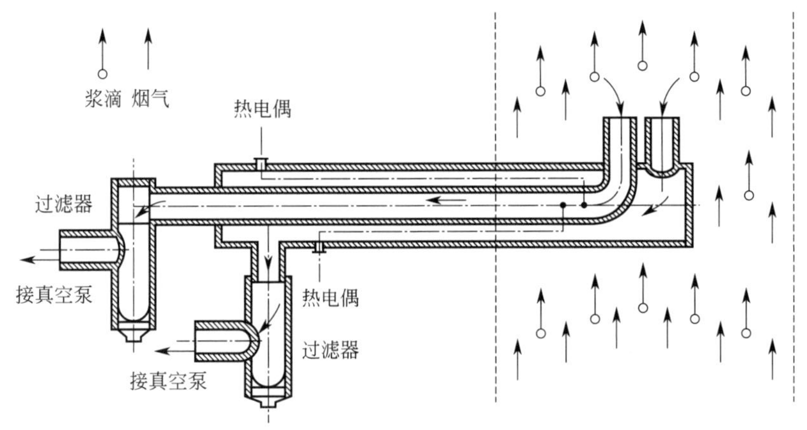

图3 取样系统原理图

该装置在测温的时候，采用逆等速采样的思想，保持装置的烟气进气口与烟气流动的方向相同，这样放置的目的是为了利用凝结水滴的惯性，使水滴随着烟气的冲刷而流走，这样进入测试装置抽入的只有干烟气和水蒸气，实现了气体和液体的惯性分离，排除了冷凝水对测量的影响，实现了烟气和液滴混合流场温度的测量。

4 结论

为了吸收烟气中水蒸气的汽化潜热，往往要将烟气温度降到露点温度以下，这样烟气中的水蒸气就会达到饱和状态，形成一定量的液滴，由于锅炉测试多采用接触式测量，这些液滴的过冷问题会给正常的烟气温度和湿度测试带来很大的影响。

为了避免这一问题，我们在测试中提出一种新型的测量方式，该测量方式采用的主要是一种逆等速采样的原理，该测量方式的原理与等速采样的原理恰恰相反，取样过程中，取样开口方向与烟气流动的方向相同，这样是为了使烟气中的液滴可以凭借自身的惯性随着烟气流走，不被取样系统吸入，减少液滴的过冷度对烟气温度和湿度测量的影响，来对这种气液共存的高含湿烟气进行准确的测量。该测量方法的研究解决了冷凝式锅炉的反平衡热效率测试中排烟温度和湿度无法准确测量的难题。

参考文献

[1] 李旭刚，等．冷凝式燃气锅炉与普通三回程燃气锅炉运行分析［J］. 工业锅炉，2014，10：60-62.

[2] 张新桥，罗平，等．冷凝式供热锅炉的节能及环保特性［J］. 湖南城市学院学报，2012. 21 (2)：29-32.

[3] 车得福．冷凝式锅炉及其系统［M］. 机械工业出版社，2002：56-58.

[4] 赵钦新，荀远波．凝结换热与冷凝式锅炉原理及应用 (待续) ［J］. 工业锅炉，2013 (1)：1-12.

[5] 赵钦新，荀远波．凝结换热与冷凝式锅炉原理及应用 (续完) ［J］. 工业锅炉，2013 (2)：1-7.

2017年工业锅炉定型产品能效状况分析

刘雪敏[1]　常勇强[1]　王鑫垚[2]　齐国利[1]

1. 中国特种设备检测研究院，北京 100029
2. 北方工业大学，北京 100144

摘　要： 基于“工业锅炉能效测试数据计算与管理平台”中2017年工业锅炉定型产品能效测试数据，统计了不同容量锅炉的热效率、排烟温度、过量空气系数等参数的最大值、最小值及平均值，分析了不同燃料类型及燃烧方式的锅炉热效率分布情况。2017年燃气、电加热锅炉测试数量大幅增加。2017年度工业锅炉定型产品测试热效率平均值为92.79%，加权平均值为92.10%；比2016年提高超过3个百分点。对于不同燃料类型及燃烧方式，燃气、油锅炉热效率最高，煤粉、燃煤流化床锅炉次之，然后是生物质锅炉，燃煤层燃锅炉热效率最低，但平均值也在82.6%左右。可见，近年来工业锅炉能效水平已有较大提升。

关键词： 工业锅炉；定型产品；能效状况分析；燃烧方式

Analysis on energy efficiency of industrial boiler product types in 2017

Liu Xue-min[1], Chang Yong-qiang[1], Wang Xin-yao[2], Qi Guo-li[1]

1. China Special Equipment Inspection Institute,　Beijing 100029
2. North China University of Technology,　Beijing 100144

Abstract: Based on the test data in 2017 from “Data Calculation and Management Platform of Industrial Boiler Energy Efficiency Test”, the maximum, minimum and average values of thermal efficiency, exhaust gas temperature and excess air ratio of different capacity boilers were counted. The efficiency distributions of boilers with different fuel types and combustion modes were analyzed. The number of gas-fired and electric heating boilers tested significantly increases in 2017. The average value of thermal efficiency of different boiler product types in 2017 is 92.79%, and the weighted average value is 92.10%, which is increased by more than 3% compared to 2016. For different fuel types and combustion modes, gas and oil fired boilers have the highest thermal efficiency, pulverized coal and fluidized bed boilers are the second, then biomass-fired boilers, and the efficiency of coal-fired layer combustion boilers is the lowest, which is also around 82.6%. It can be seen that the energy efficiency level of industrial boilers has been greatly improved in recent years.

Keywords: Industrial boiler; Product type; Energy efficiency analysis; Fuel type; Combustion mode

0　引言

截至2018年初，我国工业锅炉共42.7万台，广泛应用于国民经济生产和生活各个领域。涉及生产

基金项目：国家重点研发计划项目“典型通用设备节能认证评价关键技术研究与应用”（编号：2017YFF0211603）。

作者简介：刘雪敏，1989年生，女，工程师，博士，主要从事锅炉节能新技术研究。

企业1000多家，产品具有品种规格多、使用燃料覆盖面广、容量跨度大、热效率水平参差不齐等特点。经过多年努力，我国逐步建立了工业锅炉节能法规标准体系[1,2]，并按照TSG G0003-2010《工业锅炉能效测试与评价规则》[3] 开发了“工业锅炉能效测试数据计算与管理平台”[4]，提高信息化水平，实现数据共享，逐步积累了较为全面的、准确性高、可比性强的，包括热效率、过量空气系数、排烟温度等在内的与工业锅炉能效相关的测试数据。自2012年3月1日工业锅炉能效测试平台开通运行以来，通过平台进行计算、编制报告的产品定型能效测试已近7000个不同型号。本文对平台2017年数据进行统计分析，研究工业锅炉定型产品热效率分布规律及其影响因素，由此可以较为全面、准确地了解我国工业锅炉目前的能效水平及技术状况，也为进一步推动工业锅炉节能提供参考依据。

1 定型产品测试数量概况

自2017年1月1日至2017年12月31日，全国定型产品测试机构共出具定型产品测试报告1189份，折合9081.10蒸吨。按输出介质、燃烧方式及燃料分类的统计情况如表1所示。可以看出，按工质分类，蒸汽锅炉台数占比最高，但由于热水锅炉单台容量大，占总测试蒸吨数与蒸汽锅炉相当。按燃烧设备分类，燃油、气锅炉台数占比最高，但循环流化床锅炉单台容量大而电加热锅炉单台容量小，因此与占测试蒸吨数比例存在较大差异。按燃料分类，燃气锅炉占比最高，燃煤锅炉虽然台数比例小，但单台容量大。2012～2017年定型产品燃料变化情况[5,6] 如图1所示，与2016年测试情况相比[6]，燃气、电加热锅炉测试数量大幅增加，燃油、气锅炉由2016年的375台增加至905台，电加热锅炉由2016年的18台增加至44台。

表1 定型产品分类统计

序号	名称	定型产品测试数量			
		台数/台	总测试台数比/%	蒸吨数/(t/h)	总测试蒸吨数比/%
(一)按工质分类					
1	蒸汽锅炉	838	70.48	4326.85	47.65
2	热水锅炉	204	17.16	4121.16	45.38
3	有机热载体	147	12.36	633.09	6.97
(二)按燃烧设备分类					
1	层燃锅炉	211	17.75	2482.83	27.34
2	循环流化床锅炉	8	0.67	637.09	7.02
3	燃油、燃气锅炉	905	76.11	5639.41	62.10
4	煤粉锅炉	21	1.77	262.54	2.89
5	电加热炉	44	3.70	59.23	0.65
(三)按燃料分类					
1	煤	75	6.31	2482.40	27.34
2	油	54	4.54	139.83	1.54
3	气	851	71.57	5499.58	60.56
4	生物质	165	13.88	900.06	9.91
5	电加热炉	44	3.70	59.23	0.65

2 定型产品测试结果统计与分析

不同容量锅炉的热效率、过量空气系数、排烟温度等参数的平均值、最大值及最小值如表2所示。2017年度工业锅炉定型产品中锅炉设计的平均热效率值为92.00%，加权平均值为91.23%；测试平均热效率为92.79%，加权平均值为92.10%；排烟温度的平均值为127.70℃，加权平均值为115.31℃。而2016年工业锅炉定型产品测试锅炉热效率算术平均值为89.36%，加权平均值为89.31%；排烟温度算术平均值为147.26℃，加权平均值为137.32 ℃[6]。与2016年相比，2017年定型产品平均热效率提高超过3个百分点，这与燃气锅炉测试数量的大幅增加密不可分。

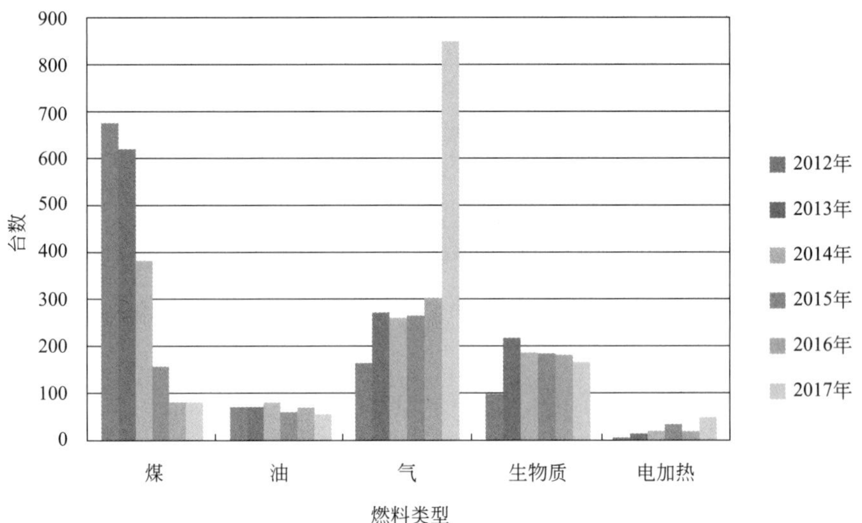

图1 2012～2017年定型产品燃料变化情况

表2 总数据统计表

被测锅炉容量/(t/h)		$D<1$	$1\leqslant D\leqslant 2$	$2<D\leqslant 8$	$8<D\leqslant 20$	$20<D\leqslant 65$	$65<D$	统计
实测各级容量台数/台		154	361	409	213	31	21	1189
设计效率	最大值	104.10	102.20	102.60	101.58	100.50	97.18	104.10
	最小值	76.03	76.50	76.57	79.10	79.50	81.30	76.03
	平均值	91.54	92.49	92.20	91.74	88.22	90.97	92.00
测试热效率 η	最大值	103.27	101.91	102.78	100.97	99.57	98.38	103.27
	最小值	76.09	77.50	76.88	79.68	82.10	79.92	76.09
	平均值	92.29	93.15	93.05	92.66	89.47	91.58	92.79
	加权平均值	92.01	93.14	93.09	92.49	89.50	91.72	92.10
过量空气系数 α	最大值	1.67	2.94	2.92	1.65	1.65	1.60	2.94
	最小值	1.04	1.05	1.04	1.02	1.12	1.07	1.02
	平均值	1.21	1.19	1.21	1.25	1.42	1.25	1.22
	加权平均值	1.21	1.20	1.21	1.26	1.41	1.25	1.26
排烟温度 t_{py}	最大值	232.00	238.00	178.89	169.80	168.52	158.42	238.00
	最小值	56.26	47.12	37.45	36.95	57.04	48.78	36.95
	平均值	146.97	129.58	125.93	119.31	132.76	91.41	127.70
	加权平均值	145.61	128.38	125.06	119.42	130.18	93.27	115.31

锅炉定型产品测试热效率分布如图2所示。由图2可以看出，锅炉定型产品热效率分布主要集中在81%～84%、93%～94%和97～99%三个区间，分别对三个区间数据进行分析，81%～84%区间主要是燃煤层燃锅炉和燃生物质层燃锅炉，93%～94%区间主要是燃油燃气锅炉，97%～99%区间主要是冷凝锅炉。

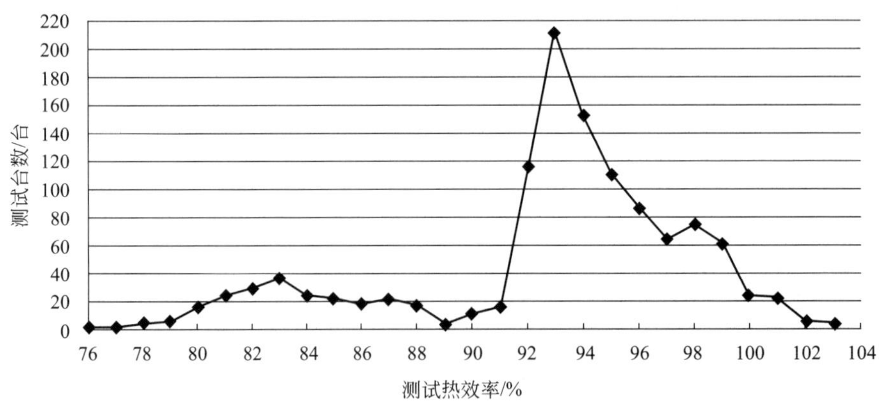

图2 测试热效率分布图

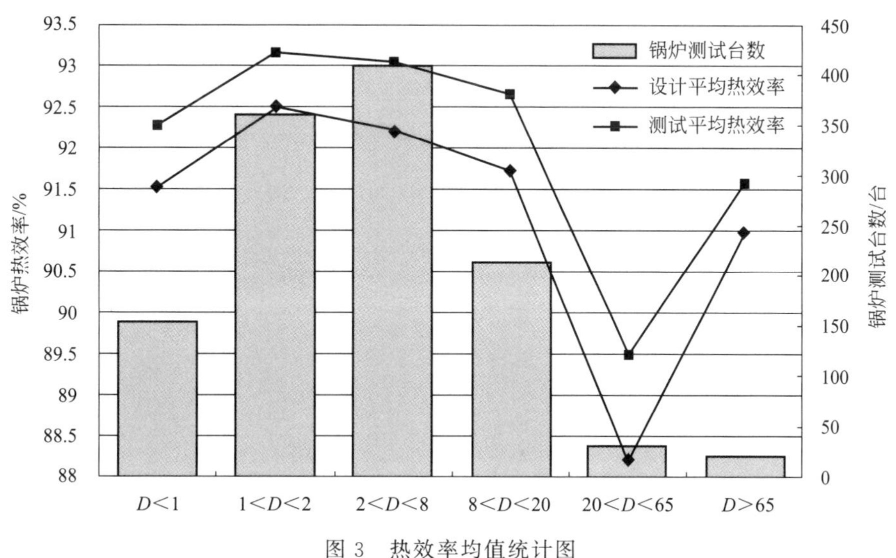

图 3　热效率均值统计图

不同容量工业锅炉定型产品测试台数及热效率分布情况如图 3 所示，通过对比统计图中测试热效率算术平均值与设计热效率算术平均值可得，测试热效率的算术平均值曲线趋势和设计效率的曲线趋势相符合，且基本高于后者 1%。锅炉容量为 1～2t 时，热效率达到最大值，这是因为大量的燃油、气锅炉效率高所致。随着容量升高，效率下降，也可以间接反映出大容量锅炉以燃煤为主。容量大于 65t 时，由于测试锅炉中存在较高比例的燃气锅炉，且部分燃煤锅炉采用了流化床设计，提高了燃煤锅炉的热效率，因此热效率又有所升高。

3　不同燃料及燃烧方式分类

3.1　燃煤锅炉定型产品

“大气污染防治行动计划”规定，到 2017 年，除非必要，平均每小时 10 吨蒸汽的燃煤锅炉将在城市或以上的区域基本淘汰。自 2013 年“大气污染防治行动计划”发布以来，10t/h 及以下和 20t/h 以下燃煤锅炉测试数量都呈明显的下降趋势，10t/h 及以下燃煤锅炉测试数量从 2013 年的 500 台次到 2016 年已经下降到 51 台，到了 2017 年，这个数量已降至 23 台次。燃煤锅炉定型产品设计热效率的平均值为 82.63%，加权平均值为 85.05%；测试平均热效率为 83.77%，加权平均值为 85.86%；排烟温度的平均值为 150.95℃，加权平均值为 136.24℃。不同容量燃煤锅炉测试台数及热效率分布情况如图 4 所示，燃煤锅炉测试效率平均值与锅炉

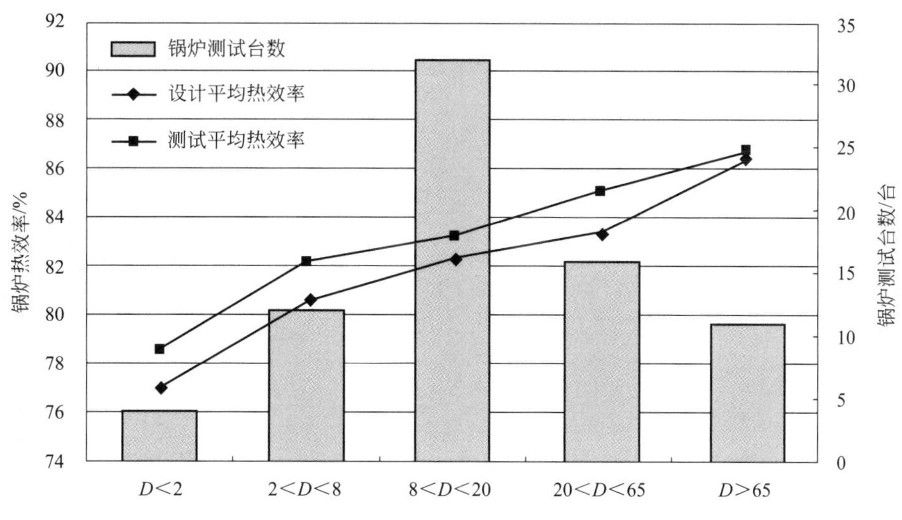

图 4　燃煤锅炉定型产品测试热效率统计图

设计效率平均值基本相符。随着锅炉出力的增加，锅炉测试热效率也相应增加。

不同燃烧方式的燃煤锅炉测试情况如图5所示。从测试数量来看，层燃仍是燃煤工业锅炉的主要燃烧方式。但层燃方式的热效率相对来说是最低的，均值为82.6%左右；测试热效率最高的燃烧方式是火室（煤粉）燃烧，测试热效率均值达到89.87%；流化床燃烧方式的热效率居中，其均值为88%左右。

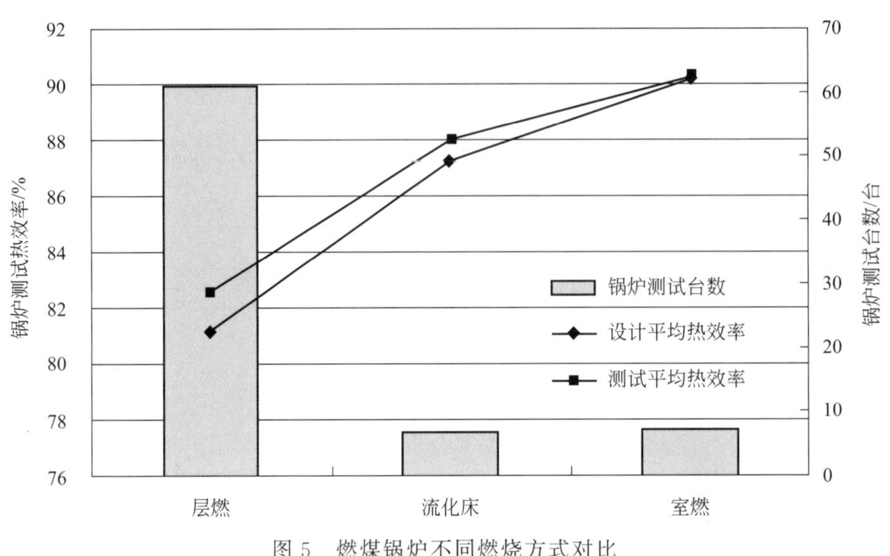

图5 燃煤锅炉不同燃烧方式对比

3.2 燃油、气锅炉定型产品

燃油、气锅炉定型产品设计热效率的平均值为94.24%，加权平均值为95.04%；测试平均热效率为94.87%，加权平均值为95.79%；排烟温度的平均值为118.15℃，加权平均值为98.56℃。其中，燃气工业锅炉定型产品测试中，平均热效率为94.95%，加权值为95.82%；平均排烟温度为116.86℃，加权值为98.06℃；过量空气系数平均值为1.12。与TSG G0002—2010《锅炉节能技术监督管理规程》（1号修改单）[7] 中锅炉能效指标进行对比，蒸发量≤2t/h的燃气锅炉中，45台（45/365）12.33%达到目标值；蒸发量>2t/h的燃气锅炉中，95台（95/486）19.55%达到目标值。燃气锅炉的热效率分布如图6所示，最大热效率值可达到103.27%。这是因为中国工业锅炉热效率的计算是基于燃料的低位热值，而一些燃气工业锅炉加装了节能装置，废气中的一部分水蒸气潜热被回收。燃油工业锅炉定型产品测试中，平均热效率为93.26%，加权值为94.58%；平均排烟温度为138.88℃，加权值为126.47℃；过量空气系数平均值为1.12。蒸发量≤2t/h的燃油锅炉中，1台（1/36）2.78%达到目

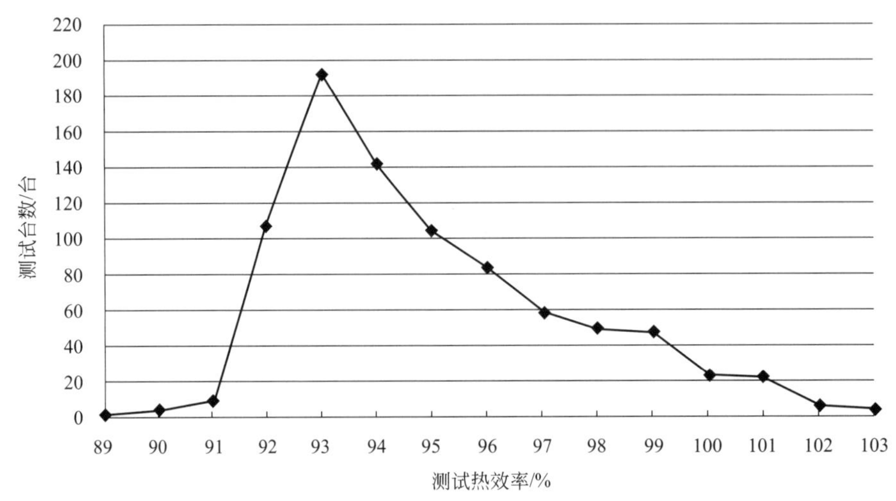

图6 燃气锅炉热效率分布图

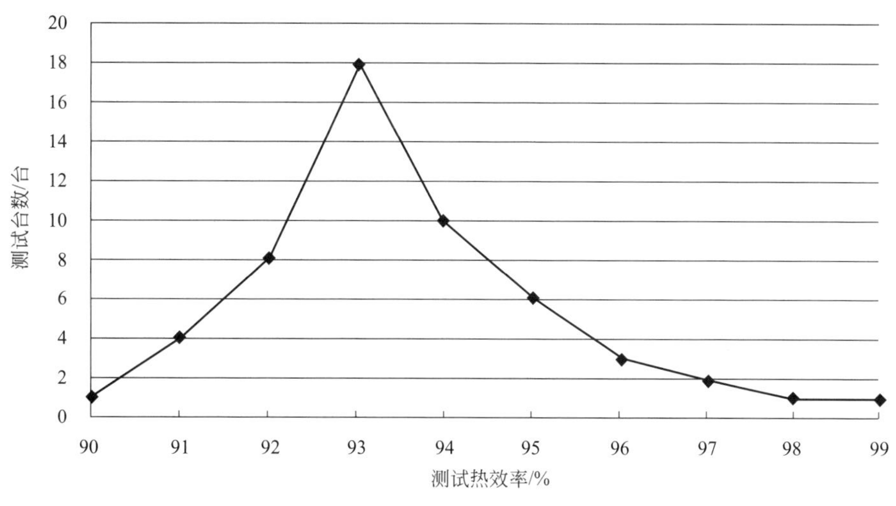

图7 燃油锅炉热效率分布图

标值；蒸发量>2t/h的燃油锅炉中，4台（4/18）22.22%达到目标值。燃油锅炉的热效率分布如图7所示，热效率峰值为99.01%，远低于燃气锅炉热效率峰值。对于燃油锅炉，即使在末端安装同样的节能器，与天然气锅炉相比，轻油含S，一旦排烟温度过低，腐蚀问题会很严重。因此燃油锅炉的排烟温度最小值也在67℃以上。

3.3 生物质锅炉定型产品

生物质作为可再生能源的一种，近年来获得了广泛的应用。燃生物质锅炉定型产品的平均热效率为84.06%，加权值为85.75%；平均排烟温度为169.53℃，加权值为162.50℃；平均过量空气系数的值为1.60。热效率分布如图8所示，随着锅炉容量增大，热效率显著升高。值得注意的是，对于小容量生物质锅炉，设计热效率与测试情况存在较大差异，测试热效率明显高于设计值，可见目前生物质锅炉的设计理论尚不完善，使得热效率设计值较为保守，相比于测试值明显偏低。当容量大于20t时，设计热效率与测试热效率基本一致。

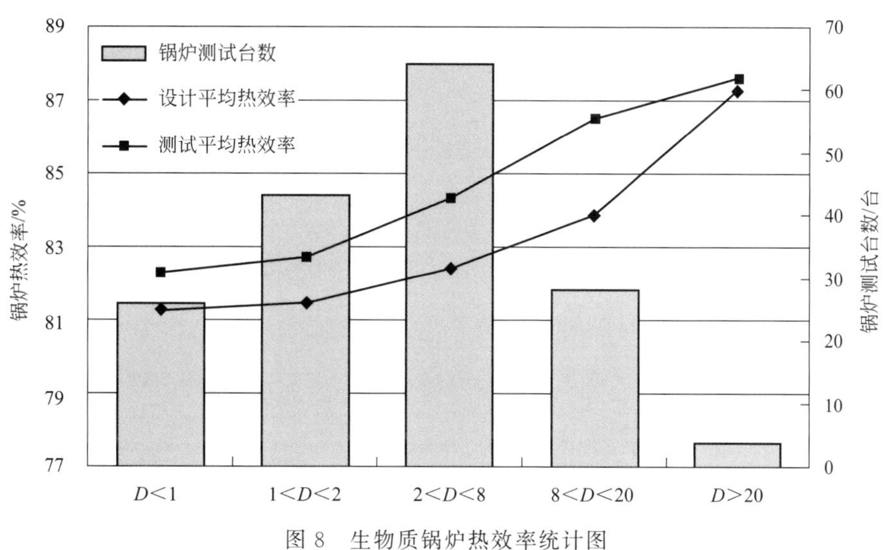

图8 生物质锅炉热效率统计图

4 结论

通过对“工业锅炉能效测试数据计算与管理平台”中2017年工业锅炉定型产品能效测试数据进行

统计与分析，得到如下结论：

① 与2016年相比，2017年燃气、电加热锅炉测试数量大幅增加，小容量燃煤锅炉测试数量明显下降。

② 2017年度工业锅炉定型产品测试热效率平均值为92.79%，加权平均值为92.10%，相比2016年提高超过3个百分点。

③ 对于不同燃料及燃烧方式，燃气、油锅炉热效率最高，煤粉、燃煤流化床锅炉次之，然后是生物质锅炉，燃煤层燃锅炉平均热效率最低；其中，燃气、油锅炉通常容量较小，大容量锅炉仍以燃煤为主；小容量生物质锅炉设计热效率与测试情况存在较大差异。

④ 对于一定的燃料及燃烧方式，随着锅炉容量增大，热效率显著提高。

参考文献

[1] 王中伟，等．中国工业锅炉能效测试与评价能力建设进展[J]. 中国特种设备安全，2015，31 (9)：9-13.

[2] 李澎，等．锅炉安全节能环保法规标准体系研究[J]. 中国特种设备安全，2017，33 (1)：16-18.

[3] 国家质量监督检验检疫总局．TSG G0003—2010，工业锅炉能效测试与评价规则，2010.

[4] 工业锅炉能效测试数据计算与管理平台．http：//219. 141. 207. 220/a/sec/Login/index.

[5] 常勇强，等．工业锅炉定型产品测试数据统计分析[J]. 中国特种设备安全，2016，32 (4)：60-67.

[6] 刘雪敏，等．工业锅炉定型产品能效数据统计与分析[J]. 西部特种设备，2017 (2)：65-69.

[7] 国家质量监督检验检疫总局．TSG G0002—2010，锅炉节能技术监督管理规程（1号修改单），2016.

锅炉二次过热器管失效原因分析

林金峰　丁　菊　汤陈怀

上海市特种设备监督检验技术研究院，上海 200062

摘　要： 某锅炉二次过热器运行中发生管子爆裂。对 15CrMo 钢爆管采用断口宏观和微观分析、力学性能测试、氧化层 XRD 分析等手段，结合高温氧化机理，系统分析了锅炉二次过热器管爆裂失效原因。分析表明，管子长期处于高温氧化环境下，表面产生氧化皮，导致局部管壁温度升高，使 15CrMo 钢管长期处于 570℃以上的高温，发生高温氧化腐蚀导致壁厚逐步减薄；高温下金属组织发生严重的珠光体球化而引起材质劣化；烟气流向发生偏移，导致管子的迎火面和背火面交界处的温度最高，珠光体组织球化也最严重，最终在壁厚减薄到 1mm 左右时此处发生爆裂。

关键词： 二次过热器；15CrMo 钢；珠光体球化；高温氧化

Failure analysis of secondary super-heater tube in boiler

Lin Jin-feng, Ding Jiu, Tang Chen-huai

Shanghai Institute of Special Equipment and Technical Research, Shanghai 200062

Abstract: A secondary super-heater tube of one boiler burst when operating. The bursting reasons of 15CrMo steel tube were analyzed by macroscopic and microscopic analysis, mechanical property testing, oxide XRD testing and high temperature oxidation mechanism analysis. The result indicates that 15CrMo steel was in operation at high temperature for a long time, the oxide scale was generated on the wall of tube which caused the temperature of local tube wall rose to 570℃. The thickness of tube was gradually thinning because of high temperature oxidizing corrosion. Meanwhile, the pearlite spheroidization of metal resulted in material degradation. In addition, the flue gas was deviated, which caused highest temperature and completely spheroidization at the boundary of the fire face and the backfire face of tube. Finally, the bursting occured when the tube wall was thinned to about 1 mm.

Keywords: SecondarySuper-heater; 15CrMo; Steel; Pearlite; Spheroidization; High Temperature Oxidation

0　引言

蒸汽锅炉是利用燃料或其他能源的热能，把水加热到一定工况并生产高温蒸汽的工业锅炉，在火电站、冶金和化工行业应用广泛。蒸汽锅炉承受高温高压工况，属于涉及生命安全、危险性较大的特种设备，近年有关锅炉设备的失效案例时有发生[1~3]，甚至会造成生命和财产的重大损

作者简介：林金峰，1986 年生，男，检验师，硕士，主要从事承压类特种设备检验检测、失效分析及新技术的研究工作。

失，给人们带来很多困扰，迫使人们与失效、事故进行长期的斗争，通过科学有效的分析，能尽快查明失效原因，有助于提高设备质量，促进科学技术的发展，具有较高的经济和社会效益。

1 背景介绍

某国产蒸汽锅炉投用11年后发生二次过热器管爆裂。已知入口烟气温度800～850℃，依次通过过热器、蒸发器、省煤器，出口烟气温度160～200℃。二次过热器所用无缝管材质为15CrMo，规格为ϕ32mm×3mm，表面喷涂Cr-Ni涂层，管外介质为烟气，管内为压力4.6MPa，温度450℃的蒸汽。本文对15CrMo钢制二次过热器管爆裂失效原因进行综合分析，并查找失效原因。

2 宏观形貌

图1为发生爆裂的二次过热器管宏观形貌，爆裂发生在迎火面与背火面交界处，爆裂处外观呈撕裂状，断口平齐，无明显的塑性变形，呈脆性断裂。管外表面氧化层比内表面氧化层厚，爆裂附近的外表面氧化层与金属基体部分剥离。沿爆裂位置的实测管壁厚度为0.5～1.0mm。由图1和图2可见爆裂处的氧化情况，氧化层的厚度约为剩余壁厚的一半，此外在爆裂内壁除氧化层外还有少量的黑色沉积物。

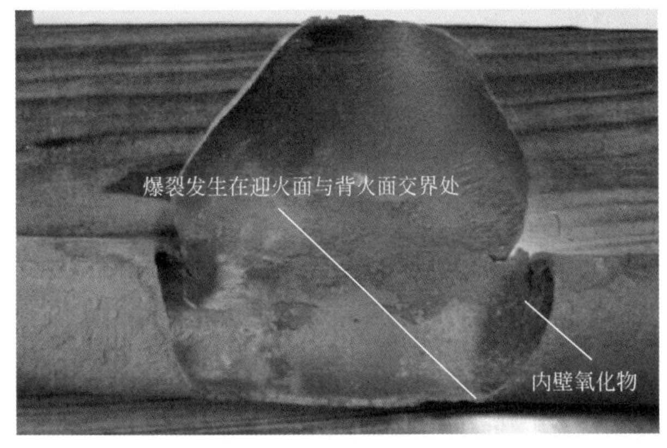

图1 二次过热器爆管的宏观形貌

图2 管内壁形貌

3 金相分析

正火＋回火态的15CrMo的显微组织，一般为珠光体＋铁素体。长期高温运行时，珠光体中渗碳体（碳化物）的形态由最初的层片状逐渐转变为球状，随着晶界碳化物数量增加，珠光体球化加剧，材料的力学强度下降，最大降幅可达30%[4]。当发生完全球化，珠光体区域形态特征消失，只留有少量粒状碳化物，晶界碳化物聚集。图3和图4为爆裂处迎火面和背火面的金相组织，图5和图6为远离爆裂处的迎火面和背火面的金相组织。

参考DL/T 787—2001《火电厂用15CrMo钢珠光体球化评级标准》，对珠光体组织进行金相分析和球化评级。从图3和图4可以看出，爆裂处的迎火面和背火面碳化物在晶界上聚集和长大，珠光体球化严重，达到完全球化，且在铁素体晶界上出现少量较小的蠕变孔洞。从图5和图6可以看出，远离爆裂处的母材迎火面珠光体球化程度介于中度到完全球化之间，而背火面的球化程度比迎火面严重，为完全球化。背火面组织比迎火面组织球化程度轻，这是说明烟气流向在该位置发生偏转，导致表面温度最高的位置不是处于迎火面，而是接近迎火面和背火面的交界处。

图 3 爆裂处迎火面内壁的金相组织

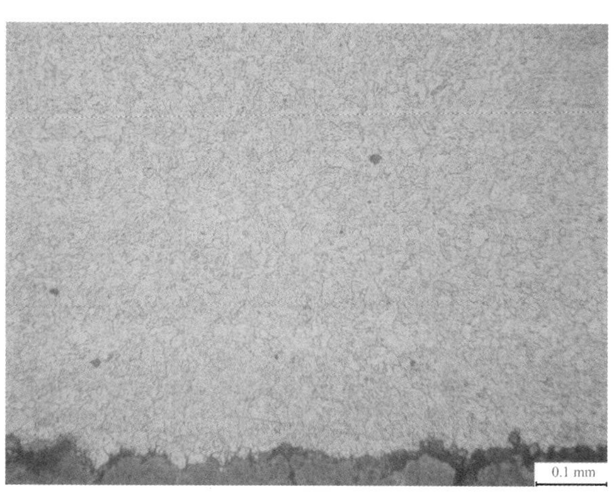

图 4 爆裂处背火面内壁的金相组织

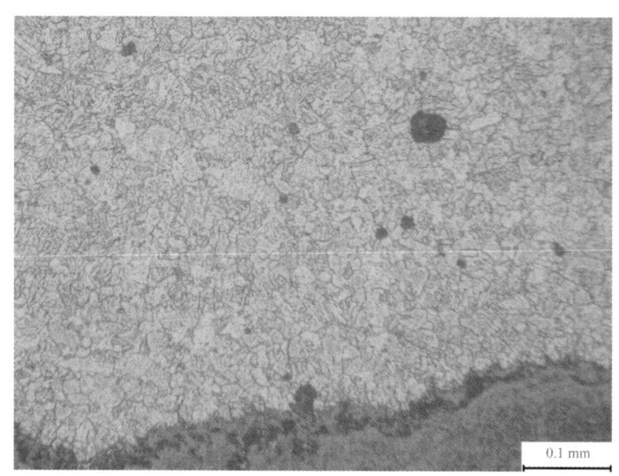

图 5 远离爆裂处迎火面内壁的金相组织

图 6 远离爆裂处背火面内壁的金相组织

4 化学成分分析和力学性能测试

对爆裂的二次过热器管取样进行化学成分分析，结果见表 1。碳含量稍高于标准值，其他成分符合管材原标准 GB/T 5310—85 的规定。

表 1 二次过热器管化学成分分析结果 %

元素	C	Mn	Si	Cr	Mo	S	P
标准值	0.12～0.18	0.40～0.70	0.17～0.37	0.80～1.10	0.40～0.55	≤0.035	≤0.035
实测值	0.19	0.55	0.28	0.96	0.50	0.010	0.027

力学性能测试试样的取样沿着爆口起裂的轴线作为迎火面，而与此对应的面作为背火面，按照 GB/T 228《金属材料 室温拉伸试验方法》的规定，对远离爆裂区域的管材迎火面和背火面，分别制取 3 个标准管材拉伸试样，进行常温力学性能测试。力学性能测试的结果见表 2。测试结果表明，原材料的屈服强度和抗拉强度均符合管材标准 GB/T 5310-85 的要求，而迎火面的强度低于背火面，是因为迎火面比背火面温度高，因珠光体球化而导致的迎火面材料力学性能下降相对明显。

表 2 拉伸试验测试结果

试样编号	位置	屈服强度/MPa	抗拉强度/MPa
1-1	迎火面	421.9	581.7
1-2	迎火面	415.9	572.3

续表

试样编号	位置	屈服强度/MPa	抗拉强度/MPa
1-3	迎火面	424.4	544.3
1-平均值		420.7	566.1
2-1	背火面	480.8	611.9
2-2	背火面	448.9	606.2
2-3	背火面	470.3	608.0
2-平均值		466.7	608.7
标准值		≥235	440～640

5 氧化层的 EDS 和 XRD 分析

对内壁的氧化层取样进行 EDS 和 XRD 分析，从表 3 的能谱分析结果来看，迎火面氧化层中含氧量较背火面高，迎火面内壁还存在一定的钙和硅等的沉积产物。由图 7 的 XRD 测试结果得知，氧化层为 Fe 的氧化物，主要是 Fe_3O_4 和 FeO。

表 3 内壁氧化层能谱测试结果 %

元素	O	Si	Ca	Fe
迎火面	15.01	1.25	3.16	80.58
背火面	11.03	—	—	88.97

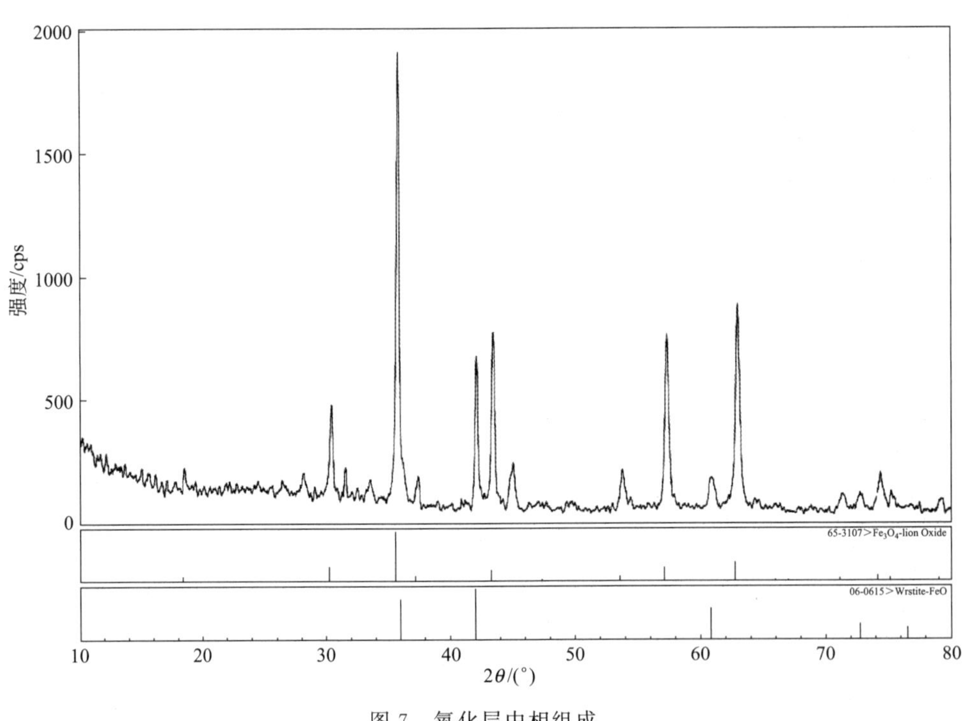

图 7 氧化层中相组成

6 综合分析

6.1 高温氧化腐蚀机理

金属的氧化是指金属与氧化性介质反应生成金属氧化物的过程。按 GB/T 30579—2014《承压设备损伤模式识别》[4] 和 API RP571[5] 规定，通常在加热炉和锅炉燃烧的高温含氧环境中，多数合金，包括碳钢和低合金钢，与氧反应生成氧化物膜，氧化腐蚀表现为均匀腐蚀，在 538℃以上时碳钢的氧化腐蚀严重。

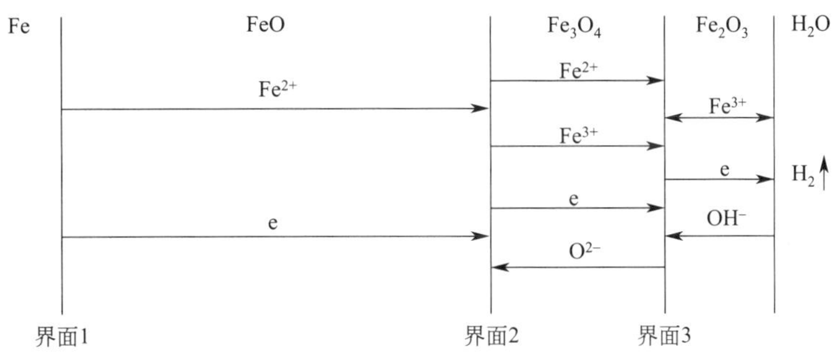

图 8 高于 570℃时的高温氧化机理

广义高温氧化是指高温下组成材料的原子、原子团或离子失去电子的过程。从 Fe-O 相图可知，在 570℃以下，金属氧化速度较低，氧化膜包括 Fe_2O_3 和 Fe_3O_4，Fe_3O_4 结构致密，可以起保护作用，避免进一步氧化。当温度超过 570℃时，氧化膜是由三层组成，由内向外依次是 FeO、Fe_3O_4、Fe_2O_3，氧化膜主要由 FeO 组成，其厚度占比约为 90%。以水蒸气的高温氧化为例，在温度高于 570℃，氧化膜的增长过程如图 8 所示：氧化层与金属基体之间产生 FeO 相，Fe^{2+} 和电子 e 通过 FeO 层向外扩散，Fe^{2+} 和 Fe^{3+} 通过 Fe_3O_4 层向外扩散，O^{2-} 通过 Fe_2O_3 层向内扩散。在界面 1，$Fe = Fe^{2+} + 2e$；在界面 2，$Fe^{2+} + 2e + Fe_3O_4 = FeO$；在界面 3，$2Fe^{3+} + 3O^{2-} = Fe_2O_3$，$Fe^{n+} + ne + 4Fe_2O_3 = 3Fe_3O_4$。这些氧化物中 FeO 结构疏松，破坏了整个氧化膜的强度，氧化过程也得以继续进行[5~8]。

6.2 高温氧化腐蚀对材料的影响

高温氧化腐蚀机理的分析表明，处于高温环境的二次过热器管具备高温氧化发生的条件。15CrMo 钢管在运行中，长期与高温的烟气、蒸汽等氧化性介质接触，发生高温氧化腐蚀，生成腐蚀产物 FeO、Fe_3O_4、Fe_2O_3，产物中 FeO 的存在，说明金属温度超过了 570℃。氧化物膜一般可以避免钢进一步氧化，但 FeO 结构疏松，破坏了整个氧化膜的强度，使氧化过程继续进行。本案例中管内外壁长期氧化形成了具有一定厚度的氧化层，其导热性差，会导致金属局部超温，因此，15CrMo 钢处于 570℃以上的高温、氧化性环境，发生高温氧化腐蚀导致壁厚逐步减薄，是导致失效的主要原因之一。

6.3 组织变化对材料性能的影响

15CrMo 钢具有耐热性和高温抗氧化能力，常用作锅炉过热器管和再热器管，但一般要求金属温度不超过 550℃。当 15CrMo 钢长期高温运行，珠光体组织会发生球化，导致材料性能下降，寿命缩短。金相分析表明，爆裂处的迎火面和背火面的珠光体球化等级为严重球化，且在铁素体晶界上出现少量较小的蠕变孔洞。远离爆裂处的母材迎火面珠光体球化程度接近完全球化，背火面的球化程度比迎火面严重，达到完全球化。长期运行的二次过热器管，形成内外壁氧化层，其热导率仅为金属母材的十几分之一，氧化层的存在会导致金属壁温升高[9,10]，当金属温度超过了 570℃，珠光体组织球化加剧，材料性能加速退化。因此，15CrMo 钢长期高温运行，甚至超温运行，是导致失效的另一主要原因。

7 结论

通过金相组织分析、力学性能测试和氧化产物能谱分析等方式，结合高温氧化机理综合分析，得到如下结论。

① 15CrMo 钢长期处于高温、氧化性环境，发生高温氧化腐蚀产生氧化皮。

② 氧化层导热系数比母材小，导致局部金属壁温升高超过 570℃，高温氧化腐蚀主要产物 FeO 结构疏松，破坏了整个氧化物膜的保护效果，使得高温氧化过程继续进行。

③ 长期高温环境，导致 15CrMo 钢珠光体组织发生球化，爆裂处甚至达到完全球化的程度，材料

强度明显退化。

④ 烟气流向发生偏移，导致表面温度最高的位置不是处于迎火面，而是位于迎火面和背火面交界处，因此背火面比迎火面组织球化严重，且交界处管壁氧化减薄最严重，最终在壁厚减薄到1mm左右时此处发生爆裂。

参考文献

[1] 张而耕，王琼琦，关凯书．过热器管爆管原因的失效分析［J］．压力容器，2009，26（5）：44-50.

[2] A. Husain, K. Habib. Investigation of Tubing Failure of Super-heater Boiler from Kuwait Desalination［J］. 2005, 183：203-208.

[3] 廖礼宝．干熄焦余热锅炉二次过热器失效机理分析［J］．发电设备，2007，21（5）：389-393.

[4] GB/T 30579—2014. 承压设备损伤模式识别［S］．中华人民共和国国家质量监督检验检疫总局，2014.

[5] API RP 571—2011. Damage Mechanisms Affecting Fixed Equipment in the Refining Industry［S］. 2011.

[6] 李志刚．水蒸气高温氧化的研究［C］．2006火力发电厂锅炉“四管”泄漏预防与控制技术研讨会．2006.

[7] 李铁藩．金属高温氧化和热腐蚀［M］．北京：化学工业出版社，2003.

[8] 袁超，胡正飞，吴细毛．热电厂15CrMo钢管高温蒸汽氧化腐蚀机理研究［J］．材料热处理学报，2012，33（S1）：90-95.

[9] 卢书媛，王卫忠，俞璐．锅炉过热器管爆裂原因分析［J］．理化检验-物理分册，2016，52（11）：807-810.

[10] 李辛庚，齐慧滨，王学刚．火电厂锅炉再热器管高温腐蚀研究［J］．材料保护，2003，36（6）：9-11.

锅炉三叉管制造与检验

徐　亮　黄　璞　周永念　虞　宏

武汉市锅炉压力容器检验研究所，武汉，　430024

摘　要： 介绍了锅炉三叉管的结构及制造工艺，对三叉管制造过程中外观检验、无损检测及水压试验进行了重点阐述。

关键词： 锅炉；三叉管；制造；检验

Manufacturing and Inspection of Boiler Trigeminal

Xu Liang，Zhou Yong-nian，Huang Pu，Yu Hong

Wuhan Boiler& Pressure Vessel Inspection Institute，　Hubei 430024

Abstract: The structure and manufacturing process of the boiler trifurcation tube are introduced. The appearance inspection，non-destructive testing and hydraulic pressure test in the manufacturing process of the trigeminal tube are mainly elaborated.

Keywords: Boiler; Trigeminal tube; Manufacturing; Inspection

0　前言

膜式水冷壁是大型锅炉的重要组成部件，具有密封性好、升温快、吸热能力强等优点。目前，大参数锅炉水冷壁普遍采用小直径下集箱，在的水冷壁入口管段焊接直径较大的节流孔圈的结构，然后，通过两次三叉管过渡的方式与小直径的水冷壁管相接，用控制各回路的工质流量的方法来控制各回路管子的吸热和温度偏差，这种结构大大提高了流量调节能力，简化了结构[1,2]。三叉管作为不同直径水冷壁及下集箱的连接管，起到承上启下的作用，三叉管的制造质量至关重要。由于三叉管采用Y字形结构，应力增大系数达到4.1[3]，与水冷壁焊接后，受到水冷壁管拘束，应力相对集中，锅炉运行中，三叉管及下端节流孔圈损坏也常有发生[4]。锅炉三叉管结构复杂，制造过程中，焊接及无损检测难度较大，为了保证三叉管的制造质量，采用合理的制造工艺及检验检测手段必不可少。

1　三叉管的结构特点及制造工艺

一次三叉管上端连接水冷壁，下端与二次三叉管相连，二次三叉管下端与下水冷壁入口集箱相连，中间焊接节流孔圈（如图1）。这种结构可以保证孔圈有足够的节流能力，调节各回路水冷壁管中的流量，水冷壁出口工质温度均匀，有效防止个别受热强和结构复杂的回路与管段产生膜态沸腾和干涸现象。

作者简介：徐亮，1978年生，男，硕士研究生，高级工程师，主要从事承压类特种设备制造监督检验。

三叉管制造过程如图2所示，先将20#无缝钢管弯成U形管，再根据水冷壁，管间距要求，将弯管中部分切割去除，切割处机械加工开坡口，再将加工好的上管进行对接焊接，切割组对后一定要保证图2(c)所示管间距L满足设计要求。对接完成后的上管要进行X射线检测，检测合格后，弯头部分底部开孔，可制作工装进行机械加工开孔，也可进行火焰切割开孔，如果采用火焰切割开孔，应将坡口打磨清理干净，再进行下管焊接。为保证焊接质量，焊接方法采用手工氩弧焊。在进行下管焊接时，为防止焊接变形，可制作合适的工装夹具。

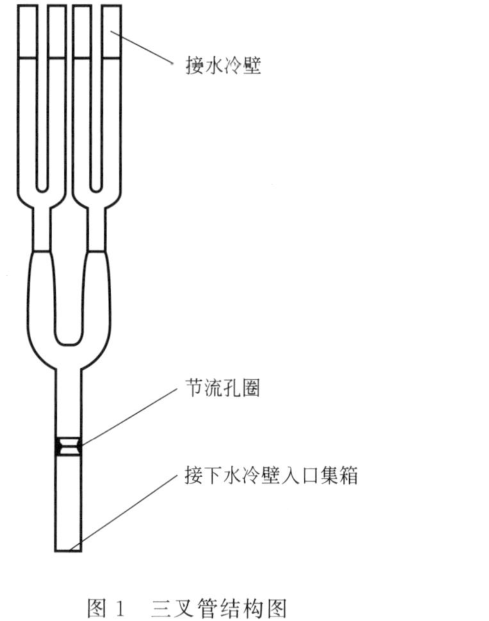

图1 三叉管结构图

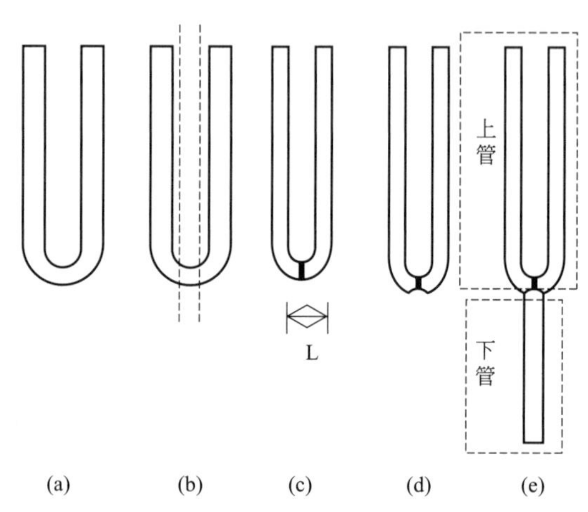

图2 三叉管制造过程

(a) 弯管；(b) 切割；(c) 上管焊接；(d) 开孔；(e) 三叉管

2 检验与检测

2.1 外观检验

按照GB/T 16507.6—2013的要求，对三叉管进行外观检验，焊缝表面不得有裂纹、未熔合、气孔、夹渣、弧坑，咬边深度不大于0.5mm，两侧咬边总长度不大于管子周长的20%，且不大于40mm，焊缝高度不低于母材且圆滑过渡；上管弯管后进行通球试验，合格后方可进行切割。

2.2 无损检测

三叉管上管对接焊接完成后，进行100%射线检测，检测过程符合NB/T 47013.2—2015相关要求。上管多采用ϕ28.6×5.8mm小径管，下管多采用ϕ42.7×6mm小径管，$T \leqslant 8$mm，焊缝宽度g为2～3mm，小于$D_0/4$，采用倾斜透照方式椭圆成像。因三叉管的Y形交叉部位不利于布片，只能椭圆成像透照一次，检测结果Ⅱ级合格。为了提高缺陷检出率，在下管焊接完成后再增加一次射线检测，透照方式及合格级别与上管对接接头检测相同。三叉管结构特殊，如果出现超标缺陷，返修相当复杂，上管对接接头接头射线检测合格级别可以提高至Ⅰ级。

当采用火焰切割对弯管底部进行开孔时，坡口部位打磨后，可对坡口部位进行表面检测。检测结果Ⅰ级为合格。

3 水压试验

三叉管制作完成，外观检验及无损检测合格后，将每根三叉管管端焊接封板进行水压试验，试验压力为 1.5 倍工作压力，保压时间不少于 10s。

4 结论

锅炉三叉管是连接水冷壁及下集箱的重要部件，制造过程中，采用合理的制造工艺，上管制作完成进行通球试验，保证弯管质量；严格进行外观检验、对焊缝的进行 2 次无损检测及管子的水压试验，保证制作的三叉管符合法规要求。

参考文献

[1] 曲莹军，张家维等．600MW 超超临界机组锅炉水冷壁壁温特性研究 [J]. 东北电力技术，2008，4：1-4.
[2] 李虎，李德友．1000 MW 超超临界锅炉两侧汽温偏差产生原因及处理 [J]. 电力安全技术，2008，10 (12)：8-10.
[3] 唐永进．特殊形状三通管道的应力分析 [J]. 石油化工设备技术，2005，26 (6)：1-3.
[4] 田均．加强防磨防爆管理防止锅炉“四管”泄漏 [J]．山西电力，2005，124 (1)：1-2.

厚规格 P92 钢焊接及热处理工艺分析

王　峰[1]　陈国喜[1]　张丰收[2]

1. 河南省锅炉压力容器安全检测研究院，郑州 450016;
2. 河南华电金源管道有限公司，郑州 451162

摘　要： 本文对 113mm 厚规格 P92 钢焊接工艺及焊后热处理工艺对其力学性能的影响规律及控制方法进行了研究。结果表明：焊缝及热影响区处存在的粗大 MA 及原奥氏体晶界处存在的粗大 $M_{23}C_6$ 型碳化物对使用性能有重要影响，通过 770℃×10h 的高温回火工艺能够保证焊接接头强韧性满足性能要求。

关键词： P92 钢，焊接工艺，焊后热处理，第二相粒子，MA

Analysis of welding process and heat treatment for heavy gauge P92 steel

Wang Feng[1], Chen Guo-xi[1], Zhang Feng-shou[2]

1. The Boiler&Pressure Vessel Safety Inspection Institute of Henan Province, Zhengzhou 450016
2. Henan Huadian Jinyuan Piping Co., Ltd. Zhengzhou 451162

Abstract: The influence and control system of 113mm heavy gauge P92 steel welding process and heat treatment technology had been researched. The result show that the coarse MA at the heat affected zone and the large $M_{23}C_6$ carbides at the grain boundary of the origin austenite had significant influence on operational performance. The strength and toughness of welded joints of the steel could be improved by 770℃×10h high temperature tempering process。

Keywords: P92 steel; Welding process; PWHT; Second-phase particle; MA

0　引言

P92 钢是在 P91 钢的基础上再加入 1.5～2.0%的 W，同时适当降低 Mo 含量，在 600℃的许用应力比 P91 高 30%以上，且 P92 的抗热疲劳性、热导率和线胀系数远优于奥氏体不锈钢，抗腐蚀性和抗氧化性能也优于其他 9%Cr 的铁素体耐热钢[1-3]。但 P92 钢随着壁厚的增大，其焊接冷裂纹、焊缝金属韧性差的问题也更加凸显出来。本文重点研究超超临界电站锅炉用 113mmP92 耐热钢的焊接及焊后热处理工艺，为确保厚规格 P92 钢焊接接头的使用性能，提供一种可靠的参考方法，从而确保超超临界电站锅炉的使用安全。

1　试验材料

选取规格为 ϕ419mm×113mm 的 P92 钢管，对其进行焊接试验，其化学成分见表 1。其中 C 含量

作者简介：王峰，男，1978 年生，材料学博士，高级工程师，现主要从事承压特种设备安全性能评估工作。

0.11%，Cr 含量 8.79%，W 含量 1.63%符合 GB/T 5310—2017《高压锅炉用无缝钢管》中规定的 P92 钢成分范围。

表 1 113mmP92 钢试样化学成分 质量分数，%

项目	C	Mn	Si	Cr	Mo	V	Ni
成分范围	0.07～0.13	0.3～0.6	≤0.5	8.5～9.5	0.3～0.6	0.15～0.25	≤0.4
成分	0.11	0.47	0.17	8.79	0.46	0.187	0.26
项目	N	B	W	Nb	Al	S	P
成分范围	0.03～0.07	0.001～0.006	1.5～2.0	0.04～0.09	≤0.02	≤0.01	≤0.02
成分	0.043	0.0021	1.63	0.05	0.004	0.005	0.016

试验用 113mmP92 钢原材料的屈服强度为 526MPa，抗拉强度为 675MPa，纵向断后伸长率 27%，纵向冲击功 163J，布氏硬度值为 197J。

采用 $FeCl_3$ 盐酸水溶液（5g 三氯化铁＋50mL 盐酸＋100mL 水）对 P92 钢金相试样进行浸蚀后，在 Leica DFC420 型光学显微镜上观察显微组织，图 1 为 ϕ419mm×113mmP92 钢管原材料的微观组织［图 1(a) 为 200 倍金相，图 1(b) 为 500 倍金相］，该组织主要为回火马氏体并存在一定量的马氏体。

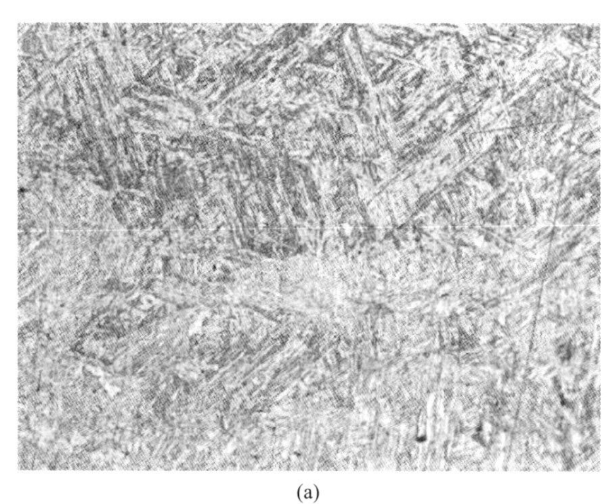

(a)

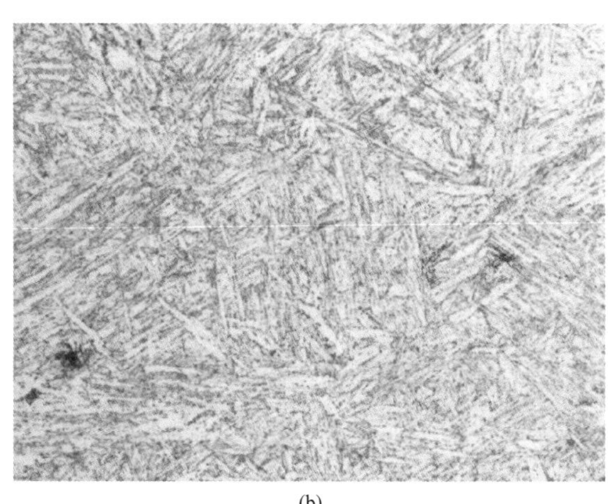

(b)

图 1 113mm P92 钢管金相组织

2 焊接方法

P92 管道焊接采用钨极氩弧焊打底和手工电弧焊＋埋弧自动焊填充，氩弧焊使用 CARBOROD CRMO92 CrMo92ϕ2.4 焊丝；自动焊使用 CARBOROD CRMO92 OE-S1 ϕ2.4 焊丝；手工焊使用 CARBOROD 92 OP-90W ϕ3.2 焊条。CARBOROD CRMO92 焊丝及焊条化学成分见表 2。

表 2 CARBOROD 焊材化学成分 质量分数，%

元素	C	Mn	Si	Cr	Mo	V	Ni	W	Nb	B	N	S	P
CrMo92 焊丝	0.10	0.73	0.25	8.7	0.41	0.19	0.43	1.63	0.05	—	0.03	0.004	0.009
OE-S1 焊丝	0.12	0.76	0.24	8.7	0.41	0.195	0.45	1.69	0.064	0.0027	0.0445	0.003	0.010
OP-90W 焊条	0.11	1.31	0.21	8.89	0.509	0.264	0.66	1.67	0.049	0.0045	0.044	0.005	0.012

管道焊接坡口采用如图 2 中所示双 V 型坡口模型。管道对口检查合格后，为防止出现焊接冷裂纹，采用远红外加热器对坡口进行预热，预热温度在 150～200℃，达到预热温度后，保温 45min。预热宽度从坡口中心起两侧各 350mm，坡口两侧温度保持在 170℃左右，进行打底焊。焊后检查合格，继续进行预热，预热温度在 200～250℃，恒温 45min，预热宽度，从坡口中心起两侧各 350mm，经测温仪测量验证，坡口两侧温度基本在 220℃左右。然后进行后续的手工焊及自动焊工序[4]。焊接共 35 层，其中 GTAW 焊 2 层，每层 1 道；SMAW 焊 14 层，每层 1～2 道；SAW 焊 19 层，每层 2～5 道。各道

次焊接具体工艺参数见表 3。

焊接完毕后，焊缝及热影响区先缓冷至 95℃，恒温 2h 以上，保证马氏体转变完全。然后采用局部电加热进行后热处理，降低由焊接产生的内应力并扩氢。后热温度为 375℃、恒温 3h 后缓冷至室温。

表 3 焊接工艺参数

焊接描述	焊层	焊接工艺	焊丝		焊接电流 /A	电弧电压 /V	焊接速度 /(cm·min^{-1})
			直径/mm	牌号			
打底焊	1～2	GTAW	2.4	CARBOROD CrMo92	100～140	12～16	60～80
填充焊	3～16	SMAW	3.2	CARBOROD OE-S1	110～140	20～28	90～140
填充焊	17～35	SAW	2.4	CARBOROD OP-90W	320～350	28～31	450～550

3 焊后回火工艺及性能

本文针对 113mmP92 耐热钢焊接接头，采用步进式热处理炉对钢管分别进行 760℃、770℃及 790℃整体高温回火热处理。恒温时间：10h。升、降温速度≤60℃/h，实际控制在 55℃/h 左右。降温时，温度降至 300℃以下，出炉空冷。全过程打点记录。

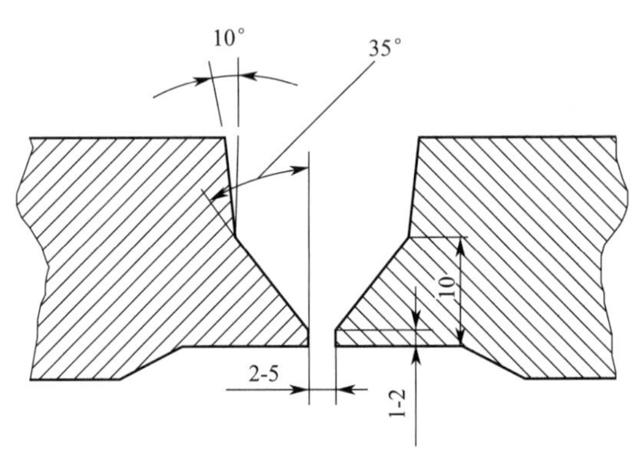

图 2 113mmP92 钢焊接坡口示意图

3.1 113mmP92 钢不同回火温度拉伸及弯曲性能

图 3 为 113mmP92 钢 760℃、770℃、790℃回火后焊接接头的抗拉强度，随着回火温度的提高，试样抗拉强度逐渐降低，当回火温度提高至 790℃时，其抗拉强度仅为 595MPa，较 760℃回火试样，降低 75MPa。GB/T 5310—2017 标准规定 P92 钢抗拉强度≥620MPa，因此当采用 790℃回火时，其抗拉强度无法满足标准要求。

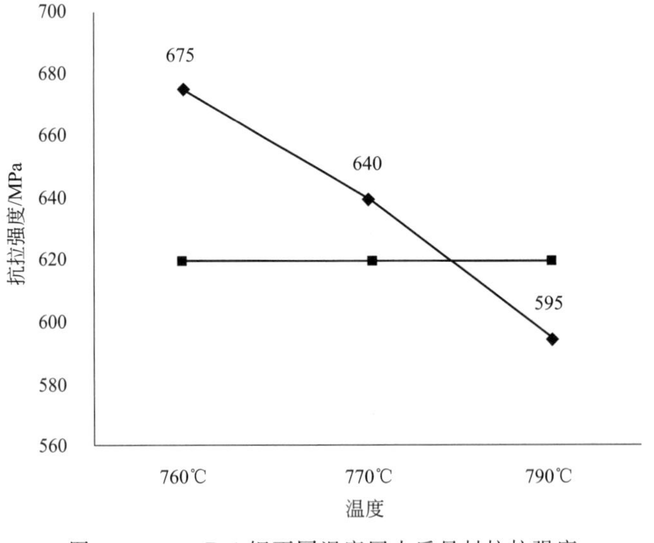

图 3 113mmP92 钢不同温度回火后母材抗拉强度

3.2 113mmP92 钢不同回火温度冲击性能

图 4 为 113mmP92 钢 760℃、770℃、790℃回火后埋弧焊焊缝（a）及埋弧焊焊缝附近热影响区（b）处的冲击功。

当 113mmP92 钢埋弧焊焊缝处冲击试样采用 760℃回火后，其冲击功仅为 17J，未满足 GB/T 5310—2017 标准规定的 41J；当回火温度提高至 770℃后，其冲击功迅速提高，达到了 102J；当回火温

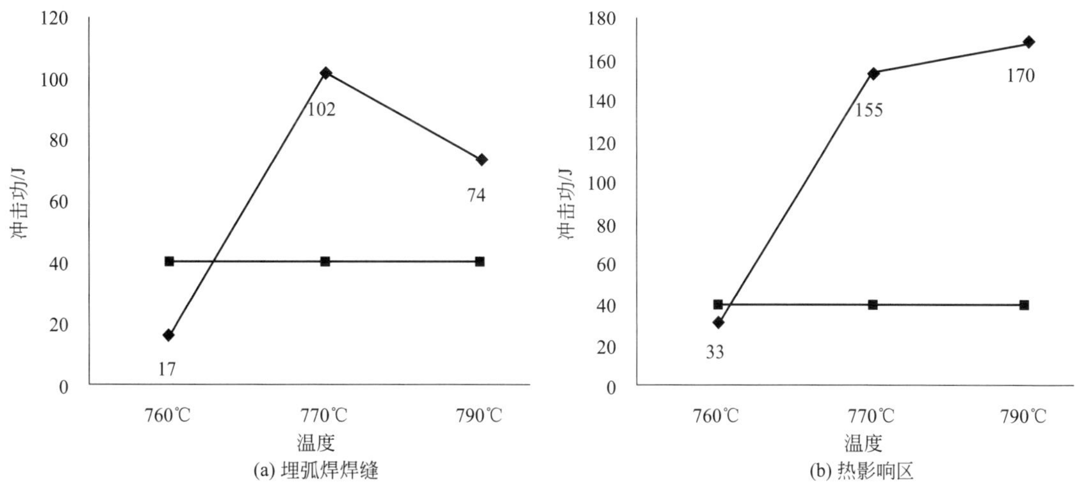

图 4　P92 钢不同温度回火后焊缝及热影响区冲击功

度为 790℃时，冲击功为 74J，略有降低。

埋弧焊焊缝附近热影响区处冲击试样 760℃回火后，其冲击功为 33J，仍未满足 GB/T 5310—2008 标准规定的 41J；随着回火温度的提高，冲击功改善显著，当回火温度提高至 770℃后，其冲击功为 155J；当回火温度为 790℃，冲击功达到了 170J，材料的冲击韧性得到了明显的改善。

3.3　113mmP92 钢不同温度回火后显微组织及硬度分析

采用 $FeCl_3$ 盐酸水溶液（5g 三氯化铁＋50mL 盐酸＋100mL 水）对 P92 钢金相试样进行浸蚀后，在 Leica DFC420 型光学显微镜上观察显微组织，然后在 HV-1000 型数字显微硬度仪上对金相试样的焊

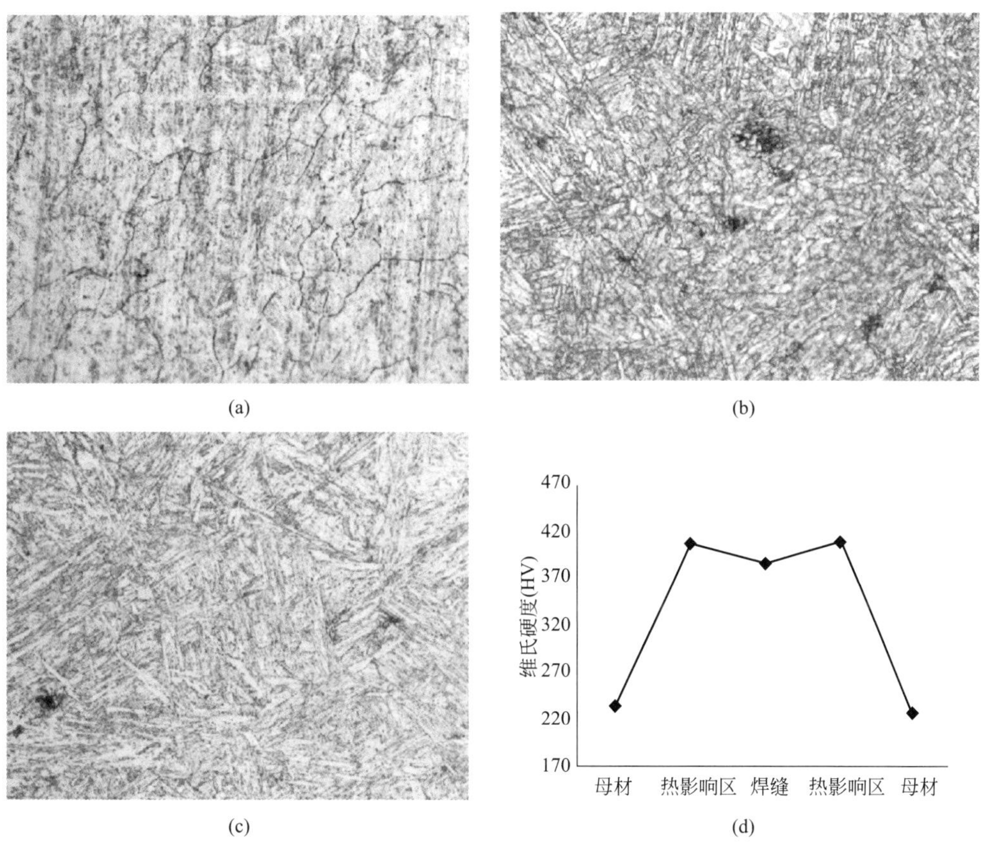

图 5　P92 钢焊接接头未进行焊后热处理时不同部位显微组织（500 倍）及维氏硬度

（a）焊缝；（b）热影响区；（c）母材；（d）不同部位维氏硬度

缝、热影响区及母材部分检测其硬度值变化规律。

图 5 为 113mmP92 钢焊接接头未进行焊后热处理时焊缝、热影响区及母材处的 500 倍金相组织及对应的维氏硬度。

在图 5(a) 为 P92 钢焊缝处的微观组织，图中可以清晰看到较为粗大的奥氏体晶粒，在奥氏体晶内形成的针状马氏体隐约可见。图 5(b) 为 P92 钢焊缝热影响区处微观组织，该处组织由于经历了多次热循环过程，部分奥氏体晶粒细化，奥氏体晶内仍主要为针状马氏体组织；图 5(c) 为 P92 钢焊接接头母材部分显微组织，该处组织为 P92 钢典型的回火马氏体；图 5(d) 为 P92 钢焊接接头不同部位的维氏硬度，焊缝处硬度为 386HV，热影响区处硬度最高，达到 412HV，母材处硬度为 227HV。P92 钢焊后在未经过高温回火时，其硬度差接近 200HV，这种程度的硬度差异必然导致较大的应力集中，如不及时进行焊后热处理，厚壁 P92 钢管易出现焊接冷裂纹缺陷。

图 6 为 P92 钢经 770℃ 回火焊缝、热影响区及母材处显微组织（200 倍）及维氏硬度。P92 钢经 770℃ 回火后，不同部位的金相组织主要为回火马氏体，在热影响区处可见部分残余奥氏体形貌。焊缝及热影响区处硬度显著降低，焊缝处的硬度由未热处理前的 386HV 降低为 215HV，热影响区处硬度由 412HV 降低至 187HV，而母材处硬度仅降低约 20HV。

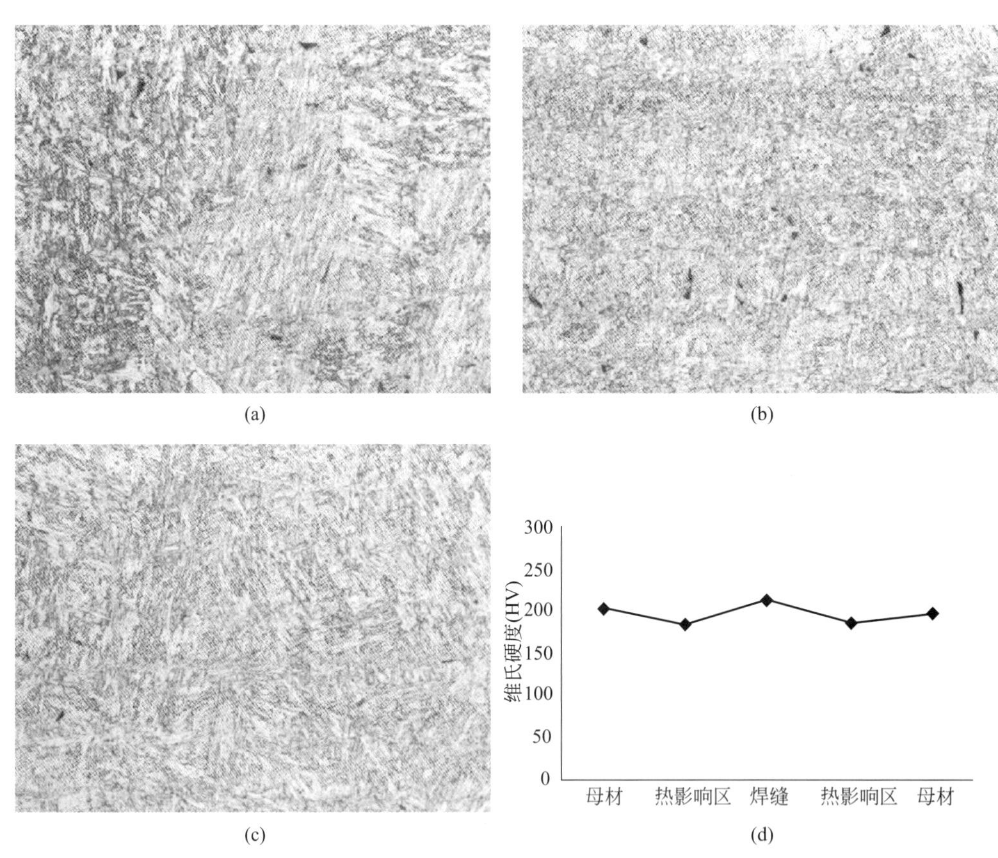

图 6　P92 钢焊接接头 770℃ 回火后不同部位显微组织（500 倍）及维氏硬度

(a) 焊缝；(b) 热影响区；(c) 母材；(d) 不同部位维氏硬度

图 7 为 P92 钢经 790℃ 回火焊缝、热影响区及母材处显微组织（200 倍）及维氏硬度。P92 钢经 790℃ 回火后，不同部位的金相组织仍主要为回火马氏体，焊缝处的马氏体组织发生明显回复，板条状形态逐渐消失。P92 钢经 790℃ 回火后，焊接接头各部分维氏硬度值均在 185HV 左右。

4 分析及讨论

对于大直径厚规格 P92 钢，在焊接过程中，一方面由于不均匀的焊接温度场，从而在加热区形成

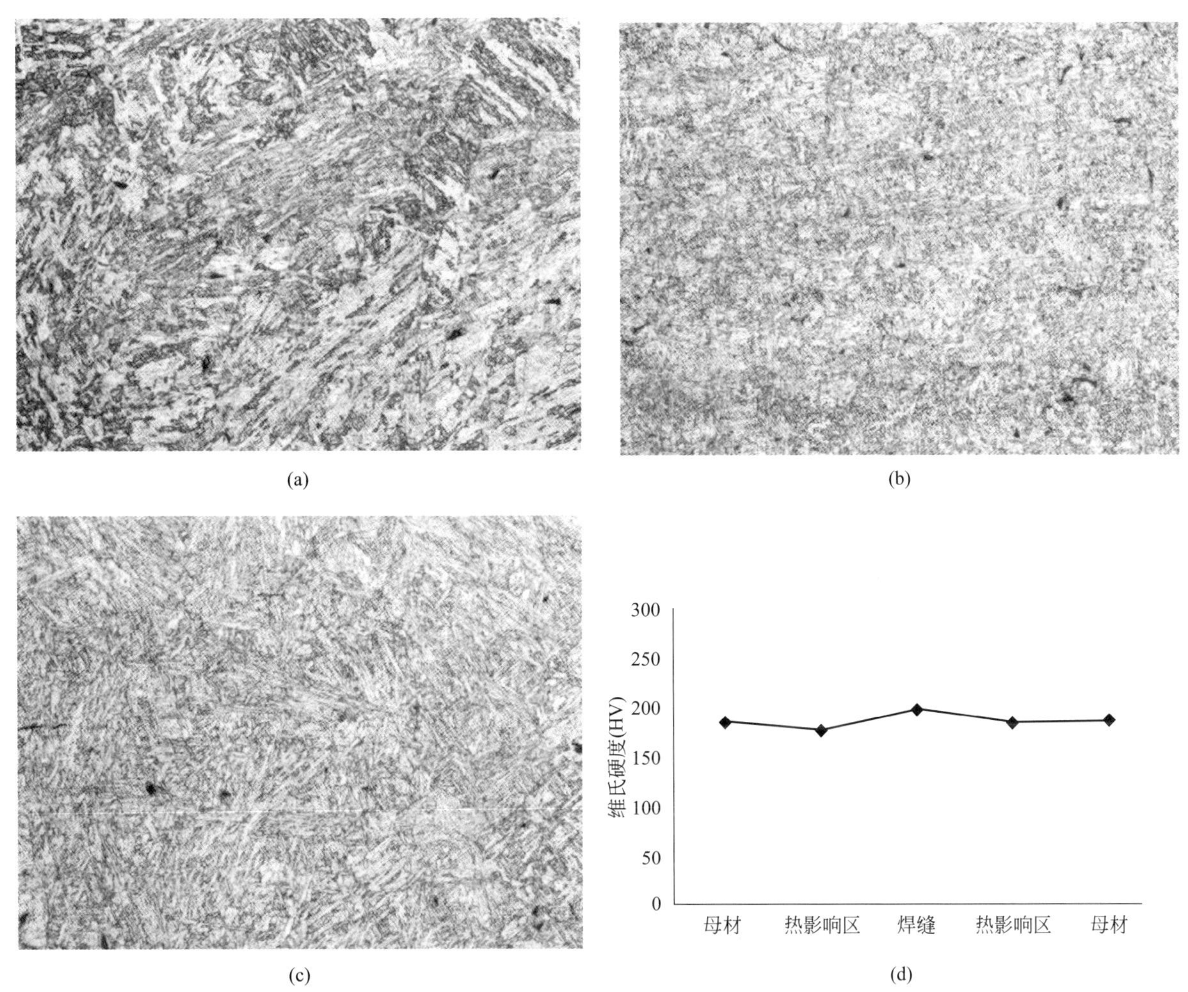

图 7 P92 钢焊接接头 790℃回火焊缝、热影响区及母材处显微组织（200 倍）及维氏硬度

（a）焊缝；（b）热影响区；（c）母材；（d）不同部位维氏硬度

了局部的压缩塑性变形区；在冷却过程中，受压缩的塑性变形区的金属收缩受阻，于是由加热和冷却的温度梯度而产生焊接热应力；另一方面，焊缝及热影响区处高温奥氏体组织在转变为马氏体时，存在 0.38%的体积膨胀，会导致相变应力；由于这两方面原因在钢管内部会产生较大的焊接残余应力，影响钢管的强度、刚度、疲劳强度、断裂性能和抗应力腐蚀性能。而且焊接过程中，如果焊接线能量较大也可能会造成层间温度过高，导致晶粒粗大和网状晶界析出物，这些组织易产生裂纹源，造成冲击韧性下降。

采用焊后热处理是改善材料焊接接头力学性能的一种有效方法。热处理法是通过各种加热方法，采用不同的工艺程序，利用高温时材料屈服强度下降和蠕变现象，达到松弛焊接残余应力的目的，同时还可以改善焊接接头的性能，提高其塑性。

本文中 113mm 厚的 P92 钢焊接接头在焊后未经过热处理时，其冲击值＜10J，经不同工艺高温回火后冲击功明显提高，当回火温度提高至 770℃时，冲击功达到 102J 以上，能够满足使用要求。P92 钢焊接接头在接近其 A_{c1} 温度附近回火，冲击韧性的改善与微观组织的变化有着直接的关系。

P92 钢焊缝在凝固时，由于冷却速度较快，只会发生奥氏体向马氏体的转变，而不会发生珠光体或贝氏体等中温转变。焊缝是温度极高的熔融态冷却后得到的粗大铸态组织，虽然在多道焊工艺下，经过了下一道焊接的所谓自回火过程，但不可能获得类似母材的回火组织。其微观组织主要为粗大的板条马氏体＋残余奥氏体＋少量的碳化物析出相。此时由于粗大的晶粒、非常高的位错密度、未溶解的粗大残余碳化物及大尺寸 MA 导致 P92 钢焊接接头韧性极差。为了改善焊接接头的力学性能就需要采用焊后高温回火处理。

焊后高温回火是一个回复与再结晶的过程，本文中113mmP92钢760℃、770℃、790℃回火后焊接接头的抗拉强度，随着回火温度的提高，试样抗拉强度逐渐降低，当回火温度提高至790℃时，其抗拉强度仅为595MPa。

随着回火温度的升高，P92钢中析出的$M_{23}C_6$及M_6C型碳化物将长大，导致钢基体中Cr和W元素含量降低，基体的固溶强化效果减弱。同时，$M_{23}C_6$及M_6C型碳化物对位错的运动还能起到一种长程阻力的作用，但随着析出相粒子的尺寸变大，与基体的共格关系消失，其钉扎位错的能力也降低；另外，回火温度越高，亚晶结构长大越严重，回火马氏体内位错密度降低越快，因此当P92钢回火温度达到790℃时，其抗拉强度降低至595MPa，无法满足使用要求。

埋弧焊焊缝处冲击试样采用760℃回火后，其冲击功仅为17J，当回火温度提高至770℃后，其冲击功迅速提高，达到了102J；当回火温度为790℃时，冲击功为74J。埋弧焊焊缝附近热影响区处冲击试样760℃回火后，其冲击功为33J；当回火温度提高至770℃后，其冲击功为155J；当回火温度为790℃，冲击功达到了170J。而经760～790℃高温回火后，母材处的冲击功均在150J以上。

焊缝处的冲击韧性远低于母材的一个重要原因是焊缝中存在的粗大MA组元[5,6]。MA组元在P92钢焊缝及热影响区中必然存在。一般认为，大尺寸的MA组元对焊接接头韧性有着不利的影响[7]，这主要是因为高碳含量的残余奥氏体易于形成细小的孪晶马氏体，夹杂于板条马氏体之间，产生应力集中，微裂纹易于沿MA组元与基体之间界面扩展。因此，MA组元尺寸越大、数量越多，则材料的冲击韧性越差。通过合理的焊后热处理可有效提高焊缝的冲击韧性。MA组元在焊后热处理过程中分解为块状组织和$M_{23}C_6$型碳化物，焊缝的冲击韧性显著提高。焊后高温回火是一个回复与再结晶的过程，P92钢焊缝中的MA组元通常成条带状分布，所以高温回火后析出的$M_{23}C_6$型碳化物也成条状分布在α’条之间，导致其回火抗力更大，板条马氏体之间相互融合形成等轴晶的能量壁垒更高，为了获得韧性较高的等轴晶，就需要更长的回火时间和回火温度。但更高的回火工艺必然导致过饱和的板条马氏体基体中合金元素的大量析出，一方面会降低合金元素的固溶强化效果，另一方面析出物在晶界链状偏聚，对焊缝韧性带来不利影响。

焊后高温回火虽然能够改善P92钢的强韧性配合，但当回火温度过高时，则可能对P92钢的使用性能，尤其是高温使用时的蠕变寿命产生不利影响。

焊接接头有焊缝金属、热影响区和母材构成，热影响区又分为粗晶区和细晶区，存在显微结构的梯度，导致蠕变性能也存在梯度。如果局部位置的蠕变抗力达到最小值，焊接接头承受载荷时，将产生复杂的拘束效应，因此细晶区将处于一个三轴应力状态，这会加速局部的蠕变损伤。

对于P92钢焊接接头的细晶区，在焊接前为P92钢母材，在焊接过程中承受了多个峰值温度为A_{c3}以上的热循环。由于在焊接过程中母材被快速加热至A_{c3}以上，在快速冷却下形成了晶粒细小的细晶区，而晶粒越细小，其抗蠕变变形能力越弱；

另一方面，由于焊接中的升温速率很快，且在峰值温度的保持时间极短，不仅使得没有足够的时间使奥氏体晶界上分布的碳化物完全溶解，而且使得细晶区内还残留有部分原先的奥氏体晶界，因此还有一部分碳化物依然分布在残留的原始粗大奥氏体晶粒的晶界上。

在焊后热处理时，未溶解的碳化物会发生粗化，其粗化的程度与回火温度有关，透射电镜分析证明这些碳化物聚集在晶界处。如果碳化物在晶粒内部弥散分布，则可对材料起强化作用，但是碳化物不是弥散地分布在晶粒的内部，而是在晶界上聚集，这些粗大的碳化物不仅降低了细晶区碳化物的弥散强化作用，而且位于晶界上的粗大碳化物颗粒会成为蠕变空洞的形核核心，这主要是由于第二相粒子对晶界的滑动起到了阻碍作用，因而容易在第二相粒子与晶界的界面处产生应力集中，促进空洞形核，并为空洞的长大提供激活能，且多个晶界交叉处的应力集中更大，更有利于蠕变孔洞的形核和长大；其次，第二相粒子与基体的结合较弱，容易产生分离，而空洞也在晶界上，当第二相粒子和晶界分开以后，两个晶粒会分开，促进晶界上已经形成的微小孔洞聚集在一起，连成一个微裂纹；最后，第二相粒子与晶界的界面处容易产生沉淀空位，空位是孔洞形核的重要机制，也利于蠕变孔洞的形核和长大。

因此，应控制P92钢的焊后热处理工艺，在保证其强韧性满足使用要求的前提下，控制焊后回火温度，避免焊接热影响区的细晶区在使用过程中，过早发生蠕变损伤。

5 结论

① P92 钢的焊接过程应严格按照其焊接工艺执行，焊前预热温度控制在 150～200 ℃，同时应控制层间温度 200～250 ℃之间，并确保保温时间，且焊接完成后应及时进行焊后热处理，防止出现焊接冷裂纹。

② 113mmP92 钢 760℃、770℃、790℃回火后焊接接头的抗拉强度，随着回火温度的提高，试样抗拉强度逐渐降低，当回火温度提高至 790℃时，其抗拉强度仅为 595MPa。

③ 采用 760℃回火后，113mmP92 钢冲击功仅为 17J，当回火温度提高至 770℃后，其冲击功迅速提高，达到 102J。

④ 针对 113mmP92 钢，可采用 770℃保温 10h 的焊后高温回火工艺，能够保证材料具有良好的强韧性配合。低于此温度，材料的冲击韧性无法满足相关标准要求；高于此温度，材料的抗拉强度无法满足相关标准要求。

参考文献

[1] Jbrozda. New generation creep-resistant steels，their weld ability and properties of welded joints：T/ P92 steel [J]. Welding International, 2005，19 (1)：5-13.

[2] 杨富，章应霖．新型耐热钢的焊接 [M]. 北京：中国电力出版社，2006.

[3] 吴伏海，欧阳忠．埋弧自动焊的应用研究 [J]. 岳阳师范学院学报，2002, 15 (3)：35-37.

[4] 陈国喜，张丰收，王峰．A335P92 耐热钢焊接缺陷成因分析与预防 [J]．热加工工艺，2016，45 (5)：255-257.

[5] Chunming Wang，Xingfang Wu，Jie Liu，et al. Transmission electron microscopy of Martensite/austenite islands in pipeline steel X70 [J]. Materials Science and Engineering A，2006，438 (24)：267-271.

[6] Zhong Y，Xiao F，Zhang J，et al. In sit-u TEM study of the effect of MA films at grain boundaries on crack propagation in an ultra fine acicular ferrite pipeline steel [J]. Acta Materialia，2006, 54 (2)：435-443.

[7] Niu Jing，Qi Li-hua，Liu Ying-lai. Tempering microstructure and mechanical properties of pipeline steel X80 [J]. Transactions of Nonferrous Metals Society of China，2009，19 (s3)：573-578.

电站锅炉汽包纵焊缝开裂的原因分析及预防措施

谢小娟　蔡　勤　杨宁祥

广东省特种设备检测研究院珠海检测院，珠海 519002

摘　要： 针对电站锅炉系统中汽包表面焊缝处开裂泄漏问题（此处描述有问题，需要修改。一是电站锅炉系统中不包括汽轮机，二是文章中并未描述“汽轮机和高炉风机经常突发开裂泄漏问题”），采用理化分析与资料审查相结合的手段，对电站锅炉汽包表面焊缝开裂及连接焊缝泄漏原因进行研究，发现锅炉启停频繁造成汽包壁产生的温差应力是导致汽包表面焊缝产生疲劳裂纹进而开裂泄漏的主要原因，并据此提出了具体的整改与防范技术措施，杜绝安全问题的发生。

关键词： 电站锅炉；汽包；温差应力；疲劳裂纹

Reason Analysis and Precautionary Measures of Longitudinal Welding Cracks in Steam Drum of Power Plant Boiler

Xie Xiao-juan, Cai Qin, Yang Ning-xiang

Zhuhai Branch, Guangdong Institute of Special Equipment Inspection and Research, Zhuhai 519002

Abstract: According to the problem of cracking and leakage of weld surface on steam drum in power plant boiler systems the causes of cracking of weld surface on steam drum and the leakage of joint welds were studied based on the combination of physical and chemical analysis and data review methods. The results showed that the temperature difference stress caused by the frequent start and stop of the boiler is the main reason of the fatigue crack of the surface weld and the leakage of the steam drum. Based on this, specific technical measures for rectification and prevention were put forward to prevent the occurrence of security problems.

Keywords: Power plant boiler; Steam drum; Thermal stress; Fatigue cracks

0　引言

珠海市某钢铁厂内 5 台电站锅炉在检验人员进行的内部检验中，发现并排运行的 3 台锅炉汽包内表面所有纵焊缝上焊缝两侧熔合区存在断断续续的表面裂纹，汽包内旋风分离器连通箱上靠近汽包筒体的焊缝也多处开裂，并且在汽包外部两侧的 38 条下降管中有 6 条与汽包连接的第一道对接焊缝均出现了开裂和泄漏现象并已补焊，随即检验人员采取了一系列措施，避免了一起可能发生的汽包爆炸事故。

作者简介：谢小娟，1988 年生，女，工程师，硕士，主要从事特种设备检验检测及材料失效分析。

1 电站锅炉技术参数及现场检查情况

该电站锅炉型号为 CSG-40/3.82-Q，额定蒸发量：40t/h；过热器出口工作压力：3.82MPa；过热器出口温度为：450℃；燃料种类为：高炉尾气；汽包工作压力：4.2MPa；汽包材料：20g；汽包规格：ϕ1600mm×46mm。检验人员对汽包内表面进行磁粉检测时，发现裂纹产生位置在纵焊缝两侧熔合区几何不连续处，断断续续沿同一方向分布，长短不一，长度最大可达 51mm，裂纹的宏观形貌见图 1～图 3，外观未见腐蚀和塑性变形等缺陷。另外，旋风分离器连通箱上靠近汽包筒体的焊缝也出现多处开裂，在汽包外部两侧的 38 条下降管中有 6 条与汽包连接的第一道对接焊缝出现了开裂、泄漏现象并已补焊，分别见图 4 和图 5。

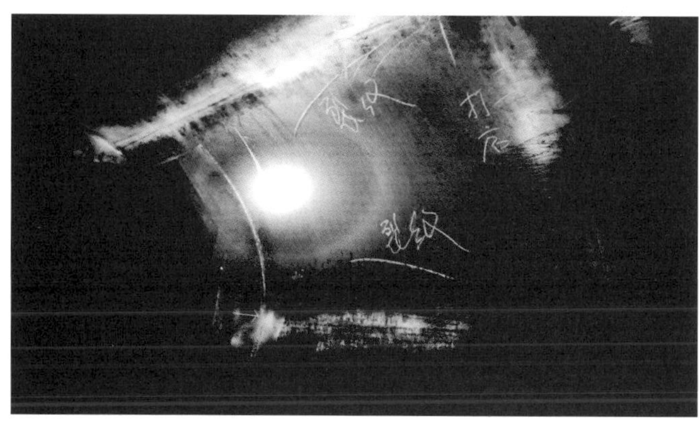

图 1 汽包内表面纵焊缝两侧裂纹（整体图）

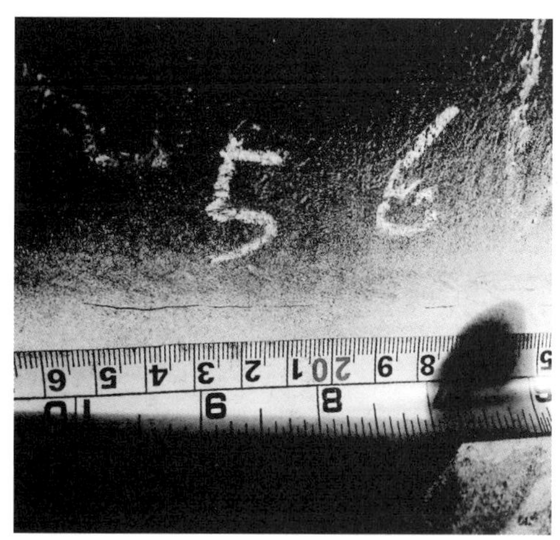

图 2 裂纹放大图 1

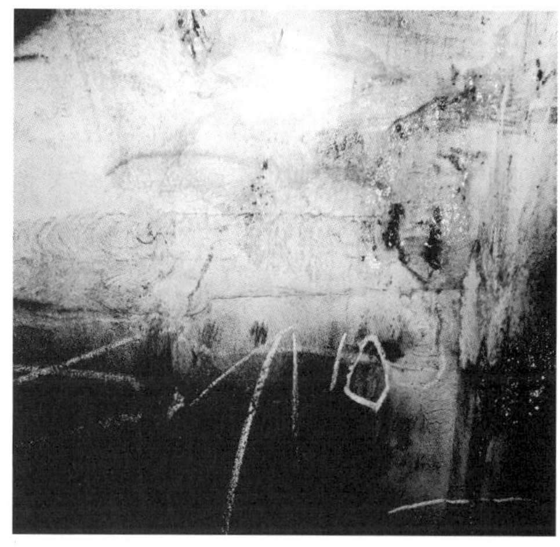

图 3 裂纹放大图 2

图 4 旋风分离器连通箱开裂处

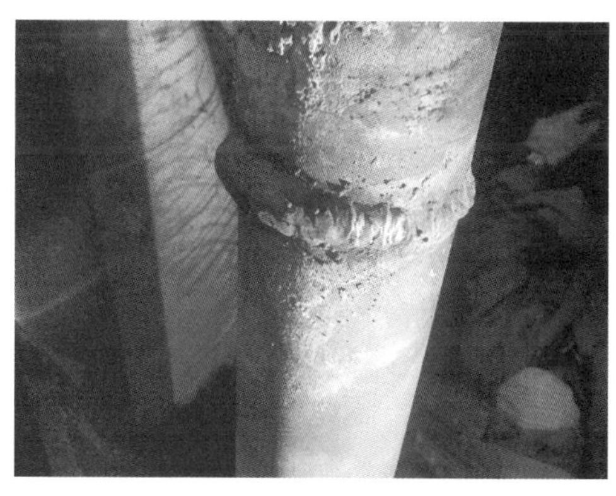

图 5 下降管开裂处（已补焊）

2 理化分析

2.1 硬度检测

依据GB/T 17394.1—2014《金属材料 里氏硬度试验 第1部分 试验方法》进行硬度检测（里氏硬度和布氏硬度），检测部位为汽包内表面裂纹附近区域，检测结果见表1，结果表明汽包材质硬度正常。

表1 硬度检测结果表

检测位置	工件名称	硬度检测值(HLD/HB)			AVE(HLD/HB)
裂纹附近区域	母材	479/186	472/180	482/189	478/185
	热影响区	495/201	493/199	488/194	492/198
	焊缝	446/159	451/163	448/160	448/161

2.2 金相组织分析

按照GB/T 13298—2015《金属显微组织检验方法》和DLT 674—1999《火电厂用20号钢珠光体球化评级标准》对汽包纵焊缝裂纹附近的母材进行金相显微组织检测，金相组织检测结果见图6。

从金相照片可以看出：裂纹及裂纹附近的母材，金相组织为铁素体＋珠光体，珠光体未出现球化，晶粒度大小正常，金相组织未发现异常，材质也未发生劣化现象。

图6 汽包筒体金相照片

2.3 磁粉检测

鉴于以上检测结果，检验人员要求使用单位拆开汽包外部保温层，按照NB/T 47013.4—2015《承压设备无损检测 第4部分：磁粉检测》，采用磁轭法对汽包纵焊缝外表面疑似裂纹部位进行磁粉检测，在纵焊缝余高两侧熔合区的几何不连续处也发现存在表面裂纹，但是裂纹长度和产生区域较之内表面的少。

3 原因及风险分析

3.1 资料审查

针对上述情况，检验人员查阅了3台涉事电站锅炉的历次检验资料、历次例行检查、修理资料、日常使用记录、运行故障和事故记录等相关资料，审查结果如下。

① 锅炉已投入运行34960h，在日常运行期间，从未发生超温、超压运行的情况。

② 上次内部检验周期前后，与这3台涉事锅炉连接的汽轮机和高炉风机时常突然发生故障，导致锅炉经常被迫在汽轮机和高炉风机故障时突然立即停炉降温，而在故障排除后又立即启炉运行，导致锅炉启、停较为频繁。

③ 运行记录中，记载这3台涉事锅炉汽包两侧的下降管与汽包连接的第一道对接焊缝均有若干个焊口出现开裂泄漏现象。

④ 上次内部检验报告中，记载了在汽包内表面纵焊缝余高两侧熔合区的几何不连续处同样检测出多条表面裂纹，与此次内部检验发现表面裂纹的位置相符，但裂纹长度和裂纹数量比此次发现裂纹短且少。

3.2 综合分析

综合理化分析和上述资料审查情况，确定以上开裂是由汽包壁温差产生的热应力导致的。汽轮机和高炉风机的突发故障导致锅炉频繁的启动和停炉，使得汽包上下壁、内外壁产生很大的温差，就此形成了巨大的热应力，并在纵焊缝余高两侧熔合区几何不连续处产生了应力集中，当应力峰值超过汽包材料的屈服强度，在长期的交变应力的作用下，便形成了热疲劳裂纹[3]。同时也促使汽包外部两侧的部分下降管与汽包的第一道对接焊缝出现了开裂和泄漏。

汽包承受的应力主要有压力引起的机械应力和温度变化引起的热应力，由于机械应力与其工作压力成正比，该锅炉运行中未出现超压运行，其机械应力的最大值便是稳定的，且机械应力已在设计中给予考虑。

锅炉在启动和停炉过程中，汽包壁内的温度场和传热条件不断变化。当温度变化时，汽包筒体存在着 3 种温差：内外壁温差（沿壁厚方向存在温度梯度）、上下壁温差（圆周方向的温度不均匀）、纵向温差（长度方向的温度不均匀）。因为汽包可自由膨胀，故略去纵向温差的影响。汽包热应力计算[1] 表明，汽包内外壁温差产生的热应力主要是轴向和切向热应力，而且轴向与切向热应力大小相当；汽包上下壁温差引起的热应力主要是轴向应力，切向和径向应力与之相比约低一个数量级，故可忽略不计。汽包上部壁温高，金属膨胀量大；下部壁温低，金属膨胀量相对较小，这样就造成上部金属膨胀受到限制，上部产生轴向压缩应力，下部产生轴向拉伸应力。热应力与温差成正比，汽包上下壁温差越大，产生的热应力越大。这样将会使汽包趋向于拱背状的变形。当汽包受到的热应力大到一定程度时，促使汽包壁的焊缝、汽包与下降管的焊缝出现裂纹，在运行中便可能导致汽包泄漏和爆裂[4,5]。

4 措施

4.1 整改措施

对上述发现的内外表面裂纹进行打磨消除，注意打磨消除时必须保证圆滑过渡。打磨时发现裂纹深浅不一，采用焊缝检验尺进行深度测量得知，裂纹最浅为不到 1mm，最深处达 3mm。采用超声波测厚仪对打磨消除后的汽包壁厚进行测量，其壁厚最薄处为 43mm，满足使用要求，不用进行壁厚校核[2]。

4.2 防范措施

首先，汽包会产生此疲劳裂纹是由于长期较大的热应力导致的，因此应当对汽包热应力进行有效控制，实质上就是对汽包上下壁、内壁温差进行控制。锅炉在启动和停炉过程中严格避免汽包壁温差过大，主要措施有以下几方面。

（1）在锅炉启动过程中，防止汽包壁温差过大的主要措施如下。

① 合理控制锅炉上水速度，上水速度不宜过快，按相关规程规定执行。上水完毕，有条件时投入底部加热。

② 严格控制升压速度，尤其是低压阶段的升压速度应缓慢。这是防止汽包壁温差过大的重要措施。为此，升压过程要严格按着给定的升压曲线进行，在升压过程中，若发现汽包温差过大时，应减慢升压速度或暂停升压。控制升压速度的主要手段是控制好燃料量。

③ 升压初期汽压上升要稳定，尽量不使汽压波动太大。因低压阶段，汽压波动时饱和温度变化率很大，饱和温度变化大必将引起汽包壁温差大。

④ 采用适当的方式加强定期排污，以使锅炉水循环增强。

⑤ 维持燃烧的稳定和均匀，尽量使炉膛热负荷均匀。

⑥ 尽量提高给水温度。给水温度低，则进入汽包的水温也较低，会使汽包壁上下温差大。

（2）在停炉过程中，防止汽包壁温差过大的主要措施如下。

① 严格控制降压速度不要过快，控制汽包壁温差在 40℃以内。

② 停炉过程中，尽量提高给水温度。

③ 停炉后为防止汽包壁温差过大，锅炉熄火后将汽包上满水，具体可以根据给水流量情况，在汽

包水位上至＋300mm后，再继续上水2～5min，如果发现汽包上壁温有降低趋势时，应该立即停止上水。停炉冷却过程中当汽包水位降低后，及早进行上水。

④ 为防止锅炉急剧冷却，熄火后4～6h内应关闭各挡板孔门，保持封闭，此后可根据汽包壁温差不大于40℃的条件，开启烟道挡板、引风挡板，进行自然通风冷却。

汽包的热应力在纵焊缝余高两侧熔合区几何不连续处产生了应力集中，因此将焊缝余高打磨平，以消除几何不连续，减少应力集中。

5 结论

综合分析，此次发现的裂纹开裂现象，其本质在于热应力分布不均且变化频繁，当应力峰值超过汽包材料的屈服强度，便形成了热疲劳裂纹，热疲劳裂纹产生在汽包壁的焊缝、汽包与下降管的焊缝，在运行中便可能导致汽包泄漏和爆裂。

参考文献

[1] 许开城．锅炉汽包的热应力分析［D］．吉林：东北电力大学，2016.
[2] DL/T 438—2016，火力发电厂金属技术监督规程．
[3] 王亮，张荣华，别尔兰·贾纳依汗．电站锅炉受压部件内部腐蚀与裂纹检测的研究［J］．石油和化工设备．2015，10：1-5.
[4] 侯汉涛．电站锅炉检验常见问题分析［J］．中国新技术新产品．2016，19：18-19.
[5] 史从华．一台中压电站锅炉锅筒内壁纵焊缝裂纹检验分析［J］．安徽科技．2010，07：10-12.

锅炉设计文件鉴定中有关问题及探讨

何争艳　刘丽红　杨生泉　刘荟琼

湖南省特种设备检验检测研究院，湖南 长沙 410117

摘　要： 本文主要通过送审资料、设计结构、计算等三个方面，依据 TSG G0001—2012《锅炉安全技术监察规程》(简称《锅规》)、TSG G0002—2010《锅炉节能技术监督管理规程》(简称《节规》)、GB/T 16507—2013《水管锅炉》、GB/T 16508—2013《锅壳锅炉》等相关法规、标准要求，针对锅炉设计文件鉴定过程中发现的问题进行归纳与分析，列举出一些鉴定过程中发现具有代表性的问题，以避免该类问题再次发生，同时也为相关法规、标准的修订提供参考意见。

关键词： 锅炉；设计文件鉴定；强度计算

Analysis on the problems of the Boiler Design Documents Appraisal

He Zheng-yan, Liu Li-hong, Yang Sheng-quan, Liu Hui-qiong

Hunan special equipment inspection & testing institute, Changsha, Hunan, 410117

Abstract: Mainly through the three aspects of submitting information, structural design and calculation documents, according to TSG G0001—2012 "Boiler Safety Technical Supervision Administration Regulations" (referred to as "Boiler regulations"), TSG G0002—2010 "Supervision Administration Regulation on Energy conservation Technology for Boiler " (referred to as "Saving Regulations"), GB/T 16507—2013 "Water-Tubes Boilers", GB/T16508—2013 "Shell Boilers" and other regulations and standards, inductively generalize and analyze the problems found in the boiler design document identification process, which helps to avoid such problems happen again when the boiler manufacturing unit designs and submits for review and also provides reference to the amendment of relevant regulations and standards.

Keywords: Boiler; Design Documents Appraisal; strength calculation

0　引言

为保证锅炉安全、节能及环保要求，根据《中华人民共和国特种设备安全法》《特种设备安全监察条例》《锅炉安全技术监察规程》中均要求锅炉设计文件应当经国务院特种设备安全监察管理部门核准的检验检测机构鉴定后，方可用于制造。随着市场经济日益变化、环保要求不断提高以及《锅规》《节规》第一号修改单的实施。锅炉制造单位加快了对锅炉新产品研发及老产品优化，随着设计文件数量日渐增多，发现的问题也愈来愈多。以下例举一些近几年在锅炉设计文件鉴定过程中，发现具有代表性的问题与大家一起分析与探讨。

作者简介：何争艳，1983 年生，女，本科，主要从事锅炉设计文件鉴定工作。

1 鉴定中发现的问题及探讨

1.1 提供送审资料不全

TSG G1001—2004《锅炉设计文件鉴定管理规则》附件1“申请单位提供的锅炉设计文件”规定，申请单位送审应提交设计说明文件、设计图样、计算文件等三大类文件，但申请单位提供送审资料不全问题，具体如下：

(1) 锅炉设计文件鉴定申请书、锅炉设计文件节能申请书缺申请单位相关人员签名、未填写设计属性、未填写节能申请文件清单等。

(2) 缺主要支撑、吊挂件图、锅炉检查（修）门（孔）类、厂标人孔装置、手孔装置等相关图纸。

(3) 加盖设计文件鉴定专用章图纸、资料中缺批准人签字。

1.2 锅炉结构设计及设计图样中出现的问题

1.2.1 燃烧器选型

质检总局办公厅下发关于燃气锅炉风险警示的通告（2017年第2号）之前，未要求在锅炉出厂技术资料中注明燃烧器配置技术要求，制造单位往往根据本单位合作的燃烧器品牌配置燃烧器，在选型过程中只考虑燃烧器功率、背压是否与锅炉相匹配，忽视了燃烧器火焰长度与直径是否与锅炉相匹配的问题。自通告要求制造单位补充配置要求后，发现90%以上制造单位所配置燃烧器火焰直径大于燃烧室直径，不满足GB/T 16508.6—2013第4.4.1条规定燃烧器的火焰不能与锅炉燃烧室壁面或炉管直接接触的要求。因此在燃烧器选型时不能只考虑燃烧器功率和背压是否满足要求，燃烧器火焰长度与直径是否与锅炉相匹配也是选型的重要参数之一。

1.2.2 封头扳边直段不满足要求

TSG G0001表3-2中规定扳边元件直段长度按扳边元件内径予以确定，而96版《蒸规》却按扳边元件壁厚确定，设计人员在设计时忽视《锅规》此处已修改，仍沿用老版本要求，造成扳边直段长度不满足要求。

1.2.3 技术要求内容不全或采用标准过期

已作废的JB/T 81—1994《凸面板式平焊钢制管法兰》、JB/T 1616《管式空气预热器技术要求》、JB/T 1615《锅炉油漆和包装技术条件》等标准还在应用，未及时更新。

图样上技术要求内容不全，本体图技术要求中建议包含TSG G0001《锅炉安全技术监察规程》、GB/T 16507《水管锅炉》或GB/T 16508《锅壳锅炉》、NB/T 47013《承压设备无损检测》等有关锅炉设计、制造、检验等法规、标准要求。而总图技术要求中除上述标准要求外还应有TSG G0002《锅炉节能技术监督管理规程》、GB/T 1576《工业锅炉水质》、GB/T 13271《锅炉大气污染物排放标准》、GB 50273《锅炉安装工程施工及验收规范》等相关锅炉节能、安装、使用、环保等要求。

1.2.4 热水锅炉未设置定压装置

TSG G0001 10.4条规定，在热水系统的最高处以及容易集气的位置应当装设集气装置，并且有可靠的定压措施和循环水的膨胀装置。而提供的管道仪表图或系统图中未设置定压措施和循环水膨胀装置。定压方式可采用：膨胀水箱定压、自来水定压、泵定压、氮气定压、蒸汽定压等；循环水的膨胀装置可采用：低温热水采暖系统，常用开口膨胀水箱；而大型高温热水采暖系统，常用有压的闭式膨胀水箱或其他释放膨胀水的方式。设计人员在设计时应选择可靠的定压措施和循环水膨胀装置，以保证系统安全、稳定运行。

1.3 计算资料中出现的问题

1.3.1 受压元件强度计算中的问题

（1）计算壁温取用

计算水管锅炉锅筒筒体厚度时，个别制造单位将锅筒筒体同一受压元件根据其受热情况不同，分区按炉膛部分和对流部分进行计算，如炉膛部位不绝热按 GB/T 16507.4 表 2 选取附加壁温 $\Delta t=90℃$，对流部分按烟温选取 600＜烟温＜900℃，$\Delta t=50℃$ 分别进行计算，分区进行计算大多因为最小孔桥减弱系数在对流部分，如对流部分按炉膛部位选择附加壁温取 90℃ 进行计算，则壁厚不满足要求。原 GB/T 9222—2008《水管锅炉受压元件强度计算》中计算壁温取受压元件内外壁算术平均值的最大值，并未对同一受压元件是否可以进行分区计算进行说明，但在 GB/T 16507.1 第 6.5.2 条中对计算壁温做出了明确解释，强度设计时锅炉受压元件计算壁温取值原则如下：①取金属壁温最高部位的温度；②各部件在工作状态下的金属温度不同时，可分别设定其计算温度；③受压元件的计算温度通过以下方法确定：a. 由传热公式或经验公式计算；b. 取同类型锅炉的测量值；c. 根据受压元件内部工质温度和外部条件确定；④计算工况不考虑锅炉出口过热蒸汽温度、再热蒸汽温度以及给水温度的允许范围偏差。综上所述，计算同一受压元件时应选取金属温度最高部位的温度进行计算，不应将同一受压元件按金属温度不同分区进行计算。

（2）补强计算问题

补强高度 $h1$、$h2$ 取值有误。制造单位计算人孔补强或主汽管补强分不清有效补强高度 $h1$、$h2$，理解不全，生搬硬套公式。《锅壳锅炉》中，$h1$ 代表加强管接头的有效补强高度，为受力段；$h2$ 代表加强圈的有效加强高度，为非受力段；人孔补强与主汽管补强受力段与非受力段位置刚好相反，从而导致取值有误。另外《水管锅炉》《锅壳锅炉》标准 $h1$、$h2$ 符号也不同，《锅壳锅炉》中为 $h1$、$h2$，《水管锅炉》为 h、$h1$，容易被制造单位忽视，因此制造单位应加强图纸校对审核工作。

（3）拱形管板计算问题

拱形管板凸形部分壁厚计算当量内径代入错误，厚度计算与校核几何参数代入当量内径均不同。图 1(a) 所示，拱形管板由平直部分和凸形部分组成，平直部分受力情况与由拉撑的平板完全相同，故按烟管管束以内平板计算来确定平直部分厚度，而其凸形部分由不同椭圆线 $\overset{\frown}{ab}$ 构成，图中 a_0-a-b 线（$\overline{a_0a}$ 为直线，$\overset{\frown}{ab}$ 为椭圆线）为各椭圆线中长轴最大的椭圆线，由于 a_0-a-b 线的支点为 a_0 与 b，相当于图 1(b) 所示完整椭球形封头的椭圆线，故计算时用最大的椭圆线构成假想椭球形封头计算，D_i 用当量内径 D_{ed} 代入，即 $D_i=2\overline{a''b}$，但计算有关拱形管板几何参数时，则 D_i 按实际的椭圆线考虑，式中 D_i 用当量内径 D'_{ed} 取 $D_i=2\overline{a'b}$ 而不是 $2\overline{a''b}$。[2]

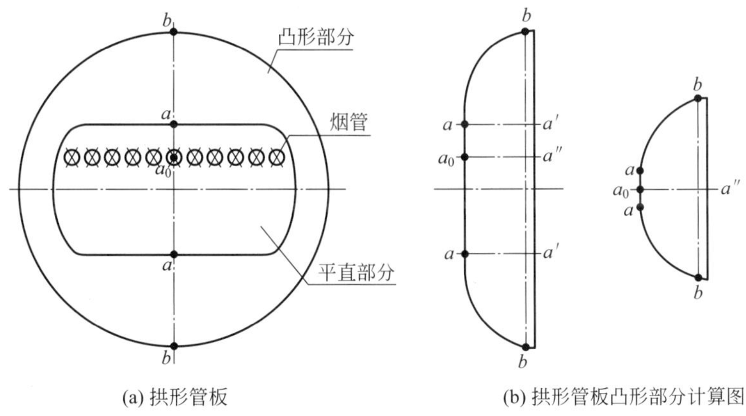

(a) 拱形管板　　(b) 拱形管板凸形部分计算图

图 1　拱形管板示意

1.3.2 热力计算

（1）计算依据（标准）的选取

热力计算选用方法（标准）为锅炉设计文件节能审查项目表中B类项目，而计算中经常发现缺少计算依据、选取计算依据与锅炉结构不符、数据不合理等问题。

（2）冷凝锅炉计算

冷凝锅炉未计算冷凝率、燃油锅炉热效率数据不合理、冷凝率取值过高等现象。应根据锅炉结构合理选择计算方法及冷凝率以保证热力计算的准确性。

1.3.3 有机热载体锅炉流速计算

最高液膜温度和最小限制流速计算中仅计算辐射段流速，未计算对流受热面流速。GB/T 17410《有机热载体》5.2.6条要求为防止液相炉中热载体过热与积碳，辐射受热面炉管内热载体流速应不低于2.0m/s，对流受热面炉管内热载体的流速应不低于1.5m/s。故辐射、对流受热面流速应分别计算。

2 标准执行中发现问题及探讨

GB/T 16508和GB/T 16507标准中在同一受压元件中存在差别，列举下列问题希望有关标准修订时能予以参考。

2.1 封头开孔系数问题

GB/T 16507《水管锅炉》与GB/T 16508《锅壳锅炉》标准中在计算椭球形或球形封头时，计算方法、数据均相等，但使用范围取值时却不同。GB/T 16507.4中10.3.4条椭球和球形封头计算公式开孔条件：$d/D_i \leqslant 0.6$，而GB/T 16508.3 8.3.3条$d/D_i \leqslant 0.7$。举例：ϕ159mm×6集箱两端如选用椭球形封头开102×88椭圆手孔，用GB/T 16507《水管锅炉》计算$d/D_i = 102/147 = 0.69$不满足$d/D_i \leqslant 0.6$的要求，而用GB/T 16508《锅壳锅炉》计算$d/D_i = 102/147 = 0.69$满足$d/D_i \leqslant 0.7$的要求。标准数据的不统一，造成制造单位成本增加，同一规格集箱用在水管锅炉上只能外协加工热旋压封头替代椭球形封头，而用在锅壳锅炉时却可采用椭球封头。还有一些直径较小的锅筒，人孔开孔直径d/D_i也超过上述要求，以下实验结果表明此限制条件可适当放宽。

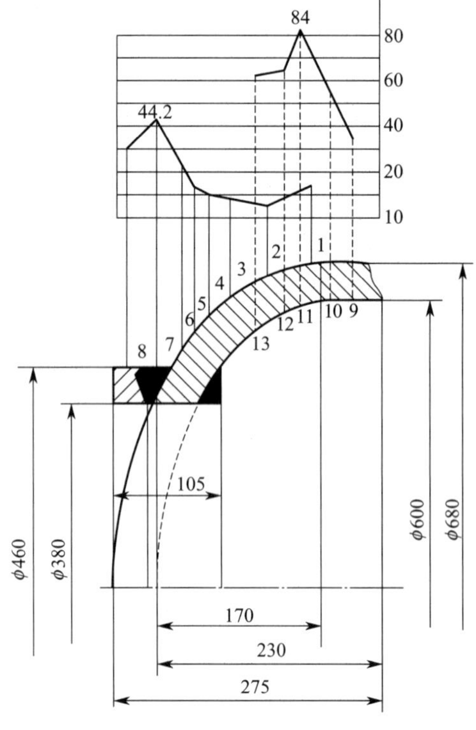

图2 凸形封头应力分布

图2所示为上海锅炉厂对d/D_i较大的椭球形封头的应力实测结果。

封头内径$D_i = 600$mm开孔直径$d = 380$内高度$h_i = 170$mm，厚度$\delta = 40$mm，有效厚度$\delta_e = 35$mm。

$$\frac{h_i}{D_i} = \frac{170}{600} = 0.283 > 0.2$$

$$\frac{d}{D_i} = \frac{380}{600} = 0.633 \nless 0.6$$

该封头的工作压力为5.2MPa，则

当量应力（沿壁厚平均应力）为

$$\sigma_d = \frac{PD_i}{4\left(1-\frac{d}{D_i}\right)\delta_e} = \frac{D_i}{2h_i}$$
$$= \frac{5.2\times 600}{4\times\left(1-\frac{380}{600}\right)\times 35}\frac{600}{2\times 170}$$
$$=107\text{MPa}$$

由实测应力可见，人孔附近、与筒壳相连的直段附近有明显二次应力，但最大应力小于上述计算当量应力，表明用 $d/D_i\leqslant 0.6$ 条件来限制其应用范围还是有较大裕度[1]。

另《水管锅炉》中热旋压管制缩口封头只适用于 $P_r\leqslant 2.5$MPa 的锅炉，>2.5MPa 热旋压管制缩口封集箱封头在计算时也应满足 $d/D_i\leqslant 0.6$ 的要求。

2.2 GB/T 8163 管子许用应力计算问题

GB/T 16507.2 和 GB/T 16508.2 表 3 钢管适用范围中有材料牌号为 10、20 材料标准为 GB/T 8163 的材料，而表 4 常用钢管的许用应力表中确无该材料许用应力可查。

2.3 水位表非径向开孔问题

GB/T 16507《水管锅炉》与 GB/T 16508《锅壳锅炉》标准中，对非径向开孔都有要求，尤其《锅壳锅炉》中明确了孔排中开孔若为非径向开孔，要求非径向孔孔轴与径向夹角 α 不应大于 45°，但并未对形成孔排不构成孔桥的单孔作出要求。就此在水位表开孔方向上造成争议，如水位表水平布置时见图 3(a) 所示，汽连通管非径向开孔夹角 α 大于 45°不满足《锅壳锅炉》标准要求；如水位表不水平布置见图 3(b) 所示，汽连通管采用径向开孔，汽连通管中凝结水是否能满足《锅规》要求能自动流向水位表？笔者认为水位表水平布置能更好防止假水位的出现，但标准中对非径向开孔不构成孔桥特殊要求未作出明确说明，建议《锅壳锅炉》标准在修订时能注明不构成孔桥的单孔，非径向开孔不受其开孔角度限制的要求。

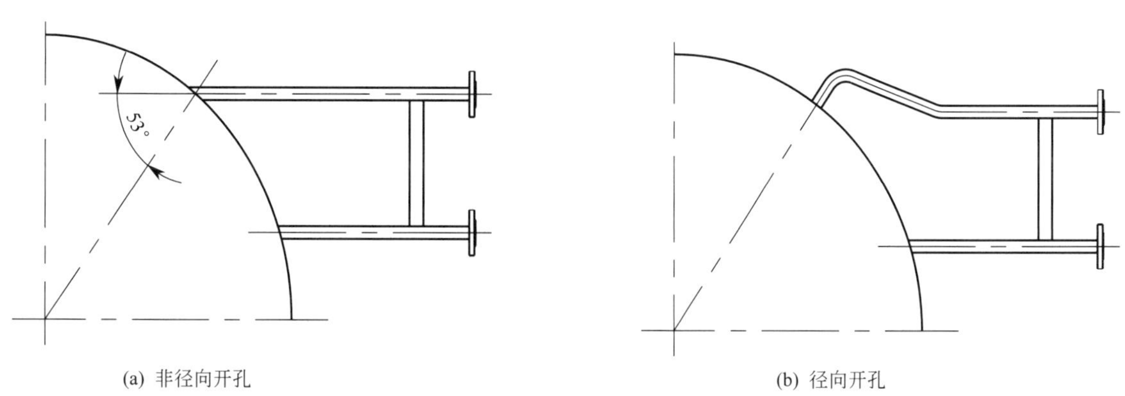

图 3 水位表开孔位置示意

2.4 总则中设计厚度、名义厚度定义不合理

在 GB/T 16507.1 中第 3.1.16、17 和 GB/T 16508 中第 3.11、12 条对设计厚度定义为计算厚度与腐蚀裕量即 $\delta_{dc}=\delta_t+C_1$，名义厚度定义为设计厚度加上钢板厚度负偏差和制造减薄量后，向上圆整至钢材标准规格的厚度，即 $\delta=\delta_{dc}+c_2+c_3$。而 GB/T 16507.4 第 9 条中对设计厚度公式为：$\delta_{dc}=\delta_t+C$，名义厚度定义为 $\delta\geqslant\delta_{dc}$。总则中设计厚度与名义厚度定义前后不统一，笔者认为总则中的定义应进行修改，将设计厚度定义改为计算厚度与腐蚀裕量、钢板厚度负偏差和制造减薄量之和；而名义厚度改为设计厚度向上圆整至钢材标准规格的厚度，更为适宜。

3 结论

本文主要从送审资料、锅炉结构设计及设计图样、计算资料、标准执行中发现的问题等几个方面例举在锅炉设计文件鉴定过程中发现一些具有代表性的问题，这些问题不仅影响了图纸审查工作的顺利进行，也给锅炉设计单位带来很多不便，对此希望

① 锅炉制造单位加强对设计人员相关法规、标准的培训，确保锅炉设计文件安全、环保、节能均能满足现行法规及标准要求。

② 针对设计文件鉴定提出的意见定期组织设计人员召开质量分析会议，加强设计文件质量考核，防止同类问题再次发生。

③ 建议标准归口单位广泛收集标准使用单位、高等院校和科研所的意见，使标准更加完善、更具有操作性。

参考文献

[1] 李之光，李柏生等．新型锅壳锅炉原理与设计［M］．北京：中国标准出版社，2008.
[2] 刘文铁等．锅炉受压元件强度计算分析与设计［M］．哈尔滨：哈尔滨工业大学出版社，2015.

一种新型高效节能导热油集中供热系统

朱珊珊[1]　汪双敏[1]　王烈高[1]　胡斌斌[2]

1. 黄山市特种设备监督检验中心，黄山 245000

2. 黄山市徽州区聚能供热有限公司，黄山 245900

摘　要： 目前，我国聚酯树脂企业普遍采取导热油炉供热方式。而受到不同地区经济发展以及自然环境等因素的影响，采取集中和分散式导热油炉的供热方式，其节能减排效果存在较大差别。本文将以我市某导热油集中供热系统为例，研究在满足生产的条件下降低能耗节约能源的措施，然后分析其节能减排效果并计算收益，最后提出依托电子技术优化系统的相关建议，以期推动我国节能减排事业健康发展。

关键词： 导热油；集中供热；节能减排；经济性

A new type of energy efficient heat transfer oil central heating system

Zhu Shan-shan[1], Wang Shuang-min[1], Wang Lie-gao[1], Hu Bin-bin[2]

1. Huangshan Special Equipment Supervision Inspection Center, Huangshan 245000

2. Huangshan City Huizhou District Energy Heating Co., Ltd., Huangshan 245900

Abstract: At present, polyester resin enterprises generally adopt heat transfer oil furnace heating mode in China. Influenced by the economic development of different regions and the natural environment, the energy-saving and emission-reduction effects of centralized and decentralized heat-conducting oil furnaces are quite different. This paper will take a heat transfer oil central heating system in our city as an example to study the measures to reduce energy consumption and energy conservation under the conditions of production, and then calculate the effect and benefits of energy saving and emission reduction. Finally, we propose to optimize the heating system based on internet technology. Relevant suggestions to promote the healthy development of Chinese energy conservation and emission reduction undertakings.

Keywords: Heat transfer oil; District heating; Energy conservation; Economy

0　引言

近年来，随着环境保护和节能减排理念的日渐深化，致使企业对生产成本控制要求越来越严苛。据了解，我国聚酯树脂企业普遍采取导热油炉供热方式，而传统独立、分散供热不仅需要消耗大量能源，且对环境污染较为严重，与可持续发展理念相悖。我市某供热公司创新设计开发出以导热油炉与热交换器为主要设备，利用二次循环系统集中为经济园区六家用热企业提供供热服务，既符合当前燃煤锅炉的淘汰政策，又取得良好经济效益和环境效益。本文遂以其为例探讨在节能与减排两个方面的有效措施。

作者简介：朱珊珊，1984年生，男，本科，主要从事锅炉压力容器检验检测。

1 导热油集中供热与小锅炉分散供热节能减排差别分析

对于两种方式供热节能减排效果比较：一方面，节能方面。众所周知，锅炉越大，可燃烧气体在炉内燃烧时间越长，其燃料燃烧越充分，而小锅炉由于自身规模限制，根本不能够与大型集中供热锅炉相比较。机械不完全燃烧损失主要产生飞灰损失、炉渣损失及漏煤，不仅浪费能源，且对环境造成严重污染，并不适合广泛推广。只有找到最佳供热方式，从而降低企业成本、提高企业经济效益。另一方面，从减排角度来看，集中供热方式锅炉无论在设计方面，还是制造方面，均考虑到脱硫、脱硝、除尘等环保因素[1]。为此当前集中供热锅炉 SO_2 的排放在范围内，而小锅炉并没有设置脱硫、脱硝和除尘设施，无法控制废气的排放，随着国家加大环保力度，也面临着被淘汰的境地。同时，随着供热产业迅速发展，对煤炭需求量日渐增加，煤炭质量参差不齐，所以为了控制废气排放量，企业需要采取低硫煤种、烟气实时监测等方式，保证烟气在标准值内才允许排放。该项目锅炉废气中粉尘颗粒物、SO_2、NO_x 等排放物监测结果如表 1。

表 1 排放物监测结果表

项目	粉尘颗粒物	SO_2	NO_x
CEMS 同步显示值/(mg/m^3)	10.3	126	190
监测值/(mg/m^3)	17.7	114	183
绝对/相对误差	7.4 mg/m^3	10.5%	3.83%
考核指标	排放浓度≤50mg/L，绝对误差不超过±15mg/m^3	20μmol/mol≤排放浓度≤250μmol/mol，相对误差不超过±20%	20μmol/mol≤排放浓度≤250μmol/mol，相对误差不超过±20%
是否满足要求	是	是	是

统计数据表明，集中供热方式与导热油小锅炉分散供热相比来看，供热效率高 15%，也就是说节能水平更高。而减排方面，集中供热利用双碱法脱硫可使废气减排 70%以上[2]。因此，应根据我国相关法律政策，积极将分散式单独供热小锅炉改造为集中供热更为合理。

2 优化集中供热系统，充分利用余热资源

2.1 采用集中供热二次循环系统的设计方案

对于只有单个用热设备需求的用户来说，导热油锅炉的一次循环系统就能满足其用热需求，而本项目面对六家聚酯树脂生产企业，因各家产品工艺不同以及生产投料时差，同时需要多种温度和流量下的热源，而且热源的进出口温度与主循环回路有时差别很大。二次循环系统（图 1）的设计，不但解决了上述难题，而且在实际应用当中也得到了用户们的普遍认可[3]。聚酯树脂生产过程中聚合反应釜需要

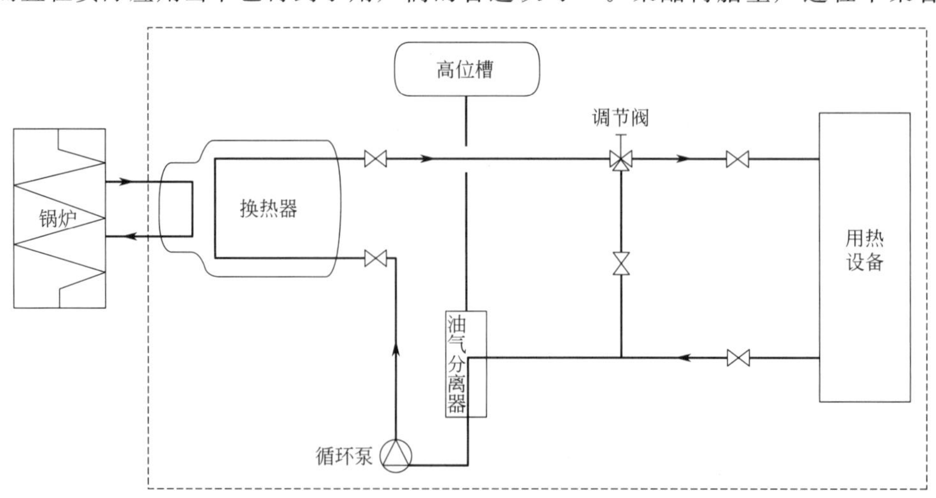

图 1 导热油集中供热二次循环系统流程

吸收很多热量，并且不同厂家的不同产品在不同时段对导热油温度及稳定性有严格的要求。为此在总热出力不变的条件下，设计了具有大流量、小温差特性的二次循环供热回路，配置多个换热器、循环泵和三通调节阀，构成多套二次循环回路。当用户用热时，PLC 自动控制系统（图 2）使三通阀直通开大、旁通关小，换热器输出的高温导热油将有一个增量补充到聚合釜，而经聚合釜流出的低温导热油也以相同份额返回换热器，各回路的流量不变。但在调节阀的作用下改变了高温导热油和低温导热油的混合比率，以此满足各个时段各种产品的所需温度控制。

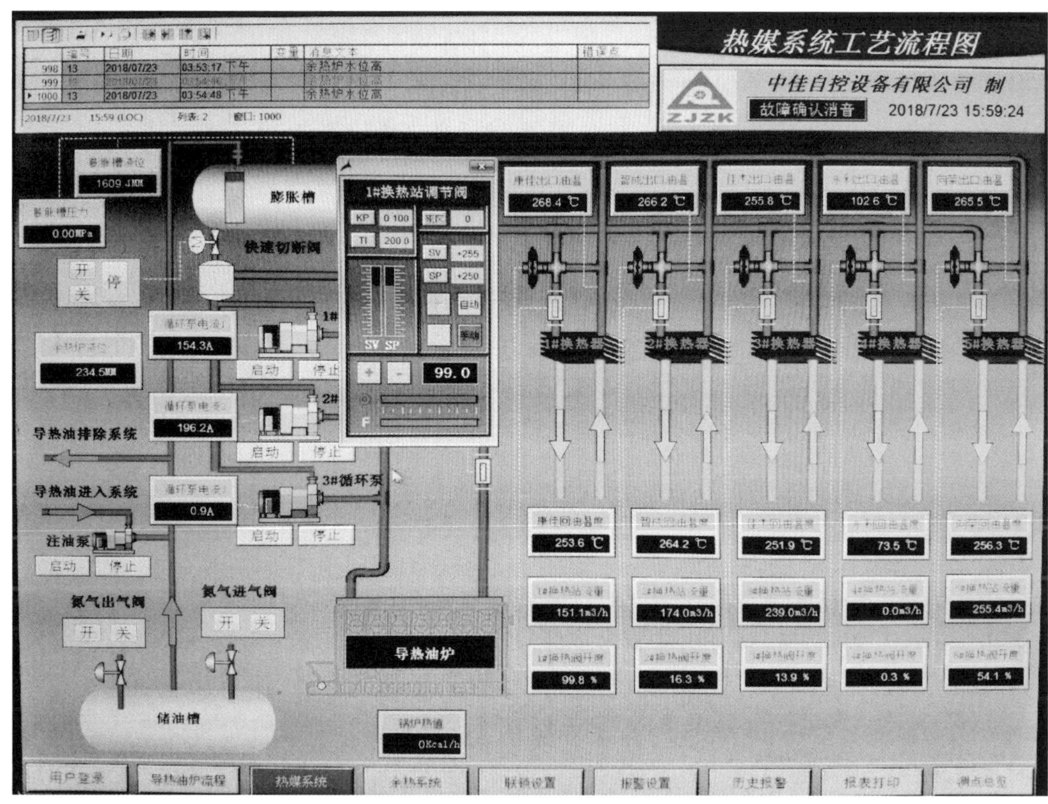

图 2 PLC 自动控制系统界面

2.2 采用余热蒸汽锅炉及空气预热器对余热进行回收利用

2.2.1 余热锅炉节能计算

导热油炉排出热风平均温度：300℃。

平均风量：20000m^3/h。

废气温度：从 300℃降至 180℃。

根据热力学第一定律并查得烟气物性参数[4]，代入计算每小时可回收热量

$Q=VC_p(T_2-T_1)=V\rho C_p\Delta T=20000\times0.617\times1.122\times(300-180)=1661456$kJ/h。

按照热回收效率 90%计算，软水进口温度 20℃，加热水量 4m^3/h

$$90\%Q=DC_p\Delta T$$

$$1661456\times90\%=4000\times4.186\times(T-20)$$

得出 $T=110$℃。

因此，通过余热锅炉加热后，每小时可以将 4m^3 水从 20℃加热至 110℃。

折算节约的燃煤量：锅炉采用Ⅱ类烟煤，热值按 20373kJ/kg 计算。

每小时节约燃煤=1791194kJ/h÷20373kJ/kg=87.92kg/h。

则余热锅炉每年能节约燃煤 759.63t/a，年减少二氧化碳排放 1382.53t/a。

2.2.2 空气预热器节能计算：

烟气入口温度：180℃。

烟气出口温度：140℃。

导热油炉每小时燃煤量：2177kg/h。

烟气的质量流量：M_1＝2177kg/h×20＝43540kg/h。

余热回收量：$Q=M_1 C_{P1} \Delta T$＝43540×0.2810×(180－140)＝489410kcal/h。

折算节约燃煤量（Ⅱ类烟煤，热值按5000kcal/kg计算）。

每小时节约燃煤量＝489410kcal/h÷5000kcal/kg＝97.88kg/h。

则采用空预器每年可节约燃煤量845.7t/a，年减少二氧化碳排放1539.17t/a。

3 采用无功就地补偿电力节能技术

变压器无功补偿是改善电力品质的一项重要手段、无功补偿可以提高功率因数，做好无功补偿，提高功率因数的投资可以从电力运行费用中逐步回收，是一项投资少、收效快的降损节能措施。在循环泵的选用上选用高效机泵和高效节能电机，提高设备效率。据统计，该项目全年用电量约700.95×10^4kW·h，变配电设施功率因数由0.8提高到0.92，每年可节约用电13.46×10^4kW·h。

4 优化管理

①对导热油炉及二次循环系统操作制定相应的操作规程，并严格按照规程进行操作；②维护保养方面也制定了相应的规章制定，每月对热油循环泵进行切换运行，并对备用泵维护保养；③编写了导热油炉供热系统检修细则，并按周期对导热油炉及附属设备进行检修；④利用正压氮气将储油罐和膨胀罐内的空气充满密闭，避免了导热油和空气接触发生氧化[5]；⑤采用新型发明专利技术，在油气分离器与膨胀罐之间加装一台油冷却罐，降低膨胀罐的运行温度，防止高温导热油蒸馏气化；⑥对烟道、管道等重要设备等采用气凝胶隔热毡为主体保温材料，结合硅酸铝保温棉套管辅助保温的方式，降低热量的损耗；⑦导热油炉一次循环系统与换热器二次循环系统的导热油选取同一厂家、相近型号，以避免因膨胀系数不同产生漏油、混油事故；⑧严格执行每年一次的导热油取样检测制度，以掌握运行中的导热油质量，发现问题及时更换；⑨为了更好地研究系统能耗和控制排放，制定每月一次的参数分析制度。

5 节能措施的经济性评估

该项目采取节能技术措施的总投资约350万元，其中空气预热器、余热蒸汽锅炉及相应配套设施投资约90万元，管道保温投资约120万元，采取无功补偿的方式年花费增加20万元，其他相应的节能设备及人员培训、管理年花费增加约20万元。采用配电网无功补偿方式每年可节约用电13.46万千瓦·时，按每度电单价0.7625元计算，年节能收益有12.91万元。采取各项节能措施后用煤量每年可节约1605.33t，按Ⅱ类烟煤每吨价格800元计算，年节能收益127.32万元。则可计算出投资回收期为$T=C_t/C_0$＝350÷140.23＝2.49年。根据业主提供的信息，项目实际于2016年3月投产，综合了向外企输送多余蒸汽的技改增效项目，至今节能措施的投资已提前全部收回。

6 结束语

鉴于我国集中供热多以蒸汽和热水为介质，本文所述以导热油为换热介质的集中供热模式，在当前环保政策引导下，以安全性和经济性为基础，力求于节能减排方面做出有益探索和创新。在导热油集中供热系统领域，未来应结合电子和计算机技术以提高换热循环系统在稳定输出参数、保障设备安全、降低劳动强度、维持经济燃烧等方面的水平。该系统应能实时采集导热油炉燃烧状态、介质流动参数以及各用热单位的工艺控制指令等大数据，监测、分析和管理这些数据信息，并根据管理者要求，适时改变换热器运行设置参数以满足生产工艺需求。

参考文献

［1］ 罗福聚．燃煤锅炉烟气超低排放技术与环境效益分析［J］．石油和化工设备，2018，21（7）：78-80.

［2］ 林青，陈静，王向宁．集中供热、导热油小锅炉供热节能减排的比较［J］．江西建材，2015，（23）：301.

［3］ 符永和．二次循环系统的设计［J］．江苏锅炉，2013，（2）：14-17.

［4］ 王秉铨．工业锅炉设计手册，（第 2 版）［M］．北京：机械工业出版社．2000.

［5］ 汪琦，俞红啸，张慧芬．热载体加热炉结构与供热循环系统智能化控制的应用研究［J］．化工装备技术，2016，（37）：27-33.

外部烟气再循环对燃气锅炉燃烧及 NO_x 排放特性的研究

谭 凯 王玉军 李飞翔 艾 岭 柳 浩

湖北特种设备检验检测研究院，武汉 434400

摘 要： 采用数值模拟的方法对外部烟气再循环技术对 WNS 型锅炉的燃烧和氮氧化物的排放特性进行了研究。考察了烟气再循环率，再循环烟气温度对燃烧特性和 NO_x 排放特性的影响。模拟结果显示采用烟气再循环技术后 NO_x 的排放浓度降低了 63%，在模拟工况下发现烟气循环率为 15%，再循环烟温温度为 478K 时 NO_x 排放浓度达到最低。再循环烟气量超过 15%后，NO_x 排放浓度变化不大；循环烟气温度升高 40K，排烟温度升高大约 17K。

关键词： 烟气外部再循环；NO_x 排放特性；再循环率；排烟温度

Effect of External Flue Gas Recirculation on Combustion and NO_x Emission Character in Natural Gas Boiler

Tan Kai, Wang Yu-jun, Li Fei-xiang, Ai Ling, Liu Hao

Hubei Special Equipment Insepction and Testing Institue Wuhan 434400

Abstract: The effect of external flue gas recirculation on combustion and NO_x emission character in WNS boiler was investigated by numerical simulation method. The gas recirculation rate and gas temperature influence on combustion and NO_x emission character was researched. The results showed that NO_x concentration reduced 63% compared to no external flue gas recirculation. The lowest NO_x concentration was get when recirculation rate was 15% and temperature was 478K. as recirculation rat increased, the concentration was constant nearly; as recirculation gas temperature raised 40K, the flue gas temperature raised 17K.

Keywords: External flue gas recirculation; NO_x emission character; Recirculation rate; Flue gas temperature

0 前言

随着各地提高环保和节能要求提高，锅炉作为高耗能设备和主要污染源，其被监管的程度大大提高[1,2]，开发适用于锅炉的高效实用的节能环保技术迫在眉睫。目前应用在工业锅炉上的节能技术主要包括：燃料分级燃烧，烟气内部再循环，外部烟气再循环技术，无焰燃烧技术，采用烟气后处理 SCR

基金项目：湖北特种设备检验检测研究院项目

作者简介：谭凯，1985 年生，男，汉族，湖北武汉，博士。主要研究方向：工业锅炉节能改造，锅炉燃烧模拟，传热传质研究。

或 SNCR 等技术[3,4]。外部烟气再循环技术以其结构简单，初期投入低，减排效果显著等优势被广泛使用在燃气锅炉。王珏[5]考察了不同炉膛直径下烟气再循环技术对 NO_x 排放特性的影响，为锅炉的结构设计提供了参考。肖震[6]等研究了内部烟气再循环对 NO_x 排放特性的影响，考察了炉膛中加装中心筒结构对锅炉 NO_x 排放特性的影响。烟气再循环量是烟气再循环技术的主要参数，也是影响 NO_x 排放的重要因素，宋少鹏[7]等运考察了不同烟气再循环量对 NO_x 排放的影响，发现 5%再循环量时 NO_x 减排效果明显继续增大减排效果不明显。徐力[8]研究了不同烟气循环量对链条锅炉燃烧特性和 NO_x 排放特性的影响，发现 20%再循环量时 NO_x 减排效果最好。目前针对烟气再循环量对 NO_x 排放的影响没有形成统一的结论[9,10]，针对再循环烟气温度对 NO_x 排放影响的研究很少。本文拟采用数值模拟的方法对烟气再循环量和再循环烟气温度对燃气锅炉燃烧特性和 NO_x 排放特性展开研究。

1 物理数学模型建立

1.1 物理模型

由于燃气的燃烧绝大部分在炉胆内和极少量的在回燃室内，在烟管内没有燃烧，故本模型的建立只考虑炉胆和回燃室，没有针对烟管流程进行建模。这种简化既研究的目的又减少计算资源的浪费。物理模型如图 1 所示，经过网格独立性验证及网格质量检查，最终确定网格数为 465305。

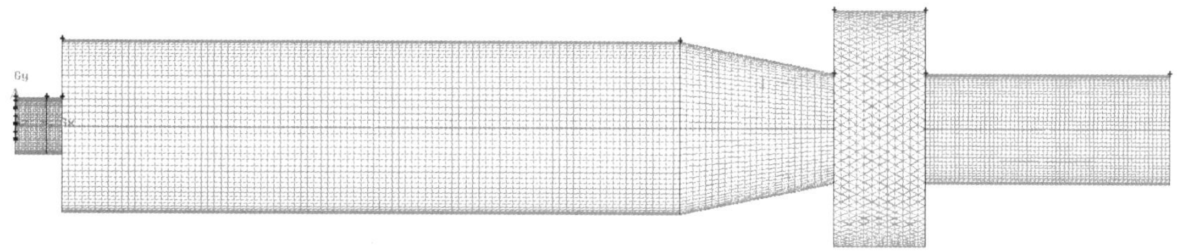

图 1 物理模型及网格划分

1.2 燃烧流动模型建立

FLUENT 软件利用划分出来的有限网格进行精密计算。包含有多种流动模型、辐射模型、燃烧模型等化学反应以及物理反应模型。

质量守恒方程：

质量守恒是控制体内流体总质量的增加与流入流出质量之差相等。

$$\frac{\partial u}{\partial x}+\frac{\partial v}{\partial y}+\frac{\partial w}{\partial z}=0 \tag{1}$$

能量守恒方程

燃烧过程中伴随有能量的释放，燃料燃烧与炉膛壁面间主要有对流换热和辐射换热，能量方程为

$$\frac{\mathrm{d}}{\mathrm{d}t}(m_{\mathrm{p}}h_{\mathrm{p}})=h_{\mathrm{p}}\frac{\mathrm{d}m_{\mathrm{p}}}{\mathrm{d}t}+Q_{\mathrm{pc}}+Q_{\mathrm{pc}}+Q_{\mathrm{pb}} \tag{2}$$

动量守恒方程

X-动量方程

$$\rho\frac{\partial u}{\partial t}+\rho\frac{\partial^2 u}{\partial x^2}+\rho\frac{\partial^2 u}{\partial y^2}+\rho\frac{\partial^2 u}{\partial z^2}=-\frac{\partial p}{\partial x}+\mu\left(\frac{\partial^2 u}{\partial x^2}+\frac{\partial^2 u}{\partial y^2}+\frac{\partial^2 u}{\partial z^2}\right)+\rho g_x \tag{3}$$

Y-动量方程

$$\rho\frac{\partial v}{\partial t}+\rho\frac{\partial^2 v}{\partial x^2}+\rho\frac{\partial^2 v}{\partial y^2}+\rho\frac{\partial^2 v}{\partial z^2}=-\frac{\partial p}{\partial y}+\mu\left(\frac{\partial^2 v}{\partial x^2}+\frac{\partial^2 v}{\partial y^2}+\frac{\partial^2 v}{\partial z^2}\right)+\rho g_y \tag{4}$$

Z-动量方程

$$\rho\frac{\partial w}{\partial t}+\rho\frac{\partial^2 w}{\partial x^2}+\rho\frac{\partial^2 w}{\partial y^2}+\rho\frac{\partial^2 w}{\partial z^2}=-\frac{\partial p}{\partial z}+\mu\left(\frac{\partial^2 w}{\partial x^2}+\frac{\partial^2 w}{\partial y^2}+\frac{\partial^2 w}{\partial z^2}\right)+\rho g_z \tag{5}$$

式中，x，y，z 分别表示笛卡尔坐标系中 x，y，z 三个方向；下标 x，y，z 也是表示笛卡尔坐标系中 x，y，z 三个方向；u，v，w 分别表示沿 x，y，z 方向的速度；p 为压力；μ 为动力黏度。g 为重力加速度。在本文中不考虑换热故没有能量方程。

辐射模型建立

P1、表面辐射换热和离散坐标（DO）等辐射模型。在实际应用中，P1 模型和 DO 模型是应用最多的，且 DO 模型可以应用于所有的场合。通常，如果对计算的精度没有太高的要求时，P1 模型即能满足要求。但当对精度要求相对较高时，一般选用 DO 模型，但其计算量也会较大。本文模拟选用 P1 模型。

在能源化工领域近乎所有的燃烧为湍流燃烧。湍流采用标准 k-ε 湍流模型模拟气相湍流。湍流燃烧速率主要受气体混合速率和化学反应速率控制，当气体的混合速率大于化学反应速率时，称为动力燃烧；反之，则称之为扩散燃烧。本文所研究的燃烧器的燃气和空气是经过不同的通道进入燃烧室燃烧，属于扩散燃烧。模拟中燃烧化学反应采用组分输运方程，即针对不同的可燃成分建立反应模型，这样可以更准确的控制燃烧过程。NO_x 生成考虑了热力型，快速型，燃料型三种类型的 NO_x 的生成分别采用 Zeldovich 机理，Fenimore 机理模型进行计算。

1.3 边界条件

入口边界条件：

$$v=\text{const}\quad 0\leqslant\sqrt{x^2+y^2}\leqslant r \tag{6}$$

式中，v 是入口速度，r 是入口圆面半径。

出口边界条件：

$$p=\text{const}\quad 0\leqslant\sqrt{x^2+y^2}\leqslant r \tag{7}$$

式中，p 是出口压力值，r 是出口圆面半径。

2 模拟结果与分析

再循环烟气的成分，再循环量及再循环烟气温度等都对 NO_x 的排放和燃烧特性都有一定影响。本文针对再循环量和烟气温度对锅炉 NO_x 的排放和燃烧特性的影响展开研究。分别模拟了烟气再循环率分别为 0%，5%，10%，15%，20%，25%和再循环烟气温度分别为 478K，488K，498K，508K，518K 的工况。

2.1 烟气再循环量对燃烧及 NO_x 影响

烟气再循环率即再循环烟气量占烟气总量的比例来确定，采用式(8) 计算

$$\lambda=\frac{Q_1}{Q_2}\times 100\% \tag{8}$$

式中，λ 是烟气再循环率，Q_1 是再循环烟气量，Q_2 是烟气总量。图 2 表示不同烟气再循环率下，出口 NO_x 的平均浓度。从图中可以明显地看出采用烟气再循环后 NO_x 的浓度下降了约 63%，此结果与大部分文献数据[7,9] 吻合，

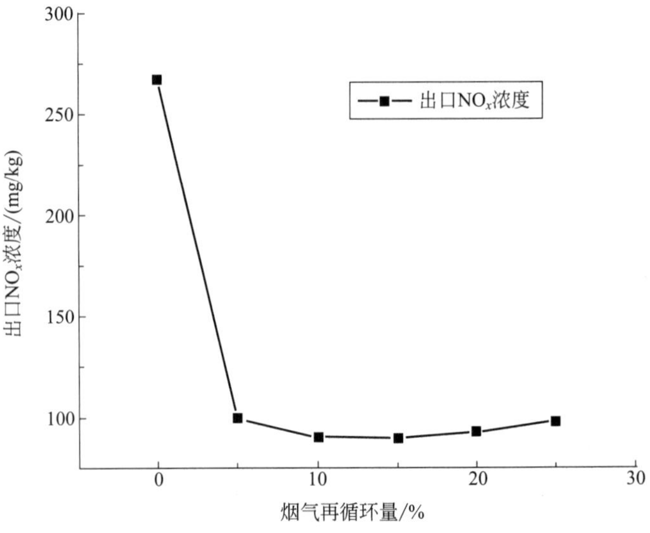

图 2 不同烟气再循环量对出口 NO_x 浓度影响

可以看出烟气再循环技术对于降低 NO_x 具有显著效果。这主要是由于增加烟气再循环使得燃烧温度降低，减少了热力型氮氧化物的产生；另外烟气中氧分压较低，使得燃料型氮氧化物的产生也减少。

随着烟气再循环量的继续增加，NO_x 的浓度还在继续降低，但是降低幅度明显下降。再循环率达到 10%～15%时 NO_x 的排放浓度最低，超过 15%后 NO_x 的浓度有升高趋势。这主要是由于循环量增大后氧浓度降低燃烧处于富燃状态导致快速型氮氧化物排放增加。

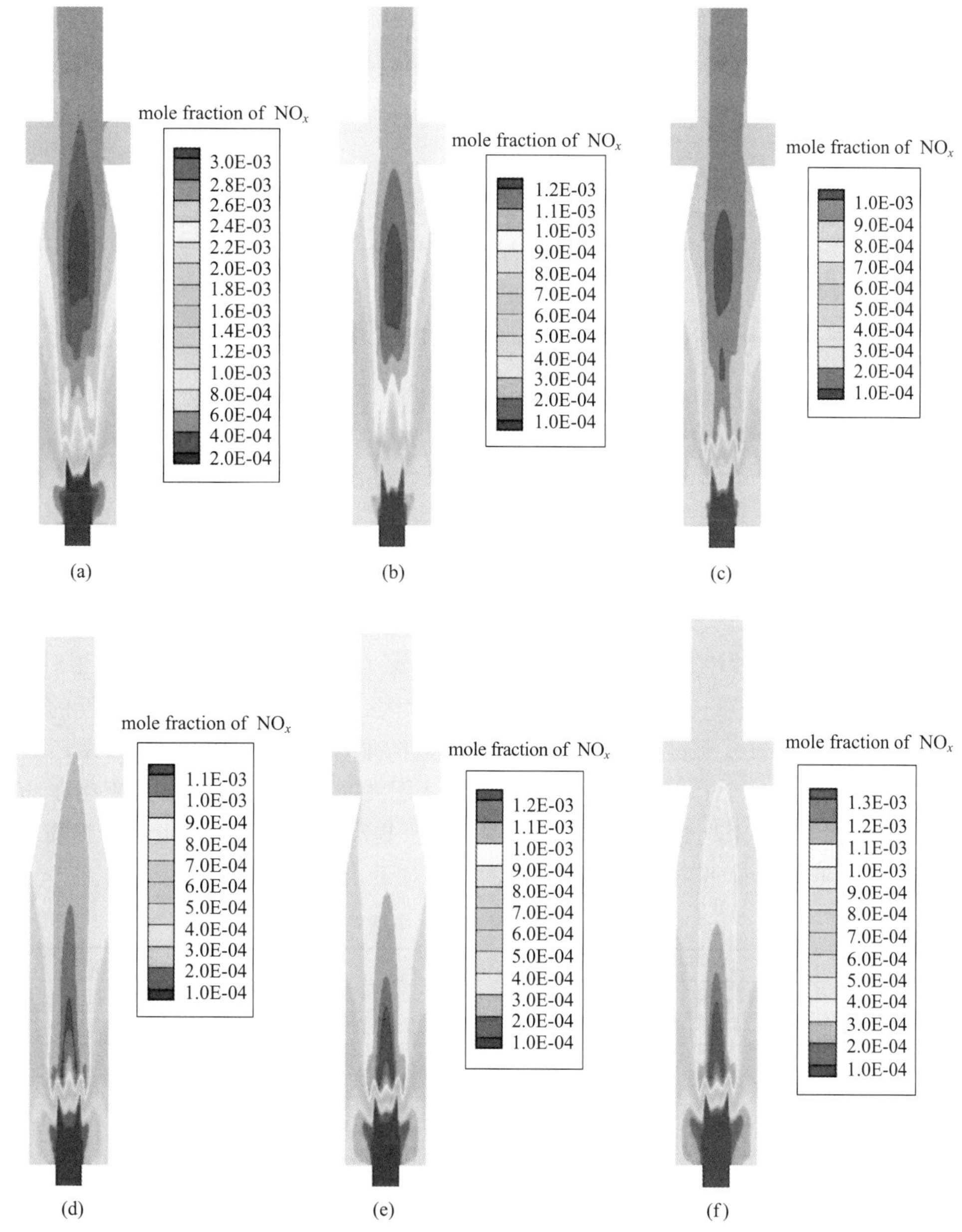

图 3 不同烟气循环量对 NO_x 云图分布影响

(a) 无烟气循环；(b) 烟气再循环量为 5%；(c) 烟气再循环量为 10%；(d) 烟气再循环量为 15%；(e) 烟气再循环量为 20%；(f) 烟气再循环量为 25%

从 NO_x 浓度的分布云图（图 3）也可以明显地看出，采用烟气再循环技术后 NO_x 产生的区域和浓度明显减少。但是再循环率超过 15%后，NO_x 浓度区域有增大趋势。模拟结果发现无烟气再循环情况下最高烟气温度约为 2200K，烟气再循环率为 15%时最高烟气温度约为 2000K，燃烧温度的降低有效地减少了热力型 NO_x 的产生。烟气再循环率超过 15%后可以看出 NO_x 的浓度分布变化不大，高浓度区域面积大小相近，说明再循环率超过 15%后对于降低 NO_x 效果不明显。

从图 4 可以看出，烟气再循环减低了排烟温度同时燃烧温度也降低，排烟温度的降低主要是由于在

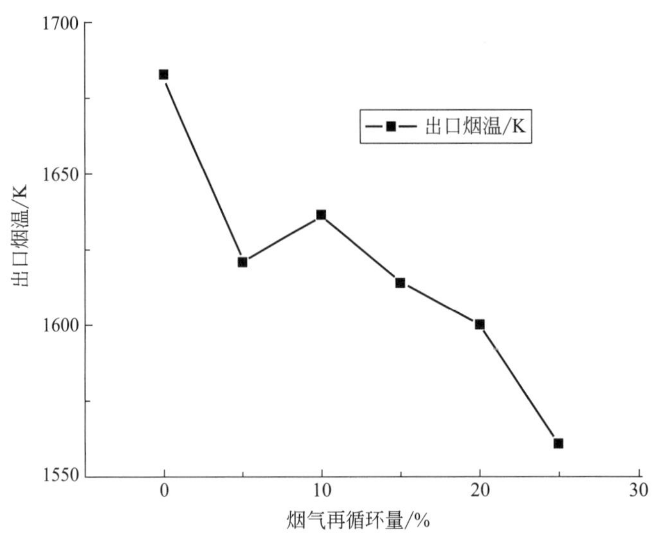

图4 不同烟气循环量对燃烧温度影响

燃料释放热量一定，而烟气量增加，使得烟气平均温度下降。排烟温度下降会导致排烟热损失下降，但是并没有提高锅炉热效率，主要是因为释放的热量没有被工质水吸收而是被烟气吸收排入大气没有得到有效利用，在一定程度上降低了锅炉整体热效率。燃烧温度降低有效地减少了热力型氮氧化物的生成，有重要影响。

2.2 再循环烟气温度对燃烧及 NO_x 影响

在2.1的模拟结果中可以看出烟气再循环率在15%烟温为478K时，NO_x 浓度相对最低。在2.2节中我们考察在15%循环率情况下，不同再循环烟气温度对燃烧特性和 NO_x 排放特性的影响。表1是烟气再循环率在15%情况下，改变再循环烟气温度的模拟结果。从表1中可以看出循环烟气温度升高40K，排烟温度升高大约17K，NO_x 浓度基本没变化。从图4可以看出出口烟温变化在60K，改变烟气再循环量对出口烟温的影响比改变再循环烟气温度明显。提高再循环烟气温度尽管提高了入炉空气温度，但由于燃烧温度降低使得排烟温度升高并不多，因此对于 NO_x 浓度影响也不大。

表1 不同再循环烟气温度对排烟温度影响

再循环烟气温度/K	478	488	498	508	518
出口烟温/K	1605.0	1609.7	1613.9	1619.4	1622.2
NO_x 浓度/(mg/kg)	87.8	87.7	87.8	87.9	90.0

3 结论与分析

采用数值模拟的方法对外部烟气再循环技术对WNS型锅炉的燃烧和氮氧化物的排放特性进行了研究。模拟结果发现

① 外部烟气再循环技术能有效降低 NO_x 的排放。

② 再循环率在15%时 NO_x 浓度达到最低，继续增大再循环率 NO_x 浓度变化不大。

③ 烟气再循环降低了燃烧温度。

④ 再循环烟气温度对于 NO_x 浓度影响不大。

参考文献

[1] 北京市环境保护局. DB11/ 139—2015锅炉大气污染物排放标准[S]. 北京：北京市环境保护局，2015.

[2] GB 13271—2014.
[3] 季俊杰，罗永浩，陆方．分级燃烧对层燃炉 NO_x减排的效果研究［J］. 锅炉技术，2006，37：49-52.
[4] 胥波．链条炉选择性非催化还原脱除氮氧化物模拟研究［D］. 北京：清华大学硕士学位论文，2008.
[5] 王环，赵向东．基于烟气再循环的燃气炉低氮氧化物排放性能研究［J］. 工业锅炉，2017，1：22-25.
[6] 肖震，郭印诚．内部烟气再循环式小型天然气炉内 NO_x 排放的研究［J］. 工程热物理学报，2008，29（10）：1780-1782.
[7] 宋少鹏，卓建坤，李娜，姚强，焦伟红，宋光武，潘涛．燃料分级与烟气再循环对天然气低氮燃烧特性影响机理［J］. 2016，36（24）：6849-6858.
[8] 徐力．烟气再循环条件下链条锅炉燃烧及 NO_x 生成特性研究［D］. 哈尔滨：哈尔滨工业大学硕士学位论文，2011.
[9] 曾强，刘汉周，阎良．烟气再循环对天然气非预混燃烧 NO_x 排放特性的影响［J］. 燃烧科学与技术，2018，24（4）：369-375.
[10] 李高亮，王乃继，肖翠微，刘振宇，刘羽．烟气再循环在煤粉工业锅炉上的数值模拟研究［J］. 洁净煤技术，2015（2）：125-128.

链条锅炉氮氧化物减排策略

张松松　杨白冰　刘雪敏　齐国利　于吉明

中国特种设备检测研究院，北京 100029

摘　要： 针对燃煤链条锅炉运行特点，分析了链条锅炉氮氧化物生成原因，从原理上介绍了降低氮氧化物排放的措施，最后根据实际情况提出了链条锅炉降低氮氧化物工程改造措施。

关键词： 链条锅炉；氮氧化物；排放

The NO_x of Grate-Fired Furnaces Reduction strategy

Zhang Song-song, Yang Bai-bing, Liu Xue-min, Qi Guo-li, Yu Ji-ming

China Special Equipment Inspection Institute, Beijing 100029

Abstract: According to the operating characteristics of Coal Grate-Fired Furnaces, the causes of nitrogen oxides formation in Coal Grate -Fired Furnaces were analyzed, the measures to reduce nitrogen oxides emissions were introduced in principle, the last according to the actual situation, the engineering measures for reducing nitrogen oxides in Coal Grate-Fired Furnaces were proposed.

Keywords: Coal Grate-Fired Furnaces; NO_x; Emission

0　引言

《2017 年国民经济和社会发展统计公报》显示，2017 年我国原煤产量为 35.2 亿吨，较 2016 年提高 3.3 个百分点，煤出口数量降低 7.0 个百分点，进口数量增长 6.1 个百分点，原煤消耗量较 2016 年有较大提高。而 80%以上的煤炭资源用于电站锅炉和工业锅炉直接燃烧，煤炭含有的氮、硫和汞等化学元素在直接燃烧后会形成氮氧化物、二氧化硫和汞化物等污染物。作为主要污染物之一的氮氧化物，对人体身体健康及环境影响较大[1,2]。

截至 2016 年年底，我国在用燃煤工业锅炉约 41.2 万台，工业锅炉燃烧排放的 NO_x 浓度较高可达到 400～800mg/m^3，每年工业锅炉排放的 NO_x 可达数百万吨，对环境污染较大。层燃链条炉数量在燃煤工业锅炉中占有重要比例，GB 13271—2014《锅炉大气污染物排放标准》明确提出层燃锅炉氮氧化物排放浓度限值为 300mg/m^3，重点地区已要求氮氧化物排放浓度限值为 200mg/m^3，由于链条锅炉与电站锅炉在炉膛结构、燃烧方式、燃烧温度等方面差异较大，故电站锅炉烟气脱硝技术不能直接应用于链条锅炉，因此开展针对链条锅炉的低氮燃烧技术意义重大。

基金项目：国家重点研发计划“协同能效的锅炉原始排放指标体系及监测设备研究”（编号：2017YFF0209806）。

作者简介：张松松，1987 年生，男，硕士，主要从事锅炉节能与环保。

1 链条锅炉简介

链条锅炉型号一般分为双锅筒横置式与单锅筒纵置式两种，具有机械化程度较高、燃烧稳定、易操作、煤种适应广、锅炉烟尘排放浓度低等优点，燃料从入炉至燃尽与炉排间没有相对运动，在时间梯度上煤层由上到下依次引燃、燃尽，在炉排长度梯度上燃料经过干燥、挥发分析出燃烧、焦炭燃烧、燃尽过程，链条锅炉的燃烧过程无周期性，但有区段性。

2 链条锅炉 NO_x 主要生成机理

煤燃烧过程中生成的氮氧化物主要以 NO 和 NO_2 两种形式存在，其比例与燃烧温度有关。链条锅炉正常运行中，煤着火为均相着火，燃烧温度一般在 1350℃左右，生成的氮氧化物中 NO 比例较大。

氮氧化物的生成方式可分为三种：热力型氮氧化物、快速型氮氧化物、燃料型氮氧化物。热力型氮氧化物：燃烧中空气中的 N_2 在高温条件下氧化生成的氮氧化物，由于氮分子分解需要活化能较大，故影响热力型氮氧化物生成最大影响因素为温度，其次受 O_2 浓度与反应时间（停留时间）等因素的影响。快速型氮氧化物：碳氢燃料在 $\alpha<1$ 条件下生成，主要受燃料特性、温度等因素影响。燃料型氮氧化物：燃料中的含氮官能团受热分解后的氧化产物，主要受温度、氧浓度燃料性质等因素的影响。

由于链条锅炉燃烧温度相对较低，氮氧化物生成主要以燃料型氮氧化物为主。燃料型氮氧化物是煤燃烧时煤中的氮元素与空气中的氧元素作用生成的产物，其生成过程如图 1 所示。

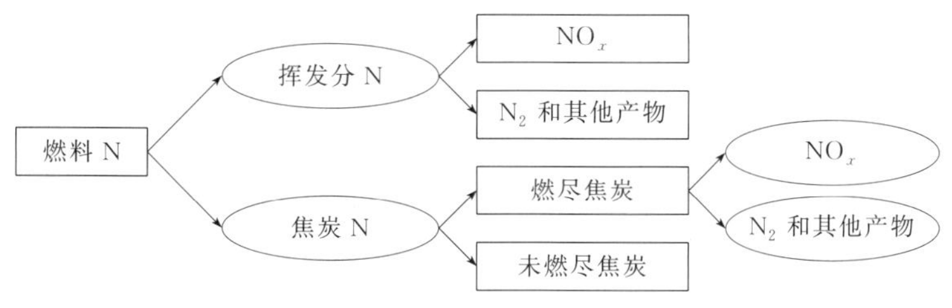

图 1 燃料型氮氧化物生成过程

3 层燃锅炉研究现状

煤的床层燃烧方式有着悠久的历史，早期以实验研究为主。Rosin 等人通过实验系统研究了链条锅炉着火，将影响着火的因素分为上部辐射和下部气流，上部辐射主要受辐射温度、空气流速及颗粒大小影响，下部气流主要受空气温度、流速、颗粒大小及水分影响[3]。在 Rosin 的基础上 Dunningham 等人增加了火源引燃的影响，发现有明火引燃的条件下，着火事件大大缩短[4]。Grumell 等人通过测量床层气氛、温度等参数将床层分为引燃区、燃烧区和燃尽区三部分，如图 2 所示，分析了影响床层燃烧的主要影响因素，包括燃料种类、灰分、水分、一次风速、煤的膨胀、床层阻力和炉排温度等影响因素[5]。

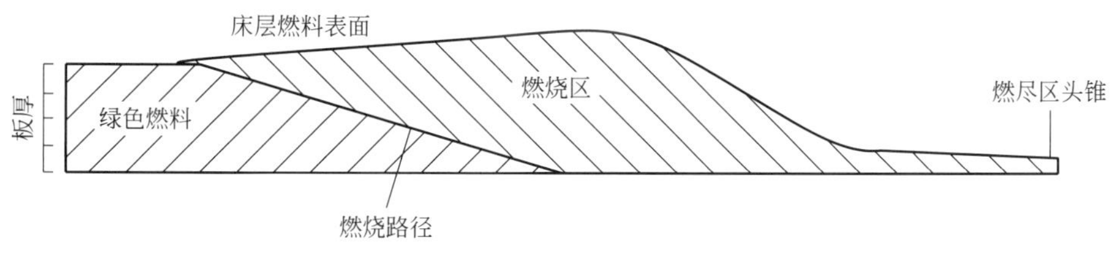

图 2 床层燃烧分区示意图[5]

克诺烈通过将分析燃料层上的气体、测量燃料层下空气速度和测量燃料本身温度场三者结合的方法，将链条炉排上燃料层的燃烧过程划分为三个区域：挥发分析出、焦炭气化区和焦炭燃烧区，其床层燃烧方案如图3所示，其中O_1N是挥发分析出等温线，O_2K是析出纯焦炭的等温线，$O_2O_3O_4O_2$区域为床层气化区，$O_3O_4O_6O_5WKO_3$区域为床层氧化区，$WO_5O_6O_4DCW$是灰渣燃尽区[6]。

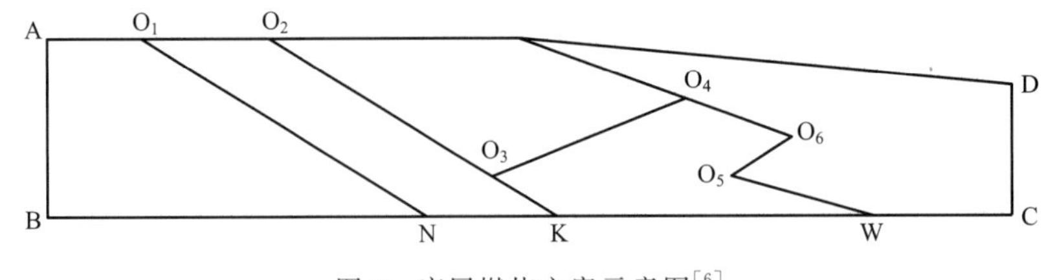

图3 床层燃烧方案示意图[6]

上海交通大学罗永浩团队提出了双人字拱结构，并研究了不同煤种燃烧特性、空气分级燃烧、燃料分级燃烧对氮氧化物排放的影响，发现不同煤种在炉内燃尽时间与燃烧强烈区域各有不同，空气分级与燃料分级燃烧均可明显降低氮氧化物排放的影响，空气分级燃烧受还原区停留时间和二次风量的影响，燃料分级燃烧受再燃燃料量、再燃区停留时间和主燃区过量空气系数的影响[7-9]。

哈尔滨工业大学高建民团队通过工业试验与单元体炉试验对比发现：单元体试验台可以模拟链条炉排锅炉燃烧过程及NO_x生成过程，二者燃烧及NO_x生成过程基本一致[10]。团队分析了制焦停留时间、制焦温度和担载不同催化剂对粒径1.7～2.8mm煤焦还原NO_x的影响，研究了不同焦炭/氧气比和温度条件下焦炭层燃过程及NO_x释放情况，发现焦炭还原层可较好抑制NO_x排放，但受热量传递和温度影响[11,12]。

4 降低NO_x排放措施

（1）原理上降低NO_x措施

燃料型NO_x生成受温度、氧浓度、燃料性质等因素的影响，因此，降低NO_x生成及排放主要方法如下。

① 降低氧浓度：减少炉内过量空气系数；减少着火区段的氧浓度。

② 停留时间足够：在氧浓度较低条件下，燃料中的氮不易生成NO_x，且经过均相或多相反应还原已生成的NO_x。

③ 降低温度峰值：氧气充足时，可降低热风温度或通入烟气再循环减少NO_x生成。

④ 加入还原剂：生成CO、NH_3等还原气体，将NO_x还原分解。

（2）链条锅炉工程实践

大型锅炉一般采用向炉膛或尾部受热面喷射还原剂方法将NO_x还原，主要有氨选择性催化还原法（SCR）和选择性非催化（SNCR）还原法两类，但两种方法对烟气温度条件要求较高，工业层燃炉因负荷变动大，温度窗口不稳定等因素不适用采用还原法脱硝。工程改造应用较多有以下几种方式。

① 空气分级燃烧　空气分级燃烧是降低NO_x几乎所有的燃烧方式中均采用的技术，目的是避免在温度过高、NO_x易生成区域降低过量空气系数，减少NO_x生成，原理如图4所示。

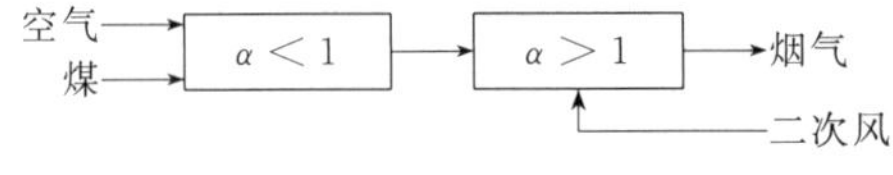

图4 空气分级原理图

② 燃料分级　也称“再燃烧法”，即采用三段式燃烧，将炉膛分为主燃区、再燃区（或称还原区）和燃尽区。主燃区送入约占燃料总量80%～85%的一次燃料，空气过量系数$\alpha>1$的条件下生成NO_x，再燃区送入剩余15%～20%的二次燃料，其中保证$\alpha<1$，在实验条件下可实现50%～60%NO_x的减排[3,4]。其原理如图5所示。

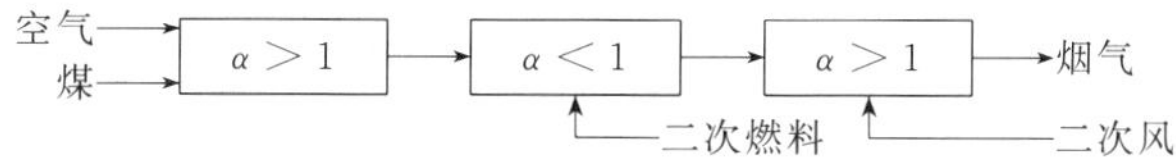

图 5 燃料分级原理图

③ 烟气再循环 将部分低温烟气直接送入炉内，或与空气（一次风或二次风）混合后送入炉内。因烟气吸热和稀释了氧的浓度，均使的燃烧速度和炉内温度降低，降低热力型 NO_x。若采用燃料分级，烟气再循环一般用于输送二次燃料。烟气再循环对 NO_x 降低程度主要受烟气再循环比率与过量空气系数的影响，运行中循环比率不宜过高与过低，过低效果不明显，过高会增大 NO_x 循环量导致 NO_x 的富集。

④ 焦炭还原 将烟气中的焦炭颗粒送回燃烧室，还原 NO_x 并降低不完全燃烧损失。通过收集尾部烟道中的焦炭颗粒，并通过尿素渗氮处理，强化焦炭还原能力，降低 NO_x 排放。

5 结论

① 分析不同类型 NO_x 生成原因，层燃锅炉因炉内温度低，NO_x 生成以燃料型为主。

② 在原理中分析降低 NO_x 方法，提出适用于层燃锅炉降低 NO_x 排放改造措施：空气分级燃烧、燃料分级、烟气再循环、焦炭还原。

参考文献

[1] M Kampa，E. Castanas. Human health effects of air pollution [J]. Environmental Pollution，2008，151 (2)；362-367.

[2] 王旭睿．氮氧化物危害及处理方法 [J]. 技术应用与研究，2018，10：116-117.

[3] P. O. Rosin，H. R. Fehling，The Ignition of Coal on a Grate，Journal of the Institute of Fuel，1937，11：102-117.

[4] A. C. Dunningham，E. S. Grumell，Addendum to Contribution to the Study of the Ignition of Fuel Beds，Journal of the Institute of Fuel，1937，11：129-133.

[5] E. S. Grumell，A. C. Dunningham，Combustion of Fuel on a Travelling Grate，Journal of the Institute of Fuel. 1938，12：87-95.

[6] 克诺烈著，马毓义，扈维珍译．锅炉燃烧过程 [M]. 北京：电力工业出版社，1956.

[7] 徐华东．层燃炉燃烧特性及低 NO_x 燃烧机理的实验研究 [D]. 上海：上海交通大学，2001.

[8] 季俊杰，罗永浩，陆方，徐华东．分级燃烧对层燃炉 NO_x 减排的效果研究 [J]. 锅炉技术，2006，37：50-53.

[9] 冯琰磊，罗永浩，陆方，季俊杰．层燃炉低 NO_x 再燃技术的实验研究 [J]. 动力工程，2004，24 (1)：29-32.

[10] 高建民，赵来福，徐力，杜谦，高继慧，栾积毅，吴少华，赵广播．烟煤典型层燃过程 NO_x 生成特性 [J]. 工业锅炉，2012 (02)：1-5.

[11] 徐力，韦振祖，高建民，等．制焦条件和催化剂对大颗粒煤焦还原 NO_x 影响 [J]. 哈尔滨工业大学学报，2016，48 (7)：52-57.

[12] Xu L，Gao J，Zhao G，et al，Influenc of Oxidation-Reduction Layering on Fuel Nitrogen Oxide Emissions during a Char Grate-fired Process [J]. Energy&Fuel，2017，31 (9)：9736-9744.

屏式过热器爆管失效分析及预防措施

刘社社　郑朋刚　高少峰

陕西省特种设备检验检测研究院，西安 710048

摘　要： 本文通过对化学成分、金相、力学性能分析，找出了屏式过热器爆管失效的原因，提出了预防措施。

关键词： 屏式过热器；爆管；预防措施

Failure Analysis and Preventive Measures of Screen Superheater Tube Explosion

Liu She-she, Zheng Peng-gang, Gao Shao-feng

Shaanxi Special Equipment Inspection and Testing Institute, Xi'an 710048

Abstract: Based on the analysis of the chemical composition, metallographic and mechanical properties, this paper finds out the causes of the failure of the screen superheater squib and proposes preventive measures.

Keywords: Screen super heater; Squib; Precaution

0　引言

某企业1#锅炉2018年7月19日8时33分运行的参数是主蒸汽流量226t/h，主蒸汽温度541℃、炉膛负压-10Pa，随后发现火焰燃烧不稳定且炉膛正压至700kPa、主蒸汽流量由226t/h下降至154t/h，给水流量由180t/h上升至202t/h、主蒸汽压力下降。现场检查后发现炉本体异响较大、观火孔有烟气、火焰喷出，初步认定三管（水冷壁、过热器、省煤器）爆管，经停炉后检查发现屏式过热器第7屏（共12屏）炉前内侧最小U形管爆管一根，如图1所示。

1　锅炉及爆管情况

该企业1#锅炉由无锡华光锅炉股份有限公司制造，型号为UG-240/9.8-M，该锅炉为单锅筒、集中下降管、自然循环Π型布置的固态排渣煤粉炉，锅炉主要技术参数如下。

额定蒸发量　240t/h　　　过热器出口压力　9.8 MPa

过热器出口温度　540℃　　锅筒工作压力　11.28MPa

给水温度　220℃　　　　排烟温度　133.6℃

锅炉热效率　91.6%

作者简介：刘社社，男，1972年生，高级工程师，硕士，主要从事特种设备检验检测工作。

(a)

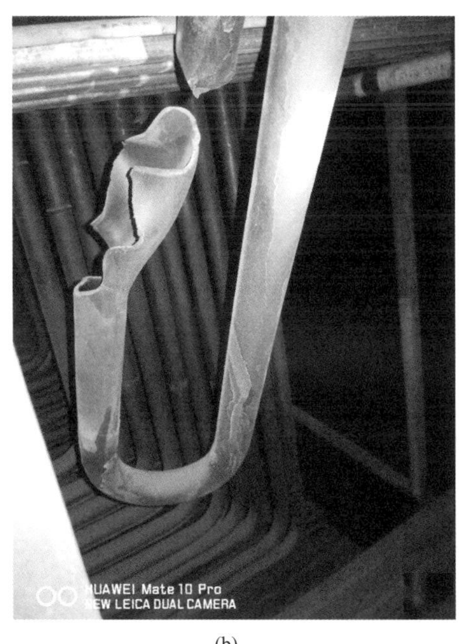

(b)

图 1 爆管宏观形态

1＃锅炉自 2010 年 5 月投入运行以来，截至 2018 年 7 月 19 日累计运行时间约 6 万余小时。

1＃锅炉屏式过热器位于炉膛上部折焰角旁的烟道口处，顺烟气方向布置，如图 2 所示。屏式过热器共 12 屏，规格为 $\phi 42 \times 5$mm，屏式过热器外圈管子材料为 12Cr2MoWVTiB，其余材料为 12Cr1MoVG[1,2]。

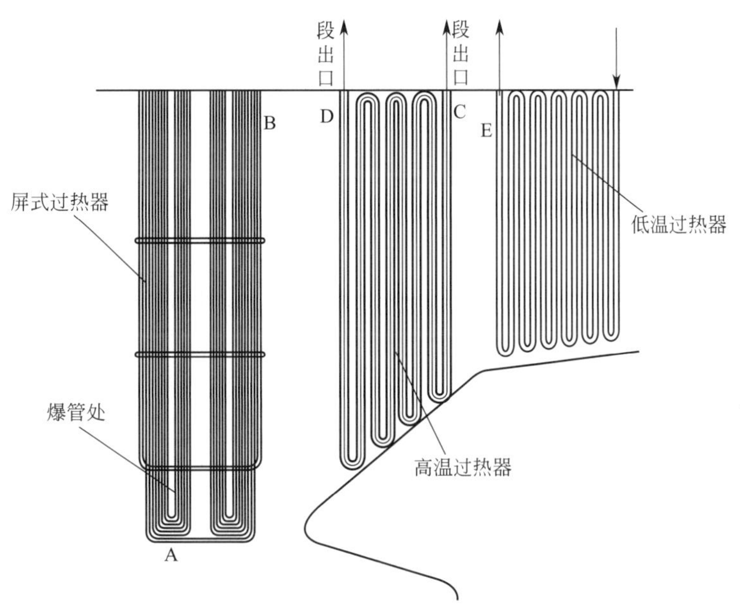

图 2 爆管位置

本次发生爆管的部位为屏式过热器第 7 屏炉前内侧最小 U 形管处，将该管段割下经宏观检查，发现有 3 个破口，如图 3（a）中 1～3 所示。

破口 1 位于 U 形弯起弯处，正面视图和侧面视图如图 3(b)、图 3(c) 所示。经测量破口处尺寸为长 36mm，最宽 8mm，局部胀粗，测量最大外径 $\phi 44.54$，胀粗率 6%，壁厚未见明显减薄，破口周围存在多条与破口方向一致的纵向裂纹，最长约 7mm。破口呈脆性断口特征，破口粗糙、边缘为不平整的钝边；破口及其附近的管子内外壁有一层较厚的氧化皮易剥落。

破口 2 位于破口 1 的正对面，该处形成了 30mm×20mm 的表面光滑的椭圆弧形坑，坑底部已经穿透，如图 3(d) 所示。

破口 3 具有完全延性断裂的特征，是刀刃型断裂，边缘锋利，管壁减薄很多，经测量破口处最小壁厚 1.8mm，破口胀粗明显，张开很大呈喇叭状，测得破口处最大尺寸为 180mm×106mm，破口表现比较光滑，外壁呈蓝黑色，内壁由于爆管时过热蒸汽的高速冲刷而十分光洁，破口附近没有裂纹，如图 3(e) 所示。

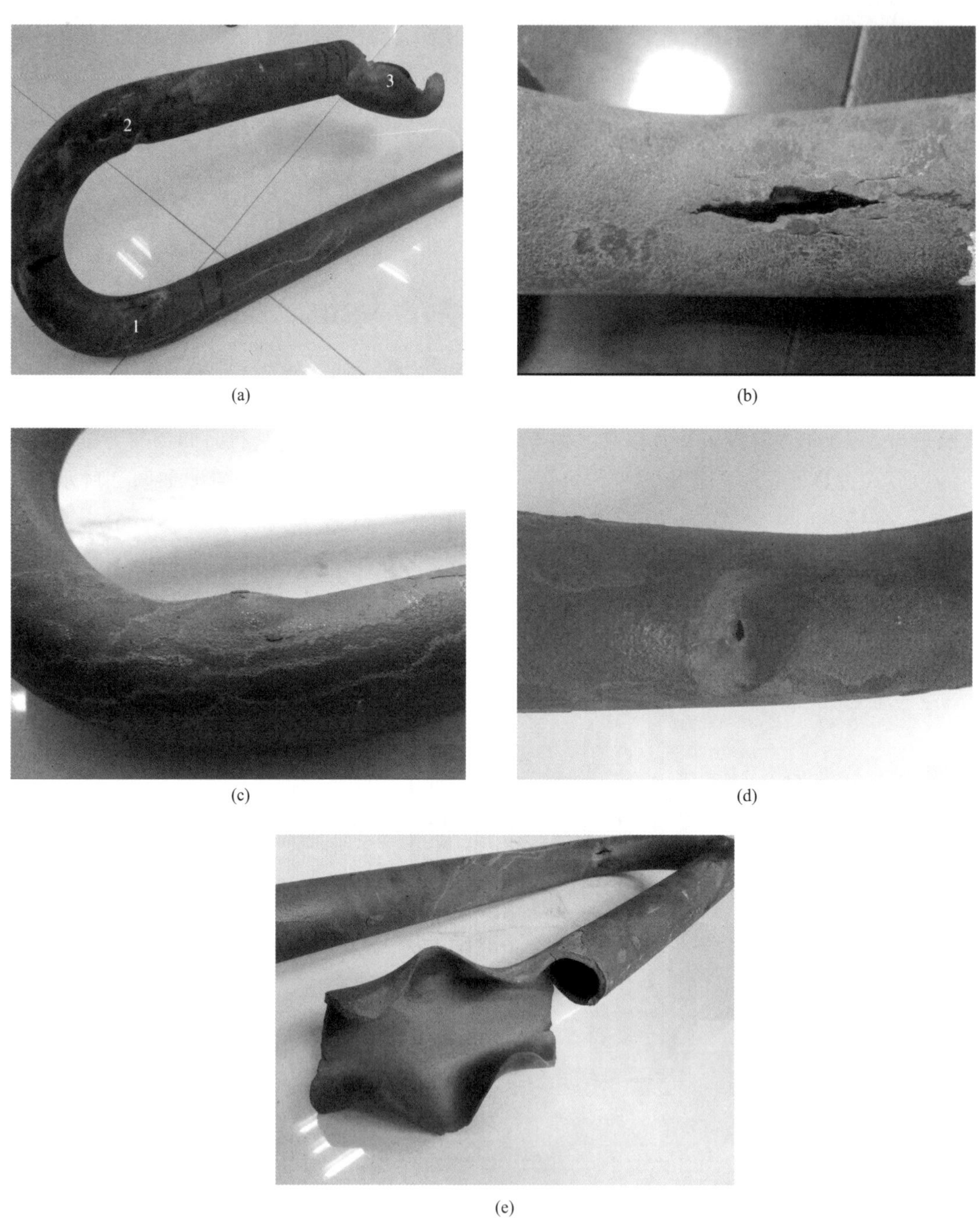

(a) (b) (c) (d) (e)

图 3 破口处宏观形态

2 分析方法及结果

2.1 对爆管段材料进行化学成分分析

对爆管段取样进行材料化学成分分析，分析结果如表 1 所示，可以看出，检测结果符合 GB/T

5310—2017《高压锅炉用无缝钢管》中 12Cr1MoVG 的化学成分要求。

表 1 爆管段材料化学成分分析结果 单位：%

12Cr1MoVG	C	Si	Mn	Cr	Mo	V	P	S
实测值	0.11	0.25	0.55	0.93	0.26	0.18	0.020	0.008
GB/T 5310—2017 规定值	0.08～0.15	0.17～0.37	0.40～0.70	0.90～1.20	0.25～0.35	0.15～0.30	≤0.025	≤0.010

2.2 对爆管段材料进行力学性能分析

爆管段在图 3(a) 所示 1 号破口外及破口 2 和破口 3 之间取样进行室温力学性能测试，结果如表 2 所示，可以看出，所取爆管段破口 1 外材料室温抗拉强度下降明显，实测值比标准规定的抗拉强度下限降低了 15%左右，规定非比例延伸强度和断后伸长率均有增加；破口 2 和破口 3 之间管段材料室温力学性能正常。

表 2 爆管段力学性能试验结果

12Cr1MoVG	抗拉强度 R_m/MPa	规定非比例延伸强度 $R_{p0.2}$/MPa	断后伸长率 A/%
破口 1 外实测值	399	285	34.5
破口 2 和破口 3 之间实测值	495	268	25
GB 5310—2008 规定值	470～640	≥255	≥21

2.3 对爆管段材料进行金相分析

对图 3(a) 所示的破口 1 处附近及破口处做金相检测，结果如图 4(a)、图 4(b) 所示，可以看出，

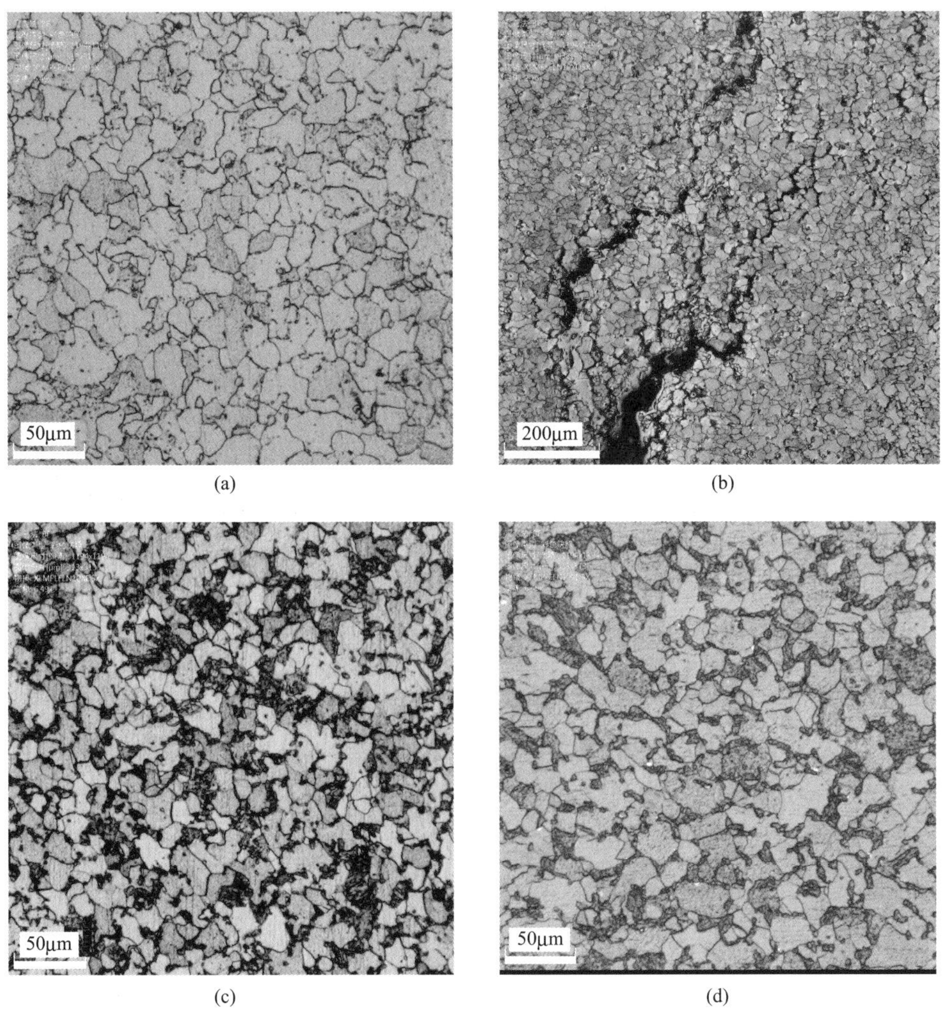

(a) (b) (c) (d)

图 4 破口处金相组织

破口附近材料金相组织中珠光体形态已完全消失，晶内碳化物显著减少，粗大的碳化物沿晶界呈链状或球状分布，出现双晶界现象，晶粒大小分布不均匀，珠光体严重球化达到5级。破口处微观组织显示，存在多条显微裂纹，裂纹沿晶界扩展。

对图3(a) 所示的破口3处附近及破口处做金相检测，结果如图4(c)、图4(d) 所示，可以看出，金相组织为铁素体和珠光体，珠光体区域已显著分散，仍保留原有的区域形态，边界线变模糊，碳化物全部聚集长大呈条状、点状，晶界上碳化物颗粒增多，增大且呈小球状分布，珠光体球化3级，属于中度球化。

2.4 管子内外壁氧化层分析

通过金相的方法对破口1处附近内外表面氧化层的厚度进行测量，发现内表面氧化层厚度约为46.02μm，外表面氧化层厚度约为318.66μm，如图5所示。对内外壁氧化层成分通过能谱分析发现主要元素是铁和氧，还含有一些碳元素和硅元素，由此可见，内外壁氧化层主要是铁的氧化物。

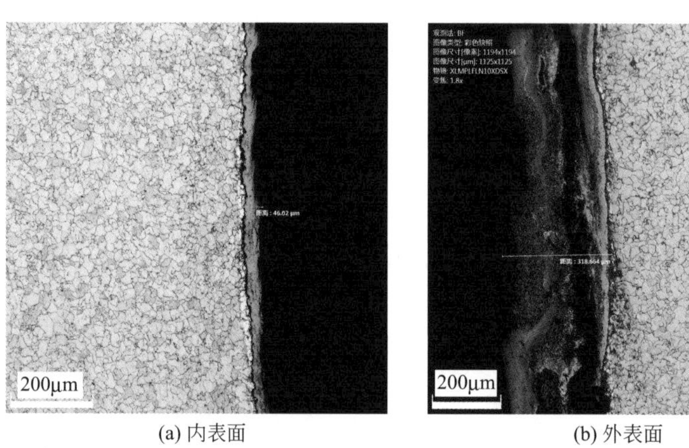

(a) 内表面 (b) 外表面

图5 破口1处的管壁氧化层

3 爆管原因分析

锅炉累计运行6万余小时，破口1处的金相组织已经发生严重球化，达到珠光体球化5级；材料室温力学性能抗拉强度大幅下降，并结合破口处的宏观特征，说明该处长期处于过热的状态（从锅炉运行记录可以发现有经常超温运行的情况，排烟温度比设计值高30℃左右)，在材料性能下降的情况下，破口1首先形成，这样大量高温高压的过热蒸汽喷出直接冲刷对面的管壁，最终形成破口2。由于破口1及破口2处大量蒸汽的泄漏，流经破口3处的蒸汽大量减少，导致该处的管壁不能得到及时的有效冷却，管壁温度上升，超过了计算壁温，此时在管内过热蒸汽的压力作用下，材料很快发生塑性变形，管壁逐渐减薄，当壁厚减薄到一定程度时，由于材料不能承受管壁内的压力而发生塑形断裂最终形成破口3。

4 预防措施

① 提高锅炉安全运行管理水平，严格按照锅炉操作运行规程操作，严禁锅炉超温超压运行。

② 稳定锅炉运行工况，改善炉内燃烧、防止燃烧中心偏高，从而避免过热器处长期高温运行。

③ 在有氧化结垢的情况下对锅炉进行化学清洗，降低异物、沉积物等在过热器U形弯处沉积，避免局部长期高温运行。

④ 加强锅炉汽水品质的控制，减少过热器内部形成较厚的氧化结垢层从而提高过热蒸汽对管壁的冷却效果，避免管壁高温运行。

⑤ 停炉检修时，加大屏式过热器割管力学性能和金相检查，及时更换不合格的管子；检查屏式过热器管屏变形情况，及时对变形出列的管屏进行矫正，防止变形部位受到局部过热。

⑥ 燃用设计校核煤种，避免因使用较高的低位发热量的煤种而导致过热器部位管壁温度超过计算壁温造成的过热。

第二篇　压力容器

几种双层壁深冷立式储罐声发射在线检测的波导方法

徐彦廷[1,2]　王亚东[1,2]　郑建勇[3]

1. 浙江省特种设备检验研究院，杭州 310020

2. 浙江省特种设备安全检测技术研究重点实验室，杭州 310020

3. 浙江赛福特特种设备检测有限公司，杭州 310020

摘　要： 本文通过对三种双层壁深冷常压立式储罐结构的研究，利用其自身的某些外露结构件或专门设计的辅助构件作为声发射在线检测的波导杆，通过在相邻波导杆上发射的模拟信号进行声波传导效果的验证，并应用到该类储罐的声发射在线检测。结果表明，所采用的波导方法可以满足该类储罐声发射在线检测的需要。由此，长期以来困惑该类储罐声发射在线检测的技术难题得以解决。

关键词： 双层壁；深冷；立式常压储罐；声发射在线检测；衰减；波导杆

Waveguide methods for AE online testing of several cryogenic vertical double-wall tanks

Xu Yan-ting[1 2]，Wang Ya-dong[1 2]，Zheng Jian-yong[3]

1. Zhejiang Provincial Special Equipment Inspection and Research Institute， Hangzhou 310020

2. Laboratory of Special Equipment Safety Testing Technology of Zhejiang Province， Hangzhou 310020

3. Zhejiang Safety Special Equipment Inspection Co.， Ltd.， Hangzhou 310020

Abstract: Three kinds of cryogenic and atmospheric vertical double-wall storage tank structures are studied in this paper. Some external structural parts of a storage tank or specially designed auxiliary components are used as the waveguide rods of AE on-line detection. The waveguide effect is verified by transmitting analog signals between adjacent waveguide poles. Some tanks have been inspected by means of these waveguide methods. The results show that these waveguide methods can basically meet the requirements of AE online detection of these kinds of tanks. Therefore，the technical problems of AE on-line detection of such tanks have been finally solved for a long time.

Keywords: Double wall; Cryogenic; Vertical atmospheric tank; AE on-line testing; Attenuation; Waveguide rod

0　前言

随着对大型立式储罐安全的越来越重视，尤其交通运输部在 2017 年发布了《交通运输部办公厅关于加强港口危险货物储罐安全管理的意见》交水办〔2017〕34 号令（含附件 1：港口危险货物常压储罐检测工作指南），对港口危险货物储罐的定期检验提出了规范性要求和指导意见，很多地区的安监等部门都要求辖区内的企业限期对储罐进行定期检验与安全评估。由于生产或清罐困难等原因，有些储罐难

作者简介：徐彦廷，1965 年生，男，高级工程师，长期从事声发射等技术的应用研究。

以做到开罐全面检验，因此通常选择采用以声发射技术在线检测为主的检验方法。近年来，声发射在线检测技术已成功用于常温范围内的单层壁立式常压储罐的不开罐检验，而且取得了较好的效果，既解决了储罐的安全检验问题，又为企业大大节省了开罐检修时间及开罐检验所带来的巨大费用[1,2]。对于双层壁的深冷储罐来说，由于介质性质、储罐结构、巨大的倒罐和清罐费用以及无备用储罐可用等原因，所以通常难以采用开罐检验的方式进行检验。业主们首先想到的是，是否也可以采用声发射在线检测技术解决这类储罐的检验问题？通常得到声发射检验人员的答复是否定的，因为这类储罐无法将传感器直接安装在储罐的内罐壁上，而需要检测的恰恰是储罐的内罐体。为此，我们通过对几种不同形式的双层深冷储罐结构进行研究和现场勘查，采取了一些针对性的措施，解决了该类储罐声发射在线检测的声波传导技术难题。

我们根据三种常见双层壁深冷常压立式储罐的结构特点，并通过现场勘查，分别利用储罐自身的某些结构件或专门设计的辅助构件作为声发射在线检测的“波导杆”，并在相邻波导杆上发射模拟信号，观察相邻传感器的响应情况，以此来验证波导杆与管壁间耦合及声波传导的效果。结果表明，所采用的波导方法基本可以满足该类储罐声发射在线检测的需要，从而解决了长期以来困惑声发射检测人员对于该类储罐声发射在线检测的技术难题。

1 常见双层壁深冷立式储罐的结构特点

双层壁深冷立式储罐由内罐和外罐组成，内外罐的两个底板之间一般为较厚的硬质绝热板，内外筒体之间一般填充轻质颗粒（珠光砂）和惰性气体，从而达到绝热（保冷）的效果。该类储罐的基础通常为架空形式。由于该类储罐开罐检维修很困难，所以通常内罐体的材料一般选为不锈钢，以利于长周期运行。对于这类储罐在不开罐条件下的声发射在线检测来说，需要解决的最关键技术问题就是如何将内罐的声发射信号传导出来。为此，需要针对储罐不同的实际结构特点采取针对性的有效声波传导方法。

2 插入式波导杆的波导方法

江苏某大型石化企业有一台 15500m^3 的双层壁深冷低温乙烯储罐（T7001），该储罐的基础为架空结构。通过查阅图纸及现场勘查，发现没有与内罐壁焊接的外露金属构件可用于内罐体的声波传导。因此，无法利用储罐自身的某些构件作为波导杆进行声发射检测。不过，我们发现在该储罐的外罐壁下部分布了一定数量的测温接管。为此，我们专门设计了如图 1 所示的插入式波导杆（材料为碳钢）。图 2 为该波导杆的实物照片。

波导杆的总长度根据内外罐壁的间距、外壁厚度及测温接管外部结构的尺寸等确定。为了便于波导杆与内罐壁间保持紧密的耦合，部分波导杆杆段与外法兰盘中心孔之间为螺纹连接。在声发射检测前，我们暂时拆下测温装置，将波导杆从测温接管伸入并加一定力与内罐壁接触，从而达到了声波传导的目的。图 3 采用插入式波导杆安装传感器的现场照片。

为了测试波导杆自身对声波的衰减情况，在波导杆的不同位置处发射铅笔芯（2H，ϕ0.3mm）折断信号，由安装在波导杆圆盘上的传感器接收信号，测试结果见表 1 。结果表明，所设计和制作的波导杆对声波的衰减较小，完全满足声发射检测的要求。

为了测试波导杆安装后与内罐壁间的耦合及总体的声波传导效果，敲击每个波导杆的圆盘，若相邻传感器收到一定幅度的信号，则认为该波导杆与内罐壁耦合良好，可以将内罐中的声波传导出来。部分测试结果见表 2。结果表明，波导杆安装后与内罐壁间的耦合及总体的声波传导效果基本满足声发射在线检测的要求。

表 1 波导杆自身的声波衰减情况

模拟源位置/mm	传感器附近	80(螺纹起点)	500(螺纹末端)	1000	1450(耦合面)
平均响应幅度/dB	94.5	83.9	85.5	80.5	84.1

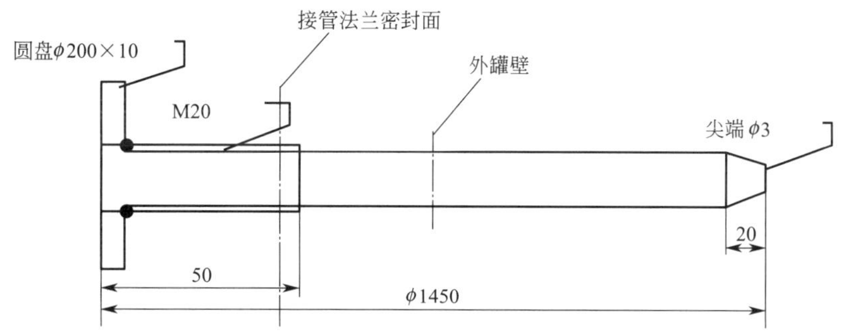

图 1 插入式波导杆的结构设计图

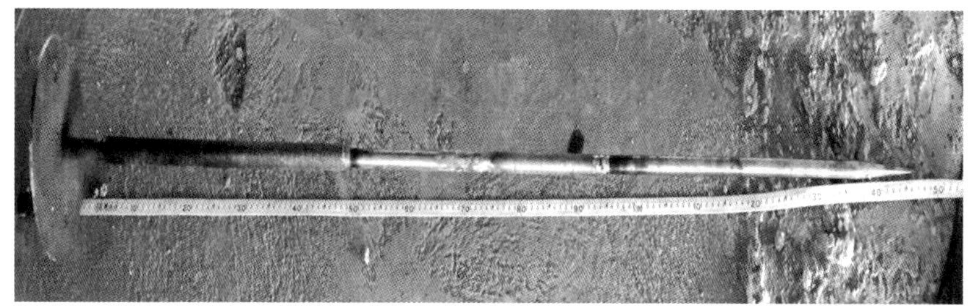

图 2 插入式波导杆的照片

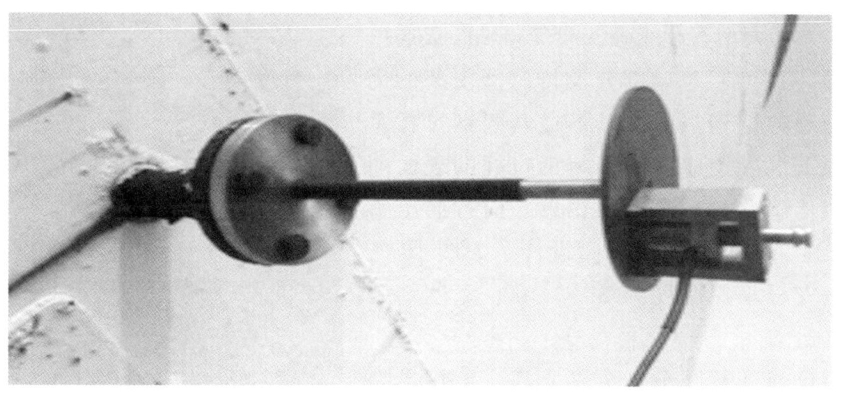

图 3 采用插入式波导杆安装传感器的现场照片

表 2 波导杆安装后对内罐的总体声波传导情况

传感器附近敲击:响应幅度	响应的传感器及响应幅度			
2#:96dB	9#:71 dB	4#:57 dB	5#:56 dB	11#:67 dB
5#:98dB	11#:64 dB	4#:58 dB	9#:56 dB	1#:56 dB

3 拉杆/垫板直接耦合波导方法

图 4 所示为浙江某大型石化企业一台 8800m^3 双层壁深冷储罐（4118-V4）的基础外观照片，其基础结构也为架空型。通过审查图纸及现场观察，发现有均布的多个拉杆与内罐壁焊接，并经过内外罐筒体间的空间延伸到混凝土基础下方，以金属结构件固定，其目的是保持内外罐壁之间的间距不变，如图 5 所示。我们可以将传感器直接耦合在固定拉杆的垫板上，并通过作为波导杆使用的拉杆将内罐的声波传导出来，从而实现声发射在线检测的目的。传感器的安装位置如图 6 所示[3]。

根据此储罐的直径及拉杆的数量和分布情况，我们均布了 12 个传感器。为了测试拉杆的声波传导效果，在拉杆固定金属件处及储罐进出料管道的外露阀门处敲击，若临近的其他传感器收到信号，则认为拉杆可以将内罐的声波传导出来。测试结果表明，此方法基本满足声发射在线检测的条件。该储罐的声发射在线监测结果如图 7 和图 8 所示。

图 4　4118-V4 双层壁深冷储罐底部外观

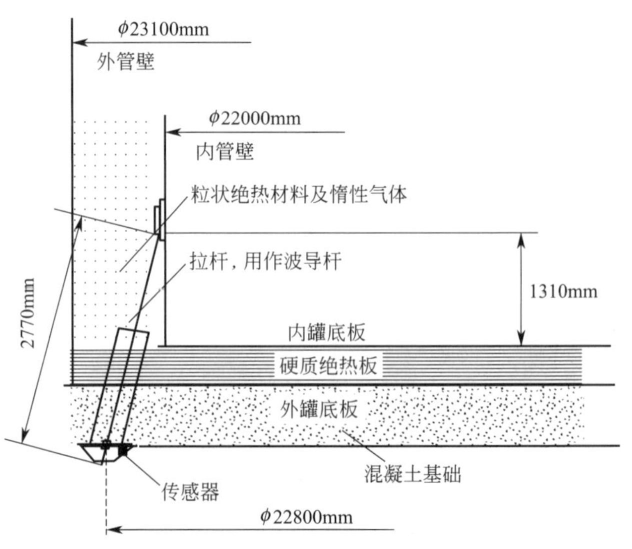

图 5　4118-V4 双层壁深冷储罐的结构图

4　拉杆/夹板波导方法

图 9 所示为江苏某大型石化企业一台 7000m^3 双层壁深冷低温乙烯储罐（T701）基础部分及传感器安装的局部照片。与上述储罐的结构类似，只不过其圆钢拉杆垂直延伸并锚固于地下混凝土中。由于圆钢拉杆的表面曲率较大，直接安装传感器的耦合效果很差，而打磨出平面会降低拉杆的强度。为此，我们专门设计了如图 10 所示的夹板结构。该夹板采用厚度为 2～3mm、宽度约为 50mm 的碳钢板制成。

图 6　拉杆的固定金属件及传感器的安装位置

在安装夹板的拉杆处打磨至见金属光泽，擦拭干净后整圈涂抹耦合剂，然后将夹板固定在拉杆上，传感器则安装在夹板上。根据此储罐的直径及拉杆的数量和分别情况，在该储罐上安装了 10 个传感器。为了测试该声波传导方法的效果，在每个拉杆上敲击，若临近的其他传感器收到信号，则认为拉杆可以将内罐的声波传导出来。测试结果表明，此方法也基本满足声发射在线检测的条件。

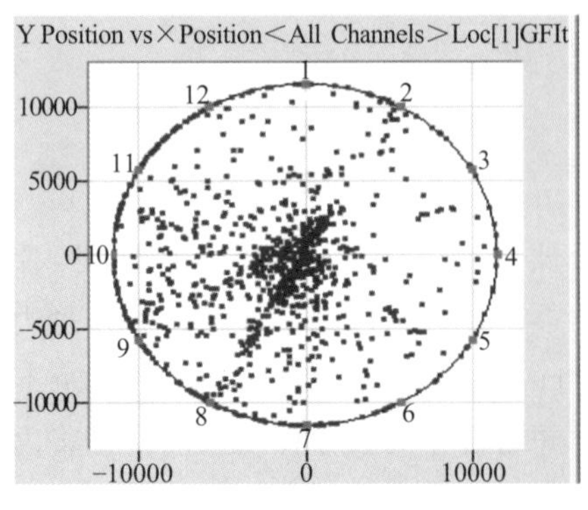

图 7　4118-V4 内罐底板声源二维定位图

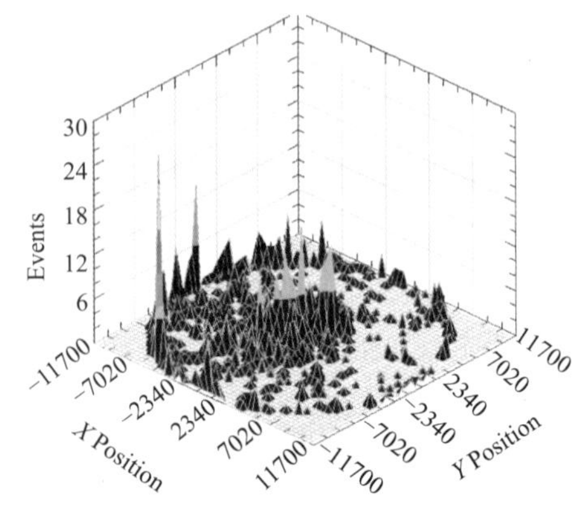

图 8　4118-V4 内罐底板声源三维定位图

图 9 T701 储罐基础部分及传感器安装的局部照片

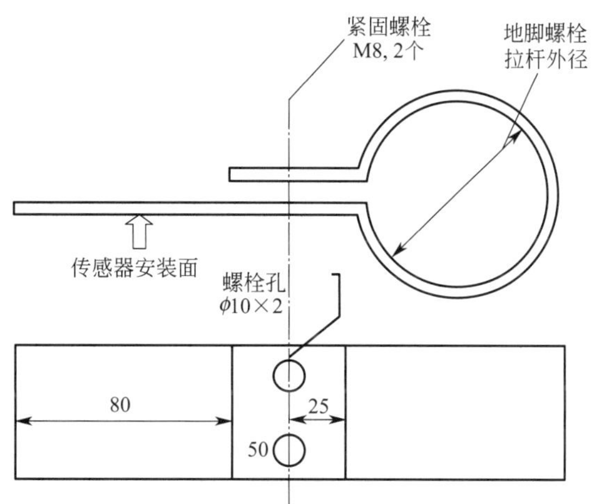

图 10 T701 储罐拉杆/夹板结构示意图

5 结论与建议

本文根据三种常见双层壁深冷储罐的结构特点，分别采用了不同的声波传导方法，实现了对该类储罐的声发射在线检测，实践证明了这些声波传导方法的实用性和有效性，解决了多年来一直困扰声发射检测人员在该领域的技术难题，可为同行对该类储罐的声发射检测提供借鉴。此外，我们还有如下建议。

① 当通过采取一定的辅助手段就可以满足声发射在线检测要求时，应优先利用储罐自身的某些构件作为声波的传导方法；

② 当需要设计和制作专用的波导杆时，其结构尽可能简单且易于制作和安装，其自身的声波衰减应尽可能小。波导杆安装后仍需要进行测试其与内罐壁间的耦合效果和总体的声波传导效果。

参考文献

[1] Yanting Xu, Yadong Wang, Effectiveness of AE On-line Testing Results of Atmospheric Vertical Storage Tank Floors [C]. 2012 ASME Pressure Vessels & Piping Conference, PVP2012-78067, Toronto, Canada.

[2] 徐彦廷，等。声发射技术在探测储罐底板泄漏位置中的不同应用 [J]. 无损检测，2007，29 (9)：1-7.

[3] Yanting Xu, Yadong Wang, Acoustic Emission In-service Detection of Cryogenic Storage Tank Floors [C]. 17WCNDT World Nondestructive Testing Congress, October 2008, Shanghai, China.

车载高压气瓶壁厚-强度-寿命关联性测试与研究

袁奕雯

上海市特种设备监督检验技术研究院　上海 200062

摘　要： 通过充装条件下压力循环试验和超载条件下压力循环试验（LBB模式）模拟车载高压气瓶充装过程，评判气瓶的壁厚-强度-使用寿命三者间的关联性。提出车用气瓶壁厚设计可以采取分析设计或者试验验证的观点，并给出常用规格车用气瓶的壁厚设计建议。避免国内制造厂家为了适应市场对整车质量降低的需求，采用提高瓶体内胆材料强度、减薄壁厚、牺牲气瓶使用寿命的方法，达到瓶体重量减轻的目的。

关键词： 车载气瓶；壁厚；强度；寿命预测

Test and Research on the Relationship Between Thickness-Strength-Life of High Pressure Cylinder for Vehicle

Yuan Yi-wen

Shanghai institute of special equipment inspection and technical research，Shanghai 200062

Abstract: Through pressure cycle test under charging condition and pressure cycle test under overload condition (LBB mode), the loading process of on-board high-pressure gas cylinder is simulated to evaluate the correlation between the wall thickness, strength and service life of the gas cylinder. It is suggested that the design of vehicle gas cylinder wall thickness can be analyzed, designed or verified by experiments, and some Suggestions on the design of vehicle gas cylinder wall thickness in common specifications are given. Avoid domestic manufacturers in order to adapt to the market to reduce the quality of the vehicle demand, the use of improved cylinder liner material strength, reduce the thickness of the thin wall, sacrifice the life of the cylinder method, to achieve the purpose of reducing the weight of the cylinder.

Keywords: Cylinder for vehicles; Strength; Wall thickness; Life prediction

0　引言

近年来，随着城市传统燃油汽车保有量不断扩容，污染气体大量排放，导致PM2.5超标，进而造成的大面积雾霾，影响人体健康；同时，人民生活水平不断提高，对出行品质也存在需求，因此，汽车保有量上升和环境日益恶化已成为一对不可调和的矛盾。鉴于此，探索清洁、高效、安全并满足需要的新能源燃气汽车已成为当代汽车工业发展的必然趋势。燃气汽车以其能效高，污染小受到了市场的亲

基金项目：国家质检总局科技计划 2017QK020；上海市科委科技创新行动计划 2017DZ1200800。

作者简介：袁奕雯，1982年生，女，高级工程师，副主任，主要从事特种设备事故调查技术研究、气瓶设计文件鉴定、气瓶及气瓶阀门型式试验及其相关标准研究。

睐，而盛装高压气体为汽车供能的车载气瓶是就是其关键承压部件之一。据世界天然气汽车协会（IANGV）发布2018年世界天然气汽车的最新统计数据，全球87个国家与地区的天然气汽车保有量已逾2616万辆，我国继续蝉联这个保有量的世界第一位，已达到608万台[1]。

车载气瓶与普通工业气瓶相比，由于受到安装空间的局限，并出于汽车对续航里程、降耗提速、增强性能等要求，其发展方向必然是高压化、轻量化。

有研究表明[2]，一辆轿车自重每减少10%，燃料消耗量就降低6%～8%，排放量降低5%～6%，可见，汽车整车装备重量减少，不但可以节约燃料、减少排放，而且能够使整车性能大幅提升。在不能改变汽车其他零部件重量的前提下，减轻车载气瓶的重量对减轻车身具有直接影响。纵观车用高压燃料气瓶的发展历程，从采用钢瓶到目前热销的金属内胆复合气瓶，车用气瓶始终朝着轻量化的方向发展。

车载高压气瓶按照材质分，可以分为Ⅰ型瓶车用压缩气钢瓶、Ⅱ型瓶金属基内胆环向缠绕复合气瓶，Ⅲ型瓶金属基内胆全缠绕复合气瓶，Ⅳ型瓶聚合基内胆全缠绕复合气瓶，其中Ⅳ型瓶最轻，但目前我国出于安全及政策等因素尚未采用，Ⅰ型瓶自重太重，为大多数整车厂所摒弃，Ⅲ型瓶成本较高，Ⅱ型瓶重量与价格均适中，因此广受整车厂青睐，成为使用范围最广的车载高压气瓶（下称“气瓶”），其结构如图1。本文将以Ⅱ型瓶为车载高压气瓶的代表进行深入讨论。

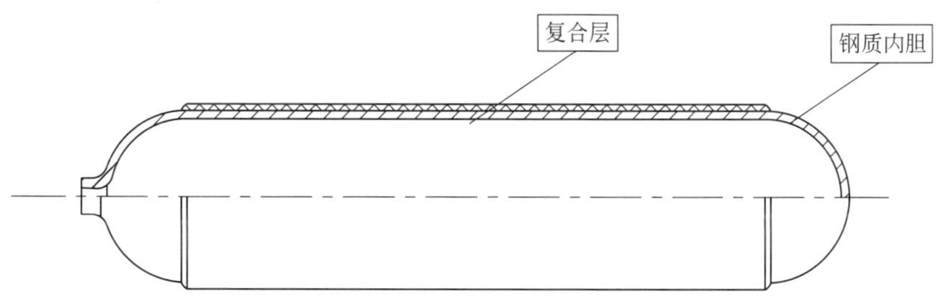

图1 金属基内胆复合气瓶结构简图

国内很多气瓶制造厂都热衷于提高金属内胆材料强度以减薄瓶体壁厚，从而实现瓶体重量减轻，但是，用提高强度的方式减薄壁厚对气瓶的安全性能是否有影响呢？

目前，我国的车用压缩天然气复合气瓶基本按照GB 24160—2009[3]进行设计，该标准采标自ISO 11439，两者均没有给出推荐公式，允许各设计单位均根据复合安全性能的要求设计，由于信息来源不同，设计方案产生了较大差别，国内大多数生产厂家的对于壁厚的选择仍然持比较保守的态度。

根据测算，以ϕ325/80L的钢质内胆复合气瓶为例，壁厚每增加0.1mm，重量将增加约1.0kg，本文就气瓶材料强度—壁厚—寿命三者关系进行了统计和分析，尝试探索其规律，给出参考意见。

1 钢质内胆环缠复合气瓶壁厚现状分析

目前国内主流气瓶的直径有ϕ325mm、ϕ356mm、ϕ406mm三种，本文选取典型代表的厂家，对其设计的气瓶壁厚进行统计，得出车用气瓶壁厚分布表，见图2和图3。

由图2和图3可知，由于取值来源不同，壁厚的选择出现了离散，目前中国对气瓶实行设计文件和型式试验双重审查制，全国气瓶标准化技术委员规定[4]，瓶体材料强度不超过880MPa，免于进行SSC（硫化氢应急腐蚀）测试，强度超过880MPa，如果设计厂家以提高强度的方式降低壁厚进行“修改设计”，必须在进行SSC测试通过之后，方可实施。比如某厂ϕ325型气瓶，首次设计壁厚5mm，他第二次通过提高强度减薄壁厚，即使只减薄壁厚0.1mm，也需要进行SSC测试，而另一厂设计同款气瓶，由于选取了不同的取值公式（方法）来源，新设计就可以选取壁厚4.7mm，这对部分厂家而言，是显示公允，既浪费了试验成本和时间成本、又由于整车厂青睐瓶身较轻的气瓶，失去了部分市场份额。

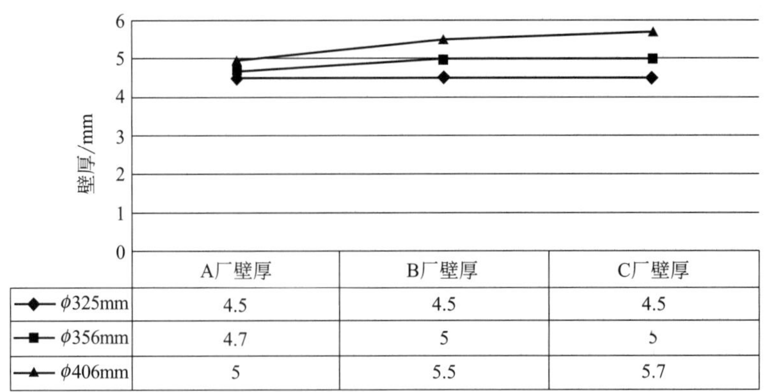

图 2　内胆 $R_m \geqslant 880$MPa 厂家选取壁厚表

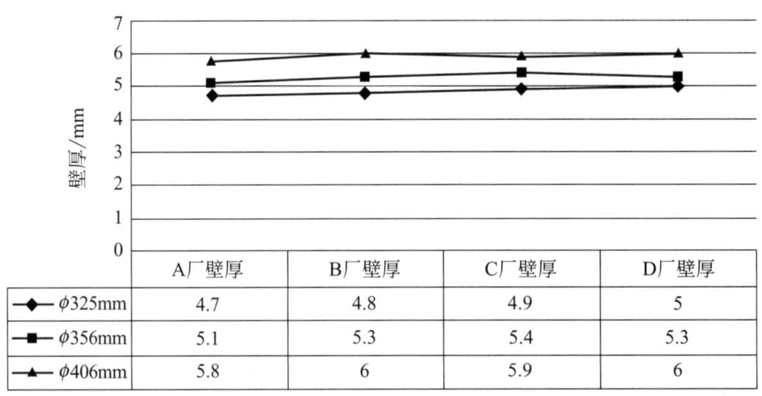

图 3　内胆 $R_m < 880$MPa 厂家选取壁厚表

2　同等条件下气瓶壁厚建模

按照薄壁圆桶理论，气瓶所承受的压力主要为内部周向应力，而其径向应力几乎可以忽略不计，可见气瓶的壁厚，主要取决于其直径、材料的强度及内压，与其瓶体长度、容积无关。因此，当材料抗拉强度 R_m 相同、承受的内压一致，气瓶的直径是对其壁厚有唯一影响的因子。

根据这一理论，GB 17258—2011[5] 等标准中给出了壁厚计算公式，见公式(1)：

$$S=\frac{D_0}{2}\left[1-\sqrt{\frac{FR_e-\sqrt{3}P_h}{FR_e}}\right] \tag{1}$$

但这并非壁厚计算的唯一公式，而根据这一个公式计算得出的气瓶，壁厚往往较厚，根据美国 ANSI/AGA NGV2—1992[6] 标准（该标准修订版本已经取消壁厚公式，但由于一些实际需要，国内部分厂家仍采用其 92 版公式），其设计壁厚公式见公式(2)：

$$t_1=\frac{D_0}{2}\times\left(1-\sqrt{\frac{R_g-1.3P_n}{0.4P_n+R_g}}\right) \tag{2}$$

采用该公式，同样参数条件下，气瓶壁厚较公式(1) 为薄。

但是壁厚计算公式并非是气瓶壁厚设计的唯一方法，由于 GB/T 24160—2009 和 ISO 11439 中并没有给出设计公式，而是建议采用可靠的设计方法进行设计，因此，为壁厚的选取留下了相对宽泛的空间。

作者认为，相同材料、相同内压、相同直径条件下，可以通过压力循环试验对气瓶寿命进行验证，当寿命符合标准要求时，应当认同其壁厚选取。

3 φ356 型气瓶材料强度—壁厚—寿命的统计与分析

为了方便说明，本文以直径为 φ325 型气瓶为例进行讨论。分别选取 R_m≥880MPa 的 6 只同规格气瓶和 R_m<880MPa 的 6 只同规格气瓶分别进行压力循环试验。

试验条件如下：上限压力为气瓶的最大许用工作压力 26MPa，下限压力为 1.9MPa，循环次数不大于 10 次/min，试验介质为液压油，试验结果见表 1 与图 4。

表 1 车用气瓶压力循环试验统计

材料强度	样品编号	设计壁厚/mm	压力循环次数	备注
R_m≥880MPa	1-1#	4.5	24412	失效泄漏
	1-2#	4.5	24327	失效泄漏
	1-3#	4.5	23290	失效泄漏
	1-4#	4.5	23585	失效泄漏
	1-5#	4.5	26088	失效泄漏
	1-6#	4.5	25630	失效泄漏
R_m<880MPa	2-1#	4.7	44861	失效泄漏
	2-2#	4.7	45001	未失效停止试验
	2-3#	4.8	45001	未失效停止试验
	2-4#	4.8	45001	未失效停止试验
	2-5#	4.9	45001	未失效停止试验
	2-6#	5.0	45001	未失效停止试验

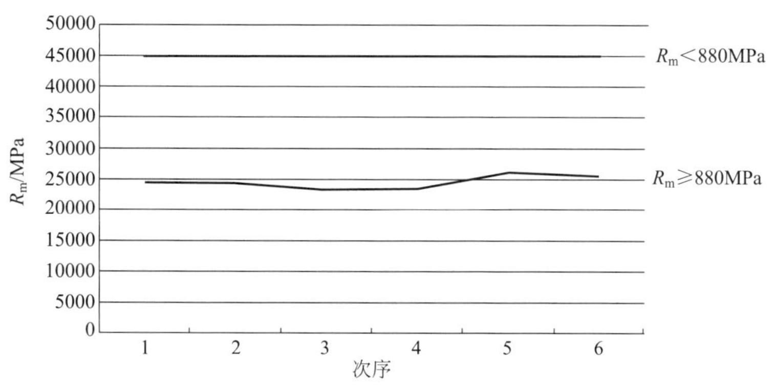

图 4 车用气瓶压力循环试验分布图

由表 1 和图 4 可知，通过提高材料强度降低壁厚的条件下，气瓶的寿命必定将受到影响，而不提高瓶体强度，相对壁厚较薄的气瓶与壁厚较厚的气瓶，其寿命并没有出现显著的差异。

为了进一步验证气瓶的性能，了解气瓶寿命与其载荷情况的关系，试验组又选取一组比对试样进行未爆先漏（LBB）试验。

试验条件如下：上限压力为气瓶的水压试验压力 30MPa，下限压力为 1.9MPa，循环次数不大于 10 次/min，试验介质为液压油，试验结果如表 2 和图 5。

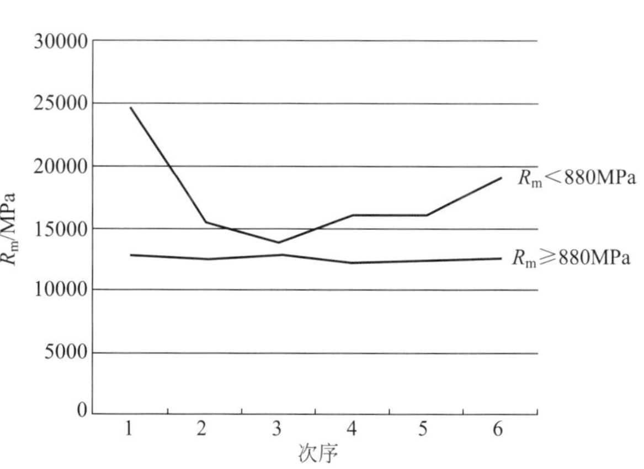

图 5 用气瓶未爆先漏试验统计分布图

表 2 车用气瓶未爆先漏试验统计

材料强度	样品编号	设计壁厚/mm	压力循环次数	备注
$R_m \geqslant 880$MPa	1-1#	4.5	12803	失效泄漏
	1-2#	4.5	12539	失效泄漏
	1-3#	4.5	12875	失效泄漏
	1-4#	4.5	12308	失效泄漏
	1-5#	4.5	12501	失效泄漏
	1-6#	4.5	12666	失效泄漏
$R_m < 880$MPa	2-1#	4.7	24714	失效泄漏
	2-2#	4.7	15442	失效泄漏
	2-3#	4.8	13949	失效泄漏
	2-4#	4.8	16062	失效泄漏
	2-5#	4.9	16107	失效泄漏
	2-6#	5.0	18987	失效泄漏

由表 2 和图 5 可知，在超载运行条件下，气瓶的寿命呈大幅下降态势，但同样，材料的强度的提高并不能保证气瓶寿命的延长。

4 结论与建议

目前虽然很多厂家采用提高瓶体材料抗拉强度的方法减薄气瓶壁厚，但在很大程度上，这种做法并没有很好地解决气瓶寿命的问题，试验表明，将瓶体材料 R_m 控制在 880MPa 以下的气瓶与 R_m 大于 880MPa 的气瓶相比，壁厚差距为 2mm，整瓶重量约相差 2.0kg，但前者的使用寿命将远高于后者，超负载使用寿命也高于后者。

从我国目前实际冶炼水平而言，气瓶钢 30CrMo 经调质后，使之抗拉强度大于 880MPa，将使得瓶体材料应力腐蚀倾向加剧，存在诸多安全隐患，牺牲 2kg，降低寿命 20000 次，且增加风险，这样的设计值得商榷。

由此得出以下结论和建议如下：

① 车载高压复合气瓶的壁厚设计除运用公式计算方法，应允许其通过应力分析计算法、试验验证法进行选取，只要满足其相应标准的气瓶寿命要求，均予以认可。

② 车载高压复合气瓶通过提高瓶体强度降低壁厚的方式增加了企业自身的市场成本、增加气瓶使用中的安全风险，在降低气瓶本身重量上并不具备绝对优势，建议气瓶设计单位慎重考虑选用该方式降低气瓶壁厚。

③ 对于 $\phi325$ 型车用压缩天然气钢质内胆环向缠绕复合气瓶，推荐采用内胆壁厚 4.7mm，没有必要提高瓶体材料抗拉强度使之超过 880MPa。

参考文献

[1] 2018年世界天然气汽车最新数［EB/OL］. http：//www. sxgkrq. com/index. php? a=show&id=1360&m=Article.
[2] 轻量化——节能、环保又安全的汽车制造技术［EB/OL］. http：//njrb. njnews. cn /html /2011- 05 /17/content_872744. htm.
[3] GB 24160—2009.
[4] 关于 GB 24160—2009 提高内胆强度的意见 .
[5] GB 17258—2011.
[6] ANSI/AGA NGV2 Basic Requirements for Compressed Natural Gas Vehicle (NGV) Fuel Containers［S］，1992.（ANSI/AGA NGV2—1992 压缩天然气车辆 (NGV) 用燃料箱的基本要求）

气瓶火烧试验及数值仿真

刘岑凡[1]　王泽涛[2]　孙　亮[1]　邓贵德[1]　薄　柯[1]　赵保頔[1]

1. 中国特种设备检测研究院，北京 100029
2. 太原理工大学，太原 030024

摘　要： 通过对大容积纤维缠绕气瓶进行火烧试验，得到气瓶内介质热响应规律，并利用计算流体力学（CFD）方法，对气瓶火烧试验进行了数值仿真。为实现工业规模的数值模拟，尽量减少计算量，首先利用稳态燃烧模拟过程，得到气瓶外壁面热流密度分布；然后将其作为耦合边界条件映射到气瓶本体及内部介质瞬态传热模拟中；最终得到气瓶内部压力、温度在随时间的变化规律。结果表明，模拟结果与试验结果吻合良好，说明数值模拟方法可较准确地分析气瓶等压力容器火烧试验过程中容器内气体热响应规律，对今后压力容器的火烧试验开展、失效时间预测等有重要的参考价值，为压力容器安全评价提供了一定依据。

关键词： 气瓶火烧试验；计算流体力学（CFD）；热流密度；安全评价

Fire test and numerical simulation of the gas cylinder

Liu Cen-fan[1], Wang Ze-tao[2], Sun Liang[1], Deng Gui-de[1], Bo Ke[1], Zhao Bao-di[1]

1. China Special Equipment Inspection Institute, Beijing 100029
2. Taiyuan University of Technology, Shanxi, Taiyuan 030024

Abstract: To investigate the safety performance of the large volume filament wound composite gas cylinder under fire, the fire test was carried out and the thermal response of the gas cylinder was obtained. And the pressure rise process of gas cylinder during the fire test was modeled using computational flow dynamics (CFD) method. To simulate the industrial scale computation and save the computing resource, simulation was divided into two steps. First, the jet fire was simulated in steady-state with non-premixed combustion model, from which the heat flux on the cylinder surface can be acquired. Then the heat flux would be set as the boundary condition to predict the pressure and temperature rise process. The simulation results show good agreement with the experiment and the error was within 10%, which validate this CFD simulation process can be used to predict the thermal response of the gas cylinder and other pressure vessel in the fire. And it is useful to carry out the fire test of the pressure vessel in the future and evaluate failure time of the pressure vessel in the fire. And it can also support the safety evaluation of pressure vessels.

Keywords: Fire test of gas cylinder; Computational flow dynamics (CFD; Heat flux; Safety evaluation

---

基金项目：国家自然基金重点项目“承压设备基于大数据的宏观安全风险防控和应急技术研究”（编号：2016YFC0801906）。

作者简介：刘岑凡，1987 年生，男，工程师，博士，主要从事特种设备安全与节能相关的流体仿真研究。

0 引言

气瓶在工业中应用非常广泛，主要用途是储存和运输压缩气体，属于移动式压力容器。如长管拖车气瓶、医用氧气瓶、压缩机用气瓶和冶金气瓶等。气瓶具有压力高，盛装介质种类较多等特点，且介质往往易燃、易爆甚至有毒。在气瓶充装使用过程中，一旦周边发生火灾，气瓶外壁受热升温，内部气体压力、温度升高，致使气瓶承载快速上升，与此同时，气瓶材料在高温下会产生劣化，若达到爆破极限，气瓶将发生爆炸，给周围人员和环境带来巨大的威胁[1,2]。若能得到火灾环境下气瓶内外部的流场-温度场的分布，结合材料高温劣化特性，可估算气瓶失效时间，对于辅助应急预案制定具有重要作用，如火灾要不要救、能不能救、如何救等问题；且对于事故调查等也有非常重要的意义。

因此，开展气瓶火烧试验，对提高气瓶安全附件性能、预防事故风险方向的研究具有重要意义。但气瓶火烧试验耗费巨大，而且在采取防范措施前提下，仍具有一定的危险性，同时获取的数据也具有很大的局限性。

计算流体力学（Computational Fluid Dynamics，CFD）的飞速发展，尤其是通用商品化软件的出现，使CFD技术成为压力容器受火研究的重要手段之一[3-5]。采用数值模拟方法，对气瓶火烧试验响应过程进行预测，得到气瓶内外燃烧场-流场-温度场的分布，不仅可为试验设计、事故后果预测等提供参考，还将大大节约人力、物力和时间。

Tamura Y[6-8] 等人进行了高压氢气瓶火烧试验，研究了燃料种类及流量对试验结果的影响，并通过数值模拟方法，得到了燃料流量、充装介质对压力泄放装置响应时间的影响；郑津洋[9,10] 等为制定我国车用纤维缠绕高压氢气瓶标准，进行气瓶火烧试验，同时对外壁面温度场进行模拟分析，并将压升、温升结果与试验数据进行对比，确定了模型的准确性；周国发[11,12] 等采用分区耦合求解方法，对高压气瓶进行火烧模拟分析，预测了气瓶失效时间，得到失效时的温度云图和应力云图。然而，国外研究主要针对燃烧场中的火源规律变化，国内研究则更多关注于气瓶壁面温度变化及气瓶内介质响应规律，缺乏直观的三维燃烧场温度仿真结果，且因试验数据较少，不能充分验证以热流密度分布为耦合边界的模拟方法的适用性、准确性，同时对气瓶底部热流分布结果关注较少，无法有效判断气瓶底部风险。

为实现真实工业气瓶火烧试验中的燃烧场-流场-温度场的耦合模拟，本文选用充装高压空气气瓶作为火烧试验的对象，并根据气瓶火烧试验建立三维数值模型，以热流密度为耦合条件，采用有限体积法，针对喷射火环境下大容积纤维缠绕气瓶，进行火焰稳态燃烧、气瓶瞬态响应的模拟计算。计算结束后，得出三维燃烧温度云图，对比模拟与试验得到的压力和温度数据，验证模拟方法与模型的可行性。

1 气瓶火烧试验

火烧试验在中国特种设备检测研究院火烧试验基地进行，所用气瓶为石家庄安瑞科气体机械有限公司生产的大容积纤维缠绕气瓶，具体参数见表1。

表1 气瓶设计参数

设计参数	数据	设计参数	数据
公称压力	20MPa	内胆材料	30CrMo
公称容积	450L		
充装介质	空气	内胆尺寸(直径×长度×厚度)	ϕ559mm×3200mm×7.5mm

试验所用燃烧器为喷射火燃烧器，由九根等间距管按弧形平行排列组成，单管全长1650mm，管上开孔，孔间距110mm，孔数16，孔径2mm，底部管子距地面400mm，距气瓶底部100mm。气瓶位于

燃烧器上方。气瓶前后端安全泄放装置均为爆破片和易熔合金，试验热电偶测量点共计 22 个。1 号热电偶与 2 号热电偶位于气瓶内部，用于监测气瓶内气体温度变化，17 号、22 号热电偶位于气瓶端部，3、4、5 号热电偶位于气瓶外侧，其余热电偶位于气瓶外表面。在试验中设置压力传感器，监测气瓶内部压力变化。试验用燃料为纯丙烷。试验现场见图 1，热电偶分布图见图 2。

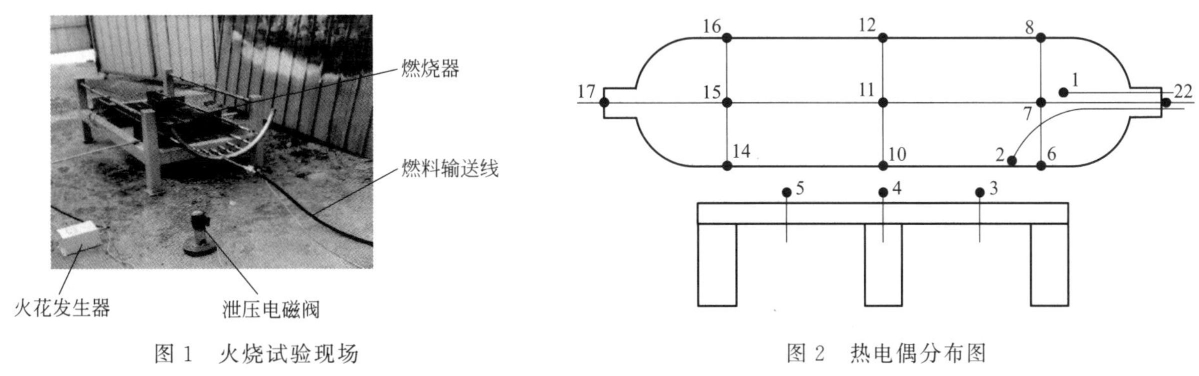

图 1　火烧试验现场　　　　图 2　热电偶分布图

2　试验结果

本次模拟仅针对火烧试验中，由点火瞬间开始到爆破片起爆过程，共计 750s。试验过程中，气瓶内部气体压力、2 号热电偶处气体温度随时间变化规律如图 3、图 4 所示。试验结果表明，喷射火点燃后，气瓶内部气体压力、温度在一定时间内保持不变，而后随时间推移不断增大。1 号热电偶处，气体最大温度 92.5℃，最大压力为 26.63MPa。

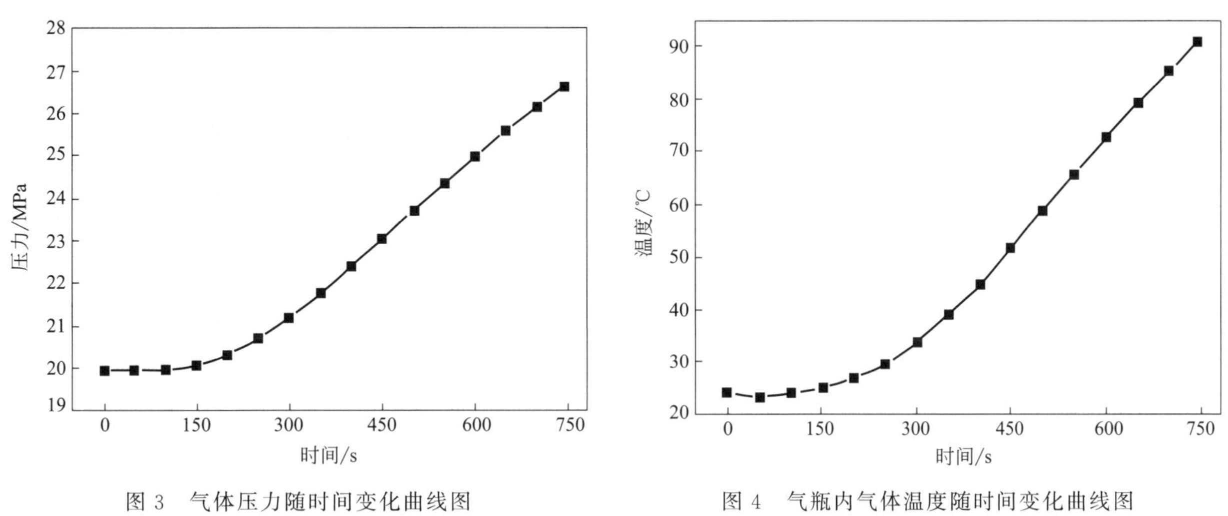

图 3　气体压力随时间变化曲线图　　　　图 4　气瓶内气体温度随时间变化曲线图

3　气瓶火烧试验数值模拟

气瓶在喷射火环境下的响应过程，包括丙烷燃烧过程和气瓶传热耦合过程。模拟涉及多场耦合，情况较为复杂，需先确定模拟策略，以此建立模型进行模拟计算。

3.1　模拟策略

针对气瓶火烧试验进行模拟，需要计算丙烷及空气的燃烧过程、气瓶与外界传热响应过程。其中，丙烷燃烧可在 10s 内达到稳定，但气瓶内外传热缓慢，且内部流体运动速度较小。因此，建立单一几何模型，采用整体模拟方法，不仅浪费时间，而且极为消耗计算资源。本文采用分步求解的模拟方法，对试验过程进行分析计算。将气瓶火烧试验模拟过程分为两步：①燃烧稳态模拟；②气瓶及瓶内气体瞬态热响应模拟。其中燃烧稳态模拟计算结束后，导出气瓶外壁面热流密度分布，作为瞬态计算的耦合边界条件，从而实现多场耦合模拟。

在两步模拟过程中，需做出如下假设：

① 气瓶内气体是理想气体，气瓶材料的热力学参数是温度的函数；

② 火灾中热量传递包括气瓶外壁与气体间的辐射传热、热传导，故将气瓶外壁传热视为混合传热；

③ 依据试验结果，综合考虑气瓶内胆材料外层纤维材料热力学参数与温度关系，可假设气瓶的复合材料的热力学参数均匀分布，即以复合材料参数代替内胆材质与纤维材料参数[13]；

④ 忽略气瓶及附件缺陷；

⑤ 试验过程无法实时监测丙烷用量，但试验开始一段时间后，丙烷流量波动不大。因此假设丙烷流量不随时间变化。

3.2 几何模型与边界条件

依据试验现场建立几何模型，如图5所示。火烧试验在露天进行，需建立大气环境计算域。选取正方体作为计算域，尺寸参考气瓶及燃烧器长度确定，为5m×5m×5m。燃烧器水平置于计算域中部，为简化模型，便于后续计算，气瓶模型仅包括圆筒与封头两部分，忽略气瓶阀及爆破装置等部位。根据气瓶实际尺寸建立模型，将气瓶分为固体区与气体区。其中，瓶体材料为30CrMo与碳纤维的复合材料，瓶内气体介质为空气。气瓶及瓶内气体网格模型见图5和图6。

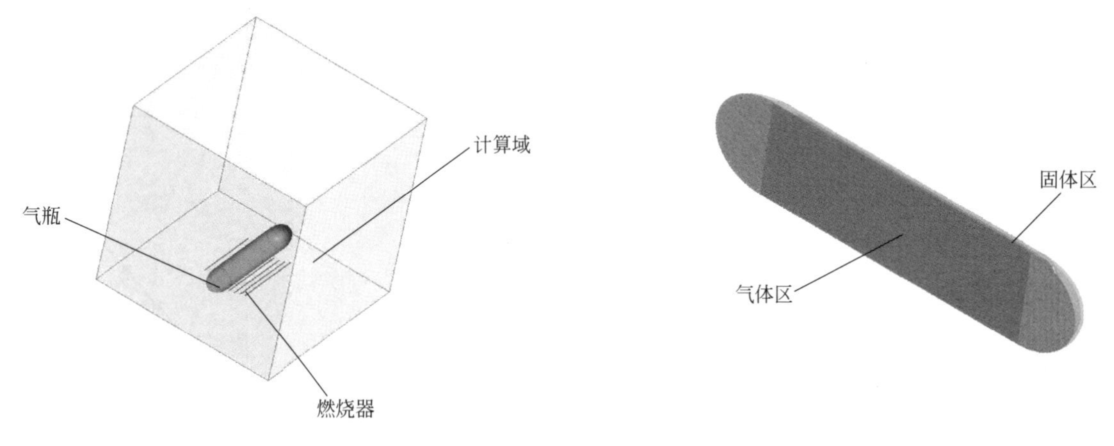

图5　模拟区域图　　　　图6　气瓶及内部网格图

本文利用ANSYS FLUENT软件对火烧试验过程进行模拟，涉及纯丙烷流动及燃烧、气瓶及内部气体传热响应等过程，需遵循质量、动量和能量三大守恒定律。

在燃烧模拟中，采用标准 k-ε 湍流模型，$P1$ 辐射模型。利用标准 k-ε 湍流模型可节省计算资源，同时满足模拟精度要求，$P1$ 辐射模型用于大型计算域模拟，所得结果合理准确，消耗计算资源较少。依据丙烷用量及试验时间，得出喷射孔处丙烷入口速度为28.46m/s。按试验环境，将计算域一侧设为风力面，风速0.3m/s，地面及燃烧器管子为绝热壁面，无滑移，计算域其余面为压力出口[14-16]。初始压力为大气压，初始温度为25℃。气瓶壁温度边界条件为混合传热[17]。采用SIMPLE算法，连续性方程、能量和动量方程皆采用二阶迎风格式。

由燃烧模拟得出气瓶外壁热流密度分布，并作为气瓶及瓶内气体响应模拟的热流边界条件。在瞬态响应模拟中，选用RNG k-ε 湍流模型，Surface to Surface（S2S）辐射模型。在计算资源允许的前提下，RNG k-ε 湍流模型能更好处理近壁流动问题，S2S辐射模型可用于计算封闭容器内的辐射传热。气瓶内壁与瓶内气体接触面设为耦合面，气体初始压力19.96 MPa，温度25℃。连续性方程采用二阶迎风格式，动量与能量方程采用一阶迎风格式。

4 模拟结果与分析

根据模拟策略，本文采用分区求解方法，针对喷射火环境下大容积纤维缠绕气瓶热响应规律，展开计算。以丙烷喷射火燃烧模拟结果为前提，得出气瓶内气体温度、压力变化规律，并与试验数据对比，验证模拟数据的准确性。

4.1 燃烧模拟结果

燃烧模拟计算结束后，作出火焰温度分布云图，观察计算域内温度分布情况，如图 7 所示。图 8 展示了气瓶底部及附近的热流密度分布情况。综合两图可以看出，丙烷经燃烧器喷射孔进入大气，喷射速度较大，未大面积扩散时，已经开始燃烧，导致气瓶底部热流值最大，且显现点状不均匀分布，气瓶其他部分热流分布较为均匀。同时，气瓶外壁被火焰包围，温度升高，受风力及气体对流影响，火焰向右浮动，导致气瓶右侧温度较高，左侧温度较低。随高度增加，燃烧温度整体呈现下降趋势。

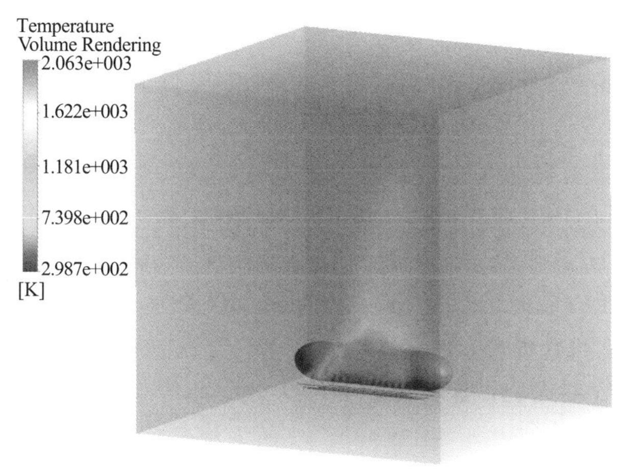

图 7 燃烧模拟温度云图

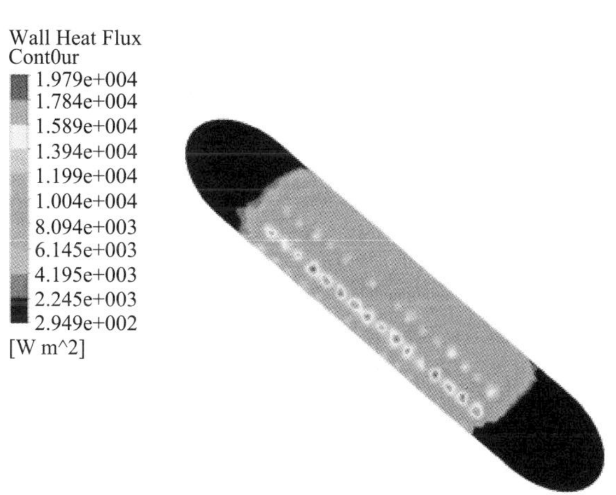

图 8 气瓶外壁热流密度分布

4.2 气瓶及瓶内气体热响应模拟结果

观察气瓶爆破时内部气体温度分布，做出气瓶于 750s 时温度云图。如图 9 所示。气瓶及瓶内气体中部温度较高，两侧温度较低。气瓶内气体温度呈现明显层状不均匀分布，上端气体温度较高，下部气体温度较低。这是由于气瓶中部直接受火，热量传递较快，且受到重力及对流影响，内部温度较高气体上浮，温度较低气体沉降。

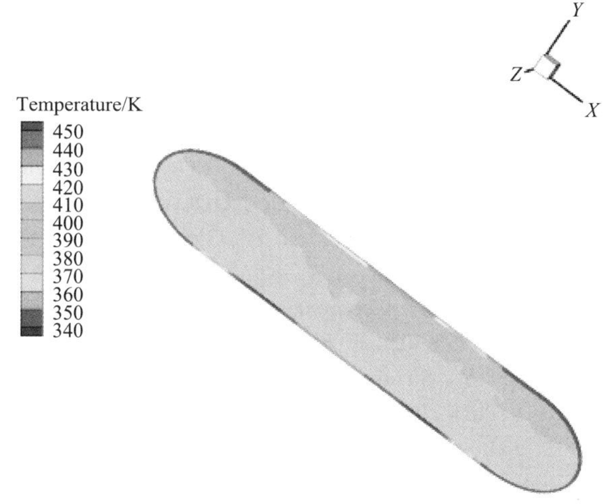

图 9 气瓶 750s 时内部温度分布

图 10、图 11 分别展示了模拟过程中压力、温度与试验数据对比情况（2 号热电偶）。由图可见，在 150s 内，压力与温度基本保持不变，之后开始渐渐增大，且压力、温度在 200s 时具有明显上升趋势。试验数据与模拟数据吻合良好。其中，试验压力与模拟压力中期差别较大，但最大差值仅 0.44MPa，误差为 2%，差别较小；试验温度与模拟温度随着时间变化差值增大，在 750s 时达到最大，差值为 8.7℃，误差为 9.4%，基本满足精确度要求。

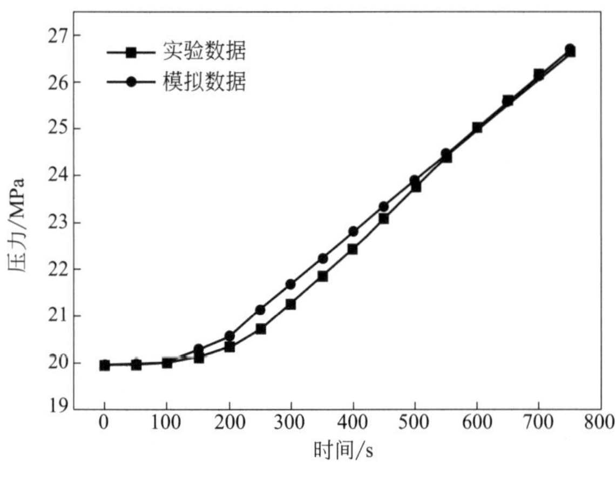

图 10 试验数据与模拟数据对比（压力）

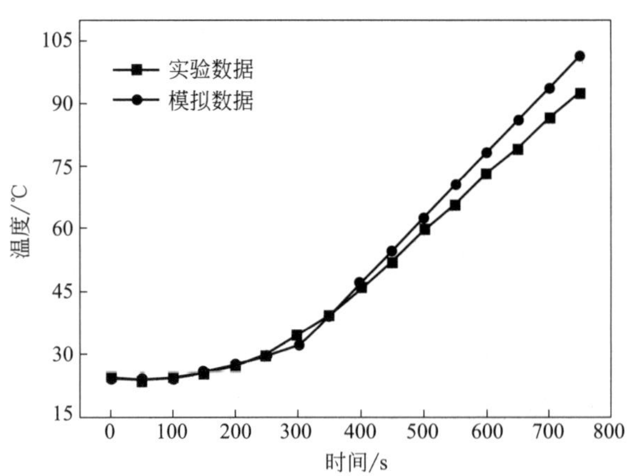

图 11 试验数据与模拟数据对比（温度）

5 结论

为研究火灾环境中气瓶安全性能，对大容积纤维缠绕气瓶进行火烧试验，并利用 CFD 方法，针对气瓶火烧试验过程进行模拟，结论如下。

① 进行了气瓶火烧试验，并对此试验建立了三维数值模型，基于分步求解策略，以气瓶外壁面热流密度分布为耦合边界条件，得到了气瓶在火灾环境下的热响应规律：气瓶底部热流较大，可能是气瓶危险部位；气瓶内部气体压力、温度随时间变化不断上升，直至气瓶爆破。

② 模拟与试验得到的压力和温度数据吻合较好，压力最大误差为 2%，温度最大误差为 9.4%，均在 10%以内，验证了数值模型、分步模拟策略的准确性与合理性。

③ 此项研究有助于今后系统性地开展气瓶等压力容器火烧试验、分析容器失效时间等工作，为压力容器火灾环境下的安全评价、救援措施实施提供技术支撑。

参考文献

[1] 邢志祥，赵晓芳，蒋军成．液化石油气储罐火灾模拟试验（二）——喷射火焰环境下［J］. 天然气工业，2006 (01)：132-133+ 171.

[2] 邢志祥，常建国，蒋军成．液化石油气储罐对火灾热响应的 CFD 模拟［J］. 天然气工业，2005 (05)：115-117.

[3] 尹晔东，王运东，费维扬．计算流体力学（CFD）在化学工程中的应用［J］. 石化技术，2000，7（3），166-169.

[4] CHENTHIL K K，ANIL K R，TRIPATHI A. A Unified 3D CFD Model for Jet and Pool Fire［C］，Institution of Chemical Engineers Symposium Series. Edinburgh，UK 2015.

[5] PETERSON E，SHETH C，NODLAND S. Jet fire protection-Where risk based CFD analysis pays off［C］，AIChE Spring Meeting and 7th Global Congress on Process Safety. Chicago，USA，2011：334-341.

[6] Tamura Y，Kakihara K，Lijima T. Survey of the bonfire testing method of the high pressure hydrogen gas cylinders（Phase I)-A comparison of the testing labs results of the bonfire tests［J］. JARI Research Journal，2004，26（6）：299-302.

[7] Tamura Y，Suzuki J，Watanabo S. Survey of the bonfire testing method using high-pressure hydrogen gas cylinders：Part 2-Effect of flame scales and fuels for fire source［J］. JARI Research Journal，2005，27（7）：331-334.

[8] Tamura Y，Suzuki J，Watanabe S. Experimental and simulation study on bonfire test for automotive hydrogen gas cylinders［J］. Transaction of Society of Automotive Engineers of Japan. 2005. 36（6）：39-44.

[9] 郑津洋，别海燕，陈虹港，等．纤维缠绕高压氢气瓶火烧温升试验及数值研究［J］. 太阳能学报，2009，30（07)：1000-1006.

[10] 刘岩，胡军，郑津洋，等．车用高压氢燃料气瓶火烧试验及数值仿真［J］. 太阳能学报，2011，32（04）：589-593.

[11] 周国发，李红英．气瓶火烧试验的热及力学响应数值模拟研究［J］. 工业安全与环保，2013，39（01）：1-3＋68.

[12] 周国发，李红英．意外火灾下钢制氢气瓶的热响应数值模拟［J］. 南昌大学学报（工科版），2012，34（01）：14-18+ 31.

[13] 古晋斌，惠虎，王骞，等．基于极限载荷法的火灾环境下长管拖车气瓶安全性评估［J］. 工业安全与环保，2018，（2）：42-45..

[14] 陈文江，陈国华．基于虚拟现实技术的喷射火事故三维动态仿真及应用［J］. 中国安全科学学报，2009，19（03）：32-38.

[15] 陈国华，周志航，黄庭枫．FLUENT 软件预测大尺寸喷射火特性的实用性［J］. 天然气工业，2014，34（8）：134-140.

[16] 崔岳峰，林兴华，李德顺．风况对露天油池燃烧特性的数值模拟［J］. 沈阳理工大学学报，2015，34（3）：61-66.

[17] 张媛媛，黄有波，吕淑然．矩形泄漏孔水平喷射火热辐射研究［J］. 中国安全科学学报，2017，（6）：73-78.

基于 VB 和 ANSYS 参数化分析的高压加热器管板轻量化设计

李雅楠　钱才富

北京化工大学机电工程学院，北京 100029

摘　要： 高压加热器通常在高温高压等高参数工况下运行，设备重量大，制造成本高，高压加热器的轻量化尤其是减薄管板厚度是降低建造成本的关键。本文应用 VB 编程语言和 ANSYS 有限元程序开发高压加热器参数化分析软件，实现对高压加热器自动建模、自动进行应力分析和强度校核。同时软件还具有优化分析功能，本文以某高压加热器为例，进行管板优化分析，结果厚度减小了 14.2%，达到了轻量化设计的目的。

关键词： 高压加热器；有限元分析；优化分析；轻量化设计

Light-weight design of the tube sheet of the high-pressure heater based on VB and ANSYS parametric analysis

Li Ya-nan, Qian Cai-fu

College of Mechanical and Electrical Engineering, Beijing University of Chemical Technology, Beijing 10002

Abstract: High-pressure heater is operated under high-temperature and high-pressure conditions and usually the equipment is heavy in weight and high in cost. To reduce the construction cost, it is critical to decrease the weight of the heater components especially the tubesheet. In this paper, parametric analysis software for a high-pressure heater is developed based on the VB language and ANSYS finite element program. The software can automatically establish the finite element model, perform stress analysis and strength assessment for the high-pressure heater. In addition, the software also has the optimization function and as an example, the tubesheet of a high-pressure heater was optimized. As a result, the thickness of the tubesheet is reduced by 14. 2% , a light-weight design of the tubesheet.

Keywords: High pressure heater; Finite element analysis; Optimal analysis; Light-weight design

0　序言

高压加热器[1] 主要应用于大型火电机组回热，是一种高压换热装置。换热器通常用分析设计或常规设计。常规设计也就是使用 GB 150—2011《压力容器》与 GB/T 151—2014《热交换器》进行设计，适用与钢制容器设计压力不大于 35MPa，理论基础是弹性失效准则，只考虑容器内最大应力点处，得到的结果往往较为保守。分析设计则是按应力分析，以弹性应力分析和塑性失效准则，弹塑性失效准则

作者简介：李雅楠，1994 年生，女，主要研究方向：压力容器有限元分析及计算机辅助工程。

为基础的设计方法，设计方法更加科学，但过程较为繁杂。常规设计与分析设计同时实施，在满足各自条件下，二者选择其中之一即可。由于压力高，高压加热器的强度尺寸大，尤其是管板厚度，可厚达数百毫米。此外，对于本文示例的高压加热器来说，该设备管程设计压力高达 40MPa，已经超出 GB 150 和 GB/T 151 的适用范围无法进行常规设计，故采用分析设计的方法。具体做法是：先进行结构设计，并参考 GB 150 或 GB/T 151 计算得到强度尺寸，然后以此作为初始尺寸，建立有限元法模型并进行应力分析，依照 JB 4732—1995《钢制压力容器—分析设计标准》对其进行强度校核。对于压力容器的分析设计，常常使用有限元软件进行分析设计，而且，还可以做到优化设计。关于利用有限元对化工设备尤其是压力容器进行优化设计，已有许多学者进行了理论和工程应用研究。张亚新[2] 等以 ANSYS 软件为平台建立高压反应器容器模型，并以轻量化为目标，对该结构进行优化分析，得到的结构比优化前节省了 7%。李晓润[3] 等以压力容器为研究对象，利用有 ANSYS 中的优化模块对该压力容器的壁厚及螺栓数目进行了优化设计。在满足给定条件下得到了相对合理的结构设计方案，使其重量相对原始数值减轻了 50.98%，螺栓数目由原始的 48 个优化为 32 个，优化效果明显。B. Siva Kumar[4] 等设计了一个压力容器，并依据美国机械工程师协会 ASME 标准进行分析，并使用 ANSYS 利用 Ansys 分析了压力壁临界点的应力变化，建立了改善压力壁临界点应力的优化模型。使用 PRO-E 软件建模，分别用三种不同的材料对两个模型零件进行设计和分析，得到了最佳的使用材料。张健[5] 等使用 ANSYS 的参数化语言运用一阶优化方法对压力容器壁厚进行优化，得到了较为合理的结构形式和尺寸，优化后的反应器质量较优化前减轻了 7%。张祥华[6] 等使用 ANSYS Workbench 软件对压力容器进行仿真模拟，并对压力容器的封头与筒体的厚度进行目标驱动优化（GOD），保证安全性的同时节省了约 18.35%材料，有效的达到了优化目的。朱中文[7] 等通过 SOLIDWORKS 建立了压力容器参数化模型，并导入 ANSYS Workbench 中。应用 ANSYS Workbench 尺寸优化设计功能，对影响压力容器应力和重量的因素进行了敏感性分析和响应曲线分析，并对压力容器的质量和强度进行了优化分析，优化后的结构质量降低了 16%。

针对高压加热器应力分析的必要性和有限元建模分析的难度，本文采用 VB 编程语言和 ANSYS 有限元程序开发了参数化的高压加热器应力分析与强度校核软件，该软件能实现高压加热器有限元自动建模、自动进行应力分析和强度校核，而更重要的是可以利用该软件进行结构轻量化设计，尤其是管板厚度轻量化计算。

1 高压加热器参数化应力分析

由于高压加热器是典型的 U 形管式换热器，结构形式基本固定，不同的高压加热器主要是几何尺寸大小、载荷大小及材料性质的变化，因此本节以某高压加热器为例，建立参数化的有限元分析模型。

1.1 有限元几何模型

高压加热器的换热管为 U 形管，对管板不起支持作用，故只保留部分外伸长度，整体结构如图 1 所示。

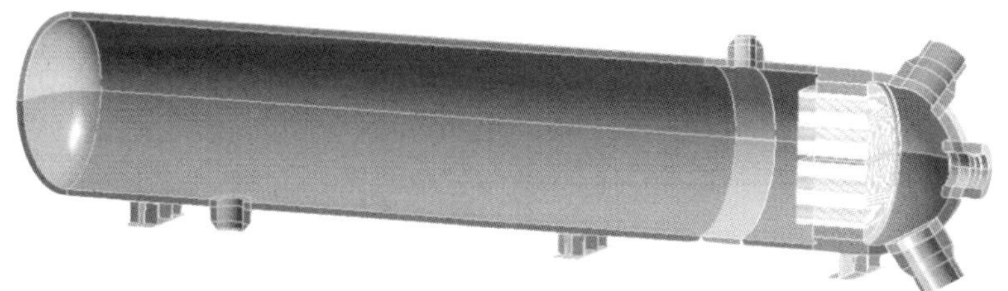

图 1 高压加热器整体结构有限元几何模型（内视图）

由于多数部件厚度较大，采用 Solid186 实体单元划分网格。

1.2 载荷与约束

表1为该高压加热器的设计压力和设计温度。由于是U形管换热器，不考虑差应力，这里也忽略重力场的影响。因此，本分析考虑两种载荷工况，即只有管程加载和只有壳程加载两种。

边界条件的施加应和设备实际约束一致，分析所施加的约束是：管板处的支座施加全约束；壳程侧两个支座施加除轴向外的其他两方向位移。

表1 高压加热器的设计压力和设计温度

壳程设计压力	9.4MPa	壳程设计温度	435/310℃
管程设计压力	40MPa	管程设计温度	330℃

1.3 结果分析

下面以仅加管程压力工况为例，分析有限元计算结果并对结构进行强度校核。图2为在管程压力作用下高压加热器整体应力分布云图。

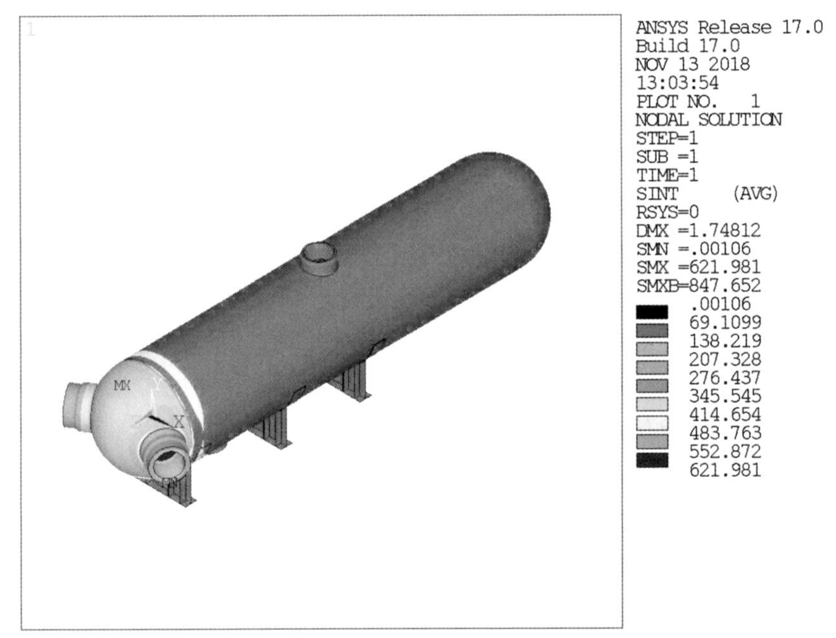

图2 管程压力作用下高压加热器整体应力分布云图

按分析设计理论，强度校核要对应力进行分类并给予不同的限制，为此需过危险截面选取路径作应力线性化，得到薄膜应力、弯曲应力和峰值应力[8-10]。依据JB 4732—1995《钢制压力容器—分析设计标准》，分类后的各类应力强度限制见表2，其中S_m为设计应力强度。

表2 应力强度分类及其限制值

类别	符号	限制值
一次总体薄膜应力强度	$S_{Ⅰ}$	S_m
一次局部薄膜应力强度	$S_{Ⅱ}$	$1.5S_m$
一次局部薄膜应力加一次弯曲应力的应力强度	$S_{Ⅲ}$	$1.5S_m$
一次局部薄膜应力加一次弯曲应力以及二次应力的应力强度	$S_{Ⅳ}$	$3S_m$

应力线性化路径的选取应使设备各部分的强度得到全面校核。以管板为例，在管板上定义了五条路径[11]，分别是管板与封头连接处，管板与壳程筒体连接处，管板中心处，布管区管桥上，不布管区中部，如图3所示。表3为各路径的应力强度大小及校核结果，这里需要说明的是，为偏于安全，管板中心处和不布管区中部路径上的应力强度按一次应力校核，即按$S_{Ⅰ}$和$S_{Ⅲ}$校核。该高压加热器管板材料

为20MnMoⅣ，在管程和壳程的平均温度380℃下设计应力强度值161MPa。壳程侧筒身材料为Q345R，在310℃的设计温度下设计应力强度值为122MPa。管程封头材料为13MnNiMoR，在330℃的设计温度下设计应力强度值为211MPa。

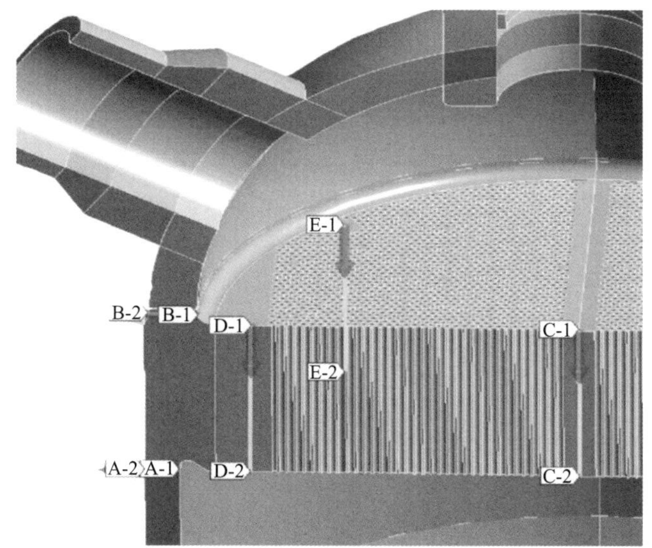

图3　管板路径示意图

A—管板与筒节连接处；B—管板与球形封头连接处；C—管板中心处路径；D—管板非布管区路径；E—管板布管区路径

表3　管板各路径应力强度大小及校核结果

校核位置	应力强度类型	数值/MPa	许用值/MPa	校核结果
管板与筒节连接处(A路径)	$S_{Ⅱ}$	64.82	169.5	满足
	$S_{Ⅳ}$	114.98	339	满足
管板与球形封头连接处(B路径)	$S_{Ⅱ}$	137.29	241.5	满足
	$S_{Ⅳ}$	359.46	483	满足
管板中心处(C路径)	$S_{Ⅰ}$	34.59	161	满足
	$S_{Ⅲ}$	91.09	241.5	满足
管板非布管区(D路径)	$S_{Ⅰ}$	57.17	161	满足
	$S_{Ⅲ}$	97.36	241.5	满足
管板布管区(E路径)	$S_{Ⅱ}$	70.88	241.5	满足
	$S_{Ⅳ}$	107.63	483	满足

2　高压加热器管板优化设计

2.1　优化设计概述

优化分析就是通过改变某一项的值，使求解的目标函数取极值并且满足所有特定条件。ANSYS自带的优化模块可以很有效地处理绝大多数的工程问题。

ANSYS的优化过程分为四个步骤完成。

指定一个优化文件，其中优化文件必须包括一个参数化定义的模型和一个完整的分析过程，即前处理、求解、后处理[12,13]。

定义设计变量（DV），状态变量（SV），目标函数（OBJ）。目标函数是一个要求得极大值或者极小值的项，例如总质量或总体积。设计变量是为满足目标函数而要改变的特征量，即优化过程的自变量，通过改变设计变量使目标函数的值变大或变小，例如厚度。状态变量是设计时必须满足的量，例如最大应力或最大变形的限制。

ANSYS中有两种优化方法，零阶方法与一阶方法。零阶方法即只用到因变量而不用偏导数，是一种快速地逼近待求值的方法，能够满足一般的工程问题。一阶方法是基于目标函数随设计变量变化的变化速率，因此更适用于精度要求很高的场合。

2.2 管板的优化设计

高压加热器的管板是主要部件之一，由于压力较高，管板的厚度较厚，其重量直接影响高压加热器的建造成本。本文将对管板进行优化设计，即将管板厚度设为设计变量（DV），其他尺寸不改变，将管板的质量设为目标函数（OBJ），状态变量（SV）为管板上五条路径上的应力值，优化过程中它们必须满足各类应力强度条件，使用零阶方法进行优化。

对于本文分析的高压加热器，优化后管板厚度为572mm，而原设计的管板厚度为660mm，所以通过优化设计，厚度减小了14.2%。优化前后应力云图分写如图4和图5所示，表4为优化前后管板路径各类应力强度计算结果。

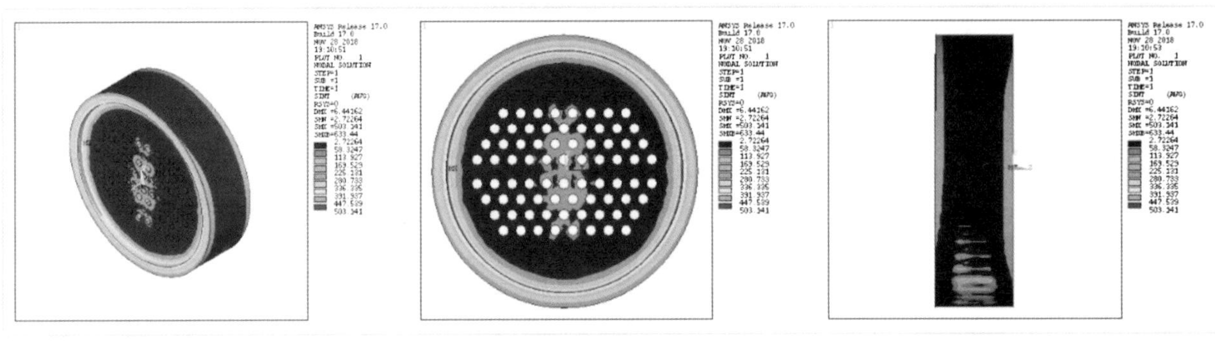

图4 原设计结构应力强度分布云图

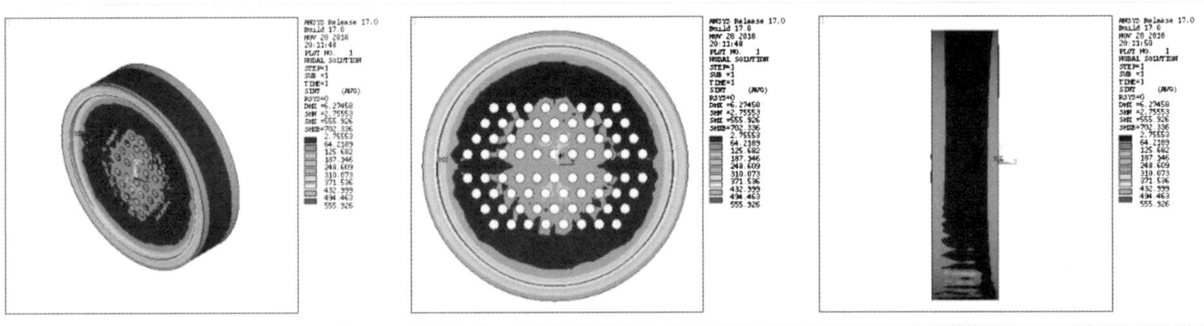

图5 优化后结构应力强度分布云图

表4 优化前后管板路径上各类应力强度计算结果

校核位置	应力强度类型	优化前数值/MPa	优化后数值/MPa	许用值/MPa	校核结果
管板与筒节连接处(A路径)	S_{II}	64.82	94.03	169.5	满足
	S_{IV}	114.98	151.07	339	满足
管板与球形封头连接处(B路径)	S_{II}	137.29	238.65	241.5	满足
	S_{IV}	359.46	440.59	483	满足
管板中心处(C路径)	S_{I}	34.59	46.56	161	满足
	S_{III}	91.09	105.26	241.5	满足
管板非布管区(D路径)	S_{I}	57.17	80.17	161	满足
	S_{III}	97.36	137.26	241.5	满足
管板布管区(E路径)	S_{II}	70.88	88.20	241.5	满足
	S_{IV}	107.63	144.67	483	满足

3 高压加热器参数化优化分析软件开发和使用

本研究所开发的高压加热器参数化优化分析软件，通过VB输入界面输入结构尺寸与材料参数，结合 ANSYS 参数化语言自动建立高压加热器的有限元模型，实现自动应力分析与强度校核。

下面以某高压加热器为例，演示软件使用方法。

(1) 启动软件，打开“高压加热器参数化自动建模程序”界面，输入结构尺寸、材料属性、约束与载荷，如图 6 和图 7 所示。

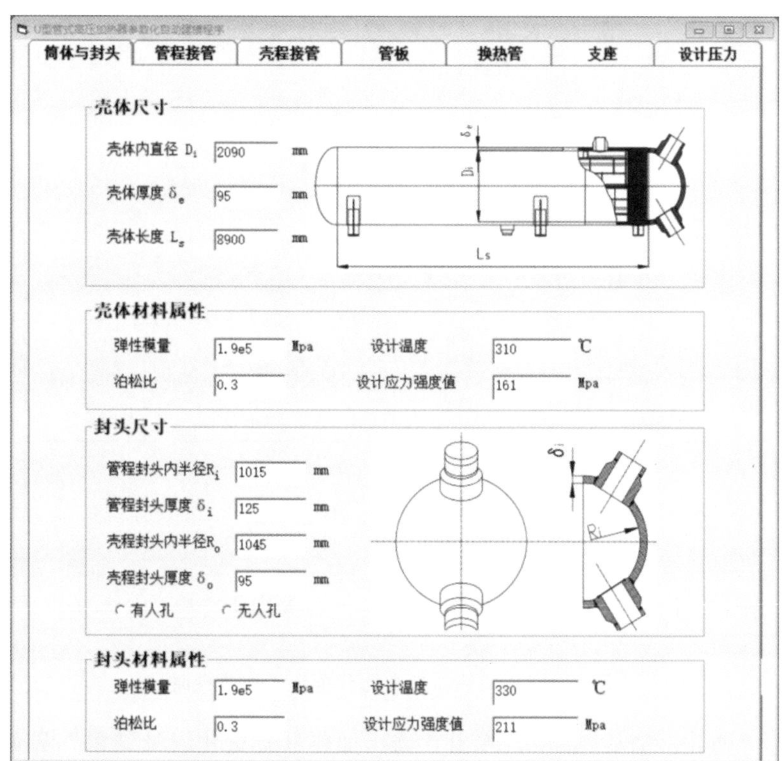

图 6 高压加热器参数化分析软件自动建模界面

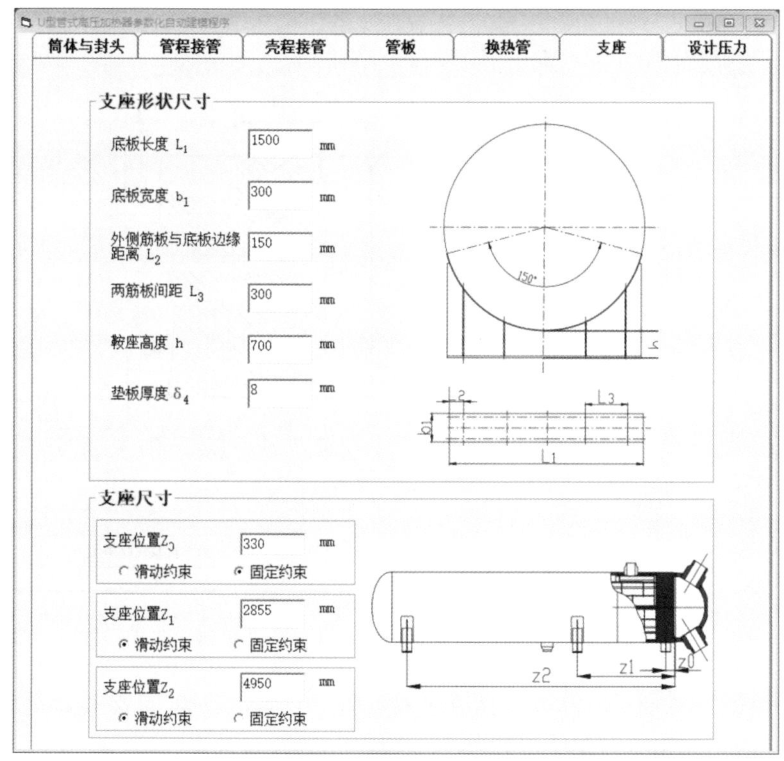

图 7 支座参数输入界面

（2）参数填写完毕后，根据实际需要选择是否选中“优化设计”，在这里，我们仅加管程内压并优化为例计算，见图8。

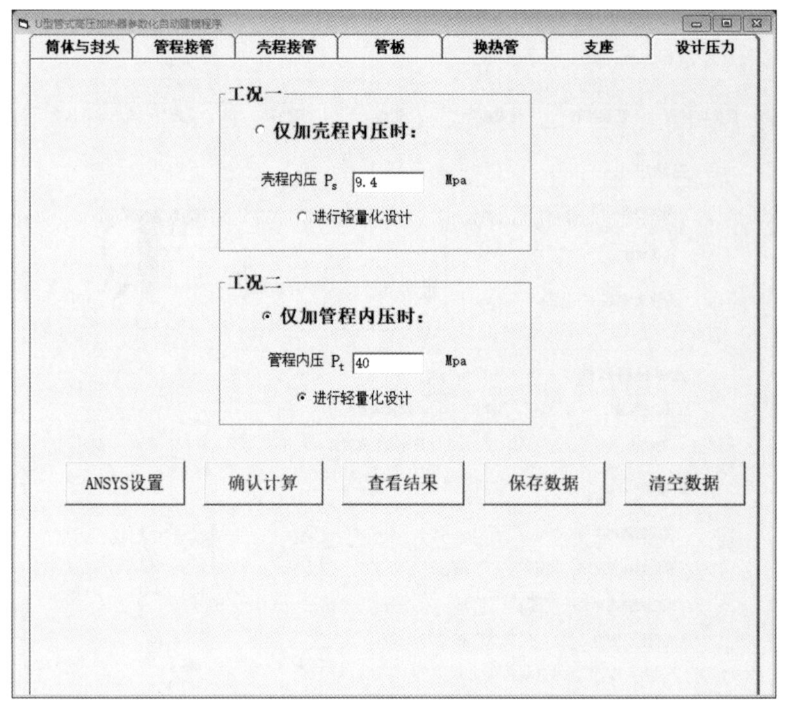

图8 高压加热器参数化分析软件加载界面

（3）计算完毕后，点击“查看结果”，弹出“高压加热器轻量化设计结果”界面，程序自动将优化后的厚度值输出至窗口，用户可以直观地看到优化效果。如图9所示。

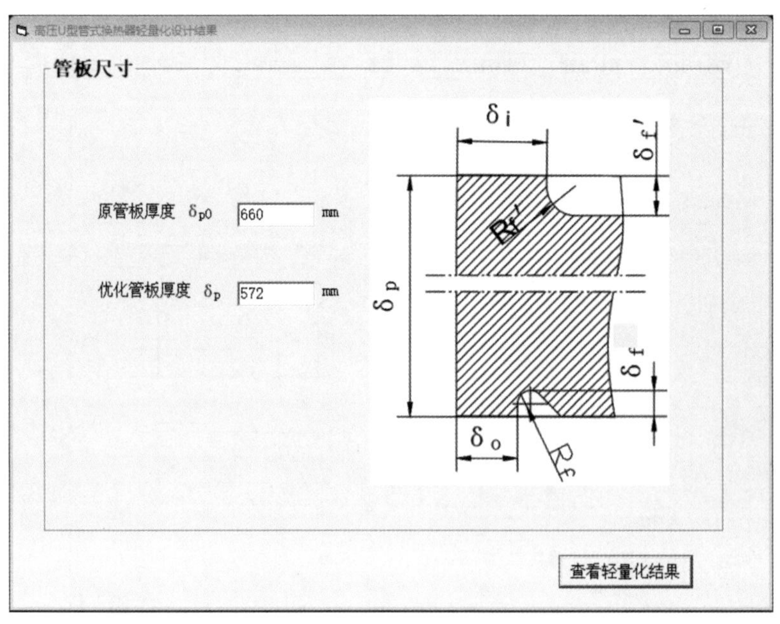

图9 高压加热器参数化分析软件优化结果输出界面

（4）点击“查看轻量化结果”，弹出“总体应力云图”界面，如图10所示。其中左侧为优化前的整体应力分布云图，右侧是优化后的整体应力分布云图。

总体应力云图界面上四个部件按钮分别四个部分的分析结果。以管板为例，点击“管板”按钮，弹出“管板应力云图”界面。

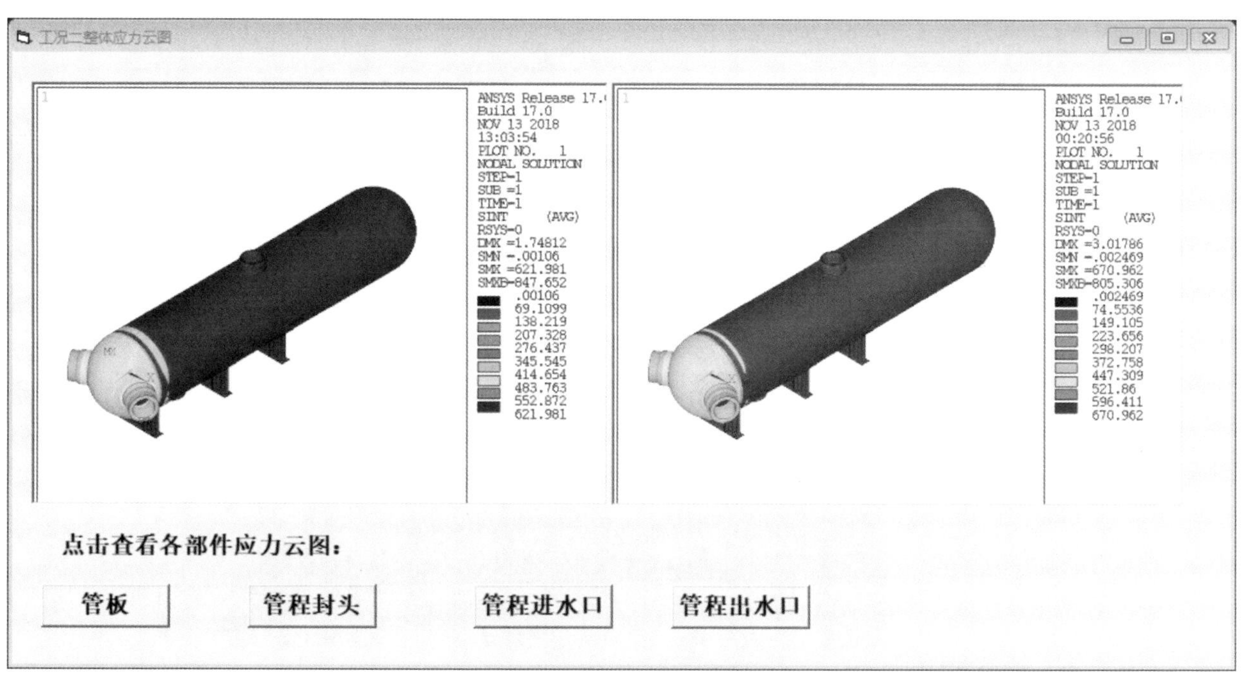

图 10　优化前后结果输出界面

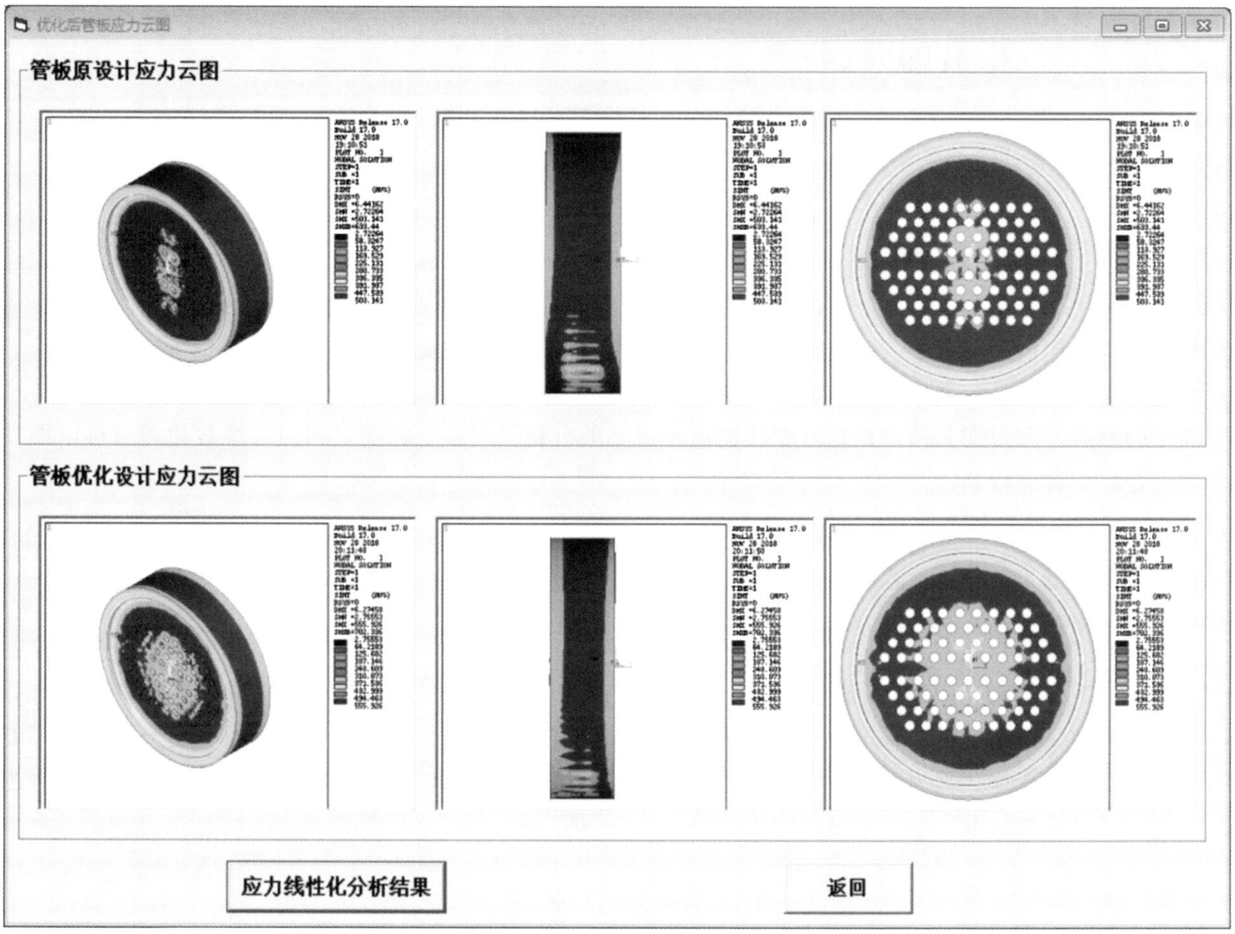

图 11　优化前后管板应力强度分布云图输出界面

图 11 界面由两组图片组成，上方是优化前管板应力强度分布云图，下方是优化后管板应力强度分许云图，点击“应力线性化结果”，弹出“管板路径应力线性化结果界面”，见图 12。

图 12 界面为沿管板与球形封头连接处路径进行应力线性化，并进行应力分类后的应力强度值，将

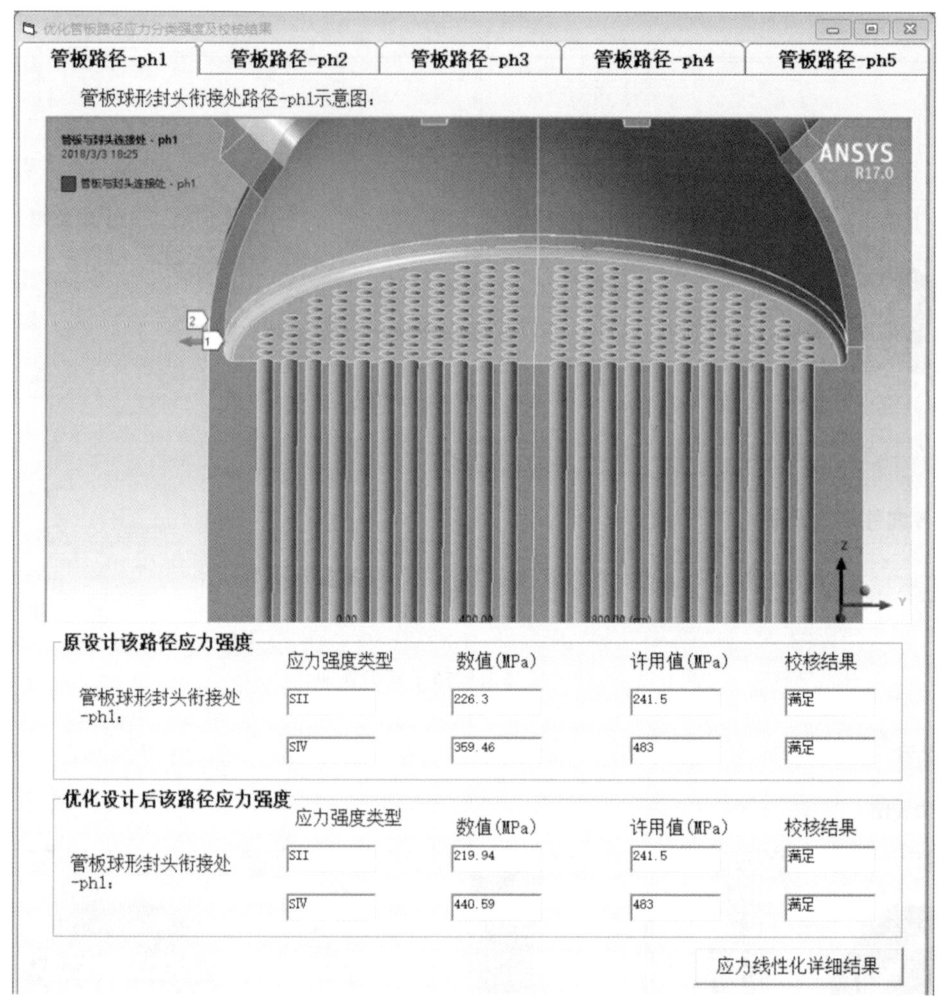

图 12　优化前后管板应力强度值对比界面

其与对应的许用值进行比较，得出“满足”或“不满足”的强度校核结果。

这里应指出的是：使用VB封装仅改变参数的输入方式，调用ANSYS完成结构的参数化建模，对于确定的参数，和根据具体结构尺寸直接建模所得到的分析结果是一样的。当然，参数化建模可以很方便地进行轻量化分析。

4　总结

针对高压加热器重量大、建造成本高以及无法进行常规设计等问题，本文应用VB编程语言和ANSYS有限元程序开发了高压加热器参数化分析软件，实现对高压加热器自动建模、自动进行应力分析和强度校核，减轻了设计人员对高压加热器进行分析设计的难度。同时软件还具有优化分析功能，以本文所分析的高压加热器为例，对管板进行优化分析，结果将660mm的原设计厚度降到了572mm，达到了轻量化设计的目的。

参考文献

[1]　徐庆磊，顾琼彦，简析高压加热器的泄漏失效［J］. 电站辅机，2018（2）：1-5.

[2]　张亚新，石传美，基于ANSYS的压力容器壁厚优化设计［J］. 机械与电子，2009. 46（8）：1-3.

[3]　李晓润，李瑞琴，王明亚，随磊，郝亮亮，曹卫卫，基于ANSYS的水压容器的结构优化设计［J］. 河北农机，

2015 (11): 51-52.
[4] Kumar, B. S., P. Prasanna, J. Sushma, K. P. Srikanth, Stress Analysis And Design Optimization Of A Pressure Vessel Using Ansys Package [J]. Materials Today Proceedings, 2018. 5 (2): 4551-4562.
[5] 张健，徐浩，王卫荣，基于 APDL 的压力容器壁厚优化设计 [J]. 机械工程与自动化，2012 (1): 52-54.
[6] 张祥华，王月亮，刘秀杰，张玉娇，基于 ANSYS Workbench 的压力容器有限元分析及优化设计 [J]. 机械工程师，2016 (5): 4-6.
[7] 朱中文，张自斌，孔田增，基于 ANSYSWorkbench 的容器结构尺寸优化设计 [J]. 甘肃科技，2015. 31 (4): 65-67.
[8] 陈静静，张峥岳，应力线性化原理在推进剂贮箱壳体优化设计中的应用 [J]. 导弹与航天运载技术，2018 (2): 5-6.
[9] 何鸿，压力容器分析设计中应力线性化原理及其计算 [J]. 辽宁化工，2014 (7): 943-944.
[10] 任佳聪，圆柱壳开孔接管处的应力线性化分析 [J]. 化学工程与装备，2017 (2): 12-15.
[11] 孙伟明，石秀真，周文，常波，李剑虹，基于 ANSYS 优化技术的非对称管板的分析与设计 [J]. 浙江工业大学学报，2017. 45 (4): 366-369.
[12] 皮进宝，任重义，基于 ANSYS 的四圆弧齿轮齿廓参数化优化及承载能力验证 [J]. 机械强度，2014 (5): 768-772.
[13] 裘罗浙男，张文辉，林森海，蒋黎红，江洁，基于 ANSYS 的桁架系统参数化设计与目标优化 [J]. 湖北工程学院学报，2016. 36 (3): 81-83.

汽车加气站用储气瓶组的现状与标准对比分析

段志祥　石　坤　陈耀华　段会永　李文波

中国特种设备检测研究院，北京 100029

摘　要： 气体燃料作为重要的清洁能源，在交通领域得到了广泛应用。基于储气量和设备成本的考虑，汽车加气站储气设备在不断适应高压力、大容积、轻量化的发展方向。但是由于我国固定式压力容器和气瓶分属不同的安全技术规范，因此按不同规范设计的储气设备在很多方面存在不同，也带来一些争议。本文针对储气瓶组的现状，剖析储气瓶组在材料、设计、制造、检验检测等各环节存在的问题，并对储气瓶组的前景提出了合理化建议。

关键词： 加气站；储气瓶组；规范；前景

Current Situation and Standards Comparison Analysis of Large Compressed Gas Storage Cylinders of Gas Station

Duan Zhi-xiang, Shi Kun, Chen Yao-hua, Duan Hui-yong, Li Wen-bo

China Special Equipment Inspection Research Institute, Beijing 100029

Abstract: Gases are widely used in the traffic field as a kind of important clean energy. Based on consideration of capacity of storage and equipment cost, gas storage equipment will adapt continually to the orient of high pressure, large volume and light weight. However stationary pressure vessels and cylinders belong to different regulations of safety technology, there are many differences between equipment designed by different regulations, meanwhile brought controversy also. This paper analyzes the problems on material, design, manufacture, inspection of gas storage cylinders and bring forward rationalization proposal for its prospect.

Keywords: Gas station; Gas storage cylinders; Regulation; Prospect

0　前言

我国在上世纪早期就开始了天然气作为汽车燃料的应用，进入 21 世纪以来国家加快了气体燃料的推广，加气站的数量也越来越多。但对加气站内储气设备而言，中国走过了一条不平凡的路，也走出了自己的特色。从小瓶组到小球罐，再到储气井和大型瓶组，储气设备一直在改进和变化。目前，在中国应用最多的加气站储气设备是储气井和大型瓶组。

基金项目：国家重点研发计划（项目编号：2018YFF0215105）。

作者简介：段志祥，1980 年生，男，高级工程师，博士，主要从事承压类特种设备检验与评价研究。

从某种意义上说，大型站用储气瓶组是由长管拖车上的瓶组演变而来，它们在很多方面都别无二致。根据采用的规范不同，目前加气站用的储气瓶组基本分为两类：①压力容器设计的瓶式容器；②按气瓶设计的大型气瓶。

1 储气瓶组的特点

TSG 21—2016《固定式压力容器安全技术监察规程》[1]（以下简称固容规或 TSG 21）中增加了“非焊接瓶式容器”（以下简称瓶式容器）的相关规定，而且附录 A2.1 给出了明确的定义，即采用高强度无缝钢管（公称直径大于 500mm）旋压而成的压力容器。此定义对瓶式容器的管材、制造方法和规格做出了限定。TSG R0006—2014《气瓶安全技术监察规程》[2]（以下简称瓶规或 TSG R0006）对大型气瓶也有明确的规定，一是在容积方面，要求大于 150L；二是在公称工作压力方面，要求不大于 35MPa；三是在材料性能方面也有所限定。但无论是按固容规设计的瓶式容器还是按瓶规设计的大型气瓶，都有一些共同的特点：使用相同的低合金高强钢、旋压制造、瓶口较小、容积不大、常温使用、没有覆盖层以及一般卧式安装在地面上。正是因为这种特点，为储气瓶组的安装、检验、维修、拆装带来了很大的便利，也为提升储气瓶组的监管模式提供了有利条件。此外，目前这类容器一般造价较低，且在收口部位容易产生缺陷。

2 加气站储气设备的发展历程

中国汽车加气站的发展已经有几十年的历史，早期加气站使用的储气设备主要是小型气瓶。在 20 世纪 90 年代初，四川川西南矿区开发了地下储气设备，从此开启了储气井在中国的大规模应用。之后东方锅炉厂制造了体积为 3～4m^3 的小型球罐，在四川南部地区的加气站中得到一些应用。进入 21 世纪以来，随着长管拖车引进中国，中国企业开始陆续制造长管拖车气瓶，并在以后的发展中将一部分大型气瓶应用到汽车加气站中，获得了良好的效果。在汽车加气站储气设备后续的发展中，由于小气瓶组漏点多、小球罐造价高等弊端，这两种储气设备基本退出了中国的汽车加气站市场。

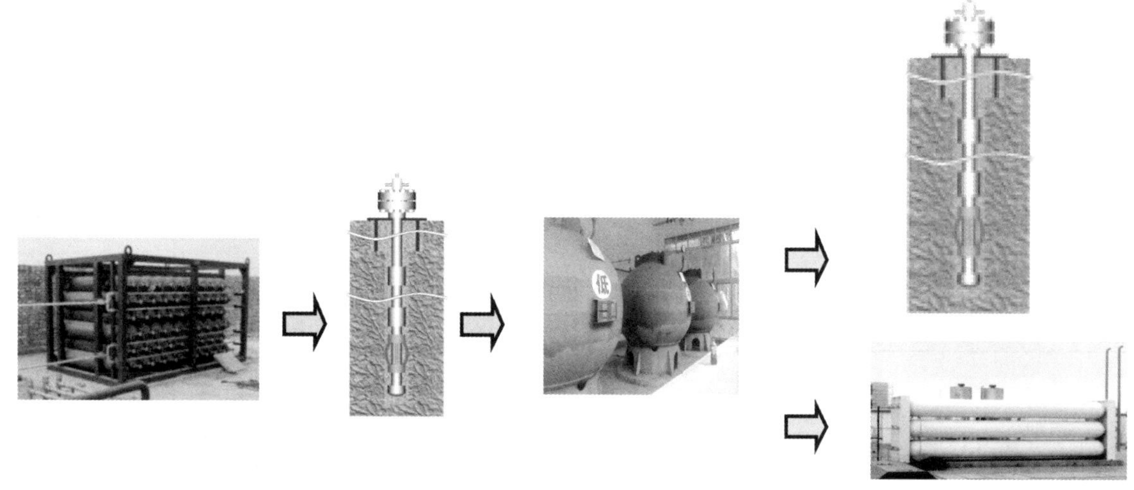

图 1　加气站储气设备发展进程图

3 瓶式容器与大型气瓶的现状

目前，汽车加气站用大型储气瓶主要有 ϕ559mm、ϕ406mm 两种规格，相关的安全技术规范和国家标准有固容规、瓶规、GB 5099—94《钢质无缝气瓶》[3]、GB 19158—2003《站用压缩天然气钢瓶》[4] 和 GB/T 33145—2016《大容积钢质无缝气瓶》[5]。其中，GB 5099 针对中小型移动式钢瓶，公称容积不大于 80L，不适用于瓶式压力容器，而且其瓶体型式也有很大不同，因此本文不将其作为分析对象。虽然 GB 19158 规定只适用于天然气，公称容积不大于 200L，但其材质、瓶体型式与站用瓶组没什么区别，其产品特征与气瓶更相近，所以暂纳入瓶规系列；此外，虽然 GB/T 33145 规定只适用于移动式钢瓶，但其产品在很多方面与站用瓶几乎都一样。根据以上情况结合第 1 节分析，可以做出初步判断：我国目前还没有完全符合汽车加气站用大型储气瓶的规范和标准（本文不涉及企业标准，但设计规则都一样）。但实际情况是，有些企业确实按固定式压力容器或气瓶设计制造了站用大型储气瓶，并在推广使用。而且，以上标准的有关规定又与在用大型储气瓶有极大的相似度，因此有必要针对这几项规范和标准做一对比分析，以发现其中隐含的问题。为了便于分析，本文将站用大型储气瓶分为瓶式容器和大型气瓶。

3.1 对比分析

为了进一步了解瓶式容器和大型气瓶的特点，以下在界定范围、材料、设计三方面做一对比分析。

表 1 瓶式容器与大容积气瓶的界定范围对比

	瓶式容器	大容积气瓶
规范	固容规	瓶规
介质	气体、液化气体及最高工作温度高于或者等于标准沸点的液体	气体、液化气体和标准沸点等于或者低于 60℃液体
容积	≥30L	≥150L
公称直径	≥500mm	/
压力	≥0.1MPa	瓶规：0.2～35MPa GB 19158：25MPa GB/T 33145：10～30MPa
温度	≥标准沸点（液体）	－40～60℃（环境），标准沸点≤60℃（液体）
附件	如果有，包括部分接管、管法兰、紧固件；安全附件；仪表	如果有，包括瓶阀、ESD、SRD、限充及限流装置、瓶帽
检验周期	3～6 年	3 年

从表 1 可以看出：在容积、压力、检验周期方面，瓶式容器明显适用范围更广，具有一些优势。尤其对于现行标准来说，GB 19158 只确定了一个压力值 25MPa，而 GB/T 33145 规定的压力上限只有 30MPa。其次，在介质和温度方面则各有不同，但对于压缩气体这一类特定介质来说，二者差别不大。

表 2 瓶式容器与大容积气瓶的材料对比

	瓶式容器	大容积气瓶
化学成分	TSG 21：盛装 CH_4/H_2，S≤0.008%；P≤0.015%；C≤0.35% 盛装其他气体：S≤0.010%；P≤0.020%	GB 19158：S≤0.020%、P≤0.020%，S+P≤0.030%；C：0.26～0.34% GB/T 33145：S≤0.010%、P≤0.020%，S+P≤0.025%；C：0.25～0.35%
抗拉强度	TSG 21&TSG R0006：盛装 CH_4/H_2，R_m≤880MPa；盛装其他气体，≤1060MPa	
屈强比	TSG 21&TSG R0006：盛装 CH_4/H_2，≤0.86；盛装其他气体，≤0.9	
韧性和塑性	TSG 21：盛装 CH_4/H_2，A≥20%；KV_2≥47J；LE≥0.53 盛装其他气体，A≥16%；KV_2≥47J；LE≥0.53	TSG R0006：盛装 CH_4/H_2，A_{50m}≥20%； 盛装其他气体，A_{50m}≥16%
热处理	调质（回火索氏体）	
实际使用钢系	Cr-Mo	

从表 2 可以看出：①在化学元素有害成分硫磷含量方面，二者差别不是十分明显，而对于盛装天然气或氢气的设备而言，瓶式容器比大容积气瓶的要求略严；②瓶式容器与大容积钢质无缝气瓶对碳含量的要求更接近；③在抗拉强度、屈强比以及热处理要求方面，二者一致；④在韧性和塑性方面，瓶式容器的要求更为严格一些，增加了的冲击吸收能量和侧膨胀值指标。综合来看，无论采用何种规范和标准，二者使用的都是 Cr-Mo 系中碳低合金钢，并通过热处理的方式获得足够强度。因此，二者在材料方面差别不大。

表 3 瓶式容器与大容积气瓶的设计对比

	瓶式容器	大容积气瓶
设计压力	HG/T 20580—2011《压力容器设计》[6]（以下简称 HG/T 20580）：$P_d=1.05\sim1.1P_w$	TSG R0006：$P_d=P_t=1.5P_w$（公称） GB 19158：≥P_{max}@T_d GB/T 33145：没有明确

续表

	瓶式容器	大容积气瓶
计算厚度	GB 150.3—2011《压力容器 第3部分：设计》[7]：$\delta=\dfrac{p_c D_o}{2[\sigma]^t\phi+p_c}$	GB 19158：$S=\dfrac{P_d D_o}{\frac{2}{3}\sigma_b+P_d}$（此项属于容器设计范畴） GB/T 33145：$t=\dfrac{D_o}{2}\left(1-\sqrt{\dfrac{[\sigma]-1.3P_h}{[\sigma]+0.4P_h}}\right)$
腐蚀裕量	一般考虑	只有储存腐蚀性气体时考虑
设计寿命	HG/T 20580：10～30年	TSG R0006：12～30年
验证	强度校核、耐压试验	设计文件鉴定及型式试验
耐压试验压力系数	1.25	TSG R0006：1.5 GB 19158：1.5 GB/T 33145：5/3
容积残余变形率	无要求	GB 19158：≤3% GB/T 33145：≤5%

示例：若介质为天然气，工作压力 P_w=25MPa，设计压力 P_d=1.1P_w，气瓶水压试验压力 P_h=(5/3) P_w，材质为4130X，R_m=855MPa，R_{eL}=550MPa，D_o=559mm。按上述不同计算公式得出的计算厚度分别为：23.26mm（GB 150.3）、25.73mm（GB 19158）、21.44mm（GB/T 33145）。如果瓶式容器按分析设计，则计算厚度=20.77mm。此外，瓶式容器一般要考虑腐蚀裕量，因此无论按规则设计还是分析设计，瓶式容器的壁厚都要大于按气瓶设计的壁厚，这在实际应用中也证明了这一点。

从表3可以看出：①瓶式容器和大型气瓶的设计寿命差别不大；②按气瓶设计的设计压力比较高，但计算厚度较小；GB 150.3与GB 19158的计算公式除安全系数有差异外，公式规则都一样；瓶式容器主要依据第三强度理论，大型气瓶主要依据第二强度理论，因此在计算厚度上有明显不同；③相比气瓶来说，瓶式容器一般会增加腐蚀裕量，所以使得瓶式容器的厚度更大；④作为验证设计的手段，气瓶一般采用设计文件鉴定和型式试验，因此更严格更复杂；⑤在耐压试验方面，气瓶的压力系数明显高于瓶式容器，而且往往还要同时测量容积的残余变形率。

3.2 存在问题与对策

经过以上的对比分析，得出站用储气瓶组存在的一些问题。

3.2.1 存在的问题

① 由于规范和理念的不统一，有些登记机关将按气瓶设计的储气瓶组当作固定式压力容器进行注册登记，这种尴尬局面往往让检验机构无所适从。

② 我国的压力容器按安全技术规范分为四类：固定式压力容器、移动式压力容器、气瓶和氧舱，四个规范已经对四类设备的适用范围做了明确的限定，但有的企业对于作为固定使用的大型储气瓶（尤其是公称直径大于500mm以上的）依旧采用气瓶规范设计。

③ 使用工况、材料、规格、制造方法基本相同，而且瓶体型式也完全一样，仅是因为采用不同规范而出现不同的设计压力、壁厚、耐压试验压力和技术要求，而且都能满足使用要求，但哪种方法既安全、可靠又经济、实用，不得而知。

④ 从3.1的对比分析也不难发现，采用固容规设计的大型储气瓶的使用范围更宽，而且工作压力没有上限，但规范为什么限定公称直径必须超过500mm，也是不得而知。这使得加氢站公称直径为406mm的大型储气瓶不能依据TSG 21进行设计。

⑤ 按气瓶设计的大型储气瓶壁厚较薄，但却要求水压试验压力更大。此外，是否需要进行外侧法水压试验，并测量容积的残余变形率，也不得而知。

⑥ 对于储存甲烷、氢气或天然气，使用的是完全一样的材料，按瓶式容器设计要求材料的纯净度更高。

⑦ 站用瓶组通常都连成一个系统而非单独使用，管路系统中还有安全保护装置，因此采用气瓶设计时是否有必要考虑温升压力。

3.2.2 对策

针对以上问题，为了使站用大型储气瓶的设计、使用、检验更加科学合理，综合固定式压力容器和气瓶的有利因素，提出以下一些建议。

① 对固容规和瓶规进一步协调，应明确规定作为固定使用的站用储气瓶组要按照固容规设计制造，将此类设备转化为瓶式容器，同时放宽公称直径的下限。

② 为了提升对于天然气、氢气、甲烷等有致脆性、应力腐蚀倾向气体的适用性和相容性，应该严格控制 S、P 等有害元素含量，以进一步提高纯度。

③ 对于站用大型储气瓶的设计应重新制定规则，明确在什么情况下可以按 GB 150 设计，并适当减少腐蚀裕量；在什么情况下可以不用考虑“温升压力”，从而降低其设计压力和试验压力，并选择第二强度理论，采用巴赫公式计算，使产品进一步轻量化[8]。

④ 水压试验系数建议按固容规选取。并研究制定压力和压力循环次数阈值，只有超过限定时，才要求进行容积的残余变形率检测。

⑤ 针对瓶式容器的特殊性，应研究和提升瓶组的内检测能力和全瓶体检测能力，并对于超标缺陷可以进行合于使用评价。

3.3 检验依据

为了满足站用储气瓶组定期检验的迫切需要，中国特检院编制了两项企业标准，并于 2018 年 6 月通过了全国气瓶标准化技术委员会的评审和备案。一项标准是《站用储气瓶组定期检验与评定》（Q/CSEI 06—2018）[9]，其将容积扩大至 4200L；另一项是《站用储氢气瓶定期检验与评定》（Q/CSEI 07—2018）[10]，其将最高公称工作压力扩大至 45MPa。这两项企业标准对于开展天然气和氢气储气瓶组的检验检测提供了有效的依据。

4 储气瓶组的前景

对于目前大量使用的储气瓶组而言，基本都是“Ⅰ型”全金属单层结构，使用温度在常温范围内，容积不大，而且没有覆盖层，并安装在地面上。基于这些特征，对于实现储气瓶组的物联网智能检验提供了非常便利的条件。进一步提升储存能力的同时实现轻量化，纤维缠绕大气瓶的研发和应用将越来越多。为了进一步节省空间，提高瓶组的安全性，向地下发展，研发金属-水泥复合结构的站用瓶组也是个很好的方向。

4.1 物联网智能检验

为了提升加气站的整体安全保障能力，应该从单一风险向系统风险和关联风险过渡，将单一设备向一套装置整合，将静设备、动设备和仪器仪表关联起来，实现整个加气站完整性管理。同时，改变检验模式，由定期模式向“无定期”模式转变，这样更能获取设备和系统的实时动态信息，更有利于评估安全状况。做好这一步，就可以实现设备的短周期管理向长周期或无周期管理模式发展，而能实现这一目标的方式就是采用物联网智能检验。首先，开展工艺的 HAZOP 分析；再对静设备进行 RBI 评估，对压缩机开展 RCM 分析，对安全附件及仪表进行 SIL 评价；然后基于以上分析和评价得出设备和系统的失效模式，安装有针对性的传感器；最后构建小型物联网，通过大数据的获取和分析，开展实时动态安全评估和预警响应，最终实现智能化检验。

此外，为了做好对“静、动、仪”的风险评估，还应研究产品的质量分级，从源头上确定风险程度，将有利于精确把握产品服役过程中的风险与控制。同时，还要根据设备、附件、仪器仪表的不同特点，实施“非等寿命”维护保养，做到科学有效的管理。

4.2 高参数轻量化

随着环保要求的不断提高和清洁能源产业的不断发展，氢气将很快成为重要的和主要的车用燃气。与天然气不同，氢气属于单一组分的高纯气体，而且车用工作原理也不同，一般都要求高压甚至超高压储存，这就要求储气设备具有很高的承载能力。但为了节省材料，提升容重比，国内已经开发出近超高压储存的纤维缠绕储气瓶组，并在加氢站得到了示范应用。随着我国纤维缠绕容器技术的不断提高，这类产品将是重要的发展方向。

4.3 向地下发展

我国加气站众多，但布局各有不同，有的加气站为了节省空间和提升安全保障能力使用了地下压力容器，如储气井。对于瓶组而言，也可将其置于地下，既可以采用水泥加固直埋的方式，也可以采用水泥环加固非直埋的方式，还可以采用非加固非直埋的方式。据了解，水泥环加固的结构在国外已有应用。但无论哪种方式都可以起到节省空间、提升压力、轻量化、降低失效后果、利于排污等作用。

5 结语

① 到目前为止，针对汽车加气站用压缩气体储气瓶组，我国还一直没有出台完全适用的国家标准，这给产业的发展和应用带来了一些问题。无论是固定式压力容器还是气瓶，都属于压力容器的范畴，都有其本质共性。尤其对于批量化生产的站用瓶组，而且当材质、结构、规格、型式、工况、使用环境等诸多因素都一致时，更应统一一套管理规定，以避免不必要的争议。应对站用大型储气瓶进行优化设计，摒弃非此即彼的理念，综合固定式压力容器和气瓶的优势元素，使站用大型储气瓶既安全、可靠又经济、实用。

② 轻量化不仅仅是使用条件更加复杂、更加苛刻的移动式钢瓶的发展方向，固定式使用的站用大型储气瓶同样应实现轻量化。

③ 应根据加气站的空间、气质、使用等特点，创新储气设备的设计，深入研究复合材料或复合结构的储气设备。同时，结合加气站内“静、动、仪”三类产品的失效模式和关联影响，推广物联网应用，最终实现智能化管理。

参考文献

[1] TSG 21—2016.
[2] TSG R0006—2014.
[3] GB 5099—94.
[4] GB 19158—2003.
[5] GB/T 33145—2016.
[6] HG/T 20580—2011.
[7] GB 150.3—2011.
[8] 吴粤桑 . 长管拖车气瓶设计制造中的几个问题［C］. 特种设备安全国际论坛，2005.
[9] Q/CSEI 06—2018.
[10] Q/CSEI 07—2018.

过程工业成套装置服役过程风险控制方法对比及优化

康昊源　曹逻炜　谢国山

中国特种设备检测研究院，北京 100029

摘　要： 本文介绍了基于风险的检验、完整性操作窗口和腐蚀控制文档等三种过程装备风险控制方法，分析了每种方法的技术特点和优缺点，并对其进行对比及优化分析。针对当前设备风险评估技术在风险控制方面存在的不足，本文基于技术融合理念将三种技术有机结合，取长补短，形成一种成套装置服役过程风险控制技术新方法。该方法可减少风险控制过程中的重复工作内容，提高设备风险控制的水平，更好地实现成套装置或设备的风险管理和风险控制。

关键词： 基于风险的检验；完整性操作窗口；腐蚀控制文档；风险评估

Comparison and optimization of risk control methods for service process of complete sets from both domestic and overseas

Kang Hao-yuan, Cao Luo-wei, Xie Guo-shan

China Special Equipment Inspection and Research Institute, Beijing 100029

Abstract: This paper introduces three risk control methods of process equipment, including risk-based inspection (RBI) , integrity operation window (IOW) and corrosion control document (CCD) . The advantages、disadvantages and technical characteristics of each method are compared and analyzed. In view of the deficiency of current equipment risk assessment technology in risk control, the three methods based on the concept of technology fusion are combined in this paper to form a new method of risk control in the service process of complete sets of equipment. Using new method, the repetitive work in risk control process is reduced, the level of equipment risk control is improved, and at the same time the risk management and risk control of complete sets of equipment or equipment can be better realized.

Keywords: Risk-based Inspection; Integrity Operating Windows; Corrosion Control Documents; Risk assessment

0　引言

随着我国过程工业技术不断进步，炼油、化工、煤化工等过程工业成套装置相关承压设备朝着大型化、高参数化、介质苛刻化和结构复杂化等方向发展，使得承压设备往往面临苛刻腐蚀、环境开裂风险

基金项目：国家重点研发计划（项目编号：2016YFC0801903）。

作者简介：康昊源，1991 年生，男，助理工程师，硕士，主要从事特种设备风险控制技术研究。

或材质劣化问题，导致部分设备和管线的风险居高不下，一旦发生失效，往往会产生巨大的经济损失或严重事故后果。

过去五十多年，国内外发展了多种成套装置服役过程的风险控制方法，包括基于风险的检验(RBI)、完整性操作窗口（IOW）、腐蚀控制文档（CCD）等[1-4]。这些方法在技术方法、实施时间和操作难易程度方面均有所不同，本文通过对比当前国内外各种成套装置服役过程风险控制方法，明确其优缺点，结合工程现场实践经验，通过优化设计，找出了一种更适合于过程工业成套装置服役过程风险控制的综合技术方法。

1 成套装置服役过程风险控制方法介绍

1.1 基于风险的检验（RBI）

RBI 技术通过对生产装置中每个设备单元固有的或潜在的失效模式引起的危险及其后果，进行定性或定量的分析评估来量化风险的大小，寻找主要设备的薄弱环节并确定装置中各台设备的风险等级，重点关注风险水平较高的设备单元，对不同风险等级的设备采取不同的有针对性的检验方法[1]。大量数据统计结果显示：约 20%的设备承担了约 90%的风险。通过 RBI 评估可将设备根据其风险水平进行排序，确定高风险设备并针对其损伤机理给出有针对性的检验策略。设备单元的风险水平可以通过风险矩阵来表示，如图 1 所示。

RBI 分析的基本工作流程如图 2 所示。

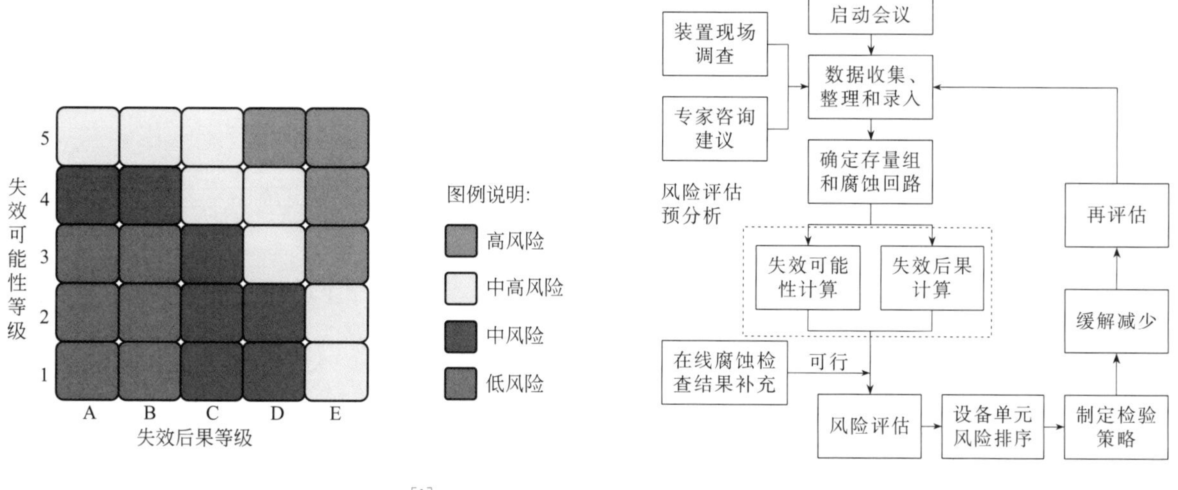

图 1 设备单元的风险矩阵[1]

图 2 RBI 分析工作流程

1.2 完整性操作窗口（IOW）

IOW 技术通过预先设定工艺参数操作边界值、临界水平值，力求将工艺过程的关键参数严格限制在这些设定的区域范围内，通过不同的监检测措施，在超过临界水平值时给出警报提醒，提示工艺操作超标，通过采取相应的措施起到预防设备加速劣化或发生破裂泄漏失效造成装置非计划停车事故的作用[2]。根据 API584—2014，IOW 的临界值被分为三个部分，分别目标值、标准值和临界值，如图 3 所示。

IOW 控制参数一般包括物理参数（如温度、压力、流速、缓蚀剂剂量等）和化学参数（包括 pH 值、硫含量、原料中的盐含量等）。建立 IOW 的推荐工作流程图见图 4。

应用 IOW 技术的优势如下[3]。

① 可以建立新的工艺操作规程，提高压力容器的完整性及运行可靠性。

② 监测工艺运行的参数边界，提高工艺生产的安全及产品的质量水平。

③ 通过IOW的运行历史，持续提高工艺运行水平。

④ 为工艺变更、管理变更等提供有力的技术支持。

⑤ 可以持续的培训操作人员和生产管理人员。

IOW是确定可量化、可控因素及其控制边界，并配以相应的在线或离线监检测监控手段而成的一个系统，风险可以通过工厂管理人员或操作人员管理，工艺过程可以通过应用IOW实现风险调控作用。

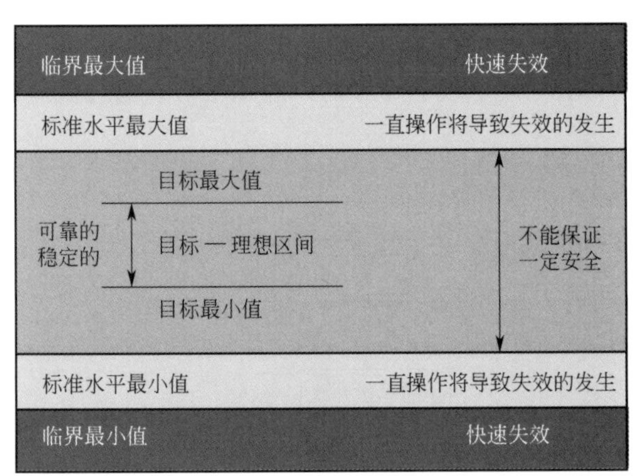

图3　IOW的三层临界值[2]

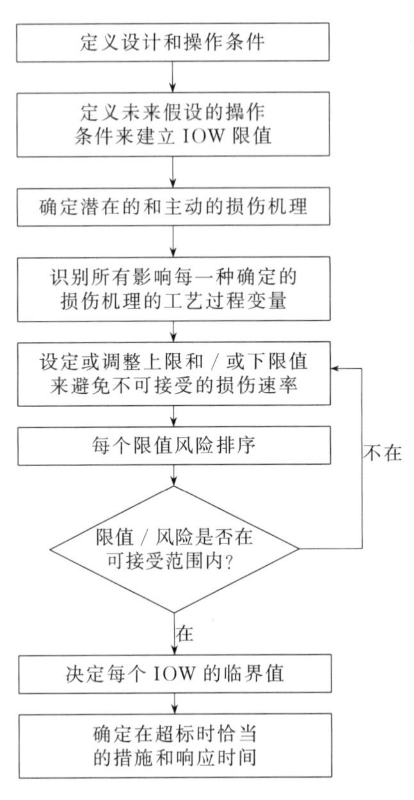

图4　建立IOW的工作流程图[2]

1.3　腐蚀控制文档（CCD）

CCD是包含了工厂特定操作单元中的材料损伤敏感性信息的文件[4]。通过使用CCD可以识别设备和管道损伤机理敏感性及其影响因素，了解减少设备损坏造成介质损失和减少非计划停机风险的措施。CCD工作过程是一个文档动态建立过程。它可以被任何与工艺/资产完整性管理有关的人员使用。它包含或提供关键的工艺信息参数、单元的详细损伤机理、原始建造材料信息、检验历史、经验教训以及相关的工艺变化/蠕变的信息。

CCD是一个对腐蚀进行细化管理的规程，它可以成为一个独立的腐蚀管理体系，包括可量化因素、不可量化因素以及所有的腐蚀记录等，也可以作为企业腐蚀管理的实用操作手册[4]。CCD包含装置总体的腐蚀控制信息和每台设备相对独立的CCD文件信息。CCD编制流程如图5，它通常包含以下内容[4]：

① 装置工艺信息以及流程信息；

② 每台设备的基础信息；

③ 工艺流程图、腐蚀回路等；

④ 可能存在的腐蚀机理；

⑤ 腐蚀控制措施，如注剂、腐蚀监测点等；

⑥ 开车、停车过程产生的可能引起腐蚀的信息。

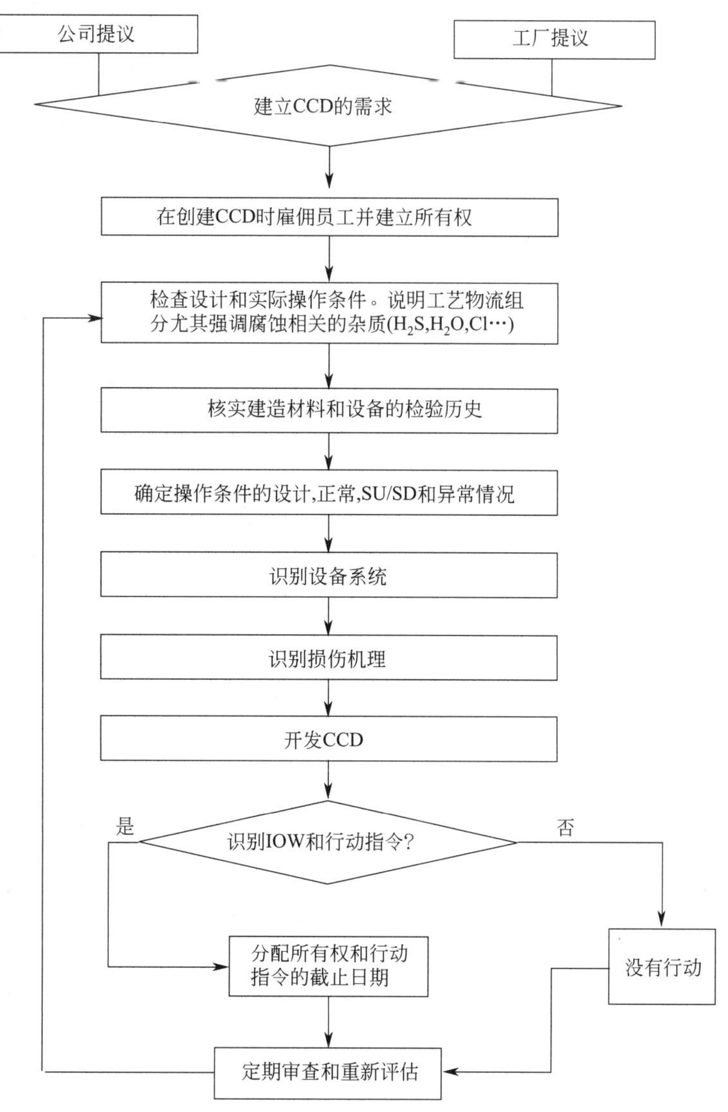

图 5　CCD 开发、回顾和更新的工作流程图[4]

2　IOW、RBI 和 CCD 的相互关系

2.1　应用 IOW 显著提高 RBI 评估水平

近年来，RBI 的应用得到了全面的推广，随着设备的使用年限增长，设备的风险逐渐超过了可接受水平，因此需要检验确认当前的设备状况，RBI 将主要的检验资源应用到大多数高风险设备上，为提高设备完整性管理做出了重要贡献。

RBI 根据一段时间范围内的工艺情况、设备历史信息等给出针对设备剩余使用寿命的推荐检验策略。对于长期运行的设备，工艺波动时有发生，由此导致的设备风险变化未必能通过 RBI 评估得到反馈。IOW 技术通过常规取样检测和对关键参数的系统实时监控[2]，在反应时间、监测范围和损伤监控精度上相对 RBI 技术都有了较大的提高。针对每天的工艺波动，一旦某些变动影响到关键参数，进而引发损伤的发展，就能在下一次检验被发现前得到及时处理，赢得设备风险控制的时间。

结合 IOW 数据进行 RBI 评估，可以改变以往离线 RBI 不能有效跟进装置实时状况的被动情况，基于 IOW 技术的 RBI 检验计划是动态的，且同时考虑了操作条件的变化、工艺波动和当前设备状况的信息，使得检验策略的制定更加的具有实时性和科学性，并可尽早发现由于工艺变化导致的设备风险上升情况[5]。

RBI 和 IOW 之间是相互依赖和相互支撑的。IOW 对关键变量的实时监检测可以为 RBI 评估设备风险水平提供有效的数据支撑。同时 RBI 根据已有的设备状态信息，预评估出设备的风险大小，企业在可接受的设备风险水平范围内可以调整影响设备损伤的关键参数范围[6]。

应用 IOW 可以从以下几点提高现有的 RBI 项目的评估水平：

① 允许检验计划和策略更加准确的执行和管理；

② 有效地阻止了新的潜在损伤机理出现；

③ 允许尝试替代新的原料；

④ 减少开机和非计划停机次数。

2.2 CCD 可以作为实施 RBI、 IOW 的前期数据库

CCD 是一套包含腐蚀控制基本信息和操作指导的文件档案，可以称为企业腐蚀控制管理的一部“字典”[7]。实际工作中，CCD 和 RBI 的工作可以结合在一起进行，因为两者高度集成的工作在资源和时间上完全重叠。CCD 可以作为 RBI 和 IOW 的支持性文档。RBI 和 IOW 的应用可以起到优化 CCD 中的腐蚀控制程序文件。将 RBI、IOW 和 CCD 独立出来是为了将 RBI 和 IOW 交给相对专业的人员来实施，而工厂的操作人员可以只按照 CCD 中的腐蚀控制程序的文件来开展实际的防腐蚀工作，但设备的损伤并不仅仅是腐蚀，所以 CCD 技术只能覆盖一部分设备风险控制的内容。

RBI 以 CCD 为基础进行风险水平计算，将设备风险量化后进行排序，从而对设备风险进行管理。通过 RBI 给出的检验策略得到的腐蚀控制措施，又可以反馈给 CCD 进行修正更新。因此，RBI 可以说是进一步优化腐蚀控制文件的工具。

3 新型成套装置服役过程风险控制方法

RBI 利用 CCD 建立的数据作为基础，对每台设备单元逐一进行风险评估计算，并将计算得到的设备单元失效可能性和失效后果经过量化排序，科学合理地制定最为经济有效的检验策略。

对于已经建立的 CCD 和 IOW，应用 RBI 可以确定相应的设备风险大小；反之，先应用 RBI 确定风险也加快帮助 IOW 边界值的确定和完善 CCD 中的腐蚀控制信息。CCD 中描述的腐蚀问题可以提供给 RBI 和 IOW，进行更好的风险评估以及腐蚀边界的调控工作。因此，RBI，IOW 和 CCD 被认为是三者相互支持补充的过程。

目前，依赖单一技术进行过程设备的风险控制在实践过程中存在诸多弊端：传统 RBI 检验在一个操作周期后才能发现设备风险水平变化，并给出相应风险控制策略，风险控制的响应不够及时；IOW 只考虑了损伤对于设备失效的影响，而忽略了超标缺陷、结构复杂性等因素对设备风险的影响；CCD 主要是定性或半定量的腐蚀控制描述，只是对设备腐蚀问题进行了总结，没有评估设备腐蚀程度。为了解决以上问题并充分发挥 RBI、IOW 和 CCD 各自的优势，进一步提高成套装置服役过程风险控制的水平，我们合并了三种技术重复工作的内容，通过技术融合方法，提出了一种新型的成套装置服役过程风险控制技术方法，其实施流程如图 6 所示。

3.1 数据的收集和整理

一个完善的成套装置服役过程风险控制技术方法需要不同领域的人员共同完成，本方法应注意收集采纳现场操作人员对现场情况提供的情况反馈。在确定采用本方法之后，需要召开启动会议，在会议上确定参与项目的人员以及各自在项目中承担的责任。整个流程中很重要的一个基础步骤就是数据的收集和整理，一般由设备的历史信息资料、现场调查以及 SME 的建议组成，通常包括以下内容：

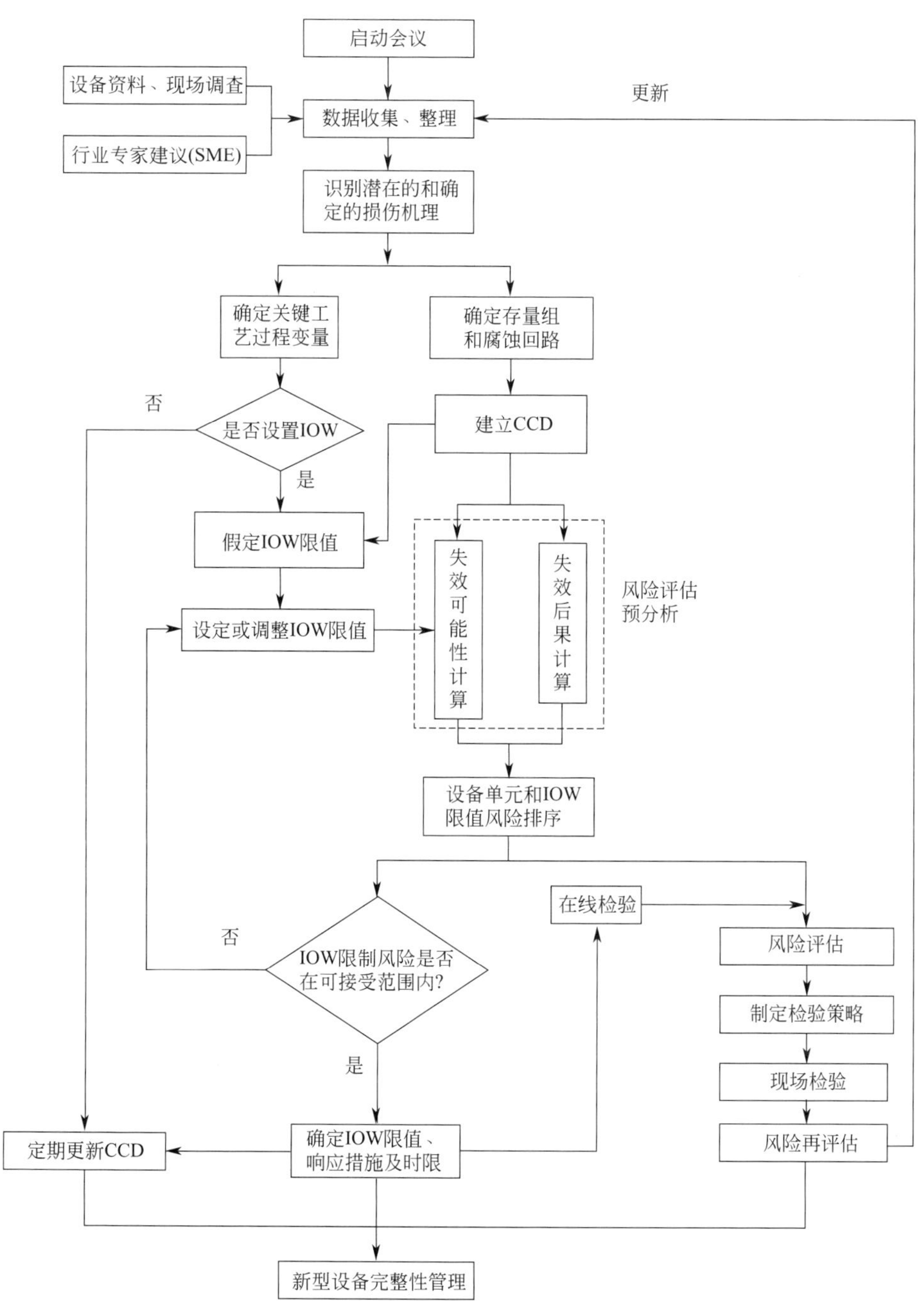

图 6　新方法流程图

① 装置工艺信息；

② 设备的设计图纸、检验维护历史信息等；

③ 投料来源、产量和组分，包括中间产物；

④ 过程化学治理方法（加注缓蚀剂、水、碱等）；

⑤ 已知腐蚀性介质浓度以及是否存在液态水含量的数据；

⑥ 装置单元和/或其他类似单元的故障分析、适用性评价和经验报告；

⑦ 装置单元的管理变更（MOC）记录等。

在基础数据被详尽收集后，材料腐蚀专家可以参考 GB/T 30579—2014《承压设备损伤模式识别》确定工艺过程中的潜在和确定的损伤机理。潜在的损伤机理指工艺过程中含有的杂质以及腐蚀性物质在达到某种条件下会发生的导致设备劣化失效的损伤机理，确定的损伤机理指设备在现有操作条件下一定会发生的损伤机理（如在潮湿的环境中设备外壁发生的外部腐蚀）。

3.2 有机结合三种风险控制方法

3.2.1 应用 CCD 和 RBI 的情况

确定不同设备的损伤机理后，需要划分装置工艺过程中的存量组以及腐蚀回路。划分为一个存量组原则是找到装置或设备系统的实际工艺操作流程的快速隔离阀（或其他快速隔离装置）。根据 CCD 文件中的腐蚀流程图，将物料、材质、操作参数都相同的相连设备划为一个腐蚀回路。

建立 CCD 的过程是将之前所有的与腐蚀相关的信息制作成一个详细的腐蚀控制文档，在掌握装置单元的全部基本信息之后，可以进行 RBI 风险评估预分析过程，其中包括设备失效可能性的计算和失效后果的计算。

在得到设备单元的风险水平之后，对风险水平较高且检验员认为有必要确定的设备可以实施在线检验检测，补充风险评估计算所需的数据，然后重新进行风险评估以确定设备单元的风险水平。不同风险水平的设备单元具有不同的失效可能性和失效后果，根据可接受的风险水平制定有针对性的检验策略。在现场根据制定的检验策略实施检验检测之后，根据得到的检验检测结果，更新 RBI 评估数据库，进行风险再评估，确定检验后的设备单元的风险水平。

3.2.2 应用 IOW 的情况

理清设备的损伤机理后，需要确定每一个激活相关损伤机理的关键工艺过程变量。在许多情况下，一种损伤是由多个不同的参数（有些是相互依赖的操作参数）共同控制的，如受温度、硫含量和合金材料共同影响的高温硫化腐蚀速率；也可能有多种参数，产品/反应物或其他测量值是影响单个损伤机理的指标，如脱盐效率、pH 值、盐点、露点等都是影响常压塔顶腐蚀的指标。根据工艺流程中损伤机理发生的条件是否敏感以及危害程度，确定是否对装置单元设置 IOW 控制点。需要注意的是，IOW 通常仅对装置中一小部分设备单元（典型的炼化厂中小于 20%的设备和管道）且主要对装置中关键设备进行设置。一般来说，最易控制的和可以最有效降低损伤的参数应该是监控和建立 IOW 的主要参数变量。

如果关键工艺过程变量的波动可以明显影响产品的质量、设备单元的损伤，则需要设置相应的 IOW 监控点。在装置工艺的主要控制参数确定之后，过程的下一步就是建立 IOW 限值（包括上限和下限）来避免在装置运行中出现不可接受的损伤机理及其损伤速率。限值的确定需要考虑监测手段的准确性和相关性，例如监测的位置应选择在可以最有效反应损伤发生的位置，如果不能在最佳的位置设置监测点则需要偏保守的设置限值以便在出现波动时有足够的响应时间。应当注意设置多个限值来控制多种参数共同影响的腐蚀机理的情况，例如对于高温硫化腐蚀，温度、合金类别和硫含量共同控制腐蚀速率，如果仅对温度设置了限值，可能出现由于没有足够的时间引起设备损伤但参数超标的情况。

为确定 IOW 的水平，需要进行 IOW 限值的风险排序。在一些情况下，相对风险的大小可以由工厂主管及 SME 主管确定，在一些复杂的情况下，可以利用 RBI 来帮助指导管理决策，通过设定的 IOW 限值进行失效可能性的计算，并按照 RBI 的设备风险水平矩阵进行设备 IOW 限值的风险排序。如果 IOW 限值的风险不在可接受的范围内，则需要重新假定 IOW 限值，重复风险分析的计算过程，直到设定的 IOW 限值对应的 IOW 风险水平控制在可接受的范围之内。这是一个迭代的计算过程，可以在风险排序过程中通过不断的计算假设极限水平和计算极限水平上的风险来完成。

将 IOW 的在线监测数据（取样试验和实时监控点）反馈应用到 RBI 中可以改变以往 RBI 不能有效跟进装置实时状况的情况，此时的检验计划是动态的且同时考虑操作条件的变化、工艺波动和当前设备状况的信息，使得检验策略更加的具有科学性。实际情况中还需要考虑运行期间的业务目标，为实现产品的质量或生产率可能需要在设备风险水平可接受的前提下对一些 IOW 限值进行让步。当确定的 IOW 限值的风险在可接受水平范围之内时，需要确定 IOW 临界值的三个部分（目标值、标准水平值和临界水平值），制定不同 IOW 限值对应不同的报警方法、响应时间以及相应的应对措施。

某石化企业对其换热设备 E-XXXX 应用了 IOW 控制技术的应用示例如表 1 所示。针对此设备设置了 pH 值、流速、温度等关键监测参数，针对每种参数达到的水平以及持续时间，制定了不同的反馈对象以便对该设备引起的风险得到控制。

表 1 某石化厂换热器 IOW 控制参数表

设备	参数	工艺限值	最大值/最小值	IOW 限值	信息限定值	响应时间					
					标准水平值	经过批准					
					临界水平值	≤1 天	1 至 3 天	3 至 7 天	<7 天	7 至 14 天	14 至 30 天
E-XXXX	pH	7.7～8.3		7.9～8.1							
				8.1～8.3			设备操作工	工段长	车间主任		
				>8.3<7.7			工段长	车间主任	副厂长		
	流速/(m/s)	1.0～6.0		1.5～3.0							
				3.0～6.0				工段长	车间主任	副厂长	
				<1 >6			工段长	车间主任	副厂长		
	电导率/(μS/cm)	4400	Max	4000～4200							
				4200～4400			设备操作工	工段长	车间主任		
				>4400			工段长	车间主任	副厂长		
	温度 T/℃	32	Max	27.0～28.5							
				29.0～32.0		设备操作工	工段长	车间主任			
				>32		工段长	车间主任	副厂长			
	浓度/(mg/L)	600～1200		800～1000							
				1000～1200			设备操作工	工段长	车间主任		
				<600 >1200			工段长	车间主任	副厂长		
	铁离子浓度/(mg/kg)	<2		0.5～1.0							
				1.0～2.0			设备操作工	工段长	车间主任		
				>2.0			工段长	车间主任	副厂长		
	浑浊度(NTU)	10	Max	7.0～8.0							
				8.0～10.0			设备操作工	工段长	车间主任		
				>10.0			工段长	车间主任	副厂长		
	氯化物/(mg/kg)	500	Max	400～450							
				450～500			设备操作工	工段长	车间主任		
				>500			工段长	车间主任	副厂长		

3.3 更新完善

为了更加准确的反应装置单元中的设备风险水平以及腐蚀情况，应当做到及时更新采集的数据库，更新是动态循环的过程。因此在风险再评估之后应当将检验检测得到的检验数据及时的更新整理基础数据库。CCD 的内容也应当按照工厂的实际情况，如果工厂应用了 IOW，则将其得到的操控记录定期更新至 CCD 中。

CCD、IOW 和 RBI 三种技术的有机结合，形成了成套装置服役过程风险控制技术方法。本方法可以有效地结合三种常用的风险控制方法，充分利用每种方法提供的技术优势，实现装置及设备基于损伤的风险动态更新。

4 结论

通过 RBI、IOW 和 CCD 三种方法的系统有机结合，提出了成套装置服役过程风险控制技术新方法，可以优化资源配置，有效减少装置或设备风险控制项目中的重复工作过程，实现面向工艺参数持续变化过程的动态风险评估和监控工作模式，保障了装置单元运行过程中的风险控制，解决了传统 RBI 检验在一个操作周期之后才发现设备风险水平变化并给出相应风险控制策略的弊端。

参考文献

[1] GB/T 26610. 1～5—2014.

[2] API Recommended Practice 584, Integrity Operating Windows [S], 2014.

[3] 陈炜，陈学东，顾望平，等．石化装置设备操作完整性平台（IOW）技术及应用[J]．压力容器，2010，27(12)：53-58.

[4] API Recommended Practice 970, Corrosion Control Documents [S], 2017

[5] Vishal Lagad, Vibha Zaman. Utilizing Integrity Operating Windows (IOWs) for enhanced plant reliability & safety [J]. Journal of Loss Prevention in the Process Industries, 2015, 35：352～356.

[6] L. Bateman, D. Keen. Implementation of the API RP 584 Integrity Operating Windows Methodology at the Gibson Island Ammonia Manufacturing Plant. Nitrogen+ syngas Conference, 2014.

[7] 叶成龙，刘小辉，谢守明，等．石化装置基于风险的腐蚀管理控制技术应用与实施探讨[J]．石油化工设备技术，2013，34(4)：42-46.

短源距声波固井质量检测仪在高压地下储气井中的应用试验

刘再斌[1]　石　坤[1]　赖小虎[2]

1. 中国特种设备检测研究院，北京市 100029
2. 陕西华晨石油科技有限公司，西安市 710123

摘　要： 储气井是地下压力容器的典型代表，主要的损伤模式为外部腐蚀减薄，防腐蚀手段采用水泥固井，目前储气井固井质量检测的仪器沿用了石油测井中的声波变密度测井仪，其分辨率和检测精度与固定式压力容器检测要求不相适应，因此研发了储气井专用短源距声波固井质量检测仪，并在实验室和实际现场进行应用试验，结果表明短源距固井质量检测仪在纵向分辨率和检测精度上优于石油测井仪器。

关键词： 短源距；固井质量检测；储气井

Application test of short distance source sonic cementing quality detector instrument in high pressure underground gas storage wells

Liu Zaibin[1], Shi Kun[1], Lai Xiaohu[2]

1. China Special Equipment Inspection Institute, Beijing 100029
2. Shaanxi Brilliance Petroleum Technology Co., Ltd, Xi'an 710123

Abstract: Gas storage wells are typical representatives of underground pressure vessels. The main damage mode is external corrosion thinning, and the corrosion prevention means are generally well cementation. The cement bond logging instrument in petroleum logging has been used in the cementing quality testing of gas storage wells at present. But its precision and resolution do not meet the requirements of fixed pressure vessel detection. Therefore, a special short-distance acoustic cementing quality detector instrument for gas storage wells has been developed and applied in laboratory and field wells. The results show that the short distance cementing quality detector instrument is superior to the petroleum logging tool in vertical resolution and accuracy.

Keywords: Short space; Cementing quality testing; Gas storage well

1　储气井简介

高压地下储气井[1]（以下简称储气井）指竖向置于地下用于存储压缩气体的井式管状设备，是地下压力容器的典型代表，其主体部分埋藏于地下并用水泥固封而形成，一般用于天然气汽车加气站储存压缩天然气。目前我国已将储气井纳入了特种设备安全监管体系，且按Ⅲ类压力容器

基金项目：质检公益性行业科研专项“深埋井式容器检测关键技术与评价方法研究”（编号：201310165）。
作者简介：刘再斌，1982 年生，男，工程师，博士，主要从事特种设备无损检测新技术研究。

进行管理。

储气井结构[2] 如图1所示，其主体部分由井筒、井口装置、井底装置、排污管、固井水泥环、表层套管、扶正器等组成，井筒由井管通过接箍依靠螺纹连接形成，井口装置上设计有进出气管和排污管，储气井的特殊结构决定了无论是固井水泥还是井筒质量的检测，只能通过专用仪器内检测的方式进行。目前，在用储气井的深度一般在 40～300 m 之间。井管主要有两种规格，分别为：ϕ177.8mm×10.36 mm 和 ϕ244.5mm×11.99mm。

在外部环境和腐蚀方面，储气井显著区别于常规压力容器。常规压力容器基本上都是安装在地面以上，所处的外部环境为大气，腐蚀性较弱，其腐蚀主要来自于内部介质；储气井身处地下，外部环境为浅表地层，地层中有土壤、沙石、各类化合物和细菌，腐蚀性较强。在防腐方面，地上压力容器一般会采用涂层、防腐层来抵御外部腐蚀，而采用堆焊层、衬里、喷涂或复合材料的方式防止内部腐蚀；储气井内部腐蚀通过控制介质中硫化氢和水的含量来保障，井管内壁一般不采取额外防腐措施，外部腐蚀防护方式目前只有水泥固井，如果固井质量较差，存在未胶结甚至水泥缺失的情况，必然导致储气井外腐蚀，井筒壁厚减薄甚至穿透，严重的造成储气井窜动甚至飞出事故，中国特种设备检测研究院几千台在用储气井的检验案例已经证明，腐蚀减薄[3] 是储气井主要的损伤模式，图2为某在用储气井外腐蚀形貌，定期检验局部挖开覆土层进行宏观抽检时发现，由于固井质量较差，该井井筒直接与土壤接触，造成严重外腐蚀。

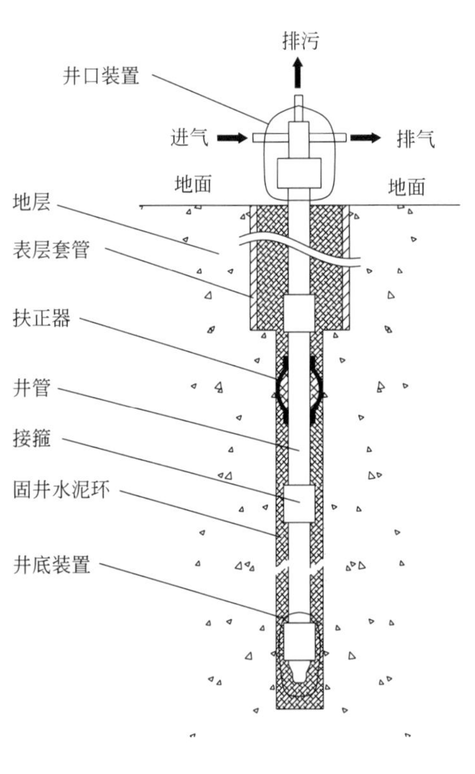

图1 储气井结构示意图

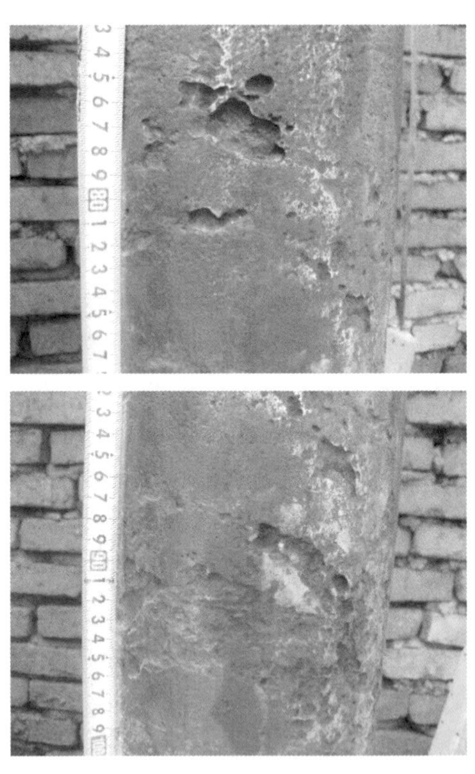

图2 某储气井外腐蚀形貌

2 储气井固井质量检测

进行水泥固井是目前储气井外腐蚀防护重要甚至是唯一的手段，固井水泥环对于防止储气井外部腐蚀减薄、保障储气井的安全具有重要意义，而固井水泥环是采用水泥等原材料现场制造出来的，只有水泥全包覆住井筒外表面，即全井段固井，才可能有效地起到预防腐蚀的作用，固井水泥环功能的适用性直接取决于现场制造质量，必须采用有效的手段检测固井质量[4]。

储气井固井质量检测目前通用的做法是直接采用油气井固井质量评价[5]的声波变密度（CBL/VDL）测井方法、设备和评价指标。然而，由于储气井与油气井功能有很大的区别，固井对于二者而言也具有不同的作用。一方面，储气井所处为浅地层、井筒较短、固井水泥多为低密度水泥，而且储气井结构上不允许存在自由管段（不进行水泥固井直接与地层接触，一般用于刻度）；另一方面，油气井的检测设备源距过长、频率单一、信号发射方式固定，从而无法精确检测水泥层的胶结、分布、微间隙和厚度。因此，油气井固井质量的检测方法和检测设备不完全适用于储气井。

针对储气井固井质量检测要求，研发专用固井质量检测仪，提高其分辨率和检测精度，与固定式压力容器检测要求相适应，对于有效评价储气井固井质量[6]，发现潜在风险，开展储气井寿命预测，保障储气井安全运行具有重要意义。

3 短源距声波固井质量检测仪

依托《深埋井式容器检测关键技术与评价方法研究》项目，通过研究基于低频超声的储气井固井质量检测原理，研究检测声波频率、钢管材质和厚度、水泥密度和厚度等对声波传播影响理论，模拟计算最优源距与间距等仪器相关参数，设计储气井专用短源距声波固井质量检测仪，并最终开发出仪器样机，该仪器具有以下特点：

① 传统声波变密度固井检测仪器声幅传感器源距为 3ft❶（或 1.0 m），变密度传感器源距 5 ft（或 1.5m）（以下简称 3～5ft）；储气井专用固井质量检测仪接收传感器的源距分别为 2 ft（0.610m）和 3 ft（0.914m）（以下简称 2～3ft），源距缩短，传播过程中声波能量的损失减少，到达接收器的能量更多，提高检测精度。

② 传统声波变密度固井检测仪器的 3ft 接收传感器只记录首波幅度，仅可评价第一界面胶结情况，5ft 接收传感器记录全波列信号，评价第二界面胶结情况；储气井专用固井质量检测仪 2ft 和 3ft 接收传感器同时记录全波列信号，可同时评价第一界面和第二界面，可提高检测分辨率。

③ 磁定器传感器长度缩小到 200mm，采用高强度钕铁硼磁材料，增加线圈匝数及外径，使其在较大外径井管检测中，接箍信号仍然很强。

④ 改进隔声材料，传统声波变密度固井检测仪器隔声材料采用铅锤，无法阻碍直达波的干扰，甚至掩盖有用信号，储气井专用固井质量检测仪采用聚四氟乙烯作为隔声材料，经验证可阻隔 90%直达波，显著提高信噪比。

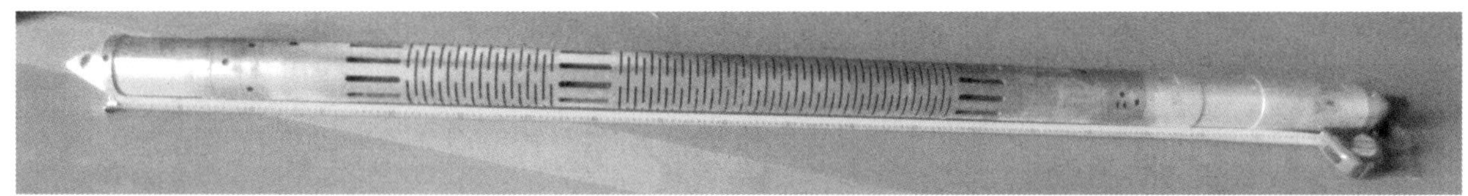

图 3 储气井专用固井质量检测仪实物图

4 应用试验

使用传统声波变密度固井检测仪（源距 3～5ft）和储气井专用固井质量检测仪（源距 2～3ft）分别对实验模拟井（井筒外径 7in 和 9in）和实际工程井（井筒外径 9in）。进行检测应用试验，对比分析检

❶ 1ft＝12in＝30.48cm。
1in＝2.54cm。

测精度和分辨率。

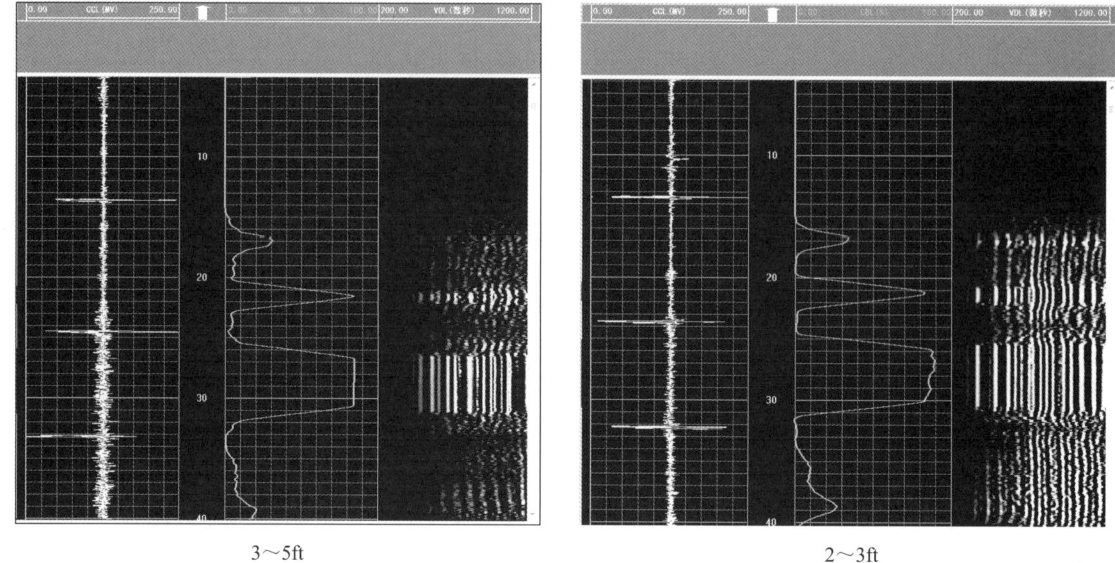

图 4 7in 实验井检测结果对比

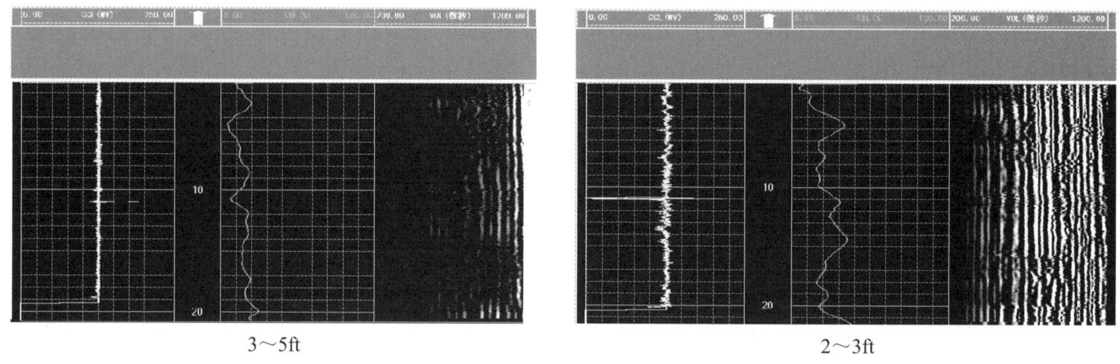

图 5 9in 实验井检测结果对比

如图 4 所示，对于外径 7in 实验井，24～30m 井段，水泥胶结质量差，声幅值较大，传统固井检测仪已无法分辨幅值变化，声幅曲线呈现直线，而储气井专用固井质量检测仪仍能分辨幅值变化，分辨能力较强。如图 5 所示，对于外径 9 in 实验井，两只仪器评价结果大致相同，储气井专用固井质量检测仪的磁定位曲线幅值较大接箍信号更明显。传统固井检测仪变密度曲线不清晰，评价第二界面较困难，而储气井专用固井质量检测仪变密度曲线清晰，井管波、地层波变化明显，检测精度更高。

除了在设置人工缺陷的实验井进行检测应用试验外，还在河北省某加气站对实际工程井进行检测应用试验，两者检测数据如图 6 所示，试验结果与实验井一致。

综上，储气井专用固井质量检测仪相比传统固井检测仪器具有更高的分辨率和检测精度。

5 结论与建议

根据储气井固井质量检测的要求研制了短源距声波固井质量检测仪样机，经实验井和工程井应用试验验证，该仪器具有更高的分辨率和检测精度。同时，由于源距和采集方式的变化，相应的评价方法和评价指标等还需进一步研究。

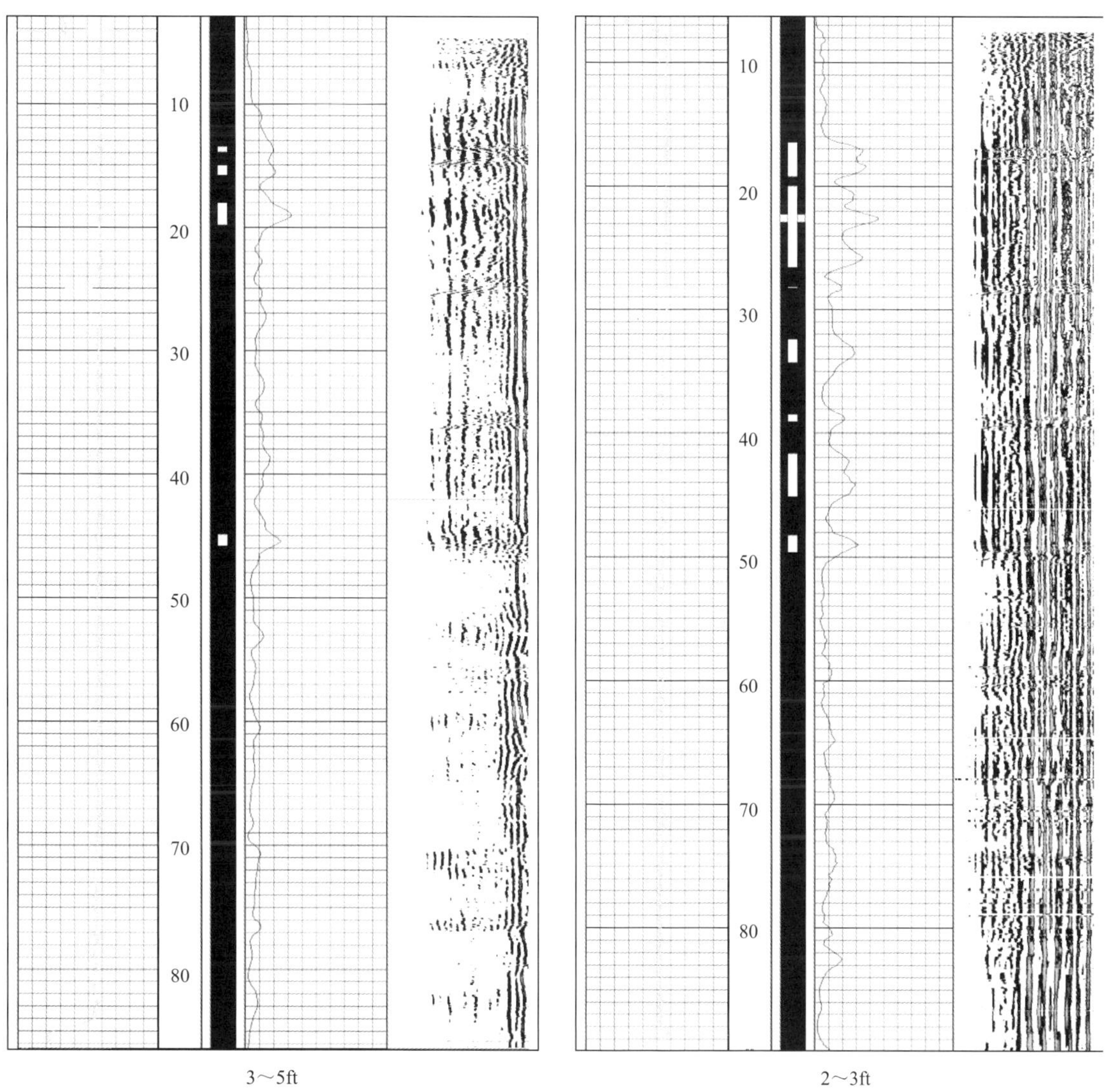

图 6　9in 工程井检测结果对比

参考文献

［1］ 中华人民共和国国家质量监督检验检疫总局．TSG 21—2016 固定式压力容器安全技术监察规程［S］．北京：新华出版社，2016.

［2］ 石坤等．地下天然气储气井的现状与前景［J］．中国特种设备安全，2014（6）：5-10.

［3］ 中华人民共和国国家质量监督检验检疫总局、中国国家标准化管理委员会．GB/T 30579—2014 承压设备损伤模式识别［S］．北京：中国标准出版社，2014.

［4］ 陈祖志，等．储气井制造问题的探讨［J］．压力容器，2012，29（8）：49-54.

［5］ 国家能源局．SY/T 6592—2016 固井质量评价方法［S］．石油工业出版社，2016.

［6］ 国家市场监督管理总局、中国国家标准化管理委员会．GB/T 36212—2018 无损检测 地下金属构件水泥防护层胶结声波检测及结果评价［S］．北京：中国标准出版社，2018.

高纯气体中容积钢质无缝气瓶定期检验

骆　辉　柴　森　赵保頔　卢　浩　陈　鹏

中国特种设备检测研究院，北京 100013

摘　要： 本文介绍了高纯气体中容积无缝气瓶结构、使用特点，探讨了此类气瓶主要失效模式以及目前采用的检验技术，并分析各种检验技术的有效性。分析表明，目前国内对普通工业气体气瓶对检验方法不适应于高纯气体气瓶对定期检验。同时分析DOT标准、ISO标准采用的检验方法，提出以UT、AE等为基础对检验方法。通过实践证明，使用该方法发现的大量传统检验方法无法发现的检验案例，通过对该类型气瓶案例进行总结分析，对保障该类型气瓶安全运行给出建议。

关键词： 高纯气体气瓶；定期检验；检验案例

Periodic Inspection Technology for High Purity Gases Medium Volume Seamless Cylinder

Luo Hui, Chai Sen, Zhao Bao-di, Lu Hao, Chen Peng

China Special Equipment Inspection and Research Institute, Beijing, 100013, China

Abstract: Introduce the structure and usage of high purity gases medium volume seamless cylinder, and the failure models of these cylinders. The current inspection technologies were introduced and the validity of various inspection technologies was also analyzed. By the failure mode analysis of the high purity gases medium volume seamless cylinder, the conclusion can be obtained that the current inspection technologies are not suitable for high purity cylinders, yet according to the techniques used in the standards of DOT and ISO, the UT and AE technologies could be proposed. Amount of inspection cases have been found by the above techniques. At last, through case analysis and summary, suggestions are given on improving the quality of this type of cylinders.

Keywords: High Purity Gases Cylinder; Periodic Inspection; Inspection Cases

0　引言

高纯气体气瓶用于充装纯度大于99.999%且气体含水量小于1mg/kg的气体，随着我国产业结构升级，集成电路、芯片、半导体等产业高速发展，对高纯气体种类和数量的需求也日益增加，因此高纯气体气瓶数量也在快速增加。在充装高纯气体的气瓶类型主要有大容积无缝气瓶，中容积无缝气瓶和焊接气瓶，中容积钢质无缝气瓶数量居多，据统计，该类型气瓶占到高纯气体气瓶总数的90%以上，保

基金项目：国家重点研发计划“移动式承压类特种设备高效检测、监测与评价关键技术研究”　（项目编号：2017YFC0805604）。

作者简介：骆辉，男，1981年生，主要从事移动式压力容器和气瓶检验、试验及研究工作。

障该类型高纯气体气瓶安全至关重要。

根据 TSG R0006—2014《气瓶安全技术监察规程》[1] 的分类，容积在 12～150L 之间的气瓶称为中容积气瓶。与充装普通介质的气瓶相比，高纯气体中容积气瓶内部往往要经过研磨处理来提高表面光洁度，减少水分和杂质附着，此外还经过加热烘干、真空等处理，降低瓶内水分含量，满足使用要求。此外，该类型气瓶在使用工况、失效模式等方面与普通工业气瓶也有很大差别，随着大量中容积气瓶进入检验周期，对检验技术也提出新要求。传统气瓶检验方法[2,3] 以宏观检查、水压试验为主，该检验方法对检验高纯气体中容积气瓶可能存在的缺陷并不有效，此外该检验方法极大破坏气瓶使用状态，投入大量后处理工作才能满足使用要求，因此传统检验方法不能满足需要，必须根据该类型气瓶制造、使用特点，开发新型检验方法，满足该类型气瓶定期检验需要。

1 高纯气体中容积钢质无缝气瓶概况

中容积无缝气瓶可以每只单独使用，也可以由数只气瓶经管路、框架组成集装格使用。公称工作压力为 15MPa 或 20MPa 两种规格，容积为 47L，直径为 229mm。

图 1 高纯气体中容积钢质无缝气瓶及气瓶集装格

由于高纯气体发展历史以及部分气体气瓶经常在国际间流转等原因，目前国内在用的中容积无缝气瓶大部分按照 DOT-3AA[4] 设计制造，一部分为由国外生产进口到国内使用，一部分为国内企业按照 DOT -3AA 标准设计制造。还有部分气瓶按照 GB/T 5099[5] 设计制造，该部分气瓶一般只在国内使用。随着该类型气瓶数量增多以及国际流转频繁，国内高纯气体行业快速发展，越来越多气瓶的设计制造同时满足 DOT-3AA 以及 GB/T 5099 要求。气瓶材料一般为优质 Cr-Mo 钢，通过钢坯冲拔成型，或者钢管旋压成型，然后经过调质处理。在制造过程中，首先对气瓶进行磁粉检测，检测气瓶瓶体淬火裂纹，并对气瓶进行内压外测法水压试验，测量气瓶残余变形率，对气瓶进行整体强度校核，并检验气瓶热处理状况。

2 中容积钢质无缝气瓶主要检测技术

在中容积钢质无缝气瓶检验过程中，主要采用宏观检查，水压试验、声发射、全自动超声波等检测技术，根据气瓶类型，检验标准中规定采用不同检验技术。

2.1 水压试验

水压试验是气瓶检验中最常用检测方法[6]，通常分为内压法和内压外测法两种，无缝气瓶普遍采用内压外测法进行水压试验，如图2所示。通过水压试验，一方面可以对气瓶强度进行检验，另一方面测量气瓶残余变形率，判定在试验压力作用下器壁应力是否接近或超过材料的弹性极限，检验气瓶热处理状况，在制造过程中，该方法普遍被采用。

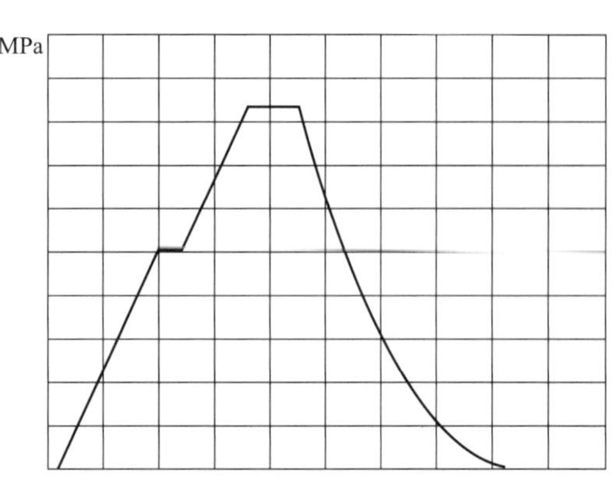

图2 气瓶内压外测法水压试验

水压试验对气瓶整体减薄、材质裂化等缺陷检验比较有效，对局部腐蚀减薄、塑性变形，裂纹类线性缺陷检验效果并不好。因此，在定期检验中，水压试验有效性一直存在争议，检验案例表明，存在严重塑性变形气瓶，其残余变形率并不超标。中国特种设备检测研究院就无缝气瓶线性缺陷对水压试验影响进行研究，在完全弹性无缝气瓶上加工横向、纵向人工缺陷，然后进行水压测试，见表1，试验研究表明，瓶体裂纹类线性缺陷对残余变形率影响极小。

表1 含线性缺陷气瓶水压试验

序号	横向	纵向	横向	残余变形率
1	90×2	20×2	65×2	0.2%
2	90×3	20×3	65×3	0.3%
3	90×4	20×3	65×3	0.2%

2.2 声发射检测

材料中局部区域应力集中，快速释放能量并产生瞬态弹性波的现象称为声发射，有时也称为应力波发射，如图3所示。材料在应力作用下的变形与裂纹扩展，是结构失效的重要机制。这种直接与变形和断裂机制有关的源，被称为声发射源。流体泄漏、摩擦、撞击、燃烧等与变形和断裂机制无直接关系的另一类弹性波源，被称为其他或二次声发射源。声发射检测利用这种“应力波发射”进行的无损检测。

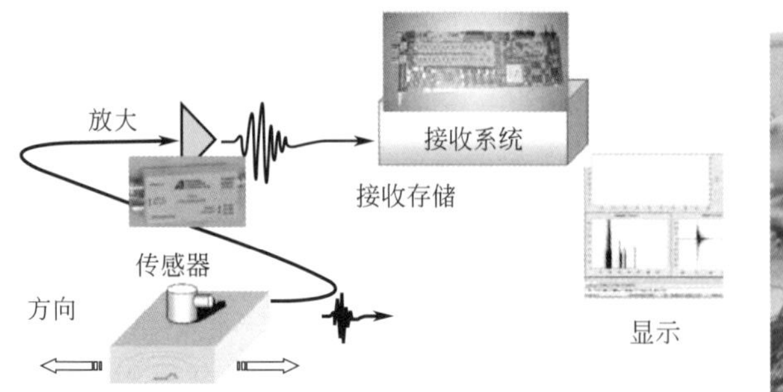

图3 气瓶声发射检测

声发射检测对气瓶中裂纹类缺陷、塑性变形、泄漏极其敏感，对局部减薄类缺陷不敏感。声发射检测其优点在于能有效发现瓶壁上存在的活性腐蚀和裂纹等危险性缺陷部位，能够实现对气瓶整体检验，且可实现多气瓶同时在线检验，无需拆卸，效率高，很好地兼顾了安全性和经济性。

2.3 全自动超声波检测技术

超声波检测是利用材料及其缺陷的声学性能差异对超声波传播波形反射情况和穿透时间的能量变化来检验材料内部缺陷的无损检测方法。对于钢质无缝气瓶，采用100%全自动超声波检测，对气瓶同时实现径向、周向检测以及壁厚测定。可以发现气瓶腐蚀减薄、线性缺陷和应力腐蚀裂纹等危险性缺陷，全自动超声检测设备如图4所示。

图4 气瓶全自动超声波检测设备

3 国内中容积气瓶检验方法及有效性分析

目前国内普通工业气体中容积钢质无缝气瓶主要参照GB/T 13004—2016《钢质无缝气瓶定期检验与评定》进行定期检验，分为瓶体、瓶阀两部分检验。对于瓶体部分，主要采用宏观检查、水压试验、称重等方法，主要考虑气瓶在运行过程中发生机械损伤、热损伤，以及气体对气瓶产生的均匀腐蚀、局部腐蚀导致强度降低等失效模式，局部腐蚀可以通过内部宏观检查来检验，均匀腐蚀可以通过内部宏观检查、称重、水压测试等检验。对于瓶阀部分，要求对瓶阀进行检查及泄露性试验，由于瓶阀阀体多采用铜质材料，相对于瓶体而言，在拆卸过程中瓶阀螺纹易发生损坏，另外瓶阀密封材料也易发生材质裂化，导致密封失效，此外，相对于气瓶而言该类型瓶阀价值较低，因此，在检验中通常更换瓶阀，瓶阀通常只使用一个检验周期。该检验方法，对于普通工业气体中容积气瓶极为有效，很好保障该类型气瓶安全运行。

对于高纯气体中容积气瓶而言，主要失效模式为运行过程中的机械损伤、热损伤，以及气瓶本体存在缺欠在长期应力循环下形成的裂纹类缺陷。由于充装气体纯度较高，水分含量极低，气瓶不发生均匀腐蚀及局部腐蚀。气瓶机械损伤及热损伤可以通过宏观检查发现，但是危害性较高的线性缺陷无法通过水压试验发现。此外，为完成气瓶水压试验，需要对瓶阀进行拆卸，该类型气瓶阀门生产工艺极为严格，只有卢森堡、日本等几家工厂可以生产，瓶阀价格远高于气瓶价格，国内尚无制造、维修能力，阀体多采用316 L等材料，拆卸过程中极易造成瓶阀或气瓶连接螺纹损坏，根据液化空气青浦气瓶检验站统计，瓶阀损耗率约为20%，另外，气瓶完成水压测试后，需要经过研磨、烘干、钝化等一系列后处理，由检验引起的附加成本是检验的数倍甚至十几倍。因此，该标准并不适应于该高纯气体中容积无缝气瓶检验，传统检验方法对该类气瓶检验既不科学也不经济。

4 国外高纯气体中容积气瓶检验方法

美国DOT标准以及ISO标准对气瓶检验方法进行了规定[4,7,8]。在高纯气体气瓶领域，DOT标准应用较为广泛，在DOT检验标准中，采用宏观检查、水压试验对气瓶进行检验，同时以免除令形式颁布替代检测方法。首先美国在气瓶声发射检测等方面进行大量研究，FIBA公司曾对2000多只气瓶进行声发射试验，并将检测结果和水压试验进行对比。在大量试验研究基础上，美国法规以免除令方式颁布的检验标准中规定，可以不进行内部宏观检验和水压试验。如对 CPI 公司、FIBA 公司颁布的免除令 DOT-E11916 和 DOT-E10922，规定可采用 100%自动超声波检测代替内部宏观检验和水压试验，以及免除令 DOT-E12413、DOT-E9419 和 DOT-E9847 等规定可采用声发射、超声波检测代替内部宏观检查和水压试验。

在欧洲，对于无缝气瓶也建立起不同检验方法，如 ISO 11120 、EN1968 、ISO 6406 等，气瓶可以再用宏观检查、外测法水压试验的检验方法，也可以采用宏观检查、100%自动超声波检测方法，标准中将气瓶耐压试验和 100%自动超声检测列为选择项目，气瓶只需进行耐压试验或 100%自动超声检测。在 ISO 16148 中，气瓶可采用宏观检查、声发射、手动超声检测方法进行检验。据调研，国外高纯气体生产公司在气瓶定期检验中，采用无损检测方法对气瓶进行定期检验。

国外采用的高纯气体中容积气瓶检验中，以自动超声、声发射等检测技术为主，有效检测瓶体上线性裂纹类缺陷，采用该检验方法不需要对气瓶进行水压试验，保持气瓶内部状态，同时不必拆卸瓶阀，避免因瓶阀拆卸造成螺纹损伤。

5 国内高纯气体中容积气瓶检验方法及案例

5.1 国内高纯气体中容积气瓶检验现状

国内高纯气体气瓶起步较晚，早期该类型气瓶检验按照普通工业气体气瓶进行检验[2,7,8]，据相关检验机构统计显示，气瓶报废以螺纹损坏为主，螺纹损坏基本是由于瓶阀拆卸造成，气瓶报废率不超过 0.2%。由于检验附加成本较高，检验方法缺乏科学性，造成该类型气瓶定检率很低，大量含缺陷气瓶在运行。

自 2015 年起，笔者根据气瓶常见的失效模式[9,10]，以及高纯介质独特的制造工艺，同时参照 DOT、ISO 等检验方法，开展以自动超声、声发射为主的气瓶检验，利用充装介质对连接接头、阀门进行密封性检查，目前已完成上千只气瓶检验工作，并成功发现了大量缺陷。

5.2 高纯气体中容积气瓶检验案例

根据前期检验的 1000 只气瓶进行统计，中容积无缝气瓶检验案例主要分为钢印标示不全，壁厚不满足设计要求，瓶体外部裂纹，以及瓶体内部折皱等，见表 2。影响气瓶本体安全类缺陷共计 17 只气瓶，占总数的 1.7%。

表 2 高纯气体中容积无缝气瓶缺陷类型

序号	缺陷类型	数量	比例
1	钢印信息不符合要求	25 只	2.5%
2	壁厚不满足设计要求	10 只	1.0 %
3	外部裂纹类	4 只	0.4%
4	内部皱褶	3 只	0.3%

气瓶钢印标示不符合要求：由于高纯气体行业普遍采用 DOT 标准，DOT 气瓶制造过程中不要求对充装介质进行钢印标示，由使用单位进行充装介质标示。而在使用过程中，部分使用单位未对气瓶充装介质进行钢印标示，因此很多气瓶无充装介质钢印，如图 5 所示。我国《气瓶安全技术监察规程》中明确规定气瓶充装和制造标志一致的气体进行钢印标示，因此该类型气瓶不符合国内安全规范要求。

气瓶壁厚是保证气瓶安全重要参数，由于多数气瓶采用冲拔成型，制造过程未进行全面积测厚，气瓶实际壁厚不满足设计壁厚不满足要求。以公称工作压力为 15MPa，直径 229mm 的气瓶为例，设计壁厚为 6.2mm，在全自动超声检测过程中，发现部分瓶体局部壁厚低于设计壁厚，最薄处为 5.1mm，如图 6 所示，低于设计壁厚 17.7%，根据检验数据统计，检验气瓶中约 1%气瓶壁厚不满设计要求。

经超声、声发射检测，发现瓶体外部存在裂纹，如图 7 所示。在检验过程中，共发现 4 起气瓶存在外部裂纹，裂纹深度大于 2.4mm，长度约为 40mm，裂纹处原始壁厚为 7.2mm，打磨至 5.8mm 缺陷仍未消除，该气瓶瓶体裂纹尖端存在扩展痕迹，该类型缺陷对气瓶安全运行造成极大隐患。根据检验数据统计，检验气瓶中约 0.4%气瓶存在外部裂纹。

图 5　气瓶无充装介质的钢印

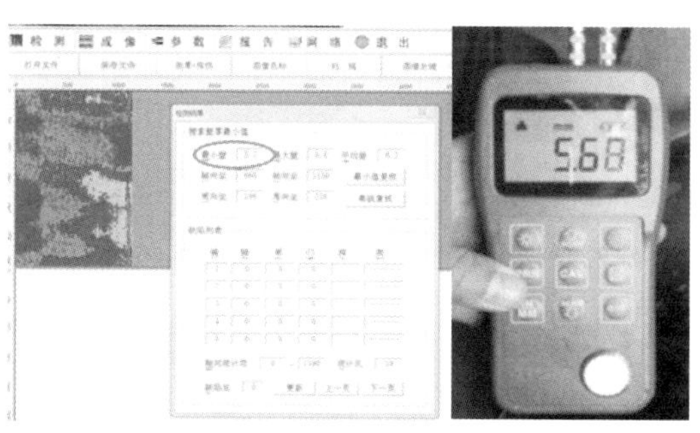

图 6　瓶体壁厚测量图

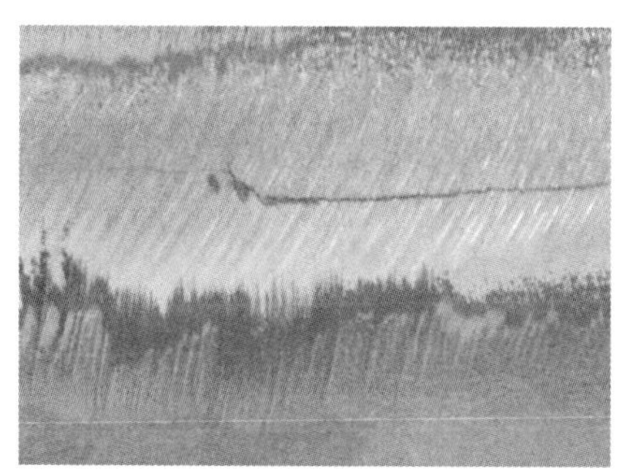

图 7　气瓶外表面裂纹

图 8　气瓶内部沟槽

经超声波检测发现，气瓶内部存在纵向沟槽，深度约为 1.2 mm，初步分析，由于气瓶冲拔过程中磨具磨损等原因造成，内部沟槽处形成应力集中区域，随着充装次数增加，极易形成裂纹源。根据检验数据统计，检验气瓶中约 0.3%气瓶存在内部皱褶。

6　结论

目前，国内采用的超声、声发射为主的高纯气体气瓶检验方法，已完成数千只气瓶检验工作，有效保证气瓶安全运行，且发现大量传统以水压为主的检验方法无法发现的缺陷，检验方法更具有科学性。且该检验方法不破坏气瓶内部状态，检验完成后直接满足使用要求，降低检验成本。根据检验数据分析，由于中容积无缝气瓶制造厂家众多，气瓶生产数量巨大，检验中发现该类型产品报废率较高，缺陷绝大部分是由于气瓶生产环节造成，因此说气瓶生产企业在质量控制以及气瓶制造环节检验项目存在问题，产品生产质量需要加强监管或者增加检验项目。

此外，虽然目前高纯气体气瓶生产、制造、处理技术已经实现了国产化，但与高纯气体介质相适应的气瓶阀门的制造技术尚未掌握。阀门是气瓶最重要的附件，而目前国内对高纯介质阀门失效模式，以及对应不同介质阀门使用寿命更换周期等的研究尚未形成标准，有待进一步分析研究。

参考文献

[1] TSG R0006—2014《气瓶安全技术监察规程》[S].
[2] GB/T 13004—2016《钢质无缝气瓶定期检验评定》[S].
[3] GB/T 13075—2016《钢质焊接气瓶定期检验与评定》[S].
[4] CFR 180 Subpart C《Qualification, Maintenance and Use of Cylinder》[S].

[5] GB/T 5099—2017《钢质无缝气瓶》[S].
[6] 徐淑芳，黄国根，刘兆华，尹谢平．二氧化碳高压气瓶定期检验中水压试验泄漏失效分析［J］．压力容器，2018，35（02）：66-73.
[7] ISO 6406：2005《Gas cylinders – Seamless steel gas cylinder – Periodic inspection and testing》[S].
[8] ISO 10640：2011《Gas cylinders – Welded carbon steel gas cylinder – Periodic inspection and testing》[S].
[9] 尹谢平，黄国根，柯晓涛．冲拔式调质热处理高压气瓶局部开裂的失效分析［J］．压力容器，2017，34（03）：57-64.
[10] 赵保頔，张博，胡熙玉，彭韬明，邓贵德，骆辉．长管拖车气瓶火灾分析及局部起火超压泄放试验研究［J］．压力容器，2018，35（01）：57-62.

换热管-管板角接头棒阳极X射线检测注意事项及缺陷成因分析

孙振国　韩　伟　顾海龙　叶　军　夏国泉

江苏省特种设备安全监督检验研究院无锡分院，无锡 214021

摘　要： 结合换热设备换热管-管板角接头棒阳极X射线实际检测工作，对检测工艺以及检测过程中的注意事项和常见问题以及焊接缺陷的产生原因进行了分析，并给出了相应的解决办法和工艺改进措施，研究内容可用于指导换热管-管板角接头棒阳极X射线检测工作的开展和换热设备制造工艺的改进。

关键词： 管子-管板角接头；棒阳极X射线；检测工艺；缺陷分析

Analysis of Rod Anode X-ray Detection Attentions and Cause of Defect on Heat Exchanger Tube to Tube-sheet Welds

Sun Zhen-guo, Han Wei, Gu Hai-long, Ye Jun, Xia Guo-quan

Jiangsu Province Special Equipment Safety Supervision Institute Wuxi Branch, Wuxi 214021

Abstract: Combined with rod anode X-ray detection on heat exchanger tube to tube-sheet welds, the detection process and the matters needing attention and common problems and the causes of welding defects were analyzed, corresponding solutions and technology improvement measures were also proposed, which can be used to guide the Rod anode X-ray detection and manufacturing process improvement on heat exchanger tube to tube-sheet welds.

Keywords: Tube to tube-sheet weld; Rod anode X-ray; Detection technology; Defect analysis

0　引言

换热管-管板角接头（以下简称管头）是换热器中最易发生失效的部位，在其制造过程中，常规表面检测无法检出焊缝内部缺陷，给换热器的安全使用埋下了隐患。如果焊缝中存在气孔或其他缺陷，即便缺陷很小，也会在设备使用后因腐蚀在缺陷部位发生泄漏[1]。目前，用于管头焊缝内部缺陷检测的技术主要有^{192}Ir源γ射线及棒阳极X射线检测等，其中棒阳极X射线检测法避免了放射源的运输和管理，且有较高的检测质量和效率，目前得到了越来越多的应用。NB/T 47013.2—2015《承压设备无损检测》附录A给出了管子-管板角焊缝射线照相技术要求[2]，其适用型式为密封焊。换热设备管子-管板角焊缝多为强度焊，在实际检测过程中，如何保证检测设备的安全使用、确保检测工作的顺利开展，以及基于产品制造工艺过程和检测结果的，针对换热管-管板角接头强度焊焊接缺陷产生原因和制造工艺技术改进的相关分析研究却鲜有报道。

作者简介：孙振国，1983年生，男，高级工程师，博士，主要从事特种设备安全检验方法研究。

1 微焦点棒阳极检测技术介绍

换热管-管板角接头射线照相技术最早应用于1976年，德国BASF公司开发出专门用于换热管-管板角接头射线照相检测的小焦点^{192}Ir源γ射线机，应用的结果是使德国BASF公司的换热设备泄漏率和故障停车率从20%左右大幅度下降到2%～3%，装置的运行周期延长了4～6年，为该公司带来极大的经济效益。

为了避免放射性γ射线源运输使用风险，获得更快的检测速度和更高的成像质量，德国一家公司在20世纪90年代开发了换热管-管板角接头微焦点棒阳极X射线机。其焦点尺寸可以达到几微米，并且能够在0～225kV或更高恒电压模式下，以一定的功率（通常最高为320W）连续工作。

微焦点棒阳极X射线机的焦点尺寸通常可以连续可调，从几微米直到0.2毫米或更高。与常规X射线管相同，微焦点X射线管的阳极也是用循环油或水来冷却。与常规X射线机不同的是，用于无损检测的微焦点X射线管是用真空泵来维持X射线管内的真空度（约为10^{-7}Pa）。微焦点X射线管可以很方便地打开（即开放式或称为开管），用来更换不同的靶材以产生不同的X射线束类型，通过换上各种直径和长度的棒阳极，以满足不同检测任务的需要，这些阳极棒的长度可达1500mm，最小到4mm。

2 换热管-管板角接头棒阳极X射线检测实施过程及注意事项

对某制造企业3000多个换热管-管板角接头进行了棒阳极X射线检测，换热管规格为ϕ19mm×2mm，换热管（10）与管板（16MnⅢ）采用自动氩弧焊（GTAW）焊接。检测用微焦点棒阳极X射线机型号MCTS 130-0.6，如图1所示，可应用于换热管内径大于12mm的各种管板角焊缝，其最大管电压130kV，管电流0.6mA，焦点尺寸0.5mm。

图1 MCTS 130-0.6棒阳极X射线机

检测流程为：灵敏度鉴定试块加工→灵敏度鉴定试验→管头编号和底片预处理→贴片→棒阳极放置→曝光→洗片→评片。实际检测采用向后透照工艺，前后Pb增感屏厚度为0.027mm（封装在胶片中），采用捷克原装进口FOMA工业X射线胶片（种类C4），射线照相技术级别AB级。

由于使用像质计会增大焊缝到胶片的距离，管子-管板角焊缝正式实施检测时不要求使用像质计，其灵敏度由灵敏度鉴定试验保证，为此专门制作了管子-管板角接头灵敏度鉴定试块如图2所示，试块中管子材质、规格尺寸与实际产品均相同，由于实际换热设备中换热管-管板角接头具有角焊缝和平焊

图 2　灵敏度鉴定试块

缝两种形式，为保证焊缝形式同实际产品一致，在灵敏度鉴定试块中分别焊接了平焊缝和角焊缝两种焊缝形式。为了对检测工艺充分评价，提高鉴定试块的适用性，在鉴定试块焊缝中心线加工出了各种照相技术级别要求所对应的锥形识别孔，识别孔尺寸见表 1，分别适用于 A 级、AB 级、B 级三种照相技术级别要求的灵敏度验证，经验证，实际检测工艺（管电压 105kV、电流 0.4mA、曝光时间 18s）得到的底片像质符合 AB 级检测技术要求。

表 1　灵敏度鉴定试块识别孔尺寸

编号	尺寸	对应照相技术级别	编号	尺寸	对应照相技术级别
1	孔深：0.8mm	A	4	孔深：0.8mm	A
2	孔深：0.5mm	AB	5	孔深：0.5mm	AB
3	孔深：0.3mm	B	6	孔深：0.3mm	B

注：孔深公差±10%；最大孔径不大于孔深名义尺寸的 1.2 倍；每条管子-管板焊缝间隔 90°加工四个相同尺寸的孔。

为方便在底片中央加工圆形孔洞，设计加工了打孔工装（如图 3 所示），并用黑色胶带在暗室中将圆形孔洞边缘封装严密，防止底片提前曝光。为了解决底片制作效率低下的问题，可采用先在底片中央粘结胶带后打孔的方法制作底片，这样不仅可以保证底片密封效果，还可以大幅提高底片制作效率。

图 3　底片中央打孔器

在换热管-管板角接头射线照相曝光前，相对于铅字和记号笔，推荐使用低应力钢印（如图4所示）将产品编号、管板代号、管头号等信息标识在底片上，以获得完整清晰的底片标识。

图4 低应力钢印

为减少散射线和透照厚度差，同时保证射源对中，在检测过程中需要在棒阳极上加套补偿块，补偿块外径一般不小于换热管内径减去1mm，其材质一般与换热管材质相同，也可使用原子序数比管材低的材料制作补偿块，在本次检测过程中，设计加工的补偿块尺寸为ϕ14.5mm×1mm，材质为S30408，如图5所示。

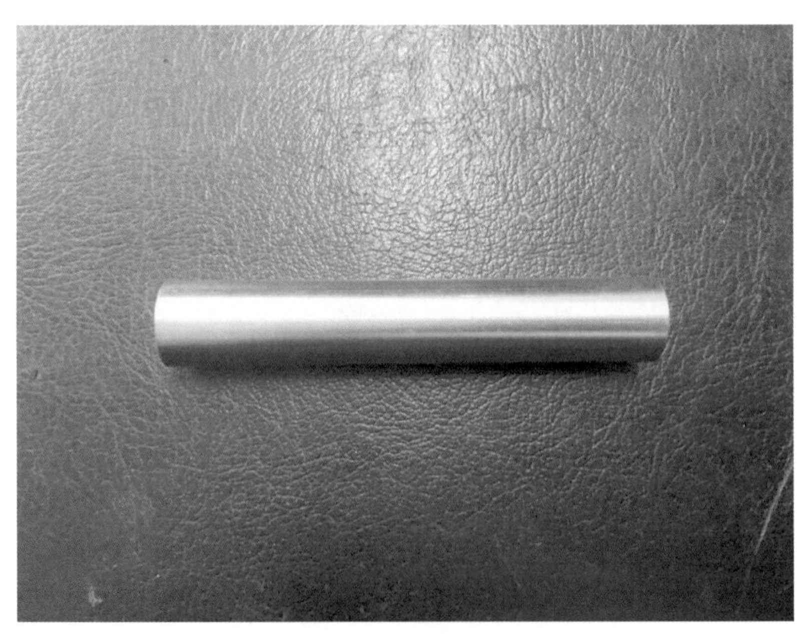

图5 补偿块

射线检测前应注意换热管内表面光洁，确保补偿块能够顺利放入，且经外观检查合格后进行，具体检测过程如图6所示。

图 6 检测过程

3 检测结果分析及工艺改进措施

除上文提到的检测注意事项外，在换热管-管板角接头棒阳极 X 射线检测过程中仍需注意：①棒阳极连续使用会造成设备过热，严重影响设备使用寿命，甚至导致棒阳极烧坏，故需要严格控制曝光时间，每次不超过 30s，设备执行 1∶1 时间休息，休息时间需要根据作业现场环境温度适度延长，棒阳极不可以用绝缘胶带等非金属缠绕，以免影响散热，在检测过程中，可以设计加工 2 件同规格补偿块，通过补偿块的交替使用可以帮助棒阳极有效散热；②在检测过程中，如果系统接地不佳，会导致被检设备和棒阳极带电，影响操作人员人身安全和设备自身使用寿命，故应避免单点接地，应尽可能地人为扩大接地面积以解决静电导出问题；③合理设计、加工、使用补偿块并适当调整焦距和曝光参数可以解决底片黑度不均匀的问题。

管子-管板角焊缝中的缺陷按性质可分为裂纹、未熔合、气孔、夹渣、夹钨和氧化物夹杂以及根部咬边。该批管头缺陷主要为球形气孔或夹渣类缺陷，结合检测结果，对缺陷位置处管头的实际加工、焊接过程进行现场询问和分析可知，缺陷位置处管头在加工制造过程中主要存在以下问题：①氩气保护不到位，焊接人员违规使用风扇；②焊接时空气湿度高；③管头除锈打磨不到位或者打磨后未及时施焊；④换热管穿管前折流板上有油污水渍等。

为了防止类似缺陷的产生，在后续管头加工及焊接特别注意：①管头焊接时，附近风速不要对氩气保护产生不利影响；②尽量避免阴雨天气施焊，焊前管板可适当预热；③管头和管板可以采用物理打磨或化学除锈等方法除锈并尽快穿管施焊；④换热管穿管时应保证折流板及管端的无油污水渍并严格执行焊接工艺等。制造企业通过对换热管-管板角接头加工制造工艺的约束和改进，经检测，后续换热管-管板角接头球形气孔或夹渣同类缺陷减少 80%，管头质量显著提高。

4 结论

结合某企业换热设备换热管-管板角接头棒阳极X射线实际检测过程，对检测工艺以及检测过程中需要注意的各个事项和常见问题进行了分析，并给出了推荐性的解决方法。被检批次管头缺陷主要为球形气孔或夹渣类缺陷，结合检测结果，通过对缺陷位置处管头的实际加工和焊接过程进行现场询问分析，查明了缺陷产生的原因，并给出了相应的工艺改进方案，制造工艺要求改进提高后，经检测，管头同类缺陷减少80%，通过检测工作的实施、检测结果的分析和制造工艺的改进，可以从产品制造源头保证管头质量，提高换热设备的安全性和可靠性。

参考文献

[1] 强天鹏，等．管子-管板角焊缝射线照相技术的进展［C］．远东无损检测新技术论坛论文集，2013，35 (10)：67-73.
[2] NB/T 47013—2015 承压设备无损检测［S］．

从外部对不锈钢制压力容器对接接头内表面缺陷的超声检测

姜卫东　刘振刚　谢　葳　齐泽民

河南省锅炉压力容器安全检测研究院洛阳分院，洛阳 471000

摘　要： 本文以一台因无法进行内部检验的不锈钢制换热器定期检验为例，详细叙述了从换热器外部对该换热器对接接头内表面缺陷进行超声检测波幅曲线手动制作和检测、定量、评定、分级方法，并对模拟缺陷试板的表面小缺陷进行了对比实验，灵敏度符合要求。

关键词： 不锈钢；压力容器；超声检测；内表面缺陷；模拟缺陷；对比试验

Ultrasonic inspection of internal surface defects of stainless steel pressure vessels from the outside

Jiang Wei-dong, Liu Zhen-gang, Xie wei, Qi Ze-min

Henan Province Boiler Pressure Container Safety Inspection Institute
Luoyang Branch, Luoyang 471000

Abstract: taking the periodic inspection of a stainless steel heat exchanger which can not be inspected internally as an example, this paper describes in detail the method of manually making and detecting, quantifying, evaluating and grading the amplitude curve of ultrasonic detection on the inner surface of the heat exchanger.

Keywords: Stainless steel; Pressure vessels; Ultrasound detection; Internal surface defects.

0　引言

2018 年 8 月，洛阳中硅高科技有限公司 400 余台压力容器到期进行定期检验，因为工艺原因，部分不锈钢材质的压力容器无法进行内部检验。按照 TSG21-2016《固定式压力容器安全技术监察规程》8.3.9 的规定，“无法进行内部检验的压力容器，应当采用可靠的检测技术从外部进行检测。”根据实际情况，我分院决定采用超声检测从容器外部对压力容器对接接头内表面缺陷进行检测，超声检测标准参照 NB/T 47013.3—2015 附录 I（资料性附录）《承压设备无损检测》[1]，对于部分板厚 5～9mm 的压力容器内表面缺陷的检测，也进行了技术探讨，并在模拟缺陷试板对表面小缺陷进行了对比实验，灵敏度符合要求。以一台换热器为例，具体检测方法如下。

1　检测设备

① 设备名称：84＃换热器；规格：ϕ800×10/14×3627；材质：304/304；设计温度：－75/40；容器类别：Ⅱ类容器；制造年月：2010.03。

作者简介：姜卫东，1965 年生，男，高级工程师，主要从事特种设备技术质量管理及检验检测。

② 检测设备：友联390数字超声检测仪；双晶纵波斜探头：2.5P9×9K1；NB/T47013.3—2015附录I（资料性附录）图1.1对比试块和图1.2对比试块。

2 检测设备调节

① 开机：按“通道”键选择通道；按“↑”及“1”进行初始化。连续按2次“通道”键进行参数设置，分别填入“双晶”“2.5MHz”“k1”“9×9”“5790”确定。

② 测零点：将探头对准2号试块10mm的$\phi2\times40$长横孔，移动探头使回波最高后，按“零点”键及“手动调节”，然后按“|”或“—”使深度显示为10mm。

③ 测前沿L：将探头放置在2号试块焊缝磨平一面，使深度10mm孔的回波最高，量出探头前端到孔中心距离$L10$；移动探头，使深度20mm孔的回波最高，量出探头前端到孔中心距离$L20$ ：$(L10+L)/10=(L20+L)/20$；计算前沿L；同时算出K值。

④ 按“设置”键和2，将K值和前沿填入。

⑤ 按“DAC”键和“n”，弹出数据框中，最大深度填30mm，反射体长度填40mm，确定。将探头对准深度10mm的孔，移动探头使回波最高，按“+”采点，使“X”落在最高回波顶部，确认，生成第一条线，此时，使增益固定不变，移动探头使深度20孔的回波达最高，按“+”采点，使“X”落在最高回波顶部，确认，波幅曲线生成；确认后，表面补偿填4dB，工件厚度填12mm，完成，再按2次设置键，将第一根线填“+3”，第二根线填“−2”，第三根线填“−8”，确认，至此，波幅曲线制作完毕。调整增益，使三条线同框。制作完毕。波幅曲线和不同深度$\phi2$ mm长横孔反射波幅图见图1～图4。

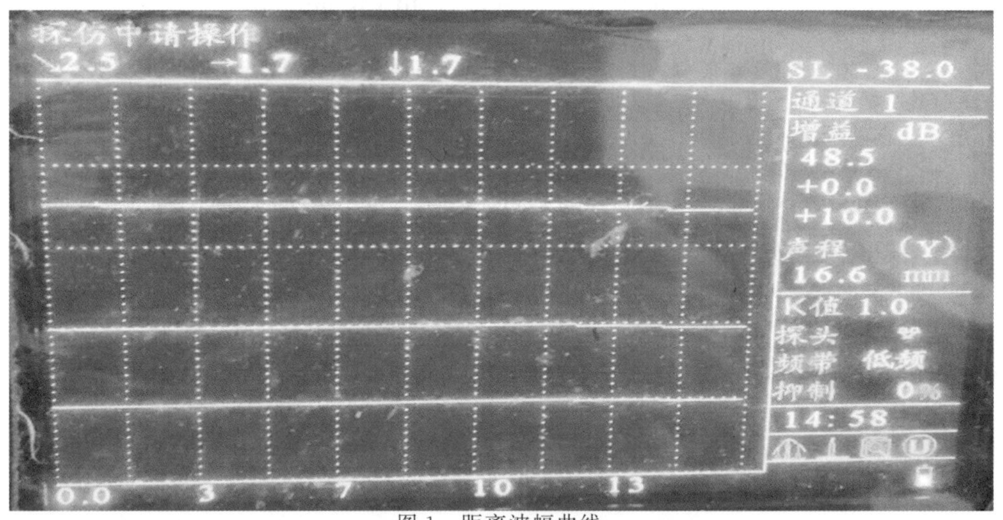

图1 距离波幅曲线

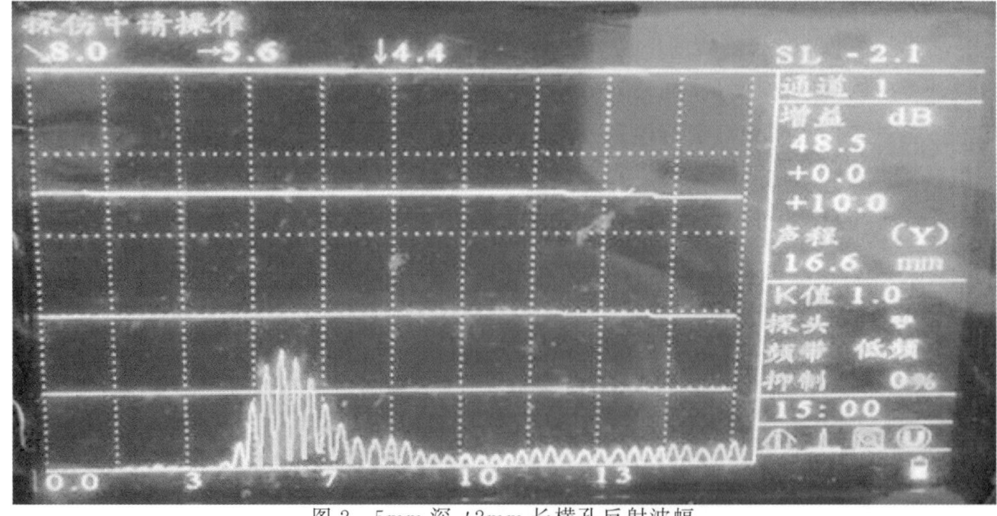

图2 5mm深ϕ2mm长横孔反射波幅

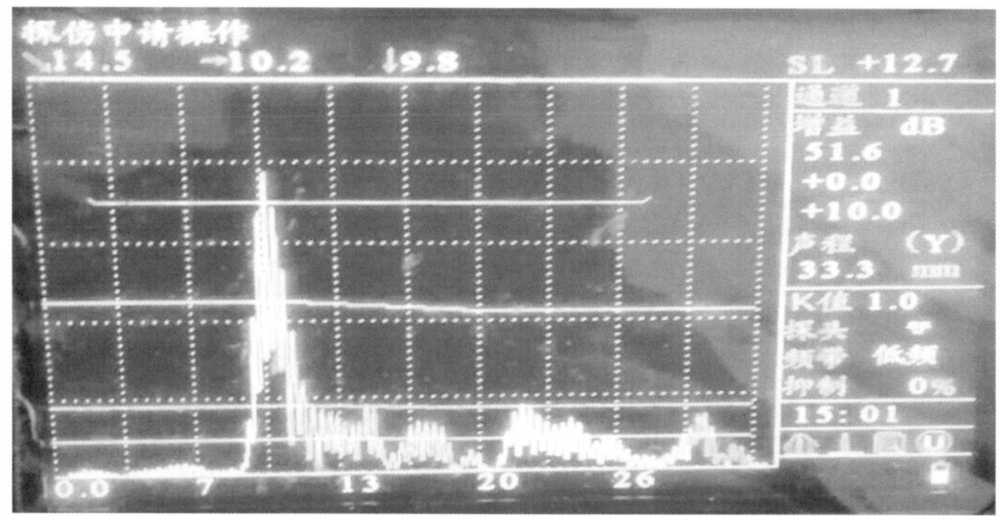

图 3　10mm 深 ϕ2mm 长横孔反射波幅

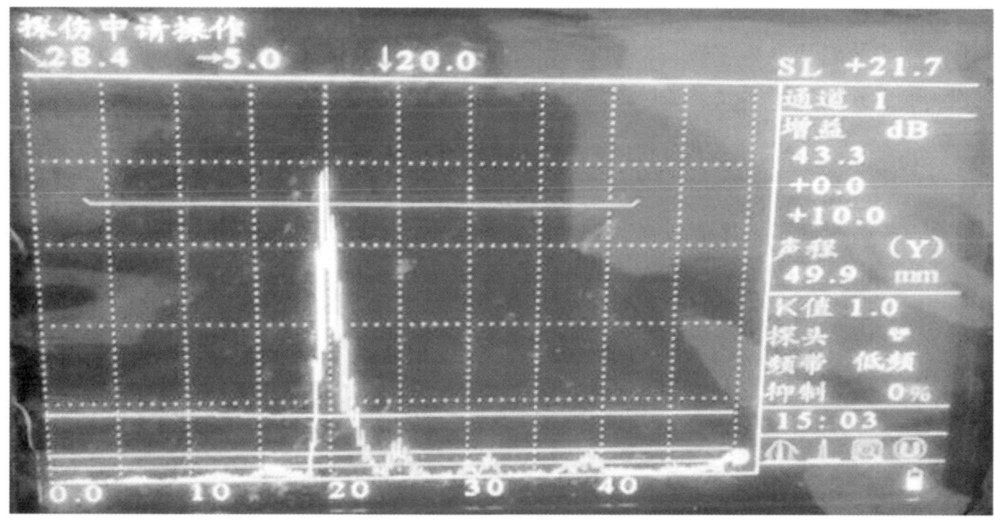

图 4　20mm 深 ϕ2mm 长横孔反射波幅

3　检测

使用 K1、K2 两种 K 值探头的双晶纵波斜探头用直射法在焊接接头单面实施检测，扫查灵敏度不应低于评定线灵敏度，此时在检测范围内最大声程处的评定线高度不应低于荧光屏满刻度的 20%。由于本次检测重点是对压力容器内表面缺陷进行的补充检测，因此，对于内表面附近波幅超过评定线的回波，应根据探头位置、方向、反射波位置及焊接接头情况，判断其是否为伪缺陷。为避免变形横波的干扰，应重点观察显示屏靠前的回波。

为检测纵向缺陷，斜探头应在垂直于焊接接头方向作锯齿型扫查。探头前后移动的距离应保证声速扫查到整个焊接接头截面及热影响区。扫查时，探头还应做 10°～15°的转动。

为检测横向缺陷，可在焊接接头两侧边缘使斜探头与焊接接头中心线成不大于 10°的斜平行扫查。

4　缺陷定量

对缺陷波幅达到或超过评定线的缺陷，应确定其位置、波幅和指示长度；缺陷位置应以获得缺陷最大反射波幅为准；当缺陷反射波只有一个高点，且位于Ⅱ区或Ⅱ区以上时，用－6dB法测量其指示长度；当缺陷反射波峰有多个高点，且位于Ⅱ区或Ⅱ区以上时，应以端点－6dB法测量其指示长度；当缺陷最大反射波幅位于Ⅰ区，将探头左右移动，使波幅降到评定线，用评定线绝对灵敏度法测量缺陷指示长度。

5 缺陷评定

超过评定线的回波应注意其是否具有裂纹等危害性缺陷特征，并结合缺陷位置、动态波形及工艺特征做判断；相邻两缺陷间距小于较小缺陷长度时，作为一条缺陷处理，两缺陷之和作为单个缺陷指示长度；条状缺陷近视分布在一条直线上时，以两端点距离作为其间距；点状缺陷以两缺陷中心距离作为间距。

6 质量分级

① 焊接接头不允许存在裂纹、未熔合和未焊透缺陷。

② 评定线以下的缺陷均评为Ⅰ级。

③ 焊接接头质量分级按下表执行。

表1 奥氏体不锈钢对接接头内表面缺陷超声检测质量分级

等级	工件厚度 t/mm	反射波幅所在区域	允许的单个缺陷指示长度/mm
Ⅰ	5-80	Ⅰ	≤40
		Ⅱ	$L\leqslant t/3$,最小可为10
Ⅱ	5-80	Ⅰ	≤60
		Ⅱ	$L\leqslant 2t/3$,最小可为12,最大不超过40
Ⅲ	5-80	Ⅱ	超过Ⅱ级者
		Ⅲ	所有缺陷(任何缺陷指示长度)
		Ⅰ	超过Ⅱ级者

7 发现表面小缺陷能力的对比试验

为验证该检测工艺对不锈钢制压力容器内部表面小缺陷的发现能力，我们委托专业的试块加工单位制作了5mm及10mm厚的两块模拟缺陷试板（5mm模拟缺陷试板见图5），模拟表面裂纹的0.5mm×6mm线切割槽三个，深度分别为1mm、2mm、3mm。模拟表面气孔的ϕ1mm气孔三个，深度分别为1mm、2mm、3mm（见图6），使用该工艺制作的波幅曲线对三个线切割槽进行检测，反射缺陷波清晰可见，灵敏度符合要求（模拟缺陷反射波形见图7～图9）。但是，对三个表面气孔的检测，灵敏度不符合要求。

图5 板厚5mm模拟缺陷试板

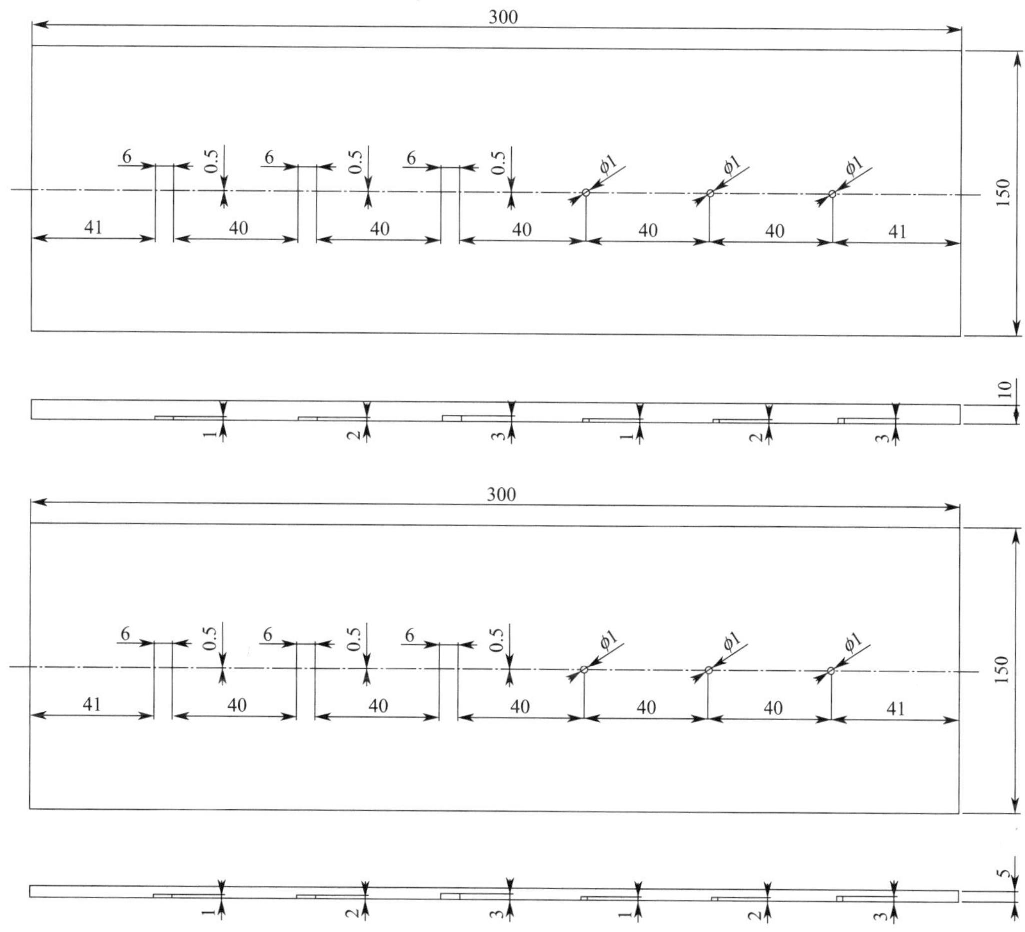

图 6　板厚 5mm 和 10mm 模拟缺陷试板尺寸

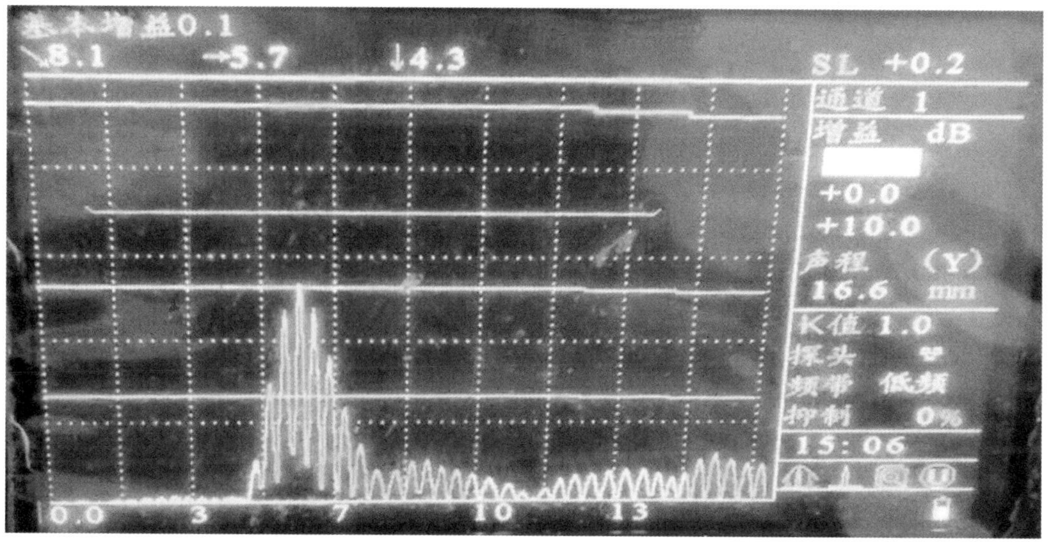

图 7　1mm 深度 1×6 线切割槽模拟缺陷反射波形

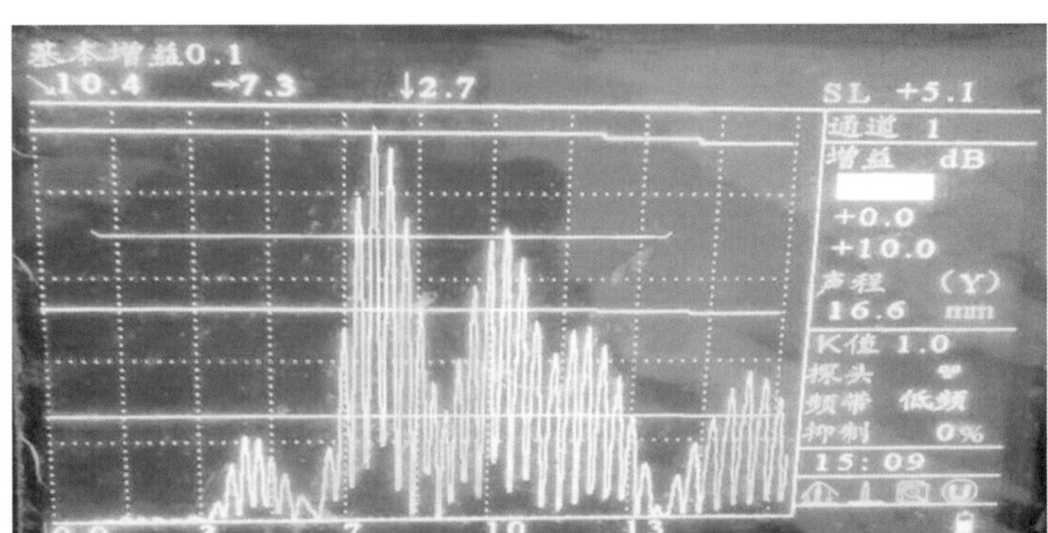

图 8　2mm 深度 1×6 线切割槽模拟缺陷反射波形

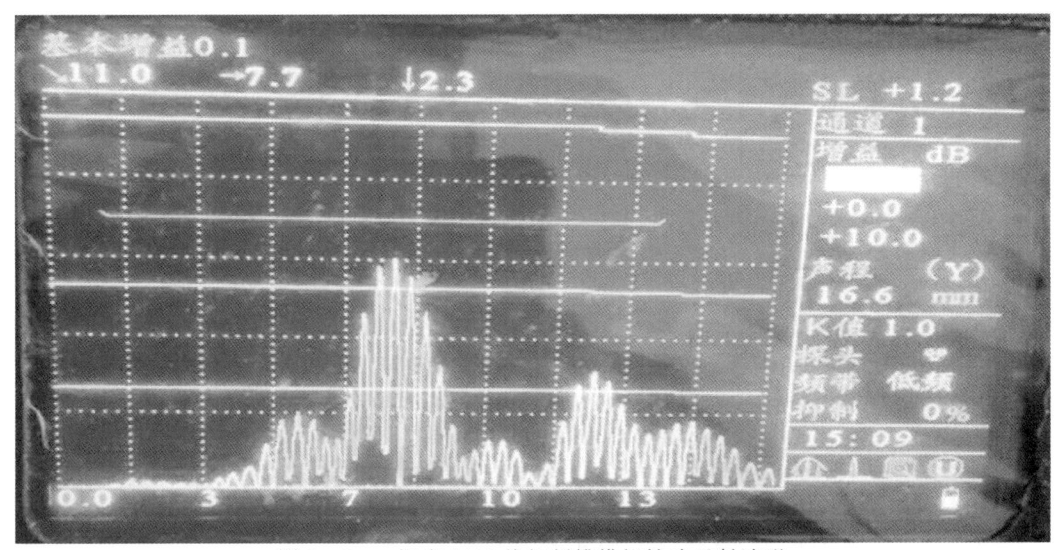

图 9　3mm 深度 1×6 线切割槽模拟缺陷反射波形

8　结论

上述检测方法通过洛阳中硅高科技有限公司检验检测实践，得出如下结论：

① 本检测方法对于许多因各种原因无法进行内部检测的压力容器对接接头内表面缺陷检测效果较好，可作为压力容器无法进行内部检验的补充检测。

② 此检测方法可以推广到对压力容器筒体、封头内表面缺陷的检测。

③ 通过对人工模拟缺陷的对比试验，采用双晶纵波斜探头对奥氏体不锈钢对接接头内表面缺陷进行检测，不仅适用于 10～80mm 工件厚度，对于板厚为 5～9mm 的奥氏体不锈钢内表面缺陷检测，灵敏度同样符合要求。建议将 NB/T 47013.3—2015 附录 I（资料性附录）《奥氏体不锈钢对接接头超声检测方法和质量分级》适用工件厚度下限扩大到 5mm。

参考文献

[1]　NB/T 47013.3—2015《承压设备无损检测》.

低温绝热气瓶的失效模式与特点

宁　晔

江苏省特种设备安全监督检验研究院，常州 213016

摘　要： 低温绝热气瓶（焊接绝热气瓶、汽车用液化天然气气瓶）目前已广泛应用于许多行业，但目前还缺少对其失效模式的完整分析。本文针对低温绝热气瓶在结构、材料、介质、使用环境等方面的特点，结合日常使用和检验中发现的问题，较为全面地分析了低温绝热气瓶失效模式的种类，以及失效原因和特点。低温绝热气瓶由于其特点，不会发生蠕变断裂、蠕变、蠕变失稳、冲蚀、环境助长开裂、渐进塑性变形、环境助长疲劳造成的失效。低温绝热气瓶主要存在的失效模式有：脆性断裂、韧性失效、过度变形引起的密封接头泄漏或其他功能失效、弹性或弹塑性失稳（垮塌）等 4 种短期失效模式，以及交替塑性，应变疲劳 2 种循环失效模式。此外，绝热性能失效和阀门和安全附件失效也是发生较多的失效模式。

关键词： 气瓶；低温；绝热；失效模式

Failure mode and characteristics of cryogenic insulated cylinders

Ning Ye

Special Equipment Safety Supervision Inspection Institute of Jiangsu Province, Changzhou, 213016

Abstract: Cryogenic insulated cylinders (Welding insulated cylinders, Liquefied natural gas cylinders for vehicles) are now widely used in many industries, but there is currently no complete analysis of their failure modes. In view of the characteristics of structure, materials, medium and use environment for cryogenic insulated cylinders, combining the problems found in daily use and inspection, the types of failure mode of cryogenic insulated cylinders, as well as the causes and characteristics of failures, are comprehensively analyzed. Due to its characteristics, cryogenic insulated cylinders do not undergo creep rupture, creep, creep instability, erosion, environmentally assisted cracking, progressive plastic deformation, and environmentally assisted fatigue. The main failure modes of cryogenic insulated cylinders are: brittle fracture, ductile failures, excessive deformations leading to leakage at joints or other loss of function, elastic or elastic-plastic instability (buckling) , alternating plasticity, strain fatigue. In addition, failure of thermal insulation and failure of valves and safety accessories are also a number of failure modes.

Keywords: Cylinder; Cryogenic; Insulate; Failure mode

0　引言

低温绝热气瓶目前已广泛应用于我国的许多行业，尤其是在工业和交通运输领域。不同于其他气瓶

作者简介：宁晔，1967 年生，男，高级工程师，主要从事承压类特种设备检验和技术研究。

的单层结构，低温绝热气瓶的结构较为复杂，由内胆、外壳、内部支撑、内外部管路、阀门、仪表、安全附件等组成。内胆上缠绕或包裹着绝热材料，内胆和外壳之间的夹层呈高真空状态，使夹层具有良好的绝热性能。低温绝热气瓶主要用来贮存、运输深冷液化气体，目前主要有二大类产品：一类是焊接绝热气瓶，又称“杜瓦瓶”，介质通常为液氮、液氧、液氩、液态二氧化碳、液态氧化亚氮和液化天然气(LNG)，主要用于工业领域，典型结构见图 1；另一类是汽车用液化天然气气瓶（以下简称：车用LNG 气瓶），主要作为交通运输车辆的 LNG 燃料箱，典型结构见图 2。

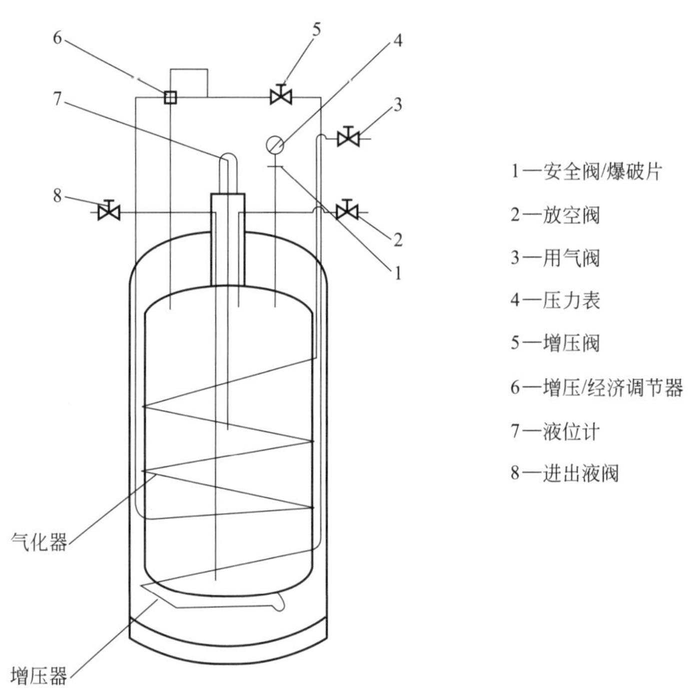

图 1 焊接绝热气瓶结构图

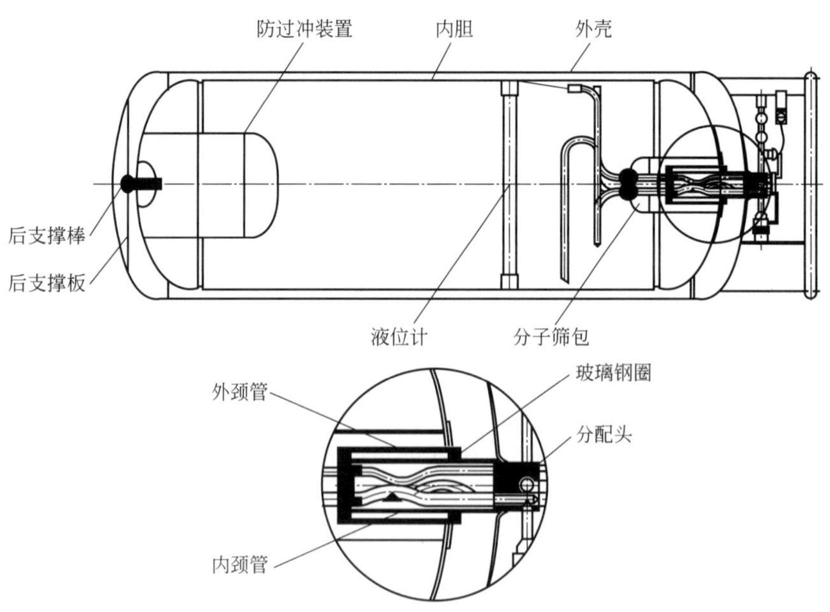

图 2 车用 LNG 气瓶结构图

低温绝热气瓶自 20 世纪末才在我国开始得到应用，经过多年的快速发展，目前我国已形成完整的低温绝热气瓶设计、制造、使用、检验和安全监管体系，制造、使用、充装、试验与检验等方面的国家标准大部分已经颁布，国家市场监管总局 TSG R0006—2014《气瓶安全技术监察规程》和 TSG R0009—2009《车用气瓶安全技术监察规程》也对低温绝热气瓶的安全监管提出了详细的要求。对低温绝热气瓶的失效模式也有了较深入的研究，如古海波等[1] 对车用LNG气瓶跌落的失效模式进行了分析，古纯霖、周天送等[2,3] 对车用LNG气瓶振动的失效模式进行了分析，但目前还缺少对低温绝热气瓶失效模式全面完整的论述。作者多年从事低温绝热气瓶的检验工作，试图依据经典失效模式理论，针对低温绝热气瓶的特点，结合日常使用和检验中发现的问题，对低温绝热气瓶的失效模式及特点进行较为全面的分析。

1　低温绝热气瓶的主要失效模式

失效指"产品终止完成规定功能的能力这样的事件"[4]、"系统、结构或部件丧失规定的功能。可以是可能发生或已经发生的失效。"[5]。对于承压特种设备，"失效是损伤积累到一定程度，承压设备强度、刚度或功能不能满足使用要求的状态"[6]。按照我国的特种设备安全监管体系，低温绝热气瓶属于压力容器中的一个品种，它与其他种类压力容器的失效模式有很多共性，又由于低温绝热气瓶在结构、介质、使用环境等方面的特殊性，使得低温绝热气瓶的失效模式又具有自身的特点。

我国目前还未颁布承压设备失效模式的标准分类方法，各种文献对失效模式的分类区别较大，近年引用较多、比较全面的是ISO 16528-1：2007《Boilers and pressure vessels —Part 1：Performance requirements》对失效模式分类方法[7]，该标准将失效模式分为三大类，共13种。

① 短期失效模式，指施加了导致立即失效的非循环载荷引发的失效模式。此类失效模式共有4种，即：脆性断裂，韧性失效，过度变形引起的密封接头泄漏或其他功能失效，弹性或弹塑性失稳（垮塌）。

② 长期失效模式，指施加了导致延迟失效的非循环载荷引发的失效模式。此类失效模式共有5种，即：蠕变断裂，蠕变，蠕变失稳，冲蚀与腐蚀，环境助长开裂。

③ 循环失效模式，指施加了导致延迟失效的循环载荷引发的失效模式。此类失效模式共有4种，即：渐进塑性变形，交替塑性，应变疲劳，环境助长疲劳。

由于低温绝热气瓶为奥氏体不锈钢材质（如：06Cr19Ni10），日常正常使用压力一般小于1.0MPa，日常使用环境温度－40～60℃，介质温度因介质不同在－50～－196℃之间，不存在引发蠕变失效的损伤机理。介质也比较单一，并且经深冷处理后杂质极少（如LNG汽化后实测H_2S小于$1mg/m^3$，而三类管道天然气H_2S一般超过$300mg/m^3$），当处于深冷状态时，介质不会对内胆、管路产生腐蚀。除外壳可能产生腐蚀失效外，可以排除内胆的腐蚀失效、环境开裂失效、环境助长疲劳失效。气瓶作为贮存包装容器，不会有冲蚀。也不会存在渐进塑性变形（热棘轮）失效机理。除这些失效以外，其他种类的失效模式多多少少都会在低温绝热气瓶中存在。

低温绝热气瓶正常使用主要依托其良好的绝热性能，绝热性能过度降低会直接导致气瓶不能正常、安全使用，因此绝热性能失效是低温绝热气瓶的必须考虑的失效模式。此外，阀门、安全附件等是气瓶的重要部件，直接影响到气瓶的正常安全使用，因此阀门和安全附件的失效也应列入气瓶的失效模式。

2　低温绝热气瓶失效模式的特点

下文针对低温绝热气瓶可能发生的失效模式，对各类失效模式的特点、失效原因进行分析。

2.1　脆性断裂失效

脆性断裂失效是指气瓶在正常压力范围内，没有发生或未充分发生塑性变形时就破裂或爆炸。通常压力容器的脆性破裂多发生在温度较低或温度突变时，材料的韧性和延展性大幅下降，在内应力或外力的作用下导致脆性断裂。由于低温绝热气瓶主要选用奥氏体不锈钢，内部部分管路为紫铜管材质，部分支撑为环氧玻璃钢材质，在低温情况下仍能保证良好的材料性能，因此气瓶本体母材不会发生脆性断裂。

低温绝热气瓶的脆性断裂主要发生于有严重焊接缺陷的焊缝处，在冲击载荷（高空跌落、强撞击）的作用下发生脆性断裂，断裂时并无宏观塑性变形或变形量很小[1]。

2.2 韧性失效

韧性失效主要指韧性断裂失效，气瓶承受的内压力超出安全限度后，先出现塑性变形，随着压力继续增大就会产生破裂或爆炸。韧性断裂失效是后果最严重的失效模式。特点是：内压力极高，超过了气瓶最高工作压力、设计压力，并且达到了气瓶的爆破压力值；气瓶发生破裂前，就有明显的变形，破裂处的器壁显著减薄；断口呈撕裂状；发生韧性破裂的时通常无碎片飞出，但据文献［8］，液氧低温绝热气瓶爆炸当量巨大，爆炸后瓶体呈碎片状[8]。

产生“超压”原因主要有：违反操作规程，操作失误引起超压，如耐压试验时操作失误，导致试验压力过高；超压泄放装置失灵，当气瓶绝热性能不良或发生介质“冷热分层”引发“翻滚”时，瓶内介质过度蒸发，导致内胆压力快速升高；外壳泄放口被堵塞，当内胆发生内漏时，引发外壳超压；过量充装，致使气相安全空间过小，当温度升高时造成内胆超压；充装错误，如盛装液氧的气瓶充装了 LNG，引发爆炸；液氧气瓶内混入油脂或可燃物，在充装时发生化学反应，甚至爆炸。

2.3 过度变形引起的密封接头泄漏或其他功能失效

此类失效常称为“刚度失效”，因结构的刚度不足，或在较大的内应力或外力作用下发生过度的弹性或塑性变形。对于压力容器，主要体现在因密封面过度变形，导致压紧力减小而产生泄漏。由于低温绝热气瓶各部件主要通过焊接连接，内部几乎没有密封面，密封失效主要发生在气瓶阀门与外部管路的密封接头上。

此外，由于气瓶外壳壁厚较薄，并且夹层为真空状态，气瓶在外力（如撞击，不妥当吊运等）作用下，极易变形内凹，在外壳与内胆之间形成“热桥”，降低夹层的绝热性能。GB/T 34347—2017《低温绝热气瓶定期检验与评定》的起草单位经过实验，确定了凹坑变形失效的临界标准：当外壳凹坑深度大于或等于 12mm，并且凹坑长度大于或等于外壳周长的 13%时，将会导致气瓶的绝热性能不满足使用要求[9]。

2.4 弹性或弹塑性失稳（垮塌）失效

失稳失效指承受载荷或应力的结构发生了失去原有稳定几何形态的失效，分为弹性失稳失效（又称：屈曲失效）和弹塑性失稳失效（又称：垮塌失效、塑性失效）。

弹性失稳失效指结构承受压缩载荷达到临界状态时突然发生过大的变形。临界状态与材料的强度无关，而主要取决于结构的尺寸和材料的弹性性质。对于低温绝热气瓶，当夹层发生超压爆炸时，内胆也会同时发生屈曲现象[8]。对于外壳封头未采用加强筋结构的气瓶，当装满介质时发生跌落事故，外壳封头与分配头连接部分会在介质重量和跌落冲击力的双重作用下，发生屈曲失效[10]。此外，气瓶日常使用时，外壳因夹层为真空而承受大气的外压，产品标准已要求外壳按 0.21MPa 的外压力进行强度设计，所以一般不会发生外壳整体屈曲失效，作者目前未见此类案例，也不排除当环境压力发生变化（如落水）或外壳严重失圆时会发生屈曲失效。

弹塑性失稳失效指结构因拉伸塑性变形进入全面屈服状态的失效。当气瓶发生“超压”，内压力超出安全限度后，内胆或外壳发生整体或局部塑性变形，呈现整体或局部的“鼓胀”，但未发生破裂，这种失效模式可划为弹塑性失稳失效。

2.5 腐蚀失效

低温绝热气瓶为奥氏体不锈钢制，且介质比较单一，经深冷处理后杂质极少，介质不会对内胆、管路产生腐蚀。国外曾经解剖了使用了几十年的焊接绝热气瓶，均没有发现内胆发生腐蚀现象。虽然 GB

24159—2009《焊接绝热气瓶》允许外壳材料采用碳钢，但经作者调研，目前国内还没有使用碳钢外壳的焊接绝热气瓶产品，现有气瓶的外壳全部为奥氏体不锈钢制，目前还未有腐蚀导致外壳失效的案例。但对于车用 LNG 气瓶，碳钢制气瓶固定架发生腐蚀失效需进行更换、修理的情况较多。

2.6 交替塑性失效

交替塑性失效属低周期疲劳失效，在每个循环都发生塑性变形的区域（交替塑性），可以在相当少的循环中发生开裂。刘康林等[11] 经过实验，发现当低温绝热气瓶充装时预冷不足或未预冷，会使内胆受到低温热冲击，可以瞬间在材料表面产生很高的应力。当这种低温冲击应力达到或接近材料屈服强度时会诱发奥氏体不锈钢的马氏体相变，在多次热冲击应力波的振荡作用下，在内胆内壁的焊缝熔合区易诱发脆性断裂，产生微裂纹。这些微裂纹属微观级，不会导致强度失效。由于低温绝热气瓶的特殊结构，目前还没有对在用气瓶内胆进行无损检测的有效方法，当气瓶内长期、多次承受低温热冲击后，这些微裂纹是否会扩展为脆性裂纹还有待进一步研究。

2.7 应变疲劳失效

应变疲劳失效分为弹性应变疲劳（中高周期疲劳）失效和弹塑性应变疲劳（低周期疲劳）失效，指在远低于正常强度情况下的循环（交变）应力下，经过一定数量的循环，在应力集中区域逐渐扩展为脆性裂纹，导致最终断裂。对于 300 奥氏体不锈钢，虽然没有确切的疲劳待久极限，但发生应变疲劳失效的许用循环次数通常为 10^4～10^7 次[6]。对于低温绝热气瓶，在到达寿命期限前，因介质内压波动引起应力循环次数达不到此循环极限，所以内胆材料一般不会因介质内压波动产生疲劳失效。

对于低温绝热气瓶，振动疲劳是其疲劳失效主要原因，主要发生于车用 LNG 气瓶上，是车用 LNG 气瓶失效的主要原因之一。气瓶在车辆行驶过程中因路面平整度不一而受到频繁振动，以及需要频繁的加、减速，由此产生的循环惯性载荷和介质冲击载荷极易在气瓶的瓶体、内部支撑、内外部管路，以及固定架、绑带处产生疲劳失效。文献［2］对 43 只车用 LNG 气瓶进行了振动试验，26 只出现了开裂，失效率达 60%，文献［3］收集到的全国车用 LNG 气瓶振动试验失效率达 25%，主要的开裂部位有：前端分配头与外壳封头焊接处，夹层增压管与封头连接处，分配头上接管断裂，后端支撑棒断裂，捆绑带断裂。作者所在单位和其他检验单位，在对车用 LNG 气瓶的定期检验中也发现多起管路疲劳开裂和捆绑带疲劳断裂。

需要重点说明的是，车用 LNG 气瓶在我国的实际应用还不到十年，目前对气瓶的振动疲劳的研究还不很充分，气瓶标准中也仅给出内胆壁厚和外壳壁厚的设计方法[12]，对气瓶抗振设计还没有统一的方法和要求；气瓶振动试验虽然能考核气瓶结构的抗振性能，但仅在气瓶定型前进行，难以考核产品的实际抗振性能，与车辆行驶中的实际振动情况还不完全相符；对车用 LNG 气瓶的定期检验工作才刚开始，对气瓶内部部件的疲劳损伤情况还缺乏有效的检验手段，失效案例收集也不充分。由于车用 LNG 气瓶介质容量大，作为交通工具，一旦发生事故后果十分严重。因此必须进一步加大对车用 LNG 气瓶抗振性和失效模式，尤其是振动疲劳失效预防的研究力度。

2.8 绝热性能失效

绝热性能失效是深冷绝热设备特有的一种失效形式。因夹层绝热性能下降或丧失，导致介质快速蒸发，失去了作为深冷绝热设备的基本功能。体现为介质保存时间短，频繁排气，气瓶外部严重结霜或结露。一只完全失去夹层真空度的气瓶，瓶内介质在几小时内就会全部蒸发。对于 LNG 和液氧气瓶，频繁排气易引发燃烧或爆炸等事故，对于其他介质，在小空间里频繁排放还会引发窒息事故。当超压泄放装置失灵时，绝热性能差还会产生内胆超压。对于车用 LNG 气瓶，如果绝热性能差，当遇车辆火灾时，在短时间内就会大量排放，进而扩大事故，甚至引发爆炸事故。因此，绝热性能失效是低温绝热气瓶必须重点考虑的失效模式。

产生绝热性能失效原因主要有：因夹层内各种材料的放气，夹层漏率超标，振动疲劳引发的内部管路泄漏，外壳泄放口泄漏等原因，导致夹层真空度降低或丧失；气瓶内胆绝热材料缠绕质量差，因振动等原因导致溃散，严重影响夹层绝热性能；另外，外壳凹坑的热桥效应也会导致夹层绝热性能的降低。

2.9 其他失效

除上述失效模式外，低温绝热气瓶还会因使用不当、野蛮操作等原因导致影响使用安全，如因跌落、撞击、敲击、挤压，造成气瓶防护框、瓶口防护圈、气瓶底座发生严重损坏。阀门及安全附件损坏也会严重影响气瓶的安全使用，如阀门开裂、阀芯损坏；安全阀开启压力过高或过低，失去安全泄放作用，甚至有车用 LNG 气瓶的二只高、低安全阀误换了安装接口，导致在车内排气的严重事故隐患；爆破片擅自拆除或爆破压力不匹配；外壳泄放口被焊堵。这类失效导致的不合格在作者单位检验的气瓶中占很大比例。

3 结论

通过对比经典的失效模式理论，对低温绝热气瓶失效模式和特点进行了分析，有如下结论：

① 低温绝热气瓶因其材质、介质和使用环境的特点，不会发生蠕变断裂、蠕变、蠕变失稳、冲蚀、环境助长开裂，腐蚀也仅为气瓶外壳腐蚀，并且一般不会造成失效。也不存在渐进塑性变形、环境助长疲劳的失效模式。

② 低温绝热气瓶主要的失效模式有：脆性断裂、韧性失效、过度变形引起的密封接头泄漏或其他功能失效、弹性或弹塑性失稳（垮塌）等 4 种短期失效模式，以及交替塑性，应变疲劳 2 种循环失效模式。此外，绝热性能失效和阀门和安全除附件失效也是发生较多的失效模式。

③ 我国对低温绝热气瓶失效模式研究还不很充分，尤其是应进一步加强对车用 LNG 气瓶失效模式及失效预防的研究。

参考文献

［1］ 古海波．车用 LNG 气瓶跌落试验典型失效模式［J］．低温与特气，2017，35（2）：52-53.
［2］ 古纯霖，等．汽车用大容积 LNG 气瓶振动试验典型失效案例汇总及分析［J］．中国特种设备安全，2018，34（6）：30-33.
［3］ 周天送．车载低温绝热气瓶抗振性能研究［D］．大连：大连理工大学，2016.
［4］ GB/T 3187—1994 可靠性、维修性术语［S］.
［5］ GB/T 26610. 1—2011 承压设备系统基于风险的检验实施导则 第 1 部分 基本要求和实施程序［S］.
［6］ GB/T 30579—2014 承压设备损伤模式［S］.
［7］ ISO 16528—1：2007（E）Boilers and pressure vessels —Part 1：Performance requirements［S］.
［8］ 李文炜．一起液氧焊接绝热气瓶爆炸事故的深度分析及反思［J］．中国特种设备安全，2016，31（12）：75-76.
［9］ GB/T 34347—2017 低温绝热气瓶定期检验与评定［S］.
［10］ 陆怡，等．立式低温绝热气瓶外壳上封头顶部下塌分析及防治［J］．塑性工程学报，2014，21（5）：150-155.
［11］ 刘康林，等．焊接绝热气瓶定期检验与评定问题［J］．化工机械，2011，38（3）：280-282.
［12］ GB/T 34510—2017 汽车用液化天然气气瓶［S］.

塑料衬里压力容器内衬层的CIVA仿真超声检测研究

刘重阳　王国圈

上海市特种设备监督检验技术研究院，上海 200062

摘　要： 塑料衬里压力容器在制造及长期使用过程中易产生衬里与金属基体脱粘、衬里层气泡、分层甚至开裂等缺陷，而目前的定期检验基本上以宏观检验为主，缺乏有效的无损检测手段。本文选用了特定的探头，采用CIVA仿真软件超声模块对聚四氟乙烯（PTFE）塑料衬里压力容器的内衬层进行了缺陷的仿真研究。模拟研究表明采用ϕ6mm的双晶聚焦探头对PTFE衬里容器可有效的检出衬里层的分层、气泡以及衬里与钢界面的脱粘等缺陷。

关键词： 塑料衬里；超声检测；CIVA；压力容器

Study of ultrasonic test of plastic-lined pressure vessel from plastic side based on CIVA simulation

Liu Chong-yang[1], Wang Guo-quan

Shanghai Institute of Special Equipment Inspection and Technology, Shanghai 200062

Abstract: Plastic-lined pressure vessel usually exhibits defects such as debonding between liner and metal matrix, bubbles, delamination or even cracking during long-term use. Presently, periodic inspection is mainly based on visual inspection, no effective non-destructive testing method can be used. Specific ultrasonic probe was choosing in simulation of Polytetrafluoroethylene (PTFE) lined pressure vessel using CIVA. The results indicating that focus probe with double crystal is effective to detect debonding、bubbles and delamination of both liner materials.

Keywords: Plastic lining; Ultrasonic testing; CIVA simulation; Pressure vessel

0　引言

塑料衬里压力容器是以金属或非金属结构材料为基体，采用各种工艺内衬一层塑料层的压力容器。塑料的耐腐蚀、防粘接以及防结垢等优点与基体的耐高压、耐高强相结合，在化工生产中广泛应用。用于衬里的材料种类较多，主要有四氟乙烯和乙烯共聚物（ETFE）、聚全氟乙丙烯（FEP）、可熔性聚四氟乙烯（PFA）、聚四氟乙烯（PTFE）、聚偏氟乙烯（PVDF）以及三氟乙烯与乙烯共聚物（ECTFE）等氟类聚合物以及聚乙烯（PE）、聚丙烯（PP）、聚烯烃共聚物（PO）、聚氯乙烯（PVC）等通用塑料[1]。

塑料衬里压力容器的成型工艺较多，包括挤压法、模压法、液压法、黏结法、焊接法、缠绕法、喷涂法、滚塑法等[2]。不同厂家成型工艺及生产能力的差异使得产品质量差异较大。另一方面，塑料内

基金项目：上海市质量技术监督局公益科研项目“塑料衬里压力容器的在役检验研究”（项目编号：2016-14）。

作者简介：刘重阳，1988年生，男，工程师，博士，主要从事非金属承压设备的老化机理及检验研究。

部存在可供分子运动的“自由体积”[3]，长期使用过程中小分子介质对塑料具有“溶胀”作用。同时，塑料与金属材料间存在显著的膨胀系数差异[4]。这些因素使得衬里层可能出现分层、气泡以及衬里与钢界面的脱粘甚至开裂等缺陷。在使用过程，缺陷的不断发展使得衬里层逐渐失效，进而导致强腐蚀介质渗漏，影响压力容器使用安全。

目前关于塑料衬里压力容器的制造检验主要方法主要包括电火花、耐低温、耐高温、耐真空、热胀冷缩以及压力试验等。《固定式压力容器安全技术监察规程》（TSG 21—2016）中关于塑料衬里压力容器的定期检验也以宏观检验为主，对塑料衬里内部缺陷缺乏有效的无损检测手段。另一方面，许多塑料对超声波的衰减作用较大，常规设备及探头难以有效检测，且对常出现的塑料与金属的结合面脱粘缺陷检测困难。

1 研究方法

CIVA 仿真软件是一种专业的无损检测仿真软件，广泛用于金属、非金属以及复合材料的无损检测研究[5]。本研究采用 CIVA 仿真模拟软件超声模块，型号为 2MHz ϕ6mm 的双晶聚焦探头，以衬里层常用材料聚四氟乙烯（PTFE）为研究对象（试样厚度：衬里层 5mm；钢层 10mm），分别对衬里层进行了不同程度的脱粘、不同深度的分层以及气泡等缺陷的模拟研究。PTFE 的参数如表 1 所示。

表 1 PTFE 及 PE 的 CIVA 模拟参数

材料	声速/(m/s)	密度/(g/cm^3)	声阻抗/[g/(cm^2·s)]
PTFE	1450	2.17	0.32×10^6

2 研究结果

2.1 无缺陷模拟结果

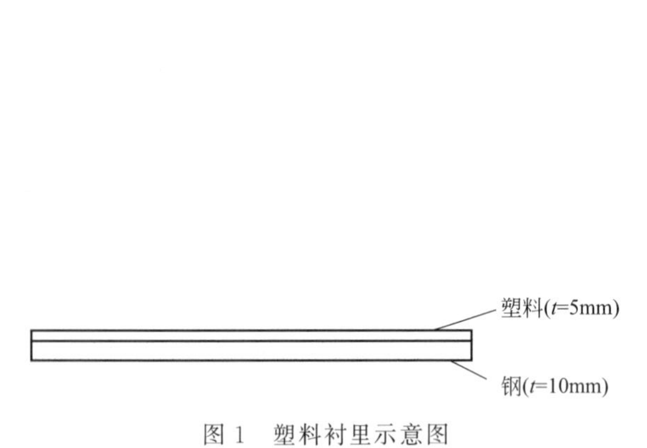

图 1 塑料衬里示意图

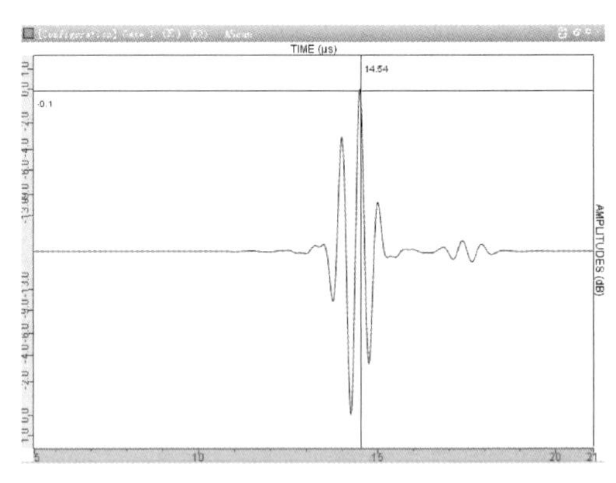

图 2 无缺陷的 CIVA 模拟超声回波波形

对于无缺陷的试样，图 2 中可以明显看出塑料与钢黏结界面以及钢与空气界面的回波波形。

2.2 分层缺陷

我们定义了从 1～4mm 深的分层缺陷，从其超声回波波形可以看出，不同深度的分层缺陷均在相应位置出现了明显的缺陷回波。因此，使用 2MHzϕ6mm 的双晶聚焦探头对于分层缺陷具有较好的检出效果，信噪比较高。同时我们发现了一个明显的规律：随着分层缺陷深度增加，缺陷回波波幅逐渐提高。

2.3 气泡缺陷

由图 4 可以看出，对于衬里层内部 ϕ3mm 的气泡缺陷，CIVA 模拟显示 2MHzϕ6mm 的双晶聚焦探

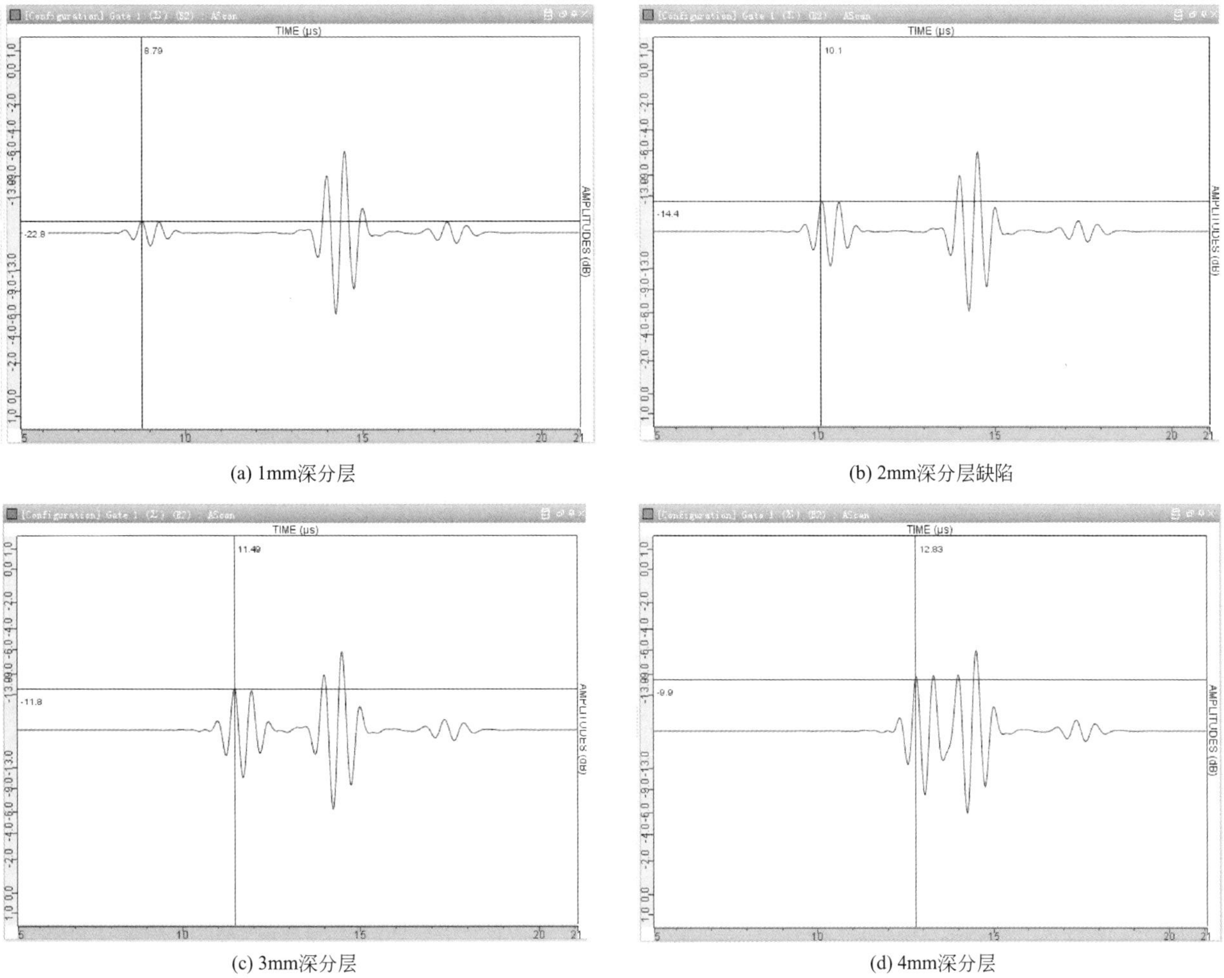

(a) 1mm深分层

(b) 2mm深分层缺陷

(c) 3mm深分层

(d) 4mm深分层

图 3　不同深度分层缺陷的 CIVA 模拟回波波形

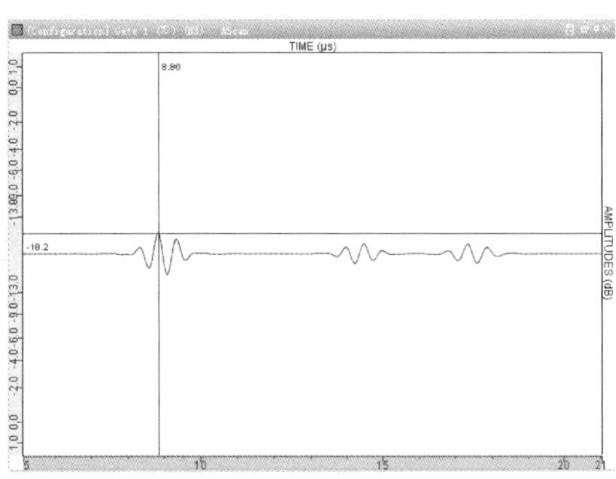

图 4　ϕ3mm 气泡缺陷的 CIVA 模拟超声回波波形

头也具有较好的检出效果。

2.4　界面脱粘

对于界面脱粘缺陷，我们定义了 ϕ4～ϕ16mm 大小的圆形脱粘区域。由图 4 可以看出，当探头移动到界面脱粘区域，界面回波波幅显著降低。而对于不同大小的脱粘区域，其回波波幅基本相同。

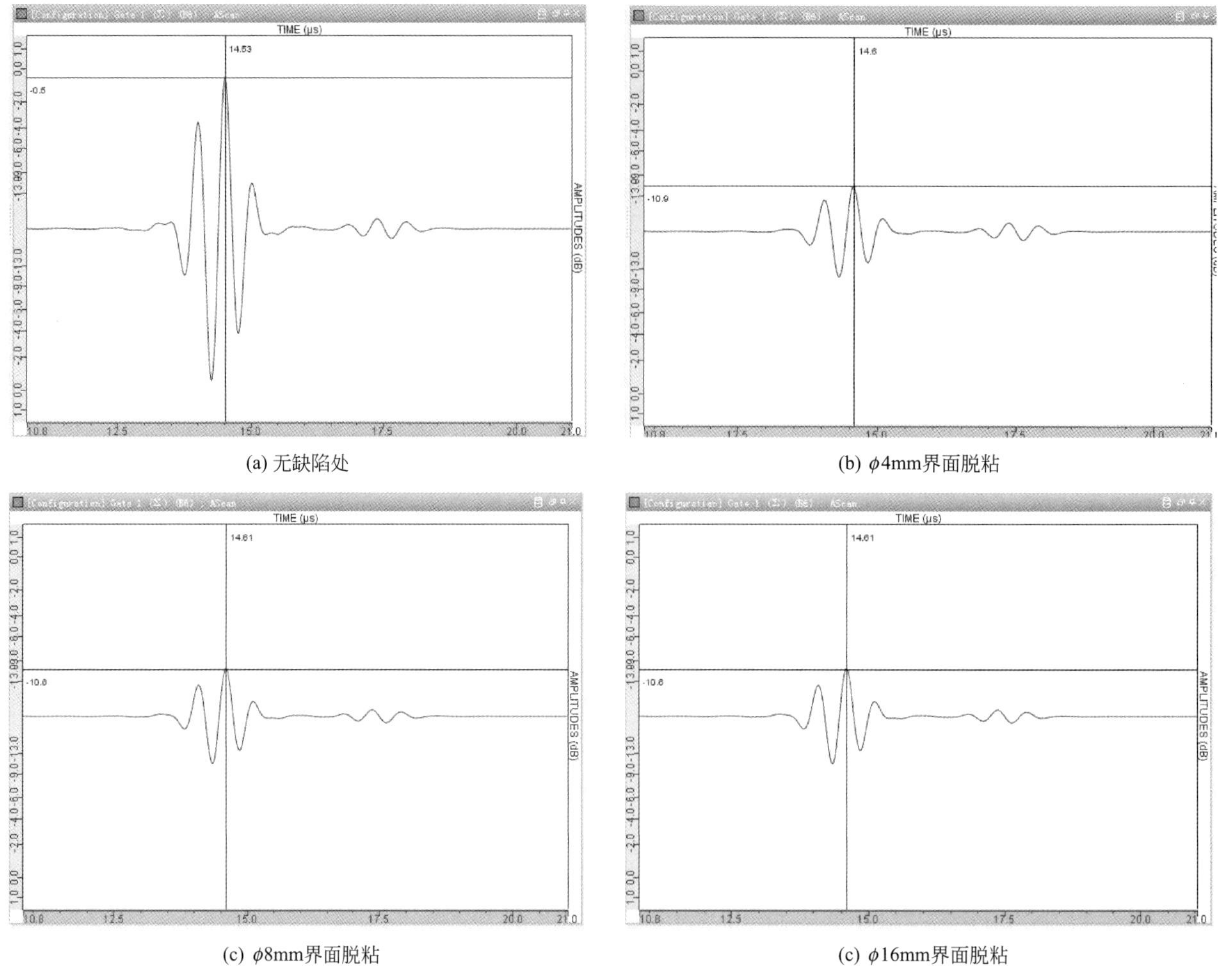

(a) 无缺陷处　　(b) ϕ4mm界面脱粘

(c) ϕ8mm界面脱粘　　(c) ϕ16mm界面脱粘

图 5　界面脱粘缺陷 CIVA 模拟超声回波波形

3　结论

经 CIVA 仿真超声模块对 PTFE 衬里层的复合材料进行研究表明，采用 2MHzϕ6mm 的双晶聚焦探头可以有效地检测衬里层的分层、气泡以及衬里与钢界面的脱粘等缺陷：对于分层缺陷，不同深度的分层均在相应位置出现了缺陷的回波，且回波波幅随这缺陷深度增加而增加；气泡和界面脱粘缺陷的回波波幅也都比无缺陷的波幅小，且对于界面脱粘缺陷，其回波波幅与脱粘区域的大小无关。

参考文献

［1］ 侯一兵．塑料衬里化工设备标准化体系的分析与研究［J］．化工装备，2012，14 (6)：8-11.

［2］ 郑伟义，等．非金属承压设备的耐腐蚀性及应用［M］．北京：科学出版社 2017.

［3］ 韩哲文，等．高分子科学教程［M］．第 2 版．上海：华东理工大学出版社，2005.

［4］ 黄国家，等．塑料及其衬里压力容器的失效模式［J］．广东化工，2018，(9)：200-201.

［5］ 白小宝，等．CIVA 仿真软件的实际应用［J］．无损检测，2011，33 (10)：36-39.

塑料内胆玻璃纤维全缠绕 LPG 复合气瓶的发展及其标准概述

韩　冰

大连锅炉压力容器检验检测研究院有限公司，大连 116013

摘　要： 塑料内胆玻璃纤维全缠绕复合气瓶具有重量轻、抗腐蚀、抗疲劳等优点，已经成为研究的热点。文中全面介绍了用于盛装 LPG 的此类气瓶在国内外的应用状况、气瓶的主要特点、国外标准的概况以及气瓶的主要型式试验项目等，同时也指出了我国制定塑料内胆玻璃纤维全缠绕 LPG 复合气瓶标准的主要指导思想。

关键词： LPG；塑料内胆；玻璃纤维；全缠绕；复合气瓶

Development of fully wrapped glass fiber reinforced composite cylinders for LPG and its standard condition

Han Bing

Dalian Boiler and Pressure Vessel Inspection & Testing Institute Co., Ltd., DaLian 116013

Abstract: Fully wrapped glass fiber reinforced composite cylinders have become a research focus because they exhibit many advantages such as light- weight and excellent resistance to fatigue and corrosion. This paper introduces the application of this type cylinder for LPG in domestic and abroad, the main features, overview of foreign standards, the main type tests and etc. And the main guideline for China to establish the standard of this type cylinder is also pointed out.

Keywords: LPG; Plastic liner; Glass fiber; Fully wrapped; Composite cylinders

0　引言

LPG 全称液化石油气，是一种成熟的燃料。截止到 2016 年，作为我国市场化程度最高的一个能源品种，LPG 在我国城市燃气中的表观消费量超过 4984.10 万吨。

目前，全国 LPG 钢瓶生产企业有近四十家，年产钢瓶 2500 万只。由于钢瓶具有同质性的特点，各竞争企业易陷入价格战，严重压缩了行业利润空间，影响了行业健康发展。

经过几十年的发展，钢瓶的一些缺点已经逐渐显现，例如易腐蚀，重量大，资源浪费等。目前一项全缠绕气瓶技术已经在国外成功商用，但国内尚处于空白状态。这项技术就是塑料内胆玻璃纤维全缠绕 LPG 复合气瓶（以下简称 LPG IV 型瓶）。LPG IV 型瓶具有轻质，安全，材料利用率高，寿命长等特点。因此，现在将该项技术引入 LPG 气瓶行业是个很好时机，既能满足客户对于安全，轻质，耐久，

基金项目：国家重点研发计划课题（编号：2017YFC0805604）。

作者简介：韩冰，1980 年生，女，汉族，硕士研究生，教授级高级工程师。

使用寿命长的要求，也能满足国家政策压缩钢铁产能的要求，并将逐步占领钢瓶的部分市场，成为新一代的 LPG 气瓶。

1 LPG IV 型瓶国内外发展概况

2001 年，挪威 Hexagon Ragasco 公司在参考了航天技术的基础上，成功开发出 LPG IV 型瓶，见图 1。该产品具有外观美观时尚、重量轻、易于携带、安全性高、瓶内 LPG 液位可视、无腐蚀易清理、环保等独特优点，一经面世，迅速风靡欧洲。迄今为止已有约 2000 多万只这类气瓶在世界各地使用，被誉为“二十一世纪的 LPG 气瓶”。

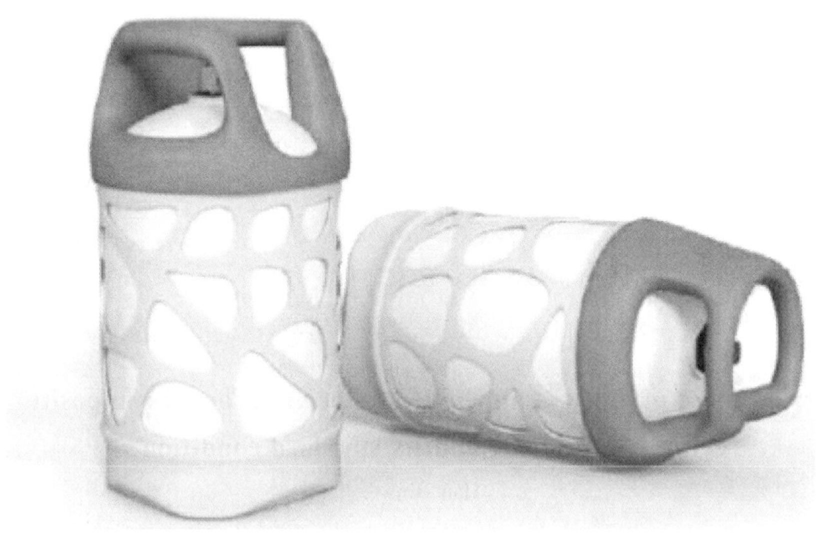

图 1 LPG IV 型瓶

由于 LPG IV 型瓶的诸多优势，应用领域更为灵活广泛，多个国家开始开发、生产和销售此类气瓶，甚至在某些国家出于自身的安全角度，防范恐怖威胁等方面考虑弃用钢瓶改为 LPG IV 型瓶。对于市场发达的欧美国家更多关注的是提升使用安全，同时增加市场竞争力。

经过 17 年在世界各国的使用，充分验证了 LPG IV 型瓶的安全性，轻便性以及无腐蚀性等性能。目前，全世界有 20 多家 LPG IV 型瓶的生产制造商，主要生产制造商见表 1，其中挪威的 Hexagon Ragasco 公司在行业中始终处于技术领先地位和市场主导地位，其在全球市场份额始终占据 35%以上，在欧美市场处于一家独大，挪威 Hexagon Ragasco 公司截至 2015 年，其在全球市场已经销售了 1200 万只 LPG IV 型瓶。印度有四家生产制造商，以 Litesafe 和 Supreme 最为突出，他们以绝对的价格优势成为南美、亚洲市场的主要供货商。

我国对于塑料内胆玻璃纤维全缠绕气瓶的研制和开发开始于 20 世纪 90 年代末，当时国内有两家气瓶制造厂制造该种类气瓶，但其是盛装压缩天然气作为汽车用燃料箱使用，盛装介质是 20MPa 的压缩天然气。但由于在使用过程中部分气瓶出现了天然气泄漏造成火灾甚至爆炸等重大事故，因此在使用几年后，到 2004 年该种类气瓶停止了生产。而对于盛装 LPG 的塑料内胆玻璃纤维全缠绕气瓶的研制和开发，国内目前只有两家制造企业正在研发该产品，设计年产量在 30 万只以上。

表 1 国外 LPG IV 型瓶的主要生产制造商

序号	公司名称	国别	产量
1	Hexagon Ragasco	挪威	140 万/年
2	The Supreme Industries Ltd	印度	60 万/年
3	Santek	土耳其	30 万/年
4	Gavenplast	委内瑞拉	30 万/年
5	Hyundai BS&E's ECONN	韩国	30 万/年

续表

序号	公司名称	国别	产量
6	Time Technoplast Ltd.	印度	140 万/年
7	Kompozit-Praha S. R. O.	捷克	20 万/年
8	Gastank Sweden AB Gastank Korea Co. Ltd	瑞典 韩国	20 万/年
9	Al Aman Gas Cylinders Manufacturing L. L. C. (AAGCM)	阿联酋 沙迦	100 万/年
10	Phacharasin Plastic and Trading	泰国	30 万/年

2 LPG IV 型瓶的主要特点

LPG IV 型瓶主要由内胆、阀座、缠绕层和保护外壳组成，内胆（见图 2）采用高密度聚乙烯或改性高密度聚乙烯经吹塑制成，阀座（见图 3）采用高密度聚乙烯包裹着金属镶件注塑而成，将阀座焊接在内胆上，在内胆的外表面上全缠绕浸有环氧树脂的玻璃纤维经固化形成承载的复合纤维层（见图 4），在复合纤维层外安装注塑的外壳，以保护纤维层和阀门。

图 2 内胆

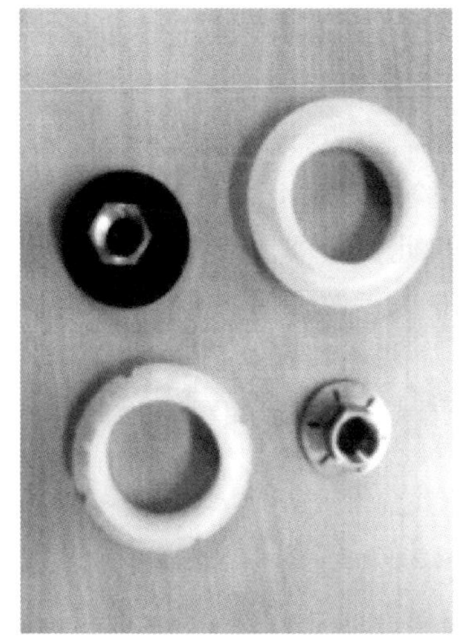

图 3 阀座

图 4 复合纤维层

与 LPG 钢瓶相比，LPG IV 型瓶具有以下特点。

① 外型美观及耐腐蚀性。全缠绕 LPG 气瓶因采用耐腐蚀的复合材料，不会出现钢瓶的腐蚀现象，外型保持时间较长，让用户使用有非常踏实的感觉。而且其保护外壳的形状和颜色可根据用户的要求进行设计，个性十足。

② 液位可视。因采用半透明的复合材料，气瓶内盛装的 LPG 的多少一目了然，方便用户判断是否应该充装，同时也使充装站容易判断是否充装适量，避免“过充”现象，保证气瓶安全。

③ 重量轻、易于携带。LPG IV 型瓶的重量仅为同容积钢瓶的 40%左右，加上符合人体工程学设计的软把手，携带、搬运十分方便，同时可降低运输成本。

④ 安全性高。LPG IV 型瓶的内胆采用塑料，对 LPG、大气和含硫水溶液的腐蚀有极高的抵抗性，不会因腐蚀而出现气瓶失效引起爆炸。气瓶缠绕层是各向异性的材料，在使用过程中不会出现穿透性裂纹，可保证气瓶的安全。

⑤ 寿命长。钢瓶的设计使用年限为 8 年，而 LPG IV 型瓶的设计使用寿命至少为 15 年，相比传统钢瓶来说，大大延长了产品的使用寿命。

3 LPG IV 型瓶的标准情况

2002 年，国际标准化组织（ISO）发布了一套纤维缠绕复合气瓶标准：ISO11119《复合结构气瓶-规范和试验方法》，具体包括：第 1 部分：ISO11119-1《环向缠绕复合气瓶》[1]；第 2 部分：ISO11119-2《承载金属内胆纤维增强全缠绕复合气瓶》[2]；第 3 部分：ISO11119-3《非金属内胆和非承载金属内胆纤维增强全缠绕复合气瓶》[3]。2013 年 ISO 对 ISO11119 进行了修订，修订后 ISO11119-3 标准为《气瓶—可重复充装的复合气瓶和拖管 第 3 部分：不超过 450L 的全缠绕纤维增强非承载金属内胆或非金属内胆复合气瓶和拖管》，该标准适用于储存和输送压缩气体和液化气体，且水容积不大于 150L 的复合气瓶和水容积 150～450L 的复合拖管。该标准规定内胆是非承载的，同时也可以是无内胆的，但无内胆时气瓶的试验压力应不低于 6MPa。该标准允许采用浸渍基体的玻璃纤维、碳纤维或芳纶纤维（或其混合纤维）复合材料作为缠绕增强层，并规定最小设计使用寿命为 15 年。

同年，欧洲标准化技术委员会（CEN）发布了 EN14425《移动式气瓶—全缠绕复合气瓶》[4]，该标准是由 CEN/TC23 移动式气瓶技术委员会负责制定的。该标准规定了盛装压缩气体、液化气体和溶解气体的水容积不大于 450L 的全缠绕复合气瓶和拖管的材料、设计、结构以及试验等相关要求。同时该标准规定内胆可以是金属（无缝或焊接）和非金属材料，也可为无内胆结构，纤维材料可采用玻璃纤维、碳纤维或芳纶纤维（或其混合纤维）。

2004 年，CEN/TC286 液化石油气设备和附件技术委员会在 EN14425 的基础上，又单独制定了 EN14427《液化石油气（LPG）可移动重复充装的全缠绕复合气瓶-设计和制造》[5]，该标准就只针对充装 LPG 的全缠绕复合气瓶，对气瓶的材料、设计、制造、型式试验和常规制造检验提出最低要求。该标准适用于水容积 0.5～150L，最小试验压力 3MPa，同时仅适用于装配压力泄放阀的气瓶。对于纤维和内胆的要求和 EN14425 保持一致。自此在欧洲标准中，对于 LPG 全复合气瓶就有了单独的标准。

随后 EN14425 标准在 2009 年和 2011 年做了两次修订，修订后的标准的适用范围有两个变化，一是对于复合拖管的水容积扩大至 3000L，二是特别指出该标准主要适用于除液化石油气（LPG）以外的工业气体，但在某些条件下也可适用于 LPG。2014 年 EN14427 标准也进行了修订。

4 LPG IV 型瓶的型式试验

复合材料气瓶的设计有别于传统钢质气瓶的设计，其采用应力分析设计方法，但产品最终还是以性能为基础，即无论其结构型式如何，其设计制造的合理性以成功的通过一系列的型式试验作评判，而这一系列的型式试验则是根据气瓶的使用状态、使用方式、使用寿命等多方面的因素来制定的。对于 LPG IV 型瓶相应国外标准中也规定了诸多型式试验项目，具体项目见表 2。

表 2 国外标准规定的型式试验项目

试验项目	ISO 11119-3:2013	EN 12245—2009+A1	EN 14427—2014
内胆原材料试验	√	√	√
复合材料缠绕层原材料试验	√	√	√
树脂剪切强度试验	√	√	√
内胆性能试验	√	√	√
内胆爆破试验	√	√	√
气瓶耐压试验	√	√	√
气瓶爆破试验	√	√	√
常温压力循环试验	√	√	√
气密性试验	√	√	
人工时效试验			√
高温蠕变试验		√	√
冲击试验			√
跌落试验	√	√	√

续表

试验项目	ISO 11119-3:2013	EN 12245—2009+A1	EN 14427—2014
缺陷试验	√	√	√
真空试验	√	√	√
极限温度循环试验	√	√	√
环境应力破裂试验	√	√	
气体循环试验	√		
火烧试验	√	√	√
穿孔试验			√
枪击试验	√	√	
渗透性试验	√	√	√
端部阀座扭矩试验	√	√	√
端部阀座强度试验		√	√

注：表中打“√”为该标准应进行的项目。

5 结束语

我国对于复合材料气瓶的研究起步较晚，和国外先进国家还存在很大的差距，但随着气瓶行业的快速发展，高压力、大容积、较高的容重比是对气瓶提出的必然要求，复合材料气瓶当然会成为气瓶行业未来的发展重点。更重要的是我国 LPG IV 型瓶的开发会将为即将发展的高压塑料内胆复合材料气瓶积累一定的设计、制造、检验以及使用等方面的经验。

因此我国应在有关气瓶制造厂的生产实践基础上，参照 ISO11119-3：2013 国际标准、EN12245—2009+A1 和 EN14427—2014 欧洲标准尽快制定国家标准。在制定国家标准时，应充分考虑我国气瓶行业制造、充装和使用等特点，对气瓶的设计和材料、气瓶阀门及附件要求、气瓶的制造以及制造中各个工艺环节的控制、气瓶的试验和检验要求等方面均要进行详细的规定，同时对该种类气瓶的充装和使用以及定期检验也应提出相应的指导性意见。

参考文献

[1] Gas cylinders of composite construction - Specification and test methods - Part 1：Hoop wrapped composite gas cylinders，ISO11119-1：2012。

[2] Gas cylinders of composite construction - Specification and test methods - Part 2：Fully wrapped fibre reinforced composite gas cylinders with load-sharing metal liners，ISO 11119-2：2012。

[3] Gas cylinders of composite construction-Specification and test methods - Part 3：Fully wrapped fibre reinforced composite gas cylinders with non-metallic and non-load-sharing metal liners，ISO11119-3：2013.

[4] Transportable gas cylinders - fully wrapped composite cylinders, EN12245-2009+ A1.

[5] LPG equipment and accessories - Transportable refillable fully wrapped composite cylinders for LPG - Design and construction，EN 14427—2014.

搪玻璃压力容器搪玻璃层失效形式及其在役检验要点

许金沙　司　俊　童壮根　宋友立

上海市特种设备监督检验技术研究院，上海 200062

摘　要： 搪玻璃优异的耐腐蚀性能使其广泛用于腐蚀工况下的压力容器中。但搪玻璃层热膨胀系数、延伸率、弹性、抗拉强度等物性参数与金属基体都具有较大的差异，导致其破损和失效具有一定偶然性。本文对搪玻璃压力容器搪玻璃层失效形式及失效原因进行了系统分析，并针对搪玻璃压力容器失效形式制定定期检验方案和检验要点，为准确评估容器安全状况提供重要依据。

关键词： 搪玻璃压力容器；失效形式；定期检验

Failure types of glass lining and main points in periodical inspection of glass lined pressure vessel

Xu Jin-sha，Si Jun，Tong Zhuang-gen，Song You-li

Shanghai Institute of Special Equipment Inspection and Technical Research, Shanghai 200062

Abstract: The outstanding corrosion resistance of polymer materials makes it widely used in pressure equipment. Moreover, the differences and mismatches of some physical properties, such as coefficient of thermal expansion, elongation and tensile strength, between the glass and the metal substrate lead to the contingency of glass lining damage. In this paper, a few failures types were discussed systematically. The scheme and main points in periodical inspection have been proposed pertinently.

Keywords: Glass lined pressure vessel; Failures type; Periodical inspection

1　简介

搪玻璃设备制备是将高含硅量的瓷釉喷涂于设备铁胎表面，经高温焙烧，使瓷釉熔化密着于胎体表面而制成。因此它具有陶瓷材料良好的耐腐蚀性和金属高强度的双重优点，可以避免金属离子污染物料，防止变质变色，其表面光滑、耐磨，具有一定的热稳定性，是一种先进的耐腐蚀的设备。因此，搪玻璃设备广泛应用于化工、医药、染料、农药、有机合成、石油化工等工业生产中的反应、蒸发、浓缩、合成、聚合、皂化、氯化等过程。

2　搪玻璃层主要失效形式

搪玻璃容器内承装的一般为强腐蚀性介质，其耐腐蚀性能取决于搪玻璃层的致密性和完整性，搪玻

基金项目：国家质检总局科技计划项目“搪玻璃压力容器失效机理及定期检验技术研究”（项目编号：2016QK118）.
作者简介：许金沙，1986 年生，男，工程师，博士，主要从事特种设备检验检测技术研究。

璃一旦破坏，金属基体即会被快速腐蚀，所以搪玻璃层的破坏是导致容器失效的重要原因。搪玻璃层的失效主要表现为如下几种形式。

2.1 机械冲击及冲蚀

机械冲击是搪玻璃衬里最为常见损伤模式。搪玻璃层类似于玻璃，最大的弱点就是脆性大，延伸率很低、弹性较差、抗拉强度较小，任何金属硬物对其进行撞击均可能导致搪玻璃层的破损。机械损伤导致的搪玻璃层失效约占70%以上，并且大部分是因为人为过失所致。机械损坏包括如下几方面。①机械碰撞。容器内部或者外部的碰撞源均可能导致搪玻璃层破损。维修工具或口袋中的卷尺等小物品掉入罐内砸伤瓷面，随身的利器如鞋底的钉子皮带扣等擦伤搪瓷面，或是搪玻璃层金属基体背面被硬物撞击。搪玻璃的抗拉强度低，碰撞点碰撞过程中产生高的拉应力致使撞击点产生裂纹并迅速扩展。如果撞击源来源于容器外部，即金属基体背面，撞击点背面的搪玻璃层破损点一般呈星状不规则扩散型裂纹。如果撞击物直接作用于搪玻璃层，一般呈剥落形貌。②螺栓（或卡子）拧紧力过大或不均匀会引起爆瓷。在拧紧螺栓时要用带计量的扭力扳手。在设备使用时，设备与设备之间的管道连接若没有安装膨胀节或波纹管（应靠近接孔安装），会导致设备接孔应力改变而引起爆瓷。③运输或吊安装时违规操作。将搪瓷的接孔当吊耳用。④安装时电焊飞溅灼伤搪瓷面或者背面直接施焊[1]。

反应器中物料介质中的细小颗粒对搪玻璃层的冲蚀磨损也可能会造成搪玻璃层的减薄破损。磨损表面呈现表明失光或是大量同方向的细小划痕。如果介质对搪玻璃层具有腐蚀性，磨损将大大加速腐蚀速率。搪玻璃层抗磨损性能一定程度上取决于制造过程中最后一层搪玻璃搪烧时间。搪烧时间越长，搪玻璃层抗磨损性能越好，但是同时表面光洁度降低，抗腐蚀性能减弱。因此，搪烧工艺的选择应该综合考虑抗腐蚀性能和抗磨损性能的平衡。

2.2 热冲击

由于搪玻璃的膨胀系数和延伸率小于金属材料，且与温度密切相关。在烧成冷却过程中，搪玻璃层的变形量小于金属材料的变形量，因此搪玻璃层中形成残余压应力，而搪玻璃层的抗压强度非常高（可高达800MPa）[2]。一般搪玻璃层的残余压应力在80～100MPa的安全范围内，反而能提升搪玻璃层的强度，因此搪玻璃层在常温下的受压状态是相对稳定和安全的。若温度发生突变，搪玻璃层中压应力也将发生突变。如果温差过大而致搪玻璃层受到的应力超过其承载极限，造成搪玻璃层龟裂，严重的甚至发生爆瓷。

根据搪玻璃压力容器使用经验，急冷温差达到110℃或急热温差达到120℃，极易发生热冲击损坏。因此在热罐加冷料、冷罐加热料以及夹套升温、降温过程中，应特意留意温度变化速率。

2.3 腐蚀

搪玻璃设备的耐化学腐蚀性能与玻璃一样非常优良，能耐各种浓度的无机酸、有机酸等。但对于氢氟酸、含氟离子的介质、强碱以及温度高于120℃的浓磷酸，搪玻璃层的耐腐蚀性较弱。

（1）氢氟酸及含氟离子的介质。氢氟酸与搪玻璃的主要成分 SiO_2 反应，以蒸气的状态形成 SiF_4[3]。同样当含氟离子介质中含氟量达到20mg/kg，并处于酸性环境中时，将不断有氢氟酸析出对搪玻璃层产生腐蚀。氟的聚合物如PTFE能游离出足够的氟离子而损坏搪玻璃层；回收酸中，一般含有较高的氟离子；有的含氟化合物可作为反应物而不会有损伤作用，但如果发生分解，则会损害搪玻璃层。因此，对于盛装以上介质的搪玻璃压力容器，应在设计、使用和检验过程中需考虑腐蚀对搪玻璃层的影响。

（2）浓磷酸对搪玻璃层的腐蚀性能取决于浓磷酸的存在形态。温度低，浓磷酸主要以正磷酸的形态存在。温度高时，以焦磷酸的形态存在。相比与正磷酸，焦磷酸具有更强的腐蚀性。因此，当温度高于120℃时，应考虑浓磷酸对搪玻璃层的腐蚀速率。

(3) 由于 OH^- 对于硅氧骨架具有破坏性，使 SiO_2 溶解于溶液中，因此，任何碱都对搪玻璃层具有一定的腐蚀性。碱浓度越大，pH 值越高，溶液对搪玻璃层的腐蚀性越大。同时，温度也是影响腐蚀性的重要指标，对于普通碱溶液，温度每上升 10℃，腐蚀速率将加倍。在实际化工工艺过程中常通过加入强酸强碱来调节物料的 pH 值，如从设备管口注入，高浓度的强碱物料顺着管壁流下，强烈腐蚀管口及容器内壁[4]。

2.4 超压损坏

当搪玻璃容器内或夹套内的介质压力超过设计允许压力时将造成搪玻璃容器金属壳体变形，从而导致搪玻璃层的损坏，因此对容器及夹套内介质的压力应进行有效控制。此外，不当的耐压试验压力也会造成搪玻璃这种极度脆性材料出现微裂纹而损坏。

2.5 鳞爆

氢鼓泡是在役搪玻璃设备产生鳞爆损坏的直接原因[5]。若夹套内进入酸液或搪玻璃层背面遇到残留酸液，在其表面形成初生氢，这种氢在微观下通过金属组织内部的晶格，到达相反一侧的搪玻璃层与金属基体的界面，并集聚于此，在界面形成巨大的内压，使搪玻璃层产生鳞爆现象。

3 搪玻璃压力容器在役检验要点

根据搪玻璃压力容器失效模式，在定期检验过程中，制定有针对性的检验方案，明确检验重点，才能准确判断容器安全状况。现列举搪玻璃压力容器在役检验要点：

(1) 审查容器的介质。判断是否为含氢氟酸、含氟离子的介质、强碱以及温度高于 120℃的浓磷酸等搪玻璃设备不宜盛装的介质。如是夹套式搪玻璃容器，看看夹套内是否含有酸性物质的可能。

(2) 审查容器的工作温度。当金属基体材质为 Q235 时，设计温度为 0～200℃；金属基体材质为 Q345 时，设计温度为－20～200℃。有些企业搪玻璃反应罐使用导热油加热温度高于 200℃，搪玻璃反应罐就不能满足要求。

(3) 审查运行记录中实际工作压力是否符合设计工况，是否有超压服役或者真空度过高工作的现象。

(4) 为防止机械冲击，进入容器内进行内部检验的检验检测人员，应穿软底鞋，衣服不能带有金属等硬质物体。检验仪器进入容器前，容器内表面应当利用软质材料进行有效保护，所有检测设备不能直接放置于容器内表面。

(5) 在距搪玻璃层表面 250mm 处，用 36V、60W 手灯，目测搪玻璃层表面是否光亮如新，是否有腐蚀、磨损、机械损伤、裂纹、爆瓷、局部剥落。对于无法进入的反应罐，可以从手孔或观察孔，送入照明灯泡或用内窥镜来观察。重点关注如下部位：①搅拌桨表面是否有破损；②检查搪玻璃表面是否有烧灼痕迹；③ 检查液面上下层的搪玻璃层是否有腐蚀、机械损坏痕迹；④检查上接环与内筒连接焊缝背面搪玻璃层是否有裂纹；⑤检查搪玻璃温度计等附件是否有破损；⑥ 检查搪玻璃层是否经局部修复，修复部位是否有腐蚀、开裂和脱落现象；⑦ 检查受进、出料频繁冲刷的搪玻璃面及接管部位；⑧检查是否有固体颗粒物料参与反应对搪玻璃壁面造成的冲击和撞击；⑨查看设备的加料方式是否正确，在进料管的釜内部分是否加分布器。

(6) 鉴于上接环部位的几何连续性差，应用状况复杂，对上接环与罐体连接的角焊缝，以及与夹套筒体连接的环焊缝进行超声、磁粉或渗透检测[6]。

(7) 如介质具有强腐蚀性，应重点对加料管管口及附近容器内壁的搪玻璃层进行宏观检验和直流高电压检测。

(8) 对于带搅拌或者与振动较大的管道连接的搪玻璃设备，应重点观察管道与法兰密封面是否有爆瓷现象。

4 结语

搪玻璃压力容器搪玻璃层失效形式以及失效原因研究有利于提高搪玻璃设备维护与定期检验的针对性和有效性，提高检验效率，大大降低搪玻璃设备的维护成本。同时为准确评估搪玻璃压力容器安全状况提供重要依据，大大提高搪玻璃设备安全可靠性及使用寿命，保障生命及财产安全。

参考文献

[1] 李兆新．搪玻璃设备瓷层易损分析与应对措施［J］．石油和化工设备，2009，(4)：32-35.
[2] S. G. Schäfer, V. E. Annamalai. Degradation of Glass Linings and Coatings. Shreir's Corrosion［M］, 2010, 3: 2319-2329.
[3] 蒋伟忠，厉益骏．搪瓷与搪玻璃［M］．北京：中国轻工业出版社，2015.
[4] 辛成涛．对搪玻璃设备使用中玻璃层破损的探讨［J］．化工设备与管道，2010，47 (6)：36-38.
[5] 孙利人．搪玻璃设备大面积爆瓷原因及应对措施［J］．玻璃与搪瓷，2012，40 (1)：29-31.
[6] 李浩．搪玻璃反应罐全面检验浅谈［J］．化工管理，2016，(20)：180.

危险品运输罐车主动防碰撞系统开发与测试

黄　崧　邹定东　邱勇军　陈　杰　蒲晒　赵忠国

重庆市特种设备检测研究院，重庆 401121

摘　要： 危险品道路运输安全保障作为关乎社会公共安全的重大课题，一直备受关注。本文从现有技术出发，通过传感器、控制器和执行器等进行信息传递及控制车辆行为，开发出了一套适用于危险品运输车主动防碰撞的系统，并进行了目标识别、前向与后向防碰撞、定速巡航等路试测试，结果符合预期，实现了对危险品运输车辆行驶过程中的实时监测及主动防追尾碰撞功能，对危险品运输安全的监测与保障有着重要意义。

关键词： 危险品运输车；主动防碰撞系统；路试测试；安全监测；

Development and test of Active Anti-collision System for Dangerous Goods Transporter

Huang Song，Zou Ding-dong，Qiu yong-jun，Chen Jie，Pu Shai，Zhao Zhong-guo

Chongqing Special Equipment Inspection Institute, Chongqing, 401121

Abstract: As a major issue related to social and public safety, protection of dangerous chemicals during transportation has attracted a lot of attention. This study starts from the existing technology and apply it to the active anti-collision system of dangerous goods vehicles. Combine with the sensors, controllers and actuators, a system for Active Anti-collision of the Dangerous Goods Transporter was developed. The road test shows results fully in line with expectations. This system has the functions of Realizes real-time monitoring and active anti-collision in the driving process in dangerous goods transport vehicles. It is of great significance to monitor and ensure the safety of dangerous goods transport.

Keywords: Dangerous Goods Transporter; active anti-collision system; road test; monitor safety

0　引言

危险品道路运输安全保障作为关乎社会公共安全的重大课题，一直备受世界各国的关注[1-5]。据统计，我国近 80%的危险品需通过道路运输实现转移，但危险品道路运输具有体量大，风险高，事故危害严重等特点，对社会公共安全构成了巨大威胁。研究表明，危险品道路运输安全事故以交通事故为主，而交通事故又以车辆碰撞为主[6-10]。就事故成因而言，在道路交通致死事故中，因司机过失造成的约占 90%以上，而因车辆故障造成的仅占约 3%[11-13]。换言之，司机只要在有碰撞危险 0.5s 前得到预警，能避免 50%的碰撞事故，若在 1s 前得到预警，则可避免 90%事故发生。

基金项目：重庆市社会事业与民生保障科技创新专项一般项目（编号：cstc2017shmsA60001）。

作者简介：黄崧，1989 年生，男，工程师，博士，主要从事罐车与气瓶安全性能保障研究。

因此，如能在有碰撞危险前给司机预警，进行主动防碰撞，则可大幅降低追尾碰撞的发生概率。车辆主动防碰撞技术，国内外主流名称为紧急制动系统（AEBS），是利用安装在车上的各种环境感知传感器，在第一时间感知车内外的环境数据，进行静、动态物体的辨别、侦测与追踪等技术上的处理，从而能够让司机在最快的时间觉察可能发生的危险，以引起注意和提高安全性的主动安全技术[14-20]。当司机没有采取必要措施规避前向碰撞危险时，系统发出紧急制动控制，使得车辆减速防止碰撞发生。美国、日本、欧盟等汽车主动安全技术发展方面都投入巨资研发 AEBS 的应用。

然而，目前的车辆主动碰撞技术主要用于私人小车、部分客车上，而专门针对危险品运输车辆的防碰撞还仅限于理论研究层面，主动安全保障技术水平较低，缺乏针对性。因此，开发出针对危险品运输车辆碰撞事故防控的安全保障技术，进行车辆行驶过程中的实时监测，实现危险品运输车主动防追尾碰撞技术尤其重要。

1 主动防追尾碰撞设备的安装

1.1 主动防追尾碰撞系统的原理

参考目前常见的小车的防撞系统，本罐车的防撞系统逻辑功能上包括传感器、控制器和执行器三部分。系统总体逻辑功能如图 1 所示。

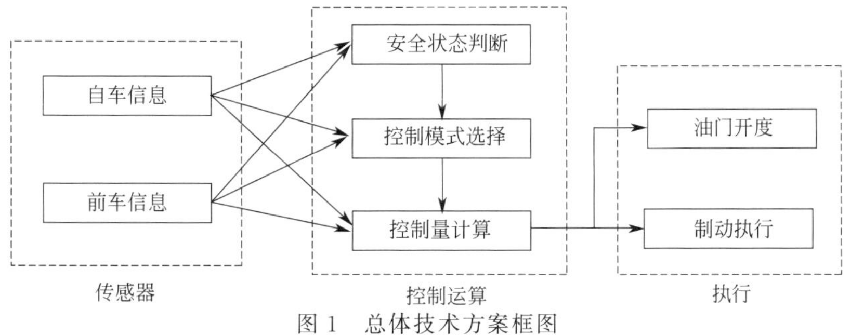

图 1 总体技术方案框图

其中传感器包括自车信息和前车信息的获取，其中自车信息包括车速、位移、转向、制动等信号，自车信息主要是通过自车的车速传感器、转向开关量信号、制动开关量信号输出获得。而前车信息主要包括前方目标车辆与自车之间的相对车速、相对距离等信息，其中与前车之间的相对运动信息是通过车载激光测距探头获得，之后通过 CAN 总线传到控制处理器。

根据传感系统获得的各种信息，第二部分系统控制处理器实时计算当前车速下的安全距离，并且与当前车距进行对比判断，来监测行车安全状态，并根据判断结果来决定控制模式，接着控制系统进行相关控制量的计算，最后将计算结果输出给执行器进行执行。

控制指令经过执行器执行使控制功能得以实现，系统通过对油门开度和制动执行器的控制从而实现自车的加速、减速及匀速行驶。系统控制的执行器为油门控制器和制动电机，其中，油门控制器根据控制量，实现期望的油门开度，维持怠速或者使自车加速；制动执行器根据输出的控制模式信号，执行点刹制动、连续制动、紧急制动等动作，实现期望的制动压力，使自车减速。系统根据加速/制动切换逻辑，通过一定的算法来实现油门开度控制和制动控制之间的灵活切换实现防止车辆追尾碰撞和智能巡航功能。

1.2 设备安装情况

图 2 是这套系统功能软件的系统结构图，本系统兼具前向防碰撞和后向防碰撞功能，并辅有定速巡航功能。其中前向防碰撞为制动功能、后向防碰撞为预警功能。前向防碰撞系统表现的行为是，当前车与自车距离较近时，预警系统首先发出报警提醒司机危险，如此时司机执行足够制动，则防撞系统在确保安全的前提下不再执行制动功能；如此时司机不执行制动或者执行的制动不能确保安全，则防撞系统

随后执行紧急制动。后向防碰撞系统表现的行为是，当后车与自车距离较近时，自车的预警系统已鸣笛的方式提醒后车司机需要进行制动。

图2的中间的部分为汇接控制器，负责将所有功能汇接集合。左边部分为前防撞功能的主要结构，有预警主机和前向测距探头组成，其中前向测距探头共有三个，一主两副，用于精确测定前方物体距离本车的距离。左边上部分的为预警主机，其主要功能是前向碰撞的预警作用，在制动前提醒司机并发出报警作用。右侧上部分是气刹制动模块，主要为执行器控制的模块，其连接到汇接控制器上，由控制器控制并执行制动行为。

后防撞功能模块由后向激光测距雷达、爆闪灯及警报器组成，用以提醒后车距离过近。最后一个模块为巡航模块，用以控制并稳定车速。

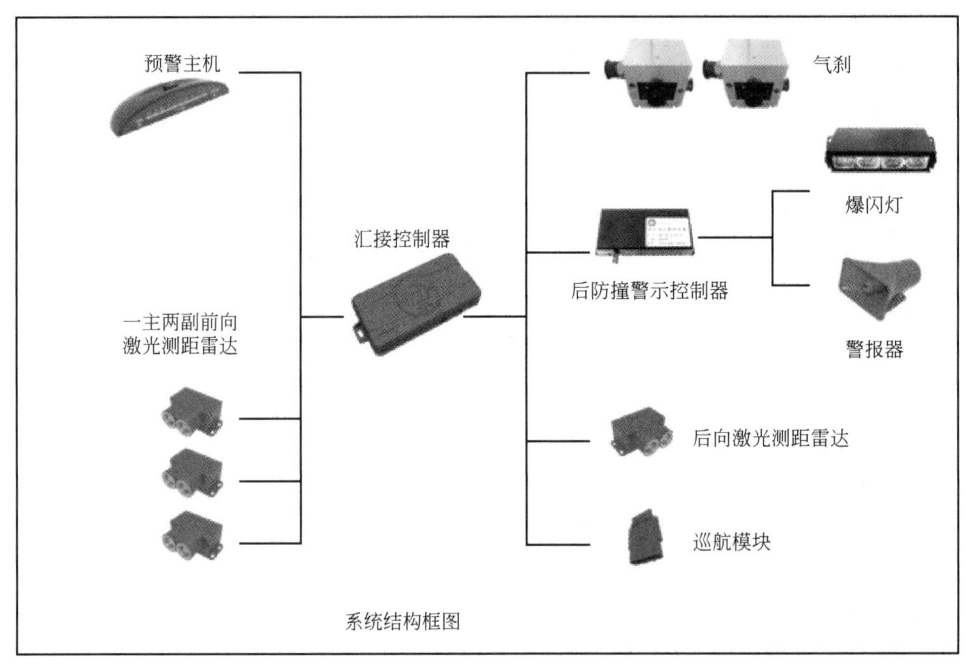

图2　设备安装系统结构图

本次试验选取的危化品运输车辆为重型半挂牵引车，后挂为属常压罐体，承装介质为氢氧化钠溶液。牵引车长度为6890mm×2495mm×3800mm，罐体长度为9960mm，车辆总长度为17.40m，牵引车型号为LZ4252H7DB，牵引车车架号为L3K93VGG9H0Y00853。

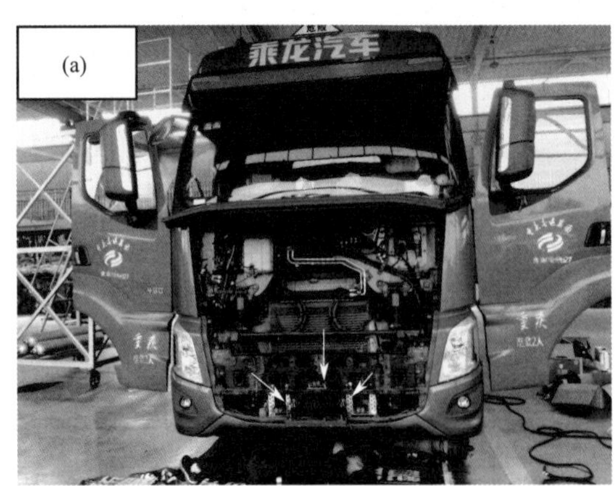

图3　探头位置

为精确测定该车与前方车辆的距离，共装3个前向测距探头，结构成三角形，中间为主探头，两边为辅助探头，由主探头测得并计算出与前方车辆的距离，再由辅助探头验证，最终获得前方车辆的精确距离，如图3(a)所示。后方测距探头安装在罐体下方，用于测量后车与自车之间的距离。如图3(b)所示。其他的模块如预警主机和汇接控制器主要放在车内，这里不做叙述。

2 测试方法

本次性能测试主要测试以下三个方面的性能，分别是前向防碰撞功能、后向防撞碰撞预警提示功能和智能巡航驾驶功能。

其中前向防碰撞预警系统测试按照 GB/T 33577—2017 的测试规程，按照 ECE R131 的要求，分别测试当前方目标车辆静止时，自车速度分别为 40km/h、60km/h、80km/h 时，通过系统控制车辆自行制动，是否能够避免两车相撞。

后向防撞碰撞预警提示功能测试目前暂无详细的测试规程。具体测试为自车速度 40km/h，在后方其他车辆以大于自车速度向自车行驶，当两车距离小于 10m 时，自车以鸣报警喇叭的型式向外报警，提醒后车需要减速。

智能巡航驾驶功能具体测试内容照 ECE R131 的要求测试，设定巡航车速 50km/h，前方无目标车辆时，自车系统自动控制车辆以设定车速定速行驶；设定巡航车速 50km/h，前方有目标车辆，当前车减速使车速低于 50km/h 时，系统自动控制车辆减速到安全距离并跟随前车行驶，当前车加速使车速高于 50km/h 或变道至其他车道时，自车系统自动控制车辆加速到设定车速，并以设定车速定速行驶。

3 测试结果

3.1 远程测距功能实现

图 4 为自车在低速行驶时，前方有障碍物时，车内所拍摄的画面。可以看出，此时自车车速为 14.3km/h，在障碍物距自车有 269.6m 时，预警指示灯所有灯均亮起，说明前方有障碍物，但该预警提示为绿灯，说明障碍物与自车车距在安全距离内，雷达探测到了目标障碍物。

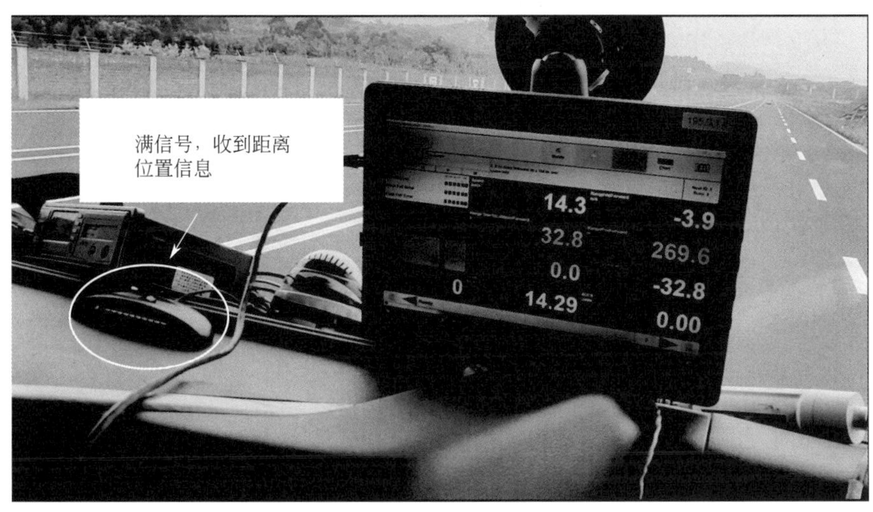

图 4 前方雷达探测到障碍物的距离

3.2 前向防撞功能测试

表 1 不同自车车速下的制动参数的统计

自车速度	刹车距离	刹车时间	完全停止时与障碍物距离
40km/h	27.2m	3.8s	2.33m
60km/h	48.3m	4.4s	1.71m
80km/h	75.7m	5.3s	2.24m

表1为前向防碰撞测试结果，可以看出，自车速度分别为40km/h、60km/h、80km/h时，通过系统控制车辆自行制动，自车均可以在障碍物之前完全刹住而避免碰撞。随车速的增加，刹车时间和刹车距离都有所增加，刹车后距离障碍物的距离均在2m左右，性能也较为稳定。

图5为自车时速在40km/h时在车外的所拍摄的图片，可以看出刹车较平稳，车主要执行的是连续制动的行为。但是由于该防撞系统对危险品运输车采用的是紧急制动的手段，故停车时车轮与地面摩擦较大而发出白烟。时速60km/h和时速80km/h时，由于车速较快，紧急制动后，车身抖动较为明显。

图5 自车时速在40km/h时在车外的所拍摄的图片

3.3 后向防撞功能测试

图6为自车时速在40.3km/h时，后车以大于自车的速度运行时，在自车车内所拍摄的画面。此时两车距离为11.6m，车后的鸣笛喇叭发出了报警声。

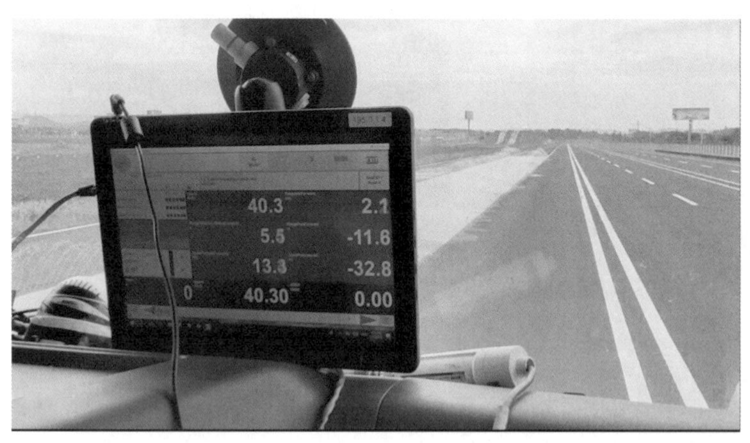

图6 测试后防撞系统时车内拍摄的图片

3.4 智能巡航驾驶功能测试

前方有目标车辆，当前车减速使车速低于50km/h时，系统自动控制车辆减速到安全距离并跟随前车行驶。图7为测试该防撞系统定速巡航功能时车内拍摄的照片，图7（a）是时速等于50km/h时的照片，此时车距约为42.8m，车距较远，自车系统自动控制车辆以设定车速定速行驶。图7（b）是时速小于50km/h时，此时由于两车距离有所减少，仅有约30m，前车车速也有所下降，此时系统自动控制车辆减速，本实验约42km/h。当达到到安全距离时，开始跟随前车行驶。

(a) 时速等于50km/h时

(b) 时速小于50km/h时

图 7　定速巡航测试时车内拍摄的图片

3.5　检验报告

本产品实际安装到罐车上后，将其送至重庆市车辆检测研究院进行了路试测试，测试结果完全符合设计要求，并出具了试验报告（如图 8 所示）。

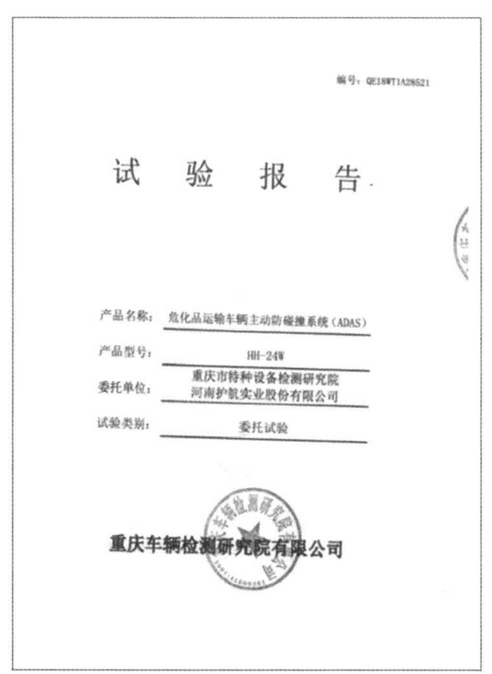

编号：QE18WT1A28521

试　验　报　告

产品名称：危化品运输车辆主动防碰撞系统（ADAS）

产品型号：HH-24W

委托单位：重庆市特种设备检测研究院　河南护航实业股份有限公司

试验类别：委托试验

重庆车辆检测研究院有限公司

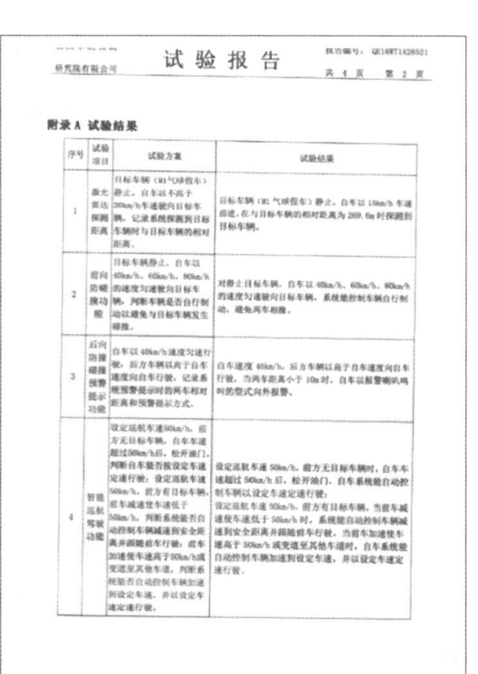

研究院有限公司　试 验 报 告　报告编号：QE18WT1A28521　共 4 页　第 2 页

附录 A　试验结果

序号	试验项目	试验方案	试验结果
1	激光雷达探测距离	目标车辆（M1气球假车）静止，自车以不高于20km/h车速驶向目标车辆，记录系统探测到目标车辆时与目标车辆的相对距离。	目标车辆（M1气球假车）静止，自车以15km/h车速前进，在与目标车辆的相对距离为269.6m时探测到目标车辆。
2	前向防碰撞功能	目标车辆静止，自车以40km/h、60km/h、80km/h的速度匀速驶向目标车辆，判断车辆是否自行制动以避免与目标车辆发生碰撞。	对静止目标车辆，自车以40km/h、60km/h、80km/h的速度匀速驶向目标车辆，系统能控制车辆自行制动，避免两车相撞。
3	后向防撞碰撞预警提示功能	自车以40km/h速度匀速行驶，后方车辆以高于自车速度向自车行驶，记录系统预警提示时的两车相对距离和预警提示方式。	自车速度40km/h，后方车辆以高于自车速度向自车行驶，当两车距离小于10m时，自车以报警喇叭鸣叫的型式向外报警。
4	智能巡航驾驶功能	设定巡航车速50km/h，前方无目标车辆，自车车速超过50km/h后，松开油门，判断自车能否按设定车速定速行驶；设定巡航车速50km/h，前方有目标车辆，前车减速使车速低于50km/h，判断系统能否自动控制车辆减速到安全距离并跟随前车行驶；前车加速使车速高于50km/h或变道至其他车道，判断系统能否自动控制车辆加速到设定车速，并以设定车速定速行驶。	设定巡航车速50km/h，前方无目标车辆时，自车车速超过50km/h后，松开油门，自车系统能自动控制车辆以设定车速定速行驶；设定巡航车速50km/h，前方有目标车辆，当前车减速使车速低于50km/h时，系统能自动控制车辆减速到安全距离并跟随前车行驶，当前车加速使车速高于50km/h或变道至其他车道时，自车系统能自动控制车辆加速到设定车速，并以设定车速定速行驶。

图 8　试验报告

4　结论及下一步计划

本次研究从现有的测距技术出发，开发出了一套适用于危险品运输车主动防碰撞的系统，并进行了路试测试，结果完全符合预期，实现了对危险品运输车辆行驶过程中的实时监测及主动防追尾碰撞功能，对危险品运输安全的监测与保障有着重要意义。然而，本系统还存在如下不足之处，需要进一步研究。

① 现场试验时，当车速较快时，车辆完全刹住后离前方车辆距离较近，一旦出现意外则会出现碰撞，导致发生事故。此外，由于该防撞系统控制在探得前方危险后采用的都是急刹，停车时车轮与地面摩擦较大而易产生白烟，在天气较热的情况下会增加爆胎的概率。因此，后续应当进一步加强防碰撞系统的功能性和稳定性测试，减少意外发生的可能性。

② 本次试验针对的是空罐的罐车，然而不同的自重会对刹车距离产生影响，从而影响最终的安全距离。后续试验需要针对充装不同容积液体的罐车进行测试，以测定罐车自重与安全距离之间的关系，从而对防撞系统进行进一步优化。

③ 本系统目前仅在直道上试用，而并未考虑弯道的情况。下一步研究应结合边线识别技术，进一步优化系统，做到转弯处的安全防护。

在此基础上，实现真正意义上的对危险品运输车辆行驶过程中的全过程实时监测及主动防碰撞，从而实现对人民财产的保护。

参考文献

[1] 胡鹏，帅斌，吴贞瑶．城市危险品道路运输网络的设计和分析［J］．公路交通科技，2017，34（9）：116-122.

[2] 宋洋，孙俊富．危险品道路运输网络风险-成本综合优化研究［J］．公路交通科技，2015，32（10）：141-145，152.

[3] 刘伯堂，张金龙，向洋．危险品道路安全运输路径优化方法探讨［J］．化工管理，2017，33：146.

[4] 杨立娟，王江锋，陈明涛．静态单点多目标危险品道路运输路径优化［J］．中国安全科学学报，2017，27（9）：104-109.

[5] 王作函．如何为危险品运输保驾护航［J］．商用汽车，2017，9：88-89.

[6] 吴宗之，任常兴，多英全．国外危险品道路运输安全管理实践［J］．劳动保护，2014，12：96-97.

[7] 金凤．危险品道路运输安全水平问题研究［J］．品牌，2014，10：192，194.

[8] 余强．危险品道路运输安全水平研究［D］．成都：西南交通大学，2014.

[9] 王华健．危险品道路运输安全保障能力评价研究［D］．西安：长安大学，2017.

[10] 李长龙．危化品道路运输的状态监测及安全评价研究［D］．广州：华东理工大学，2017.

[11] 孔质彬，刘翔，秦文玉，等．道路交通事故的成因和地区分布特点研究［J］．中国社会医学杂志，2018，35（1）：31-33.

[12] 邱俊．中国交通事故和交通伤成因、特点与趋势研究［D］．重庆：第三军医大学，2009.

[13] 过秀成，盛玉刚，潘昭宇，等．公路交通事故黑点总体特征分析［J］．东南大学学报（自然科学版），2007，5：930-933.

[14] 张蕾，李燕飞．低附着路面下汽车紧急制动稳定性控制策略［J］．天津职业技术师范大学学报，2017，27（4）：1-5.

[15] 张小鹏，李哲，张洪琰．汽车电子机械制动系统的设计［J］．时代汽车，2018，9：89-90.

[16] 李自生，程超，张延平．油罐车制动跑偏的分析与改进［J］．汽车技术，2019，1：1-4.

[17] 白杰，童杰，黄李波，等．负载变化对危险货运车自动紧急制动系统的影响（英文）［J］．同济大学学报（自然科学版），2017，45（S1）：175-181，186.

[18] 彭忆强，陈超，甘海云，等．一种汽车自动紧急制动系统的测试及评价方法［J］．重庆理工大学学报（自然科学），2018，32（7）：15-24.

[19] 李建志．异形轨卡轨车紧急制动系统设计［J］．机械管理开发，2018，10：25-27.

[20] 俄文娟，丁延超，赵鹏，等．危险品运输车辆自主紧急制动控制策略研究［J］．公路交通科技，2017，34（S2）：44-50.

关于纤维缠绕气瓶分层缺陷热激励的数值模拟

黄东鎏　徐　亮　卢　军　杨元庆　霍　臻

武汉市锅炉压力容器检验研究所，武汉 430024

摘　要： 本文通过 ANSYS 对纤维缠绕气瓶中的分层缺陷采用热水和高温蒸汽两种热激励方式进行了数值模拟，并分析了两种方式在热激励效率、外表面温度差等方面的差异，为后续的试验提供了理论参考。

关键词： ANSYS；数值模拟；纤维缠绕气瓶；热激励

Simulation of the gas cylinder wrapped by fiber about thermal excitation

Huang Dong-liu，Xu Liang，Lu Jun，Yang Yuan-qing，Huo Zhen

Wuhan Boiler and Pressure Vessel Inspection Institute, Wuhan, 430024

Abstract: The simulation of the gas cylinder wrapped by fiber is carried out in this paper with the ANSYS software, about the thermal excitation methods adopted by hot water and steam. The result is analyzed about the differences of thermal excitation efficiency and external surface temperature which can offer theoretical reference for the later experiment.

Keywords: ANSYS; Simulation; Gas cylinder wrapped by fiber; Thermal excitation

0　前言

纤维缠绕气瓶主要由内胆和纤维缠绕层以及阀体等附件组成，影响纤维缠绕气瓶的主要安全因素包括内胆腐蚀及疲劳破坏引起的失效、缠绕层破坏失效（分层、断丝、表面损伤等）和阀体泄漏等[1]。本文主要研究缠绕层分层的检测，拟采用红外热成像方式对热激励后的气瓶外表面温度场进行数据采集，然后分析热成像图谱，从而对分层缺陷进行安全评价。目前通用的热激励方式主要有红外灯、激光器、热水、蒸汽等[2,3]，基于气瓶的结构以及缺陷类型，本文最终采用了热水和高温蒸汽两种热激励方式，利用数值模拟软件 ANSYS 对两种方式的热传导过程及温度场进行计算和对比分析，以便为后续的试验提供理论参考。

1　建模

缠绕气瓶的数值模拟在建模上做了如下简化。

基金项目：国家重点研发计划重点专项课题（编号：2017YFC0805604）

作者简介：黄东鎏，1983 年生，男，高级工程师，主要从事承压类特种设备检验。

① 本次模拟主要是研究瓶体中的缺陷对热传导的影响，影响因素较为单一，因此采用平面模型的计算精度能够满足要求。

② 瓶体属于轴对称结构，因此采用1/2瓶体结构即可，减少运算量[4]。

③ 在建模上采用分层结构，共分为缠绕层、内胆层和热激励介质层，每一层结构在材料属性上假定为各向同性，分层缺陷简化为模型的中空部分[5]，由于分层缺陷的体积相对于整个气瓶来说很小，因此分层中的稀薄气体对于热传导的影响很小，在模拟中近似处理为绝热结构。见表1～表4。

表1 气瓶几何尺寸 单位：mm

外径	长度	内胆厚度	缠绕层厚度	分层尺寸
325	1228	5	10	100×0.5

表2 气瓶缠绕层和内胆材料参数

参数 材料层	密度/ (kg/m^3)	比热容/ [J/(kg·K)]	热导率/ [W/(m·K)]
缠绕层	1890	1260	0.2163
钢质内胆	7850	485.69	35.59
塑料内胆	950	1925	0.35

表3 水的热性能参数

温度/℃ 参数	10	20	40	60	80	100
热导率/[W/(m·K)]	0.574	0.599	0.635	0.659	0.674	0.683
焓值/(kJ/kg)	42.605	84.476	168.06	251.67	335.45	419.54

表4 水蒸气的热性能参数

温度/℃ 参数	100	120	140	160	180	190
热导率/[W/(m·K)]	2.4	2.6	2.8	3.0	3.3	3.5
焓值/(kJ/kg)	2676.3	2706.6	2734.8	2757.7	2777.1	2784.9

模型及网格划分如图1和图2所示。

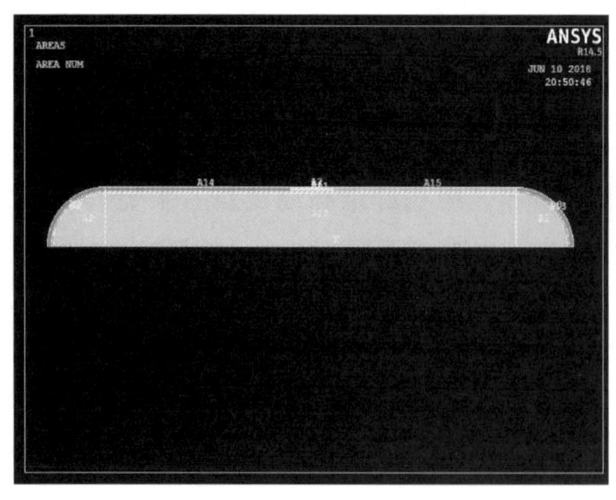

图1 气瓶整体模型（1/2）

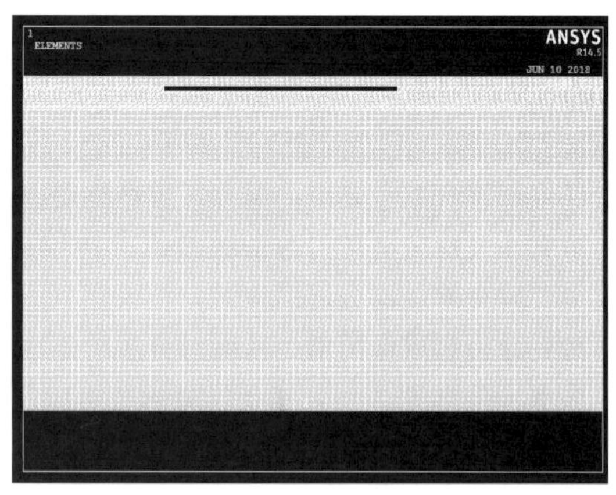

图2 局部分层网格划分

2 加载

对于金属内胆，选择热水激励时，加载时间选择210s，水初始温度为90℃，载荷步为0.25s；选择蒸汽激励时，加载时间选择180s，蒸汽初始温度为185℃，载荷步为0.25s。对于塑料内胆，选择蒸汽激励，加载时间选择 500s，蒸汽初始温度为 150℃，载荷步为 0.25s。加载的方式为线载荷，选择整个模型的内表面加载，即激励介质与气瓶的接触面。考虑到相等体积的热水焓值是远大于蒸汽的，根据实际检测效果，本次模拟对加载方式进行了优化。热水激励时初始温度场加载后即断开外界热源，热传导的能量全部来源于瓶内的热水焓值，而蒸汽激励时气瓶在整个过程中与蒸汽进口管道保持连通，因此瓶内维持恒定的初始温度。

3 计算结果

本次计算的结果主要是查看初始热场加载后的热传导情况，特别是查看分层缺陷附近的温度场，以及由此引起的表面温度差，并提取了缺陷中心点和边界点对应的表面温度差，查看在整个时间历程上的温度变化情况。

3.1 金属内胆计算结果

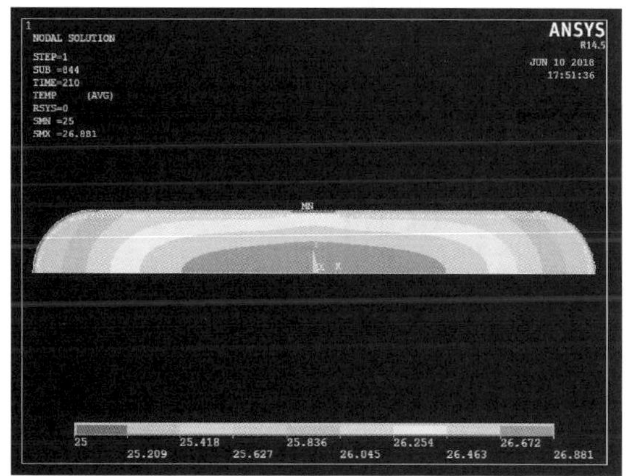

图 3 热水激励 210s 后整体温度场

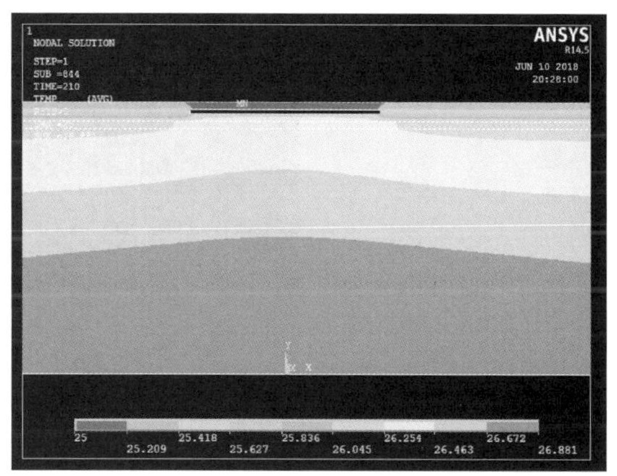

图 4 热水激励 210s 后局部温度场

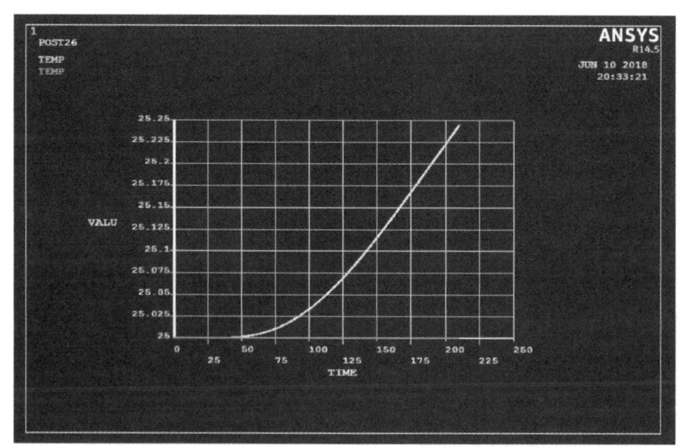

图 5 热水激励缺陷中心和边界时间-温度曲线

由图 3～图 5 可以看出，瓶体装满 90℃热水后热量迅速传导至内胆和缠绕层，并在分层处形成了明显的温度梯度，这是由于分层缺陷造成了热传导断层，热量被迫从分层两侧分流，最后传导至表面时引起了温度差。温度分布和预想的一致，但是从图 5 可以看出缺陷中心点和边界点的温度差虽然有随时间扩大的趋势，但是温度绝对差值很小，最大处也只有 0.25℃左右，对于红外热成像来说，这个温度差值显得偏小，由此分析可以通过加大热激励强度看能否增加温度差。高温蒸汽热激励计算结果如下。

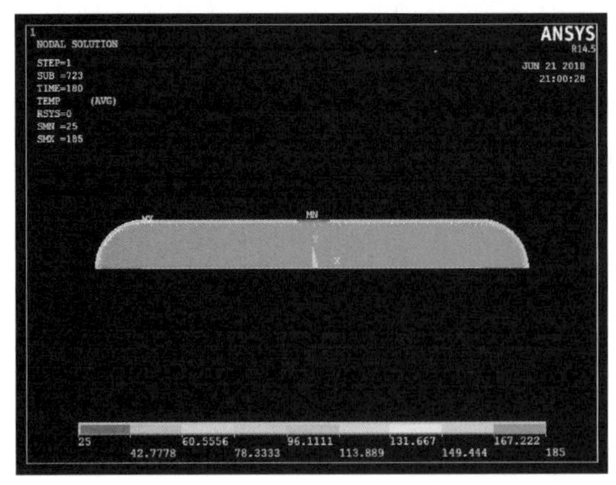

图 6　蒸汽激励 180s 后整体温度场

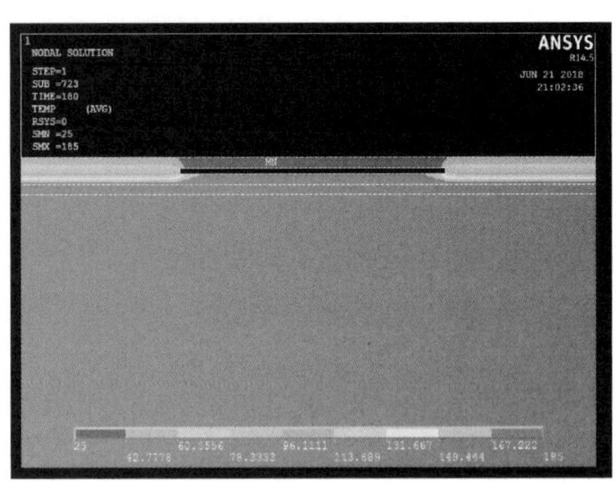

图 7　蒸汽激励 180s 后局部温度场

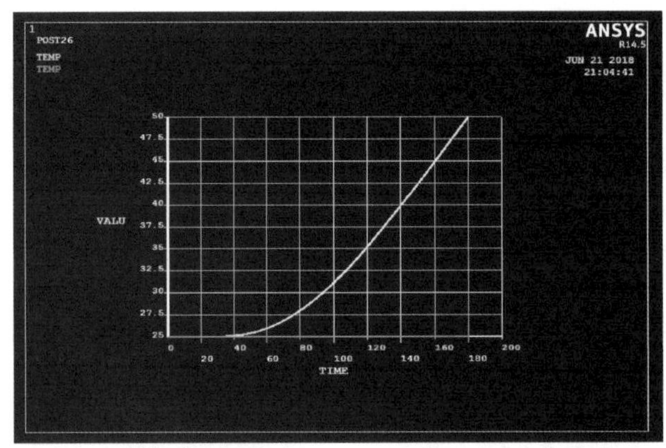

图 8　蒸汽激励缺陷中心和边界时间-温度曲线

由图 6～图 8 可以看出，瓶体接通 185℃蒸汽后与 90℃热水相比表面温度差有了明显的差异，80s 后缺陷中心点和边界点对应的表面温度绝对差值已达 3℃，120s 后达到 10℃，160s 后达到 20℃，180s 后达到 25℃。对于红外热成像来说，这个温度差已具有足够的区分度，可以得到对比度较高的图像。由此可以看出，加大热激励强度确实是增加表面温度差的有效方式。根据红外热像仪的精度和缺陷评定的要求，可以选择一个合适的热激励初始温度和激励持续时间，兼顾成像质量和效率。

3.2　塑料内胆计算结果

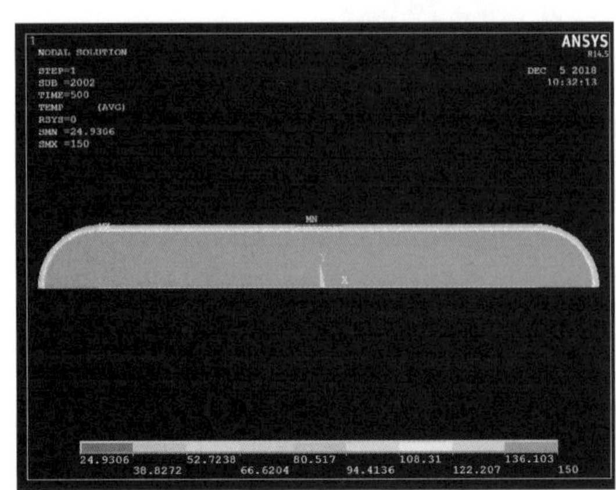

图 9　蒸汽激励 500s 后整体温度场图

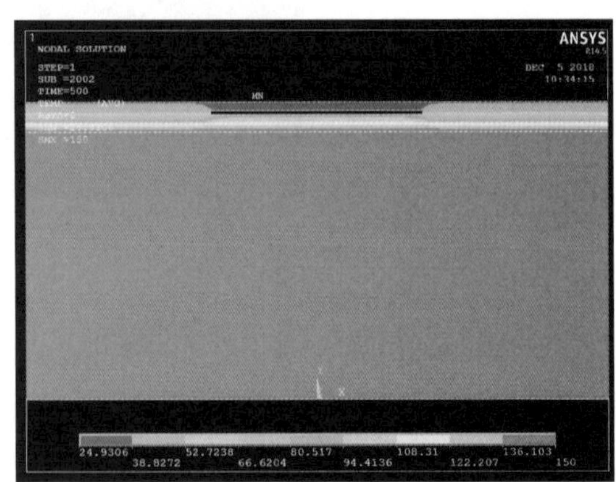

图 10　蒸汽激励 500s 后局部温度场

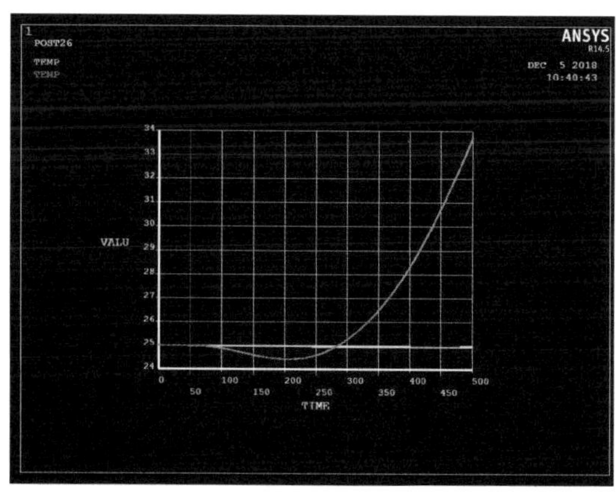

图 11　蒸汽激励缺陷中心和边界时间-温度曲线

由图 9～图 11 可以看出，由于塑料内胆相对于金属内胆传热系数较小，因此气瓶外壁的温度变化较缓，分层缺陷中心点对应的瓶体外壁温度几乎在整个时间历程上保持稳定，接近环境温度，而分层缺陷边界对应的瓶体外壁温度在前 300s 内也变化较小，上下波动不超过 1℃，与金属内胆有明显的差异。300s 之后外壁的温度变化较快，缺陷中心与边界对应的外壁温度差逐渐增加，400s 后温度差达到 3.5℃，450s 后温度差达到 6℃，500s 后温度差达到 9℃。由此可以看出，塑料内胆缠绕气瓶要达到既定的温度差需要更多的热激励时间。

4　结论

通过对纤维缠绕气瓶中的分层缺陷，采用 ANSYS 进行模拟计算，并比较和分析不同热激励方式的影响，得到如下结论：

① 通过内部热激励可以得到预想的表面温度场，与外部热激励相比，消除了气瓶几何形状对初始温度场均匀性的影响，可以最大程度地发挥分层缺陷对温度场的影响。

② 蒸汽激励比热水激励效果要更明显，一方面是因为气瓶内部与进汽管道保持连通，热输入持续稳定，另一方面蒸汽的温度区间更大，可以根据红外热成像的质量以及缺陷评价的要求，兼顾检测效率，选择合理的初始温度和持续时间。

③ 对于塑料内胆，需要的热激励时间比金属内胆大幅增加，同时考虑到塑料内胆的热承受能力，不能采用过高的初始温度，必须采用其他方式来降低瓶体的初始温度及环境温度。

④ 对于相同的分层缺陷，要得到指定的表面温度差可以通过改变热激励温度或持续时间得到，因此基于安全评价考虑，必须制定一个统一的标准，通过试验可以优化这一标准。

参考文献

[1] 周于．车用 CNG 钢瓶外观缺陷的形成及预防［J］．中国特种设备安全，2013，29（07）：67-68.
[2] 樊丹丹，等．多界面脱粘红外检测中热激励方法的研究［J］．激光与红外，2011，41（3）：284-287.
[3] 朱亚昆，等．红外热像无损检测的热激励技术［J］．石油化工设备，2014，43（4）：86-89.
[4] 刘奉宣，邓贵德，梁海峰，吉方，陈彦辉．长管拖车用大容积环缠绕复合材料气瓶充气及冷却过程温度变化的数值模拟研究［J］．玻璃钢/复合材料，2017（06）：23-27.
[5] 管亚军，周运武，杨斌，常国富．有限元分析在车载缠绕式复合材料 CNG 气瓶中的应用［J］．化学工程与装备，2018（02）：231-234.

液化石油气钢瓶追溯体系建设及应用分析

刘　彪　杨元庆

武汉市锅炉压力容器检验研究所，武汉 430000

摘　要： 针对当前社会液化石油气钢瓶的事故成因和管理乱象，探讨了液化石油气钢瓶全过程追溯管理系统的建设方案，提出了建设目标并对该系统主要原理和功能进行了应用分析，总结了液化石油气钢瓶追溯体系建设的重要性。

关键词： 液化石油气；钢瓶；追溯体系；建设方案

Construction and application analysis of LPG cylinder traceability system

Liu Biao，Yang Yuan-qing

Wuhan Boiler Pressure Vessel Inspection Institute, Wuhan　430000

Abstract: In view of the accident causes and management disorder of the current social liquefied petroleum gas cylinder, this paper discusses the construction plan of the whole process traceability management system of LPG steel cylinder, puts forward the construction target and analyzes the main principles and functions of the system, and summarizes the importance of the construction of the traceability system of LPG cylinder.

Keywords: LPG; Cylinder; Traceability System; Construction Plan

0　背景

近年来，随着我国经济的快速发展，液化石油气钢瓶的应用越发广泛，在酒店餐厅、学校、工厂等各行各业甚至是家庭住所，都可能见到不同数量的钢瓶存在。在此情况下，全国范围内液化石油气钢瓶却事故频发，对老百姓的生命财产安全和社会稳定造成了极大的威胁。综合历次液化石油气钢瓶事故的调查报告，从监督管理的角度究其事故成因，主要分为以下几点：

① 市场上“黑瓶、黑气”鱼目混珠，消费者难以明辨，监督机构难以监管杜绝；

② 超期未检瓶、存在质量隐患瓶，未能形成有效闭环和追溯监管，导致该类液化气钢瓶流入市场，造成严重事故隐患；

③ 部分充装单位过度追求利益，安全与质量管理意识较差，充装检查与记录采用人眼识别钢印标识和手工纸笔记录的方式，检查记录流于形式、检查记录虚假情况比较普遍，政府监督管理机构难以实时监控；

④ 液化石油气钢瓶有着数量大、应用广和流动性强的特点，直接表现为经营、检验、充装、使用和监察管理的环节多、链条长、信息共享不畅，各监管机构、检验机构、企业管理和消费者之间难以形成合力；

作者简介：刘彪，1989 年生，男，工程师，硕士，主要从事特种设备检验检测技术研究工作。

⑤ 液化石油气钢瓶安全使用、管理的宣传力度欠缺，经营者、消费者以错误的方式方法充装、运输和使用液化石油气钢瓶，导致产生事故。

以武汉市为例，截至目前，共有液化石油气钢瓶检验单位 1 家，液化石油气钢瓶充装单位 71 家，市场上在用液化石油气钢瓶保有量估算约 160 余万只。如果继续依照传统的监管方式，难以有效针对事故成因进行风险管控，必须通过技术革新，形成对液化石油气钢瓶生命周期全过程（包括检验、充装、使用、监察等各环节）的安全追溯管理。

1 液化石油气钢瓶追溯体系建设目标分析

① 液化石油气钢瓶追溯体系建设满足检查机构对于“气瓶两站”检查管理工作的基本需要：准确掌握辖区各个充装站“登记在用气瓶”的数量、变动和充装情况；严格落实液化石油气钢瓶本地检验要求，准确掌握各个钢瓶检验单位的检验信息，便于科学监管和公平监管。

② 解决液化石油气充装站对于钢瓶建档登记、充装检查和操作记录方面存在的实际困难，为充装单位建立和完善自身的钢瓶信息化管理工作创造良好的环境条件。

③ 为政府相关监管部门、行业协会在瓶装气体充装、运输、销售和使用等环节的安全管理工作提供数据信息的支持，减少和消除部门之间的监管空隙。

④ 为用户消费者选择合格、安全的液化石油气钢瓶提供保障。

⑤ 为社会公众监督政府部门的履职情况、生产经营企业尽快发现和消弭管理短板以及纠正公众场所的违规用气行为创造条件。

⑥ 为引入第三方保险保障提供信息化支持。通过加大保险的赔付和保障力度，给用户消费者提供救济保障，减少企业对于事故处理的经营风险。

⑦ 通过信息化管理和自动化控制规范液化石油气钢瓶生产、经营、检验、充装和使用过程的不合理行为；在事故发生后，化解社会矛盾、帮助政府做好重大事故的追溯调查和善后处理。

2 液化石油气钢瓶追溯体系功能分析

2.1 系统平台

液化石油气钢瓶二维码信息标识及使用登记管理系统架构：基于互联网和中央云数据服务器，集计算机硬件、软件、网络、无线通信、二维码识别技术于一体，从监管端、充装流转使用端和检验端，为钢瓶提供公共安全信息保障，以实现对钢瓶全过程追溯管理。监管部门、检验单位、充装企业、用户消费者和社会公众等在不同的权限范围内，对钢瓶数据信息进行操作、查询、管理，满足不同群体的需要。

系统平台功能应具备的特点。

① 液化石油气钢瓶安全监察和登记管理人员通过访问网络平台，在权限范围内对气瓶信息进行查询、统计和发证审批工作。

② 充装站、检验站录入钢瓶档案和进行气瓶数据信息资料的查询、统计可以脱机操作。在数据更新和软件的升级时，才需要连通网络，可避免必须依赖于网络才能正常工作的弊端。

③ 云服务功能，避免本地电脑或者软件损坏导致数据丢失的风险。

④ 逻辑审核和重复瓶检测功能，对于填报的数据信息中的不规范现象和重复信息能够进行稽核，保证钢瓶登记数据的准确性和唯一性。

⑤ 二维码标识功能，满足“一瓶一档、一瓶一码”的气瓶登记管理需要。

⑥ 通过简单便捷的方式满足网上申报、审批、发证等工作。

⑦ 满足扫码充装、检验、流转等记录的自动上传与存储[1]。

2.2 复合二维码标识

目前市场上常用不锈钢釉复合条码，采用不锈钢作为基体，条码符号由瓷釉保护，经高温烧制而成，主要靠焊接或铆接安装。能够耐受气瓶充装、检验、运输、使用过程中的温度和环境条件，不易磨损、破损和老化（液化石油气钢瓶条码标识，还能够耐受定期检验时的高温焚烧），能够满足气瓶实际使用环境条件下的长期使用要求。

除此以外，二维码标签应具备的普遍功能包括以下内容。

① 充装管理：电子秤充装时（或智能角阀）扫码，判断钢瓶是否为过期瓶、报废瓶、异常瓶，并自动上传充装数据。

② 钢瓶流转：通过手持机快速扫码，进行充前检查、充后复检、钢瓶出入库、钢瓶收发、钢瓶维修、钢瓶检验等，满足钢瓶的流转需求，并自动上传流转数据。

③ 实时性：钢瓶的档案信息、充装信息、配送信息等均可随云服务器平台的数据的实时更新而更新，保证正确性、实时性。

④ 钢瓶质量信息：消费者在接收、使用时，可用手机扫码获取钢瓶质量信息，如钢瓶规格、充装介质、钢瓶状态、生产日期等，便于消费者选择使用。

⑤ 钢瓶可追溯性：出厂、出站的钢瓶通过扫描二维码均可追溯到充装时间、送气日期、钢瓶质量、安全信息等，让用户安全、放心的使用钢瓶，同时方便监察机构的监察管理。

⑥ 数据可扩展性：采集数据存储于云平台，可根据今后需要增删数据内容。

⑦ 气站配送流通：通过相应的配送 APP 扫码，实现配送工在客户现场的钢瓶收发、现场服务、自动定位、现场拍照、钢瓶资料查询等功能。

⑧ 数据追溯：通过手机扫描二维码，应能够随时对钢瓶全过程信息进行查询（钢瓶档案注册、检验、充装、状态、配送等信息），从而营造有序的监督管理秩序，落实责任到每个环节[2]。

⑨ 数据可控性：若气瓶复合二维码标识损坏，用户可提供气瓶有效信息，如瓶体钢印、档案资料等，向监管机构申领新的二维码，将原二维码对应信息转移至新的二维码，同时关闭原二维码档案数据。

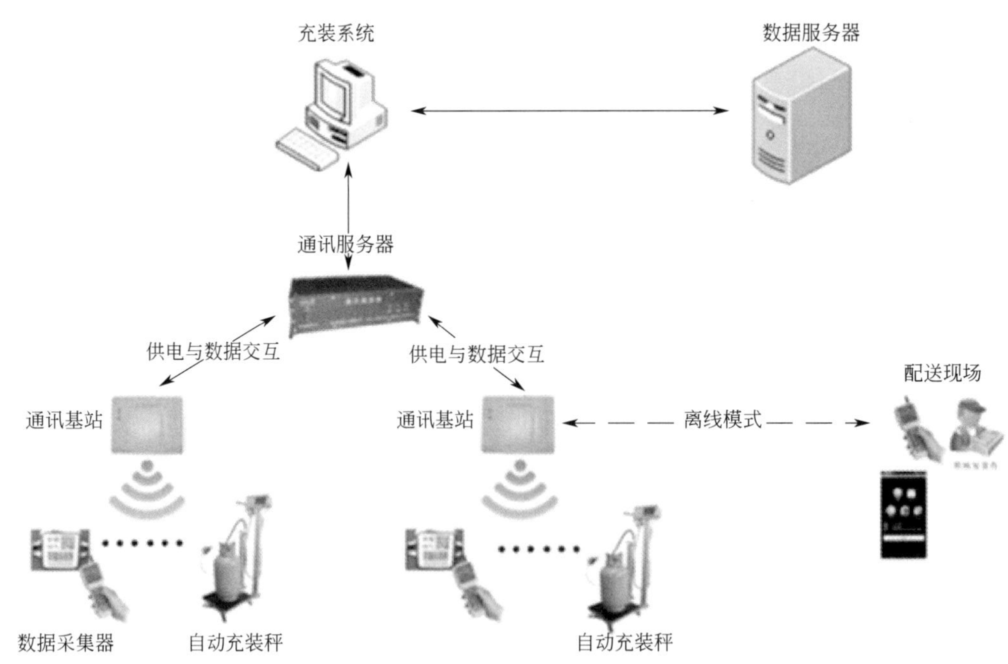

图1 企业端钢瓶充装配送管理设备图

2.3 企业端钢瓶充装配送管理设备

气站现场通过联锁充装枪电子秤、数据采集器以及无线通信设备，实现气瓶充装、收发等各种数据的自动采集；通过扫描联锁自动灌装秤，拒绝充装过期、报废、非自有产权钢瓶，所有钢瓶档案及末次充装数据上传到网络平台，监管部门通过网页浏览方式查看相关数据信息；通过数据采集器和手机APP的联合应用，协助充装现场和客户现场的数据采集，代替人工快速记录每只钢瓶充前检查、充后复检、气瓶收发等记录，完成充装记录报表，掌握气瓶流向，实现气瓶的全寿命周期的可追溯管理[3]。

2.4 公众监督与安全宣传

普通百姓和监管人员应可通过手机扫描二维码，查看钢瓶的档案数据、充装数据、检验信息以及钢瓶的配送数据等信息，从而实现全民监管，也便于监管人员进行现场监察。同时公众可随时在二维码相关链接中查看液化石油气钢瓶的安全注意事项和规范使用手册，起到安全宣传、提高全民安全意识的作用。

网络实名订气功能：可由燃气用户通过网络渠道开通实名定气功能，在线订气，从而实现液化石油气钢瓶使用端的实名追溯。

3 总结

积极推进液化石油气钢瓶追溯体系建设工作，通过二维码的方式，实现对气瓶生命周期全过程的安全追溯管理，是一种解决当前液化石油气钢瓶市场管理乱象的有效途径。

① 能够在一定程度上杜绝隐患气瓶在市场上流通。

② 提高监察机构监察效率，在一定程度上规避了盲目抽查、执法。

③ 通过信息化控制提高了气瓶充装单位自我质量、安全的管理。

④ 通过二维码向群众展示气瓶全过程信息，提高群众知情权，共同监督。

⑤ 在发生钢瓶及相关事故时，能够方便追溯调查，总结原因吸取经验并精确追责。

⑥ 规范液化石油气钢瓶市场流通机制。

尽管如此，液化石油气钢瓶追溯体系建设工作却并非易事，相关单位需做好建设、推广过程中攻坚克难的准备，各部门应加强合作，企业、群众支持共建，共同监督，方能顺利推进实施。

参考文献

[1] 靳淑敏，刘齐芬，李娜．基于 RFID 技术的河北省气瓶安全管理追溯体系建设研究与应用［J］．数码设计，2017 (06)：118-119+ 13.

[2] 杨新杰．二维条形码信息技术在气瓶管理的应用［J］．特种设备安全技术，2017 (06)：54-56.

[3] 樊勇，袁玲玲，司博章．基于无线传感器网络技术的液化石油气钢瓶管理系统［J］．物理网技术，2013 (01)：20-24.

长管拖车气瓶外测法水压试验装置校验问题探讨

耿会坡　范云露

河北省特种设备监督检验研究院，石家庄 050000

摘　要： 长管拖车气瓶制造和定期检验时都需要进行外测法水压试验，试验装置准确与否，直接关系到该设备的检验质量和运行安全。通过分析试验装置在校验过程中发生的问题进而采取相应的措施以保证检验结果的准确性。

关键词： 长管拖车气瓶；外测法；水压试验；校验

Discussion on verification problem of water jacket method hydrostatic device for tube trailer gas cylinder

Geng Hui-po，Fan Yun-lu

Hebei Special Equipment Supervision and Inspection Institute Shi Jiazhuang 050000

Abstract: Tube trailer gas cylinder manufacturing and periodic inspections are required to carry out water jacket method for hydrostatic. The accuracy of the test device is directly related to the inspection quality and operational safety of the equipment. By analyzing the problems that occur in the calibration process of the test device，corresponding measures are taken to ensure the accuracy of the test results.

Keywords: Tube trailer gas cylinder; Water jacket method; Hydrostatic test; Calibration

0　前言

随着我国社会经济的高速发展和人民生活水平的不断提高，我国政府和民众对环境保护都提出了更高要求，这就使得高效运输装置——长管拖车的数量迅猛增长。长管拖车包括高压气瓶、附件、安全附件、气瓶固定装置、车辆部分等；常见长管拖车气瓶的规格为 ϕ355mm×10.4mm、ϕ406mm×12mm、ϕ559mm×16.5mm 和 ϕ715mm×21.1mm 几种，在气瓶制造和定期检验过程中都需要对瓶体进行外测法水压试验[3]。

根据 TSG R7001—2013《压力容器定期检验规则》规定，长管拖车（管束式集装箱）气瓶水压试验的试验装置、方法和安全措施应按 GB/T 9251—2011《气瓶水压试验方法》规定执行；水压试验压力为气瓶公称工作压力的 5/3 倍，保压时间不得少于 2min，同时测定瓶体残余变形率[1]。按照 GB/T 9251—2011 规定，试验装置应使用标准瓶进行校验合格后方可进行试验[2]。

作者简介：耿会坡，1970 年生，男，教授级高级工程师，主要从事承压类特种设备检验和无损检测研究。

1 外测法水压试验装置

（1）外测法水压试验装置及流程

外测法水压试验装置及流程如图 1 所示。

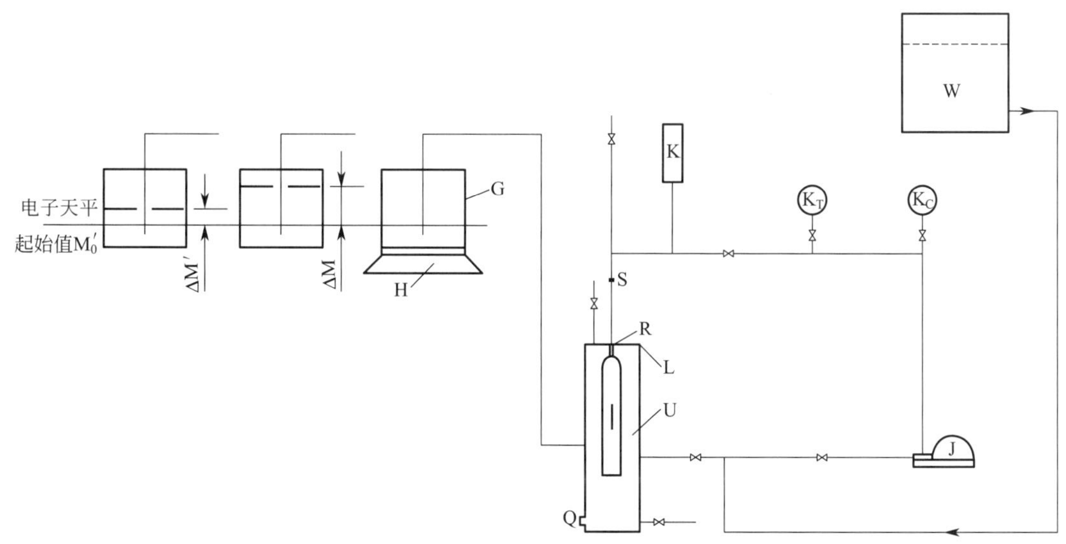

图 1 长管拖车气瓶水压试验装置及流程

W—试验用水槽；Kc—压力测量仪表（指示、控制泵出口压力用）；J—增压装置；K—压力测量仪表（读取试验压力用）；R—专用接头；K_T—精密压力表（校验其他压力测量仪表用）；S—活接头；H—电子天平；U—水套；G—量杯；L—水套盖；Q—安全泄放口；I—受试瓶。

整个试验过程通过工控机利用专用操作软件进行控制，自动绘制试压曲线、计算气瓶容积及残余变形率、判定试验结果、打印试验报告等。

（2）校验目的

使用标准瓶校验试验装置的目的有两个，一是验证试验系统的完整性，二是验证试验系统是否符合标准规定的精度要求。

标准瓶在校准压力下不会发生残余变形，气瓶的膨胀读数是可复现和线性的。在规定的试验压力范围内，校准设备应确保压力和相应膨胀读数的精确度在±1.0%以上。通过试验系统能够精确地读出标准瓶试验压力和相应的膨胀值以及标准瓶的残余变形率，如果试验数据显示试验压力下的膨胀量与标准瓶上标注的压力、膨胀量差值在±1.0%范围内且残余变形率为零则为系统符合要求，否则不符合要求[2]。

2 水压试验装置校验时常出现的问题及处理措施

（1）承压系统问题及处理措施

在对标准瓶进行打压过程中压力显示装置显示的压力减小。如果显示的压力减小同时伴随着水套排出水量的增加，则表明承压系统内压力已泄漏至膨胀系统（水套内），此时应检查气瓶底端丝堵和上端气瓶与专用接头连接处，查找泄漏点并进行紧固或更换密封圈；如果压力降低同时伴随着水套排出水量的减少，则表明承压系统和非承压系统均有泄漏，检查气瓶两端瓶口处和水套的泄漏点，气瓶两端瓶口的处理按上述方法，水套的泄漏点应采用焊接方法进行修理。处理时应使承压系统的压力降为零，以确保安全。

（2）非承压系统问题及处理措施

如果最初稳定期内水套排出水量减少，则表明阀门、水套密封盖、水套或连接管路部位有泄漏或有气体存在。若阀门、水套密封盖、水套或连接管路有泄漏，应更换连接件或密封件。气体存在一般有两种情况：①是水套底部不平，导致水套与水套盖之间存在气相空间，出现此种情况可以将水套找平或经过多次升压降压过程，也可以将水套密封盖上排气位置置于最高方位；②是水套底部沉积物污染产生气体或非承压系统的水中气体含量高所致，出现此情况应彻底清洗水套和更换水套中的水，此时应注意更换为静置过的洁净水。

（3）压力显示装置问题及处理措施

压力显示装置不准，包括压力表和压力传感器损坏等。可以对压力显示装置（压力表、压力传感器等）重新进行校验或更换新的且在有效期内的压力显示装置。

（4）温度的影响及处理措施

在试验的整个过程中，温度变化会影响膨胀系统读数。温度变化是试验中经常发生的问题，如果怀疑是温度变化引起故障，则必须延长试验时限，这样在足够的时间内，温度变化最终会稳定。

3 结论

通过长期的实践得出长管拖车气瓶外测法水压试验装置在校验过程中会发生承压系统故障、非承压系统故障、压力显示装置故障和温度的影响等问题。上述问题有时单独存在，有时多个问题同时存在，此时就需要系统分析逐步排除。从而保证水压试验结果的准确性，保障长管拖车的运行安全。

参考文献

［1］ TSG R 7001—2013《压力容器定期检验规则》［S］.
［2］ GB/T 9251—2011《气瓶水压试验方法》［S］.
［3］ GB/T 33145—2016《大容积钢质无缝气瓶》［S］.

长管拖车用大容积钢内胆纤维环缠绕气瓶火烧试验装置研制

赵保頔　黄　良　姜永善　柴　森　程　亮　薄　柯　李　桐

中国特种设备检测研究院，北京 100013

摘　要： 根据 ISO11515 标准规定的火烧试验程序，总结了气瓶火烧试验装置的技术指标要求，并开发了一套长管拖车用大容积钢内胆纤维环缠绕气瓶火烧试验装置，设计了长管拖车用大容积纤维环缠绕气瓶火烧试验台，改进了燃烧器和控制系统，既可用燃料气相也能用燃料液相，并能实现远程点火及火源控制功能。此外增加了试验现场和燃料流量监控和记录。经过试验测试，该装置能满足长管拖车用大容积纤维环缠绕气瓶火烧试验工作的需要。

关键词： 长管拖车；大容积钢内胆环缠绕气瓶；火烧试验装置；火烧试验

Research and development of fire test equipment for steel liner hoop-wrapped cylinder with large capacity used on long tube trailer

Zhao Bao-di，Huang Liang，Jiang Yong-shan，Chai Sen，Cheng Liang，Bo Ke，Li Tong

China Special Equipment Inspection Institute，　Beijing 100013

Abstract: Specifications of the fire test equipment was summarized according to the fire test procedure in the ISO11515 standard，and a set of fire test equipment f for steel liner hoop-wrapped cylinder with large capacity used on long tube trailer was developed. The bracket was designed to support the steel liner hoop-wrapped cylinder with large capacity used on long tube trailer in a fire test. The burner and the control system were improved to use both liquid fuel and the gas fuel，so as the function long-distance ignition and fire resource controlling. Besides，the test process and fuel consumption were also monitored and recorded. Test result showed that this equipment could satisfy the fire test procedure of steel liner hoop-wrapped cylinder with large capacity used on long tube trailer.

Keywords: Long tube trailer; Steel liner hoop-wrapped cylinder with large capacity; Fire test equipment; Fire test

1　引言

近年来，随着长管拖车高容重比的行业需求，采用大容积钢质内胆纤维环缠绕气瓶组装的长管拖车（以下简称“Ⅱ型长管拖车”）在压缩天然气运输行业得到了广泛的应用。目前国际上对于长管拖车用大容积钢内胆纤维环缠绕气瓶普遍采用 ISO11515 标准设计和制造[1]，我国尚无国家标准。

基金项目：国家重点研发计划课题（编号：2017YFC0805604）”。

作者简介：赵保頔，1988 年生，男，工程师，硕士，主要从事长管拖车检验、研究工作。

由于该类产品使用经验少，且经常往来于人口密集区，一旦发生事故，将对人民生命财产造成严重的危害[2,3]。考虑到该类产品存在火灾风险，根据ISO11515的规定在型式试验项目中需进行火烧试验。

高压气体气瓶的火烧试验属于危险性较大的试验项目，且多在野外进行，试验环境恶劣，因此安全可靠的火烧试验专用装置对开展火烧试验工作非常重要。经过多年发展，国内多家气瓶型式试验机构均开发了气瓶火烧试验装置，广泛用于车用气瓶火烧试验工作[4,5]。对于长管拖车用大容积纤维环缠绕气瓶的火烧试验，此类装置尚存在需要改进的地方。首先，目前国内气瓶火烧试验装置的燃烧器由气化箱、多喷嘴结构形式组成，燃料多以气态的形式与空气混合燃烧；点火后，只能通过控制燃烧源瓶阀调整燃料流量，而不能实现火焰高度的精确调节，最后，缺少长管拖车用大容积钢内胆纤维环缠绕气瓶专用火烧试验台。

2 长管拖车用大容积钢内胆纤维环缠绕气瓶火烧试验装置技术指标

国际标准ISO 11515—2013中的火烧试验程序考虑气瓶直接受火的工况，试验目的是为了验证带有安全泄放装置的气瓶在火灾条件下安全性能。根据标准的试验程序，结合试验安全性考虑，对长管拖车用大容积钢内胆纤维环缠绕气瓶火烧试验装置提出如下技术指标要求。

① 燃料要求：产生火源所用燃料应选择热值高、污染少、燃烧过程和影响范围可控的介质。

② 火源要求：满足型式试验的火源长度为1.65m，宽度能覆盖气瓶整个直径范围；火源应持续、稳定、均匀。至少3个热电偶沿气瓶底部均匀布置，点火2min内至少有一个热电偶温度检测到的火场温度不低于590℃。

③ 气瓶支架要求：应有固定大容积气瓶的支架，使得气瓶能够位于火源正上方，且保证燃烧形成的火场与气瓶底部应留有不少于0.1m的间隔。

④ 试验数据采集要求：试验装置要能持续记录时间、压力、温度。

⑤ 试验安全性要求：考虑到试验过程中可能存在气瓶爆破等危险，试验装置应具备远程操作功能，包括远程点火和控制，现场视频监控、远程泄压等。

3 火烧试验装置研制

3.1 火烧试验装置总体设计

基于上述指标要求，长管拖车气瓶火烧试验装置总体结构设计如图1所示。根据试验要求，试验装置分为现场部件和远程控制部件两部分，分别如图2和图3所示。

3.2 燃料选择

火烧试验所用燃料有木材、燃油、烷类燃料等，其中烷类燃料是目前国内外气瓶火烧试验普遍采用的燃料[6-8]，与其他燃料相比，烷烃类燃料具有热值高、污染少、存储安全、燃烧可控等特点，常用几种烷烃类燃料燃烧参数见表1。其中液化石油气应用最为广泛。

表1 几种常见气体燃料的相关参数[9]

燃料	天然气	液化石油气	丙烷
热值/(kcal/kg)	8600	10720	12109
理论燃烧温度/℃	2020	2120	2790
理论火场温度范围/℃	1400～1800	1500～1900	1800～2500

采用液化石油气做燃料时，燃料存储于钢瓶中，远离火源放置并通过管路与燃烧器相连，管路上加装控制阀门用以调节燃料流量。

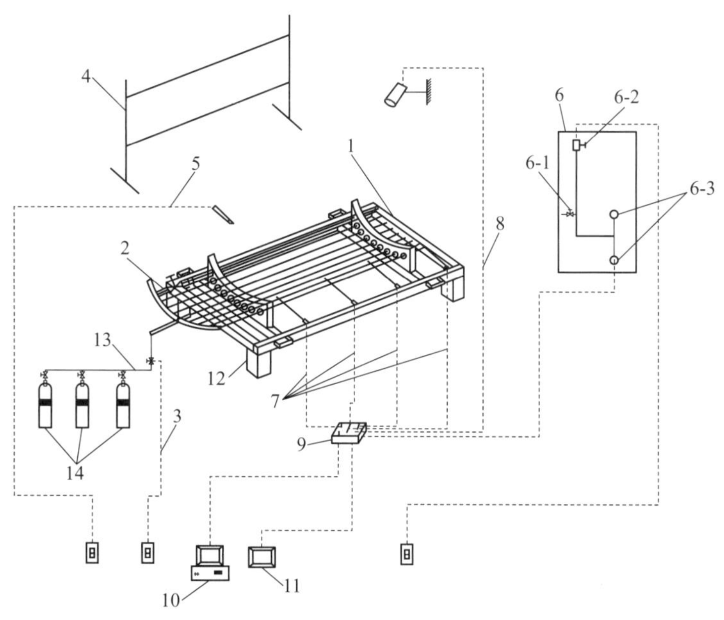

图 1　火烧试验装置总体设计图

1—支撑架；2—燃烧器；3—燃料控制电磁阀；4—防风挡板；5—远程控制点火装置；6—外部承压管路；7—温度传感器；8—远程视频监控装置；9—数据采集箱；10—试验数据监测计算机；11—远程视频监控器；12—支撑架；13—燃料输送管路；14—燃料气瓶

图 2　火烧试验装置现场部件

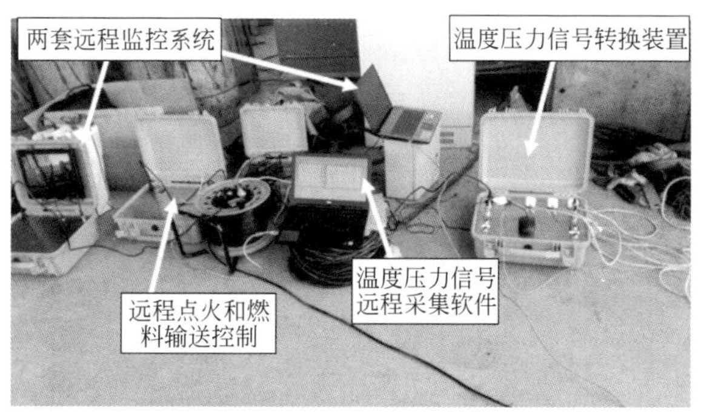

图 3　火烧试验装置远程控制部件

3.3　火烧试验台设计

火烧试验台是气瓶火烧试验装置的核心部件，包括燃烧器、气瓶支架等结构。国内的车用气瓶火烧试验装置普遍采用带汽化箱的燃烧器[4]，如图 4 所示，燃料先输送到装置底下的汽化箱汽化，汽化后的气体燃料向上通过汽化箱顶部的管孔，然后被点燃燃烧。其缺点在于，对液化气体燃料只能气态进行燃烧，当燃料气瓶内压力不足时，进气量受限进而影响火场温度，且残余气体不受控制，导致燃烧过程的控制滞后，优化后的火烧试验台如图 5 所示，将底部的汽化箱简化为多根并排的燃料管，每根管等间距留漏孔，燃料进入到燃烧器后直接从漏孔流出，在管外与空气混合燃烧；管排呈弧形空间布置，和气瓶支架做成一体化结构，对于长管拖车用大容积气瓶，可根据试验或研究需要增加管排长度，满足试验要求。该结构优点在于：①对于液化丙烷、液化石油气等储存在气瓶中的燃料，试验时既可用燃料气相也能用燃料液相；②燃烧管排呈圆弧状空间排布，更适应气瓶形状，能提高热源的集中度，使气瓶底部不同位置与火源的距离均为 100mm，保证气瓶外壁受火更均匀；③每根燃料管上均装有阀门，可调整火焰宽度，以适用于内胆外径 ϕ229～ϕ559mm 等不同规格的纤维缠绕气瓶，④采用燃烧管和气瓶支架一体化设计，简化了火烧试验台结构，并可通过燃烧管长度控制火源长度，便于开展不同类型气瓶火烧试验和研究工作。

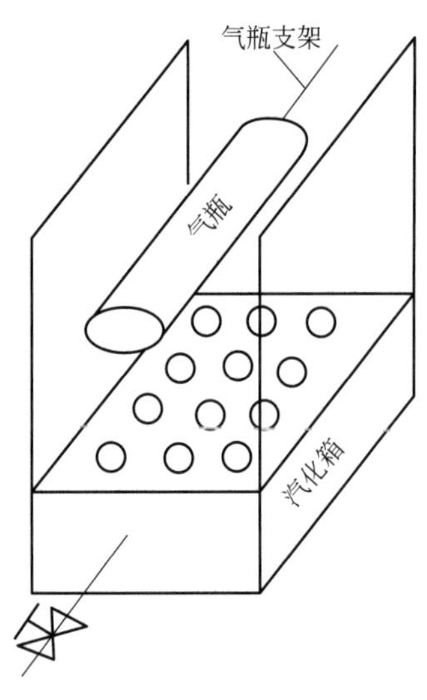

图4　汽化箱式燃烧器

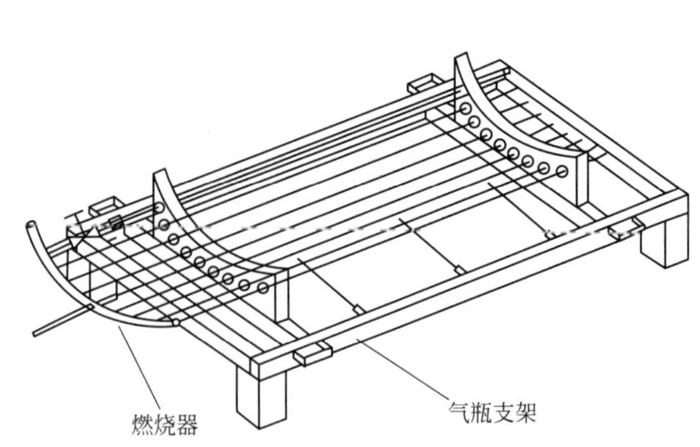

图5　管孔式燃烧器和气瓶支架整体结构图

3.4　控制系统设计

试验控制系统的主要功能是实现火烧试验过程的人为可控，操作流程如图6所示。远程控制要点包括远程点火、燃料输送和火源高度控制、出现意外事故的安全泄压。远程控制系统的优点在于减少靠近火烧试验台的有关操作，保护试验人员安全。

（1）远程点火控制

控制系统中，远程点火功能主要点火管、火花发生器、信号传输线路、点火开关组成并实现，其中点火开关位于远离火源的试验安全区，远程点火系统如图7所示。

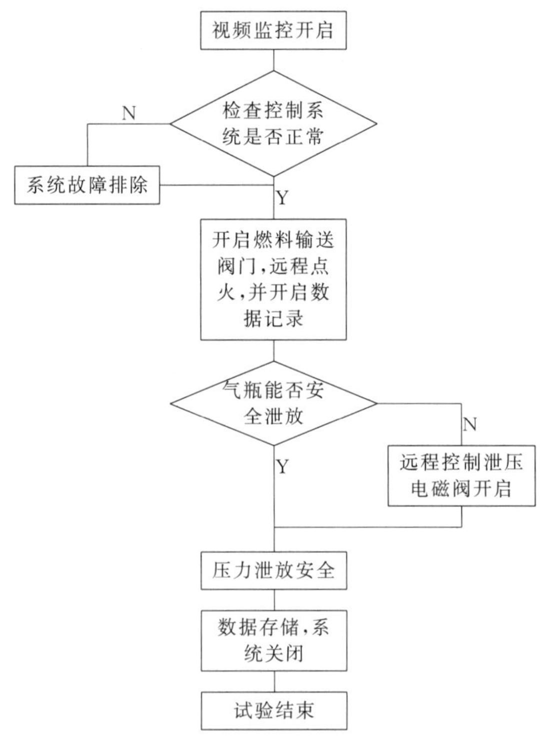

图6　远程控制系统流程图

（2）燃料控制

燃料控制系统主要由储存燃料的气瓶、燃料输送管路、称量器、流量调节阀、和远程计算机系统组

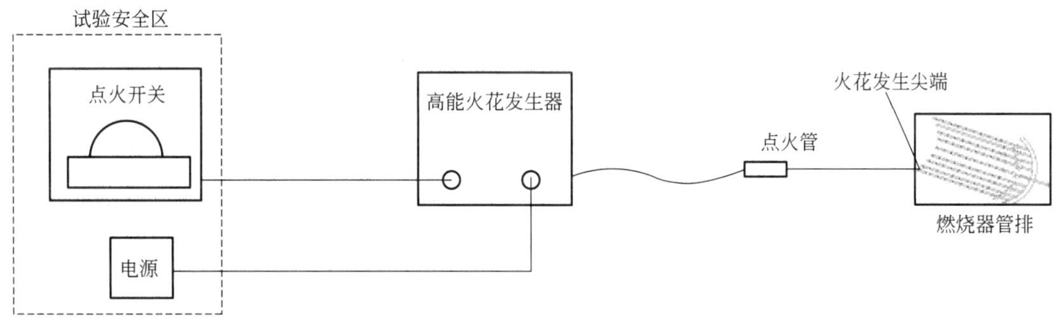

图 7　点火系统

成，如图 8 所示。该控制系统不仅可以通过燃料的输送控制燃烧过程中火焰强度和高度，而且在钢瓶底部加装重量计，并将燃料使用情况通过数据线传输到远程计算机，可以记录和监控燃料消耗量，通过测定燃料消耗量比较不同试验过程中火场强度，为传热数值计算提供可靠的试验数据。

（3）安全泄压控制

在试验过程中，当出现意外需要终止试验时，需要通过远程控制方式实现气瓶内压力泄放，避免气瓶突然爆炸造成人员伤亡，远程泄压装置的主要结构包括电磁阀、泄压管路、控制线路和 PLC 集成控制器。为了提高效率和方便操作，将泄压控制器开关和点火开关集成在同一板卡上。

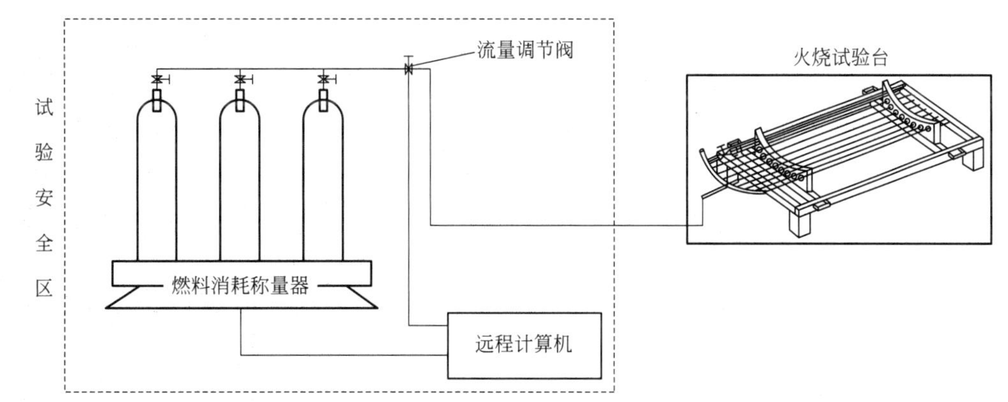

图 8　燃料输送和控制系统

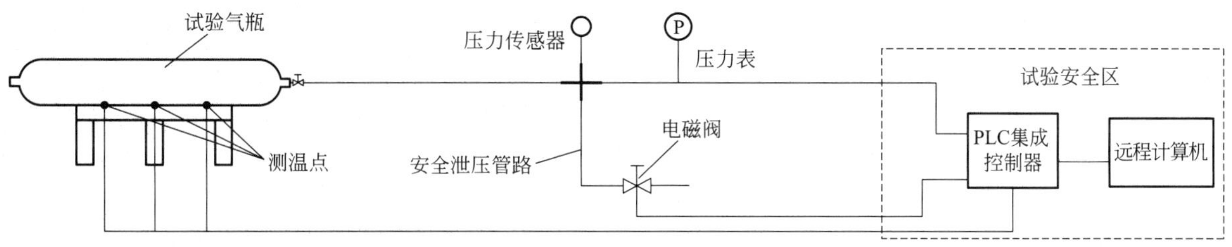

图 9　安全泄压控制系统

3.5　数据采集和监控系统设计

常规气瓶火烧试验中需要监测的数据主要是气瓶温度和压力参数。本装置温度压力数据采集的基础上增加监控系统和燃料消耗量系统，可记录的信息分现场视频、燃料消耗量这 4 部分，统一由远程计算机存储。其中温度、压力和燃料瓶重量变化信号通过采集器转换成电信号并集成在同一板卡上，如图 9 所示，通过线路连接到同一台计算机进行记录。现场情况的监控则通过另一台远程计算机进行，通过两台计算机上 4 类数据的实时监控，随时对发现的异常现象及时反馈处理。

4 火烧试验装置性能测试

选择1只大容积钢制内胆环向缠绕气瓶对试验装置进行性能测试。气瓶规格参数见表2。气瓶两端装型号为PPA20-27-65的爆破片泄放装置。试验过程中分别测试了远程点火、燃料输送和火焰高度调节等功能，装置性能良好。

火烧试验现场如图10所示。点火755s后，瓶内压力达到26.59MPa，此时后端爆破片泄放装置动作泄放，气瓶压力变化如图11所示。试验结果符合ISO 11515的试验要求。

表2 试验气瓶技术参数

气瓶参数 气瓶编号	缠绕层材料	规格 （内胆外径×长度）	公称容积/L	内胆材料	工作压力/MPa	水压试验压力/MPa
1#	玻璃纤维+树脂	ϕ559mm×3200 mm	648	4130X	20	30

图10 火烧试验现场

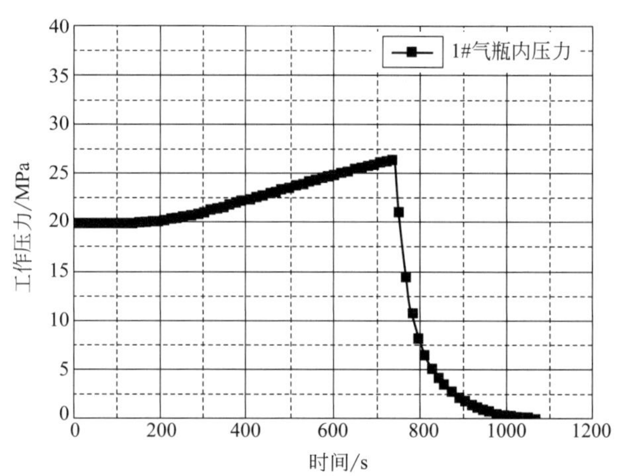

图11 试验气瓶压力曲线

5 结论

提出了气瓶火烧试验装置的技术指标，开发了一种可用于长管拖车用钢内胆纤维环缠绕气瓶的火烧试验装置，设计了长管拖车用大容积纤维环缠绕气瓶专用火烧试验台，将汽化箱式燃烧器改为管排式燃烧器，既可用燃料气相也能用燃料液相，并可以实现对火源长度、宽度和高度全方面控制，进而能够实现不同规格气瓶的火烧试验。设计了远程控制系统，能实现点火、燃料输送和安全泄压的远程控制，并增加了视频监控和燃料流量监控，有效地保证了试验安全，能满足大容积纤维环缠绕气瓶火烧试验工作的需要。

参考文献

[1] ISO11515—2013，Gas cylinders — Refillable composite reinforced tubes of water capacity between 450 L and 3000 L — Design，construction and testing.［S］.

[2] 赵保頔，张博，胡熙玉等．长管拖车气瓶火灾分析及局部起火超压泄放试验研究［J］．压力容器，2018（1）：57-62.

[3] 董红磊，李邦宪，张君鹏，等．长管拖车气瓶火烧损伤分析及安全评定［J］．中国特种设备安全，2014（3）：23-25.

[4] 马宏波，徐维普，李前，等．车用天然气气瓶火烧试验设备及其安全泄放装置的设计［J］．中国特种设备安全，2012 (8)；9-10.

[5] 牛振宇．气瓶火烧试验方法及安全技术［J］．中国信息化，2013 (8)；3-4.

[6] S. Ruban，L. Heudier，D. Jamois. Fire risk on high-pressure full composite cylinders for automotive applications［J］. international journal of hydrogen energy，2012，37 (22)；17630-17638.

[7] Ou K S，Zheng J，Luo W J，et al. Heat and Mechanical Response Analysis of Composite Compressed Natural Gas Cylinders at Vehicle Fire Scenario［J］．Procedia Engineering，2015，130 (24)；1425-1440.

[8] Robert Zalosh. Hydrogen Fuel Tank Fire Exposure Burst Test. ［J］．SAE Paper Number 2005.

[9] 冯幸福，吴同起．燃气汽车及加气站技术［M］．北京：电子工业出版社，2001.

第三篇　压力管道

含不凝气混合蒸汽内波外螺纹管内冷凝特性的实验研究

任　彬[1,2]　汤晓英[1,2]　杨宇清[1]　鲁红亮[1,2]　吴　峥[1]

1. 上海市特种设备监督检验技术研究院，上海 200062
2. 国家热交换器产品质量监督检验中心（上海），上海 201518

摘　要： 含不凝气的冷凝传热广泛存在于各种工业流程中，少量不凝气即会严重削弱混合蒸汽的冷凝能力，因此必须研究强化混合蒸汽冷凝的方法及技术。本文对含不凝气混合蒸汽在内波外螺纹管内的冷凝特性进行了实验研究。比较了混合蒸汽在光管和内波外螺纹管内冷凝性能的差别，分析了混合蒸汽入口条件及内波外螺纹管结构参数对传热特性的影响。结果表明，内波外螺纹管和光管的传热量及传热系数均随不凝气含量的增大而减小，但内波外螺纹管的减小幅度更小，因而强化因子逐渐增大。两者均随质量通量的增大而增大，但内波外螺纹管的增长幅度更高。节距越小和波高越大的内波外螺纹管具有更高的传热系数，同时波高对冷凝特性的影响更大。

关键词： 不凝气；内波外螺纹管；冷凝；强化因子

Experimental study on condensation inside corrugated low finned tubes in presence of noncondensable gas

Ren Bin[1, 2], Tang Xiao-ying[1, 2], Yang Yu-qing[1], Lu Hong-liang[1, 2], Wu Zheng[1]

1. Shanghai Institute of Special Equipment Inspection and Technical Research, Shanghai 200062
2. National Heat Exchanger Product Quality Supervision and Inspection Center, Shanghai 201518

Abstract: The phenomenon of condensation with noncondensable gas widely exists in many industrial processes. The presence of small amount of noncondensable gas significantly reduces the performance of condensation. Therefore, it is necessary to study the technology for condensation enhancement of gas mixture. In this paper, the condensation characteristic inside corrugated low finned tubes with noncondensable gas was investigated experimentally. The difference of condensation performance between smooth tube and enhanced tube was compared. The effects of gas mixture inlet conditions and structural parameters of enhanced tube were analyzed. The results showed that both the heat transfer coefficients and heat transfer rates in corrugated low finned tube and smooth tube decreased with the increase of noncondensable gas fraction. But the declining rate of enhanced tube was smaller, and the enhancement factor was gradually increased. The heat transfer coefficients and heat transfer rates increased with the increase of inlet mass flux. But the growth rate of enhanced tube was higher. The enhanced tube with smaller pitch and larger height had the higher heat transfer coefficients, and the protrusion height had the greater influence on condensation compared with pitch.

基金项目：上海市质检局科研项目“高效管壳式热交换器能效评价技术研究”（编号：2017-31）。上海市科委标准化专项“空冷式热交换器技术标准研究及其修订”（编号：16DZ0503202）。

作者简介：任彬，1986 年生，男，工程师，博士，主要从事热交换器性能测试与能效评价研究。

Keywords: Noncondensable gas; Corrugated low finned tube; Condensation; Enhanced factor

0 引言

含不凝气的冷凝传热广泛存在于各种工业流程中，如石化、核电及海水淡化等行业。众所周知，少量不凝气即会严重削弱混合蒸汽的冷凝能力[1]。目前，混合蒸汽在竖直方向上的冷凝无论是通过实验还是模型计算手段均已研究得比较透彻。实验时，为便于工程应用一般将传热系数拟合成关于雷诺数、普朗特数及不凝气含量的关联式[2]。理论计算模型主要包含边界层法[3]、传热传质比拟法[4] 以及扩散层法[5]。也有部分学者研究了混合蒸汽在水平管内的冷凝[6]，但仍未见混合蒸汽在水平强化传热管内的研究报道。

经过多年的发展传热强化技术已经发展到了第 3 代[7]，针对管内冷凝的强化管主要有：微翅片管、管内插件管、螺旋波纹管[8]。内波外螺纹管是通过滚轧这种冷加工的方法，在基管外表面形成螺旋凹槽而内表面形成螺旋凸起的强化管[9]。任彬等[10] 研究了水蒸气在该强化管内的冷凝和流阻特性，考察了节距 p 和波纹高度 h_i 的影响，并拟合得到了传热和流阻关联式。本文采用实验方法，比较了混合蒸汽在光管和内波外螺纹管内冷凝性能的差别，同时还分析了混合蒸汽入口条件及管子结构参数对传热特性的影响。

1 实验系统与方法

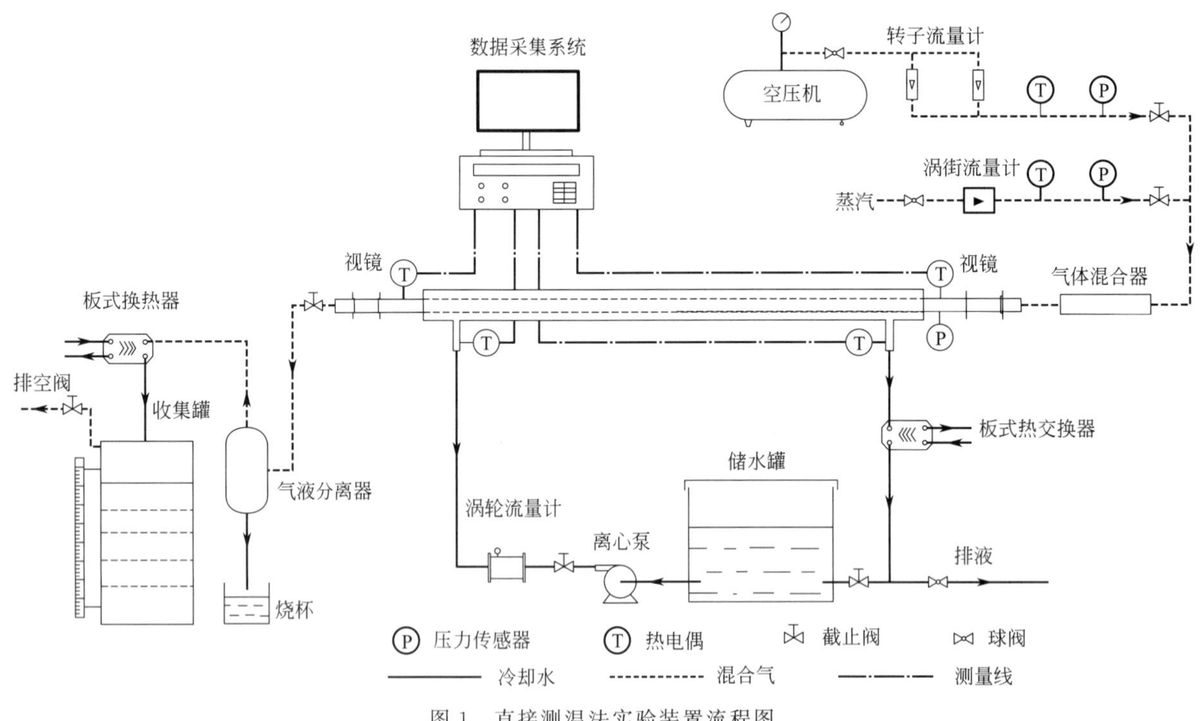

图 1 直接测温法实验装置流程图

1.1 实验系统

比较空气/水蒸气混合蒸汽在光管和内波外螺纹管内冷凝特性差异时，采用的是文献［6］中的实验装置，如图 1 所示。除需测量混合气和冷却水进出口温度外，还要测量冷凝管 6 个不同轴向位置处的气相主体温度、管壁温度和壳程冷却水温度。该测试装置由混合蒸汽系统、冷却水系统、实验段、冷凝液收集系统、数据采集系统及配套的管道、阀门组成。该装置中的实验段是一水平套管式换热器，主要部件有套管、冷凝管、法兰、法兰片及密封原件。套管内径为65mm，材质是不锈钢。冷凝管有效长度为1750mm，考虑到实验用管耐腐蚀和抗结垢的需要，且实验用管材质的导热性能不影响管内冷凝，光管和内波外螺纹管材质均为不锈钢，管子的结构参数详见文献[14]。冷凝管和套管同轴布置，冷凝管内部形成混合蒸汽冷凝区，冷凝管和套管之间形成环形冷却通道。装置共使用16根铠装热电偶，4根用来测量混合蒸汽、冷却水进出口温度以求出管内平均冷凝传热系数，12根用来测量壳程冷却水温度。壳程热电偶的分布如图2所示，沿冷凝管长共6个测温位置，轴向间隔25cm。光管实验时共使用18根测温线，用来测量管壁和管内气相主体温度以求得局部冷凝传热系数。由于内波外螺纹管无法准确测量出壁温，实验时仅需使用6根测温线测量出气相主体温度。

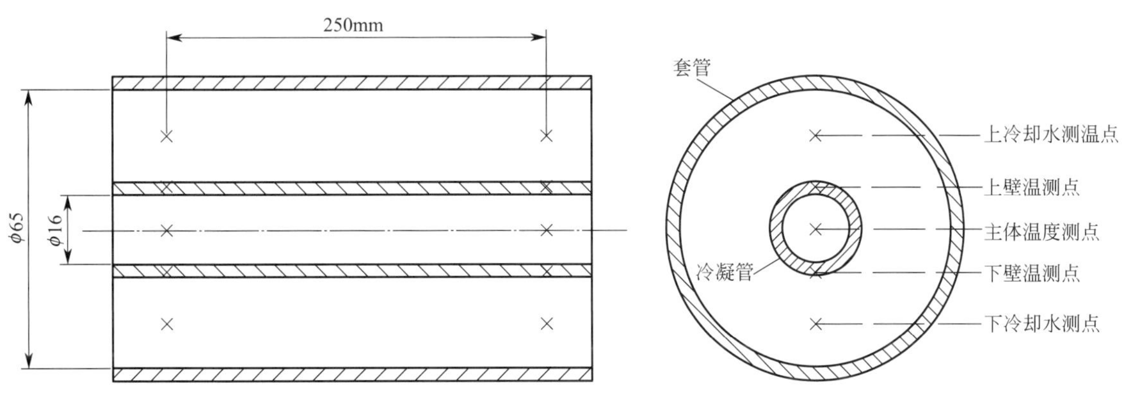

图2 直接测温法实验段热电偶分布

分析了混合蒸汽入口条件及内波外螺纹管结构参数对传热特性的影响时采用的是文献[10]中的实验装置。装置由混合蒸汽系统、实验段、预冷器冷却水系统、实验段冷却水系统、数据采集系统及配套的管道、阀门组成，如图3所示。相比直接测温法实验装置，间接测量法装置多了预冷器，预冷器是多段式套管换热器，根据需要可以改变换热管长度以及换热管材质。纯水蒸气冷凝实验时，预冷器可以用来改变实验段进口水蒸气干度。混合蒸汽管内冷凝时，预冷器可以改变实验段进口不凝气的质量分数。实验段、实验段冷却水系统和数据采集系统与直接测温法实验装置基本没有区别。

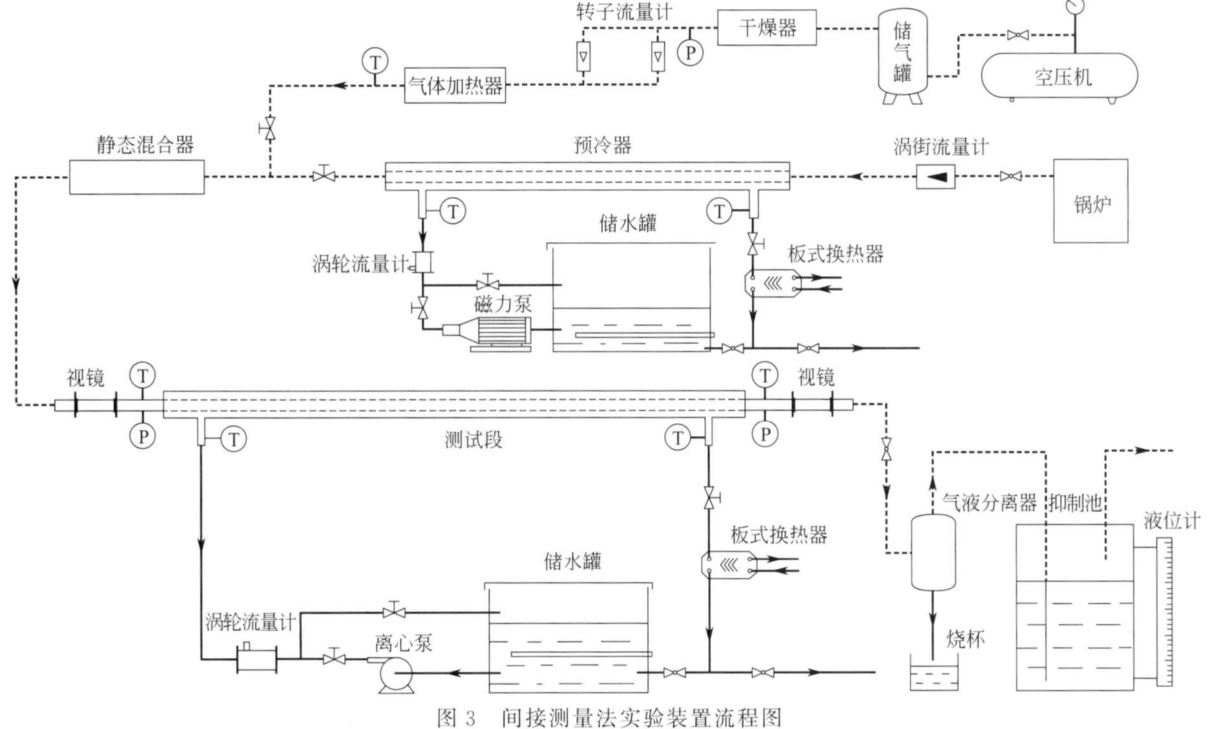

图3 间接测量法实验装置流程图

1.2 数据处理方法

1.2.1 直接测温法

进口处空气的质量分数可由下式计算：

$$\omega_1=\frac{V_a \cdot \rho_a}{V_a \cdot \rho_a+m_s} \tag{1}$$

冷凝过程的总传热量可以通过壳程冷却水的吸热量求得：

$$Q=c_{p,co}\rho_{co}V_{co}(T_{co,out}-T_{co,in}) \tag{2}$$

整个传热过程的对数平均温差为：

$$\Delta t_m=\frac{(T_{s,in}-T_{co,out})+(T_{s,out}-T_{co,in})}{2}\ for\ \left|\frac{T_{s,in}-T_{co,out}}{T_{s,out}-T_{co,in}}\right|\leqslant 0.1 \tag{3}$$

$$\Delta t_m=\frac{(T_{s,in}-T_{co,out})-(T_{s,out}-T_{co,in})}{\ln\left(\frac{T_{s,in}-T_{co,out}}{T_{s,out}-T_{co,in}}\right)}\ for\ \left|\frac{T_{s,in}-T_{co,out}}{T_{s,out}-T_{co,in}}\right|>0.1 \tag{4}$$

基于冷凝管外表面积的总传热系数为：

$$U=\frac{Q}{(\pi d_o L)\cdot \Delta t_m} \tag{5}$$

于是，管内平均冷凝传热系数可由下式求得：

$$h_c=\frac{d_o}{d_i \cdot \left(\frac{1}{U}-R_w-\frac{1}{h_{co}}\right)} \tag{6}$$

1.2.2 间接测量法

由于实验段进口和预冷段出口之间管路很短，且管路外侧都采取了保温措施，因此实验段进口干度基本等于预冷段出口干度。预冷段出口干度通过热量平衡计算，饱和水蒸气进入预冷段后放出的潜热必须等于冷却水带走的热量：

$$x_i=1-\frac{Q_{pre}}{h_{fg,pre}} \tag{7}$$

$$Q_{pre}=\rho_{pre}V_{pre}cp_{pre}(T_{o,pre}-T_{i,pre}) \tag{8}$$

实验段出口干度也采用相同的办法求得：

$$x_o=x_i-\frac{Q_{ts}}{h_{fg,ts}} \tag{9}$$

$$Q_{ts}=\rho_{ts}V_{ts}Cp_{ts}(T_{o,ts}-T_{i,ts}) \tag{10}$$

最终整个实验段的平均干度由下式求得：

$$x_m=\frac{x_i+x_o}{2} \tag{11}$$

实验过程中通过改变冷却水温度和流量，使实验段进出口干度变化小于0.1，这样求得的管内传热系数可近似地认为是局部冷凝传热系数，并可通过式(6) 求出。

实验段进口不凝气质量含量由式(12) 求得，实验时先给定蒸汽进口质量流量及空气体积流量，然后通过改变预冷段冷却水温度和流量，就可得到固定质量通量、系统压力下在不同不凝气含量下的近似局部冷凝传热系数。

$$\omega_2=\frac{V_a \cdot \rho_a}{V_a \cdot \rho_a+m_s \cdot x_i} \tag{12}$$

2 实验结果与讨论

2.1 内波外螺纹管与光管传热特性轴向分布

图 4 为光管和内波外螺纹管的气相主体温度沿管轴向的变化曲线，该温度可通过热电偶直接测量得到。由图可见主体温度沿轴向逐渐降低，主体温度实际对应的是蒸汽的饱和温度，饱和温度越低水蒸气所占分压就越小，不凝气的含量就越高。图中 5 号管的主体温度相比光管迅速降低，这说明气相主体区的不凝气浓度增长速率要高于光管，可以预计的是内波外螺纹管传热能力沿轴向的下降速率要高于光管。同时 5 号管的下降幅度和速率均大于 4 号管，说明传热能力越强沿轴向的下降速率越快。

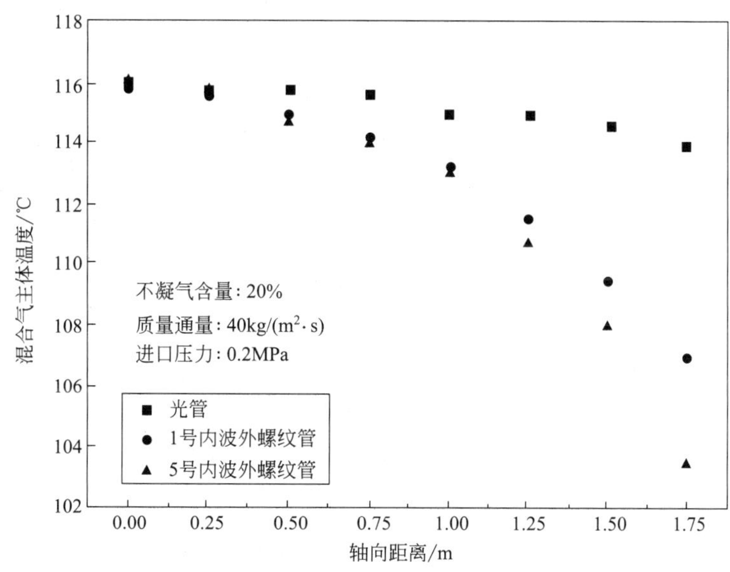

图 4 光管和内波外螺纹管内的轴向气相主体温度分布

图 5 为根据壳程冷却水温差计算得到的传热量沿轴向的分布规律，由图可见内波外螺纹管的传热量明显高于光管，因而混合气中蒸汽流量的减小速率就越快，表现为上图中内波外螺纹管的主体温度下降幅度较大。另外沿混合气流动方向，内波外螺纹管的传热量逐渐下降且降低速率逐渐增大，而光管的下降速率和幅度较小，这说明传热能力越强时，其传热性能沿轴向的恶化速率越快，主要因为传热量越大，蒸汽流量减小的就越快，会导致饱和温度降低速度、主体区不凝气浓度增大速率、不凝气膜和冷液膜厚度增长速率也较快。

2.2 内波外螺纹管与光管平均传热系数对比

图 6 为光管和内波外螺纹管内平均传热系数随进口不凝气含量的变化图。由图可知，传热系数随不凝气含量的增大而减小，在该工况下光管、1 号管和 5 号管传热系数分别下降了 28.37%、18.04%和 17.31%，而传热量则分别下降了 21.28%、16.42%和 15.67%，显然内波外螺纹管传热系数的下降幅度较小。内波外螺纹管的传热性能下降幅度较小主要是由于其内壁面存在螺旋凸起，使冷凝液膜和不凝气膜生成旋流，破坏了气膜的稳定，减小了气膜的传质热阻。同时不凝气含量越高内波外螺纹管的强化效果越好，是因为不凝气含量较高时气膜热阻变成了主要热阻，此时的气膜厚度较厚，内波外螺纹管的壁面螺旋凸起对不凝气膜层的扰动效果更为明显。

图 7 为传热系数随混合气质量通量的变化趋势。由图可见，冷凝传热系数随质量通量的增大而增大，该实验工况下，光管、1 号管和 5 号管传热系数分别增加了 2 倍、3.23 倍和 3.25 倍，显然内波外

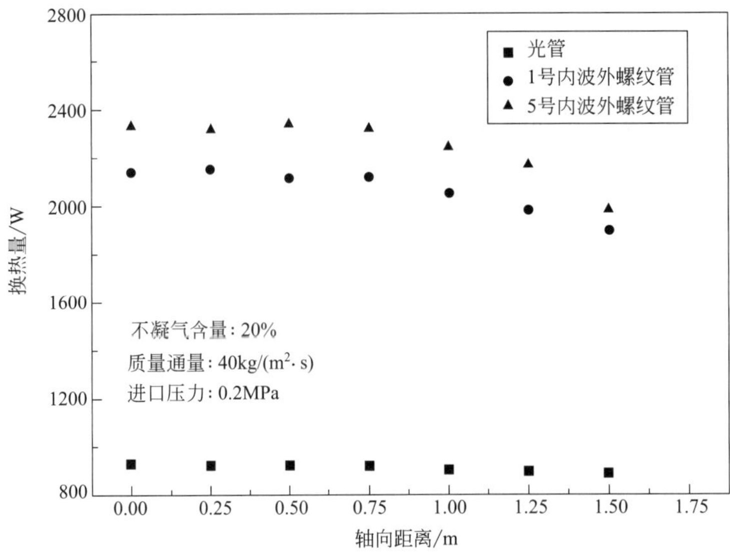

图 5 光管和内波外螺纹管内的轴向传热量分布

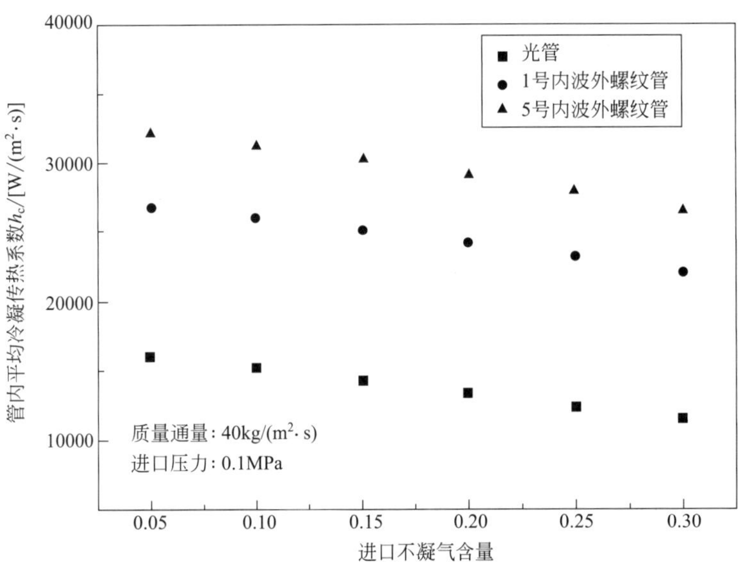

图 6 传热系数随不凝气含量的变化趋势

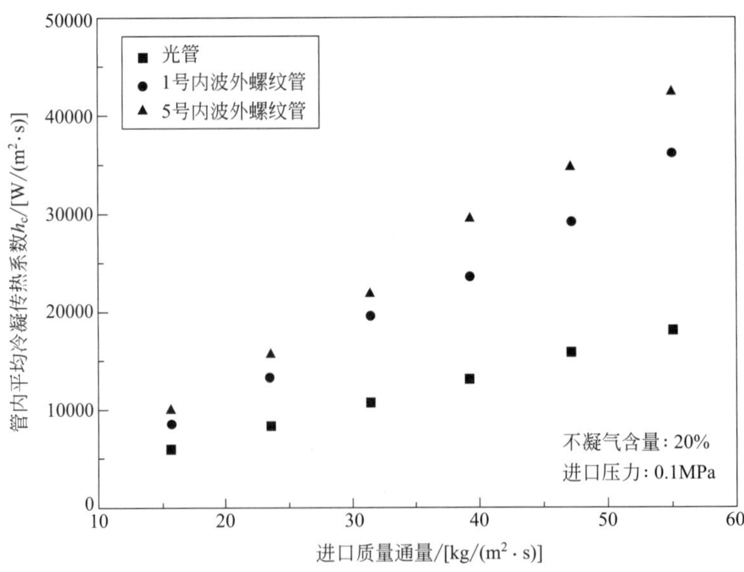

图 7 传热系数随混合气质量通量的变化趋势

螺纹管传热系数的增长幅度要高于光管。当质量通量较小时，5 号管传热系数分别为光管和 4 号管的 1.64 和 1.17 倍。当质量通量达到最大值时，5 号管传热系数相对于光管和 4 号管的强化倍数为 1.99 和 1.17 倍。可以看出提高质量通量可以增大 5 号管传热系数相对光管的强化倍数，而对 5 号管相对 4 号管的强化因子无太大影响。是因为光管内剪切力的方向仅能沿轴向，而在内波外螺纹管内由于受到螺旋凸起的阻碍作用，剪切力方向发生改变会使气膜产生旋转，从而破坏了不凝气膜的稳定性。

2.3 混合气进口条件对混合气冷凝特性的影响

图 8 显示了 1 号内波外螺纹管内冷凝传热系数随进口不凝气质量分数的变化趋势。图中的每条曲线均模拟出了混合气沿管长逐步冷凝时传热系数的变化，由图可知不同进口不凝气含量下的变化趋势完全相同，每条曲线的初始值都较高，且该值几乎与进口不凝气含量无关，这是由于刚开始冷凝时不凝气积聚地还不够多还不足以影响传热系数。与光管相类似传热系数会逐步减小，原因是随着冷凝的进行不凝气膜和冷凝液膜均逐渐增大。另外对比不同进口不凝气含量的曲线可以发现，当不凝气含量达到较大值后，传热系数间的差值基本可以忽略。

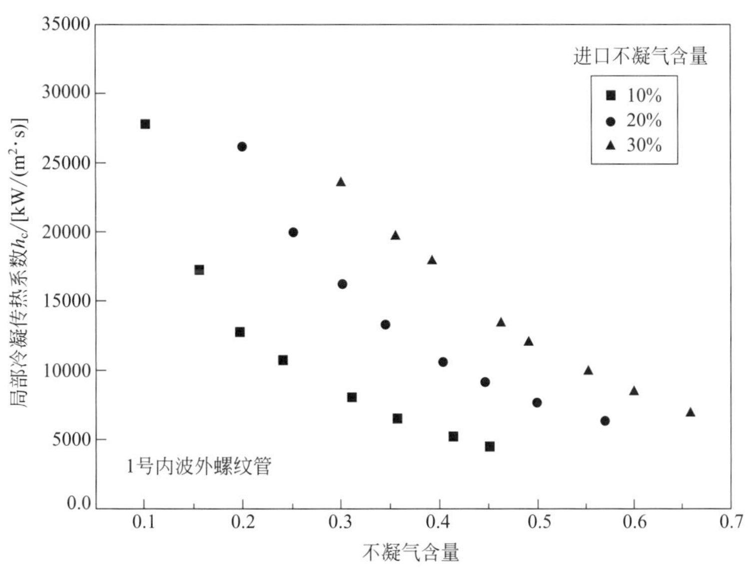

图 8 不凝气质量分数对内波外螺纹管传热系数的影响

图 9 为保持不凝气浓度不变，只改变混合气质量通量时传热系数的变化图。从该图可以看出增加质量通量可以显著提高传热系数，这是因为较高的气体流速会产生更大的界面剪切力可以同时减薄液膜和气膜厚度。但是从中等质量通量增加到较高通量时，传热系数的增量却小于从较低通量增加到中等通量时的增量，是由于当气体流量较大时再增加流量对液膜传热和气膜传质的强化作用都会减弱，这说明通过提高混合气流量增加传热系数的方法仅在传热系数较小时才具有较好的效果。

2.4 内波外螺纹管结构参数对混合气冷凝特性的影响

图 10 显示了内波外螺纹管的节距对混合气冷凝传热的影响。由图可见，传热系数随着不凝气含量的增大而减小，且减小的速度越来越小。进口不凝气含量较小时，传热系数首先因为不凝气含量的增大而迅速降低，随后其减小速度再趋于平缓，而当进口不凝气含量较高时传热系数的变化趋势较为平稳，这是因为进口不凝气浓度较高意味着冷凝传热能力却弱，混合气中蒸汽流量的减小速率和冷凝液膜、不凝气膜的增厚速率就越慢。节距越小的内波外螺纹管具有较高的传热系数，因而传热系数的下降速率也略快，但当不凝气含量较大时，节距不同的各内波外螺纹管间的传热系数差值不大。

图 11 揭示了不同质量通量条件下内波外螺纹管的槽深对冷凝传热系数的影响规律，图中不凝气的进口含量为 30%。由于进口不凝气含量较高，传热系数没有出现突然大幅下降的现象。槽深最深的 5 号

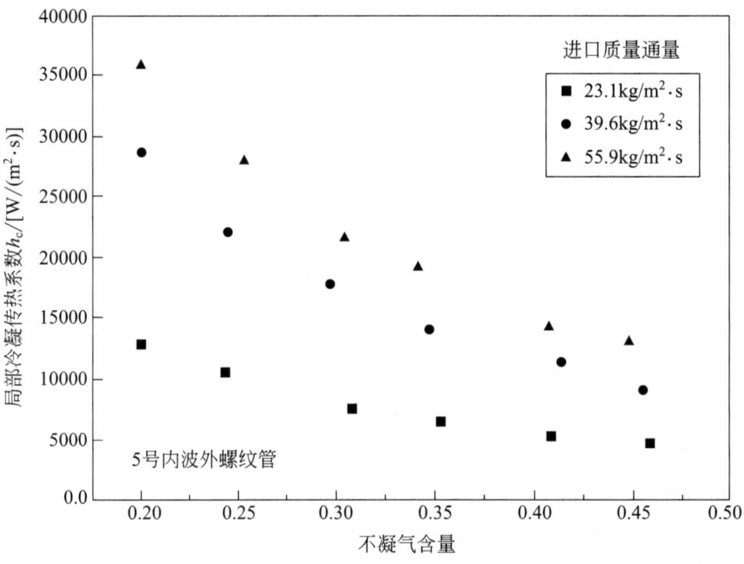

图 9　混合气质量通量对内波外螺纹管传热系数的影响

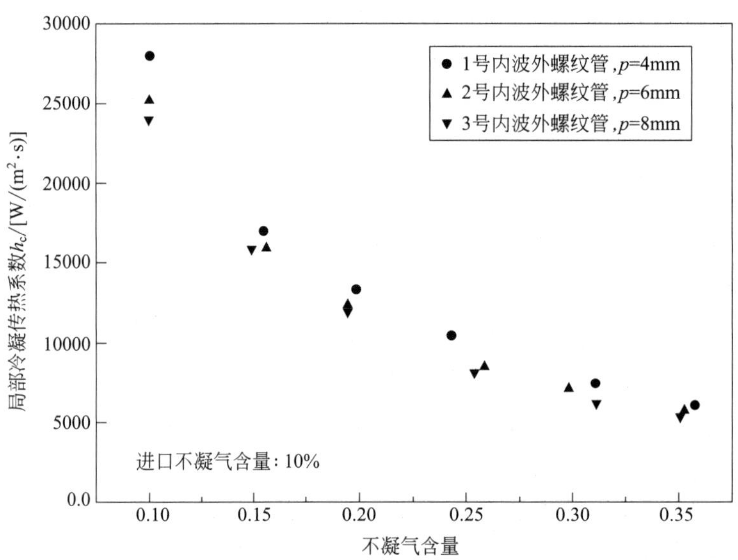

图 10　内波外螺纹管节距对混合气冷凝特性的影响

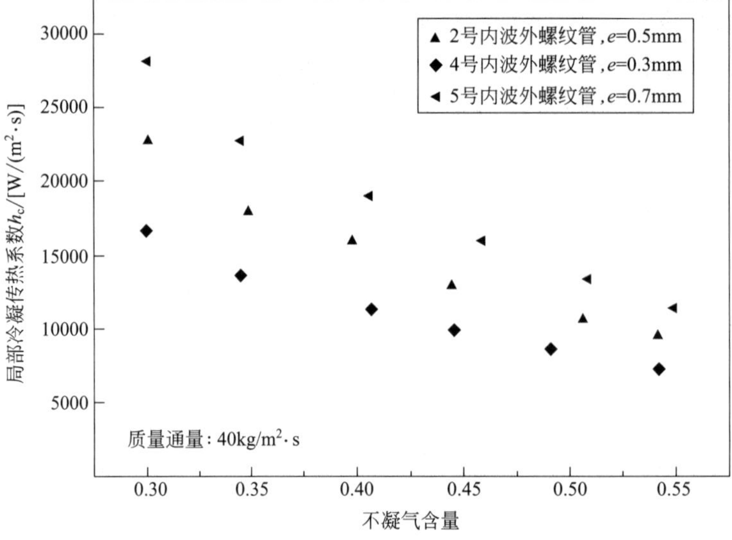

图 11　内波外螺纹管槽深对混合气冷凝特性的影响

管具有最高的传热系数，且传热系数随不凝气含量增大而下降的速率也最快。进口处 5 号管传热系数是 4 号管的 1.69 倍，当含量增大到 55%时，5 号管与 4 号管的比值下降到了 1.55，说明提高质量通量对内波外螺纹管的强化效果影响有限。另外槽深不同的各内波外螺纹管间传热系数差值较大，虽然随着不凝气含量的增大该差值逐渐缩小但仍不可忽略，这说明有无不凝气的存在，均是槽深对管内冷凝的影响较大。

3 结论

本文对空气/水蒸气混合蒸汽在内波外螺纹管内冷凝特性进行了实验研究，比较了混合蒸汽在光管和内波外螺纹管内冷凝性能的差别，分析了混合蒸汽入口条件及内波外螺纹管结构参数对混合气传热特性的影响。主要结论如下。

① 沿混合气流动方向，内波外螺纹管的传热量逐渐下降且降低速率逐渐增大。轴向气相主体温度相比光管的下降速度也越快，表明不凝气浓度的增长速率要高于光管。

② 内波外螺纹管的管内平均传热系数下降幅度小于光管，且不凝气含量越高管子的强化效果越好。提高质量通量可以增大内波外螺纹管传热系数相对光管的强化倍数。

③ 当不凝气含量达到较大值后，内波外螺纹管内局部冷凝传热系数间的差值基本可以忽略。提高混合气流量以增加管内传热系数的方法仅在传热系数较小时才有效果。

④ 节距越小的内波外螺纹管具有越高的传热系数，随不凝气含量的下降速率也略快。槽深不同的各管间传热系数差值较大，槽深相较于节距对管内冷凝特性的影响更大。

参考文献

[1] B. Ren, L. Zhang, J. Cao, et al. Experimental and theoretical investigation on condensation inside a horizontal tube with noncondensable gas [J]. International Journal of Heat and Mass Transfer, 2015, 82: 588-603.

[2] W. Zhou, G. Henderson, S. T. Revankar. Condensation in a vertical tube bundle passive condenser-Part 1: Through flow condensation [J]. International Journal of Heat and Mass Transfer, 2010, 53 (5): 1146-1155.

[3] J. L. Muñoz-Cobo, L. Herranz, J. Sancho, et al. Turbulent vapor condensation with noncondensable gases in vertical tubes [J]. International Journal of Heat and Mass Transfer, 1996, 39 (15): 3249-3260.

[4] N. K. Maheshwari, D. Saha, R. K. Sinha, et al. Investigation on condensation in presence of a noncondensable gas for a wide range of Reynolds number [J]. Nuclear Engineering and Design, 2004, 227 (2): 219-238.

[5] Y. Liao, K. Vierow. A generalized diffusion layer model for condensation of vapor with noncondensable gases [J]. Journal of Heat Transfer-Transactions of the ASME, 2007, 129 (8): 988-994.

[6] B. Ren, L. Zhang, H. Xu, et al. Experimental study on condensation of steam/air mixture in a horizontal tube [J]. Experimental Thermal and Fluid Science, 2014, 58: 145-155.

[7] 林宗虎，汪君，李瑞阳等．强化传热技术 [M]. 北京：化学工业出版社，2006.

[8] A. S. Dalkilic, S. Wongwises. Intensive literature review of condensation inside smooth and enhanced tubes [J]. International Journal of Heat and Mass Transfer, 2009, 52 (15): 3409-3426.

[9] GB/T 24590—2009. 高效换热器用特型管 [S].

[10] 任彬，宋盼，王少军等．内波外螺纹管内冷凝与流阻特性研究 [A]. 2016 年全国特种设备安全与节能学术会议论文集 [C]. 北京：中国质检出版社，2017, 62-67.

管道阴极保护电流内检测机械结构设计

马义来　王俊杰　邵卫林　陈金忠

中国特种设备检测研究院，北京 100029

摘　要： 针对目前埋地管道阴极保护外检测存在的多种问题，提出一种管道阴极保护电流内检测方法，在现有成熟的管道内检测器上挂载阴极保护电流内检测节，实现管道电流检测。阴极保护电流内检测节包括支撑结构、探头结构及打磨刷头结构等。实验结果证明通过内检测技术实现管道阴极保护电流检测切实可行，可以进一步开发推广到工程应用中。

关键词： 管道内检测；阴极保护电流；阴极保护；杂散电流

Mechanical Structural Design of Inline Inspection of Pipeline Cathodic protection Current

Ma Yi-lai，Wang Jun-jie，Shao Wei-lin，Chen Jin-zhong

China Special Equipment Inspection Institute，Beijing 100029

Abstract: Aiming at the problems existing in the current external detection of buried pipeline cathodic protection，this paper presents a pipeline inner detection method for detecting the cathodic protection current. Mounting cathodic protection current detection section on existing mature pipeline internal detectors to realize pipeline current detection. The detection section of cathodic protection current includes support structure，probe structure and polishing brush head structure，etc. The experimental results show that it is feasible to detect the cathodic protection current of pipeline through internal detection technology，and can be further developed and popularized into engineering applications.

Keywords: Pipeline in-line inspection; Pipeline current; Cathodic protection; Corrosion protection layer

0　引言

随着管道内检测技术的发展，国内管道检测技术研究机构已经先后开发出了具备管道金属损失缺陷、管道外径变形缺陷、管道应力破裂缺陷检测能力的管道内检测器[1-3]。但在阴极保护状态检测方面，目前国内还没有相关内检测技术研究，管道阴极保护主要存在阴极保护断路、杂散电流干扰、与邻近管道短接几种失效模式。目前普遍采用标准管/地电位检测技术（P/S）、密间隔电位法（CIPS）、直流电位梯度法（DCVG）等基于电压参数测量的外检测方法[4]。然而传统的外检测法存在较大局限性：①山区、海底管道及大埋深或定向钻穿越段等人员无法到达或外检测设备无法检测管段，难以实施外检测[5]；②难以检测管道外部干扰，在电线、铁路以及其他阴极保护设施附近，

基金项目：国家重点研发计划“典型城市民生设施质量检测与评价技术研究”（项目编号：2018YFF0215000）。

作者简介：马义来，1987 年生，博士，工程师，主要从事油气管道电磁无损检测技术的研究工作。

外检测无法避免外部干扰，判断杂散电流的干扰的地点、量级和方向；③需要检测土壤电阻压降，检测过程会干扰阴极保护系统的正常工作[6]。因此，笔者提出利用管道内检测技术进行管道阴保电流采集的方法，当管道的任意段的电流大小相差不大时，表明管道的阴极保护效果良好；当某段管道的电流大小为零时，表明阴极保护系统处于开路状态，此时管道的阴极保护系统失效；当某段管道的电流大小波动较大甚至出现交流的时候，表明在该段的杂散电流较大，通过与正常电流的差值运算可以得出杂散电流的大小。

1 管道电流内检测技术原理

阴极保护正常工作时，会以阴极保护施加点为中心在管道上形成大小相同和方向相反的保护电流[5] 如图 1 所示。阴极保护的故障都会导致管道内电流参数的异常，管道阴极保护发生断路时，该段管道的电流参数将为零；管道受到附近电气设施干扰时，产生感应电流，测得电流中将包含干扰信号；管道与邻近管道相接时，将受到其他阴极保护干扰，引起本身电流的增大或减小，通过管道电流检测工具采集管线上的电流数据，分析电流参数曲线可以得知管道阴极保护工作状态以及故障类型。

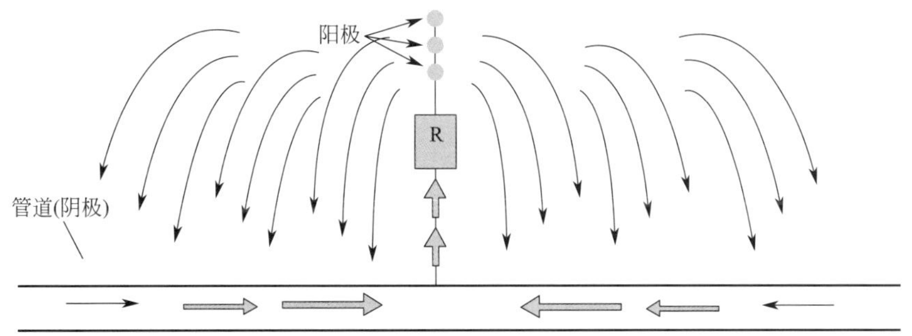

图 1 管道阴极保护电流图

内检测技术采用电压差法从管道内壁检测管道电流，如图 2 所示，将两个电极与管道内一定间距 a、b 两点接触测得电压差，根据管材电阻率、壁厚、外径、间距长度参数可以确定 a、b 间管道的电阻值，利用公式（1）转化得到管道的电流数据。

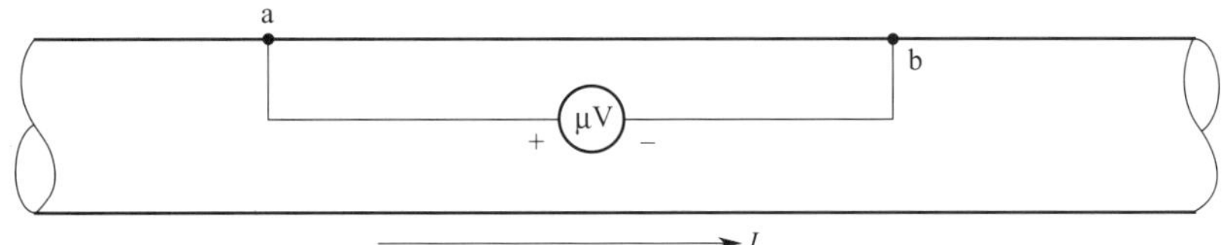

图 2 电压差法管道电流内检测原理图

$$I=\frac{V_{ab}\cdot\pi(D^2-d^2)}{4\rho L_{ab}} \tag{1}$$

式中，I 为流过 ab 段的管内电流，单位为安培（A）；V_{ab} 指 ab 间电位差，单位为伏特（V）；D 为管道外径，单位为毫米（mm）；d 为管道内径，单位为毫米（mm）；ρ 为管材电阻率，单位为欧平方毫米每米（$\Omega\cdot mm^2/m$）；L_{ab} 为 ab 间管道的长度，单位米（m）。在阴极保护系统中，管道的两端具有电势差，从而形成电流。该电流的流向如图 1 所示。管道具有电阻，故在管道沿走向的任意距离的两点之间形成电压降。两个电极组件具有设定的距离。通过测量设定距离的管道的电压降，并根据该距离的管道的电阻值能够计算得出流经该段管道的电流的大小。

2 管道阴极保护电流内检测装置组成

管道阴极保护电流内检测器所需要的驱动结构技术、定位技术、电源供电技术以及数据采集存储技术目前的检测器已经拥有成熟技术，通过在现有设备上挂载管道阴极保护电流检测节即可实现阴极保护电流管道内检测。管道阴极保护电流内检测装置主要由电源节、计算机节及检测节组成，具体结构如图3所示。

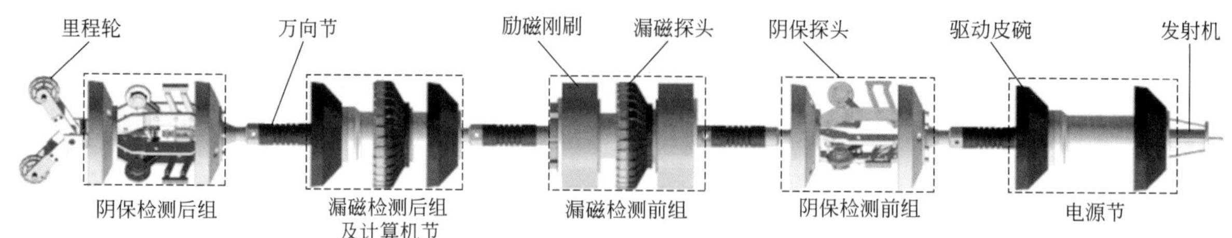

图3 管道阴极保护电流内检测装置

2.1 电源节

电源节为管道内检测器内部各电子元件提供电源，保证各传感器正常工作和数据采集存储模块的稳定运行。电源节内封装了能够满足单次检测所需的电池，同时保证电池在管道复杂工况下的安全工作。同时电源节也为驱动节，在管道介质前后压差的驱动下，拖载检测器在管道中平稳运行。

2.2 计算机节

测量节检测出来的数据需要传输到内检测器的计算机节上，由工控机组成，其作用是对检测器所有部件的控制以及对检测数据的保存。里程轮是计算机节的主要部分，由脉冲式码盘组成，作用是根据内检测器的在管道中每走，向工控部件发送一个脉冲，随后系统就会执行一次检测。系统接收到漏磁信号之后，送给采集卡，最后传入硬盘中，供后续离线数据处理使用。

2.3 检测节

检测节包含支撑结构和检测探头，同时检测节上包含探头传感器的机械支撑结构，保证内检测器在管道中运行的时候需要良好的姿态，机械支撑结构同时能够保证探头与管壁贴合良好，保证检测信号的稳定采集。

3 关键结构设计

管道阴极保护电流内检测装置关键结构为管道阴极保护电流检测节，管道阴极保护电流检测节机械结构包括前后两组滚动电极及弹性支撑结构，通过借助检测器上驱动结构，实现电流检测结构的在管道中的运行，具体结构设计如图4所示。滚动电极中包括实现电信号旋转连接的水银滑环以及实现绝缘的陶瓷轴承，通过前后两组电极与管壁金属接触导通实现电压差信号的获取。

图4 管道阴极保护电流检测节

3.1 支撑结构设计

检测节支撑结构包括支撑皮碗和支撑框架，具有保持检测节上的检测部件和其他部件轴向和径向相对位置、维持检测结构在管道内部运行时姿态的功能。支撑皮碗结构如图 5 所示，包含由橡胶制成的摩擦面和支撑实体，固定螺栓孔以及用以通过管道内介质的泄流孔。支撑框架由支撑梁和端面构成，支撑梁上包含固定元器件的销子孔。

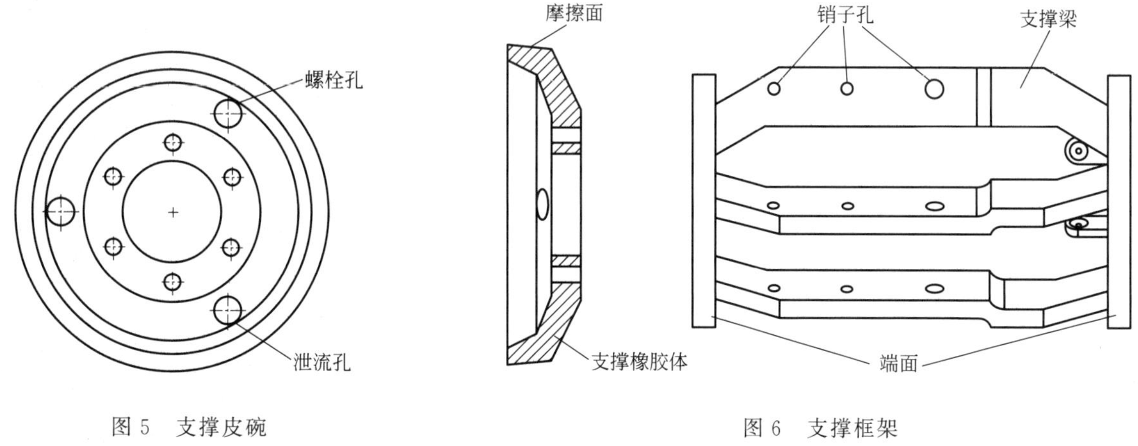

图 5　支撑皮碗　　　　图 6　支撑框架

3.2 检测探头结构设计

检测电极探头固定在支撑框架上，利用弹簧弹力与管壁保持贴合运动。探头主要由电极轮、旋转滑环、轴承、两端支撑臂、以及端盖构成。其中电极轮采用表面开槽设计，开槽方向与轮子滚动方向成一定角度，保证轮子的摩擦和平稳，电极轮采用齿轮钢 20CrMnTi 制成，同时采用表面处理技术增加耐磨

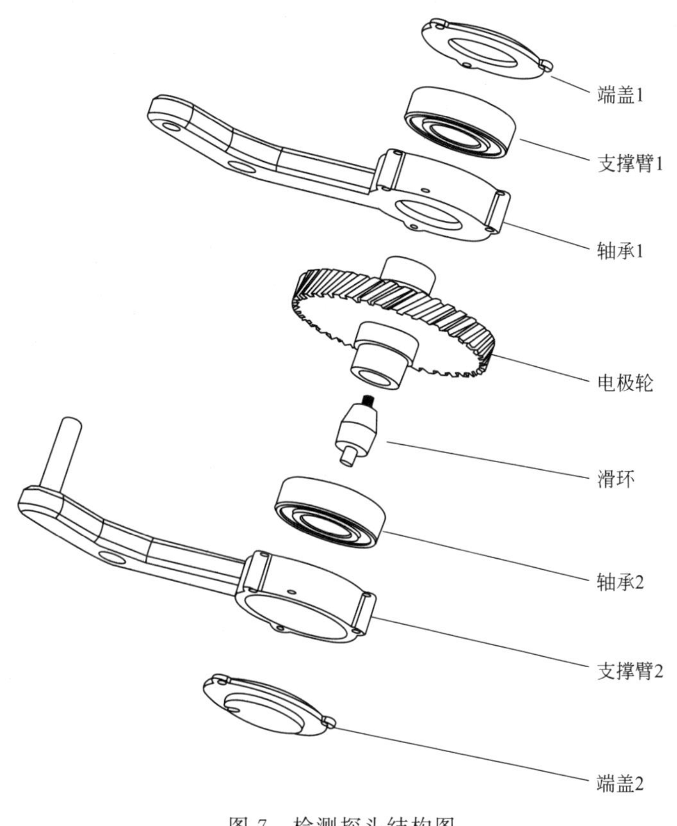

图 7　检测探头结构图

特性；微型滑环用以实现端盖出静止的接线与转动的电极之间的连接，具有承载转速高、低噪声的特点；轴承采用能够承载 1000r/min 的高性能绝缘轴承。

3.3 打磨刷头结构设计

打磨组件包括刷头，刷头位于电极轮的沿行进方向的前方，被构造为用于清除管道内壁的附着物，以使电极轮与管道内壁能良好的接触，从而提高了阴极保护电流检测的精度。刷头的接触面具有齿状结构，齿状结构的齿的走向垂直于行进方向。接触面的整体呈长方形，平行于行进方向，齿状结构的齿的走向垂直于行进方向，能够更有效地打磨掉附着物。刷头的材质选用 20CrMnTi，具有较好的耐磨性能。刷头的支撑弹性结构可以有效地克服管道内部环焊缝或螺旋焊缝的余高或焊瘤等表面不平处对设备的检测存在影响。

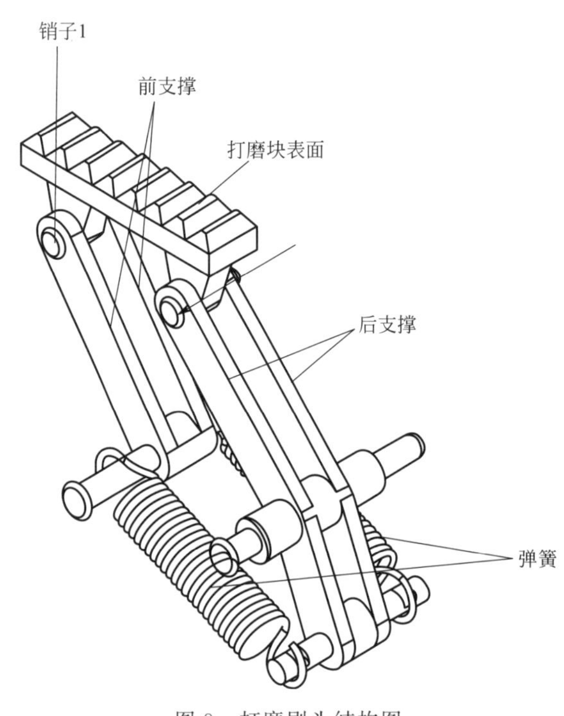

图 8 打磨刷头结构图

4 实验与结果分析

开发出的实验样机布置在中心支撑圆筒上，包括前后两个滚动电极、锂电池电源、纳伏表、采集卡、直流电源以及交流电源，通过直流和交流电源向被测试钢管施加模拟阴极保护信号和杂散电流信号，信号经过放大模块处理后通过采集卡采集。试验中采用的管道为规格为 ϕ325mm×6.4mm 的半管道，前后电极接触点的间距为 1100mm，根据计算，前后两个电极所测间距管道电阻为 45.8$\mu\Omega$，所建实验台如图 9 所示。

4.1 阴极保护电流模拟测试

将测试样机静态放置在管道内壁，对管道施加 1～5A 的直流电流模拟不同强度的管道阴极保护电流，通过实验样机系统采集管壁上形成的电压差信号。

根据理论计算结果，0.5A 的直流电流施加在被测管道上，在实验样机检测间距（1100mm）内形成的电势差信号的强度为 45.3μV，经过电子模块 1 万倍增益之后为 0.458V。如图 10 所示，电势差信号幅值随着电流强度的递增而均匀增大，且 0.5A 时幅值为 0.47 左右，与理论分析结果相似，且在允

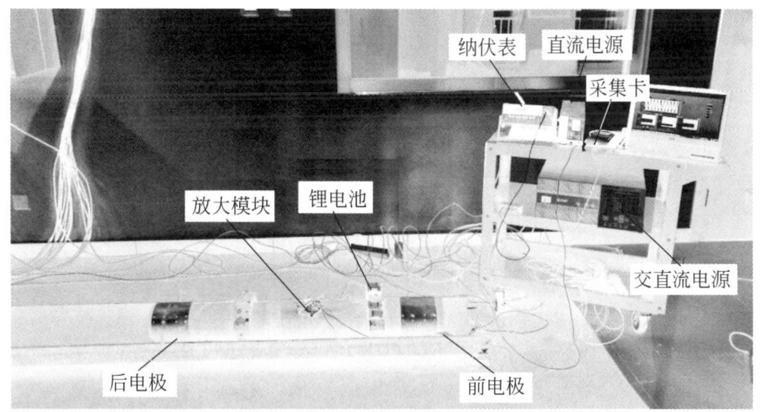

图 9　实验设备接线图

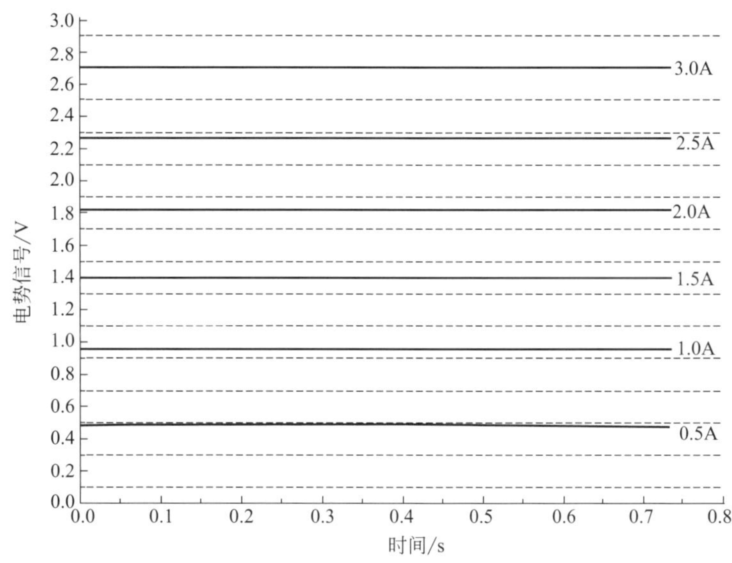

图 10　单向直流信号电压曲线

许误差范围之内。

4.2　阴极保护短接模拟

当管道与其他未受保护管道发生搭接时，保护电流变小，本实验通过调节模拟阴极保护电流强度来实现，首先施加 2A 模拟保护电流，在 1.1s 左右输出电流强度降低为 1A，实验结果如图 11 所示。

在阴极保护短接地带，同一个阴极保护阳极保护多个金属结构，阴极保护电流会变小。根据理论计算，当 2A 的电流转变为 1A 时，实验样机采集得到的电势差幅值应从 1.832V 降为 0.916V。如图 10 所示，当电流为 2A 时，测得信号为 1.82V，当电流变为 1A 时，电势差变为 0.90V，与理论相符。

4.3　管道直流杂散电流模拟

当管道与受到地面电气设施的直流杂散电流干扰时，管道内保护电流强度会发生改变，甚至保护电流方向发生改变，实验中先施加 2A 的模拟电流，在 1.0 秒时运用第二个电源施加 3A 的反向模拟直流杂散电流干扰。

观察图 12 可以发现，当输入电流为 2A 时，产生电势差信号为约为 1.82V，1s 时增加反向 3A 电流输入后，信号曲线骤降为−0.91V 左右，根据理论分析信号强度为 1.832V 和−0.916V，结果较为接近。同时，当管壁电流幅值变化时，电势差曲线能够明显体现这种转变。

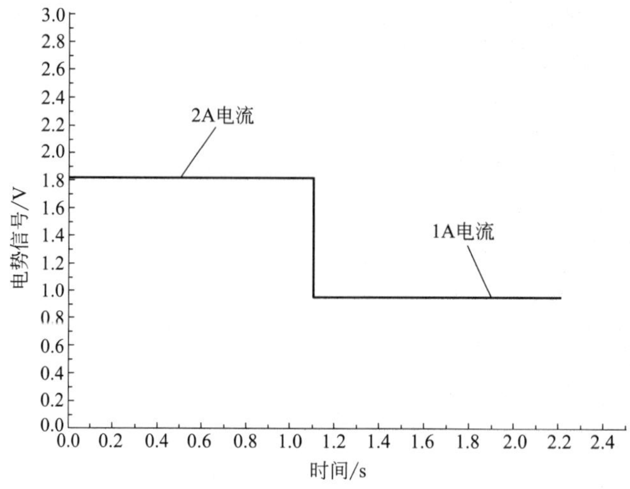

图 11 模拟阴极保护电流短路信号

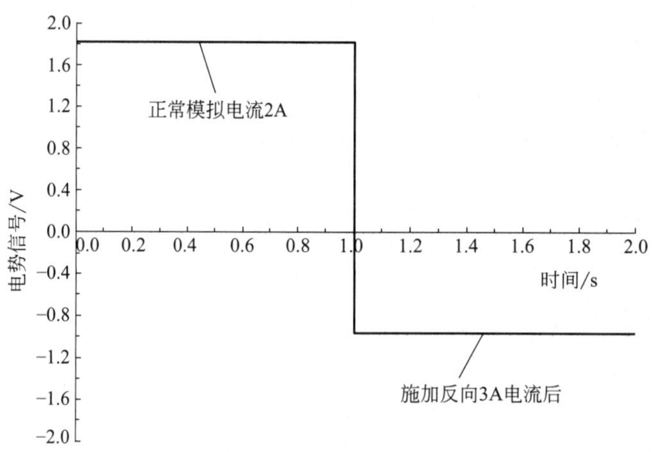

图 12 直流杂散电流模拟信号

4.4 管道交流杂散电流模拟

由于我国电网普遍采用 50Hz 交流电流，因此一般情况下，对管道阴极保护形成干扰的电流为 50Hz，本实验中，在施加 1A 直流阴极保护模拟电流的同时叠加 2A 50Hz 的杂散电流模拟信号。

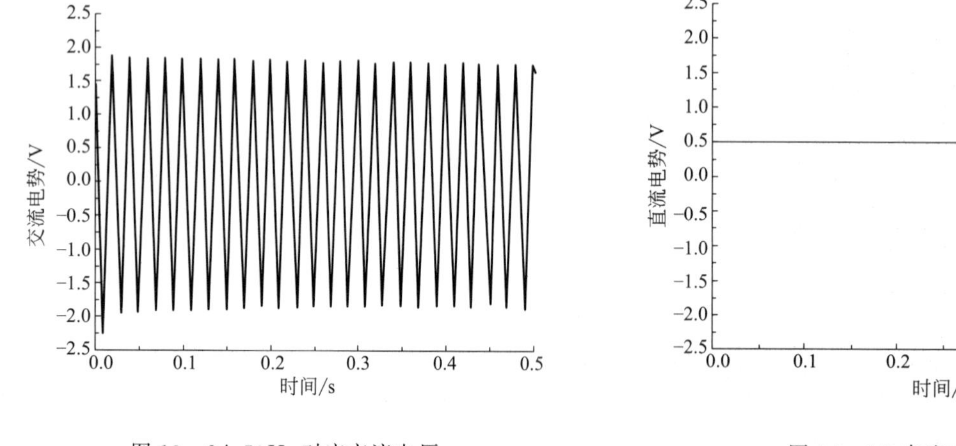

图 13 2A 50Hz 对应交流电压

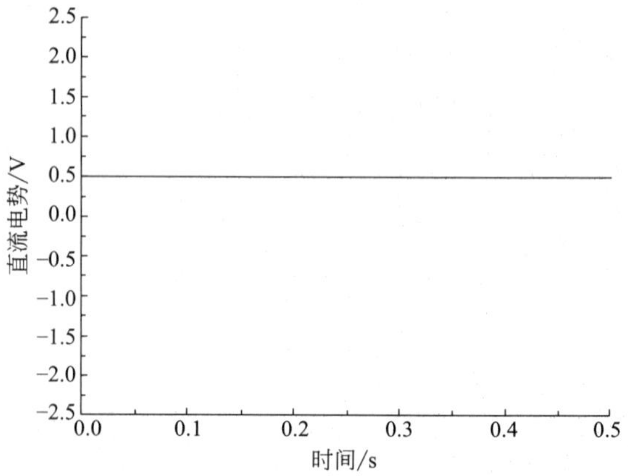

图 14 1A 直流对应电压

根据图 13 可知，当对被测管道施加 2A 50Hz 交流电流时，测得电压差信号频率同样为 50Hz，同时电压幅值为1.8V在X轴上下两边均匀摆动，与理论相近。当交流信号与1A阴极保护电流叠加后，交流信好整体上移，在$y=0.48$左右波动，与理论结果相近。同时，经过机械结构以及电子电路后信号依然为50Hz，没有发生失真现象，证明可以实现交流杂散电流检测。

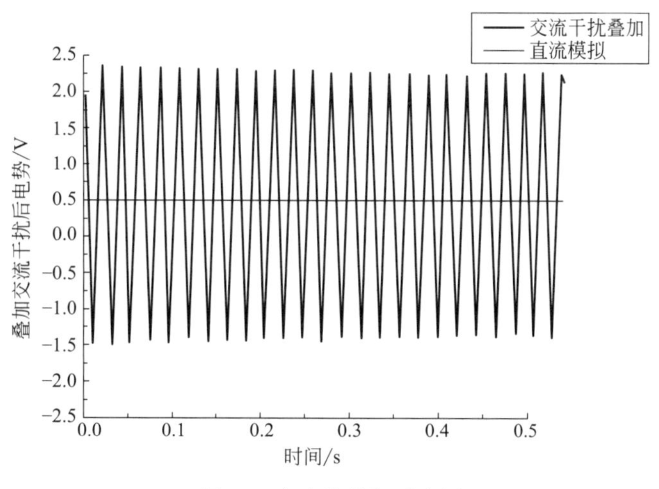

图15　交直流叠加后电压

5　结论

本文提出了管道阴极保护电流内检测装置的设计，该装置从管道的内部行进，这使得管道的阴极保护的检测不受外部地理条件的限制，适用性良好。装置能够通过差值运算计算出杂散电流的大小，从而使得对管道的阴极保护的评估更准确，检测精度高，不需要检测土壤的电阻压降，不会干扰阴极保护系统的正常工作，实现了在线检测，为油气管道安全运行提供重要保障。

参考文献

[1]　马义来，何仁洋，陈金忠，李春雨．基于FPGA+ ARM的管道漏磁检测数据采集系统设计［J］．无损检测，2017，39（08）：71-74.

[2]　胡西洋，沈功田，卢超，等．漏磁检测仪检测通道一致性评价试验［J］．无损检测，2015，37（09）：26-29 + 58.

[3]　陈德胜，龙媛媛，王遂平，刘瑾，尹春峰．DCVG+ CIPS技术在净化油长输管道外检测中的应用［J］．油气储运，2012，31（08）：615-616.

[4]　张汝义，刘海俊，杜莎．埋地钢质原油集输管道检测技术探讨［J］．油气田地面工程，2017，36（06）：81-83.

[5]　宋飞，潘红丽．一种管道阴极保护电流在线检测新技术［J］．石油和化工设备，2016，19（02）：57-60.

[6]　肖述辉．杂散电流对长输管道腐蚀影响的研究［D］．西安：西安石油大学，2014.

常减压装置压力管道隐患排查技术应用

钱晓龙　谢国山　李志峰

中国特种设备检测研究院，北京 100013

摘　要： 常减压装置作为炼油上游装置，加工的油品多为含高硫、高酸的重油，腐蚀性较大，为装置的长周期运行带来一定的安全隐患。本文基于多角度提出了隐患排查体系的技术解决方案，通过应用 RBI 技术、流场冲蚀部位预测技术、在线检测技术和剩余寿命评价技术，对常减压装置的压力管道进行安全隐患排查，为保障装置长周期安全稳定运行提供技术支持。

关键词： 常减压装置；压力管道；RBI；隐患排查；长周期运行

Technology Application of Potential Risk Investigation to Pressure Piping of Distillation Unit

Qian Xiao-long，Xie Guo-shan，Li Zhi-feng

China Special Equipment Inspection Institute，Beijing 100013

Abstract: The oil processed by Distillation unit as refining upstream device，mostly was heavy，containing higher sulfur and acid. Some security risks for the long-cycle operating condition were caused by corrosion problems. Based on multiple points，this paper proposed the technology route of potential risk investigation. According to the pressure piping of distillation unit，through application of RBI，erosion parts prediction by fluid analysis，online inspection and remaining life evaluation technology，eliminate potential risk，to provide some technical supports for safety and stable operation of long-cycle.

Keywords: Distillation Unit; Pressure Piping; RBI; Potential Risk Investigation; Long-cycle Operation

0　引言

常减压装置作为炼油的龙头装置，对于炼厂的生产经营尤为重要，其加工的原油中富含有硫、氮、酸、氯以及重金属等多种杂质，这些杂质经物理/化学变化后会成为装置腐蚀的主要诱因；随着我国对原油资源的调控，加工高硫高酸原油[1] 的比例逐年增大，由此也导致腐蚀问题日益突出，给装置的稳定运行带来安全隐患；另外近年来随着石化企业管理水平的提升和国际间企业竞争的需要，装置的长周期运行成为各石化企业设备管理的首要目标；而传统检验模式仅在停工期间进行，不能根据装置腐蚀因素的变化及时掌握实际情况，且检验策略是参照工业管道等级制定，存在一定的盲目性和局限性，无法有效排除安全隐患，难以适应现阶段炼化企业的设备管理需求。

针对上述背景，本文探讨通过结合 RBI 技术、流场冲蚀部位预测技术、在线检测和剩余寿命评价

基金项目：国家质检总局科技计划项目（编号：2016QK207）。

作者简介：钱晓龙，1983 年生，男，工程师，硕士，主要从事特种设备检验检测和风险评估工作。

等技术，对常减压装置的压力管道在运行期间进行安全隐患排查，并实现停工检验向在线检验过渡，为常减压装置压力管道长周期运行提供新的管理思路。

1 隐患排查体系技术路线

隐患排查体系技术路线图由图 1 所示，具体步骤包括以下几个方面：①调研装置以往的腐蚀情况，分析常减压装置应用的材质、介质腐蚀性参数、工艺控制指标等因素，通过 RBI 评估结果，依据风险水平制定在线检测计划；②通过对常减压装置各工段损伤机理分析，结合检测设备在线施检环境的适用性来制定有针对性的检验策略；对于有冲刷机理的管系进行流场模拟分析，确定重点检测部位；③依据在线检测方案实施在线检测；④对在线检测结果进行剩余寿命计算，给出推荐的检验周期。

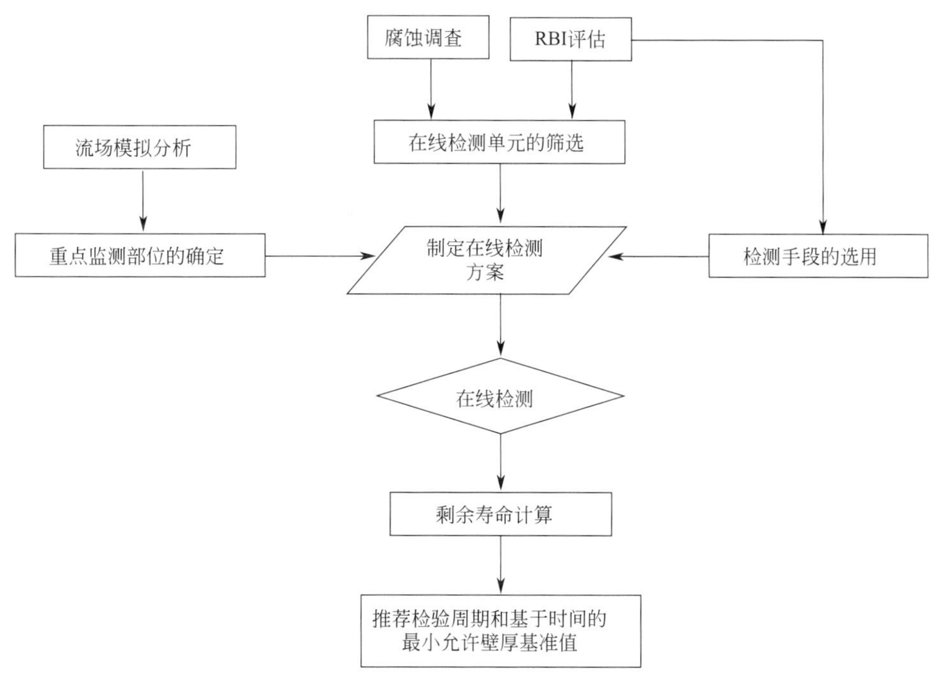

图 1 隐患排查体系技术路线图

2 在线检测单元筛选

在线检测单元的筛选主要通过 RBI 评估后依据风险水平进行确定，RBI 通过对装置油品性质、材质、介质腐蚀性、检验情况和以往腐蚀案例进行分析，得出每条管道的风险水平；大量的统计数据表明：装置的失效风险不是平均分配的，其中约 20%的单元承担了大约 90%的风险。RBI 风险分析对单元进行风险排序，确定高风险单元，并根据风险驱动因素提出有针对性的检验策略。

RBI 风险等级分为 4 个层级，分别为高风险、中高风险、中风险和低风险，对应的抽检原则见表 1；其中腐蚀情况较严重时，建议采用较高保守程度，在线检测单元的筛选[2] 应保证覆盖所有腐蚀回路并优先抽检下列管道：①失效可能性大于或等于 3 的；②超过设计寿命的；③有衬里的；④有保温层的管道（$-12℃<t<121℃$）或间歇操作的管道。

通过 RBI 风险水平确定在线检测计划和检测比例可以合理分配检验资源，降低装置运行风险的同时从整体上减少检验和维护成本。

表 1 RBI 风险矩阵及抽检原则

失效可能性等级 5、4、3、2、1；失效后果等级 A、B、C、D、E；图例说明：高风险、中高风险、中风险、低风险	检验范围	
	一般保守程度	较高保守程度
高风险	100%	100%
中高风险	50%	60%
中风险	30%	40%
低风险	10%	20%

3 检测方案制定

传统检验方法是依据工业管道等级来制定检验策略，本身存在一定的局限性，不能根据管道腐蚀严重性合理的调配检验资源，有效的发现问题；相比传统检验方法，隐患排查技术在线检测方案是从以下三个方面进行制定：①根据管道潜在失效模式、风险状况进行有针对性、有效性的检测；②依据不同检测设备对在线施检环境的适用性和缺陷敏感性来进行选择；③其中对于有冲刷机理的管系可采用流场模拟计算，确定重点检测部位。

3.1 常减压装置潜在失效模式分析

详细深入掌握常减压装置潜在失效模式对于合理选择检测方法，有效排查安全隐患至关重要，常减压装置腐蚀[3-16] 主要发生在120℃以下和220℃以上两种环境，分别称为低温腐蚀和高温腐蚀，其中低温腐蚀主要为 $HCl+H_2S+H_2O$，高温腐蚀则以高温硫腐蚀和环烷酸腐蚀为主；常减压装置各工段的损伤机理和失效模式如下表 2 所示。

表 2 常减压装置各工段损伤机理和失效模式

工段	单元	损伤机理	失效模式
脱盐、换热	原油低于 220℃	冲刷腐蚀、低温硫腐蚀	减薄
	原油高于 220℃	高温硫、环烷酸腐蚀	减薄
初馏	进料管线	高温硫、环烷酸腐蚀	减薄
	初馏塔顶管线	$HCl\text{-}H_2S\text{-}H_2O$ 腐蚀	减薄、开裂
	塔底管线	高温硫、环烷酸腐蚀	减薄
常压	常压炉进出料管线	高温硫、环烷酸腐蚀、冲刷腐蚀	减薄
		高温氧化	减薄
		燃灰腐蚀	减薄
		蠕变	韧性断裂或塑性失稳
		烟气露点腐蚀	减薄
	常压塔顶管线	$HCl\text{-}H_2S\text{-}H_2O$ 腐蚀	同初顶
	常压塔中下部管线	高温硫、环烷酸腐蚀	减薄
减压	减压炉管线	高温硫、环烷酸腐蚀、冲刷腐蚀	减薄
		高温氧化	减薄
		燃灰腐蚀	减薄
		蠕变	韧性断裂或塑性失稳
		烟气露点腐蚀	减薄
	减压塔顶管线	$HCl\text{-}H_2S\text{-}H_2O$ 腐蚀	同初顶
	减压塔中下部管线	高温硫、环烷酸腐蚀	减薄

3.2 检测方法

不同于停工过程的检验，石油化工装置在线运行工况复杂，涉及的温度范围广，目前主要应用的在线检测技术有高温超声波测厚、电磁超声、低频导波、脉冲涡流、高温磁粉和声发射[17-20] 等技术，通过上述检测技术的应用可是实现在线0～900℃工况范围的覆盖，有效地保证了在线检验的可实施性，其中各种在线检测方法对于各种缺陷的检验有效性如表3所示，低频导波应用示例如图2所示，脉冲涡流应用示例如图3所示。

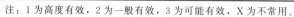

表3 在线检测方法及有效性

检测技术	减薄	表面裂纹	近表面裂纹	微裂纹/微孔	金相组织变化	尺寸变化	鼓泡
超声波导波	1～3	X	X	X	X	X	X
脉冲涡流测厚	1～3	X	X	X	X	X	X
高温超声波纵波	1～3	X	X	X	X	X	1～2
高温磁粉	X	1～2	3～X	X	X	X	X
高温超声波横波	X	2～X	2～X	X	X	X	X
在线声发射监测	X	（活性）1～3	（活性）1～3	3～X	X	X	3～X
磁记忆	X	1～3	3～X	X	X	X	X

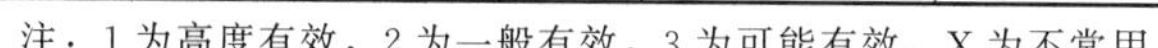
注：1为高度有效，2为一般有效，3为可能有效，X为不常用。

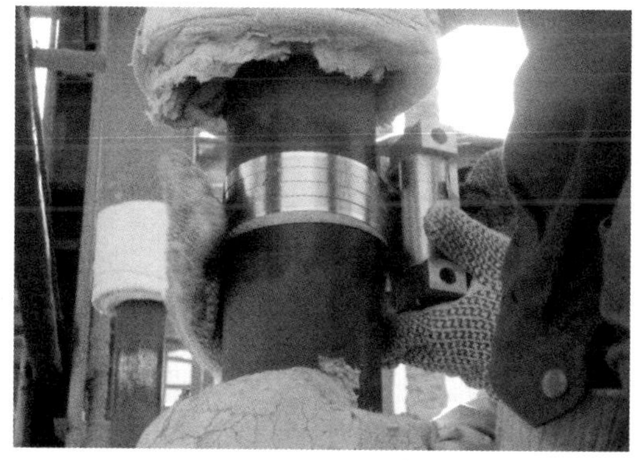

图2 低频导波应用示例

图3 脉冲涡流应用示例

3.3 分析示例

对于有冲刷机理的管系，通过管系流场模拟分析可以精确判断冲刷相对严重的部位，实现了管道内部局部腐蚀冲刷严重部位的科学预测，为在线检测提供直接、有效的技术支持；图4为管系流场模拟分析的应用示例。

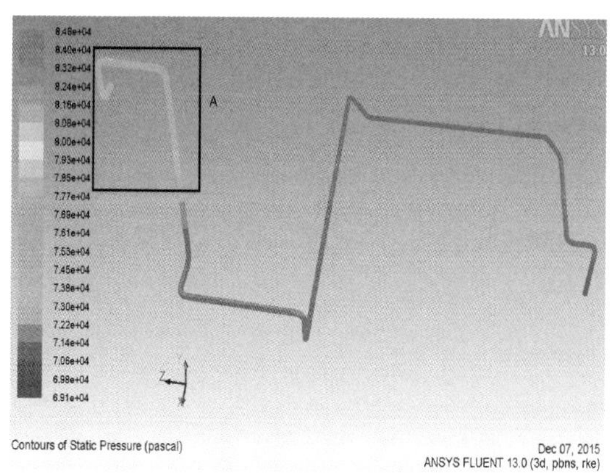

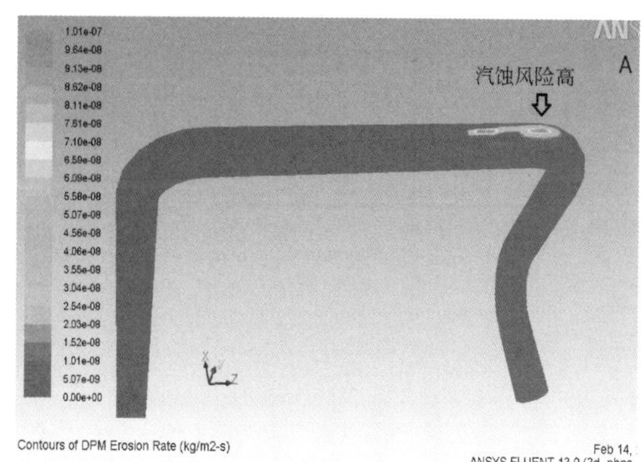

图4 管系流场模拟分析示例

4 剩余寿命计算

依据传统检验模式检验周期的制定，安全状况等级为1、2级的一般6年，3级一般不超过3年；在上述规定下检验周期缺乏一定的灵活性，很难与企业长周期运行的需求进行匹配；隐患排查技术对检测结果进行剩余寿命计算[21]，依据《管检规》1.6.2条款给出检验周期，可以使法定周期与企业生产周期得到有效匹配。

5 应用案例

某石化公司常减压装置2013年之后加工的原油硫值从原先的0.3%上升到接近0.7%，为保证装置的稳定运行，于2017年应用隐患排查技术，通过RBI评估依据风险筛选原则选出风险相对较高的688条管道进行在线检验（装置合计管线数为1004条），排查出11条管道存在严重减薄，部分减薄管道无法安全运行至停工检修，须进行紧急处理，所有减薄管件提前备料，于停工期间进行更换；对检测结果进行剩余寿命计算，该装置下一周期可实现五年一修。通过隐患排查技术的应用装置的风险水平变化如下图5、图6所示，从对比情况来看，实施在线检测后装置的整体风险水平明显下降。

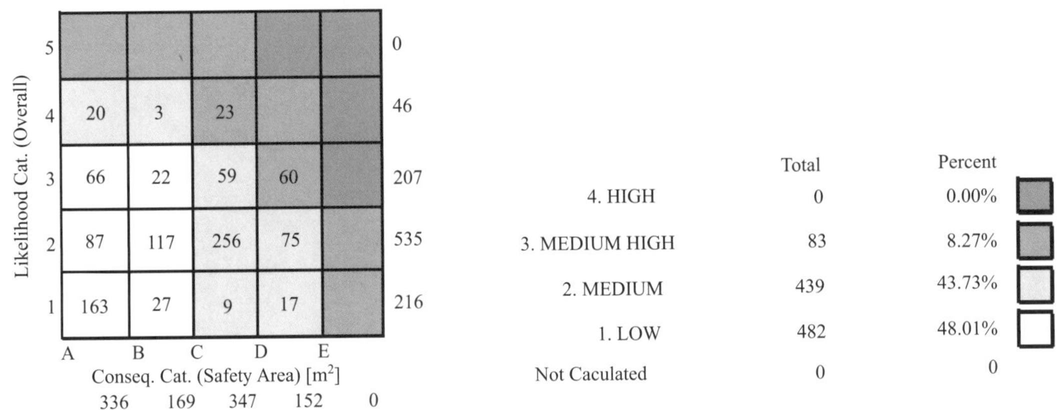

图5 在线检测前常减压装置的风险水平矩阵图

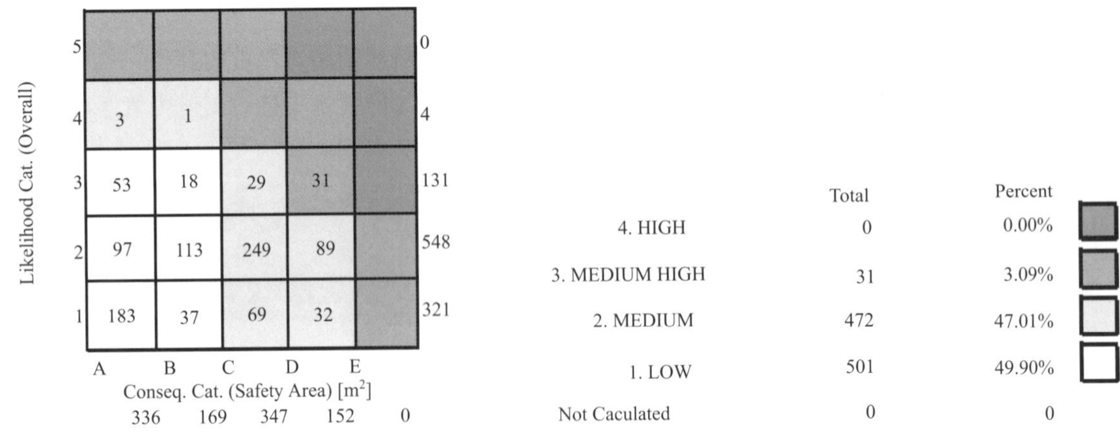

图6 在线检测后常减压装置的风险水平矩阵图

6 结论

常减压装置压力管道隐患排查技术综合应用了RBI评估、流场冲蚀部位预测技术、在线检测技术和剩余寿命评价技术，对装置的损伤机理和失效模式进行分析，判定冲刷部位，对常减压装置的压力管道实行在线安全隐患排查，实现法检周期与生产周期匹配一致，为装置的预知性维修和长周期运行提供一种新的管理思路。

参考文献

[1] 郑雅楠，原油性质变化对常减压装置的影响分析［J］. 化工管理，2018，(8)：3-4.

[2] GB/T 26610—2014. 承压设备系统基于风险的检验实施导则［S］.

[3] GB/T 30579—2014. 承压设备损伤模式识别［S］.

[4] 廖芝文，颜军文 . 常减压蒸馏装置低温腐蚀与防护［J］. 石油化工腐蚀与防护，2008，25 (2)：34-37.

[5] 曹玉亭，申海平 . 石油加工中的环烷酸腐蚀及其控制［J］. 腐蚀科学与防护技术，2007，19 (1)：45-48.

[6] 马东明，张百军 . 常减压蒸馏装置硫腐蚀与防护［J］. 石油化工腐蚀与防护，2008，25 (4)：25-27.

[7] 王瑾娜，丁荣生 . 常减压蒸馏塔顶 H_2S 协同腐蚀作用的研究［J］. 石油炼制与化工，1999，30 (8)：62-63.

[8] 丁勇，齐邦峰，代秀川 . 炼油工业中中的环烷酸腐蚀［J］. 腐蚀与防护，2006，27 (9)：438-442.

[9] 中国石油化工设备管理协会设备防护专业组 . 石油化工装置设备腐蚀与防护手册［M］. 北京：中国石油出版社，1996.

[10] 曹忠军 . 常减压蒸馏装置加工高酸高硫原油防腐蚀综述［J］. 石油化工腐蚀与防护，2009，(4)：1-4.

[11] 张晓静 . 原油中氯化物的来源和分布及控制措施［J］. 炼油技术与工程，2004，32 (2)：14-16.

[12] 鞠虹，章大海，吴宝贵，等 . 含硫原油加工装备腐蚀防护措施研究［J］. 石油化工设备，2010，39 (6)：49-53.

[13] 吴春生，侯锐钢 . 注氨法解决常压塔冷凝系统腐蚀存在的问题及对策研究［J］. 腐蚀与防护，2003，24 (10)：445-447.

[14] 李庆梅，丛培振，刘明辉，等 . 炼油厂常压蒸馏工艺防腐蚀优化［J］. 腐蚀与防护，2004，25 (5)：219-220.

[15] 赵敏，康强利，马红杰，等 . 炼油厂常减压蒸馏装置腐蚀防护现状［J］. 腐蚀科学与防护技术，2012，24 (5)：430-431.

[16] 周敏 . 常减压蒸馏装置水冷器的腐蚀与防护［J］. 腐蚀与防护，2003，24 (2)：74-76.

[17] 童滨滨 . 镇海炼化工业管道在线检测实验研究［J］. 石油化工设计，2014，(2)：43-45.

[18] 傅如闻，王磊，杨景标，等 . 基于风险分析的乙烯裂解装置基置压力管道在线检测的优化压化［J］. 中国特种设备安全，2014，01：44-46.

[19] 王朝晖，声发射技术在管道泄漏检测中的应用［J］. 中国石油大学学报（自然科学版），2007，5 (31)：87-90.

[20] 沈功田，耿荣生，刘时风 . 连续声发射信号的源定位技术［J］. 无损检测，2002，24 (4)：164-167.

[21] GB/T 19624—2004. 在用含缺陷压力容器安全评定［S］.

模拟受火损伤对 L245 管线钢性能的影响

左延田[2]　石生芳[1]　汤晓英[1,2]　王继锋[1,2]　薛小龙[1,2]

1. 上海市特种设备监督检验技术研究院，上海， 200062
2. 上海压力管道智能检测工程技术研究中心，上海， 200062

摘　要： 在石化行业中发生的火灾工况下，火场周边的金属设备往往受到热辐射的影响而不必完全判废，但须实施受火损伤影响下的材料评级和管件的合于使用评价。针对 L245 管线钢，通过不同热暴露温度、时间和冷却方式条件下模拟受火损伤的热暴露实验，并对受火损伤材料进行宏观力学性能测试和微观结构等分析，研究不同热暴露条件对 L245 管线钢性能的影响。结果表明：模拟受火 L245 管线钢的拉伸强度、微观组织受到热辐射温度、保温时间和冷却方式的共同影响。

关键词： L245 管线钢；受火损伤；机械性能；热暴露

Influence of simulated fire damage on properties of L245 pipeline steel

Zuo Yan-tian[2]，Shi Sheng-fang[1]，Tang Xiao-ying[1, 2]，Wang Ji-feng[1, 2]，Xue Xiao-long[1, 2]

1. Shanghai Institute of Special Equipment Inspection and Technical Research， shanghai 200062
2. Shanghai engineering research center of pressure pipeline intelligent inspection， shanghai 200062

Abstract: In the case of fire in petrochemical industry，the metal equipments around the fire are often affected by thermal exposure and do not need to be completely scrapped，but the material and fittings conformity evaluation under the influence of fire damage should be carried out. The effects of different thermal exposure conditions on the properties of L245 pipeline steel were studied by simulating the thermal exposure experiments of fire damage under different thermal exposure temperatures，time and cooling modes，and the macro-mechanical properties and microstructures of fire-damaged materials were tested and analyzed. The results show that the tensile strength，microstructures of L245 pipeline steel under simulated fire are affected by heat radiation temperature，holding time and cooling mode.

Keywords: L245 pipe steel; Fire damage; Mechanical properties; Thermal exposure

0　引言

L245 管线钢具有良好的塑性和韧性，也具有很好的焊接性能，是比较理想的管道用管。在石化行业中发生的火灾时[1]，L245 管线钢处于火场周围的管件仅会受热辐射的作用，火灾后若对火场周围的管道进行全部的更换处理，则耗时长、成本高。比较理想的做法是，可对受火损伤影响下的 L245 管线钢进行评级和合于使用评价，评估管道的损伤程度，预估管道剩余寿命，判定是否适于继续使用[2]，

基金项目：上海市科学技术委员会项目“高耐蚀特种合金管材焊接制造技术及标准制定”（编号：17DZ2202000）。
作者简介：左延田，1980 年出生，男，高级工程师，硕士，主要从事特种设备检验检测技术研究工作。

则可以大幅度节约经济成本和人力，并能减少对企业和居民正常生产生活的影响。

基于此，选取 L245 管线钢作为研究对象，对 L245 管线钢材料进行模拟受火损伤的热暴露实验，通过改变 L245 管线钢材料的热暴露温度与保温时间两个变量，模拟管材受火损伤的不同程度，同时选取不同的冷却方式获得热暴露试样。通过对模拟受火损伤的 L245 管线钢材料进行力学性能测试及微观结构分析，研究不同热暴露工况条件和不同冷却方式对 L245 管线钢材料力学性能的影响。本研究可为开展在火灾工况下 L245 管线钢管网或管件的合于使用评价工程应用提供理论支撑、积累数据基础。

1 实验方法

1.1 模拟受火损伤的管材热暴露预处理

实验材料选取 L245 管线钢，对该试样进行化学成分分析和机械性能测试，材料化学成分结果、力学性能测试结构均符合 GB/T 9711—2011《石油天然气工业管线输送系统用钢管》[3] 中 L245 钢的要求，化学成分详见表 1，力学性能测试结果见表 2。

表 1 L245 管线钢化学成分表 质量分数，%

C	Si	Mn	P	S
0.18	0.35	1.0	0.020	0.015

表 2 力学性能数据表

屈服强度/MPa	抗拉强度/MPa	伸长率/%	收缩率/%
271	487	31.5	63

将试样分别在 260℃、350℃、427℃、482℃、593℃、649℃、732℃、816℃马弗炉中模拟受火。在各受火温度下分别保温 5min、15min、30min、60min；分别采取空冷和水冷两种冷却方式。

1.2 模拟受火损伤试样的力学性能测试与微观结构分析

利用拉伸实验机和冲击实验机在室温中对不同的模拟受火损伤热暴露参数的试样进行机械拉伸和冲击性能测试。依据 GB/T 228.1—2010《金属材料 拉伸实验第 1 部分：拉伸实验方法》[4] 制备拉伸测试试样（图 1）；每组热暴露参数条件下的测试试样数量为 5 个，并取平均值。

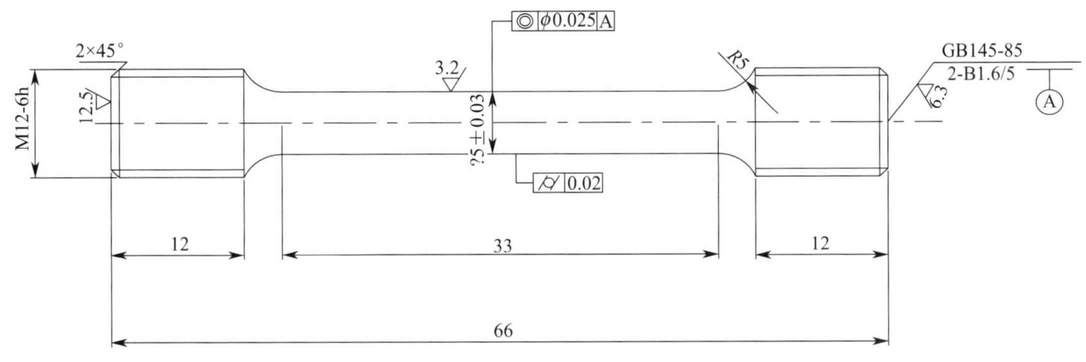

技术要求：
1. 试样编号要求完整清晰标记在夹持段部分端面上。

图 1 拉伸试样尺寸

2 实验结果与分析

2.1 热暴露参数对模拟受火损伤的 L245 管线钢力学性能的影响

2.1.1 受火温度对模拟受火损伤的 L245 管线钢拉伸性能的影响

图 2 为不同保温时间下 L245 管线钢屈服强度随温度变化的曲线图，从图 2 可以看出，在空冷条件

下，当受火温度小于649℃，L245管线钢的屈服强度随着温度的升高有略微增大的趋势。当受火温度在649～816℃，保温时间为30min、60min的屈服强度随着温度的升高有下降的趋势，在816℃下保温60min的屈服强度为262MPa，与未受火状态相比下降4%，保温时间为5min、15min的屈服强度随着温度的升高有先增大后减小的趋势。在水冷条件下，当受火温度小于427℃，L245的屈服强度随着温度的升高基本维持在274MPa左右，当受火温度在427～816℃，屈服强度随着温度的升高有大幅增加的趋势，在816℃下保温60min的屈服强度为383MPa，与未受火状态相比增大40%。

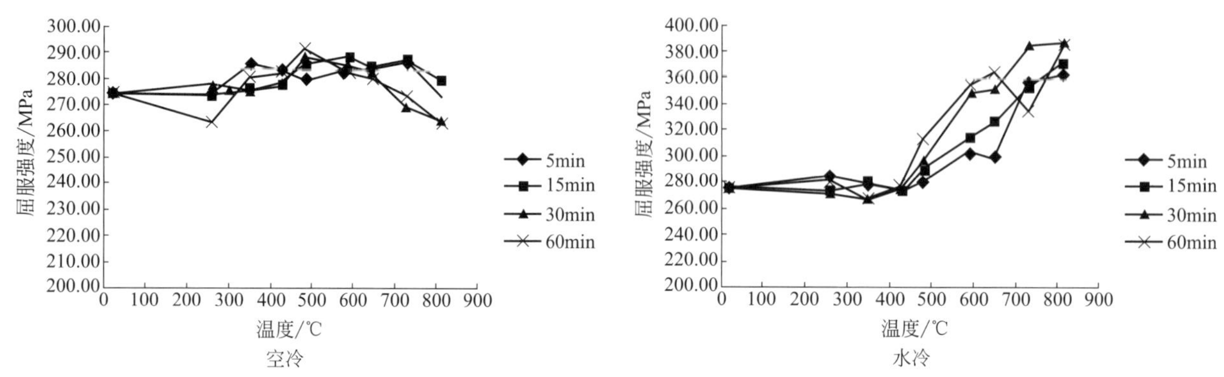

图2 不同保温时间下L245管线钢屈服强度随温度变化的曲线

2.1.2 保温时间对模拟受火损伤的L245管线钢拉伸性能的影响

图3为不同受火温度下L245屈服强度随保温时间变化的曲线图，可以看出在空冷条件下，当受火温度为260℃时，屈服强度随保温时间的增大先增大后减小，由保温5min时的273MPa增大至保温30min时的278MPa再减小至保温60min时的263MPa。当受火温度为350℃时，随着保温时间的延长，屈服强度先减小后增大，变化范围为10MPa左右。当受火温度为427℃时，屈服强度随保温时间的延长先减小后增大，变化范围为6MPa左右。当受火温度为482℃时，屈服强度随保温时间的增大有逐渐增大的趋势，由保温5min时的279MPa增大至保温60min时的291MPa。当受火温度为593℃时，屈服强度随保温时间的增加，呈现先增大后减小的趋势，变化范围为7MPa左右。当受火温度为649℃时，屈服强度随保温时间的延长变化较小。当受火温度为732℃时，屈服强度随保温时间的延长变化较复杂，先增大后减小再增大，保温时间由15min增加到30min，屈服强度由288MPa减小到268MPa。当受火温度为816℃，屈服强度随保温时间的延长先增大后减小，保温时间由15min增加到60min，屈服强度由278MPa减小到262MPa。可得，当温度高于732℃时，保温时间为15～30min屈服强度下降的较明显。在水冷条件下，当受火温度在427℃以下，随着保温时间的增加，屈服强度变化幅度较小。当受火温度为482～649℃时，屈服强度随保温时间的延长有增大的趋势，且温度越高，增大的幅度越大。当受火温度为732℃时，屈服强度随保温时间的增大先减小后增大再减小，保温时间由15min增加到30min，屈服强度由352MPa增大到383MPa，保温时间由30min增加到60min，屈服强度由383MPa

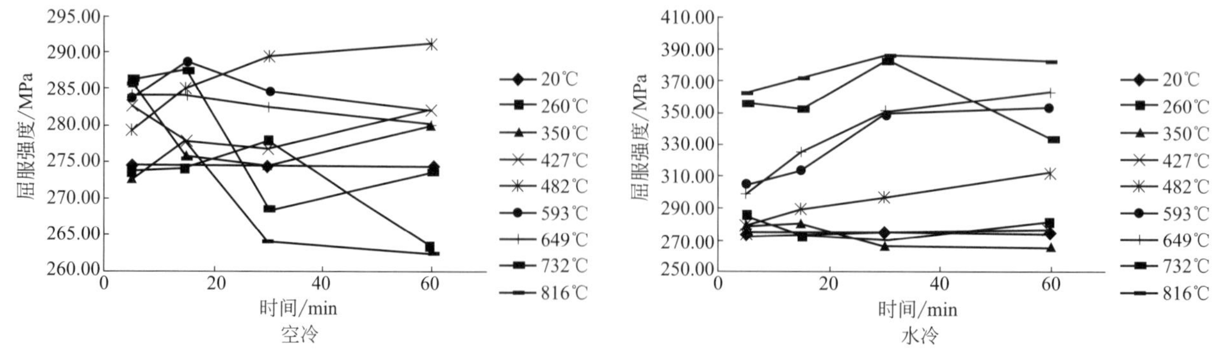

图3 不同受火温度下L245屈服强度随保温时间变化的曲线

减小到 334MPa。当受火温度为 816℃时，屈服强度随保温时间的增大有先增大后略微减小的趋势，保温时间由 5min 增加到 30min，屈服强度由 363MPa 增大到 386MPa。

2.2 模拟受火损伤的 L245 管线钢微观组织的变化

热暴露的 L245 管线钢试样经加工、磨样、抛光，并用 4%的硝酸酒精溶液侵蚀 3s 左右，然后用清水冲洗再使用酒精漂洗，随后用吹风机吹干，在光学金相显微镜下观察其组织结构。图 4 为保温时间 5min 时各个受火温度、冷却方式下的组织结构。

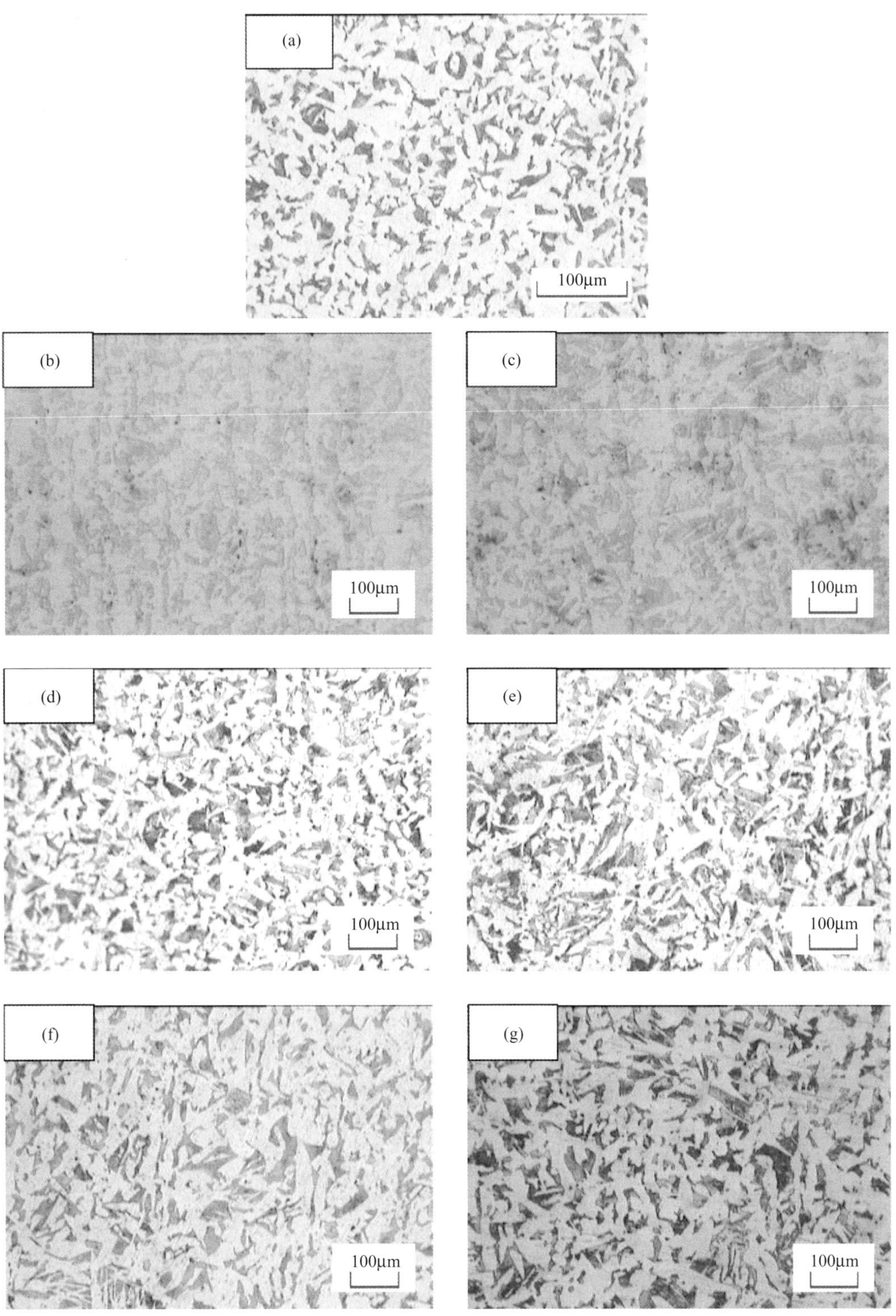

图 4

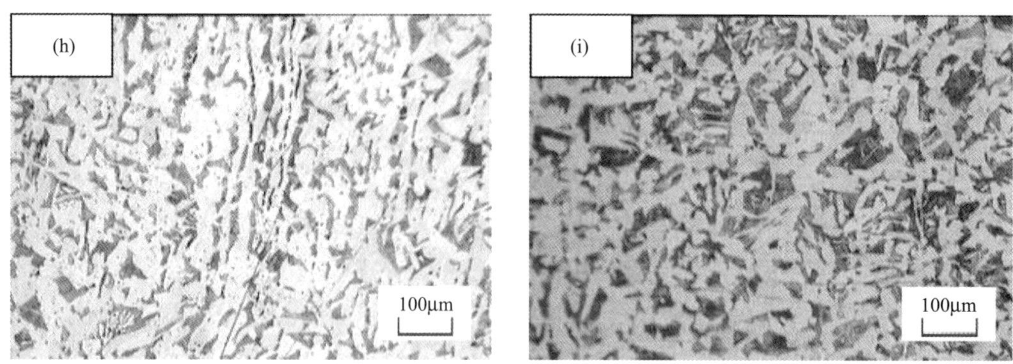

图 4 (a) 室温；(b) 350℃空冷；(c) 350℃水冷；(d) 482℃空冷；(e) 482℃水冷；(f) 649℃空冷；(g) 649℃水冷；(h) 816℃空冷；(i) 816℃水冷

图 4 (a) 为 L245 管线钢未受火即轧制状态的微观组织。图 4 (b)、(c) 为 350℃空冷和水冷条件下时的金相组织形貌。图 4 (d)、(e) 为 482℃空冷和水冷条件下的金相组织形貌。图 4 (f)、(g) 为 649℃空冷和水冷条件下的金相组织形貌。图 4 (h)、(i) 为 816℃空冷和水冷条件下的金相组织形貌。在 20～816℃的温度范围内，材料组织没有明显变化，组织为铁素体＋珠光体。

图 5 为保温时间 60min 时各个受火温度、冷却方式下的组织结构图。

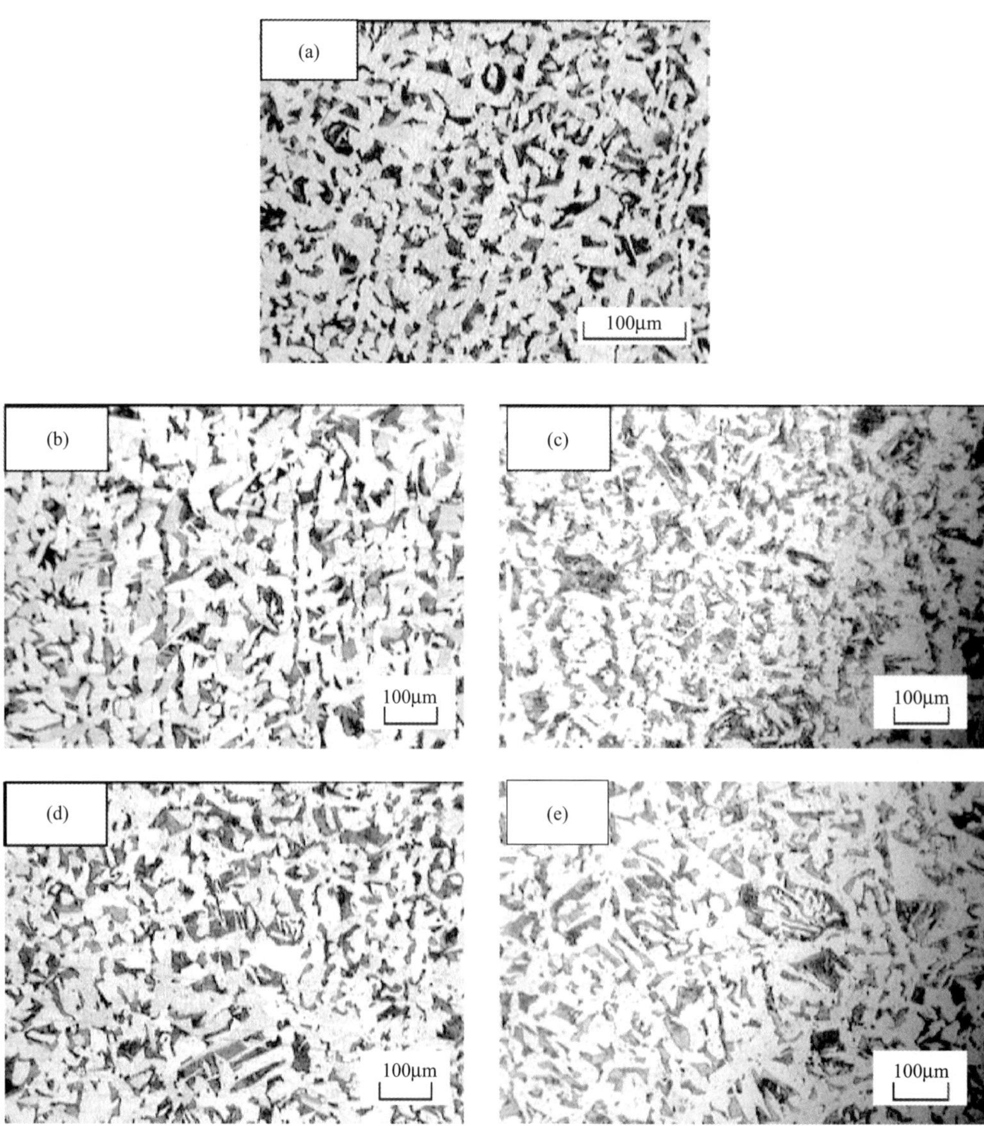

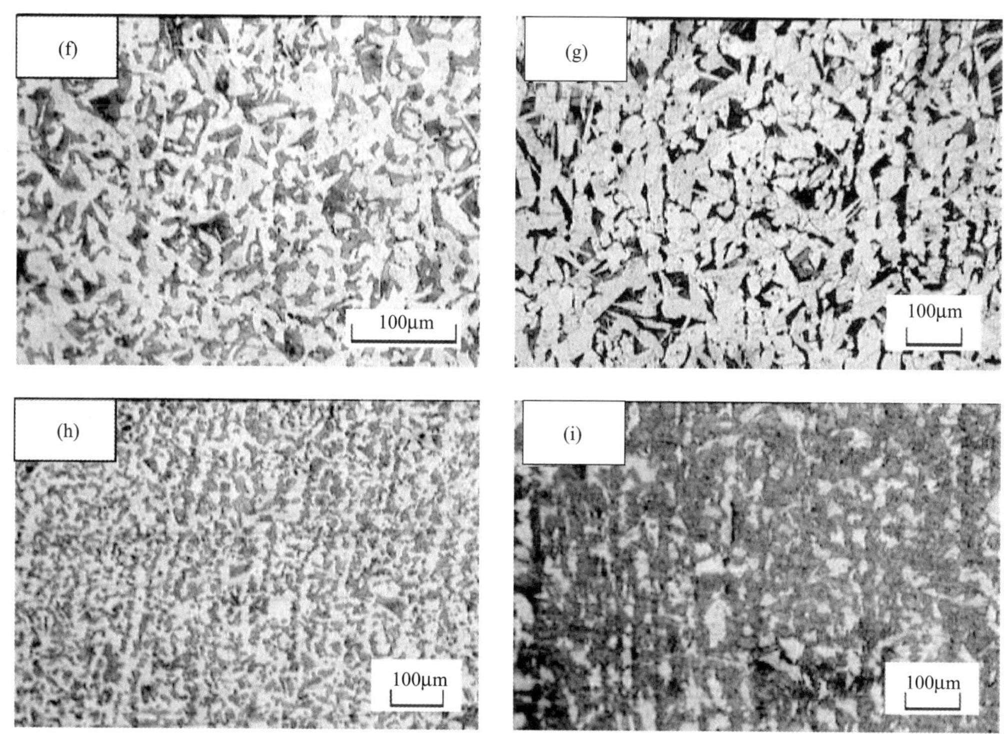

图 5 (a) 室温；(b) 350℃空冷；(c) 350℃水冷；(d) 482℃空冷；(e) 482℃水冷；(f) 649℃空冷；(g) 649℃水冷；(h) 816℃空冷；(i) 816℃水冷

图 5 (a) 为 L245 管线钢未受火即轧制状态的微观组织。图 5 (b)、(c) 为 350℃空冷和水冷条件下时的金相组织形貌。图 5 (d)、(e) 为 482℃空冷和水冷条件下的金相组织形貌。图 5 (f)、(g) 为 649℃空冷和水冷条件下的金相组织形貌。图 5 (h)、(i) 为 816℃空冷和水冷条件下的金相组织形貌。在温度低于 649℃下，材料组织没有明显变化，组织为铁素体＋珠光体；当温度高于 649℃时，空冷条件下，材料组织明显细化，组织为铁素体＋珠光体；水冷条件下，组织为铁素体＋过冷奥氏体。

3 结论

模拟受火损伤的 L245 管线钢热暴露实验结论如下：

① 在 20～816℃的范围内，不论冷却方式、受热时间，材料的屈服强度不满足标准规范要求。

② 从金相组织可以看出，材料组织为铁素体＋珠光体，组织无明显变化；当温度高于 732℃时，金相组织明显发生变化，珠光体发生分解。

参考文献

[1] 王纪兵，张斌，张金伟等．受火压力容器的检验与安全评定 [J]. 石油化工设备，2009，38 (2)；64-70.
[2] 陈学东，杨景标，范志超等．一种承压设备火灾后的安全评估方法：CN，CN 103278525 A [P]. 2013.
[3] GB/T 9711—2011.
[4] GB/T 228. 1—2010.

安放式管管角焊缝射线检测的应用研究

张海田[1]　张丰收[2]　王峰[1]

1. 河南省锅炉压力容器安全检测研究院，河南郑州 450016；
2. 河南华电金源管道有限公司，河南郑州 451162；

摘　要： 本文研究γ射线源中心透照安放式管管角焊缝的射线检测方法，确定在检测管管角焊缝不同位置时设定的不同参数，能有效的检测出焊缝缺陷。由于腹部位置焊缝弧度偏大，建议分段布置胶片，射线评定时应按照最小母材壁厚进行评定。

关键词： 安放式管管角焊缝；γ射线源；曝光参数；缺陷评定

Study on the Application of RT for the Placement tube fillet weld

Zhang Haitian[1], Zhang Fengshou[2], Wang Feng[1]

1. The Boiler&Pressure Vessel Safety Inspection Institute of Henan, Zhengzhou 450016
2. Henan Huadian Jinyuan Piping Co., Ltd., Zhengzhou 451162

Abstract: Through exploring and verifying the radiographic testing method for the fillet weld of the tube with γ-ray, the different parameters set in different positions of the tube fillet weld can be determined and the weld defects can be detected effectively. Because the radians of the weld seam in the abdominal position are too large, it is suggested that the film should be arranged in sections, and the minimum base material wall thickness should be evaluated when the radiography is evaluated.

Keywords: Placement tube fillet weld; γ-ray; Exposure parameter; Defect evaluation

0　前言

随着国家经济的快速发展，火电建设推动“上大压小”项目扩建和改建力度增大，中国火电建设步入全面发展阶段。但近年来，时常发生管管角焊缝在运行过程中发现泄漏，甚至有爆裂现象，导致人身伤亡事故或者造成巨大的经济损失。根据国家市场监督管理局515号文关于加大制造监督检验的要求，管管角焊缝的检验逐渐备受关注。

管管角焊缝特别是安放式焊制三通，一般用于电站锅炉管道的再热冷段系统，管件厂家受到检测能力和设备的限制，对于焊制三通的角焊缝仅进行表面检测，采用超声波检测时缺陷定位和定量难以实现，安全运行存在较大隐患。

本文以安放式管管角焊缝为例，通过使用γ射线源的检测方法，对焊制三通角焊缝射线检测进行探索研究，依据NB/T 47013.2[1] 标准的要求，对角焊缝不同位置胶片的选择和摆放、焦距控制，

作者简介：张海田，1965年生，男，本科学士，教授级高级工程师，主要从事特种设备检验检测技术研究工作。

以及透照参数的选择，实现对管管角焊缝内部质量的无损检测。

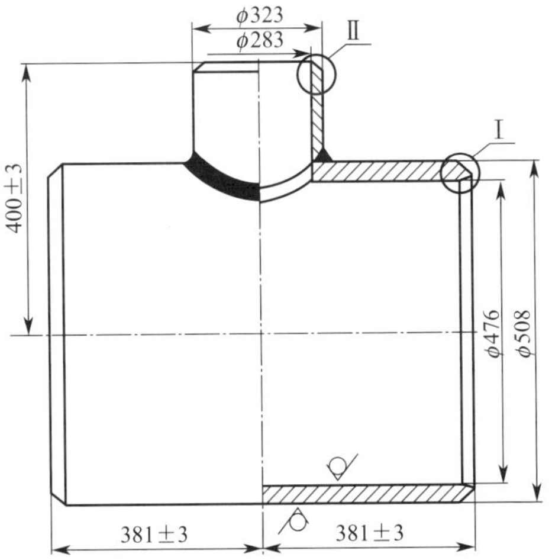

1　试样制作

使用氩弧焊打底，手工焊盖面焊制三通试件，主管规格为 ϕ508mm×16mm，支管规格为 ϕ323mm×20mm。焊接时放置人工缺陷，记录人工缺陷位置和缺陷性质。三通焊接示意图见图 1。

图 1　安放式三通焊接示意图

2　射线透照试验

2.1　射线源的选择

由于焊接三通结构形式及尺寸限制，使用 X 射线机检测时，难以实现中心透照，中心定位和射线机摆放均无法实现，因此不宜采用 X 射线机检测。本试验采用 γ 射线源 Ir^{192} 进行检测，源焦点尺寸为 3mm×3mm，射线能量为 25 居里。

2.2　透照方式的选择

焊制三通为安放式管管角焊缝，支管规格为 ϕ323mm×20mm，采用 γ 射线源检测时，宜采用单壁中心透照的方式，可实现一次透照多位置。透照方式见图 2。

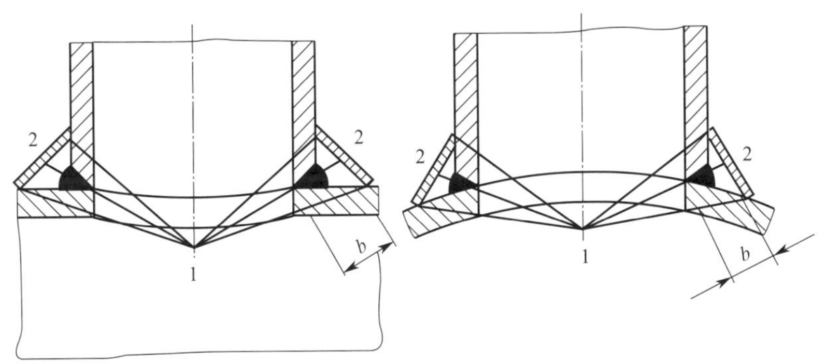

图 2　中心透照示意图

2.3　透照次数和曝光参数的选择

经测厚检测，焊制三通不同位置的焊缝厚度偏差较大。肩部位置焊缝厚度最厚，为 32mm，腹部位置焊缝厚度最薄，为 22mm，为了保证透照底片质量的合格，建议对不同厚度位置进行分批次透照。

设定透照次数为三次：腹部位置 1-2/4-5 为 1 次，3-4/6-1 为 1 次，肩部位置 2-3/5-6 为 1 次。

不同厚度位置的曝光参数选择见表 1。

表 1　透照参数

透照位置	透照时间/s	厚度范围/mm	焦距/mm
肩部 1-2/4-5	110	26～32	165
肩部 3-4/6-1	110	26～32	165
腹部 2-3/5-6	85	22～26	173

2.4 焦距的选择

依据 AB 级射线检测技术 $f \geqslant 10\mathrm{d} \cdot \mathrm{b}^{2/3}$，当采用安放式源在内中心透照方式时，底片质量符合要求，f 值可适当减小至规定值的 50%。

根据焊接的结构形式，焦距选择为

$$f \geqslant 10d \cdot b^{2/3} = 10 \times 3 \times 16^{2/3} = 190\mathrm{mm}$$

采用中心透照时，f 最小值应大于 95mm，中心焦距应避开主管内壁尖角位置，根据安放式马鞍的位置，透照肩部位置时，焦距应略小于腹部透照。

2.5 胶片布置

为了减小透照次数，保证底片的黑度要求，在肩部厚度变化小，焊缝宽度变化小的位置宜采用大胶片摆放；在腹部位置，由于焊缝厚度变化大，焊缝的宽度大，宜采用小尺寸胶片多张摆放。

经过多次试验，肩部采用两张 360mm×100mm 胶片对称摆放，腹部采用 4 张 180mm×100mm 胶片对称摆放。

胶片摆放位置和定位标记见图 3。

2.6 像质计选择

试验选用线型像质计，像质计置于胶片侧，放置“F”标记。因为每张胶片的透照厚度都不相同，所以每张胶片均应放置像质计，像质计尽量紧贴焊缝表面，避免因距离胶片较远使丝的影像放大，从而使丝的灵敏度显示虚假提高[2]。

2.7 定位标记

检验区边缘的定位标记应选在外壁支管焊缝边缘 5mm 位置，焊缝边缘的定位标记应选在主管焊缝根部位置。定位标记位置见图 4。

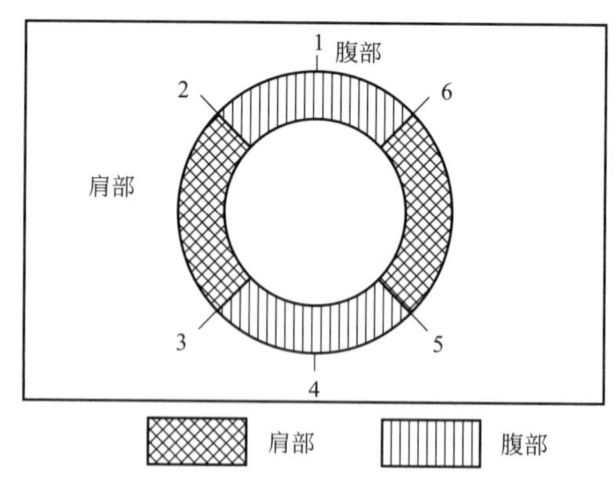

图 3　胶片摆放位置和定位标记

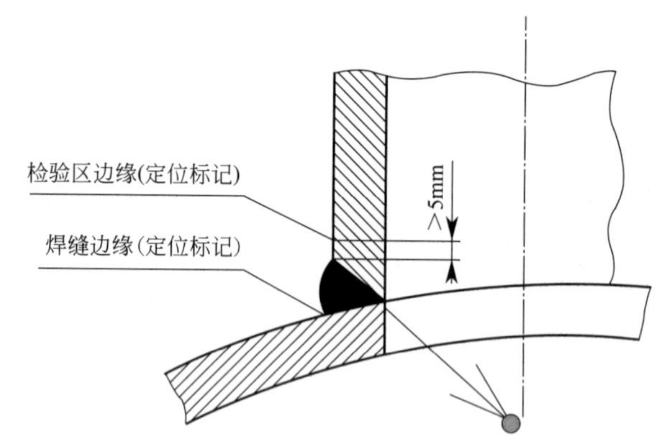

图 4　安放式定位标记位置

3 实验结果

3.1 胶片质量

拍照胶片使用手工冲洗的方式处理，经胶片质量检查，像质计、黑度、搭接标记、焊缝及附近区域均能清晰显示，胶片质量合格。胶片质量信息见表 2。

表 2 胶片质量信息

胶片编号	像质计	黑度	位置	有效评定长度
1-2	12	2.1～2.7	腹部	137mm
2-3	11	2.5～2.8	肩部	330mm
3-4	12	2.4～2.8	腹部	132mm
4-5	12	2.5～2.9	腹部	137mm
5-6	11	2.6～3.1	肩部	330mm
6-1	12	2.5～2.7	腹部	153mm

3.2 缺陷显示和评定

通过对胶片有效区位置进行评定，缺陷的位置显示、缺陷的性质及缺陷的当量基本与放置的人工缺陷当量一致，射线检测效果达到目标要求。缺陷评定见表 3。

表 3 缺陷评定表

胶片编号	缺陷显示	评定级别	胶片编号	缺陷显示	评定级别
1-2	无	Ⅰ	4-5	内凹，长度 35mm	Ⅲ
2-3	圆形缺陷(夹渣、气孔)	Ⅲ	5-6	圆形缺陷(夹渣)	Ⅲ
3-4	无	Ⅰ	6-1	圆形缺陷(群孔)	Ⅳ

4 分析与讨论

① 当角焊缝采用射线检测时，受到主管和支管尺寸的限制，宜采用 γ 射线源进行检测。满足便于 γ 射线源放置和胶片放置，可实现多类型角焊缝的射线检测。

② 在选择曝光焦距时，除了计算 f 值外，需考虑结构形式的影响，对于主管开孔内壁未经打磨焊缝，拍照时透照主射线应避开尖角位置，以免在胶片上形成形状显示，影响结果评定。

③ 结果评定时，母材公称壁厚应选用主管或支管的最小壁厚。

④ 由于角焊缝不同位置的焊缝宽度和厚度不同，且偏差较大，在进行拍照前应通过理论计算或壁厚测量的方法确定焊缝的实际厚度，并根据焊缝厚度进行分区，保证同一张胶片的黑度偏差不宜过大。

焊缝分区的选择应考虑焊缝厚度的影响，厚度变化大于 10mm，宜分区；

焊缝分区的选择应考虑焊缝实际宽度的影响，焊缝宽度大，胶片摆放的弧度大，不利于焊缝成像，宜分区；

焊缝分区不宜过多，否则焊缝透照胶片多，检测效率低。

对于焊缝厚度变化大位置可以使用多胶片技术进行检测。

5 应用实例

选用某电厂再热冷段系统焊制三通进行应用试验，三通主管规格为 ϕ781mm×22mm，支管规格为 ϕ219mm×9mm，共 10 件三通。经过采用 γ 射线源中心透照方法进行检测，每道角焊缝透照 8 张胶片，检测共发现 7 张胶片存在超标缺陷，最小缺陷为 ϕ2mm 孔，对缺陷进行挖补，验证了射线检出率达到试验效果。

6 结论

① 安放式管管角焊缝宜采用 γ 射线源中心透照方法检测，焊缝缺陷位置、性质和缺陷当量均能有效显示。

② 根据焊缝厚度合理选择焦距和透照参数，因为腹部位置弧度较大，每侧应布置两张胶片。

③ 安放式管管角焊缝不同位置焊缝厚度差异较大，评定时应按照母管或支管的最小壁厚来进行缺陷评定。

参考文献

[1] NB/T 47013. 2—2015，承压设备无损检测 第2部分：射线检测 [S].

[2] 李衍，熔化焊锅炉接管角焊缝的射线透照技术探讨 [J]，中国锅炉压力容器安全，1995，11 (4)：3-4.

传热系数不确定度对翅片管能效等级的影响

鲁红亮[1]　任彬[1]　薛小龙[1]　何爱妮[2]　陈战杨[2]

1. 上海市特种设备监督检验技术研究院国家热交换器产品质量监督检验中心，上海， 200062

2. 上海蓝海科创检测有限公司，上海， 201518

摘　要： NB/T 47007《空冷式热交换器》标准2016年征求意见稿中，提出以翅片管的总传热系数确定管束及空冷器的能效等级。本文对外径为57mm、翅片高度为16mm的DR型翅片管进行了实验研究，结果表明：在空气质量流速4到10 kg/（m^2·s）范围内，翅片管综合传热系数扩展不确定度从62 W/（m^2·K）增加到69 W/（m^2·K），相对不确定度从10.7%逐渐降低到7.7%；当最窄截面质量风速为6kg/（m^2·s）时，不确定度和相对值分别为64 W/（m^2·K）、8.8%。按照标准该翅片管低于三级能效，但是考虑到扩展不确定度，传热系数的估值区间［661，789］W/（m^2·K）中有46%的区间低于三级能效下限值，测试真值有较大的可能性低于三级能效。其他能效等级也存在类似情况，宜对其进行清晰的定义并恰当处置，以明确测试数据的分散性，增强能效评价结果的公信力。

关键词： 翅片管；传热系数；不确定度；空冷器；能效评价

Influence of Uncertainty Analysis of Heat Transfer Coefficient on Energy Efficiency Rating of Finned Tube

Lu Hong-liang[1], Ren Bin[1], Xue Xiao-long[1], He Ai-ni[2], Chen Zhan-yang[2]

1. National Heat Exchanger Quality Supervision and Inspection Center, Shanghai Institute of Special Equipment Inspection and Technical Research, Shanghai, 200333

2. Shanghai Lanhai Kechuang Testing Co., Ltd., Shanghai, 201518

Abstract: In the 2016 Exposure Draft of NB/T 47007 "Air Cooled Heat Exchanger" standard, it was proposed to determine the energy efficiency rating of the tube bundle and air cooler using the total heat transfer coefficient of the finned tube. In this paper, one DR fin tube with outer diameter of 57 mm and fin height of 16 mm was studied experimentally. The results show that the expanded uncertainty of the overall heat transfer coefficient of the finned tubes increases from 62 W/ (m^2·K) to 69 W/ (m^2·K), and the relative uncertainty gradually decreases from 10.7% to 7.7% in the air mass flow rate range of 4 to 10 kg/ (m^2·s). The uncertainty and relative values are 64 W/ (m^2·K) and 8.8%, respectively when the narrowest section mass wind speed is 6 kg/ (m^2·s). According to the standard, the finned tube is a third-order energy efficiency, but given the expanded uncertainty, the 46% of the range of the estimated value of the heat transfer coefficient [661, 789] W/ (m^2·K) is lower than the lower limit of the third-level energy efficiency. There is a greater possibility that testing true values are below level 3 energy efficiency. Other energy efficiency levels have similar

基金项目：上海市科委项目"空冷式热交换器技术标准研究及其修订"（编号：16DZ0503202）。

作者简介：鲁红亮，1980年生，男，高级工程师，博士，主要从事热交换器能效测试、设计与优化研究。

conditions. The uncertainty should be clearly defined and properly handled to clarify the dispersion of test data and enhance the credibility of the energy efficiency evaluation results.

Keywords: Finned tube; Heat transfer coefficient; Uncertainty; Air cooled heat exchanger; Energy efficiency evaluation

0 引言

空冷式热交换器作为节水设备，被列入《节能节水专用设备企业所得税优惠目录（2017 年版）》[1]，购置并实际使用该设备的企业享受企业所得税抵免优惠政策。其性能参数要求为“耐压、气密性、运转试验符合 NB/T 47007—2010 的要求”，无节能要求。板式热交换器作为节能设备，同时被列入目录，能效等级需达到目标值要求。

2016 年发布的 NB/T 47007《空冷式热交换器》征求意见稿[2] 中，第 12 章规定了空冷器能效评价方法，分别对管束、风机进行能效评价，其中空冷器管束的能效评价以翅片管的总传热系数的能效级别进行评价。对于翅片高度为 16mm 的 DR 型翅片管，总传热系数分别为≥735 W/（m^2·K）、735～779 W/（m^2·K）、≥820 W/（m^2·K）时对应的能效等级分别为 3 级、2 级、1 级，具体见表 1。

表 1 翅片管总传热系数的能效级别

翅片形式	翅片外径 D/mm	翅片管总传热系数/[W/(m^2·K)]		
DR	57	735	779	820
	50	650	—	—
L	57	710	—	—
	50	600	—	—
LL	57	720	—	—
	50	610	—	—
KL	57	730	—	—
	50	640	—	—
G	57	750	—	—
	50	680	—	—
能效级别		3 级	2 级	1 级

另一方面，翅片管的总传热系数是按照标准 GB/T 27698.6—2011《热交换器及传热元件性能测试方法 第 6 部分：空冷器用翅片管》[3] 测试得到的，并以量值描述的连续量，应评估测量不确定度。当测量不确定度影响到测量结果的有效性或其使用时，或客户提出要求时，或当不确定度影响到与规定限值的符合性时，应当计算出约 95%置信水平下的扩展不确定度[4]。一方面便于使用它的人评定其可靠性，另一方面也增强了测量结果之间的可比性。通常测量结果的好坏用测量误差来衡量，但是测量误差只能表现测量的短期质量。测量过程是否持续受控，测量结果是否能保持稳定一致，测量能力是否符合生产盈利的要求，就需要用测量不确定度来衡量。测量不确定度越大，表示测量能力越差；反之，表示测量能力越强。

1 传热系数的测量模型

翅片管测试时，采用热平衡方法，翅片管管内通入 110℃的饱和水蒸气，翅片管外侧流入室温空气，两侧达到热平衡后，获得传热量，进而计算得到传热系数。综合传热系数 K、换热量 Q 分别见式（1）、式（2）。

$$K=\frac{Q}{F\Delta t_{\mathrm{m}}} \tag{1}$$

式中，F 为热交换器传热面积；Δt_{m} 为热交换器对数平均温差。

$$Q=\frac{Q_c+Q_h}{2}=\frac{\rho_c G_c C_c(t_{co}-t_{ci})+\rho_1 G_1(h_s-h_1)}{2} \tag{2}$$

式中 Q，Q_c，Q_h——分别为翅片管的换热量、冷侧吸热量和热侧放热量；

ρ_c，ρ_1——分别为热交换器冷侧空气、热侧冷凝液的密度，由流体的平均温度和平均压力确定；

C_c，F_c——为热交换器冷侧空气比热、通风截面积，由流体的平均温度和平均压力确定；

G_c，G_1——分别为热交换器空气侧流量、热侧冷凝液流量，由流量计测得；

t_{ci}，t_{co}——分别为热交换器冷侧空气的进口温度、出口温度，由温度计测得；

h_s，h_1——分别为热交换器热侧饱和蒸汽、冷凝液的焓值，由温度、压力查表得到。

2 传热系数的不确定度

测量模型中涉到的物理量，均作为不确定度的分量进行计算。测量不确定度是与测量结果关联的一个参数，用于表征合理赋予被测量的值的分散性。它可以用于“不确定度”方式，也可以是一个标准偏差（或其给定的倍数）或给定置信度区间的半宽度。该参量常由很多分量组成，它的表达（GUM）中定义了获得不确定度的不同方法。

翅片管的总传热系数的不确定度是合成的，其分量由 3 项构成，见式（3）。而分量换热量的不确定度则由 9 项合成，见式（4）。分量对数平均温差由 4 项合成，见式（5）。灵敏系数由式（1）、式（2）计算，分量不确定度由测试仪器确定。

$$u_c(K)=\sqrt{\left(\frac{\partial K}{\partial Q}\right)^2u^2(Q)+\left(\frac{\partial K}{\partial F}\right)^2u^2(F)+\left(\frac{\partial K}{\partial \Delta t_m}\right)^2u^2(\Delta t_m)} \tag{3}$$

$$u_c(Q)=\left[\left(\frac{\partial Q}{\partial \rho_c}\right)^2u^2(\rho_c)+\left(\frac{\partial Q}{\partial C_c}\right)^2u^2(C_c)+\left(\frac{\partial Q}{\partial G_c}\right)^2u^2(G_c)+\left(\frac{\partial Q}{\partial t_{co}}\right)^2u^2(t_{co})+\left(\frac{\partial Q}{\partial t_{ci}}\right)^2u^2(t_{ci})+\right.$$
$$\left.\left(\frac{\partial Q}{\partial \rho_1}\right)^2u^2(\rho_1)+\left(\frac{\partial Q}{\partial G_1}\right)^2u^2(G_1)+\left(\frac{\partial Q}{\partial h_s}\right)^2u^2(h_s)+\left(\frac{\partial Q}{\partial h_1}\right)^2u^2(h_1)\right]^{\frac{1}{2}} \tag{4}$$

$$u(\Delta t_m)=\sqrt{\left(\frac{\partial \Delta t_m}{\partial t_{co}}\right)^2u^2(t_{co})+\left(\frac{\partial \Delta t_m}{\partial t_{ci}}\right)^2u^2(t_{ci})+\left(\frac{\partial \Delta t_m}{\partial t_{ho}}\right)^2u^2(t_{ho})+\left(\frac{\partial \Delta t_m}{\partial t_{hi}}\right)^2u^2(t_{hi})} \tag{5}$$

3 翅片管测试结果

对于外径为 57mm、翅片高度为 16mm 的 DR 型翅片管，按 GB/T 27698.6—2011《热交换器及传热元件性能测试方法 第 6 部分：空冷器用翅片管》的标准条件下测试，标准测试条件如下：管内介质 110℃的饱和水蒸气，空气入口温度为室温，最窄截面质量风速为 6kg/（m^2·s），翅片管参数如下：基管 ϕ25mm×2.5mm，材料为碳素钢；翅片间距 2.3mm，材料为铝。

图 1 给出了翅片管综合传热系数随空气侧质量流速增加而变大的结果：在 4 到 10kg/（m^2·s）流速测试范围内，传热量从约 1200W 增加到约 1900W，综合传热系数则从约 575 W/（m^2·K）增加到约 900W/（m^2·K）；最窄截面质量风速为 6kg/m^2·s 时，翅片管的换热量为 1540W，综合传热系数为 725 W/（m^2·K）。

4 测试结果的不确定度

当测量不确定度影响到测量结果的有效性或其使用时，或客户提出要求时，或当不确定度影响到与规定限值的符合性时，应当计算出约 95%置信水平下的扩展不确定度[4]。基于一定的工况对应的物性

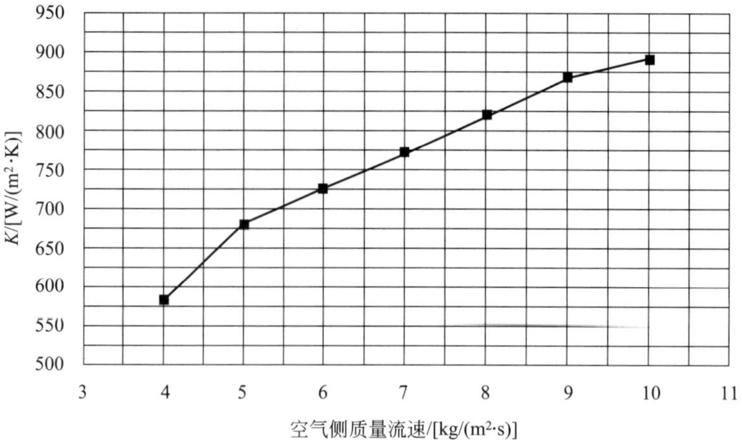

图 1 翅片管传热系数随空气侧质量流速增加而变化

参数，根据式（1）～式（5）分别计算翅片管传热量不确定度和综合传热系数的扩展不确定度。

被测量的真值是客观存在的，但是是不确定的，通常用约定真值表示被测量的测量结果；真值按某种统计分布以一定的置信概率（95%）分布在一定的置信区间内。图 2 给出了翅片管传热系数扩展不确定度随空气侧质量流速增加而变大的结果：在 4 到 10kg/（m^2 • s）流速范围内，传热量不确定度先变大后减小再增大，从约 65W 增加到约 71W，综合传热系数扩展不确定度先变大后减小再增大，从约 62 W/（m^2 • K）增加到约 69W/（m^2 • K），变化幅度较小；最窄截面质量风速为 6kg/（m^2 • s）时，翅片管的传热量不确定度约为 66W，相对不确定度为 4.3%；综合传热系数扩展不确定度则约为 64 W/（m^2 • K），相对扩展不确定度为 8.8%。

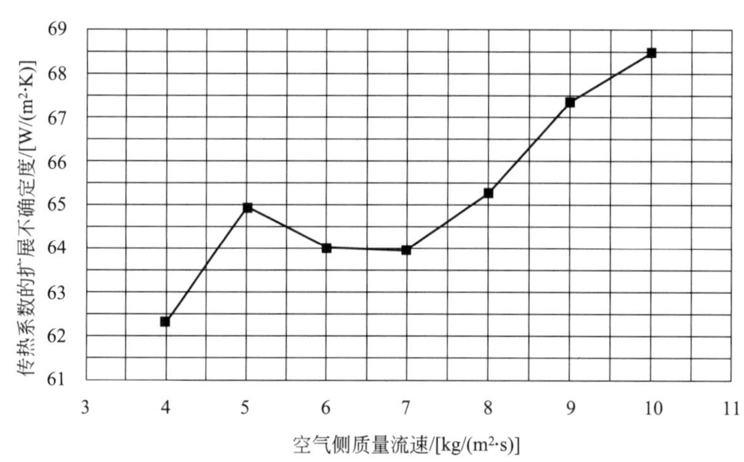

图 2 翅片管传热系数的扩展不确定度随空气侧质量流速增加而变化

图 3 给出了翅片管传热系数相对扩展不确定度随空气侧质量流速增加而逐渐降低的结果：在 4 到 10kg/（m^2 • s）流速范围内，传热系数扩展不确定度较为平缓的逐渐变小，从 10.7%降低到 7.7%，这与传热系数扩展不确定度绝对值的变化有所不同，说明了相对于传热系数而言，其不确定度的值相对较小。

5 不确定度影响讨论

综合传热系数决定了翅片管的能效等级，而传热系数是测试得到的结果，受到不确定度影响。当不确定度与检测结果的有效性或应用有关，或客户的指令中有要求，或当不确定度影响到对规范限度的符合性时，检测报告中还需要包括有关不确定度的信息[5]。按照不确定度的定义，被测量的真值按某种统计分布以一定的置信概率（95%）分布在一定的置信区间内；置信区间的半宽度就是被测量结果的不

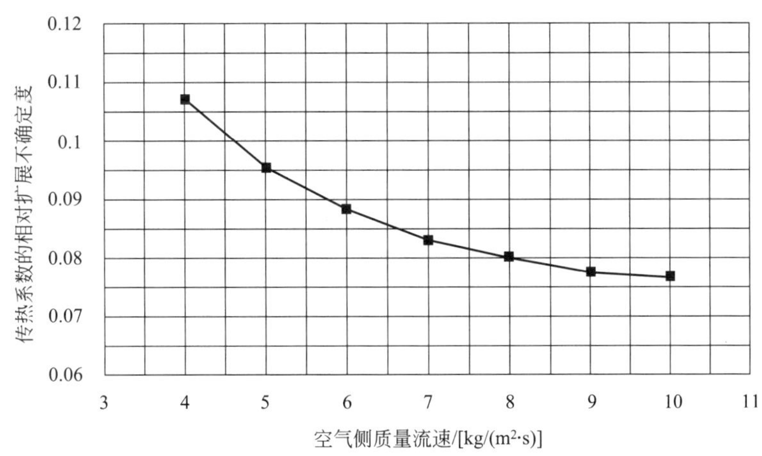

图 3　翅片管传热系数的相对扩展不确定度随空气侧质量流速增加而变化

确定度。根据 JJF 1059.1—2012《测量不确定度评定与表示》[6]，翅片管综合传热系数的测试结果和不确定度可以表示为式（6），区间［725－64，725＋64］W/（m^2·K），即置信区间［661，789］W/（m^2·K）包含传热系数真值的概率为 95％。

$$K=(725\pm64)\mathrm{W/(m^2\cdot K)} \tag{6}$$

当最窄截面质量风速为 6kg/（m^2·s）时，综合传热系数为 725 W/（m^2·K），稍低于三级能效的下限值 735 W/（m^2·K），其低于三级能效下限值部分为 10 W/（m^2·K）小于测量不确定度 32 W/（m^2·K）和测量扩展不确定度 64 W/（m^2·K）。根据参考文献［4］，这种情况下，测得的综合传热系数单一数值非常接近规定能效等级限值时，延伸扩展不确定度后高于或低于能效等级的限值，这时在规定的置信水平上不能确定是否符合规范，应当报告测得值与扩展不确定度，并声明无法证实符合或不符合规范。测得值高于下限，超出下限的值小于测量不确定度，因此不可能做出符合规范的报告。但是，如果置信水平可以低于 95％时，则可做出符合规范的声明。这种情况也存在于一级能效、二级能效，显然这是存在争议的。因此，翅片管根据传热系数的测试结果进行能效分级时，如何考虑和处理不确定度，尤其是在接近能效等级边界时，宜进行清晰的定义并恰当处置，以明确测试数据的分散性，增强能效评价结果的公信力。

测量不确定度为 U，上下限的区间为 $2T$，其中 $T=$（上限－下限）/2，比值 $U:T$ 是区分测量方法符合和不符合能力的一种度量。如果与规定限值符合性是依据指南做出，则较大的 $U:T$ 是可以被接受的。然而，需要关注的是由于这一比率被作为测试方法区分符合与不符合能力的指标，当该测试方法的 $U:T$ 接近于 1 时，则不能确定具有边界值样品的符合性。当最窄截面质量风速为 6kg/（m^2·s）时，综合传热系数为 725 W/（m^2·K），测量扩展不确定度为 64 W/（m^2·K），三级能效上限 779 W/（m^2·K）与下限 735 W/（m^2·K）之差为 44 W/（m^2·K），二级能效上限 820 W/（m^2·K）与下限 779 W/（m^2·K）之差为 41 W/（m^2·K），可见，传热系数测试结果的不确定度大于能效等级上限、下限之差，这就导致考虑了不确定度后翅片管能效等级可能会高或低一个等级甚至两个等级，如综合传热系数为 725 W/（m^2·K）的翅片管，不考虑不确定度时为低于三级能效，考虑不确定度时传热系数为［661，789］W/（m^2·K），该区间包括低于三级能效、三级能效和二级能效，根据前述讨论仍属于无法证实符合或不符合规范。因此，制定能效等级上限、下限区间时，应当使测量不确定度与该规定区间之比合理的小。

6　结论

本文对外径为 57mm、翅片高度为 16mm 的 DR 型翅片管进行了实验研究，结果表明：在空气质量流速 4～10 kg/（m^2·s）范围内，翅片管综合传热系数扩展不确定度从 62 W/（m^2·K）增加到 69

W/（m^2·K），相对不确定度从10.7%逐渐降低到7.7%；当最窄截面质量风速为6kg/（m^2·s）时，不确定度和相对值分别为64 W/（m^2·K）、8.8%。测得的综合传热系数单一数值非常接近规定能效等级限值时，延伸扩展不确定度后高于或低于能效等级的限值，这时在规定的置信水平上不能确定是否符合规范，应当报告测得值与扩展不确定度，并声明无法证实符合或不符合规范。测得值高于下限，超出下限的值小于测量不确定度，因此不可能做出符合规范的报告。传热系数测试结果的不确定度大于能效等级上限、下限之差，这就导致考虑了不确定度后翅片管能效等级可能会高或低一个等级甚至两个等级，制定能效等级上限、下限区间时，应当使测量不确定度与该规定区间之比合理的小。

参考文献

［1］ 关于印发节能节水和环境保护专用设备企业所得税优惠目录（2017年版）的通知财税〔2017〕71号［S］. http：//hd. chinatax. gov. cn/guoshui/action/GetArticleView1. do? id= 8133448&flag= 1.

［2］ NB/T 47007 空冷式热交换器 征求意见稿［S］. http：//www. cscbpv. org. cn/index. php? m= content&c= index&a= show&catid= 14&id= 537.

［3］ GB/ T 27698. 6—2011 热交换器及传热元件性能测试方法 第6部分：空冷器用翅片管［S］.

［4］ CNAS-GL27：2009 声明检测或校准结果及与规范符合性的指南［S］.

［5］ CNAS-CL01：2006 检测和校准实验室能力认可准则［S］.

［6］ JJF 1059. 1-2012 测量不确定度评定与表示［S］.

点缺陷对压力管道弯头的强度的影响

刘红星　魏明业　刘景新

河北省特种设备监督检验研究院唐山分院，唐山 063000

摘　要： 弯头是压力管道应用最广泛的部件之一，同时也是最容易产生缺陷的部件之一，点缺陷是其失效的主要原因之一，有必要分析点缺陷对弯头强度影响。分析结果表明单个点缺陷造成的应力集中程度与点缺陷的尺寸有关系，多个点缺陷是按照一个大的点缺陷处理还是按照多个点缺陷处理与缺陷之间的间距和该处应力的大小有关。

关键词： 弯头；点缺陷；应力集中；强度

The effect of point defects on the strength of pressure pipe elbow

Liu Hong-xing，Wei Ming-ye，Liu Jing-xin

Hebei Special Equipment and Inspection Institute Tangshan Branch，Tangshan 063000

Abstract: Elbow is one of the most widely used components of pressure piping，and it is also one of the most vulnerable components. Point defects are one of the main reasons for failure. It is necessary to analyze the effect of point defects on the strength of elbows. The analysis results show that the stress concentration caused by a single point defect is related to the size of the point defect. Several point defects are treated according to a large point defect，or according to the distance between a plurality of point defects and the distance between the defect and the stress at that point. related.

Keywords: Elbow; Point defect; Stress concentration; Strength

0　引言

点缺陷是压力管道上常见的也危害比较大的一种缺陷，由于其造成了管道的局部不连续，所以点缺陷位置往往会产生比较大的应力集中。点缺陷处的流体容易长时间的积存，会造成具有腐蚀性离子的聚集，进一步加快点缺陷的发展速度。由于点缺陷的存在导致弯头失效，进而影响整条压力管道的正常运行，造成巨大的损失，甚至造成人员伤亡的事故时有发生。因此有必要分析点缺陷对压力管道弯头强度的影响，为研究含有点缺陷压力管道剩余寿命的研究提供参考。

1　弯头的结构尺寸及材料属性

本文以 90°推制弯头作为分析对象，其采用锻制钢管热挤压成型工艺制造，其材料为 P92。由于弯

基金项目：河北省质量技术监督局科技计划项目“基于‘互联网十’模式下压力容器检验检测研究”（编号：2018ZD28）。
作者简介：刘红星，1967 年生，男，高级工程师，学士，主要从事特种设备检验及相关技术研究。

头的结构比较简单在分析过程中对其模型不做简化处理其结构尺寸如图 1 所示[1]。

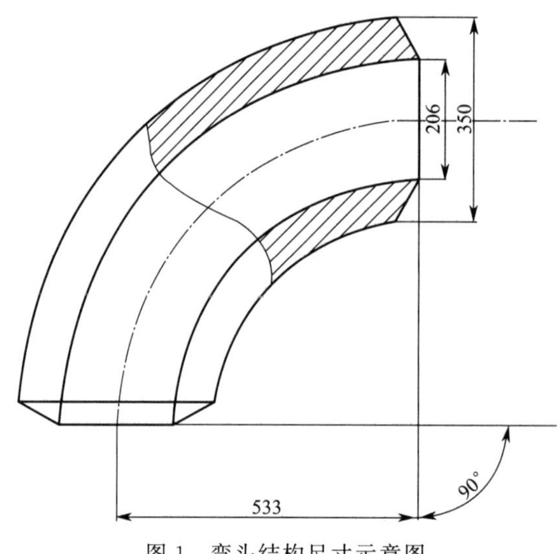

图 1 弯头结构尺寸示意图

为了便于分析做如下几点假设。

① 以 90°弯头作为分析对象且其制造质量符合相关安全技术规范的要求，不考虑弯头制造成型过程中的壁厚不均匀，不考虑弯头的几何形状误差，不考虑焊缝的加强影响，不考虑加工残余应力的影响[2,3]。

② 小变形假设既工件因外力作用而产生的变形量远远小于其原始尺寸。

弯头的材料为 P92，P92 材料是美国钢号 ASTM A335 P92，为马氏体类耐热钢。P92 钢具有良好的物理性能，较高的高温蠕变断裂强度，优异的常温高温性能及良好的冲击韧性和良好的抗氧化能力[2,3]。P92 的材料属性如表 1 所示。

表 1 P92 材料属性表

温度/℃	20	50	100	150	200	250	300	350	400	450	500	550	600	650
弹性模量/GPa	191	184	184	184	179	173	168	164	158	155	152	135	98	95
平均线膨胀系数/(10^{-6}/℃)	11.2	11.3	11.4	11.6	11.8	12.0	12.1	12.3	12.6	12.8	12.9	13.0	13.1	13.1

注：由于 P92 的泊松比随温度的变化不大，这里各个温度下 P92 的泊松比均取 0.30。

2 点缺陷的定义及其规则化处理

本文分析的点缺陷是指缺陷宽长比大于 0.75 且深度 a 与壁厚 B 的比值小于等于 0.7 的缺陷[4,5]。

由于点缺陷的形状往往是不规则的，按照其实际的形状好尺寸建模和分析需要非常长的时间，其计算结果的精确度也不能得到保证。尤其是一些形状非常不规则的点缺陷建模的难度非常大，分析过程中会增加网格的数量从而使得计算量呈指数增加，一些小的不连续位置会出现一些不必要的错误，而且采用上述方法计算结果有可能增大其计算误差。所以有必要对形状不规则的缺陷进行规则化处理，规则化处理后不仅建模方便，同时也会在保证计算结果准确性的前提下最大程度上减少网格数量，从而提高计算的效率降低分析的成本[6]。对于压力管道及其制造安装对材料的要求非常严格，对制造安装都有非常完善的质量保证体系，所以本文只考虑弯头管道表面的点缺陷对弯头强度的影响。

如图 2 所示为点缺陷的截面示意图，图中 a 为缺陷深度，c 为点缺陷的宽度最大位置宽度。将上述缺陷规则为半径为 c 深度为 a 球面缺陷，若深度 a 大于半径 c 则将该曲线规则为半径为 a 的球面[7,8]。

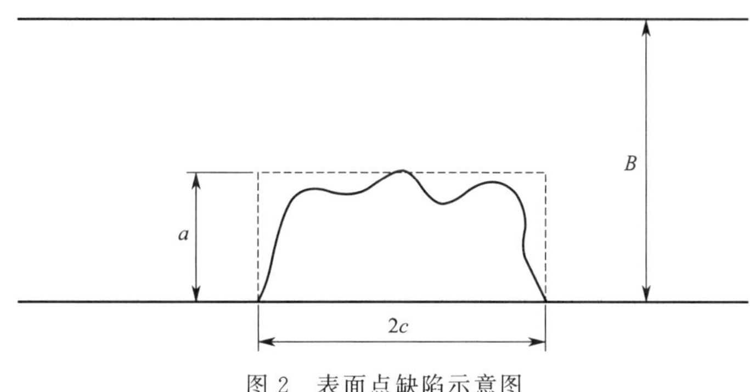

图 2 表面点缺陷示意图

3 点缺陷在弯头上的分布

对于含单个缺陷的弯头主要分析缺陷为球形，球直径分别为 4mm、6mm、10mm、20mm、30mm、40mm、60mm、80mm。直管段上缺陷分布位置为截取管段的中间位置的管道的内表面和外表面。对弯头缺陷位置如图 3 所示。

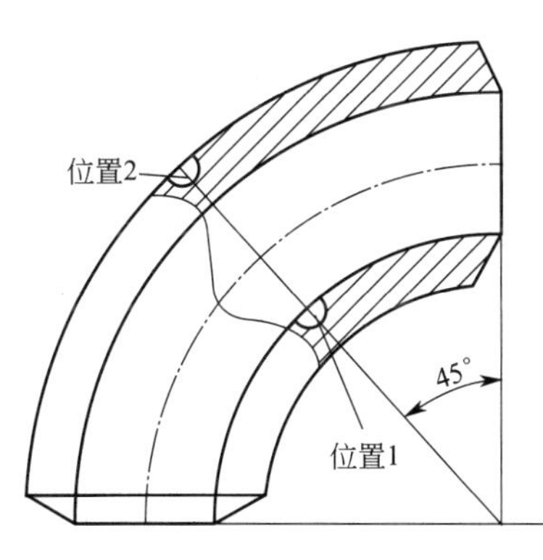

图 3 单个缺陷位置示意图

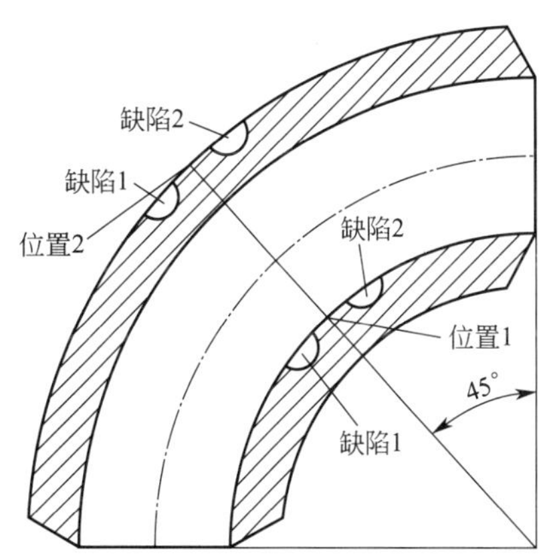

图 4 含两个点缺陷位弯头位置示意图

对于含有两个点缺陷的弯头其缺陷位置如图 4 所示，弯头内侧沿轴向排列和弯头外侧沿轴向排列，两缺陷间间距分别为 2mm、4mm、6mm、8mm、10mm、12mm、14mm、16mm、18mm、22mm、30mm，缺陷尺寸与单个缺陷尺寸相同。

对于含有三个点缺陷的弯头其位置均布于弯头内侧表面，三个缺陷分别沿轴向均布于弯头内侧，其缺陷位置分布如图 5 所示，缺陷间间距分别为 2mm、4mm、6mm、8mm、10mm、12mm、14mm、16mm、18mm、22mm、30mm，缺陷尺寸与单个缺陷尺寸相同。

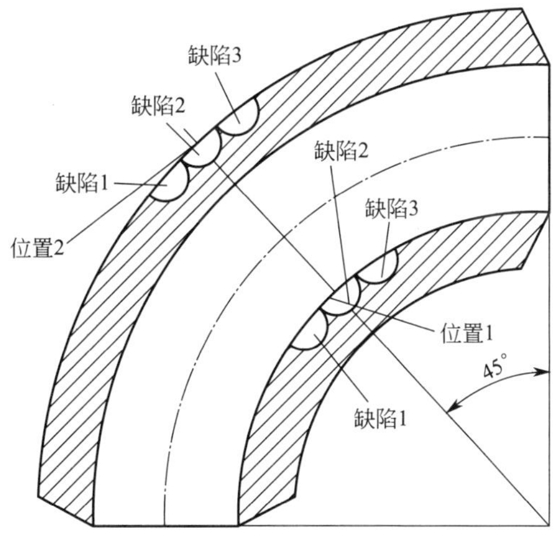

图 5 含三个点缺陷弯头位置示意图

4 点缺陷对弯头强度的影响

本文主要用有限元法对内表面和外表面含有不同尺寸单个点缺陷的弯头进行分析，不同尺寸确定点缺陷对弯头的影响。对含有两个和三个点缺陷的弯头进行分析确定不同间距点缺陷之间的相互影响，及这些不同间距点缺陷对弯头的影响。通过对含有两个或三个点缺陷的弯头进行分析，确定弯头内外表面上任意两个点缺陷存在多大间距时，二者之间的相互影响可以忽略不计。

4.1 无缺陷弯头的强度分析

弯头的强度计算结果如图 6 所示。由图可知弯头内侧的内表面（端面 1 所在区域）的应力值最高其值为 87.71MPa，与其对应力的弯头内表面外侧（位置 2 所在区域）应力要较小为 67.26MPa。弯头的位置 1 侧从端面 1 到端面 2 侧弯头内表面应力先就增大后逐渐减小。弯头外侧外表面的位置 4 所在区域及附近应力最小其值为 21.08MPa。弯头内侧应力集中程度和应力变化的梯度都大于外侧。

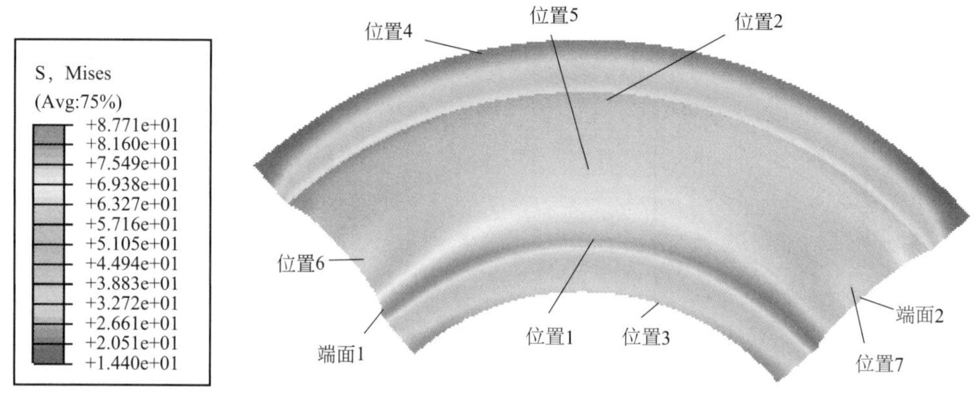

图 6 弯头纵截面上应力分布

4.2 单个点缺陷对弯头的影响

不同尺寸的单个点缺陷对弯头强度的影响是不同的即缺陷尺寸不同造成的弯头相应位置的应力集中情况是不同。缺陷尺寸不同对管道承受载荷能力的削弱程度也不相同。相同的缺陷在不同载荷条件下其对弯头的影响不同。

图 7 为含有点缺陷（位于内表面）弯头上应力分布随缺陷直径的变化规律。点缺陷周围最小应力随

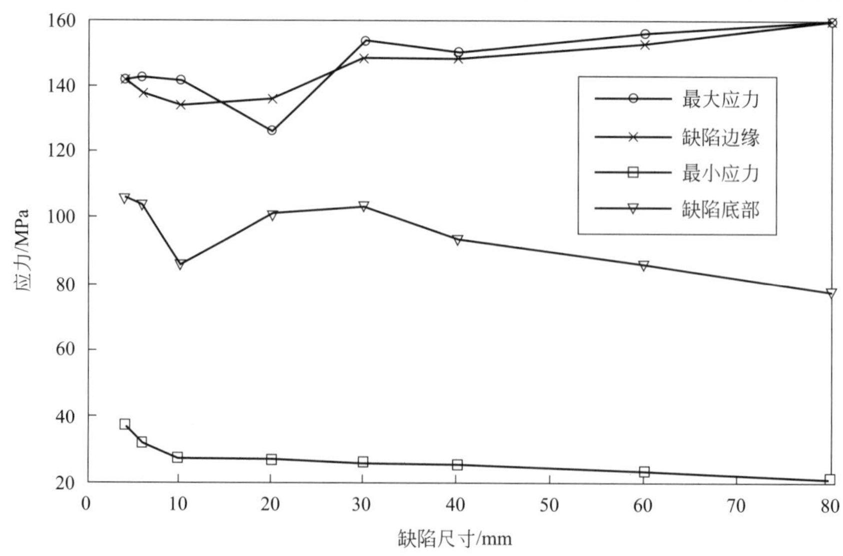

图 7 含单个缺陷（位于位置 1）弯头上应力随缺陷尺寸的变化趋势

着缺陷直径的增大逐渐增大，但增大的幅度比较小，最小应力出现位于弯头周向上缺陷边缘。缺陷周围最大应力出现的位置与缺陷直径有关，随着缺陷直径的增大最大应力值逐渐增大，缺陷边缘的最大应力随着缺陷直径的增大其最大应力先逐渐减小（在直径为 10mm 时应力最小），然后逐渐增大与最大应力的差距也逐渐减小直到相同。对于位置 1 处缺陷上的最大应力出现在缺陷边缘与底部之间靠近边缘的位置（缺陷直径为 4mm 和 80mm 除外）。缺陷底部最大应力随着缺陷直径的增大逐渐减小。

图 8 为弯头（内表面）不同直径缺陷轴向截面上应力随位置的变化规律。缺陷的直径越大缺陷周围的最大应力值也越高，由前面的分析可知无缺陷弯头内表面的最大应力为 87.71MPa，存在缺陷直管段上最大应力为 141.9～160.0MPa，缺陷使弯头外表面应力增大了 1.61～1.82 倍。缺陷边缘最大应力均远大于缺陷底部最大应力，从裂纹边缘到缺陷底部应逐渐减小，直径为 80mm 的缺陷底部应力值最小，其应力变化的梯度也最大。

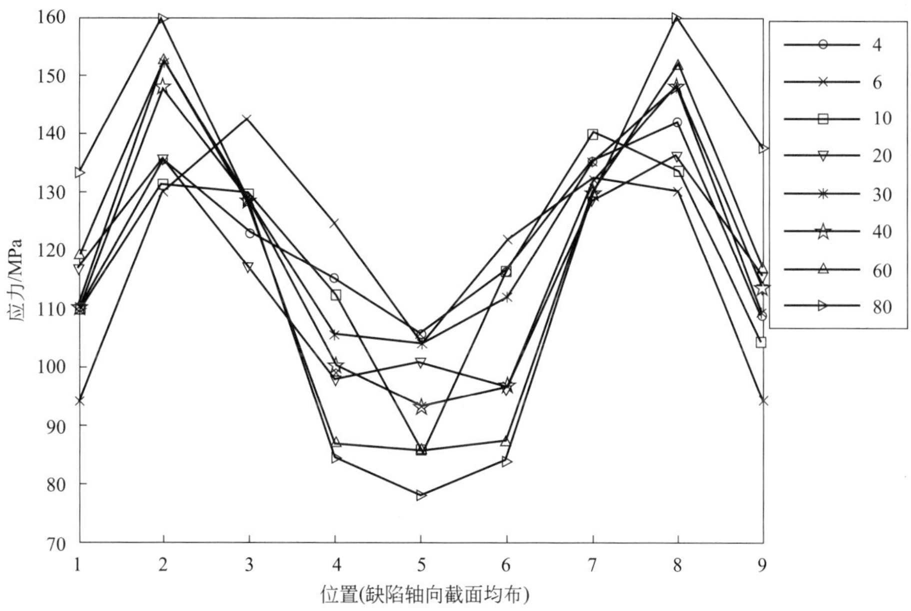

图 8　不同直径单个点缺陷（位于位置 1）轴向截面上应力的分布

图 9 为含有点缺陷（位于外表面）弯头上应力分布随缺陷直径的变化规律。点缺陷周围最小应力随着缺陷直径的增大逐渐增大，但增大的幅度比较小，最小应力出现位于弯头周向上缺陷边缘。缺陷上的最大应力随着缺陷直径的增大逐渐增大，直径小于 20mm 的缺陷其最大应力出现在缺陷底部与边缘之

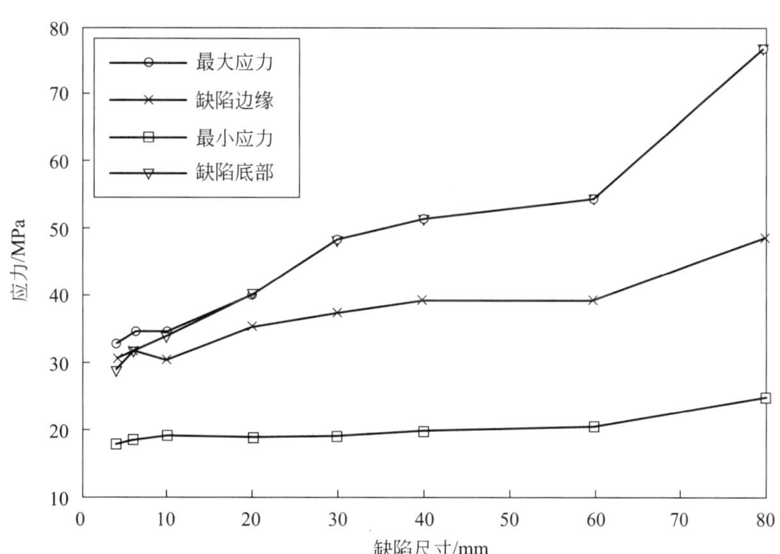

图 9　含单个缺陷（位于位置 2）弯头上应力随缺陷尺寸的变化趋势

间靠近边缘一侧的位置。缺陷直径大于等于 20mm 时，最大应力出现在缺陷的底部中心位置。缺陷边缘上的最大应力随着缺陷直径的增大逐渐增大，但其与最大应力的差值也越来越大。

图 10 为弯头（外表面）不同直径缺陷轴向截面上应力随位置的变化规律。缺陷的直径越大缺陷周围的最大应力值也越高，由前面的分析可知无缺陷弯头内表面的最大应力为 21.08MPa，存在缺陷弯头上最大应力为 32.63～76.64MPa，缺陷使弯头外表面应力增大了 1.54～3.63 倍。缺陷边缘最大应力均远小于缺陷底部最大应力，从缺陷边缘到缺陷底部应逐渐增大，直径为 80mm 的缺陷底部应力值最大，其应力变化的梯度也最大。缺陷直径 4mm 和 6mm 时缺陷附近最大应力出现在缺陷底部中心附近（非缺陷底部中心），缺陷直径≥8mm 时，缺陷底部中心位置的应力最大。

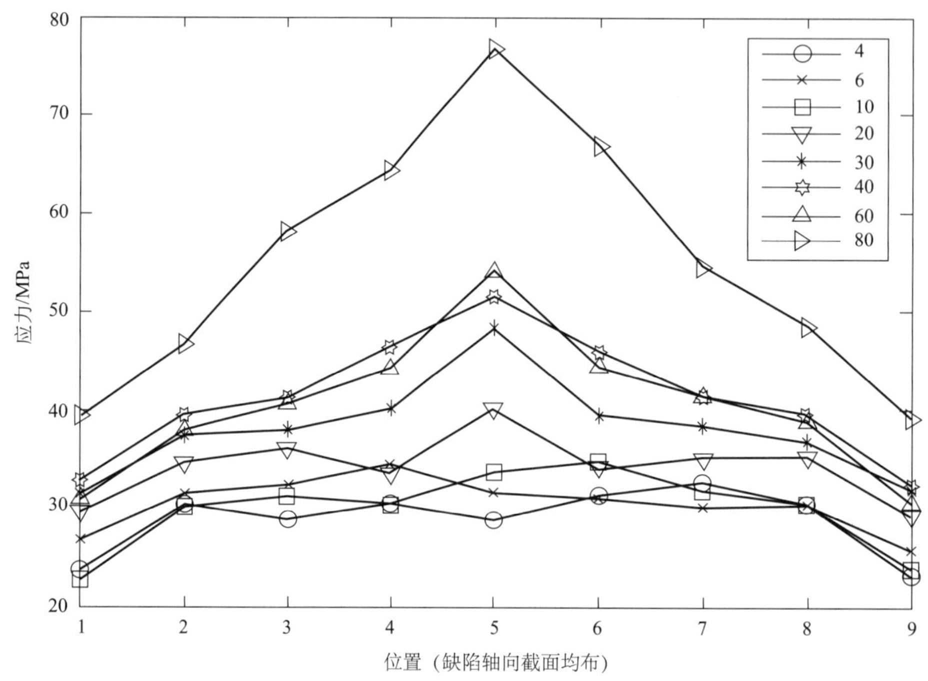

图 10　不同直径单个点缺陷（位于位置 2）轴向截面上应力的分布

4.3　两个点缺陷对弯头的影响

不同间距的两个点缺陷对弯头强度的影响是不同的即缺陷尺寸不同造成的弯头相应位置的应力集中情况是不同。缺陷间间距不同对管道承受载荷能力的削弱程度也不相同。本文以含两个直径为 20mm 缺陷的弯头为分析对象对弯头进行分析。

图 11 为含两缺陷弯头位置 1 上应力分布随缺陷间距的变化规律。缺陷相邻位置应力最大且应力值随着缺陷间间距的增大逐渐减小，缺陷间距大于 14mm 时最大应力的变化幅度较小，其最大变化为 5MPa。缺陷不相邻为位置和缺陷底部最大应力随着缺陷间距的增大变化不大，其应力变化分别为 10.3MPa 和 3.3MPa，说明缺陷间距对上述位置的最大应力影响不大。缺陷间距大于等于 14mm 时，缺陷相邻位置和非相邻位置的最大应力相同，说明间距大于等于 14mm 时两缺陷在缺陷边缘的叠加效应基本消除。缺陷上的最小应力随着缺陷间距的增大在一定的范围内波动，其应力的最大变化为 5.32MPa。

图 12 为含不同间距的两缺陷弯头（位置 1）轴向截面上应力随位置的变化规律。缺陷的直径越大缺陷周围的最大应力值也越高，由前面的分析可知无缺陷弯头内表面的最大应力为 87.71MPa，存在缺陷弯头上最大应力为 149.9～218.4MPa，缺陷使直管段外表面应力增大了 1.71～2.49 倍。缺陷间间距为 2mm 时，缺陷相邻位置之间应力变化不大，变化值为 5.7MPa。随着缺陷间间距的增大两缺陷间中间位置应力逐渐减小，缺陷间间距为 30mm 时中间位置的应力 92.89MPa，较无缺陷弯头内表面应力大 5.18MPa，说明两缺陷间应力的叠加效应较小即缺陷间间距等于 30mm 时两缺陷之间的相互影响已经比较小。当缺陷直径大等于 14mm 时，缺陷边缘相邻与不相邻位置应力差最大为 4.7MPa，说明两缺陷的应力叠加效应对缺陷边缘的影响已经比较小了，应力叠加效应对其的影响可以忽略。

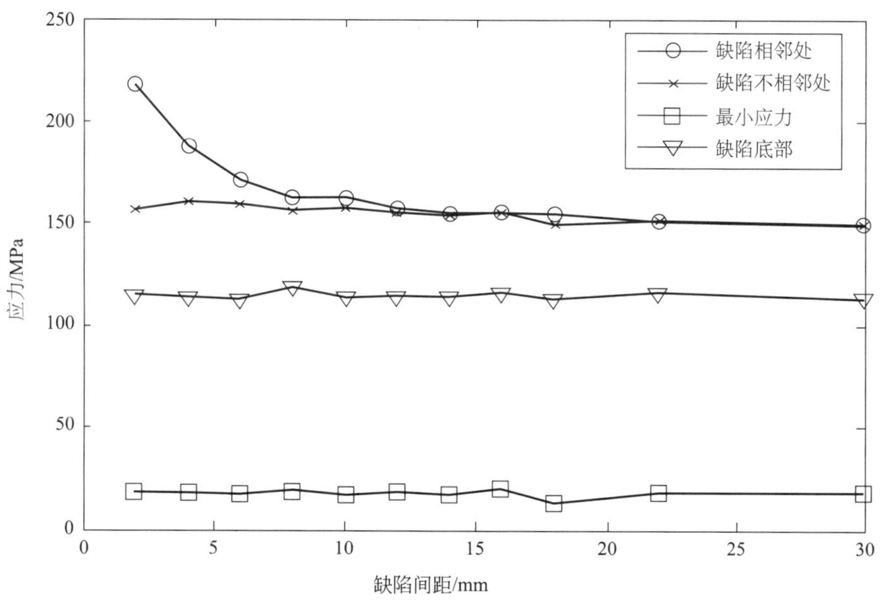

图 11　含两个缺陷（位于位置 1）弯头上应力随缺陷间距的变化趋势

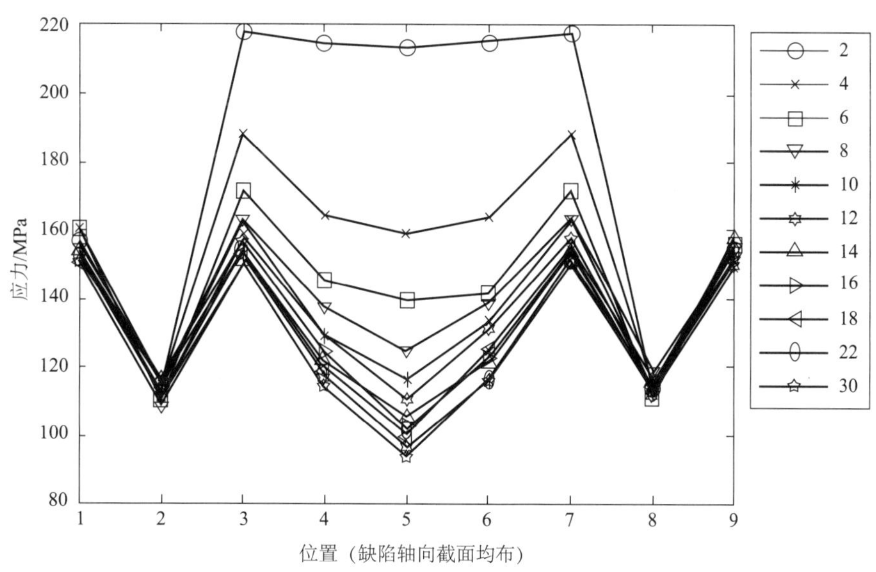

图 12　不同间距两个点缺陷（位于位置 1）轴向截面上应力的分布

图 13 为含两缺陷弯头位置 2 上应力分布随缺陷间距的变化规律。缺陷相邻位置应力最大且应力值随着缺陷间间距的增大逐渐减小，缺陷间距大于 10mm 时最大应力的变化幅度较小，其最大变化为 2.2MPa。缺陷不相邻为位置和缺陷底部最大应力随着缺陷间距的增大变化不大，其应力变化分别为 6.46MPa 和 2.78MPa，说明缺陷间距对上述位置的最大应力影响不大。缺陷间距大于等于 10mm 时，缺陷相邻位置和非相邻位置的最大应力相同，说明间距大于等于 14mm 时两缺陷在缺陷边缘的叠加效应基本消除。缺陷上的最大应力随着缺陷间距的增大逐渐减小。缺陷底部的应力随着缺陷间距的增大先逐渐增大后逐渐减小，缺陷相邻处最大应力随着间距增大逐渐减小，缺陷间距大于 10mm 缺陷相邻位置最大应力与底部最大应力值基本相同。

图 14 为含不同间距的两缺陷弯头（位置 2）轴向截面上应力随位置的变化规律。缺陷的直径越大缺陷周围的最大应力值也越高，由前面的分析可知无缺陷弯头内表面的最大应力为 21.08MPa，存在缺陷弯头上最大应力为 39.98～57.94MPa，缺陷使弯头位置 2 处应力增大了 1.90～2.74 倍。缺陷间间距为 2mm 时，缺陷相邻位置之间应力变化不大，变化值为 1.25MPa。随着缺陷间间距的增大两缺陷间中间位置应力逐渐减小，缺陷间间距为 18mm 时中间位置的应力 22.47MPa，较无缺陷弯头内表面应力大

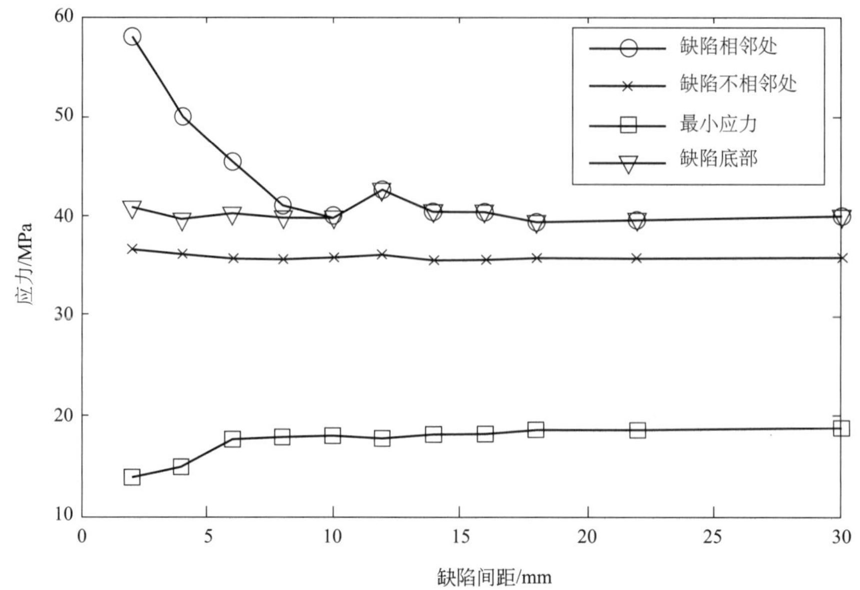

图 13　含两个缺陷（位于位置 2）弯头上应力随缺陷间距的变化趋势

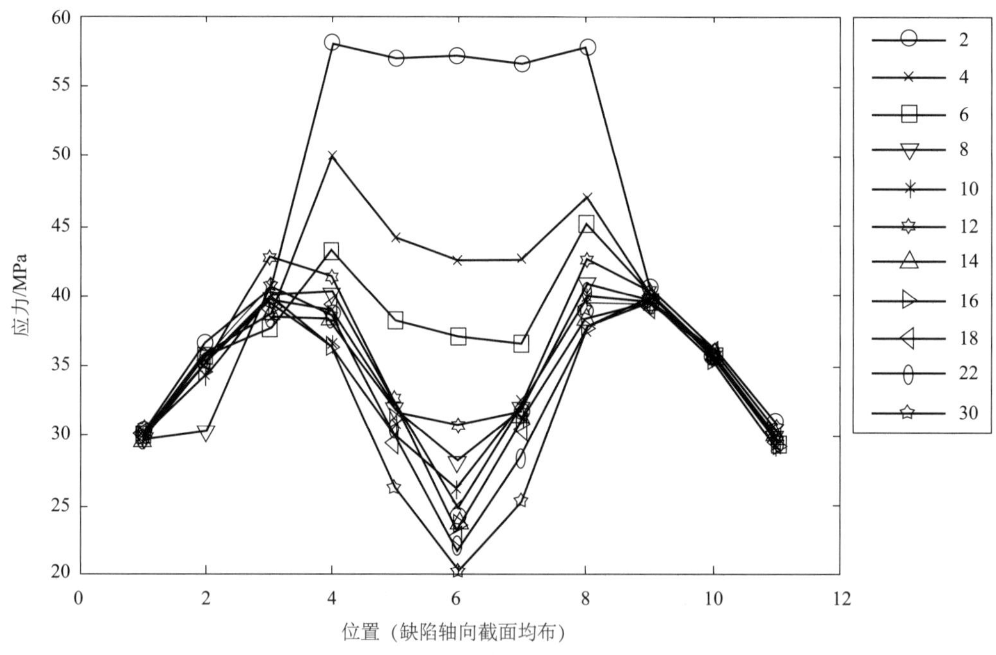

图 14　不同间距两个点缺陷（位于位置 2）轴向截面上应力的分布

1.39MPa，说明两缺陷间应力的叠加效应较小，即缺陷间间距大于等于 18mm 时两缺陷之间的相互影响基本可以忽略。当缺陷直径大等于 16mm 时，缺陷边缘相邻与不相邻位置应力差最大为 3.31MPa，说明两缺陷的应力叠加效应对缺陷边缘的影响已经比较小了，应力叠加效应对其的影响可以忽略。

4.4　三个点缺陷对弯头的影响

不同间距的三个点缺陷对弯头强度的影响是不同的即缺陷间间距不同造成的弯头相应位置的应力集中情况是不同。本节以含有三个直径为 20mm 缺陷的弯头为分析对象，分析缺陷间间距对弯头强度的影响。

图 15 为含三缺陷弯头位置 1 上应力分布随缺陷间距的变化规律。三缺陷相邻位置处用力最大，随着间距的增大相邻为处最大应力会逐渐减小。随着缺陷间间距的增大缺陷相邻位置的与非相邻位置的最

大应力之差逐渐减小，当间距大于等于 16mm 时相邻于不相邻位置最大应力基本相同，说明间距对缺陷间应力的叠加效应随着间距的增大逐渐减弱，在间距大于等于 16mm 处叠加效应基本消失。缺陷底部和非相邻位置应力随着间距的增大在一定范围内波动，应力差最大值为 7.3MPa。缺陷间间距为 2～30mm 时，缺陷相邻位置的最大应力逐渐减小，随着缺陷间距的增大应力变化的梯度逐渐减小。含缺陷弯头内表面的最小应力随缺陷间间距的增大逐渐减小但减小的幅度比较小，应力的最大差值为 5.40MPa。

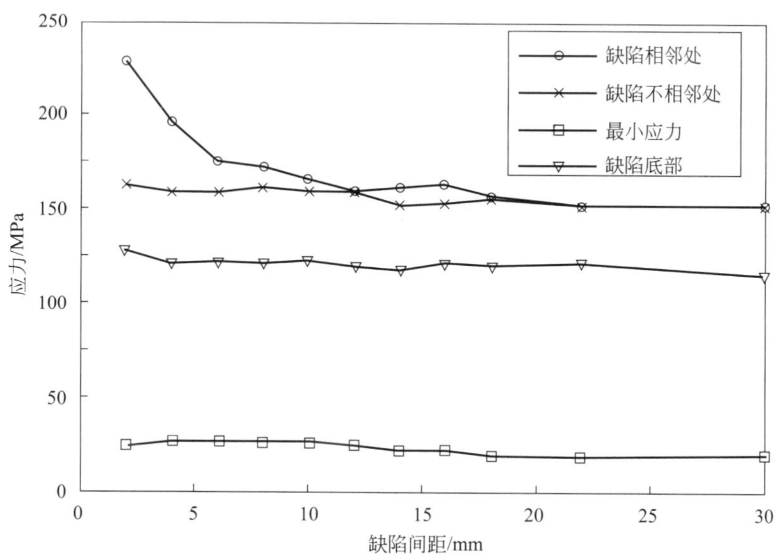

图 15　含三个缺陷（位于位置 1）弯头上应力随缺陷间距的变化趋势

图 16 为含不同间距的三缺陷弯头（位置 1）轴向截面上应力随位置的变化规律。缺陷间间距越小缺陷及附近的最大应力越大，由前面的分析可知无缺陷弯头位置去处的最大应力为 87.71MPa，存在缺陷弯头上最大应力为 152.0～228.2MPa，缺陷使弯头外表面应力增大了 1.73～2.60 倍。缺陷间间距为 2mm 时，缺陷相邻位置缺陷间应力基本保持不变。缺陷间间距大于等于 4mm 时，缺陷相邻的中间位置的应力随着缺陷间距的增大逐渐减小，当缺陷间间距为 30mm 时该位置的应力为 93.36MPa，大于无缺陷弯头外表面的应力二者相差 5.65MPa，说明当缺陷间间距等于 30mm 时两缺陷之间的相互影响已经比较小了。当缺陷间间距大于 4mm 时，缺陷相邻位置与非相邻位置的最大应力之差随着缺陷间距增

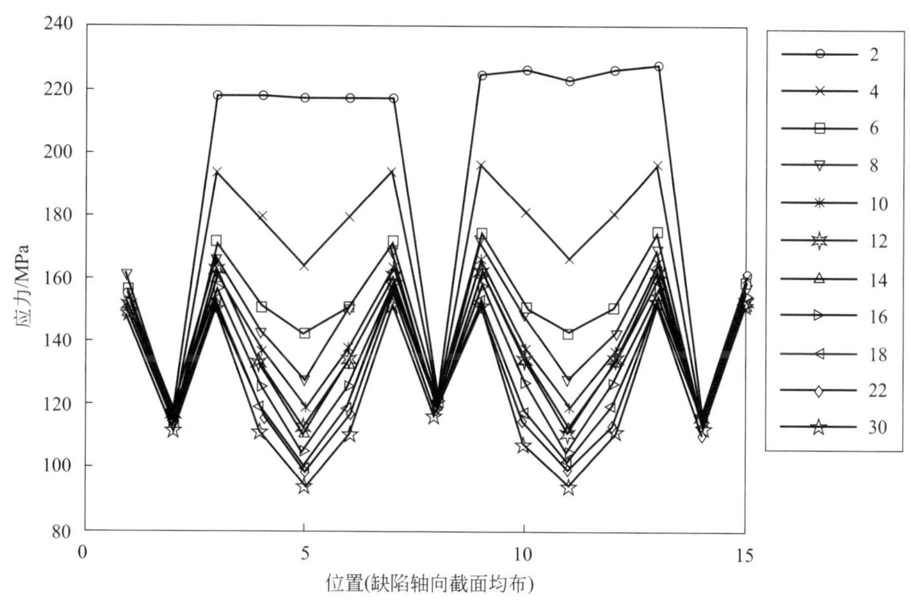

图 16　不同间距三个点缺陷（位于位置 1）轴向截面上应力的分布

大其差值越来越小。间距大于等于 18mm 时，二者的差值为 1.5MPa 可以忽略不计，说明缺陷之间的相互影响可以忽略不计。

5 结论

① 对于弯头无论是内表面还是外表面随着点缺陷尺寸的越大，缺陷内部及附近的应力变化梯度越大。

② 对于尺寸一定的两个点缺陷，两缺陷之间的应力叠加效应随着两缺陷的距离增大逐渐减小，当间距大于缺陷直径时，其叠加效应基本消失；两个点缺陷之间的最大应力位于两缺陷相邻侧的缺陷边缘，间距越小最大应力位置距缺陷边缘越小，间距越小两缺陷间的应力变化梯度越小。

③ 对于尺寸和间距一定的两个点缺陷，两缺陷之间的应力叠加效应随着该处应力的增大逐渐增强。

④ 对于直线排列的三个点缺陷，其应力叠加效应与两缺陷的应力叠加效应基本相同。

参考文献

[1] Maan H J, James R F. Structural Analysis and Design of process Equipment [M]. USA: John Wiley&sons, inc, 1989.

[2] 薛吉林等．含环向减薄缺陷主蒸汽管道蠕变应力变化规律研究 [J]. 压力容器, 2010, 27 (11): 5-11.

[3] 由忠玲．超高压动力锅炉水冷壁管开裂失效原因分析 [J]. 压力容器, 2008, 25 (5): 31-35.

[4] 彭剑等．含多局部减薄缺陷压力管道安全评定方法讨论 [J]. 压力容器, 2010, 27 (5): 21-25.

[5] Chang Zhou, Jilin Xue, Guodong Zhang. Creep Analysis of the Pipe with Local Thinning Defect under Pressure and Moment at High Temperature [J]. Journal of Pressure Equipment and Systems, 2008, 6 (1): 41-44.

[6] 郭赞扬，丁兆清．锅炉省煤器 U 形管裂纹的分析 [J]. 热处理装备, 2006, 27 (3): 35-39.

[7] 陈福来，帅健，祝宝利．X80 管线钢裂纹尖端张开角的试验研究 [J]. 压力容器, 2010, 27 (10): 8-11, 55.

[8] 淡勇．HFC-134a 预热器失效分析 [J]. 化工机械, 2010 (1): 3-5.

多旋翼无人机在压力管道检验中的应用研究

黄 璞 郑连学 徐 亮 聂思皓 朱 义 张世品 蔡奇君

武汉市锅炉压力容器检验研究所，武汉 430024

摘 要： 目前压力管道的架空部分检验难度很大，需要扶梯或脚手架辅助才能对人工可达部位进行目视检查。人工攀爬不仅费时耗力，工作效率低，劳动强度大，而且由于通过扶梯或脚手架难以覆盖设备的所有部位，存在一些死角。笔者希望通过多旋翼无人机的优势解决上述问题。

关键词： 无人机；工业管道；宏观检查

Application of UAV in Industrial Pipeline Inspection

Huang Pu, Zheng Lian-xue, Xu Liang, Nie Si-hao, Zhu Yi, Zhang Shi-pin, Cai Qi-jun

Wuhan Boiler Pressure Vessel Inspection Institute, Wuhan, 430024

Abstract: At present, it is difficult to inspection the aerial part of the pressure pipeline, engineers must climb through ladder or scaffolding to pressure pipelines, before carrying out visual inspection. The job is a great waste of time, the works has low labor efficiency and high labor intensity, the detection area can not cover all parts of the pressure pipeline, and there are some blind spots. The author hopes to solve the above problems through the UAV.

Key words: UAV; Pressure pipeline; Inspection

0. 引言

压力管道，是指利用一定的压力，用于输送气体或者液体的管状设备，随着我国现代化建设的日趋完善，压力管道作为生产生活的重要设备被广泛地应用到了各个领域中。截止到 2017 年底，我国压力管道长度达到 45.09 万公里，在如此巨大数量的压力管道使用过程中，已经发生多起安全事故，它们都造成大量人员伤亡和财产损失，引起了不好的社会影响。2010 年 7 月 16 日大连输油管道爆炸事故使大连附近海域至少 50 平方公里的海面被原油污染，事故造成的直接经济损失为 2.33 亿元，事故救援费用 8510 万元多，事故清污费用为 11.68 亿余元；2013 年 11 月 22 日青岛输油管道爆炸事件共造成 62 人死亡、136 人受伤，直接经济损失 7.5 亿元；2016 年 8 月 11 日当阳市重大高压蒸汽管道裂爆事故造成 22 人死亡，4 人重伤，直接经济损失约 2313 万元。以上事例告诉我们，压力管道事故的危害性非常大，检验工作在压力管道的安全保障上占有非常重要的作用。

压力管道架空部分的检验一直是检验中的难点，对于人力物力的要求较多，而且工作效率低，笔者希望通过多旋翼无人机的特点研究其在压力管道检验中的应用可行性。

作者简介：黄璞，1982 年生，男，工程师，本科，主要从事承压类特种设备检验检测工作。

1. 无人机应用现状

无人机（Unmanned Aerial Vehicle，UAV）是一种由无线电遥控设备或自身程序控制装置操纵的无人驾驶飞行器[1]。国外在使用无人机进行灾害监测方面起步较早，经过长期应用与研究，取得了很好的效果。目前，我国已掌握了无人机技术，各行各业都在探索无人机的应用，现阶段在电影摄像、农业植保、电力巡检、国土测绘、公安消防等很多行业已经有了比较成熟的应用。

相比其他行业，无人机在特检行业的应用还在初级阶段，无人机主要在检验中的特定场合、特定设备有少量应用，如特种设备和危化品事故应急处理、起重机表面缺陷检测等。因为锅炉、压力容器和压力管道的空间限制，无人机还没有较成熟的应用。

2. 多旋翼无人机的在管道检验应用分析

对架空压力管道进行宏观检查时，需要扶梯或脚手架才能对人工可达部位进行目视检查。人工攀爬不仅费时耗力，工作效率低，劳动强度大，而且由于通过扶梯或脚手架难以覆盖设备的所有部位，存在一些死角，因此很难全面发现潜在的安全隐患，致使一些本应发现的事故隐患未能及时发现[2]。

多旋翼无人机（以下简称“无人机”）结构简单、造价低、操控能力好、可悬停，适合民用。该类型无人机在结构设计上注重关键部件的模块化，其电机、电子调速器、电池、桨和机架等部件容易更换和升级，安装较为便利。在操控性方面，其操控最简单，无需跑道便可垂直起降，起飞后可在空中悬停[3]。此种无人机机动灵活、操作简单、悬停稳定性高、抵御阵风能力强，可以对管道弯头、三通、阀门、保温等部位进行图片视频的采集，取得的图像和视频可以供检验人员进行分析。

无人机相比人工宏观检查的优势：无需扶梯和脚手架大大节约检验成本；巡查效率比人工巡查效率高；可将记录用图片和视频保存比人工记录更直观更全面。无人机的这些特性非常适用于压力管道检验。

3. 研究内容

无人机机动灵活、操作简单、悬停稳定性高、可搭载镜头较多、应用场景较多。如何将无人机的这些特点与我们的压力管道检验结合起来，我们做了很多验证试验，并根据数据自主研发了一些功能将在下面进行详细介绍。

3.1 航线设定

管道的走向较复杂，有直管段也有弯管段，无人机需要具备设定复杂飞行航线的功能。

通过经度和纬度设定航点能够让无人机的飞行精度更高，并能根据航点自动飞行，大大提升巡航效率。具体步骤是将管道的起始点经度和纬度输入，再依次输入该管道的各个转折点经度和纬度，最后将所有航点串起来就是这条管道的走向情况，设定完航线后无人机可以根据航线自动飞行。见图1。

3.2 管道巡线

设定好航线、飞行高度和飞行速度后，让无人机沿管道飞行并录制视频或拍摄照片。这主要是依靠无人机搭载的相机镜头性能。我们试验用的无人机可搭载高清30倍光学变焦镜头，拍摄效果很好，不但可以大范围检查也可以局部仔细检查。从实际照片和视频上看，清晰度完全满足外观检查的要求。见图2、图3。

图 1　航点设置界面

图 2　航拍图

图 3　局部放大图

3.3 红外热成像检测

红外热成像是当下很成熟的技术，在很多行业中都有成熟的解决方案。在存在保温层的工业管道检验中，通过无人机搭载红外热成像相机的方式，可以快速发现保温层失效的部位，大大提高检测效率和准确性[4,5]。

像阀门部位因为没有包裹保温层，在可见光情况下未发现任何问题，见图4；但是在红外光情况下就可以非常明显发现阀门处的温度最高，见图5。

图4 阀门可见光图

图5 阀门红外光图

从外观上检查，管道直管段的保温层未见明显破损变形，见图6；但在红外光情况下明显发现此处温度泄露严重，见图7。最后经过仔细检查发现，该处保温层连接处发生了轻微破损，造成了温度泄漏。

图6 管道可见光图

图7 管道红外光图

3.4 高倍数光学变焦镜头

在检验过程中，由于现场地形和设备形状的限制而导致检验人员无法接近被检部位的情况较多，要想完成这些部位检查的检验成本会和检验人员的安全风险都很高。而无人机通过搭载高倍数长焦相机，能够解决这种情况。此处是一个管道弯头在管廊的最高处，人工检查需要通过脚手架等辅助方式才能大道弯头处，无形就增加了检验成本和人员的高空作业的安全隐患。如果通过无人机与高倍数长焦相机的组合则可以非常轻松地完成外观检查，并能够得到清晰照片和视频记录留存。见图8～图10。

图 8 光学 1X 变焦

图 9 光学 5X 变焦

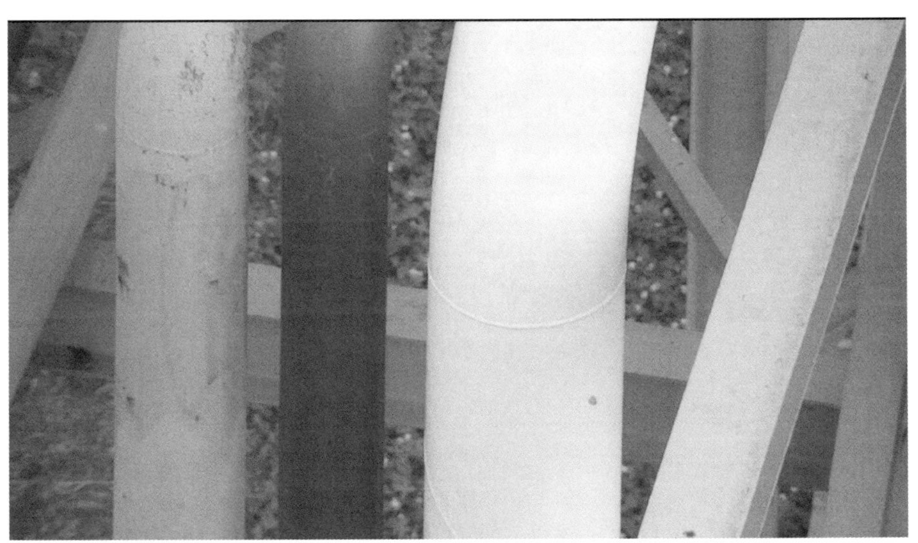

图 10 光学 30X 变焦

3.5 正射影像图的应用

通过软件，可以将无人机拍摄的照片进行合成正射影像图。该图有着合成范围大、显示内容直观和清晰度高的特点，见图11。将图11中圈线中部分放大，能够清晰地见到管道保温部位变形严重，无保温的管道存在大量点状腐蚀，见图12。通过正射影像图，我们能够对大范围的管道进行快速检查，大大提高检验效率，并能够保存直观的照片作为记录。

图11 正射影响图

图12 正射影响图局部放大

3.6 测量功能

对无人机拍摄的照片，我们可以通过软件对照片中的管径和缺陷进行较精确的测量。笔者让无人机在距离管道35m的距离拍照，对照片中DN325和DN168的两条管道进行管径测量。实测结果以及误差如下。

DN325 的管径在软件中的实测值为 319mm，见图 13。误差=(325−319)/325=1.8%

DN168 的管径在软件中的实测值为 167mm，见图 14。误差=(168−167)/168=0.59%

由以上实测数据可以发现，在照片中进行测量的准确度非常高，并且还能通过缩短拍摄距离进一步提高准确度。

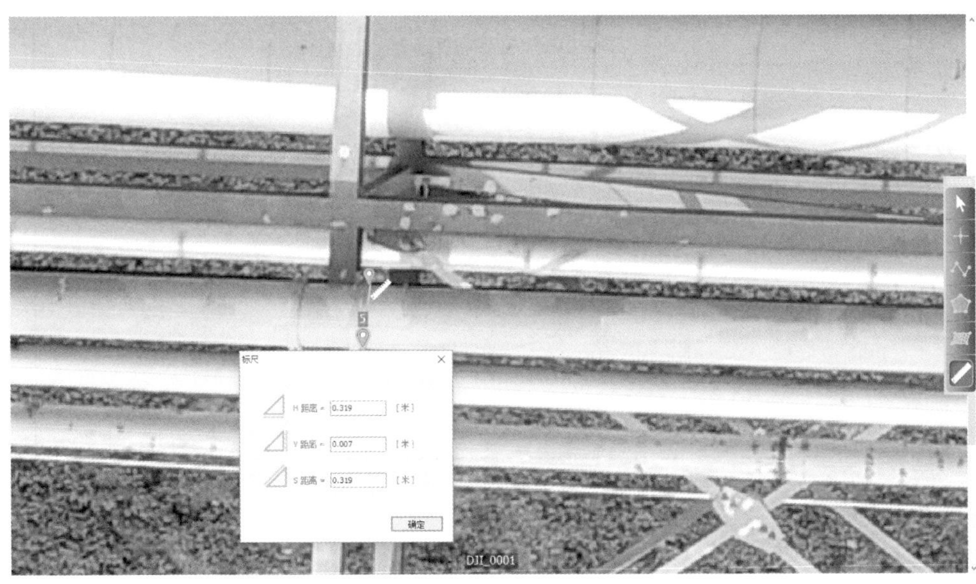

图 13　对 DN325 管道直径进行测量

图 14　对 DN168 管道直径进行测量

3.7　CAD 绘图

对于复杂的管道绘制 CAD 图较为麻烦，但是通过软件对合成的正射影像图进行节点的选取，最后可以导出 CAD 图片格式。见图 15。

4. 结论

传统依靠人力对压力管道进行外观检查的方法不仅工作量大、周期长、存在漏检的情况，多旋翼无

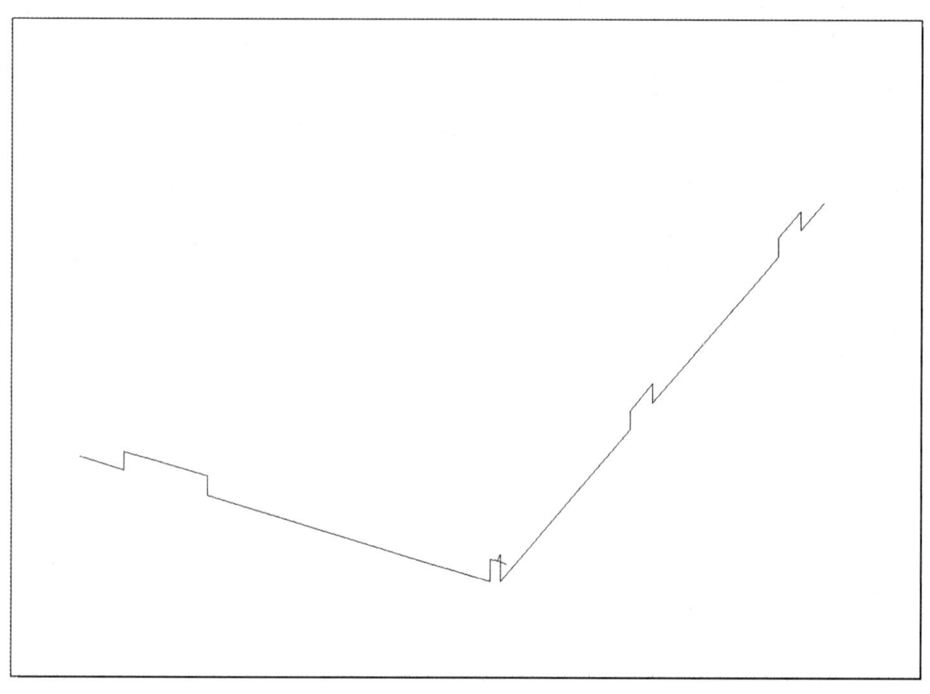

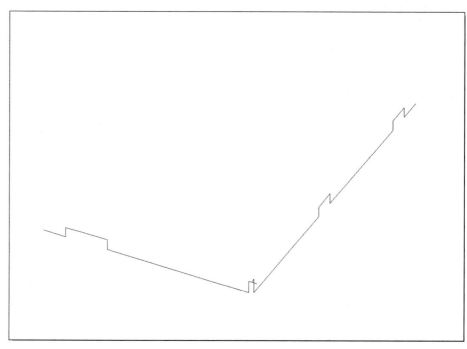

图 15 导出的管道走向 CAD 图

人机的检测方式可以很好地克服人工检测的不足。

但是目前多旋翼无人机在压力管道检验中的应用还属于摸索阶段还存在一些问题。

① 使用过程中无人机系统的稳定性还得等待进一步验证。

② 对于多层管道的管廊，因为视线被遮挡的原因，多旋翼无人机无法对管廊中间层管道进行拍摄，存在检验盲区。

③ 无人机飞行高度、镜头像素以及其他因素对测量的精度影响还要进一步确认。

我们接下来的工作重点将是如何制定科学合理的多旋翼无人机在工业管道的检测规范。随着科技的进步无人机功能越来越强，我相信使用无人机检验管道将会是一种高效安全的方法。

参考文献

[1] 孙宏彪等．多旋翼无人机在超高压输电线路巡线技术的应用［J］．电力科技，2016，32：208.

[2] 郭晋，景标．特种设备和危化品储存容器无人机巡检方法研究［J］．中国特种设备安全，2018，6：57-60，71.

[3] 夏珺芳等．无人机在特种设备检测领域的应用［J］．化工管理，2018.6：67-68.

[4] 程军、望斌、宋毅．无人机遥感技术在大型起重机械结构检测的应用前景展望［J］．特种设备安全技术，2017，4：32-34.

[5] 熊典、向文祥、王斌、邓荣军．高压输电线路多旋翼无人机巡线技术及应用［A］．2013年度学术会第五届“智能电网”“电机能效提升”发展论坛论文集，2013.

工业管道缺陷相控阵定量检测方法研究

朱利洪[1]　富　阳[2]

1. 广东省特种设备检测研究院，佛山 528251

2. 广东省特种设备检测研究院中山检测院，中山 528403

摘　要： 工业管道缺陷的定量是管道合于使用评价准确与否的关键因素，本研究采用相控阵检测方法对工业管道中存在的典型缺陷（未焊透、内壁局部减薄）进行了定量研究，确定了相应的相控阵检测工艺，并给出了应用实例。

关键词： 管道；缺陷；定量；相控阵

Study on Quantitative Characterization of Industrial Piping Defects by Phased Array

Zhu Li-hong[1], Fu Yang[2]

1. Guangdong Institute of Special Equipment Inspection, Foshan 528251

2. Zhong shan Inspection Institute, Guangdong Institute of Special Equipment Inspection, Zhong shan 528400

Abstract: The quantification of the piping defects is the key factor for the accuracy of Fitness-for-Service Evaluation. The phased array detection method used to quantification of the typical defects (non-penetration, local wall thinning, etc.) existing in the piping is studied. The corresponding phased array detection processes and the application examples are given.

Keywords: Piping; Quantitative Characterization; Defects; Phased Array

0　引言

工业管道广泛应用于能源、交通、石油、化工、国防等国民经济重要部门中，保证其安全使用直接关系到国计民生。工业管道由于制造、安装施工以及使用工况的复杂情况，会存在或产生各种类型的缺陷，这些缺陷一般通过特种设备检验机构的定期检验时采用无损检测方法来发现，其中有些缺陷按制造、安装的质量验收标准[1] 可能是超标的缺陷。这些缺陷有些是在管子、管件制造过程中产生的原始制造缺陷，如折叠、划痕、裂纹等缺陷[2,3]；也有些是在安装过程中存在的焊接缺陷，如未焊透、未熔合、裂纹等[4]；有些是管道使用过程中受介质、温度、压力和外部环境的影响而产生的缺陷，如腐蚀减薄、点蚀等[5]。制造、安装遗留超标缺陷的存在严重影响管道的安全运行，而使用过程中产生的缺陷更是管道安全运行的威胁。如何对这些缺陷尺寸进行定量，以便缺陷可以得到准确的安全评价，从而保障工业管道在寿命周期内的安全使用。

基金项目：广东省质量技术监督局科技项目“压力管道基础知识构建及数字化学习系统开发”（编号：2017CT03）。

作者简介：朱利洪，1968 年生，男，高级工程师，博士，主要从事特种设备检验与安全评价研究。

常用的工业管道缺陷定量检测方法主要有漏磁检测法[6,7]、涡流检测法[8,9]、射线检测法[10] 以及超声检测法[11,12] 等，每种无损检测方法各有其优缺点，针对不同缺陷检出能力与定量准确性能力有较大差异。超声相控阵检测技术作为一种先进的超声检测技术，是通过对超声阵列换能器中各阵元进行相位控制，获得灵活可控的合成波束，具有电子扫描、声束偏转、动态聚焦、三维成像等特点，相较其他超声波检测技术，相控阵超声检测技术具有良好的声束可达性，更高的检测灵敏度、分辨力和信噪比，可高效、直观、适合复杂几何形状工件，以及能实时成像等技术优势。近年来在工业无损检测领域，得到越来越广泛的应用，解决了众多以往无法解决的无损检测问题，具有重要的研究意义和工程应用价值。

1　相控阵检测方法

超声相控阵检测技术使用不同形状的多阵元换能器产生和接收超声波束，通过控制换能器阵列中各阵元发射（或接收）脉冲的不同延迟时间，改变声波到达（或来自）物体内某点时的相位关系，实现焦点和声束方向的变化，从而实现超声波的波束扫描、偏转和聚焦。然后采用机械扫描和电子扫描相结合的方法来实现图像成像。通常使用的是一维线形阵列探头，压电晶片呈直线状排列，聚焦声场为片状，能够得到缺陷的二维图像。相控阵检测工艺选择主要取决于以下参数选择。

1.1　探头

相控阵探头的晶片由压电复合材料制作，压电复合材料的探头信噪比比一般压电陶瓷探头高 10～30dB，是将一块整体压电复合材料的晶片切割成无数微小的晶片，每个晶片能单独激发。探头的选择主要考虑频率、阵元间距、阵元宽度、阵元数量和偏转角的选择。频率高，灵敏度高、主瓣宽度小、聚焦效果好，有利于发现更小的缺陷、区分相邻缺陷及对缺陷定位；但频率高，近场长度大，衰减大。阵元间距越大，主瓣宽度越窄，为防止出现栅瓣，间距不能大于极限值（0.1mm)。阵元宽度大，声压值高，检测灵敏度高，但随着阵元宽度变大，主瓣高度降低，又因为最大旁瓣高度不变，相当于旁瓣级升高，因此在满足其它要求不变的情况下，应尽量选择宽度小的阵元。阵元晶片数增多，旁瓣级减小，当设计相控阵探头对旁瓣有严格要求时，应首先考虑增加阵元数 N；阵元数的增加可以减小主瓣宽度，但当 $N>32$ 时，阵元数的增加对主瓣宽度和旁瓣都影响不大，所以阵元数量取 32 以上即可。偏转角是扇形扫查中角度范围，影响主瓣和栅瓣，探头偏转角在一定范围内时，探头可获得较好的指向性，随着偏转角的增大，主瓣变宽，声束能量降低，继续增大时，主瓣角宽度继续增大，而且会产生栅瓣。实际检测中，必须把偏转角度确定在一个合理的范围，才能获得可靠的检测效果。

1.2　试块

参考试块是用于检测校准的试块。例如 NB/T 47013.3—2015 的 CSK-ⅡA 及 CSK-ⅢA 试块。这些试块仅能适用于检测工件厚度小于等于 100mm 的焊缝，工件厚度大于 100mm 的焊缝要另行设计试块。

1.3　DAC 曲线制作

DAC 曲线制作与常规超声检测制作 DAC 曲线一致。距离-波幅曲线的制作：调节“增益”，使第一个反射体的最大波高达到满屏高度的 80%（误差为±5%），该波高为基准波高；然后保持灵敏度不变，依次探测其他反射体，找到最大反射波高；将不同的深度及其对应的最大波高连接起来，即可成为距离-波幅曲线。制作完 DAC 曲线后，再进行扇形范围内的角度补偿，得到扇形角度范围内的一系列 DAC 曲线。制作 DAC 曲线要注意：一般情况下选择扇形扫查范围内的中间角度制作 DAC 曲线；最大声程处反射体波高不得低于满屏高度的 20%，低于此值时应分开制作 DAC 曲线，即按一次波和二次波分开制作，避免用一次波灵敏度检测时对二次波检测范围灵敏度不够而造成漏检或用二次波灵敏度检测时对于一次波检测范围灵敏度过高、成像质量差而造成定量偏差大；如果采用聚焦声束检测，只有在焦柱长度范围内对应的深度范围应用 DAC 曲线是有效的。

1.4 扇形扫查角度的选择

扇形扫查角度范围选择原则：一是扇形扫查的起始角度必须大于第一临界角对应的折射角，可根据折射定律由已知的楔块声速和在所检材料中纵波和横波声速来计算得到；二是扇形扫查角度范围不宜过大，过大会出现栅瓣，一般取 38°～70°。实际检测中，扇形扫查角度范围的选择应结合具体的检测对象确定，如利用设备中的理论计算软件进行设置，直接通过演示看是否合理；焊缝宽度参数的输入应测量实际焊缝后再输入；能在被检焊缝两侧进行扫查的，角度范围设置应小些，以免角度范围太大，引起角度增益补偿大，导致影像重叠部分多的情况出现。

1.5 探头前端距焊缝边缘的距离

探头前端距焊缝边缘的距离（L）设置决定了检测的覆盖范围，同时还要考虑探头是否会在焊缝上，保证线性扫查是可行的。这决定了采用几次波来进行检测的问题。

1.6 扫查方式

相控阵检测大致分为自动、半自动和手工三种检测方式，且三种方式的数据采集均可由编码位置、内时钟或外信号触发进行。根据检测工件的不同结构，选用不同的方式进行，典型的扫查方式有双向式扫查、单向式扫查、直线式扫查、转角式扫查、螺旋式扫查、螺线式扫查等。

一般用相控阵探头对焊缝进行检测时，相控阵探头可以沿着焊缝长度方向平行于焊缝进行直线式扫查，实现对焊接接头的全体积检测。不用像普通单探头检测那样在焊缝两侧频繁地来回、前后左右移动，可实现快速检测，检测效率高，如图 1 所示。

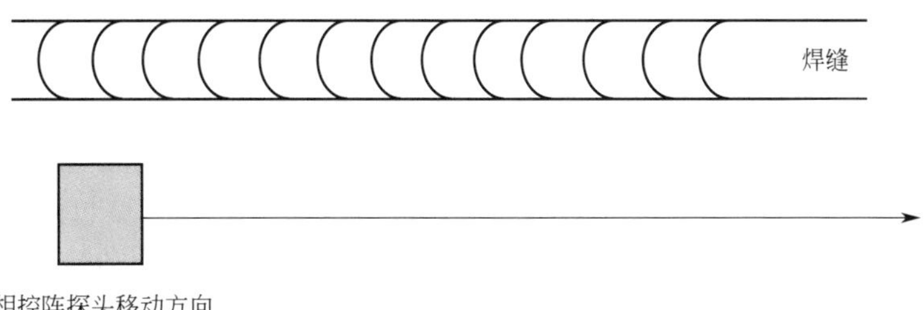

图 1 相控阵探头平行于焊缝方向扫查

1.7 相控阵扫查图形显示

相控阵扫查图像显示是指关于超声声程和扫查参数（扫查轴或进位轴）的不同平面上的图像显示。类似于设计图纸中的平面投影图，有顶视图（C 显示）、侧视图（B 显示）和端视图（D 显示）等，可为一个平面显像图或数个叠积平面显像图。如图 2 所示，对管道对接焊缝来说，通常 B 显示是指焊缝的横断面显示，D 显示是指焊缝的纵断面显示，C 显示是指焊缝（展开）的水平面投影显示。若探头转角为 0°（或 180°），则侧视图（B 显示）变成端视图（D 显示），反之亦然。

2 试验研究

本研究就工业管道在安装、使用过程中产生的未焊透、局部腐蚀减薄等典型缺陷为例，制作了模拟缺陷试样，开展相控阵检测技术研究，确定未焊透和局部腐蚀减薄缺陷相控阵检测工艺和缺陷定量方

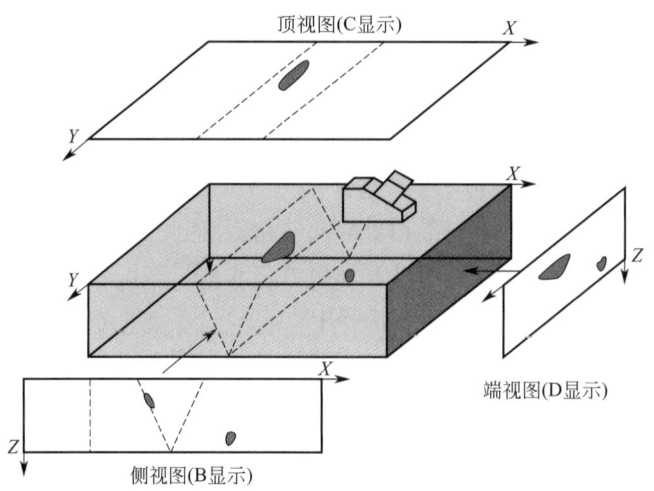

图 2 相控阵扫查图像显示（B 显示、C 显示和 D 显示；探头转角 270°）

法，确定缺陷的自身高度、长度等参数，为缺陷的安全评价提供可靠的基础数据。

2.1 未焊透缺陷的相控阵检测

未焊透是压力管道焊接接头常见缺陷之一，未焊透是指母材金属未熔化，焊缝金属没有进入焊接接头根部的现象。产生的主要原因主要有对口间隙太小，钝边太大，焊接电流太小，运条太快；焊接环境温度低，焊件散热太快，焊接热输入量小；焊条角度不当，或电弧发生偏吹；运条不当，熔深不够等等。未焊透缺陷减少了焊缝的有效截面积，使接头强度下降；未焊透还可能引起应力集中，成为裂纹源，比强度下降的危害更大，严重降低焊缝的疲劳强度，是造成焊缝破坏、进而引起安全事故的重要原因。

2.1.1 未焊透缺陷全尺寸管试样

管道焊缝未焊透缺陷模拟试样的制作，采用两段长度为 250mm 管子对接，管道材质为 20 钢，管子规格为 ϕ159mm×10mm，实测壁厚 10.5mm，焊缝坡口形式为 V 型，焊接方法采用手工氩弧焊打底、手工电弧焊盖面，焊缝内不同长度和高度的未焊透缺陷制作：采用环形紫铜垫板，加工出宽度 1～1.5mm 的未焊透缺陷长度和深度对应尺寸的凸起，焊接时凸起部分嵌入坡口内，氩弧焊打底后去除垫板形成未焊透缺陷，采用量尺测量得到实际未焊透缺陷长度。制作的未焊透缺陷全尺寸管试样一览表见表 1，试样实物如图 3 所示。

图 3 未焊透缺陷全尺寸管试样实物

表 1　未焊透缺陷全尺寸管试样一览表

试样编号	管子规格/(mm×mm)	材质	缺陷自身高度/mm	缺陷长度/mm	备　注
1	ϕ159×10	20	0.5	55	
2	ϕ159×10	20	1.0	68	
3	ϕ159×10	20	1.5	57	
4	ϕ159×10	20	2.0	65	
5	ϕ159×10	20	2.5	74	
6	ϕ159×10	20	3.0	76	

2.1.2　未焊透缺陷相控阵检测工艺

本次试验研究使用以色列 SonotronNDT 公司 ISONIC2009 型相控阵系统，因未焊透缺陷存在于管道焊缝中，焊缝有余高，探头不能直接在焊缝上进行扫描，且三次波、四次波比一次波更容易使用各个角度覆盖全部焊缝截面，更容易发现焊缝中存在的缺陷，更便于测量。因此，制定未焊透缺陷的相控阵检测工艺如下。

① 探头参数：7.5MHz、32 晶片的相控阵探头。

② 采用 ϕ2mm×20mm 横通孔试块制作 DAC 曲线。

③ 扇形扫描，采用三次波和四次波分开设置进行检测，如图 4 所示。

④ PA 探头前端距焊缝边缘的距离（L）为 10mm。

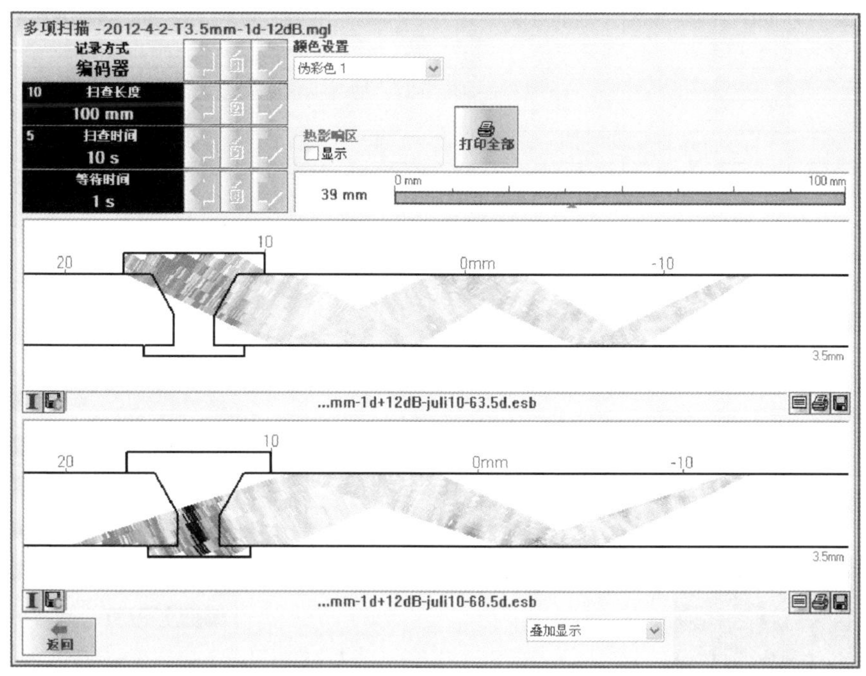

图 4　采用三次波和四次波检测图

2.1.3　未焊透缺陷相控阵检测定量方法

未焊透缺陷的长度测量主要通过 D 扫描或 C 扫描进行，D 显示或 C 显示的缺陷图像在线性扫查方向上长度即为未焊透缺陷长度；未焊透缺陷的自身高度测量通过 B 扫描进行，B 显示的缺陷图像高度即为缺陷自身高度。如缺陷长度较长，无扫查器配合探头环向扫查时，未焊透缺陷长度可采用端点 6dB 法（端点半波高度法）进行测长，具体做法是：当发现缺陷后，探头沿着缺陷方向左右移动，找到缺陷两端的最大反射波，分别以这两个端点反射波高为基准，继续向左、向右移动探头，当端点反射波高降低一半（或 6dB）时，探头中心线之间的距离即为缺陷的指示长度，如图 5 所示。

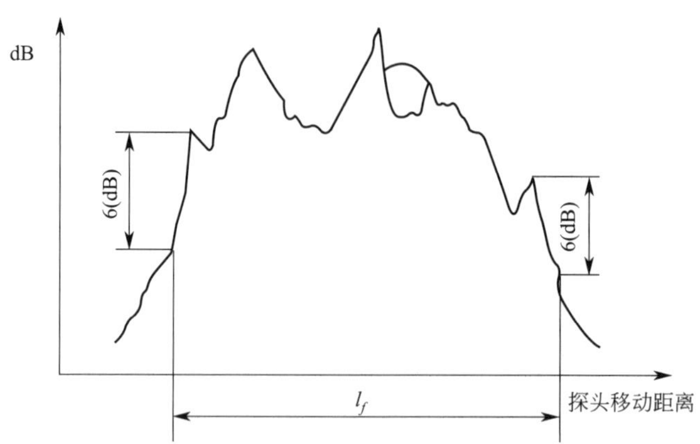

图5 端点6dB法（端点半波高度法）测量缺陷长度

2.1.4 未焊透缺陷相控阵检测定量结果

1～6号未焊透缺陷试样的缺陷自身高度和长度的检测定量结果见表2。图6为试样编号5的未焊透缺陷试样的检测相控阵检测结果图，未焊透缺陷长度为77mm、自身高度（深度）为2.4mm。

表2 含未焊透缺陷管道全尺寸试样缺陷检测定量结果

试样编号	缺陷自身高度/mm	缺陷自身高度检测结果/mm	自身高度测量相对误差	缺陷长度/mm	缺陷长度检测结果/mm	缺陷长度测量相对误差	备注
1	0.5	—	—	55	—	—	未检出
2	1.0	1.2	20%	68	73	7.4%	
3	1.5	1.7	13.3%	57	64	12.3%	
4	2.0	1.9	5%	65	69	6.2%	
5	2.5	2.4	4%	74	77	4.1%	
6	3.0	2.7	10%	76	81	6.6%	

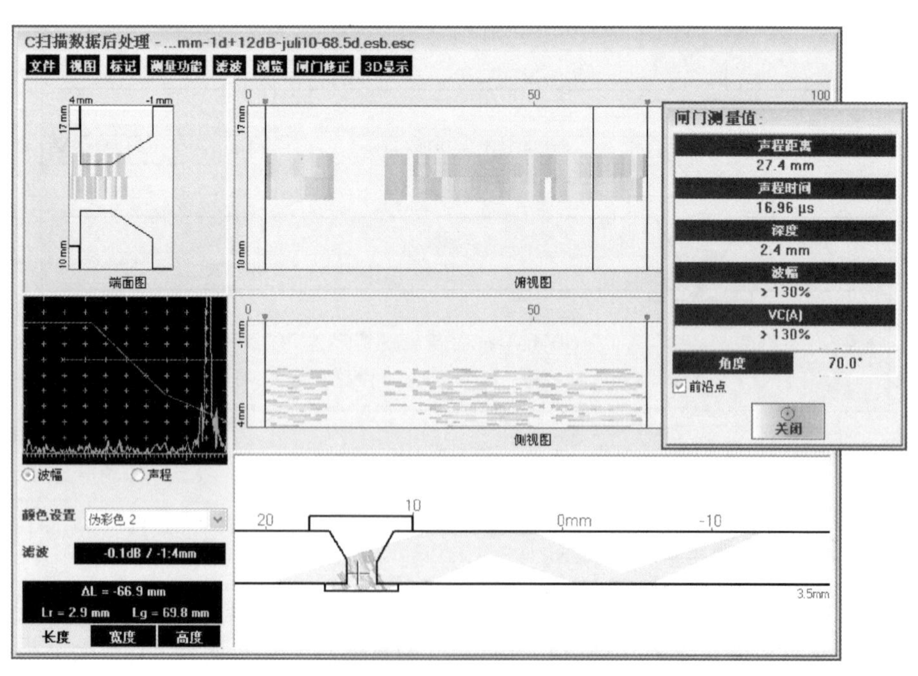

图6 5号未焊透缺陷试样相控阵检测C显示结果图

2.2 局部减薄缺陷的相控阵检测

局部减薄缺陷是压力管道一种常见的体积型缺陷，产生原因一般是管道运行中由于腐蚀、冲蚀、机械损伤和表面裂纹打磨造成，局部减薄在管壁内部和外部都可能发生。管道局部减薄缺陷减少了管道的承载截面，大大降低管道的承载能力，甚至引起管道破坏，导致严重安全事故。

2.2.1 局部减薄缺陷全尺寸管试样

本次研究主要针对管道内壁局部减薄缺陷进行了研究。管道局部减薄缺陷模拟试样的制作，采用材料为20钢，管子规格为ϕ159mm×10mm，管子壁厚实测为10.5mm，管子长度为800mm，为模拟内壁局部腐蚀，将管子对称剖开，每个试件上环向加工两组不同直径、不同缺陷深度的圆孔来模拟局部减薄缺陷，试验制作的局部减薄缺陷全尺寸管试样一览表见表3，试样实物如图7所示。

表3 局部减薄缺陷全尺寸管试样一览表

试件编号	缺陷顺序号	管子规格/(mm×mm)	材质	缺陷深度/mm	缺陷直径/mm	备注
1	1	ϕ159×10	20	0.5	2	
	2	ϕ159×10	20	1.0	2	
	3	ϕ159×10	20	2.0	2	
	4	ϕ159×10	20	3.0	2	
	5	ϕ159×10	20	0.5	3	
	6	ϕ159×10	20	1.0	3	
	7	ϕ159×10	20	2.0	3	
	8	ϕ159×10	20	3.0	3	
2	9	ϕ159×10	20	0.5	4	
	10	ϕ159×10	20	1.0	4	
	11	ϕ159×10	20	2.0	4	
	12	ϕ159×10	20	3.0	4	
	13	ϕ159×10	20	0.5	5	
	14	ϕ159×10	20	1.0	5	
	15	ϕ159×10	20	2.0	5	
	16	ϕ159×10	20	3.0	5	

图7 局部减薄缺陷全尺寸管试样实物

2.2.2 局部减薄缺陷相控阵检测工艺

本次研究局部减薄缺陷为内壁缺陷，直接在管道外壁进行检测，试验使用广州多浦乐Phascan超声相控阵检测仪，因局部减薄缺陷存在于管道内壁中，探头在管子外壁进行扫描，一次波检测效率高，为减少了界面回波，并能够更好地进行近表面的探测，研究采用双线性阵列探头（其内置两个相控阵线阵探头，一个发射声波，另一个接收声波，发射阵列（左）独立于接收阵列（右），避免了表面检测盲区，提高了信噪比。因此，制定内壁局部减薄缺陷的相控阵检测工艺如下。

① 探头参数：5MHz、64×2 晶片的双线阵相控阵探头。

② 采用 ϕ2mm×20mm 横通孔试块制作 DAC 曲线。

③ 线性扫描，采用一次波进行检测，如图 8 所示。

④ PA 探头与管子平行，沿管子环形扫查。

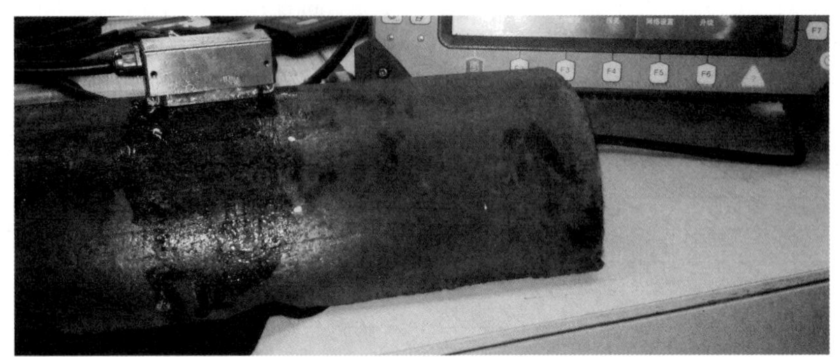

图 8　管子一次波线性扫描双晶探头

2.2.3　局部减薄缺陷相控阵检测定量方法

局部减薄缺陷的尺寸（环向长度、轴向长度）测量主要通过 D 扫描或 C 扫描进行，D 显示或 C 显示的缺陷图像在线性扫查方向上长度即为局部减薄缺陷的环向长度，另一个方向的长度即为缺陷的轴向长度；局部减薄缺陷的自身高度测量通过 B 扫描进行，B 显示的缺陷图像高度即为缺陷自身高度，缺陷图像宽度即缺陷的轴向长度，本研究模拟试样缺陷的轴向长度即圆孔直径。

2.2.4　局部减薄缺陷相控阵检测定量结果

1～16 号局部减薄缺陷的缺陷自身高度（深度）和直径的检测定量结果见表 4。图 9 为缺陷顺序编号 12 的局部减薄缺陷的检测相控阵检测结果图，缺陷直径为 3.9mm、自身高度（深度）为 3.2mm。

表 4　含局部减薄缺陷管道全尺寸试样缺陷检测定量结果

缺陷顺序编号	缺陷自身高度/mm	缺陷自身高度检测结果/mm	缺陷自身高度测量相对误差	缺陷直径/mm	缺陷直径检测结果/mm	缺陷直径测量相对误差	备　注
1	0.5	—	—	2	—	—	未检出
2	1.0	1.2	20%	2	2.4	20%	
3	2.0	2.2	10%	2	2.3	15%	
4	3.0	3.1	3.3%	2	2.4	20%	
5	0.5	—	—	3	—	—	未检出
6	1.0	1.3	30%	3	3.2	6.7%	
7	2.0	2.1	5%	3	3.2	6.7%	
8	3.0	3.1	3.3%	3	3.3	10%	
9	0.5	—	—	4	—	—	未检出
10	1.0	1.4	40%	4	4.0	0%	
11	2.0	2.2	10%	4	4.1	2.5 %	
12	3.0	3.2	6.7%	4	3.9	−2.5%	
13	0.5	—	—	5	—	—	未检出
14	1.0	1.3	30%	5	5.1	2%	
15	2.0	2.2	10%	5	5.1	2%	
16	3.0	3.2	6.7%	5	5.2	4%	

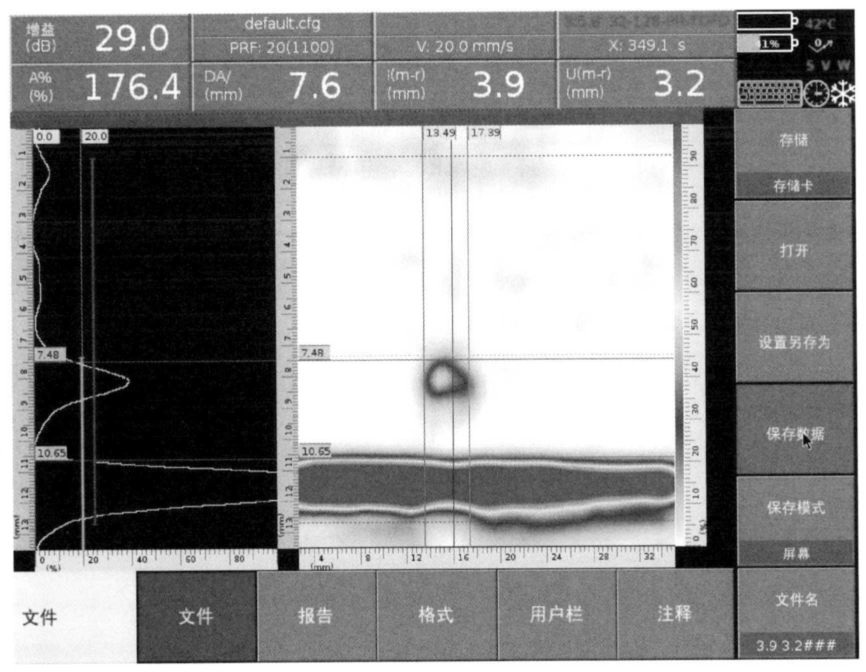

图 9　缺陷顺序编号 12 局部减薄缺陷线性扫描结果图

3　试验结果分析

从试验结果来看，缺陷自身高度 0.5mm 的未焊透或局部减薄缺陷都无法检出，1.0mm 以上缺陷的可检出，缺陷自身高度越小，测量值的相对误差越大。未焊透缺陷自身高度测量采用三次波和四次波检测可以得到较准确的测量值。局部减薄缺陷在可检出范围至缺陷探头阵列方向长度范围内，缺陷轴向长度和深度采用一次波检测可以得到较好的测量精度，超过探头阵列长度的缺陷需配合扫查器进行长度测量。相控阵仪器的测量结果可以满足工业管道合于使用评价的需要。

4　结论

本文介绍了工业管道相控阵检测技术，制作了工业管道中普遍存在的未焊透和局部减薄等典型缺陷的全尺寸管试样，针对性制定了相应的相控阵检测工艺。试样检测结果表明，相控阵检测可以定量管道缺陷自身高度 1mm 以上缺陷，定量检测结果与缺陷实际尺寸对比结果基本一致，采用相控阵检测技术对缺陷进行定量是可行的。采用相控阵检测技术对管道存在的其他类型缺陷定量方法有待进一步研究。

参考文献

[1]　TSGD0001—2009，压力管道安全技术监察规程——工业管道 [S].

[2]　介升旗，高频焊管常见焊接缺陷分析 [J]，焊管，2003，26 (4)：47-51.

[3]　陈学东，等，我国石化企业在用压力容器与管道使用现状和缺陷状况分析及失效预防对策 [J]，压力容器，2001，18 (5)：43-53

[4]　杨理践，等，管道漏磁内检测缺陷可视化方法 [J]，无损探伤，2012，36 (2)：1-3

[5]　戴光，等，管道漏磁检测仪的研制及实验结果分析 [J]，大庆石油学院学报，2004，28 (1) : 89-90.

[6]　杨宾峰，脉冲涡流无损检测技术在裂纹定量中的应用 [J]，无损检测，2005，27 (6)，291-293+ 296.

[7]　杨宾峰，脉冲涡流无损检测技术对不同截面形状裂纹的定量检测研究 [J]，计量技术，2006，6：5-7.

[8]　赵松，管道射线检测时焊缝根部缺陷深度的定量计算 [J]，无损检测，2009，31 (8)：666-668.

[9] 周旭南等，超声波自动检测焊接结构技术现况 [J]，焊接学报，2002，23 (3) : 93-96.
[10] 徐生东，等，小径管对接环焊缝的超声波探伤 [J]，焊接技术，2010，7：59-63.
[11] 肖武华等，相控阵检测技术在缺陷定位、定性、定量中的准确性 [J]，中国特种设备安全，2013，29 (8) : 24-26.
[12] 杨晶，液氨储罐封头焊缝的相控阵超声检测 [J]，无损检测，2018，40 (9)，48-51.
[13] 王悦民，等，超声相控阵检测技术与应用 [M] . 北京：国防工业出版社，2014.

含泄漏点的乙二醇管道定期检验

吕锋杰　张权良

武汉市锅炉压力容器检验研究所，武汉 430070

摘　要： 采用宏观检查、表面检测和超声波测厚等手段，对运行期间曾发生泄漏的乙二醇管道进行定期检验，以评判该条管道整体的安全状况。检验结果表面该条管道所有环焊缝都存在裂纹。通过金相检测、能谱分析等手段，确认乙二醇管道焊接接头出现泄漏的原因是晶间腐蚀开裂。建议在修理中应改进焊接工艺，避免焊接时焊接接头在敏化温度区间停留时间过长。

关键词： 定期检验；管道；泄漏；晶间腐蚀

Periodic Inspection of Ethylene Glycol Pipeline with Leakage Point

Lv Feng-jie, Zhang Quan-liang

Wuhan Boiler Pressure Vessel Inspection Institute, Wuhan 430074

Abstract: By means of macroscopical inspection, surface inspection and ultrasonic thickness measurement, periodic inspection of ethylene glycol pipeline leaking during operation is carried out to evaluate the overall safety condition of the pipeline. The inspection results show that cracks exist in all circumferential welds of the pipeline. Through metallographic examination and energy spectrum analysis, it is confirmed that the reason for leakage of welded joint of ethylene glycol pipeline is intergranular corrosion cracking. It is suggested that the welding process should be improved in repairing to avoid the long residence time of the welded joint in the sensitized temperature range during welding.

Keywords: Periodic inspection; Pipeline; leakage; Intergranular corrosion

0　引言

某石化公司年产 36 万吨乙二醇装置采用环氧乙烷直接水合法工艺，该装置中有一段工艺管道，长度约 150m，2013 年投入使用，在 2014 年底至 2016 年不到两年的时间内，该管道环向焊接接头共出现 7 处泄漏事故，泄漏口呈现裂纹状开裂状态，长度大约 5～10mm。为了不影响整个装置的运转，在运行中采用紧急带压补漏措施，待装置停车检修时再进行修理。

2016 年该装置首次进行定期检验，针对该段管道运行情况，需要制定详细的检验方案，能够对该管道的整体安全状况进行评价，并分析泄漏事故原因，以期合理维修，保证设备安全平稳运行。

作者简介：吕锋杰，1979 年生，男，高级工程师，硕士，主要从事锅炉压力容器检验检测工作。

1 含泄漏点乙二醇管道定期检验方案制定

EOEG装置中的关键设备为乙二醇反应器，从工作原理来看，该设备应属于反应容器，但在设计制造阶段，该管式反应器按照工业管道进行设计、安装和监督检验，故本次按照《在用工业管道定期检验规程》来实施检验[1]。

如图1，该设备由近150m长的有缝钢管组成，公称直径650mm，材质为TP304，壁厚14.3mm，材料标准为ASTM A312，其主要化学成分为0.08%C、2%Mn、18%Cr、9%Ni、0.75%Si。管子制造厂将不锈钢钢板卷制成DN650mm，每个出厂管段由三段长度为2m的筒段组焊而成，即出厂管段长为6m，工厂管段的环缝采用双面埋弧自动焊，纵缝采用单面自动焊。现场采用钨极氩弧焊打底+手工电弧焊盖面的焊接方式进行管道焊接。

图1 管道宏观

乙二醇为环氧乙烷在该段管道内加压水合法工艺获得，该段管道工作压力2.1MPa，工作温度为150～190℃。入口为8.9%EO水溶液，经放热反应生成乙二醇EG。管道内介质主要为环氧乙烷（EO）和乙二醇（EG），在生成乙二醇的过程中伴随生成少量甲酸、乙酸等，对金属有腐蚀危害。

根据前期资料审查情况、运行使用状况以及泄漏原因分析要求，本次检验项目应包括宏观检查、壁厚测定、无损检测、理化检验、安全保护装置检验。

① 宏观检查，检查管子及其组成件有无泄漏、变形和腐蚀情况，管道位置是否合理，支吊架是否异常，要求采用10倍放大镜，对焊缝及热影响区（尤其是泄漏点及附近焊缝）的宏观裂纹情况进行检查。

② 壁厚测定，对本管道中的弯头管件进行壁厚测定，注意弯头外弧面、内弧面、两个侧面以及相连直管段均应测厚，由于存在酸性腐蚀介质，要求管件抽检比例不低于20%，每个管件测厚点数量不少于5个。

③ 渗透检测，由于管道已经发生泄漏，本次检验要求对所有焊接接头均进行100%检测，由于存在酸性介质，要求检测部位为焊缝内表面，使用单位先从环缝部位将管道切割成20段，便于人员在管道内部进行检测。

④ 理化检测，对泄漏部位的管道进行硬度、金相和扫描电镜扫查，以确定其损伤模式和损伤原因。

2 现场检验情况

现场按照检验方案实施检验，其中壁厚测定并未发现管子和管件有明显减薄迹象，宏观检查中除发现焊接接头泄漏和表面宏观开裂之外，无异常状况。下面将渗透检测情况和理化检测结果进行介绍。

2.1 渗透检测情况

本次采用溶剂去除型着色检测方法（ⅡC-d），灵敏度等级采用B级，本次检测中所有纵缝焊接接头未发现表面裂纹，管子制造厂组焊的环向焊接接头和现场组焊的环向焊接接头均发现有表面裂纹，但现场组焊的焊接接头开裂情况相对更严重。

现场组焊的环向焊接接头着色检测结果大致有两种分布情况，如图2、图3所示，裂纹分布在焊接接头的热影响区，其中图2的裂纹即有纵向，也有横向，图3的裂纹只有横向分布。图4和图5为工厂预制焊接接头的着色检测情况，其中图4可以看出，纵向焊接接头无表面裂纹（图中热影响区有颜色显示为擦除不干净造成的伪显示），环向焊接接头上主要是纵向裂纹，也有少量横向裂纹，且裂纹基本分布在熔合线附件的过热区。图5中纵向焊接接头也无表面裂纹，环向焊接接头在热影响区的融合线上存在纵向裂纹。从着色检测结果可以看出，焊缝及未受热影响的母材未发现裂纹，这些裂纹均出现在焊缝热影响区，说明裂纹的产生与焊接热过程有关。

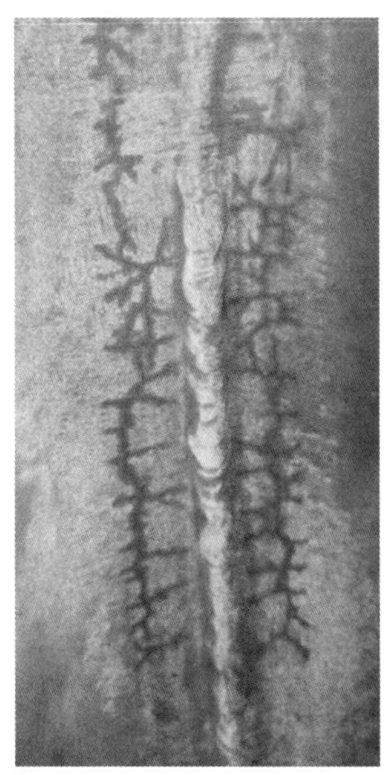

图2 现场焊接环缝

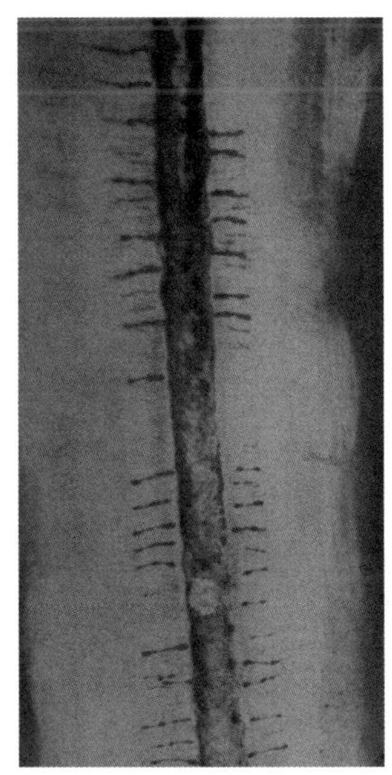

图3 现场焊接环缝

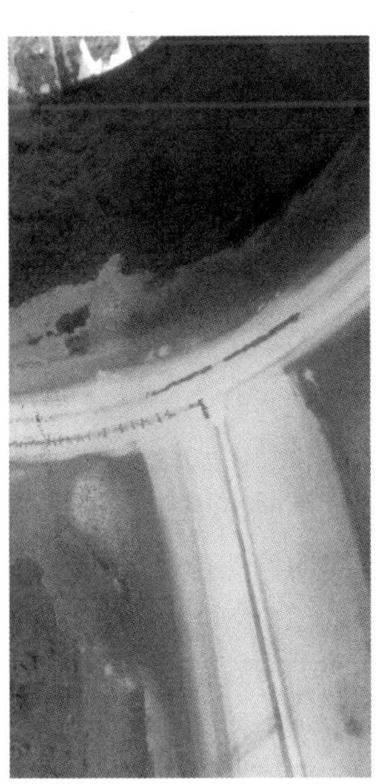

图4 带工厂预制焊接接头

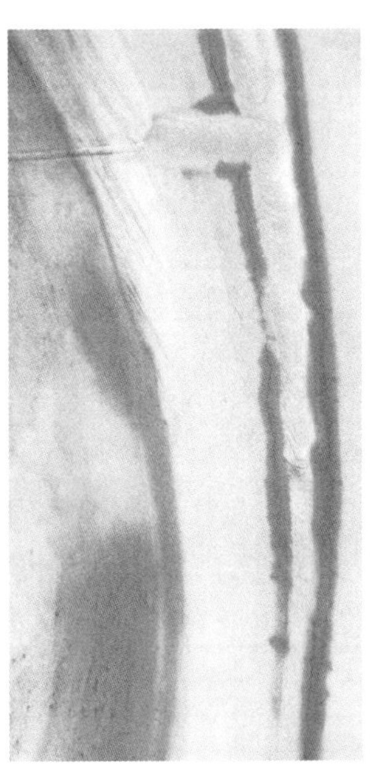

图5 工厂预制焊接接头

2.2 金相组织分析

将工厂预制的焊接接头切下，垂直于焊缝轴线的截面制成金相试样，为了避免取样方法对试样后续分析的影响，采用线切割取样，图6和图7为试样的横向断面宏观特征分布，工厂预制的环向焊接接头截面宏观形貌见图6，工厂预制的纵向焊接接头截面宏观形貌见图7，可以看出纵向裂纹从内表面基本已经开裂到管道厚度的一半，而纵向焊接接头宏观观察下无裂纹。

用$FeCl_3$溶液进行腐蚀，用TK-C9201EC金相显微镜观察微观组织。观察发现在接头热影响区内部存在许多裂纹，这些裂纹距离管道内表面较近，均为沿晶开裂。图8的裂纹起源于管道内表面金属的晶界，沿晶向金属内扩展，裂纹在扩展过程中没有分叉，与应力腐蚀裂纹形态不同。图9的裂纹起源于接头热影响区内部的晶界、靠近图 8 表面裂纹的地方，在金属表面无法检测到。这些裂纹都具有腐蚀裂纹特征：发生于不锈钢焊缝的热影响区、沿晶开裂、接触腐蚀介质、与曾经受热有关。

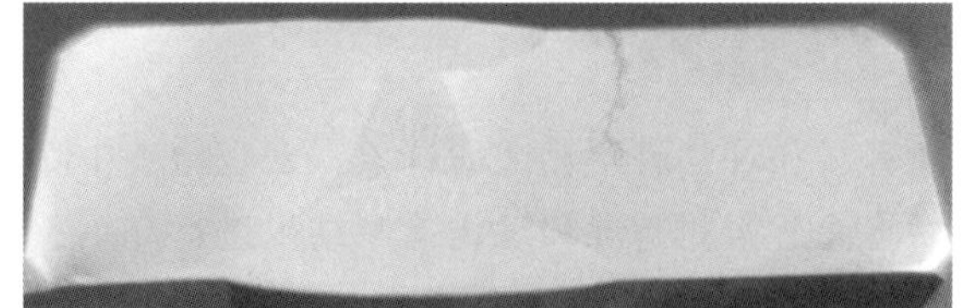

图 6 工厂预制环缝接头截面试样

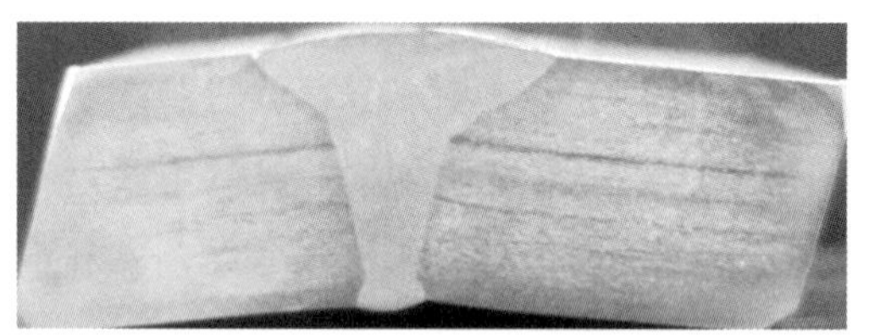

图 7 工厂预制纵缝接头截面试样

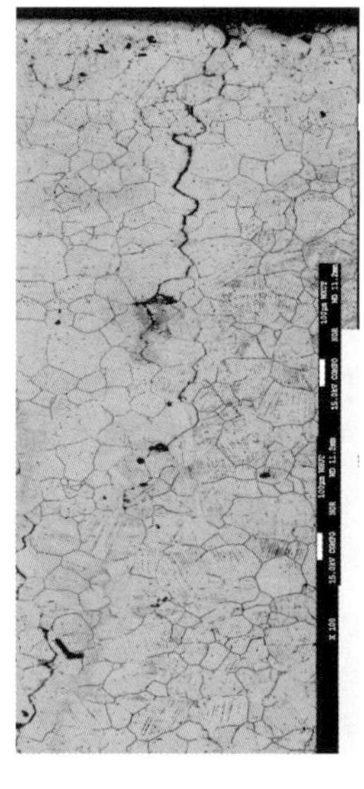

图 8 热影响区金属表面裂纹

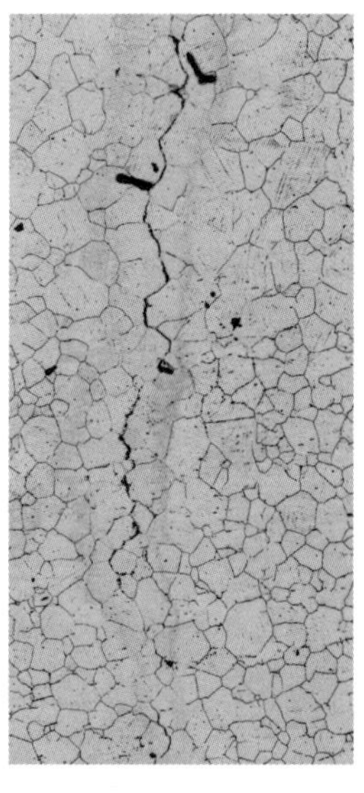

图 9 热影响区金属内部裂纹

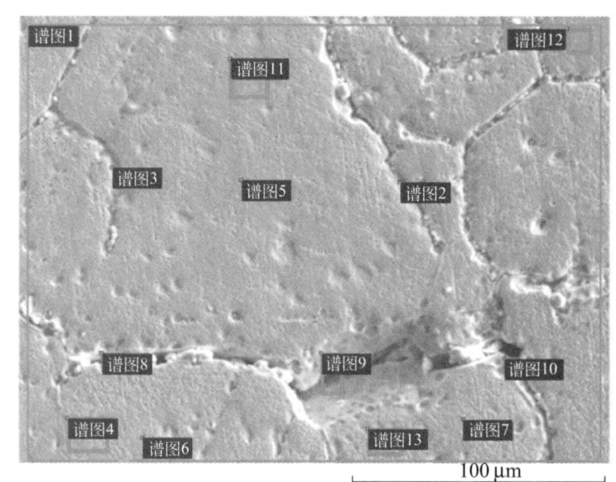

图 10 泄漏处能谱测点位置

2.3 泄漏处接头能谱检测

利用 JXA-8230/INCAX-ACT 电子探针显微分析仪＋能谱仪对泄漏处接头金相组织进行成分测试。图 10 和表 1 数据显示，能谱仪在开裂的晶界区域（谱图 8、10）、裂纹内壁（谱图 9）铬的含量出现异常升高，而在未开裂的晶界（谱图 2、谱图 3）以及晶内部位的铬含量均在正常范围。由于该方法的局限性对碳元素的检测存在较大的偏差，但碳元素含量在裂纹附近整体呈现升高趋势。

表 1 能谱检测中各测定成分 单位：%

谱图	部位	C	O	Si	Cl	Cr	Mn	Fe	Ni	总的
谱图 1	面扫			0.70		19.74		71.82	7.74	100.00
谱图 2	晶界	0.00		0.71		20.16	1.04	70.14	7.94	100.00
谱图 3	晶界	0.00	0.52	0.74		19.59	1.20	69.95	8.00	100.00
谱图 4	晶内区域	0.00		0.69		19.63	1.09	69.47	9.12	100.00
谱图 5	晶内	0.00		0.70		19.37	1.16	70.05	8.72	100.00
谱图 6	晶内	0.00	0.38	0.77		19.57	1.41	69.22	8.66	100.00
谱图 7	晶内	0.00	0.43	0.71		19.99	1.41	69.19	8.27	100.00
谱图 8	晶界区域	4.18	1.46		0.21	56.34	1.38	33.41	3.02	100.00
谱图 9	裂纹内壁	1.42	6.99		0.40	35.61		49.90	5.68	100.00
谱图 10	晶界开裂处	0.35	1.05	0.64		22.42	0.98	67.71	6.85	100.00
谱图 11	晶内区域	0.00		0.72		20.15		71.01	8.12	100.00
谱图 12	晶内区域	0.00		0.80		19.40	1.05	70.63	8.12	100.00
谱图 13	裂纹边缘	0.27	0.41	0.63		19.83	1.25	69.08	8.54	100.00

3 检测结果分析

从上述检测结果来看，该管道近 100 道环向焊接接头都存在开裂迹象，且开裂位置居于焊缝的热影响区，开裂深度大多已经达到管道壁厚的一半，因此该管道所有环缝都须进行处理，本条管道定期检验的安全状况等级为 4 级，结论为停止运行。

表 1 数据说明，焊接时焊缝附近温度达到敏化温度的区域在缓慢降温过程中发生了碳向晶界的迁移，这些不稳定的碳在晶界与铬或铬、铁生成稳定的碳化物 Cr23C6 或（FeCr）23C6，在开裂的微区扫描到了铬含量高于正常值证实了这个过程。这个过程必然造成晶界附近的贫铬。根据贫铬理论和晶间腐蚀裂纹形成机理可以断定该管道焊接接头产生泄漏的原因是由于晶间腐蚀导致的开裂。

焊接热影响区中的峰值温度超过 1000℃的区域，低于 600℃时碳的扩散能力减弱，若焊接时慢速冷却，焊缝热影响区在 450～850℃（敏化温度）停留时间过长，便使焊缝热影响区金属的晶界处 Cr 含量相对较少，即奥氏体晶界处会由于碳与铬的析出而在（FeCr）23C6 周围产生贫铬区，形成所谓的贫铬区，遇到酸性等腐蚀性介质环境下，该部位会产生晶间腐蚀。

焊缝热影响区不仅在焊接过程中存在 450～850℃（敏化温度）温度区间，而且在焊接完成后继续停留在敏化温度区间，这样焊缝热影响区肯定比焊缝区在敏化温度区间停留时间更长，更容易产生材料的敏化，从而更容易产生晶间腐蚀。

检测发现，乙二醇管式反应器所有纵缝的焊缝尺寸均小于环缝。环缝的焊接工艺是：管内部自动焊焊一层→管外面自动焊焊三层。而纵缝的焊接工艺是从管外部用氩弧焊打底，再用自动焊盖面。和纵缝相比，环缝的焊缝尺寸大，焊接层数多，存在明显偏宽的热影响区，可以确认环缝接头热输入大，这必然造成冷速过慢，使碳有向晶界迁移的时间。此外，环缝内表面即接触介质的一面先焊，使该面在后续另一面较大热输入的多层焊中经受敏化温度，更加有利于碳的迁移。因此反应器上的晶间腐蚀裂纹只发生于环缝。

4 结论

分析了含有泄漏点的乙二醇管道的运行情况，并对其损伤模式进行了有效识别，制定了针对性的定期检验方案，通过宏观检查、壁厚测定、表面检测和理化检测，得到如下结论：

① 该管道所有环向对接接头均存在裂纹迹象，判断该条管道检验结论为停止运行，安全状况等级为 4 级。

② 该管道焊接接头出现渗漏的原因是晶间腐蚀裂纹。

③ 该管道焊接接头晶间腐蚀裂纹的产生是由于焊接工艺不当，接头焊接时冷速过慢，使温度处于敏化区间的时间过长，热影响区的碳有充分时间迁移，形成晶界局部贫铬而造成晶间腐蚀。

不锈钢焊接接头产生晶间腐蚀的机理都是相同的，都是由于焊接过程中热输入过大、冷速过慢使碳有机会迁移造成晶界附近贫铬。因此在不更换材料的条件下要防止乙二醇管式反应器热影响区晶间腐蚀裂纹的关键是控制焊接热输入。

对该乙二醇管式反应器的原所有环向接头进行了切除，然后重新焊接。现场采用钨极氩弧焊打底，加手工电弧焊盖面的工艺进行了焊接修理，焊接过程中不预热不缓冷，严格控制热输入不得过大。重新焊接的乙二醇管式反应器投入使用后至今尚未出现泄漏情况。

参考文献

[1] 周振丰．焊接冶金学（金属焊接性）[M]．北京：机械工业出版社 1995.

基于风险分析的压力管道检验技术研究

李英杰

江苏省特种设备安全监督检验研究院泰州分院，泰州 225300

摘　要： 采基于 RBI 方法原理，实施化工装置压力管道风险评估。在风险评估过程中，将装置内各腐蚀回路中的压力管道按照管径、材质及用途等因素进行分组，以得到各压力管道组的风险等级，在此基础上确定检验比例，确定检验策。以中海油气（泰州）石化一体化项目装置为对象，应用 RBI 分析软件完成装置内 4882 条压力管道风险评估工作。检验结果表明：基于 RBI 技术的压力管道检验策略能够有效发现压力管道系统中存在的安全隐患，并节约检验成本。

关键词： 压力管道；化工装置；基于风险检验（RBI）

Development of a pipeline leakage location instrument based on acoustic waves

Li Ying-jie

Jiangsu Province Special Equipment Safety Supervision Inspection Institute Branch of Taizhou, Taizhou　225300

Abstract: Based on the RBI principles and methods, the risk of assessment of pressure pipelines in the chemical plant was carried out. In the process of risk assessment, the pressure pipelines within each corrosion loop in the chemical plant were divided to groups according to their diameter, material and usage, etc. Based on the risk level of each group of pipelines obtained by the assessment, the sale of on-stream inspection was determined and the inspection strategy was established. By the RBI software, the risk assessment of 4882 pipelines in cnooc taizhou petrochemical co. ltd plant was implemented. The inspection result showed that: on-stream inspection strategy of the pressure pipelines based on RBI can find out the hidden troubles in the piping effectively, and cut down the cost of inspection.

Keywords: Pressure pipeline; Chemical plant; Risk based inspection (RBI)

1　基于风险分析检验的意义

目前，压力管道的检验周期实行检验规程规定的根据经验确定的统一检验周期。这种方法具有一般性，没有充分考虑损伤机理的严重性和风险等级就确定了检验周期，也就是说，它没有对不同风险类别的设备加以区分。事故案例统计数据表明，90%左右的经济损失是由不足 20%的高风险设备引起的[2]。因此，在没有任何区别的情况下进行一般性检验，其检验费用肯定会增加。而基于风险分析的压力管道检验技术是将压力管道发生事故的可能性（概率）和事故造成的危害程度（经济损失）进行综合考虑，将压力管道划分成不同的风险等级，在保障安全生产、控制风险的前提下，对高风险管道增加控制投

作者简介：李英杰，1988 年生，男，检验员，硕士，主要从事特种设备检验。

入，进行重点检验，对低风险管道减少控制投入[4]。

2 风险分析的方法

根据 API581 文件，风险具有二维性的特征，可定义为失效可能性与失效后果的乘积，失效可能性分析充分考虑被评估对象由运行环境引起的材质损伤机理，通过确定损伤机理所能导致的损伤模式、损伤速率或敏感性，结合检测数据和检测技术手段有效性，计算每种损伤模式导致失效的概率[5]。失效后果分析主要考虑评估对象失效偶因介质泄漏造成的可燃性和毒性后果、环境影响以及生产中断和设备维修更换引起的经济损失。失效可能性和后果分析计算过程涉及复杂的失效概率模型和后果模型，需要处理大量的设备原始数据、工艺参数以及检验记录等，通常由专业分析软件完成（如挪威船级社的 DNV ORBIT、法国船级社的 RB. eye、国际壳牌的 RRM 软件、英国焊接协会 RISKWISE 等），最终风险评估结果将集中反映在风险矩阵中，以确定评估对象的风险等级如图 1 所示[3]。

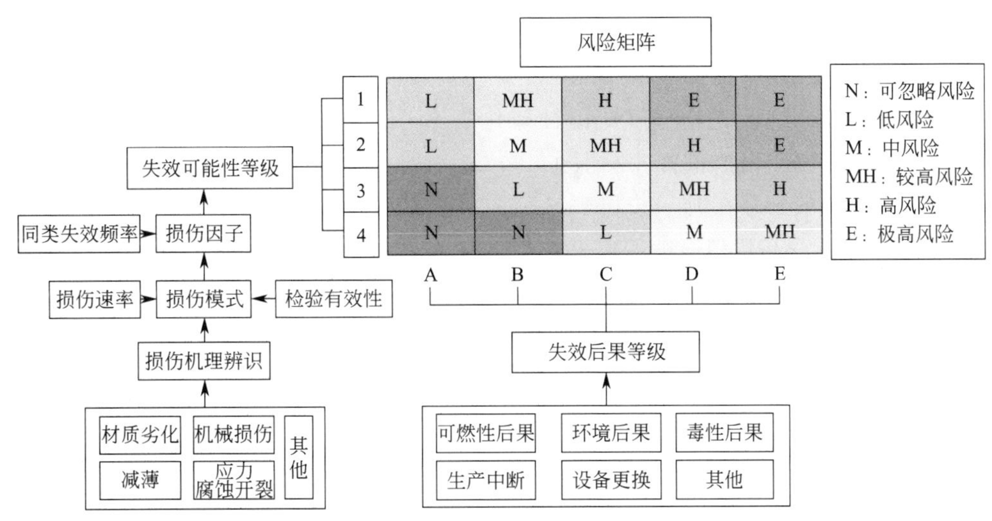

图 1　基于声波的管道泄漏点定位原理

3 风险分析的实施过程

风险分析实施一般包括：明确分析范围、收集数据资料、划分腐蚀回路、数据录入和计算以及评估结果获得等步骤。

风险分析对象主要为化工装置内压力容器和压力管道，为完成这些设备的风险计算，要求收集评估对象设计、制造、工艺、运行等方面的参数，然后在分析软件建立相应的单元，完成数据的录入、整理和计算过程[1]。由于化工装置内压力管道纵横交错，若以“条”为单位进行压力管道的风险分析，则需要建立数量庞大的分析单元，工作量较大[6]。在实际工作中，考虑到风险分析工作通常是按照腐蚀回路的划分进行的，腐蚀回路内的压力容器和压力管道具有相似的材质和腐蚀特性，因此对于同一腐蚀回路内的压力管道，可根据其规格、材质、用途进行适当的分组，以压力管道组作为分析单元进行管道数据的整合、录入，有利于提高风险分析工作效率[7]。

4 应用实例

4.1 装置简介

中海油气（泰州）石化一体化项目总投资为 102 亿元，包括 300 万吨/年常减压装置、100 万吨/年连续重整装置、40万吨/年芳烃抽提装置、170万吨/年燃料油加氢精制装置、60万吨/年润滑油高压加氢装置（包括40万吨/年石蜡基润滑油高压加氢和20万吨/年环烷基润滑油高压加氢两个系列）、150万吨/年加氢裂化装置、100万吨/年延迟焦化装置、50000标立/小时制氢装置和8000吨/年硫黄回收和酸水汽提装置等主体工艺装置，以及配套的储运罐区和公用工程系统。

4.2 损伤机理分析

中海油气（泰州）石化一体化项目中的大部分装置，主要腐蚀介质包括硫、氯、氮等。硫化物在高温下发生高温硫腐蚀，在低温下发生湿硫化氢环境腐蚀（HB/HIC/SOHIC）；氯化物与氮化物形成的氯化铵，盐酸腐蚀等。

（1）高温硫腐蚀

高温硫腐蚀主要取决于介质中含硫化物的种类、含量和稳定性。参与腐蚀反应的有效硫化物包括H_2S、单质硫、硫醇R-SH等活性硫，且易分解为H_2S和单质硫的硫化物含量越高，则腐蚀性就越强。此外，硫腐蚀还和环烷酸、H_2S腐蚀相互影响。

硫腐蚀与温度有关，明显的腐蚀发生在230℃以上。当温度达到350～400℃时，硫化氢分解为单质硫，比硫化氢有更强的活性，腐蚀更加剧烈。在此温度下低级硫醇也能与铁直接反应发生腐蚀。由于温度较高，也会促使一些非活性硫化物分解成活性硫化物S、H_2S和硫醇，这些活性硫化物又与金属反应，并随着温度升高而加剧，最严重腐蚀发生在425℃。

特别是有酸（如环烷酸）存在时，酸和FeS反应破坏了保护膜，腐蚀会进一步发生，增强了硫化物的腐蚀。Cr含量越高，受高温硫腐蚀的速率越小，在370℃时4-6Cr钢的年腐蚀速率达约0.625mm，而在此温度下18-8（18Cr-8Ni）系列不锈钢的年腐蚀速率只有0.01mm。

硫腐蚀还与流速有关，在湍流高的地方保护性的硫化膜被冲刷，腐蚀加剧。

本次评估可能发生高温硫腐蚀的主要为常减压、加氢裂化、润滑油加氢、燃料油加氢以及延迟焦化等装置。

（2）高温环烷酸腐蚀

环烷酸为石油中的有机酸，质量分数通常占石油中酸性物质总含量的90%左右，主要集中在210～420℃的馏分中，相对分子量为200～700，以300～400居多。

原油蒸馏时，这些酸倾向于在沸点高的馏分（如重质常压柴油、减压蜡油、渣油等）中浓缩。环烷酸腐蚀和硫腐蚀交替进行，反应如下：

$$Fe+2RCOOH \longrightarrow Fe(RCOO)_2+H_2\uparrow$$

$$Fe+H_2S \longrightarrow FeS+H_2\uparrow$$

$$FeS+2RCOOH \Longleftrightarrow Fe(RCOO)_2+H_2S\uparrow$$

由于Fe（RCOO）$_2$是油溶性腐蚀产物，能被油带走，因此不易在金属表面形成保护膜。随温度的升高腐蚀性逐渐增强，420℃以上环烷酸分解后就没有腐蚀了。值得提出的是在减压过程中最严重的腐蚀通常发生在288℃左右。原因是环烷酸在实沸点370～425℃范围内的物流中容易浓缩，而减压的作用下是降低沸点100～160℃。

由于高温环烷酸腐蚀发生于液相，因此在汽液两相、流速冲刷区及产生湍流区腐蚀会加剧。严重腐蚀的部位一般多发于高流速地段。

高温环烷酸腐蚀常与高温硫腐蚀相伴，国外（KaneR.D）的系统研究表明硫腐蚀和环烷酸腐蚀是一个连续统一体，一方面硫腐蚀生成的硫化亚铁膜在一定程度上可减缓腐蚀，另一方面环烷酸又可溶解保护性硫化亚铁膜，使腐蚀继续进行。在H_2S含量在一个适度的范围内时才可明显抑制环烷酸冲刷腐蚀，而当H_2S浓度超过一定值时高流速可去除保护性硫化物膜，形成硫冲刷腐蚀，并且环烷酸的存在可协调加速腐蚀，使其腐蚀速率甚至高出环烷酸冲刷腐蚀。

本次评估可能发生高温硫/环烷酸腐蚀的主要为常减压装置。

(3) 湿硫化氢破坏

炼油原料中的硫化物经过加氢反应生成 H_2S，在露点温度以下，碳钢设备可能会出氢鼓包（HB）、氢致开裂（HIC）、应力导向氢致开裂（SOHIC）及硫化物应力腐蚀开裂（SSCC），在溶液 pH 值小于 4.0，且溶解有硫化氢时易发生湿硫化氢破坏。此外溶液的 pH 值>7.6，且氰化氢>20mg/kg 并溶解有硫化氢时湿硫化氢破坏易发生。

本次评估可能存在湿硫化氢破坏的主要装置为常减压、焦化装置和加氢裂化等装置。

(4) 铵盐腐蚀

原料中的 N 经加氢反应器反应后生成的 NH_3 与氯、H_2S 反应生成 NH_4Cl 与 NH_4HS（铵盐），通常在缺乏自由水相的情形下铵盐沉积物会堵塞换热器管束。氯化铵盐具有吸湿性，少量水可导致极强的侵蚀性腐蚀（>2.5mm/y）的全面腐蚀。Cl 的来源是原料中的盐和有机氯及循环氢中带来的氯。

本次评估可能存在铵盐腐蚀的主要为加氢裂化、润滑油加氢以及燃料油加氢等装置。

(5) 酸性水腐蚀

NH_4HS 易溶与水，使水的 pH 值呈弱碱性，在一定的 NH_4HS 浓度、温度、流速下会对设备与管线，特别是在弯头、管束等部位造成酸性水腐蚀，反应生成的 CN-会加速酸性水腐蚀速率。

本次评估可能存在酸性水腐蚀的主要为常减压、焦化装置和加氢裂化装置等。

(6) 高温 H_2S/H_2 腐蚀

高温 H_2S/H_2 腐蚀通常是一种均匀腐蚀，它发生在 204℃以上的典型温度下，这种硫腐蚀有别于高温硫/环烷酸腐蚀。一旦硫化物与 H_2 发生反应转化成硫化氢，有 H_2 时不会大范围出现含硫化物象 H_2S 的典型转化，甚至温度高也一样，除非有催化剂存在，其腐蚀速率也是材料、温度和 H_2S 浓度的函数。在 H_2S/H_2 环境中少量的铬只能适度的提高钢的耐腐蚀能力，若要明显的改善钢的耐腐蚀能力，铬含量至少需要 12%。

本次评估可能发生高温 H_2S/H_2 腐蚀的主要为加氢裂化、润滑油加氢以及燃料油加氢等装置。

(7) 氯离子应力腐蚀开裂

奥氏体不锈钢和镍合金在拉应力、温度和氯化物水化环境的联合作用下将在表面形成表面起始裂纹。溶解氧的存在增加了裂纹倾向。氯含量、pH 值、温度、应力状态、氧的存在和合金成分都是影响因素。随着温度的升高，氯化物应力腐蚀裂纹产生倾向增加。氯化物含量的增加也增加了氯化物应力腐蚀裂纹产生的可能性。由于氯化物具有自动浓缩聚集的潜在因素，所以氯化物含量的没有实际意义上的低水平。热传导条件显著地影响氯化物应力腐蚀裂纹增加的倾向性，因为它将增强氯化物的浓缩聚集。材料置于干-湿、水-汽交替的环境也将导致氯化物应力腐蚀裂纹增加的倾向性。

本次评估可能存在氯化物应力腐蚀开裂的装置主要为制氢及加氢裂化等装置。

(8) 铵腐蚀开裂

铵腐蚀开裂可以定义为金属在拉应力、链烷醇胺水溶液和一定温度下产生的开裂。裂纹主要产生于晶间。装置中碳钢和低合金钢设备及管道处于胺腐蚀环境可能会发生铵腐蚀和铵开裂。铵开裂与由于焊接、冷加工或制造而产生但未通过有效的消除应力热处理消除的残余应力有关。开裂容易发生于贫单乙醇铵和二乙醇铵使用环境中，但在包括甲基二乙醇胺和二异丙醇胺（ADIP）在内的大多数胺类环境中也发现过。胺开裂最常与贫胺使用环境有关。纯链烷醇胺不会导致开裂。富胺使用环境中的开裂最常与湿硫化氢问题相关。

本次评估可能会发生胺腐蚀的装置为常减压、延迟焦化、加氢裂化、燃料油加氢及润滑油加氢等装置。特别是再生塔再沸器和再生器是胺流温度最高和紊流最强的区域，可导致重大腐蚀问题。以及贫/富胺液交换器的富胺侧、热的贫胺管、热的富胺管、胺液泵和回收器也都是发生腐蚀问题的区域。

(9) 保温层下腐蚀

保温层下的腐蚀（CUI）是外部损伤中较为严重的一种破坏。CUI 产生机理是由于保温层与金属表面间的空隙内水的集聚产生的，可能来自雨水的泄漏和浓缩、蒸汽伴热管泄漏等。CUI形成局部腐蚀，导致壁厚减薄，CUI常发生在−12～120℃温度范围内，在50～93℃区间时，尤为严重。CUI对于碳钢和低合金钢表现为腐蚀减薄，而对奥氏体不锈钢则表现为应力腐蚀开裂。

CUI主要发生在保温层穿透部位或可见的保温层破坏部位，以及法兰和其他管件的保温层端口等敏感部位。保持保温层和涂层的完好可有效地减少CUI。

5 风险分析结果

5.1 管道的风险等级

通过对评估范围内的4882条管道进行风险评估，得到管道的风险等级。

5.2 风险分布

管道系统的风险统计情况与风险分布结果见图2，高风险管道10条，占装置管道比例的0.2%；较高风险管道269条，占装置管道比例的5.51%，中风险管道1669条，占装置管道比例的34.18%。部分管道风险较高的原因是其介质危害性较高、操作温度和压力较高。

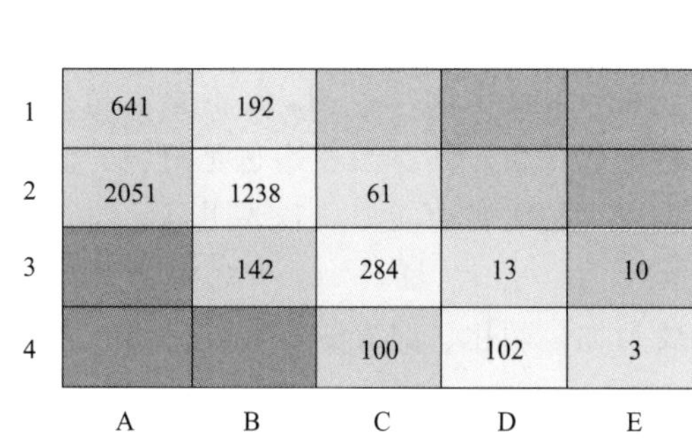

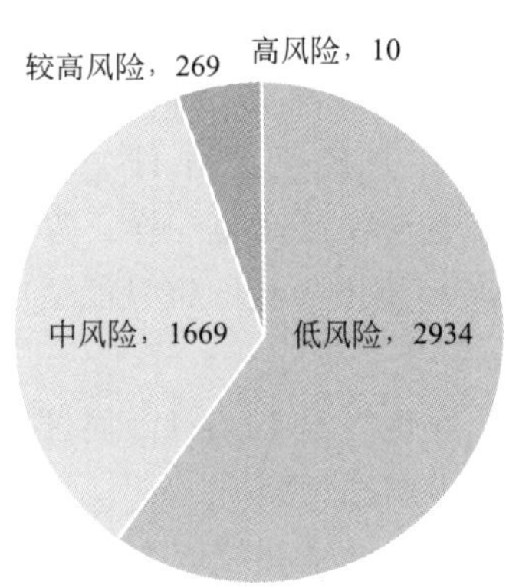

图2 管道风险分布图

6 风险控制措施及建议

① 加强对高风险、中高风险的管道静密封点的日常操作巡检和维护，及时发现存在问题并处理。

② 对可能出现氢气和硫化氢泄漏的高风险部位增加气体泄漏探测、报警装置。

③ 装置正式投入运行后的6个月内对临氢系统进行夜间定期熄灯泄漏检查，建议前3个月每周一次，后3个月每两周一次。

④ 制订高风险部位泄漏事故应急预案，并进行培训和应急演练。

7 结论

基于风险分析的压力管道检验技术要求充分、全面考虑化工装置内存在的损伤机理，合理划分腐蚀回路。与传统的检验技术相比，基于风险分析压力管道检验技术可提高工作效率，得到化工装置内各压力管道的风险等级。以基于风险分析结果为指引，对化工装置内压力管道组根据其风险等级，采取不同的抽检比例进行检验，保证较高风险等级（MH）以上的压力管道有较高的检验比例，中风险等级（M）以下的压力管道合理少检，经应用证明能够有效发现化工装置内压力管道存在的安全隐患，并能降低企业成本。

参考文献

[1] 王颖．基于风险的检验技术在工业管道上的应用［J］．石油化工设备，2012，41（增刊）：52-55.
[2] 王弢，等．基于风险的管道检测规范体系［J］．天然气工业，2006，(11)：130-132.
[3] 陈庆娟，等．RBI 技术在我国企业的应用研究与改进思考［J］．中国安全生产科学技术，2012，8（6）：191-196.
[4] 王磊，等．基于 RBI 的碳五石油树脂装置风险评估分析［J］．中国安全生产科学技术，2011，7（6）：112-117.
[5] API581，基于风险的检验资源文件［M］．华盛顿：美国石油协会，2000.
[6] 王伟华，等．RBI 在炼油公用管道系统中的应用［J］．化工装备技术，2011，32（6）：56-58.
[7] 郑明，等．基于 RBI 的输气站场分离器风险评估方法研究［J］．中国安全生产科学技术，2013，9（6）：120-126.

聚乙烯燃气管材耐 SCG 性能加速测试方法研究

王志刚[1]　杨　波[1]　李茂东[2]　翟　伟[1]　黄国家[2]　郭华超[1]

1. 广州特种承压设备检测研究院，广东 广州　510663

2. 国家非金属承压管道元件质量监督检验中心（广东），广东 广州　510063

摘　要： 慢速裂纹扩展（SCG）作为影响 PE 管用材料设计使用寿命最重要的脆性失效模式，一直以来都是作为评价 PE 材料耐失效性能重要的指标之一。本文详细介绍了基于应变硬化模量的 PE 材料耐 SCG 性能加速评价方法，通过分析不同牌号、不同专用树脂材料的 PE 材料应变硬化模量，实现 PE 材料耐 SCG 性能的加速评价；并通过与传统管材切口试验进行比较，本文方法的评价周期能从原来的几千小时缩短至几小时，并且可以区分不同牌号 PE 材料的耐 SCG 性能的细微差别，评价结果相对于传统管材切口试验更加准确。

关键词： PE 管用材料；脆性失效；耐 SCG 性能；加速评价

中图分类号： TB301

Accelerate Evaluation Method For Testing The Resistance SCG Performance Of The PE Materials Based On Strain Hardening Law

Wang Zhi-gang[1], Yang Bo[1], Li Maodong[2], Zhai Wei[1], Huang Guo-jia[2], Guo Hua-chao[1]

1. Guangzhou Special Pressure Equipment Inspection and Research Institute, Guangzhou, Guangdong 510663;

2. National Quality Supervision and Inspection Center for nonmetallic pressure pipe components (Guangdong), Guangzhou, Guangdong 510663

Abstract: As the most important brittle failure mode affecting to the service life of the PE gas pipe, slow crack growth has always been one of the important indexes to evaluate the failure resistances of the PE gas pipe. The accelerated evaluation method based on strain hardening law to test the resistance slow crack growth performance of the PE gas pipe was introduced in this paper. By analyzing the strain hardening law between the different types and different special resin materials of the PE gas pipe, the accelerated evaluation of the PE gas pipe was achieved. Compared with the traditional evaluation method, the proposed method not only can shorten the evaluation cycle from thousand hours to several hours, but also can greatly improve the test accuracy. The experimental results show the validity and reliability of the proposed method.

Keywords: PE gas pipe; Brittle failure; Slow crack growth; Accelerated evaluation

---

基金项目：广东省省级科技计划项目（编号：2017A040403058）；广东省质监局科技项目（编号：2017CT15）

作者简介：王志刚，男，1989 年生，硕士，主要从事高分子材料失效性能测试相关研究。

1 介绍

聚乙烯（PE）管材由于其耐腐蚀性强、力学性能好、使用寿命长及环保等优势已逐步取代钢管，在城市给排水、燃气等管道系统中广泛使用[1-3]。我国目前PE管材以埋地铺设为主，管材在实际使用过程中由于长时间受到温度、应力及点载荷等外界因素等影响，容易形成快速裂纹扩展、慢速裂纹扩展及材料老化等失效模式，直接影响管材的安全使用性能[4-6]，根据美国塑料管数据库委员会的事故报告统计，因PE管材断裂导致的泄漏占事故总数的31.7%[7]。而慢速裂纹扩展（Slow Crack Growth，SCG）作为影响PE管材设计使用寿命最主要的影响因素，一直以来是评价PE材料性能重要的技术指标[8]。

SCG是由于管材长期承受内压情况下形成应力集中而发生脆性断裂破坏的一种失效行为[4]。Lustiger等从分子链折叠理论的基础上提出了PE材料的SCG微观模型，阐述系带分子链的解缠是PE材料发生SCG的主要原因[9]，Kramer等从材料SCG微观过程中出现的银纹现象进行了详细的分析，将银纹化定义为脆性断裂破坏的先兆[10]；Havermans等通过试验观察材料发生慢速裂纹扩展时的银纹发展过程，得出材料的耐SCG能力主要受材料的分子量、支链密度及晶体粒度等决定，通过改变压力、温度、应力强度及材料结构的完整性可以加速材料的SCG速率，实现PE材料耐SCG性能评价[11]。在此基础上，管材切口试验（NPT）、单边缺口拉伸试验（PENT）、全缺口拉伸实验蠕变试验（FNCT）、锥体试验（Cone）等耐环境应力开裂试验（ESCR）逐渐被提出，这些评价方法通过对试样预制缺口，然后在将试样浸泡在高温的表面活性环境中，使试样发生慢速裂纹增长，最终采用试样的破坏时间来表征其耐SCG性能的好坏[12]。但是随着新型PE材料的不断更新，传统耐环境应力开裂（ESCR）法试验时间冗长、试验精度较低及可再现性差等局限逐渐显露出来，制约了PE管材的更新换代速度[13]。因此，越来越多的国内外研究者开始把目光投向PE材料耐SCG性能加速评价方法的研究，通过缩短试验周期来提高材料耐SCG性能的评价效率，以满足对PE材料的质量控制及专用树脂开发的需求[14,15]；SABIC通过研究发现，PE材料在高温下进行拉伸时其会呈现出显著的应变硬化特征，并提出通过PE材料固有的应变硬化特征来实现PE材料的耐SCG性能的加速评价[16]；Kurelec等提出PE材料的耐SCG性能主要是由微纤维固有的应变硬化响应所控制的，从微观层面上验证了材料的应变硬化特征与其耐SCG性能之间的正相关关系[17]；但是到目前为止，国内外对应变硬化模量法与现有评价方法之间的相关性研究仍较为欠缺。

本文详细介绍了基于应变硬化模量的PE材料耐SCG性能加速评价方法，通过对PE材料进行高温拉伸试验，分析不同牌号、不同专用树脂材料的PE材料的应变硬化模量，实现PE材料耐SCG性能的加速评价，通过与传统切口管试验方法进行对比，试验结果验证了本方法的有效性及可靠性。

2 评价原理

应变硬化模量法（the strain hardening modulus method，SH）是建立在银纹发展和银纹-裂纹转换的Kramer-Brown模型[18,19] 发展起来的评价PE材料耐SCG性能的加速评价方法，管材在长时间的低载荷作用下，其非晶区被拉长，在银纹区域内，由经过伸展和取向排列后的系带分子组成的微纤维也慢慢被拉伸，这些微纤维被拉伸后的强度比材料屈服强度还要大，进而产生应变硬化响应以抵抗自身的变形趋势[20]，如图1所示。

SH评价方法的评价原理是将预制的PE哑铃形试样置于恒温条件下进行高温拉伸试验，得到材料的应力-应变曲线，再通过公式（1）和式（2）得到材料相应的λ-σ_{true}（拉伸比-真应力）曲线，如图2所示。

$$\lambda=\frac{l}{l_0}=1+\frac{\Delta l}{l_0} \tag{1}$$

l_0 为试样中间部分两标线之间的初始长度；Δl 为试样增长的长度。

$$\sigma_{true}=\lambda \cdot \frac{F}{A} \tag{2}$$

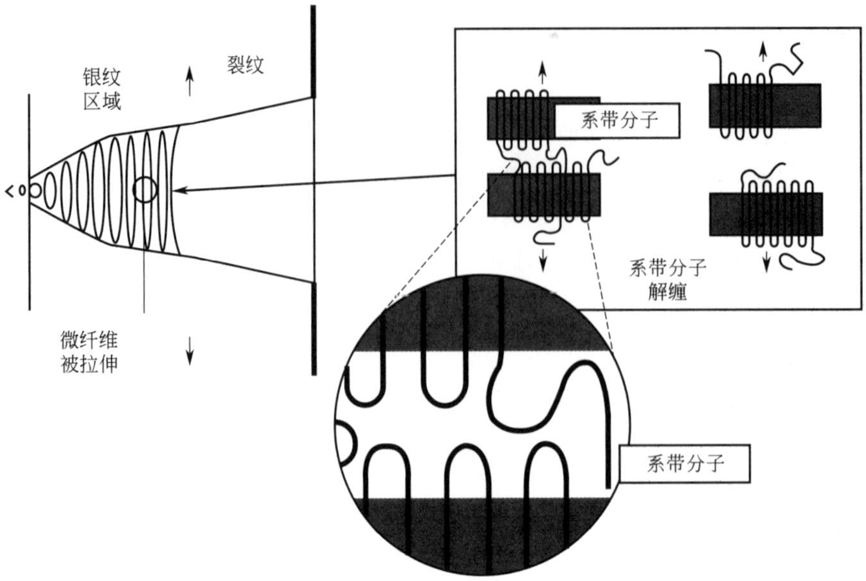

图 1 PE 材料 SCG 微细观机理示意图

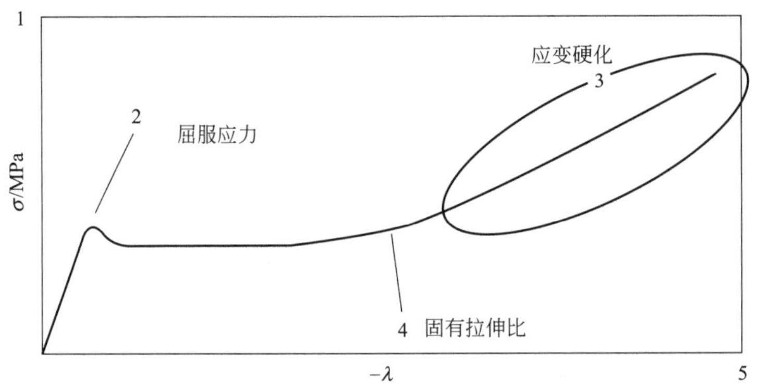

图 2 应变硬化试验拉伸曲线图

F 为测力传感器测量的拉力；A 是试样的初始截面积。

选取测得的材料拉伸曲线中应变硬化的某一段（λ_1，λ_2），代入式（3），求出λ_1，λ_2 两点间的斜率 K：

$$K=\frac{\sigma_2-\sigma_1}{\lambda_2-\lambda_1} \tag{3}$$

根据 Neo-Hookean[21] 本构模型，得出：

$$\sigma_{\text{true}}=K\times\left(\lambda^2-\frac{1}{\lambda}\right)+C \tag{4}$$

取 $\lambda_1=8$、$\lambda_2=12$，取$\lambda^2-\frac{1}{\lambda}\approx\lambda^2$，C 为常数，将式（3）带入式（4）得：

$$<G_{\text{p}}>=\left[\frac{\left(12^2-\frac{1}{12}\right)-\left(8^2-\frac{1}{8}\right)}{12-8}\right]\times K\approx 20\times K \tag{5}$$

最后，通过材料的应变硬化模量值$<G_{\text{p}}>$的大小，就能直观地表征材料的耐 SCG 性能。

3 试验研究

3.1 系统组成

该评价系统主要由高低温试验箱、电子万能拉伸机、专用楔形夹具、测力传感器、引伸计、试验试样及数据处理器等组成。本文试验系统采用德国Zwick/Roell testXpert Ⅱ高低温电子万能拉伸系统、Xforce P测力传感器、multiXtens引伸计、配套专用夹具及相应的数据处理器，如图3，以上设备选用均满足本文试验需求。

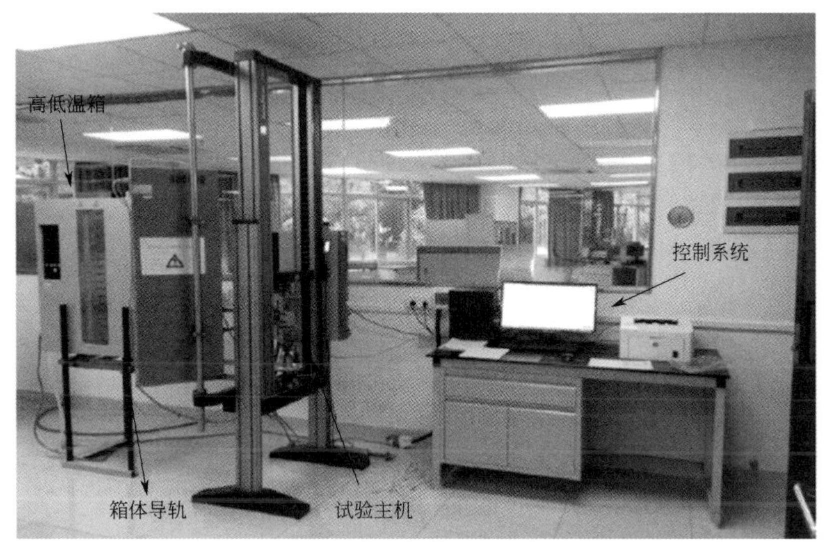

图3 高温拉伸试验系统

3.2 试样制备

试验试样选取3种不同双峰分子量分布的管材级HDPE PE100黑色颗粒料，如图4（a），样品编号分别为PE1-PE3（PE1：共聚单体1-己烯，黑色，国内A公司；PE2：共聚单体为1-己烯，黑色，国外B公司；PE3：共聚单体为1-丁烯，黑色，国内C公司）。按照ISO1872-2相关要求，采用XH-406B型电动加硫成型机将3种待测PE原料颗粒每种压膜出至少3片厚度为1mm的薄片，在压模之后，让试样在（120±2）℃的条件下进行1h退火的热处理，然后以2℃/min的平均冷却速度使试样慢慢地冷却到室温，试样制备条件见表1；再通过XCS-Q气动切片机配合相应的刀模，切取出符合标准要求的哑铃状试样，如图4（b）。

(a)

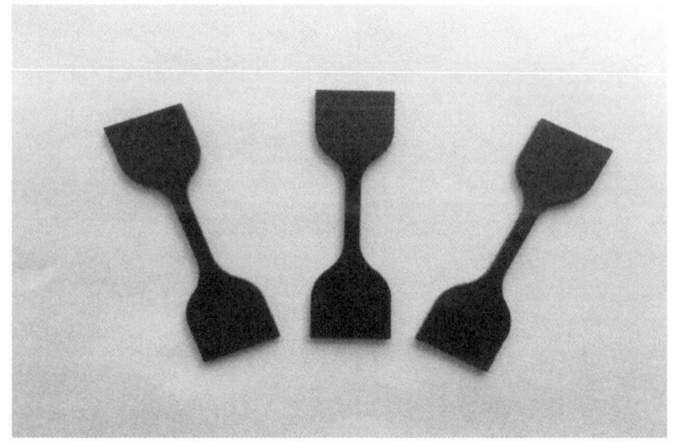
(b)

图4 试验试样制备［（a）双峰分子量分布的HDPE PE100级黑色颗粒料；（b）制作的1mm哑铃状试样］

表 1 试样制备条件

试样厚度/mm	膜制温度/℃	平均冷却率/(℃/min)	预热时间/min	全压力/MPa	全压力时间/min
0.30 或 1.0	180	15±2	5 到 15	5	5±1

3.3 试验流程

首先将制备的哑铃状试样放置在 80℃的恒温箱中 30min，用定制的楔形夹具夹持试样，夹持过程中不能造成试样损坏和滑移，接着用 5mm/min 的应变率施加一个 0.4MPa 的预应力，最后用 20mm/min 的恒定移动速度拉伸试样，收集拉伸比 λ 在 8～12 之间的数据值，图 5 为正在进行的应变硬化试验。

4 试验结果分析

图 6 为 PE1-PE3 试样的应力-应变拉伸曲线图，图 7 为根据公式（1）得到的 PE1-PE3 三种材料拉伸比-真应力伸曲线图，最后，通过 Neo-Hookean 本构模型分别计算 λ 在 8～12 时 PE1-PE3 对应的应变硬化模量值 $\langle G_p \rangle$，见表 2，其中，PE1 的$\langle G_p \rangle$大小为 51.4MPa、PE2 的$\langle G_p \rangle$大小为 54.8MPa、PE3 的$\langle G_p \rangle$大小为 48.6MPa，通过比较三者之间的$\langle G_p \rangle$值大小可知，样品编号为 PE2 的耐 SCG 性能最好，PE3 最差。

图 5 正在进行应变硬化试验图

为了验证试验结果的可靠性，本文以目前应用在评价 PE 材料耐 SCG 性能最稳定的 NPT 方法作为对比验证试验，根据 GB/T 18476—2001 相关要求，将由 PE1-PE3 三种颗粒料挤出而成的管材试样（管材试样规格为 DN63 SDR11，长度 L 为 1.1m）放入水温为 80℃、试验压力为 0.92MPa 的静液压系统中，如图 8 为 PE1 试样在 0h、500h、1500h 和 2275h 的管材示意图。PE1-PE3 三种管材样品的 NPT 试验结果如表 3；由表 3 可知，样品编号为 PE2 管材的破坏时间最长，PE3 最短，图 9 为应变硬化试验与切口管试验两种方法试验结果的相关性对比图，可以发现，两种方法的试验结果呈正相关关系，两种试验的评价结果完全相同，证明应变硬化法评价 PE 材料耐 SCG 性能的有效性。

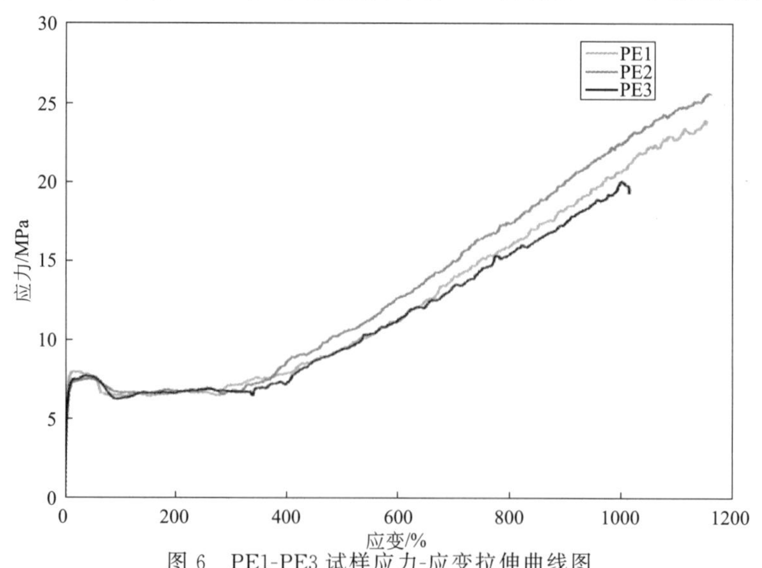

图 6 PE1-PE3 试样应力-应变拉伸曲线图

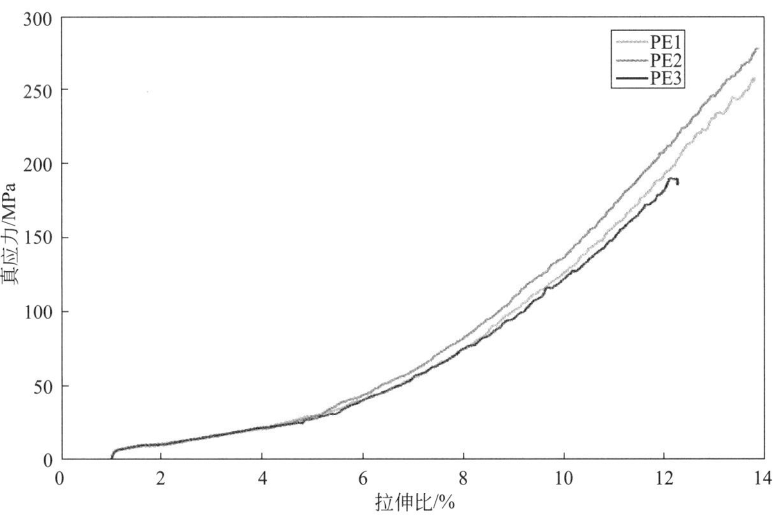

图7 PE1～PE3三种不同类型的PE试样的应变硬化拉伸曲线

表2 PE1～PE3三种PE材料的Neo-Hookean本构方程及应变硬化模量

试样编号	Neo-Hookean本构方程	确定系数 R^2	线性拟合斜率 K	应变硬化模量/GPa
PE1	$\sigma_{true}=2.57\left(\lambda^2-\frac{1}{\lambda}\right)-96.70$	0.89	2.57	51.4
PE2	$\sigma_{true}=2.74\left(\lambda^2-\frac{1}{\lambda}\right)-95.93$	0.99	2.74	54.8
PE3	$\sigma_{true}=2.43\left(\lambda^2-\frac{1}{\lambda}\right)-66.39$	0.90	2.43	48.6

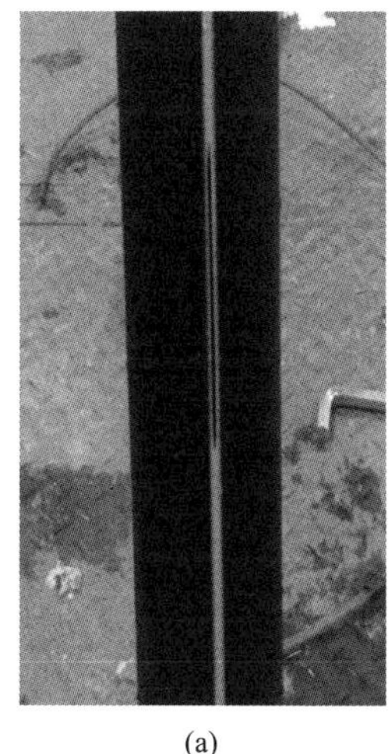
(a)

(b)

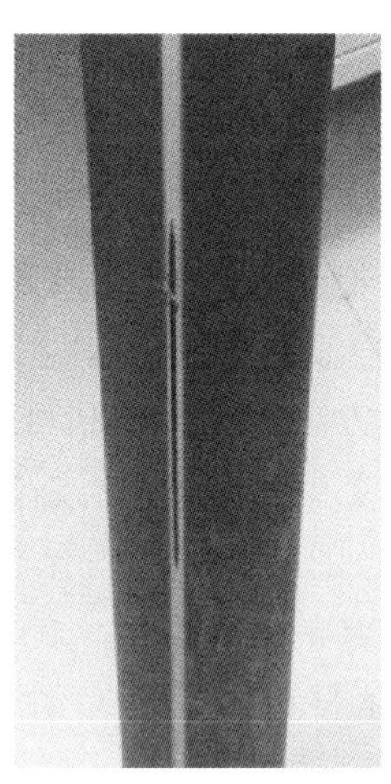
(c)

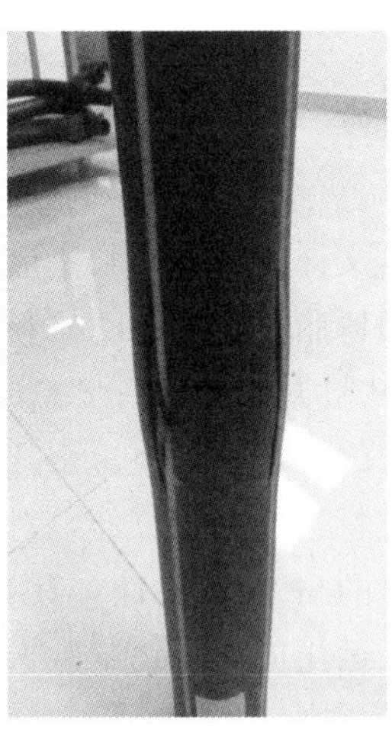
(d)

图8 编号为PE1管材的NPT试验图

(a) 0h；(b) 500h；(c) 1500h；(d) 2300h

表3 PE1～PE3的NPT试验结果

试样编号	试验环境	破坏时间/h
PE1	80℃，0.92MPa	2275
PE2	80℃，0.92MPa	2300
PE3	80℃，0.92MPa	2250

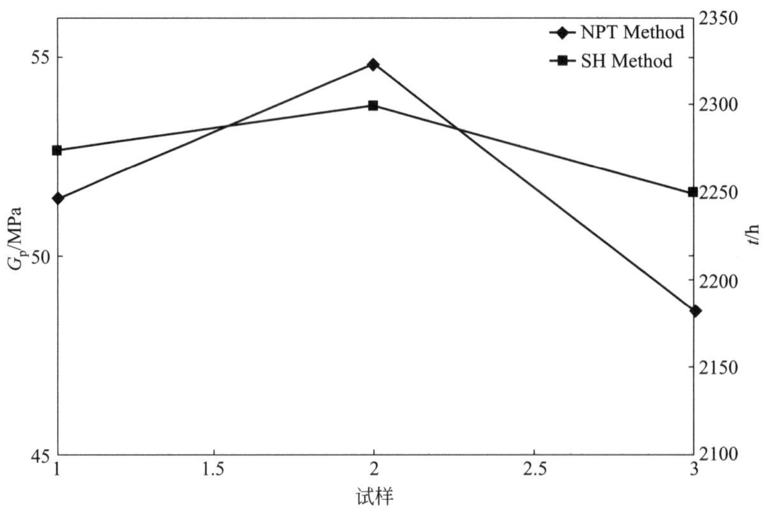

图 9　SH 与 NPT 试验结果相关性对比图

表 4 为 SH 与 NPT 试验精度对比表，通过对比两种方法测量结果的标准偏差（Standard deviation）可以发现，SH 试验测量结果的标准偏差要明显小于 NPT 试验，原因是 NPT 的试验周期长，受环境影响因素较大，导致试验精度较低；并且试验时间越长，试验精度越低；而 SH 方法由于选择在 80℃恒温环境下对材料进行高温拉伸，评价时间短，且对材料的细微分子差异非常敏感，并且通过材料内在固有的应变硬化特性来表征材料的耐 SCG 特性，因此该方法具有较高的试验精度。

表 4　SH 和 NPT 试验结果对比

试样	NPT/h	标准差	SH/<G_p>/MPa	标准差
PE1	2275	12.58	51.4	1.28
PE2	2300	16.5	54.8	1.15
PE3	2250	10.35	48.6	0.84

5　总结

本文详细介绍了基于应变硬化模量的 PE 材料耐 SCG 性能加速评价方法。通过分析不同类别、不同专用树脂材料的 PE 材料的应变硬化模量，实现 PE 材料耐 SCG 性能的加速评价。通过对比传统 NPT 试验方法来进一步验证本方法的有效性和可靠性。试验结果表明，应变硬化模量法的评价周期能从原来的几千小时缩短至几小时，可以极大地缩短评价周期；此外，该评价方法选择在 80℃恒温环境下对材料进行高温拉伸，对材料的细微分子差异非常敏感，并且通过材料内在固有的应变硬化特性来表征材料的耐 SCG 特性，具有较高的试验精度。随着 PE100-RC、PE125 等新型 PE 材料专用树脂的不断提出，运用应变硬化试验来实施材料的耐 SCG 性能快速评价的工程应用价值将会越来越广泛。

参考文献

［1］ Fleissner M . Experience with a full notch creep test in determining the stress crack performance of polyethylenes［J］. Polymer Engineering & Science, 1998, 38 (2) : 330-340.

［2］ Phua S K , Lawrence C C , Potter R . Fractographic study of high-density polyethylene pipe［J］. Journal of Materials Science, 1998, 33 (7) : 1699-1702.

［3］ E. Nezbedova, J. Kucera, A. Zahradnickova. Relation of Slow Crack Growth Failure Time to Structure of HDPE［J］. Mechanics of time-Dependent Materials, 2001, 5 (1) : 67-78

［4］ H. Bromstrup. PE 100 管道系统［M］. 魏若奇, 者东梅译. 北京：中国石化出版社, 2011.

[5] 熊志敏，孙佳文，武志军等．聚乙烯管材慢速裂纹增长性能及其评价方法［J］．塑料工业，2011，39（8）：10-14.

[6] Z. M. Xiong, J. W. Sun, Z. J. Wu, et al. Slow crack growth performance and evaluation method of polyethylene pipe［J］. China Plastics Industry, 2011, 39 (8) : 10-14.

[7] American Gas Association Plastic Pipe Database Committee. Plastic piping data collection initiative status report，2016.

[8] 赵启辉．聚乙烯承压管道及原料耐慢速裂纹增长测试标准及试验要求［J］．中国塑料．2008，22（10）：90-94.

[9] Lustiger A，Markham R L. Importance of tie molecules in preventing polyethylene fracture under long-term loading conditions［J］. Polymer, 1983, 24 (12) : 1647-1654.

[10] Kramer E J . Microscopic and molecular fundamentals of crazing［M］// Crazing in Polymers. Springer Berlin Heidelberg, 1983.

[11] L. Havermans, R. Kloth, R. Deblieck. Strain hardening modulus: an accurate measure for slow crack growth behavior of HDPE pipe materials［C］. Proceedings Plastic Pipes XVI, Barcelona, Spain, 2012.

[12] 林海涛，黄继伟，凌新龙．聚乙烯管材料耐慢速应力开裂性能快速评价方法高分子材料科学与工程，2014，30（5）：185-190.

[13] 熊志敏，武志军，华晔，魏若奇，者东梅. 加速试验研究 HDPE 管材耐慢速裂纹增长性能合成树脂及塑料，2016，33（4）：60-63.

[14] Nishimura H, Nakashiba A, Nakakura M，Sasai K. Fatigue behavior of medium - density polyethylene pipes for gas distribution . Polym Eng Sci, 1993, 33 (14) : 895-900.

[15] ISO 18488, Polyethylene (PE) materials for piping systems Determination of strain hardening modulus in relation to slow crack growth-test method［S］. 2015.

[16] 朱天戈，杨化浩，武鹏，者东梅. 应变硬化模量评价聚乙烯管材专用料 SCG 性能方法研究．塑料工业，2018，46（5）：93-96.

[17] Kurelec L，Teeuwen M，Schoffeleers H，Deblieck R. Strain hardening modulus as a measure of environmental stress crack resistance of high density polyethylene Polymer, 2005, 46 (17) : 6369-6379.

[18] H. R. Brown. A molecular interpretation of the toughness of glassy polymers［J］, Macromole-cules. 1991, 24: 2752-2756.

[19] C. Y. Hui, A. Ruina, C. Creton, E. J. Kramer. Micromechanics of crack growth into a craze in a polymer glass［J］, Macromolecules, 1992, 25: 3948-3955.

[20] Huang Y L, Brown N. Dependence of slow crack growth in polyethylene on butyl branch density: Morphology and theory［J］. Journal of Polymer Science Part B Polymer Physics, 1991, 29 (1) : 129 - 137.

[21] Pinter G, Haager M, Lang R W. Influence of nonylphenol-polyglycol-ether environments on the results of the full notch creep test［J］. Polymer Testing, 2007, 26 (6) : 700-710.

树木根系与埋地管道的关系及策略

张　平[1]　陈　钒[1]　王俊强[1]　韩　非[2]　冯　慧[3]

1. 中国特种设备检测研究院，北京 100013

2. 深圳市燃气集团股份有限公司，深圳 518049

3. 广东大鹏液化天然气有限公司，深圳 518046

摘　要： 以珠三角地区城镇燃气管道沿线的树木为研究对象，通过对管道两侧 5m 范围内树种进行开挖调研，分析了树木根系对管道防腐层和管道本体安全状况的影响，将树木根系对埋地管道的危害情况分为三个等级：1 级　安全；2 级　中等危险；3 级　危险。在此基础上，针对每个等级的树木根系提出相应的安全策略，科学合理地保障管道安全运行，有效提高埋地管道的安全监管水平。

关键词： 树木根系；埋地管道；危险等级；安全策略

Study on the Relationship between Tree Root System and Buried Pipeline and Countermeasure Analysis

Zhang Ping[1], Chen Fan[1], Wang Jun-qiang[1], Han Fei[2], Feng Hui[3]

1. China Special Equipment Inspection and Research Institute, Beijing 100013

2. Shenzhen Gas Group Co., Ltd, Shenzhen 518049

3. Guangdong Dapeng LNG Company Ltd, Shenzhen 518046

Abstract: Taking the trees along the urban gas pipelines in the Pearl River Delta region as the research object, through the excavation investigation of tree species within 5 meters on both sides of the pipeline, the impact of tree root system on the safety of pipeline coating and pipeline body was analyzed, then the hazards of the tree roots to the buried pipelines are divided into three levels: Level 1, safety, level 2, medium risk; level 3, risk. On this basis, the corresponding security strategy is proposed for each level of tree roots to ensure the safe operation of pipelines in a scientific and rational manner and to effectively improve the safety supervision level of buried pipelines.

Keywords: Tree root system; Buried pipeline; Levels of danger; Security strategy

0　引言

珠三角地区的城镇燃气管道敷设在城市近郊和山区，管道沿线存在大量树木，其中一些深根性乔木和灌木，随着生长，其根系可能会威胁管道安全运营，并且这种危害是动态的、缓慢的、发展的，比一般构筑物、建筑物占压的危害要大。通过对近年来的管道事故诱因分析，发现树木根系对管线涂层已造

作者简介：张平，1987 年生，男，硕士，主要从事油气管道特殊管段检验评估以及完整性方面的工作。

成不同程度的破坏，且该地区极端天气频发，台风等导致树木连根拔起的情况越来越多[1]。为此，开展树木根系对管道安全状况影响的调查研究显得迫在眉睫。

目前在国内，罗锋等[2] 认为树木根系对管道防腐层的损伤仅限于石油沥青管道防腐层，迄今为止尚未发现被广泛采用的3PE管道防腐层被植物根系破坏的事件；黄海[3] 通过经过调查发现，树木根系对管道防腐层的直接破坏为穿入和挤压两种方式，间接破坏方式为根分泌物造成腐蚀性环境后加速了管道腐蚀，尤其以穿入破坏影响最严重。国外，Peter Yaul[4] 和 Thomas Barfoed Randrup[5] 等指出了树木根系对管道防腐层破坏失效的形式，详细描述了沥青涂层的根系破坏状况。以上研究均未考虑树木根系对埋地管道本体的影响，综合分析树木根系对管道安全及管理决策的研究相对空白。本文通过开挖调查的方式，分析珠三角地区树木根系和埋地管道的关系，提出一种分级管理的策略方法，为企业监管管道上方的深根植物提供参考依据。

1 树木根系与管道关系

树木可根据根系划分为深根性植物和浅根性植物[6]。深根性植物指树木的主根较发达，侧根或不定根辐射生长范围小，长度不超过主根，根系大部分分布在土壤深层；浅根性植物指树木的主根不发达，侧根或不定根辐射生长，长度超过主根较多，根系大部分分布在土壤表层。

本次开挖调研主要针对珠三角地区城镇燃气管道中心线上方两侧5m范围内的树种，共开挖调查了37个树种，调研内容包括树种、树高、胸径、树木与管道间距、根系类型、根系分布方向、根系密集程度、根系纵向长度、根系横向长度、根系粗度以及根系与管道的位置关系等，表1所示为管道中线两侧1.5m范围内对管道影响较大的10个树种，距离管道中心线两侧超过1.5m或者对管道影响较小的树种不予列出。

表1 树木占压开挖数据收集表

序号	树种	树木与管道间距/m	胸径/mm	树高/m	根系类型	根系分布方向	根系密集程度	根系纵向生长深度/m	根系横向生长长度/m	管道附近根系粗度/mm	根系与管道位置关系
1	高山榕	0.5	800	12	须根	横向发达	密集	0.5	2.0	12	缠绕
2	凤凰木	1.5	400	30	地表为板根，地下为须根	横向	稀疏	1.2	3.2	20	无向管道生长趋势
3	小叶榕	0	200	10	须根	横向	表层密集，深层稀疏	1.2	3.0	10	缠绕
4	南洋楹	0	200	10	板根	横向	密集	1.4	5.0	2	挤压
5	海南蒲桃	0	200	16	上部为板根，下部为板根夹杂须根	纵向横向均发达	密集	1.7	3.1	55	挤压、缠绕
6	樟树	1.0	450	25	粗壮须根	纵向、横向均发达	密集	1.2	2.1	115	缠绕、挤压
7	芒果	0	350	12	板根	横向	密集	0.8	3.2	50	缠绕
8	木棉	0	420	25	上部为板根，下部为须根	横向	稀疏	1.8	3.5	60	无向管道生长趋势
9	小叶榄仁	0	110	12	须根	横向、纵向	稀疏	1.8	3.1	50	挤压
10	桉树	1.2	500	30	须根	纵向	稀疏	0.8	1.3	70	有向管道生长趋势

通过开挖调研可以发现，树木的根系随着深度增加而减少，垂直方向大致呈V形分布，且根系大部分位于地下1m以内；当管道与地面植物间距较小时，树木根系可通过挤压、缠绕、侵入等直接或间接方式影响埋地管道的运营安全；当燃气管道的埋地深度大于1m时，树木根系对其影响较小；埋深不足1m时，影响较大；此外，树木与管道间距越小，其根系对管道的影响危害越大。

1.1 对防腐层的影响

树木根系对管道防腐层的影响主要是指须根可能对收缩套和补口等形成穿刺；另外一些树种的根系产生分泌物，部分存在酸碱性，这些分泌物可能对防腐层形成老化或腐蚀的危害。对石油沥青防腐层的危害较大，石油沥青防腐层机械强度相对低，沥青中固有的和经老化或降解的低环化合物容易被植物根系吸收，且富含水、氯等植物生长所需成分，根系易在石油沥青防腐层中生长，进而根系产生较大膨胀力，造成防腐层破坏[7]。对3PE结构的防腐层影响较小，因为聚乙烯材料属于非结晶高聚物，结晶度高，分子链堆砌紧密，结构紧凑，分子间相互作用强，强度高，外来物很难深入聚乙烯分子间；而且聚乙烯材料本身具有较强的耐酸碱性，难溶于溶剂，根系分泌物很难对聚乙烯材料产生溶胀作用；同时在土壤环境中，聚乙烯材料有很好的抗生物降解性能。

1.2 对管道本体的影响

在开挖实际情况中，树木根系对埋地管道本体的主要影响方式主要可以分为两种情况。情况一，树木根系挤压管道；一些主根较粗壮的树种，如榕树、香樟等，一旦栽种在管道正上方，其根系生长应力可对管道形成挤压，随着时间的推移，管道就会出现屈曲变形，导致失效。情况二，植物发生倾倒时，根系对管道的直接作用；某些树种的根系生长在管道下方或者缠绕在管道上，根系强度较高，树木树冠较大，在极端天气条件下，比如台风、地震等，树木可能倾倒，甚至连根拔起，此时就会形成一个杠杆，导致根系对管道直接产生一个的作用力或者力矩，如果这个作用力或者力矩足够大，同样存在树木根系伤管道的风险。

2 危害等级划分及策略

通过以上研究树木根性与管道之间的相互关系，以判断根系对管道安全的影响程度。依据实际开挖采集测量的树木根系以及其与管道的距离等数据，将树木根系对管道的危害程度划分为三个等级，并依据危害等级提出了相应的管理策略。

1级，安全；树木根系不发达，主要为须根，生长深度未达管道埋深的树种，对管道防腐层和本体无太大影响。

应对策略：保留现状，无需采取措施，可以种植。

2级，中等危险；主根不发达，侧根发达，板根与须根夹杂生长，根系生长深度能达到管道埋深，可能对管道防腐层产生危害，但对管道本体无太大影响。

应对策略：对距管道中心线1.5～5m范围内的，加强巡查，定期开挖观察，尤其是有收缩套和补口的位置；对距管道中心线1.5m范围以内的，开挖切根或者安装阻根板；不宜种植。

3级，危险；主根发达，多为板根，且根系粗壮，生长深度达到管道埋深，可对管道本体和防腐层产生危害。

应对策略：对距管道中心线1.5～5m范围内的，开挖切根或者安装阻根板，不宜种植；对距管道中心线1.5m范围以内的，应及时清除，禁止种植。

根据上述分级方法，对表1所列树种进行分级管理，如表2所示。在开挖评级前，首先进行了初始预评级，以确定开挖顺序。未列出剩余的27个树种都是可以种植或者定期开挖巡查即可

表2 树木根系的危害等级以及应对策略

序号	树种	初始评级	开挖后评等级	根系划分性质	应对策略		绿化种植建议
					防腐层(补口或收缩套)	管理	
1	高山榕	3	2	浅根性	切根或安装阻根板	加强巡查	不宜种植
2	凤凰木	3	2	深根性	切根或安装阻根板	加强巡查	不宜种植
3	小叶榕	3	2	浅根性	切根或安装阻根板	加强巡查	不宜种植

续表

序号	树种	初始评级	开挖后评等级	根系划分性质	应对策略		绿化种植建议
					防腐层(补口或收缩套)	管理	
4	南洋楹	3	2	浅根性	切根或安装阻根板	加强巡查	不宜种植
5	海南蒲桃	3	2	深根性	切根或安装阻根板	加强巡查	不宜种植
6	香樟	3	2	深根性	切根或安装阻根板	加强巡查	不宜种植
7	芒果	3	2	深根性	切根或安装阻根板	加强巡查	不宜种植
8	木棉	2	2	深根性	切根或安装阻根板	加强巡查	不宜种植
9	小叶榄仁	2	2	深根性	切根或安装阻根板	加强巡查	不宜种植
10	桉树	2	2	深根性	切根或安装阻根板	加强巡查	不宜种植

3 结束语

通过对珠三角地区城镇燃气管道沿线树木根系的开挖与分析，提出了一种针对树木根系对管道危害程度的分级方法和管理策略，解决了单纯用深根和浅根来评价树木对管道的危害的不可科学性问题。虽然该分级方法和管理策略是依据珠三角地区提出的，但是其分级管理的思想可以推广到全国，具体内容应该根据区域环境特点、植物的生长发育及根系分布情况，以及防腐层抵抗植物根系影响的能力等，重新制定。

参考文献

[1] 杨印臣，梁坚．城镇燃气埋地聚乙烯管道运行安全的探讨［J］．上海煤气，2015 (1) : 4-6.

[2] 黄海．深根植物对天然气管道石油沥青覆盖层的影响［J］．油气储运，2005, 24 (1)：46-48.

[3] 罗锋，王国丽，刘俊峰等．植物根系对管道防腐层的影响及对策［J］．防腐保温，2013, 32 (11) : 1175-1178.

[4] Peter Yau1. Tree Root Damages to Infrastructure Study Commissioned by Westpool group NSW* ［J］. Chartered Biologist，1998: 1-3.

[5] Thomas Barfoed Randrup, E. Gregory Mcpherson. Tree Root Intrusion in Sewer Systems: Review of Extent and Costs ［J］. ReserachGate，2001, 3: 26-31.

[6] 尹荣，关春雨，李艺等．地下市政管线与行道树相互关系研究［J］．给水排水，2010, 36 (8) : 117-121.

[7] 石锦安，廖明安，汪志辉等．深根植物对埋地天然气输气管沥青涂层的影响［J］．四川林业科技，2005, 26 (2) : 55-57.

涡流阵列新技术在焊缝表面检测中的应用

刘　沛　王晓宁　郭海龙　石一飞　赵永维

奥林巴斯（北京）销售服务有限公司，北京 100015

摘　要： 本文介绍了一种新型的涡流阵列（ECA）技术—动态提离补偿，对焊缝表面检测的应用。使用这种新技术的 MagnaForm 探头可以有效地改善由于焊缝表面不规则几何外形或涂层而产生的提离干扰。相比较于传统的表面检测方法如磁粉检测（MPT）、着色渗透检测（DPT）和涡流检测（ECT），该技术具有非常优秀的穿透涂层检测能力，以及一定的缺陷深度定量能力，操作也更加方便、快捷，能够提高检测效率。

关键词： MagnaForm；动态提离补偿；穿透涂层；涡流阵列 ECA；焊缝表面检测

Application about new ECA technology in weld surface inspection

Liu Pei, Wang Xiao-ning, Guo Hai-long, Shi Yifei, Zhao Yong-wei

Olympus (Beijing) Sales and Service Co., Ltd, Beijing 100015

Abstract: This paper introduces a new technology of Eddy Current Array (ECA) which used in weld surface inspection called dynamic lift-off compensation. The effect of lift-off caused by geometry of the weld surface could be reduced while using the new ECA probe MagnaForm with this technology. Comparing with other traditional surface inspection methods like Magnetic Particle Test (MPT), Dye Penetration Test (DPT), and Eddy Current Test (ECT), ECA lift-off compensation technology provides excellent Through-coating inspection capability and some of defects depth evaluation capability, smart operation speed, and enhances work efficiency.

Keywords: MagnaForm; Dynamic Lift-off compensation; Through-coating; Eddy Current Array (ECA); Weld surface inspection

0　引言

在石油化工装置或承压设备、锅炉的在役检测及停车检修环节，大量的压力容器及管道焊缝需要进行表面检测。

目前常用的表面无损检测方法，如磁粉检测或渗透检测，在实施检测前都需要先去除焊缝表面的涂层。然而去除涂层会带来许多问题，例如：去除涂层需要增加额外的人力成本及时间成本；磁粉或渗透检测需要耗费较长的时间处理及清洁表面，检测效率较低；以及重新喷涂新涂层的造价及质量控制成本均较高等。

作者简介：刘沛，1982，男，本科，测控技术与仪器。

同时，在役检修更多关注的缺陷是服役过程中由内壁产生，并向外壁生长的应力腐蚀裂纹等危害性缺陷。对于不锈钢等非铁磁性材料的容器及管道而言，这类缺陷的危害性非常大，但若缺陷还未完全贯穿壁厚至外壁开口，渗透检测无法检测到，且无法使用磁粉检测。

相比较于磁粉与渗透检测技术，涡流检测技术的检测效率高，扫查速度快，对被检表面的光洁度及清洁度要求较低。不仅对表面开口缺陷具有优异的穿透涂层检测能力，对非铁磁性材料检测时还可以发现涂层下的近表面缺陷。而涡流阵列技术具有更好的检测灵敏度和更大的扫查覆盖能力，并可对焊缝表面进行 C 扫成像。

1 现状分析

常规涡流技术（ECT）检测焊缝时，通常使用正交线圈的探头。该类线圈可有效抑制提离效应及其它噪声。但在对未去除表面涂层的焊缝检测前，需要先对涂层的大致厚度进行评估。然后在校准时依照涂层的评估厚度，在校准试块上覆盖对应厚度的非导电薄片进行灵敏度校准。然而，由于焊缝表面凹凸不平，且涂层的实际厚度并不一致，检测灵敏度仍然有较大的波动，缺陷的定量和测量均会受到一定的影响。

涡流阵列（ECA）探头一般含有多个单排或多排的检测线圈，不仅具有更大的扫查覆盖面积，还具有更高的检测灵敏度。检测时不仅可以显示阻抗平面图信息，还可以对被检工件表面进行 C 扫描成像。分析数据时，不仅缺陷显示直观，也可以直接对缺陷进行尺寸测量。无论是传统的线圈式探头，还是新型的柔性印刷电路板（PCB）探头，都可以通过定制探头外型或定制辅助工装，从而使探头获得更好的焊缝表面贴合能力，进而降低提离效应带来的影响。

然而由于焊缝表面的形状及其不规则，即使有定制相应的耦合工装，检测过程中仍然会受到提离信号的影响。见图 1。比如：焊缝熔合线处的缺陷由于提离高度最大灵敏度过低，容易漏检；焊缝焊纹处的较深沟槽会形成伪显示信号，造成误判；相同大小的缺陷，出现在焊缝不同部位时灵敏度不一致，缺陷信号忽高忽低。

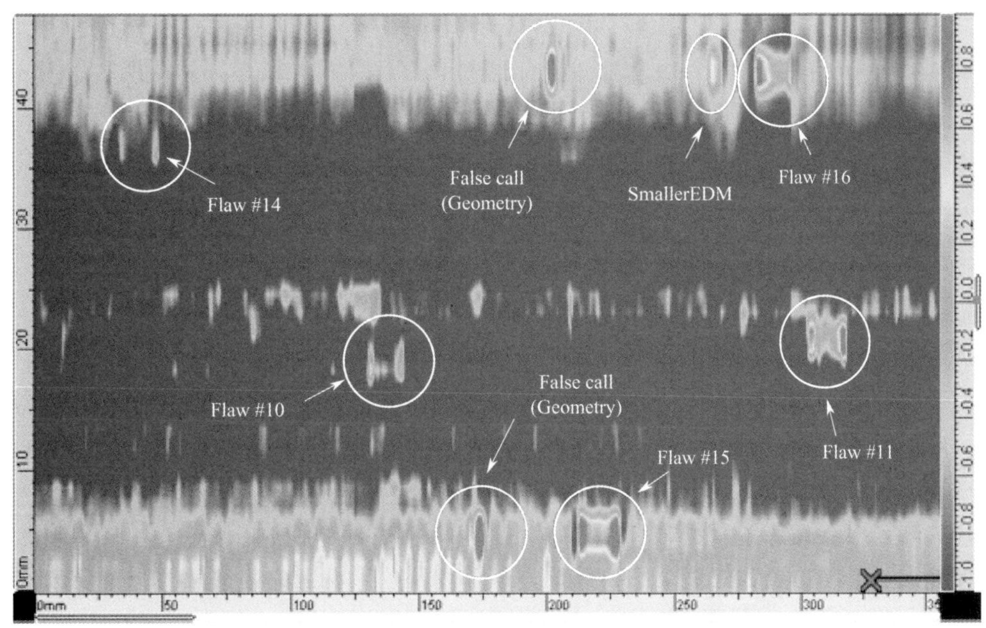

图 1 普通涡流阵列探头检测焊缝时可能出现的显示结果

为了更好地解决上述问题，奥林巴斯公司新研发了一款具有动态提离补偿功能的新型柔性阵列探头。见图 2。动态提离补偿技术主要实现了三个目的：

① 提高焊缝不同部位的检测灵敏度（如焊冠，焊纹，熔合线，热影响区等）；

② 对于焊缝不同部位，同样大小的缺陷，保持灵敏度一致；

③ 不同提离高度，保持信号幅值及相位的稳定，实现穿透涂层检测。

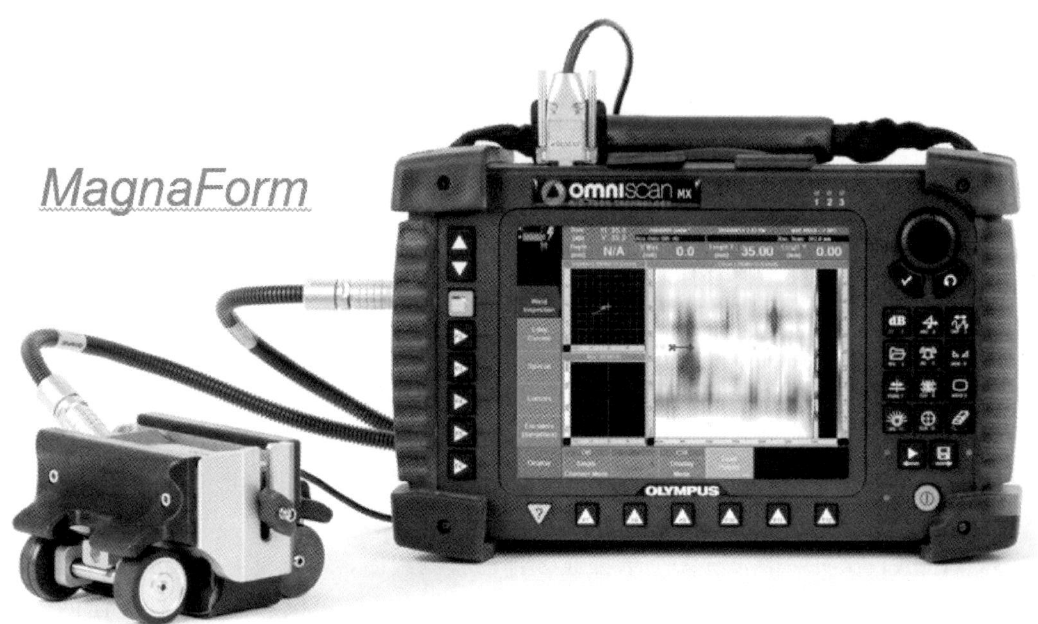

图 2　OmniScan MX ECA 主机和 MagnaForm 探头

2　涡流阵列-动态提离补偿技术

2.1　工作原理

奥林巴斯公司研发的新型柔性正交涡流阵列探头 MagnaForm，共使用 4 层 PCB 板，每 2 组激发线圈和接收线圈交错排步，共组成 16 个通道。见图 3。

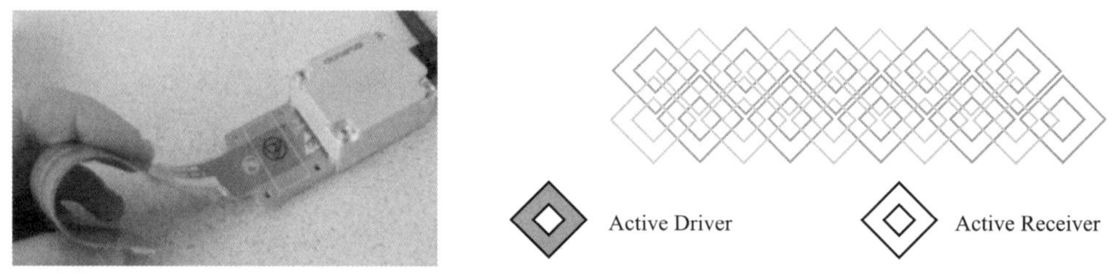

图 3　MagnaForm 探头外型及线圈结构

其工作方式共包含两种独立的模式，即焊缝检测模式和提离测量模式。进行焊缝检测时，交错排布的线圈以类似于常规焊缝探头的正交线圈的工作方式激发，检测焊缝表面的缺陷，这种工作模式下的提离信号较弱，缺陷信号较强；而进行提离测量时，相邻的线圈以一发一收的方式激发，检测线圈距离工件表面的提离变化，这种工作模式下的提离信号较强，而缺陷信号较弱。

柔性设计的阵列探头在焊缝检测时可以更好地贴合焊缝的几何外型，保证探头与焊缝最大程度的紧密接触。而焊缝表面不同位置如焊缝余高，焊纹，熔合线及热影响区的提离信号差异将由 16 个提离测量通道实时测量，并实时对 16 个检测通道的缺陷信号进行灵敏度补偿，使处于焊缝不同部位，大小相同的缺陷具有近乎一致的声阻抗幅值，即几乎一致的检测灵敏度。见图 4。

基于动态提离补偿灵敏度的强大功能，使用 MagnaForm 探头检测焊缝时可以对缺陷进行深度评估。对于表面开口的裂纹类缺陷而言，通常来说，缺陷的深度直接影响缺陷信号的幅值，因此在不考虑其他因素时，近似地认为具有相同幅值缺陷信号的两个缺陷也具有相同的深度。

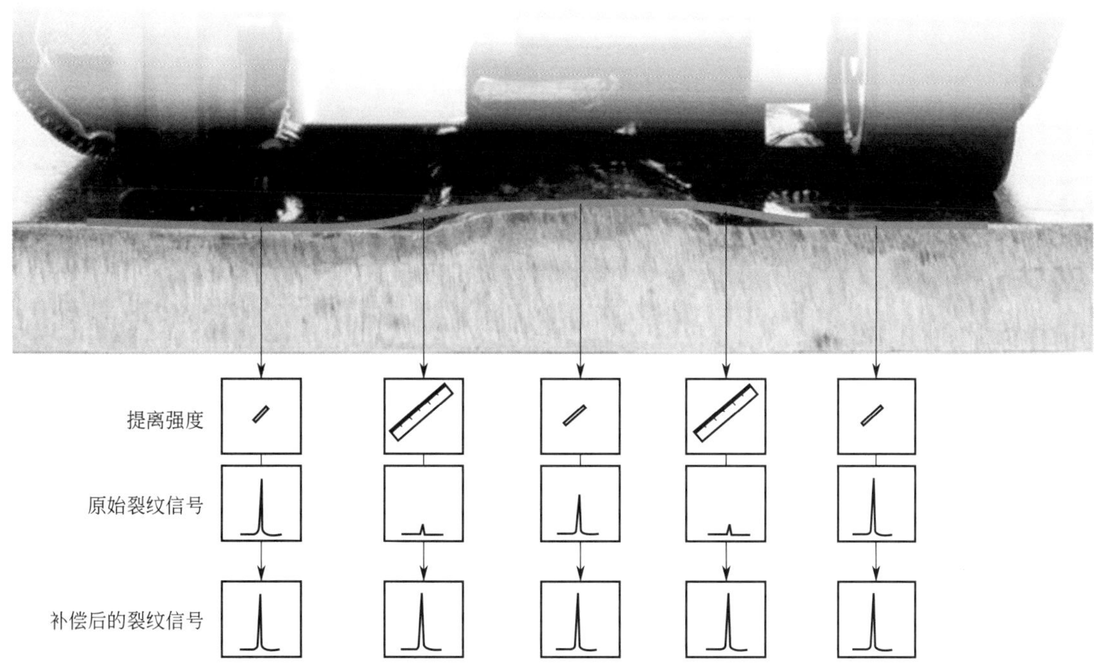

图 4　MagnaForm 放置在焊缝表面时不同位置的灵敏度动态补偿

实际焊缝检测时，受焊缝几何外型影响，由于提离高度的增加而导致的缺陷检测灵敏度下降，会造成缺陷的错误定量。动态提离补偿功能可以实时修正提离的变化，保证定量的准确性。见图 5。

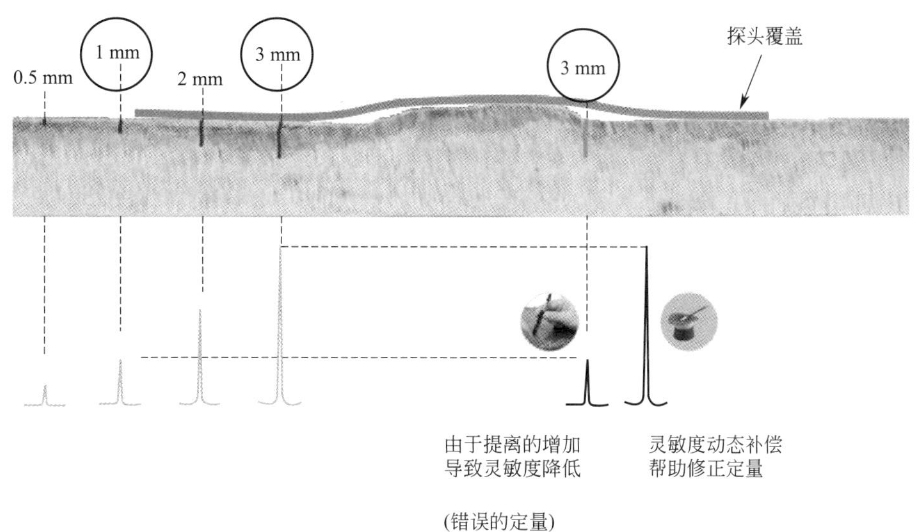

图 5　动态提离补偿在缺陷深度定量中的作用示意

2.2　校准试块实验结果

与传统的涡流阵列探头不同，MagnaForm 探头既可以进行灵敏度校准，用于缺陷校测，也可以进行定量校准，用于缺陷深度评估。为保证探头的各个通道在检测过程中能够保持一致的检测灵敏度，因此在灵敏度校准时需要使用一个等深的大长槽，即利用同一个深度对所有线圈进行校准。而在定量校准时需要使用多个不同深度的短槽进行多点校准。

笔者使用了深度 4mm 的大长槽校准灵敏度，并用长度 30mm，宽度 0.13mm，深度分别为 0.5mm，1mm，2mm，3mm，4mm 的电火花短槽校准深度。校准灵敏度和深度时，探头均直接放置在试块表面，即无提离。之后做对比实验时在试块与探头之间垫置 4 层塑料薄膜，每层厚度 0.5mm，用于模拟 2mm 涂层。见图 6。

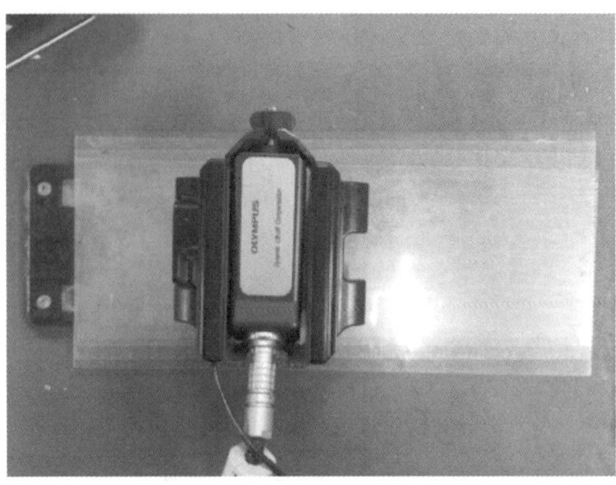

图 6 无提离及 2mm 提离状态下分别对校准试块扫查

无提离和 2mm 提离高度情况下所有缺陷均能被检测出，且从图 7 的 C 扫视图及条带视图中可见，两次的扫查结果中相同缺陷的幅值基本保持一致。

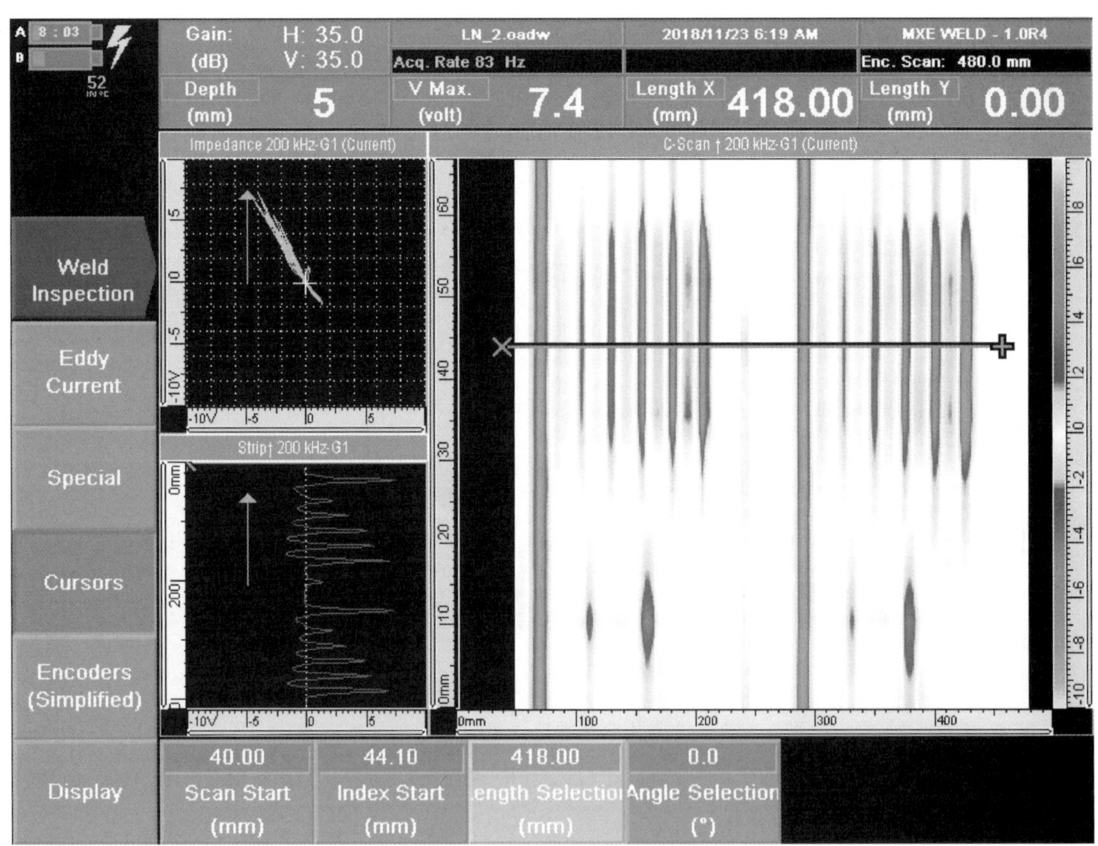

图 7 不同提离高度情况下检测灵敏度的对比

同时，仪器可以评估刻槽的深度值。见表 1。

表 1 无提离及 2mm 提离状态下不同刻槽深度检测结果对比

短刻槽设计深度	0.5mm	1mm	2mm	3mm	4mm
MagnaForm 评估（无提离）	0.6mm	1mm	2mm	2.6mm	4mm
MagnaForm 评估(2mm 提离)	0.5mm	0.8mm	1.5mm	2.1mm	3mm

3 焊缝检测实验结果对比

3.1 碳钢焊缝 ECA vs MPT

3.1.1 试块 1

用交流磁轭法检测焊缝，并用反差增强剂提高显示对比度，检测结果见图 8：

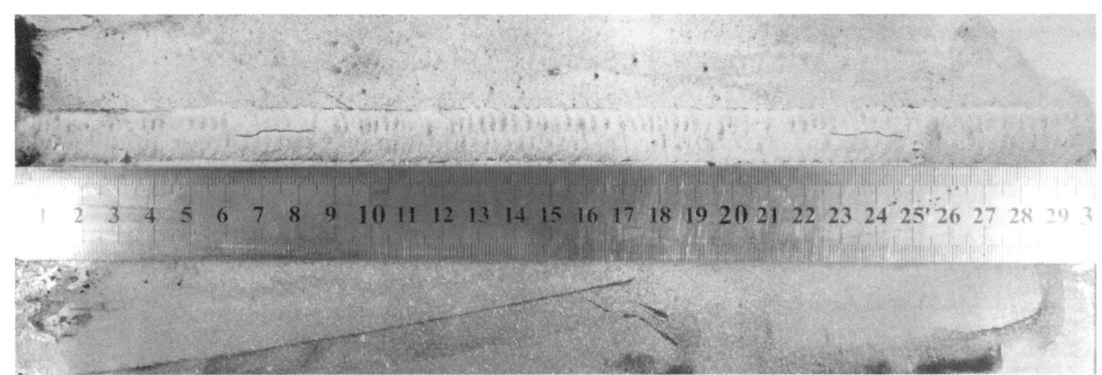

图 8 交流磁轭法检测焊缝表面缺陷磁痕显示

无提离高度时，使用 MagnaForm 对焊缝扫查，可清晰地发现两个表面缺陷。将光标放置到缺陷信号的最长显示位置，可读出左侧缺陷的起始位置为距离板左端 60mm，缺陷长度 27mm。见图 9。

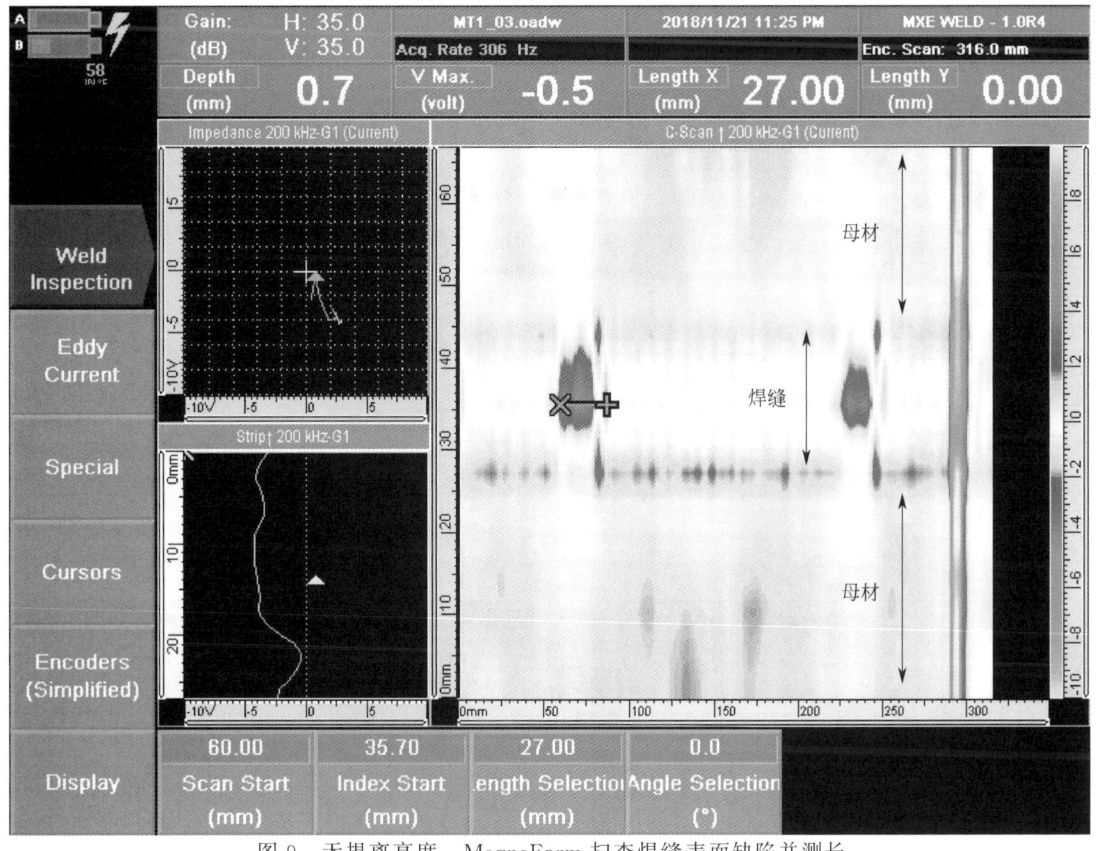

图 9 无提离高度，MagnaForm 扫查焊缝表面缺陷并测长

将光标放置到并完全选取缺陷信号的最高波幅位置，可读出左侧缺陷的大致深度为 1.0mm。见图 10。

图 11 显示了另外一个表面缺陷的长度及深度。

在焊缝上垫置 4 层塑料薄膜后，再次扫查。检测及测量结果见图 12。

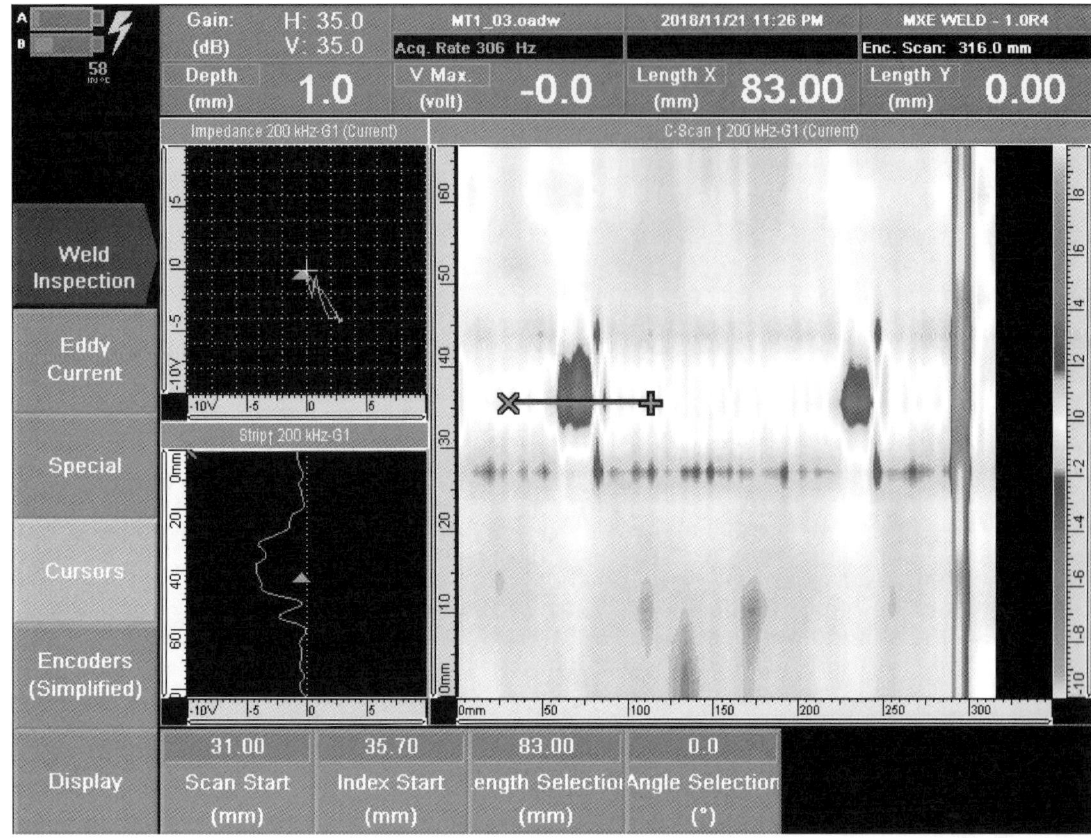

图 10 无提离高度，MagnaForm 扫查焊缝表面缺陷并评估深度

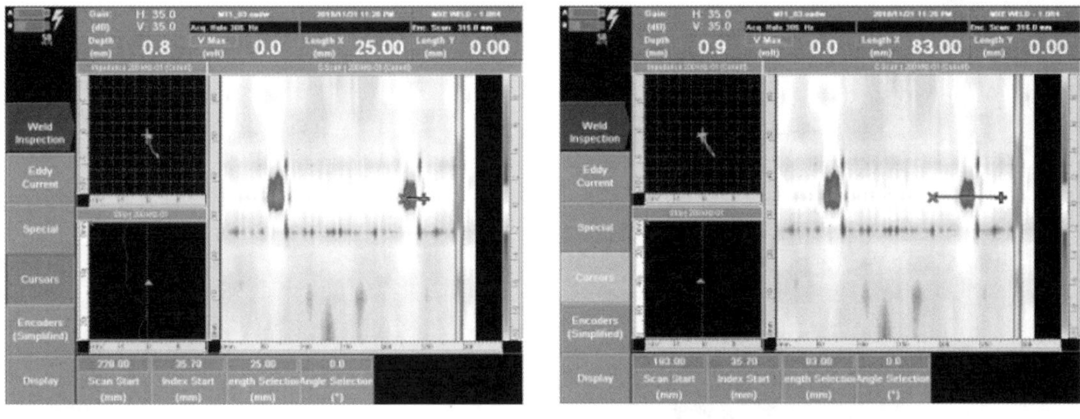

图 11　无提离高度，另一缺陷的测量

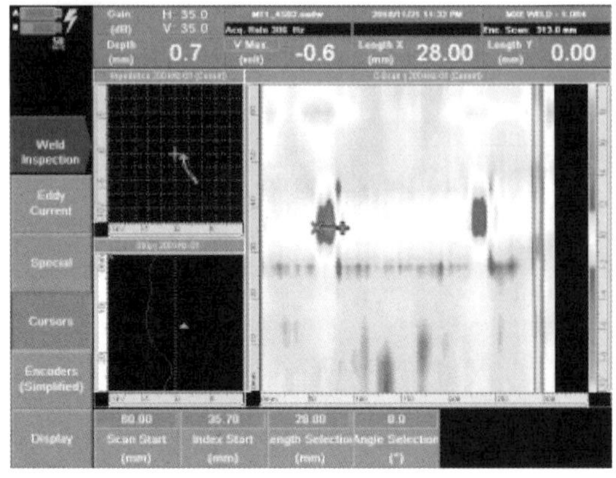

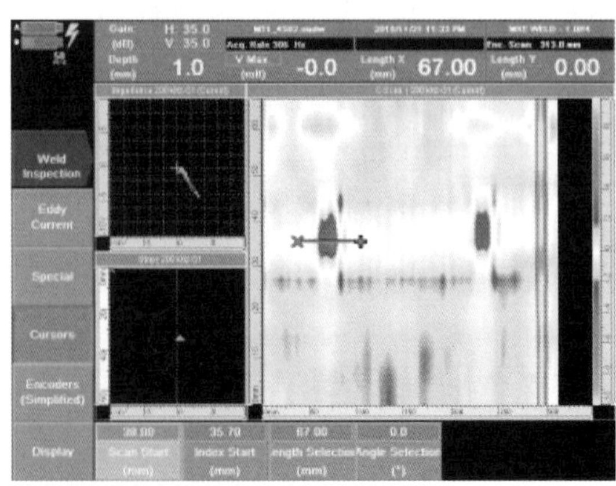

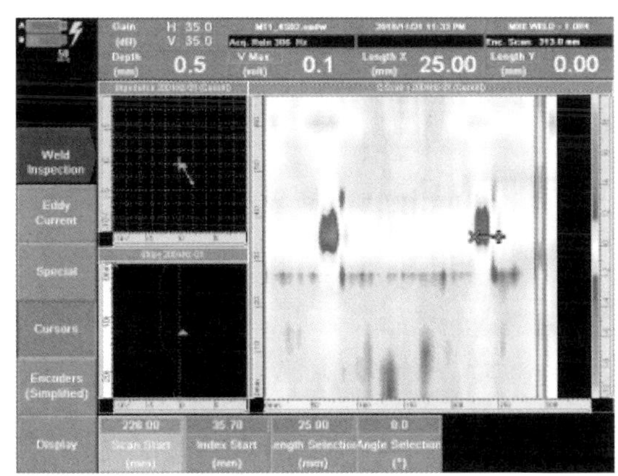
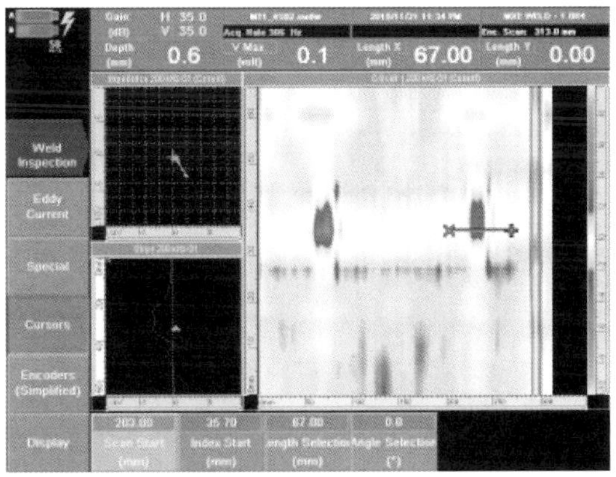

图 12 2mm 提离高度，MagnaForm 扫查焊缝表面缺陷

两种检测方法均可发现表面的两个缺陷，且缺陷尺寸基本一致。测量数据统计见表 2。

表 2 无提离及 2mm 提离状态下焊缝缺陷检测结果对比

	MPT		MagnaForm（无提离）		MagnaForm(2mm 提离)	
缺陷编号(从左至右)	1	2	1	2	1	2
缺陷起始位置(距左侧端部)	60mm	225mm	60mm	228mm	60mm	226mm
缺陷长度	25mm	23mm	27mm	25mm	28mm	25mm
缺陷深度	/	/	1mm	0.9mm	1mm	0.6mm

3.1.2 试块 2

用交流磁轭法检测焊缝，并用反差增强剂提高显示对比度，检测结果见图 13。

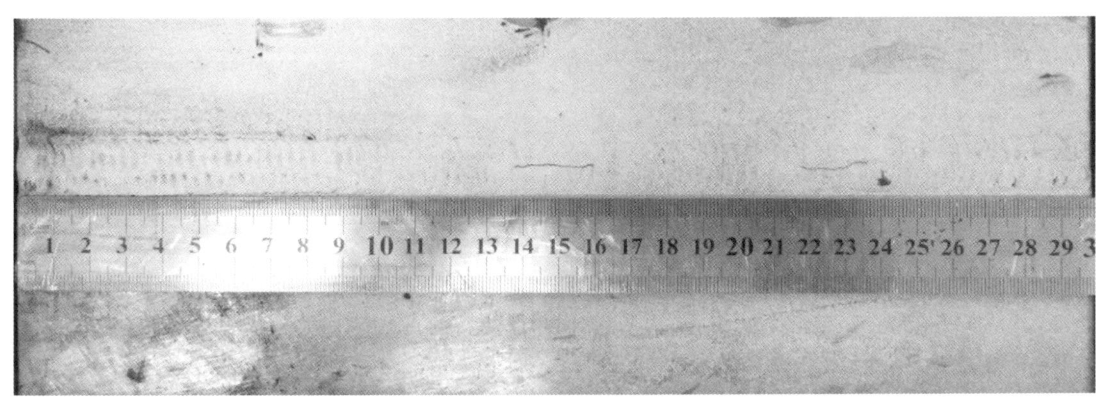

图 13 交流磁轭法检测焊缝表面缺陷磁痕显示

涡流阵列检测分别在无提离和 2mm 提离高度的情况下扫查，结果见图 14 及图 15。

两种检测方法均可发现表面的两个缺陷，且缺陷尺寸基本一致。测量数据统计见表 3。

表 3 无提离及 2mm 提离状态下焊缝缺陷检测结果对比

	MPT		MagnaForm（无提离）		MagnaForm(2mm 提离)	
缺陷编号(从左至右)	1	2	1	2	1	2
缺陷起始位置(距左侧端部)	138mm	218mm	136mm	219mm	138mm	219mm
缺陷长度	22mm	18mm	24mm	17mm	22mm	16mm
缺陷深度	/	/	1.3mm	0.7mm	1.4mm	0.6mm

3.2 不锈钢焊缝 ECA vs DPT

用着色渗透法检测焊缝，检测结果见图 16。

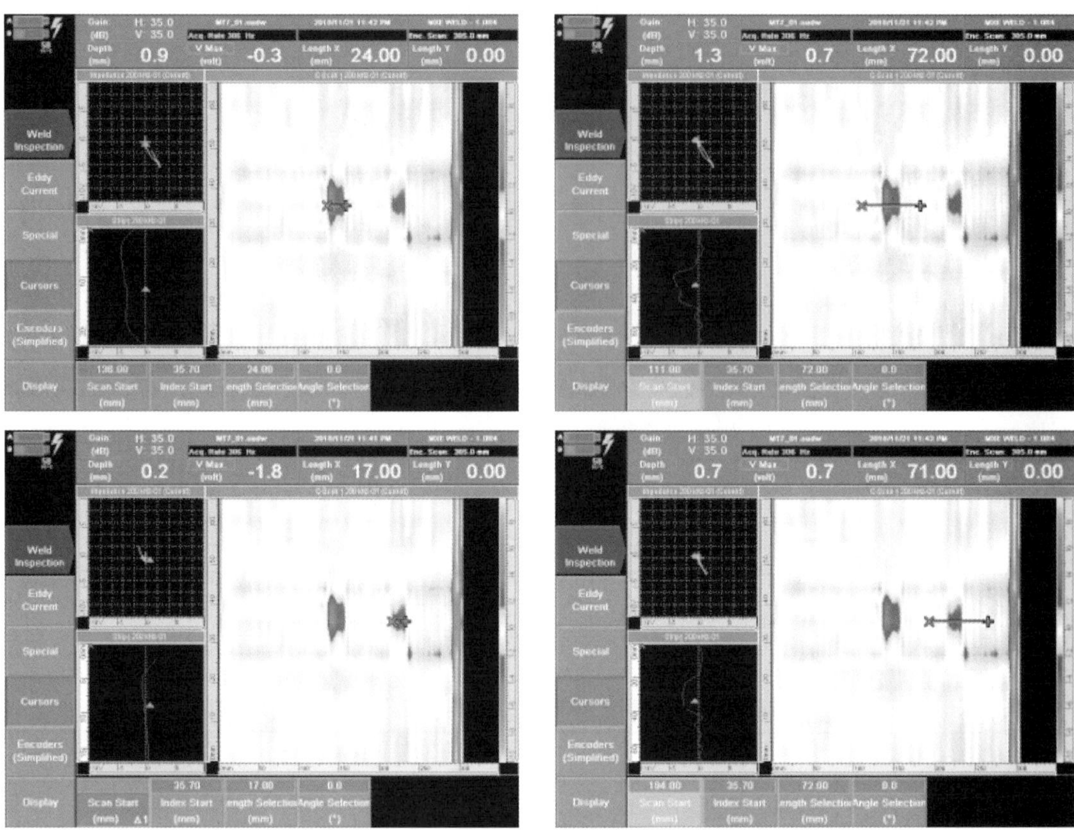

图 14　无提离高度，MagnaForm 扫查焊缝表面缺陷

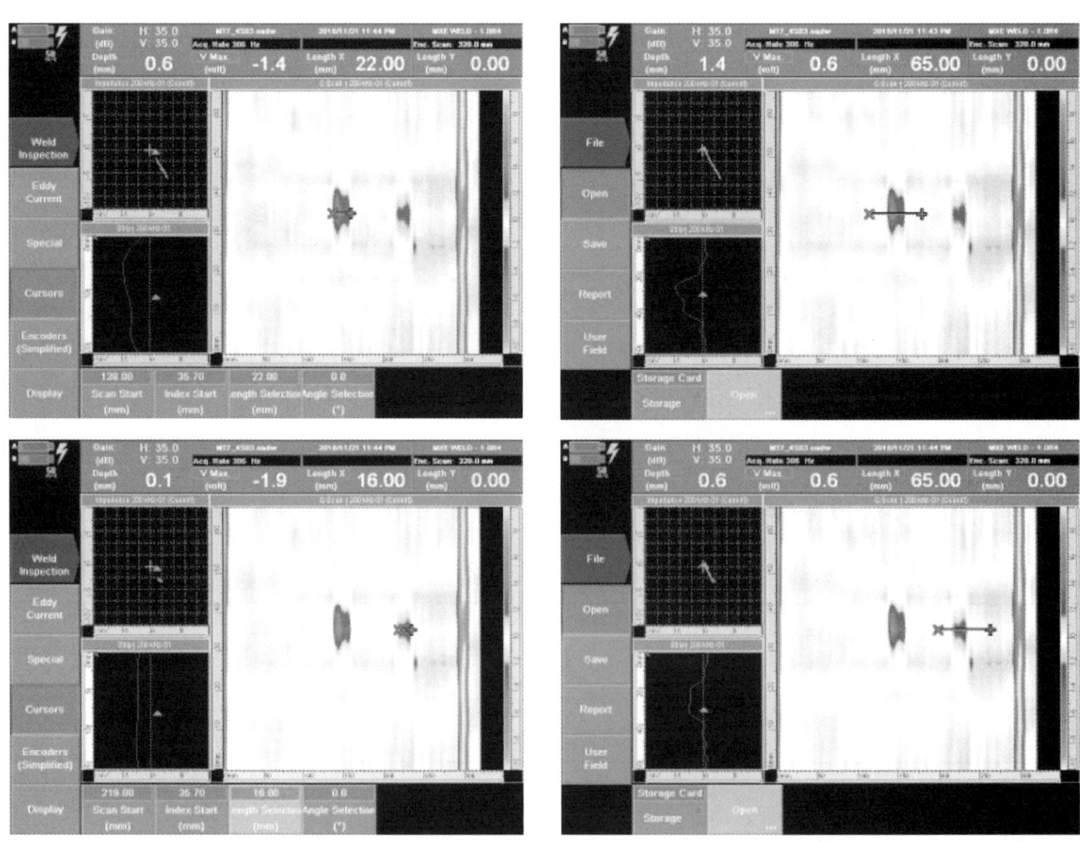

图 15　2mm 提离高度，MagnaForm 扫查焊缝表面缺陷

图 16 着色渗透检测焊缝表面缺陷显示

无提离高度时，使用 MagnaForm 对焊缝扫查，发现 4 处缺陷显示。见图 17。

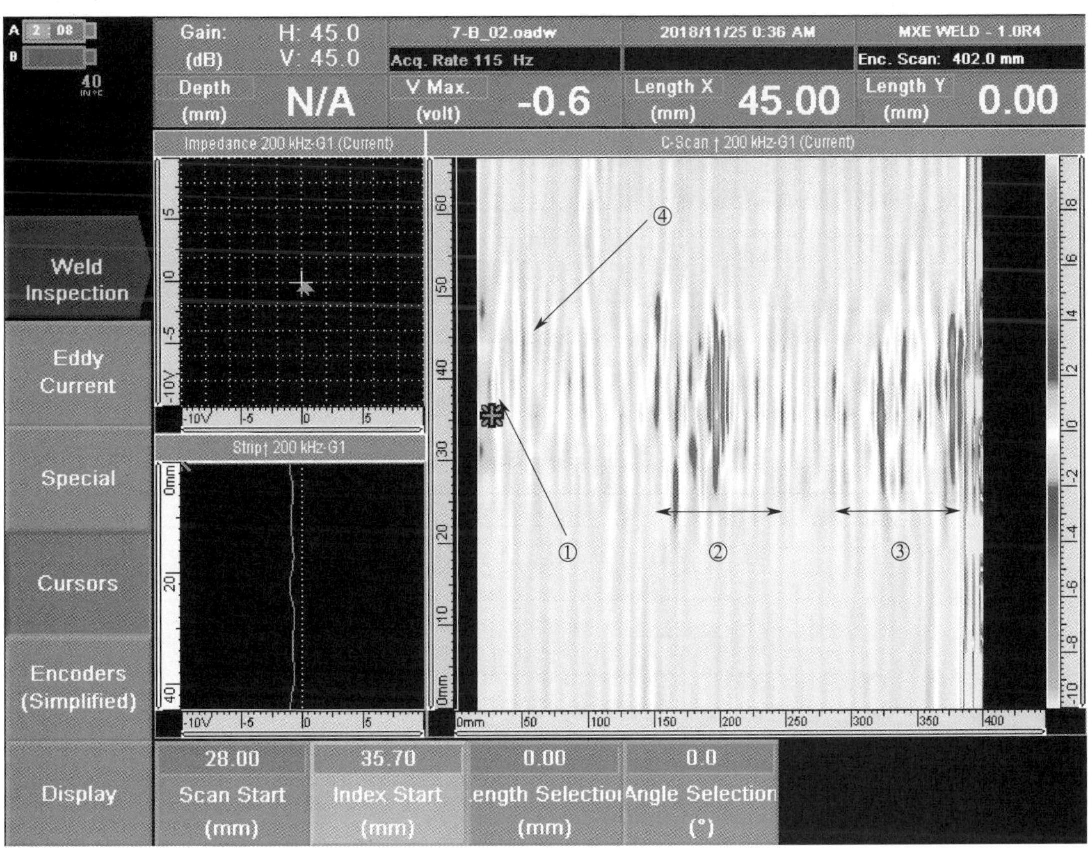

图 17 无提离高度，MagnaForm 扫查焊缝表面缺陷显示

垫置 2mm 塑料薄膜后，重新扫查，发现 4 出缺陷显示。见图 18。

两种方法检测的缺陷测量数据统计见表 4，由于本次实验前未进行定量校准，因此仪器无法对缺陷的深度进行评估。

① 1 号两个气孔 PT 显示更加清晰，由于气孔直径较小，该款 MagnaForm 探头线圈尺寸较大，缺陷信号较弱，且分辨率难以区分相邻的较小气孔。

② 2 号缺陷的测量尺寸基本一致。

③ 3 号缺陷 PT 测量尺寸较短，且显像痕迹较弱，右侧靠近板端的部分无显像痕迹，经对比判断该缺陷可能未完全表面开口。

④ 4 号缺陷 PT 中无明显显示，可能未表面开口。

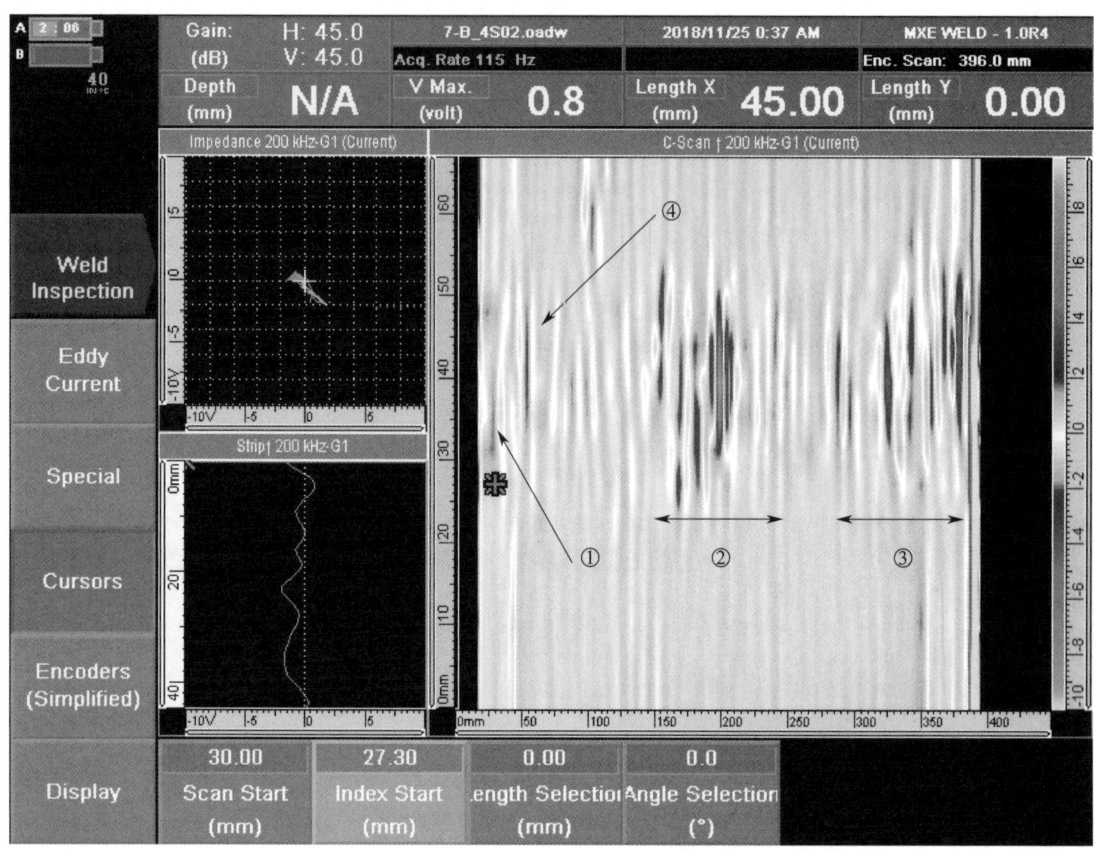

图18 2mm提离高度，MagnaForm扫查焊缝表面缺陷显示

表4 无提离及2mm提离状态下焊缝缺陷检测结果对比

	缺陷编号	缺陷起始位置(板左侧端部)	缺陷长度
DPT	1	20mm	气孔2个
	2	150mm	70mm
	3	320mm	25mm
	4	未发现	/
MagnaForm（无提离）	1	20.5mm	0mm
	2	145mm	97mm
	3	282mm	96mm
	4	45mm	0mm
MagnaForm(2mm提离)	1	21.5mm	0mm
	2	149.5mm	87mm
	3	280.5mm	94mm
	4	46.5mm	0mm

4 结论

通过上面的实验可知，具有动态提离补偿技术的MagnaForm探头可以有效地检测焊缝表面缺陷，尤其是在役及检修环境下的穿透涂层检测。其主要优势如下：

① 检测效率高，速度快，可以与手动或自动扫查器联合扫查。

② 受到提离因素影响较小，可以穿透涂层检测工件表面缺陷，或检测表面腐蚀坑中的应力腐蚀开裂等缺陷。

③ 既可以检测碳钢，也可以检测不锈钢。

④ 与磁粉检测技术相比，穿透涂层检测能力更强，且对表面状态要求低。

⑤ 与渗透检测技术相比，不仅可以穿透涂层检测，还具有一定的近表面检测能力。

⑥ 经过校准，具有一定的缺陷深度评估能力，有益于开展失效分析。

⑦ 检测数据存储方便，后续分析简单。

压力管道焊接残余应力测试方法

李仕力　王海涛　王俊强　罗艳龙

中国特种设备检测研究院，北京 100029

摘　要： 针对焊接残余应力测量在管道焊接中的重要性，对目前残余应力的测量方法进行了综述。简述了现有的残余应力测量方法的原理及其应用现状，并总结了各种测量方法的优缺点及其应用范围，给出了选择应力测量方法的原则及方法。

关键词： 焊接；残余应力；盲孔法；压痕法；X 射线法

Measuring Method for Residual Stress in Welding of Pressure Piping

Li Shi-li, Wang Hai-tao, Wang Jun-qiang, Luo Yan-long

China Special Equipment Inspection and Research Institute, Beijing 100029

Abstract: Because of the importance of measuring residual stress in welding of pressure piping, the measuring methods of residual stress were reviewed. The principle and application status of residual stress measuring methods were described briefly. The advantages and disadvantages of various measuring methods and their applications were summarized. The principle and method of choosing the stress measuring method were given.

Keywords: Welding; Residual stress; Blind hole method; Indentation method; X-ray method

0　引言

压力管道在国民经济建设中起着举足轻重的作用，而焊接是必不可少的一个重要安装施工环节。压力管道在使用中由于焊接缺陷而发生开裂，很多情况下都是由于焊接工艺而导致的。而焊接过程中产生的残余应力是焊接裂纹产生的重要因素，是引起焊缝开裂的主要原因。因此准确地测量焊接残余应力的大小对研究残余应力的工作以及管道安全有着重要的意义。

残余应力测试始于 20 世纪 30 年代，发展至今，已形成了多种测量方法。目前测量残余应力的方法相对于被测件而言，大致可分为两类，即破坏性的机械释放检测法和非破坏性的无损物理检测法。有损法主要包括：盲孔法、压痕法、分割切条法、切槽法、套孔法、逐层铣削法、套取芯棒、RIN 切割法、内孔直接贴片法等；无损法主要包括：X 射线、中子衍射、超声波、电子散斑干涉法、磁性法、硬度法等。

基金项目：国家重点研发计划（编号：2018YFF0215003）。

作者简介：李仕力，1986 年出生，男，工程师，硕士，主要从事失效分析及材料适用性评价。

1 有损检测方法

1.1 盲孔法

1.1.1 原理

盲孔法是1934年由德国学者Mathar提出的，后由Stone发展完善形成系统理论的。1981年已被纳入美国材料试验协会ASTM标准E837—81。

假定一块各向同性的材料中存在有残余应力，若钻一小孔，孔边的径向应力下降为零，孔边附近的应力重新分布，该应力变化称为释放应力。如图1所示，板中心 O 点处钻一半径为 a 的孔之后，采用极坐标 r，θ 表示构件上孔邻近任一点 P（r，θ）点的应力状态。

钻孔引起的应力改变量为：

$$\sigma'_r=\sigma_{ro}-\sigma_r=-\frac{\sigma_1+\sigma_2}{2}\times\frac{a^2}{r^2}+\frac{\sigma_1-\sigma_2}{2}\left(\frac{3a^2}{r^4}-\frac{4a^2}{r^2}\right)\cos 2\theta \tag{1}$$

$$\sigma'_\theta=\sigma_{\theta 0}-\sigma_\theta=\frac{\sigma_1+\sigma_2}{2}\times\frac{a^2}{r^2}-\frac{\sigma_1-\sigma_2}{2}\frac{3a^2}{r^4}\cos 2\theta \tag{2}$$

式中，σ_1，σ_2 为两个主应力，σ_{r0}，$\sigma_{\theta 0}$ 分别为径向应力和切向应力，θ 为参考轴与主应力 σ_1 方向的夹角，σ'_r、σ'_θ 为钻孔而释放的应力，因而将相应地产生释放应变，并且有：

$$\varepsilon'_r=\frac{1}{E}(\sigma'_r-\mu\sigma'_\theta) \tag{3}$$

根据上式，只需在所示的板上测量与点 O 为等距离的三点的径向应变 ε'_1，ε'_2，ε'_3 即可求得主应力 σ_1，σ_2 与主方向 θ，于是问题归结为径向应变的测定。

通常表面残余应力是平面应力状态，两个主应力和主应力方向角共三个未知量，要求用三个应变敏感栅组成的应变计进行测量。一般采用径向排列的三轴应变计[1-4]，如图2盲孔法应变计敏感栅布置图所示。

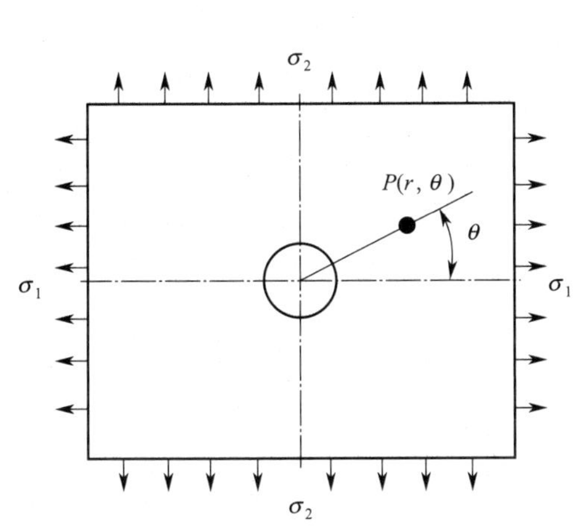

图1 盲孔法

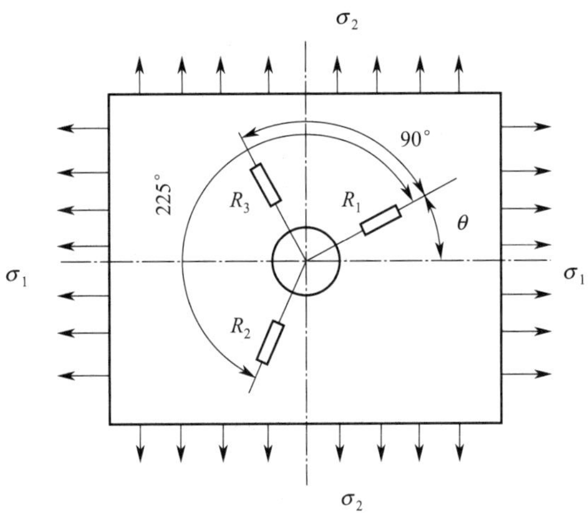

图2 盲孔法应变计敏感栅布置图

r 为孔中心到应变片中心的距离，设在孔中心 O 等距离且主应力 σ_1 成角度 θ，$\theta+90°$，$\theta+225°$ 的三个方向上同时粘贴应变片，由上式则分别产生的径向应变为 ε'_1，ε'_2，ε'_3，通过弹性理论可得到主应力 σ_1，σ_2 与主方向 θ：

$$\sigma_1=\frac{E}{4}\left[\frac{\varepsilon'_1+\varepsilon'_3}{A}-\frac{\sqrt{(2\varepsilon'_2-\varepsilon'_1-\varepsilon'_3)^2+(\varepsilon'_1-\varepsilon'_3)^2}}{B}\right] \tag{4}$$

$$\sigma_2=\frac{E}{4}\left[\frac{\varepsilon'_1+\varepsilon'_3}{A}+\frac{\sqrt{(2\varepsilon'_2-\varepsilon'_1-\varepsilon'_3)^2+(\varepsilon'_1-\varepsilon'_3)^2}}{B}\right] \tag{5}$$

$$\tan 2\theta=\frac{2\varepsilon'_2-\varepsilon'_1-\varepsilon'_3}{\varepsilon'_3-\varepsilon'_1} \tag{6}$$

式中，ε'_r 为径向应变，A、B 为应力释放系数。

1.1.2 优缺点

盲孔法测量焊接残余应力的精度与灵敏度都比较好，但被测试件受到损伤，因此实际应用受到很大限制，并且其测量结果是小孔处被测试表面的平均值，无法精确地表达应力随深度的变化情况。还不能完全解决被测试件残余应力的测量问题[5-9]。

1.2 压痕法

压痕法作为一种新型残余应力检测方法，出现的时间比较晚，上世纪 70 年代，Underwood 等人发现残余应力对压痕周围应变场的影响是有规律的[10]。上世纪来，中科院金属研究所和上海交通大学等开始对动载和静载痕周围应力应变场的变化规律进行理论和实验研究。他们通过有限元模拟和试验标定相结合的方法，初步探讨了压痕周围塑性区的大小及其随初始残余应力的变化规律，(1) 相同压痕直径下：$\Delta\varepsilon=A+B\varepsilon$；(2) 相同初始残余应变 ε 下：$\Delta\varepsilon=C+Dd$，计算出 ε 从而计算出主应力（σ_1，σ_2）及其方向[11]。

采用压痕法测量焊接残余应力的过程中，应力-应变的计算目前仍需要进行实验标定，而标定用材料一般同被测结构母材相同。对于低合金结构钢和低碳钢，焊缝有时采用超强匹配，而在测量应力时一般都采用母材的标定系数，由于屈服强度的较大差异，必然带来重大测量误差。陈怀宁在对压痕周围材料产生变形的现象进行探讨的基础上，提出准确计算焊缝应力的修正方法，$\sigma'=\eta\frac{Y_M}{Y_W}\cdot\sigma$，其中 σ' 为修正后的应力和应变增量，σ 为直接采用标定系数计算得到的应力和原始应变增量，Y_M 和 Y_W 分别为母材和焊缝的屈服强度，η 为材料性质有关的系数，$1\leqslant\eta<\frac{Y_M}{Y_W}$。但其中的某些设想和修正系数尚需进一步研究[12]。

曲鹏程在陈怀宁的基础上，对不同材料压痕周围的塑性区尺寸随单向残余应力及材料常数规律进行了系统研究。他将有效应力相等时屈服强度 350MP 材料的平均应变增量 $\Delta\varepsilon_{x,y}$（350）用屈服强度为 σ_y 材料的平均应变增量 $\Delta\varepsilon_{x,y}$（σ_y）表示成如下通用形式：$\Delta\varepsilon_{x,y}$（350）=（1.25－0.00076σ_y）$\Delta\varepsilon_{x,y}$（σ_y），式中 $\Delta\varepsilon_{x,y}$（350）为屈服强 350MP 材料的应变增量，$\Delta\varepsilon_{x,y}$（σ_y）屈服强度为 σ_y 的材料实测应变增量。因此只要知道焊缝填充材料的屈服强度，即可得到与焊缝实测应变增量相对应的母材应变增量，然后根据母材标定系数，计算出母材残余应力，最后通过式：$\sigma_r^w/\sigma_y^w=\sigma_r^m/\sigma_y^m$（$\sigma_y^w$ 和 σ_y^m 分别为焊缝和母材区的屈服强度；σ_r^w 和 σ_r^m 分别为焊缝和母材的残余应力）计算出焊缝区的残余应力[13]。

压痕残余应力测量方法是一种比较有前途的方法，它测量精度较高，标距小，能准确反映应力分布状态，而且对工件破坏小、设备简单方便，适于现场测量[14]。

1.3 取条法

取条法是从存在残余应力的构件上切取矩形等截面细直条状试样，使切取下的试样残余应力完全释放，测量试样长度在应力释放前后的变化，经换算得构件在切取试样处原有的残余应力。

1.4 切槽法

切槽法是在构件表面上切削沟槽，而这沟槽在构件表面上形成一定的区域，使此区域内的残余应力释放，测量其应变以求得此处的残余应力，假定此处在切槽前残余应力是均匀的，而在切槽后残余应力完全释放。沟槽的横截面形状大小及沟槽所围成的应力释放区的形状大小等均可根据需要确定，在此区域内标点，测得切槽前后标点之间的距离的变化，即可推算出残余应力。

1.5 逐层铣削法

盲孔法虽然在测量残余应力时有很多优点，但它只能测出构件表面的残余应力分布，无法描述沿厚度方向应力的变化，逐层铣削法较好地解决了这个问题。当具有内应力的物体被铣削一层后，该物体将产生一定的变形。根据变形量的大小，就可以推算出被铣削层内的应力。然后逐层削铣，逐层测定，根据各次铣削测得应变值，就可计算出各层在铣削时的内应力，但是，这样算出的内应力还不是原始内应力。因为这样算得的第 N 层内应力实际上只是已铣削去（$N-1$）层后存在于该层的内应力。要求出第 N 层的原始内应力就必须扣除它前面（$N-1$）层的影响。因此，此法工作量相当大。

2 无损检测方法

2.1 X射线法

2.1.1 原理

X射线应力测定的基本原理是由俄国学者 Аксенов 于 1929 年提出，它的基本思路是，一定应力状态引起材料的晶格应变和宏观应变是一致的。晶格应变可以通过 X 射线衍射技术测出；宏观应变可根据弹性力学求得，因此从测得的晶格应变可推知宏观应力。

金属材料是由一定点阵排列组成的晶格结构，晶格内某一取向的原子间距是一定的。若能测量出自由状态下的原子间距与在某一应力作用下的原子间距的差值，就能计算出作用应力的大小，也就是著名的 Bragg 定律，当射线入射角（射线与材料平面的夹角）θ 满足下面方程式时，衍射强度最大，$2d\,\mathrm{Sin}\theta=n\lambda$（$n=1，2，3，\cdots$），$d$ 是晶格常数（原子间距），λ 是 X 射线波长，n 为衍射级数。当有应力作用时，金属材料发生变形，原子间距 d 会发生变化，Bragg 角 θ 也发生变化。

通过测量衍射角变化 $\Delta\theta$ 从而得到晶格间距变化 Δd，依据布拉格定律和弹性理论可以导出，应力值 σ 正比于 2θ 随 $\mathrm{Sin}^2\psi$ 变化的斜率 M，即

$$\sigma=K\cdot M$$

$$M=\frac{\partial 2\theta}{\partial \sin^2\psi} \tag{7}$$

式中，K 为应力常数：

$$K=-\frac{E}{2(1+\mu)}\mathrm{ctg}\theta_0\cdot\frac{\pi}{180} \tag{8}$$

式中，E 为杨氏模量，μ 为泊松比，衍射晶面法线与试样表面法线夹角为 ψ（如图 3），θ_0 为无应力状态的布拉格角。对于指定材料，K 值可以从资料中查出或通过实验求出。这样，测定应力的实质问题就变成了选定若干 ψ 角测定对应的衍射角 2θ。通过 X 射线应力测定仪，即可自动完成测量并给出最终结果。

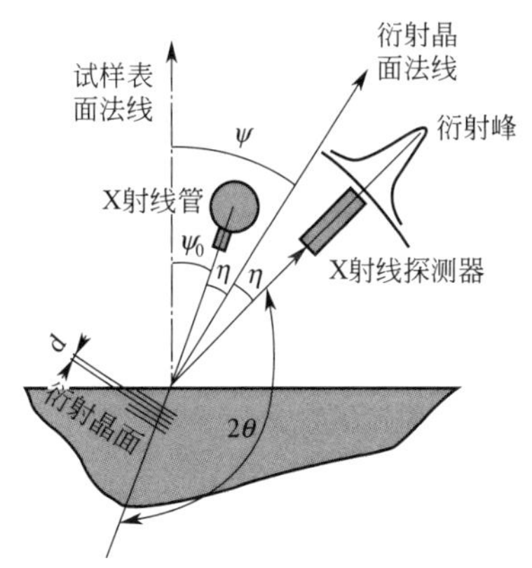

图 3 X射线衍射图

2.1.2 优缺点

优点：X 射线衍射测应力是一种非破坏的测量法；测量表层（40μm 以内）的内应力，方便研究镀层、渗层、涂层等；X 射线照射面积小到 1～2mm²，可以测定小区域的局部应力；通过剥层法可以测定沿深度变化的应力梯度。

缺点：测量精度稍低，约为 10～30MPa；测量精度受晶粒度、试样形状、织构和测试仪器的操作影响较大；X 射线衍射法测定的是试件的表面应力，所以试件的表面状况对测量结果也有很大的影响。

2.2 中子射线衍射法

以中子流为入射束，照射试样，当晶面符合布拉格条件时，产生衍射，在一定的位置可得到衍射峰，通过研究衍射束的峰值位置和强度，可获得应力或应变及结构的数据，这种测量材料应力的方法称为中子射线衍射法。该方法与普通 X 射线衍射方法主要差别是，X 射线是由电子壳散射的，而中子射线是由原子核散射的，中子的穿透深度比 X 射线大得多，对于钢可达 50mm，可以用来测量钢的焊接结构沿层深的残余应力[15]。

各种焊接结构沿层的残余应力都可以采用中子法来测量。近年来中子法在焊接残余应力测量中的应用比较普遍。如，Mochizuki 以中子衍射法作为直接测量手段来对碳钢管焊接接头沿层深的残余应力进行了分析和验证[16]；Stone 把中子法应用到了 WASPALOY 合金的电子束残余应力的测量上。但该方法所用仪器价格昂贵，且不适合现场测量。

2.3 超声法

声弹性法是通过超声在材料内部的传播特性，利用应力引起的声双折射效应测量出超声传播路径的平均应力的方法，因此又称为超声应力测定法。

对于垂直于平面应力作用面传播的超声横波，其沿主应力方向 σ_1 及 σ_2 传播的两个横波分量的传播速度之差与主应力之差成正比，即：

$$(VT_1-VT_2)/VT_0=ST(\sigma_1-\sigma_2) \tag{9}$$

式中，VT_0 为超声横波在无应力各向同性固体中传播的速度；ST 为横波声应力常数。

由于材料的各向异性会产生声双折射效应，因此在一个各向异性的固体中超声横波传播速度与应力之间的关系用下式描述：

$$(VT_1-VT_2)/VT_0=ST(\sigma_1-\sigma_2)+\alpha \tag{10}$$

式中，α 为材料各向异性系数。

由声弹性理论还可推知，当超声纵波垂直于平面应力作用面传播时，其传播速度的相对变化率 $(VL*VL_0)/VL_0$ 与两主应力之和成正比，即：

$$(VL-VL_0)/VL_0=SL(\sigma_1+\sigma_2) \tag{11}$$

式中，VL_0 为超声横波在无应力各向同性固体中传播的速度；VL 为有平面应力时的传播速度；SL 为横波声应力常数。

由声弹性理论得到超声表面波速度与表面应力的关系：

$$\begin{aligned}(V_0-V_1)/V_0&=K_1\sigma_1+K_2\sigma_2\\(V_0-V_2)/V_0&=K_1\sigma_2+K_2\sigma_1\end{aligned} \tag{12}$$

式中，V_0 为无应力时表面波的传播速度；V_1 为沿 σ_1 方向表面波的传播速度；V_2 为沿 σ_2 方向表面波的传播速度；K_1，K_2 分别为与二阶和三阶弹性常数相关的表面波声应力常数。

先用试验方法得出材料的 ST，SL，α，K_1 和 K_2，并测出无应力状态材料的 VT_0，VL_0，V_1 和 V_2，通过以上各式便可求得两主应力。

超声波可以穿透工件的任意深度，因此该法适合测量大型焊接构件的三维应力场，而且具有快速简便的特点。

但目前在用超声波法测量残余方面存在以下三方面的问题：①测量结果受试样材料组织结构干扰大；②对表层或内部应力急剧变化的构件和形状复杂受三向应力的构件，用此法测定的应力，待解决的问题较多；③由于声波波长太长，利用干涉法目前还很难解决，而这也将影响到测量精度。因此声弹性测定残余应力至今还没有在现场实测中得到推广应用。

2.4 磁性法

当铁磁性材料中有残余应力存在时，其磁性会发生变化，人们就利用磁性的这种变化来评定铁磁材料中的残余应力。目前应用的磁性方法有两种：磁噪声法和磁应变法。

2.4.1 磁噪声法

磁噪声法又称为巴克豪森磁噪声（BN）分析。铁磁材料磁化时，由于磁畴的不连续转动，在磁滞回线最陡的区域出现不可逆跳跃，从而在探测线圈中引起噪声（BN）。研究表明，BN 信号的大小对材料的微观结构、晶粒度、晶粒缺陷及作用应力等因素很敏感。因此有人用测量 BN 在探测线圈内感应产生的脉冲电压信号的大小来检测材料的应力、显微组织和缺陷。

2.4.2 磁声发射

这是与 BN 分析类似的一种方法，铁磁材料在外加交变磁场作用下，磁畴来回摆动，磁畴壁运动发出弹性波，这种弹性波也受应力影响。检测弹性波的方法是采用压电晶体拾取信号，用声发射技术中的信息处理方法，因此，称为磁声发射法（MAE）。MAE 除受应力影响外，也受材料成分、微观结构等因素影响。

磁性法的最大特点是测量速度快，非接触测量，适合现场使用，但测量结果受很多因素影响，可靠性、精度较差，量值标定困难，对材质较敏感。另外它们都是需要外部激励磁场来运作的，因此带来了磁化不均匀，设备笨重、消耗能源、复杂结构无法测试、剩磁和磁污染等问题[17]。

3 新型测试方法

3.1 裂纹柔度法

裂纹柔度法是近年来较为热门的一种测量方法。该方法的测定原理是基于线弹性断裂力学理论，在被测物体表面引入一条深度逐渐增加的裂纹来释放残余应力，通过测量对应不同裂纹深度指定点的应变释放量来测定相应的应变、位移等量值，进而分析和计算出残余应力。作为新型残余应力测试方法，裂纹柔度法具有广阔的应用前景，但由于其测量上和计算上误差的出现，需要对此方法做出更深入的研究。

3.2 纳米压痕法

纳米压痕技术又被称为深度敏感压痕技术，是近年来发展起来的一种新技术，它可以在不剥离薄膜与基底材料的情况下，直接得到薄膜材料的许多力学性质，如弹性模量、硬度、屈服强度、加工硬化指数等，不仅如此，还可以得到诸如蠕变、残余应力、相变等丰富的信息。由于纳米技术具有极高的分辨率，近年来用此方法测量残余应力引起了国内外很多学者的兴趣，也取得了可喜的成果。

3.3 激光超声波法

前面所述的超声波法在实际应力检测方面已得到了广泛的关注。在之前介绍的研究中，声波都是采用接触式激发的，带来声波传播距离长的问题，导致局部应力值不准确。但工业应用中往往要求的是应力的局部分布。激光正好弥补了这一缺陷，将激光用作超声的激发源和探针，真正实现局部应力的探测，且不需要复杂的扫描机构。利用激光作为超声源来探测残余应力，除具备超声波无损、可测任意深度的残余应力分布的优点以外，还可发挥激光易扫描、空进分辨率高、远距离激发及接收等优势。

4 结论

目前来说，盲孔法及X射线法是应用最多的残余应力测试方法。同时，一些新型的测试方法也不断得到了发展，在实际应用中还需要解决设备昂贵、试验条件复杂等约束。不同的残余应力测试方法适用于不同的工况条件，每种测试方法各有其利弊，有待进一步的发展和完善。在确定金属和金属结构的残余应力时，针对工件选择最合理的测定方案很重要，主要应在允许结构受损伤的程度、金属性能变化的影响、现场测试的适应性、费用和时间等四个方面综合考虑选取最适合的测试方法。

参考文献

[1] 印兵胜，赵怀普，王晓洪．残余应力测定的基本知识—第七讲机械法测残余应力［J］．理化检验-物理分册．2007, 43 (12) : 642-644.

[2] CB 3395—2013.

[3] JB/T 8888—1999.

[4] 陆才善，侯德门．钻孔法的三个问题［J］．西安交通大学学报，1985, 19 (3) : 87-96.

[5] 杨延功，平学成．焊接残余应力的测试方法［J］．化工设备与管道．2009, 46 (5) : 60-62.

[6] 袁发荣，伍尚礼．残余应力测试与计算［M］．长沙：湖南大学出版社，1987.

[7] 王者昌．关于焊接残余应力消除原理的探讨［J］．焊接学报，2002, 21 (2) : 55-58.

[8] 李云，陈东高，尚福军．消除铝合金结构件焊接残余应力的工艺研究［J］．兵器材料科学与工程，2003, 26 (1) : 62-64.

[9] 宋天民．焊接残余应力的产生与消除［M］．北京：中国石化出版社，2005.

[10] John H Underwood, Residual-stress measurements using surface displacements around an indentation［J］. Experimental Mechanics, 1973, 13 (5) : 373-380.

[11] 陈亮山，董秀中，潘兴．冲击压痕测定残余应力研究［A］．第七届全国焊接学术会议论文集 (5)，青岛，1993: 21-24.

[12] 陈怀宁，林泉洪，曲鹏程．压痕法测量焊接应力中的几个基本问题［A］．第十一届全国焊接学术会议论文集 (2)，上海，2005: 116-119.

[13] 曲鹏程．屈服强度对在压痕应变法测量焊接应力中应变增量的影响［J］．机械强度．2007. 29 (6) : 904-907.

[14] 姜胡．镍基合金的焊接残余应力测试技术研究［D］．哈尔滨：哈尔滨焊接研究所，2009.

[15] 陈芙蓉，霍立兴，张玉凤．非破坏性测量焊接残余应力方法的应用现状［J］．金属结构的焊接．2001, 30 (3) : 37-39.

[16] Masahito Mochizuki. Makoto Havashi. Toshio Hattori. Numerical analysis of welding residual stress and its verification using neutron diffraction measurement［J］. Transactions of the ASME Journal of Engineering Materials and Technology, 2000, 122 (1) : 98-103.

[17] 黄清荣，张维．磁记忆检测技术在锅炉压力容器焊接残余应力测量中的应用分析［J］．无损探伤．2003, 27 (2) : 14-17.

特种设备安全与节能技术进展四

——2018特种设备安全与节能学术会议论文集

沈功田　李光海　吴　茉　主编

林树青　主审

化学工业出版社

·北京·

2018年全国特种设备安全与节能学术会议组织机构

一、组织委员会

主　席：徐武强　贾国栋　林树青

副主席：高继轩　沈功田

成　员：王晓雷　姚泽华　郝　刚　沈　钢　汪东华　舒文华　邹定东　谭建军　丁春辉　丁克勤　李光海

二、顾问委员会

张　纲（原国务院参事）　刘人怀（院士）　钟群鹏（院士）　潘际銮（院士）　李鹤林（院士）　林宗虎（院士）　高金吉（院士）　陈学东（院士）　郭元亮

三、技术委员会（排名不分先后）

主　席：沈功田

成　员：丁克勤　于国欣　王华明　牛卫飞　尹献德　冯月贵　刘　明　刘爱国　刘　磊　孙云波　张晓斌　张路根　陈　克　陈　杰　罗伟坚　罗晓明　郑　宁　胡　滨　侯旭东　夏锋社　党林贵　梁广炽　曹怀祥　盛水平　董亚民　董君卯　韩立柱　谢常欢　樊　琨　薛季爱　张东平　汪艳娥　史红兵　于在海　徐金海　罗志群　苏　强　王　也　伏喜斌　赖跃阳　孙书成　叶伟文　陈家斌　徐桂芳　蒋　俊　黄　冀　郭伟灿　马溢坚　曾钦达　姚　钦　赵尔冰　韩建军　曹光敏　陈定岳　黄　凯　郑　凯　刘大宝　程义河　要万富　张　勇　邢谷贤　赵　丁　张一平　苏立鹏　张　海　胡玉龙　胡立权　徐洪涛　杨　虎　韩绍义　王　淼　邱志梅

四、工作委员会（排名不分先后）

主　席：沈功田

副主席：姚泽华　郝　刚　沈　钢　丁克勤　李光海

成　员：舒文华　汪东华　邹定东　丁春辉　谭建军　丁树庆　王骄凌
王淑兰　王恩和　王伟雄　王晓桥　王兴权　王胜利　王海忠
王国华　兰清生　业　成　刘　明　朱光艺　孙仁凡　李振华
李　丁　李文广　李文官　邢友新　余子游　汪　洋　汪　宏
宋金钢　宋正启　宋金泉　陈星斌　陈志刚　陈庆北　陈本瑶
张国健　张　峰　竺国荣　邹少俊　杨国义　杨玉山　郑苏录
金樟民　祝新伟　钟海见　郭　晋　郭　凯　赵世良　赵东辉
赵秋洪　赵小兵　高　俊　曾钦达　蒋　青　陶　然　黄凯东
黄学斌　熊穗平

2018 全国特种设备安全与节能学术会议
支持单位

（共 66 家单位　排名不分先后）

中国特种设备检测研究院
中国特种设备安全与节能促进会
中国特种设备检验协会
中国锅炉水处理协会
全国锅炉压力容器标准化技术委员会
全国索道与游乐设施标准化技术委员会
《中国特种设备安全》杂志社
中国机械工程学会压力容器分会
中国机械工程学会无损检测分会
中国仪器仪表学会设备结构健康监测与预警分会
中国腐蚀与防护学会承压设备专业委员会
云南省市场监督管理局
江苏省特种设备安全监督检验研究院
上海市特种设备监督检验技术研究院
重庆市特种设备检测研究院
沈阳市特种设备检测研究院
深圳市特种设备安全检验研究院
北京市特种设备检测中心
天津市特种设备监督检验技术研究院
广东省特种设备检测院
河北省特种设备监督检验院
河南省锅炉压力容器安全检测研究院
河南省特种设备安全检测研究院
福建省特种设备检验研究院
浙江省特种设备检验研究院
四川省特种设备检验研究院
安徽省特种设备检测院
江西省锅炉压力容器检验检测研究院
江西省特种设备检验检测研究院
广西壮族自治区特种设备监督检验院
湖南省特种设备检验检测研究院
陕西省特种设备检验检测研究院
云南省特种设备安全检测研究院
山东省特种设备检验研究院有限公司
辽宁省安全科学研究院
新疆维吾尔自治区特种设备检验研究院
贵州省特种设备检验检测院
海南省锅炉压力容器与特种设备检验所
内蒙古自治区特种设备检验院
内蒙古自治区锅炉压力容器检验研究院
广州市特种机电设备检测研究院
广州市特种承压设备检测研究院
杭州市特种设备检测院
南京市锅炉压力容器检验研究院
南京市特种设备安全监督检验研究院
武汉市特种设备监督检验所

武汉市锅炉压力容器检验研究所

西安市特种设备检验检测院

济南市特种设备检验研究院

长春特种设备检测研究院

大连市锅炉压力容器检验研究院

大连市特种设备监督检验院

宁波市特种设备检验研究院

厦门市特种设备检验检测院

温州市特种设备检测中心

北京市朝阳区特种设备检测所

安庆市特种设备监督检验中心

成都市特种设备检验院

绍兴市特种设备检测院

乌海市特种设备检验所

赤峰市特种设备检验所

衢州市特种设备检验中心

嘉兴市特种设备检验检测院

湖州市特种设备检测研究院

池州市特种设备监督检验中心

包头市特种设备检验所

目 录

上卷

第一篇 锅炉

第二篇 压力容器

第三篇　压力管道

下卷

第四篇　电梯

第五篇 起重机械

第六篇 游乐设施

第七篇 综合

第四篇　电梯

自动扶梯主驱动链疲劳寿命仿真分析及试验研究

刘小畅[1]　马兴伟[2]　麻岳军[2]

1. 上海市特种设备监督检验技术研究院，上海 200062
2. 永大电梯设备（中国）有限公司，上海 201615

摘　要： 根据主驱动链受力特点，以主驱动链疲劳试验机结构参数为主要建模参数，建立了参数化的仿真模型；通过正常润滑满载、无润滑满载、正常润滑循环载荷三种不同工况下主驱动链疲劳试验情况，分析不同工况对主驱动链疲劳寿命的影响；根据疲劳试验结果修正了仿真模型；提出了提高主驱动链疲劳寿命的方法及在役主驱动链的判废标准。

关键词： 自动扶梯；主驱动链；疲劳寿命；仿真；试验

Study on Simulation Analysis and Experiment to Fatigue Life of Escalator Main Drive Chain

Liu Xiao-chang[1], Ma Xing-wei[2], Ma Yue-jun[2]

1. Shanghai Institute of Special Equipment Inspection Technical Research, Shanghai 200062.
2. Yungtay Elevator Equipment (China) Co., Ltd, Shanghai 201615

Abstract: According to the force characteristics of the main drive chain, a parametric simulation model is established with the structure parameters of the main drive chain fatigue testing machine as the main modeling parameters. The influence of different working conditions on the fatigue life of the main drive chain is analyzed through the test of the main drive chain under three different working conditions: normal lubrication, non-lubrication and cyclic load. The simulation model is revised by the test results, and the method to improve the fatigue life of the main drive chain and the criteria for judging the failure of the main drive chain in service are put forward.

Keywords: Escalator; Main drive chain; Fatigue life; Simulation; Experiment

0　引言

自动扶梯大多被安装在商场、火车站、地铁站等人流密集场所，一旦发生事故则媒体曝光率高，社会影响较大。近几年，全国各地发生多起自动扶梯因主驱动链断裂引发的倒溜事故，造成多名乘客受到伤害。例如 2011 年 5 月 13 日，上海“百盛”商场发生自动扶梯梯级倒溜事件，造成十余名乘客随梯级下滑摔倒，其中 4 名乘客受轻伤。经现场勘察，其发生梯级倒溜的原因是主驱动链疲劳断裂。再如 2014 年 4 月 2 日，上海地铁 7 号线静安寺站换乘 2 号线通道内，一部正在向上运行的自动扶梯突然倒

基金项目：上海市质量技术监督局公益项目“自动扶梯主驱动链疲劳寿命仿真分析及使用寿命预测研究”（编号：2017-18）。
作者简介：刘小畅，1980 年生，男，高级工程师，硕士，主要从事特种设备检验检测及质量管理工作。

溜快速下行，造成站立在梯级上的多名乘客摔倒，部分人员受伤。经调查发现，本起事故中自动扶梯发生逆转倒溜是由于主驱动链断裂造成。2017 年 3 月 25 日，香港旺角朗豪坊一部站满人的自动扶梯上行过程中突然反向下行，且速度越来越快，导致部分乘客失去平衡向下跌倒，经调查，事故直接原因是主驱动链发生疲劳断裂。针对多起地铁及其他公共场所自动扶梯链条断裂事故所暴露的安全隐患及技术问题，有必要对公共场所大运量在役自动扶梯的主驱动链开展疲劳寿命研究。现行国家标准并未对主驱动链疲劳寿命提出技术要求[1,2]，而自动扶梯制造企业一般采用无限疲劳设计。本文通过仿真和试验研究，探明影响主驱动链疲劳寿命的主要因素及提高疲劳寿命的有效方法。

主驱动链是自动扶梯在动力传输过程中最为关键的零部件，一旦主驱动链发生断裂，将会造成驱动装置、制动器与梯级之间失去连接，此时梯级将处于“失控”运行状态，自动扶梯将在负载的作用下发生向下溜车事故。

1 技术路线

对不同使用时间的在役主驱动链进行宏观检视和微观分析[3]，探明服役过程中产生的主要损伤形式、位置，探明不同损伤产生的原因；对在役主驱动链进行抗拉强度测试，对其性能衰减情况进行分析和评估，分析失效模式，探明损伤模式、材料衰减对性能衰减产生的影响[4]；对在役主驱动链进行无损检测，分析使用过程中是否产生疲劳裂纹。借助于仿真分析软件，建立主驱动链的参数化仿真分析模型。通过模拟自动扶梯主驱动链在不同使用工况下的疲劳试验结果，修正该仿真模型。最后利用该仿真分析模型，预测在各因素影响下主驱动链的疲劳寿命。

2 疲劳寿命仿真分析

2.1 软件简介

（1）RecurDyn

RecurDyn (recursive dynamic) 是新一代多体系统动力学仿真软件。它采用相对坐标系运动方程理论和完全递归算法，非常适合于求解大规模的多体系统动力学问题。RecurDyn 可以利用建立起来的系统级机械虚拟数字化样机模型，对其进行运动学、动力学、静平衡、特征值等全面的虚拟测试验证，通过判断仿真测试的数据、曲线、动画、轨迹等结果，据以进行系统功能改善实现创新设计。鉴于 RecurDyn 的强大求解功能，它广泛应用航空、航天、军事车辆、军事装备、工程机械、电器设备、娱乐设备、汽车卡车、铁道、船舶机械及其它通用机械等行业。RecurDyn 出色的运动学分析功能，能够高效求解链条传动过程中的运动特性，提取出链条在传动过程中载荷的变化，为链条后续的强度分析和疲劳分析提供真实的数据。

（2）ANSYS Mechanical

ANSYS Mechanical 是一款集功能完整性和技术先进性于一体的高端通用机械 CAE 分析程序，是 ANSYS 系列 CAE 软件产品的主要核心。该模块含通用结构力学分析部分（structural 模块）、热分析部分（professional）及其耦合分析功能，它以结构力学分析为主，涵盖线性、非线性、静力、动力、疲劳、断裂、复合材料、优化设计、概率设计、热及热结构耦合、压电等机械分析中几乎所有的功能。在非线性、动力学、梁壳结构分析、高效并行计算以及独特的变分加速求解技术等方面都具有很强的技术优势。ANSYS Mechanical 强大的结构计算功能，能够方便、高效、精确地分析链条在受力时的变形及应力情况，评估其强独特性。

（3）nCodeDesignLife

nCodeDesignLife 是一款集功能完整性和技术先进性于一体的高端通用疲劳仿真分析软件。该软件以疲劳分析为主要功能，具备应力寿命分析、应变寿命分析、DangVan 分析、振动疲劳分析、测试信号处理分析、焊接疲劳分析、热机疲劳分析、并行计算等功能。同时，由于其完美集成于 ANSYS 新一代协同仿真环境 Workbench 而使它能够与 ANSYS 有限元产品无缝结合，具有非常好的易学易用性。作为专业的疲劳分析软件，nCodeDesignLife 能够基于 ANSYS Mechanical 计算的应力情况，结合 RecurDyn 计算的波动载荷，进行疲劳分析，评估其寿命可靠性。

图 1 仿真模型

2.2 建模

(1) 理论基础[5]

疲劳寿命的估算可以用疲劳累积损伤定律，最简单的是线性 Miner 疲劳法则，它认为部分疲劳损伤可以线性相加。构件在应力水平 S_i 作用下，经受 n_i 次循环的损伤为 $D=n_i/N_i$。若在 k 个应力水平 S_i 作用下，各经受 n_i 次循环，则可以定义其总损伤为

$$D=\sum D=\sum n_i/N_i \quad (i=1,2,\cdots,k)$$

构件破坏规则为

$$D=\sum n_i/N_i=1$$

式中，n_i 是在 S_i 作用下的循环次数，由载荷谱给出；N_i 是在 S_i 作用下循环到破坏的寿命，由 S-N 曲线确定。

主驱动链仿真模型采用 Miner 疲劳法则，假设主驱动链运行时每圈的损伤量为定值，包括链节分别位于小链轮、紧边、松边、大链轮的损伤量。提取单个链节，图 2 表示链节在不同位置拉应力水平，图上 OA 表示链节在小链轮段，AB 表示链节在松边段，BC 表示链节在大链轮段，CD 表示链节在紧边段。分别设链节在小链轮时拉应力水平为 S_1，松边时拉应力水平为 S_2，紧边时拉应力水平为 S_3，大链轮时拉应力水平为 S_4。链节在不同位置拉应力见图 2。经受 n 次循环后，主驱动链断裂规则为

$$D=n/N_1+n/N_2+n/N_3+n/N_4=1$$

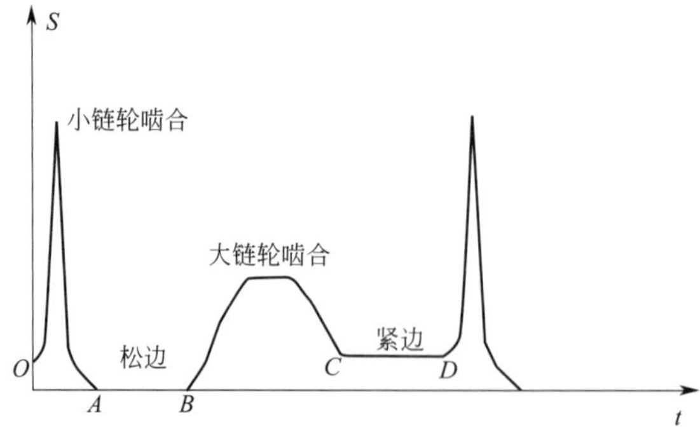

图 2 链节在不同位置拉应力水平

（2）仿真假设

为简化分析，做如下假设：

双排链受力均匀；

不存在轴向偏载；

链条中相同零件如销轴磨损率相同；

链条运行时每圈的损伤量为定值。

（3）建模思路

图3为建模思路，共分三个步骤。首先在RecurDyn环境下建立链传动运动学仿真模型，再采用ANSYS Mechanical进行链条受力载荷分析，最后提取一节链节，结合链条应力和链条波动载荷，在nCodeDesignLife中进行链条疲劳分析。

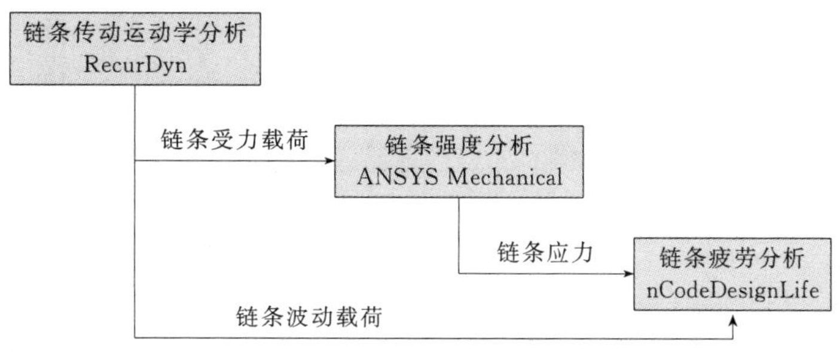

图3 建模思路

（4）仿真模型与试验结合

为使仿真与试验结果吻合，仿真模型完全按照主驱动链疲劳试验平台搭建。其中小链轮齿数为26，大链轮齿数为65，主驱动链型号为20A-2，中心距为920mm。仿真模拟自动扶梯的提升高度为6m，梯级宽度为1000mm，运行速度为0.5m/s，链条受力水平完全与试验平台一致。

2.3 仿真结果分析

经过仿真，可得到如下结果。

① 单个链节速度在X、Y方向的速度变化较大，见图4，X轴为大链轮中心与小链轮中心的连接线，正向指向小链轮中心，Y轴垂直X轴，并通过大链轮中心，正向向上。

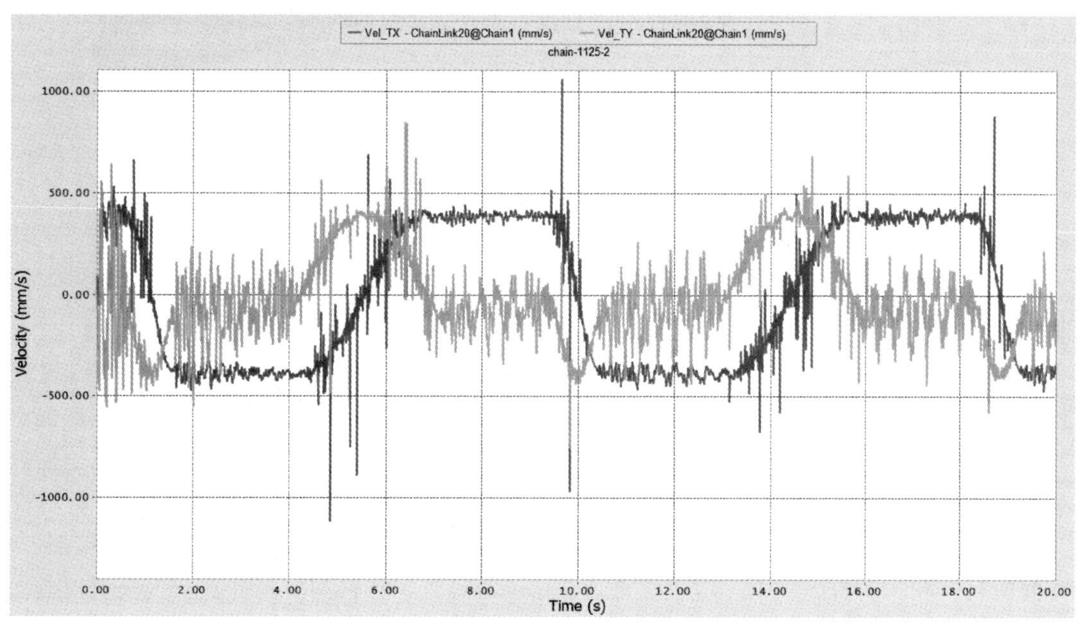

图4 单个链节X、Y向速度曲线

② 链节在主驱动链运行过程中，存在较大冲击力，见图 5。

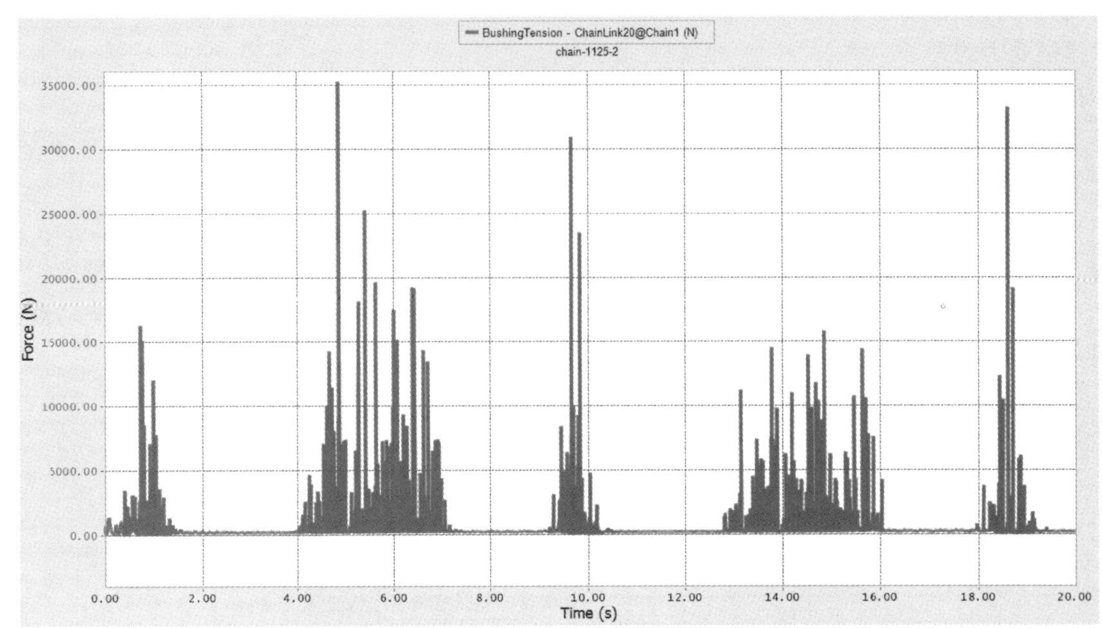

图 5 单个链节在不同位置的拉力载荷曲线

③ 内链板在紧边刚进入小链轮啮合时的所受拉力最大，主驱动链的危险截面在内链板与套筒连接的垂直位置，见图 6。

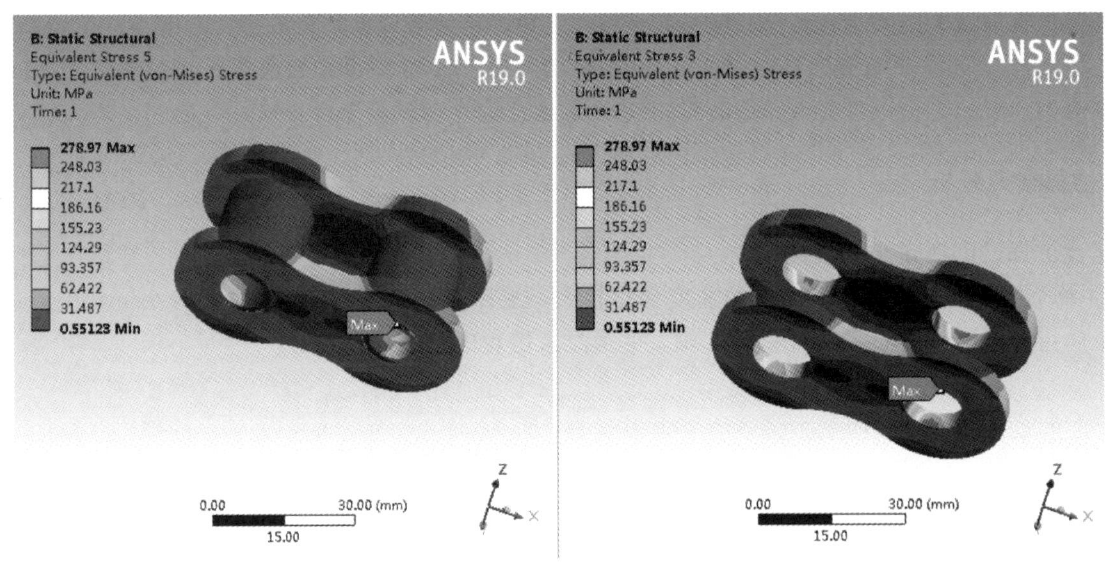

图 6 内链板在紧边刚进入小链轮啮合时的受力图

3 主驱动链疲劳试验

项目组搭建了一个图 7 所示的主驱动链疲劳试验平台，该平台由驱动主机、梯级链、加载主机和试验主驱动链组成。此次试验共分正常润滑满载、无润滑满载、正常润滑循环载荷三种工况。模拟试验自动扶梯的提升高度为 6m，梯级宽度为 1000mm，运行速度为 0.5m/s，倾斜角度为 30°。自动扶梯满载情况下，通过计算，在主驱动链上紧边的载荷为 21012N。试验主驱动链均采用 112 节 20A-2 型链条。上述正常润滑满载和无润滑满载工况均模拟自动扶梯满载运行，正常润滑循环载荷工况模拟自动扶梯在最大载荷为满载，最小载荷为空载下运行。

图7 主驱动链疲劳试验平台

3.1 正常润滑满载工况

试验目的：基础数据，与无润滑满载工况和正常润滑循环载荷工况试验数据做比较。

疲劳试验平台模拟自动扶梯满载运行，试验主驱动链每隔12h自动润滑5min，试验时长1500h以上。相隔一定时间记录试验主驱动链的伸长率、内链板伸长量、外链板伸长量、销轴直径四个参数，记录上述四个参数，并绘制曲线。疲劳试验结束后，进行链条拉伸破断试验，记录破断载荷。

3.2 无润滑满载工况

试验目的：润滑对主驱动链疲劳寿命影响。

疲劳试验平台模拟自动扶梯满载运行，运行过程中试验主驱动链不润滑，试验时长1500h以上。相隔一定时间记录试验主驱动链的伸长率、内链板伸长量、外链板伸长量、销轴直径四个参数，记录上述四个参数，并绘制曲线。疲劳试验结束后，进行链条拉伸破断试验，记录破断载荷。

3.3 正常润滑循环载荷工况

试验目的：负载性质对主驱动链疲劳寿命影响。

疲劳试验平台模拟自动扶梯按照满载1.5min空载2.5min正常润滑循环载荷运行，试验主驱动链每隔12h自动润滑5min，试验时长1500h以上。相隔一定时间记录试验主驱动链的伸长率、内链板伸长量、外链板伸长量、销轴直径四个参数，记录上述四个参数，并绘制曲线。疲劳试验结束后，进行链条拉伸破断试验，记录破断载荷。

3.4 试验结果分析

① 疲劳试验结果表明，三种工况下，无润滑满载工况对主驱动链疲劳寿命影响最大，正常润滑循环载荷次之，正常润滑满载最小。三种不同工况下主驱动链伸长率变化见图8。

② 无润滑满载工况下，由于新制造的主驱动链本身经过油浸工艺，各零件间已经有润滑，因此在一段时间内，主驱动链的伸长率几乎与正常润滑满载工况相同，后续由于浸入的润滑油随着主驱动链的运行而溢出，链条各零件间为干摩擦，主驱动链伸长率急剧上升。

③ 正常润滑循环载荷工况下，主驱动链间歇性受到循环载荷冲击，但在种冲击载荷相对于较小，因此对主驱动链疲劳寿命影响较小。

④ 试验结果还表明，主驱动链的伸长主要是由于套筒与销轴之间的磨损引起的，内外链板长度方向的塑性变形测量不出，可以忽略。

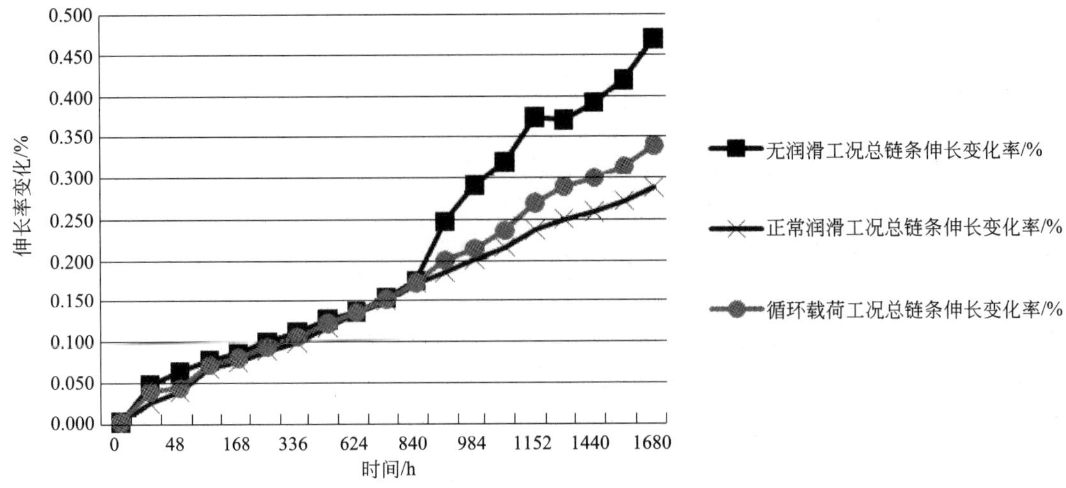

图 8　三种不同工况下主驱动链伸长率变化

3.5　试验结果修正仿真模型

通过疲劳试验，得到主驱动链随伸长率随时间变化的曲线。伸长率的变化引起主驱动链链节受力的变化，从而影响链节单位损伤量的变化。根据该曲线，修正仿真模型，使得模型中主驱动链长率与试验结果相拟合，并依此类推，模拟链条完全断裂时，链条运行的时间。

4　结论

通过主驱动链疲劳寿命仿真分析及试验研究，可得到如下结论。

① 建议在役主驱动链报废定量指标定为3%，即主驱动链伸长量超过3%时应判废。由于链传动正多边形效应，在链轮径向有减速度分量，运转过程中链条与链轮之间存在冲击。通过仿真，当主驱动链伸长量超过3%时，其动载明显增加主驱动链将出现跳齿现象。

② 通过疲劳试验，主驱动链的伸长主要是由于套筒与销轴之间的磨损引起的，内外链板长度方向的塑性变形测量不出，可以忽略。无润滑满载工况对主驱动链疲劳寿命影响最大。

③ 通过疲劳试验，疲劳裂纹是主驱动链断裂的直接原因，而疲劳裂纹存在一定的隐蔽性，在线难于检测，为杜绝由于主驱动链断裂而造成的自动扶梯倒溜事故，建议自动扶梯均应有附加制动器。

④ 主驱动链制造企业严格按照相关国家标准制造，改善热处理工艺，防止链条脱碳影响主驱动链疲劳寿命；其次应优化链板表面喷丸工艺，以提高主驱动链的疲劳寿命。

⑤ 在自动扶梯维护保养过程中，维保人员应重点关注主驱动链的润滑情况，防止主驱动链在无润滑工况下运行。

参考文献

[1]　全国电梯标准化技术委员会. GB 16899—2011 自动扶梯和自动人行道的制造与安装安全规范 [S]. 北京：中国标准出版社，2011.

[2]　全国链传动标准化技术委员会. GB/T 1243—2006 传动用短节距精密滚子链、套筒链、附件和链轮 [S]. 北京：中国标准出版社，2006.

[3]　李博，等. 在役自动扶梯驱动链损伤模式与失效风险研究 [J]. 中国特种设备安全，2017 (4)：31-35.

[4]　刘新灵，张峥，陶春虎编. 疲劳断口定量分析. 北京：国防工业出版社，2010.

[5]　陈传尧. 疲劳与断裂. 武汉：华中科技大学出版社，2001.

基于 ARM 平台的一种电梯门动态全自动检测仪器的开发与研究

朱振国

安徽省特种设备检测院，合肥 230001

摘　要： 本文介绍一种电梯自动门动态安全性能检测仪的设计背景、技术实现及应用情况，该装置包括测试模块和测试主机，能够在电梯自动门关门过程中测试关门力、关门动能和关门速度，帮助排除安全隐患。

关键词： 电梯门　关门速度　检测装置

Development and research of an elevator door dynamic automatic detection instrument based on ARM platform

Zhu Zhen-guo

Anhui Special Equipment Inspection Institute,　Hefei 230031

Abstract: This paper introduces a elevator automatic door design background, realization of dynamic security performance of detector and its application, including test module and host, and in the elevator in the process of the automatic door is closed closed test force, close the door closed kinetic energy and speed, to help eliminate safety hidden trouble.

Keywords: Elevator door; Closing speed; Detection device

0　引言

随着我国城市化进程的快速发展，电梯的使用量也越来越大，随之而来的电梯安全事故也出现了快速上升的势头。近几年来，电梯关门夹人事故频繁发生，逐渐成为影响电梯安全使用的焦点。电梯的防夹人装置是依靠光电或者光幕等信号阻止的，如果电梯的防夹人装置功能失效，电梯门关门力较大的话，极有可能对乘客造成很大的伤害。电梯自动门关门时的关门力和关门动能等参数与乘客乘梯安全密切相关，过大则直接威胁着乘客进出轿厢时的安全，在防撞保护装置失效的情况下容易造成撞伤。GB 7588—2003《电梯制造与安装安全规范》[1]（最新标准为 GB 7588—2016，下同。）第 7.5.2.1.1.1 条规定动力驱动的自动层门“阻止关门力不应大于 150N”，第 7.5.2.1.1.2 条规定，“层门及其刚性连接的机械机械零件的动能，在平均关门速度下的测量值或计算值不应大于 10J”，而关门力尤其是关门动能，没有专业的检验仪器通常无法检测。

基金项目：总局科技计划项目“电梯自动门动态安全性能检测技术研究与应用”（编号：2014QK001）。

作者简介：朱振国，1986 年生，男，硕士研究生，电梯检验师，主要从事机电类特种设备检验检测和有关检测仪器研发工作。

GB 7588—2003《电梯制造与安装安全规范》中给出了一种参考的检测方法，“测量时可采用一种装置，该装置包括一个带刻度的活塞。它作用于与一个弹簧常数为 25N/mm 的弹簧上，并装有一个容易滑动的圆环，以便测定撞击瞬间的运动极限点。通过所得极限点对应的刻度值，可容易计算出动能值。”该方法工具简单、依靠目测观察动态过程，测试误差可想而知[2]。

本文将介绍这样的一种基于 ARM 平台研发的电梯门动态安全性能测试仪，该仪器可以对电梯关门力、关门动能和关门速度进行动态、安全、简便、快速检测，同时可以为电梯运行提供安全评估依据[3]。

1 新型检测仪的工作原理和主要结构

本仪器的研发以国家标准为基础，采用“传感系统模块＋数据采集模块＋嵌入式计算机系统（主机）”的模块化结构设计，其中最关键的是传感系统模块的选择和设计。由传感系统模块测得的信息首先进入数据采集模块，在数据采集模块中对数据进行初步分析后，通过无线传输方式将数据传输给嵌入式计算机系统，在嵌入式计算机上采用人工智能等技术，并通过特定的数学模型即可得到相应的结果。

主机以 ARM 内核的 MCU 为核心，配备有数据存储芯片、USB 通信模块、彩色触摸液晶屏、与数据采集模块的无线通讯接口、打印机等。用彩色触摸屏液晶实现参数设置和显示，测试数据和相关参数保存在分析仪内嵌的存储器中，并可通过配备的热敏打印机打印出来。考虑由四大部分组成：传感器、模拟控制器、数据采集分析仪和便携式计算机。基本原理框图如图 1 所示。

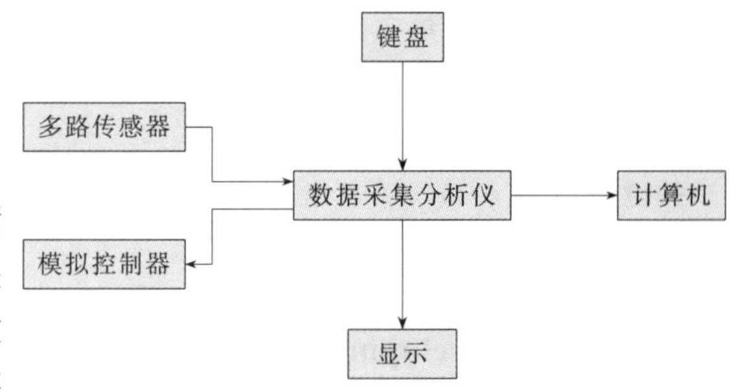

图 1 主要结构框图

本仪器结构简单，易于操作，其主要机械部件包括可伸缩支撑杆件、动能测试装置和测速装置，图 2 为仪器现场测试简图。可伸缩支撑杆件采用“主杆支撑、副杆稳定”的设计思路，整个系统由两套伸缩杆件组成，主杆和副杆均采用卡扣式大幅度调距结合万向地脚微调距离的方法。采用这种方法可以使本仪器灵活应用在不同门宽的电梯，增加仪器的应用领域。动能测试装置可以在双杆上任意位置滑动，确定好位置后利用手动紧固螺栓进行固定，利用撞击盘采集电梯层门关门数据可以有效避免电梯防夹人装置的阻挡，而动能测试装置的直线轴承可以避免撞击盘撞击时产生的偏载效应。本仪器结构简单，安装比较方便，图 3 是仪器安装简图。

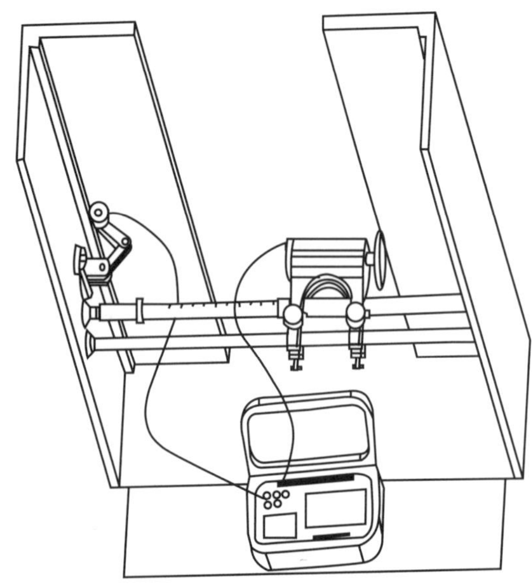

图 2 仪器现场测试简图

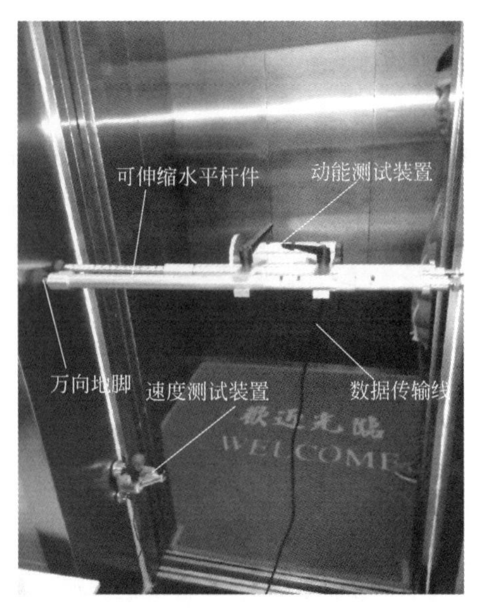

图 3 现场仪器安装简图

2 新型检测仪的具体应用

该新型检测仪用途比较广泛，不光适用于普通结构电梯的检测，对于门框是外开八字型同样适用，因为支撑杆采用的是万向塑胶地脚，调节角度可以达到 30°，旋紧支撑杆件不影响测试过程和测试结果。对于电梯层门的凸凹结构也同样适用，因为撞击盘是刚性连接的，其撞击过程中可以是面接触式，也可以是点接触式，对于测试没有影响，由于采用双支撑杆的结构，可以使动能测试装置在电梯开关门的任意位置进行检测（除去动能测试装置自身的长度），其应用范围超出 GB 7588—2003《电梯制造与安装安全规范》规定的阻止电梯关门力不应大于 150N，并且这个力的测量不得在关门行程开始的 1/3 之内进行，而且测试高度也可以根据需要进行调节，使得新型检测仪应用范围更加广阔。

3 结论

新型检测仪整体设计富有人性化，安装方便，操作简单，测试时间短，一般情况下两名检验员配合即可完成操作测试。得出如下结论。

① 新型检测仪可在电梯运动的情况下准确测量电梯的关门力、关门速度、关门动能，真正实现同步检测。

② 测量参数满足如下要求：

关门力测试范围：≤730N，误差：≤±0.5%

关门动能测试范围：≤10J，误差：≤±1%

关门速度测试范围：≤1.0m/s，误差：≤±1%。

③ 新型测试仪适用范围广泛，测试结构牢固，长度伸缩可调，适应不同开门宽度，实现在整个关门过程的检测，测试范围覆盖相关标准要求，GB 7588—2003《电梯制造与安装安全规范》7.5.2.1.1.1 要求“阻止关门力不应大于 150N，这个力的测量不得在关门行程开始的 1/3 之内进行”。同时测试地脚方向可调，适用不平行的开门门框。

④ 在实际检测过程中，存在一定数量的电梯关门力不符合 GB 7588—2003《电梯制造与安装安全规范》相关要求。

参考文献

[1] GB 7588—2003.

[2] GB/T 10058—2009.

[3] 易晓兰，许林 一种基于 ARM 平台的电梯门动态安全性能检测仪 [J]. 中国电梯：2017，5 (28)：53-54.

电梯 125%载荷制动试验对变频器的影响及对策

赵再友

重庆市特种设备检测研究院，重庆 401121

摘 要： 根据质检办特函〔2017〕868 号文的要求，对满足相关条件的电梯需进行 125%额定载荷制动试验。该检验项目自实施以来，有不少同行反映在现场试验过程中，出现不同程度的变频器损坏现象。本文旨在对制动试验过程中变频器、曳引机工作状态的分析，讨论探寻某些工况下可能导致变频器损坏的原因，提出了进行制动试验时对变频器的影响及对策，为电梯检验人员熟悉变频器控制及工作原理，合理调整检验流程及操作方式，以避免出现设备损坏提供借鉴。

关键词： 制动试验；工作状态；变频器；损坏

The influence of 125% load braking test on frequency converter and its countermeasures

Zhao Zai-you

Chongqing Special Equipment Inspection Institute, Chongqing 401121

Abstract: According to the document 〔2017〕 868 of supervision department, 125% rated load braking test is required for elevators meeting relevant conditions. Since the implementation of the inspection project, many peers have reported in the field test process that the frequency converter has been damaged a lot. In the process of braking test the purpose of this paper is to analysis the status of the inverter, traction machine, discussing for certain conditions may lead to the failure reasons of the inverter, and the same time put forward on the effect of frequency converter and its countermeasures, for elevator inspection personnel familiar with the working principle of the frequency converter control andreasonably adjust the inspection process and operating mode, to avoid equipment damage.

Keywords: Braking test; Working status; Frequency converter; Damage

0 引言

2017 年 6 月国家质量监督检验检疫总局公布了《质检总局办公厅关于实施《电梯监督检验和定期检验规则》等 6 个安全技术规范第 2 号修改单若干问题的通知》(质检办特函〔2017〕868 号)。根据要求，需要对满足相关条件的电梯进行 125%额定载荷制动试验。该检验项目自实施以来，有不少同行反映在现场试验过程中，出现了不同程度的电梯部件损坏等现象，同时也伴随着各种安全风险[1]。

目前，各检验机构及检验人员、维保人员针对制动试验的关注重点，大都放在了电梯检验现场的安全上面，更加侧重于机械方面的安全检查和确认，例如钢丝绳绳头组合、导轨支架的紧固情况，曳引轮

作者简介：赵再友，1987 年生，男，学士，主要从事特种设备检验检测工作。

轮槽磨损情况等等，较少关注电梯电路设计和配置情况的不同，会对电梯造成何种不同的影响？本文拟就此方面进行探索和讨论，以起到抛砖引玉的作用。

1 变频器通用内部电路结构及外部接线图

随着电力电子技术的不断发展，电机驱动技术也日益成熟，目前电梯曳引机的驱动调速以变压变频调速系统（VVVF）为主。一般来说，不同厂家变频器的内部结构是大同小异的，其内部主要电路分为如下几大部分，见图 1，其主要功能见表 1。

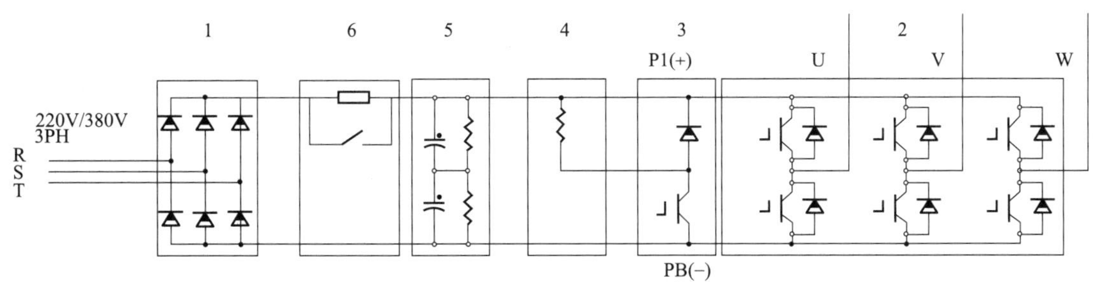

图 1 变频器内部电路图

表 1 变频器内部主要电路及功能作用

类别		作用	主要构成器件
主回路	整流部分 1	将工频交流变成直流，输入无相序要求	整流桥
	逆变部分 2	将直流转换为频率电压均可变的交流电，输出无相序要求	IGBT
	制动部分 3/4	消耗过多的回馈能量，保持直流母线电压不超过最大值	单管 IGBT 和制动电阻，大功率制动单元外置
	上电缓冲 6	降低上电冲击电流，上电结束后接触器自动吸合，而后变频器允许运行	限流电阻和接触器
	储能部分 5	保持直流母线电压恒定，降低电压脉动	电解电容和均压电阻

同时，不同厂家变频器的外部接线也类似，有些可能在变频器的输出端与电机之间增加了控制输出的驱动接触器，或者封星接触器，见图 2。

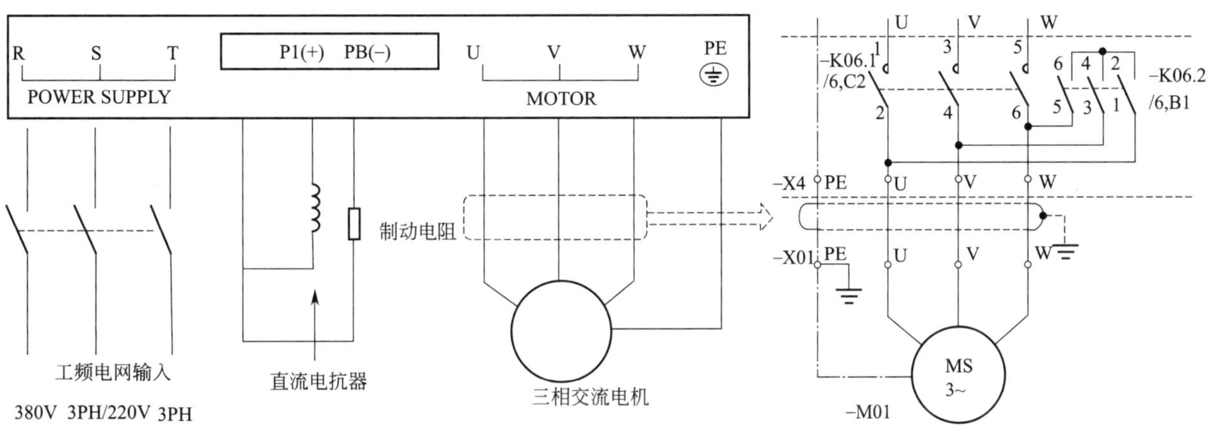

图 2 变频器外部接线图（K06.1 为驱动接触器、K06.2 为封星接触器）

2 变频器与主板的控制接线图

以下是某品牌变频器为合规国标 GB 7588—2003 12.7.3 b）“交流或直流电动机用静态元件供电和控制”的电路图[2]，采用一个主接触器来切断电机电源：

根据国标 GB 7588—2003 12.7.3 b)，其要求是：一个由以下元件组成的系统。

① 切断各相（极）电流的接触器。至少在每次改变运行方向之前应释放接触器线圈。如果接触器未释放，应防止电梯再运行。(K2 与 Magnetic Contact Check)。

② 用来阻断静态元件中电流流动的控制装置。(BB、BB1 信号及 BB Monitor)。

③ 用来检验电梯每次停车时电流流动阻断情况的监控装置。在正常停车期间，如果静态元件未能有效的阻断电流的流动，监控装置应使接触器释放并应防止电梯再运行。(Magnetic Contact Check 与 BB、BB1 监控信号、BB Monitor)。

可见，根据国标相关要求，由图 3 电路可知。

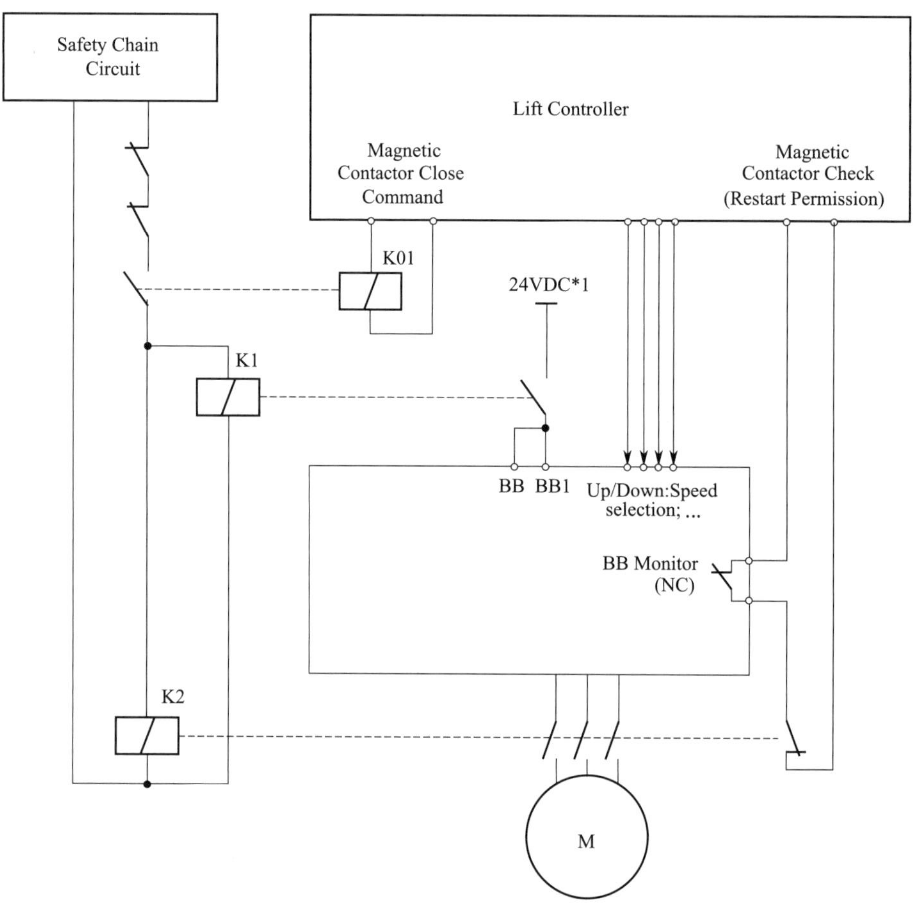

图 3 某品牌变频器采用一个接触器控制的电路图

① BB 和 BB1 信号是用来使能或禁止变频器的，以实现硬件电路基极封锁功能。当使能变频器时，务必保证 BB 和 BB1 同时闭合，否则变频器不会工作并且报 BB 故障，以提示硬件电路基极封锁。

② 如果安全回路断开（K1 释放），则变频器输出必须切断（K2 释放）。这就意味着基极封锁信号 BB 和 BB1 必须开路。通常，变频器在收到上/下方向命令信号、且没有基极封锁时，才会给出运行信号，K01 才会吸合，安全回路才会导通。

③ 通过 BB Monitor 以及内部程序设置，可以防止在变频器基极封锁或电机主接触器故障时重新启动。

3 变频器及主板控制逻辑时序图

以下是某电梯厂家变频器及主板之间的信号传输及控制，可以看出有哪些重要的信号需要实时监控，使得电梯运行原理一目了然，变频器内部工作状态更加清晰。

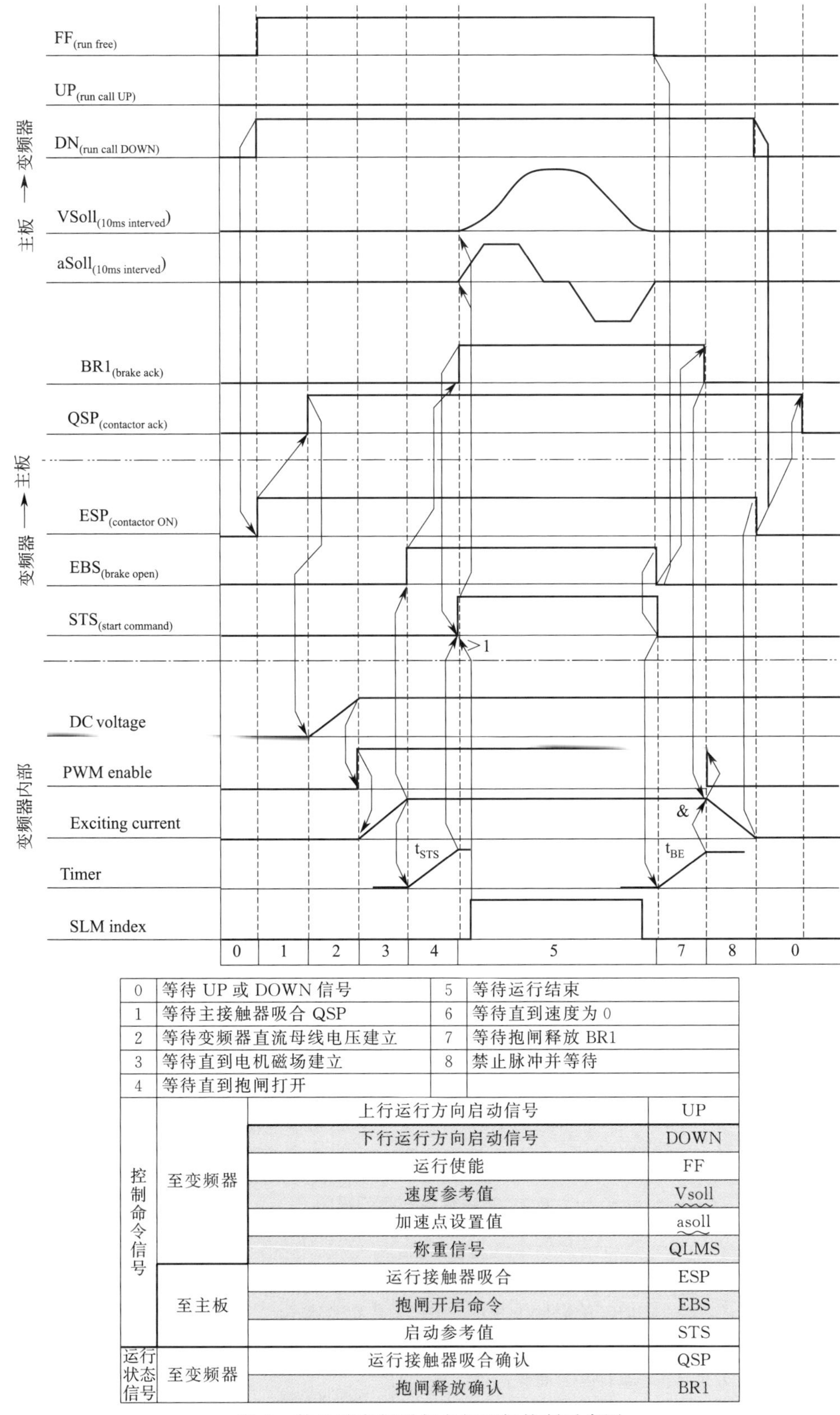

0	等待 UP 或 DOWN 信号	5	等待运行结束
1	等待主接触器吸合 QSP	6	等待直到速度为 0
2	等待变频器直流母线电压建立	7	等待抱闸释放 BR1
3	等待直到电机磁场建立	8	禁止脉冲并等待
4	等待直到抱闸打开		

控制命令信号	至变频器	上行运行方向启动信号	UP
		下行运行方向启动信号	DOWN
		运行使能	FF
		速度参考值	Vsoll
		加速点设置值	asoll
		称重信号	QLMS
	至主板	运行接触器吸合	ESP
		抱闸开启命令	EBS
		启动参考值	STS
运行状态信号	至变频器	运行接触器吸合确认	QSP
		抱闸释放确认	BR1

图4 某品种变频器与主板逻辑控制时序图

4 制动试验工况下曳引机、变频器的工作状态

4.1 曳引机在制动试验下的工况

一般来说，当电梯以125%额定载荷重载下行，永磁同步无齿轮曳引机（本文暂只讨论该类型曳引

机）在外力作用下，永磁体和闭合的电枢回路发生相对运动，根据法拉第电磁感应定律，绕组上便会产生感应电流从而形成阻滞转矩，此时曳引机处于再生制动发电状态。将机械能转化为电能反馈给前级变频器，这些反馈能量被称为再生制动能量，当直流母线电压过高时会自动启动能耗制动或回馈制动，此时需要通过变频器能量回馈装置反馈回电网（回馈制动），或者消耗在变频器直流母线上的制动电阻中（能耗制动），否则会报减速过电压。由此可见，曳引机的工作状态需时刻与变频器密切配合[1]。

4.2 变频器在制动试验下的工况

一般情况下，在变频器的内部参数中，也需要设置变频器的停车方式，根据曳引机不同的工况，以随时匹配调用。电梯在制动试验下行时突然被切断电源，则由减速停车立刻转为自由停车。

（1）减速停车

变频器接到停止命令后，按照减速时间逐步减少输出频率，电机处于再生制动状态，产生反向力矩，频率降为零后停机。该方式适用于大部分负载的停车，最为常用。逻辑时序：激励以后，电机按减速时间下降停车，然后封锁调节器、触发器；主运行接触器断开。

（2）自由停车

变频器接到停止命令后，立刻中止输出，电机无力矩，负载依靠外界自然阻力停止。变频器故障时的停车方式就是自由停车（也称惯性停车），对电梯来说即故障急停。逻辑时序：激励以后，直接封锁调节器、触发器；主运行接触器断开，电机自由停车。

5 制动试验存在的问题

根据《电梯监督检验和定期检验规则——曳引与强制驱动电梯》TSG T7001—2009 第二号修改单 8.13 制动试验："轿厢装载125%额定载重量，以正常运行速度下行时，切断电动机和制动器供电，制动器应当能够使驱动主机停止运转，试验后轿厢应无明显变形和损坏"。同时，依据 GB 7588—2003 12.4.2 机-电式制动器 12.4.2.1 当轿厢载有125%额定载荷并以额定速度向下运行时，操作制动器应能使曳引机停止运转。因此，制造单位应当确保机-电式制动器125%额定载荷，额定速度，下行制动试验能够顺利进行。

在上述描述中，有一点需要明确，"切断电动机和制动器供电"应该怎样理解，作业人员在现场应该怎样操作？到底是按压控制柜急停，还是断开配电箱主开关，抑或是断开控制柜内相关空开？检规上并没有予以明确，笔者甚至有遇到过维保人员将机房检修由正常转至检修以停止电梯的操作方式。在笔者看来，由于不同厂家电梯配置、电路设计的不同，切断电动机和制动器供电不同的操作方式，会对电梯产生不同的影响。具体情况及影响可见表2。

表2 自由停车产生的影响

	自由停车		对变频器的影响		对电机的影响	
	按急停	断主开关	按急停	断主开关	按急停	断主开关
电机与变频器开路(由串联的接触器断开)	不产生回馈电压(直流母线电压)		无明显影响		无明显影响	
电机与变频器之间接封星接触器(见图2)	急停一般不会触发封星接触器动作,不会产生回馈电压	封星接触器动作,并在电机绕组间形成回路,产生阻滞转矩,即电气制动,影响对制动器机械制动性能的判定	无明显影响	无明显影响	无明显影响	瞬时断电,可能形成较大短路电流,绕组发热严重
电机与变频器直接连接	产生回馈电压,但由于基极封锁,功率管全部关闭,制动电阻无法形成闭合回路,不工作		会产生一定的冲击,变频器处于使能禁止待机状态或者完全失电状态,直流母线电压短暂升高后缓慢		无明显影响	
电梯加装能量回馈装置	产生回馈电压,能量回馈装置可能继续工作一小段时间,直到直流母线电压降低到最低回馈阈值		会产生一定的冲击,直流母线电压短暂升高后缓慢放电		无明显影响	

对此，笔者提出以下几个疑问。

① 制动试验在“切断电动机和制动器供电”时，变频器处于什么状态？制动电阻是否继续消耗再生能量？对电梯有何影响？

根据前面的介绍我们知道，任何原因导致的安全回路断开，都会触发硬件电路基极封锁并保持，使变频器禁止输出，直到故障解除并复位。根据某电梯厂家电路图（图 5）可知，急停（-S00、-S100）、主开关（QF）或者 3P 断路器（Q00）均可以让变频器控制电源失电，变频器处于完全失电状态。但不同厂家的电路设计不一样，可能存在急停不会使变频器控制电源失电的可能（图 6），变频器处于使能禁止待机状态，变频器内部相关信号见图 4，相关影响见表 2。

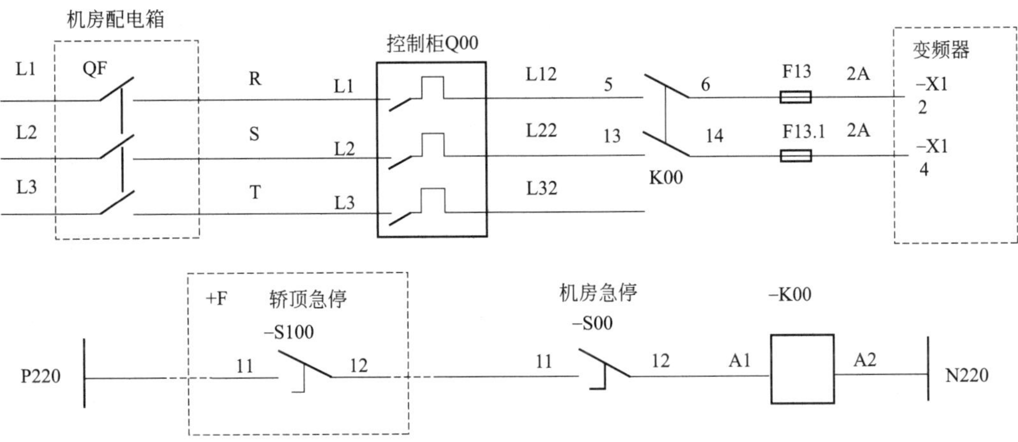

图 5 某品牌电梯变频器控制电源电路图

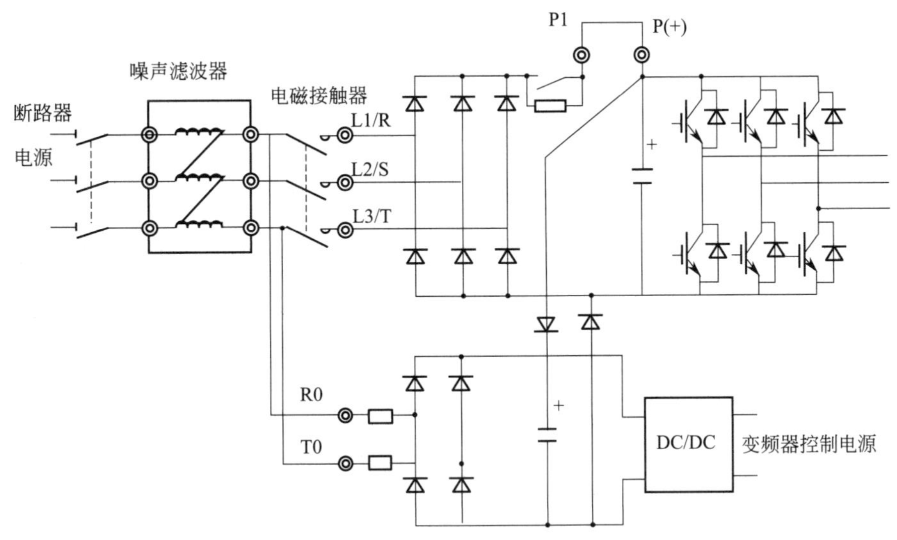

图 6 某品牌变频器控制电源电路图

从电路图 6 可知，变频器控制电路电源一方面取自变频器本身的直流母线电压，控制电源辅助输入端（RO，TO）即使不连接电源，变频器仍照常工作。当保护功能动作时，如使变频器电源侧的电磁接触器断开，则变频器控制电路将失电，键盘面板显示消失。为防止这种情况，将和主电路电源相同的电压输入至此控制电源辅助输入端（RO，TO），因此当按压电梯急停按钮时，一般不会导致变频器控制电源失电，变频器处于使能禁止待机状态；当然，变频器的主电路输出肯定是会被切断的，否则满足不了 GB 7588—2003 14.1.2.4 以及 12.7 的要求。

② 对于安装了节能回馈装置、封星接触器的电梯，制动试验时又会产生何种影响？

由电路图（图 7）可知，只有 3P 断路器 QF 以及 2P 断路器 QFB1 才能断开封星接触器线圈 FX 电源，触发封星接触器动作。封星接触器动作，会在电机绕组间形成回路，产生阻滞转矩，即电气制动，影响对制动器机械制动性能的判定。

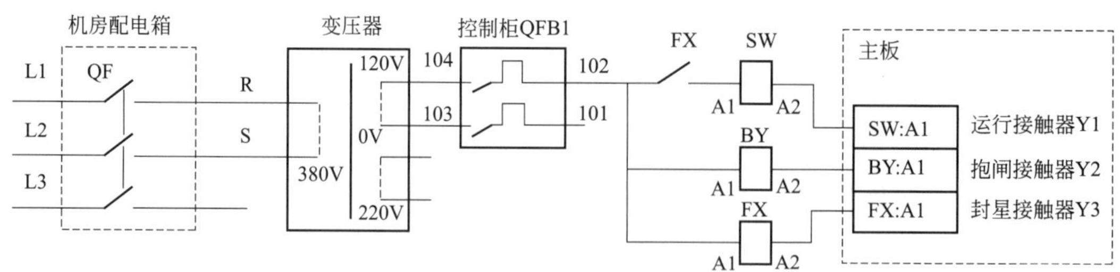

图7 某品牌电梯封星接触器电路图

因此，检验人员在现场进行制动试验时，务必督促维保人员查看图纸，弄清楚哪些空开可以触发封星接触器动作，以避免其动作影响判定结果。

对于安装了节能回馈装置的电梯，如果是可控硅组成的整流-回馈电路，当系统工作在发电状态，电网突然断电时，可能会造成逆变颠覆[2]。因此，在进行制动试验之前，首先应断开节能回馈装置与变频器之间的连接，仅保留由制动电阻消耗再生制动能量。

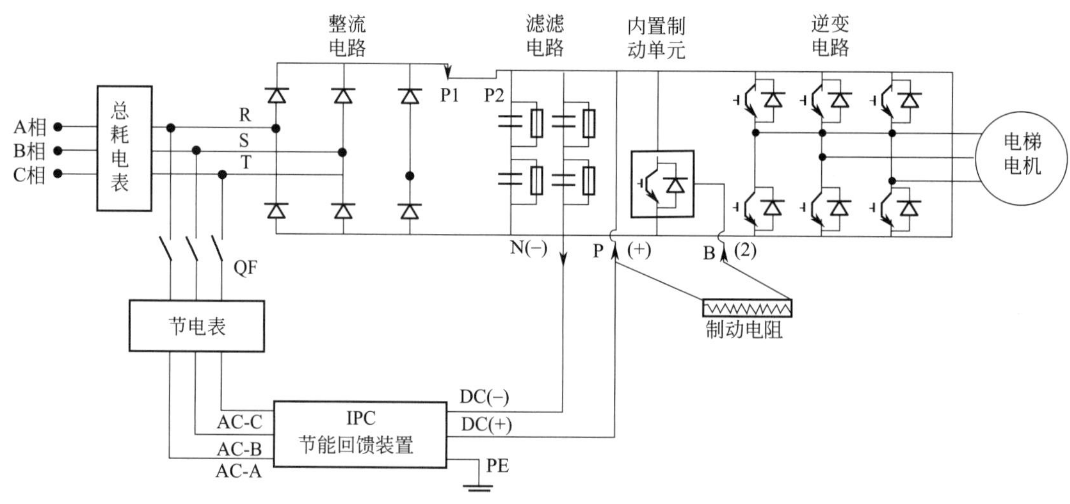

图8 某品牌电梯能量回馈装置电路图

6 对制动试验的相关建议

① 很多变频器都明确规定了不允许通过断开变频器电源来达到停车的目的，原因是变频器每次断电再上电，变频器里的大电容就会通过充电电阻充电一次，频繁的断电、上电，容易烧毁变频器内部的充电电阻或保险丝，一般来说，需等到变频器直流母线电压完全放掉才能给电梯再次送电。

② 在通电状态下严禁直接断开电梯节能回馈装置输入、输出两端的空气开关，随意断开会影响电梯的再生制动过程。在不断开电梯节能回馈装置的情况下严禁电梯总电源开关连续送电，送电时需电梯控制柜内部电压完全放掉才给电梯再次送电，这样可以避免电梯节能回馈装置内部的保险丝损坏。

③ 对电梯进行节能回馈装置加装时，应保留电梯原来的制动电阻控制方式，并且与原来的控制方式"互为冗余"。当电梯节能回馈装置出现了故障以后，立即切换到电梯原来的制动电阻控制方式，并且维持原来的控制方式运行，这样才不会影响电梯系统的安全。对于安装了节能回馈装置的电梯，如果是可控硅组成的整流-回馈电路，当系统工作在发电状态，电网突然断电时，可能会造成逆变颠覆。因此，在进行制动试验之前，首先应断开节能回馈装置与变频器之间的连接，由制动电阻消耗再生制动能量。

④ 在有封星接触器的情况下，断开主开关进行制动试验，对于额定速度较大的电梯，由于使电机

在快速运转时短接电机的接线端子，存在危险情况。因为此时电机内的电势很高，短接时产生的短路电流很大。过大的短路电流可能造成永磁体退磁、烧毁短路回路、烧熔接触器触点等不良后果。因此，在有封星接触器的情况下，应按压急停装置来进行制动试验，而不是主开关。

⑤ 变频器相关参数的设置（电流上限值等）、电机编码器相位角的匹配（运行电流）等是否正常，编码器、变频器，主机轴承的更换等情况应引起注意，重载运行时可能引起跳闸，模块烧毁等现象。

由于不同厂家电梯电路设计方案的不同，电梯配置的不同，在进行 125%载荷制动试验时，应对电梯电路图进行必要的了解；对于采用了封星接触器、电梯节能回馈装置等情况，应事先做好防护准备工作，科学正确地进行检验操作，从而避免损坏设备，影响检验工作的正常进行和准确性。

参考文献

[1] 申瑞 . 电梯能量回馈技术及应用 [D]. 上海：上海师范大学，2010.
[2] 王明贤 . 突然停电对变频器的影响及对策 [J]. 齐鲁石油化工，2000，28 (1)：68-70.

基于可变速电梯关键技术的检验方法研究

洪 程

安徽省特种设备检测院，合肥 230000

摘 要： 可变速电梯是目前出现的一种新型电梯，是电梯技术发展的前沿，符合节能高效的趋势。但是其多种运行速度的特性给检验检测工作带来了冲突和挑战。通过分析可变速电梯的原理，将其与传统电梯相比较，与现行检规的条款作对照，制定出针对性的检验内容。同时，着重对其关键技术进行深入研究，运行科学合理的试验和比对方法，增加了对关键技术方面的检验内容，最终综合形成地方性标准，作为现行检规的补充，完善了对可变速电梯检验检测的针对性，具有较强的实际意义。

关键词： 可变速电梯；关键技术；检验

Research on Inspection Methods for Key Technologies of Variable Speed Elevators

Hong Cheng

Anhui Special Equipment Inspection Institute, Hefei 230000

Abstract: The variable speed elevator is a new type of elevator that has emerged at present, which is the frontier of elevator technology development and meets the trend of energy saving and high efficiency. However, its multiple operating speed characteristics bring conflicts and challenges to inspection and testing. By analyzing the principle of the variable speed elevator, it is compared with the traditional elevator and compared with the provisions of the current inspection regulations to develop a specific inspection content. At the same time, it focuses on in-depth research on its key technologies, runs scientific and reasonable tests and comparison methods, increases the inspection content of key technologies, and finally forms a local standard, supplements the current inspection regulations, and improves the variable speed. The pertinence of elevator inspection and testing has a strong practical significance.

Keywords: Variable speed elevator; Key technology; Inspection

0 引言

电梯作为特种设备，其发展已经经历了100多年的历史。随着高层建筑的日益增多，电梯已经成为必不可少的楼宇交通工具。电梯从诞生之时起，就不断在进行着技术的革新。时至今日，电梯的安全系数和运行效率都得到了极大的提高，可变速电梯正是在节能高效的要求下应运而生，是较为前沿的电梯

基金项目：国家质检总局科技计划项目（计划编号：2010QK007）。

作者简介：洪程，1986年生，男，硕士，主要从事电梯检验检测以及技术研究。

新技术。

针对电梯运行速度，一般认为电梯在安装调试完毕后，运行速度是不变的，也就是额定速度；然而可变速电梯技术的出现颠覆了人们对电梯运行速度的一般理解。所谓可变速电梯就是一种运行速度随载荷变化而在额定速度及数个中间负载额定速度之间切换的曳引驱动电梯[1]。显然，可变速电梯存在多个运行速度，这使得可变速电梯不仅具备传统曳引电梯的安全功能，同时拥有区别于传统曳引电梯特有的安全特性。现行标准和检规中有较多的条款和项目的判定与运行速度直接关联，选取哪种运行速度来进行检验和判定，选取的速度是否合理，能否正确判定，是否科学合理的反映可变速电梯的安全状况等问题成为了可变速电梯检验中亟待解决的问题。正因为目前电梯相关标准不能完全适用和覆盖可变速电梯，造成了特种设备检验检测机构在可变速电梯的监督检验和质量控制环节难以科学全面的把控。因此，分析可变速电梯的关键技术并针对性地研究其检验方法能有效提升可变速电梯的检验检测质量和安全状况。

1　可变速电梯的原理和研究概况

可变速电梯就是一种通过称重装置检测轿厢实际载荷，相应的调整曳引机输出功率，使运行速度随载荷变化而相应变化的曳引驱动电梯[2]。电梯曳引机的容量是按照额定载重量时能以额定速度的驱动轿厢来选定的，根据机械工程手册[3]，可用式(1) 表示。

$$p=(Q+G-W)v/102\eta \qquad (1)$$

式中，p 为曳引机功率；G 为轿厢自重；Q 为电梯额定载重量；W 为对重侧重量；v 为额定速度；η 为电梯机械传动总效率（$\eta=0.65$）。

实际运行中（p 不变），可假定实际运行中轿厢自重与实际载重量之和为（$(Q+G)_s$，曳引机实际做功功率 p_s，显然（$(Q+G)_s\leqslant(Q+G)$，$p_s\leqslant p$，因此传统电梯其曳引机容量的选择是有冗余的，不难发现，实际运行中当（$(Q+G)=W$ 时，p_s 最小，为 0，曳引机负载最小，冗余量最大。因此提充分利用曳引机容量的冗余量来提高运行速度成为一种可能。

可变速电梯利用了以上原理在额定速度的基础上，在特定载荷的情况下提高了运行速度。电梯安全运行必须保证运行中实际做功功率小于曳引机的额定功率。结合公式(1) 可知：

$$102\eta p_s/[(Q+G)_s-W]=v_s \qquad (2)$$

式中，v_s 为中间运行速度或者额定速度；p_s 为实际功率；$(Q+G)_s$ 为轿厢自重与实际载重量之和。

电梯设计完毕后，理想状态下 W、G 是常数，p_s 小于额定功率 p，$(Q+G)_s$ 与 v_s 成为一组相互制约的变量。当 $(Q+G)_s$ 与 W 接近时，可以提高 v_s；当 $(Q+G)_s$ 与 W 偏离较大时，v_s 回到额定速度 v。根据以上关系，可设计合适载荷-速度对应关系，使电梯按照该关系运行。

通过查阅资料和查新发现，国内外可变速电梯技术相关文献较少，主要是对可变速电梯原理的介绍，缺少针对可变速电梯检验检测方面的研究，因此，使得可变速电梯检验方法的研究成为了检验检测机构需要解决的实际问题，具有较强的针对性和实用意义。

2　可变速电梯安全特性分析研究

制定科学合理的检验方法必须对可变速电梯的安全特性进行分析和研究，本文的主要研究路线如图 1。

首先，通过分析可变速电梯的原理，从其与传统电梯的区别切入，结合现行检规，可以得出区别如表 1。

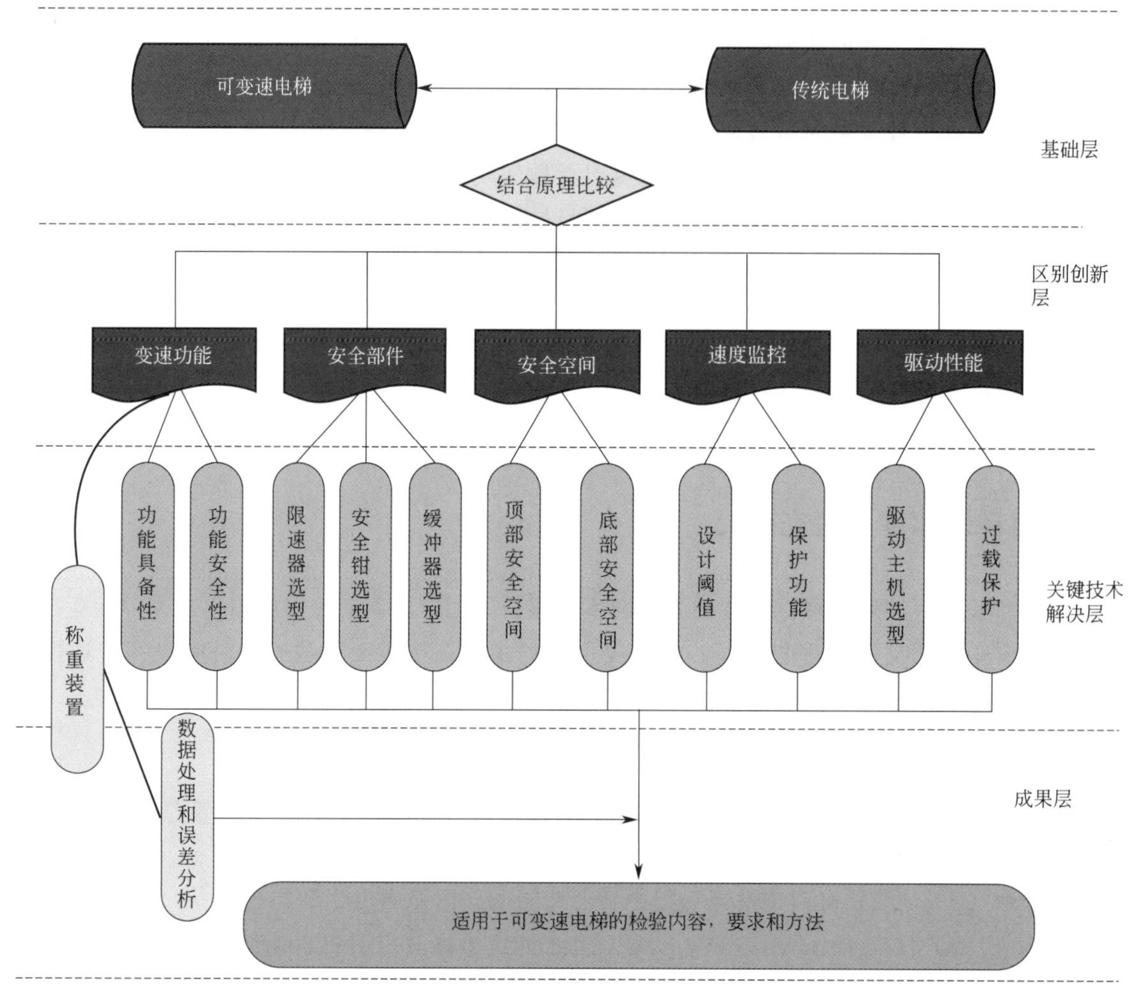

图1 可变速电梯检验方法研究技术路线图

表1 可变速电梯与传统电梯主要区别表

区别	传统电梯	可变速电梯
速度	只有一个额定速度	两个或以上运行速度
驱动主机	与额定速度匹配	与额定速度匹配，有出现超出功率的可能
轿厢称重装置	防止超载	防止超载，同时采集称重信息以选择对应的运行速度
速度监控装置	对唯一运行速度进行超速监控	通过称重装置等给定的信号对每个负载区间对应的运行速度进行监控
安全部件	限速器安全钳和缓冲器均按唯一运行速度选型	限速器安全钳和缓冲器均按最大运行速度选型
安全空间	根据唯一运行速度设置安全空间	根据最大运行速度设置安全空间
制动器	当轿厢载有125%额定载荷并以额定速度向下运行时，操作制动器应能使曳引机停止运转。 所有参与向制动轮或盘施加制动力的制动器机械部件应分两组装设。如果一组部件不起作用，应仍有足够的制动力使载有额定载荷以额定速度下行的轿厢减速下行	法规、标准未考虑存在多个运行速度情况，应保证在最大运行速度的情况下可靠制动，并符合传统电梯制动器的其他要求

从表1中可以看出，大多数检验项目只要将现行检规中的额定速度的选择，有针对性的选取可变速电梯的运行速度即可进行检验和判定，例如安全装置（限速器、安全钳、缓冲器）、制动器以及井道安全空间（顶部空间、底坑深度）的检验应按照如下原则进行：按可变速电梯最大中间负载额定速度选用限速器和安全钳以及缓冲器[4]。在计算可变速电梯的顶部空间和底坑深度时，用最大中间负载额定速度进行计算，如此将保证在额定速度和其他中间负载额定速度的情况下顶部间距均满足GB 7588—2003的规定[5]。查看制动器是否符合安全制动器要求，然后使可变速电梯在每个负载区间运行，在每个独

立的负载区间里，按照传统电梯的检规和标准要求对制动器进行检验，每个负载区间内符合要求才能判定该可变速电梯的制动器符合要求。

3 基于可变速电梯关键技术特性的检验方法研究

通过表 1 同时也能清晰地发现，可变速电梯的关键技术的检验会更为复杂。主要涉及的有称重装置精度和安全性的检验、速度监控装置的检验、主机运行状态监控装置的检验和变速功能的检验这几个方面。

3.1 称重系统精度和安全性检验

可变速电梯启动前通过称重装置检测出轿厢载重量。并将检测出的轿厢载重量以电子信号的形式传递给主控制系统；控制系统根据测出的轿厢载重量，对照在控制系统中预先设置的载重—速度运行关系选择适当的运行速度；曳引系统按照设定好的速度运行电梯。在轿厢运行后，通过反馈的电动机电流检测值计算出的轿厢载重量并与称量装置检测出轿厢载重量相比较，检查称重装置测量的轿厢载重量数据的可靠性性，如误差较大则应立刻将轿厢速度减速到额定速度运行。具体如图 2 所示。

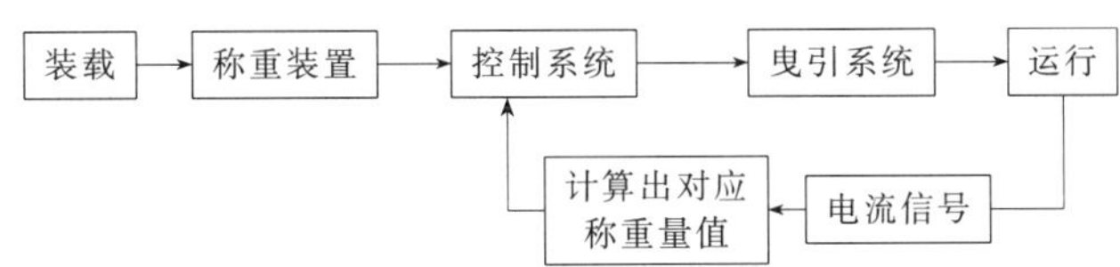

图 2 称重装置在可变速电梯中的作用

称重装置是实现变速的关键环节，可变速电梯运行什么速度取决于称重装置给到控制系统的信号，为了防止称重装置不可靠或者失效，同时应有一个独立的检测信号来进行比较验证，一旦验证不通过，则降低到最低速度运行，使运行功率始终小于或者等于主机的额定功率。在实际检验中，可以人为调整称重装置的误差，看可变速电梯的速度选择是否在安全范围。

与此同时，不仅要确认称重装置失效时候能否恢复到安全速度运行，对称重装置精度的检验也应同时进行，以求客观的反映称重装置的状态，避免总是出现降速保护情况的出现。设计的具体检验方法如下：轿厢停靠基站，空载，将称重装置校零。检验分加载和减载两个阶段进行。

① 加载阶段 以 75kg（标准中一个成人的重量）为一个测量点逐步增加砝码，记录轿厢称重装置的测量值（以负载率来表示）。直至满载。

② 减载阶段 延续上个阶段检验，此时轿厢满载。以 75kg 为一个测量点逐步减少砝码，相应记录轿厢称重装置的测量值（以负载率来表示）。直至空载。

利用所测数据，结合相应的误差评定方法得出最大误差值，需满足要求，这个误差的标准以国家总局等效评价的文件为依据，可以设定为 10%，如果制造单位另有计算说明的，以制造单位要求的精度为判定标准，具体流程图如图 3 所示。

在这个过程中，如何选择合适的误差评定方法也是研究的重点之一。

目前常用的误差评定的方法有许多种，归纳总结后，主要以两种方式来进行误差评定。

① 假设一个误差函数，结合各个测量点的误差值，利用合适的数学原理得到假设函数的参数，并绘制出误差曲线。误差曲线在载重区间的最大值即为最大误差值。同给定的误差允许范围做比较，得出结论。具体流程如图 4 所示。

② 根据实际载重量值，结合各个测量点，得到称重装置的理想曲线；同时将可变速电梯系统的显示值，结合各个测量点，得到称重装置的实际曲线。通过对两个曲线的比较，相差最大值即为最大误差值，其与额定载重量的百分比值即为最大误差[6]。同给定的误差允许范围做比较，得出结论。具体流

程如图 5 所示。

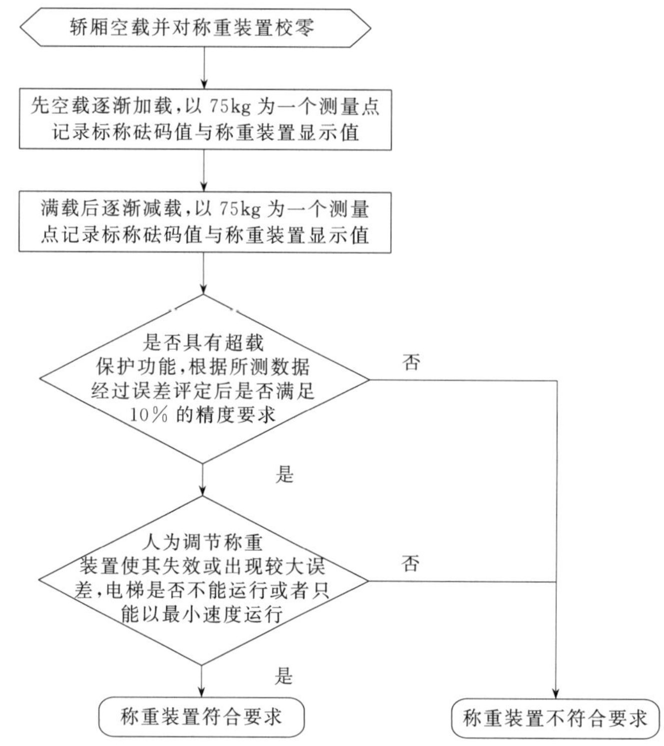

图 3　称重装置检验流程

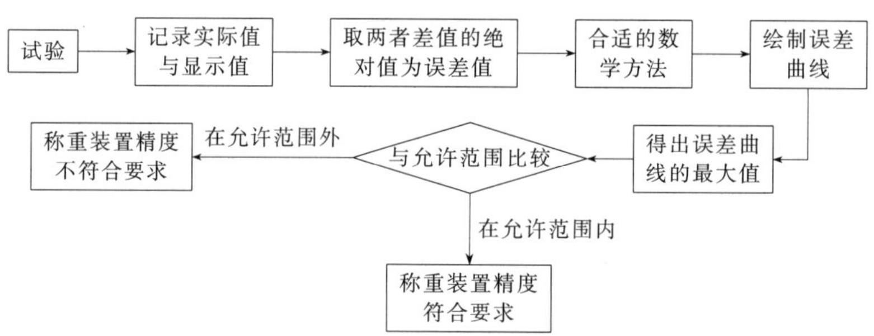

图 4　预设函数误差评定方法示意图

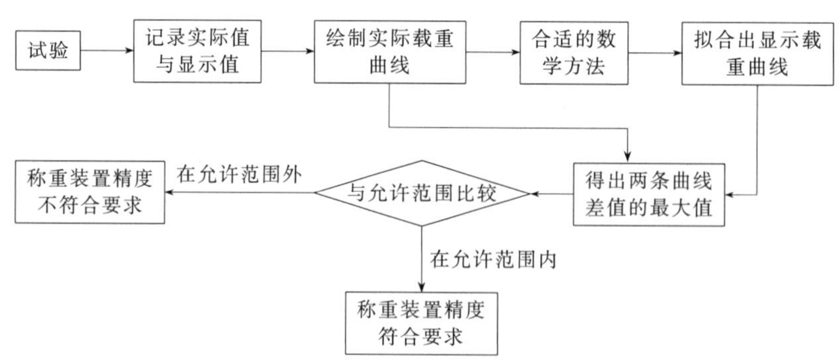

图 5　曲线比对误差评定方法示意图

联系实际数据，笔者最终选择的是利用累积法来进行误差处理。累积法是一种较新颖的数据处理方法，其特点是不直接处理误差项，而是运用有规可循的累积和来估计模型参数，并且能得到理想的效果。它可以保证平均剩余误差为零，并同时确保绝对误差最小。可以说，在测量数据处理领域，这是一种具有较好应用前景的方法。累积法是一种曲线拟合技术，其基本思想是利用有关数据的累积和以及权数直接估计模型有关的系数。所谓累积和就是对某列数据按照一定的叠加规律，进行不同的叠加后所得到的结果。累积法的具体原理和使用方法在曹定爱等人所著的《累积法引论》[7]和石照耀等人所著的《累积法的基本原理及其在测量数据处理中的应用》[8] 有详细的描述，在本文中不再赘述。

以普通累积法为基础，将试验测试的标称砝码实际负载率与轿厢称重装置的显示负载率的差值（即误差值）以及轿厢称重装置显示负载率的相关模型设为：

$$y_i=\beta_0+\beta_1 x_i+\varepsilon_i \tag{3}$$

式中，y_i 为误差值,%；x_i 为显示负载率,%；ε_i 为随机误差项。

因为式（3）中有 3 个待估计参数 β_0、β_1、β_2，所以累积到 3 阶即可，利用矩阵形式表示为：

$$Y=AX+\varepsilon'$$

其中：

$$y=\begin{bmatrix}\sum\limits_{i=1}^{n}{}^{(1)}y_i\\ \sum\limits_{i=1}^{n}{}^{(2)}y_i\\ \sum\limits_{i=1}^{n}{}^{(3)}y_i\end{bmatrix},A=\begin{bmatrix}\sum\limits_{i=1}^{n}{}^{(1)}1 & \sum\limits_{i=1}^{n}{}^{(1)}x_i & \sum\limits_{i=1}^{n}{}^{(1)}x_i^2\\ \sum\limits_{i=1}^{n}{}^{(2)}1 & \sum\limits_{i=1}^{n}{}^{(2)}x_i & \sum\limits_{i=1}^{n}{}^{(2)}x_i^2\\ \sum\limits_{i=1}^{n}{}^{(3)}1 & \sum\limits_{i=1}^{n}{}^{(3)}x_i & \sum\limits_{i=1}^{n}{}^{(3)}x_i^2\end{bmatrix},X=\begin{bmatrix}\beta_0\\ \beta_1\\ \beta_2\end{bmatrix},\varepsilon_i=\begin{bmatrix}\sum\limits_{i=1}^{n}{}^{(1)}\varepsilon_i\\ \sum\limits_{i=1}^{n}{}^{(2)}\varepsilon_i\\ \sum\limits_{i=1}^{n}{}^{(3)}\varepsilon_i\end{bmatrix}。$$

那么,X 的估计值为：

$$\hat{X}=\begin{bmatrix}\hat{\beta}_0\\ \hat{\beta}_1\\ \hat{\beta}_2\end{bmatrix}=A^{-1}Y. \tag{4}$$

式(4) 中，根据定义的通项式可以求出 A，Y 以及 A^{-1} 的值，得到所设式(3) 模型的近似公式。通过近似公式可以得到轿厢称重装置的误差曲线，最终得到最大误差值[9,10]。

下面是以合肥某额定载重量为 1350kg 的可变速电梯进行的称重装置精度检验实例。表 2 为按照试验方法加减载得到的原始数据，表 3 为经过累积法预处理过的数据，表 4 为利用累积法得到的数据计算得出的预测模型的参数值，图 6 为误差模型的曲线图，可以直观地看出，误差最大值为 0.559%，完全满足精度要求。

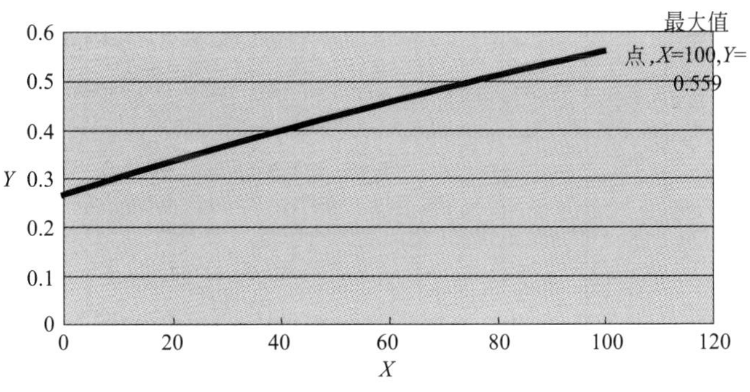

图 6　称重装置误差曲线图

表 2 实验数据

实际载重量/kg	0	75	150	225	300	375	450	525	600	675	750	825	900	975	1050	1125	1200	1275	1350
实际载荷率/%	0	0.0556	0.1111	0.1667	0.2222	0.2778	0.3333	0.3889	0.4444	0.5	0.5556	0.6111	0.6667	0.7222	0.7778	0.8333	0.8889	0.9444	1
称重装置显示值(加载)/%	0	6	11	17	21	27	33	39	44	49	55	61	66	72	78	83	89	95	101
称重装置显示值(减载)/%	0	6	11	17	22	28	33	38	45	50	56	61	67	72	79	84	89	94	101
误差值(加载)/%	0	0.44	0.11	0.33	1.22	0.78	0.33	0.11	0.44	1	0.56	0.11	0.67	0.22	0.22	0.33	0.11	0.56	1
误差值(减载)/%	0	0.44	0.11	0.33	0.22	0.22	0.33	0.89	0.56	0	0.44	0.11	0.33	0.22	1.22	0.67	0.11	0.44	1
综合误差值/%	0	0.44	0.11	0.33	0.72	0.5	0.33	0.5	0.5	0.5	0.5	0.11	0.5	0.22	0.72	0.5	0.11	0.5	1

表 3 经过累积法预处理的数据

原始数据		普通累积和										基本累积和			
误差值 y	显示值 x	x 一阶	x 二阶	x 三阶	y 一阶	y 二阶	y 三阶	x 平方	x 平方一阶	x 平方二阶	x 平方三阶		一阶	二阶	三阶
0	0	0	0	0	0	0	0	0	0	0	0	1	1	1	1
0.44	6	6	6	6	0.44	0.44	0.44	36	36	36	36	1	2	3	4
0.11	11	17	23	29	0.55	0.99	1.43	121	157	193	229	1	3	6	10
0.33	17	34	57	86	0.88	1.87	3.3	289	446	639	868	1	4	10	20
0.72	21.5	55.5	112.5	199	1.6	3.47	6.77	462.25	908.25	1547.25	2415.25	1	5	15	35
0.5	27.5	83	195.5	394	2.1	5.57	12.34	756.25	1664.5	3211.75	5627	1	6	21	56
0.33	33	116	311.5	706	2.43	8	20.34	1089	2753.5	5965.25	11592.25	1	7	28	84
0.5	38.5	154.5	466	1172	2.93	10.93	31.27	1482.25	4235.75	10201	21793.25	1	8	36	120
0.5	44.5	199	665	1837	3.43	14.36	45.63	1980.25	6216	16417	38210.25	1	9	45	165
0.5	49.5	248.5	913.5	2750	3.93	18.29	63.92	2450.25	8666.25	25083.25	63293.5	1	10	55	220
0.5	55.5	304	1217.5	3968	4.43	22.72	86.64	3080.25	11746.5	36829.75	100123.25	1	11	66	286
0.11	61	365	1582.5	5550	4.54	27.26	113.9	3721	15467.5	52297.25	152420.5	1	12	78	364
0.5	66.5	431.5	2014	7564	5.04	32.3	146.2	4422.25	19889.75	72187	224607.5	1	13	91	455
0.22	72	503.5	2517.5	10082	5.26	37.56	183.76	5184	25073.75	97260.75	321868.25	1	14	105	560
0.72	78.5	582	3099.5	13181	5.98	43.54	227.3	6162.25	31236	128496.75	450365	1	15	120	680
0.5	83.5	665.5	3765	16946	6.48	50.02	277.32	6972.25	38208.25	166705	617070	1	16	136	816
0.11	89	754.5	4519.5	21466	6.59	56.61	333.93	7921	46129.25	212834.25	829904.25	1	17	153	969
0.5	94.5	849	5368.5	26834	7.09	63.7	397.63	8930.25	55059.5	267893.75	1097798	1	18	171	1140
1	101	950	6318.5	33153	8.09	71.79	469.42	10201	65260.5	333154.25	1430952.25	1	19	190	1330

表 4 模型参数求解值

A：	19	950	65260.5	A 的逆：	0.157049	−0.063035	0.007513
	190	6318.5	333154.25		−0.013420	0.004672	−0.000476
	1330	33153	1430952.3		0.000165	−0.000050	0.000005
Y：	8.09		b0	0.27215036			
	71.79		b1	0.00352627			
	469.42		b2	−0.00000660			

3.2 速度监控装置的检验

可变速电梯应具有速度监控功能，利用速度编码器等类似装置检测实时速度，与对应区间的中间负载速度进行比较，如检测出超速则紧急制动电梯。超速检测水准根据对应区间的中间负载速度进行设定，具体设定值应按照 GB 7588—2003 中限速器机械动作值的规定，且小于对应的更快一级运行速度，如图 7 所示为某可变速电梯不同负载区间的速度监控范围。轿厢速度超过超速检测水准时，由制动器进行紧急制动。

检测时，可以模拟出电梯以超过对应区间的中间负载速度的速度运行，利用速度检测装置检测驱动电机速度，当达到超速检测水准时，制动器应进行紧急制动，并且可靠有效。

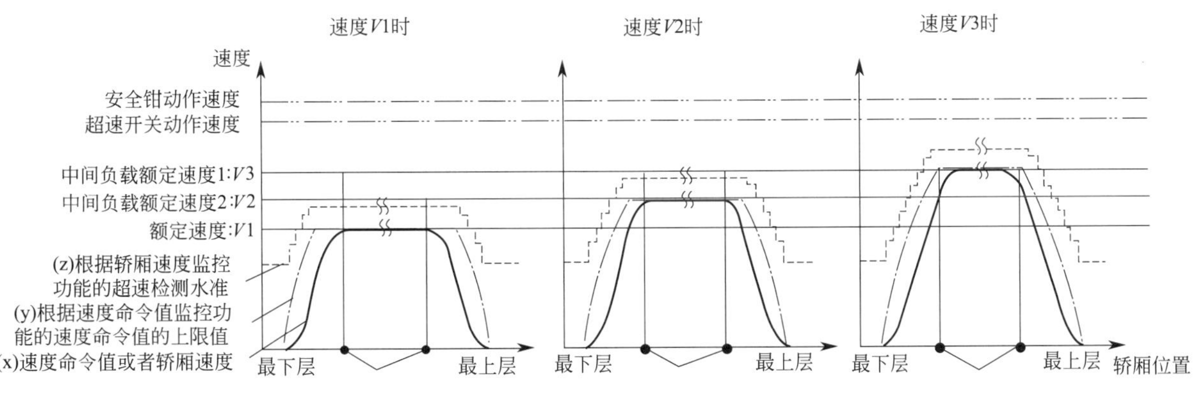

图 7 某可变速电梯的速度监控功能设计文件图

3.3 主机运行状态监控装置

根据可变速电梯的工作特性，在实际运行中可能出现在某一时间段内驱动主机连续满载运行，造成驱动主机处于过载状态而出现安全风险。因此必须设置主机运行状态监控装置，使驱动主机在连续满载运行而还未成为过载状态之前，暂时中止可变速度运行功能，使其以额定速度继续运行，这样可防止驱动机器处于过载状态。当可变速度运行中止后，已回到通常的负载状态时，再开始可变速运行功能。

该类监控装置通常以检测驱动装置温升或线路电流来实现，在检验时，人为使电梯处于过载状态并且保持过载运行一段时间，查看驱动监控装置是否中止变速功能，电梯是否只以额定速度运行。如果以检测温升的方式实现，变速功能应能在温度下降后自动恢复；当以检测线路电流方式实现时，变速功能应无法自动恢复。

3.4 变速功能的检验

当电源为额定频率，电动机施以额定电压，称重装置检验合格依据中间负载额定速度的设定标准中负载率区间与速度的对应关系，选择每一个负载率区间的中点为一个测量点，轿厢装载该测量点对应载重量，可变速电梯运行后应满足以下要求。

① 轿厢的实际运行速度不得大于该负载率区间对应速度 105%，不宜小于该负载率区间对应速度 92%。

② 呼梯、楼层显示等信号系统功能有效、指示正确、动作无误，轿厢平层良好，无异常现象发生。具体流程如图 8 所示。

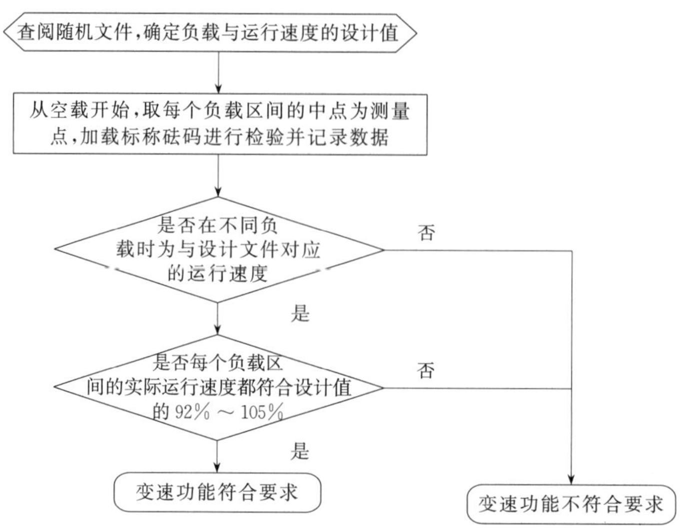

图 8　变速功能检验流程图

4　结论

本文从可变速电梯的原理出发，分析了可变速电梯区别与传统电梯的特有的安全特性；明确了可变速电梯与运行速度有关的安全部件的选型标准，并提出了相应的检验内容、要求和方法；在掌握可变速电梯原理的基础上，分析并找到了实现可变速运行时可能产生的安全隐患，针对此安全隐患制定了相应的标准并提出检验内容、要求和方法；研究可变速电梯曳引机运行状态监控、称重装置有效性和精度、不同负载区间独立的速度监控以及变速功能等关键技术，并创新性地提出相应的检验内容、要求和方法。

在以上工作的基础上，统筹结合可变速电梯与传统曳引驱动电梯在安全性方面的共性以及特性制定《可变速电梯安装与检验规范》与《曳引驱动可变速电梯监督检验和定期检验细则》两项地方标准，编制了曳引驱动可变速电梯检验工艺手册和作业指导书，针对性的指导了地方检测机构对可变速电梯的安全检验，为可变速电梯这种新技术的应用打下了检验基础，同时也完善了检验标准和规范。

比对检验结果表明，本文采取的技术路线是切实可行的，能针对可变速电梯安全特性制订相匹配的检验项目，并做出合理的判定，更能反映可变速电梯的实际安全状况，具有重要的现实意义。

参考文献

[1]　酒井雅也，饭屋佳孝著，黄建华译．可变速电梯系统［J］．中国电梯．2005（11）：18-20.
[2]　徐卫玉，吴国良，管敏强．谈三菱可变速电梯技术［J］．中国电梯．2010（17）：37-39.
[3]　机械工程手册编辑委员会．机械工程手册［M］．北京：机械工业出版社．1997.
[4]　尹传仁．可变速电梯安全检验分析［J］．科技风．2011，（15）：45-47.
[5]　GB 7588—2003.
[6]　申红莲．Matlab 中曲线拟合的方法［J］．福建电脑．2011，（7）：10-11.
[7]　曹定爱，张顺明．累积法引论［M］．北京：科学出版社．1999：54-65.
[8]　石照耀，谢华锟，费业泰．累积法的基本原理及其在测量数据处理中的应用［J］．光学精密工程．2009，（8）：87-89.
[9]　JJF 1059—1999.
[10]　JJF 1094—2002.

激光测距技术在电梯井道壁超差上的应用

杨　林

大连特种设备检验检测研究院有限公司，大连 116013

摘　要： 国家相关安全技术规范和标准对电梯轿厢与面对轿厢入口的井道壁距离有着明确的规定。目前此间距的测量工具和测量方法效率较低，而且测量准确度不高，可重复性差，随着电梯保有量的与日俱增，该传统方法远不能满足实际工作的需求。本文旨在解决此矛盾，将激光测距技术应用到该距离的测量中。文中采用微处理器控制的激光测距模块、旋转编码器、蓝牙模块等集成创新了一种新的测量设备。该测量设备可以测量并记录轿厢与面对轿厢入口井道壁距离相关的所有数据，不仅精度高，而且可重复性强、可信度高，同时极大提高了测量效率，使得测量人员可以从繁复的测量工作中解放出来，特别适用于高层建筑物的电梯轿厢与其井道壁距离的测量。

关键词： 电梯；检验；激光；测量

The Application of Laser Ranging Technology in The Distance Between Elevator Car and Hoistway Facing The Car Entrance

Yang Lin

Dalina Special Equipment Inspection Institute,　Dalian 116013

Abstract: Relevant national safety technical specifications and standards have clear regulations on the distance between elevator car and the shaft wall facing the entrance of the car. At present, the measuring tools and methods of this distance are inefficient, and the accuracy of measurement is not accurate, and the repeatability is poor. With the increasing number of elevators, this traditional method is far from meeting the needs of practical work. The purpose of this paper is to solve this contradiction and apply laser ranging technology to the measurement of the distance. In this paper, a new measuring device is innovated, which integrates laser ranging module, rotary encoder and Bluetooth module controlled by microprocessor. The measuring equipment can measure and record all data related to the distance between the car and the shaft wall facing the entrance of the car. It not only has high accuracy, but also has strong repeatability and high reliability. At the same time, it greatly improves the measuring efficiency, so that the surveyor can be freed from the complicated measuring work, especially for the electricity of high-rise buildings. Measurement of the distance between the ladder car and its shaft wall.

Keywords: Lift; Inspection; Laser; Measure

基金项目：国家质检总局科技计划项目“无线数据传输技术在电梯检验上的应用”（编号：2015QK280）。

作者简介：杨林，1987 年生，男，工程师，硕士，主要从事电梯检验。

0 引言

特种设备安全技术规范 TSG T7001—2009《电梯监督检验和定期检验规则——曳引与强制驱动电梯》中规定："轿厢与面对轿厢入口的井道壁的间距不大于 0.15m，对于局部高度小于 0.5m 或者采用垂直滑动门的载货电梯，该间距可以增加到 0.20m。如果轿厢装有机械锁紧的门并且门只能在开锁区内打开时，则上述间距不受限制。"[1]，如图 1 所示。

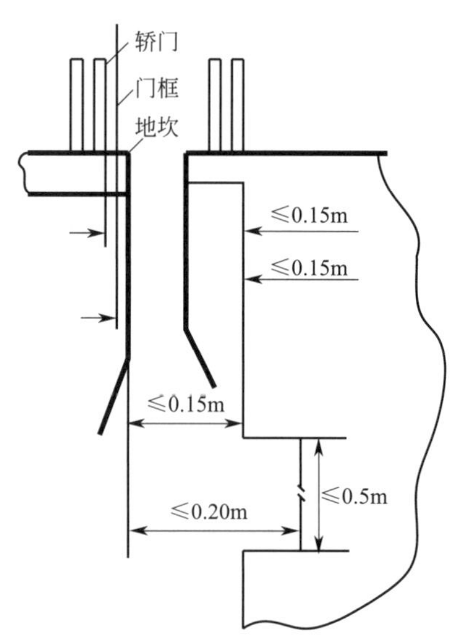

图 1 轿厢与面对轿厢入口的井道壁的间距

目前，我国各地检验机构对此项目的检验过程中，大都采用以下两种方法。一种方法是一名测量人员处于轿厢内部，直接测取数据，另一名测量人员处于轿厢顶部，两名测量人员分处于两个独立的空间，共同配合作业；另一种方法是为了避免两名测量人员分处于两个独立空间而存在的安全隐患，而在轿厢顶部寻找一个测量参考点，通过换算来间接测取轿厢与面对轿厢入口的井道壁间距[2]，其测量流程如图 2 所示。

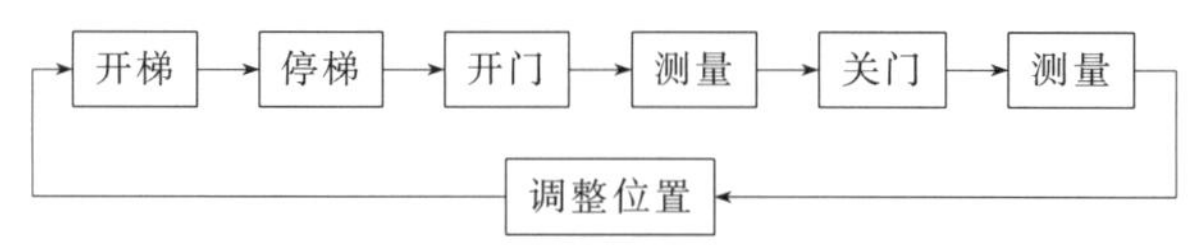

图 2 传统方法测量流程

不难看出第一种直接测量方法存在着一定的安全隐患，第二种间接测量方法存在着一定的测量不规范性。除此之外，这两种方法性障碍，都不可避免的要对轿厢的位置进行不断的调整，而轿厢位置调整又不具有连续性，这就更加大了对测量点的选择难度。

所以，在针对轿厢与面对轿厢入口的井道壁距离进行测量时，特别是遇到层站数较多的电梯时，如果仍然才用这两种传统的测量方法，势必会与当前的各地检验机构的工作量形成显著矛盾。本文为提高检验效率，改善检验条件，采用微处理器控制的激光测距模块、旋转编码器、蓝牙模块等集成创新了一种新的测量设备。

1 设备硬件设计

测量系统采用模块化设计，以两块微处理器为核心[3]。其中一块处理器结合测距旋转编码器、无线收发模块、人机交互操作显示屏、SD 卡等构成轿顶检测设备（主机），如图 3 所示。

另一块处理器结合两路激光测距传感器和无线收发模块等构成轿内检测设备（分机）[4]，如图 4 所示。

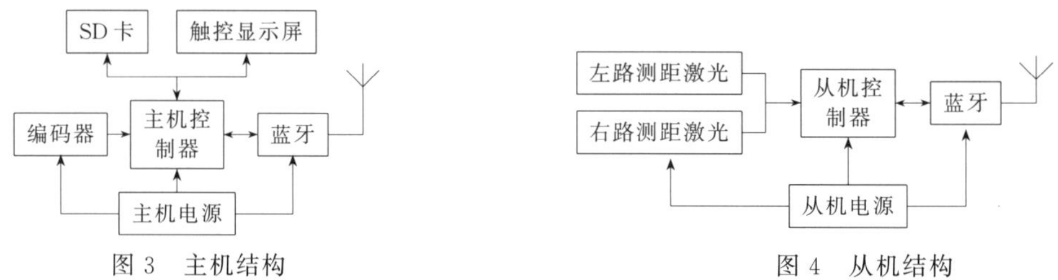

图 3 主机结构

图 4 从机结构

分机的主要作用是通过激光测距模块测量分机距井道壁之间的实时距离，并将其测得的距离通过蓝牙模块传送给主机，其中分机采用两路激光测量模块，两路激光测量模块不仅可以扩大检测范围，同时还可以通过软件来提高单位时间内采集数据的频率，从而更大程度的降低误报警或漏报警。

主机则通过蓝牙模块接收分机传送过来的数据，并利用旋转编码器测量轿厢运行的速度，进而间接获得在垂直方向上的距离测量，同时主机还承担着对水平方向和垂直方向上的数据实时显示，以及对是否报警作出判断和对相关数据的存储任务。

2 设备软件设计

2.1 软件系统流程

主机和分机开机后，立刻进行蓝牙连接，连接成功后，主机接收分机数据帧，并进行解包还原及滤波得到准确的水平方向上的数据，同时通过搭载在主机上的编码器将采集到的速度数据转为垂直方向上的距离数据。在获取水平方向和垂直方向上的数据后，根据规则检查进行逻辑判断，随即完成报警和相关存储工作，其流程图如图 5、图 6 所示。

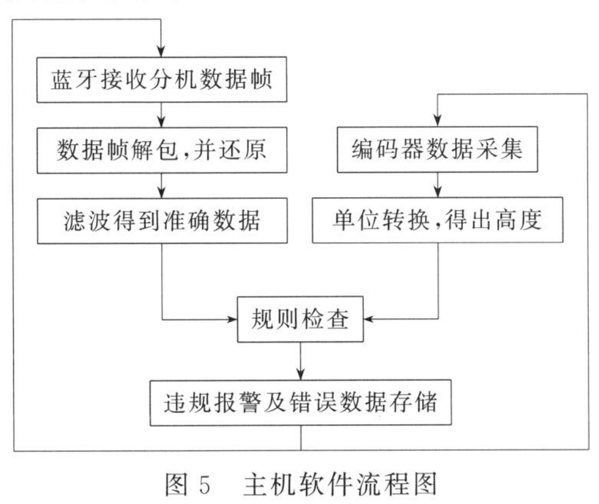

图 5 主机软件流程图

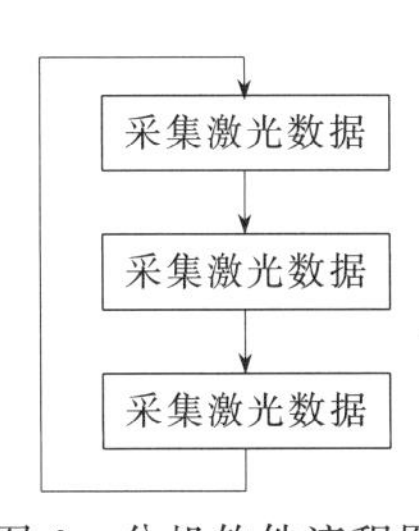

图 6 分机软件流程图

2.2 规则检查

依特种设备安全技术规范 TSG T7001—2009《电梯监督检验和定期检验规则——曳引与强制驱动电梯》3.7 项所阐述“轿厢与面对轿厢入口的井道壁的间距不大于 0.15m，对于局部高度小于 0.5m 或者采用垂直滑动门的载货电梯，该间距可以增加到 0.20m。如果轿厢装有机械锁紧的门并且门只能在开锁区内打开时，则上述间距不受限制。”。我们将井道壁超差分为两种不符合情形。

第一种不符合情形，轿厢与面对轿厢入口的井道壁距离在任何时候，当该值大于 0.20m 时，由蜂鸣器发出报警并存储相关数据；第二种报警情形，当该值大于 0.15m 时，由定时器开始计时，通过与轿厢运行速度的乘积得出轿厢的运行高度，当此高度值大于 0.5m 时，由蜂鸣器发出报警并存储相关数据，如图 7 所示。

3 测量方法

使用该设备时，需要将分机安装固定在轿厢中，主机手持或安装于轿顶，并确保旋转编码器旋转头与限速器绳或者导轨良好接触。在测量过程中，短接验证轿门闭合的电气安全装置，并将轿门完全打开，以保证门刀不会与门锁滚轮发生相互刮蹭，将电梯检修下行开始测量工作，如图 8 所示。

在安装分机时，要确定分机的安装距离。考虑到不同轿厢、轿门的结构不同，首先要确定电梯井道内表面与轿厢地坎、门框及和轿门之间哪个距离最小。具体实现方法是，选择非底层端站的任意一层站，检修点动运行轿厢至合适位置后，分别测量轿厢地坎、门框、轿门与该层门地坎之间的距离为 m_1、m_2、m_3，然后在轿厢内选择合适位置安放设备，并测量设备距层门地坎之间的距离 m_0，并将 m_0

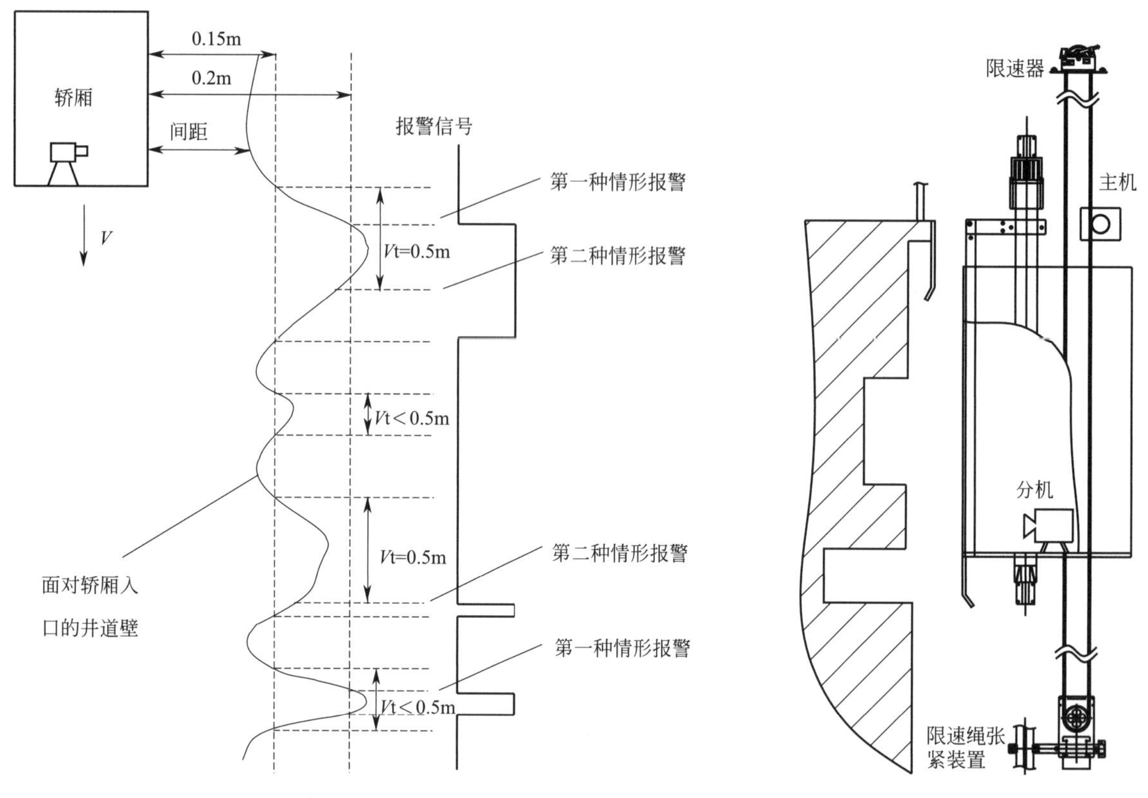

图 7　报警情形示意图　　　图 8　设备使用方法示意图

与 m_1、m_2、m_3 的差值中的最大值作为水平参考距离，如图 9 所示的水平参考距离为 m，并将此数据以及电梯检修运行速度 V 通过键盘输入到单片机中。然后以检修速度运行轿厢，便会测得设备与障碍物之间的距离 l。通过控制器内部运算，得出（$l-m$）值，即为轿厢与面对轿厢入口的井道壁间距。如果该间距大于 0.2m，或大于 0.15m 但不大于 0.2m，且持续的时间与检修速度的乘积大于 0.5m 时，

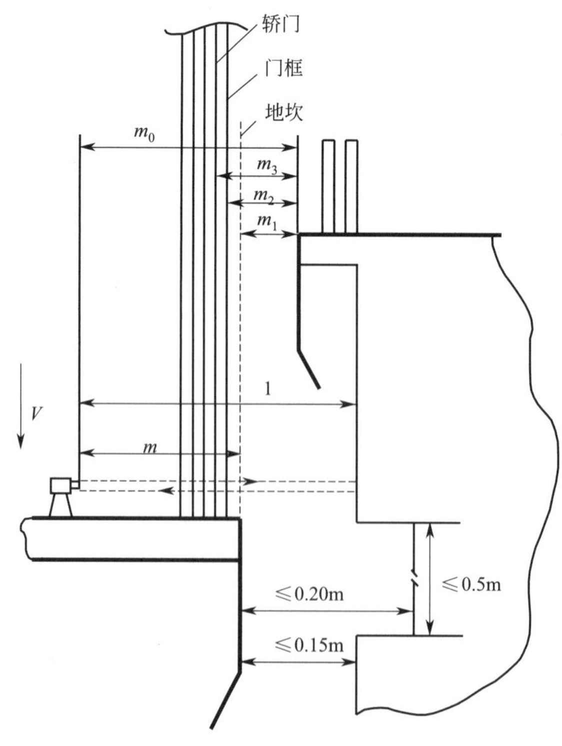

图 9　测量方法示意图

则通过蜂鸣器发出报警提示，且在显示器上显示出实时距离，并锁存最大间距。

4 结论

本文的测量设备具有传统方法不可比拟的测量效率，而且测量过程中无需该设备所必要的停梯，这也极大地降低了对电梯元器件的损耗；其次所开发的设备采用蓝牙进行数据传输，这就使得在测量过程中，电梯轿厢里面不需要有人员，极大降低了测量人员在测量作业中的风险隐患；此外，所开发的设备体积小、重量轻、便于携带，而且操作简单，可以很快掌握其使用方法；最后所开发的设备可以对测量的结果数据进行历史查询，设备存储着每一次与不符合相关的所有数据，包括不符合的区域大小，发生位置，严重程度等关键数据，这些数据不仅在出具检验报告的时候具有重要意义，而且对使用单位整改工作也具有重要价值。

参考文献

[1] 全国电梯标准化技术委员会 . GB 7588—2003 电梯制造与安装安全规范［S］. 北京：中国标准出版社，2003.
[2] 郑凌敏 . 关于增设轿厢与井道壁距离检验项目的思考［J］. 中国特种设备安全，2014，30 (12)：14-16.
[3] 胡乾斌 . 单片微型计算机原理与应用［M］. 武汉：华中科技大学出版社，2005.
[4] 迟婷婷 . 连续波激光雷达测距新方法的研究［D］. 天津：天津理工大学，2013.

电梯安全制动距离检测仪设计

张传龙

大连市特种设备检测研究院，大连 116000

摘　要： 提出一种采用检测技术实现的电梯安全制动距离检测装置设计，利用传感器捕获并识别电梯的制动触发时刻；利用便捷放置在电梯轿厢内的检测电梯加速度的装置，经过内置的DSP处理器对采集的信号进行匹配运算，最终换算成实际制动距离信息。通过无线信号将数据上传至手持平板电脑中，实时显示测试数据过程和最终判定电梯的制动距离是否符合要求的结果，当电梯不能可靠制停时，远程触发限速器安全钳动作，避免轿厢蹲底造成损失。整个测量过程安全可靠、操作简单、实用性强。

关键词： 电梯；安全制动检测；制动距离

Design of Elevator Safety Braking Distance Detector

Zhang Chuan-long

Dalian Special Equipment Inspection and Research Institute，Dalian 116000

Abstract: A design of elevator safety braking distance detection device based on detection technology is presented. The sensor captures and identifies the braking trigger time of elevator. The device for detecting elevator acceleration conveniently placed in the elevator car is used to match the collected signals through the built-in DSP processor，and finally converted to the actual system. Dynamic distance information. Data is uploaded to a handheld tablet computer through wireless signals. Real-time display of the test data process and the final determination of whether the braking distance of the elevator meets the requirements. When the elevator can not be stopped reliably，the safety clamp action of the speed limiter is triggered to avoid the loss caused by the car crouching bottom. The whole measurement process is safe，reliable，simple and practical.

Keywords: Elevator; Safety brake detection; Stopping distance

0　引言

曳引与强制驱动电梯 TSG T7001—2009《电梯监督检验和定期检验规则——曳引与强制驱动电梯》第2号修改单中增加了：“8.13 制动试验 A（B）”“轿厢装载125％额定载重量，以正常运行速度下行时，切断电动机和制动器供电，制动器应当能够使驱动主机停止运转，试验后轿厢应无明显变形和损坏”的项目。由于国家检规中新增加了装载制动试验的检验项目，所以大大增加了检验电梯时载荷试验的部分。传统的测量制停距离的方式是通过人工测量的方法，近些年很多科研机构和

作者简介：张传龙，1987年生，男，副部长，硕士，主要从事机电类特种设备检测新技术研究。

仪器公司研发了专门测量制停距离的仪器。由于进行125%载荷试验的都是老旧电梯，甚至某些电梯已经使用了几十年，能不能可靠地进行载荷试验就是检验机构、使用单位和维保单位非常重视的问题，虽然市面上各式各样的测量仪都已经很成熟，但在设计电梯制动距离检测仪器时，仅仅考虑能否测量制停距离已经不能满足现在的客户需求，安全的检测制停距离才是大势所趋[1-3]。所以设计一套不仅可以测量电梯125%载荷试验中的制停距离，又可以保证即使电梯制动器不能可靠制停电梯，电梯也不会损坏就非常重要了，如果这种检测方式得到普及，不仅可以满足检验要求，还能减少电梯损坏产生的时间成本和人力成本。

1 电梯制停距离检测仪国内外概况

目前检测制停距离的仪器大多数是将转动轮连接被检测电梯的钢丝绳，在进行检测时，使电梯钢丝绳带动编码器转动，当电梯接收停止指令开始测量直到完全停止运行结束。测量的数据就是电梯的制停距离。这种测量方式有两个问题：①安装的转动轮固定之后和钢丝绳通过摩擦产生相对位移的方法并不可靠，通过本单位大量的现场实测，发现存在使用一段时间转动轮的固定不牢靠，发生虚接触的情况。②经过进行大量的电梯125%载荷试验之后发现，部分老旧电梯由于制动力不足会造成蹲底而产生电梯的损坏，这使得使用单位对于检验机构和维保单位有很大的意见，虽然检规中明确表示“试验后轿厢应无明显变形和损坏”，但是还是不能避免因为检验而造成的电梯损坏[4]。

德国的TUV公司发明了一种用于专门检测电梯的设备ADIASYSTEM，它的其中一项功能是主要检测空载电梯的减速度来判断检测钢丝绳与牵引滑轮之间的摩擦力是不是达到了防止滑移的程度。以此来判断当装载有125%倍的标准载荷不能出现滑移，但当电梯的平衡系数不在0.4～0.5之间时，这种空载测量的方式就不准确了。而且也不能解决一旦出现制动力不足的情况时电梯蹲底损坏的问题[5,6]。

本文根据市面上制停距离检测设备存在的不足，设计了一套全新的能够安全的检测电梯125%载荷试验的仪器。本仪器的操作方法也是将信号采集分析设备放置在轿厢内，跟随电梯进行整个下行断电的试验。检验检测人员可以手持平板电脑在机房进行观察，当电梯运行至行程的下半部分时轿厢内的检测分析设备会给一个远程信号进行断电试验，这时电梯开始减速，假设电梯的制动力不足，会造成电梯有蹲底的风险。而另一方面由于电梯的运行速度是从额定速度不断降低，限速器安全钳就一定达不到动作速度。本仪器就是在这种情况下强制使得限速器安全钳动作，使得电梯制动力增大，直至电梯停止，避免电梯蹲底的风险，减小使用单位的损失。

2 安全制动距离检测仪软件设计

对于电梯的安全制动检测技术主要有两个方面的要求：①检测电梯的制动距离；②在电梯不能可靠制停时通过触发限速器来使得电梯可靠制停。本仪器设计了一套加速度信号采集电路，为了满足电梯信号采集实时性的要求，输入信号的波形纯正平滑，在设计信号采集电路中加入了隔离整形电路。经过本系统设计的信号采集电路，可以防止在未使用的情况下，电路中掺入干扰信号影响采集数据的正确性。

如图1所示，将仪器放置在电梯轿厢内，初始化之后装载125%额定载荷的电梯开始向下运行，当运行至行程的下半部分时，检测仪对于电梯是否减速进行判断，如果电梯开始减速，则开始检测数据，并进行数据分析，如果没有减速，检测结束，重新初始化。另外系统会结合运行距离和运行时间综合分析之后，判断制停时间是否超过了安全时间，在与数据库进行对比之后，给出检测结论。如果数据分析结果预计会造成蹲底，则触发限速器安全钳使其停止并给出检测结论。

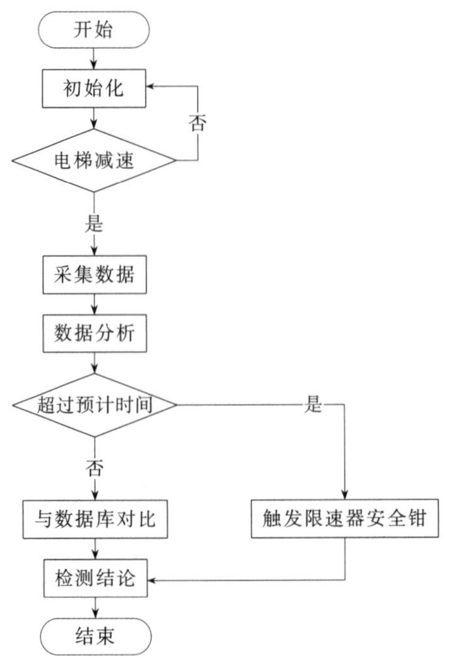

图 1　电梯安全制动检测流程图

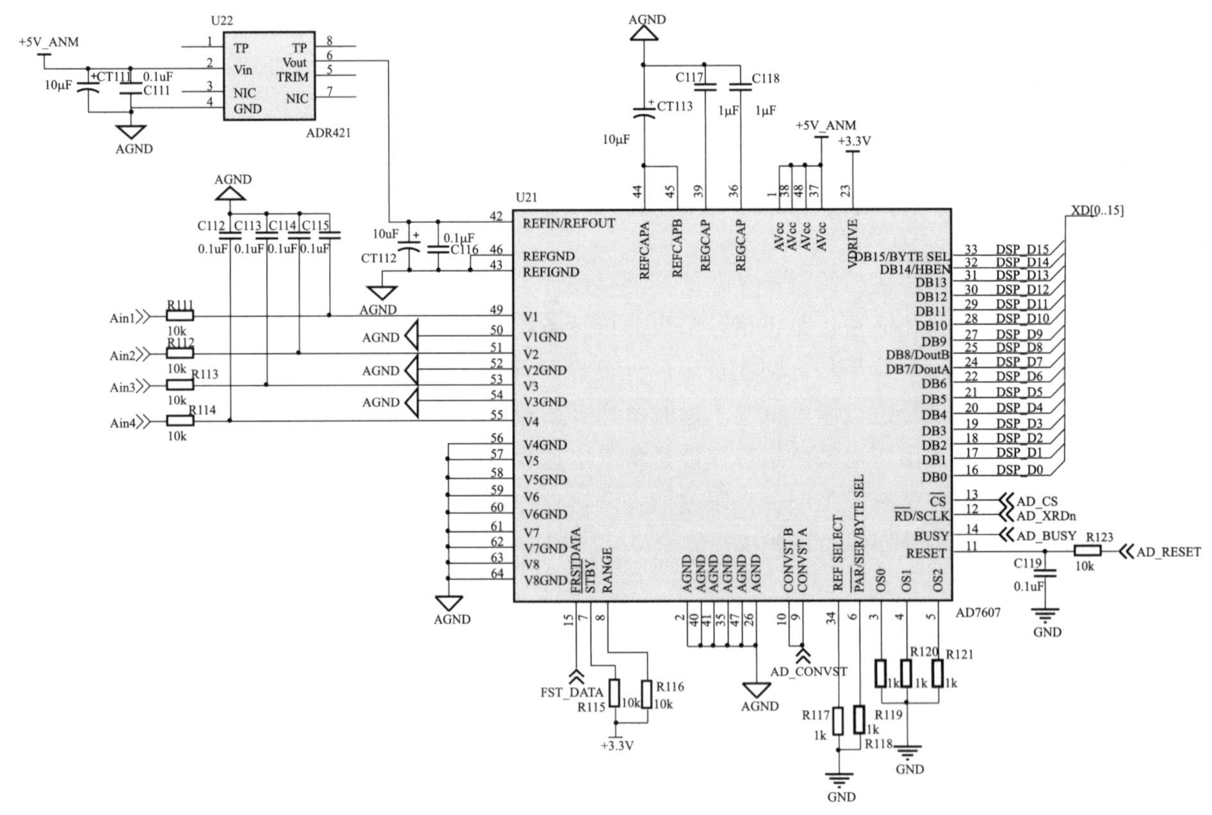

图 2　AD 转换电路

3　基于 TMS320F28335 的安全制动距离检测仪硬件开发

信号采集电路的结构框图如图 2 所示。该系统由平板电脑作为上位机，DSP 为下位机。由加速度传感器采集信号，经过放大电路之后传送到 A/D 转换模块当中，A/D 转换器接收到传感器的模拟信号后，经过量化处理，使之转变为数字信号送到 DSP 中进行分析处理。在进行数据采集的过程中，还可以把数据传送到平板电脑中，以便进行进一步的分析利用。

如图 3 所示为安全制停距离检测仪的方框图。无线传输模块是将传感器采集到的信号传输到仪器主机，或者用来传输主机发出的命令，同时会在轿厢顶部加装信号放大器，以避免由于电梯运行至下半部分距离机房较远，以及电梯轿厢本身隔离信号，造成远程控制信号减弱的情况。由于计算量较大所以采用 TMS320F28335 作为核心的芯片。数据存储器是记忆设备，用来存放程序和数据。它根据控制器指定的位置存入和取出信息。由于制停距离检测是长时间检测，所以电源模块显得尤为重要，在节约电源的同时，也配置了一款能充电、容量大的电池。供电模块由充电电源，锂电池组组成。

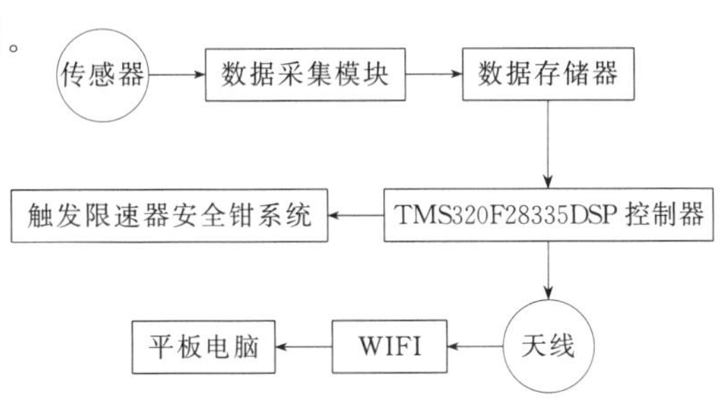

图 3　安全制停距离检测仪的方框图

4　现场试验及分析

如图 4 所示是采集的加速度曲线、速度曲线和位移曲线。本仪器采集的距离值是通过信号采集设备跟随电梯运行一个周期，用采集到的加速度数据积分两次得出距离，但考虑到积分都会产生一定的误差，所以本系统采用基线校准方式，可以测得更加精确的距离值，用于之后的触发限速器安全钳时间点的选取。

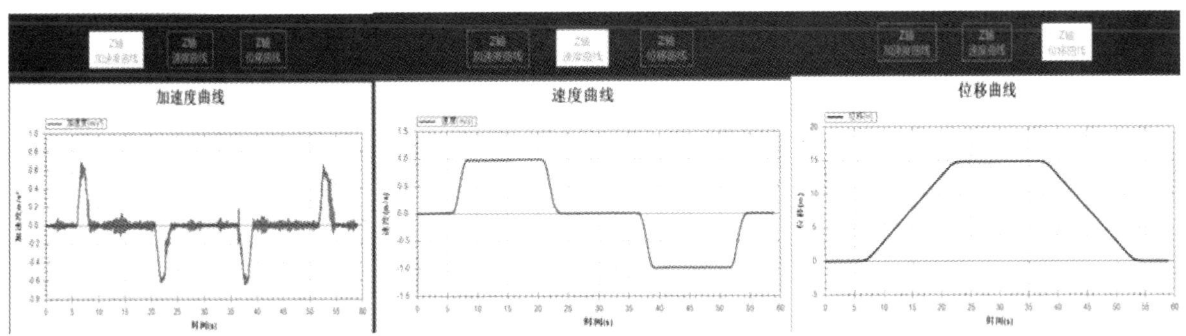

图 4　测量曲线图

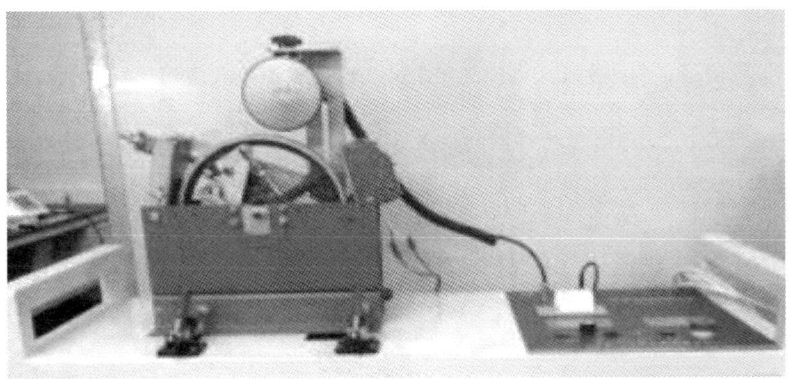
图 5　限速器的触发装置试验台

如图 5 所示是普通的有机房电梯限速器的触发装置试验台。限速器的动作主要分为摆锤式和离心式，摆锤式通常用于载货电梯，不需要做 125％额定载荷试验，所以不予考虑。离心式的限速器的动作原理是，当电梯超速时，限位轮被外摆的重块压向静止的转鼓，最终制动压块，压紧限速器绳。限速器带动安全钳动作。本仪器的限速器触发装置是轿厢内的检测分析装置给机房限速器触发装置一个电信号，通过强磁力吸出限速器的重块，触发限速器的可靠动作。

如图 6 所示，是两款无机房的限速器，我们采用加一个继电器的方式，可以控制它的触发，通过采用非接触方式触发限速器更加安全可靠。

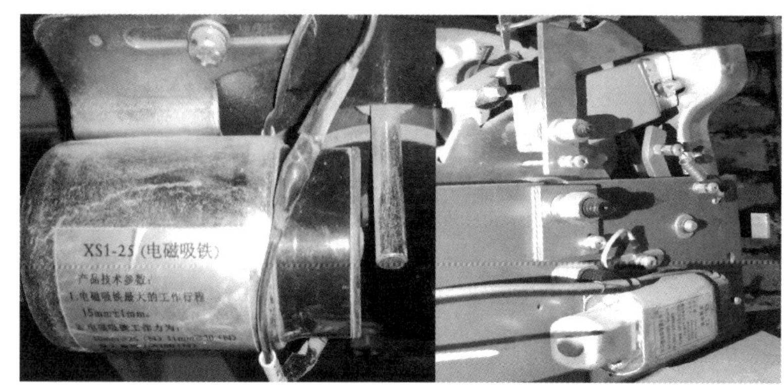

图 6　限速器触发装置

5　结论

通过设计一种新型的可以安全的在电梯制动试验中进行制动距离智能检测的设备，不仅可以避免在日常的检验制停距离时造成的电梯损坏，还可以用于不同类型电梯、不同工况下与电梯的允许制停距离进行对比分析，并给出结论。可以大大减轻检验检测人员对于电梯制动试验项目花费的时间和精力，这种检测方式准确度高，可靠性好，并且易于操作和携带，希望在未来的电梯制动性能检测项目中可以得到广泛的使用。

参考文献

[1]　朱昌明．电梯与自动扶梯［M］．上海：上海交通大学出版社，1995.

[2]　任馨，黄绍伦，佘昆．基于图像检测技术的自动扶梯制动距离检测装置［J］．机电工程技术，2018，47（4）：11-13.

[3]　王金博，孙操，张申生等．一种防坠安全器检测仪［J］．特种设备安全技术，2018，（2）：38-40.

[4]　李中兴，马海霞，李刚等．电梯制动器安全性能检测装置研究与设计［J］．工业安全与环保，2017，43（7）：34-37.

[5]　刘小畅，任昭霖，陈晓强．一种便携式电梯制停距离和速度检测仪及应用［J］．中国科技纵横，2016，（22）：42-43.

[6]　程哲，洪伟，阮一晖．基于 ARM 微处理器的自动扶梯制停距离检测研究［J］．起重运输机械，2011，（11）：96-97.

复合材料电梯层门设计研究

陈栋栋[1,2]　杨凯杰[1,2]　胡　凯[1,2]

1. 浙江省特种设备检验研究院，杭州 310000
2. 浙江省特种设备安全检测技术研究重点实验室，杭州　310000

摘　要： 针对电梯层门复合材料应用，利用有限元法与 Tsai-Wu 强度准则对其铺层设计进行研究。层门型式试验验证有限元模型有效基础上，取玻璃纤维环氧树脂（E-G）和碳纤维环氧树脂（E-C）材料来对比研究，详细研究了不同复合材料、厚度、筋板数对层门强度影响。研究表明：层门复合材料设计可满足要求；提高复合材料性能、门扇厚度和筋板数目均可有效改善层门强度；门系统能耗与门自重近似线性关系，E-G 与 E-C 材料密度为 Q235 材料的 25.6%和 19.1%，同等条件下，降重、降能明显。

关键词： 电梯层门；复合材料；有限元法；铺层设计

Research on Composite Design of Elevator Landing Door

Chen Dong-dong[1, 2], Yang Kai-jie[1, 2], Hu Kai[1, 2]

1. Zhejiang Provincial Special Equipment Inspection and Research Institute, Hangzhou 310000
2. Key Laboratory of Special Equipment Safety Testing Technology of Zhejiang Province, Hangzhou 310000

Abstract: For the composite material application of elevator door, the finite element method and Tsai-Wu strength criterion were used to study the layer design. Under the door type test verifying finite element model, Epoxy-Glass fiber (E-G) and Epoxy-Carbon fiber (E-C) were used for comparative study. The composite materials, thickness and number of ribs were studied in detail about the landing door strength influences. The research displayed that the composite landing door design can meet the requirements. Improvement properties of composite material, thickness and the number of ribs can effectively improve the door strength; the door system energy consumption and the door weight are approximate linear relationship. E-G and E-C material density is 25.6% and 19.1% of Q235 material. Under the same conditions, the weight loss and energy drop are obvious.

Keywords: Elevator door; Composite material; Finite element method; Layer design

0　引言

复合材料具有高的比强度、比模量，并兼具抗疲劳、减振、可设计等优点，在航空、建筑等领域已非常广泛应用[1]。随技术发展，电梯对节能、安全性提出更高要求，出现了复合材料曳引钢带及复合材料安全钳等创新型构件。金建峰通过建立动态能耗模型，当轿厢质量减半，动能变化减少 30%，可有效降低电梯能耗[2]；新加坡电梯公司（SLC）全球首次制成轿厢减重近 90%的复合材料电梯[3]。

GB 7588—2003 中 7.2.3.1 条规定[4]：层门在锁住位置时，所有层门及其门锁应有这样的机械强

作者简介：陈栋栋，1987 年生，男，浙江丽水人，硕士研究生，研究方向为特种设备检测技术。

度：①用 300N 的静力垂直作用于门扇或门框的任何一个面上的任何位置，且均匀地分布在 $5cm^2$ 的圆形或方形面积上时，应：ⓐ永久变形不大于 1mm；ⓑ弹性变形不大于 15mm；试验后，门的安全功能不受影响。②用 1000N 的静力从层站方向垂直作用于门扇或门框上的任何位置，且均匀地分布在 $100cm^2$ 的圆形或方形面积上时，应没有影响功能和安全的明显的永久变形。

不少学者都对电梯层门进行了研究。Chih-Chung Lai 和 Cherng-Shing Lin 详细研究了层门厚度、筋板数及筋板结构对层门耐火性影响[5]；贾薛铖、朱明等对层门耐冲击性进行分析，为合理设计层门提供了依据[6]；卫伟对电梯层门进行 3D 参数化设计与分析[7]。但是，目前学者并没有深入研究电梯层门复合材料应用及其强度性能影响的物理机制。

本文通过对某公司中分层门在型式试验基础上，结合复合材料有限元法与 Tsai Wu 强度失效准则对电梯层门进行研究，以便提供一定的理论基础，从而更好推广轿厢其他结构上复合材料应用。

1 层压板模型及强度理论

1.1 层压板模型

复合材料铺层基本结构为层压板，其由单层板以不同铺层角 θ 铺设而成，包含基体与纤维成分，结构如图 1 所示。单向复合材料 1，2，3 分别为纤维方向，横向，切向，材料表现为正交各向异性，如在纤维方向 1 抗拉强度最大，横向 2 强度则表现弱。

层合板以（x-y-z）为总体坐标系，单层板以（1-2-3）局部坐标系，其中，x 轴逆时针旋转到 1 轴角度为铺层角正 θ，如图所示。

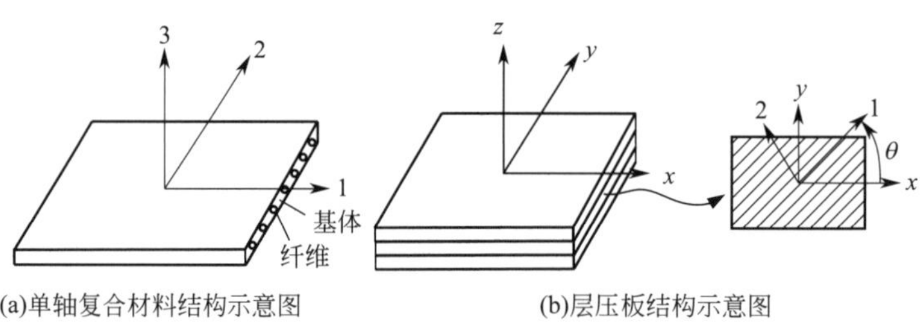

图 1 单轴复合材料结构与层压板结构示意图

1.2 复合材料 Tsai-Wu 强度理论

Tsai-Wu 准则基于 Von Mises 准则得到，其耦合考虑各方向应力及材料抗拉、压强度，且实验证实其能预测多应力状态下复合材料强度的失效[8]。其具体表达式：

$$F_T = A + B \tag{1}$$

式中，

$$A = -\frac{(\sigma_{11})^2}{\sigma_{11}{}^{fT}\sigma_{11}{}^{fC}} - \frac{(\sigma_{22})^2}{\sigma_{22}{}^{fT}\sigma_{22}{}^{fC}} - \frac{(\sigma_{33})^2}{\sigma_{33}{}^{fT}\sigma_{33}{}^{fC}} + \frac{(\tau_{12})^2}{(\tau_{12}{}^{f})^2} + \frac{(\tau_{23})^2}{(\tau_{23}{}^{f})^2} + \frac{(\tau_{13})^2}{(\tau_{13}{}^{f})^2} + \frac{C_{12}\sigma_{11}\sigma_{22}}{\sqrt{\sigma_{11}{}^{fT}\sigma_{11}{}^{fC}\sigma_{22}{}^{fT}\sigma_{22}{}^{fC}}}$$

$$+ \frac{C_{23}\sigma_{22}\sigma_{33}}{\sqrt{\sigma_{22}{}^{fT}\sigma_{22}{}^{fC}\sigma_{33}{}^{fT}\sigma_{33}{}^{fC}}} + \frac{C_{13}\sigma_{11}\sigma_{33}}{\sqrt{\sigma_{11}{}^{fT}\sigma_{11}{}^{fC}\sigma_{33}{}^{fT}\sigma_{33}{}^{fC}}}$$

$$B = \left(\frac{1}{\sigma_{11}{}^{fC}} + \frac{1}{\sigma_{11}{}^{fT}}\right)\sigma_{11} + \left(\frac{1}{\sigma_{22}{}^{fC}} + \frac{1}{\sigma_{22}{}^{fT}}\right)\sigma_{22} + \left(\frac{1}{\sigma_{33}{}^{fC}} + \frac{1}{\sigma_{33}{}^{fT}}\right)\sigma_{33}$$

式中，$\sigma_{11}{}^{fT}$ 为沿复合材料纤维方向的抗拉强度；$\sigma_{11}{}^{fC}$ 为沿复合材料纤维方向的抗压强度；$\tau_{12}{}^{f}$ 为复合材料面内抗剪强度；C_{12} 为强度理论耦合系数，可为-1[9]，其他符号含义类推。

当强度指标值 $|F_T|>1$ 时，则视该结构强度失效，不满足强度要求。

2 电梯层门有限元模型及验证

GB 7588—2003 中 7.2.3.1 明确规定了层门强度要求及型式试验要求[4]。选取某电梯公司的中分宽层门与窄层门进行研究。层门及型式试验平台如图 2 所示。

层门为单筋板结构，Q235 材料，门扇与筋板厚度 1.2mm。型式试验选取试验 1 点分别受力 300N 在 $5cm^2$ 的圆面上与 1000N 在 $100cm^2$ 的方形面上。型式试验 1 点位置及有限元模型如图 3 所示。有限元模型则在试验点附近精细网格划分；门扇网格最大尺寸 10mm，可满足网格无关性要求，同时适合计算精度与效率。有限元模型节点总数 24602 个，shell 181 单元。

图 2 中分宽层门和窄层门型式试验平台

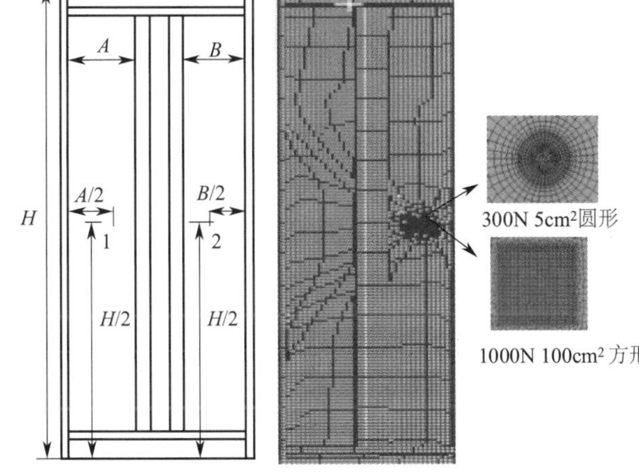

图 3 型式试验点位置及中分层门有限元模型

宽层门型式试验与有限元分析结果在试验 1 点变形如表 1 所示。由于筋板等距 200mm 点焊，有限元模型则将筋板与门扇绑定，提高了层门刚度，导致变形偏小，但仍满足工程误差要求，验证了有限元模型及参数设置有效性。

表 1 试验点 1 变形

测试力/N	弹性变形/mm	有限元变形/mm	误差/%	塑性变形/mm	有限元变形/mm	误差/%
300	9.51	8.91	6.3	0.59	0.51	13.5
1000	26.09	25.83	1.0	0.61	0.58	4.9

3 电梯层门分析方案

3.1 反对称正交层合板及复合材料性能

选取单轴玻璃纤维环氧树脂 E-Glass（E-G）和单轴碳纤维环氧树脂 E-Carbon（E-C）材料来对比研究，其性能如表 2 所示。门扇与筋板由 0.2mm 厚度单层板铺层，采用反对称正交层合板结构——铺层角 θ 依次为 0°与 90°反复叠层（门扇宽度方向为 0°）。

表 2 单轴复合材料性能参数[10]

材料性能	E-G	E-C	材料性能	E-G	E-C
E_{11}/GPa	45	121	$\sigma_{11}{}^{fT}$/MPa	1100	2231
E_{22}/GPa	10	8.6	$\sigma_{11}{}^{fC}$/MPa	−675	−1082
E_{33}/GPa	10	8.6	$\sigma_{22}{}^{fT}$/MPa	35	29
G_{12}/GPa	5.0	4.7	$\sigma_{22}{}^{fC}$/MPa	−120	−100
G_{23}/GPa	3.8	3.1	$\sigma_{33}{}^{fT}$/MPa	35	29
G_{13}/GPa	5.0	4.7	$\sigma_{33}{}^{fC}$/MPa	−120	−100
ϑ_{12}	0.3	0.27	$\tau_{12}{}^{f}$/MPa	80	60
ϑ_{23}	0.4	0.4	$\tau_{23}{}^{f}$/MPa	46.1	32
ϑ_{13}	0.3	0.27	$\tau_{13}{}^{f}$/MPa	80	60

注：E 为弹性模量；G 为剪切模量；ϑ 为泊松比。

3.2 层门模型参数及研究方案

电梯层门由门扇及筋板组成，筋板居中分布于门扇上，常规电梯层门材料为Q235结构钢。在上文有限元模型验证后，修改模型参数，单元实常数等来研究复合材料层门性能，具体研究方案及层门三维模型横截面如表3所示。

表3 电梯层门研究方案及层门模型参数

方案	L/mm	H/mm	t/mm	长/mm	材料	筋板数/个	形状
Base Case	620	37.5	1.5	2200	Q235	1	L, t, H
Case A1	620	37.5	2	2200	E-G、E-C	1	
Case A2	620	37.5	3	2200	E-G、E-C	1	
Case B1	116	30	2	2180	E-G、E-C	2	t, H, L

4 仿真结果与讨论

4.1 参考方案仿真结果

为对比复合材料层门设计相关工程参数的影响，选取表3 Base Case为参考方案。表3层门无上下筋板，其结构简单且实际使用较多。

Base Case研究方案中门扇与单筋板厚度选取1.5mm，相较于表1层门结构，层门厚度提高25%，其有限元分析结果表明：①在300N受力下，弹性变形为5.48mm，较表1弹性变形减少38.5%，同时塑性变形不存在，其仍处在弹性变形阶段；②在1000N作用下，弹性变形16.89mm，较表1减少34.6%，而塑性变形为0.34mm，较表1减少44.3%。可见，常规材料下，层门厚度增加有效提高了层门弯曲刚度。

4.2 复合材料层门弹性变形

连续纤维复合材料层合板结构损伤机理复杂，为渐变损伤过程，其主要失效形式并不是塑性变形[11]。复合材料层门在试验1点弹性变形结果如表4所示。

表4 层门试验点1弹有限元性变形

测试力/N	Base Case Q235/mm	Case A1 E-G/mm	Case A1 E-C/mm	Case A2 E-G/mm	Case A2 E-C/mm	Case B1 E-G/mm
300	5.48	24.35	11.87	10.42	5.05	13.88
1000	16.89	74.30	36.05	32.60	15.78	40.90

由表4可见，除了Case A1（E-G）方案不满足GB7588—2003中7.2.3.1要求外，其他均能满足。常规Q235材料层门力学性能较优于复合材料层门。如层门300N作用下，Base Case弹性变形量为Case A1（E-C）变形量的46.2%；为Case A2（E-G）变形量的52.6%。虽然Case A2（E-C）变形量与Base Case相当，但是层门厚度却增加了1倍。E-C材料层门性能也明显优于E-G材料层门，如Case A2在300N受力下，E-C层门弹性变形量仅为E-G层门变形量的48.5%。同时，E-C层门厚度增加50%，300N下相应弹性变形量减少57.5%；1000N下则减少56.2%。

同时，筋板数对层门性能影响如表4可见，在300N作用下，两筋板E-G层门相对单筋板E-G层门的弹性变形量减少43%；1000N下，变形量则减少45%。可见，筋板结构大大加强了层门的力学性能。

4.3 层门强度指标分布特性

复合材料门扇由内向外依次铺设等厚度单层板，根据表 3 研究方案，需铺设 10 层与 15 层两厚度层门门扇，铺层编号由内向外依顺序。门扇试验点为变形最大位置，各研究方案下试验 1 点的强度指标分布特性如图 4 所示。

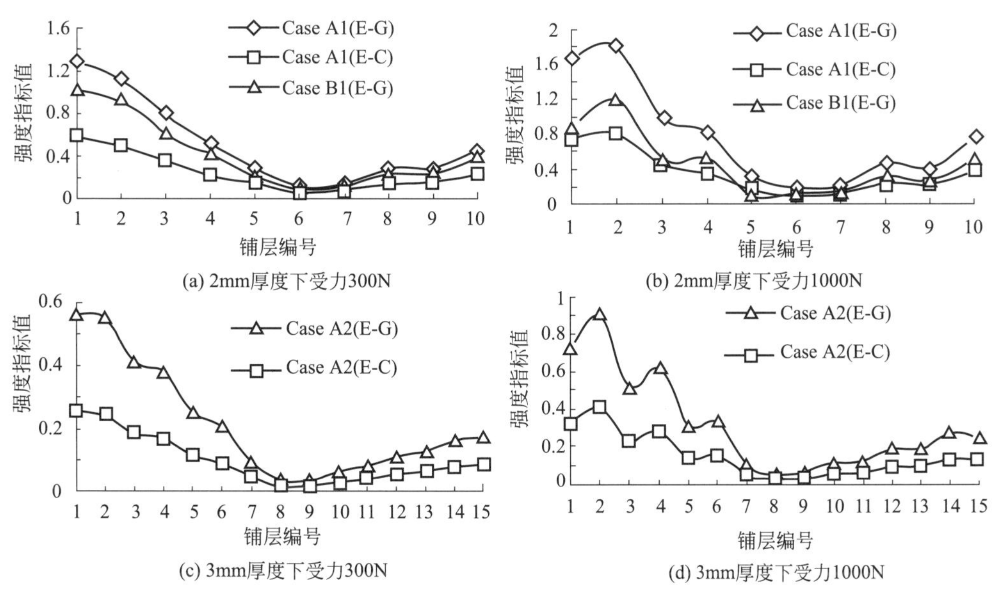

图 4 试验点 1 的铺层强度指标值

由图 4 可知，强度失效指标值在铺层号 1 或 2 达到最大值后在中间铺层降低到最小，后逐渐增大到较大值。而当受力 1000N 较大值时，铺层编号 2 达到指标最大值，即最先强度失效。门扇内侧面内受到拉伸应力，外侧受到压缩应力，且门扇铺层板最内侧面内弯曲拉应力最大，因而最先失效。考虑铺层方向正交对等分布，层门宽度方向特征尺寸相对层门长度方向特征尺寸小，门扇内侧弯曲正应力最大，而编号 2 铺层为 90°铺层，其面内横向弯曲正应力大，考虑横向拉伸强度低，因而门扇在试验点 1 处的方形 $100cm^2$ 受 1000N 力时，最先在横向强度失效，致使该 2 号铺层强度失效指标值最大。

图 4 可见，E-C 材料强度分布特性明显优于 E-G 材料。Case A1 研究方案中，E-G 材料门扇内侧强度失效。其在受力 300N 时，E-C 材料铺层编号 1 强度指标仅为 E-G 材料的 45.7%；1000N 时，则为 44.9%。

另外，铺层层门总厚度与筋板个数均大大改善了层门强度分布特性。Case A2 分析中，门扇强度均为失效。对比研究 Case A2 与 Case A1 方案可知，在 E-G 材料受 1000N 时，Case A2 门扇厚度增加 50%，其强度指标在编号 2 处减少 49.4%。同时，比较 Case A1 与 Case B1 方案，E-G 材料试验点 1000N 受力下，筋板个数增加一倍，其强度指标值在编号 2 处减少 33.9%。

可见，复合材料性能、门扇厚度、筋板数目均可有效改善层门强度。

4.4 电梯门系统能耗分析

层门、轿门开启靠轿厢上电动机带动门刀打开；门关闭则在重块配合下完成。电梯门系统结构及运动关系可知[4]，电梯关门状态下，门系统动能小于 10J，且克服摩擦力主要由重块来提供，因而门系统主要耗能在开门状态下。在开门状态下，门系统除了动能外，还要克服开门摩擦力及重块的耗能。依据力学关系，电梯门系统能耗与层门、轿门自身重量近似成线性关系。通过有限元模型分析，得到各研究方案中层门重量如表 5 所示。

表5 各研究方案下层门自重（半层门）

Base Case Q235/kg	Case A1 E-G/kg	Case A1 E-C/kg	Case A2 E-G/kg	Case A2 E-C/kg	Case B1 E-G/kg
24.18	8.27	6.16	12.4	9.24	9.8

由表5可见，Case A1中E-G、E-C层门较Base Case中Q235层门厚度增加33.3%，重量却分别减少65.6%及74.5%；Case A2则厚度增加100%，自重却减少48.7%及61.8%。E-G与E-C材料密度仅为Q235材料的25.6%和19.1%。由于轿门与层门设计结构相当，因而层门上重块重量与轿厢上门电动机运行功率也会相应减少对应层门重量减少程度。可见，复合材料层门系统在运行能耗上相较于常规层门节省可观。

5 结论

① 单轴E-G与E-C复合材料均可铺层设计满足强度要求的电梯层门。复合材料性能、门扇厚度、筋板数均可显著影响层门强度。

② 电梯门系统能耗与门自身重量近似成线性关系。复合材料较常规Q235材料层门降能显著。如复合材料应用于整个轿厢上，电梯系统降能可观。

参考文献

[1] 沈观林，胡更，刘彬．复合材料力学［M］．北京：清华大学出版社，2013.

[2] 金建峰．曳引式电梯的能耗建模及节能研究［D］．上海：上海交通大学，2009.

[3] 杂志社．全球首部复合材料电梯现身减重90%［J］．塑料科技，2017，45（02）：49.

[4] 中华人民共和国国家质量监督检验检疫总局．中国国家标准化管理委员会．GB 7588—2003电梯制造与安装安全规范［S］．北京：中国标准出版社，2003.

[5] Chih-Chung Lai，Cherng-Shing Lin. An analysis of the design of a fire-resistant elevator landing door［J］. Journal of the Chinese Institute of Engineers，2017，40（5）：428-440.

[6] 贾薛铖，朱明，张鹏等．基于ANSYS的电梯层门受冲击有限元分析［J］．机械设计与研究，2016，32（03）：134-137.

[7] 卫伟．电梯厅门参数化设计与系统开发［D］．天津：天津大学，2007.

[8] Soden P D，Hinton M J，Kaddour A S. Recommendations for designers and researchers resulting from the world-wide failure exercise［J］. Composites Science and Technology，2004，64（3-4）：589-604.

[9] Mark E T. Structural analysis of polymeric composite materials［M］. New York：CRC Press，2003.

[10] Ansys inc. ANSYS Mechanical APDL Material Reference［Z］. Canonsburg. Ansys workbench 17，2016.

[11] 韩文钦．复合材料层合板损伤演化的实验和数值分析［D］．镇江：江苏大学，2017.

上海轨道交通 11 号线在用自动扶梯梯级性能测试与分析

庞旭旻[1]　马兴伟[2]　麻岳军[2]

1. 上海市特种设备监督检验技术研究院，上海 200062

2. 永大电梯设备（中国）有限公司，上海 201615

摘　要： 通过振动试验对上海轨道交通 11 号线内大运量的在役自动扶梯梯级进行性能测试，包括梯级静载试验、梯级载荷试验（不同频率），研究分析在用自动扶梯梯级经过多年高强度使用之后，其性能是否依然满足标准要求。

关键词： 自动扶梯；梯级；静载试验；载荷试验

Performance test and analysis of escalator steps used in Shanghai Metro Line 11

Pang Xu-min[1], Ma Xing-wei[2], Ma Yue-jun[2]

1. Shanghai Institute of Special Equipment Inspection Technical Research, Shanghai 200062

2. Yungtay Elevator Equipment (China) Co., Ltd, Shanghai 201615

Abstract: Through the vibration test, the performance test of the escalator steps used in Shanghai Metro Line 11 is carried out, including the step static test and the step load test (at different frequencies). The research analyzes whether the performance of the escalator steps high-intensity used for many years still meet the standard requirements.

Keywords: Escalator; Step; Static test; Load test

0　引言

随着自动扶梯与自动人行道数量的增多，我国各地自动扶梯和自动人行道事故也呈上升趋势，虽然自动扶梯事故死亡率较电梯低，但对伤者产生的伤害以及社会影响却是非常严重的。近年来在我国发生多起自动扶梯梯级下陷以及运行中折叠损坏的事故。

本次在用自动扶梯梯级性能测试与分析的目的，是研究上海轨道交通 11 号线内大运量的在用自动扶梯梯级经过多年高强度使用之后，其性能是否依然满足标准要求。

1　国家标准对自动扶梯梯级的相关要求

① 国家标准 GB 16899—2011《自动扶梯和自动人行道的制造与安装安全规范》[1] 第 5.3.3.2.1 条

基金项目：上海市质量技术监督局公益项目“自动扶梯主驱动链疲劳寿命仿真分析及使用寿命预测研究”（编号：2017-18）。

作者简介：庞旭旻，1984 年生，男，高级工程师，硕士，主要从事电梯安全评估研究。

对梯级静载试验作了如下规定。

梯级应进行抗弯变形试验。试验方法是在梯级踏面中央部位，通过一块钢质垫板，垂直施加一个3000N的力（包括垫板重量）。该垫板的面积为0.2m×0.3m、厚度至少为25mm，并使其0.2m的一边与梯级前缘平行，0.3m的一边与梯级前缘垂直。

试验中，在梯级踏面所测得的挠度，不应大于4mm，且应无永久变形（可给定允差值）。

该试验应对完整的梯级部件，包括滚轮（不转动）、通轴或短轴（如果有），在水平位置（水平支承）以及梯级可适用的最大倾斜角度（倾斜支承）的情况下进行。

对于倾斜角小于上述最大倾斜角度的梯级不必重新试验；同样，对安装竣工的梯级，即与自动扶梯导轨和桁架装配在一起的梯级也不必进行试验。

② 国家标准GB 16899—2011《自动扶梯和自动人行道的制造与安装安全规范》第5.3.3.3.1条对梯级载荷试验作了如下规定。

梯级应在其可适用的最大倾斜角度（倾斜支承）情况下，与滚轮（不转动）、通轴或短轴（如果有）一起进行试验。该试验应以5～20Hz之间的任一频率的一个无干扰的谐振力波，施加500～3000N之间脉动载荷进行至少5×10^6次循环。载荷应垂直施加于踏板表面的一块尺寸为0.2m×0.3m、厚度至少为25mm的钢质垫板上，该钢质垫板应按照5.3.3.2.1的规定置于踏面中央。

试验后，梯级不应出现裂纹。

在踏面表面不应产生大于4mm的永久变形。梯级或其零部件（例如：嵌入件、固定件），应可靠连接且不发生松动。

试验过程中，如果滚轮损坏允许更换。

2 在用自动扶梯梯级性能测试与分析

本次性能测试的3个梯级均为上海轨道交通11号线在用自动扶梯的梯级，轨道交通11号线日均客流量约90万人次，自动扶梯长期处于高强度的使用中。本次试验选取客流量较大的曹杨路站（换乘站）2个梯级，嘉定新城站1个梯级，梯级的使用年限均为6年，此次试验的梯级性能测试装置如图1所示。

该批梯级由上海交通大学电梯检测中心做过型式试验，型式试验报告中梯级的主要参数如下。

型号规格：1200型式，制造单位：无锡欧亚电梯设备有限公司；梯级宽度：1011.2mm；梯级深度：410.7mm；梯级材料：压铸铝（Y102）；梯级结构型式：整体式。该梯级的型式试验报告中的相关检验结果为：经3000N静载试验，挠度1.24mm，无永久变形；进行500～3000N无干扰谐振载荷动载试验，当加载频率为10Hz时，永久变形为0.03mm，未见裂纹。

本次性能测试的3个梯级以下参数与型式试验梯级一致。型号规格：1200型式；梯级材料：压铸铝（Y102）；梯级结构型式：整体式。

图1 梯级性能测试装置

(1) 曹杨路站1＃梯级性能测试

梯级参数：梯级宽度1013mm，梯级深度411mm。

梯级静载试验

曹杨路1＃梯级静载试验如图2所示。

由图3曹杨路1＃梯级静态试验曲线，该试验数据为：3000N静载试验，挠度2.45mm，无永久变形。

图2 曹杨路1#梯级静载试验

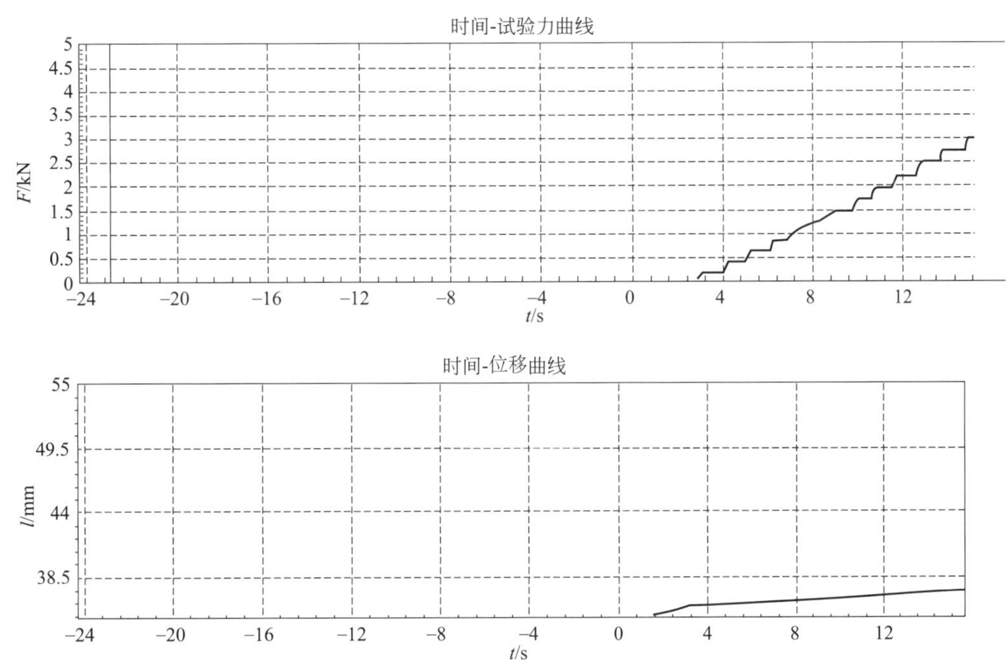

图3 曹杨路1#梯级静态试验曲线

结论：试验后，梯级没出现裂纹；在踏面表面不产生大于4mm的永久变形；梯级或其零部件可靠连接且不发生松动，符合标准要求。

(2) 曹杨路站2#梯级性能测试

梯级参数：梯级宽度1011mm，梯级深度411mm。

① 梯级静载试验

曹杨路2#梯级静载试验如图4所示。

由图5曹杨路2#梯级静态试验曲线，该试验数据为：3000N静载试验，挠度2.73mm，无永久变形。

结论：试验后，梯级没出现裂纹；在踏面表面不产生大于4mm的永久变形；梯级或其零部件可靠连接且不发生松动，符合标准要求。

② 梯级载荷试验

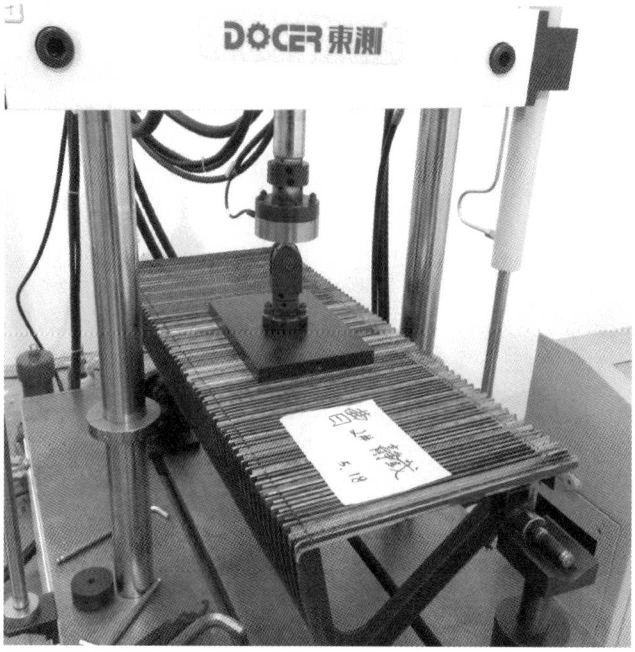

图 4 曹杨路 2＃梯级静载试验

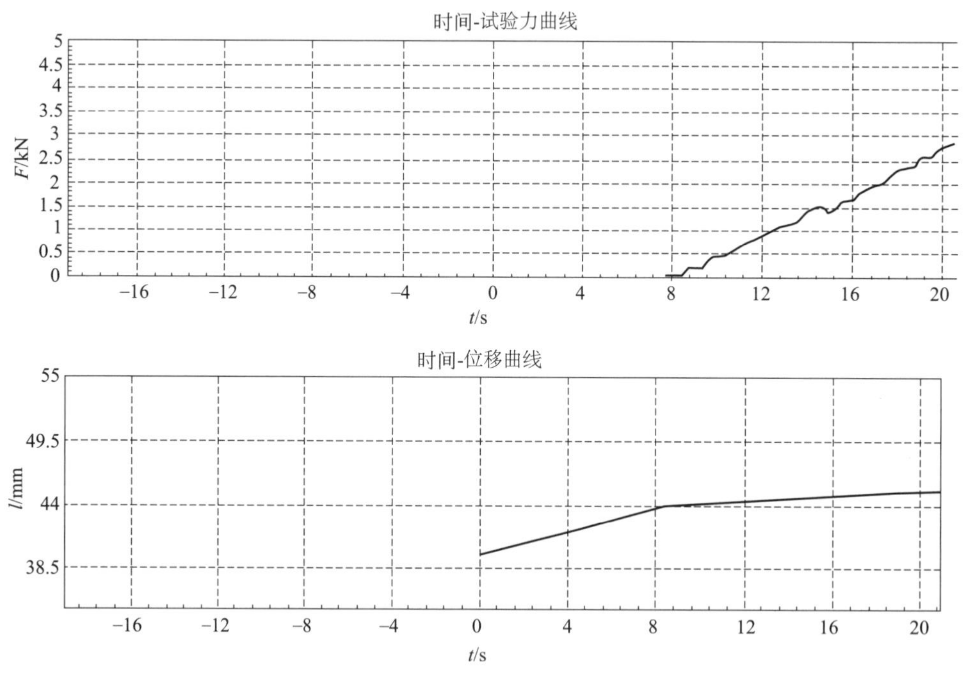

图 5 曹杨路 2＃梯级静态试验曲线

曹杨路 2＃梯级载荷试验曲线如图 6，该试验数据为：加载频率 f＝15Hz，永久变形 0.11mm，未见裂纹。

结论：符合标准要求。

(3) 嘉定新城站梯级性能测试

梯级参数：梯级宽度 1013mm ，梯级深度 410mm。

① 梯级静载试验

嘉定新城梯级静载试验如图 7 所示。

由图 8 嘉定新城梯级静载试验曲线，该试验数据为：3000N 静载试验，挠度 2.71mm，无永久变形。

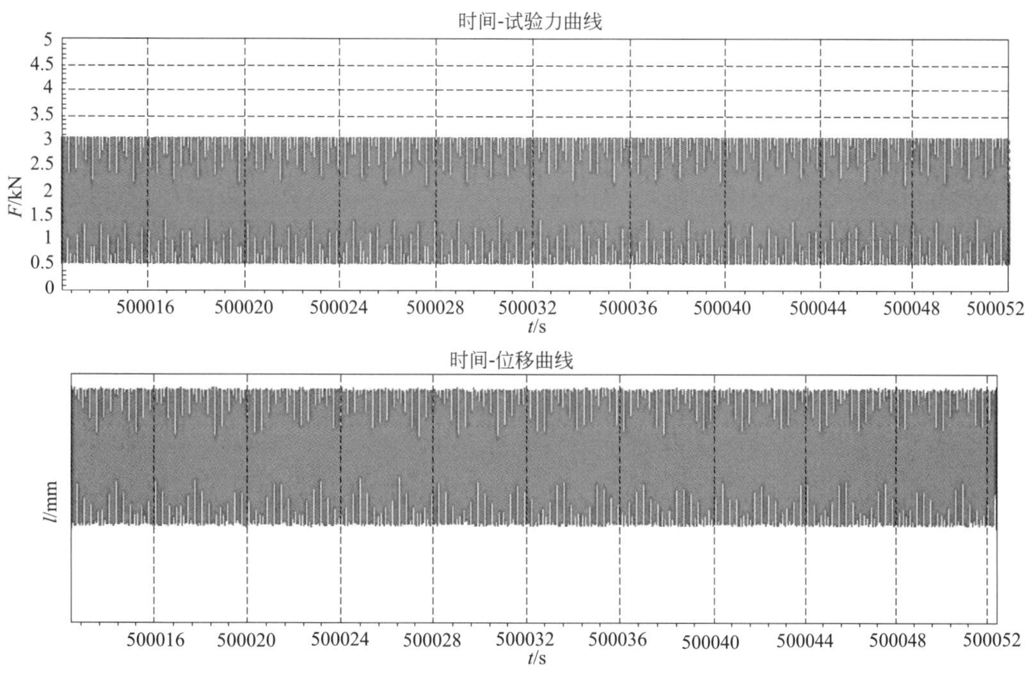

图 6 曹杨路 2＃梯级载荷试验曲线

结论：试验后，梯级没出现裂纹；在踏面表面不产生大于 4mm 的永久变形；梯级或其零部件可靠连接且不发生松动，符合标准要求。

图 7 嘉定新城梯级静载试验

② 梯级载荷试验

嘉定新城梯级载荷试验曲线如图 9 所示，该试验数据为：加载频率 $f=5$Hz，永久变形 0.49mm，未见裂纹。

结论：符合标准要求。

3 结论

本次性能测试的出发点，是测试大客流量的在用自动扶梯梯级经过多年使用之后，其性能是否依然

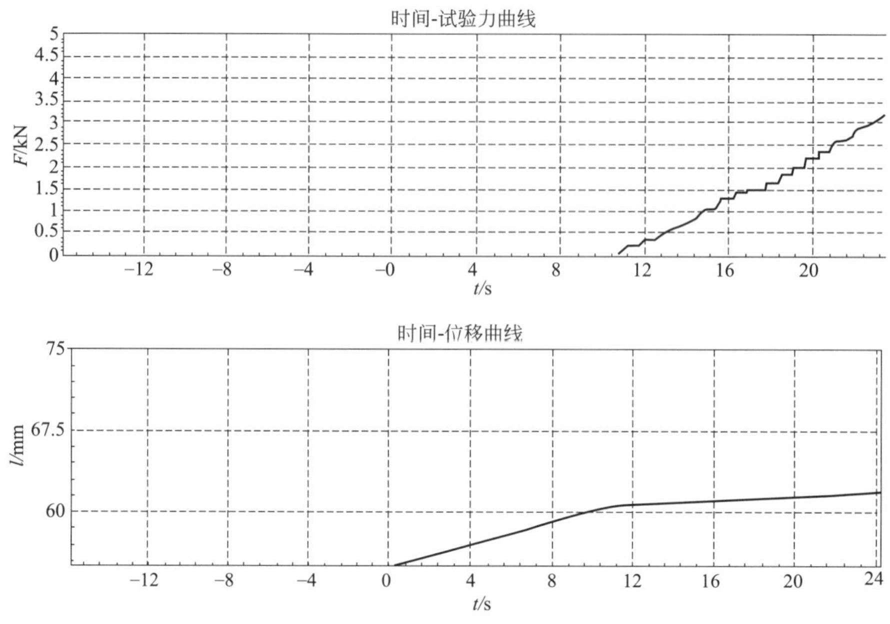

图 8 嘉定新城梯级静态试验曲线

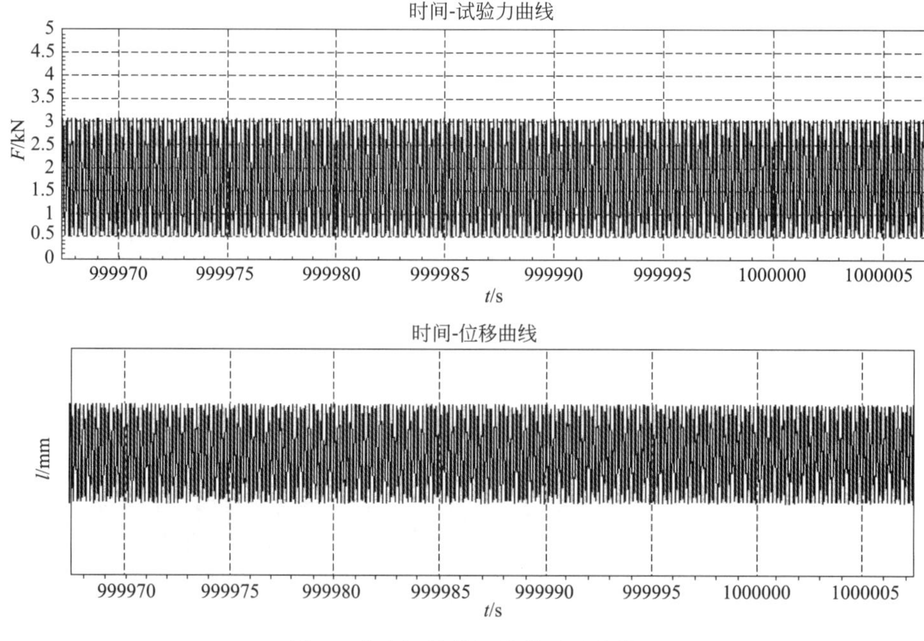

图 9 嘉定新城梯级载荷试验曲线

满足标准要求。通过试验表明，以上测试的3个上海轨道交通11号线在用自动扶梯梯级，使用了6年时间，其静态试验和载荷试验结果都能符合国家的标准相关要求。

参考文献

[1] GB 16899—2011.

在用防爆电梯风险评估研究

郑晓锋　邬伯奇

宁波市特种设备检验研究院，宁波 315048

摘　要： 防爆电梯作为特殊场所使用的特种设备，通常服务于石油、化工、造漆、轻纺、制药、钢铁等企业的易燃易爆危险场所，一旦引发爆炸事故，破坏性将远超普通电梯安全事故。由于当时设计、制造、安装所执行的检验规程和标准和现在的检验依据对比存在着众多不足之处，在用防爆电梯特别是使用年限在十年以上的老旧电梯存在一定的安全隐患。另一方面，按照现行检验技术规范采用的检验方法，防爆电梯的监督检验和定期检验中存在着个别项目检验实施非常困难，或者检验后会对电梯部件造成不可逆的破坏，给电梯使用单位造成经济损失。本文介绍了一种在用防爆电梯风险评估方法，它已应用于宁波市范围的在用防爆电梯日常定期检验和安全评估工作。

关键词： 防爆电梯；机械防爆；风险评估；电梯检验

Study on risk assessment of old explosion-proof elevator

Zheng Xiao-feng, Wu Bo-qi

Ningbo Special Equipment Inspection and Research Institute, Ningbo, China 315048

Abstract: Explosion-proof elevator usually serves in special locations, such as oil company, paint factory, iron factory and so on. Once explosion accident happens, the destructiveness would be greater than any other ordinary elevator accidents. On the one hand, Old explosion-proof elevator which has been used more than 10 years carries several safety risks, because of the old requirements for designing, manufacturing, and installing. On the other hand, according to the current inspection methods, it is very difficult to carry out the inspection of some items in the supervision inspection and periodical inspection of explosion-proof elevators, or irreversible damage will be caused to the elevator components after the inspection. This paper introduces a risk assessment method for explosion-proof elevator, it has used in periodical inspection and safety assessment for explosion-proof elevators in Ningbo China.

Keywords: Explosion-proof elevator; Mechanical explosion protection; Risk assessment; Elevator inspection

0　前言

防爆电梯作为特殊场所使用的特种设备，在工业生产运输中有着重要地位，通常服务于石油、化

基金项目：浙江省质量技术监督系统科研计划项目“在用防爆电梯风险评估技术及典型机械部件非电气防爆安全性能研究”（编号：20140345）。

作者简介：郑晓锋，1981 年生，男，高级工程师，硕士，主要从事电梯检验检测技术研究。

工、造漆、轻纺、制药、钢铁等企业的易燃易爆危险场所。宁波市是工业十分发达的沿海副省级城市，石油、化工、钢铁为其重点发展领域，在这些企业中存在着数量众多的防爆电梯。由于当时设计、制造、安装、检验检测执行的检验规程和标准和现行标准对比存在众多不足之处，在用防爆电梯特别是使用年限在十年以上的老旧电梯存在一定的安全隐患。甚至有些在用防爆电梯没有经过正规的验收程序，按照现有的法规和标准衡量，这些电梯已经不能满足日常安全使用要求。考虑到防爆电梯使用场合的特殊性，一旦引发爆炸事故其破坏性将远超普通电梯安全事故，为此防爆电梯必须具有可靠的防爆性能[1]。

1 浙江省在用防爆电梯安全状况分析

为了全面掌握浙江省在用防爆电梯的安全使用状况，分析服务于不同使用工况下的防爆电梯可能出现的风险点，采用向省内检验检测机构和使用单位发放调查问卷的方法，获取浙江省范围内有关在用防爆电梯安全使用状况的原始数据。

1.1 浙江省在用防爆电梯分布

以回收的198份有效问卷为依据对浙江省范围内在用198台防爆电梯展开分析。表1是浙江省各地级市在用防爆电梯数量分布和使用年限。防爆电梯主要集中在宁波、绍兴、台州等工业较发达的沿海工业城市，这些地区存在大量的石油、化工、钢铁、医药企业，其中宁波市在用防爆电梯存量数据最多达57台。

表1 浙江省防爆电梯的分布情况及使用年限

区域＼年限	1年之内	1～3年	3～5年	5～10年	10年以上	总计
杭州	1	4	5	5	0	15
宁波	15	10	10	14	8	57
绍兴	0	22	17	1	8	48
衢州	6	0	1	1	0	8
台州	1	17	7	10	9	44
舟山	0	0	0	1	0	1
嘉兴	1	1	3	0	0	5
湖州	0	4	0	0	2	6
丽水	0	0	1	0	0	1
金华	1	1	5	5	1	13
总计	25	59	49	37	28	198

图1为浙江省在用防爆电梯使用年限分布情况。使用年限超过十年以上的老电梯占调查总数量的14%，这些电梯由于当时法规和标准的不完善，在设计、制造过程中缺少防爆型式试验认证，安装和验收检验过程也缺乏安全技术规范的约束。根据各检验检测机构反馈的调查表信息，在日常定期检验过程中这类电梯存在众多的检验不合格项目，并且老旧电梯往往服务于老的工业厂区，采用的防爆技术和生产工艺也比较落后，存在非常大的安全隐患。

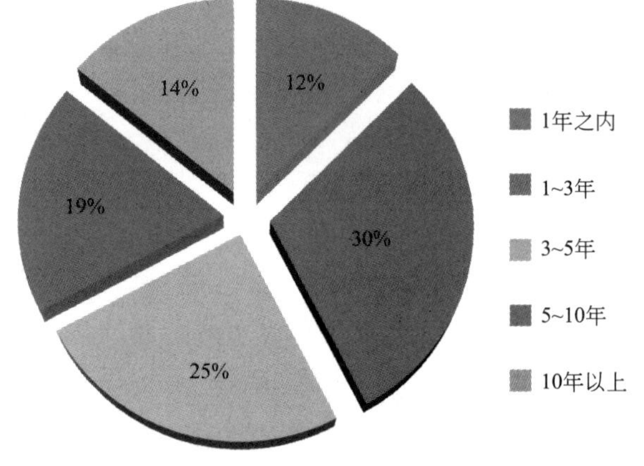

图1 防爆电梯使用年限分布

1.2 在用防爆电梯定期检验缺陷统计

根据198台在用防爆电梯调查表整理的缺陷统计分析表，共计检验不合格项目950项次，具体各检验不合格项目占比如图2所示。其中技术资料不合格项最多，占总不合格项次的 26%，其主要问题在于缺少产品质量证明文件、电气原理图等电梯原始资料。另外，调查发现防爆电梯特种设备作业人员证件不齐全 50 次占总不合格项次的 5.26%，使用（设计）单位防爆区域划分不清 50 次占总不合格项次的 5.26%，电梯使用单位不重视或者防爆知识的匮乏是检验中不可忽视的问题。安全钳、限速器、层门、电气系统发现的问题也比较多，分别约占总数的 12%。

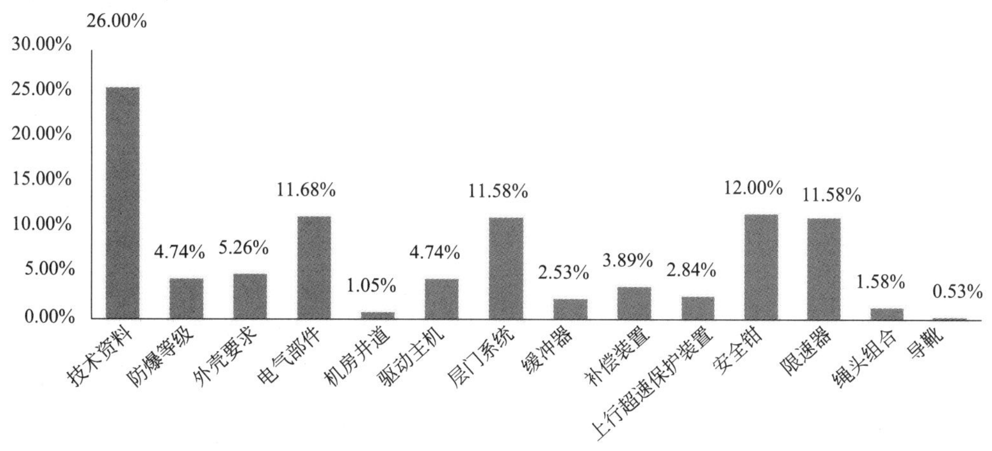

图 2　定期检验不合格项目

1.3　在用防爆电梯检验难点

根据 TSG T7003—2011《电梯监督检验和定期检验规则——防爆电梯》的检验方法个别检验项目（如安全钳）存在操作不方便、结果难以通过量化判定、试验方法会导致部件防爆性能的降低甚至破坏等难点。表 2 为检验人员认为应在检验过程中得到重视部件或者危险源，但由于检验方法难以操作或者检验得不到准确结论的检验项目。

表 2　无法有效判定的危险源

序号	危险源	次数	百分比
1	限速器-安全钳联动试验	10	18.52%
2	电梯超速坠落时，限速器动作时的撞击	10	18.52%
3	开关门中的撞击	8	14.81%
4	安全钳制停在导轨上瞬时撞击及摩擦	8	14.81%
5	交流双速电梯的频繁制动	6	11.11%
6	层门、轿门关闭、开启时的撞击	4	7.41%
7	曳引绳在曳引轮上长时打滑，手推车撞击轿门轿壁	2	3.70%
8	导靴与导轨间的摩擦	2	3.70%
9	曳引绳或补偿链与防跳栏杆和导轨支架之间非正常的摩擦和撞击	2	3.70%
10	物体在轿厢内坠落撞击轿底	1	1.85%
11	维修人员在检修时产生的撞击（如检修时敲、拧、旋产生的撞击）	1	1.85%

表 2 中统计数据中限速器-安全钳联动试验是检验员认为最难把握的检验项目，占总数比例的 18.52%。难点包括以下几个方面：①试验后的安全钳钳块表面的无火花涂层是否被破坏，防爆性能是否能够得到保障；②安全钳制动过程中和导轨的摩擦是否产生危险热表面；③限速器在碰撞过程中无火花楔块是否遭到破坏等。另外从表 2 中体现出机械部件的非电气防爆性能检验是防爆电梯检验的难点，目前该领域的研究在国内外也是处于刚起步阶段，如何能准确完成防爆电梯机械部件的检验，成为防爆电梯检验甚至完善电梯防爆理论体系的重点[2]。

2　典型机械部件表面温度监测

电梯在正常运行或故障状态下产生的电气火花、机械部件之间摩擦和撞击产生的过热表面和机械火花，都可能成为电气和非电气点燃源引起爆炸事故。本节将针对防爆电梯可能成为点燃源的机械部件热表面展开研究。通过试验测量典型机械部件正常和故障状态下热表面的温度变化，分析最高温度值和各输入参数的关系，判断部件热表面是否会成为点燃源。

2.1 安全钳温升试验

试验在轿厢一侧安全钳左右两个钳块上分别布设十个测试点，各个点按照钳块尺寸成中心线对称布置，如图 3 所有热电偶设置标记 S1～S20，完成热电偶布设后的钳块实物如图 4 所示。由于安全钳钳块和轨道接触发热是瞬时过程，受到热电偶测量采样频率和硬件限制，试验中最高温度测量值并不能代表理论最高温度，但可以从测量过程观测最高温度出现的区域和最高温度大小范围，供后续研究参考。

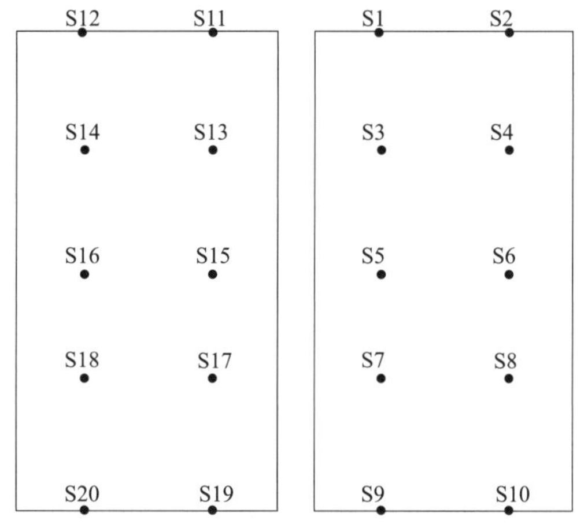

图 3 热电偶布设示意图

图 4 布设热电偶的钳块

图 5 为安全钳表面最高温度和制动速度的关系。现场实际测得的安全钳动作速度分别为 0.54m/s、0.63m/s、0.71m/s、0.95m/s、1.02m/s。图中最高温度和动作速度成正向变化趋势，且近似成一次线性关系。在安全钳制动过程中制动速度为 1.02m/s 时测得的最高温度为 53.8℃，修正到 40℃使用环境最高温度，安全钳表面最高温度值可达到 75.3℃。

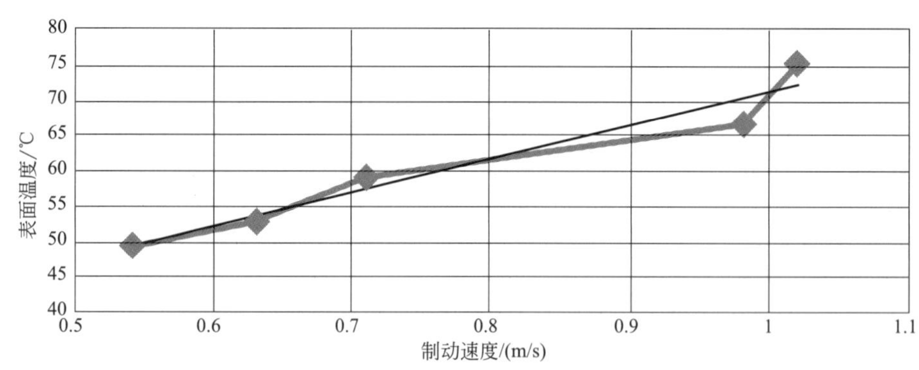

图 5 安全钳制动速度和最高温度的关系

图 6 为安全钳表面最高温度和制动载荷的关系，在安全钳动作速度不变的情况下，随着制动载荷从 1.5t 增加到 4t，安全钳最高表面温度呈现升高趋势，并且该温度值与制动载荷近似成线性关系。温度最高值出现在制动载荷为 4t 的试验中测量值为 59.3℃，将其修正到 40℃环境温度时，最高表面温度可达到 80.8℃。比较制动速度和载荷对表面问题的影响，速度较载荷对安全钳表面温度最高值的影响更明显。

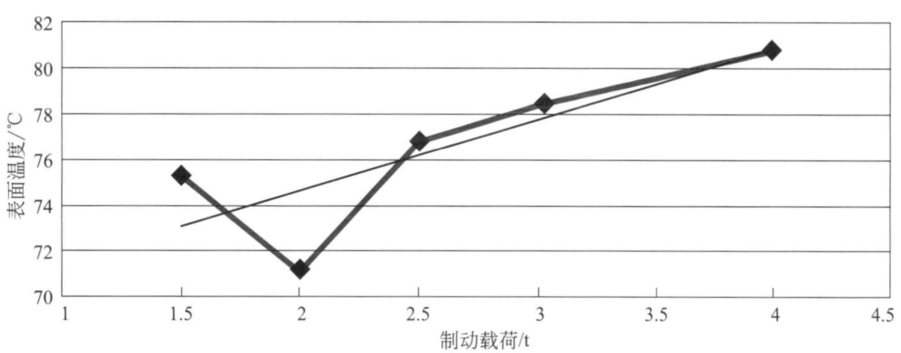

图 6 安全钳制动载荷和最高温度的关系

2.2 夹绳器温升试验

夹绳器摩擦制动片一般采用无火花材料，试验目的为研究夹绳器在制动过程中温度升高情况和最高表面温度。为尽量模拟夹绳器在电梯上行超速时的动作情况，试验采用断开主电源后使用松闸扳手释放主机制动器，使得空轿厢上行溜车，上行超速达到限速器动作速度，由限速器驱动夹绳器制动，测试夹绳器在动作过程中钢丝绳夹板与钢丝绳相互摩擦表面温度升高分布情况，图 7 为热电偶布置图。

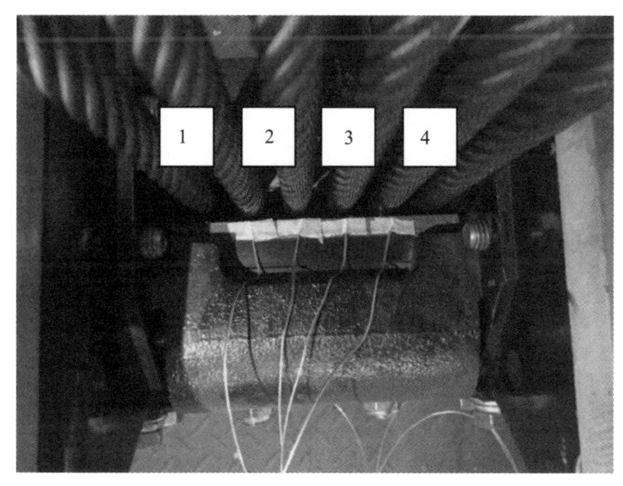

图 7 夹绳器试验热电偶布设

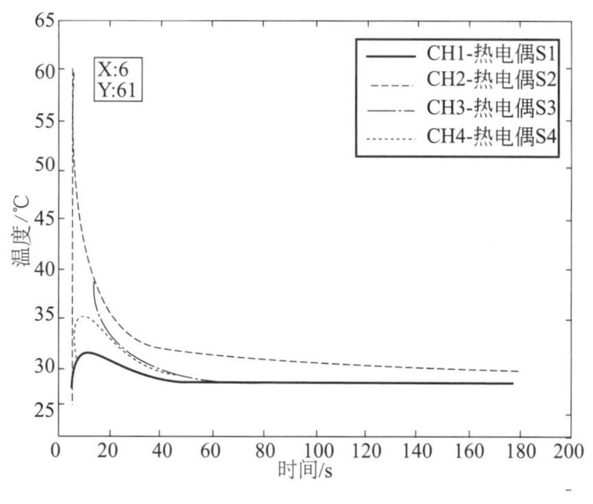

图 8 夹绳器试验温度变化

通过对夹绳器上行制动过程中摩擦片温度变化历程进行监测，得到上行制动过程中夹绳器夹板温度变化曲线，三次制动过程中温度变化图形近乎一样，图 8 为第二次试验结果图。测试结果表明，各通道热电偶捕捉到的温度数据在夹绳器动作的瞬间达到最大值，之后随时间增长逐渐散热衰减。通道 2（即图 7 中左起第 3 根钢丝绳）在三次测试过程中得到的温度峰值均最高，分别为 48.7℃、61℃、52.6℃，通道 1（即图 7 中左起第 2 根钢丝绳）在三次测试过程中得到的温度峰值均最低，分别为 37.4℃、31.7℃、31.1℃。将温度修正到环境温度 40℃，夹绳器和钢丝绳摩擦最高表面温度可以达到 74.6℃。

为有效反映这种变化规律，消除初始环境温度对夹绳器温度变化的影响，可考查夹绳器试验测得温度的绝对变化量，各通道传感器在三次测试中最大变化量如表 3。三次测量表明，2 号热电偶测得的温度变化值最大，其次是 3 号，1 号和 4 号变化值较小。

在影响夹绳器温度变化情况的因素中，夹绳器摩擦片同钢丝绳相互摩擦的接触程度和自身的散热特性是决定摩擦温升的两个重要因素。2、3 号热电偶在夹绳器摩擦片中位于中间位置，散热情况最为不利，因此温度变化值较大。此外现场发现 2 通道的对应的钢丝绳张力较小，运行中抖动幅度较大，先于其他钢丝绳与夹绳器接触产生摩擦，因此温度较其他通道要高。

表 3　各通道温度最大变化值

最大温度变化值/℃	S1	S2	S3	S4
第一次	12.5	23.6	13.8	17
第二次	5.5	34.6	22.5	9.2
第三次	4.7	26.1	16	5.8

2.3　减速箱温升试验

有齿轮曳引机减速装置一般采用蜗轮蜗杆减速箱，蜗轮蜗杆正常运行时啮合严密、冲击力小，并且减速箱中注满一定量的润滑油，起到润滑作用的同时有一定的散热作用。如果减速箱中润滑油泄漏，则蜗轮蜗杆的啮合可能会产生热高温。设计试验工况时减速箱润滑油设定在允许液位值下限，轿厢满载情况下电梯连续上下运行 150min，监测减速箱在过程中的温度变化规律及其最高表面温度。

为准确的测量曳引机减速箱最高表面温度及其温升规律，热电偶布点位置的选择对测试过程意义重要。为找到减速箱在工作程中的最高表面温度点，本试验先用 SC660 红外成像仪对减速箱外表面温度分布情况进行检测，如图 9 所示，图中越亮部分代表温度越高。根据红外成像测量结果，减速箱最高表面温度主要出现在安装蜗杆的轴承附近的箱体及油标尺附近区域，因此，布置热电偶如图 10 所示的六个点作为温度监测点。

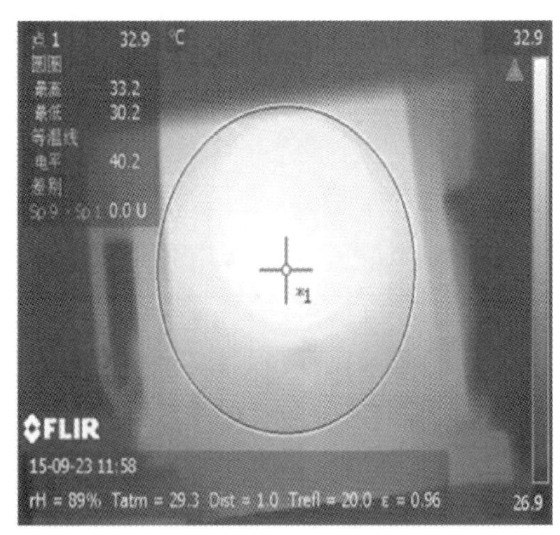

图 9　减速箱外表面温度红外成像

图 10　减速箱热电偶布设

经过连续 150min 在线监测，各通道采集到的温度数据如图 11 所示。减速箱在测试过程中表面温度呈缓慢上升变化，其中在整个测试过程中，2、3 号热电偶（图 9 中圈内）所测温度波动的最为明显。减速箱的最高表面温度与减速箱的工作频繁程度密切相关，减速箱工作越频繁，表面温度越高。通常电梯在正常运行过程中，减速箱表面温度大约维持在 70℃左右。在试验工况下，本次测试减速箱最高表面温度达到 64.4℃，经修正减速箱最高表面温度可达到 90.4℃。

2.4　制动器温升试验

现阶段常见的 VVVF 电梯采用零速抱闸，电梯制动时制动器闸瓦与制动轮之间相对速度近似为零，

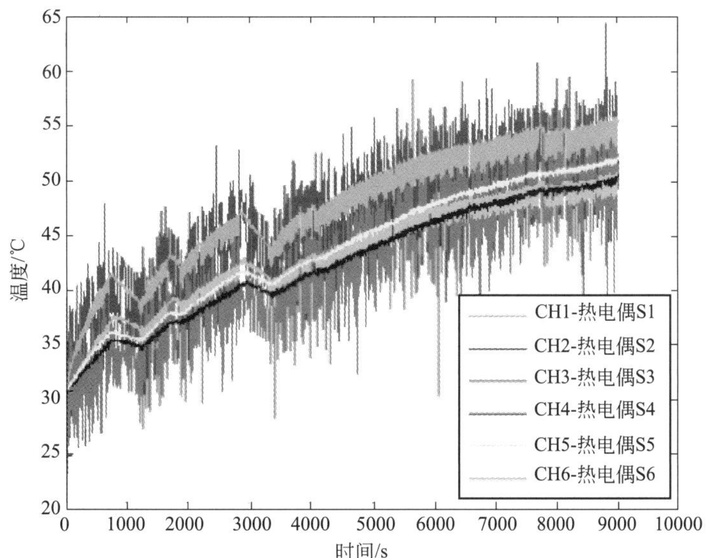

图 11 减速箱温度变化历程

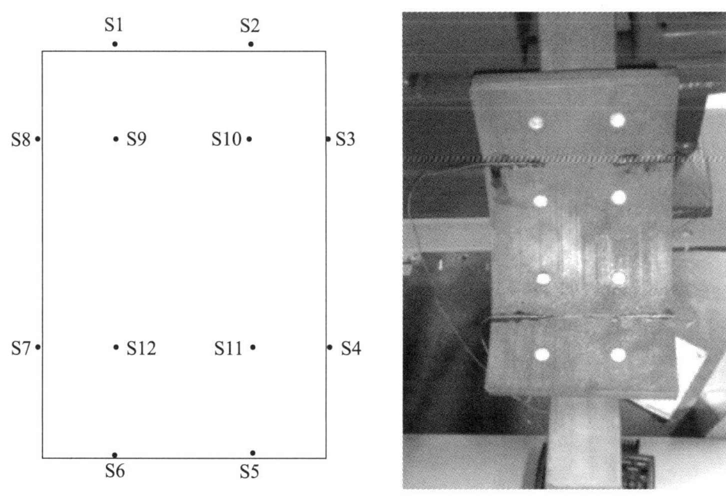

图 12 制动器试验热电偶布置图

制动器闸瓦与制动轮之间不存在相对位移，但在紧急制动工况下，闸瓦与制动轮之间存在相对速度，会产生热表面[3]。为测得制动器闸瓦和制动轮在紧急制动工况时的温升规律和最高表面温度，试验制动闸上瓦热电偶布点情况如图 12 所示。闸瓦的宽度为 120mm，闸瓦曲面的上测量的弧线长度为 240mm，热电偶布置采用纵向和横向对称布置，即距离边缘的尺寸相等。

轿厢装载不同载荷水平紧急制动工况下，分别测得制动器温度变化曲线，图 13 为轿厢空载上行制动时的温度变化曲线，制动闸瓦在制动瞬间温度快速上升，在极短的时间内达温度峰值后快速回落。在温度快速上升前会出现短暂的降低，这主要受到制动器在动作过程中闸瓦挤压空气带走热量的影响。随着制动闸瓦接触到制动轮上，摩擦耗能制动过程开始出现，摩擦生成的热量使得温度瞬间升高，其中，S11 通道在总共 8 次试验测量过程中的最高温度值明显大于其他通道测得值，表明 S11 号热电偶附近区域是制动过程中最高表面温度出现的区域，因此可用 S11 号热电偶测得的温度值分析制动器温升。

图 14 为制动器表面最高温度和轿厢内载荷的关系，随着轿厢载荷的降低，制动时候曳引轮两边重量差变大，制动需要的力矩增大，导致制动过程中温升较大。当工况为空载，此时对重侧和轿厢侧重量差最大时，温升达到最高值，但所有的温度值都不超过 40℃。

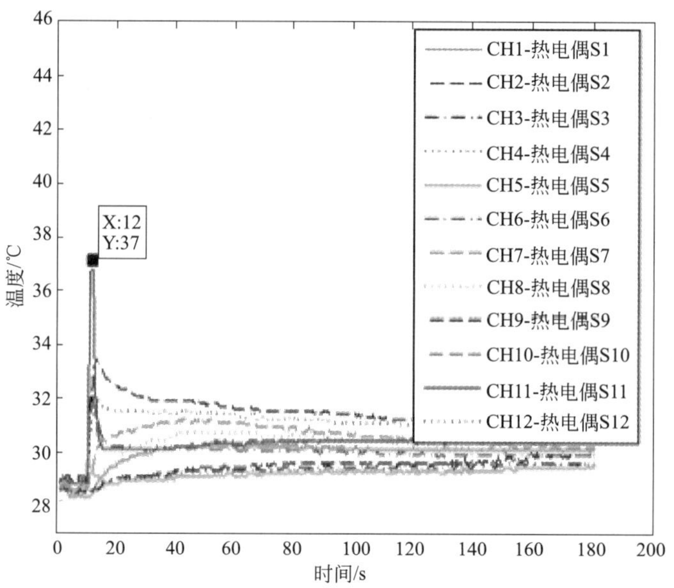

图 13 轿厢空载上行制动温度变化曲线

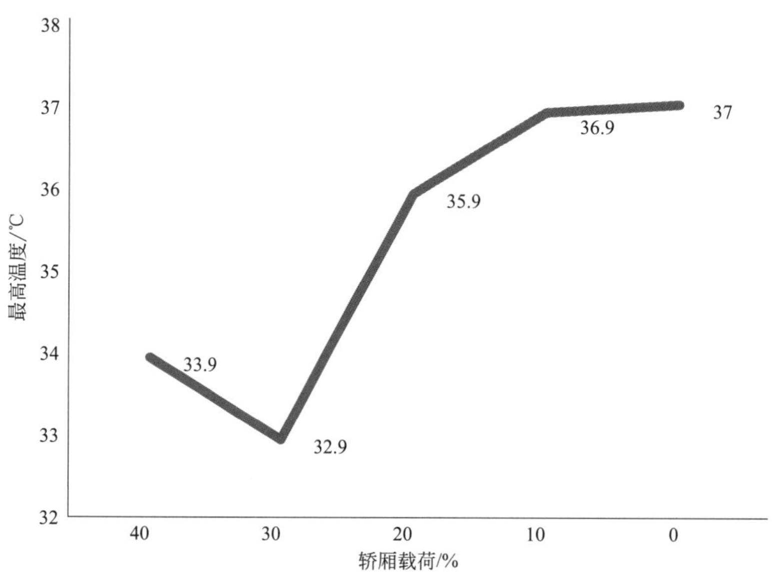

图 14 轿厢载荷和最高温度关系

3 在用防爆电梯风险评估

本文在 DB33/T 869—2012《在用电梯风险评价规则》的基础上进行修改形成评价规则。以 TSG T7003—2011《电梯监督检验和定期检验规则——防爆电梯》中检验项目为基础，共包括 10 个项类，117 条检验内容，向全国范围内电梯行业 29 名具有电梯检验师资格的专家发放调查表，对每个风险点的严重程度、概率等级进行评价，根据调查问卷结果结合关于典型机械部件非电气防爆性能研究的结论，评定风险点的风险类别，分为Ⅰ、Ⅱ、Ⅲ三类。

严重程度：考虑风险点发生后引起的电梯事故产生的破坏程度或者造成的损失大小，共分为以下 4 个等级。

1-高—死亡、系统损失或严重的环境损害；

2-中—严重损伤、严重职业病、主要的系统或环境损害；

3-低—较小损伤、较轻的职业病、次要的系统或环境损害；

4-可忽略—不会引起伤害、职业病、系统或环境损害。

概率等级：根据风险点发生的概率大小分为以下 6 个等级。

A-频繁——在使用寿命内很可能经常发生；

B-很可能——使用寿命内很可能发生数次；

C-偶尔——在使用寿命内很可能至少发生一次；

D-极少——未必发生，但在使用寿命内可能发生；

E-不太可能——在使用寿命内很不可能发生；

F-不可能——概率几乎为零。

风险类别：风险类别是充分考虑风险点的严重程度和概率等级的基础上得出的，用于评判该风险点存在对电梯整体安全运行影响的指标。图 15 为风险类别评定准则表格，将风险点的风险类别分为Ⅰ、Ⅱ、Ⅲ类。按照某一风险点的严重程度和概率等级，查表就可以直接获得风险类别[4,5]。

举例电动机和减速器散热检验项目，专家反馈的调查表中制动器项目严重程度为 1-高，概率等级为 D-极少，本应是Ⅰ类风险点，但是根据机械部件危险热表面温度监测试验研究结果，其危险热表面温度并没有猜测的那么高，修正该项目的严重程度为 2-中，则该项目归类于Ⅱ类风险点。

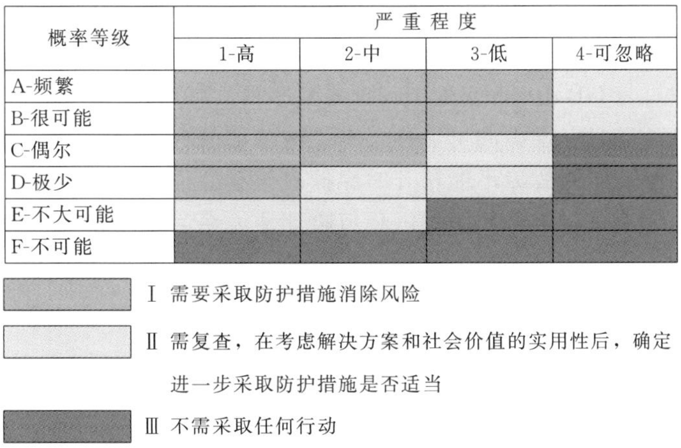

概率等级	严重程度			
	1-高	2-中	3-低	4-可忽略
A-频繁				
B-很可能				
C-偶尔				
D-极少				
E-不大可能				
F-不可能				

Ⅰ 需要采取防护措施消除风险

Ⅱ 需复查，在考虑解决方案和社会价值的实用性后，确定进一步采取防护措施是否适当

Ⅲ 不需采取任何行动

图 15 风险类别评定准则

经过咨询业内专家意见并结合对 10 台以上在用防爆电梯安全评估实际效果，确定表 4 所示风险类别赋值规则。检验中发现Ⅰ类项对应的检验条款“不符合”时，该项目的得分为 6，如果该项目“符合”得分保持为 0，同理Ⅱ类项目得分为 3 或 0，Ⅲ类项目得分为 0。

表 4 风险类别赋值表

风险类别	Ⅰ	Ⅱ	Ⅲ
值	6	3	0

课题组专门开发了在用防爆电梯安全评估软件，检验人员在检验现场对 117 个项目进行考核，得出“符合”“不符合”“无此项”三种检验结果。每一项的检验结果输入评估软件中，检验项目均会被赋值，软件按照系列公式计算电梯风险总得分。

$$D=\sum_{i=1}^{n}V_i$$

式中，$V_i(i=1,\cdots,n)$ 为对应于第 i 个风险点的值，n 为所有实际评估项目的总数，D 为电梯安全评估得分值，D 的值越高说明该电梯存在的安全隐患越大，对应的使用状况也越差。评估软件根据表 5 中 D 值得分情况自动给出评估意见，将安全状况分为 4 个等级，一级为综合安全状况最差，四级为判断综合安全状况最好。

表5 综合安全状况等级判定表

D	$D>60$	$60\geqslant D>40$	$40\geqslant D>20$	$20\geqslant D\geqslant 0$
综合安全状况等级	一级	二级	三级	四级

根据综合安全状况等级判定，综合存在的风险和降低风险保护措施的成本，按照下列原则给出相应的安全评估结论。

① 对于综合安全状况等级为一级的，应当建议电梯立即停用，采取安全措施消除风险后方可使用。

② 对于综合安全状况等级为二级的，应当尽快采取安全措施消除风险。

③ 对于综合安全状况等级为三级的，需要采取安全措施消除或降低风险。

④ 对于综合安全状况等级为四级的，对评估指出的风险需要加强监护。

4 结论

本文通过向浙江省各检验检测机构和使用单位发放调查表的方式，统计分析在用防爆电梯的区域分布、设备类型、安全状况及检验难点。通过专家咨询法并结合典型机械部件的非电气防爆性能研究结果提出在用防爆电梯风险评估模型，开发软件系统应用于在用防爆电梯的定期检验和风险评估。

根据研究结果得到以下结论：①浙江省在用防爆电梯主要集中在工业较发达地区，且老旧防爆电梯的使用状况不佳；②技术资料、安全钳、电气部件和限速器等几类缺陷在定期检验中频繁出现；③机械部件的非电气防爆性能的判定成为定期检验的难点；④在试验设计的恶劣工况条件下，夹绳器、制动器高温表面不会成为点燃源，与GB 31094—2014《防爆电梯制造与安装安全规范》的风险等级划分符合，但不能排除减速箱温度升高成为点燃源的可能性，本文的结论没有考虑破坏性工况，在实际应用中必须考虑某些极端情况，例如制动器因故障不能松开时摩擦表面温度很高，抱闸摩擦片磨损后，露出的铆钉和制动轮摩擦产生高温；⑤本文提出在用防爆电梯风险评估体系关注了制造、安装、维修、使用和检验检测各个环节存在，经过实际应用验证评估模型可靠高效，一定程度上解决了在用防爆电梯检验的困难。

参考文献

[1] 郑晓锋，梁峻等. 防爆电梯典型机械部件非电气防爆性能测试［J］. 中国电梯，2016，(15)：40-45.

[2] 江浩，薛爱民等. 非电气类设备防爆标准与防爆电梯安全技术研究［J］，机械制造，2011，(49)：68-71.

[3] 欧阳惠卿，薛季爱，江浩. 防爆电梯制动器紧急制停温升研究［J］. 机械制造，2012，(1)：38-42.

[4] 浙江省技术监督检验总局. DB33/T 869—2012. 在用电梯风险评价规则. 2012.

[5] 国家质量技术监督检验总局. TSG T7003—2011. 电梯监督检验和定期检验规则——防爆电梯. 2011.

电梯补偿装置脱落探讨

郑 建

重庆市特种设备检测研究院，重庆 401121

摘 要： 电梯补偿装置作为高层电梯的重要运行部件，在电梯运行过程中起着重要作用。电梯补偿装置脱落案例偶有发生，对电梯的使用人员生命财产构成潜在的危害。为此，基于补偿装置脱落案例，提出现行标准对补偿装置设置的规定，分析补偿装置设置脱落的原因，提出维护保养人员现场维护保养及检验人员现场检验环节过程中针对补偿装置项目的注意事项。

关键词： 电梯；补偿装置脱落

Discussion on the fall of elevator compensation device

Zheng Jian

Chongqing Special Equipment Inspection Institute, Chongqing 401121

Abstract: Elevator Compensation Device is an Important Operating Component of High-rise Elevator, It plays an important role in the working of the elevator. Occasionally, the elevator compensation device drops off, This poses a potential hazard to the life and property of the users in the elevator. For this reason, Basing on the case of compensation device falling off, this paper puts forward the stipulation of current standard for compensation device setting, analyses the reason of compensation device setting falling off, summarizes the functions and requirements of compensation device in elevator system and Proposes the precautions for the compensation device project during Maintenance personnel maintaining and Inspection personnel inspecting at the scene.

Keywords: Elevator; Compensation device falling off

0 引言

近年来，随着我国经济水平的提升、城镇化进程的推进、人民生活质量的提高，电梯数量快速增加，电梯安全事故偶有发生，电梯运行质量与安全日益成为社会关注的焦点。

2016 年 7 月，市特检院检验人员对重庆市某小区一台 33 层 29 站 29 门，速度为 2.5m/s 的高层电梯开展定期检验工作。检验人员和维护保养人员两人在轿顶对位于 1 层与 3 层之间的井道安全门进行停梯安全检查的一瞬间，对重侧电梯补偿装置（该梯采用补偿缆作为补偿装置）脱落，径直掉下底坑，造成靠近对重侧轿顶护栏变形，所幸并未对轿顶工作人员造成伤害。

作者简介：郑建，1991 年生，男，工程师，学士，主要从事特种设备电梯检验技术研究。

0.1 补偿装置在电梯运行系统中作用

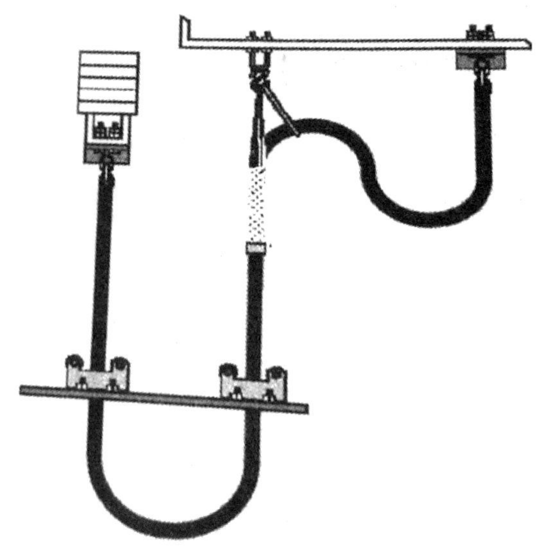
图1 补偿装置安装示意图

电梯补偿装置用来平衡由于电梯提升高度过高，曳引钢丝绳过长造成运行过程中钢丝绳质量单侧偏重现象的部件。一般补偿装置单位长度的与曳引钢丝绳相当，这个总质量将轮流地分配到曳引轮两侧，如图1所示。当轿厢位于最高层时，曳引绳大部分位于对重侧，而补偿链（绳）大部分位于轿厢侧；当轿厢位于最底层时，情况与之相反，这样轿厢一侧和对重一侧就有了补偿平衡作用。尤其在电梯运行高度超过30m时，曳引轮两侧轿厢和对重的质量比在运行时变化较大，进一步引起曳引力和电动机的负载发生变化。此时应采用补偿装置来弥补两侧质量的平衡，已保证轿厢侧与对重侧的质量比在电梯运行过程中的基本不变，增加电梯运行的平稳性。为了减少电梯传动中曳引轮所承受的载荷差，提高电梯的曳引性能，就必须采用补偿装置。

补偿装置通常分类为补偿链、补偿缆、补偿绳等。补偿装置通常采用一端固定在轿厢下面，另一端固定在对重装置的下端，另外，为防止补偿链脱落，应在补偿链终端两个链环分别穿套一个钢丝绳加强与轿厢下部和对重下部的连接，但此连接一般是松动不受力，也就是所谓的二次保护。

0.2 现行标准及相关技术标准规范对补偿装置固定的规定

（1）特种设备安全技术规范TSG T7001—2009[1]《电梯监督检验和定期检验规则——曳引与强制驱动电梯》第八条规定：检验机构应当在维护保养单位自检合格的基础上实施定期检验。“附件A”中第5.3项补偿装置C规定：补偿绳（链）端固定应当可靠。

（2）国家标准GB 7588—2003[2]《电梯制造与安装安全规范》中“EN81-1前言”第0.3.6条规定：当使用人员按预定方法使用电梯时，对因其自身疏忽和非故意的不小心造成的问题应予以保护。第0.3.10条规定对下列机械故障应考虑：

① 悬挂装置的破断；

② 曳引轮上曳引绳失控滑移；

③ 辅助绳、链和带的所有连接的破断和松弛；

④ 参与对制动轮或盘制动的机电制动器机械零部件之一失效；

⑤ 与主驱动机组合曳引轮有关的零部件的失效。

1 原因分析

1.1 现场勘查结果

维保人员立即切断事故电梯主电源并对事故电梯进行勘查，勘查结果如下：

① 该电梯采用补偿缆作为补偿装置，补偿缆杂乱置于底坑对重护栏内侧，对重护栏变形向外凸出；

② 拆除对重护栏并整理补偿缆发现，补偿缆二次保护钢丝绳与固定补偿缆与对重架上连接支架连接可靠，在底坑并未发现对重架与补偿缆连接支架的连接螺钉；

③ 轿顶靠近对重侧轿顶护栏变形，其余轿顶上装置正常；

④ 对重架进行勘查发现，对重架上连接支架的两个固定螺钉孔破坏，内孔螺纹有明显的滑丝痕迹。

现场对负责该电梯维护保养人员和使用单位安全管理人员进行约谈了解，该电梯于2015年7月完成安装监督检验，在 2016 年初投入使用并对其进行日常维护保养，维护保养期间电梯运行正常并未出现异常情况。

1.2 模拟还原现场

通过现场勘查结果，模拟还原该电梯补偿缆的固定方式如图 2 所示，与对重架连接支架结构如图 3 所示。

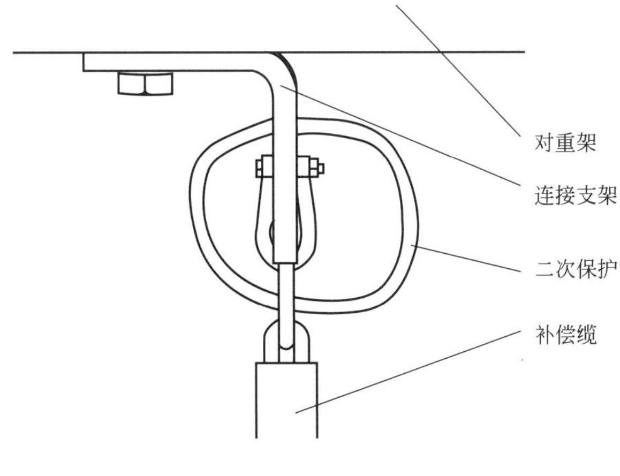

图 2 补偿缆固定方式

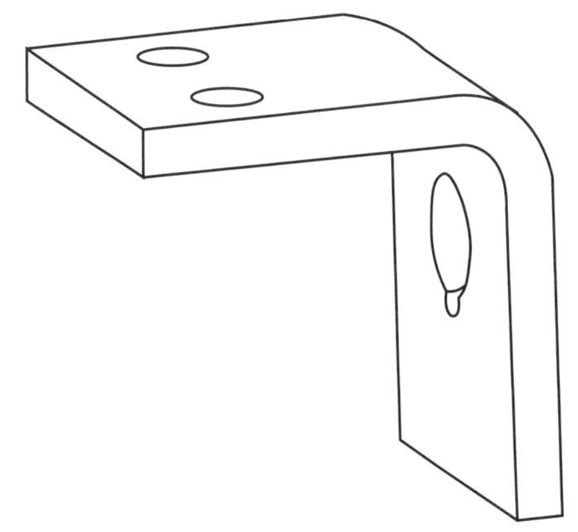

图 3 连接支架结构图

1.3 原因分析

1.3.1 结构分析

根据现场勘查结果及模拟还原现场结果，对该梯补偿缆的固定装置的结构设计分析，可以得出以下结论：

① 该电梯采用两颗 M12 的螺钉将连接支架固定在对重架上，在电梯高频的运行过程中，对重侧补偿缆的长度不停的在变化导致该固定螺钉的受力也随之发生变化，该电梯补偿缆连接支架的连接螺钉在长期变载荷的作用下螺纹滑丝是导致本次补偿缆脱落的主要原因；

② 对补偿装置的二次保护进行现场勘查发现该电梯二次保护装置设置如图 2 所示，二次保护钢丝绳穿过连接支架预留孔位，当连接支架固定螺钉被破坏脱落后，二次保护装置与连接支架一起脱落，二次保护装置保护失效，该梯二次保护装置连接设置错误是导致补偿缆脱落的次要原因。

1.3.2 螺钉强度校核

根据现场勘查得知该梯提升高度为 100m，采用补偿缆作为补偿装置，按 6kg 每米计算补偿缆，其中不可忽视的就是补偿缆的总总量约为 600kg，当电梯停靠在 1 层与 3 层之间的安全门位置时，在对重侧补偿缆质量约为 500kg 即固定螺钉的工作载荷 $F=mg=4900\text{N}$。该梯采用两颗力学性能为 8.8（抗拉强度极限 $[\sigma]=800\text{MPa}$，屈服极限 480MPa，硬度为 238HBS）M12 螺钉对连接支架进行固定。

连接受载后，由于预紧力的变化，螺钉的总拉力 F_2 并不等于预紧力 F_0 与工作拉力 F 之和，而等于残余预紧力 F_1 与工作拉力 F_0 之和。

$$F_2=F_1+F \tag{1}$$

为保证连接的紧密性，防止连接受载后接合面间产生缝隙，应使残余预紧力 $F_1>0$。参考《机械设计手册》，在工作载荷不稳定时，$F_1=(0.6\sim1.0)F$，由于该电梯在运行期间，螺钉的工作载荷实时变化，取残余预紧力 $F_1=1.0F$，即螺钉的总拉力 $F_2=F_1+F=2F=9800\text{N}$，由于通过两个螺钉固定连接支架，故单个螺钉的总拉力 $F_2=4900\text{N}$。

螺纹牙多发生剪切和挤压破坏，一般螺纹的连接强度低于螺杆。螺纹牙危险截面的剪切条件为：

$$\tau=\frac{F_2}{\pi Dbu}\leqslant[\tau]^{[3]} \tag{2}$$

式中　b——螺纹牙根部的厚度，对于 M12 的螺纹 $b=0.75\times1.75=1.3125\text{mm}$；

$[\tau]$——螺纹连接材料的许用屈服强度，取 Q235 对重架的需要屈服强度

$$[\tau]=\frac{235}{1.5}\approx157\text{MPa};$$

u——螺纹的长度系数，取 $u=0.70$。

代入公式计算得 $\tau=\dfrac{F_2}{\pi Dbu}\approx142\text{MPa}$。

通过计算得出 $\tau=142\text{MPa}<[\tau]=157\text{MPa}$，即该电梯补偿缆固定螺纹连接符合设计强度要求。但考虑到电梯运行过程中的加减速度及运行过程补偿缆的晃动等不稳定因素的影响，固定螺钉的瞬间工作载荷势必会增大，而且在电梯长期高频运行过程中，固定螺钉在变载荷的作用下，势必发生疲劳影响其连接强度，且根据 GB 7588.1（报批稿）5.5.6.3 补偿装置（如绳、链条或带及其端接装置）应能承受作用在其上的任何静力，且应具有 5 倍的安全系数，综合可知，该电梯的固定螺钉螺纹连接强度不足，存在设计缺陷。

2　改进建议

2.1　结构设计

针对本次事故中存在的安全隐患，对补偿装置的固定装置提出以下结构上的改进建议：

① 在采用螺钉固定连接支架时，在结构上增加冗余保护措施，如图 4 所示，当连接补偿装置的固定螺钉被破坏导致主连接支架脱落，二次保护装置与次要连接支架连接，保证连接的可靠；

② 固定支架直接焊接在对重架上，如图 5 所示。

③ 在对重架上预留二次保护安装孔位，将补偿装置二次保护钢丝绳直接与对重架相连，如图 6 所示。

图 4　补偿装置固定 1

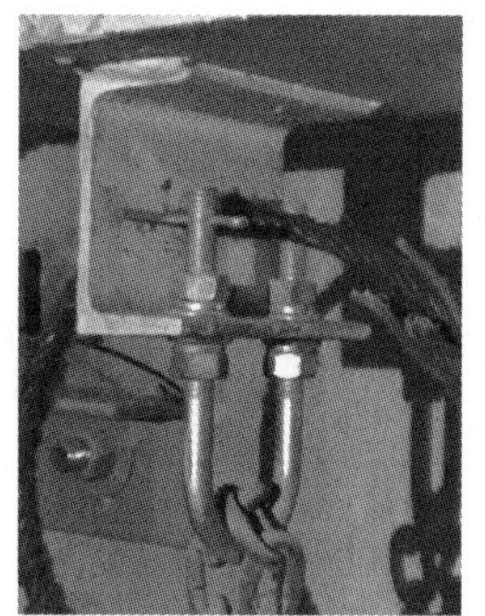

图 5　补偿装置固定 2

图 6　补偿装置固定 3

2.2　日常管理

电梯补偿装置作为电梯运行过程中重要的安全部件，在日常维护保养和年检过程中应予以重视，虽然补偿装置脱落案例发生较少，也不能忽视其严重性。针对本次补偿装置脱落事故提出以下日常管理方面的建议：

① 在电梯安装监督检验过程中需确认补偿装置与对重架连接方式状态，重要连接部位置是否有漆封和防松保护；

② 在电梯安装监督检验过程中需确认补偿装置二次保护装置设置有效可靠，补偿装置二次保护装

置应与对重架直接相连；

③ 在电梯定期检验过程中将补偿装置固定项目纳入现场确认项目中；

④ 将补偿装置固定可靠的检查纳入日常维护保养项目中；

⑤ 在维保人员日常维护保养中则需确认补偿装置的固定状态，漆封是否被破坏，固定连接部件是否有松动等。

3 结论

该事故电梯技术分析上采用事故模拟法，取证分析，查验相关资料，强度校核等研究方法，对事故发生的原因进行深层次的分析，并提出预防措施，保障电梯的运行安全。本次补偿装置脱落的主要原因是由于固定螺钉的螺纹连接强度不足，在电梯的长期运行过程中，固定螺钉发生疲劳破坏导致螺纹滑丝，间接原因是该梯的补偿装置的二次保护装置设置错误，在固定支架脱落后，保护失效，导致补偿缆的脱落，所幸并未对轿顶工作人员造成伤害。

参考文献

［1］ TSG T7001—2009.

［2］ GB 7588—2003.

［3］ 濮良贵等．机械设计［M］．北京：高等教育出版社，2006.

电梯电磁辐射敏感度测试系统研究

徐海波

北京市特种设备检测中心，北京 100029

摘　要： 电梯运行中有时因电磁兼容性问题而发生停梯、不开门、不关门等现象，而国家标准对于电梯的电磁兼容性的要求只是推荐性的，没有强制性。为保障重要场合电梯的电磁兼容性符合相关国家标准要求，通过对本单位的一套电磁辐射敏感度测试设备使用后的分析，提出其存在测试时电梯开关门不方便、电梯开关门和辐射发射不易同步问题。目前，正在拟制软硬件系统开发方案及技术要求，进行该套设备的改进完善。

关键词： 电梯；电磁兼容；测试；辐射敏感度

Research on Electromagnetic Radiation Sensitivity Testing System of Elevator

Xu Hai-bo

Beijing Special Equipment Testing Center， Beijing 100029

Abstract: In elevator operation，there are some phenomena such as stopping ladder，not opening door，closing door and so on because of electromagnetic compatibility problem. However，the requirements of EMC for elevators in national standards are only recommended and not mandatory. In order to ensure that the electromagnetic compatibility of elevators in important occasions meets the requirements of relevant national standards，through the analysis of the use of a set of electromagnetic radiation sensitivity testing equipment in our unit，it is pointed out that it is not convenient to open and close the elevator when it tests. Elevator opening and closing and radiation emission is not easy to synchronize. At present，the software and hardware system development scheme and technical requirements are being developed to improve the equipment.

Keywords: Elevator; Electromagnetic compatibility; Testing; Radiation sensitivity

0　前言

随着经济社会的发展，电梯作为一种现代交通工具，其数量日益增加，与百姓的生活日趋紧密。电梯作为一种特种设备，其使用安全性也越来越受到大众及媒体的关注。经常有各类电梯事故见诸报端，并引起广泛响应。首都北京作为全国的政治文化中心、国际交往中心、科技创新中心，经常要主办各类大型会议。为保障各类大型会议的顺利进行，对在会议中使用的宾馆、会议中心的电梯进行保障性检验，是北京市特检中心的一项重要任务。在检验中，发现在重要场合出现电梯不走梯、不关门、不开门等故障现象。然而经过事后的检查，发现电梯控制系统技术参数不存在异常，在重新启动后即回复正

作者简介：徐海波，1976 年生，男，助理研究员，博士，起重机及电梯等特种设备检验工作。

常。有关专家提出，部分此类问题可能是由于电梯的电磁兼容性出现问题，在复杂电磁环境下出现运行故障而引起的。

因此，为保障重要场合电梯的电磁兼容性符合相关国家标准要求，应进行中心现有电梯电磁测试系统完善研究。

1 电梯电磁兼容现状分析及存在的问题

（1）涵义

电磁兼容（EMC），设备和系统在其电磁环境中能正常工作且不对环境中任何事物构成不能承受的电磁骚扰的能力。首先，该设备应能在一定的电磁环境下正常工作，即该设备应具备一定的电磁抗扰度（EMS）；其次，该设备自身产生的电磁骚扰不能对其他电子产品产生过大的影响，即电磁骚扰（EMI）。我国电磁兼容的兴起，来自于强制性产品认证，即 CCC 认证（包括安全性和电磁兼容性两个方面）。我国政府为兑现入世承诺，于 2001 年 12 月 3 日对外发布了强制性产品认证制度。2003 年 8 月 1 日起相关目录内的产品没有获得 CCC 认证，不得在中国境内销售。

（2）国际及国家标准

电磁兼容通用标准有 GB/T 17626 电磁兼容 实验和测量技术》系列标准，GB/T 17625《电磁兼容 限值》系列标准，分别等同于 IEC61000-4，IEC61000-3。电梯电磁兼容方面，GB 7588—2003《电梯制造与安装安全规范》国家标准规定：电磁兼容性宜符合 EN 12015 和 EN 12016 的要求。其中，EN12016：1998《电磁兼容性 用于电梯、自动扶梯和自动人行道的产品系列标准 抗干扰性》，EN12015：1998《电磁兼容性 用于电梯、自动扶梯和自动人行道的产品系列标准 辐射》。

GB 16899—2011《自动扶梯和自动人行道的制造与安装安全规范》规定：电磁兼容性宜符合 GB/T 24807 和 GB/T 24808 的规定。其中，GB/T 24808《电磁兼容 电梯、自动扶梯和自动人行道的产品系列标准 抗扰度》，GB/T 24807《电磁兼容 电梯、自动扶梯和自动人行道的产品系列标准 发射》。

可见，国标中关于电梯的电磁兼容性的条款是推荐性的，欧洲则通过 CE 认证指令强制对电梯进行电磁兼容性测试。

（3）电磁兼容测试

电磁兼容的研究包括电磁兼容设计、电磁兼容测试以及电磁兼容整改等方面。通过电磁兼容测试，识别电磁干扰源、电磁敏感源，通过电磁整改措施改进电磁兼容性。电磁干扰的存在有三要素：干扰源、传播途径、敏感源。相应的电磁整改措施也有通过滤波、屏蔽减少干扰发射；通过屏蔽、合理布线减少电磁耦合途径；通过屏蔽、接地等保护敏感元件。

电磁兼容测试一般在暗室、屏蔽室等实验场所进行，与在使用现场测试相比，优点是环境条件好，干扰少；但电梯完全从使用现场移至实验场所是不现实的，因此其与现场电梯存在差异。

EMC 测试国内从事过电梯电磁兼容研究的单位有：北京特检中心[1]、广东特检院[2,3]、天津特检院、三菱电梯有限公司等。利用电波暗室、屏蔽室对电梯部件进行了抗扰度试验，以及现场对电梯进行控制柜、门机等的射频辐射、传导骚扰抗扰度试验等。初步确定了电梯干扰发射量值、和干扰敏感源。其中，设立在广东特检院的国家电梯质量监督检验中心建立了国内第一个的电梯 EMC 检测实验室，配备了国际领先的电磁兼容检测设备，率先开展了电梯部件和整梯的电磁兼容检测业务[4]。

（4）存在的问题

近一年，为保障“一带一路”等会议中电梯的电磁兼容性符合相关要求，我们使用特检中心的电磁辐射敏感度测试设备对国家大剧院等处的电梯、扶梯进行了现场测试。检验结果表明，相关电梯、扶梯电磁辐射敏感度符合要求。但是，也存在测试时电梯开关门不方便、电梯开关门和辐射发射不易同步问题。对门机、光幕、控制柜等敏感源进行测试时，需要在每一个辐射干扰频率点，人工开关门一次，通过观察开关门是否正常，来确认在该频点电梯是否受到干扰。如果人在层门附近开关门，人离辐射源较近，容易造成对人的电磁辐射伤害；如果人在机房进行开关门操作，不同型号的电梯，没有统一的实现

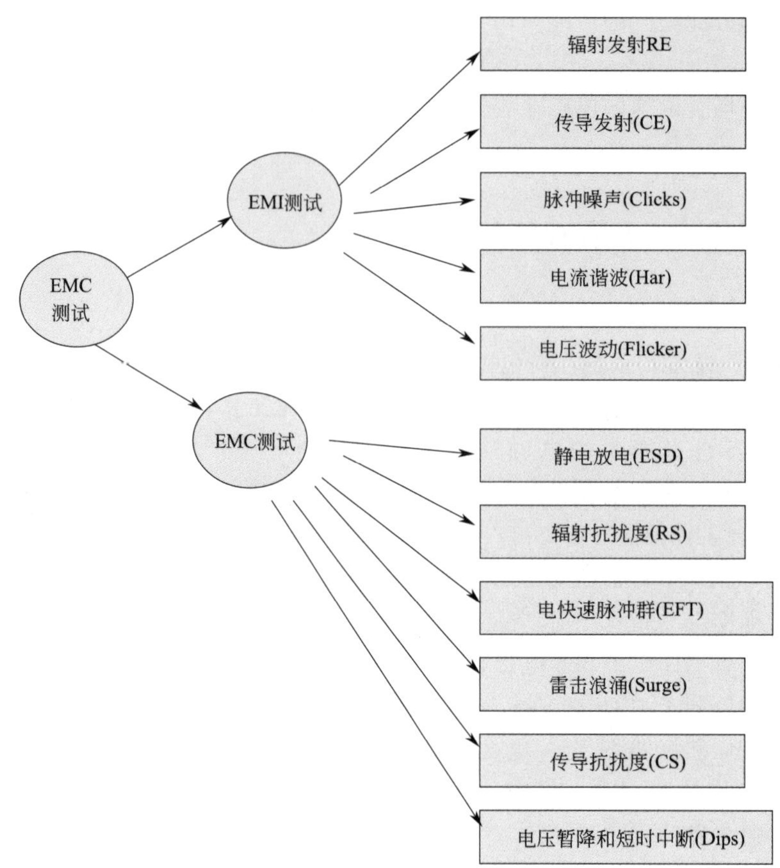

图 1 电梯电磁兼容测试项目

方法，有的只需要设置一下，有的需要添加相关硬件；开关门操作和层门处主控人员不在同一处，存在不易同步问题。同时，辐射发射在每个频率点停留固定的时间，但是电磁辐射对电梯开关门时间有延长或缩短的影响，人工开关门也存在时间上的误差。

因此，电梯电磁辐射敏感度测试系统需改进完善。系统上位机需从电梯门系统接收开关门到位信号，并向电梯门系统发出开关门指令，实现自动开关门，同时适时通过测试总线向信号源发出辐射指令。

2 研究方案

系统在电梯门系统正常时，自动进行下一个频率点的测试；在故障时能自动暂停，并自动判断、实时记录各类故障，在人工恢复电梯系统后继续下一点测试。

① 现有设备有信号源、功放、场强计、功率计、双定向耦合器、天线，立足现有设备，完善电梯电磁辐射敏感度测试硬件系统，需要开发电梯门机开关门监控接口板，输入应采集至少 2 路开关量，输出至少两路开关量。硬件系统应能适应现场复杂电磁环境。

② 设计电梯电磁辐射敏感度测试软件系统，需研究美国 Aeroflex 信号源 2023A、美国 AR 公司双通道功率计 PM2002、美国 AR 公司场强计 FM7004 的 GPIB 总线控制方法，并能发送接收电梯开关门监控信号。整体软件开发采用基于 GPIB 总线的虚拟仪器方法或底层的 GPIB 总线指令方法。熟悉掌握 GB/T 17626.3《电磁兼容 实验和测量技术 射频电磁场辐射抗扰度试验》标准，按照标准编程开发辐射敏感度测试校准和发射程序，干扰限值按照 GB/T 24808《电磁兼容 电梯、自动扶梯和自动人行道的产品系列标准 抗扰度》。

③ 电梯电磁辐射敏感度测试实验，拟采用微波暗室和现场相结合的方法，结合重大场合电梯保障性检验进行。

3 硬件配置方案和软件流程

（1）硬件配置方案

原有系统如图 2 虚线上部分，系统配置如表 1 所示，为辐射发射分系统。计算机（一台笔记本）和射频信号源、场强计、功率计通过 GPIB 数据线连接。计算机通过 USB 转换 GPIB 接头接入测试总线。原系统计算机内装有能按照 GB/T 17626.3《电磁兼容 实验和测量技术 射频电磁场辐射抗扰度试验》标准进行试验的软件系统，为英文界面。

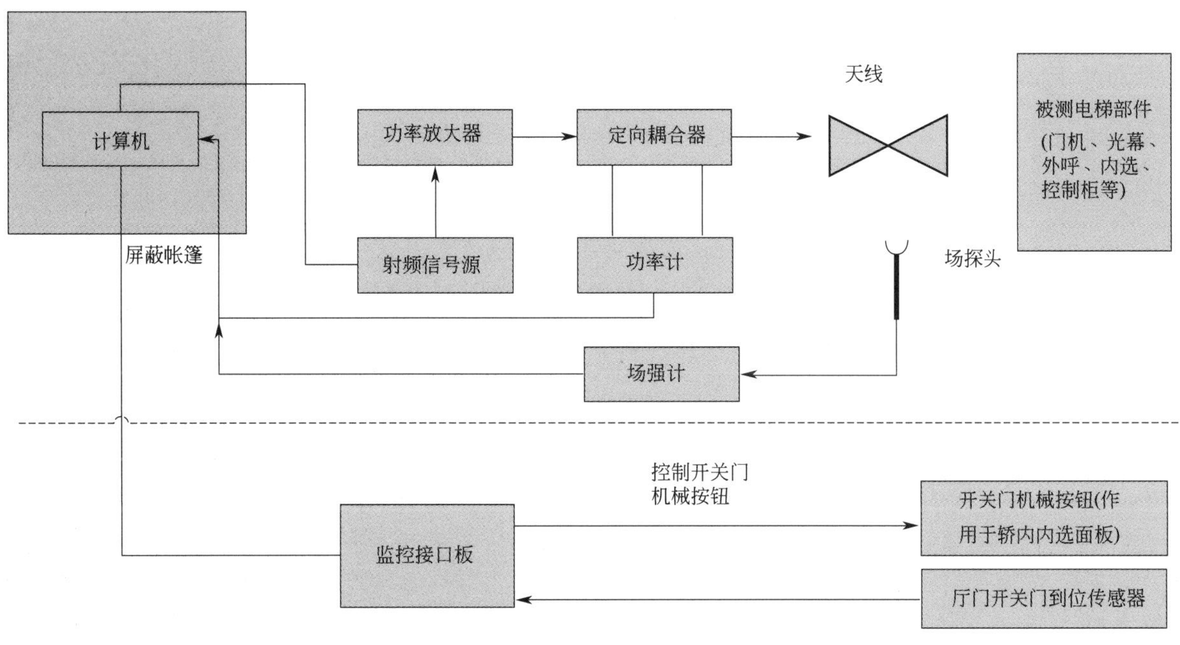

图 2 硬件配置图

需增加的设备如图 2 虚线下部分，为厅门开关门监控分系统。电梯装换到专用模式，在平层位置，监控接口板开关门电缆通过层门和轿门门缝，控制内呼面板上的开门和关门按钮，实现远程开门和关门操作。安装于厅门上的开关门到位传感器能实时监控厅门的开关到位情况，通过监控接口板采集并反馈到计算机。

表 1 原有的系统配置

序号	名称	型号	制造商	主要性能	数量
1	信号源	2023A	Aeroflex 美国	9kHz～1.2GHz	1
2	功率放大器	50W1000B	AR 美国	50W CW，1～1000MHz(w/ DCP，IEEE&RS-232)	1
3	双定向耦合器	DC3001A	AR 美国	100W CW 100kHz～1000MHz	1
4	对数周期天线	AT1080	AR 美国	80～1000MHz	1
5	天线支架	TP1000A	AR 美国	非金属	1
6	双锥天线	3109	ETS 美国	20～300MHz	1
7	天线支架	4-TR	ETS 美国	非金属	1
8	双通道功率计	PM2002	AR 美国	10kHz～40 GHz，－70～＋44dBm	1
9	功率头	PH2000	AR 美国	10kHz～8GHz －60～＋20dBm	2
10	场强计	FM7004	AR 美国	场强监视器	1
11	场探头	FP7003/ Kit	AR 美国	100kHz～3GHz，0.4～660V/M	1
12	探头支架	PS2000	AR 美国		1

（2）软件流程

软件流程如图 3。在每一个辐射频点进行一次开关门操作，通过测量开关门时间（从开关门按钮按下到开关门到位开关动作的时间）是否在正常范围内，判断电梯开关门是否异常。如果异常，能发出提示音，暂停发射，现场人员能在该频点重复测试，查看厅门开关情况，决定继续测试或将系统复位；如果电梯系统正常，继续下一个频点的测试。

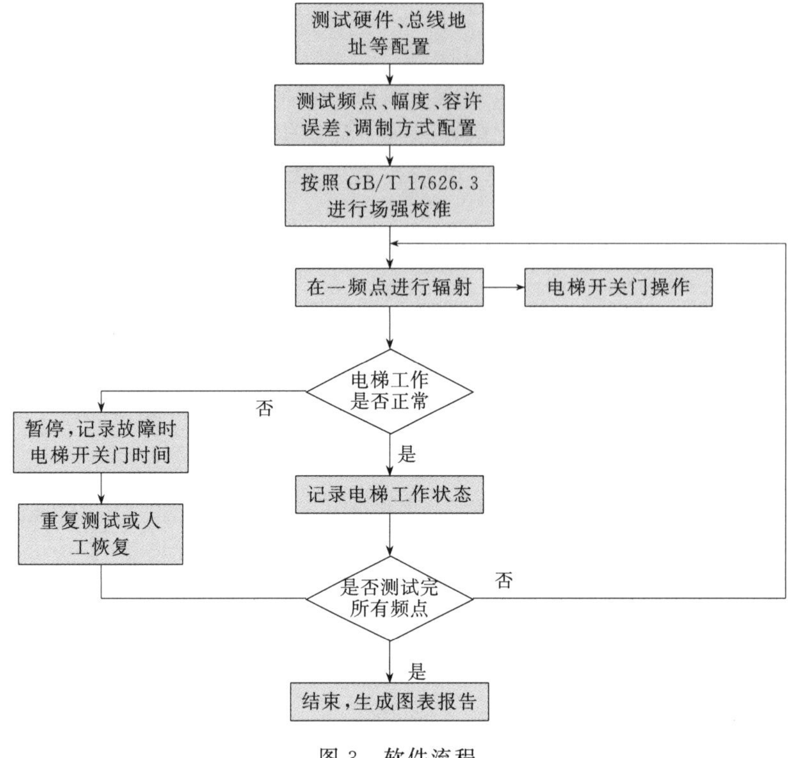

图3 软件流程

参考文献

[1] 辛军，赵伯锐，雷闽，潘锋．电梯抗电磁干扰性能研究［J］．中国特种设备安全，2009，(4)：4-5.

[2] 李明阳，李桂平，代清友．电梯产品电磁兼容性研究［J］．机电信息，2012，(6)：45-47.

[3] 罗志群，代清友，何永胜．电梯电磁兼容与运行安全［J］．城市建设理论研究．2012，(30)：3-7.

[4] 王粉玲，电梯电磁兼容（EMC）测试与设计［J］．数字技术与应用，2014，(4)：71-74.

电梯对讲系统现状与发展研究

陈　辰

北京市特种设备检测中心，北京 100029

摘　要： 本文阐述了电梯对讲系统的作用和结构组成，系统研究了电梯对讲的类型，实地抽查了7069部电梯对讲系统的使用现状，得出在用电梯对讲系统的现状和特点，对于电梯对讲系统在电梯应急救援及智能平台建设中更好地发挥作用具有重要意义。

关键词： 电梯；对讲系统；应急救援；特种设备

Research on present situation and development of elevator exclusive intercom system

Chen Chen

Beijing Special Equipment Inspection & Testing Center, Beijing 100029

Abstract: This paper expounds the function and structure of elevator exclusive intercom system, the types of elevator exclusive intercom are systematically studied, the status quo of 7069 elevator exclusive intercom systems was investigated in the field, the present situation and characteristics of the elevator exclusive intercom system in use are obtained. It is of great significance for elevator exclusive intercom system to play a better role in elevator emergency rescue and intelligent platform construction.

Keywords: Elevator; Intercom system; Emergency rescue; Special equipment

0　引言

电梯对讲系统是一种专用于电梯轿厢、电梯控制机房、管理中心之间的对讲系统，可实现三方甚至五方的通话，属于安防对讲行业中的一个系列。电梯对讲系统主要有电梯管理中心主机、轿厢分机、机房分机三方以及电源、适配器等部件组成，五方对讲系统还包括地坑分机和轿顶分机。作为电梯法规明确规定的电梯部件，电梯对讲的质量对于电梯应急救援、维护保养有重要意义。然而，在目前对电梯等特种设备的监管体制和机制下，电梯作为整机提供给使用者，使用者并不关心对讲系统的品牌和型号，有的电梯厂家有自己的五方对讲品牌，有的则是采购其他品牌的五方对讲系统[1]。在目前电梯保有量大、增速快、老旧电梯逐年增多、社会影响较大、对应急救援要求日益升高的形势下，有必要对电梯对讲系统的类型和现状进行分析，以便更好地发挥作用[2,3]。

1　电梯对讲的类型

电梯对讲系统的类型主要有有线式和无线式两种类型；有线式对讲根据接线方式又可分为总线式和

作者简介：陈辰，1979年生，男，高级工程师，博士，主要从事特种设备检验检测及其信息化研究。

分线式，根据工作电压有 5V、12V、24V 等，根据传输材质可分为网络 IP 电话式、光纤式、电话线型及 2/4/5/6 线制线缆型。表 1 为电梯对讲分类表。

表 1　电梯对讲分类表

分类标准	接线方式	电压	线制	传输材质
有线	总线式	5V	2 线制	网络 IP 电话式
		12V	3 线制	光纤式
	分线式	24V	4 线制	电话线型
				2/4/5/6 线制线缆
无线	FM 调频			
	4G 模块			
数字式	数字编码、双向通讯传输技术			

1.1　总线式对讲系统

总线制电梯对讲系统是通过一组总线将系统内的电梯连接在一起，从而实现系统主机与各电梯之间、以及单个电梯内部分机之间的对讲；如图 1 所示为总线式对讲系统接线图。总线制对讲系统是目前建筑电梯对讲的主要形式，适应于管理区域内电梯数量较多、或电梯相对集中的情况。

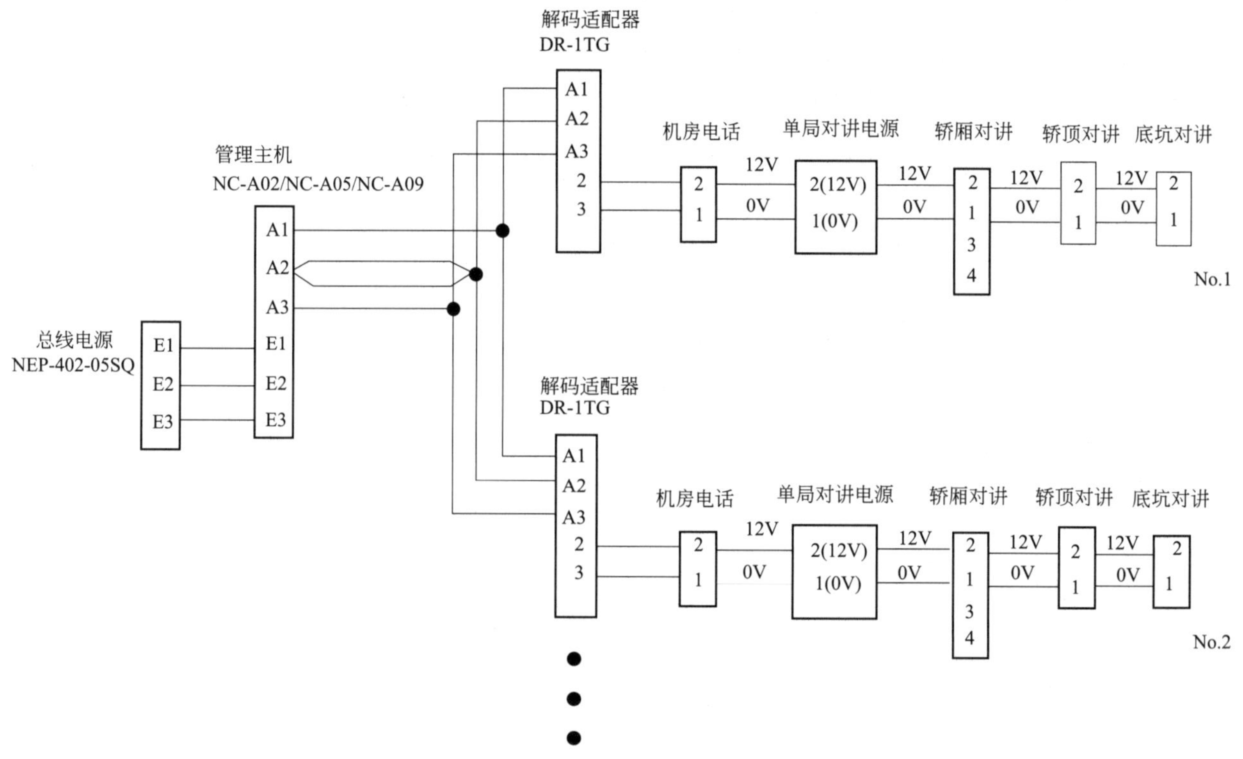

图 1　总线式对讲系统接线图

总线式的优点是布线快速、相对便捷、节约线材、成本低、话音效果较好；其缺点是总线任一节点损坏，有可能造成系统部分瘫痪，易受干扰影响通话质量。

1.2　分线式对讲系统

分线式对讲系统是指可通过单独的一组线缆把单局主机与监控室主机连接形成的联网系统，分线制可带 5 台、10 局、30 台、50 台、100 台电梯的对讲系统，传输的最远距离为 1.2km。如图 2 所示。

分线式对讲系统的优点是每部电梯单独布线至总机，线路损坏只影响该部电梯；其缺点是布线麻烦，成本高。

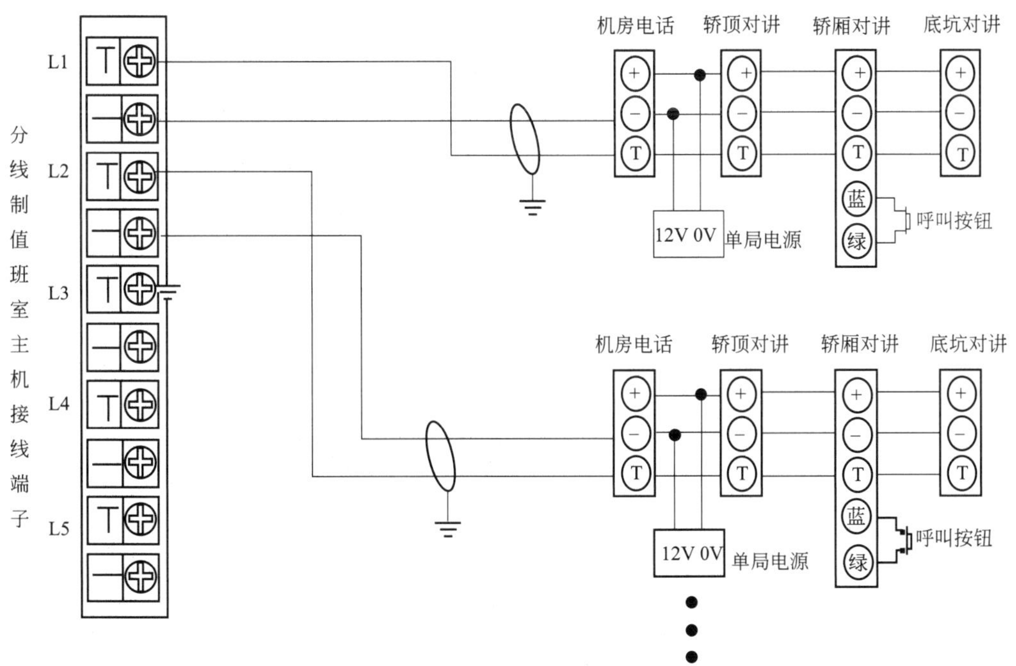

图 2　分线式对讲系统接线图

1.3　4G 模块无线式对讲系统

4G 模块无线式对讲系统是使用 4G 模块无线网络把单局主机与监控室主机连接形成的联网系统。如图 3 所示。

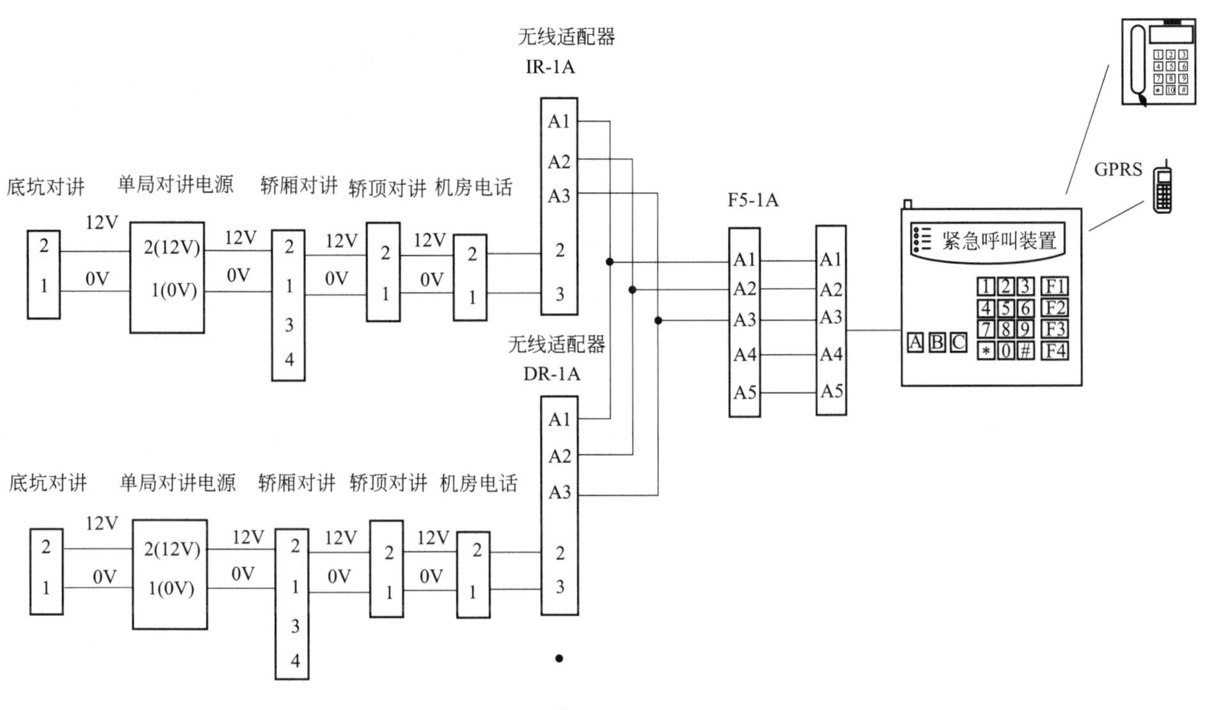

图 3　4G 模块无线对讲系统接线图

4G 模块无线式对讲系统的优点是前期投入成本低，无需布线，节约线路成本及线路铺设的施工成本，节约线路故障、老化带来的维护成本，避免由于线路铺设造成的楼宇、道路的破坏；监控中心的位置可以根据需要随意调整；使用 4G 公用网络，相对于 FM 调频式对讲系统抗干扰能力强，没有通话距离限制；紧急呼叫的时候可以发送短信或者拨号。其缺点是4G模块无线对讲系统每个月都需要缴纳一定量的电话费，一旦欠费则遭遇停机。

1.4 FM调频无线式对讲系统

FM调频对讲系统是利用无线电发射信号的对讲系统，单一系统最多可以控制80部电梯进行对讲通话，无需布线，减少了日常使用的维护成本。如图4所示。

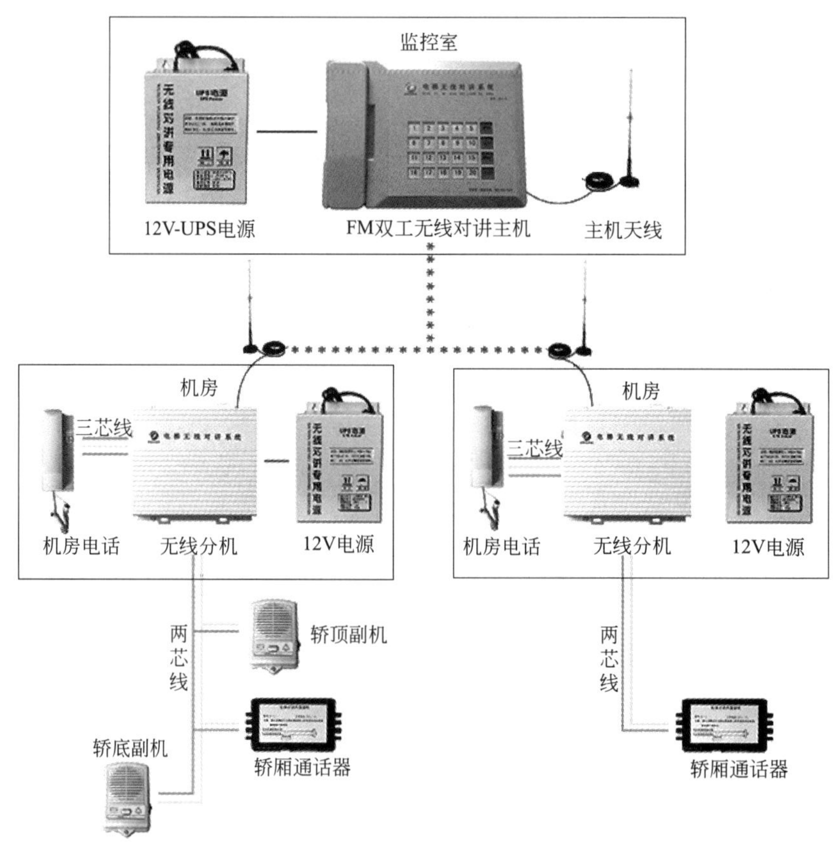

图4 FM调频无线式对讲系统结构图

相对4G模块无线对讲系统，其优点是通话不需要费用，一次性投入终身享用；主机有自动巡检功能，可以一键向所有分机广播。其缺点是前期投入成本高，使用公用无线电频段，模拟信号，稳定性差，通话效果一般，容易受天气、广播、出租车对讲等其他无线设备影响。

1.5 数字式对讲系统

数字对讲系统是指采用数字编码技术和双向通讯传输技术实现监控主机与单局主机以及单局内各分机之间的通话的对讲系统。如图5所示。常见的是采用CAN总线与单片机结合实现系统内各工作站之间的信号传输。CAN总线具有数据通信实时性强、结构简单、多主通信模式、可靠性强等特点，可以实现在强干扰环境下稳定通信而不受影响。

其优点是通话质量好、抗干扰性强、信号稳定，高端的数字对讲系统移植了嵌入式操作系统，功能强大，可实现实时监测线路中的故障设备、一对一通话、广播呼叫、录音、来电显示等功能；其缺点是投入成本高；但随着技术的发展，数字对讲是电梯对讲发展的必然趋势。

1.6 电梯对讲类型优劣对比分析

根据各电梯对讲类型的原理、特点和实际状况，得出电梯对讲类型优劣定性分析如表2所示。

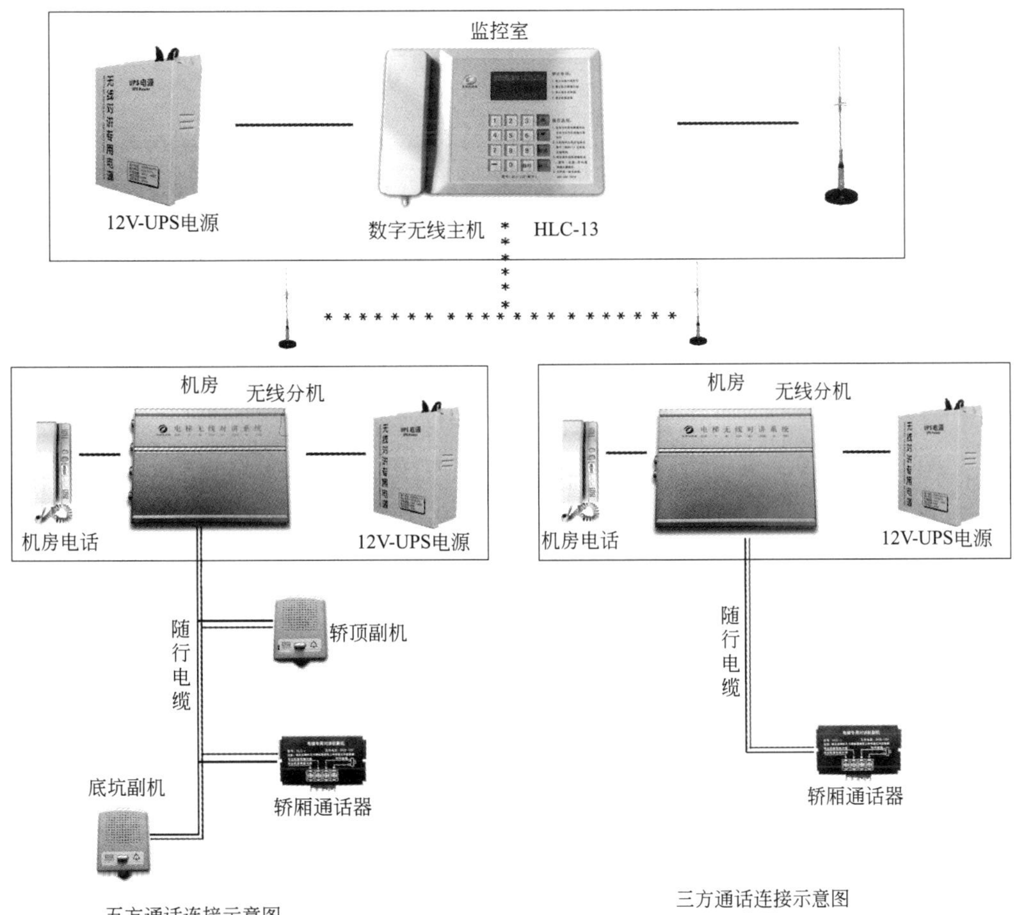

图 5　F 数字对讲系统结构图

表 2　电梯对讲类型优劣对比表

对讲类型	布线难易	成本	可靠性	抗信号干扰	抗集体故障性	通话质量
总线式	一般	一般	较好	较好	差	好
分线式	较难	较高	好	好	好	好
4G 模块	简单	高	一般	一般	好	一般
FM 调频	简单	低	差	差	好	较差
数字式	简单	高	好	好	好	好

2　北京市电梯对讲的现状与发展分析

为了调研电梯对讲系统的使用现状，我们在北京市随机抽查了 7069 部电梯，统计显示共涉及对讲品牌 141 个，前 10 大五方对讲品牌 4921 部，占 69.60%。如表 3 所示。

表 3　前十大电梯对讲品牌在用对讲情况表

序号	五方对讲品牌数量	电梯台数	优秀台数	通话优秀率	优良台数	通话优良率	市场占有率
1	电梯品牌 A	1090	509	46.70%	1052	96.51%	15.42%
2	电梯品牌 B	989	394	39.84%	896	90.60%	13.99%
3	电梯对讲品牌 A	693	417	60.17%	683	98.56%	9.80%
4	电梯品牌 C	464	205	44.18%	457	98.49%	6.56%
5	电梯品牌 D	360	161	44.72%	341	94.72%	5.09%
6	电梯品牌 E	300	150	50.00%	295	98.33%	4.24%
7	电梯品牌 F	246	88	35.77%	246	100.00%	3.48%
8	电梯对讲品牌 B	187	96	51.34%	166	88.77%	2.65%
9	电梯品牌 G	176	69	39.20%	174	98.86%	2.49%
10	电梯品牌 H	116	29	25.00%	116	100.00%	1.64%
	合计	4921	2268		4721		69.60%

7069 部电梯对讲系统中，电话联通 1318 部，按钮联通 5720 部，未联通 31 部；中等以上通话质量 6701 部，通话优良率 94.78%。如表 4 所示。

表 4　电梯对讲现状统计分析表

序号	轿厢与中控室连接方式	电梯台数	优秀台数	通话优秀率	优良台数	通话优良率	市场占有率
1	按钮联通	5720	2702	47.24%	5487	95.93%	80.92%
2	电话联通	1318	293	22.23%	1214	92.11%	18.64%
3	未联通	31	0	0.00%	0	0.00%	0.44%
4	合计	7069	2995	42.37%	6701	94.79%	

① 轿厢和中控室通话声音大小分为大、中、小三个档次，清晰度为清晰、一般清晰、不清晰三个档次。

② 优秀台数指：轿厢和中控室通话声音都为大且清晰的台数。

③ 优良台数指：轿厢和中控室通话声音都为中以上且一般清晰以上的台数。

通过抽查发现，未联通和通话质量较差的原因主要有以下几个方面：

① 设备本身出现故障；

② 布线方式未按规定要求走线；

③ 线路老化，导致阻抗增大；

④ 对讲设备安装不到位，比如防尘布未去除等；

⑤ 对讲通讯线与强电一起捆绑走线干扰；

⑥ 对讲通讯线选型不当，比如除网络对讲意外的对讲系统不可使用网线做通讯线等。

有线式电梯对讲系统布线麻烦、成本高；4G 模块无线对讲系统使用成本较高、受到无线信号覆盖率的制约；FM 调频无线对讲系统易受其他无线信号的干扰、稳定性差、通话质量较差；而数字式对讲系统通话质量好、功能强大，随着互联网、电子技术的发展，是电梯对讲系统应用和发展的必然方向。

3　结论

通过本文的研究发现，目前市场上电梯对讲主要有以下特点。

① 对讲系统品牌多，共抽查电梯 7069 部，共涉及五方对讲品牌 141 个；有的电梯厂家有自己的对讲品牌，有的电梯厂家采购专业的对讲品牌。

② 对讲系统型式多，按照不同的分类方法有多种对讲类型。

③ 三方对讲和五方对讲共存，由于电梯法规标准对电梯对讲系统只有原则性要求，市场在用电梯对讲系统有五方对讲系统，也有三方对讲系统。

④ 随着技术的进一步发展和成本的降低，数字对讲系统是电梯对讲发展的必然趋势，电梯对讲系统在电梯应急救援与智能平台建设中发挥越来重要的作用。

参考文献

［1］ 孙晓冰，我国电梯监管体制存在的问题及其对策研究［D］. 石家庄：河北师范大学，2016.

［2］ 勾晓波，电梯安全管理与维修保养探析［J］. 沿海企业与科技，2011，(4)：12-15.

［3］ 张智，多功能 CAN 总线电梯数字对讲与监控系统设计［D］. 广州：广东工业大学信息工程学院，2014.

电梯轿厢意外移动保护装置的失效案例分析及检验注意事项

向　丽

湖南省特种设备检验检测研究院，长沙 410117

摘　要： 本文介绍了新修订的标准对电梯轿厢意外移动保护装置（UCMP）检测电路的主要技术要求，着重对典型的 UCMP 系统失效案例中电路设计存在的缺陷及感应开关安装位置缺陷进行了分析，并提出观点：UCMP 检测电路为含电子元件的安全电路时，传感器（感应开关）应是安全电路的一部分，应满足安全电路风险评价要求；应注意平层感应器与隔磁板安装位置。最后，本文还给出了对 UCMP 进行日常检验中应重点注意的事项。

关键词： 电梯；轿厢意外移动保护装置（UCMP）；检测电路；失效案例；检验

Analysis of failure case and inspection matters to be noticed for unintended car movement protection of elevator

Xiang Li

Hunan Special Equipment Inspection and Testing Research Institute， Changsha 410117

Abstract: This paper introduces the main technical requirements of the newly revised standard for the detection circuit of unintended car movement protection (UCMP) for elevator car. The circuit design defect and installation defect of induction switch in typical failure cases of UCMP system are analyzed emphatically. Some viewpoints are proposed: the sensor shall be designed as one part of the safety circuit for UCMP detection circuit and shall be met the risk evaluation requirement of safety circuit when UCMP detection circuit is electrical component safety circuit; Attention should be paid to the installation position of the flat inductor and the magnetic separator. Finally, several problems that should be paid attention to in the daily inspection are put forward.

Keywords: Elevator; Unintended car movement protection (UCMP) ; Detected circuits; Failure case; Inspection.

0　引言

近年来，我国因轿厢意外移动引发的安全事故时有发生，引起社会的广泛关注。电梯轿厢意外移动可能对不做防备的轿厢出入口处乘客造成挤压、剪切等事故，其原因有很多，包括：制动轮闸瓦上有油污、制动器部件缺陷等制动器方面的原因；层门、轿门电气联锁装置失效、控制电路失效、电梯以外的电磁干扰等电气方面的原因；还有曳引轮缺陷、悬臂式曳引轮轴断裂等曳引机方面的原因；等等。为

作者简介：向丽，1978 年生，女，工程师，硕士，主要从事特种设备检验与研究工作。

此，国家标准化管理委员会在修改并发布实施的GB 7588—2003《电梯制造与安装安全规范》第1号修改单（以下简称“标准第1号修改单”）中特别加入了轿厢意外移动保护装置（unintended car movement protection，以下简称“UCMP”）的相关规定。为了从检验环节加强电梯使用的准入关，落实标准第1号修改单的内容和要求，UCMP作为重点技术要求，被加入到新修订并实施的《电梯监督检验和定期检验规则》第2号修改单（以下简称“检规第2号修改单”）。

UCMP涉及的都是新项目且较为复杂，不同类型的电梯其UCMP子系统的构成可能也不一样。许多施工单位对相关标准的培训还不到位，施工人员对相关项目的原理和要求比较陌生甚至完全不知道。

本文介绍了标准对电梯UCMP检测电路的主要技术要求，列举了UCMP系统中检测电路缺陷和平层感应器与隔磁板安装缺陷的两个案例，并分析了这两种缺陷使UCMP系统失效的原因，由此提出实际检验中应重点注意的事项，这些建议对指导电梯检验、保障电梯安全格外有意义[1~4]。

1 标准第1号修改单对电梯UCMP检测电路的技术要求

1.1 电梯UCMP系统介绍

完整的轿厢意外移动保护装置包括以下几部分：检测装置、控制电路（执行机构）、制停部件以及任何监测装置（如果有）。例如：用作用于曳引轮的具有机械冗余及自监控的制动器作为制停部件的UCMP系统组成如图1所示。本文重点探讨UCMP的检测电路，其他部分不在此赘述。

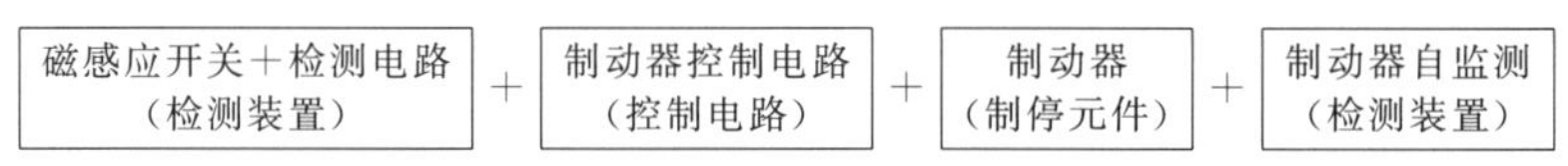

图1 电梯UCMP系统组成图例

1.2 标准第1号修改单对UCMP检测电路的主要技术要求

标准第1号修改单中关于UCMP检测电路的主要技术要求如下：

① 标准9.11.2条规定：UCMP应能够检测到轿厢的意外移动，并应制停轿厢且使其保持停止状态。

② 标准9.11.7条规定：最迟在轿厢离开开锁区域时，应由符合14.1.2的电气安全装置检测到轿厢的意外移动。

标准14.1.2.1.1的电气安全装置包括

① 一个或几个满足14.1.2.2要求的安全触点，它直接切断12.7述及的接触器或其继电接触器的供电。

② 满足14.1.2.3要求的安全电路，包括下列一项或几项：a. 一个或几个满足14.1.2.2要求的安全触点，它不直接切断12.7述及的接触器或其继电接触器的供电；b. 不满足14.1.2.2要求的触点；c. 符合附录H要求的元件。

③ 可编程电子安全相关系统（PESSRAL）。

第b. 和第c. 种电气安全装置属于安全部件，需要按标准要求进行型式试验。

2 一种电梯UCMP检测电路及其存在的问题

2.1 一种常见的电梯UCMP检测电路

图2是某无齿轮曳引机乘客电梯UCMP系统的轿厢意外移动检测电路。该电路设计用于带自监测的制动器作为制停元件的UCMP系统。其中KA、KB、KC为安全继电器，FML1、FML2为轿架上轿厢意外移动光电检测开关，Y1为电梯运行控制器的输出信号，SO1、SO2为电路输出端；BZC为抱闸控制接触器，MC为电梯运行接触器，AC为安全回路接触器常开触点，MSC为层门接触器常开触

点，JMC 为轿门接触器常开触点。

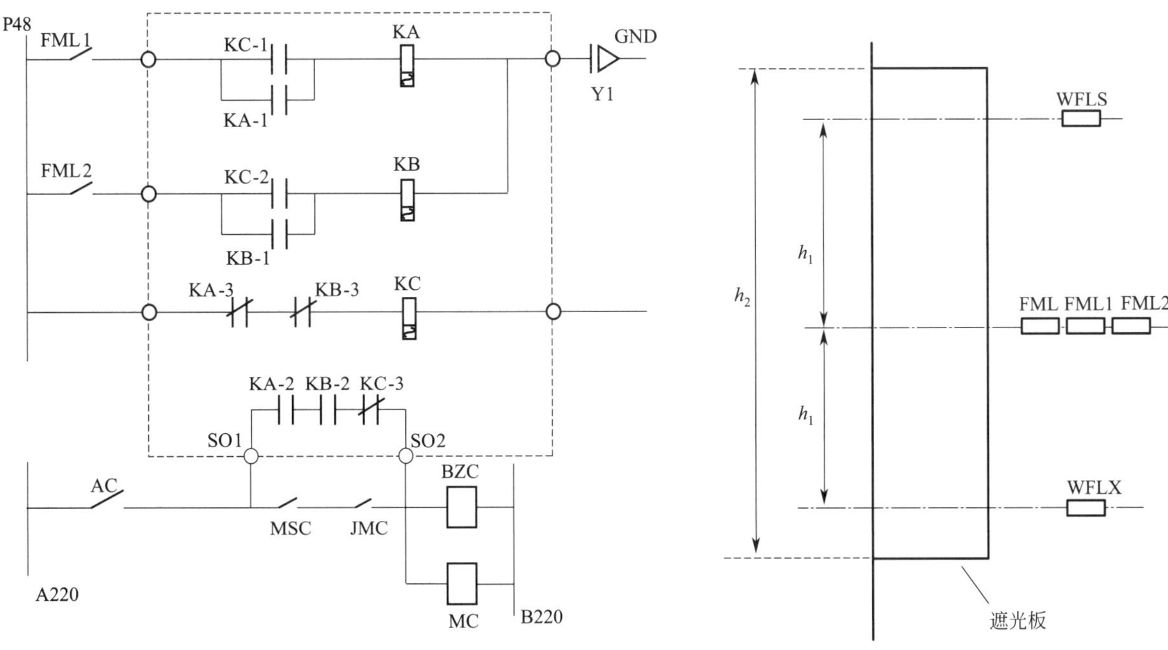

图 2　一种 UCMP 检测电路示意图　　　　图 3　检测开关安装示意图

图 3 是该电路对应的井道中光电感应开关和遮光板的安装示意图。光电感应开关 WFLS、WFLX、FML/FML1/FML2 固定在轿架上，WFLS 为电梯向上微动检测开关，WFLX 为电梯向下微动检测开关，FML 为平层信号开关直接入电梯控制系统，FML1、FML2 分别为电梯向上、向下意外移动检测开关，除接入 UCMP 检测电路外，同时接入电梯控制系统。“FML/FML1/FML2”是一个光电检测开关中的三个输出点；WFLS 及 WFLX 与“FML/FML1/FML2 ”的距离均为 h_1。遮光板安装在导轨支架上，每个层装一个，长度为 h_2。当遮光板同时对准 WFLS、WFLX 及“FML/FML1/FML2”时，轿厢位于正常平层位置（轿厢地坎与层门地坎垂直距离小于 10mm）。只有当具有开门运行功能的电梯才有 WFLS、WFLX 开关，当它们动作时，电梯在层站附近进行很短距离和很小速度的调整，实现再平层功能；FML1、FML2 则是 UCMP 检测电路自监测子系统中的位置检测信号开关，当轿厢上行或下行离开此位置时，这两个开关动作，检测电路输出端 SO1、SO2 断开，切断制动器和电机供电，触发制停子系统使电梯在一定距离内停止运行。

该电路作为 UCMP 检测电路的工作原理是（以轿厢向下意外移动为例）：在层门开着情况下，由于控制系统故障、电机供电故障等导致轿厢意外向下移动，当轿厢移动距离超过 $h_2/2$ 时（如图 2，h_2 为隔磁板的长度），FML2 离开隔磁板，FML2 输出断开，KA、KB 断开，SO1、SO2 输出断开，此时由于层门处于打开状态，MSC 断开，所以 BZC 和 MC 失电，电机停止运行，制动器线圈失电，制动器动作，制停轿厢[5]。

2.2 检测电路缺陷分析

图 2 中 UCMP 检测电路属于安全电路。标准中关于安全电路的要求（标准 14.1.2.3 条）可归纳如下：安全电路应具有自监测功能，对安全电路自身元器件可能发生的“可能导致电梯出现危险”的故障，应能检测到，并使电梯停止运行，以使电梯进入安全状态[6]。

在该安全电路中，电路本身没有对 FML1、FML2 的短路故障进行自检测，而是将 FML1、FML2 信号接入电梯控制系统，由电梯控制系统对该信号的每次通断进行监视，当电梯进出平层区域一次而该信号没有发生变化时，判定该开关发生故障。

图 3 中 FML1、FML2 两个开关是光电检测开关，参照 GB 7588—2003 附录 H 中表 H1 电气元件，

FML1、FML2 可能由：①电感元件、②光耦合器、③混合电路、④集成电路组成，这些电气元件的断路和短路故障都不能排除。上述 UCMP 检测电路中，感应开关 FML1、FML2 为检测电路的主要组成部分，进行安全电路评价时，感应开关的可能故障应考虑，并由安全电路本身实现对感应开关可能发生故障的检测，而不是交由电梯控制系统来完成。

3 平层感应器与隔磁板安装缺陷

图 4 是 UCMP 系统检测开关安装在井道中的另一种情况，平层感应器与隔磁板的安装示意图。上平层感应器 FLS、上再平层感应器 ZFLS、下平层感应器 FLX、下再平层感应器 ZFLX 固定在轿箱顶部侧面的同一垂面上。隔磁板安装在导轨支架上，每个层装一个，长度为 h_2≤门刀长度。当隔磁板同时对准 FLS、ZFLS、FLX 及 ZFLX 时，轿厢位于正常平层位置（轿厢地坎与层门地坎垂直距离小于 10mm）。

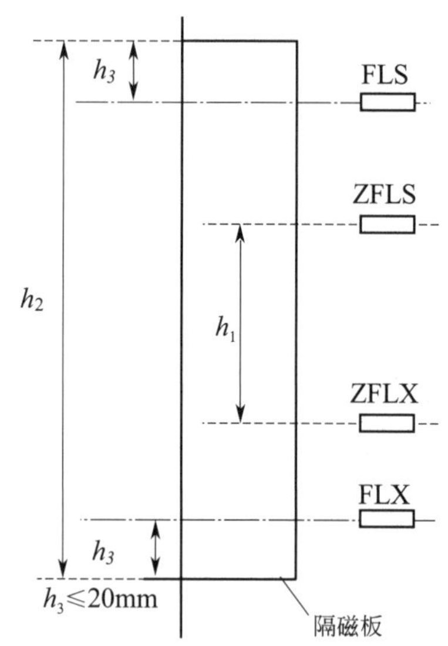

图 4 平层感应器与隔磁板的安装示意图

标准 1 号修改单规定“轿厢的平层准确度应为±10mm。平层保持精度应为±20mm，如果装卸载时超出±20mm，应校正到±10mm 以内”。据此要求，隔磁板的上下端面与 FLS、FLX 的光电触点距离 h_3 ≤ 20mm。如果电梯的平层准确度符合±10mm 要求，按照图 3 的安装方式，当因为装载导致轿厢下沉从而使平层保持精度超过 20mm，FLX 离开隔磁板，而此时 ZFLS 还在隔磁板内，那么电梯就会启动进行开门向上再平层。

图 5 中隔磁板的上下端面与上、下平层感应器的光电触点距离 L_1、L_2 均超过 50mm，那么当轿厢在装卸过程中导致平层保持精度超过 20mm 时，隔磁板不会脱开上、下平层感应器开关中其中一个，也不会触发再平层感应器，电梯会继续运行，直到隔磁板脱离上、下平层感应器，才触发再平层感应器，电梯启动再平层功能。在上述隔磁板长度不匹配的情况下，当轿厢发生意外移动时，“检测到意外移动时轿厢离开层站的距离”参数 S_1 增大了。

如图 6 所示，轿厢最终制停离开层站的距离值为 S，检测子系统和制停子系统响应时间产生的滑移值为 S_2+S_3，制停子系统制停滑移值为 S_4，那么 $S=S_1+S_2+S_3+S_4$，当 S_1 增大，S 值就越大，同时 S_1 越大必然导致 V_{max} 增大，最终可能导致 UCMP 检测子系统与制停子系统不匹配。

图 5 平层感应器与隔磁板不匹配

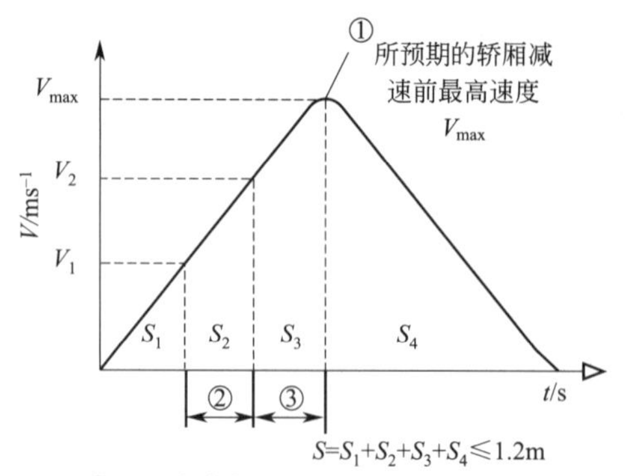

①—开始减速点。

②—轿厢意外移动检测和任何控制电路的响应时间。

③—触发电路和制停部件的响应时间。

图 6 UCMP 系统响应时间与速度、制停距离之间的关系

4 检验注意事项

根据上述对 UCMP 系统中检测电路缺陷和平层感应器与隔磁板安装缺陷的两个案例的分析，在对 UCMP 系统检验时应重点注意以下事项。

① 审查资料时应注意型式试验证书是否完备，是对 UCMP 完整系统进行型式试验还是按照子系统分别进行的型式试验；对子系统分别进行型式试验的，其相互适配性及完整系统的适用范围需经型式试验机构审查确认，并出具完整系统的型式试验报告。根据前文 2.2 的分析，UCMP 检测电路为含电子元件的安全电路时，根据检规第 2 号修改单 1.1 的要求，也应审查这种安全电路的型式试验证书；传感器（感应开关）应是安全电路的一部分，并应满足安全电路风险评价要求。

② 根据前文 3 的分析，检验时应注意平层感应器与隔磁板安装位置是否合适，检测子系统是否能够正常工作，在制停子系统动作时能否使符合标准要求的电气安全装置动作；轿厢最终移动距离是否在型式试验证书给出的范围内，制停减速度以及是否符合标准要求。

③ 对于使用冗余制动器作为制停子系统的，应重点检验制动器的型式试验报告，以及自监测系统类型、周期是否符合标准要求；维保记录是否完备，维保质量是否符合要求；其门锁回路是否正常，有无人为短接的情况[7]。

5 结束语

本文依据标准第 1 号修改单中关于 UCMP 的检测电路的技术要求，着重对无齿轮同步曳引电梯用制动器作为制停元件时，UCMP 系统的两种失效情况进行了分析。说明 UCMP 在我国电梯制造及设计的应用刚刚起步，对标准的理解可能存有差异，UCMP 检测电路为含电子元件的安全电路时，传感器（感应开关）应是安全电路的一部分，应满足安全电路风险评价要求；特别是 UCMP 系统在技术上实现和实际安装中还有待进一步提高和加强。因此检验员要深刻理解检规、标准要求，严格执行检验，把好检验关。

参考文献

[1] GB 7588—2003.

[2] TSG T7001—2009.

[3] TSG T7007—2016.

[4] 李继波，李文鹏．电梯轿厢意外移动保护装置的技术要求与研究现状分析［J］．中国特种设备安全，2017，33 (2)：9-14.

[5] 余昆，代清友．关于轿厢意外移动保护系统检测电路的探讨［J］．机电工程技术，2014，43 (08)：127-129.

[6] 何祖恩．电梯轿厢意外移动保护装置的设置及失效案例分析［J］．机电技术，2018，(02)：90-92.

[7] 杨静．浅析电梯轿厢意外移动保护装置的结构原理及检验注意事项［J］．质量技术监督研究，2018，(01)：40-43.

电梯使用现状分析及相关建议

刘传奇

重庆市特种设备检验研究院，重庆 401121

摘　要： 通过对电梯使用现状产生的相关问题进行描述，以及相关问题对公众认识产生的影响进行分析，并提出相关建议。

关键词： 电梯；使用现状；相关问题；影响；建议

The elevator use present situation analysis and related suggestions

Liu Chuan-qi

Chongqing Special Equipment Inspection Institute, Chongqing 401121

Abstract: Through the use of the elevator status quo of related problem is described, and relevant problems to analyze the impact of public awareness, and puts forward related Suggestions.

Keywords: Elevator; Use of the status quo; Issues related; Impact; Advice

0 前言

作为基础设施配套工程的重要组成部分，电梯质量已经成为衡量建筑品质的指标之一，与人民生活质量的提高密切相关。近些年，随着全球人口增长、国民经济的持续发展、房地产行业的高速运行、城镇化进程的加快推进以及人们对便捷生活要求的提高，电梯得到越来越广泛的使用。随着电梯保有量的提高，电梯故障越来越多地呈现在人们面前，电梯事故的发生也引起了社会的高度关注，电梯安全开始得到人们的重视。

截至 2017 年底，我国的电梯总量达到 562.7 万台，占世界总保有量的 1/3。我国电梯保有量、年产量、年增长量均为世界第一，与此同时，各种电梯事件也相伴而生。尤其近年来，随着自媒体发展，电梯事故被越来越多地进行报道、传播，直接影响到人们对电梯安全、电梯市场等方面的认知，使得电梯问题变成了一类突出的社会问题。本文将根据与电梯相关的几个社会现象进行分析，总结出因电梯发展现状产生的相关问题进行描述，对相关问题对公众认知产生的影响进行分析，对其中的认识误区进行了论述，并提出相关建议。

1 电梯使用现状的相关问题

随着城市化建设的快速发展，电梯作为出行的第一道交通工具与人们的生活密切相关。电梯在进入

作者简介：刘传奇，1984 年生，男，电梯检验师，本科，主要从事电梯检验工作。

人们视线的同时，产生了一系列的社会现象，受到人们高度关注。

(1) 配置数量偏低

我国自20世纪90年代中后期以来城镇化建设进入高速发展期，投资、产业在城镇的集中，直接带动了中国经济的高速增长，同时也带动了大规模人口向城镇的流动。根据国家统计局公布数据，中国1978年城镇人口为1.72亿人，城镇化率为17.9%，2017年达到8.13亿人，城镇化率达到58.52%。在今后的20年中，我国的城镇化水平还将继续提高30%左右，争取实现3亿～4亿人口的城镇化，不久的将来，我国将会有10亿人口在城市居住[1]。城镇人口为影响电梯需求的主要因素，城镇化水平的提高是电梯需求增长的主动力，而人均电梯拥有量又是反映城市化水平的重要标志。我国人均电梯拥有量在1990年只有2台/万人，发展到2017年已经达到40.5台/万人。尽管我国人均电梯拥有量增长迅速，但离发达国家的人均电梯拥有量水平还有很大差距，仍然处于相对落后的状态（如图1所示）。以人口密度和中国最为接近的欧盟为例，中国人均电梯拥有量仅为欧盟的1/4，北京、上海等一线城市人均电梯拥有量仅为欧盟发达城市的约1/9。

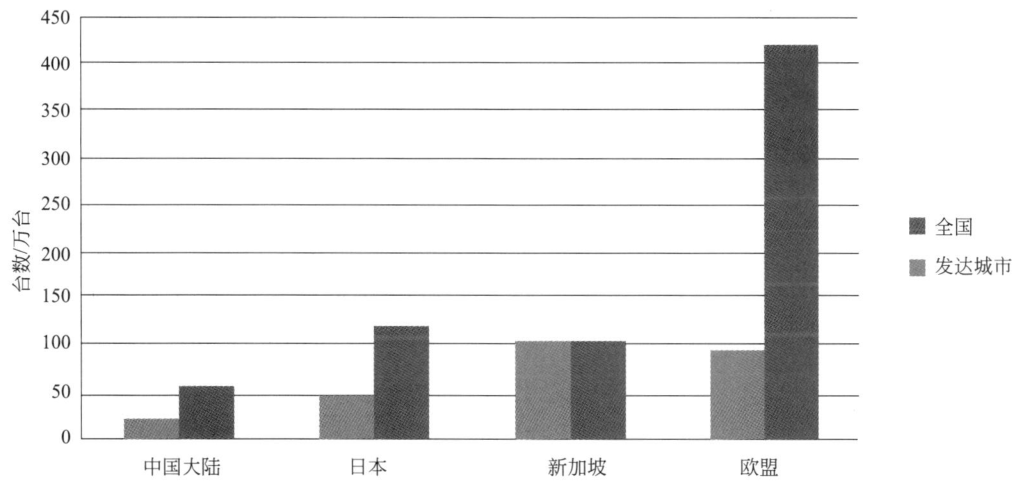

图1 2015年人均电梯保有量（台/万人）

电梯是高层住宅中极为重要的机电设备之一，它是高层住宅的主要垂直交通工具。我国《民用建筑设计通则》（GB 50352—2005）对电梯配置的要求较低：以电梯为主要垂直交通的高层公共建筑和12层及12层以上的高层住宅，每栋楼设置电梯的台数不应少于2台。按照现行规范，住宅仅从层数和高度两个方面作了必须配置电梯的明确要求；同时，在配置数量上，要求12层以上不应少于2台，而规范在总户数和高峰期运行能力方面没有做出电梯数量的明确规定，这就存在一定的局限性[2]。一些年限较长的建筑物，电梯配置的数量往往无法满足人们需求，特别是配置数量较少的住宅楼和商业写字楼、医院等人群密集的场所，经常出现排队等待电梯的情况。

电梯配置数量偏低，导致电梯长期超负荷运行，往往影响电梯的使用寿命，增加电梯发生故障的概率，降低了电梯的安全性能。随着生活水平的提升，人们对电梯便捷性要求的提升，新型城镇化建设的推进，民用住宅、商业配套、城市基础设施建设依然对电梯的配置有更高的要求。

(2) 市场相对混乱

我国在用电梯数量由2001年底的28.5万台增加到2017年底的494万台，年均增长率在20%以上。根据数据显示，2017年中国电梯行业规模达3000亿元左右，增长16%，利润总额约274亿元，增长19%。电梯市场的需求日益加大，行业存在巨大的市场前景，电梯企业的数量也因此得到增加。但部分电梯企业因管理不规范、技术水平低、缺乏专业技术人才和管理人才，也不愿投入资金用于提高生产质量和加大产品技术研发，其曳引机、电气控制系统购买其他生产商的作为配套部件，采用贴牌的方式经营电梯。此外，还存在大大小小的电梯零部件厂商、各类电梯配件经营部等，假冒伪劣电梯配件的流通也是电梯存在安全隐患的原因。

为了占取市场，部分中小电梯企业不遵守电梯行业的竞争秩序，采取不正当手段，恶意杀价，低价销售，导致市场价格混乱，电梯产品制造和安装质量下降、售后服务跟不上等问题的出现。

随着电梯数量的不断增加，进一步催生了电梯维护保养企业的产生。部分维护保养企业因管理不规范和缺乏专业技术人才等因素，为了求生存和发展，不惜降低维修价格，直接扰乱了维护保养市场秩序。另一方面，维保人员参差不齐，部分人员甚至未通过特种设备安全技术上岗资格培训，技术的不过硬导致了维护保养不到位。

(3) 维保人员配置不足

近年来，我国每年新增电梯数量在60万台左右，但是目前我国人均维保量还处于一个中下水平，按照电梯人均维保30台左右的数量来计算，每年都要有2万名新的人员充实到这个队伍当中。就目前而言，电梯维保工人还得不到公正的待遇。由于电梯维护市场竞争激烈，导致电梯维保费用低，维保人员得不到较好的待遇。除了平时的维护保养以外，维保人员还需要面对电梯的急修，电梯困人的救援，检验检查工作的配合等，没有固定的作息时间，工作强度大。电梯作为特种设备，与人们的生命财产安全息息相关，维护保养工作作为其中重要的一环，责任重大，加上社会的高度关注，电梯维保人员往往承担了较高的风险。同时，随着社会的发展，技术工人的社会地位发生了变化，电梯维护保养已经变成了服务行业，电梯维保人员往往承受着来自各方面的压力，得不到应有的尊重。

另外，由于电梯维保市场人员流动性高，部分中小企业不愿投入资金对维保人员进行系统的技能和安全培训，让电梯维保工人待遇和人身安全得不到保障。电梯工作的高强度也逐渐让愿意从事电梯行业的人越来越少，导致很多培训学校招生困难，维保人员的配置达不到要求。

(4) 维修周期缩短

改革开放40年以来，随着城市建设的高速发展，科技的日新月异，电梯也开始迈入“老龄化”进程。若定义10年为“老龄界限”，预计到2021年我国老龄电梯比率将达到30%，2030年将达到50%。使用十年以上的老旧电梯由于使用年限较长，电气控制系统老化、机械装置磨损，且制造时的技术和现在的技术相比已经相当落后，维护时造成零部件的缺少等因素，导致电梯运行不稳定，安全性和可靠性大幅下降，故障率逐步增加，维修周期缩短。

近几年来，社会对电梯质量安全的需求不断增高，电梯进一步向低成本、节能、环保的方向发展，随着各种新技术的发展和应用，电梯零部件的损坏也存在着新的特点。例如在电梯广泛运用同步曳引机之后，电梯曳引轮和钢丝绳的磨损导致其使用寿命大幅缩短。

电梯配置数量和维护保养质量也是影响电梯维修周期的重要因素。电梯配置数量偏低不仅影响了人们的正常出行，同时也增加了电梯的使用频率，电梯在长时间“超负荷”运行的情况下，损坏概率加大，使得电梯维修周期缩短。

(5) 事故数量增加

近年来，由于电梯数量的大幅度增长，维保质量出现下滑，加上使用管理不到位以及乘客的不安全行为等方面的原因，电梯事故的数量也有所增加（如图2所示）。随着自媒体科技的发展，各种类型的电梯事故被加以报道，使电梯事故被越来越多地呈现在人们面前，特别是2011年7月北京地铁自动扶梯逆转、2015年7月湖北荆州某商场自动扶梯盖板倾覆等事故前后，各地媒体争相报道电梯问题，引起了社会的高度关注。

(6) 电梯安全知识普及力度不够

电梯作为一种新的交通工具普遍出现在人们的视野内也是在近十年来的时间，人们在频繁使用电梯的同时却很少了解电梯的结构原理。

电梯知识普及度不够主要原因一方面在于人们的重视程度不够，以同样作为交通工具的汽车为例，我国汽车保有量目前已经超过2亿台，万人汽车保有量不足15台，远低于电梯人均保有量，人们每天出行接触电梯的概率也要高于汽车，但是大多数人更了解汽车和注重交通安全。原因是汽车大多数是作为私人财产使用，得到足够重视，部件更换及时，维护保养到位，交通安全也更加依赖于自身行为。电梯绝大多数是作为公共财产使用，人们把电梯乘坐安全完全取决于电梯的使用管理单位，很少关注电梯零部件的更换和维护保养质量，甚至很少关注过电梯的安全乘坐知识，更谈不上电梯结构和原理。

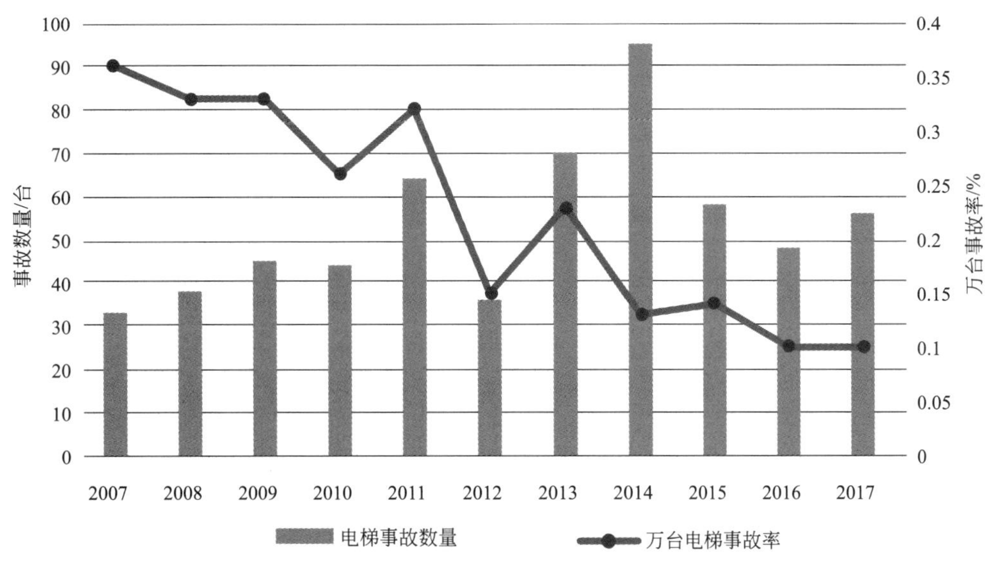

图 2　2007～2017 年电梯事故数量及电梯故障率

另一方面，社会的宣传力量不足也是导致电梯知识普及度不够的原因之一。以消防知识的普及为例，从小学生入校到进入社会，消防安全知识的普及几乎贯穿人们一生；从农村到城市，从社区到广场，消防安全知识的宣传几乎遍布每个角落，我国还把 11 月 9 日定为“119 消防宣传日”，可以说，消防安全知识的大力宣传，成功引起了人们的足够重视。相比之下，电梯安全知识的宣传相形见绌，媒体也只是在发生影响较大的电梯事故时才报道电梯相关知识，社会上也鲜有电梯安全宣传活动，导致发生了较多的不文明甚至不安全的行为造成电梯事故。

2　电梯相关问题对公众认知产生的影响

（1）认为电梯经常损坏、产品质量差

因电梯造成严重损失的事故极少，但大大小小的电梯故障，每天也确实发生了不少，造成电梯困人或者不能使用。这其中除了产品质量本身原因之外，电梯作为机电产品，是由曳引系统、导向系统、轿厢、门系统、重量平衡系统、电力拖动系统、电气控制系统、安全保护系统等电气机械部件组成，和其他的电气机械设备一样，电梯在长期运行的过程中发生一些故障是不能完全避免的。电梯产生故障的原因很多，主要还是在于维护保养、日常安全管理、使用等环节。电梯日常维护保养单位未能切实履行维护保养职责，日常维护保养不到位，如不按规定的次数和质量要求维保，部件润滑不足、异物卡阻、零部件松动疲劳损坏后得不到及时更换调整等。电梯使用单位对电梯日常安全管理不到位，对电梯存在的异常情况不能及时发现、及时处理。乘客错误的使用电梯容易造成电梯安全保护系统损坏，例如有的乘客乱敲乱撞层门、轿厢和操作按钮等零部件，有的用电梯运送水泥砂浆等货物而没有任何防护措施。另外老旧电梯逐步增多造成零部件的老化、维修费用不到位无法正常开展日常维护保养工作等原因都容易造成电梯故障。因此，电梯产生故障并不能代表电梯损坏。

随着技术的不断发展，电梯也面临着更新换代，智能化的发展、设计上的不断成熟、新功能的增加使得电梯保护措施不断完善，与此同时，部分电梯制造企业为了降低制造成本，使电梯变得更“脆弱”，让停梯的概率加大。新的结构特征也使得电梯损坏呈现出新的方式，如永磁同步曳引机取代了传统的异步机，随之而来的便是曳引轮和钢丝绳使用寿命的缩短，特别是钢丝绳达到报废条件后，部分物业单位为了节约开支，不愿意更换整组钢丝绳，部分更换钢丝绳后往往导致钢丝绳张力不均，更加快了部分钢丝绳和曳引轮的磨损，增加了更换频率，常常引起业主的不满。有部分维修人员对电梯部件采取拆东墙补西墙、以修代换的方式牟取不当利益也是加快部件损坏的因素，例如当一块电路板损坏时，以旧的产品更换，或者对其中损坏的零件进行修复以代替更换，造成才“更换”的电路板在较短时间内再次损坏。因此，电梯的损坏也不一定都是因产品质量引起的。

除电梯故障和电梯部件的损坏可能造成电梯停止运行以外，平时的电梯维护保养、检验检测等环节也有可能导致电梯暂时不能运行，也会给人们造成一种电梯经常损坏错觉。当然，电梯作为交通工具，和汽车等机电产品一样，也存在质量上的区别，好的品牌在技术和材料的使用上都有较为明显的优势，同样，电梯的配置也存在着一定的差异。

（2）认为电梯事故率高，安全性能低

如前所述，由于近几年电梯使用量的突飞猛，电梯事故数量呈上升趋势，特别是几起电梯事故给社会造成了严重影响。一些媒体没有深入了解电梯的工作原理，为了吸引眼球，常用一些夸张词汇进行报道，比如对一起电梯冲顶事件描述为“直冲云霄”，把电梯蹲底事件形容为“坠入深坑”，诸如使用“吃人”“夺命”等词汇。媒体不负责任的报道让电梯成了“洪水猛兽”，让乘坐电梯变成了一件恐怖的事，人们往往觉得电梯安全性能低，对电梯的安全性能产生质疑。

在此背景之下，电梯困人让人产生一种不安全的错觉。一般的电梯困人都不能算作电梯事故，《特种设备安全监察条例》对特种设备事故有明确的定义并进行了详细的分类，电梯轿厢滞留人员 2h 以上才能称为一般事故。电梯故障困人时有发生，大多是因为安全部件起到了保护乘客的作用，不让电梯朝更危险的方向发展，而且往往在规定时限内进行了有效的救援。媒体常常以电梯事故取代电梯事件进行报道用来博取关注，把公众认知带入了误区，认为乘坐电梯并不安全，电梯事故率高。

事实上，电梯作为特殊的机电产品，其设计、制造、安装、维修保养、使用管理和检验检测等每一个环节都有具体的标准和规范，受到严格的监管。就 2017 年 56 起电梯事故发生的主要原因来分析，由于违章作业或操作不当原因有 28 起，应急救援（自救）不当原因 7 起，儿童监护缺失及乘客自身原因 1 起，因设备缺陷和安全附件失效或保护装置失灵等原因 7 起，安全管理、维护保养不到位原因 5 起。因此，电梯事故造成的主要原因仍然以违章作业和操作不当为主（如图 3 所示）。

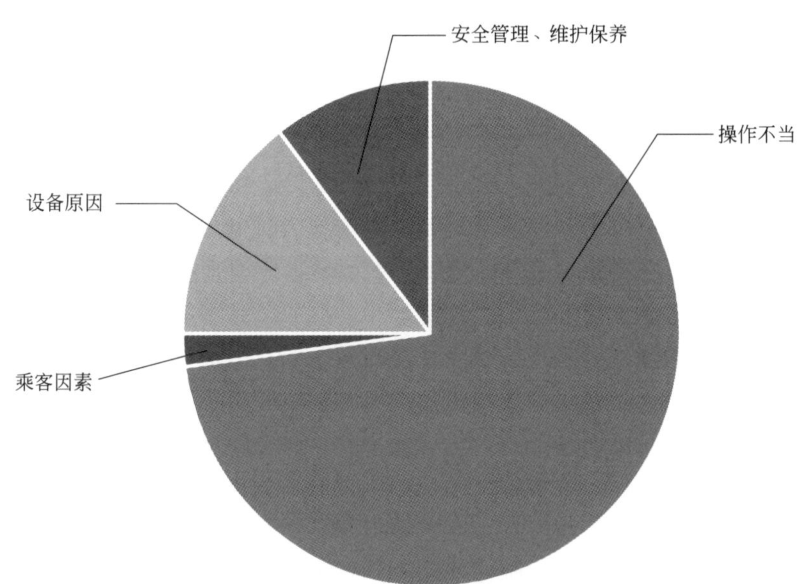

图 3　2017 年电梯事故原因分析

根据数据显示，尽管近年来电梯事故数量整体呈增长趋势，但电梯事故率却控制在较低范围内（如图 2 所示）。电梯安全系数要远远高于汽车，我国每天都发生上万起交通事故，虽然飞机的安全系数最高，但是一旦飞机发生故障，死亡率极高。近年来，我国电梯总数成倍增长，万台电梯事故死亡率却逐年降低，基本控制在 0.12 左右，整体安全水平逐年提高，接近发达国家平均水平。

（3）认为电梯投入较高，费用消耗大

电梯作为机电产品，需要进行维护保养，部件的损坏也面临着维修、更换，每一项都需要一定的费用支出，特别是部分老旧电梯的改造，大的零部件更换费用往往需要以业主筹资的方式来解决。例如，随着电梯集成化和标准化的发展，电梯电气零部件的维修成本较高，往往一块电路板的损坏需要产生较高的费用，造成较长时间的停梯。而部分使用管理单位和维护保养单位在运作上采取的虚报假报等行为造成业主对物业单位和维保单位的不信任。业主对电梯不够了解，常常认为电梯投入较高，费用消耗较大，引发矛盾。

按使用时间和使用频次来计算，每台电梯的维护保养费用还不如汽车，不同的是，汽车作为私人财产，汽车的保养维修都由车主亲自管理，而电梯作为公共财产，一般由物业单位代为管理，很多时候业主对电梯的维保费用并不知情，只是从公示的次数上了解或仅仅是猜测而已。而电梯的大修、改造则需要动用业主的大修基金，这笔费用需要业主签字同意才能够使用，一些物业单位和维保单位对电梯部件的更换采取的拆东墙补西墙或者以修代换的现象可能让一台电梯出现多次动用大修基金的情况，业主对大修或改造后的性价比提出质疑，从签字的次数上猜测电梯维修费用，认为多花了冤枉钱。

另外，现在普遍采用的同步曳引机导致了电梯钢丝绳和曳引轮的使用寿命缩短，增加了更换频率，也让人觉得电梯比以前质量更低，费用增加了，而忽略了电梯从结构上节能省下的费用。

3 相关建议

综上所述，电梯在高速发展的同时也滋生出了不同的社会问题，作为人们出行不可替代的垂直交通工具，电梯问题已经变成业主和物业产生矛盾的首要原因，加上媒体不断对电梯问题的渲染，电梯问题已经变成人们关注的焦点，电梯现状引起的相关社会现象需要得到改善。

（1）推广新技术的运用

目前，为解决电梯配置数量不足的现象，我国正在推进对老旧住宅小区更新、改造、增设电梯，部分地区也更新了关于住宅电梯配置的相关标准。但从技术上考虑，在现有建筑物中增加电梯数量显得尤其困难，可以考虑采用新技术弥补电梯配置数量上的不足。一个电梯井道里上下运行一个电梯轿厢，以前属于基本常识，但是在双子电梯和双层轿厢电梯推出后逐渐推翻了这个常识，一个井道里运行多个轿厢将大大提高空间使用率[3]。两个轿厢可以同向行驶，也可以反向行驶，不会相撞也不会拥堵，安装同样的电梯数量最多可以减少大楼30％的电梯井道数量。

部分电梯企业也开始研发、生产新的技术，提高产品质量、缩短维修周期。如以钢带、碳纤维结构取代传统的钢丝绳，不但减少占用面积、节省空间、节能环保、运行噪声低，而且解决了目前曳引轮、钢丝绳使用寿命低，更换频繁的问题。

（2）加大市场监管力度

部分电梯企业为牟取利益，采取不正当手段，恶意杀价，低价销售，导致市场价格混乱，电梯维保质量下滑，电梯作业人员也得不到应有的保障。尽管各地电梯协会对市场有一定的控制，但是收效甚微，还需要从政府层面上强有力的监管，同时加强电梯作业人员得到充分的技能培训和安全培训，引导正面宣传，给电梯作业人员应有的尊重，保障电梯作业人员的配置。例如，由于物联网技术和大数据技术的应用，通过部署传感器系统，电梯数据实时传送到网络，安全监管部门、相关企业及物业可以根据不同需要，分权限和不同需求使用各种数据，形成针对性的实时监管系统[3]。

（3）加快应急救援公共服务平台的建设

电梯故障困人在所难免，关键在于如何科学、及时、有效地进行救援。目前，按照国家质检总局的部署，全国已有接近两百个大、中城市建立了电梯应急救援处置服务平台。平台设置了三级响应队伍，逐级调度逐级响应，第一级是电梯使用单位和维保单位，第二级是就近的其他电梯维保单位，第三级是由公安消防的“119”救援队伍“兜底”，有效地发挥了地方政府快速指挥、处置、协调、服务等功能，以确保救援实施的及时性、科学性，减少困人事件的发生。

（4）加强电梯的正面宣传

媒体的不实报道一度将电梯推向社会舆论的风口浪尖，使得人们怀疑电梯安全性，让乘坐电梯变成一件恐怖的事情。因此，在进行电梯事件的报道时，应先理清事实，再从专业角度分析事件原因，不要在技术分析上“提取重点”“断章取义”，应避免使用夸张词汇，客观公正地进行报道。另外，虽然各地监管部门也组织过电梯安全知识进学校、进社区等宣传活动，但就目前的形势来看，还远远不够，应多层面加强电梯知识的普及，解答公众对电梯的各种疑虑，宣传电梯安全注意事项，使公众更多地了解电梯，更正确地对待电梯事件，让电梯在公众心中回归到其正确的位置上。

（5）推行电梯安全责任险

电梯使用单位从电梯的采购、安装、检验、维修保养、内部管理整个过程都要使用资金，在每个环节合理使用资金，做好资金成本管理，能够确保电梯长期安全稳定运行，降低电梯管理成本[4]。电梯问题往往是业主和物业单位产生矛盾的源头，一些没有物业管理、维护保养和维修资金的“三无电梯”，电梯的日常维护和维修资金的筹措变得尤其困难。目前，我国部分地方政府在逐步推进老旧电梯的评估、改造工作，提高电梯性能，降低故障率，改善人们的出行环境。但电梯事故时有发生，电梯损坏在所难免，推行电梯安全责任险是保障被保险人所拥有或管理的电梯在运行期间造成乘客人身伤亡或财产损失的经济赔偿责任，不但在事前风险预防，事中风险控制，事后理赔服务等方面意义重大，还可以有效地减少社会矛盾。

参考文献

［1］ 魏琪嘉．当代中国城镇化发展问题探讨［J］．现代经济信息，2014，(12)：1-2.

［2］ 余正华．住宅电梯高峰期拥堵的思考［J］．住宅与房地产，2017，(09)：97.

［3］ 恩旺，刘子金，张淼．中国电梯行业的技术发展与趋势［J］．建筑科学，2018，34 (09)：110-118.

［4］ 赵亮．电梯使用单位的市场化成本管理［J］．化工管理，2018 (29)：147-148.

电梯制造企业创建绿色工厂要点分析

鲍颖群[1,2]　张文斌[1,2]

1. 浙江省特种设备检验研究院

2. 浙江省特种设备安全检测技术研究重点实验室， 310020

摘　要： 创建绿色工厂，是我国全面推行绿色制造战略任务的重点之一，主要通过树立推广“用地集约化、原料无害化、生产洁净化、废物资源化、能源低碳化”的方式，构建企业绿色发展模式。电梯制造业作为机械行业分支，也是创建绿色制造体系的重要组成部分，应优化管理和布局、完善管理体系、减少能源资源消耗、降低污染物排放，为企业转型升级、实现绿色发展奠定基础。

关键词： 绿色制造；电梯制造；绿色工厂

Development of a pipeline leakage location instrument based on acoustic waves

Bao Ying-qun[1,2]，Zhang Wen-bin[1,2]

1. Zhejiang Provincial Special Equipment Inspection and Research Institute

2. Key Laboratory of Special Equipment Safety Testing Technology of Zhejiang Province， 310020

Abstract: Constructing green factories is one of the key tasks of China's fully promoting green manufacturing strategy. The green development mode of enterprises is mainly constructed by establishing and promoting the following parts，including land intensive，harmless raw materials，clean production，waste recycling，and low-carbon energy. As a branch of machinery industry，the elevator manufacturing is an important part of creating green manufacturing system. It should optimize management and layout，improve management system，reduce energy and resource consumption，reduce pollutant emissions. Through constructing green factories can lay the foundation of transformation and upgrading，and achieve green development.

Keywords: Green manufacturing; Elevator manufacturing; Green factory

0　引言

工业绿色发展是国际发展大趋势，是生态文明建设的重要内容，是工业转型升级的必由之路[1]。《中国制造 2025》明确提出全面推行绿色制造战略任务，努力构建高效、清洁、低碳、循环的绿色制造体系。绿色制造体系构建以绿色工厂、绿色产品、绿色园区和绿色供应链为重点，主要围绕纺织、化工、机械、高端装备制造等行业方向开展。其中，绿色工厂指实现了用地集约化、原料无害化、生产洁净化、废物资源化、能源低碳化的工厂[2]，侧重于生产过程的绿色化。绿色工厂的评价有助于在行业内树立标杆，引导和规范工厂实施绿色制造。同时，政府组织配套奖励资金、绿色信贷等保障措施，使

作者简介：鲍颖群，1987 年生，女，工程师，主要从事特种设备节能相关研究。

企业获得实在的效益，从而激发出企业绿色发展的内生动力。

电梯制造业作为机械行业分支，也是创建绿色制造体系的重要组成部分。本文通过走访调查电梯制造企业，针对《绿色工厂评价通则》（GB/T 36132—2018）评价指标和要求，对电梯制造企业创建绿色工厂的要点进行解析。

1 行业基础

电梯作为工业时代的产物，伴随发达国家的城市化推进而不断发展，欧、美、日企业积累了深厚的技术经验和品牌知名度，几乎垄断全球电梯行业市场。我国电梯行业自 2000 年以后保持着较快增速，根据国家质检总局公开信息显示，目前我国电梯保有量、年产量、年增长量均为世界第一。但是，外资品牌占据国内大部分市场份额。

近年来，在智能制造、绿色制造、“互联网＋”的推动下，整个电梯行业正在向管理规范化、生产智能化、过程绿色化、产品节能化、服务优质化的方向改进。依托 SPM、EAP、EMP、MES 等信息系统，实现生产管理的可视化，生产环节透明化，分段管理可控可追溯[3]。通过引进数字化柔性化生产线和工业机器人，提升生产效率和产品质量，减少运营成本和能源损耗。结合云平台与物联网技术，实现制造、维保、运营全生命周期实时监控，提升故障报警准确率，提供解决方案和服务，获得客户好评。

市场竞争激发电梯企业的科技创新活力，促使企业开发具有自主知识产权的电梯核心配件、控制系统生产技术能力，同时具备规模化的电梯整机生产能力。注重产品开发和技术创新的企业，每年投入的大量科研经费重点研发载重量更大、速度更快、更节能的智能电梯，创新产品引领市场。

2 要点分析

开展电梯制造业的绿色工厂评价，需根据本行业特点制定相应的评价方案。方案包括基本要求、基础设施、管理体系、能源资源投入、产品、环境排放和绩效七部分，根据上述各方面对资源环境影响的程度给出相应的评分标准和赋分权重。方案明确创建绿色工厂所需符合性说明和证明材料清单。

实施评价的组织可以是企业本身或相关方、第三方，采用文件评审和现场评审相结合的方式，分析评价证据，给出评价结果。文件评审包括查看报告文件、统计报表、原始记录，现场评审包括召开座谈会、实地调查。电梯制造工艺流程如图 1 所示，评价人员应具备节能、环保、低碳等相关知识，并对工厂管理体系、原料采购、生产工艺、产品功能等方面有一定的了解，确保见证材料的完整性和准确性。

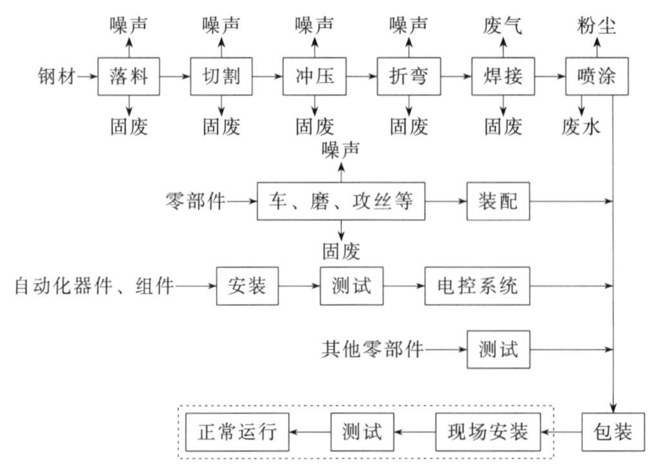

图 1 电（扶）梯生产工艺流程

2.1 基本要求

绿色工厂应依法建立，在建设过程中遵守法律、法规以及政策的要求，并且近三年（含不足三年）无较大及以上安全、环保以及质量方面的事故。企业最高管理者应高度重视和支持绿色工厂创建，签订承诺书和授权书，确保此项工作有效开展。同时，应设立绿色工厂管理机构，制定中长期规划及实施方案，定期开展绿色制造相关教育培训。基本要求不达标，不能评价为绿色工厂。

2.2 基础设施

工厂的建筑应满足相关法律法规及标准的要求，并从建筑材料、建筑结构、绿化及场地、再生资源及能源利用等方面进行建筑的节材、节能、节水、节地、无害化。厂房内部装饰材料有毒有害物质应符合标准要求，必要时进行空气质量检测。工厂应设有专门独立的危险废弃物如喷涂废料、污泥处理间，设置危险废弃物警示标志，并委托具备资质的第三方定期处理。电梯生产厂房一般为单层钢结构建筑，研发和办公大楼为多层建筑，厂区屋顶面积较大；综合考虑建筑结构安全、适用、美观的前提，可引进太阳能光伏发电系统，提高可再生能源使用率。应合理布局厂区遮阴避雨长廊，多种植被提高厂区绿化率和室外透水面积。

电梯制造企业的现代化办公大楼可采用大玻璃屋顶，厂房顶设置自然光采光带，满足绿色工厂尽量利用自然光采光的评价要求；人工照明建议采用 LED 节能灯，功率密度应符合《建筑照明设计标准》（GB 50034）的规定。绿色工厂要求不同场所的照明应分级设计、公共场所照明应采用分区、分组与定时自动调光灯措施，厂区内可通过区域和时间模式的智能化集中控制方式，并配置照明光敏控制感应开关、红外存在开关感应器、红外超声波移动感应器等采用节能措施。

工厂专用设备和通用设备应符合产业准入要求，满足经济运行的要求。近年来，电梯制造企业设备经过更新换代，实现自动化改造。金加工设备中的剪板、切割、开槽、折弯机床为数控机床；码垛、折弯、装配、焊接、喷涂线等均采用机器人；切割工艺采用光纤激光切割机，无需消耗二氧化碳，耗电量极低，达到节能减排要求；空压机、变压器等公用设备满足能耗标准要求。

同时，工厂应依据《用能单位能源计量器具配备和管理通则》（GB 17167）、《用水单位水计量器具配备和管理通则》（GB 24789）要求配备、使用和管理能源、水以及其他资源的计量器具和装置，针对照明系统、用能设备、室内室外用水设置有分类分级计量系统，并对用能单位能源计量器具实施定期外检。

2.3 管理体系

目前电梯制造企业普遍建立、实施并保持了质量管理体系、环境管理体系、职业健康安全管理体系三体系，能源管理体系建立情况尚不完善。能源管理作为绿色工厂创建工作中落实节能工作的一项重要管理手段，建议企业健全能源管理制度、考核制度和节能管理制度，设立能源管理岗位或专职能源管理员，同时通过第三方认证的方式加以规范。

工厂应按照《社会责任指南》（GB/T 36000）等要求，编制社会责任报告。社会责任报告可从企业文化、企业所承担得对员工、消费者、环境、社会等利益相关方的责任等角度编制。社会责任报告应对外发布，可以取得提升企业社会形象，加强企业与外部沟通、刺激企业履行社会责任的作用。

2.4 能源资源管理

工厂应优化用能结构，在保证安全、质量的前提下减少不可再生能源投入，宜使用可再生能源替代不可再生能源，充分利用余热余压等。电梯制造企业使用的能源主要是水、电、天然气及液化石油气。其中，电能消耗最大，主要为大件金加工设备剪板机、切割机、折弯机等用电，以及空压机、行车等公用工程用电。天然气主要作为热水锅炉燃料，热量用于喷涂线水分烘干及固化，排烟温度较高，可增加余热换热器减少热损失；液化石油气用于热缩喷枪。企业应淘汰落后用能设备，电动机推荐采用变频电机、伺服电机、YE3等高效电机。厂内宜采用电动叉车替代柴油叉车。

工厂应按照《节水型企业评价导则》（GB/T 7119）的要求开展节水评价工作，满足通用设备制造业（C3435电梯、自动扶梯及升降机制造）取水定额要求。宜采用先进适用的管理措施和节水技术，提高用水效率。工业用水主要用于喷涂线脱脂、皮膜和冲洗，一般采用逆流水洗方式提高工业用水重复率；生活用水主要用于食堂和卫生清洗，提倡使用节水型器具以节约水资源。

工厂应减少材料，尤其是有毒有害物质的使用。电梯制造企业主要原材料为金属板材、焊材、喷涂辅料以及其他配件。金属板材一般为定制加工，余料浪费较少。轿顶、轿门部件生产宜采用无铆钉连接工艺，或自动电焊替代手工气体保护焊，或铆焊结合，减少焊材和二氧化碳的使用。喷涂工艺推荐用无磷皮膜剂取代磷化液，消除前处理过程中的磷污染，减轻废水处理负担。轿壁加强筋涂胶宜采用自动工艺替代人工作业，同时采用环保胶水硅烷密封黏结剂。对重架包装可采用自黏性缠绕膜替代热缩膜，减少包装材料的消耗。

2.5 产品

在产品指标中，主要评价产品的生态设计、节能、碳足迹、有害物质使用四个方面。电梯制造企业在产品的设计中要引入生态设计理念，对现有钢结构轿厢进行结构优化设计，减少原材料消耗、达到轻量化目的。

《特种设备安全法》规定不得生产不符合能效指标的特种设备，电梯是高耗能特种设备之一，但我国尚未出台电梯能效检测和评价相关国家或行业标准。“绿色电梯”“节能电梯”等概念很多，国际上电梯能耗也没有一个公认的评价体系[4]。目前主要节能技术有：①采用先进电梯控制技术，例如驱动器休眠技术、轿厢无人自动关灯技术、群控楼宇智能管理技术、自动扶梯变频感应启动技术等；②更新电梯轿厢照明系统，使用LED发光二极管，可节约轿厢照明用电量90%；③采用电源回馈技术将制动电能再生利用，降低曳引机损耗[5]。未来主要发展方向为采用绿色节能资源、减少待机时长、选取合适的平衡系数等[6]。

创建绿色工厂，要将温室气体减排的理念融入工厂中，对产品进行碳足迹量化与核查工作，产品碳足迹可在产品包装或说明书中标识，向消费者和社会传递产品的低碳理念。建议企业开展电梯原材料采购、制造、运输、使用、报废终生循环监测碳排放情况，通过技术创新，不断降低产品在未来运行中的碳排放。同时，研究全生命周期结束后的回收再利用体系。

2.6 环境排放

电梯制造企业污染物排放为主要为生产过程中废水、废气、固废及噪声的排放，应投入适宜的污染物处理设备，确保污染物排放达标；必要时，可委托第三方进行环境检测。

废水排放应符合《污水综合排放标准》（GB 8978—1996）的三级标准。生产废水与生活废水一起经处理后纳入污水管网的，要经常检查废水处理设备是否正常运作。推进工业废水、雨水等非常规水资源利用，一部分用于绿化灌溉和地面清洁，另一部分经过深度处理后回用到涂装生产线，从而做到100%循环利用和 近“零”排放。

废气污染物中的颗粒物排放应符合《大气污染物综合排放标准》（GB 16297）中新污染源二级排放标准，废气主要为喷塑粉尘、焊接烟尘。焊接区域上方可配备集气罩，用于工作时收集焊接烟尘，减少无组织废气的排放。

固体废弃物的处置应符合《一般工业固废贮存控制标准》（GB 18599），工厂无法处理的液态危废、污泥等委托有资质的处理厂处理可将污泥和涂装残渣进行焚烧后加工成砖块，实现废弃物循环利用。

工厂厂界噪声应符合《工业企业厂界环境噪声排放标准》（GB 12348）中的3类标准（昼间≤65dB），噪声主要为剪板机、折弯机等设备的机械噪音。应合理布局车间设备，采取防震、消音、隔音等必要降噪措施，减少噪声污染。

2.7 绩效

绿色工厂要针对用地集约化、原料无害化、生产洁净化、废物资源化以及能源低碳化五项指标，开展绩效评估并进行改善。企业应根据自身情况，按照《绿色工厂评价通则》（GB/T 36132）附录的计算方法，计算容积率、建筑密度、单位用地面积产值、绿色物料使用率、单位产品主要污染物产生量、工业固体废物综合利用率、废水回用率、单位产品综合能耗等指标。对于用地集约化指标，对照《工业项目建设用地控制指标》，容积率应达到该行业用地要求的1.2倍以上，建筑密度不低于30%。对于废物资源化指标，对照行业平均水平，应优于行业前20%水平。电梯制造作为离散机械行业，可采用单位产值或单位工业增加值，围绕同行业进行比较，基于行业相关数据把握评价尺度。

3 结语

对于电梯制造企业而言，绿色工厂的创建重点为厂区内基础设施的优化管理和布局、管理体系的完善、节能环保产品的开发，降低能耗、物耗和水耗水平，减少污染物排放，持续提高单位产值和单位工业增加值。通过创建过程，可帮助企业在行业树立绿色标杆，领跑行业追求经济社会发展与生态环境保护双赢的经济发展形态。

参考文献

[1] 再协 .《绿色制造工程实施指南（2016—2020年）》解读 [J]. 中国资源综合利用，2016，34（9）：18-21.
[2] GB/T 36132—2018.
[3] 廿画 . 西奥电梯：工厂物联网的杭州样板 [J]. 杭州（生活品质版），2017，（2）：24-25.
[4] 谢知坚，吴城汀，陈洁 . 电梯能效评价新方法研究 [J]. 机电技术，2017，（6）：109-111.
[5] 卢炜 . 电梯节能技术的应用探讨 [J]. 能源与节能，2013，（4）：58-59.
[6] 田学成，李重远 . 电梯节能技术的现状与研究方向 [J]. 低碳世界，2016，（19）：266.

关于电梯加装 IC 卡控制系统的探讨

袁昭成

成都市特种设备检验院，成都 610000

摘　要： 电梯 IC 卡控制系统是趋向未来建筑物的标准配置，加装电梯 IC 卡控制系统有积极而广泛的意义。在电梯加装 IC 卡控制系统时，一方面，需要实现用户所需的权限控制功能；另一方面，还应该满足其相应的安全要求。

关键词： 电梯；加装；IC 卡；控制系统；开关；安全

Discussion on installed with IC card control system of elevator

Yuan Zhao-cheng

Chengdu Special Equipment Inspection Institute, Chengdu 610000

Abstract: In the future, the IC card control system of elevator is the standard configuration of the building. The installation IC card control system of elevator has positive and broad significance. When installing IC card control system in elevator, on the one hand, it is necessary to realize the permission control function required by users; on the other hand, it should also meet the corresponding safety requirements.

Keywords: Elevator; Installation; IC card; Control system; Switch; Safety

0　引言

随着社会的快速发展，高层住宅、高档住宅、商业综合体逐渐成为房地产开发和消费的主体。电梯 IC 卡控制系统是趋向未来建筑物的标准配置，由于它具备授权限时、限次、限层、刷卡直达、屏蔽闲杂人员等特点，从而实现了将公用电梯变成私家电梯的智能安全控制功能[1]。电梯 IC 卡控制系统可有效防止非授权人员使用电梯，或按照授权所属权限直达指定楼层。

电梯 IC 卡控制系统是：利用集成电路（IC）卡身份认证技术对电梯乘客进行识别并授权的电子系统或网络，例如，召唤电梯、开放权限层的使用权限或自动登录权限层的功能。IC 卡系统的身份认证方式包括且不限于密码、磁卡、移动支付、指纹、掌形、面部、虹膜、静脉等[2]。

1　电梯 IC 卡控制系统的意义

电梯 IC 卡控制系统的意义主要体现在以下几个方面：第一，显著提高居住场所、办公场所的安全性，未经授权人员不能乘坐电梯，也可有效防止小孩在电梯内嬉戏、玩耍、追逐、打闹；第二，使得电

作者简介：袁昭成，1984 年生，男，硕士研究生，副主任/高级工程师。

梯的安全管理更集中、更有效、更简便、更有效率；第三，在一定程度上起到了节能作用，特别是商业综合体，有效地限制了无授权人员的乘梯行为，降低了电梯运行频次；第四，智能型电梯 IC 卡控制系统使得乘坐电梯更方便，如：与楼宇对讲联动型电梯、刷卡直达密码乘梯、轿箱外刷卡（IC 卡呼梯）。

2 电梯 IC 卡控制系统的组成及功能

电梯 IC 卡控制系统是由安装在电梯轿厢和厅外的 IC 卡控制器、安装在管理中心的 IC 卡发卡中心、电梯的使用人员持有的 IC 卡三部分组成。

IC 卡控制器是电梯 IC 卡控制系统的授权信号采集端。在电梯的使用人员刷卡后，电梯执行登记 IC 卡预先设定信息到达指定楼层，或者电梯开通 IC 卡预先设定层楼的内外呼按钮权限，提供给使用者登记；无卡或者卡未授权的楼层及内外呼按钮，不能登记，开放的公共区域则无须 IC 卡可以登记。这样就可以限制未被授权人员进入 IC 卡权限区域。

IC 卡发卡中心是对每一张 IC 卡进行权限设定的地方。不同的卡可以设置不同的权限，并对应相应的使用人员。对于丢失的卡，IC 卡发卡中心可以挂失，并对已经丢失的 IC 卡进行禁用设置，阻止非法持有者使用。

使用人员持有的 IC 卡是一个信息存储器，存有预先设置的权限。电梯 IC 卡控制系统在正常情况下，可以手动关闭退出 IC 卡控制系统，实现无 IC 卡登记。

3 目前加装 IC 卡控制系统中所存在的问题

目前，在大量的检验中发现，非原厂家加装 IC 卡控制系统的电梯大多数采用的是开关式电梯 IC 卡控制系统。开关式电梯 IC 卡控制系统是直接控制电梯内外呼按钮线路的通断，以接通或阻断电梯使用人员通过内外呼按钮完成登记，来实现电梯权限的控制。如图 1 所示，它是在电梯按钮信号线中间接入，并通过开关信号输出来控制电梯按钮的登录方式。IC 卡系统投入使用时，A、B 触点为常开状态，刷卡后 A 或 B 为闭合状态。当 A 闭合时，实现 IC 卡权限刷卡手动登录方式；当 B 闭合时，实现 IC 卡权限刷卡自动登录方式[3]。

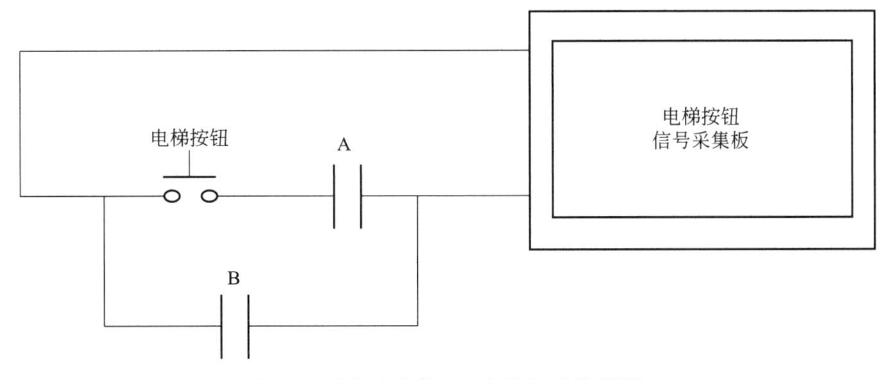

图 1 开关式电梯 IC 卡控制系统简图

虽然开关式电梯 IC 卡控制系统能满足用户所需的权限控制功能，但是不能满足电梯 IC 卡控制系统相应的安全要求。

4 电梯 IC 卡控制系统应该满足的安全要求

加装电梯 IC 卡控制系统有积极而广泛的意义，在满足用户权限控制需求的同时还应该满足以下三个方面的安全要求。

第一方面：依据《电梯型式试验规则》（TSG T7007—2016）的要求：第一，如果电梯配置有电梯IC卡控制系统，电梯IC卡控制系统应当认为是电梯的零部件之一，应当不影响电梯正常使用，应当不影响电梯适应火灾、无障碍等特殊情况下的功能和性能。第二，电梯IC卡控制系统应当由电梯主开关控制 。如果IC卡系统独立供电，则应当由独立的专用开关控制，且电梯控制系统的电源与IC卡系统的电源应当相互隔离。第三，在电梯设备进入故障、检修、紧急电动、消防、地震等特殊状态时，应当自动退出IC卡功能。第四，轿厢操纵箱上的出口层选层按钮应当采用凸出的星形图案标志。乘客无需通过IC卡系统即可登录到达建筑的出口层。建筑的受限层，需要刷卡进行权限认证后才能乘坐电梯到达。电梯在非乘客指令的自动运行时（如自动分散运行等），如在受限层停层，电梯不开门，且开门按钮等无效。第五，电梯IC卡控制系统读卡设备处应当有图文标志，指引乘客在指定位置刷IC卡[2]。

第二方面：依据《电梯监督检验和定期检验规则——曳引与强制驱动电梯》（TSG T7001—2009）第2号修改单（以下简称《检规》）要求：第一，加装的IC卡控制系统应当设置有铭牌，标明制造单位名称、产品型号、产品编号、主要技术参数，铭牌和该系统的产品质量证明文件相符；第二，对于设有IC卡控制系统的电梯，轿厢内的人员无需通过IC卡系统即可到达建筑物的出口层，并且在电梯退出正常服务时，自动退出IC卡系统功能。无论是电梯的监督检验，还是电梯的定期检验都需要检验电梯IC卡控制系统是否符合要求[4]。

第三方面：根据加装电梯IC卡控制系统的施工内容，按照《电梯施工类别划分表》（国市监特设函〔2019〕64号）可知，采用在电梯轿厢操纵箱、层站召唤箱或其按钮的外围接线以外的方式加装电梯IC卡系统等身份认证方式属于重大修理，该电梯必须经过监督检验合格后方可投入使用。

对于加装电梯IC卡控制系统，用户只关注控制系统的功能，而忽略其安全方面的要求。当然，相关安全方面的要求对于用户而言比较专业，这就更需要专业人员对其进行把关。综上所述，电梯加装IC卡控制系统若属于重大修理的，使用单位应该办理告知，申请监督检验；电梯施工单位应该按照用户要求和相关安全要求进行施工；检验机构人员应该按照《检规》要求对其进行监督检验，确保改造设备满足相关安全要求，以保障电梯的安全运行。（注：电梯出厂合格证上就具有IC卡控制系统功能，只是以前停用未开通，而现在需要启用开通此功能的不属于加装IC卡控制系统这一范畴，其类似于电梯报停后重新启用，按照定期检验进行检验；仅通过在电梯轿厢操纵箱、层站召唤箱或其按钮的外围接线方式加装电梯IC卡系统等身份认证方式属于一般修理，按照定期检验进行检验）。

5 结语

目前，无论是新安装的电梯，还是在用老电梯。越来越多的用户需要电梯配置IC卡控制系统这一功能。某些电梯，加装的电梯IC卡控制系统，能满足用户所需的权限控制功能，但是不能满足其相应的安全要求。我们需要使用单位、施工单位、检验机构共同保持较高的安全意识，各个层面严格把关，选择、安装、使用满足相关安全要求的电梯IC卡控制系统。

参考文献

［1］ 郭燕燕．IC卡电梯智能控制系统分析［J］．中国新信，2014（22）：52.
［2］ TSG T7007—2016.
［3］ 李文辉．IC卡在电梯系统中的简单应用［J］．企业技术开发，2012，31（4）：71-72.
［4］ TSG T7001—2009.

关于新检规中电梯控制柜改造的检验流程初探

刘声华　宋　毅　湛　宇

武汉市特种设备监督检验所，武汉 430024

摘　要： 本文对新检规中电梯控制柜改造的界定以及检验流程进行了初步的探讨，并针对电梯控制柜改造可能出现的几种不同类型的改造方案进行了分类分析与探讨。过分类探讨电梯控制柜改造可能出现的几种方案，分别提出了对应的检验流程，为出现同类情况下的电梯控制改造的检验工作提供了参考和借鉴。

关键词： 新检规；电梯控制柜；改造；轿厢意外移动保护装置

A preliminary study on the inspection process of elevator control cabinet renovation in the new inspection regulations

Liu Sheng-hua，Song Yi，Zhan yu

Wuhan Special Equipment Inspection Institute， Wuhan 430024

Abstract: In this paper，the new definition of elevator controller transform in the gauge and inspection process has carried on the preliminary discussion，and in view of the elevator control cabinet modification may appear of several different types of retrofit scheme has carried on the classification analysis and discussion，through the classification，probes into the possible several schemes of transformation of elevator controller，respectively，puts forward the corresponding inspection process，for a similar case of elevator control inspection work provides reference.

Keywords: The new inspection gauge; Elevator control cabinet; Modification; Accidental movement of cage protection device

0　引言

自 2017 年 10 月 1 日实施《电梯监督检验和定期检验规则——曳引与强制驱动电梯》（TSG T7001—2009）第 2 号修改单（以下简称新检规）以来，刚开始执行新检规的一段时间里，检验员对于新检规中新增的检验项目特别是对于电梯的控制柜改造涉及的相关安全系统的检验是比较迷茫的。

目前，新检规在实际检验工作中已经执行和摸索一段时间对新检规中新增的检验项目，特别是对控制柜改造的检验方法和流程进行探讨和总结是很有必要的，对于特种设备在检验环节的风险规避也是很有意义的。

1　电梯控制柜改造的界定

对于电梯控制柜改造的检验，首先我们还是要针对报检单位提供的资料以及检验现场的实际情况来

作者简介：刘声华，1982 年生，男，工程师，硕士，主要从事特种设备检验检测新技术的研究。

判断所检的项目是否属于控制柜的改造这一类。

对于电梯控制柜改造的界定主要还是依据《电梯施工类别划分表（修订版）》（国质检特〔2014〕260号将于2019.6.1作废），并结合实际情况确定是否属于改造施工类别，电梯施工类别划分表（改造部分）见表1。

表1 电梯施工类别划分表（改造部分）

电梯施工类别划分表（修订版）

施工类别	施工内容
安装	采用组装、固定、调试等一系列作业方法，将电梯部件组合为具有使用价值的电梯整机的活动；包括移装
改造	采用更换、调整、加装等作业方法，改变原电梯主要受力结构、机构（传动系统）或控制系统，致使电梯性能参数与技术指标发生改变的活动；包括： ①改变电梯的额定（名义）速度、额定载重量、提升高度、轿厢自重（制造单位明确的预留装饰重量除外）、防爆等级、驱动方式、悬持方式、调速方式以及控制方式（注1）； ②加装或更换不同规格、不同型号的驱动主机、控制柜、限速器、安全钳、缓冲器、门锁装置、轿厢上行超速保护装置、轿厢意外移动保护装置、含有电子元件的安全电路及可编程电子安全相关系统、夹紧装置、棘爪装置、限速切断阀（或节流阀）、液压缸、梯级、踏板、扶手带、附加制动器（注2）； ③改变层（轿）门的类型、增加层门或轿门； ④加装自动救援操作（停电自动平层）装置、能量回馈节能装置、读卡器（IC卡）等，改变电梯原控制线路

对于电梯控制柜改造的界定，检验员的第一反应往往会认为其就是对控制柜的改造，实际检验中大部分的电梯控制系统的改造确实只是（如表1第2条）更换了不同规格、不同型号的控制柜。但是，也有少数的改造只是针对表1第2条意外轿厢意外移动保护装置、含有电子元件的安全电路及可编程电子安全相关系统的加装。

此外，表1第4条中对于加装自动救援操作（停电自动平层）装置、能量回馈节能装置、读卡器（IC卡）等，改变电梯原控制线路。笔者认为，如若加装以上装置是通过改变电梯原控制线路来实现以上功能的话，也应属于对控制系统的改造，因为改变电梯原控制线路也就意味着改变了电梯控制主板的控制逻辑或者控制模块。

2 改造电梯的检验依据（检规版本）界定

在我们对所要检验项目的施工类别确定为控制柜改造这一类后，下一步则是需要检验员对电梯控制柜改造的检验依据进行界定。

按照质检总局办公厅关于实施《电梯监督检验和定期检验规则》等6个安全技术规范第2号修改单若干问题的通知（质检办特函〔2017〕868号）规定，界定改造的电梯检验依据的检规版本。

① 在2017年9月30日（含）前已经办理施工告知并在2017年10月1日（含）后进行检验的电梯，施工单位与使用单位应当在施工合同中声明是否需要按照旧版检规进行检验；检验机构依据施工合同声明，选择相应版本的检规进行检验。未予声明的，按照新版检规进行检验。

② 自2017年10月1日起，对办理施工告知的电梯，检验机构应当依据新版检规进行检验。

3 电梯控制柜改造相关检验项目的确定

在确定完检验依据即检验的新旧版本之后，检验员需要对电梯控制柜改造所涉及的相关的检验项目进行确定。

若依据《电梯监督检验和定期检验规则——曳引与强制驱动电梯》（TSG T7001—2009）等安全技术规范和第1号修改单进行检验的，则不需配置意外移动保护装置；若依据TSG T7001—2009第2号修改单进行检验的，需要配置意外移动保护装置。

对于依据 TSG T7001—2009 第 2 号修改单进行检验的控制系统改造的项目，如若改造之前电梯未安装轿厢意外移动保护装置，则在更换控制柜的同时，还应加装与其配套的轿厢意外移动保护装置，且控制柜主板上应配置有层门和轿门旁路装置以及门回路检测功能。

4 轿厢意外移动保护装置的结构原理以及加装形式

对于电梯控制柜改造的检验，如若检验项目确定是按新检规的要求进行。目前具体检验实施的难点就在于如何判断改造后的电梯控制系统是否按新检规的要求配置了轿厢意外移动保护装置，而层门和轿门旁路装置以及门回路检测功能按照新检规的要求则很容易通过观察改造后的控制柜主板，找到以上装置对应的标识来确认。所以对于现场检验而言，了解轿厢意外移动保护装置的结构原理以及加装形式就很有必要了。

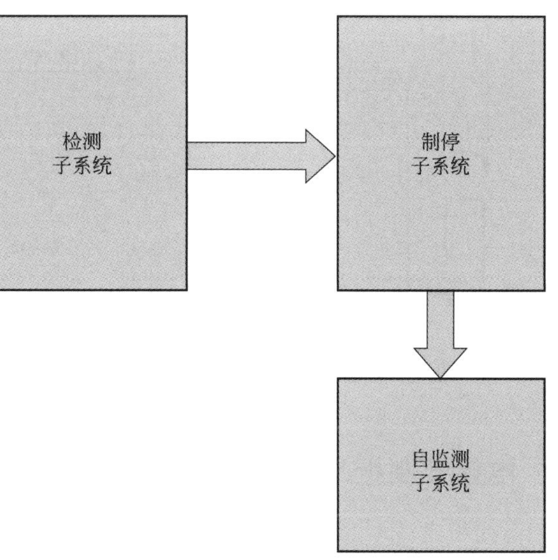

图 1 轿厢意外移动保护装置系统组成

轿厢意外移动保护装置完整系统由三部分构成，如图 1 所示。其中，检测控制子系统由电气安全装置（安全触点、安全电路或 PESSRAL）实现，在发生意外移动时切断安全回路。检测控制子系统由传感器、控制电路或控制器、输出回路构成，通过平层位置及再平层位置传感器信号，判断电梯是否处于再平层区域，若开门时检测到轿厢移出再平层区，断开安全继电器以断开安全回路。

制停子系统则应当作用在轿厢、对重、钢丝绳系统、曳引轮或曳引轮轴其中一种部件上，使其制停。常见的两种制停子系统的两种实现方式如图 2 和图 3 所示。

图 2 永磁同步曳引机的制停子系统实现

图 3 涡轮蜗杆式曳引机的制停子系统实现

自监测子系统一般在永磁同步曳引机驱动的电梯中普遍存在，在使用驱动主机制动器的情况下，自监测包括对机械装置正确提起（或释放）的验证和（或）对制动力的验证[1]。

两种常见的永磁同步曳引机系统和涡轮蜗杆曳引机系统的轿厢意外移动保护装置的系统框图如图 4 和图 5 所示。

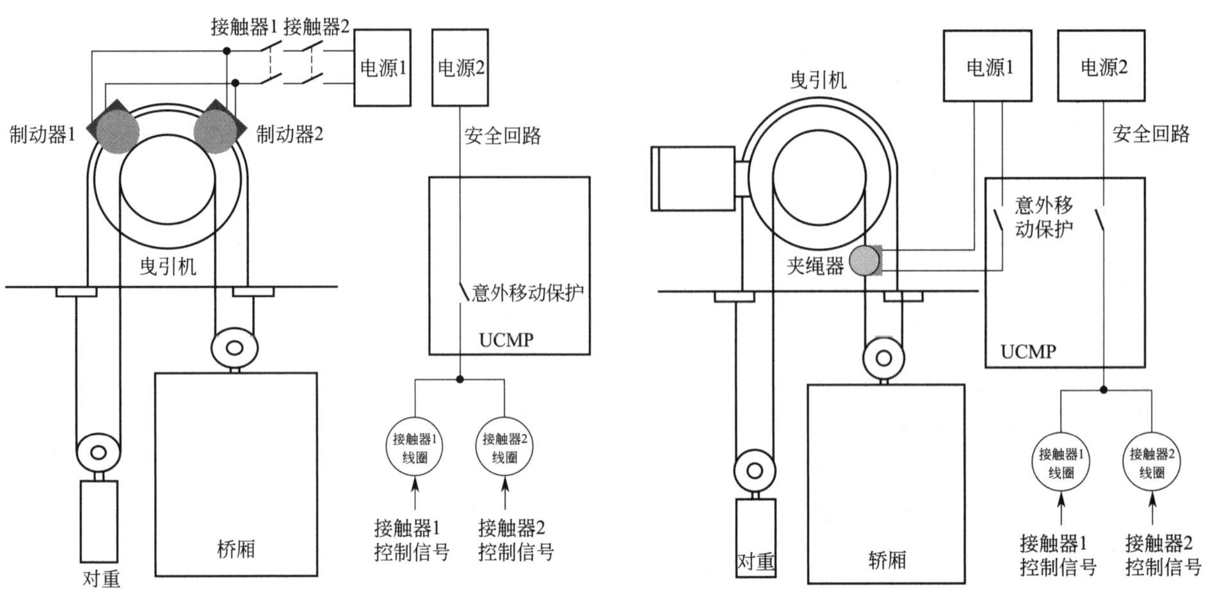

图 4 永磁同步曳引机轿厢意外移动保护系统框图

图 5 涡轮蜗杆曳引机轿厢意外移动保护系统框图

5 电梯控制柜改造具体的检验流程

首先在检验之前，需要依据《电梯施工类别划分表（修订版）》（国质检特〔2014〕260 号将于 2019.6.1 作废），并结合现场实际情况界定是否属于控制系统改造施工类别。然后按照质检总局办公厅关于实施《电梯监督检验和定期检验规则》等 6 个安全技术规范第 2 号修改单若干问题的通知（质检办特函〔2017〕868 号）规定，界定改造的电梯检验依据的检规版本。

本文重点探讨的是按照新检规对电梯控制柜改造进行检验的这类情况，该情况下，需要加装与其配套的轿厢意外移动保护装置，且改造后的控制柜主板上应配置有层门和轿门旁路装置以及门回路检测功能。层门和轿门旁路装置以及门回路检测功能按照新检规的要求在控制柜主板上应有明显的标识，所以在检验时较容易判断，而轿厢意外移动装置则在改造时一般不会像新安装的电梯在曳引机制动器附近有铭牌。对于轿厢意外移动保护装置的试验，检规中要求是轿厢在井道上部空载，以型式试验证书所给出的试验速度上行并触发制停部件，仅使用制停部件能够使电梯停止，轿厢的移动距离在型式试验证书给出的范围内[2]。由于不同的制造厂家在实现该功能的形式不一样，试验方法也不一样，且现场配合人员的素质普遍难以达到顺利完成该试验的要求，所以真正能通过试验来判定该装置是否合格的难度系数较大。

目前，大部分的电梯控制柜改造都是针对的永磁同步曳引机这类电梯，一是因为这类电梯的大量普及，二是根据图 4 和图 5 的系统框图可以明显地看到改造后实现轿厢意外保护功能，对于永磁同步曳引机更为简单，因为其制停子系统一般都是可以通过原有曳引机的两个同步制动器来实现。结构上只需再更换或者加装与新的控制电路板匹配的平层以及再平层感应器对轿厢的位置进行监测以及反馈给控制系统即可。其原理如图 6 所示，通过平层位置及再平层位置传感器信号，判断电梯是否处于再平层区域；若开门时检测到轿厢移出再平层区，断开安全继电器以断开安全回路，最迟在轿厢离开开锁区域时检测出轿厢的意外移动。

笔者认为，在这种情况下对电梯控制系统改造的检验，可以通过改造单位提供的轿厢意外移动装置的型式试验报告的配置表，在检验现场对其更换的平层感应器、再平层感应器以及含电子元件的安全电路的型号和出厂编号与型式试验报告上的配置表进行逐一核对，并结合现场进行的轿厢意外移动保护装置试验情况来判断该改造后的电梯控制柜是否能真正实现防止轿厢意外移动的功能。

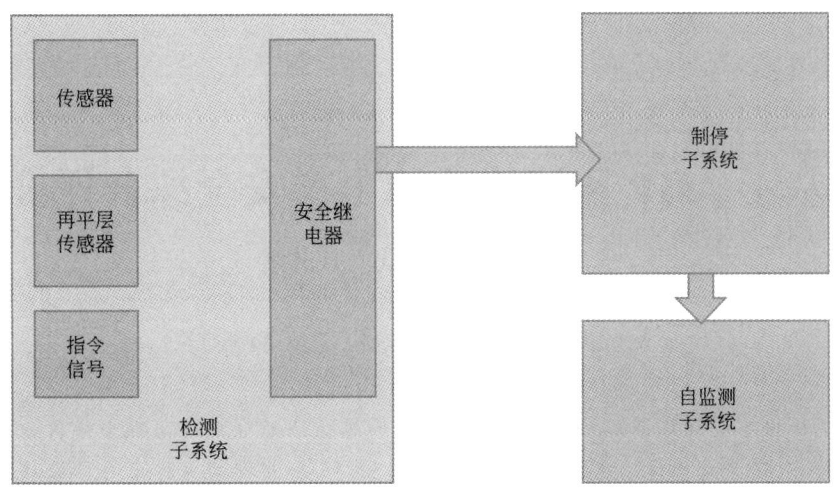

图 6　改造后检测子系统的实现原理图

6　结语

对于电梯控制系统改造的现场检验，在目前配合人员的整体素质普遍难以达到顺利完成该试验的要求情况下，只有不断提高检验员自身的认识水平，不断探索这些新增检验项目的检验方法和检验流程，才能真正把好特种设备检验检测的质量关，最大限度规避检验风险。

参考文献

［1］ GB/T 7588—2003.
［2］ TSG T7001—2009.

基于AHP和熵值法的电梯安全综合评价

赵　飞　赵　斌　尹海东

四川省特种设备检验研究院，成都 610061

摘　要： 本文提出了一种基于层次分析法（AHP）和熵值法的电梯安全综合评价方法。根据电梯实际使用状况及历年事故原因分析构建了基于人机环管四个方面16个指标的电梯安全二级评价体系，利用层次分析法（AHP）获得各评价指标的主观权重，通过对各指标的专家打分值采用熵值法获得指标客观权重，将主客观权重有机结合获得组合权重，通过将量化打分与组合权重结合实现电梯安全综合评价。成都市某电梯实例研究表明，所提方法得到的评价结果符合现场实际，其评价结果相比于AHP方法更加客观可靠。

关键词： 电梯；安全评价；AHP；熵值法

Comprehensive Evaluation of Elevator Safety Based on AHP and Entropy Method

Zhao Fei, Zhao Bin, Yin Hai-dong

Sichuan Special Equipment Inspection Research Institute, Chengdu 610061

Abstract: A comprehensive evaluation method of elevator safety based on analytic hierarchy process (AHP) and entropy method is proposed in this paper. According to the actual use of elevators and the cause analysis of accidents over the years, a secondary evaluation system of elevator safety based on 16 indicators of four aspects including people, machine, environment and management is constructed. The subjective weights of each evaluation index are obtained by AHP, and the objective weights are obtained by using the entropy method. The combined weights are obtained by combining the subjective and objective weights. The comprehensive evaluation of elevator safety is realized by combining the quantitative scoring with the combined weights. The case study of an elevator in Chengdu shows that the evaluation results obtained by the proposed method are consistent with the actual situation, and the evaluation results are more objective and reliable than AHP method.

Keywords: Elevator; Safety evaluation; AHP; Entropy method

0　引言

电梯作为一种垂直方向交通运输工具，广泛应用于各种高层建筑中，其安全性受到设计、制造、安装、维保、使用管理、环境等多种因素的影响[1]。这些因素决定了电梯事故的概率和严重性。随着使用时间的增长，电梯的安全性逐渐降低，事故率不断增加。因此，对电梯进行安全评价具有重要的实际意义。

作者简介：赵飞，1990年生，男，助理工程师，硕士，主要从事特种设备检验研究。

电梯安全评价的目的是评估电梯当前安全水平，进而指导维保管理，减小安全事故的发生。近年来，国内外学者都对电梯安全评价方法进行了深入研究。Park[2] 等针对电梯各个部件进行事故可能性和严重性评估，实现电梯综合风险评估。庆光蔚[3] 等利用模糊综合评价方法选取安全评价指标，并利用层次分析法确定其权重，进而实现对电梯的安全评级。陶杰[4] 等利用熵权法对电梯运行实测指标进行分析获得对应权重，结合劣化度分析法对电梯运行状态进行模糊综合评价。陈兆芳[5] 等将熵权与灰色关联方法相结合并成功运用于电梯安全评价中。不同研究方法中，学者们在确定评价指标权重时或采用主观赋权法或采用客观赋权法，而在对电梯这一复杂系统进行安全评价时既需要对评价数据进行客观赋权，也需要借助专家的丰富经验。本文构建了基于人机环管四个方面多个指标的电梯安全评价体系，利用主客观相结合的 AHP-熵值法确定各个指标的权重，再通过量化评分结果实现电梯安全综合评价。

1 电梯安全评价指标

根据系统安全理论，系统的安全性受到多种潜在因素的影响，而这些因素难以做到彻底清除，因此在提高系统安全性时应从降低系统整体危险性入手[6]。事故致因理论认为，造成事故发生的原因课分为 4 个方面：人的不安全行为、机的不安全状态、环境的不安全条件、管理缺陷[7]。电梯运行过程中受多种因素的影响，其安全评价是一个复杂的综合性问题。电梯在运行过程中，其安全除了受到设备本身的影响外，还受到人员、环境和管理等因素的影响。因此，本文确立人机环管 4 个方面为电梯安全一级评价指标，结合其他学者的研究及历年电梯事故分析选取 16 个影响因素作为二级指标，构建电梯安全二级评价指标体系，如图 1 所示。

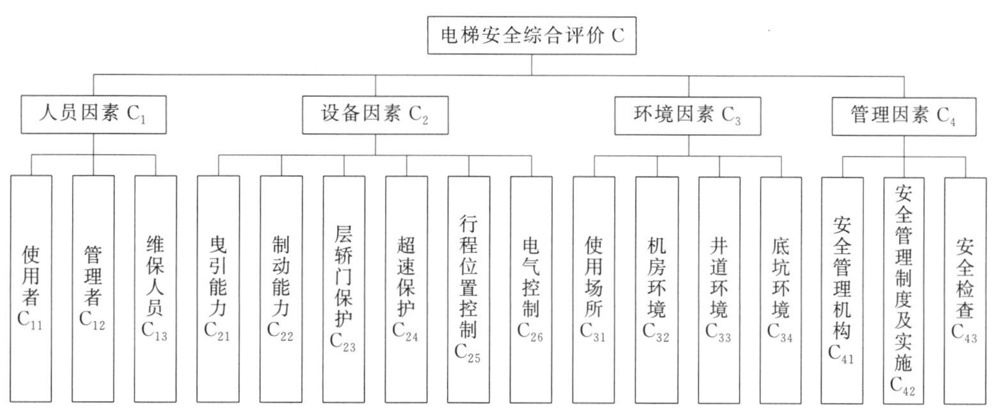

图 1 电梯安全评价体系

2 AHP-熵值法综合评价

2.1 AHP 层次分析法

层次分析法是一种主观权重分析方法，其将复杂问题分解为若干个层次，通过构建多层次的分析模型，获得各影响因素的相对权重。通过对影响上一层评价因素的同一层评价因素之间的重要性进行两两比较分析，引用数字 1-9 作为量化指标构造判断矩阵 A，利用方根法求得矩阵 A 的特征值 λ 及其特征向量 α，最后将特征向量归一化得到评价指标的权重向量 ω_a。同时，为了检验权重分配是否合理，需要对判断矩阵进行一致性检验[8]。

$$CR = CI/RI$$
$$CI = (\lambda_{\max} - n)/(n-1) \tag{1}$$

式中，CR 为判断矩阵的随机一致性比率，CI 为判断矩阵的一般一致性指标，RI 为判断矩阵的平均随机一致性指标（见表 1）。当 $CR < 0.1$，认为判断矩阵具有满意的一致性，权重设定合理，否则需

调整判断矩阵，再进行检验。

表 1　判断矩阵的平均随机一致性指标

阶数	1	2	3	4	5	6	7	8	9	…
RI	0.00	0.00	0.52	0.89	1.12	1.26	1.36	1.49	1.52	…

本文以成都市某老校区的一台电梯为例，计算其各安全评价一级指标的权重。根据电梯实际运行状况及专家建议，对人员因素 C_1、设备因素 C_2、环境因素 C_3、管理因素 C_4 4 个一级指标建立判断矩阵。通过对 4 个电梯安全评价一级指标相对重要性进行两两比较，获得判断矩阵中各元素，如第一行第二列元素“1/6”表示人员因素和设备因素相比，后者比前者更加明显重要。

$$A=\begin{bmatrix}1 & 1/6 & 1/3 & 1/2\\ 6 & 1 & 3 & 4\\ 3 & 1/3 & 1 & 2\\ 2 & 1/4 & 1/2 & 1\end{bmatrix} \tag{2}$$

利用方根法求得判断矩阵的特征值 $\lambda_{\max}=4.031$，权重向量 $\omega_a=(0.0781,0.5587,0.228,0.1352)$。一致性检验中，根据公式(1) 计算出 $CI=0.0103$，$CR=0.0115<0.1$，说明判断矩阵赋值合理，求得的指标权重也是合理的。

同理，可得到二级指标层中各因素的权重。

2.2　熵值法

熵是系统无序程度的量化，其可以实现对数据所含信息量的评估及确定权重。熵值法作为一种客观赋权法，其通过评价指标所构成的判断矩阵来确定指标权重，当判断对象在某项指标上赋值差异较大时，熵值较小，说明其有效信息量较大，因而其所占权重应较大。熵值法计算步骤如下[9]。

首先，利用专家打分值构建评价指标矩阵并进行标准化处理。设有 n 个指标的 m 次评价结果，构造评价指标原始矩阵 $X=\{(x_{ij})_{n\times m}(i=1,2,\cdots,n,j=1,2,\cdots,m)\}$，并对指标矩阵进行标准化处理，获得标准化矩阵 $X'=\{(x'_{ij})_{n\times m}(i=1,2,\cdots,n,j=1,2,\cdots,m)\}$。

其次，进行熵值计算，计算公式为

$$\begin{gathered}E_i=-\ln(m)^{-1}\sum_{j=1}^{m}y_{ij}\ln y_{ij}\\ y_{ij}=x'_{ij}\Big/\sum_{j=1}^{m}x'_{ij}\quad(i=1,2,\cdots,n)\end{gathered} \tag{3}$$

最后，在获得 N 个评价指标熵值的基础上，计算各个指标的熵权。

$$\omega_i^{\mathrm{e}}=(1-E_i)\Big/\Big(n-\sum_{i=1}^{n}E_i\Big) \tag{4}$$

2.3　组合赋权法

AHP 法作为一种主观赋权法，侧重于对专家的主观经验偏好，系统性和解释性较强，但随意性较大。熵值法作为一种客观赋权法，其结果依赖于数据集的分布，客观性较强，但其得到的权重可能与实际重要程度不相符。电梯安全事故的发生受多种因素的影响制约，评价指标既具有客观性，也需要借助专家的丰富经验来进行判断。因此，需要考虑将 AHP 法的主观权重和熵值法的客观权重相结合，通过线性组合的方法实现有效结合，从而使评价结果更加科学。

组合权重为：

$$\omega_i = \beta\omega_i^a + (1-\beta)\omega_i^e \tag{5}$$

式中，β 为偏好权重，$0 \leqslant \beta \leqslant 1$。在咨询相关专家及查阅资料后，本文取 $\beta = 0.4$。

2.4 综合评价法

电梯安全涉及多个因素，是一个复杂的综合性问题，仅仅计算各个影响因素的权重是不够的。为了实现对电梯安全的综合评价，结合电梯使用管理的实际情况，利用专家打分法分别从人员、设备、环境、管理四个方面对电梯安全进行定量评价打分，评价标准如表 2 所示。在进行综合评价时，首先根据电梯安全评价标准表对各二级指标的安全性进行专家打分，将各指标专家打分值作为矩阵元素建立量化评价矩阵 R，然后按照 AHP-熵值法求得对应指标的组合权重 ω，将评价矩阵与组合权重相乘获得最终得分 C，即 $C = \omega R$，实现电梯安全的综合评价。

表 2 电梯安全影响因素专家打分及评价标准

评价等级	分值范围	人员因素描述	设备因素描述	环境因素描述	管理因素描述
1 安全	(85,100)	使用者素质高,管理人员持证且专业技能及责任意识优秀	设备状况好	使用环境好	管理机构健全,制度内容完善,执行到位
2 较为安全	(70,85)	使用者素质较高,管理人员持证且专业技能及责任意识较强	设备状况较好,偶有异常,需加强巡查	使用环境较好	管理机构较健全,制度内容稍有瑕疵,能较好执行
3 中等安全	(55,70)	使用者素质较差,管理人员持证且具备基本专业技能及责任意识	设备状况时有异常,需重点巡查,必要时进行维修	使用环境一般	管理机构设置较混乱,制度内容有较多瑕疵,执行难度大
4 较不安全	(40,55)	使用者素质差,管理人员未取证且专业技能及责任意识差	设备状况已有异常,应短时内维修	使用环境差	管理机构设置混乱,制度不规范
5 很不安全	(0,40)	使用者素质极差,未配备取证人员	设备状况严重异常,应立即停机更换或维修	使用环境极差	管理机构、制度缺失

3 实例应用与分析

对 2.1 节所提电梯进行进一步研究，该电梯已使用了 8 年，部分部件存在一定损坏。通过现场调研及咨询电梯行业相关专家，采用专家打分法对 16 个评价指标进行赋值，表 3 为该电梯 16 个指标的专家评分矩阵。

表 3 电梯安全评价指标打分结果

专家	C_{11}	C_{12}	C_{13}	C_{21}	C_{22}	C_{23}	C_{24}	C_{25}
1	76	72	75	71	69	62	72	61
2	76	73	76	74	68	63	73	63
3	78	74	80	77	71	66	77	64
4	77	73	78	76	70	64	76	65
平均分	76.75	73	77.25	74.5	69.5	63.75	74.5	63.25
专家	C_{26}	C_{31}	C_{32}	C_{33}	C_{34}	C_{41}	C_{42}	C_{43}
1	66	71	72	65	66	72	62	77
2	67	74	72	66	67	71	62	78
3	70	74	74	67	69	73	64	79
4	70	73	73	66	68	72	63	79
平均分	68.25	73	72.75	66	67.5	72	62.75	78.25

3.1 组合权值计算

按照 AHP-熵值法计算出各个评价指标的 AHP 权重、熵值权重，并根据公式(5) 计算出组合权重，具体结果如表 4 所示。

表4 评价指标权重

一级指标	权重	二级指标	AHP权重	熵值权重	组合权重
人员因素	0.0781	使用者 C_{11}	0.5584	0.4116	0.4703
		管理者 C_{12}	0.1220	0.2638	0.2071
		维保人员 C_{13}	0.3196	0.3245	0.3225
设备因素	0.5587	曳引能力 C_{21}	0.1713	0.1108	0.1350
		制动能力 C_{22}	0.1429	0.1335	0.1373
		层轿门保护 C_{23}	0.1365	0.2687	0.2158
		超速保护 C_{24}	0.2654	0.1076	0.1707
		行程位置控制 C_{25}	0.0626	0.1743	0.1296
		电气控制 C_{26}	0.2213	0.2051	0.2116
环境因素	0.228	使用场所 C_{31}	0.0737	0.2098	0.1554
		机房环境 C_{32}	0.630	0.3233	0.446
		井道环境 C_{33}	0.1031	0.2072	0.1656
		底坑环境 C_{34}	0.1932	0.2598	0.2332
管理因素	0.1352	安全管理机构 C_{41}	0.2591	0.2644	0.2623
		安全管理制度及实施 C_{42}	0.6013	0.4125	0.4880
		安全检查 C_{43}	0.1396	0.3232	0.2498

3.2 综合评价结果计算

利用各二级指标专家评分平均值与对应组合权重相乘，获得电梯人机环管四个一级指标得分。在此基础上，将四个一级指标得分与对应的权重相乘，获得电梯整体安全综合评价得分。同时，采用单独AHP方法进行相同计算作为对比，具体计算结果如表5所示。

表5 电梯安全综合评价表

主目标	本文方法			AHP		
	综合得分	一级指标	得分	综合得分	一级指标	得分
电梯安全综合评价	69.73	人员因素 C_1	76.13	70.57	人员因素 C_1	76.45
		设备因素 C_2	68.75		设备因素 C_2	70.34
		环境因素 C_3	70.45		环境因素 C_3	71.06
		管理因素 C_4	69.05		管理因素 C_4	67.31

3.3 评价结果分析

利用本文方法求得电梯整体综合得分为69.73，电梯安全等级属于“中等安全”，一级指标中设备因素和管理因素也属于“中等安全”；而单独AHP法求得电梯综合得分为70.57，安全等级属于“较为安全”，四个一级指标设备因素安全等级全属于“较为安全”，其安全评价等级相较于本文方法获得的结果高一级。

一级指标中设备因素与管理因素分值等级属于“中等安全”，低于人员因素和环境因素的评分等级，存在着一定的危险隐患，需要加强管理巡检工作。在对现场的进一步调研中发现电梯在使用过程中时有发生困人、门锁故障、平层故障等问题，且在维修过程中存在由于维保费用导致维修不及时的问题。因此，相较于AHP方法，本文所提方法得到的评价结果更符合实际情况，具有较强的适用性和较为准确的评价结果。

4 结论

① 提出了基于AHP-熵值法的电梯安全综合评价方法，同时考虑了专家意见及电梯实际情况，减小了主观因素的影响，使评价结果更加客观科学，评价结果较为符合实际情况，具有较强的适用性。

② 针对本文所提方法获得的电梯综合评价结果与传统方法差异较小，其可能与电梯本身处于两种

状态之间有关，且专家打分样本较少对结果也有一定影响。因此，在进一步研究中，考虑增加专家的数量，同时选取不同状态的电梯作为对比研究。

③ 本文利用线性组合方式对权重进行结合，参数的选择对最终结果有一定影响，在进一步研究中可以考虑进行参数优化。

参考文献

[1] 张喜刚．AHP 模糊综合评价法在电梯使用管理系统安全评价中的应用［J］. 安全与环境学报，2011，11（3）：236-239.

[2] Park S T，Yang B S．An implementation of risk-based inspection for elevator maintenance［J］. Journal of Mechanical Science and Technology，2010，24（12）：2367-2376.

[3] 庆光蔚，王会方，胡静波．电梯安全级别模糊综合评价方法及应用研究［J］. 中国安全生产科学技术，2013，9（4）：129-134.

[4] 陶杰，章国宝，黄永明，等．基于模糊综合评价的电梯安全运行状态评估［J］. 河南理工大学学报（自然科学版），2016，35（6）：782-788.

[5] 陈兆芳，张岐山．基于熵权和灰色关联方法的电梯安全评价及其应用［J］. 安全与环境工程，2016，23（4）：109-112.

[6] 沈功田，刘渊．大型机械系统的健康管理理论研究及应用设想［J］. 机械工程学报，2017，53（6）：1-9.

[7] 王钦方．企业本质安全化模型研究［J］. 中国安全科学学报，2005，15（12）：33.

[8] 庄春吉，王志荣，张煜，等．基于 AHP-灰色模糊理论的大型游乐设施安全评价［J］. 安全与环境学报，2015，15（2）：42-46.

[9] 李远远，刘光前．基于 AHP-熵权法的煤矿生产物流安全评价［J］. 安全与环境学报，2015，15（3）：29-33.

基于 RFID 的电梯物联网系统

卢德俊

江苏省特种设备安全监督检验研究院泰州分院，江苏泰州 225300

摘　要： 随着物联网技术的不断发展，本文提出了基于 RFID 标签的电梯物联网管理。RFID 标签作为物联网技术感知层的重要一环，本文根据电梯作为特种设备具有的特殊性，分析了检验人员在现场检验需要采集哪些数据，在电梯进行监督检验时需要系统采集录入哪些数据。分析了安全监管，采集的监管数据与检验数据的异同。通过 RFID 标签建立物联网系统来提升电梯数字化、信息化管理。

关键词： RFID；物联网；电梯；数据管理

Elevator Internet of things system based on RFID

Lu De-jun

Jiangsu Province Special Equipment Safety Supervision Inspection Institute Taizhou Branch, Taizhou Jiangsu 225300

Abstract: With the continuous development of Internet of things, this paper proposes the management of elevator Internet of things based on RFID tag. As an important part of the IoT technology perception layer, the RFID tag analyzes the data that the inspector needs to provide on the site according to the characteristics of the elevator as the special equipment. What data is required to be entered in the elevator for supervision and inspection. This paper analyzes the difference between the safety supervision and the collected regulatory and the inspection data. The IoT system is built by RFID tags to improve the digitalization and information management of elevators.

Keywords: RFID; Internet of things; Elevator; Data management

0　引言

随着我国经济的迅猛发展，高楼大厦如雨后春笋拔地而起不断林立，与其配套的电梯数量不断增长，检验机构电梯检验任务也在不断增加，电梯检验作业的数字化也变得越来越重要。

目前检验数据库本身数据的不完善，例如：在监督检验时原始记录虽然记录了各部件出厂编号、型式试验编号，却没有记录各类证书的具体栏目内容，在日后的年检过程中更是无法有效地利用这些信息；检验人员在现场对受检电梯设备信息的获取仍然存在一定的困难，很多时候难以或许准确的设备信息，从而在实际检验过程中很难及时发现设备私自改造，更换部件等各种情况。

由于近几年，物联网技术已经得到了迅猛发展，RFID 技术也变得相当成熟。物联网的信息数据是物联网的基础，数据信息作为物联网的第一层，其自身的准确、可靠、有效对物联网系统起着重要的作

作者简介：卢德俊，1990 年生，男，助理工程师，硕士学位，主要从事机电类特种设备检验检测技术研究。

用。因此，电梯中的 RFID 芯片中所承载的数据也是物联网系统中重要的因素，通过 RFID 芯片来采集、存储电梯的数据信息，从而便捷的实现电梯检验与管理工作的数字化、物联网化。

检验人员通过扫描设备在检验现场读取 RFID 芯片中的信息数据，电梯的设备信息显示在终端，从而使得检验人员在现场就可以直接对设备信息状况进行核对。迅速地了解到限速器的信息、悬挂装置的配置情况、曳引机或控制柜是否发生更换等等。通过 RFID 构建的物联网系统来帮助检验人员对检验现场的信息进行判断，使得检验人员能够更好更快的了解设备基本情况。

1 物联网技术

目前，物联网的体系将其划分为感知层、网络层和应用层三层。感知层主要为物联网采集各类信息，并将这些数据发送到网络层。网络层作为数据通信，主要是针对不同的数据信息建立不同的数据传输协议。应用层包含了数据处理中心和应用程序，通过数据中心建立的云计算、数据库等来实现物联网在实际中的应用。

特种设备的物联网建立，是将物联网技术应用到特种设备的安全监管与检验检测中，提高检验效率的同时，一方面能够降低特种设备事故的发生率，另一方面为特种设备的事故应急处理提供技术支撑。例如：南京特检院的 96333 电梯应急处置服务平台，无锡特检院的智能电梯物联网，都实现的对电梯运行状态的实时监控和应急救援。

2 RFID 技术

RFID 作为一种自动识别技术通过无线射频方式进行数据通信，从而实现对目标的识别。一个 RFID 系统一般由 RFID 标签、RFID 阅读器、计算机系统这三个部分组成[3]，RFID 标签是数据信息的载体，通过 RFID 阅读器来实现对数据的读取或写入。RFID 标签与传统条码相比具有受外界影响小、信息容量大、操作便捷、可重复使用，其中高频的 RFID 标签还具有能够远距离读取数据的优点。

利用 RFID 技术构建的电梯物联网系统，能够提高检验人员在现场检验的效率，检验人员通过手持 PAD 对电梯的 RFID 标签进行扫描，从而识别电梯的数据信息，能够方便地查阅到电梯的基本信息和出厂配置情况，例如：整机型号与出厂编号、曳引机的型号编号、制动器的出厂编号和结构形式、控制柜的出厂编号、层门和轿门的结构形式等。在调取上一检验周期的检验记录的同时，能够查阅之前检验的问题从而便于检验人员更加快速的发现安全隐患。

3 基于 RFID 的物联网系统

通过在电梯上安装 RFID 芯片，目的是为了实现在检验过程中对设备的自动识别和数据信息的共享，并且通过 RFID 构建出物联网系统的感知层[1]，通过可靠的数据平台实现与感知层、传输层的链接，最终实现电梯物联网系统的构建。通过现行体系各环节流程，设计了数据库的逻辑与功能，根据电梯数据信息追溯性的要求，构建出适合检验和监管的物联网系统。

根据电梯这一特种设备本身具有的特点，系统地分析了检验人员在现场需要系统提供哪些数据，如果实现全生命周期的安全监管，需要采集电梯哪些数据，会产生哪些数据。针对电梯的安全监管问题，分析了监管系统所需要的数据与检验检验系统中的数据有哪些不同。

3.1 系统的基本组成

系统主要包括 RFID 阅读器，被动式 RFID 芯片，软件程序三个部分组成。由 RFID 阅读器发射一定频率使得 RFID 芯片产生能量，从而将数据回传给 RFID 阅读器。RFID 阅读器可以离线状态下查阅电梯的基本数据信息，通过网络连接到数据中心能够读取更详细的设备信息或进行信息的处理。对于有机房的电梯 RFID 芯片安装在控制柜上。系统的结构示意图如图 1 所示。

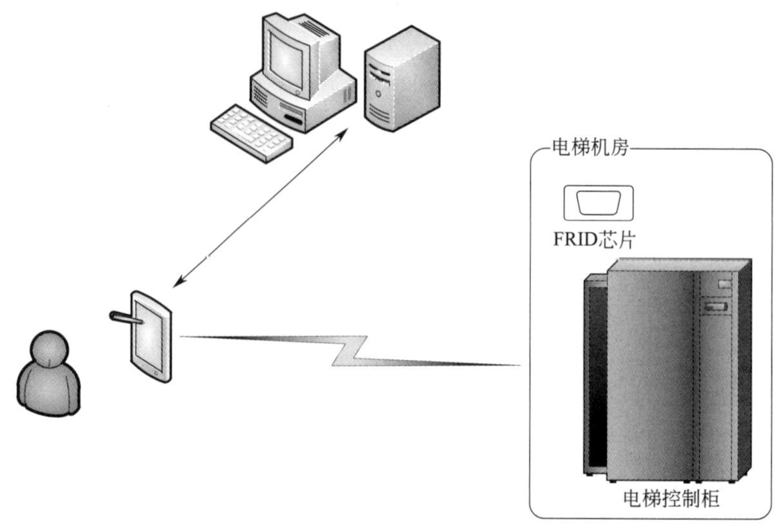

图 1 基于 RFID 的电梯物联网系统结构示意图

3.2 RFID 芯片

RFID 标签主要由天线和标签芯片这两个主要部件组成[2]，当前 RFID 芯片主要分为工作频率在 125kHz、134kHz 的低频，13.56MHz 的高频，915MHz、2.45GHz 的超高频。其中低频和高频 RFID 芯片都具有受潮湿环境影响小、无方向性、全球适用频率的优点。

由于电梯机房内有较多金属物体，因此使用 13.56MHz 高频具有 ROM、RAM、可编程记忆存储器的可读写功能的 RFID 抗金属标签，该标签采用水晶滴胶封装，能够很好地减少金属表面反射电磁波对标签信息所造成的影响，通信协议为 ISO14443A、ISO15693[5]，其中的信息识别码决定了 RFID 标签芯片的唯一性，记录电梯的状态、编号等数据信息，容量约为 8kbit。

3.3 数据信息的溯源

为了实现数据信息的追溯和透明化管理，系统包括了三个方面的基本功能：设备信息的完整性；数据库对设备信息的管理；设备信息查询功能。

监督检验时，依据电梯的出厂资料，预先在数据库中编辑出设备的基本信息，在检验现场时通过手持终端进行信息核对，利用终端对 RFID 芯片进行编辑，记录的基本数据信息。定期检验时通过对张贴在电梯控制柜内的 RFID 芯片进行扫描读取设备信息，从而实现电梯设备信息的完整性。信息发生改变时，检验人员在数据库对设备信息进行修改，系统会自动记录每次修改的“初始值”和“写入值”，通过网络数据库对设备信息进行综合管理。

3.4 数据信息的采集

在的监督检验时电梯的数据信息，应该能够方便地进行查阅，使得检验人员在定期检验时能够更好地把握现场的设备状况。

采集的基本信息有：电梯产品编号、电梯主要技术参数、电梯合同编号。

采集的土建信息有：电梯机房布置图、电梯层站布置、电梯楼层间距、井道空间图、井道下方有人能达到的空间图。

采集的安装信息有：电梯安装合同编号、安装单位安装许可证明文件、安装告知书、现场施工作业人员证。

采集的制造信息有：电梯整机型式试验证书、整机型式试验涵盖参数与配置表。

采集的曳引主机信息有：电梯驱动主机制造单位名称、主机编号、主机技术参数；电梯轿厢意外移动保护装置制造单位名称、意外移动保护装置的编号、意外移动保护装置的技术参数；电梯轿厢上行超速保护装置制造单位名称、上行超速保护装置编号、上行超速保护装置技术参数。

采集的限速器与安全钳信息有：电梯限速器制造单位名称、限速器的出厂编号、技术参数、型式试验证书、型式试验证书涵盖参数与配置表；电梯安全钳制造单位名称、安全钳编号、安全钳技术参数、型式试验证书、型式试验证书涵盖参数与配置表，限速器和安全钳的调试证书。

采集的控制柜中信息有：电梯控制柜制造单位名称、控制柜的型号和编号；动力电路与电气安全装置电路图；电梯含有电子元件的安全电路制造单位名称、元件编号、元件技术参数；电梯可编程电子安全相关系统制造单位名称、系统编号、系统技术参数。

采集的门系统信息有：电梯门锁装置制造单位名称、门锁编号与技术参数；电梯层门和玻璃轿门（如果有）的型号、层门和轿门的制造单位名称、编号、技术参数。

采集的悬挂系统信息有：电梯悬挂装置的名称、悬挂装置制造单位名称、悬挂装置的型号和主要参数。

3.5 信息的录入方式

由于人工录入信息即繁琐又容易出错，为此采用了 OCR 识别技术，设备出厂合格证、型式试验证书、制造许可证等文本资料和各装置的铭牌先通过扫描采集到系统中，通过 OCR 对扫描的信息进行识别，并且可以采取手工录入对信息进行编辑。土建布置图、电气图也可以通过扫描的方式作为基本信息保存在设备信息中，从而使得电梯信息的录入工作更加便捷。

3.6 监管与检验数据

电梯作为一个特种设备，关系到制造单位、使用单位、维保单位、检验机构、监管机构。检验机构在完成设备检验后向监管机构上传监管数据，监管机构了解到的是该设备是否已经注册登记、是否已经检验合格、是否需要使用单位监护使用等等。

检验机构监督检验对设备数据完成采集后存储在检验系统的服务器中[4]，通过读写器完成对 RFID 芯片内容的编辑后，将 RFID 芯片张贴在控制柜内。在电梯定期检验时，阅读器扫描 RFID 芯片在离线模式下读取：整机型号与出厂编号、设备参数、曳引机型号与出厂编号、限速器的型号与出厂编号。在联网条件下阅读器能够读取已采集到的所有信息，从而电梯年检人员通过阅读器能够很便捷的与现场情况进行对比。

3.7 数据信息的安全

电梯使用 RFID 标签后，标签所含信息的安全性也很重要，需要满足一定的要求，具体内容有：①设备信息录入工作完成后，未经授权不可更改；②监管账户权限与检验账户权限所涉及的数据内容要有所区分；③每台电梯通过出厂编号与 RFID 标签相对应，匹配后的 RFID 标签不可用于其他电梯；④电梯涉及改造等情况的数据变动需监管账户权限的授权；⑤防止非法复制 RFID 标签。为此需要 RFID 标签建立专用通讯协议和验证机制，通过安全协议与物理方法相结合来防止 RFID 标签出现的安全隐患。

4 终端数据信息

监督检验人员依据设备的出厂文件录入的数据信息作为设备详细基础信息存于软件程序的服务器中，监督检验人员在现场进行检验时，通过手持终端读取这些详细基本信息，监督检验人员在现场通过人机交互界面编辑的信息内容，尤其对于电梯控制柜、曳引机、限速器等铭牌上的信息进行拍照，采集后的图像通过 QCR 功能实现与电梯出厂资料信息的比对。

4.1 井道数据信息

手持终端作为人机交互界面在记录电梯井道信息时，通过操作者输入电梯信息的生成电梯井道二维图。在操作者输入层门数后，界面自动生成井道示意图。操作者通过示意图显示的层站信息，输入层站间距，轿厢面积与截面形状，井道的顶部与底部空间数据，对重块与轿厢的间距，电梯在基站平层时对重与轿顶的间距，电梯在顶层端站时对重与缓冲器的间距，选择底坑是否有人能到达的空间。信息输入完备后生成的二维图如图 2 所示。

通过手持终端输入数据后，生成的电梯二维图可以帮助检验人员在定期检验过程中核查井道信息，找出例如：是否擅自加装层站、封闭层站，轿顶空间与底坑空间是否满足要求，对重块数量是否改变等问题。

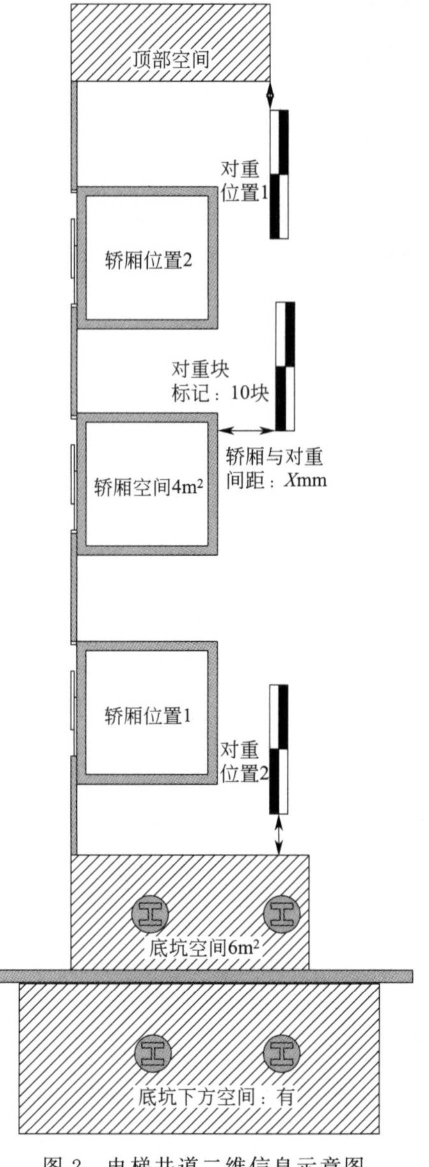

图 2 电梯井道二维信息示意图

4.2 机房数据信息

电梯机房中，曳引机、控制柜、限速器三者的空间位置也通过电梯机房二维信息示意图来显示。位置信息输入完备后生成的二维图如图 3 所示。操作人员通过手持终端拍照记录：电梯整机铭牌、曳引机主机铭牌、轿厢意外移动保护装置铭牌、电梯上行超速保护装置铭牌、限速器铭牌、控制柜铭牌、可编程电子相关系统铭牌。信息通过图像文字提取软件与系统中记录的设备详细信息进行对比，操作者确认信息一致后，通过手持终端上传到系统服务器进行记录和存储。

由于电梯本身的特殊性，电梯整机的出厂铭牌一般都张贴在控制柜盖板上，在多台电梯共用机房时很容易出现控制柜盖板未按规定放回原位的现象，从而给定期检验时设备的信息核查造成一定的困难，编号混乱也会带来其他的问题。为此在定期检验时可以通过手持终端调出设备信息，在二

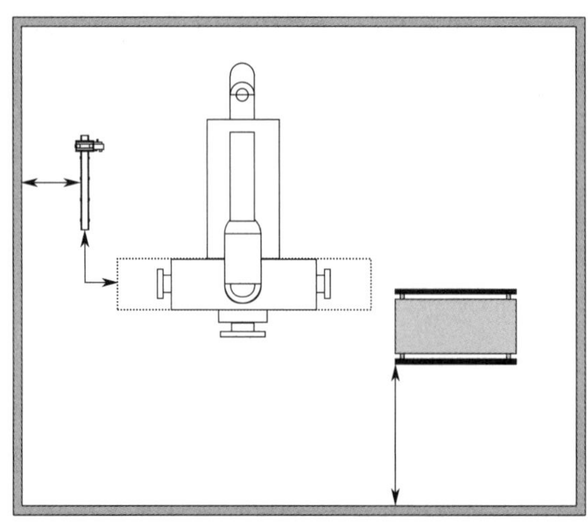

图 3 电梯机房二维示意图

维示意图上清楚地了解到每台主机自身的编号和方位，方便快速的帮助检验人员进行判断。

5 结束语

利用 RFID 标签实现电梯物联网系统依赖于对 RFID 数据的有效管理，真实有效的数据收集、数据分析、数据安全在物联网的感知层起着关键作用。检验人员在现场直接读取数据信息，能够大大缩短检验时记录设备基础信息所消耗的时间，通过对信息的核对从而帮助检验人员发现更多的问题。

随着网络与数据传输的不断发展，手持终端设备的不断更新，通过基于 RFID 的电梯物联网系统能够帮助提升电梯数字化、信息化管理，从而为电梯物联网系统的构建提供可靠的数据源。

参考文献

［1］ 徐慧剑．基于物联网 RFID 技术的智能仓储系统的设计与实现［J］. 制造业自动化，2012，34（7）：139-141.
［2］ 陈超，梁兴建，邱玲．基于 RFID 物联网的档案管理系统设计与实现［J］. 四川理工学院学报（自科版），2011，24（6）：671-673.
［3］ 张捍东，朱林．物联网中的 RFID 技术及物联网的构建［J］. 计算机技术与发展，2011，21（5）：56-59.
［4］ 苏冠群．基于 RFID 的特种设备全生命周期公共服务平台研究［D］. 济南：山东大学，2010.
［5］ 张亚平．无源超高频 RFID 标签设计与实现［D］. 武汉：华中科技大学，2012.

基于空载功率法的电梯平衡系数检测研究

贾海军　张学伦　何　洋

重庆市特种设备检测研究院，重庆 400121

摘　要： 基于空载功率法检测平衡系数的原理，通过对电梯能量转换的分析，提出了利用示波器和电能质量分析仪检测平衡系数的方法，并对有能量回馈装置和无能量回馈装置的两种曳引驱动电梯进行了平衡系数检测。结果表明该方法较为方便，数据比较准确，具有一定的实用价值。

关键词： 电梯；平衡系数；空载功率法

Measurement of Elevator Equilibrium Coefficient Based on Power Method without Loading

Jia Hai-jun, Zhang Xue-lun, He Yang

Chongqing Special Equipment Inspection Institute, Chongqing 400121

Abstract: Based on the principle of no-load power method to measure the balance coefficient and through the analysis of elevator energy consumption, a method of measuring the balance coefficient by using oscilloscope and power quality analyzer is proposed. The balance coefficient of two traction drive elevators with and without energy feedback device is measured. The results show that the method is more convenient, the data is more accurate, and has a certain practical value.

Keywords: Elevator; Balance factor; Method without loading

0　引言

平衡系数是决定曳引驱动电梯整机性能的重要参数之一，其值为电梯对重质量与空载轿厢质量之差与额定载荷的比。平衡系数与电梯的系统质量、曳引力、能耗等参数都有关系，过大或过小的平衡系数对电梯运行的安全性、舒适性、经济性以及使用寿命均有不良影响，因此平衡系数的检测是电梯检验和安全评估中一项很重要的项目，TSG T 7001—2009《电梯监督检验和定期检验规则——曳引与强制驱动电梯》中第 8.5 条明确规定电梯的平衡系数应在 0.4～0.5 之间。目前，平衡系数的检测方法主要有载荷-电流法、二次加载电流法、称重法和空载功率法几种，而载荷-电流法和空载功率法是比较常用的方法。

1　功率法与载荷-电流法测量平衡系数的比较

1.1　载荷-电流法

载荷-电流法是 GB/T 10059《电梯试验方法》和 TSG T 7001—2009《电梯监督检验和定期检验规

作者简介：贾海军，1982 年生，男，工程师，硕士，主要从事特种设备检验检测技术研究。

则——曳引与强制驱动电梯》中规定的检测方法，也是目前各检验检测机构使用最普遍的方法，即：在轿厢内分别加载重量为载额定载重量 30%、40%、45%、50%、60%的砝码做上下全程运行试验，当轿厢与对重运行到同一水平位置时记录电机的电流值并绘制出上、下行电流-载荷曲线图，以两条电流曲线的交点确定平衡系数值。该方法简单易行，无需专用设备，但是砝码的运输、装卸非常耗时耗力，检测效率低下，而且现场使用的砝码是未经过计量的对重块、袋装水泥等非标准砝码，会对检测结果造成一定影响。

1.2 空载功率法

空载功率法是近几年新兴的平衡系数测量方法，它是通过测量轿厢空载下行和空载上行时对重与轿厢处于同一位置时电机的瞬时功率，根据运行中电能与机械能的能量转换关系，计算出平衡系数值[1]。

依据平衡系数定义，电梯空载时曳引轮两侧的重量差为 KQ（K 为平衡系数，Q 为电梯额定载荷），当轿厢空载下行时，由于对重侧较重，此时电机处于电动状态拖动负载做功，电能转换为负载的动能与机构传动损耗，二者关系见式(1)；电梯空载上行时由于对重侧质量大于轿厢侧质量，轿厢在对重的拖动下运行并带动电机运转，此时电机处于发电状态，负载的动能转换为电机电能与机构传动损耗，二者转换关系见式(2)。

$$N_x = KQgV_x + \Delta_x \tag{1}$$

$$N_s = KQgV_s - \Delta_s \tag{2}$$

由式(1) 和式(2) 求得平衡系数为：

$$K = \frac{N_x + N_s}{Qg(V_s + V_x)} - \frac{\Delta_x - \Delta_s}{Qg(V_s + V_x)} \tag{3}$$

式中 Δ_x——电梯空载下行总损失功率，W；

Δ_s——电梯空载上行总损失功率，W。

电梯运行损失功率包括电机铁损、机械传动损失功率、轿厢与导轨间的摩损失功率、风阻等造成的功率损失，电梯上、下运行的总损失功率不同，但二者之差值远小于 $Qg(V_s+V_x)$。式中 Δ_x、Δ_s 的具体数值可通过将载荷-电流法求得的平衡系数值代入式(4) 和式(5) 后求出，有资料表明，当电梯平衡系数在［0.4，0.5］区间时，式(3) 中第二项的值在［0.002，0.01］区间内[2]，对计算结果的影响很小，可忽略不计，因此平衡系数的值又可表示如下：

$$K = \frac{N_x + N_s}{Qg(V_s + V_x)} \tag{4}$$

空载功率法测量平衡系数不需要搬运和装卸砝码，大大缩短了检测时间，与传统载荷法相比，检测效率有了质的提升，相关文献表明其检测及结果与传统的载荷-电流法基本一致[3]。目前，空载功率法已受到行业的认可，并作为中国特种设备检验协会团体标准（T/CASEI T101—2015，电梯平衡系数快捷检测方法）正式发布。

2 基于空载功率法的平衡系数测量

目前，已经有基于空载功率法的平衡系数检测仪器面世并被部分检验检测机构采用，普及程度也在逐步提高。本文尝试用电能质量分析仪、示波器和转速表实现基于空载功率法的平衡系数测量，并分别对有能量回馈装置和无能量回馈装置的两类电梯进行了测量。

2.1 有能量回馈装置的电梯平衡系数测量

有能量回馈装置电梯的系统驱动原理如图 1 所示。当电梯空载下行时，电能从电网侧经变频器整流、滤波、逆变后进入电机驱动电梯运行，电能转换为机械能；当电梯空载上行时曳引系统会释放出大量的机械能使电机处于发电状态，电机发出的电经过逆变桥后由能量回馈装置反馈至电网中供其它设备使用。由于所用电能质量分析仪只能检测工频功率，因此测量功率时需将它安装在变频器输入端，同时用转速表测量电梯运行速度，测量时操作电梯空载上下全程运行，分别记录下对重与轿厢处于相同位置时的功率和运行速度，按式(4) 计算出平衡系数。

采用以上方法对一台 2016 年安装的额定载荷为 1050kg，额定速度 1.75m/s，7 层站的交流变频调速电梯进行了两次测量，测量数据见表 1。测得的平衡系数分别为 0.471 和 0.467，两次测量的结果偏差为 0.004，查阅安装监督检验报告中用载荷-电流法测得的平衡系数为 0.46，前者相对后者的最大偏差为 2.39%。

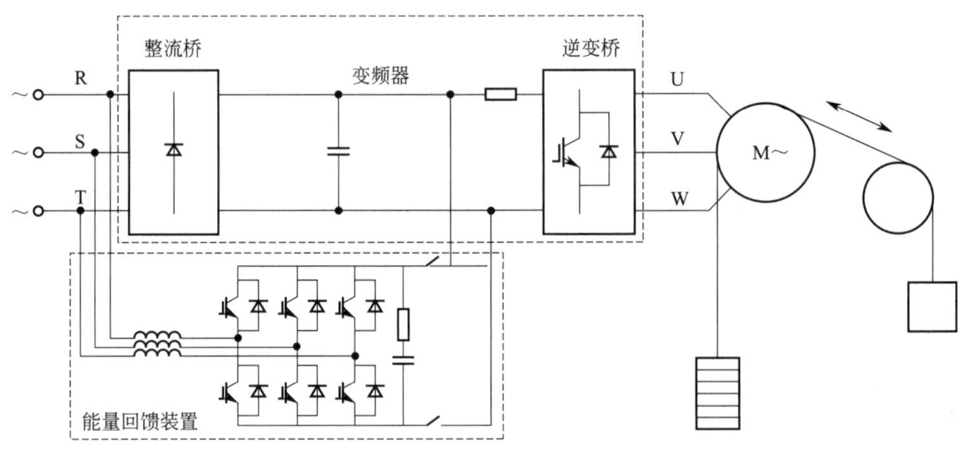

图 1　有能量回馈装置的电梯电气原理

表 1　平衡系数参数表

测量参数	第一次测量	第二次测量	测量参数	第一次测量	第二次测量
空载上行速度	1.75m/s	1.75m/s	空载下行功率	5.66kW	5.45kW
空载上行功率	11.27kW	11.46kW	平衡系数	0.471	0.467
空载下行速度	1.74m/s	1.75m/s			

2.2　无能量回馈装置的电梯平衡系数测量

无能量回馈装置电梯的系统驱动原理如图 2 所示。电梯空载下行时的能量转换情况和有能量回馈装置的电梯一样，此时只需将电能质量分析仪接入变频器输入端即可测得空载下行功率 N_x。当电梯空载上行时，由于没有能量回馈装置，处于发电状态下的电机所产生的电能只能经逆变器转换为直流后存储在电容中，由于整流桥的存在，这些电能不能进入电网中，而是由制动单元控制其在制动电阻上发热消耗掉，此时将示波器接入制动电阻的两端测出其电压，再由标示或测量的制动电阻阻值计算出空载上行

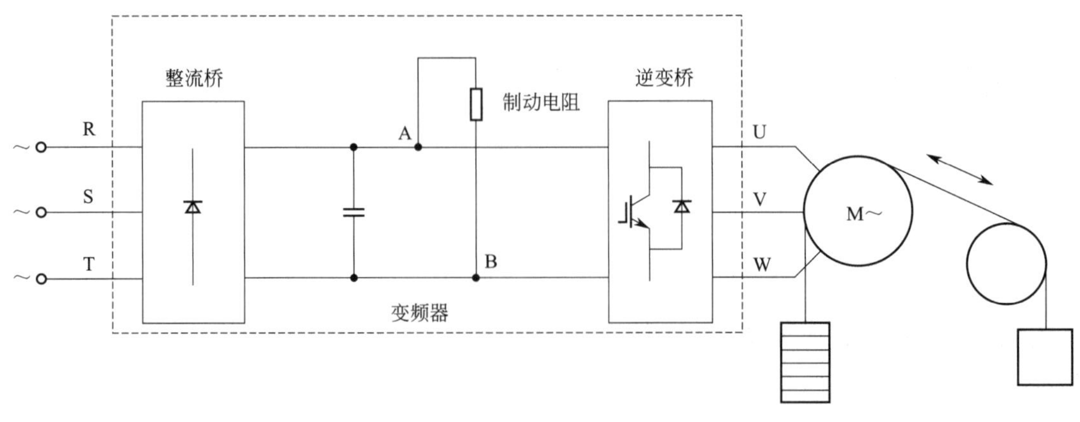

图 2　无能量回馈的电梯电气原理

功率 N_s。

由于上行和下行测量功率的位置不一致，因此上行和下行的功率损耗也不相同，此时若直接用式(4) 计算平衡系数会有较大的误差，需要对式(1) 和式(2) 进一步细化。空载下行时电流完整的经过了变频器，其功率损耗由整流桥功耗 P_{1x}、逆变桥功耗 P_{2x}、机械损耗 P_{3x} 和轿厢对重系统损耗组成，其关系见式(5)；空载上行时由于电流没有经过整流桥，因此其功耗仅由逆变桥功耗 P_{2x}、机械功耗 P_{3x} 和制动电阻功耗组成，见式(6)。

$$N_x = P_{1x} + P_{2x} + P_{3x} + KQgV_x \tag{5}$$

$$KQgV_s = N_s + P_{2s} + P_{3s} \tag{6}$$

由此求得平衡系数为：

$$K = \frac{N_x + N_s - P_{1x}}{Qg(V_x + V_s)} + \frac{P_{2s} - P_{2x} + P_{3s} - P_{3x}}{Qg(V_x + V_s)} \tag{7}$$

由于式(7) 中第二项的值非常小，可忽略不计，平衡系数的值可进一步简化为：

$$K = \frac{N_x + N_s - P_{1x}}{Qg(V_x + V_s)} \tag{8}$$

其中，N_x 由电能质量分析仪测量得到，N_s 由制动电阻阻值和电压计算得出，P_{1x} 由空载下行时对重与轿厢处于同一位置时将电能质量分析仪接入在变频器输入端测的功率值代替。

用以上方法对某医院一台额定载荷 800kg，额定速度 1.0m/s，4 层站的变频调速电梯进行了两次测量，其中一次测得的制动电阻电压波形如图 3 所示，详细测量参数见表 2。用载荷-电流法测量的参数见表 3，平衡系数曲线如图 4 所示。

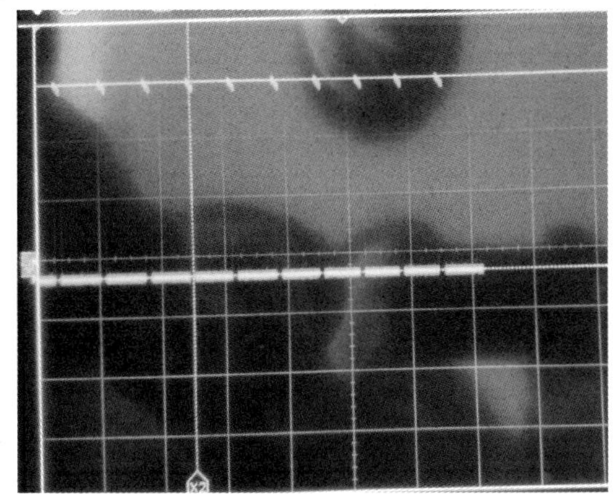

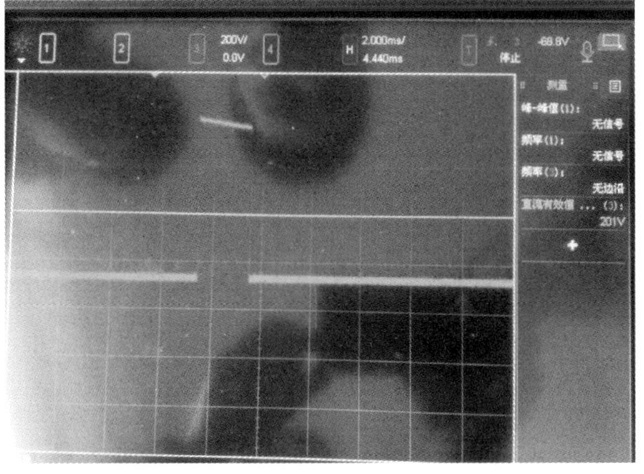

图 3　制动电阻电压波形图

表 2　平衡系数参数表

测量参数	第一次测量	第二次测量	测量参数	第一次测量	第二次测量
空载下行功率	4.80kW	4.58kW	空载下行速度	0.98m/s	0.98m/s
空载上行电压	201V	217V	制动电阻值	34.3Ω	
空载上行速度	1.00m/s	0.99m/s	平衡系数	0.355	0.356
P_{1x}	0.46	0.45			

表 3　载荷-电流法测量数据

测量参数	负载率/%	第一次测量		第二次测量	
		上行电流/A	下行电流/A	上行电流/A	下行电流/A
测量数值	30	3.4	5.1	3.7	5.5
	40	5.1	2.8	5.4	3.3
	45	6.1	2.4	6.3	2.6
	50	7.1	2.0	7	2.1
	60	9.0	1.5	8.9	1.3

用载荷-电流法测量的平衡系数值分别为 0.341 和 0.345，平均值为 0.343；用功率法测量的值为 0.355 和 0.356，与载荷-电流法平均值的最大偏差为 3.79%。

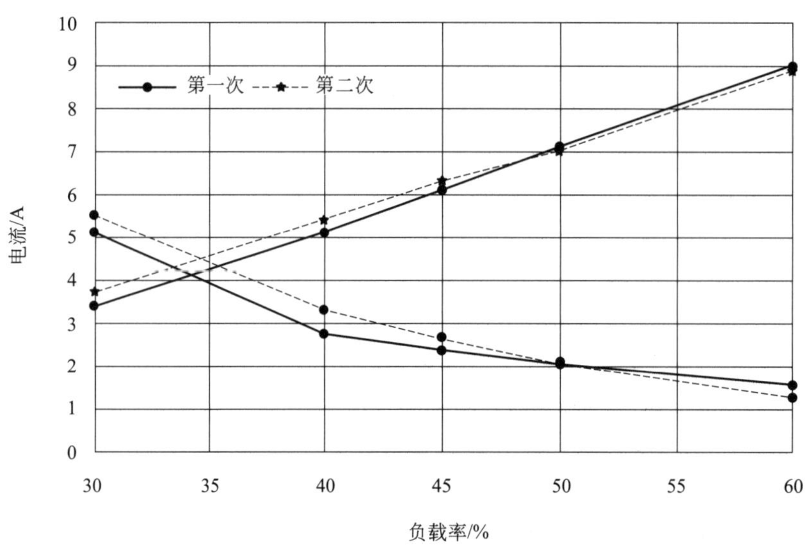

图 4　载荷-电流曲线图

3　结论

本文分析了空载功率法测量平衡系数的原理，并尝试利用电能质量分析仪、示波器、转速表对有能量回馈装置和无能量回馈装置的两种曳引驱动电梯进行了平衡系数测量，与传统载荷-电流法的测量结果对比表明：该方法测量重复精度较高，与载荷法的测量偏差在可接受范围内，结果比较准确，测量效率较高，具有一定的实用性，但目前测量数据还比较缺乏，下一步还需进行大量的试验验证、数据分析、修正完善以便使该方法具有普遍适用性。

参考文献

［1］ 孙立新，戴广宇．电梯平衡系数快捷检测新技术研究［J］．中国特种设备安全，2015，31（8）：11-16.
［2］ 李威强．一种电梯平衡系数检测仪：中国，201611180362.9［P］．2017-03-22.
［3］ 彭广．两例电梯平衡系数检测“空载功率法”与传统方法对比试验［J］．中国电梯，2018，29（11）：45-48.

两种 UCMP 制停子系统的分析和比较

王　葵　代清友

广东省特种设备检测研究院，广东广州 528251

摘　要： 对电梯轿厢意外移动保护装置的相关内容进行分析和探讨。介绍了 3 种常见的轿厢意外移动保护装置类型，分别对驱动主机制动器和双向夹绳器作为制停子系统进行型式试验，得到试验结果，并且对试验结果进行分析，进而对轿厢意外移动保护装置存在一些质疑进行探讨。探讨的结论表明，驱动主机制动器具有较好的制动性能，但是需要自监测子系统确保其制动性能的持续有效性；双向夹绳器应用于大载荷电梯时，制动能力随着制动次数衰减较快，需要提高其摩擦衬垫的性能以及使用中注意对其制动性能的调整。

关键词： 轿厢意外移动保护装置；制停子系统；驱动主机制动器；双向夹绳器

Analysis and Comparison of Two UCMP Stop Subsystem

Wang Kui, Dai Qing-you

Guangdong Institute of Special Equipment Inspection and Research,　Guangzhou 528251

Abstract: This paper analyzes and discusses the contents of unintended car movement protection device. This paper introduces three common types of unintended car movement protection device, respectively conducts type test on the brake of the driving main engine and two-way rope clamping device as the stopping subsystem, obtains the test results, and analyzes the test results, and then discusses some questions about the unintended car movement. The results show that the actuator brake has better braking performance, but the self-monitoring subsystem is needed to ensure the continuous effectiveness of its braking performance. When the bidirectional rope clamper is applied to the elevator with large load, the braking capacity decreases rapidly with the braking times, so it is necessary to improve the performance of its friction liner and pay attention to the adjustment of its braking performance in use.

Keywords: UCMP; Stop subsystem; Driving engine brake; Two-way rope clamp

0　引言

随着我国进入新时代，电梯保有量也迅速跃居到世界第一位。电梯在给人们现代生活带来极大便利

基金项目：广东省质量技术监督局科技项目“电梯轿厢意外移动保护装置及制动器的安全性能检测技术研究”（编号：2017CT31）。

作者简介：王葵，1987 年生，男，工程师，硕士，主要从事电梯检验检测和科研工作。

的同时，由其造成的安全事故也越来越频繁。在开门情况下，电梯意外移动造成的剪切事故时有发生，极易造成人员伤亡，通过媒体的传播，引起社会极大的恐慌。根据 2015 年 7 月发布的国家标准 GB 7588—2003《电梯制造与安装安全规范》第 1 号修改单和 2016 年 6 月发布的 TSG T7007—2016《电梯型式试验规则》要求，电梯应当装设轿厢意外移动保护装置，防止电梯在层门未被锁住且轿门未关闭的情况下轿厢意外移动。轿厢意外移动保护装置的型式试验已经在 2017 年 1 月 1 号开始强制实施，对其的监督检验和定期检验也开始从 2017 年 10 月 1 号开始强制实施。

轿厢意外移动保护装置作为新增的技术要求之一，占据了标准第 1 号修改单、检规第 2 号修改单主要篇幅[1~4]。在国内，轿厢意外移动保护装置的检验还处在开始起步阶段，标准和检规的部分条款比较模糊。本文通过抽取几点检验中发现的问题，供电梯同行一起探讨。由于我国在用和新装的电梯主要是曳引式电梯，本文主要探讨曳引式电梯的轿厢意外移动保护装置。

1 常见的轿厢意外移动保护装置

根据 GB 7588—2003 第 1 号修改单对轿厢意外移动保护装置功能的要求，轿厢意外移动保护装置常见的类型可以大致有三种。

1.1 轿厢意外移动检测电路板＋驱动主机制动器＋自监测子系统

在电梯层门未被锁住或轿门未被关闭的情况下，轿厢发生意外移动并且离开门区。轿厢意外移动检测电路板检测到轿厢出现意外移动，断开安全回路。驱动主机制动器电源接触器被断开，制动器动作，轿厢被制停。自监测子系统定期对驱动主机制动器的制动性能进行监测，确保制动器的可靠性。此种方式只能应用于开门情况下的平层、再平层和预备操作且驱动主机制动器存在内部冗余的电梯。对于不具有符合开门情况下的平层、再平层和预备操作的电梯，并且其驱动主机制动器存在内部冗余且自监测正常，不需要检测轿厢的意外移动。

1.2 双向限速器（兼具检测和触发功能）＋双向夹绳器

电梯轿厢平层开门后，轿门打开，轿门上独立的轿门检测触点（安全触点，门开时强制断开）被强制断开。轿门的检测触点和限速器（如图 1 所示）上电磁铁在同一条电路上，进而限速器上的电磁铁失电，限速器进入预触发状态。如果轿厢发生意外移动，限速器被带动旋转。轿厢意外移动一段距离后，限速器机械触发夹绳器动作，轿厢被夹绳器制停。此种方式通常用于不具有符合开门情况下的平层、再平层和采用异步曳引机的电梯上。

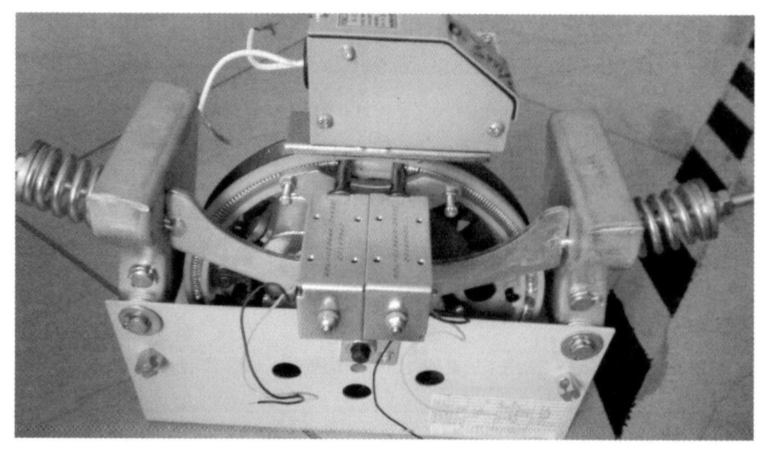

图 1 兼具检测和触发功能的双向限速器

1.3 轿厢意外移动检测电路板＋双向夹绳器

在电梯层门未被锁住或轿门未被关闭的情况下，轿厢发生意外移动并且离开门区。轿厢意外移动检测电路板检测到轿厢出现意外移动输出一组无源断开触点。在轿门检测触点和无源触点同时断开的情况下，双向夹绳器（如图 2 所示）电磁铁失电，轿厢被夹绳器制停。此种方式可以用于具有符合开门情况下的平层、再平层和预备操作的电梯，且一般用在采用异步曳引机的电梯上。

图 2　电磁铁触发的双向夹绳器

2　两种常见制停子系统的试验比较

根据轿厢意外移动保护装置的常见型式，曳引式电梯主要采用驱动主机制动器和双向夹绳器作为制停子系统，按照标准和型式试验规则的要求，制停子系统需要进行试验，以验证其安全可靠性。电梯分别在额定载荷和空载情况下，在轿厢达到预期的最高速度时，触发制停子系统动作，制停子系统应能独立地将轿厢制停在预期的距离范围内。本文抽取驱动主机制动器和双向夹绳器在电梯额定载重量工况下的试验减速度数据来对两种制停子系统的制动性能进行比较。

2.1 制停子系统—驱动主机制动器

试验电梯的额定载重量为 5000kg、悬挂比为 4∶1，制动器结构型式为电磁直推鼓式（块式）。测试

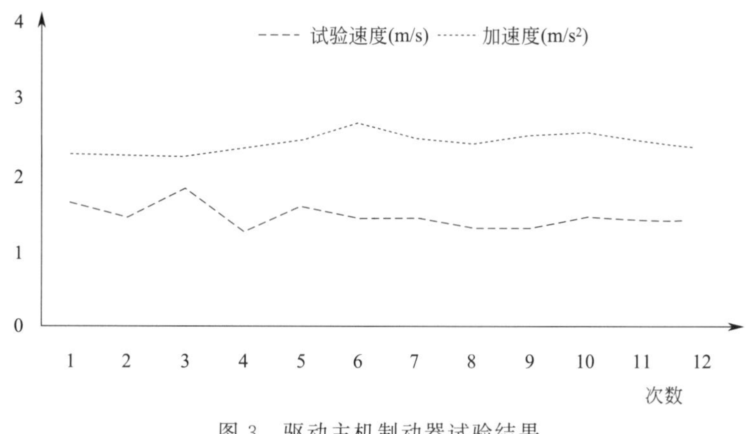

图 3　驱动主机制动器试验结果

结果如图 3 所示，其中横轴表示试验的次数，纵轴表示轿厢减速前的最高速度和制停过程中轿厢的平均减速度。试验过程中未对制动器做过任何调整，连续完成 12 次试验。从图 3 可以看出，12 次试验的减速度基本变化不大，制动器每次都能较稳定的完成轿厢的制动。

2.2 制停子系统—双向夹绳器

如图 4 所示，双向夹绳器通过双向限速器机械触发，使夹绳器上的弹簧脱钩，动楔块夹紧钢丝绳，并且随着钢丝绳的运动越夹越紧。由于该夹绳器的额定载重量覆盖 1～5t，因此分别在额定载重量为 1t 和 5t 的电梯上完成试验。

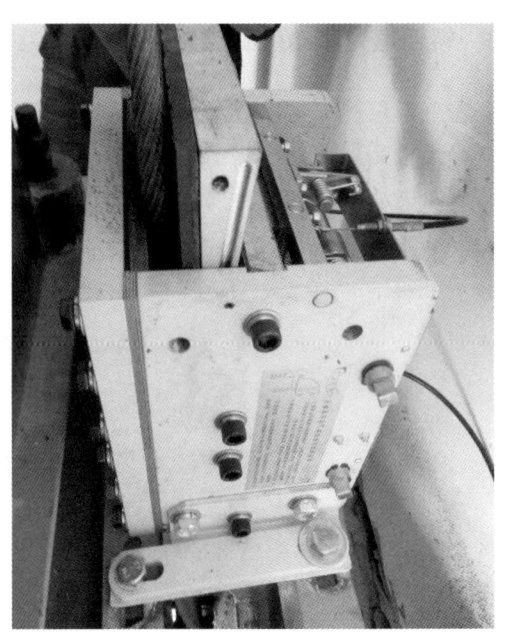

图 4 机械触发双向夹绳器

额定载重量为 5000kg 电梯的悬挂比为 2∶1，夹绳器安装在曳引轮的一侧。由于存在轿厢减速度过大或者轿厢制停距离过长，试验过程中，根据前一次试验结果，试验人员对夹绳器的垫片进行了多次增减，以确保试验的正常进行。如图 5 所示，10 次试验的减速度离散性比较大，只是某几次连续变化比较小，也就是在不增减垫片的情况下，夹绳器的制动性能只能稳定的保持在 4 次左右。另外，在试验过程中，如果一直不调整垫片，夹绳器的制动性能会越来越差，并且下降的比较明显。

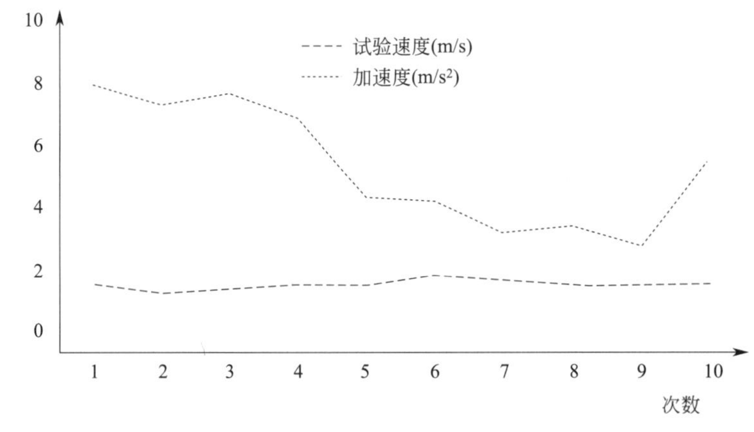

图 5 双向夹绳器—额定载重量 5000kg

额定载重量为 1000kg 电梯的悬挂比为 2∶1，夹绳器安装在曳引轮的一侧。试验过程中，根据前一次试验结果，夹绳器的垫片也进行了增减。如图 6 所示，试验初始的时候，减速度逐渐减小，但是从第 5 次开始，在不增减垫片的情况下，减速度能够一直维持在比较稳定的值，而不出现下降，夹绳器的制动性能比较稳定。

3 结果分析

驱动主机制动器作为制停子系统，由于其在制动时，制动轮和制动衬垫之间的接触面比较大，试验过程中磨损比较小，因此其制动过程中，减速度比较稳定。双向夹绳器作为制停子系统，在制停过程中，钢丝绳和摩擦衬垫的接触面积很小，当制停力非常大时，摩擦衬垫的磨损将非常严重，这也就导致夹绳器的制动性能衰减非常快。但是，当制停力较小时，夹绳器可以在一定程度上保持较好的制停性能。

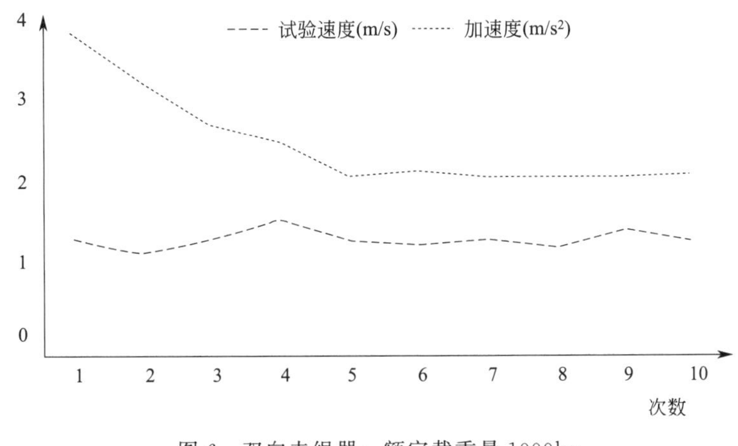

图 6　双向夹绳器—额定载重量 1000kg

3.1　驱动主机制动器作为制停子系统的探讨分析

驱动主机制动器相比较夹绳器具有很好的制停性能，但是存在冗余的驱动主机制动器需要完成电梯的制动功能、上行超速保护功能以及轿厢意外移动保护功能等多种功能。在我国，存在冗余的驱动主机制动器主要采用的是鼓式制动器。根据对近年来我国事故发生的原因统计分析，鼓式制动器发生卡阻是绝大部分事故发生的原因。鉴于此，业内人员对于驱动主机制动器作为轿厢意外移动保护装置制停部件提出了质疑[5]。

根据 GB 7588—2003 第 1 号修改单，轿厢意外移动保护装置是防止在层门未被锁住且轿门未关闭的情况下，由于轿厢安全运行所依赖的驱动主机或驱动控制系统的任何单一元件失效引起轿厢离开层站的意外移动。驱动控制系统的失效是指在轿厢在平层、再平层和预备操作过程中出现的电梯失控，其失效需要检测子系统对其进行监控。而对于不具有平层、再平层和预备操作的具有冗余制动器的电梯，只需要对其制停子系统进行自监测。所以，对于驱动主机单一元件的失效引起的意外移动是通过自监测子系统来防止的，而标准中对自监测子系统的相关条款并不明确。由于驱动主机制动器的有效工作对电梯的重要性，制动器机械装置正确提起（或释放）验证应当对整个提起和释放的过程进行验证，制动力验证应当对驱动主机制动器的每一组抱闸分别验证。另外，在日常的维保中要加强对制动器的维保，确保制动器的正常工作。

3.2　双向夹绳器作为制停子系统的探讨分析

根据前述试验结果以及笔者所在工作单位多年来对夹绳器进行型式试验的结果分析，双向夹绳器作为制停子系统用于载重量较小的电梯时，可以有较好的制动性能。但应用于载重量较大的电梯时，制动性能不稳定，制动能力衰减比较快。在 GB 7588—2003 第 1 号修改单之前，夹绳器主要用做电梯上行超速保护装置。根据标准的要求，上行超速保护装置最低只需要使超速轿厢的速度降低至对重缓冲器的设计范围，并不要求在限定的距离内制停轿厢。而夹绳器作为意外移动保护装置时，根据标准要求，其必须将达到意外移动预期最高速度的轿厢在预期的距离内制停，这需要夹绳器具有很好的制停性能。本文中的夹绳器在电梯载重量很大时，制动性能衰减很快，需要提高其摩擦衬垫的性能，以及在实际使用中经常进行调整，以确保轿厢意外移动保护装置的有效性。

4　结论及建议

通过对轿厢意外移动保护装置进行现场试验以及实验结果分析，可以得到如下结论：

① 驱动主机制动器作为制停子系统具有比较好制动性能，但其自监测子系统应当满足更高的监测

要求，以确保制动器的制动性能；

② 双向夹绳器作为制停子系统在电梯额载较小时具有好的制动性能，当用于大载荷电梯时制动性能衰减较快，制造单位需要提高摩擦衬垫的性能，且在使用中要注意调整，确保其制动性能。

参考文献

［1］ 李继波，李文鹏．电梯轿厢意外移动保护装置的技术要求与研究现状分析［J］. 中国特种设备安全，2017，（02）：1-2.

［2］ 李广伟，鲁彬，杨新洲，刘接胜．轿厢意外移动保护装置研究［J］. 机电工程技术，2015，（06）：32.

［3］ 佘昆，代清友．关于轿厢意外移动保护系统检测电路的探讨［J］机电工程技术，2014，（08）：11-12.

［4］ 杨静．浅析电梯轿厢意外移动保护装置的结构原理及检验注意事项［J］. 质量技术监督研究，2018，（01）：40-43，53.

［5］ 林芳建．制动器作为轿厢意外移动保护装置制停部件合理性的探讨［J］. 质量技术监督研究，2017，（03）：17-19.

面对老旧电梯 2 个部件安全检验

张俊喃　唐文华　鲁云波　和　杰　杨春宇　许有才　乔王治　杨清文　苏尔希　张志羿

云南省特种设备安全检测研究院，昆明 650228

摘　要： 我国是电梯生产和使用大国，15 年以上“服役”老旧电梯越来越多，潜在的安全隐患也在不断突显。因此，分析老旧电梯 2 个部件可能存在的安全隐患，并给予希望使用单位、维保单位及监督管理单位重视，确保老电梯的安全使用，更好保障人民的财产和生命安全。

关键词： 老旧电梯；制动器；层门；轿门；安全状况；应对措施

Safety Analysis of Old Elevator in Office Building

Zhang Jun-nan, Tang Wen-hua, Lu Yun-bo, He Jie, Yang Chun-yu, Xu You-cai, Qiao Wang-zhi, Yang Qing-wen, Su Er-xi, Zhang Zhi-yi

Special Equipment Safety Inspection Institute in Yunnan Province, Kunming, 650228

Abstract: China is a big country of elevator production and use. More and more old elevators have been in service for more than 15 years, and potential safety risks are becoming increasingly prominent. Therefore, the analysis of the old elevator 2 parts may exist safety risks, and give hope to the use unit, maintenance unit and supervision and management unit attention, to ensure the safe use of the old elevator, better protect people's property and life safety.

Keywords: Old elevators; Brake; Floor door; Sedan door; Safety conditions; Response

0　引言

随着城镇化的建设，电梯的数量与日俱增，电梯作为办公楼运行上下重要交通工具，是决定楼宇交通系统是否高效运行的关键。与此同时，全城“高龄”或“超龄”服役的老旧电梯的数量也不短增加，特别是 15 年以上的老旧电梯[1]。本文以平常检验办公楼的老旧电梯为例，因建筑楼层高、电梯数量少、型号老、上下人员多、电梯使用频率高等特点，经常见到制动器和层门的机械和电气控制系统已经老化严重使得电梯故障频率增加，安全可靠性下降等问题日益突出。据统计很多的电梯重大事故都与电梯的制动器和层门故障有关，本文将对这 2 个部件安全状况分析，希望使用单位与维保单位和监督部门引起重视，对电梯运行进行监控。

1　制动器失效形式

制动器是每台电梯最重要的安全部件，现实生活中发生的诸多电梯安全事故中，制动器的“刹车”失效是造成电梯事故一个重要的原因。因此分析老旧制动器失效原因显得更为关键。

1.1 制动器常见失效分析

（1）单组机械部件制动器

其原因的存在是由电梯设计制造造成的，旧标准对此并没有过多的要求，因此许多老旧电梯的制动器非两组独立装设。目前常见的有早期三菱出厂的GPS系列，东芝出厂CV系列，该系列电梯一旦制动器电气部件或是机械部件失效，就可能造成制动失效，将无法保证电梯的安全运行[2]。

（2）制动器油污

曳引机为异步有齿轮的电梯，蜗杆在减速箱端盖处的密封不好，导致渗油、漏油。润滑油随着蜗杆的旋转流到或是飞溅到制动轮和制动闸瓦摩擦表面上；制动臂上的销轴润滑过度，会有润滑油或油脂滴到制动轮及闸瓦上[3]。致使制动衬与制动轮摩擦系数减小，从而也影响了两者之间摩擦力减小，不能有效保障电梯制停。

（3）制动衬片磨损

制动衬片磨损严重，导致制停力矩不足。某些电梯控制精度较差，导致电梯零速保持力矩不足，无法零速抱闸，这就加速了制动器衬片的磨损。

（4）制动器线圈

制动器线圈温度过高，电磁铁芯动作不灵敏，存在卡阻现象。电梯运行中电磁线圈发热，本设备温度也不断升高，加之又在密闭的环境中，加之周围环境温度升高，制动器线圈温度升高，易导致线圈绝缘层老化，降低绝缘电阻值，影响其运行稳定[4]。

（5）制动器间隙

制动器间隙过大，制动衬不能紧密均匀的贴合在制动轮上，长期使用和摩擦会导致主轴的磨损量不断继增间隙变大，制动轮磨损严重，弹簧松动，制动衬磨损，从而导致制动器制动效果下降。

（6）制动器机械卡阻

检修人员未能及时检修，更换有损零件将增加此类问题的发生率。当制动铁芯运动中受到异物卡阻、制动轴制动销锈死、零件受磨损等都易导致机械卡阻。

1.2 制动器应对措施

制动器常见失效应对措施如下几点：①对于单组机械部件实施制动的制动器的应该要求做125%下行制动试验，验证电梯制停情况；②制动闸瓦上有油污，可用小刀轻轻刮掉或用煤油清洗，以防减小制动力矩；③制动器线圈的温升一般不应高于60℃，最高温度不得高于105℃，经常检查线圈接线端有无松动，并保证绝缘良好，保障机房通风，在允许的情况下装设有效降温设备；④制动器在工作时，闸瓦应紧密均匀地贴合于制动轮的工作表面，松闸时闸瓦沿制动轮工作面的间隙应在0.5～0.7mm之间，且两闸瓦应保持一致。如该间隙过大，将会导致制动减速度增大，影响舒适感，因此经常调整该间隙。尤其运行一段时间后，闸瓦、制动轮的工作表面，摩擦得更为光滑，此时可以在松闸后，将该间隙调整至不摩擦最小间隙；⑤当固定制动衬例钉露出时，应及时更换，避免它与制动轮摩擦[5]；⑥当发现制动力减弱时，可调整弹簧的螺母来增加制动力。如发现闸瓦与制动轮同心度较差，则应及时调整制动器底座底部的垫片。

2 层门的失效及形式

电梯层门是电梯上极其重要的安全防护装置，故是电梯上使用最多、与使用者关联最密切、发生失效或引发事故最多的部件。因此，分析层门的失效显得很重要。层门常见的失效形式如下。

2.1 层门常见的失效形式

（1）层门底部导向装置

层门底部导向装置是依靠门滑块和地坎槽的啮合，如果门滑块啮合失效，在受外力作用下层门就可能向电梯井道内翻转，地坎在进出物体的作用下，出现向下磨损的弧线，门滑块与地坎槽啮合深度不足，运行脱出。然而，在安全检验技术规范内就没提到，门滑块在地坎槽深度、间隙、配合强度的要求。

(2) 层门悬挂装置

层门是依靠门挂轮悬在门导轨上，而门挂轮选用非金属材料（开关门时有效地减小了噪声）的较多，门挂轮老化、碎裂从层门导轨上脱落。门挂轮在层门的运行中受到阻挡，都可能从导轨槽脱出，悬挂失效。

(3) 层门门扇连接机构

层门的水平运行是轿门门刀带动带有门锁的层门运行，带有门锁的门扇就是主动门，对于中分门的，其他门扇就是被动门。主动门与被动门之间主要就是通过钢绳重锤重力或者是通过弹簧张力，从而实现层门的关闭。但出现钢绳（弹簧）断裂，或是门与钢绳（弹簧）的固定点脱节，将会使被动门处于自由状态。

(4) 门锁机械部件

门锁是层门的核心部件，它主要具有锁紧层门，在门刀带动下执行开锁、开门的作用和验证层门闭合和锁紧状态及在紧急情况下通过三角钥匙手动开锁的作用。锁紧关键在于达到足够的强度，因此，GB 7588—2003 要求锁钩的啮合深度不小于 7mm 不能作为强度验证；层门受到不可抗击外力的撞击，使得整道门及其框架变形，使得门扇之间及门扇与立柱、门楣地坎之间的间隙变大；门锁与锁块的配合度有偏差，导致锁钩从锁块侧面脱出。

(5) 紧急开锁装置

每道层门均应能够一把符合要求的钥匙从外面开启紧急开锁装置，紧急开锁后，连接的打片与撑杆之间形成一个受力夹角，层门门锁不能复位到原来的位置，门看似关上，但实际锁钩还没啮合，门受外力就能打开。

(6) 门锁回路

门回路是用于对电梯所有门（层门、轿门）的关闭状态的验证。常见电气表面，发现连接点不实、丝扣脱扣、绝缘保护层破损、绝缘支点脱落，使得门锁继电器触点粘连，门回路对地短路，触点短接。

2.2 层门应对措施

层门常见的失效应对措施如下：门滑块在使用中容易松动或缺失，应经常紧固，保证与地坎槽不小于 10mm 的啮合深度；门挂轮应采用金属材料作基体，以防老化；门锁与锁块的侧隙要求在 1.5～2.5mm，并能保持不偏离；对于层门检验，TSG T7001—2009 特种设备安全技术规范要求的抽取基站、端站以及 20%其他层站的层门，将轿厢运行至开锁区域外，打开层门，观察层门关闭情况，观察层门关闭情况，笔者认为对于老旧电梯的检验，应该做到每道层门都应该细致检验，观察门回路、锁紧形式、紧急开锁的有效性。

3 结论

办公楼老旧电梯，电梯配置少，使用时间长，使用频率高，超载使用繁忙，上下的人员多，因此老旧电梯的安全性，可靠性等方面要求更为严格。希望老旧办公楼的管理者、维保单位、检验机构和市场监督管理部门重视，保障人民群众的生命财产安全。使用管理单位要建立针对电梯维修、改造、更换新电梯的方案。

① 制造单位对所制造的在用电梯安全运行情况进行跟踪调查，特别针对单机械部件制动器等使用年限较长的老型号工作制动器，要主动公示其调试和保养方法，保持部件和配件供应，并对使用和维保

单位的使用管理、维护保养工作提供技术帮助和指导；发现存在严重事故隐患的，要及时告知使用单位，并向当地特种设备安全监管部门报告。

② 使用单位做好老电梯更新的制度，同时简化电梯相关事宜的审批流程，相关维修资金到位迅速，要选择技术过硬，服务优秀的维保单位，建议选择制造单位的维保单位，电梯管理人员加强电梯的日常巡查，加强对维保单位的监督，对发生的故障能做到及时停运与检修，消除安全隐患。

③ 维保单位切实落实好 TSG T5002—2017 的相关规定，维保单位要派有经验，技术能力强的维修人员进行维保，积极向办公楼的使用单位提出维修、改造、更新换梯的建议，及时采取修理、改造、更换的措施，保障电梯的安全运行。

④ 检验机构要加强老办公楼的检验，对制动、层门等重要部件，以及相关的保护装置的中点检测试验，对发现的问题要责令使用，维保单位落实整改，必要时按相关规定报告给安全监督管理部门。

⑤ 监管部门要定期对这些使用单位进行监督检查工作，启动电梯应急救援平台试点建设，利用科技手段提升电梯的安全性，对老旧电梯进行免费“体检”并为这些单位提出建议和意见，研究电梯需要改造，更换和相关的地方标准。

参考文献

[1] 霍一夫．上海市特检院推行老旧电梯安全风险评价体系成效明显［N］．中国质量报，2012-9-6（1）．

[2] 陈祥．电梯运行振动浅析［J］．中国高新技术企业．2012（Z）：60-62.

[3] 梁伟焱．电梯控制系统的对象模型与整体部分、一般特殊结构［J］．科技资讯，2006，06：188-190.

[4] 孙余凯，项绮明，徐绍贤，等．新型电梯故障检修技巧与实例［M］．北京：电子工业出版社，2008.

[5] 王恒升，李丹峰，龙迎春．PLC 电梯控制系统设计［J］．工业仪表与自动化装置，1999，06：26-27.

永磁同步曳引机采用封星装置实现上行超速保护功能的原理及试验方法

王家忠[1]　许有才[1]　唐文华[1]　和　杰[1,2]　张俊喃[1,2]　杨春宇[1,2]
乔王治[1,2]　杨清文[1]　苏尔希[1,2]　张志羿[1]

1. 云南省特种设备安全检测研究院，昆明 650228
2. 云南惠民劳务服务有限公司，昆明 650500

摘　要： 本文通过研究国家现行有关电梯法规标准和永磁同步电动机的基本理论，全面阐述了永磁同步曳引机采用封星装置实现上行超速保护功能的原理。同时，结合大量的检验工作实践提出相关检验试验方法、步骤和注意事项，进一步完善和细化了 TSG T7001—2009《电梯监督检验和定期检验规则——曳引与强制驱动电梯》的检验方法和内容。

关键词： 电梯；永磁同步电动机；上行超速保护；封星装置

The Permanent Magnet Synchronous Traction machine Adopts Star Sealing Device to Realize the Uplink Overspeed Protection Function Principle and Test Method

Wang Jia-zhong[1], Xu You-cai[1], Tang Wen-hua[1], He Jie[1,2], Zhang Jun-nan[1,2], Yang Chun-yu[1,2],
Qiao Wang-zhi[1,2], Yang Qing-wen[1], Su Er-xi[1,2], Zhang Zhi-yi[1]

1. Special Equipment Safety Inspection Institute in Yunnan Province, Kunming, 650228
2. Yunnan Huimin Labor Service Limited Company, Kunming, 650500

Abstract: This paper studies the current elevator regulations and standards and basic theory of permanent magnet synchronous motor, The principle of uplink overspeed protection realized by star sealing device in the permanent magnet synchronous traction machine is described in detail. At the same time, this paper puts forward relevant test methods、procedures and matters needing attention, according to a large number of inspection practices. This paper further improves and refines TSG T7001—2009《Elevator supervision inspection and periodic inspection rules - towing and forced driving of the elevator》.

Keywords: Elevator; Permanent magnet synchronous motor; Uplink overspeed protection; Star sealing device

0　引言

近几年来电梯轿厢运行失控冲顶事故时有发生，事故的结果将导致井道顶部混凝土楼板被冲通和电梯轿顶轮护罩严重变形以及井道底坑对重缓冲器严重压缩等，同时电梯轿厢内乘客的生命安全也受到很

作者简介：王家忠，1970 年生，男，研究员，主要从事特种设备电梯检测新技术研究。

大威胁[1]。电梯上行超速保护功能失效是发生电梯轿厢运行失控冲顶事故的原因之一，GB 7588—2003《电梯制造与安装安全规范》标准明确要求电梯应具备电梯上行超速保护功能，然而在具体执行中还存在一些问题，如曳引机组采用永磁同步无齿轮曳引机时从原理上分析已具备了电梯上实现上行超速保护功能，但是目前电梯设备从安装调试和检验都存在一些误区。笔者通过查阅国家有关电梯法规标准研究永磁同步电动机理论，分析研究永磁同步电动机在曳引式电梯上实现上行超速保护功能的原理，同时结合大量的检验工作实践提出电梯上实现上行超速保护功能检验方法供电梯检验业内人士参考[2]。

1 国家现行电梯技术法规标准的相关要求及执行情况

1.1 GB 7588—2003《电梯制造与安装安全规范》的要求

关于电梯上行保护功能的要求：欧洲电梯标准 EN81-1 在 1998 年改版时把轿厢上行超速保护新增为曳引式电梯必备的安全装置[3]。中国电梯标准 GB 7588《电梯制造与安装安全规范》采用与 EN81-1 等效，在欧洲颁布 1998 版的 EN81-1 之后，GB 7588 由 1995 版更新为 2003 版，也增加了上行超速保护的条款。其第 9 条规定了曳引驱动电梯应装设符合下列条件的轿厢上行超速保护装置：

① 该装置包括速度监控和减速元件，应能检测出上行轿厢的速度失控，其下限是电梯额定速度的 115%，上限是 GB 7588—2003 标准 9.3 规定的速度，并应能使轿厢制停，或至少使其速度降低至对重缓冲器的设计范围。

② 该装置应能在没有那些在电梯正常运行时控制速度、减速或停车的部件参与下，达到 GB 7588—2003 标准 9.10.1 的要求，除非这些部件存在内部的冗余度。该装置动作时，可以由与轿厢连接的机械装置协助完成，无论此机械装置是否有其他用途。

笔者在检验中发现自永磁同步电动机应用于曳引式电梯开始[4]，该类电梯就不再单独配置诸如上行安全钳、夹绳器等辅助装置来实现上行超速保护功能，仅提供了一份曳引机组的型式试验合格证，具体试验方法和试验结果也没有详细说明资料，制造厂家的技术调试人员在现场也不能提供电梯上行超速保护功能的试验方法和依据，始终引用 GB 7588—2003 标准中 9.10.2 项中提到的“……除非这些部件存在内部冗余度”，他们认为电梯的制动器单元就存在内部冗余度，本人认为电梯制动器单元不能与电梯上行超速保护装置的要求等同，这里存在很大误区需要澄清。

1.2 TSG T7001—2009《电梯监督检验和定期检验规则——曳引与强制驱动电梯》的要求

该规则在第 8.1 条轿厢上行超速保护装置试验规定：当轿厢上行速度失控时，轿厢上行超速保护装置应当动作，使轿厢制停或者至少使其速度降低至对重缓冲器的设计范围；该装置动作时，应当使一个电气安全装置动作。试验方法：由施工或者维护保养单位按照制造单位规定的方法进行试验、检验人员现场观察、确认。该检验项目为 C 类项目，按照本规则 C 类项目之规定：检验机构按照附件 A 的相应规定，对提供的文件、资料进行审查，认为自检记录或者报告等文件和资料完整、有效，对自检结果无质疑（以下简称资料审查无质疑），可以确认为合格；如果文件和资料欠缺、无效或者对自检结果有质疑（以下简称资料审查有质疑），应当按照附件 A 规定的检验方法，对该类项目进行检验，并与自检结果进行比对，按照第二十条的规定对项目的检验结论做出判定。本规则尽管提出了关于轿厢上行超速保护装置试验的检验要求但对于具体试验方法确没有规定，致使检验人员在现场无法实施[5]。

2 电梯永磁同步电动机

目前随着城市化建设的不断发展高楼大厦也越来越多，电梯作为主要的垂直运输设备也随之不断增加造成电能需求量的加大。多年来在国家关于节能降耗产业政策的实施中电梯拖动系统也发生了巨大的技术革新，目前已逐渐淘汰了以交流异步电动机作为主要拖动能源、以蜗轮蜗杆减速机作为传动机构的传统设计方式，而采用永磁同步电动机无齿轮曳引的节能设计，从而降低了电梯的制造成本同时也减少了电能的消耗。永磁同步电动机具有体积小、损耗低、效率高等优点，因此成为电梯今后的主流拖动系统[6]。

永磁同步电动电机可采用封星装置短接静态三相绕组的方法实现“电动机转子堵转”功能，也就是在电梯上实现超速保护功能；它既可以防止电梯轿厢满载下行超速保护，又可以防止电梯轿厢轻载上行超速保护功能。电梯曳引机组采用永磁同步电动机驱动时，应注意电动机的选型，所用电动机必须能够满足电梯在对重装置的作用下，转子出现加速旋转状态，通过电动机绕组封星装置作用，使其速度降低至对重缓冲器的设计范围之内，实现超速保护功能的要求。永磁同步曳引机封星设计原理如图 1 所示。

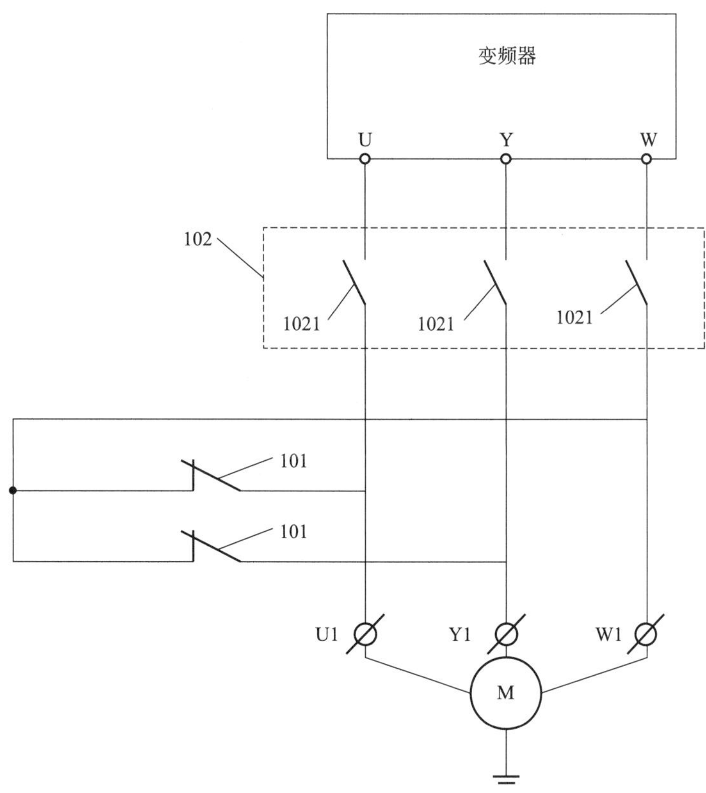

图 1 “封星”装置

当永磁同步曳引机停止作业时，102 的三个触点断开，101 的两个触点闭合永磁同步电动机三相绕组线短接，形成电机内部的三相绕组线独立电气回路，这就是我们所说的封星。当电梯正常启动，102 的三个触点闭合，101 的两个触点断开，永磁同步电机得以运转。

封星制动需要在三个条件下才能够完成：首先，电梯主机所采用的一定是永磁同步电机并且设置封星继电器。其次，电梯主机处于失电状态。最后，因电梯机械制动失效或是制动力不足导致了电梯飞车、溜车。

3 永磁同步无齿轮曳引机组的上行超速保护功能的检验方法讨论

经过对永磁同步电动机原理的学习结合电梯现场的情况认真分析，笔者总结出了一套针对永磁同步无齿轮曳引机组采用封星装置实现上行超速保护功能的检验及试验方法。

（1）试验前的准备工作

① 操作电梯驶往井道的最底层。

② 切断机房电梯供电主电源开关。

③ 拆除变频器主输出端的接线；（目的是防止电动机产生的感应电流冲击变频器的输出电气元件）。

④ 保持电梯轿厢内无人员和货物、电梯层门和轿门应紧闭。

（2）试验方法及步骤

① 在机房用电梯手动松闸扳手打开制动器闸瓦，使轿厢自由上移观察钢绳移动的速度是否出现加速度，如果出现加速度就可以判定该主机未采用绕组封星接线，由此判定该电梯不具备上行超速保护功能。

② 如果电梯轿厢始终保持慢速上行，就可以确定该主机已具备上行超速保护功能。

③ 确认超速保护范围：必须是在满足了本试验的前提下进行，具体操作是在失电状态下人为按下电动机封星继电器（主接触器加装辅助触点）并手动松开制动器使轿厢自由上行，当加速度使电梯限速器检测开关动作时，立即松开封星继电器使“封星”装置工作，同时观察轿厢速度的变化（即由快速状态减速为低速上行）。

（3）试验过程中的注意事项

① 试验必须是在电梯失电状态下进行。

② 参与检验和试验的人员不得少于 3 人。

③ 先确认功能后才能进行超速试验并且超速范围应当循序渐进以免损坏电动机。

④ 在整个试验过程中应严禁使用电梯的盘车手轮。

⑤ 试验必须是轿厢在井道高度的中间区域完成。

上述试验方法已经在检验工作实践中多次验证未对电梯设备造成任何损坏（包括电器元件），同时甄辩出了部分电梯在出厂时未安装“封星”装置、甚至检查出有的主机电机根本就没有超速保护能力而导致电梯不具备上行超速保护功能。图 2 为某电梯的电气原理图，图中 WSCTT 继电器即为该电梯的“封星”装置。

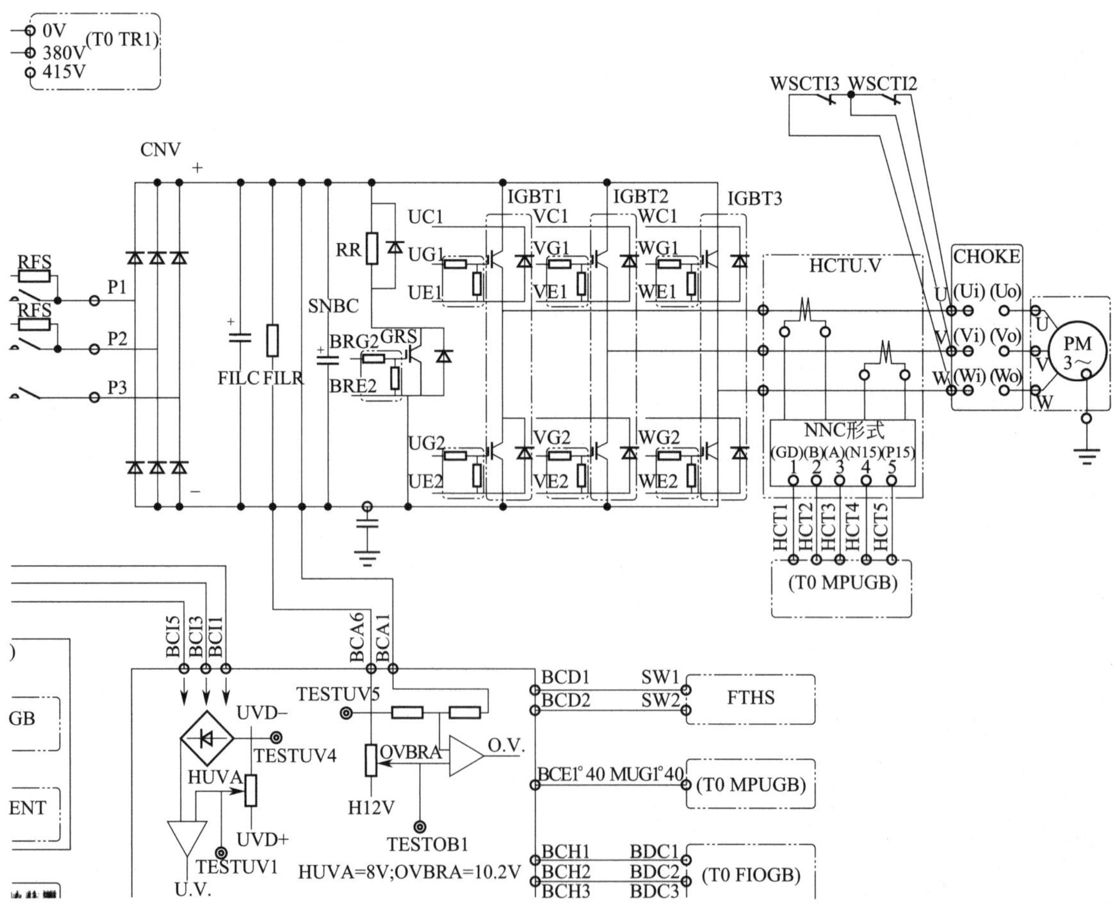

图 2 某电梯的“封星”装置

4 结论

综上所述，本文不仅从原理上分析了永磁同步电动机“封星”装置具备上行超速保护功能，而且提出了上述试验方法进行检验，该方法有助于提高电梯的安全可靠性。但永磁同步电动机“封星”装置对电动机的制造工艺及使用环境还存在如下几点要求。

① 永磁同步曳引机在较高转速时，“封星”电路的接入会在绕组中产生很大的短路电流。一台1000kg 电梯、梯速 1.6m/s，额定速度时接入“封星”电路，瞬时电机短路电流可达 207A，是额定电流的 8.6 倍，瞬时短路转矩增大近 50 倍。电梯高速运行时，接入“封星”电路可能会导致电机永磁体失磁或脱落、绝缘损坏、定子结构变形。

② 在制动力下降状况下突然制动，能耗制动的负荷将加重，进行制动试验有损坏曳引电机的风险。

参考文献

[1] 韦笃取．永磁同步电动机控制系统混沌行为分析及抑制和镇定［D］. 广州：华南理工大学，2011.

[2] 王志强，杨春帆，姜雪松．最新电梯原理、使用与维护［M］. 北京：机械工业出版社，2006.

[3] Solomon Tesfamariam，Rehan Sadiq，“Risk-based Environmental Decision-making Using Fuzzy Analytic Hierarchy”，Stochastic Environmental Research and Risk Assessment，Nov 2006，35-50.

[4] 何德芳，李力，和济．失效分析与故障预防［M］. 北京：冶金工业出版社，1990.

[5] 孙余凯，项绮明，徐绍贤，等．新型电梯故障检修技巧与实例［M］. 北京：电子工业出版社，2008.

[6] 李葵．基于二次 SVD 与 VPMCD 的滚动轴承故障智能诊断方法研究［D］. 昆明：昆明理工大学，2015.

电梯对重保持装置对提高电梯抗震能力的研究

骆 伟 李杰锋 叶 亮

江苏省特种设备安全监督检验研究院苏州分院，苏州 215013

摘 要： 构建一个电梯模型，在地震试验台上进行地震模拟试验，分析电梯及其部件在地震情况下的响应。分别对配置保持装置和未配置保持装置的模型进行模拟试验，验证保持装置对提高电梯抗震能力的显著作用。

关键词： 电梯；地震；保持装置

Research on Improving the Seismic Ability of Elevator with Counterweight Retaining Device

Luo Wei, Li Jie-feng, Ye Liang

Jiangsu Province Special Equipment Safety Supervision Inspection Institute Branch of Suzhou, Suzhou 215013

Abstract: Build an elevator model. Carry out the seismic simulation test on the seismic test bench, Analyze the response of the elevator and its components under earthquake conditions. Simulate the elevator model with and without retaining device to verify the remarkable effect of retaining device on improving elevator seismic capacity.

Keywords: Elevator; Earthquake; Retaining device

0 引言

地震是破坏性极大的自然灾害之一，它具有突发性和毁灭性的特点，并会诱发严重的次生灾害，给人们的生命财产造成巨大损失。全球主要有太平洋地震带和欧亚地震带这两条活动带，我国地处此两大地震带的中间，地震活动频繁，灾害性地震也经常发生。2008 年汶川地震给灾区人民的生命和财产造成巨大的损失，成都、绵阳、德阳等 6 个重灾区共有 20041 台电梯受到不同程度的损坏[1]。地震发生后，国家质检总局组织力量对受灾区的电梯进行了全面的安全检查，江苏省所排查的 2285 台电梯中有 41.67%的电梯因对重脱轨而造成故障[2]。

江苏省特种设备安全监督检验研究院苏州分院 2012 年承担国家质检公益性行业科研专项“亚太地区电梯技术性贸易措施研究”（编号 201210123），对美国和日本电梯抗震技术要求进行专项研究，并组织进行电梯对重模型的抗震试验，分析电梯在地震过程中的损坏形式，验证保持装置对防止轿厢和对重脱轨的积极作用。希望能够完善我国的电梯抗震技术法规和标准，提高我国电梯抗震性能，保障地震情况下电梯的使用安全。

作者简介：骆伟，1984 年生，男，工程师，主要从事特种设备检验检测工作。

1 国内外电梯抗震技术简介

美国、日本、新西兰等环太平洋地震多发国家制定了电梯抗震的技术标准，不同地震区域内的电梯需要按照标准的要求增加相应的抗震技术措施。

美国 ASME A17.1—2016《电梯与自动扶梯安全标准》中 8.4 部分“电梯抗震要求”规定了地震区域划分 C 级及 C 及以上区域内的电梯。所需要采取的抗震措施。这些抗震要求主要包括：轿厢与对重的水平间距、驱动主机/导向轮轴支撑和基座、设备防护、安全钳、对重系统、导轨系统、补偿绳和张紧轮等要求[3]。

日本的《升降机抗震设计·施工指南》是根据日本建筑标准法制定，要求在发生罕见的地震时电梯能够运行，发生极为罕见的地震时能够防止轿厢坠落。其内容主要包括作用在设备上的水平地震力/上下地震力以及建筑物形变载荷、电梯导轨和导轨支撑的抗震措施、悬挂装置的抗震措施、防止勾挂的措施等[4]。

2014 年我国也发布了《地震情况下的电梯要求》(GB/T 31095—2014)，规定了抗震等级 1 级以上电梯应满足的技术要求，主要包括勾挂点的防护、轿厢和对重保持装置、补偿链、导轨系统、机械设备等要求[5]。该标准明确提出了轿厢和对重保持装置的定义，即保持装置是可靠固定在轿厢或对重（或平衡重）架的结构件上，地震时使轿厢或对重（或平衡重）架保持在导轨上的机械装置。

地震发生时候，轿厢和对重极易发生脱轨现象，进而造成电梯滞留在井道内。美国 ASME A17.1—2016 和我国 GB/T 31095—2014 均要求轿厢和对重设置保持装置，用于限制轿厢和对重与导轨的顶面间隙和侧面间隙，在导靴之外提供另一种防护，防止轿厢和对重在地震情况下脱出轨道。

2 地震模拟试验方案设计

为了使电梯对重结构的抗震模拟试验方案设计得更加合理、更加科学，项目组联合大连理工大学水利工程学院抗震研究小组共同设计了电梯对重结构的抗震试验模型，并在大连理工大学水利工程学院抗震实验室进行了模拟试验。电梯对重结构模型采用 1∶1 的几何比尺，材料特性与原结构相同。由于受实验室场地条件和设备的限制，模型总高限定于 6.10m，空心导轨长度 5m，两列空心导轨相距 1m，对重高度 3m，对重总重量 2000kg，对重支架间距 2.5m。为便于确定各试验工况，定义模型试验振动 X 轴向为垂直于对重以及对重架平面；Y 轴向为平行于对重以及对重架平面；Z 轴向为铅垂竖直方向如图 1 所示。

图 1 结构模型示意图

试验前在框架结构的顶部、中部，导轨不同的高度位置，以及对重框及导轨支架上布置 24 个 X 方向和 Y 方向加速度传感器，在对重导轨的上导靴位置、下导靴位置、上下导靴中间位置设置了应变计测点（见图 2 所示），同时辅助光纤应变测点，以便与应变计测点获得的应力-应变信息进行比较。主要测量模型的加速度、振型、阻尼比、变形和振型应变（应力）等弹性动力特性参数，使用了加速度测量系统、应变测量系统和变形测量系统等。

进行强震破坏试验之前，先对结构分别进行了沿 X 轴向以及沿 Y 轴向的随机波激励扫频试验和各模态共振试验。随机波激励扫频试验得到模型动力响应的各阶振动频率，模态共振试验确定模型各阶振动模态参数。

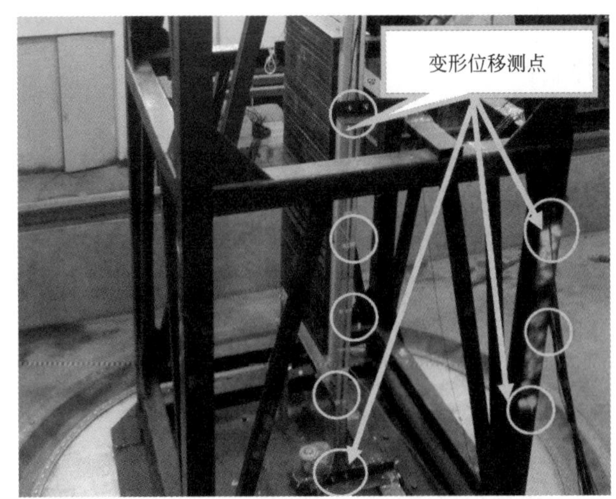

图 2　X 向振动时位移变形测点位置

随机波激励扫频试验时，用小振幅白噪声信号驱动振动台，进行频率扫描，模型基础（台面）输入加速度幅值控制在 60gal 左右；由台面反应信号和电梯对重结构模型上各个测点响应信号计算出模型频率响应函数，从而可确定模型的共振频率（见表 1 所示）和振型阻尼比（3%～4%）。

表 1　对重结构模型共振频率

序号	频率	说明	备注
1	2.44Hz	对重共振	X 向
2	9.51Hz	外框架共振	X 向
3	12.84Hz	钢索共振	X 向
4	33.62Hz	导轨共振	X 向
5	2.06Hz	对重共振	Y 向
6	9.88Hz	框架共振	Y 向
7	12.56Hz	钢丝绳共振	Y 向
8	33.50Hz	导轨共振	Y 向

电梯对重结构模型在沿 Y 轴向振动的共振频率均略低于沿 X 向振动的相应结构共振频率，只是导轨共振频率比较接近，说明整个对重系统质地分布均匀、对重导轨结构两个轴向的刚度接近。同时由于结构在两个轴向都比较对称，所以结构未见有明显扭转。

3　试验参数

强震破坏试验分别输入 2008 年汶川地震中在理县桃坪实测地震波（见图 3 和图 4）、茂县实测的地

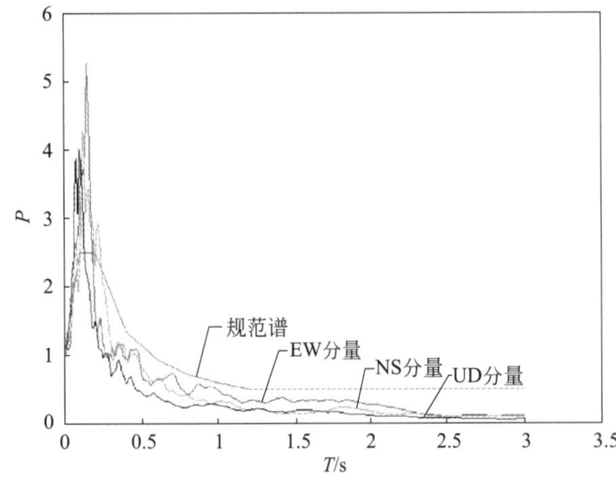

图 3　2008 年理县桃坪实测地震波的加速度反应谱

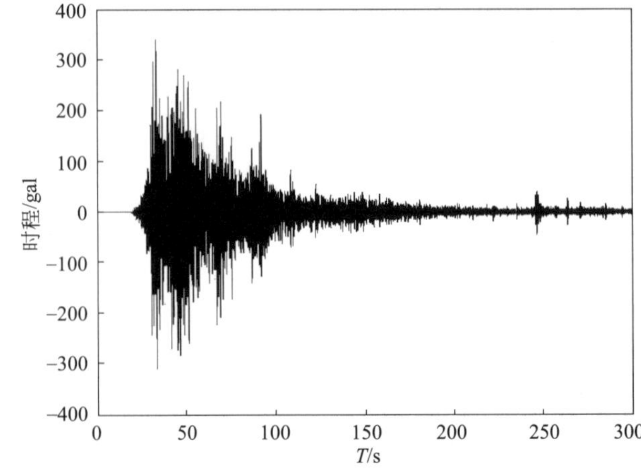

图 4　2008 年理县桃坪实测地震波的加速度时程

震波（见图 5 和图 6）和《建筑抗震设计规范》（GB 50011—2010）中规定的设计反应谱拟合的人工地震波（见图 7 和图 8），采用逐渐加大振动幅值的分级加载法检测各部位的加速度和应变值。

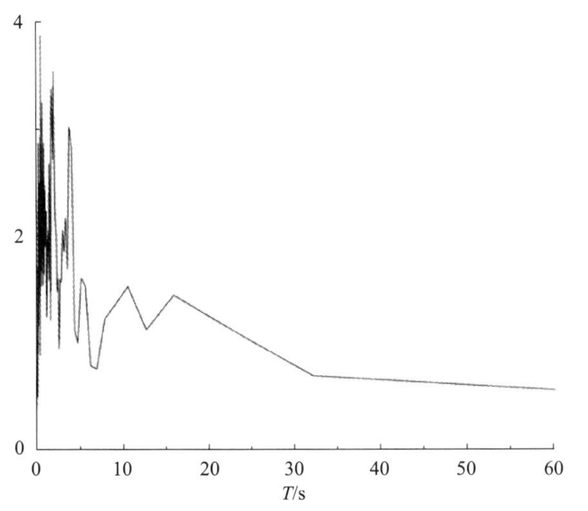

图 5　2008 年茂县实测地震波的加速度反应谱

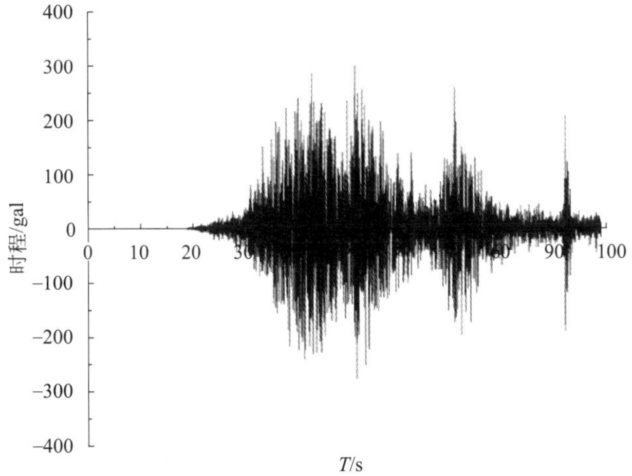

图 6　2008 年茂县实测地震波的加速度时程

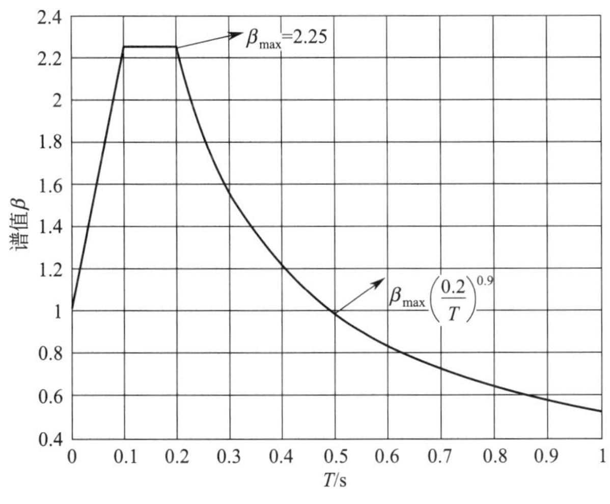

图 7　GB 50011—2010 给出的加速度设计反应谱

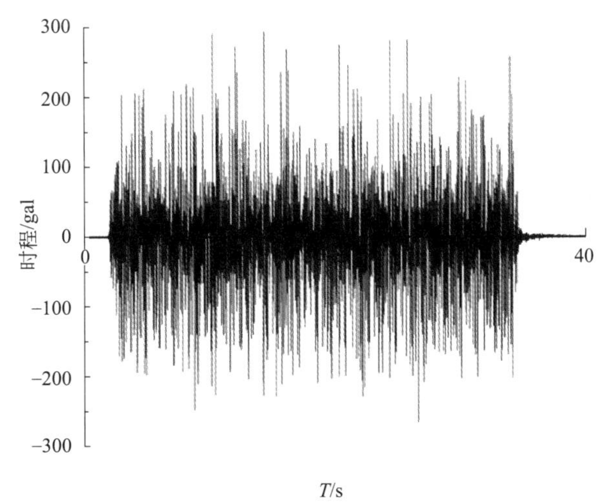

图 8　GB 50011—2010 设计反应谱拟合的人工波加速度时程

为了验证对重保持装置对降低对重导轨变形，防止对重脱出轨道的积极作用，在进行加速度响应和强震破坏试验时，分别在不加装对重保持装置和加装对重保持装置的情况下进行试验，分别测量结构模型以及电梯部件的加速度响应和应变值，并进行两者的对比。

4　加速度响应

在结构模型的 X 轴方向和 Y 轴方向分别输入 $0.5g$ 左右的三种地震波，结构模型的加速度相应分别如表 2 和表 3 所示。

表 2　地震波沿 X 方向激励各点加速度响应

序号	测点高度/mm	加速度响应/g					
		人工波		理县波		茂县波	
		有保持	无保持	有保持	无保持	有保持	无保持
1	4666	1.35	0.17	−2.45	1.73	2.36	1.75
2	3833	1.38	1.60	4.67	4.76	3.03	2.66

续表

序号	测点高度/mm	加速度响应/g					
		人工波		理县波		茂县波	
		有保持	无保持	有保持	无保持	有保持	无保持
3	3000	1.26	0.70	6.84	2.26	1.07	1.77
4	2166	1.57	1.68	3.29	3.84	2.97	1.85
5	1333	1.05	1.65	3.66	1.68	1.19	1.61
6	500	0.64	0.68	−1.07	0.88	0.84	0.79
7	台面	0.50		0.72		0.57	

表 3 地震波沿 *Y* 方向激励各点加速度响应

序号	测点高度/mm	加速度响应/g					
		人工波		理县波		茂县波	
		有保持	无保持	有保持	无保持	有保持	无保持
1	5500	0.78	0.68	1.55	1.70	1.23	1.35
2	4666	3.40	4.23	3.18	4.08	3.98	3.19
3	3833	2.50	3.48	1.45	3.93	2.16	2.45
4	3000	0.78	0.97	0.41	0.96	1.50	1.65
5	2166	2.67	5.17	1.62	2.87	1.23	2.99
6	1333	3.23	4.65	0.81	3.63	1.88	3.52
7	500	2.20	1.65	1.00	1.66	1.13	1.69
8	台面	0.50		0.52		0.42	

从试验得到的地震波激励电梯对重结构模型加速度响应可见，地震波沿 *X* 轴向输入时，结构导轨在支架附近（测点高度 3000mm、4600mm、6000mm），加速度响应明显较小，而在支架中间部位加速度响应较大，弹性阶段导轨在上支架与中间支架间的部位与框架基础（振动台台面）相比有 2.5～4 倍的放大效应。而地震波沿 *Y* 轴向输入时，中间支架附近的加速度响应相对较大。进行无保持装置试验和有保持装置比对试验后，可以发现：具有保持装置时模型结构的加速度响应总体上略小于无保持装置的结构模型，保持装置对抑制结构导轨振动具有一定作用。

5 结构应力-应变响应

在输入按规范谱拟合的人工地震波、理县 2008 实测地震波以及茂县 2008 实测地震波对结构模型进行激励时，记录了各个激励工况的电梯对重结构模型动应变，图 9、图 10 出了按规范谱拟合的人工地震波沿 *X*、*Y* 轴向激励时的应变分布。图 11、图 12 给出了理县地震波沿 *X*、*Y* 轴向激励时的应变分布。图 13、图 14 给出了茂县地震波沿 *X*、*Y* 轴向激励时的应变分布。

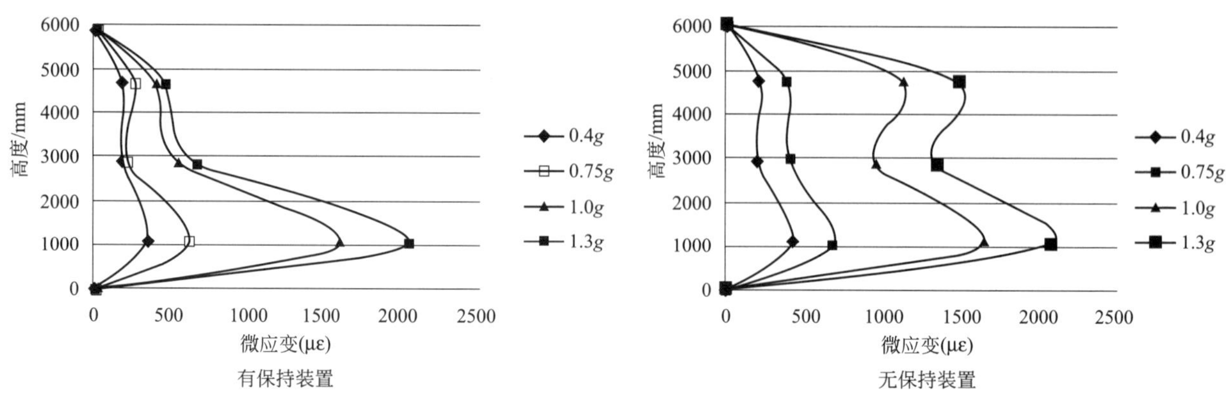

图 9 规范谱拟合人工地震波沿 *X* 轴向激励时导轨应变响应分布

由图 9～图 14 给出的地震波沿 *X*、*Y* 轴向激励时对重结构应变响应分布可见，结构动应变响应随激励加速度幅值的增大而增加，且在导轨支架附近部位响应较大，但沿 *X* 轴激励的响应分布与沿 *Y* 轴

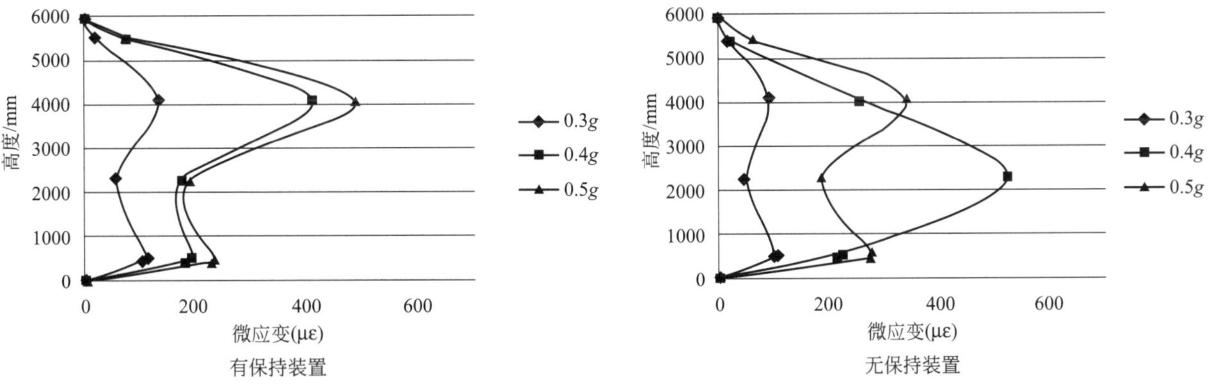

图 10 规范谱拟合人工地震波沿 Y 轴向激励时导轨应变响应分布

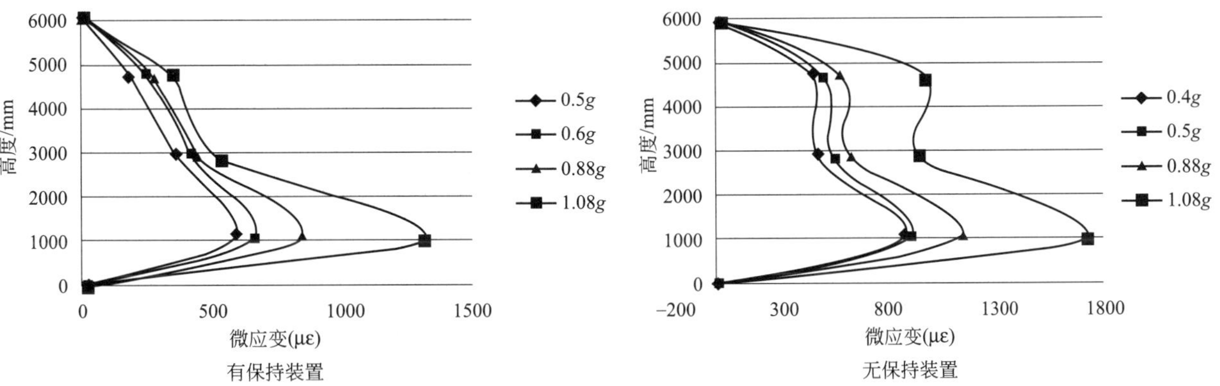

图 11 2008 理县地震波沿 X 轴向激励时导轨应变响应分布

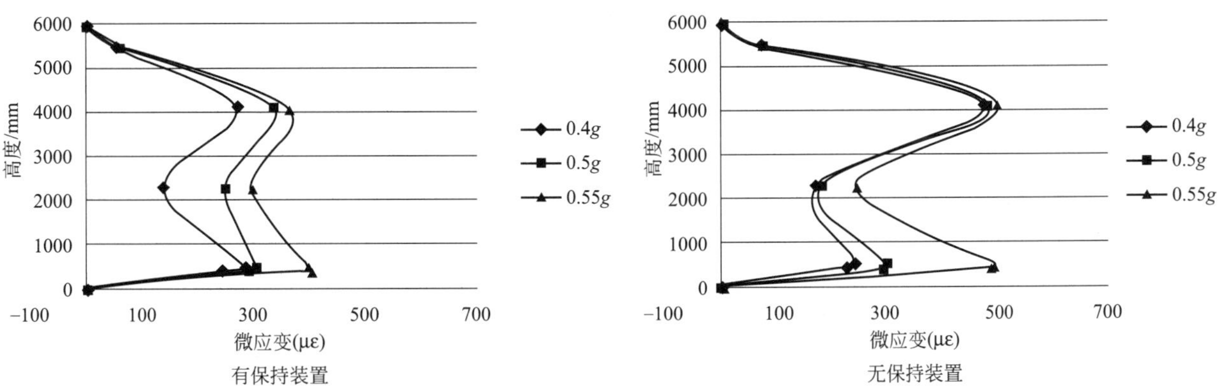

图 12 2008 理县地震波沿 Y 轴向激励时导轨应变响应分布

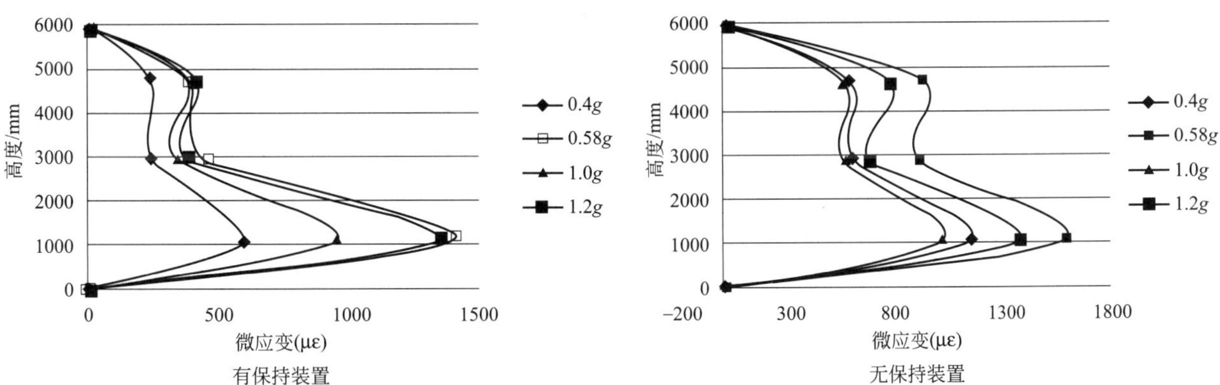

图 13 2008 茂县地震波沿 X 轴向激励时导轨应变响应分布

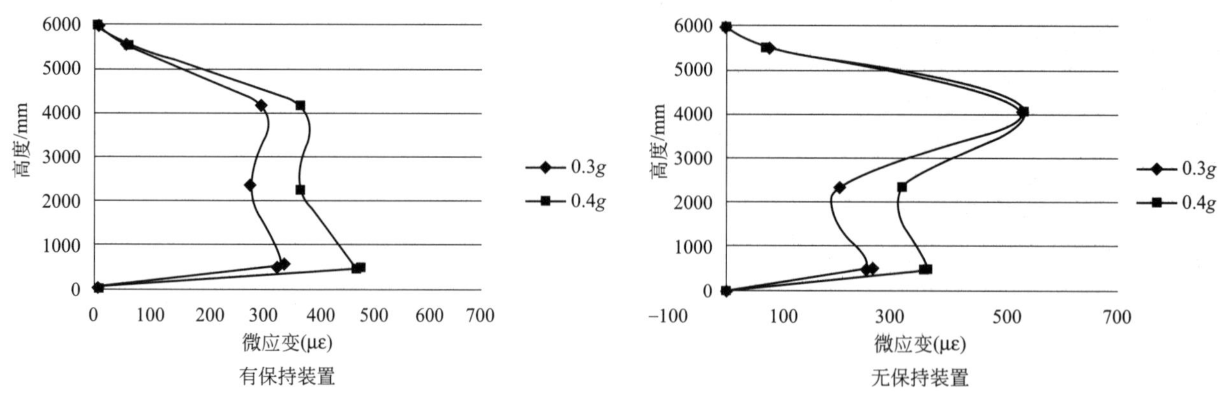

图 14 2008茂县地震波沿 Y 轴向激励时导轨应变响应分布

激励的响应分布不同，前者在下支架附近有最大动应变响应，而沿 Y 轴激励时在上支架附近有较大动应变响应。

从图 9～图 14 的应变响应还可以发现，保持装置对应变响应的影响很明显，保持装置可以有效地降低导轨的动应变响应以及动应力。而当地震波沿 Y 轴向输入时，上述特征就消失了，有保持装置时动应变响应有均化的趋势，而无保持装置时最大动应变会出现在上导靴附近。当基础输入同等幅度的地震波时，沿 X 轴向激励产生的动应变幅值大于沿 Y 轴向激励产生的动应变幅值。

6 结构变形响应

在进行上述应力-应变响应试验的同时，试验也对结构变形量也进行了记录，表 4 给出了电梯对重结构模型在不同地震波激励时，模型中部支架与下部支架间结构导轨的变形影响。

表 4 随机波沿 X 轴激励保持装置对模型结构导轨变形的影响

激励波形	台面加速度/g	支撑状态	最大导轨变形/mm	差值/%
规范谱人工波	0.50	有保持装置	3.59	25.98%
	0.51	无保持装置	4.85	
汶川理县波	0.74	有保持装置	9.85	35.11%
	0.74	无保持装置	12.37	
汶川茂县波	0.58	有保持装置	10.37	6.26%
	0.58	无保持装置	12.61	

由表 4 中数据可以看出，在台面输入加速度基本相同的条件下，相同部位无保持装置部位的导轨位移变形响应较大，而有保持装置的导轨位移变形响应较小。此现象在结构沿 X 轴向振动时表现得更明显，表明保持装置对减低结构的动力变形有一定的作用。

7 强震破坏试验

选择 X 轴方向作为强震输入方向，分别输入三种地震波进行结构模型强震破坏试验。试验分别在具有保持装置的结构模型和不具有保持装置的结构模型上进行，以比较保持装置对限制结构变形的积极作用。

试验开始阶段采用两条地震波交替输入的方式，分别输入 $0.6g$、$0.7g$ 的人工波和理县、茂县实测地震波，然后输入 $0.9g$、$1.0g$ 的理县、茂县实测地震波，最后输入 $1.3g$ 的人工波。试验期间所测得最大加速度、最大应变和最大变形如表 5 所示。

表 5　强震时结构上最大振动响应

地震波	加速度/g		应变/$\mu\varepsilon$		变形/mm	
	有保持	无保持	有保持	无保持	有保持	无保持
茂县波	9.00	12.45	1344	1376	16.45	19.92
理县波	8.00	13.71	1377	1704	18.75	20.89
人工波 1.3g	11.3	19.75	2023	2238	29.52	>45.0

从强震试验得到的结构响应参数可以发现，无保持装置时结构上最大动应变达到 2000$\mu\varepsilon$ 以上，若按钢结构材料杨氏模量 $E=2.1\times10^{11}$Pa 计算，最大动应力达到 400MPa 以上。结构最大层间变形位移超过 40mm；试验结果表明局部结构应该已经进入非线性阶段。

强震试验结果进一步验证了保持装置的作用。与无保持装置结构响应相比，保持装置可以使地震激励时电梯对重结构的动应变以及支架间变形降低，其中应变降低幅度在 7%～30%之间，变形降低幅度在 10%～30%。可以看出，保持装置可以提高电梯对重系统结构的安全性。

8　结论

通过对电梯对重结构模型动力试验，并对试验结果进行分析，可以得出以下结论。

对重保持装置对加速度响应总体上略小于无保持装置的结构模型，对抑制结构导轨振动具有一定作用。

但是，保持装置对于电梯对重结构在地震输入下的动应变、防止导轨变形具有重要作用。尤其是随着地震强度增加，特别是在遇到强震破坏时，保持装置对限制动应变和导轨变形具有明显的积极作用。

因此，在电梯对重上加装保持装置可以有效提高电梯对重系统结构的安全性，是提高电梯抗震性能的有效手段之一。

参考文献

[1] 杨桂才、戴光宇、郭超等，四川 5.12 大地震电梯损坏给我们的启示［J]，中国特种设备安全，2008，11：29-32.

[2] 姜文涛、蒋熙，关于震后电梯故障的分析与建议［J]，特种设备安全技术，2008，6：46-48.

[3] The American Society Of Mechanical Engineers，Safety Code for Elevators and Escalators［S]，美国，ASME A17. 1—2016：8. 1（a）.

[4] 日本建设省．升降机抗震设计・施工指南［S]. 日本，2009.

[5] GB/T 31095—2014.

通过两起案例浅谈电梯保障性检验的特点

李　智　罗　恒

重庆市特种设备检验研究院，重庆 401121

摘　要： 通过对电梯保障性检验的特点进行论述，以及对保障性检验案例的分析，并提出了相关建议。

关键词： 电梯；保障性检验；特点；措施

Elevator affordable up the inspection characteristics and response

Li Zhi，Luo Heng

Chongqing Special Equipment Inspection Institute， Chongqing 401121

Abstract: Through discussing the characteristics of elevator supportability inspection，and analyzing the supportability inspection cases，this paper puts forward relevant suggestions.

Keywords: Elevator; Affordable inspection; Characteristics; Measures

0　前言

近年来，在重大节日、重大会议、特定政务接待等过程中，政府安保部门为了加强对一些重要场所，例如酒店、机场、码头、学校、商场、会议接待等场所电梯、自动扶梯的安全可靠性，通常情况下会提前约请检验机构对上述场所的电梯进行安全保障性检验工作，以保障重要场所的会议、接待过程中电梯、自动扶梯能够安全正常的使用。本文将通过对保障性检验特点的论述，以及对其实施过程中存在的典型案例中存在问题的介绍，使同行们对今后在实施该类型检验的过程中能够更加有的放矢，提高保障性检验的有效性，最大限度地保障该类型电梯使用的安全可靠性。

1　保障性检验特点

（1）保障性检验具有突发性、不确定性

按照电梯、自动扶梯定期检验规则的要求，检验机构应当在维护保养单位自检合格的基础上实施定期检验，由于保障性事件与场地通常情况下有保密的要求，因此，保障性检验往往是在维保单位未进行自检的情况下，临时由相关机构通知后检验机构来进行的安全检验工作，具有突发性和不确定性的特点。

（2）保障性检验内容、检验及报告出具时间有特定要求

作者简介：李智，1982 年生，男，工程师，主要从事电梯检验检测工作。

检验员在进行电梯、自动扶梯定期检验工作时，国家有 TSG T7001—2009《电梯监督检验和定期检验规则——曳引与强制驱动电梯》、TSG T7005—2012《电梯监督检验和定期检验规则——自动扶梯与自动人行道》等相关标准作为检验结果的判定依据。上述检验的性质按照安全技术规范的定位是：对电梯使用单位与企业落实相关主体责任的一种查证性检验工作。而对于保障性检验，从某种意义上是：根据政府相关部门的特定要求，在保证电梯使用安全的前提下，对电梯在使用过程中可能存在的不可靠因素，采取有效措施使其故障率降低到最低。与此同时，由于保障性检验所涉及工作的特殊性，相关部门对报告出具的时间要求比较短，通常检验当日或者第二天就要出具检验报告。基于如此，保障性检验工作无论是对检验人员的选择还是检验项目的选定都和常见的定期检验存在较大的差异性。

(3) 保障性检验对检验人员要求更高

如前所述，保障性检验很多情况下都是在企业未对电梯做全面自检基础上开展的一种突发性检验工作，全部检验项目需要维保人员配合检验人员完成。与此同时，检验人员还应根据设备的实际状况，对可能存在的设备隐患要做出迅速判断，并与现场维保人员进行沟通，并且要求维保人员能够及时消除故障隐患，保障电梯的可靠运行。由此，对于检验人员实践经验、技术能力要求更高。

(4) 保障性检验对检验结果要求更为严格

由于保障性检验的电梯、自动扶梯是在特定的政务接待、重大节日、重大会议等特定时间、特定场所使用，所以在保障运行当日除了保证电梯安全平稳运行外，还要尽可能不出现因故障导致停梯事件的发生。因此在保障安全性的前提下从检验项目选择上还要兼顾设备使用的可靠性。对检验结果的要求更为严格。

以下我们将通过两个实际保障性检验案例来与同行们共同探讨保障性检验的有效性。

2 典型案例分析

(1) 案例一

2018 年 5 月，我院对某钢铁公司管控大楼 2＃电梯进行了保障性检验后，在使用过程中出现故障，致使电梯在基站停靠后未正常打开电梯门，通过轿厢内电梯维保公司负责安全保障工作的配合人员，在轿厢内手动打开电梯门后才将轿厢内人员安全疏散。我院技术人员在现场查验的情况为：

① 查看机房控制柜内主板故障代码，最近一次故障代码显示为（0021）安全回路不通；

② 层门门轮与轿门门刀固定牢固，且相对工作距离正常；

③ 门机未出现故障，开关门正常；

④ 该电梯在轿厢装载 920kg 重量时，其超载保护装置将处于保护状态；

⑤ 层门地坎滑槽无异物；

⑥ 层门吊门滑轨工作面有不同程度的积垢；

⑦ 层门门锁锁臂与锁钩之间间隙偏小，最小值为 0.5mm；

⑧ 模拟在门锁锁臂与锁钩处于非规定的间隙时，当轿厢处于偏载情况下平层后存在门锁锁臂与锁钩之间的卡阻情况，进而造成电梯门无法开启的故障。

经过现场核查，该梯安全回路正常，本次事件的原因是层门吊门滑轨有积垢，且层门门锁锁臂与锁钩之间间隙偏小，不符合制造单位安装、维保规范的要求，在遇轿厢偏载的情况下，使层门锁钩在开锁时与锁臂出现摩擦卡阻现象，导致无法正常开门的故障。这起事件背后，如果放在正常定期检验中也许算不了什么，但特定的场合就可能导致意想不到的后果。经过如前所述的排查，这个故障原因在定期检验中是没有检验项目与其对应的。但实际上制造厂家的使用维护说明书上面是有相关要求的 2mm±0.5mm。由此，我们在进行保障性检验过程中应该抛开定期检验项目设置的思维模式，应从单一的安全性保障检验向安全与可靠性保障检验项目设置过渡。

(2) 案例二

2018 年 3 月，我院对某大型会议中心的自动扶梯进行了保障性检验，检验人员根据拟定的检验方案对现场进行检验后提出了如下的隐患内容，使用管理单位在及时进行了整改后，有效地保障了自动扶梯在会议期间的正常运行。

① 围裙板与梯级的间隙过大。

② 梯级与扶手带速度不一致。

③ 扶梯运行中抖动严重。

④ 扶手带有破裂现象。

虽然上述部分检验项目不属于《TSG T 7005—2012 电梯监督检验和定期检验规则——自动扶梯与自动人行道》规定的检验内容，但是如果处理不当，也会造成严重的安全后果，具体分析如表 1 所示。

表 1 电梯检验结果分析

检验结果	风险条件	可能导致的后果
围裙板与梯级的间隙过大	手或者脚夹入梯级与围裙板间隙中	手或者脚受伤
梯级与扶手带速度不一致	乘客握住扶手带的手和站立在踏板上的脚产生相对位移	跌倒
扶梯运行中抖动严重	扶梯在运行过程中出现急停现象	跌倒
扶手带有破裂现象	当乘客的手接触到扶手带破裂位置	乘客的手划伤

3 处理对策及建议

在条件允许的情况下，维保单位及使用单位应配备足够的技术人员、电梯安全管理人员在机房、轿厢、扶梯出入口等相关场地进行安全保障工作，保证电梯、自动扶梯的安全、平稳运行。在进行保障性检验工作中，检测机构应将检验项目设置更为合理、检验方法的选择要更为恰当，对于电梯日常管理和保障性检验有以下建议。

① 电梯、自动扶梯使用管理单位应严格按照安全技术规范 TSG 08—2017《特种设备使用管理规则》相应规定，加强对电梯使用管理工作，落实主体责任。如应完善日常检查记录、故障记录、应急救援演练记录等。

② 电梯、自动扶梯维护保养单位除严格按照安全技术规范 TSG T 5002—2017《电梯维护保养规则》规定的定期保养内容进行维保外、还应按照电梯产品安装使用维护说明书的要求，制定维保计划与方案并严格执行。并且对维修保养过程中发现的安全隐患以及可能导致的故障应及时排除。

③ 进一步提高保障性检验人员责任风险意识，严格把控检验质量。

④ 在检验人员选择方面，优先选择经验丰富，责任意识强的检验人员。

⑤ 在检验方案制定过程中，更应针对可能会出现的故障做出预判，除了定检规定的检验项目外对容易出现故障的部件增加相应的检验项目，例如：

a. 层门门锁锁臂与锁钩之间间隙；

b. 轿门门刀与层门门锁滚轮之间的啮合深度；

c. 层门地坎滑槽、层门吊门滑轨以及层门门头的清洁状况；

d. 电梯应急电源蓄电状况；

e. 自动扶梯运行状况；

f. 围裙板开关有效性检查。

⑥ 对于在检验中发的现问题应尽可能让维保单位及使用单位进行现场整改，待整改完善并通过现场复核合格后方可出具合格报告。如有暂时无法整改的项目，如：曳引钢丝绳达到报废标准、曳引轮有不正常磨损达到报废标准等项目时，建议使用单位停止使用或更换其他检验合格的电梯、自动扶梯作为

安全保障专用电梯。

⑦ 保障性检验任务虽然不多，但是社会影响大，目前各个地区检验机构制定的检验方案各有不同，缺少全国统一的检验标准和相关法律法规，使保障性检验工作缺乏法律支持。建议相关部门尽快出台相关法律法规标准，使检验机构形成统一、完整、可操作性强的保障性检验方案。

物业管理企业开展电梯维保的利弊分析

彭振中

武汉市特种设备监督检验所，武汉 430014

摘　要： 在电梯检验过程中，了解到物业开展电梯维保的效果普遍比较好，进而对物业开展电梯维保情况进行深入调研，并咨询相关负责人，同时结合电梯维保行业的现状对物业开展电梯维保的利弊进行深入分析。总结了目前主流的电梯维保模式，分析了物业选择电梯维保单位的痛点，介绍了物业开展电梯维保的现状，指出了物业开展电梯维保的政策风险，提出了具体的应对措施。

关键词： 物业；电梯；维保；利弊

Analysis of advantages and disadvantages of property management enterprises carrying out elevator maintenance

Peng Zhen-zhong

Wuhan Special Equipment Inspection， Wuhan 430014

Abstract: In the process of elevator inspection，it is generally better to know the effect of the property to carry out elevator maintenance，and then conduct in-depth research on the elevator maintenance of the property，and consult the relevant person in charge，and at the same time combine the current situation of the elevator maintenance industry to carry out the elevator maintenance of the property. In-depth analysis of the pros and cons of the insurance. This paper summarizes the current mainstream elevator maintenance mode，analyzes the pain points of the property selection elevator maintenance unit，introduces the current situation of the property maintenance elevator maintenance，and points out the policy risk of the property to carry out elevator maintenance，proposed specific countermeasures.

Keywords: Property; Elevator; Maintenance; Pros and cons

0　引言

随着我国城市化水平不断提高，物业管理企业（以下简称物业）在城市住宅管理中发挥了举足轻重的作用，而电梯管理是物业的一项重要工作，一幢大楼电梯运行是否正常，很大程度上取决于大楼物业管理水平和服务质量。据中国电梯行业协会统计数据显示，导致电梯安全隐患的因素中，制造质量占16%，安装占24%，保养和使用问题高达60%，这恰如电梯行业流行一句话：“三分凭产品，七分靠保养”，虽然这只是经验之谈，但是也从侧面反映了电梯维保的重要性。

作者简介：彭振中，1987年生，男，工程师，硕士，主要从事机电类特种设备检验及安全技术研究。

1 目前主流电梯维保模式

电梯是一种高度智能化的机电一体化设备，其维护保养一般由专业的电梯维保公司进行。当前居民小区电梯有两类主流维保方式。①部分小区安装的品牌电梯并一直选择该电梯厂家进行维保，这种维保模式情况普遍较为理想。因为维保质量关系到电梯品牌声誉，高质量的维保对电梯品牌也会形成正向激励作用，同时电梯厂家技术实力雄厚，质量保证体系较为规范，但是维保费用往往偏高。②还有部分小区，物业费收费标准不高，为了压缩成本降低电梯维保费用从而选择非电梯厂家的维保公司进行维保，这类维保公司的维保质量参差不齐，部分电梯维保公司没有充足的技术实力和人力资源，往往无法满足电梯维保需求[1,2]。

以上维保模式同时还存两类隐性的不足：①物业对维保公司的维保质量不满意下一年度时便会考虑选择更换维保公司，而频繁更换维保公司会导致维保公司不会沉下心来把维保做好，电梯运行状况只会越来越糟。②同时物业公司与维保公司签订维保合同后，部分物业会片面地认为电梯既然已经委托给维保公司进行维保，那么关于电梯的一切都应由维保公司来负责。从而放弃了对电梯的管理，而维保公司往往只会按维保合同里面约定的维保内容开展工作，从而导致电梯安全使用管理存在漏洞。

2 部分物业选择电梯维保公司的痛点

这时部分物业面临进退两难的选择，选择有实力的厂家维保，维保费用无法承担，退一步选择维保费用较低的非厂家电梯公司维保，维保质量往往又无法保证。是否有第三条路径可供选择呢？新版《电梯使用管理与维保规则》TSG T 5002—2017：“第四条 电梯维保单位应当在依法取得相应的许可后，方可从事电梯的维保工作。”因此物业自己组建维保公司并依法取得电梯维保许可后，方可从事电梯维保工作。

过去物业专业化程度不高、实力不强，往往缺乏足够的力量和能力独立承担此项工作也并不具备电梯维保资质，所以普遍采取委托电梯维保公司进行维保。当前电梯技术的日益普及化和大众化，技术门槛持续降低。因此近几年以来部分成规模、有实力、有意愿的物业选择组建自己的维保队伍对自己管辖的小区开展电梯维保，目前武汉自己开展电梯维保工作并初具规模的有：武汉百步亭花园物业管理有限公司，武汉丽岛物业管理有限公司，武汉惠之美物业服务有限公司（福星惠誉）等物业公司，这几家物业已经形成了较为成熟的维保模式，其中丽岛物业的电梯维保资质还从 C 级提升到了 B 级，维保实力进一步增强。在武汉市江岸区，武汉百步亭花园物业管理有限公司下属电梯维保公司维保电梯 111 台，武汉丽岛物业管理有限公司下属电梯维保公司维保电梯 147 台，武汉惠之美物业服务有限公司下属电梯维保公司维保电梯 56 台，合计 314 台，约占江岸区电梯总量的 3.4%。

3 物业开展电梯维保现状分析

3.1 物业开展电梯维保的内在动力

① 电梯维保市场中部分维保公司提供的维保质量良莠不齐。

② 电梯维保价格很难做到公开透明，部分大维保公司维保费用偏高。

③ 维保公司提供的是一种服务，很难进行标准化和量化，同时物业对维保公司的约束力有限，无法督促维保公司提高维保质量。

④ 小区业主对居住品质的要求越来越高，因此对电梯维保质量要求也更高。

⑤ 部分维保公司维保人员相对不足，维保责任人频繁更换，造成维保质量下降。

3.2 物业开展电梯维保需满足的内在条件

① 物业企业需要有一定的实力和规模，才能有实力成立电梯维保队伍并取得相应的维保资质。

② 物业所服务的小区需要有一定的规模，最好住宅楼层不高电梯梯速不快，且采用品牌电梯，便于开展统一管理并降低维保门槛。

③ 需要有足够数量的专业电梯维保技术人才，才能真正做好电梯的日常维保工作。

3.3 物业开展电梯维保的优势

① 物业采取有效措施可以降低电梯综合运行成本。

② 物业开展电梯维保，维保人员会把电梯当作自己的设备，更有主人翁意识，责任感更强，管理更直接，服务意识更强，可以显著提高电梯维保质量。

③ 物业开展电梯维保，电梯维保部门需要物业其他部门配合时更好沟通协调。

④ 物业开展电梯维保，维保责任人相对固定，且工作往往集中在固定的小区，维保时效性和责任意识更强。

⑤ 物业开展电梯维保，可以提前准备一些易损件，出现电梯部件损坏后可以及时更换，避免电梯长时间不能正常运行。

3.4 物业开展电梯维保的劣势

① 综合技术实力相对不足，维保质量保证体系还不够完善。

② 电梯大型配件供应能力相对不足，需要依靠电梯厂家支持。

③ 维保人员处理电梯重大故障能力不足，必要是需要厂家技术支持。

4 物业开展电梯维保的政策风险

根据我国法规规定，在电梯的使用过程中，电梯监管部门、维保公司和使用单位共同承担电梯的管理责任，其中使用单位负主体责任，监管单位负监管职责，维保公司负维保质量责任，形成三方共同管理的格局。

使用单位通过与维保公司订立电梯维保服务协议，确立经济利益关系，包括维保的内容和要求；维保的时间频次与期限；维保公司和使用单位双方的权利、义务和责任。使用单位督促其为电梯提供定期检查维保服务；维保公司将使用单位管理责任不落实情况向监管单位反馈。

使用单位和维保单位存在相互督促的权利和义务，如果物业开展电梯维保工作的话，必然弱化了两者之间的督促作用，与现行的相关法规存在冲突。建议、措施：因此建议开展电梯维保的物业新成立一家相对独立的下属电梯维保公司，从而避免政策风险和部分事故责任风险。

5 小结

物业开展电梯维保是一种电梯维保模式的创新，也是一种物业管理方式的创新。这种创新方式其实也是顺应城市化快速发展，应对电梯数量迅猛增加带来的管理和维保压力。从目前的发展的情况来看，已经取得了一定的实际意义。如果这种模式在未来能够找准定位将逐步发展为电梯维保市场的重要补充，为居民的垂直出行提供优质、安全的保障。

参考文献

[1] 戴全永，广州市电梯安全监管状况调查研究［D］. 成都：电子科技大学，2013.

[2] 周明远，小区物业和电梯维保的现状分析及监管对策研究［J］. 质量与标准化，2017，08：3-5.

一套电梯平衡系数在线实时自动监测系统的设计

杨震立　张东平

重庆市特种设备检测研究院，重庆 401121

摘　要： 本文基于电梯平衡系数检测中的电流法，设计了一套电梯平衡系数在线实时自动监测系统。该系统采用专用的信号发射器、信号接收器、速度监测装置等，并基于网络的无线数据通信、GPS定位等多项先进技术，无需检测人员到达电梯现场，就可以对电梯平衡系数进行在线实时监测。该系统与现有电梯平衡系数的检测方法相比，具有自动化程度高、能够实现实时检测、可及时预警的优势，能够提高电梯平衡系数检测的效率、准确性、及时性，增强监管力度，降低事故风险。

关键词： 电梯；平衡系数；在线；实时；自动监测

Design of an elevator balance coefficient on-line real-time automatic monitoring system

Yang Zhen-li, Zhang Dong-ping

Chongqing Special Equipment Inspection and Research Institute, Chongqing 401121

Abstract: Based on the current method of elevator balance coefficient detection, an elevator balance coefficient on-line real-time automatic monitoring system is designed. This system uses signal transmitter, signal receiver, speed monitoring device, and many advanced technologies such as wireless data communication and GPS positioning based on the network, so that the balance coefficient of the elevator can be monitored online in real time without the arrival of inspectors at the elevator. Compared with the existing detection methods of elevator balance coefficient, this system has the advantages of high automation, real-time detection and timely warning. It can improve the efficiency, accuracy and timeliness, and strengthen the supervision and reduce the accident risk.

Keywords: Elevator; Balance coefficient; On-line; Real-time; Automatic monitoring

0　引言

电梯平衡系数是电梯最重要的特征参数之一，直接影响电梯的整体性能。近年来由于平衡系数不达标导致的事故逐渐增多，因此对平衡系数的检验检测意义重大。目前电梯平衡系数的检验方式[1~4] 存在 3 个问题：①需要检验人员到达电梯现场，而且大多需要搬运重物（30%～60%额定载重量的物品）进行模拟加载，费时费力、效率低下、存在误差；②仅能在进行检验时得到电梯平衡系数值，无法实时检测；③仅能在电梯平衡系数检验后得知其是否达标，无法在线监测和预警，若在检验空档期平衡系数未达标且未进行有效监管和整改，可能造成安全隐患，甚至酿成事故。

作者简介：杨震立，1987 年生，男，工程师，硕士，主要从事电梯检验检测及新技术研究工作。

为了解决上述问题，本文设计了一套电梯平衡系数在线实时自动监测系统。该系统
与现有电梯平衡系数检验方法相比，具有自动化程度高、能够实现实时监测、可及时预警的优势，可提高电梯平衡系数检验效率、准确性、及时性，增强监管力度，降低事故风险。

1 现有电梯平衡系数检测方法及其优缺点

目前对电梯平衡系数的检验检测主要有4种方法：电流法、盘车力矩法、空载称重法、功率法。另外还有些方法也是基于上述方法演变而来的，其基本原理类似。下面分别介绍这4种方法。

电流法 是检规[5] 中规定的方法，也是目前最常用的方法。基本原理是由于电流与输出扭矩成正比，因此当轿厢自重+轿厢载荷=对重重量，并且运行到同一位置时，对应的上、下行电流相等。检验方式为在轿厢侧分别装载30%、40%、45%、50%、60%作上下全程运行，一个人在目测判断轿厢和对重在同一水平线，另一个人测量电流值，然后手工绘制平衡系数图，最后确定平衡系数。

盘车力矩法 基本原理是当轿厢装载与平衡系数值相等倍数的载重量时，曳引轮两侧的静力矩应当平衡。检验方式是当轿厢装载对应重量并和对重处于同一水平线时，松开制动器，然后用人力在盘车手轮上感觉力矩是否平衡。由于受人为因素影响，福建省泉州特检院的李典伟等人设计了一种盘车力矩测试装置，能够较为准确的进行检测。

空载称重法 基本原理是在轿厢空载时直接测量轿厢侧与对重侧的重量，来判断平衡系数。检验方式为在检验现场安装测试装置，使轿厢和对重处于同一水平线，然后直接进行测量即可。

功率法 该方法由重庆特检院的孙立新提出，基本原理是电梯上、下行的功率和速度存在一定关系，可通过上、下行测量数据进行方程求解，得到平衡系数。检验方式为在电源线上安装功率测量装置，在钢丝绳上安装速度测量装置，然后电梯空载全程往返运行，测得功率和速度，最后由仪器自动计算平衡系数。

上述方法的优缺点如表1所示。

表1 现有电梯平衡系数检测方法及其优缺点

优缺点	电流法	盘车力矩法	空载称重法	功率法
优点	①无需专用仪器设备 ②认可度高 ③技术成熟	①能够保证轿厢和对重处于同一水平线 ②规避运动状态时产生的阻力矩误差	①无需搬运重物 ②检测结果计算简便	①效率较高 ②无需搬运重物
缺点	①耗时长 ②效率低 ③劳动强度大 ④受人为因素影响 ⑤无法在线实时监测	①无法检测无盘车轮的电梯 ②需要搬运重物 ③受人为因素影响 ④无法在线实时监测	①受机械摩擦力影响 ②测量装置安装复杂 ③需要检验人员到达电梯现场 ④无法在线实时监测	①检测装置价格较高 ②对有蜗轮蜗杆的电梯需要搬运重物 ③需要检验人员到达电梯现场 ④无法在线实时监测

从表1可知，各电梯平衡系数检验方法各有特点：电流法虽然效率低、耗时长、受人为因素影响也较大，但是由于技术成熟，在行业内认可度高，并且也是检规中规定的方法；后3种方法虽然能够在一定程度上提高检验效率，但都有各自的缺点，因此还未在行业内推广普及。同时，它们都存在2个共同的缺点：①需要检验人员到达电梯现场才能完成检验工作；②无法在线实时对平衡系数进行监测。

2 电梯平衡系数在线实时自动监测系统的设计

为了克服上述电梯平衡系数检验方法的缺点，本文基于目前技术最成熟、行业内认可度最高的电流法，设计了一套电梯平衡系数在线实时自动监测系统，方案如下。

2.1 原理

该系统是基于电流法设计的，其基本原理与电流法一致，都是通过测得不同载重量时，电梯上、下

行时的电流值，然后在平衡系数图上得到若干的点，通过这些点拟合成上行电流和下行电流曲线，最后得到平衡系数。与电流法不同的是，测量载重量和电流都是通过接收信号发射器发来的信号进行控制的，同时配备的无线数据通信装置可将采集的载重量及电流值发射至终端服务器，并由服务器进行拟合、分析、判断，必要时发出预警。

2.2 结构及功能设计

该系统是一套自动化的监测系统，由各检测装置、信号发射器、信号接收器等组成，其具体结构如图 1 所示。

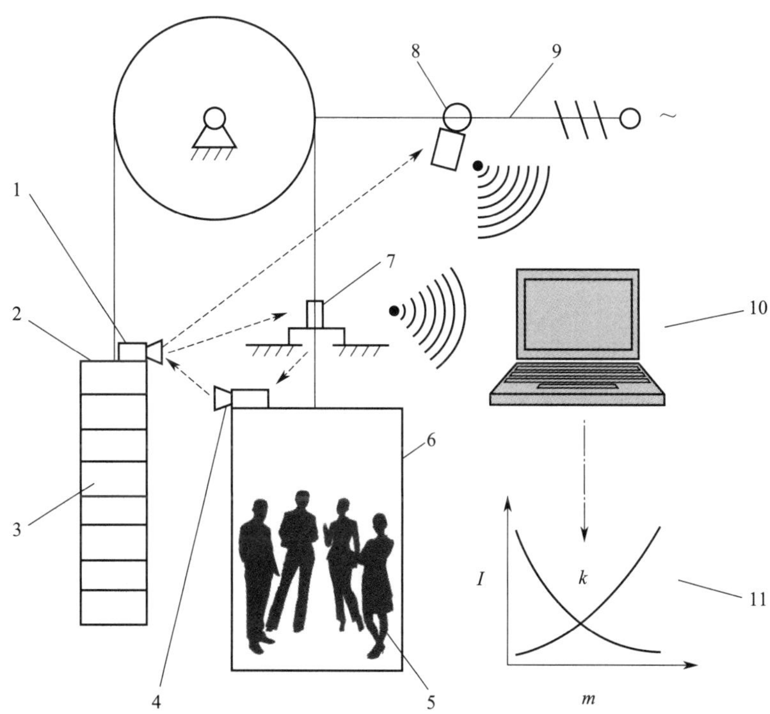

图 1 电梯平衡系数在线实时自动监测系统的结构

1—信号接收、发射一体机；2—对重框架；3—对重；
4—带有速度监测功能的信号接收、发射一体机；5—轿厢内的乘客；
6—轿厢；7—带有称重监测功能的信号接收、发射一体机；
8—带有电流监测功能的信号接收、发射一体机；9—电梯电源线；
10—终端服务器；11—电梯平衡系数图

该系统的工作流程是：电梯正常工作时，7 动态监测轿厢内的重量变化，当乘客进入电梯并监测到重量变化量在一定范围内时，随即向 4 发射信号，并储存最后一次称重量；4 接收到信号后，内置的速度监测装置开始工作，判断电梯运行方向和速度，当达到额定速度时，控制信号发射器向 1 发射水平信号；当 1 接收到 4 发射的水平信号时，轿厢和对重处于同一水平线上，此时 1 向 7 和 8 发射信号；7 接收到 1 发来的信号后，将保持的最后一次称重量通过无线数据通讯发送至 10；8 接收到 1 发来的信号时，测量此时的电流值，同时也通过无线数据通讯发送至 10；10 基于软件技术，对接收的运行方向、重量、电流进行更新，然后根据 11 重新拟合电流曲线，并更新平衡系数 k，最后判断 k 是否满足要求，若未达标则在线推送预警信息。其工作流程图如图 2 所示。

2.3 硬件设计

在该系统中，所需硬件包括图 1 中的：1—对重框架上的信号接收、信号发射一体机；4—轿顶上的带有速度监测功能的信号接收、发射一体机；7—带有称重监测功能的信号接收、发射一体机；8—带有电流监测功能的信号接收、发射一体机；10—终端服务器。它们的设计如下。

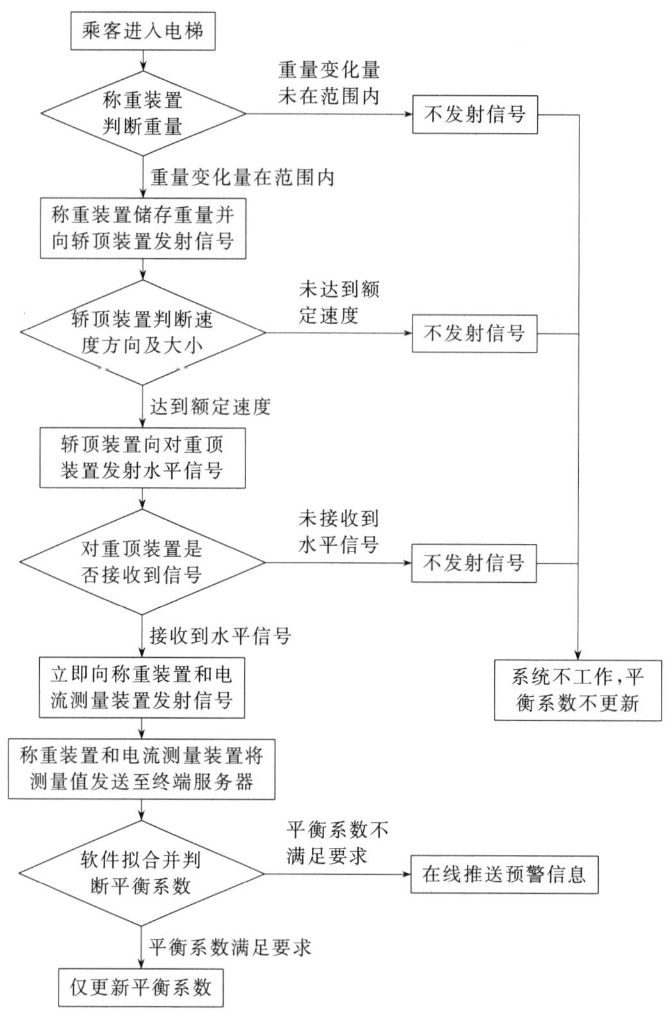

图 2　电梯平衡系数在线实时自动监测系统的工作流程图

对重框架上的信号接收、发射一体机：该装置通过螺栓固定在对重框架顶部，并与轿顶上的速度监测、信号接收、信号发射一体机保持在同一平面上，确保其能够稳定接收到发射来的水平信号。内部结构分为 2 个模块：信号接收模块和信号发射模块，并设定不同的频率，避免造成信号干扰。2 个模块之间采用直接控制的形式，确保接收到信号时能够立刻控制信号发射。同时为了保证该装置的供电，应像轿厢一样装设电缆以保证其长期运行。

带有速度监测功能的信号接收、发射一体机：安装方式同重框架上的信号接收、信号发射一体机。内部结构包括：速度监测模块、信号接收模块、信号发射模块。其中速度监测模块是独立的，实现采集速度信号、判断速度方向和速度大小功能，信号接收模块和信号发射模块的结构功能与同重框架上的信号接收、信号发射一体机相同，同样也采用直接控制的方式。

带有称重监测功能的信号接收、发射一体机：由于轿厢称重方式较多，如轿顶、轿底、绳端压板等，本文仅以钢丝绳上的测量方式表示。内部结构包括：信号发射模块、信号接收模块、无线数据通讯模块、数据存储模块、GPS 定位模块，其功能与上述硬件类似。另外，如果采用轿顶称重的方式，可以与轿顶上的速度监测、信号接收、信号发射一体机整合成一个装置，称重之后无需发射信号，实现直接控制，使系统更加简化、稳定。

带有电流监测功能的信号接收、发射一体机：基于钳形电流表进行改装，在其内部增加信号接收模块、无线数据通讯模块和 GPS 定位模块，实现数据的传输功能。若进行了大规模推广，该装置可独立制造，内部结构除了信号接收模块和无线数据通讯模块，仅包括电流测量模块和数据存储模块。

终端服务器：硬盘空间和 CPU 根据该系统的使用情况而定。该系统每天将产生若干次电流、重量数据，进行若干次电流的拟合计算和平衡系数的判断。若该系统使用不多，数据量较小，可采用小型服务器；若该系统大规模的推广，将产生庞大的数据，相应的需要大型服务器进行数据的处理。

2.4 软件设计

该系统中的软件主要指终端服务器中，实现数据储存、数据管理、数据分析、数据判断等的功能软件。该软件主要有 2 个功能：数据库和分析计算。其中数据库基于 SQL 语言编制，实现数据的存储、管理；分析计算功能通过 Matlab 实现，其多项式的函数拟合可快速得到上、下行电流曲线，同时设定阈值判断平衡系数是否超标。另外，设计了系统保护功能：若 3 天未更新平衡系数，则表明有可能系统的设备遭到损坏，软件自动发出报警提示信息。

2.5 节能设计

为了减少系统消耗，规避无效数据，实现节能减排，在该系统中设计了 3 个方面的节能功能：称重装置，速度监测，对重顶的信号接收。称重装置设计 30%和 60%两个阈值，当乘客重量在阈值范围内才发射信号，系统才开始工作；速度监测模块设计额定速度判断功能，只有达到额定速度时才发射信号，系统才开始工作；对重顶的装置也仅在接收到信号后才发射信号。这些设计都能够减少系统工作时间，同时更高效的采集数据。

3 可行性分析

电梯平衡系数在线实时自动监测系统是在电梯上加装若干装置而形成的，无需改动原有电梯设计和结构，因此可适用于所有电梯。对于技术可行性，从下面 3 个方面进行探讨。

3.1 技术原理

该系统的基本原理与电流法一致，已经经过了大量的实践验证，因此在原理上是可行的。同时，目前信号发射、信号接收、速度测量、无线数据通讯、GPS 定位等都是成熟的技术，基于上述技术制造的相关设备在市面上也较多，也已用于多种场所，因此该系统采用这些技术是可行的。另外，传统的电梯载重量测量、电流值测量设备品种也较多，其原理也得到了实践验证，因此测量载重量和电流值是可行的。

3.2 硬件

该系统中的硬件都是基于上述技术设计的，其内部结构模块都能够在市面买入，仅需完成功能之间的连接即可。同时在传统的电梯载重量测量和电流值测量设备上进行改装，加装信号发射模块和信号接收模块也是能够实现的。因此在硬件上能够满足该系统的功能和设备需求。

3.3 软件

该系统的软件是基于 SQL 语言并结合 Matlab 进行编制而成的，其中 SQL 已经发展了 30 多年，是成熟的数据库编制语言；Matlab 也已经历过多次版本更新，是功能强大的数学软件。因此，软件的编写是可行的。

综上，电梯平衡系数在线实时自动监测系统中的原理已经过了实践验证，技术和设备也都是成熟的，因此制造该系统是可行的。

3.4 应用前景

该系统不但可以运用于电梯定期检验，理论上还可以运用于监督检验。在新电梯安装好之后，调整好系统的初始值就能够开始进行监测。同时安装好之后，人为对系统进行调试和核准，理论上能够保证系统的稳定性和准确性。

4 总结

本文分析了现有平衡系数检验检测方式的优缺点，然后根据电流法设计了一套电梯平衡系数在线实时自动监测系统，最后分析了该系统的可行性，得到了可行的结论。该系统相比现有的电梯平衡系数检验方式，具有3个优势：

① 该系统是一套自动化的检验检测系统，无需检验人员到达电梯现场，也无需搬运重物，可实现远程自动检测；

② 每天都可以更新若干次电梯平衡系数，可实现每年365天实时监测；

③ 检测得到的平衡系数储存于终端服务器电脑中，一旦发现其未达标时，可立即在线推送至当地监管部门进行预警。

本文所设计的平衡系数在线实时自动监测系统可长期监测电梯平衡系数，但是若平衡系数没变化，则存在一定的资源消耗，不过系统的节能设计能够确保大部分状况下系统都可以不用工作，最大限度的减少资源浪费。另外系统处于设计阶段，无法验证测量精度，在未来的工作中应注意控制系统的精度，以保证监测的准确性。

参考文献

[1] 王璇，武潇，穆彤．曳引式电梯平衡系数检测现状及发展趋势［J］．中国特种设备安全，2014，10：45-47.

[2] 孙立新，戴广宇．电梯平衡系数快捷检测新技术研究［J］．中国特种设备安全，2015，8：11-16.

[3] 李中兴，薛涛，刘英杰，陈国华．平衡系数对电梯安全的影响及测试方法优化［J］。中国安全科学学报，2015，11：71-75.

[4] 李典伟．利用额定载荷静态测试电梯平衡系数方法［J］．质量技术监督研究，2011，2：35-37.

[5] TSG T7001—2009.

基于动态联动模式的电梯限速器检测装置研究

陈忠庚　张学伦　张光耀

国家电梯质量监督检验中心（重庆），重庆 401121

摘　要： 根据 TSG T7007—2016《电梯型式试验规则》附录 L 的规定，限速器的型式试验需进行动作速度及限速器绳提拉力两个参数的测定。传统的检测装置对这两个参数是分时分开测定的，耗时长且效率低，尤其是传统检测方式是测定的静态模式下的提拉力，不能完全反映出实际运行状况下限速器绳的受力情况。针对以上问题，本文提出了一种基于动态模式的电梯限速器检测装置，能够同时测量限速器的动作速度及动态模式下限速器绳的提拉力，大大提高检测效率和精度。

关键词： 动态模式；电梯限速器；检测装置

Research on Detection Device of Elevator Speed Limiter Based on Dynamic Linkage Mode

Chen Zhong-geng, Zhang Xue-lun, Zhang Guang-yao

National Elevator Quality Supervision and Inspection Center (Chongqing), Chongqing 401121

Abstract: According to appendix L of TSG T7007-2016 "Elevator Type Test Rules", the type test of speed limiter requires the determination of movement speed and rope pulling force of speed limiter. Traditional detection devices measure these two parameters separately in time-consuming and inefficient way. Especially the traditional detection method is the pulling force under the static mode, which can not fully reflect the actual operating conditions of the lower speed limiter rope. In order to solve the above problems, this paper presents a detection device of elevator speed limiter based on dynamic mode, which can measure the action speed of speed limiter and the pulling force of speed limiter rope in dynamic mode at the same time, and greatly improve the detection efficiency and accuracy.

Keywords: Dynamic model; Elevator speed limiter; Detection device

0　引言

电梯限速器是电梯系统中必不可缺的安全保护装置，电梯限速器与安全钳组成的联动机构，是电梯安全运行的重要保证。根据 TSG T 7007—2016《电梯型式试验规则》附录 L 的规定[1]，限速器的型式试验需进行动作速度及限速器绳提拉力两个参数的测定。传统的检测装置对这两个参数是分时分开测定的，然而测定这两个参数的过程是相同的，即试验步骤一致，因此完全可以同时对该两个参数进行测定。目前，市面上大多采用以下两种方式测试电梯限速器的提拉力：一种是手动方式，钢丝绳通过一个带棘轮锁紧扳手的卷绳轮，再经过反绳轮，一端与卷绳轮连接，另一端绕过限速器轮的轮槽后空置，并

作者简介：陈忠庚，1986 年生，男，助理工程师，主要从事电梯检验及型式试验工作。

使得力传感器与限速器轮的切线方向对准，通过扳动带棘轮锁紧扳手进行测试；另一种与第一种结构相似，其钢丝绳一端空置，另一端通过夹绳机构（带力传感器），电机带动夹绳机构沿电梯限速器绳轮的切线方向向下垂直拉动来测试提拉力。然而以上两种电梯限速器提拉力的测试方式存在以下不足：①测试时绕过电梯限速器绳轮的钢丝绳都为开环；②对电梯限速器提拉力测试时无限速器张紧装置，所测得的提拉力与实际工况不同。

1　检测装置结构构想

电梯正常运行时，轿厢上安全钳连杆机构带动限速器钢丝绳上下运动，同时带动限速器滑轮及张紧装置滑轮旋转。当电梯在限速器动作速度以内运行时，限速器滑轮空转，限速器钢丝绳只有张紧力，限速器钢丝绳两绳端在安全钳连杆机构的提拉臂上的拉力平衡，安全钳连杆机构始终保持原状。当电梯运行速度超过限速器动作速度，限速器上的离心机构触发安全开关动作，切断电梯的安全回路或控制回路使电磁制动器失电制动；如果电梯失去控制继续运行，电梯限速器将卡住钢丝绳，钢丝绳提拉安全钳，迫使安全钳动作，以将电梯强行制停在导轨上。

限速器钢丝绳通过限速器滑轮及张紧装置滑轮形成闭环，并随着轿厢运行上下往复运动。为测定出的限速器提拉力与实际工况相符，检测装置需设计为限速器钢丝绳围绕限速器滑轮及张紧装置滑轮做上下循环运动，且钢丝绳能够形成闭环。通过速度传感器及力传感器，实时采集数据，测试结束后对采集的数据进行分析，得出符合实际工况的结论。本检测装置采用的测试方法，是通过模拟限速器与限速器钢丝绳的摩擦打滑状态，用传感器测量滑轮座所受的力及钢丝绳运行速度来实现的，其检测装置示意图如图 1 所示。

该检测装置通过卷扬机双出绳形成闭环，其运行过程与限速器及限速器钢丝绳实际运行相同。

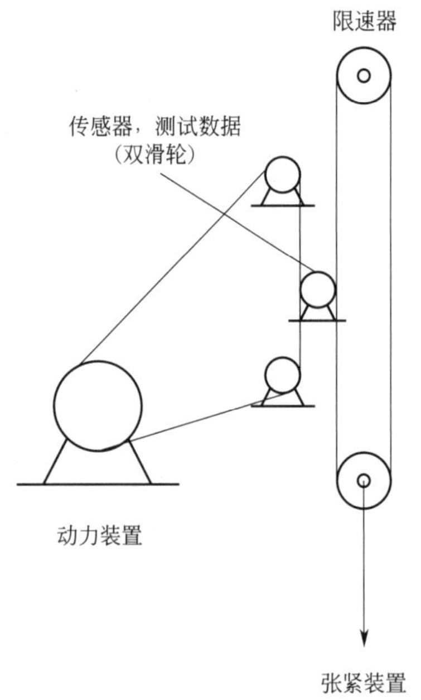

图 1　限速器动态检测装置示意图

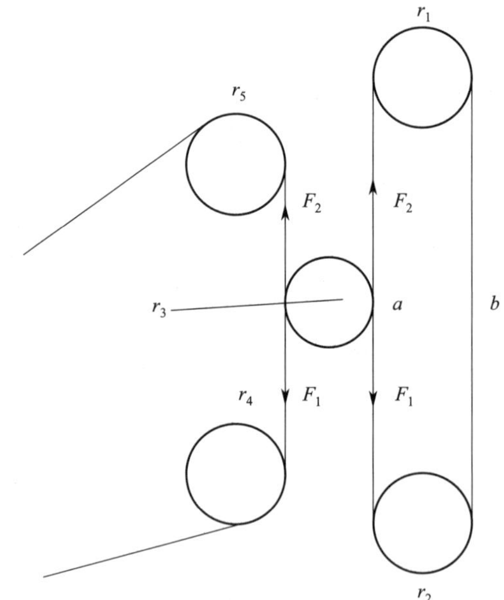

图 2　检测装置结构分析及受力示意图

2　检测装置的结构分析及提拉力计算

本检测装置的结构分析及受力示意图如图 2 所示。

张紧装置上的张紧轮 r_2 的导向架安装在限速器 r_1 安装的底座上，安装底座可以左右移动调节位置，以此保证 r_1 与 r_2 同步移动，并且 r_1 与 r_2 半径相同，以保证两边钢丝绳 a 和 b 相互平行。移动 r_1

与 r_2 使之与力传感器滑轮 r_3 相切，移动导向轮 r_4 与 r_5 保证其右端的钢丝绳在一条直线上且与 r_3 相切，以此保证力传感器滑轮 r_3 两边的钢丝绳互相平行。

在试验过程中，传感器滑轮 r_3 收到两个向上的拉力 F_2 及两个向下的拉力 F_1，通过滑轮座上的力传感器能够测得滑轮座所受的力 P，即：

$$P=2F_2-2F_1 \tag{1}$$

而限速器钢丝绳提拉力 F 为：

$$F=F_2-F_1 \tag{2}$$

因此，通过公式(1) 与公式(2) 能够得出限速器钢丝绳提拉力 F 为：

$$F=P/2 \tag{3}$$

3 检测装置的结构设计

为实现上述构想，同时保证测试过程及结果与实际工况相符，需对检测装置所涉及的部件、构件进行系统的分析。限速器的主要指标包括：①限速器滑轮的节圆直径　随电梯的运行速度决定限速器滑轮的转速，从而决定离心机构触发限速器动作的时机；②限速器钢丝绳直径　钢丝绳随张紧力及安全钳连杆机构的提拉臂的提拉力和安全系数而定；③限速器的动作速度　即分别触发限速器电气和机械动作的速度，此举是把电梯运行速度限定在规定范围内，过小会引起电梯误动作，过大会加大电梯超速的风险；④限速器提拉力　即触发限速器机械动作后，限速器钢丝绳在限速器滑轮上滑行过程中限速器钢丝绳两绳端在安全钳连杆机构的提拉臂上产生的拉力的合力（即不平衡拉力）。这个力必须超过触发安全钳动作需要的提拉力，否则安全钳不能可靠触发，但这个力也不宜过大，否则易损坏限速器、限速器钢丝绳及安全钳连杆机构[2]。

根据限速器的特性进行驱动卷扬机的设计，卷扬机设计需满足以下要求：①卷筒表面带螺旋绳槽，绳槽需与限速器钢丝绳相符；②卷筒两端均设置钢丝绳固定装置（即钢丝绳的两端都要固定在卷筒上）；③卷筒为单层卷绕，容绳量大于 80m（即预定在钢丝绳运行 80m 内要完成一次测试）；④电动机、减速机、制动器及卷筒等的功率、转速及转矩要满足　钢丝绳卷绕速度达到 9m/s，钢丝绳两端拉力差达到 2500N 形成的转矩；⑤电动机采用变频调速，全程运行速度无突变（即速度及加减速度稳定）；⑥电动机除自身的速度监控装置外，还应设置监控钢丝绳卷绕长度位置的测控装置（以便设置及准确控制试验启动、加速、动作触发及测试、减速及停止的时机，有效避免过卷）；⑦卷扬机的加减速度特性至少能满足图 3 要求。

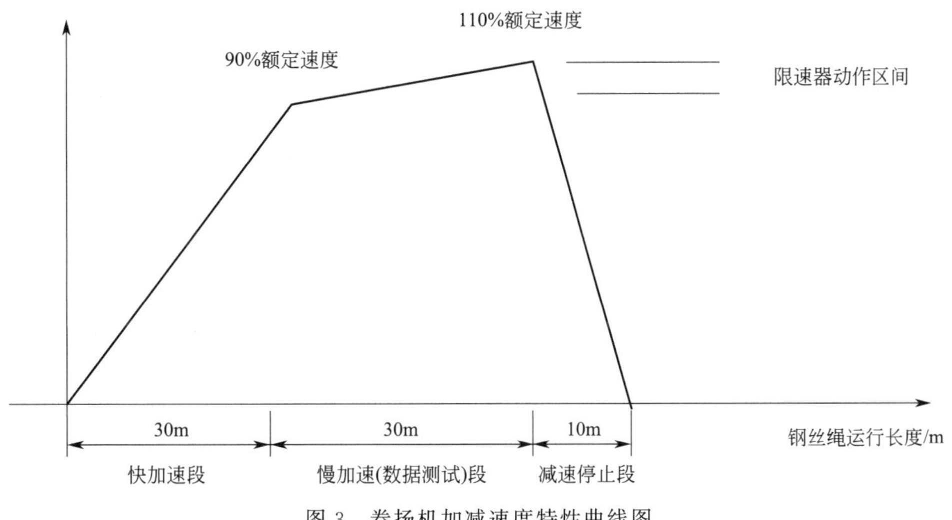

图 3　卷扬机加减速度特性曲线图

本检测装置结构上由四部分组成，即驱动卷扬、钢结构架、限速器及张紧装置。其模型图如图 4 所示。

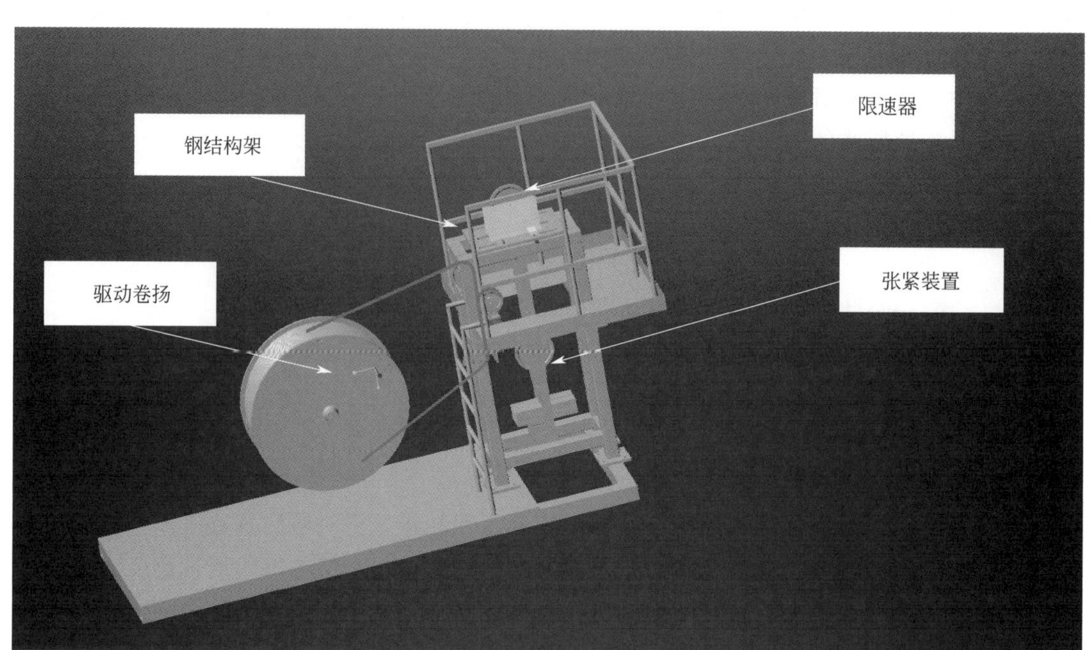

图 4 限速器动态检测装置模型图

驱动卷扬为检测装置提供动力，钢丝绳双出绳布置，形成闭环；钢结构架作为载体，由型钢焊接组成，为其他部件提供安装基础；限速器为检测样品；张紧装置为限速器钢丝绳提供张紧力及将限速器钢丝绳拉紧。其结构图如图 5 所示。

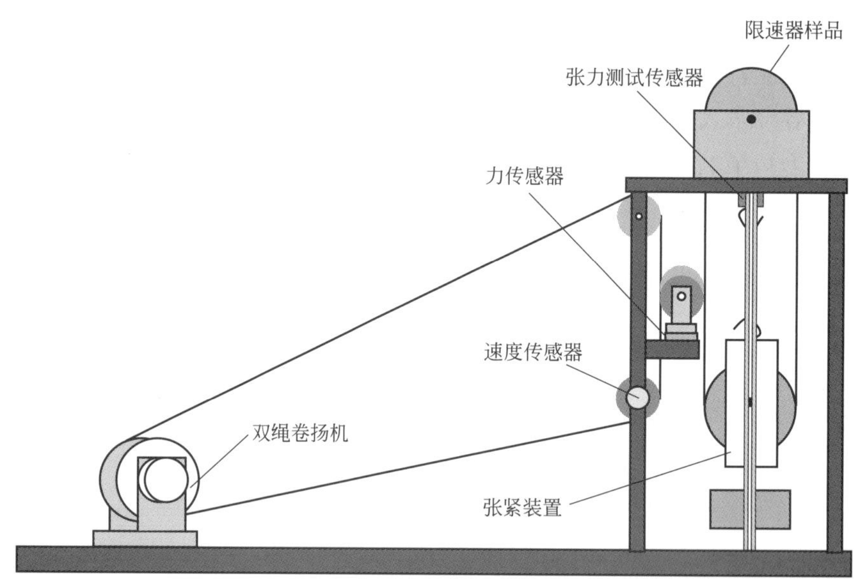

图 5 限速器动态检测装置结构

通过卷扬机带动限速器工作，当卷扬机速度达到限速器动作速度时，限速器动作，钢丝绳被夹住，此时通过速度传感器测得的值即为限速器的动作速度。卷扬机继续运行，当限速器绳在绳轮上打滑时，即模拟出实际工况下电梯限速器动作后安全钳完全制动在导轨上限速器绳的受力情况。此时力传感器测得值的 1/2 即为限速器绳的提拉力。

4 总结

综上所述，本装置理论上能够实现动作速度与提拉力同时测定，且能反应出动作速度与提拉力的动态变化过程。为满足限速器型式试验时检测精度高、检测效率高的要求，需要我们对该检测装置多方面着手进行研究及设计工作。

参考文献

[1] TSG T7007—2016.
[2] 朱昌明，洪致育，张惠侨．电梯与自动扶梯：原理、结构、安装、测试［M］. 上海：上海交通大学出版社，1995.

基于物联网的电梯运行环境监测技术研究

张 媛

江苏省特种设备安全监督检验研究院无锡分院，无锡 214074

摘 要： 利用现代检测技术、人工智能技术及物联网技术为电梯使用单位建立电梯环境智能管理系统，对电梯的运行环境实时监控、智能分析、有效评估、及时预警，能够在电梯故障及事故发生之前做好防范工作，提高管理效率，真正做到防患于未然，从而填补目前该领域在市场中的空白，达到行业领先水平。

关键词： 电梯；运行环境；积水；温湿度；电压；检测盒；监控平台；窄带

Research on elevator operation environment monitoring technology based on Internet of things

Zhang Yuan

Jiangsu Special Equipment Safety Supervision and Inspection Research Institute Wuxi Branch, Wuxi 214074

Abstract: Using modern detection technology, artificial intelligence technology and Internet of Things technology to establish intelligent elevator environment management system for elevator users, real-time monitoring, intelligent analysis, effective evaluation and timely warning of elevator operation environment can do a good job of prevention before the occurrence of elevator failure and accident, improve management efficiency, truly. In order to fill the gap in the market and reach the leading level of the industry, we should take precautions.

Keywords: Elevator; Operation environment; Water accumulation; Temperature and humidity; voltage; Detection box; Monitoring platform; Narrow band

0 引言

近年来，电梯事故增多，经过统计，每年由于运行环境不达标而由引起的电梯故障频频发生，而电梯的运行环境包括电梯积水、电源稳定性、机房温度、噪声等[1]。由于使用单位缺乏有效的智能管理系统，当电梯运行环境出现异常时，无法自动报警并对电梯异常运行情况进行可视化分析及综合诊断，这些问题成为电梯使用单位日常管理上的难以逾越的障碍。随着社会对电梯安全性能和控制系统的要求越来越高，其相应的安全监视系统也要求更先进，更可靠，且更容易实现与互联网对接，因而电梯使用单位在日常电梯管理中对远程联网和智能监管的需求越来越迫切。如图 1。

基金项目：江苏省质量技术监督局科技项目（项目编号：KJ168355）；江苏省特检院科技项目［项目编号：KJ（Y）2015014］。

作者简介：张媛，1982 年生，女，硕士，主要研究方向为物联网技术在电梯监控中的应用。

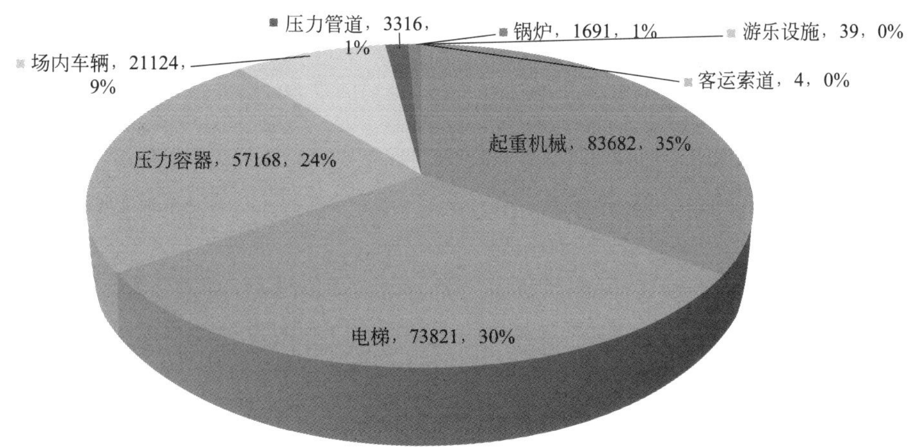

图 1 无锡市在用特种设备分布图

1 电梯运行环境监控国内外概况

市场已有的监控系统绝大部分侧重于实际发生故障出现困人之后的常规报警功能，对电梯运行环境的监控呈空白状态，且监控手段落后，无法进行事故预警。因此，能否做到故障前的及时有效防范，是目前极需要解决的一个关键问题。这也势必需要开发出一套智能的电梯管理系统，使其能够对电梯的运行环境进行全面检测，并采用数据挖掘和云计算等技术实现对实测的数据做智能分析。搭建实现电梯故障报警、困人救援、日常管理、质量评估、隐患防范、多媒体传输等功能的综合性电梯管理平台。

2 电梯运行环境监控系统工作原理

电梯运行环境智能管理系统包括电梯运行环境检测盒硬件开发及电梯运行环境管理平台的开发两部分，首先通过前端硬件部分将环境电梯运行环境参数采集并搭载无线网络返回值服务平台，并在服务平台之上经过自主发现、存、算、分析挖掘、结构，要建立一个智能化和客观的评价系统，通过先行先试的手段探索“智慧电梯”的有效社会价值，构建完善的特种设备公共安全体系，实现“便民、惠民”的目的。

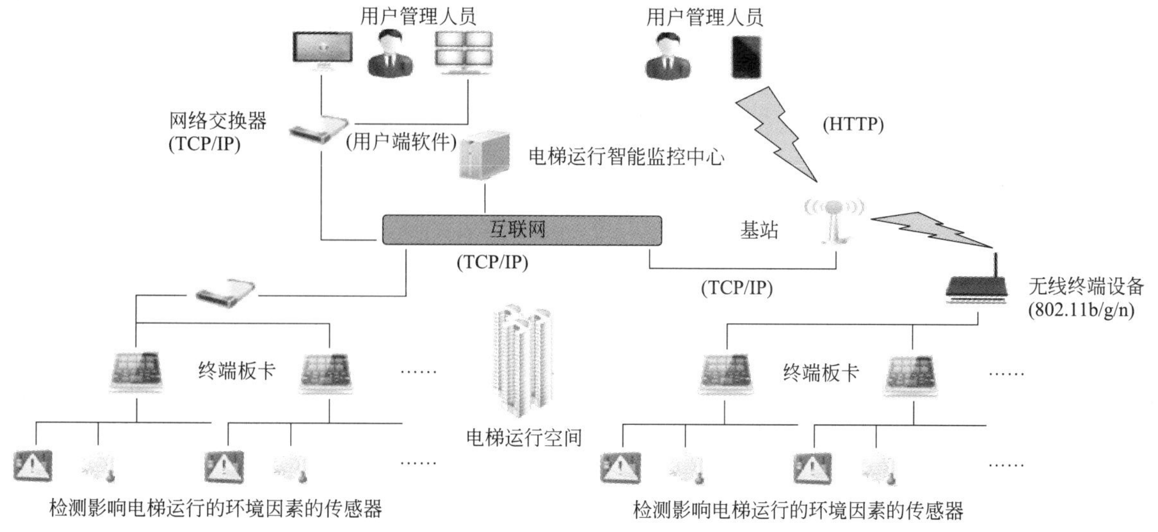

图 2 基于物联网技术的电梯运行环境智能管理系统图

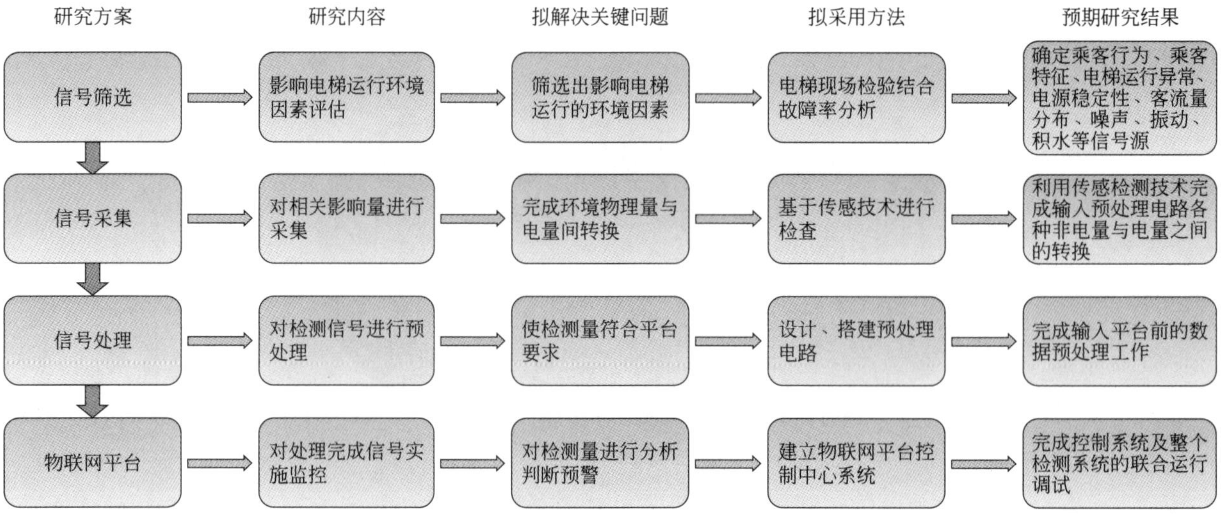

研究方案	研究内容	拟解决关键问题	拟采用方法	预期研究结果
信号筛选	影响电梯运行环境因素评估	筛选出影响电梯运行的环境因素	电梯现场检验结合故障率分析	确定乘客行为、乘客特征、电梯运行异常、电源稳定性、客流量分布、噪声、振动、积水等信号源
信号采集	对相关影响量进行采集	完成环境物理量与电量间转换	基于传感技术进行检查	利用传感检测技术完成输入预处理电路各种非电量与电量之间的转换
信号处理	对检测信号进行预处理	使检测量符合平台要求	设计、搭建预处理电路	完成输入平台前的数据预处理工作
物联网平台	对处理完成信号实施监控	对检测量进行分析判断预警	建立物联网平台控制中心系统	完成控制系统及整个检测系统的联合运行调试

图 3 电梯运行环境智能管理系统研发技术路线

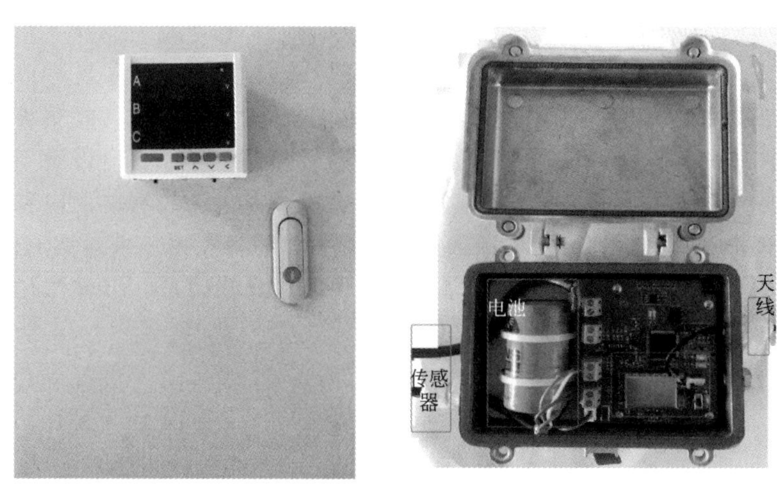

图 4 电梯运行环境智能检测设备硬件实物图

3 基于现代传感技术及通信技术的硬件开发

自主开发的电梯环境检测设备采用三层架构设计，(传感层、网络层、应用层) 模块化设计：

机房终端可检测机房供电电压波动（三相四线供电），机房环境温湿度信息等信息通过 NB-IOT、GPRS 将数据发送至云端服务器，实现数据运算、存储、分析、平台化管理，适用 LORA 窄带宽通信技术实现远距离低功耗数据传输，与传感器节点端实现数据交互。

4 基于物联网技术的电梯运行环境监控平台的开发

电梯运行环境监控平台是无锡分院电梯物联网服务平台的重要组成部分之一，采用的 SSM（SpringMVC＋Spring＋Mybatis）＋JQuery＋Nginx 组合而成的技术栈。提供电梯机房环境数据可视化平台，可实时或定时接收电梯机房环境数据，针对报警数据可自动发送短信告知物业、维保单位相关责任人，并在平台完成部分控制任务，数据响应及时，交互性强。

5 现场试验应用

用户可在图 5 所示电梯环境监控物联网服务平台上对已安装前述环境监控设备的电梯进行运行环境

的监控及管理。

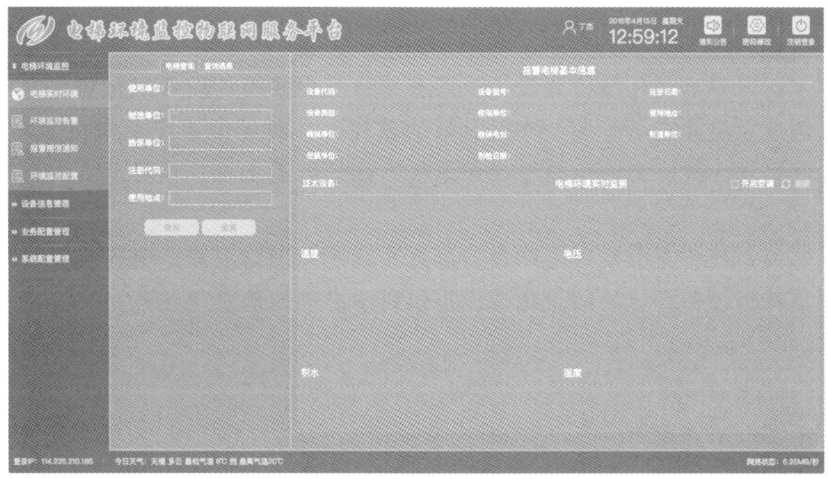

图 5　电梯环境监控物联网服务平台界面

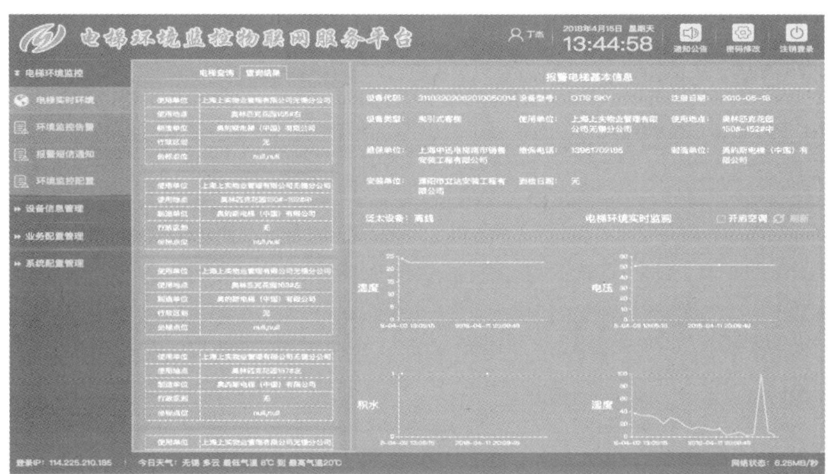

图 6　电梯环境监控物联网服务平台监控界面

当环境（温度、电压、积水、湿度）有异常时，在电梯环境监控中环境监控告警模块中会有一条记录产生，系统将自动发送短信给使用单位安全管理员，用户也可查看该报警处置的详情，如图 7 所示。

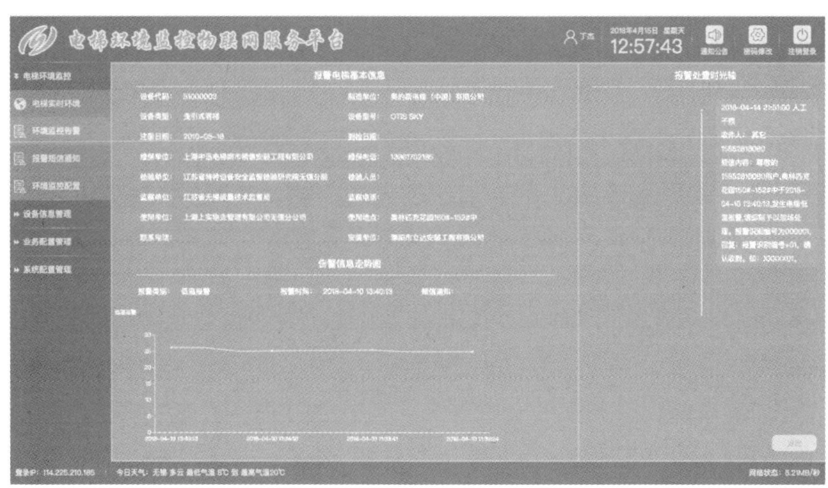

图 7　电梯环境监控物联网服务平台报警处置界面

6 结论

目前，自主开发的电梯运行环境检测设备及服务平台已投入用，设备运行稳定，对电梯日常运行环境的积水、温度、湿度及电源电压等参数实时有效的监控，并对异常情况及时报警，误报率低；井道、机房、服务平台之间采用无线窄带通信技术，对电梯本体运行无干扰且功耗低，大大降低了日常维护成本及难度。

电梯运行环境监控系统将充分发挥电梯设备信息在政府管理与决策、电梯维保、社会公共服务等方面的作用，为无锡市特种设备行业的信息化建设提供科学准确的信息化服务。

参考文献

［1］ GB/T 10058—2009.

第五篇　起重机械

便携式电机能效测试系统研发

苏文胜[1,2]　薛志钢[1,2]　王欣仁[1,2]

1. 江苏省特种设备安全监督检验研究院，无锡 214174
2. 国家桥门式起重机械产品质量监督检验中心，无锡 214174

摘　要： 利用单片机开发了电流、电压同步高速采集设备，在不采用转速转矩传感器的情况下，提出了一种基于频谱分析的电机转速识别算法和基于气隙转矩法的电机转矩识别算法，开发了便携式电机能效测试设备，能够在现场不拆卸电机的情况下完成电机能效测试，方便快捷，经过比对测试结果和试验室数据有较高的吻合度，满足工程测试需求。

关键词： 便携式；电机能效；气隙转矩法；测试仪

Development of portable motor energy efficiency testing system

Su Wen-sheng[1, 2], Xue Zhi-gang[1, 2], Wang Xin-ren[1, 2]

1. Jiangsu Special Equipment Safety Supervision and Inspection Research Institute, Wuxi 214174
2. National Bridge Door Lifting Machinery Product Quality Supervision and Inspection Center, Wuxi 214174

Abstract: A high-speed current and voltage synchronous acquisition device is developed based on single-chip computer. Without the use of speed and torque sensors, a motor speed identification algorithm based on spectrum analysis and a motor torque identification algorithm based on air gap torque method are proposed. A portable motor energy efficiency testing equipment is developed, which can complete the motor energy efficiency testing without disassembling the motor and adding external sensors. It is convenient and fast. Compared with the test results and laboratory data, the test results have a high degree of consistency to meet the needs of Engineering testing.

Keywords: Portable; Motor energy efficiency; Air gap torque method; Tester

0　引言

中小型三相异步电动机是应用最广泛的高能耗产品，其应用范围遍及国民经济各个领域，用电量约占全国总用电量的 50%，在工业领域更是占到 2/3 左右，并且电动机运行效率普遍偏低，因此，提高电动机的运行效率具有重要意义。导致电动机运行效率偏低的原因有很多，包括电动机本身的问题，但更主要的是使用问题，如负载率偏低、电机老化等。解决这一问题有很多方法，如推广使用高效电机，替换运行效率明显偏低的电机，或通过适当的控制方法提高电机的运行效率等。要实现这一目标，首先要能在不干扰电机正常运行的情况下准确检测出其实际运行效率。传统的基于实验室环境的检测方法不

基金项目：便携式电机能效现场测试仪的研制［编号：KJ（Y）2014027］。

作者简介：苏文胜，1980 年生，男，高级工程师，博士，主要从事特种设备检测新技术研究。

能直接用于现场检测，这是因为空载试验、短路试验、定子电阻检测和转速检测在现场情况下很难完成。

对于大型电机，往往配有电机状态在线监测系统，一般能够检测电机的运行效率，对于中小容量电机，从成本角度考虑，一般不配备监测系统。而中小容量电机无论从数量还是耗电量看，都占在用电机的绝大多数。对所有中小型电机进行在线监测几乎是不可能的，这一工作必须由现场工作人员完成。为此，有必要开发适用于中小电机的低成本现场效率检测装置。而现场人员一般希望检测装置的操作尽可能简单，且便于携带，因此，这样的装置应尽可能体积小、重量轻，且操作简单[1,2]。

1 基本理论及测试方法介绍

三相交流异步电动机主要是由静止的定子、转动的转子、端盖及一些附件组成。定子、转子之间的间隙称为气隙。异步电动机的电机功率传递情况如图 1 所示。

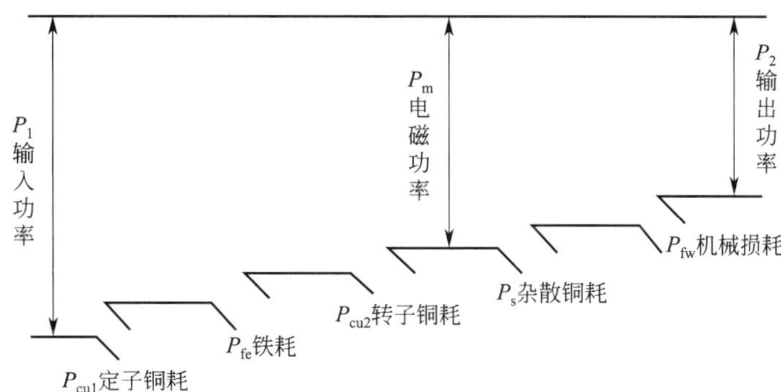

图 1 三相异步电动机功率传递图

由图 1 可知，异步电机的总消耗如式(1) 所示，电机的输出功率如式(2) 所示。

$$P_T = P_{fw} + P_{fe} + P_s + P_{cu1} + P_{cu2} \tag{1}$$

$$P_2 = P_1 - P_T \tag{2}$$

式中，P_T 为电机总损耗；P_{fw} 为机械损耗；P_{fe} 为铁耗；P_s 为杂散损耗；P_{cu1} 为定子的铜损耗；P_{cu2} 为转子的铜损耗；P_1 为电机输入功率；P_2 为电机的输出功率。

由电机学理论可知，异步电机的输出功率等于作用于转轴上的转矩和对应的机械角速度的乘积，即：

$$P_2 = T \cdot \omega_r \tag{3}$$

$$P_m = T_e \cdot \omega_r \tag{4}$$

$$\omega_r = \frac{2\pi n}{60} \tag{5}$$

式中，T 为电机输出转矩；P_m 为电机电磁功率；T_e 为电机电磁转矩（即气隙转矩）；ω_r 为电机的机械角速度，n 为电机转速。

由图 1 可知：

$$P_2 = P_m - P_s - P_{fw} \tag{6}$$

故电机的能效的表达式为

$$\eta = \frac{P_2}{P_1} = \frac{T_e \cdot \omega_r - P_{fw} - P_s}{P_1} \tag{7}$$

式中，P_{fw} 为电机机械损耗，据大量的空载试验实验数据参考，推荐机械损耗可按电机额定输出功率的 1.2%估计，即 $P_{fw} = P_{2N} \times 1.2\%$；$P_s$ 为电机杂散损耗，由 GB/T 1032—2012 规定，$P_s = P_1 \times (0.025 - 0.005\lg P_N)$。

由以上公式可知，便携式电机能效仪的最终问题是基于无传感器的转速和气隙转矩的测试，为了对两个量的进行测试，特制定了如图 2 所示的方案。

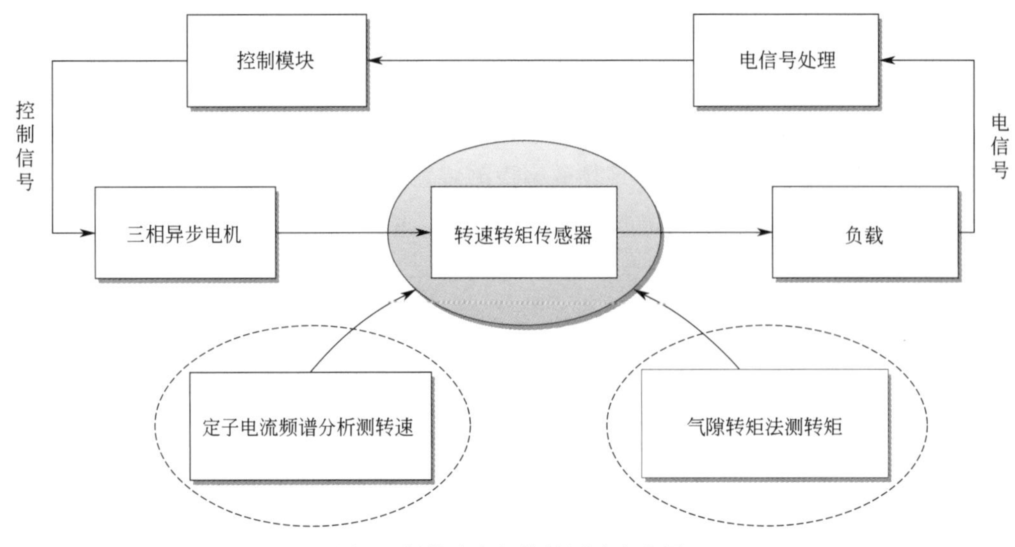

图 2　便携式电机能效测试方案图

1.1　转速辨识原理

采用基于定子电流频谱分析的方法在线辨识电机的转速。当定子绕组中通入对称三相交流电之后，由于电磁感应现象，便会产生旋转磁场，即“电生磁”过程。与此同时，封闭的转子绕组线圈在定子绕组产生的旋转磁场的作用下，切割磁感线，在绕组中产生感应电动势和感应电流，即“磁生电”过程。通电导体在磁场中受到电磁力的作用而转动，同时由于电磁感应现象，带电后的转子绕组同样会产生变化的磁场，定子绕组在转子感应磁场的作用下产生相应的感应电流，此感应电流和转子转速有关，因此可以通过傅里叶变换，在频域内检测此电流成分计算电机转速。

1.2　转矩辨识原理

采用基于气隙转矩的方法在线辨识电机转矩。旋转电机转子的轴向电磁力产生的电磁转矩是电机电能转换的重要因素，考虑到电机转子的实际结构，电磁力除了作用在转子绕组之外，更主要的是作用于电机转子铁芯的表面和内部。当定子三相绕组通入对称的三相交流电后，便会产生旋转磁场，电机转子在旋转磁场作用下，产生感应电动势和感应电流，从而产生电磁力和电磁转矩。电磁力的产生，从微观角度上都可以从电荷在磁场中受到洛伦兹力来解释。如果通过这种方法获得电磁力和电磁转矩需要获得电机的结构参数，一般情况下，这些参数很难获取，所以这种方法局限性很大，不能应用于现场电机转矩的计算。而由电机的结构可知，在定子和转子之间有一层很薄的间隙，称之为气隙。采用气隙转矩法计算电磁转矩只需要电机端输入的电压和电流量，相比传统方法，更加简单易于实现[3]。

2　硬件的开发

本系统设计了一块基于 STM32F407VET 的高速采集板卡，采用 6 路差分放大电路对电流和电压进行采集，可以很好地抑制外界信号的干扰和温度变化产生信号的偏差。采用最先进的 20 位 AD 采样芯片 AD7609 对电压和电流值进行采样并进行模数转换，将数字信号传给 CPU 芯片 STM32F407VET 进行计算和数字信号处理，最后通过 USB 高速传输芯片 USB3300 将经过 CPU 处理过的数据传输给上位机进行计算分析。

2.1 信号采集模块

首先通过电压互感器将三相交流电压信号转化为毫伏级的电压信号，通过罗氏线圈将三相电流信号也转化为毫伏级的电压信号。六路信号通过差分放大芯片 AD623BR 将信号放大到 0～5V 可供 AD 芯片采集的范围内。六路差分放大电路如图 3 所示。采用 20 位高性能的 AD 采样芯片 AD7609 对放大后的电压和电流信号进行采样，将采集到的模拟量转化成数字量传输给 CPU 芯片 STM32F407VET 进行计算和数字信号处理。本系统的采样频率设置为 10kHz，模数转化电路如图 4 所示。

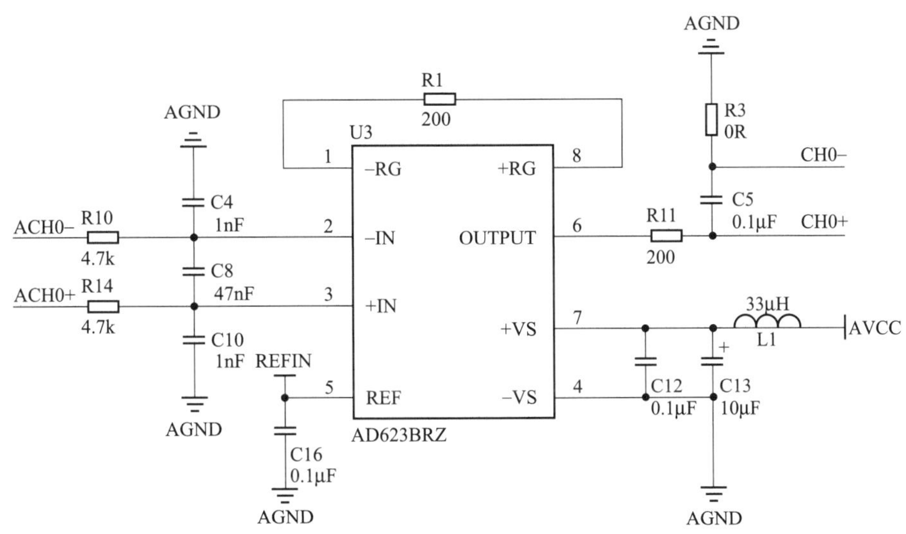

图 3　六路差分放大电路

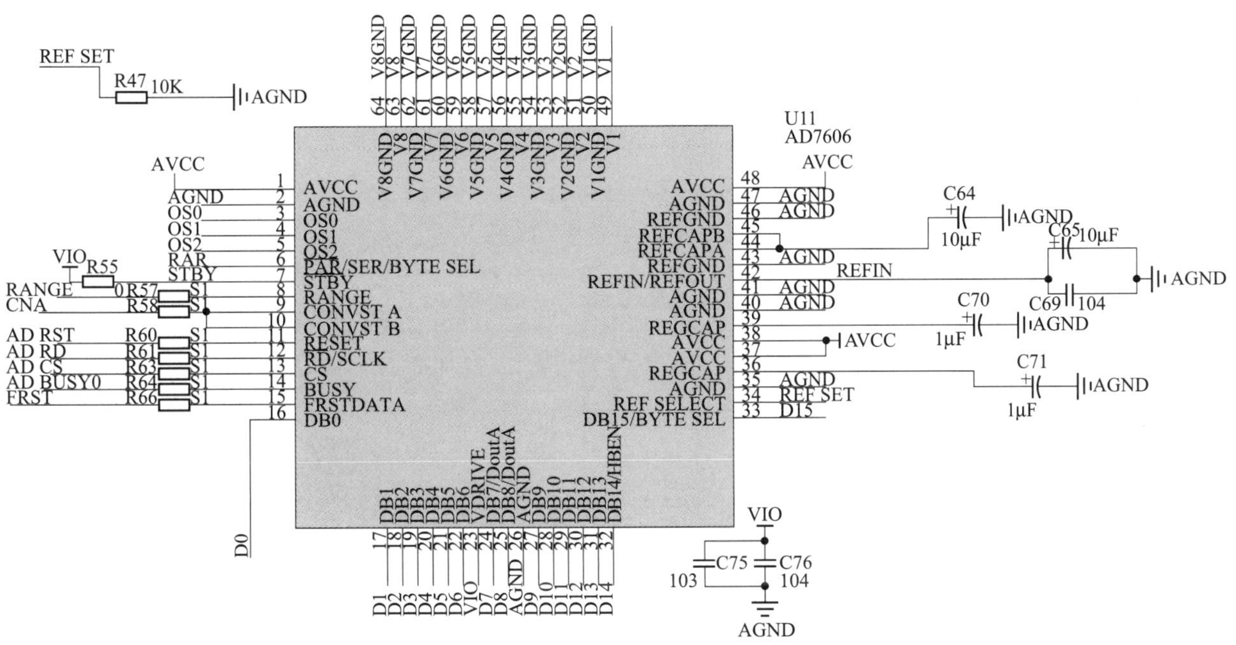

图 4　模数转化电路

2.2 信号传输模块

由于 CPU 芯片 STM32F407VET 自带了高速 USART 通信串口，因此直接采用高速 USB 转换芯片

USB3300将串口通信信号转为USB通信信号，最后通过USB接口和上位机进行信号传输，将信号采集板卡采集到的电压和电流值传输给上位机进行分析计算。USB信号转换电路如图5所示。

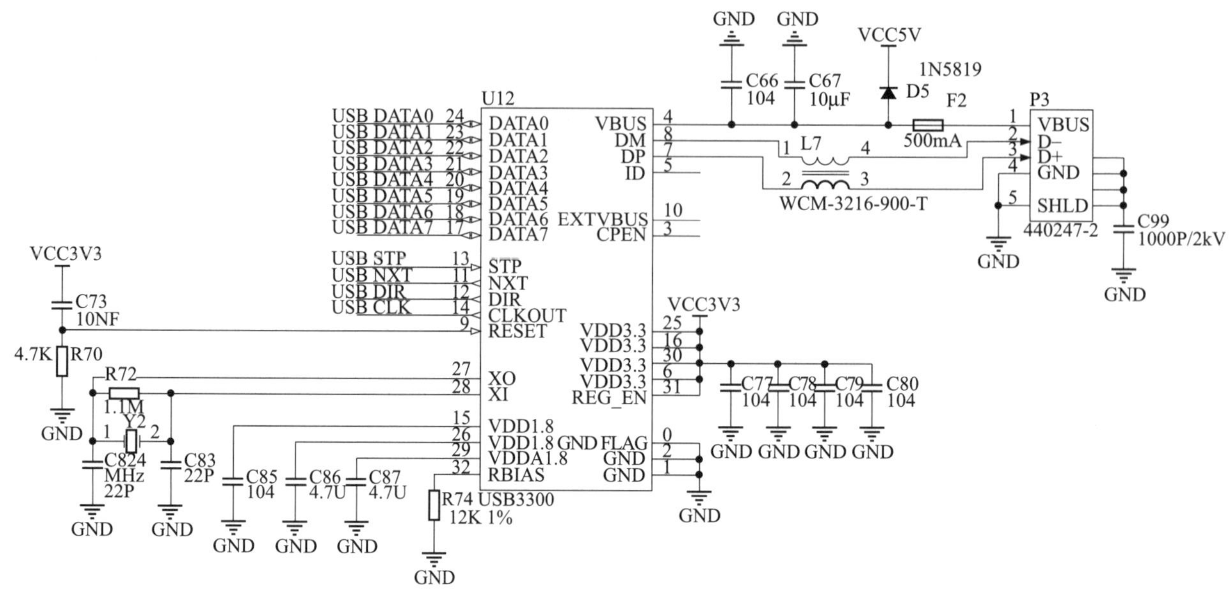

图5 USB信号转换电路

3 软件及系统集成

软件基于Labview和MATLAB进行开发，Labview通过动态链接库的形式调用采集板的数据，如图6所示，转速和转矩辨识算法基于MATLAB进行实现，其中在速转的算法中首先对采集的信号进行滤波和加窗处理，然后进行傅里叶变换及频谱细化，其次对频谱进行校正和峰值搜索，最终确定电机的转速。在转矩的算法中，首先对采集的三相电压和三相电流进行Clark和Park坐标变换，然后基于精细积分法计算得到磁链，最终基于磁链计算电机的气隙转矩[4~6]。在上述算法后利用Labview调用MATLAB的算法，将采集的数据进入MATLAB进行实时计算分析，得到了电机的转速、转矩以及能效。数据采集及分析如图7所示。

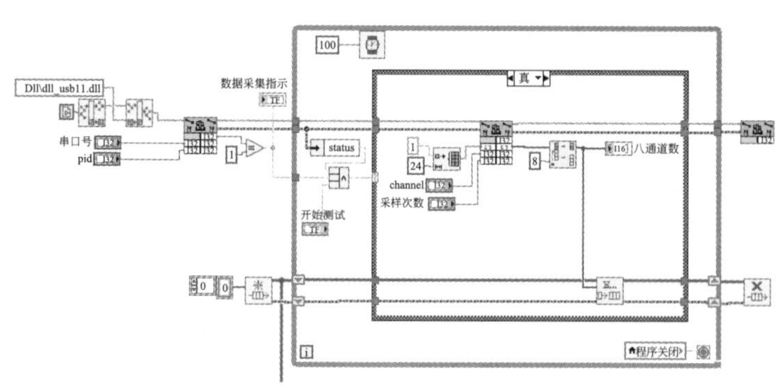

图6 Labview调用动态链接库

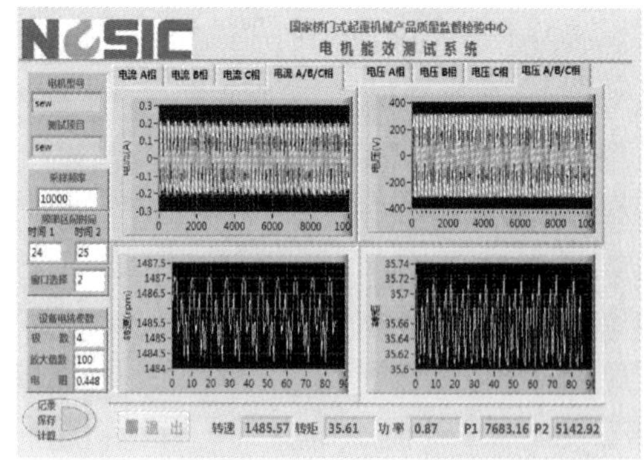

图7 集成系统界面

4 系统测试分析比较

测试采用自主研制便携式电机能效现场测试仪与国家桥门式起重机械产品质量监督检验中心的电机综合性能测试系统进行对比，来验证便携式电机能效现场测试仪测试数据的准确性和稳定性。被测电机的铭牌参数如表 1 所示：

表 1 被测电机铭牌参数

额定电压	额定电流	额定功率	额定转速	额定效率	电机接法
380V	62A	30kW	1475r/min	92%	三角形

测试时通过对负载电机的负载情况进行控制，将负载率依次设置为 125%、100%、75%、50%和 25%，对以上五种工况下的电机转速、转矩以及功率进行在线辨识。电机转速辨识算法结果综合分析如表 2 所示。电机转矩辨识算法结果综合分析如表 3 所示。

表 2 电机转速辨识结果分析

负载情况	实测转速/(r/min)	估计转速/(r/min)	转速差/(r/min)	误差/%
125%	1475.37	1474.03	1.34	0.09
100%	1480.55	1480.06	0.49	0.03
75%	1485.55	1486.48	0.93	0.06
50%	1490.34	1491.08	0.74	0.05
25%	1494.90	1494.85	0.05	0.01

表 3 电机转矩辨识算法结果

负载情况	输入功率/W	实测转矩/Nm	杂散损耗/W	气隙转矩/Nm	估计转矩/Nm	误差/%
125%	41482	243.0	107.85	255.52	252.49	1.17%
100%	32880	194.6	85.49	201.34	198.46	1.99%
75%	24436	145.2	63.53	152.57	149.85	1.83%
50%	16400	97.6	42.64	101.95	99.37	2.45%
25%	8629	50.0	22.44	61.48	59.04	3.97%

电机能效辨算法结果分析如表 4 所示。

表 4 电机能效辨识结果分析

负载情况	输入功率/W	实测输出功率		估计输出功率		误差
		输出功率/W	效率	输出功率/W	效率	
125%	41482	37488	90.37	37985	91.56	1.19%
100%	32880	30178	91.78	30772	93.59	1.97%
75%	24436	22655	92.71	23012	94.17	1.46%
50%	16400	15214	92.77	15509	94.57	1.94%
25%	8629	7775	90.10	7923	91.82	1.72%

通过测试数据可以发现，本测试仪的转速辨识算法辨识精度很高，在电机各工况下均适用，转速误差均能在 1.5r/min 以内。电机转矩辨识算法在电机处于较高负载状况时精度很高，辨识误差在 2%以下；在低负载运行时，误差也不超过 4%。正是由于本便携式电机能效现场测试仪在转速和转矩具有非常高的测试精度，因此电机能效值与试验室环境测试下的能效值误差也比较小，达到了 2%之内，完全能满足电机能效现场测试环境的要求。

5 结论

本文开发了一种基于无传感器的现场电机能效测试的设备，通过研究形成了以下结论：

① 基于采集的电压和电流，对电机的转速和转矩进行了无传感器辨识，并用 Matlab 对其进行实现，对于便携式电机能效测试仪器的研制提供了基础；

② 研发了多通道同步高速采集卡，具备完成三相电压和三相电路同步采集的功能；

③ 完成 Labview 和采集板之间的通信，并通过 Labview 调用 Matlab 将采集的电压电流数据进行实时地分析，完成了便携式电机能效测试的集成工作。

④ 通过与试验室环境下的测试系统进行对比，能效值误差在 2%以内，证明本系统具有较高的测试精度，能够满足电机能效现场测试的需求。

⑤ 本电机能效测试仪是国内首台可以在没有传感器条件下进行异步电动机能效测试的系统，填补了国内的空白，实现了电动机在现场环境下能效测试的先例。

参考文献

［1］ 于连春．感应电机无速度传感器自适应控制策略研究［D］．哈尔滨：哈尔滨工业大学，2012.

［2］ Phumiphak P，Chat-uthai C. Induction Motor Speed Measurement Using Motor Current Signature Analysis Technique［C］. International Conference on Electrical Machines & Systems，2009.

［3］ 何志明，廖勇，向大为．定子磁链观测器低通滤波器的改进［J］．中国电机工程学报，2008，（18）：61-65.

［4］ 江波，唐普英．基于复调制的 ZoomFFT 算法在局部频谱细化中的研究与实现［J］．大众科技，2010，（07）：48-49.

［5］ 丁康，潘成灏，李巍华．ZFFT 与 Chirp-Z 变换细化选带的频谱分析对比［J］．振动与冲击，2006，（06）：9-12.

［6］ 李天昀，葛临东．两种快速频域细化分析方法的研究［J］．系统工程与电子技术，2004，（06）：731-733.

半自动远程控制集装箱门式起重机大小车定位技术检验研究

仇佳捷　郭　聪　虞伟杰

宁波市特种设备检验研究院，宁波 315048

摘　要： 本文在调研了国内大量半自动远程控制集装箱门式起重机的技术特点之后，针对大小车定位技术，对其主要技术类型及特点进行了分析、归纳以及初步评价。在结合实际检验工作，提出了大小车定位技术的检验要求及检验方法，以供参考。

关键词： 集装箱门式起重机；定位技术；检验

The Research on the Automatic Positioning Technology and its Inspection of the Gantry Container Crane with Semi-automatic and Remote Control System

Qiu Jia-jie, Guo Cong, Yu Wei-jie

Ningbo Special Equipment Inspection and Research Institute, Ningbo 315048

Abstract: By the researching on the gantry container crane with semi-automatic and remote control system, those main automatic positioning technologies' characteristics are introduced, analyzed and evaluated in this paper. Combined with the experience of the inspection, those requirements and methods of the inspection on the automatic positioning technology are put forward to be a reference.

Keywords: Gantry container crane; Automatic positioning technology; Inspection

0　引言

从 1993 年全球第一个自动化运转的集装箱码头荷兰鹿特丹港 ECT 码头 Delta Sealand 建成投产开始，全世界都开始了对自动化码头研究与建设[1]。国内码头的自动化概念的引入可以追溯到 2006 年，由上海港与振华港机集团合作，在上海港外高桥二期集装箱码头建成了国内首个集装箱自动化堆场。在此之后，新建的自动化码头有 2017 年投入使用的青岛港自动化码头，还有同年年底投入试生产的上海洋山港四期码头。另外，厦门远海码头的 14＃～17＃泊位也在 2012 年开始进行自动化改造。其中，轮胎式集装箱门式起重机和轨道式集装箱门式起重机作为堆场中最重要的起重运输设备，半自动化、远程化控制的概念引入是各个码头企业以及相关起重机企业的重点研究内容，大小车定位技术则是半自动化远程控制技术中非常重要的一项内容。

1　定位技术研究

在半自动远程控制的集装箱门式起重机中，大小车定位技术是非常重要的一个内容，在正常情况

作者简介：仇佳捷，1987 年生，男，工程师，硕士，主要从事机电类特种设备检验及检验技术研究。

下，集装箱门式起重机大小车的运行是依靠定位技术自动完成的，控制人员只需要对设备运行状况进行视频监视即可。与起升运行最后阶段需要人为介入不同，大小车定位的自动化对技术的可靠性和精度要求更高。

1.1 大车定位技术

现在使用的大车定位技术主要是一个复合定位技术，一般通过两套系统来实现，通常情况下一套系统负责寻迹定位，一套系统负责贝位定位。寻迹定位系统的功能是识别大车行走的方向以及对位置进行粗定位；贝位定位的功能是对大车需要到达的目标贝位进行准确的识别。由于不同的定位技术其实现细节也有很多不同。已经投入使用的大车定位技术有以下几种。

（1）大车编码器与信号标记复合定位技术

这种是比较常见的大车定位技术，青岛港、洋山四期码头的半自动远程控制轨道式集装箱门式起重机，以及宁波远东码头的两台传统轨道式集装箱门式起重机半自动远程改造项目的大车定位技术均采用的这种方式。这种复合定位技术采用大车编码器作为连续的寻迹定位，一般的大车编码器分为增量式和绝对值式，作为寻迹定位使用，编码器需要向系统反馈的信息是大车行走的方向以及在该方向上行走距离是粗测量值。由于对于行走距离的测量是一个粗定位，因此从理论上说，使用增量式和绝对值式的编码器都是可行的。考虑到粗定位的精确性，一般还是采用相对准确的绝对值式编码器。实际上由于大车车轮在轨道上的滑动、编码器的误差累加等因素，编码器提供的位置信息仍然不准确的。信号标记是作为贝位定位的手段，一般设置在贝位中心线上。其实现方式有很多种，可以采用霍尔磁体、带RFID的磁钉以及其他RFID设备。其作用是通过信号标记与信号标记读取装置的交互准确指示贝位的位置，同时对编码器进行校正。洋山四期码头采用的是RFM100定位装置[2]，其原理是RFM100的信号读取天线接近带有RFID功能的磁钉时，为磁钉充电，磁钉发射一定的信息给信号天线。RFM100的信号读取天线横向探测范围为±780mm，因此，磁钉不仅给出的是当前的贝位信息，还能给出磁钉相对于天线的准确位置。宁波远东码头的贝位定位方案中贝位定位手段也是带有RFID功能的磁钉，与洋山四期码头不同的是其信号读取器横向探测范围十分有限，只有在磁钉正上方时才能读取磁钉信息，磁钉给出的只有磁钉所在位置，无法给出磁钉相对于设备的相对位置。这种方案需要依靠大车绝对值编码器识别大车位置，当大车接近磁钉时控制设备减速才能使设备较为准确的停在目标贝位。如果编码器出现故障，测量存在错过磁钉，或者大车定位出现较大误差。大连国际集装箱码头的集装箱门式起重机改造采用的是类似宁波远东码头的方案，为了避免出现相关的问题，大连国际集装箱码头的方案中在磁钉与磁钉之间加入FLAG信号[3]，这种信号通过挡板与光敏感应设备来实现，其主要目的是增加编码器校正频率，以避免编码器的相应误差。实际试验结果显示可有效提高大车定位精度。大车编码器与信号标记符合定位技术有两个局限，一是大车编码器十分依赖大车车轮接触面的滑动，同时无法反应大车两侧的偏移量；二是信号标记的位置往往是固定的。因此这种符合定位技术只能使用在轨道式集装箱门式起重机中，无法应用于轮胎式集装箱门式起重机。如图1所示。

图1 信号标记技术

（2）路径编码与贝位标记复合定位技术

该技术是宁波北仑第二集装箱码头的轮胎式集装箱门式起重机改造项目中。所谓路径编码就是通过某种方式对运行路径全程进行伪连续性的编码，通过设置在设备上的编码识别器来读取编码，从而得到运行方向、速度以及距离等运行信息。这种编码往往是离散的，但是编码密度高，因此，可以达到类似于连续编码的作用。宁波北仑第二集装箱码头的方案是将运行路径以二维码的形式附着在滑线架上，以摄像头作为编码识别器。由于设备运行速度较快，编码识别器的识别窗口一般较大，这样可以在识别过程中做到超前识别，也就是在一个识别窗口中会出现多个离散编码，这样可以同时识别设备所在位置以及所在位置前后一定距离内的所有编码，这样提高了编码识别的效率和容错率，但牺牲了定位的准确性，因此需要贝位标记作为设备在贝位区精确定位的手段。贝位标记形式多样，其要求就是标记识别器识别窗口窄，定位准确。宁波北仑第二集装箱码头的方案是采用高亮反光板，当设备运行到贝位标记时，标记识别器发射一束光照在反光板上，这个高亮光点就会被标记识别器捕捉到，通过这种方式来完成贝位的准确定位。如图 2 所示。

(3) 卫星定位与图像识别复合定位技术

卫星定位技术中最有代表性的就是 GPS 技术，该技术通过 GPS 接收器与导航卫星的交互来计算得到接收器的所在位置。这种定位方式具有全天候、全时段、全方位等优点。对设备以及其他设施依赖性小可以应用在各类集装箱门式起重机上。但是高精度的 GPS 定位设备价格高，民用 GPS 定位技术的精度约为 10m。因此以 GPS 为代表的卫星定位技术可以很好地完成设备的运行定位，但是不适合用于贝位区的准确定位。图像识别技术是通过装设在设备上的摄像头拍摄地面贝位号标记，通过分析图像来计算得到设备相对目标贝位的精确位置。从理论上，图像识别技术可以完成运行定位和贝位定位，实际在没有特殊标记的位置，图像识别的精度低，占用系统资源大，实际使用效果并不理想，所以运行定位采用卫星定位更加快速可靠。这种复合定位方案使用在早期宁波大榭招商国际码头的轮胎式集装箱门式起重机改造中。

图 2　路径编码及贝位标记采集器

(4) 卫星定位与贝位编码复合定位技术

这种技术实际上是图像识别技术的改型。图像识别技术识别的信号是自然图像信号，即设置在地面的贝位号标记，它的特点在于对自然图像信号的标准性几乎没有要求，但这也使图像识别的难度增加，对系统资源的要求增加。另外图像识别技术在处理较为严重污损图像，以及在光照，能见度较差的环境下工作时可靠性严重下降。贝位编码实际上是对原本的自然图像进行标准化编码，如条码标记、黑白方格标记、二维码标记等等，这种标准化编码识别效率高、系统资源占用少，再加上编码自身的规则容错率，一般的污损以及遮挡都不影响识别。如果将编码放置在合理位置也可以有效避免光照以及天气对技术识别的影响。因此这种技术是对图像识别技术简化，同时也比图像识别技术更可靠。如图 3 所示。

1.2　小车定位技术

集装箱门式起重机小车运行机构与普通桥门式起重机不同，其采用的是强制驱动方式，即采用齿轮齿条或链与链轮的方式进行驱动，小车在运行过程中不会出现滑动，同时，小车始终沿固定轨道运行，因此，小车运行的定位方式要比大车定位简单，类似的方案应用在小车运行定位上其可靠性和准确性更高。常见的小车定位方式由以下几种。

① 双激光测距定位，这种方案是将激光测距装置安装在小车架上，以陆海侧止档作为测距目标，

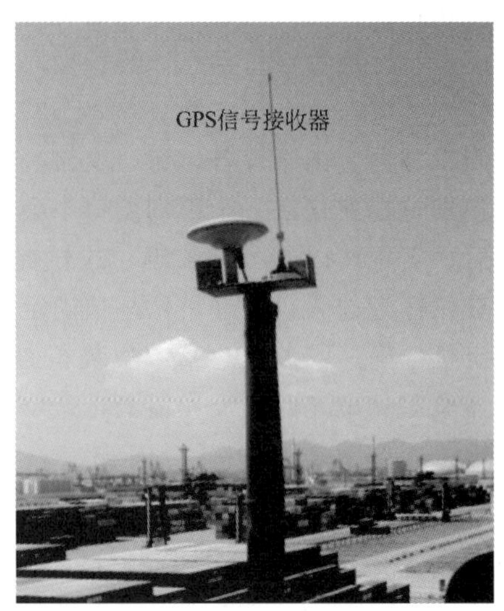

图3 卫星定位与贝位编码复合定位技术

通过计算相对于止档的距离来判断小车运行的位置。双激光测距的两个测距装置互为校核，是一种带冗余的小车定位方式。

② 格雷母线定位，格雷母线技术也称编码电缆技术，因为其编码方式采用的是格雷码而得名。其通过电耦合的方式将格雷母线芯上的信息编码传输到感应环线上，再通过信息检测单元对信息编码进行解码识别。格雷母线多应用于钢厂的焦炉机车定位中[4]，上海振华也将该技术引入到了港口集装箱起重机的定位中，其定位精度可以达到5mm。宁波远东集装箱码头的轨道集装箱门式起重机的小车定位采用的就是这种方式。如图4所示。

图4 格雷母线定位技术

③ 激光测距与编码器复合定位，这种定位技术是对整机改动最小的定位方式。一般在集装箱门式起重机出厂配置中就有小车运行编码器。由于集装箱门式起重机是强制驱动，排除编码器连接轴故障，小车编码器对小车位置的测定是比较准确的。再添加一套激光测距装置可以对编码器进行校正，就能具有较好的准确性和可靠性，这也是一种带冗余的定位方式[5]。

1.3 定位技术评价

由于港口集装箱门式起重机分为两种，即轮胎式集装箱门式起重机和轨道式集装箱门式起重机，这两种形式的区别在于大车运行机构不同。因此小车定位技术往往是可以通用的，而大车定位技术则需要针对设备的不同而采用不同的方案。

轨道式集装箱门式起重机其运行轨迹是固定的，因此大多数定位方式都可以适用该设备，从理论上说，覆盖全程的标记定位技术比如磁尺定位、格雷母线定位是相对准确也易于实现的，但其有一个突出的缺点，就是在其成本随着设备运行范围的增大而明显增加，对于原有设备环境的改造工作量也明显增加。宁波第二集装箱码头有限公司的改造方案中最早考虑的大车定位技术就是采用格雷母线，而在后来的方案中取消了这样的设计。因此引入间断式的定位技术如 RFID 定位、磁钉定位等，可以有效降低成本投入。另外，对于贝位区准确定位的要求，使得各种方案都不可避免地在贝位区设置准确的定位标记。这种间断式定位在非贝位区的运行中需要引入一种成本低、误差率在一定范围内的粗定位技术，这也就是现在各个企业以及码头采用的复合定位技术。

轮胎式集装箱门式起重机的定位技术框架与轨道式集装箱门式起重机是相似的。但是由于轮胎式集装箱门式起重机的运行路线不固定，因此依赖固定位置的定位标记均不适用，如磁钉定位、RFID 定位，因此，轮胎式集装箱门式起重机的标记识别多采用依靠摄像头来实现，如宁波大榭招商码头采用摄像头识别贝位编码的方案以及宁波北仑第二集装箱码头采用摄像头识别高亮光点的方式，摄像头可以在较大范围能完成位置识别功能，但是同时，这种适应性也会一定程度降低定位的准确性，因此要在轮胎式集装箱门式起重机的大车定位技术中做到适应性和准确性兼顾较为困难。

一部分技术方案会将本文介绍的这种大车复合定位技术表述为一种带冗余的技术，而实际上这种复合定位技术必须协同作用才能够完成大车定位的功能，单一的一种技术都无法完成这一功能，因此，相关单位将这样的复合技术表述为带冗余的定位技术实际上是一种错误。这也是相关企业在按照技术规格书验收项目时需要注意的。如图 5 所示。

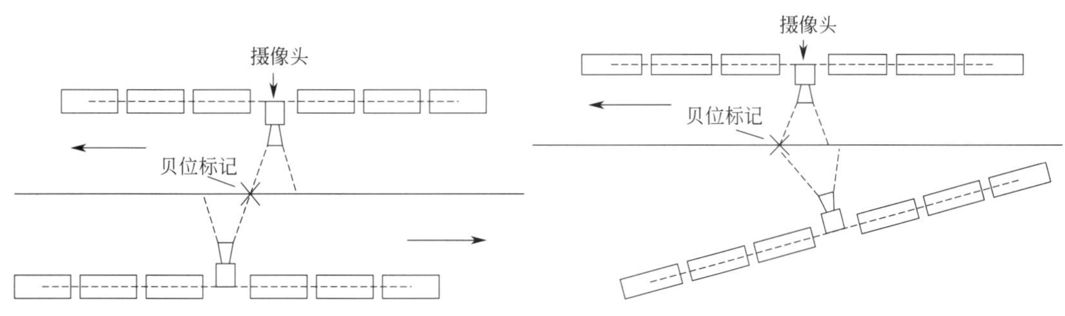

图 5 摄像头视野造成误差示意图

小车定位技术相对使用环境较为简单，可以使用相对成熟的定位技术，因此在实际项目中小车定位技术往往相对可靠，精度也较高。

2 定位技术的检验

集装箱门式起重机的半自动控制作业中，定位技术是基础的运行控制技术，其可靠性和精度一方面决定了设备的工作效率，另一方面也影响了设备的安全运行。由于半自动控制将大小车的运行从人工控制转变为自动控制，原本运行的安全保障由人员操作转变为设备控制，因此在设备检验时，必须将定位技术检验包含在相关的检验项目中，所以需要制定相应的检验标准及检验方法。

2.1 定位技术的检验要求

在起重机械相关检验的参考标准中并没有对自动控制的起重机运行机构定位技术的指标进行规定。因此在制定相关检验标准时应当按照设备情况、作业情况以及制造（改造）单位与用户订立的技术规格书三者进行综合考虑。

技术规格书是制造（改造）单位与使用单位订立的统一技术标准性文件，其是双方考虑了技术的可实现程度以及使用实际提出来的，因此，一般技术规格书中规定的定位技术相关的指标在不影响总体安全的情况下是可以作为检验要求来实行的。

当技术规格书中没有明确规定定位相关技术指标时，需要考虑作业情况及设备情况。一般集装箱锁孔尺寸约为125mm×63mm，因此在作业时，锁头位置定位误差不应超过锁孔尺寸的一半，否则，难以完成抓箱对锁孔操作。对于带有可调节位置的集装箱吊具的设备来说，其定位精度可以适当放宽，但不能超过位置调节范围的一半，同时应考虑周围的安全距离。

在制定检验要求时还应考虑定位技术故障识别与恢复功能，一般考虑定位技术中出现故障应当可以识别并向操作人员给出提示，并保证本机处于安全状态，即，停在原地并发出警报，或拥有类似功能。当定位技术具有故障恢复功能时还应检验恢复功能的可靠性。

综上所述，定位技术的应满足表1要求。

表1 定位技术检验要求表

项目	检验要求
大车定位精度	(1)大车定位精度应满足技术规格书的相应设计要求； (2)当设计要求未规定时，应小于±5cm(有利于吊具转锁顺利进入集装箱锁孔)； (3)当吊具带有沿大车方向调节功能时，大车定位精度应小于($d_{间}-d_{吊}$)/2，且应有吊具自动复位功能；(其中，$d_{间}$为贝位间距，$d_{吊}$为抓箱时吊具外轮廓超出集装箱外轮廓部分)； (4)大车定位装置应有故障检测功能，当发生故障或无法准确定位时应停在原定并在远程控制台显示故障信号，同时集装箱门式起重机本体发出报警信号，或应设置符合设计要求的类似功能
小车定位精度	(1)小车定位精度应满足技术规格书的相应设计要求； (2)当设计要求未规定时，应小于±4cm(有利于吊具转锁顺利进入集装箱锁孔)； (3)小车定位装置应有故障检测功能，当发生故障或无法准确定位时应停在原定并在远程控制台显示故障信号，同时集装箱门式起重机本体发出报警信号，或应设置符合设计要求的类似功能

2.2 定位技术的检验方法

定位技术的检验分为定位精度检验和故障识别检验。定位精度检验是检验定位技术是否能符合2.1节中提出大车定位精度要求的①、②、③和小车定位精度要求的①、②；故障识别检验是检验定位技术是否符合2.1节中提出大车定位精度要求的④和小车定位精度要求的③。

大车定位精度检验方法如下。

① 当验收作业技术指导文件有明确规定检测方法，且检测方法科学合理时，应依照相关文件进行试验。

② 当验收作业技术指导文件没有相关约定时，可采用如下方法：在起重机靠近地面稳定结构位置悬挂一重锤。控制起重机移动到目标贝位A，在重锤对应的地面位置做一十字记号。操作起重机远离A位置后再使其回到A位置，自动停止后在重锤对应地面再做一十字记号，反复三次，取四个十字记号中距离最大的两个记号之间的距离记为大车定位精度。

大车定位技术故障识别的检验方法应根据定位技术的实现方式不同采用如表2所示的模拟故障的方式。

表2 大车定位技术故障识别模拟方法

定位技术	测试方式
大车编码器+信号标记	①拆除大车编码器接线； ②屏蔽信号标记，或拆除信号标记； ③手动清零编码器使信号标记与大车编码器数值出现矛盾； ④其他
路径编码+贝位标记	①修改或遮挡路径编码； ②修改或遮挡贝位标记； ③其他
GPS+图像识别	①拆除GPS接线； ②遮挡图像识别标记物； ③其他

续表

定位技术	测试方式
GPS+贝位编码	①拆除 GPS 接线； ②遮挡或修改贝位编码； ③其他

由于故障识别的检测是一个验证性的检测，其故障的情况往往是难以穷尽的，因此在检验过程中应尽可能多地将可能出现的故障模拟在设备上以保证在不同故障情况下设备的定位技术均能够在保证安全的前提下处理相应的故障情况。

小车定位精度检验方法如下：

① 当验收作业技术指导文件有明确规定检测方法，且检测方法科学合理时，应依照相关文件进行试验。

② 当验收作业技术指导文件没有相关约定时，可采用如下方法：将激光测距仪可靠固定在起重机一侧小车止档位置，使用激光测距仪测量该位置到小车架相应位置的距离，如图所示。控制小车移动到某一位置 A，记录激光测距仪上的距离数值。操作小车远离 A 位置后再使其回到 A 位置，自动停止后再次记录激光测距仪上的数值，反复三次，取四个数值中差值最大的两个数字之差记为小车定位精度。

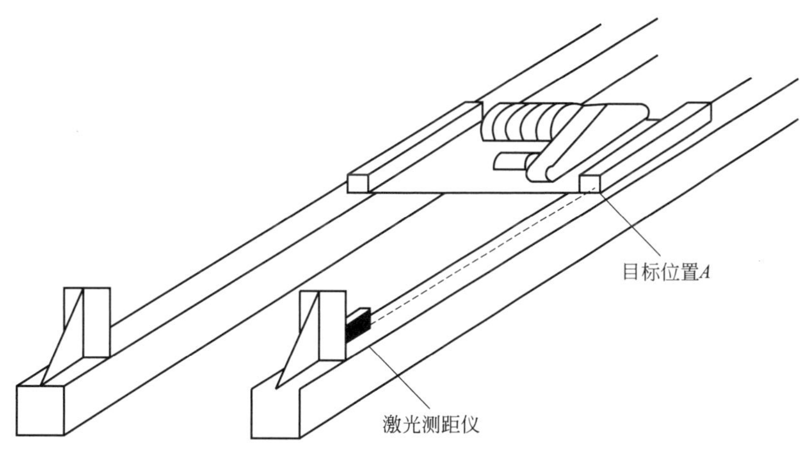

图 6　小车定位精度检验方法示意图

小车定位技术故障识别方法也是通过模拟故障的方式来进行验证性试验。如表 3 所示。

表 3　小车定位技术故障识别模拟方法

定位技术	测试方式
双激光测距	①拆除任一激光测距传感器接线； ②用障碍物遮挡任一激光测距传感器； ③其他
格雷母线	①修改或遮挡路径编码； ②修改或遮挡贝位标记； ③其他
激光测距与编码器复合定位	①用障碍物遮挡激光测距传感器遮挡图像识别标记物； ②拆除激光测距传感器接线； ③拆除编码器接线； ④其他

小车故障模拟检验和大车定位技术故障模拟检验一样，应根据定位技术特点尽可能模拟故障情况进行验证性试验。

3　总结

大小车定位技术是集装箱门式起重机半自动远程控制技术中非常重要的一种，它决定了设备在自动运行模式下能够准确地完成运行指令。定位技术的合理设计和可靠运行不仅决定了半自动远程控制集装箱门式起重机能否正常运行，同时还会影响其安全运行，如自动落箱时出现碰砸相邻位置集装箱或车辆的情况。因此，大小车定位技术的检验是集装箱门式起重机半自动远程控制技术专项检验中十分重要的一项内容。本文对现有的定位技术进行了总结，并提出相应的检验要求及检验方法，可作为相关检验工作及安全评估工作的参考。由于定位技术的多样性，在实际检验过程中需要根据技术规格书中规定的技术特点进行分析制定对应的检验方案，才能科学合理的开展检验工作。

参考文献

[1] 薄海虎，张氢，孙远韬．集装箱码头RTG远程半自动化操作堆场实现方法研究［J］．起重运输机械，2015，（4）：12-15.

[2] 黄矩源，王黎明，吴尚．自动化集装箱码头桥式起重机大车定位系统［J］．水运工程，2016，（9）：111-115.

[3] 孙晓东，王琦．轨道式龙门起重机大车定位系统技术改造［J］．集装箱化，2011，（5）：26-27.

[4] 王正国，肖汉斌，周强，等．格雷母线定位技术在内河集装箱码头堆场中的应用［J］．交通科技，2008，（4）：107-109.

[5] 仇佳捷，柯韬，虞伟杰．起重机械智能化过程中关于“安全回路”的探讨［A］．沈功田，等．2016年全国特种设备安全与节能学术会议论文集（下）［C］．北京：中国质检出版社，2017.

基于多体动力学和试验比对的起重机械盘式制动器声振信号动态制动性能验证

吴峰崎　许海翔　邱　郡　陈　虎　胡　鹏　周建波　陈庆诚

上海市特种设备监督检验技术研究院，上海 200062

摘　要： 根据 MSC. adams 的多体系统动力学原理，建立起重机械盘式制动器的虚拟样机模型．在该模型中，运行边界条件按照实际运行环境进行建立，这是根据制动器的工作过程来设计的，这是为有效分析系统动力学而建立盘式制动器刚体动力学模型的关键一步，也是为起重机械盘式制动器优化设计的工程基础。仿真结果显示了制动力矩和制动时间的关系，这些曲线论证了旋转速度与制动力矩关系不大，但制动力矩正比于制动时间。这些都反映了起重机械盘式制动的实际动力学关系，而且呈现了某些理论分析不能确认的分析结果，基于试验测试对比的 MSC. adams 仿真数据可以运用于模型的设计和评估，节约大量的人力和物力资源。对于制动器动态制动过程中的声音和振动信号进行比较，为下一步的制动状况监测奠定技术基础。

关键词： 多体动力学；起重机械；制动器；虚拟样机

The dynamic acoustic-vibration analysis on the drum brake of crane based on multi-body dynamics & experiment result

Wu Feng-qi, Xu Hai-xiang, Qiu Jun, Chen Hu, Hu Peng, Zhou Jian-bo, Chen Qing-cheng

Shanghai Institute of Special Equipment Inspection & Technical, Shanghai, 200062

Abstract: According to the actual working condition of the drum brake experiment system of crane, Based on the multi-body system dynamics in the ADAMS environment, a prototype of the drum brake of crane was developed. In this model, the virtual running environment was established according to the actual crane operation cases, which is designed by the brake working process. It is the key step to build the disc brake rigid vibration dynamics model for performance analysis of system dynamics, which is the basis for the optimization design of the disc brake of crane. The simulation results show that the response value of the braking time & the braking torque, these curves demonstrate that the rotate angular velocity has little relation with the braking torque, but it is proportional to the braking time. The signal of the drum brake experiment system is sampled and analyzed. These results show that the model reflects the actual dynamics of the drum brake of crane, and also presents that some of the theoretical analysis results cannot be usually confirmed. These simulation results based on ADAMS & experiment vibration result will be applied to prototype design and evaluation, and save a lot of manpower and material resources. The sound

基金项目：国家重点研发计划“机电类特种设备风险防控与治理关键技术研究及装备研制”（编号：2017YFC0805705）；上海市局项目“基于无人机多传感器信息融合的起重机械智能检测关键技术研究”。

作者简介：吴峰崎，1976 年生，男，教授级高级工程师，博士，主要从事特种设备检验检测技术研究。

and vibration signals of brake during dynamic braking are compared, which lays a technical foundation for the next braking condition monitoring.

Keywords: The multi-body system dynamics; Crane; Brake; Virtual prototype

0 引言

制动器作为起重机械重要的安全部件，具有实现停止制动和防止吊重坠落等功能，它既是实现机构正常工作的控制装置，又是保障起降机械安全运行的保护装置，其制动性能的好坏能直接影响着起重机械运行的准确性和安全性。随着起降机械向着高速化、自动化、大型化的发展，制动器所需要的制动力矩也不断增大，对其设计制造及生产提出更高的要求，而现在的制动器难以满足要求。起重机制动器试验系统是研发起重机制动器和起重运输机械方面制动器的新产品、研究制动器摩擦机理、检测产品性能好坏、研究产品的可靠性、分析安全事故的原因等研究工作必不可少的重要试验设备；对运用试验来验证制动器的实际使用性能，和确保制动器在相应实际工况条件下实现安全制动有着相当重要的意义。随着计算机的硬件和 CAE 辅助设计及 CAD 软件的快速发展，可以通过虚拟样机及有限元技术对制动器摩擦制动等复杂过程进行详细而深入的仿真[1]。通过对仿真结果的分析并结合实验数据进行对比分析，可以提供对制动器的设计理论和分析。在实验虚拟样机技术中，还要结合实际试验数据，一方面可以修正制动器虚拟样机模型参数，使其仿真结果具有实际参考价值；另一方面可及时发现产品中存在的问题和缺陷，通过不断修改仿真模型达到满意效果，可节约研发成本，缩短研制周期。

本论文运用机械运动分析法，利用虚拟样机技术，建立了制动器及动态试验台的三维几何模型及虚拟样机模型，通过动态制动虚拟仿真，发现制动初转速与制动力矩以及制动时间之间的关系，通过实验对制动器动态制动过程中的声音和振动信号进行比较。

1 制动器动态试验台

1.1 试验台简介

制动器在起重机中的作用主要有减速停车制动与夹持制动这两种。比如桥式起重机在减速停车的制动过程中，根据功能原理，物体运动过程中机械能的变化等于作用在该物体上的外力在该过程中的所有功，制动器吸收的能量表现为：

$$T_Z\theta_Z=\frac{1}{2}mv^2+\frac{1}{2}J_Z\omega^2+mgh \tag{1}$$

式中，T_Z 为制动器制动力矩；θ_Z 为制动转角（即制动路程）：h 为制动过程中吊重下滑距离；J_Z 机构转动部分的转动惯量；ω 制动初角速度，m 为吊重质量，v 为线速度。在制动过程中，上式右侧的系统能量可以通过试验台飞轮惯性系统模拟，从而得到制动器的模拟试验系统，用飞轮惯性系统来模拟起重机实际制动过程，则可得到：

$$T_Z\theta_Z=\frac{1}{2}J\omega^2=\frac{1}{2}mv^2+\frac{1}{2}J_Z\omega^2+mgh \tag{2}$$

式中，J 为试验加载用惯性飞轮的转动惯量。再根据动量矩定理：$T_Zt=J\omega$，t 为制动时间。试验系统可通过不同的 J 和 ω 与 T_Z 和 t 的变化组合，模拟不同级别的起重机不同大小制动器的制动过程，一般控制 t 的范围在 1.5～2s 内。

1.2 虚拟样机分析

虚拟样机技术主要分析机械系统的运动学和动力学，本文采用了 PRO/E 生成制动器及制动器试验台的三维几何模型，将装配好的制动器动态试验台几何模型导入 ADAMS 软件，根据动态分析需要将零部件进行整合。在试验台的电机转轴输入端施加驱动力矩，转动的角速度从 0rad/s 增加到 4500drad/s。也就是模拟主轴从静止加速到 750r/min 的过程。

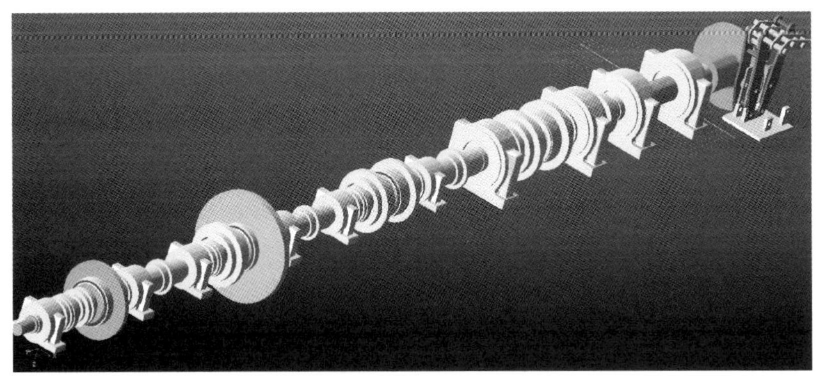

图 1　制动器动态试验台虚拟样机模型

通过上述的工作，完成了制动器试验台及制动器的虚拟样机建模，图 1 所示为 ADAMS 环境下制动器试验台及制动器的虚拟样机模型。该模型已经添加了约束副、受力及驱动，除此之外，还为制动器试验台及制动器的部件添加了质量等等，此时，已经建立了可以反映制动器的真实运动和受力状态的虚拟样机模型，可以对其进行各种工况下制动器的运动学和动力学试验及其他仿真分析。

1.3　制动器动态制动力矩测试虚拟仿真

建立了虚拟样机模型后，通过动态仿真，得到主轴的转动角速度和力矩随时间变化的曲线，有助于对制动器的制动过程及制动特性的掌握。

虚拟仿真参照试验台实际工作过程进行，首先设定初转速为 600r/min 的速度驱动，进入制动过程仿真至 1.3s 后结束。主轴、飞轮盘及制动轮转速下降至零。

制动盘和摩擦垫片间的接触副 CONTACT_1 和 CONTACT_2 的设置如下：静摩擦系数为 0.25；动摩擦系数为 0.2；阻尼设置为 10。

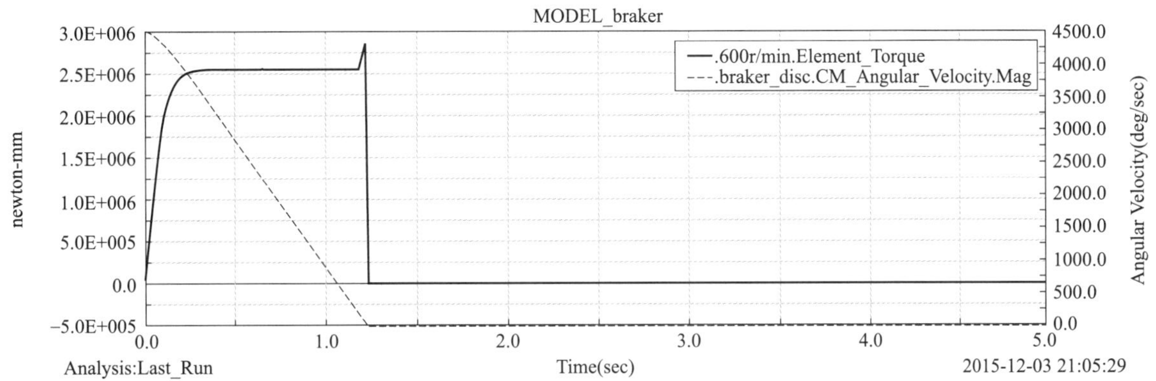

图 2　主轴角速度随着时间变化和制动力矩情况

图 2 为主轴角速度随着时间变化和制动力矩情况，制动过程中，主轴速度驱动失效，主轴及飞轮组惯性转动。制动器开始制动，主轴从速度 600r/min 下降，主轴转速不断下降在 1.2s 左右为零，制动过程约为 1.2s。我们按照实际试验中扭矩传感器记录主轴制动过程的变化来调试仿真时长。

图 3 为制动过程中作用在圆盘的摩擦力变化情况曲线，进入制动过程，产生波动的摩擦力，1.2s 后制动器完成制动，此时的制动轮速度降至零，故可得知圆盘切向摩擦力迅速下降波动衰减趋向于零。

图 4 是初转速为 600r/min 时制动轮的力矩变化情况。图中观察到力矩在制动器抱闸后，动态制动力矩随着摩擦力的增大而迅速增大至 2500N·m 时，0.2～1.05s 波动，制动直至主轴停止速度为零，动态制动力矩才恢复至零。说明了仿真得到的动态制动力矩曲线与试验测试保持一致，均大于 90%的

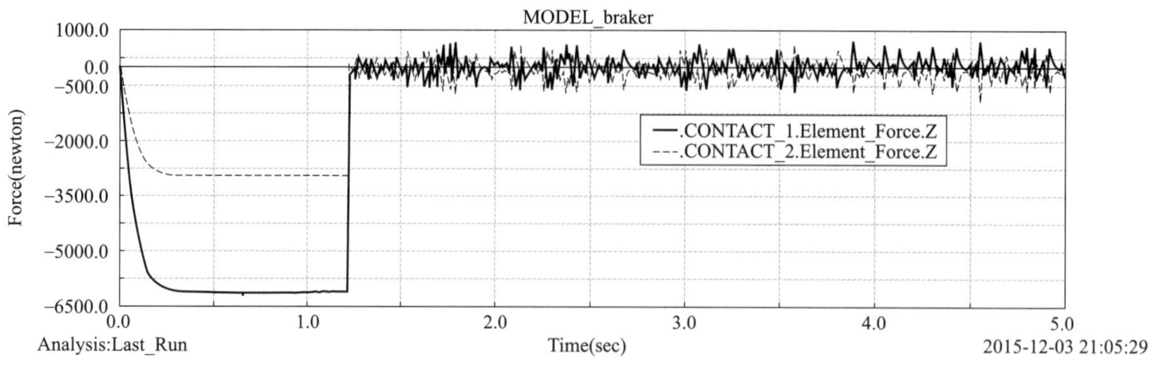

图 3 制动过程中作用在圆盘的摩擦力变化情况

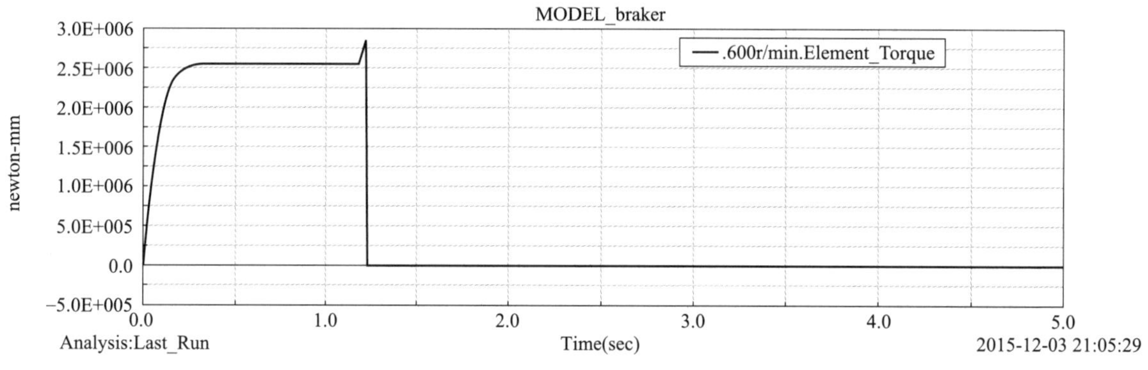

图 4 转速为 600r/min 的力矩图

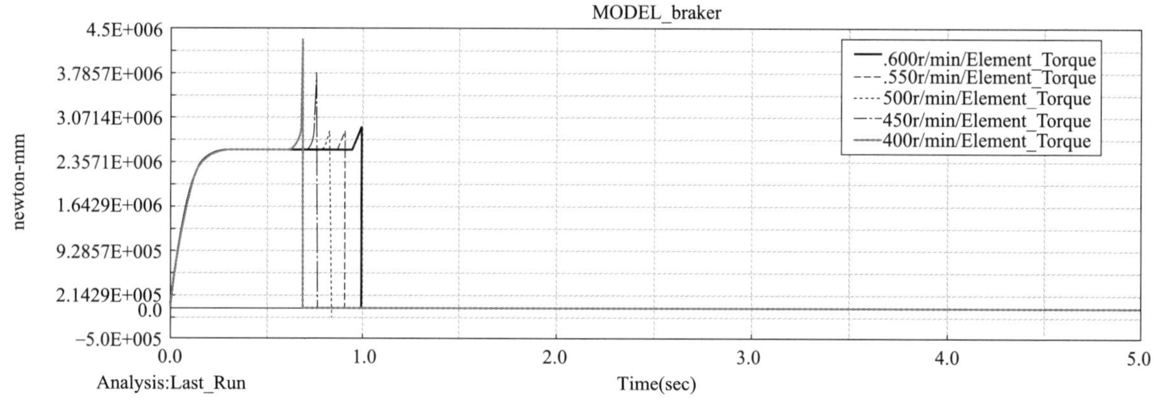

图 5 400～600r/min 制动力矩变化情况

额定制动力矩，反映了动态制动力矩的变化趋势。

再依次模拟转速从 600r/min 降至 400r/min 时的动态仿真。在摩擦系数保持不变的情况下，观察每降 50r/min 时动态制动力矩的变化曲线。图 5 为初速度 400～600r/min 下制动力矩变化情况，可以看出随着转速的下降，制动时间也相应地减短。其中转速越大，制动时间越长。这是因为其摩擦系数不变，转速增大时，所产生的动能变大，制动力矩保持不变，导致制动时间必然变长。而且从摩擦由机械能转换成热能的角度分析，机械能越大，所需转换的时间也越长。在摩擦副相对运动速度大于临界速度时，摩擦力的大小主要受摩擦面正压力影响。因此转速的大小对制动力矩无显著影响，基本稳定在 2500N・m。但与制动时间有着正比例关系。

2 制动器动态试验

制动器动态制动力矩试验在动态试验台上进行，图 6 为测试现场照片。

图 6　试验系统

其试验步骤如下。

① 根据被试制动器的规格选择表中对应的制动器初速度和式确定的需用单次制动功，计算确定被试制动器对应模拟转动惯量。

对应模拟转动惯量：

$$\sum J = 182\frac{W}{n_0^2} \tag{3}$$

式中，$\sum J$ 为制动轴上模拟总转动惯量，kg · m^2；n_0 为制动初速度。

② 根据计算转动惯量给试验台配好转动惯量，实际配置转动惯量时可在计算所需的转动惯量±20%范围内浮动。

③ 被测制动器进行跑合试验。

④ 将制动器调整至额定工作状态，进行动态制动力矩测试。

⑤ 进行数据处理。

通过在试验系统适当的位置设置相应的力矩传感器直接测得相应的制动力矩数据，在旋转体和被测制动器之间的传动轴上串联扭矩传感器如图 7，直接测得被测制动器的动态制动力矩，该方法测得的制动力矩是随时间动态变化的瞬时值。

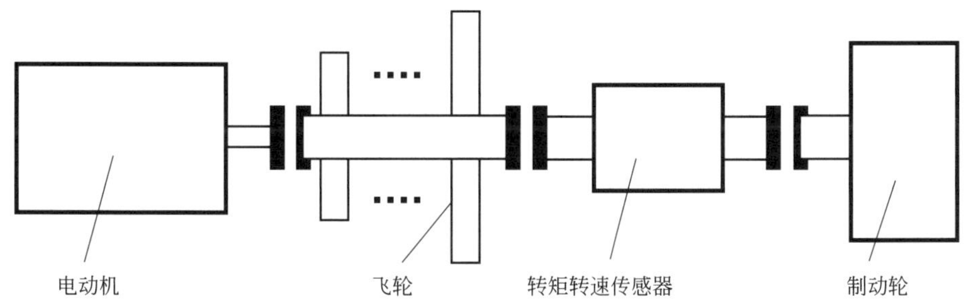

图 7　传感器安装在主轴上

对不同转速下制动器的制动过程进行试验，初转速变化范围从 600 r/min 到 400 r/min，在每个转速下测试了制动速度和制动力矩变化的情况。图 8 为制动力矩随时间的变化情况。

在动态试验台下测试动态制动力矩、制动速度随时间的变化情况见图 10 和图 11，为动态制动虚拟样机仿真提供有效参考。得出结论为制动初转速与制动力矩无关，但与制动时间有关，初转速越大，制动时间越长。这与动态制动虚拟仿真情况基本一致。

动态试验台声信号测试：首先是测试试验台旁本底噪声，如图 12 所示，本底噪声幅值不是太大，同时通过人的感官判断，周围环境还是比较安静的。

因为试验台的惯性轮驱动需要空压机，故声音信号的测试需要考虑其干扰，如图 13 所示，噪声有一定的上升，但由于测点离其空压机有一定距离，声音信号随距离的衰减是呈指数衰减的，故到制动器

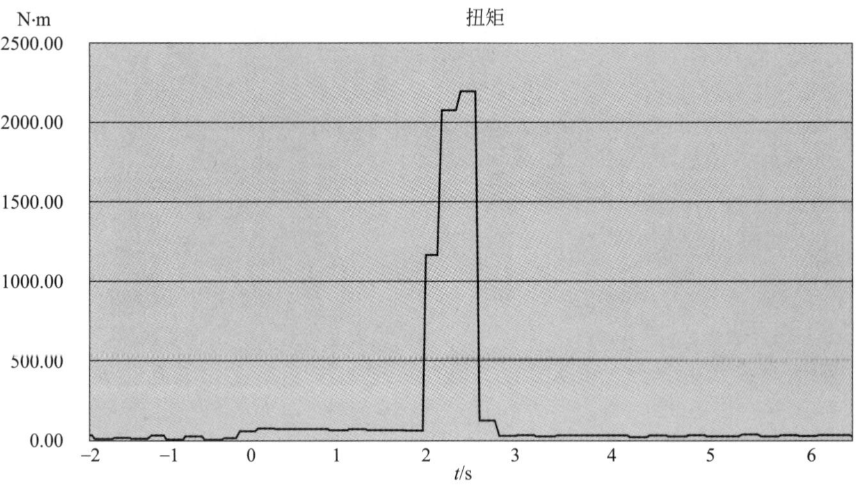

图 8 制动力矩随时间的变化情况

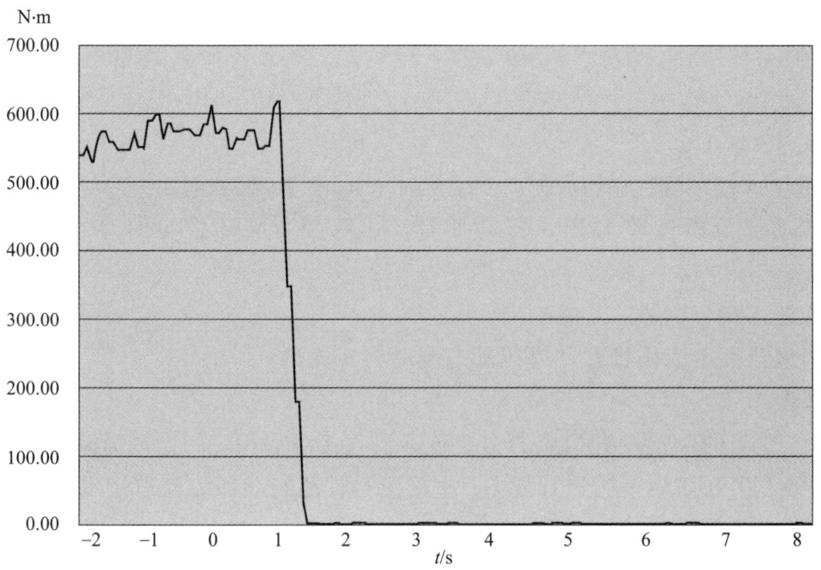

图 9 主轴实际制动过程速度变化情况

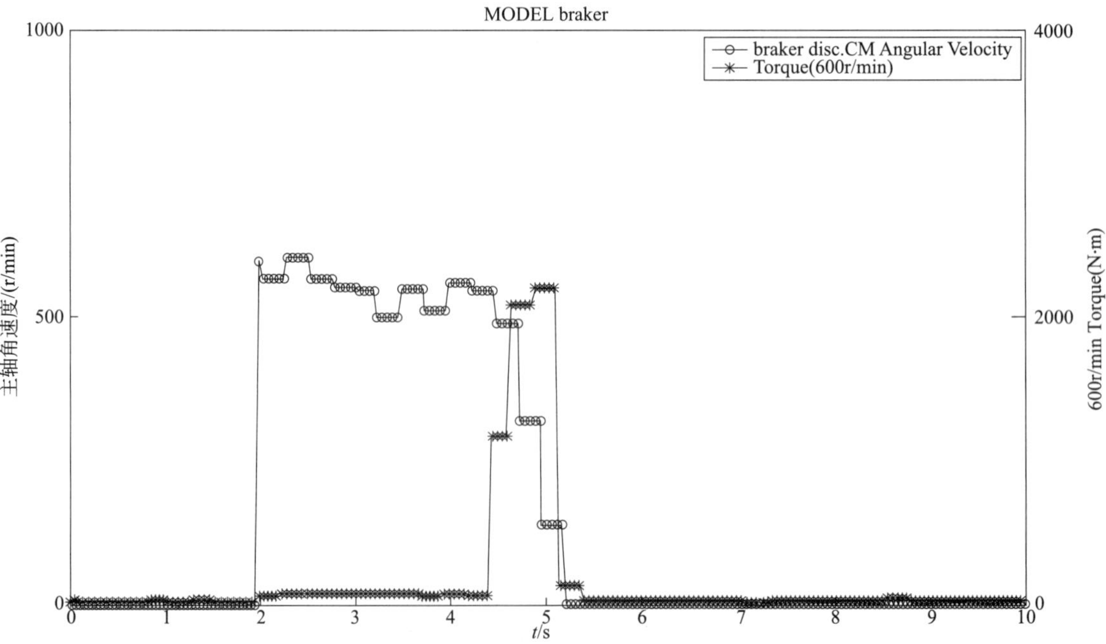

图 10 主轴角速度随着时间变化和制动力矩情况

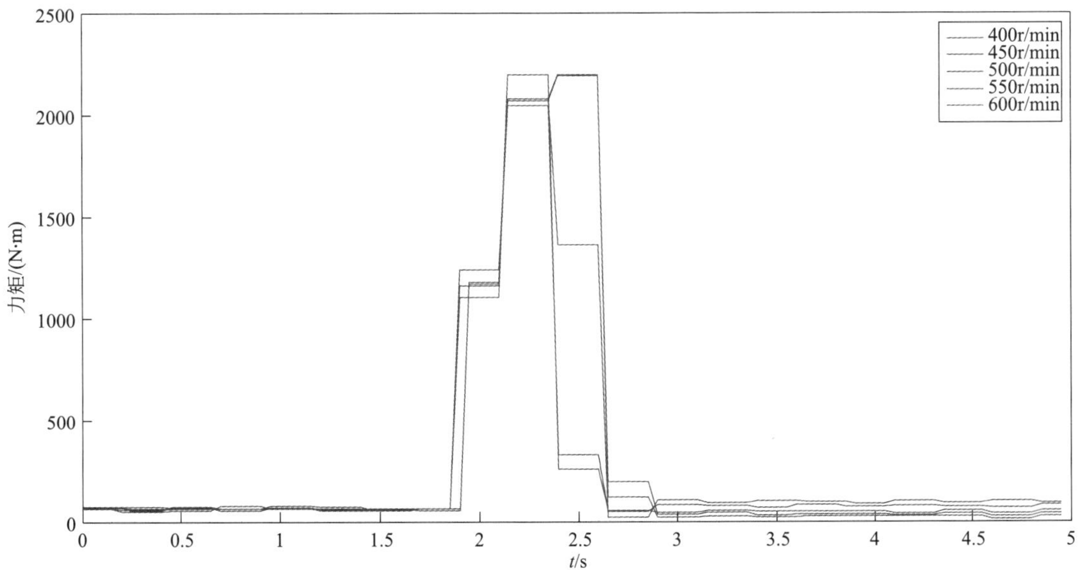

图 11 不同起动速度的制动力矩随时间的变化情况

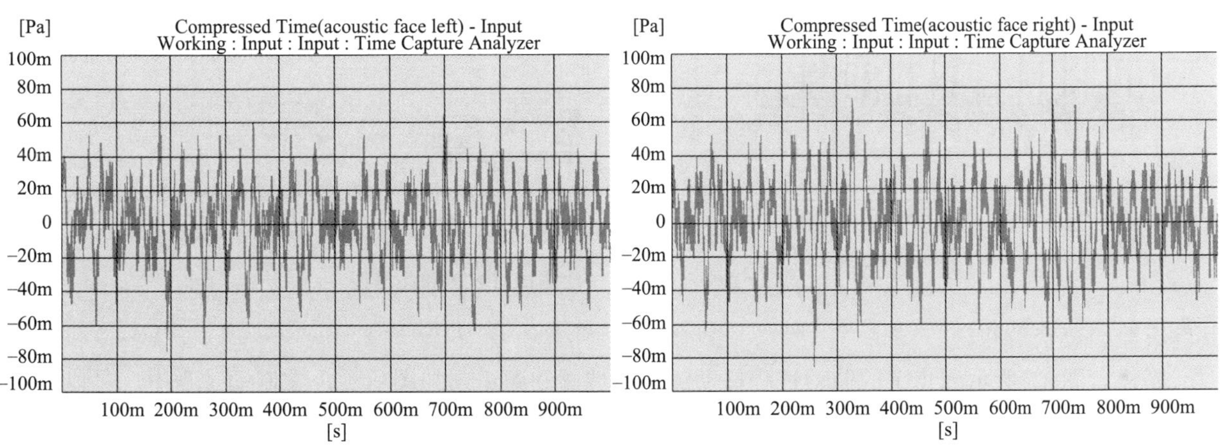

图 12 本底噪声图

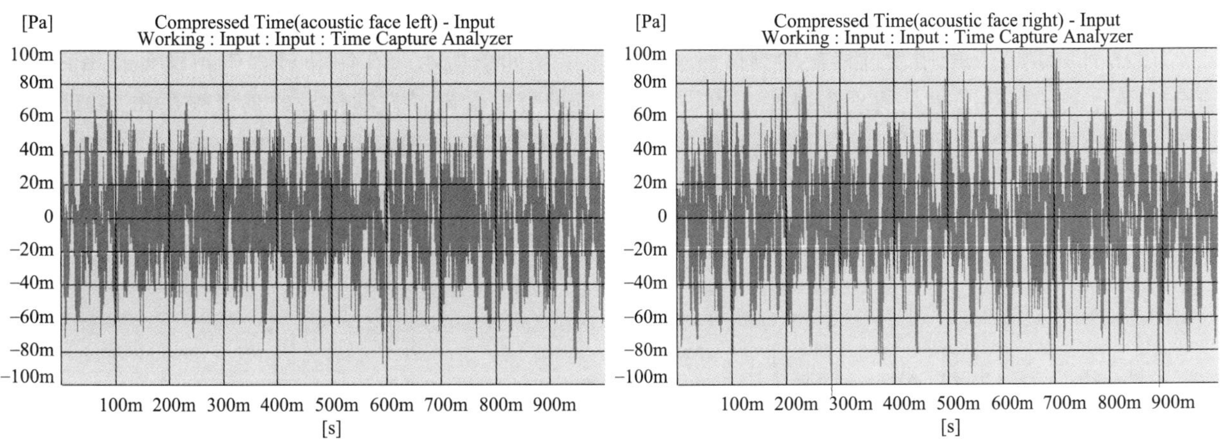

图 13 液压泵开启噪声图

附近的噪声影响有限。

试验正式开始声信号测试如图 14 所示，可以从两信号图明细可知，经过一段时间的平稳运行后制动，制动闸瓦与制动轮直接的摩擦接触声信号还是比较明显，可以一定程度反应制动时间和制动摩擦声信号细节过程，为其制动行为的变化，以及制动摩擦导致的磨损变化可以进行较为方便的信号测量，为

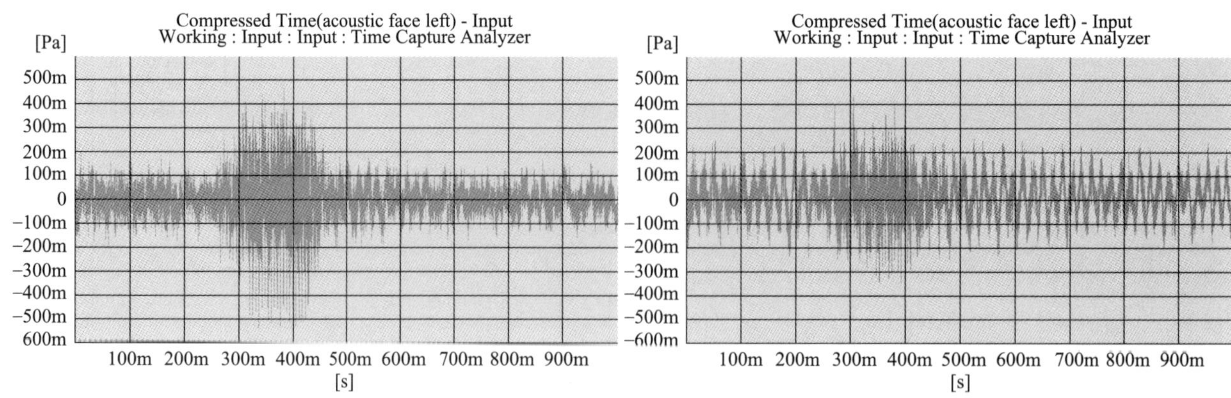

图 14 试验正式开始噪声图

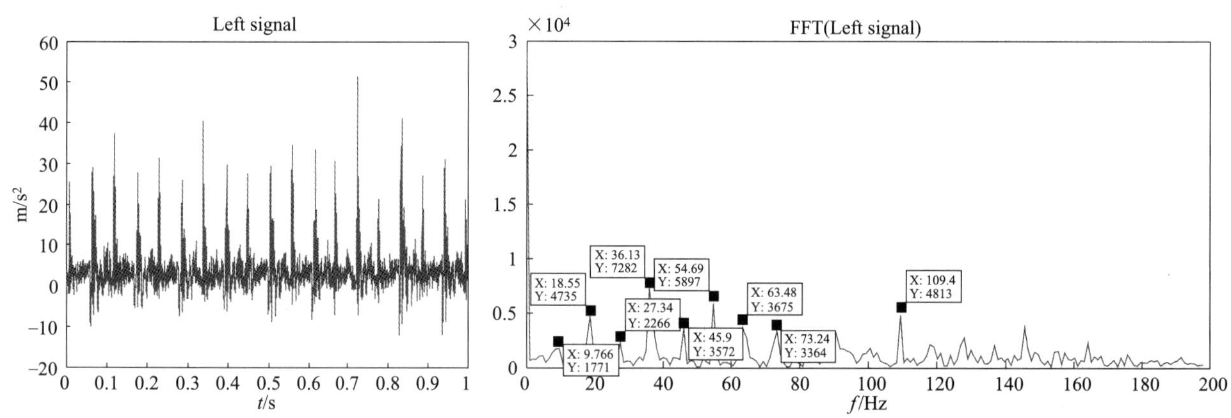

图 15 测点 1 的制动过程振动测试时域图和频谱图

其健康监控奠定条件。

同样，图 15 所示测点 1 的制动过程振动测试时域图和频谱图如图所示。在制动过程中，可以看出，在制动圆盘和闸瓦间的制动摩擦是产生等间隔碰撞冲击的，这是显著的摩擦振动现象，从其频域可以看出，振动信号的 1 倍频是 9.766Hz，该数字接近于 10Hz，可以反求该试验台转子在该时刻的真实旋转速度是：9.766×60＝585.96r/min，其他的倍频程 18.55Hz（2X），27.34Hz（3X），36.13Hz（4X），45.9Hz（5X），73.24Hz（8X），82.03Hz（9X）也显著出现，这些都是摩擦振动显著特征。

图 16 所示测点 2 的制动过程振动测试时域图和频谱图如图所示。在制动过程中，没有看出在制动圆盘和闸瓦间的制动摩擦是间隔碰撞冲击的，但从其频域可以看出，振动信号的 1 倍频是 8.799Hz，该数字接近于 9.766Hz，可以反求该试验台转子在该时刻的真实旋转速度是：8.799×60＝527.34r/min，其他的倍频程 18.55Hz（2X），27.24Hz（3X），36.12 Hz（4X），45.9 Hz（5X），73.24 Hz（8X），

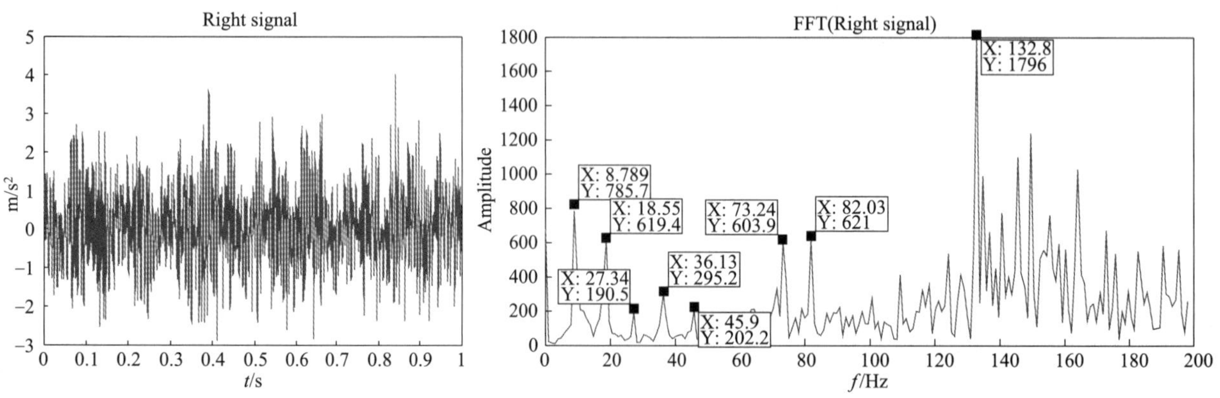

图 16 测点 2 的制动过程振动测试时域图和频谱图

82.03 Hz（9X）也显著出现，这些都是摩擦振动显著特征。

3 结论

通过上述的分析，得出以下结论：

① 制动初转速与制动力矩无关，但与制动时间有关，初转速越大，制动时间越长。

② 虚拟技术可以优化设计盘式制动器的制动力矩效果和铰点位置，确立合适的铰点和装配，可以获得对称的夹持力和制动力矩。

③ 通过声和振动的检测，可以对制动过程中的实际细节情况进一步分析和对比，为下一步制动状况的评判奠定技术基础。

基于虚拟样机和试验结果的仿真分析可以应用于样机设计和优化设计，节省可观的人力和物力。同时，这个方法还有一个能模拟一些实际很难重现的实际危险运动工况的优势，特别是制动器相关事故分析中可以进行情景再现。

参考文献

[1] Wu fengqi，etal. The Dynamic Vibration Analysis on the Drum Brake of Crane Based on Multi-body Dynamics & Experiment Result，The 7th International Congress on Vibration Engineering，2015.

基于轮辐式传感器的起重机轮压测试方法研究

薛志钢[1,2]　苏文胜[1,2]　巫　波[1,2]　胡东明[1,2]

1. 江苏省特种设备安全监督检验研究院，无锡 214174

2. 国家桥门式起重机械产品质量监督检验中心，无锡 214174

摘　要： 基于轮辐式传感器设计了一种简单实用的轮压传感器，将设计和加工后的传感器放在拉力机上进行了标定，传感器表现出较好的线性，同时也验证了传感器弹性元件满足强度要求，并且将该传感器进行现场测试，通过测试验证轮压传感器的可行性，并总结了轮压测试的方法，此外也说明该传感器能够快速有效的完成起重机的轮压测试工作。

关键词： 起重机；轮压测试；传感器；现场测试

Research on crane wheel pressure test method based on spoke sensor

Xue Zhi-gang[1,2]，Su Wen-sheng[1,2]，Wu Bo[1,2]，Hu Dong-ming[1,2]

1. Jiangsu Special Equipment Safety Supervision and Inspection Research Institute，WuXi 214174

2. National Bridge Door Lifting Machinery Product Quality Supervision and Inspection Center，WuXi 214174

Abstract: A simple and practical wheel pressure sensor based on spoke sensor is designed. The designed and processed sensor is calibrated on the tension machine. The sensor not only has good linearity, but also verifies that the elastic element of the sensor meets the strength requirement. The sensor is tested on the spot and passed the test. The feasibility of the wheel pressure sensor is proved, and the method of wheel pressure test is summarized. In addition, the sensor can complete the wheel pressure test of Crane quickly and effectively.

Keywords: Crane; Wheel pressure test; Pressure sensor; Field test

0　引言

起重机轮压是起重机的重要参数，也是检验起重机总体重量的重要的衡量标准，也是码头和工业厂房轨道基础重要的设计依据。针对一些较老的港口码头，起重机轮压对码头的安全运行时较为重要的参数。起重机轮压的测试方法主要有以下几种。千斤顶顶升法[1]，该方法也是最早提出来的轮压测试方法。测试原理是将传感器放在千斤顶上，然后利用千斤顶的力顶起起重机的支腿至支腿下的车轮全部脱离轨道，将压力传感器的数值作为该支腿的所承受起重机的重量，最后把该数值平分到该支腿下面的轮子上最为各个轮子的轮压。该方法在现在轮压测试中被经常用到，但是该方法使用的千斤顶和传感器过于笨重，需要多人协助，操作不方便，同时需要额外提供一个液压站，此外该测试的轮压只是平均值，

基金项目：轮压测试方法研究［编号：KJ（Y）2015019］。

作者简介：薛志钢，1988 年生，男，工程师，硕士，主要从事特种设备的检测方法研究。

无法准确地测试每个轮子的压力。轨道应变测试法[2]，该方法是有江苏省特种设备安全监督检验研究院南通分院和太仓分院提出的测试方法，该方法的测试原理是将应变传感器贴在轨道上，当车轮经过粘贴传感器的位置时会造成轨道的变形，进而引起传感器电压信号的变化，通过采集仪将电压信号转为压力值，进而得到起重机的轮压。该方法简单实用，但是当对应变传感器进行初始化时起重机在轨道，造成起重机的一部分重力被人为减去，进而所测的轮压要小于实际的轮压，而且由于轨道的连续性，当一只车轮处于传感器位置时，附近的车轮对该传感器也有贡献，故所测车轮并不是该车轮的实际轮压。巴克豪森噪声测轮压法[3]，该方法的测试原理铁质材料在外磁场磁化达到饱和的过程中其材料的微观结构是不连续的，当材料的应力场发生微观变化时，材料的磁畴沿外加磁场作用方向发生 90°或 180°反转或者使磁畴壁移动，相邻的两个磁畴反转彼此摩擦并发生振动，就会产生振动和电磁噪声，通过对巴克毫森噪声进行分析，能够获得材料表面和内部的微观结构和应力状态等材料特性。该方法精度高，检测速度快，但测试数据受到被测量构件的表面粗糙度、氧化皮厚度，选用的激励磁场强度、激励信号的频率，材料化学成分、金相组织、热处理及冷加工过程的影响。本文提出轮压测试方法能够方便快捷地完成起重机轮压测试，并且省时省力，避免搬运较重的设备和其他因素对测试结果的影响。

1 传感器的设计

传感器测试力的原理是在有外力作用在结构上时，结构产生变形，通过标定得到结构变形与力的关系得到力的大小，本文设计的轮压传感器也是基于该原理，但是在此有两个问题需要解决：第一个问题就是如何将传感器放在起重机车轮上；第二个问题一般传感器部分允许较大变形，但是其他部分要有足够的强度，以保证传感器能够足以支承起重机的重量。为了解决以上问题，本文设计的传感器需要满足两个要求：弹性体的高度较小，一方面使起重机能够方便的运行到弹性体上，另一方面传感器高度不至于影响起重机整体有较大的改变；弹性体要能够承受较大的压力，对于大型港口码头起重机而言，平均轮压大概为 25t，考虑到安全系数和运行过程中的冲击，传感器的量程至少为 40t。感器的量程至少为 40t。此外为了使起重机能够行驶到传感器上特设定如图 1 所示结构，通过该结构能够保证起重机在自身驱动力的作用下驶上传感器，避免了花费大量人工的缺陷。

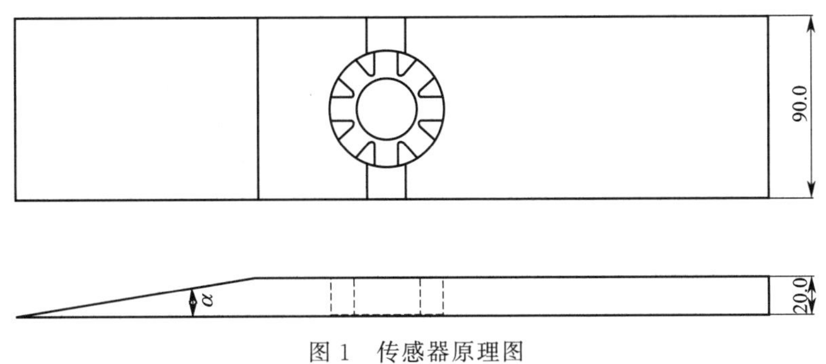

图 1 传感器原理图

2 传感器标定

将加工好的传感器粘贴应变片后，放在压力机上进行标定，如图 2 所示。设定标准试验机每 3t 停留一段时间，并记下传感的读数，根据两者的数据进行直线拟合，如图 3 所示。

对其进行直线拟合，拟合的方程如式(1) 所示，其中 $R_2=0.9999$，说明设计的传感器有足够高的线性度，满足实际工程测试的需求。

$$y=103.88x+2.2158 \tag{1}$$

通过标定，在采集仪的上位机上根据标定的拟合方程设置响应的比例系数和截距，在实际测试时可直接读取起重机的轮压值。

图 2　轮压传感器标定

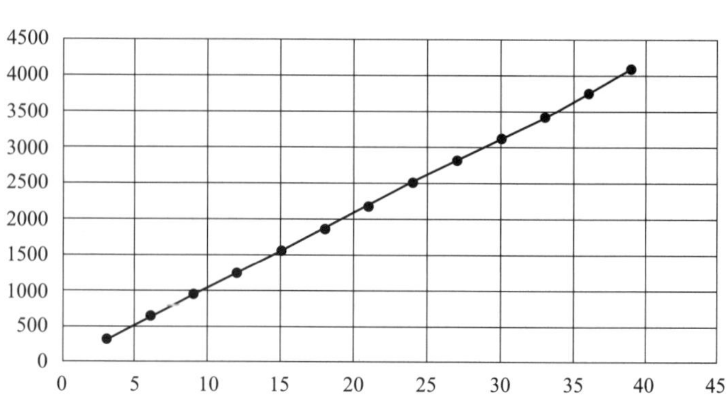

图 3　传感器标定图

3　起重机轮压测试

选取某港口的卸船机的轮压作为测试对象，如图 4 所示，通过查阅相关资料可知，该起重机的自重约为 1000t，共有 32 个车轮，在测试前，首先将传感器和采集连接，并在采集设备的上位机设定相关的参数，然后把轮压传感器放在起重机轨道上，一端紧靠轨道和车轮接触位置，传感器的放置方式如图 5 所示。

图 4　被测的起重机

图 5　轮压测试现场

接着上位机开始采集并记录传感器的数据，同时起重机车轮缓慢驶向传感器，使车轮越过传感器的承载区，最后上位机停止记录，并将起重机车轮驶下传感器。由于车轮较多，间隔取车轮作为测量对象，共测试 16 个车轮的轮压，整个测试过程中各车轮的压力如图 6 所示。

由各车轮的压力时程图可知，起重机在轨道上的压力并不是均匀不变的，随着起重机车轮的转动，车轮对轨道的压力是振动的，在此选择压力时程的最大值作为起重机的轮压，由此可得到各车轮的轮压如表 1 所示。

表 1　起重机轮压

车轮编号	1	2	3	4	5	6	7	8
轮压/t	30.9	28.4	26.2	28.8	29.4	31.7	32.1	33.0
车轮编号	9	10	11	12	13	14	15	16
轮压/t	34.7	33.2	35.7	33.6	33.5	34.1	32.6	30.6

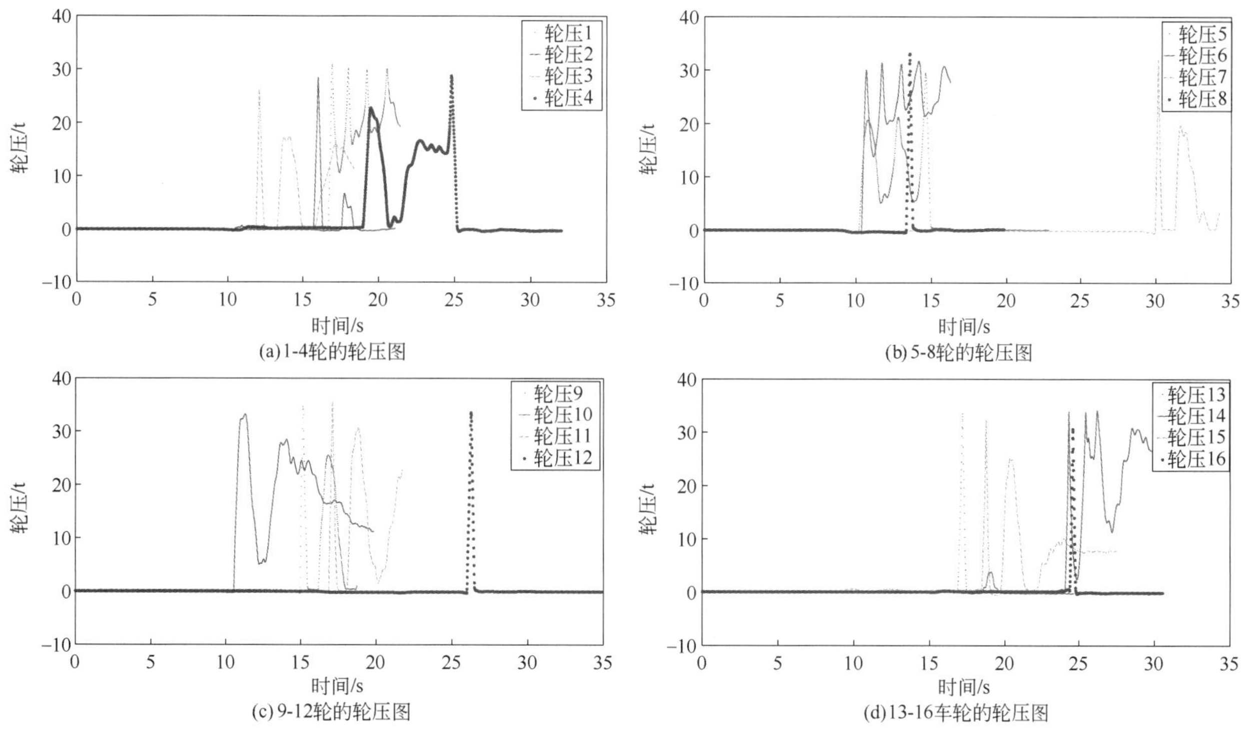

图 6　测试的起重机轮压时程曲线

假定同一铰接的两个车轮的轮压相等，计算得到 16 车轮的轮压为 508.5t，由此计算起重机的总重为 1017t，和起重机自重相符，起重机各个车轮的轮压分部较为均衡，一侧的平均轮压为 30.1t，另外一侧的平均轮压为 33.5t，总体而言一侧的车轮轮压较大，经过分析发现，起重机的电机、卷扬机等驱动机构布置在轮压较大的一侧，因此造成两侧轮压有一定的差距。

4　结论

本文针对目前起重机轮压测试的问题研发了能够对起重机单个车轮轮压进行测试的传感器，并对其进行了标定，证明了传感器具有较高的精度。介绍了传感器的使用方法以及测试流程，通过现场测试了某台起重机的轮压，计算得到的起重机自重和设计相符，探究了车轮轮压的特点，并分析了该起重机轮压两侧轮压差的原因，同时也验证了测试的正确性。

本文设计的轮压测试传感器能够快速、高效、精确地测试每个车轮的轮压，弥补现有轮压测试的短缺，具有广泛的推广价值。

参考文献

[1]　傅燕鸣，徐大伟，冯贤宽．起重机最大轮压的测定方法［J］. 机械设计与研究，1993，(1)：46-48.

[2]　袁桂芳，张旻媛，张一辉，等．简便实用的起重机大车轮压测定方法［J］. 起重运输机械，2014，(10)：26-30.

[3]　张华民，钱明佺，张志斌．巴克豪森噪声法与应力测试法在起重机械轮压检测中的应用比较［J］. 机电信息，2016，(33)：25-26.

一种基于 AGV 技术高空轨道智能检测系统的开发及应用

李 飞 邹小忠 陈 忠

江苏省特种设备安全监督检验研究院常州分院

摘 要： AGV 技术在仓储业、制造业、港口码头、机场危险场地和特种作业等领域得到了广泛的应用。而基于 AGV 技术进行的起重机高空轨道智能检测系统的试验研究，实现与国家对于起重机大车轨道检验技术要求的，开发一种用于起重机高空轨道检测系统。文中主要论述该系统的研究内容，关键技术如驱动方式、控制系统、如何精确定位、测量系统等主要组成单元的设计方式进行总结和分析，并对该 AGV 小车的优势进行了阐述，并对未来应用前景进行展望。

关键词： 智能小车 AGV；测量；精确；安全

AGV high-altitude track inspection car for lifting appliances

Li Fei，Zou Xiao-zhong，Cheng Zhong

Jiangsu special equipment safety supervision and Inspection Research Institute Changzhou branch

Abstract: AGV technology has been widely used in the fields of warehousing，manufacturing，port wharf，dangerous field and special operation in the airport，and the intelligent detection system based on AGV crane is tested and studied. It is combined with the state of the railway crane track inspection technology to realize the detection of crane height. AGV car for air track detection. In this paper，the research content of AGV is mainly discussed，the key technologies such as driving mode，control system，how to locate and measure system are summarized and analyzed，and the advantages of the AGV car are expounded，and the future practical prospect is shown.

Keywords: Smart car AGV; Measurement; Precision; Safety

0 引言

AGV 作为移动机器人领域的重要组成部分，已经在民用、军工甚至航天等多个领域得到了广泛应用，推动了相关领域的技术及生产效率的进步。随着工业 4.0 及机器人产业的大力发展，AGV 在新兴物流行业、移动式服务机器人等领域的应用也迅速扩大，并展现出巨大影响力和吸引力[1~6]。

基于以上观点，如何把 AGV 技术应用在起重机械的高空轨道检测上，是值得探索和研究。起重机械的高空轨道是起重机的重要支撑，并起空间运行及导向的作用。随着工业化的发展，起重机械运用越来越广泛，尤其在一些工作效率要求比较高的场所，大车运行速度越来越快，因而对

基金项目：江苏省质量技术局科技立项项目（编号：KJ185630）。

作者简介：李飞，1979 年生，男，高级工程师，本科，主要从事特种设备安全检测技术研究。

大车轨道的要求也越来越高，轨道的状况将直接影响到起重机使用的安全性。在正常工作状态下，起重机械的车轮轮缘不与其运行轨道接触并作无滑移的滚动运行，但是实际上，由于构造误差和安装误差等原因，往往有的起重机因大车轨道的轨距、平行度、直线度、垂直度等超过国家规定的误差，引起起重机在行驶过程中，车轮的轮缘与轨道侧面强行接触，产生摩擦和损伤。这不仅降低了工作效率，增加了维护工作量，同时也缩短了车轮和轨道的使用寿命，甚至引起脱轨，造成重大的人身或设备事故。如何运用 AGV 技术来测量起重机械高空轨道的数据以及能够图像识别压板松动或者脱落是值得研究的一个课题。

1 传统起重机械高空大车轨道的检测方法及目前研究情况

针对起重机轨道的检测，国内外早期主要采用经验法、车轮检测法、拉钢丝检测法和水准仪检测法。上述方法自动化程度低，测量人员劳动量大、高空作业存在巨大安全隐患、测量结果精度低，误差较大，易受人为因素和外界因素影响。目前，随着国内学者、高校、研究所深入研究，为了提高检测结果的精度和减轻测量人员的劳动强度，许多专家学者在此领域内做出了巨大贡献，现在的检测主要基于两种方法：激光准直法和全站仪法。如程维明[7] 采用准直激光作为直线基准进行测量，杨晓沸[8,9] 利用全站仪并设计带云台的小车实现自动检测，车桂林[10] 基于相位法原理提出免棱镜全站仪采用自由设站法测定轨道中心点的坐标，免棱镜全站仪检测法。还有极少数的起重机生产厂家自带的起重机轨道检测设备（如科尼起重机设备（上海）有限公司的一种基于全站仪和轨道行走机器人的起重机轨道检测方法，只应用于自家起重机设备，局限性，价格高且不对外销售。因此目前高空轨道虽然检测方法的研究很多，但是多数都停留在研究和实验阶段，未越过实践这道门槛，多为高校、企业学者的研究成果[11~16]。

2 AGV 检测小车主要研究内容

AGV 起重机械高空轨道检测小车，目前研究设计主要用来满足单次测量长度为 200m、跨度为 40m 的（也可根据激光测距范围选配定制）常见高空起重机械轨道的主要技术参数的自动测量，主要可测技术参数如图 1。

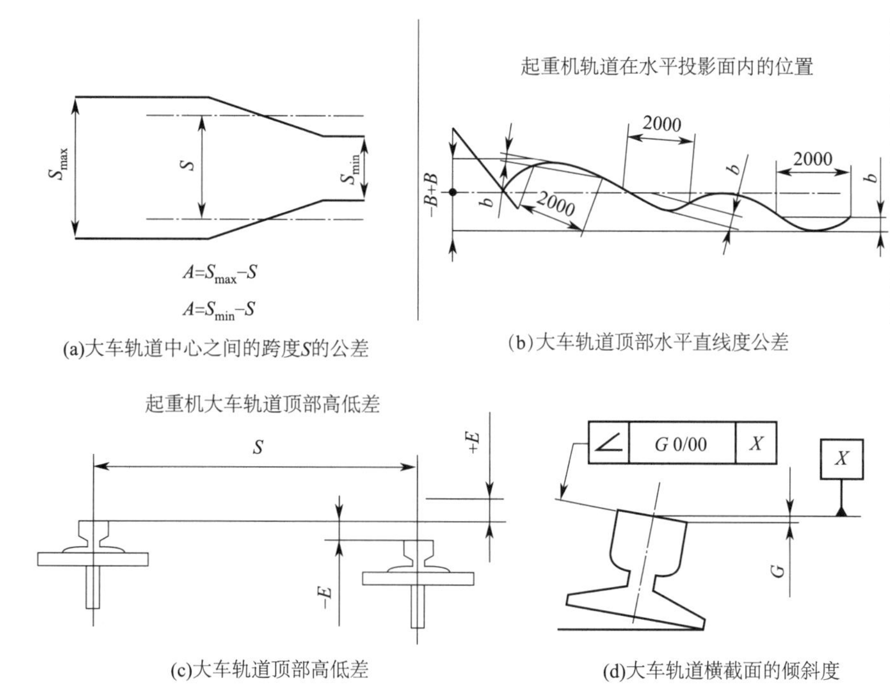

(a)大车轨道中心之间的跨度S的公差 (b)大车轨道顶部水平直线度公差

(c)大车轨道顶部高低差 (d)大车轨道横截面的倾斜度

图 1 主要大车轨道测量数据示意图

当然后期技术成熟和更新，可以测量更多起重机械高空轨道数据。

该检测系统由 AGV 小车和硬件集成部分（如图 2）和测量控制系统（如图 3）两大部分组成。

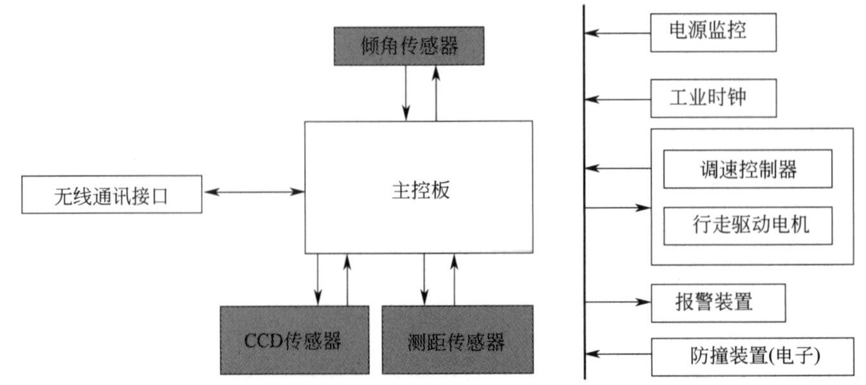

图 2 硬件组成部分

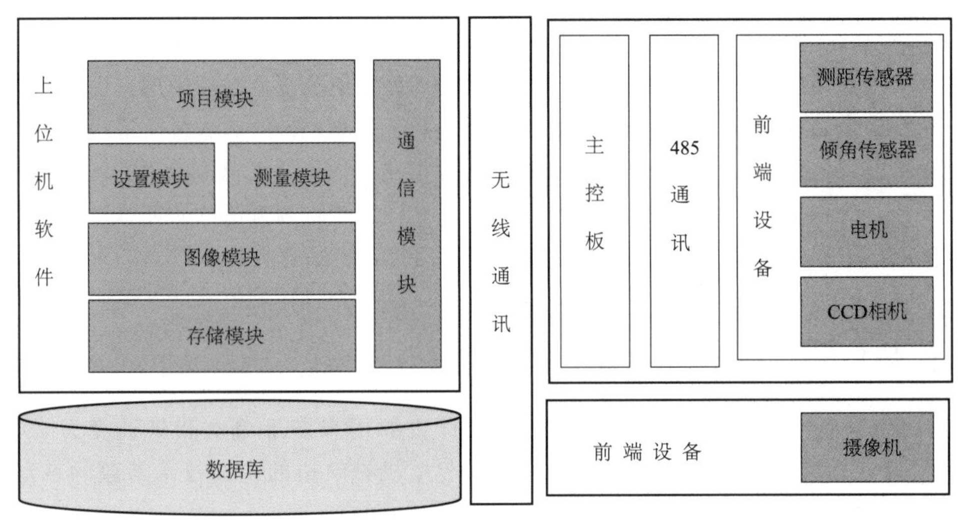

图 3 测量控制系统

设计了防撞，夹紧防侧翻的 AGV 小车，小车在轨道上自动运行（完成前进、后退、止步动作），并能前后自动避障，小车自动定位，自动完成两根轨道的测量和巡检。本系统主要完成 AGV 小车车体的设计和检测中的控制系统设计这两部分。其中小车的车体由驱动控制系统、两角圆弧主动轮、导向副轮、伸缩机构、可调永磁装置和检测机构等组成。激光测距传感器、倾角传感器、激光发射装置、成像系统、巡检装置和蓄电池均装在小车上面。激光测距传感器用于自动完成小车测量点的定位、两轨跨距及平行度测量，同时结合倾角传感器来完成单轨倾斜度的测量；激光发射装置用于发射激光束，作为测量基准直线，成像系统用来检测激光光斑的图像位置，从而得到单轨的水平偏差和垂直偏差，两根轨道间的高低差。巡检装置用于对轨道状况的全程自动检测和排查，有利于了解高空轨道的运行状况及问题出现的原因和位置。整个检测过程由两台 AGV 小车自动完成，工作方式示意如图 4。

测量控制系统包括主控机和应用软件，主控机采用主从模式通过无线适配器分别与两台 AGV 小车进行通信，主控机上的应用软件除了可以实时收发和处理 AGV 小车的测量数据外，还可发送指令控制 AGV 小车各分装置的微调和启停。

细分上面内容，这种基于激光测距技术和激光光斑位置 CCD 成像检测技术的 AGV 起重机械高空轨道检测小车，具体内容为：

① AGV 小车车体的设计（保证安全性，平稳性）；

② AGV 小车自动精准定位技术及其软件的实现；

③ 直流电机的闭环控制（转速精确控制）技术和其软件实现；

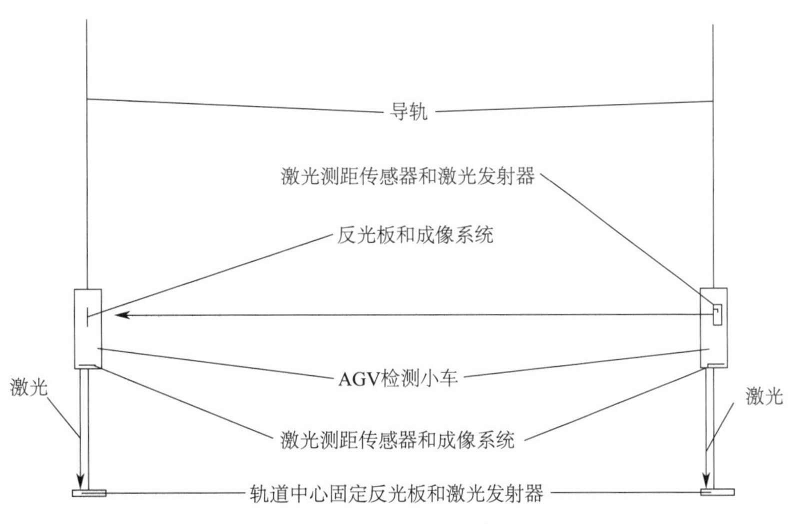

图 4 两台 AGV 小车工作示意图

④ 无线数据远距离抗干扰传输技术和其软件实现；

⑤ 激光光斑位置 CCD 成像检测技术；

⑥ 轨道接头的跳动、轨道的倾斜和反复使用过程中垫板松动、轨道侧面的磨损等导致的轨道中心面的偏移量检测技术及其软件实现；

⑦ 高空轨道的无人化巡检技术，即视频成像。

3 AGV 起重机械轨道检测小车关键技术

3.1 AGV 小车安全问题

（1）防撞装置

设置双向防撞装置：有机械防撞装置和光电开关 2 层防撞措施。可以检测 AGV 小车前后运行过程中的障碍物。光电开关可检测到前方轨道上 500～1000mm 内的障碍物，断开电机电源，AGV 小车自动停止运行。一旦光电开关失灵，由机械防撞装置撞击障碍物后断开电源，以保证高空轨道 AGV 小车的安全，结构图样见图 5。

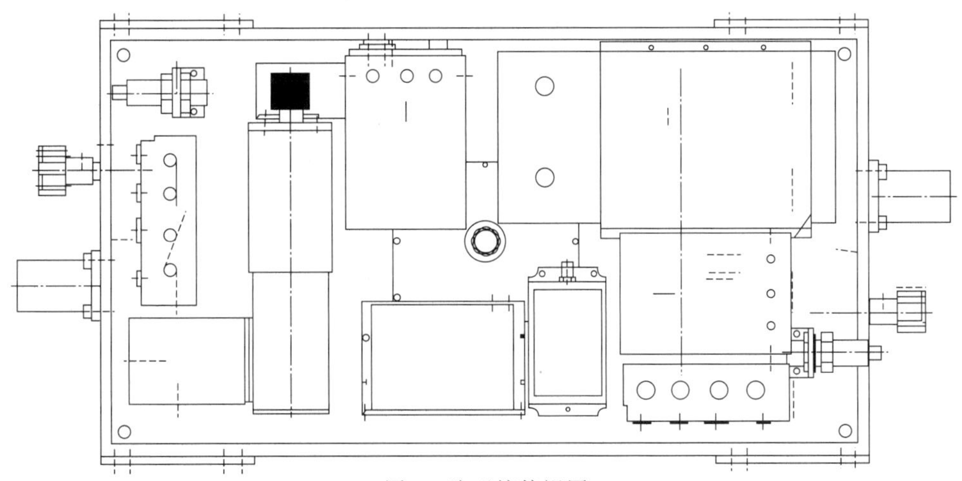
图 5 防碰撞俯视图

（2）夹紧装置

为保证小车在高空轨道的平稳运行，小车主动轮采用两角圆弧设计，增加小车和轨道水平面的稳定性；设计可调永磁装置，对轨道水平面有个吸附作用，防止小车上下跳动；设置侧轮夹紧轨道两侧，保证侧轮时刻贴紧轨道侧面；AGV 小车在运行过程中不会震动或晃动如图 6。

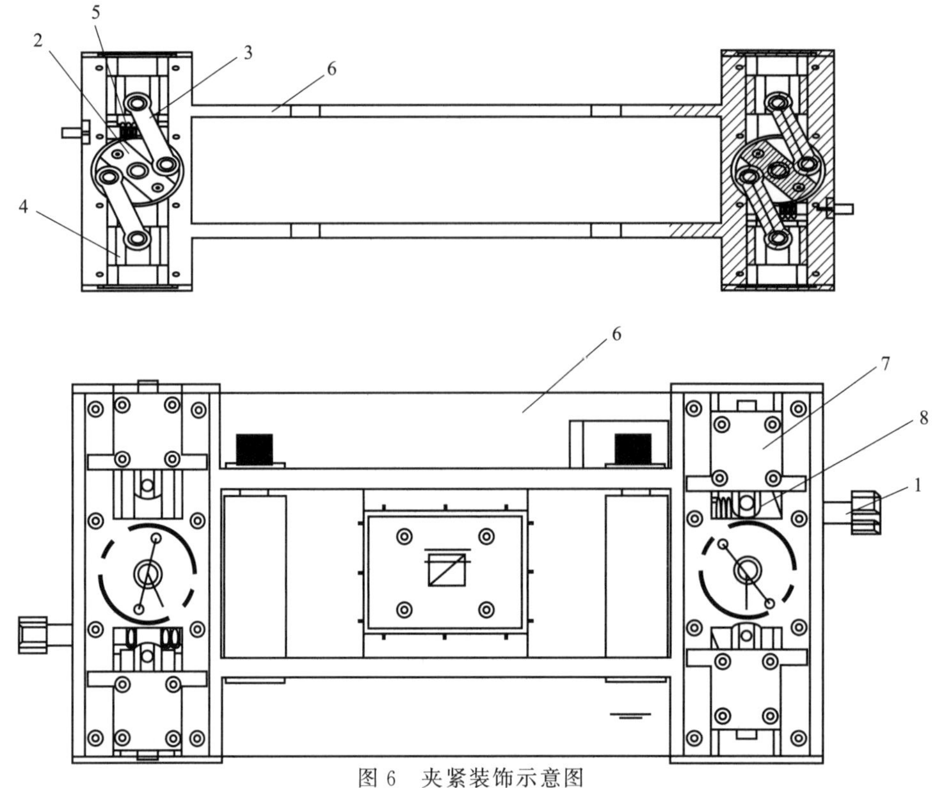

图6 夹紧装饰示意图

1—手柄；2—蜗轮；3—连杆；4—滑块；5—蜗杆；6—车架；7—导向块；8—滚轮

（3）防侧翻装置

小车安装倾角传感器并设置倾斜超限报警装置，同时结构上采用上下左右可调支架，规避导轨连接板，防止AGV小车行走时发生意外从轨道上坠落如图7。

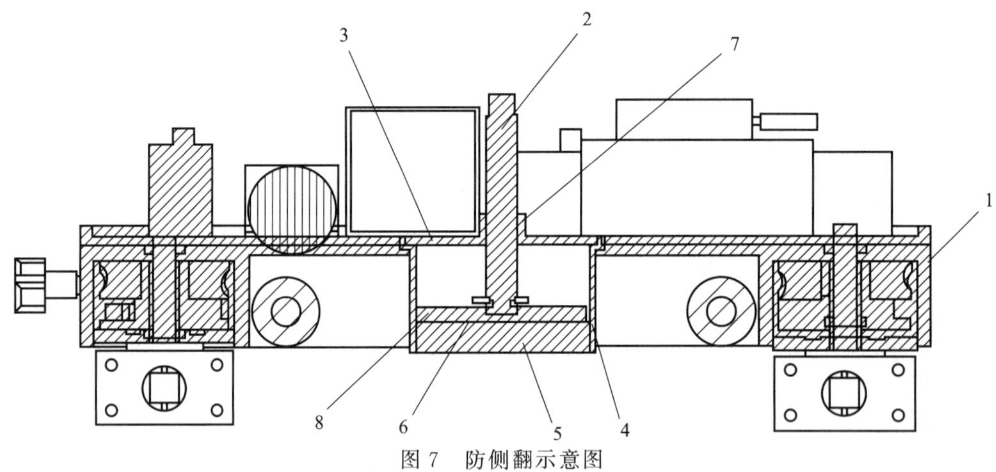

图7 防侧翻示意图

1—车架；2—调节杆；3—端盖；4—导向套；5—磁铁；6—限位块；7—套筒；8—绝缘板

3.2 小车自动定位精度

AGV小车在运行过程中，通过激光测距传感器实时测量小车位置，从而自动控制小车移动的距离，由于小车惯性大，要准确停下来，必须解决电机的控制问题，保证电机转速精确控制，能够精确定位到测量点。

3.3 数据抗干扰实时远距离无线传输

电机的控制、各传感器的控制、测量数据的实时准确传输。

3.4 轨道自动巡检

高空轨道在长期使用过程中，会出现压板、垫板松动等问题，会引起轨道参数超差，在检测过程中要自动完成对这些险情的巡检和排查。

3.5 激光光斑位置的 CCD 测量精度

单轨直线度、两根轨道之间的高差，通过激光发射器发射的激光光斑在 CCD 相机拍摄的图像上的位置来判断。相机的标定、图像特征点的提取、光斑位置的计算方法等直接影响 CCD 的测量精度。

4 试验数据测试

样机成形以后，为了测试样机功能的可靠性，在一家企业一台 QD20-22.5A5 的大车轨道进行了测试，同时为了检测 AGV 小车数据的准确性和可靠性，在小车测量截取数据的同一位置，用全站仪和人工上轨道测量，形成两组数据如表 1。

表 1 AGV 小车数据对比

轨道型号	38kg 轨道			
使用单位	××××			
检测单位	×××××			
轨道参数	理论轨长：100m 理论轨距：22.5m			
检测地点				
检测日期	2018 年 12 月 11 日			
检测项	限差值(检验根据跨度和公差等级取值)	检验结果		
		位置/m	超差值/mm	
			AGV 小车测量	人工全站仪测量
轨道 1 直线度偏差(水平面内)	2mm	1.542	1.67	3
		5.543	1.50	2
		20.546	2.88	5
		35.542	2.41	7
轨道 1 直线度偏差(垂直面内)	±5mm	1.54	−4.19	−8
		5.54	−7.63	−12
		20.55	−3.26	+5
		35.54	+5.87	+8
轨道 2 直线度偏差(水平面内)	2mm	1.589	1.70	3
		5.589	1.15	2
		20.588	2.54	3
		35.590	3.17	5
轨道 2 直线度偏差(垂直面内)	±5mm	1.59	−4.83	−5
		5.59	−6.98	−7
		20.59	+2.13	+3
		35.59	−4.28	−7
双轨中心间跨度偏差	±15mm	1.54	5.00	12
		5.54	11.00	15
		20.55	19.00	26
		35.54	25.00	35
双轨顶部高低偏差	±10mm	1.55	+23.27	28
		5.54	+29.76	38
		20.54	+27.53	40
		35.55	+11.25	23
		65.54	+15.38	26
参考检测依据	GB/T 10183.1—2010 起重机 车轮及大车和小车轨道工差			

由表1数据对比知道AGV小车的精度明显大于人工全站仪的检测。两组数据比对大部分数据还是接近。对于跨度偏大位置35m位置明显能看到大车车轮和轨道摩擦挤压的痕迹，同时，听维保人员讲述大车车轮一侧大车车轮轨道的轴承经常坏，也就验证了轨道高低差，形成一个轴向力，长期在频繁工作中，导致大车轴承损坏。当然数据还需要更多试验来论证，因而后期现场又测试了几次，整体而言，测试所得数据还是具有试验价值，也说明样机基本具备相应功能，同时也发现一些问题：①速度比较慢，效率不高；②对于低于18kg小轨道小车运行不够平稳；③小车同步性还有待进一步提高，所以后期还要又进行改进和优化。

5 结论

通过上述可以知道，该AGV起重机械高空轨道检测小车有以下创新之处：

① 小车车体的设计：采用新的设计思路，保证小车的平稳运行，避免侧翻和脱轨等不安全问题的出现；

② 小车的自动精准定位系统的设计：采用高精度的激光测距传感器作为小车行走距离的实时反馈，及时调整小车运行速度，使小车行走距离保证高精度；

③ 小车的自动巡检系统的设计：采用图像技术实时观测高空轨道是否出现压板、垫板松动等问题，无需人员高空作业，效率高。

④ 高空轨道几何参数的图像检测系统的设计：采用图像处理技术，使轨道几何参数的测量精度更高。

该AGV起重机械高空轨道检测小车的研发填补了国内空白，不仅测量精度高、自动化程度高、系统简单，检测方便，价格低廉，还克服了现有检测方法中存在高空作业危险、费时、工作效率不高等不足。市场竞争力强，针对目前国内市场现状，运用前景广阔，具有良好的市场经济及社会效益。其次如果产品成熟完成投产后，可用于以单次测量轨道长度为200m、跨度为40m的常见高空轨道的测量，不仅可用于高空轨道的安装施工，还可用于轨道验收及后期维护检查过程中。所以在高空轨道的生产施工厂家和特种设备检测单位中具有广泛的使用需求，应用前景远大，将产生可观的社会经济效益。

参考文献

[1] 刘伟．起重机轨道自动检测系统研发［D］上海：上海工程技术大学，2014.

[2] 解春华．论桥门式起重机啃轨原因分析［J］．煤炭技术，2003，11 (2)：3-5.

[3] 牛洁，陶元芳．桥门式起重机轮啃轨现象的研究［J］．机械工程与自动化，2012，(23)：1-3.

[4] 李瑛．轧钢厂桥式起重机啃轨的分析与处理［J］．冶金标准化与质量，2003，4：30-31.

[5] Kyrinovic Peter，Kopacik，Alojz. Automated measurement system for crane rail geometry determination［J］. 2010-27th International Symposium on Automation and Robotics in Construction ISARC2010，2010.

[6] Hashimoto，Takuya，Ono Tomoyoshi，Kamiya Noriko，Koobayashi Hiroshi. Development of rail traiectory measurement device for inspection of crane rail［J］. International Journal of Automation Technology，2012，6 (1)：1-2.

[7] 程维明，宋伟，刘亮，孙桂清，刘恩频．一种新型桥门式起重机轨道测量方法［J］．中国机械工程，2010，5：1-5.

[8] 杨晓沸．行车轨道全站仪检测自动小车［D］上海：上海交通大学，2008.

[9] 吴恩启，杜宝江，刘冀平．起重机轨道检测机器人的研制［J］．上海理工大学学报，2009，22 (1)：13-15.

[10] 车桂林，卢春青．免棱镜全站仪在行车轨道检修中的应用［J］．交通科技与经济，2008，10 (3)：5-7.

[11] 孙远韬，章增增，张氢，陆海毅，杨爱民．基于全站仪及轨道机器人的桥式起重机轨道检测［J］．起重运输机械，2017，8：3-5.

[12] 吴恩启，杜宝江，张辉辉．桥门式起重机轨道检测技术研究［J］. DNT无损检测，2007，10 (3)：12-13.

[13] 张辉辉，杜宝江，吴恩启，方炜. 桥门式起重机轨道检测系统［J］. 起重机运输机械，2008，23 (1)：23-25.
[14] 宋伟，程维明，刘亮，孙桂清，刘恩频. 一种大长度轨道直线度的测量方法和装置［J］. 机械工程师，2010，5：4-6.
[15] 孔庆彬，程维明. 一种新的起重机轨道测量方法和装置［J］. 自动化仪表，2015，15 (2)：5-7.
[16] 郑磊，李雪藩，葛保国. 一种基于统一坐标系的起重机轨道自动检测系统改进［J］. 建筑机械化，2015，1：3-5.

“智慧起重”疲劳仿真安全管理平台

王 爽 胡静波 冯文龙 庆光蔚

南京市特种设备安全监督检验研究院，南京 211800

摘 要： 开发了以起重机械的安全运行监控和综合信息管理为目标的信息化安全监管平台。通过光纤光栅传感系统和ANSYS软件技术对起重机金属结构开展有限元分析；集合电机驱动、信息感知、逻辑控制、计算机接口通讯等软硬件技术体系，对起重机的运行安全参数、故障记录、裂纹缺陷等信息开展全面采集和传输；基于疲劳损伤累计法则，并利用高级疲劳耐久性分析和信号处理的软件编制算法准确计算与判断起重机剩余寿命，从而判断损伤模式下的起重机功能情况和维保需求；同时开发安全监控、信息管理、综合大数据分析等功能界面，针对传感前端采集数据开展专业计算、诊断分析、应急救援和维保决策等功能。建成集监控层、维护层和管理层于一体的综合智慧化系统集成、一体化平台，平台可为管理者提供基于相关标准的起重机械智慧化整体解决方案，支持起重运输机械的运行维护管理、故障诊断、预防维修和生产效能管理等，提高起重机械运行的安全性能、控制精度和信息化水平，为起重机械管理层节约监管成本、提升管理水平、提高工作效率。

关键词： 智慧起重；信息管理；可视化；故障诊断；维保决策

Fatigue simulation safety management platform of “Intelligence crane”

Wang Shuang, Hu Jing-bo, Feng Wen-long, Qing Guang-wei

Nanjing Special Equipment Inspection Institute, Nanjing 211800

Abstract: An information-based safety supervision platform aiming at safety operation monitoring and comprehensive information management of crane was developed. The finite element analysis of crane metal structure was carried out by using fiber Bragg grating sensing system and ANSYS software technology; and the software and hardware technology systems such as motor drive, information perception, logic control, computer interface communication were integrated to collect and transmit the crane operation safety parameters, fault records, crack defects and other information. Basing on the fatigue damage cumulative rule and the advanced fatigue durability analysis and signal processing software programming algorithm, the residual life of crane was calculated and judged accurately, so as to judge the crane function and maintenance requirements under the damage mode. The functions of professional calculation, diagnosis and analysis, emergency rescue and maintenance decision-making were carried out according to the data collected from the sensor front-end. A comprehensive intelligent system integration and integration platform which integrates monitoring layer, maintenance layer and management layer was builted. The platform could provide managers with intelligent overall solutions for lifting machinery based on relevant standards, support the operation and maintenance management, fault diagnosis, preventive maintenance and production efficiency management of lifting and conveying machinery. It

基金项目：国家质检总局科技项目“大吨位桥门式起重机智能监控系统关键技术研究”(编号：2014QK182)。

作者简介：王爽，1986年生，女，工程师，硕士，主要从事机械装置过程控制技术研究。

could not only higher the safety performance and the control precision, but also lifted the information level of crane operation. The platform could save the supervision cost, improve management level and work efficiency for crane management.

Keywords: Intelligence crane; Information management; Visualization; Fault diagnosis; Maintenance decision

0 引言

我国的能源、电力、石化、冶金、造船、交通等工业领域是国民经济建设的重要支撑，而起重机是推动这些行业的发展的必不可少的元素，其发展直接影响到国民经济命脉。尤其是港口运输业的运转依赖于起重机械，日益增长的国际港口物料运输需求，推动了起重制造的发展和改良。目前，我国现存起重机械逐步步入老旧，由20世纪六七十年代生产的起重机不在少数，性能、材料和构造均受当时的技术限制处于落后，更有当年在国外进口的超期服役二手起重机仍在使用，这些状况严重威胁了生产安全[1,2]。

起重工作中监控的缺失，管理的疏漏和检验检测工作中存在的问题日渐突显，随着国家市场监督管理总局对起重机械监管的大力加强，这些问题亟待解决。定期检验和监督检验是我国起重机安全监管保障的主要方式，检验手段单一且效率低下，需要耗费大量的人力且大部分关键位置的检测颇具危险性；对大型起重机长时间运行的状态缺乏监管和监测手段；对于老旧起重机，其结构的稳定性缺乏专业评估和精准数据，尤其是在用的超期服役起重机，其报废或改造尚无科学计算判断支撑[3]。因此通过"智慧起重"全信息可视化管理平台的应用，可为管理者提供基于相关标准的起重机械智慧化整体解决方案，增加大型起重机运行的安全可靠性、控制精度和信息化水平，为起重机械管理层节约监管成本，并阻止故障、缺陷后果扩大，降低事故发生率，具有重大的社会经济效益。

1 起重结构有限元分析

在讨论光纤光栅传感器工作原理的基础上，设计了适合起重机结构现场监测使用的光纤光栅传感器，宽带光源、光纤光栅传感器和信号解调器的组成了光纤光栅传感系统。宽带光源是一种宽频段、低偏振度的高功率稳定光源，负责提供传感系统的能量；光纤光栅传感器直接测量温度、应变等物理量，光因此在这里可调制光纤布拉格波长来获取传感信息，并通过信号解调系统使被测量的信息实时反馈[4~6]。下面对传感器的结构原理进行了分析并进行了性能测试，并对光纤光栅调制解调系统进行了设计和研制。

1.1 传感器性能测试

在实际的工程应用中，光纤光栅传感器常处于较为恶劣的作业环境中，导致光纤光栅老化或腐蚀破坏，使用寿命大大缩短。为适应工作环境的影响和侵害，传感器需要采用手段进行包封。并采用表面安装式（焊接、螺栓固定或粘贴的方式）排布于起重机金属结构表面进行信号采集和传输。用表面式应变计检测出应变作为参考，用ZwickZ250拉伸机测试应变的传感性能，光谱仪检测波长，得到传感器的中心波长与应变的关系如图1；实验结果证实了本设计应变性能较好，应变的相关系数达到0.99以上，具有较高的灵敏度。

1.2 解调系统设计

实验对解调仪的精度要求极高，设计的解调仪需要达到1℃和1$\mu\varepsilon$的测量精度，中心波长偏移小于

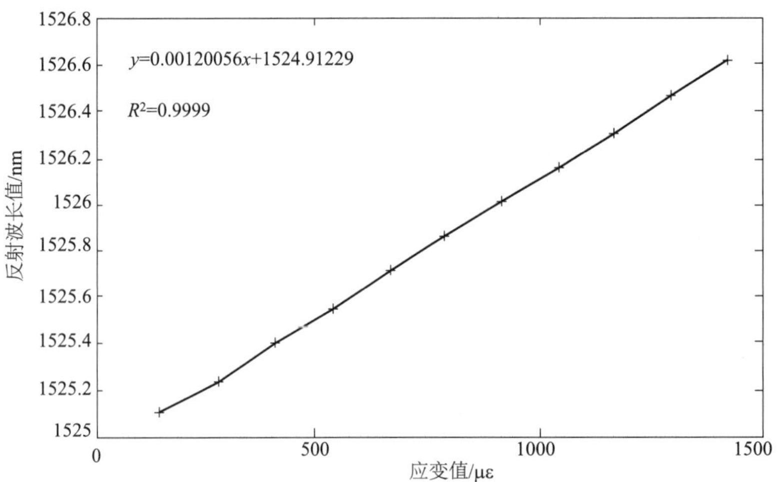

图 1　FBG 传感器中心波长与应变关系

10pm。才可使解调器达到高解调精度，从而得出精确应变量值的需求。可使用滤波解调，其在该类实验中使用广泛，稳定性高。解调系统主要由三部分组成，光纤光栅（包含模拟电路和数字电路），解调仪和上位机系统。解调仪中的模拟电路可把系统接收到的应变信号转化成电信号，并经过处理最终显示为数字信号在上位机得以展示。

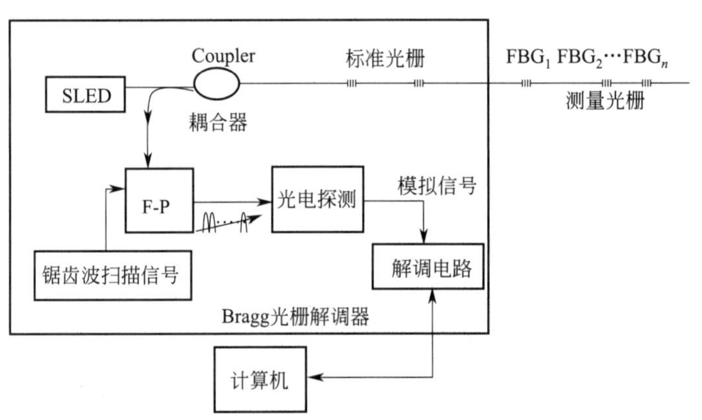

图 2　解调系统总体结构

解调系统总体结构如图 2 所示。由于自动匹配的光栅法需要多个参考光栅，其工作量较大，增加实验数据量和偏差，因此将其改为可调谐的 F-P 腔。F-P 腔的自由光谱区相对于自主匹配的光谱较大，且只须改变 F-P 腔激光器输出光波长，便可以得到不同波长的传感光栅[4,5]。

1.3　起重机结构有限元分析

使用大型通用有限元分析（FEA）软件 ANSYS 制作工作平台，并排布设置传感器，根据 ANSYS 分析结果计算获得振型数据作为初始布点。并利用 MATLAB 软件编程研究，进一步优化传感布设[7~9]。

需要利用 ANSYS 对起重机金属结构开展有限元分析，分析得出的结构振动数据再经过模态分析后提取出起重机金属结构特征向量。从而得到传感器优化布置低阶的叛逆率和振型。起重机日常运行主要机制为：起动一运行一制动。起升机构：起动一起升、下降一制动组成。根据起重机的工作机制和起重机结构振型的变化，可获知得出其构件的负载情况和运行时的各种状态参数。系统计算了 15 阶整个起重机的振型和对应的主梁振型的情况，特此列出起重机主梁 1-4 阶结构振型如图 3 所示。

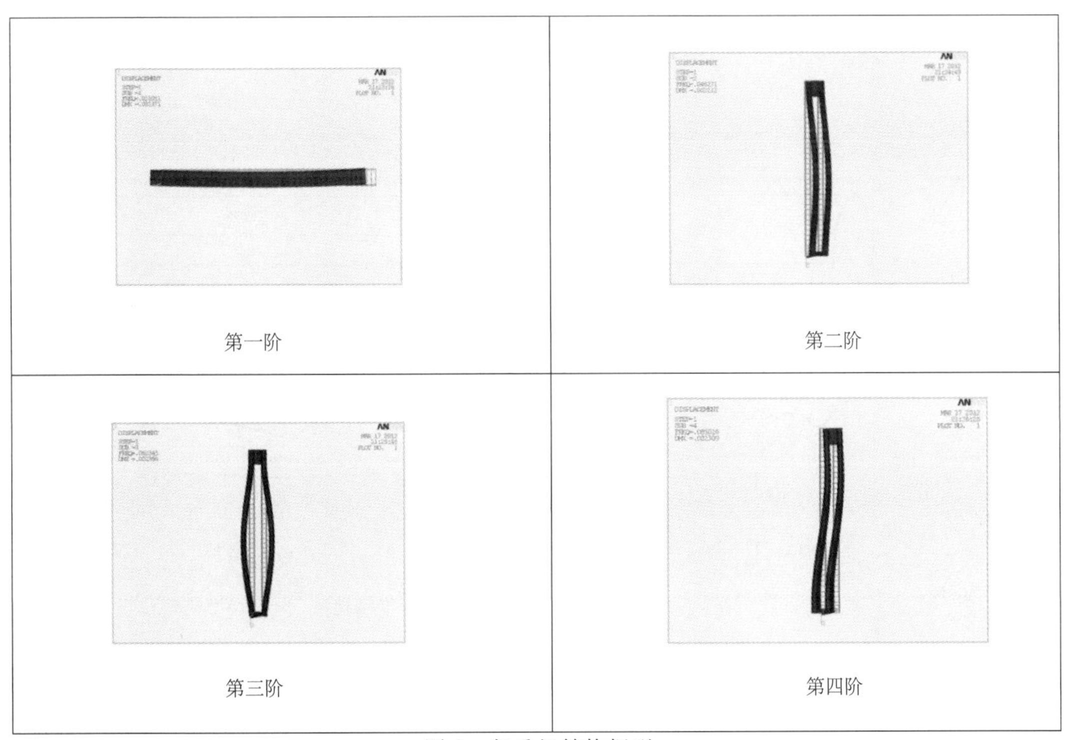

图 3　起重机结构振型

2　安全参数采集传输

2.1　初始测点群的选取

这里采用门式起重机为例开展实验，通常门式起重机其主梁是双梁，在双梁方向分别选取 40 个节点（各节点分别有 3 个自由度），因此，X、Y、Z 向的位移，共 240 个自由度。根据同济大学提出专门针对大型机械的传感器优化布置迭代算法，其原理是先按照公式计算获得振型模型，然后尽量降低振型模型的 MAC 矩阵中非对角元的最大值或平均值，每次试排布一组测点，循环往复，根据实验测得结果依次逐步加入新的测点传感器，计算几次后即可获得预期的测点排布。

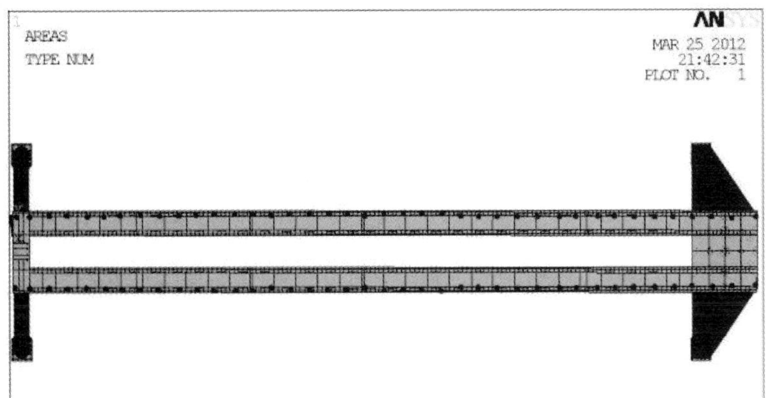

图 4　主梁候选测点分布式意图

2.2　传感器优化布置的实现

前面计算了 15 阶整个起重机的振型和对应的主梁振型的情况，在进行优化计算时只采用 1、2、3、5 阶振型和 7、8、10、15 阶共 8 阶振形作为计算振形。这里采用逐步累积法通过增加测量自由度，即通过增大 n 值，减小$\overline{n}$ 值来实现对非主对角元素最大值的改变 MAC 值随测点增加的变化曲线如图 5 所示：当最小值减小到无法影响传感器的布设量时候，实验中的测点布设即为预期最佳布设。

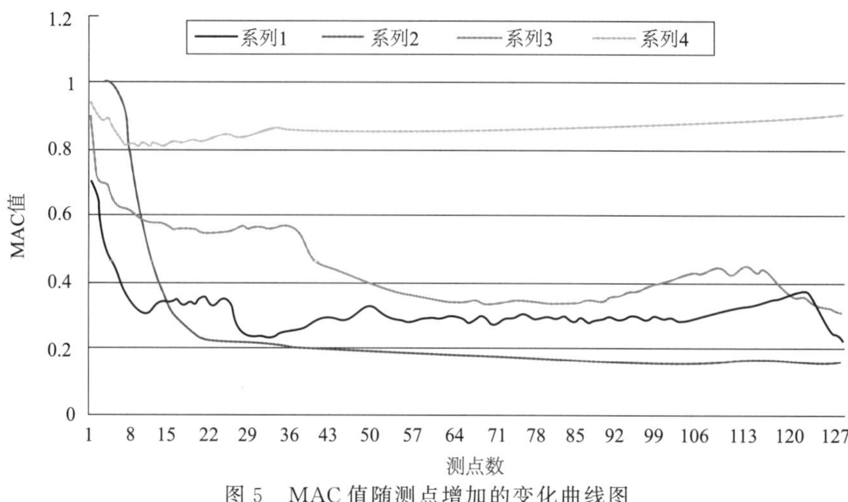

图 5 MAC 值随测点增加的变化曲线图

传感器的数量应综合优化结果来看，在主梁上布置 18 个传感器相对较为适宜。其在主梁的分布情况如表 1 所示。

表 1 传感器布设位置

测点号	对应主梁 Z 轴坐标	对应有限元节点号	测量方向	测点号	对应主梁 Z 轴坐标	对应有限元节点号	测量方向
1	−25275	77843	UX	4	0	8801	UX
2	−55475	11396	UX	5	−25275	76963	UX
3	−66775	78704	UX	6	−29675	76980	UX
				7	−53250	19193	UX
10	−38275	78088	UY	8	−66775	81438	UX
11	−66775	78704	UY	9	−85450	8620	UX
				12	−40250	18914	UY
14	0	8805	UZ	13	−77075	8388	UY
15	−33975	10332	UZ	17	−10475	14110	UZ
16	−62175	76000	UZ	18	−85450	8620	UZ

根据具体的计算结果，18 个传感器取测点后 MAC 矩阵的分布情况如图 6 所示。通过对起重机结构的低阶振型可以看出，支腿的振形较为单一，且空间节点可知考虑两个自由度（X 向和 Z 向，这里没有考虑空间转角）。故采取在支腿分别中部选取测点，监测支腿沿 X 轴和 Z 轴方向的应力情况。

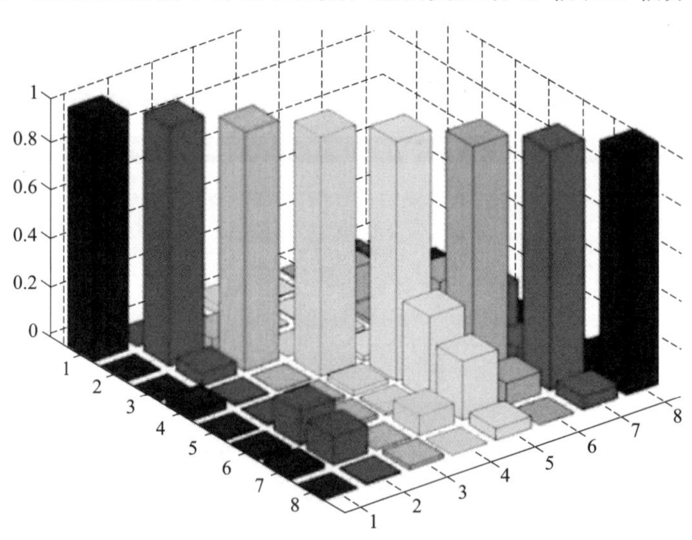

图 6 18 个测点 MAC 矩阵的分布

3 损伤模式下起重机结构剩余寿命预测

目前起重机行业缺乏通用的报废标准机制，仅有建筑起重标准 JGJ/T 189—2009《建筑起重机械安全评估规程》中对塔式起重机、施工升降机和井架式升降机的报废标准和使用年限作过规定，而未涉及其他起重机械的报废。在现实作业环境中，各类起重机处于不同作业环境，承载的作业量与环境侵害也各不相同，其使用寿命及报废标准不可仅以年限统一划分，需要以智能监控和科学诊断为手段，有针对性的准确地对起重机剩余寿命作出预测判断，并以此作为起重机维保、更新、报废的标准，提升起重机行业监管科学性，为社会节省人力和资源[10,11]。

起重机剩余寿命指的是根据起重机钢结构的作业环境、承付载荷以及裂纹扩展情况，利用科学的监测、模拟和计算，推断出从计算时间起该起重机结构可以继续维持正常工作的年限，或裂纹扩展至起重机结构部件影响正常工作所需的时间。起重机金属结构的剩余寿命预测有两种方法[12,13]：一是基于疲劳损伤累计法则或累积损伤法则的起重机寿命预测法，可在指定的作业环境或工况中，根据应力变化历程公式，输入起重机负载和环境因素，编制载荷谱计算得到。二是利用 ANSYS 软件中的 FE-SAFE 系统来计算，先根据有限元分析技术的分析结果编制疲劳计算算法，制定计算载荷谱，得到的各种作业环境和劳动工况下疲劳剩余寿命。

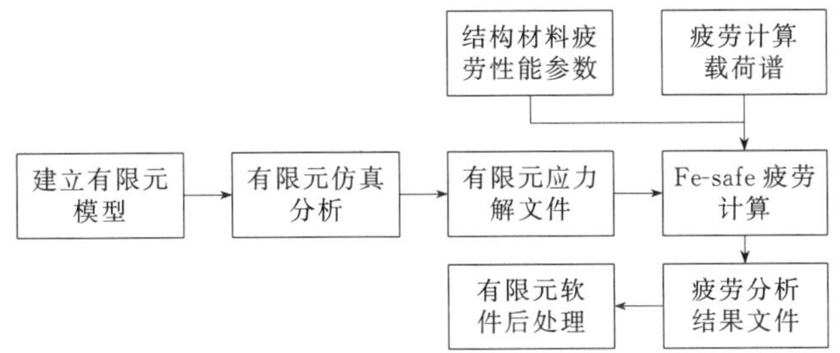

图 7 Fe-safe 起重机疲劳分析流程

Fe-safe 疲劳计算结束以后，会自动生成一个 RST 格式的疲劳分析结果文件，该文件包含了疲劳寿命的相关信息，需要借助于 ANASYS 软件的后处理模块进行结果显示，生成疲劳寿命云图与安全系数云图。将 Fe-safe 计算得到的不同工况下疲劳寿命的结果文件导入 ANSYS 中，在 Results Viewer 界面中获得不同工况下起重机金属结构疲劳寿命云图与安全系数云图 8 所示。

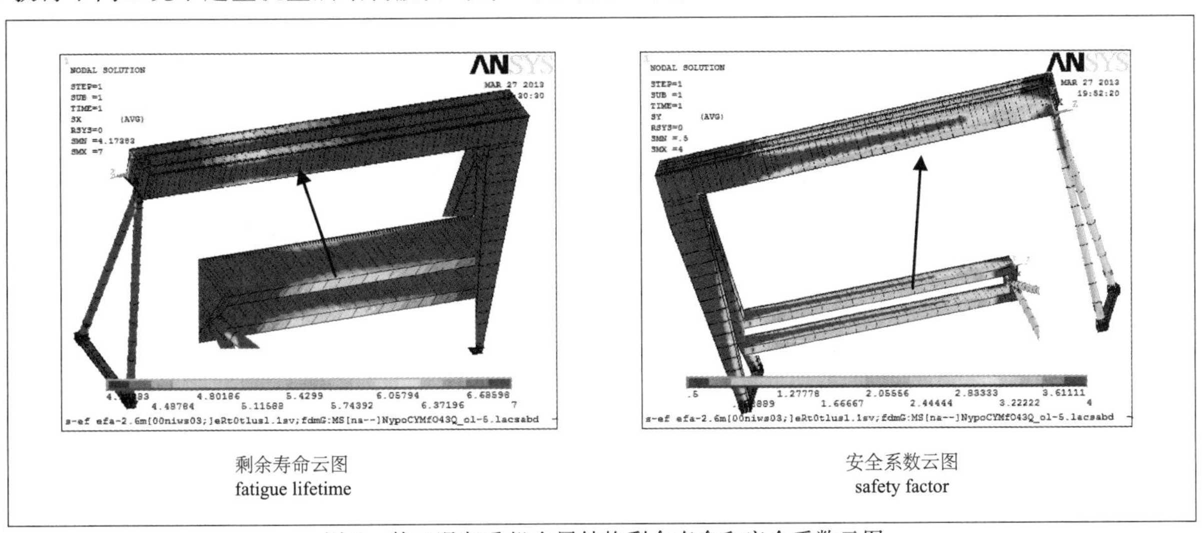

图 8 某工况起重机金属结构剩余寿命和安全系数云图

4 全信息可视化管理平台

我国目前实施的起重机安全监管多是围绕现场检验检测、巡检抽查结论开展的管理，该方式主要依靠相关技术人员的技术能力和经验判断，有诸多不可靠处。且受检验检测和抽查巡检次数的限制，隐蔽的危险隐患不易发觉，容易漏检。待大的缺陷裂纹被发觉时，已对生产作业构成相当风险。而且发生裂纹后的修补方式全靠经验，检修工作滞后且缺乏科学性，不能根据具体的缺陷情况判断其发生发展，更无法科学推测起重机未来尚可服役年限。传统监管浪费大量人力，管理成本较高，监管人员安全无法得到保障，人员技术能力要求也高[14~16]。

基于电机驱动、信息感知、逻辑控制、计算机接口通信等软硬件体系建立的“智慧起重”全信息可视化管理平台，融合了 ANSYS APDL 参数化有限元分析、起重机状态参数实时传输和断裂力学和损伤容限设计等技术，并通过数字可视化技术将起重机金属结构剩余寿命和裂纹扩展计算数据以立体图像模式直观呈现。系统涵盖结构有限元仿真分析、现场结构应力监测、结构剩余寿命预测、设备故障诊断、维保策略、支持等功能模块，根据软件的各个基础模块计算结果提出科学的修理方针和维保策略，由此有针对性地提出合理的设备监管方法。系统界面如图 10 所示。

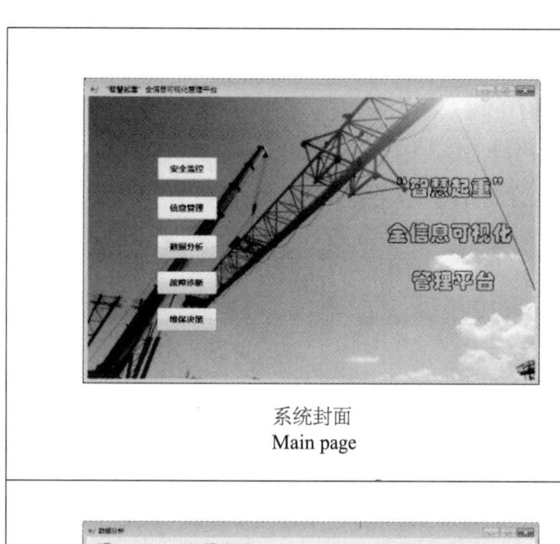

系统封面
Main page

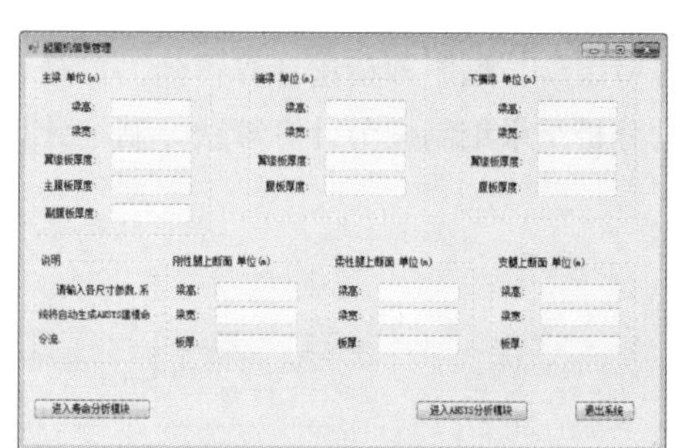

起重机信息管理
Crane information management

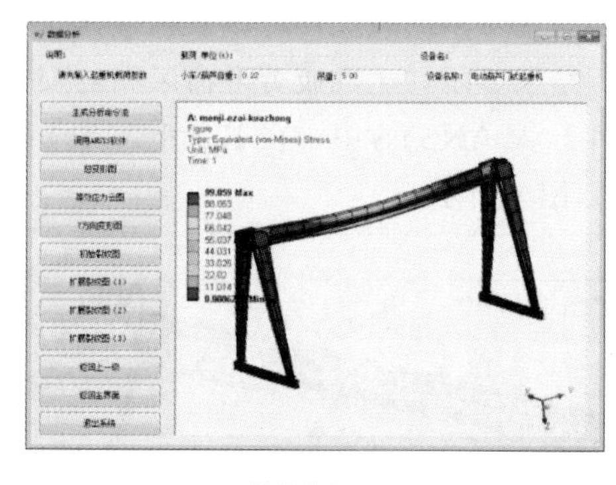

数据分析
Data analysis

剩余寿命计算与维保决策支持
Remaining life calculation and maintenance decision support

图 9 “智慧起重”全信息可视化管理平台

5 结论

通过对我国起重机械安全管理工作现状的分析，开展基于结构有限元仿真技术的“智慧起重”全信息可视化管理平台研究，可以得出以下结论：

① 通过光纤光栅传感系统和 ANSYS 软件技术对起重机金属结构开展有限元分析；

② 研发了装配有高精度解调体系的信息感知传感系统对起重机的运行安全参数、故障记录、裂纹缺陷等信息开展全面采集和传输；

③ 基于疲劳损伤累计法则，并利用高级疲劳耐久性分析和信号处理的软件编制算法准确计算与判断起重机剩余寿命，从而判断损伤模式下的起重机功能情况和维保需求；

④ 开发安全监控、信息管理、综合大数据分析等功能界面，针对传感前端采集数据开展专业计算、诊断分析、应急救援和维保决策等功能。

⑤ 建成集监控层、维护层和管理层于一体的综合智慧化系统集成、一体化平台。

参考文献

[1] 胡浩亮，陈峰，俞冬强．旧起重机械安装监检新思路［J］．起重运输机械，2017，03：106-108.

[2] 刘昌伟．探究起重设备管理及预防性维护［J］．中国设备工程，2018，16：34-35.

[3] 余国意．探讨物联网技术在起重机械检验流程中的应用研究［J］．内燃机与配件，2018，16：231-232.

[4] Li-Chuan Lien，Min-Yuan Cheng. Particle bee algorithm for tower crane layout with material quantity supply and demand optimization［J］. Automation in Construction，2014：243-257.

[5] Q Yu，XD Mao. The Performance Analysis of Double Beam Bridge Crane Based on Computer Simulation Technology［J］. Key Engineering Materials，2014，(584)：107-111.

[6] 钱建云．塔式起重机力矩超载的原因分析［J］．建筑机械，2017，(10)：84-86.

[7] 张亮．论起重机械的故障诊断与检验检测［J］．中国设备工程，2018，(10)：99-100.

[8] 郝丽娜，聂鑫，张伟，郁志明．多塔机智能安全监控系统的研究与实现［J］．科学技术与工程．2016，(30)：73-78.

[9] Jie Jin，Fu Ming Qin，Wei Zhou，Wen Liang Li. Research on Wireless Sensor Network Node for Tower Crane Safety Monitoring System［J］. Applied Mechanics and Materials，2014，(494)：291-294.

[10] 杨强，孙志礼，赵鑫，张磊．可测量潜在故障模式的特种设备可靠寿命预测［J］．东北大学学报(自然科学版)，2014，(01)：22-24.

[11] 徐格宁，左斌．起重机结构疲劳剩余寿命评估方法研究［J］．中国安全科学学报，2007，03：126-130.

[12] Han Ze Guang，Hao Rui Qin，Zheng Xi Jian. The Online Assessment Method of Tower Crane Effective Life Based on Tower Crane Group Monitoring System［J］. Advanced Materials Research，2011，(189)：1066-1070.

[13] Lin Gui Yu，Li Wei Wei. Study on Reliability of the Tower Crane Jib［J］. Advanced Materials Research，2010，(118)：479-486.

[14] E. S. KIM，S. K. CHOI. Failure analysis of connecting bolts in collapsed tower crane［J］. Fatigue & Fracture of Engineering Materials & Structures，2012，(3)：228-241.

[15] 杜海萍．电葫芦门式起重机故障分析及管理［J］．设备管理与维修，2018，14，：192-193.

[16] 张伟明．ZPMC 起重机械安全监控管理系统的改进［J］．起重运输机械，2015 (8)：95-97.

电动单梁起重机关键结构应力数值分析与实验研究

凌张伟[1,2]　王　敏[1,2]　马溢坚[1,2]　王松华[1]

1. 浙江省特种设备检验研究院，杭州 310020

2. 浙江省特种设备安全检测技术研究重点实验室，杭州 310020

摘　要： 针对电动单梁起重机结构特点，建立起重机数值分析模型，分析了起重机主梁以及端梁结构关键位置处应力状态，研究了端梁连接位置螺栓预紧力变化情况。并通过开展试验研究分析起重机实际运行中关键位置应力以及螺栓预紧力变化。结果表明，可通过监测端梁连接关键结构位置应力变化以及螺栓预紧力情况来评估起重机安全运行情况，从而保障起重机的安全运行。

关键词： 起重机；应力；螺栓；预紧力；监测

Numerical Analysis and Experimental Study on Stress of Key Structure of overhead travelling crane

Ling Zhang-wei[1, 2], Wang Min[1, 2], Ma Yi-jian[1, 2], Wang Song-hua[1]

1. Zhejiang Provincial Special Equipment Inspection and Research Institute, Hangzhou 310020

2. Key Laboratory of Special Equipment Safety Testing Technology of Zhejiang Province, Hangzhou 310020

Abstract: The numerical analysis model of crane was established, according to the structural characteristics of crane. The stress state at key position of crane structure was analyzed. The change of bolt pre-tightening force in end beam connection position was analyzed. The experiment study was carried on the stress of key position and bolt pre-tightening force. The results show that the stress changes of the key structure position of end beam connection and bolt pre-tightening force could be monitored to assess the operation of carne, so as to ensure the safe operation of crane.

Keywords: Crane; Stress; Bolt; Prep-tightening force; Monitoring

0　引言

起重机械是建筑、冶金、电力工业等行业生产单位中重要的吊装机械，其自身结构蕴含的危险因素较多，是极易发生重大安全事故的特种设备之一[1]。一般情况下普通起重机寿命约为 20～30 年，在服役过程中受到荷载作用以及腐蚀、疲劳和材料老化等不利因素的影响，都不可避免地在起重机结构中产生损伤积累[2-3]，尤其在金属结构焊接热影响区域、焊接缺陷处或螺栓连接处等较大应力集中处产生严重损伤[4-5]。这些结构损伤对起重机结构的承载能力产生重大影响，一旦发生事故，将造成巨大的生命和财产损失，甚至导致群死群伤等灾难性事故。据统计数据表明[2,6]，机械断裂事故中 80% 以上是由

基金项目：浙江省质监系统科研项目“电动单梁桥式起重机金属结构在线监测与安全评估系统研究”（编号：20160228）。

作者简介：凌张伟，1982 年生，男，高级工程师，博士，主要从事特种设备智能化检测技术研究。

金属疲劳、断裂等引起，可见金属结构的失效是整个起重机械的重要安全隐患。

本文以电动单梁起重机为研究对象，通过建立起重机数值分析模型分析起重机主梁与端梁关键结构位置的复杂应力分布，研究端梁连接位置螺栓预紧力变化情况。通过开展试验研究分析起重机实际运行中关键位置应力以及螺栓预紧力变化，以为起重机安全监测提供建设性的建议与意见。

1 电动单梁起重机数值分析模型

电动单梁起重机结构主要由主梁、端梁、电动葫芦、电气设备、运行机构等主要部件组成，主梁与端梁通过螺栓进行连接。本文以电动单梁起重机为研究对象，其额定起重量为10t，跨度为6800mm，起升高度为6000mm，上、下翼缘板厚20mm、10mm；端梁长为3000mm，高300mm，宽150mm；主梁及端梁腹板厚为5.5mm。起重机材料为Q235A，弹性模量为206GPa，泊松比为0.3，屈服强度为235MPa，抗拉强度375MPa，材料密度为7800kg/m^3。

建立电动单梁起重机数值分析模型及局部网格划分如图1所示，由于电气设备尺寸相对较小，在模型中不予考虑。起重机整体边界条件按简支梁模型设置，主梁与端梁通过简化螺栓模型建立连接，并设置螺栓额定预紧力。通过设置接触属性定义螺栓与端梁、螺栓与主梁及螺栓与连接板之间的接触连接，接触摩擦系数为0.25。起重机主要用于厂房内实验器材的装卸与搬运，作用在起重机上的载荷主要考虑自重载荷、起升载荷等。模型中起升载荷以集中力方式耦合作用在电动葫芦车轮与下翼板接触的局部位置，并考虑起升冲击系数取为1.1，起升载荷系数取为1.07。

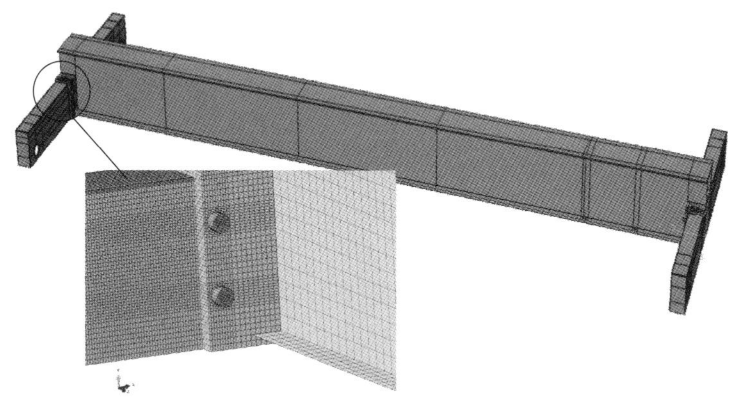

图1 起重机数值分析模型及局部网格划分

2 起重机关键结构位置应力分析

根据建立的起重机数值分析模型，如图2所示为额定起重量作用在主梁跨中位置时主梁的应力分布，可以看出在下翼缘板集中力等效作用区域出现应力集中现象。沿下翼板跨中位置沿宽度方向的应力分布如图3所示，可以看出下翼缘板板跨中位置最大应力发生在边缘位置处，最大为47.8MPa，小于材料的许用应力。依据起重机设计规范（GB 3811—2008）安全系数为取为1.33，故许用应力为177MPa。

额定起重量作用在跨中位置时主梁与端梁连接位置的应力分析选取分析路径AB如图4所示，起点位于腹板下边缘位置A，靠近螺栓孔并距离连接板10mm。该分析路径的应力分布如图5所示，从图上可以看出载荷作用下路径A位置处的应力最大为138.1MPa，小于材料的许用应力；且分析路径上从0到185mm区域沿端梁长度方向应力S11为拉应力，靠近腹板上边缘的分析路径上应力为压应力。在分析路径上S11应力存在2个波谷，这主要是由于受腹板螺栓孔的影响。

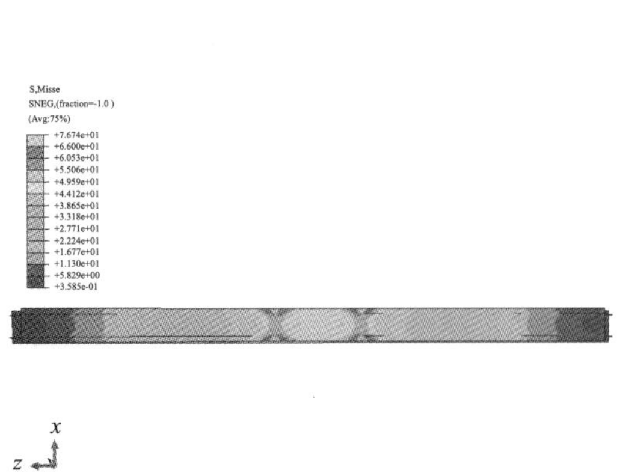

图 2 主梁应力分布

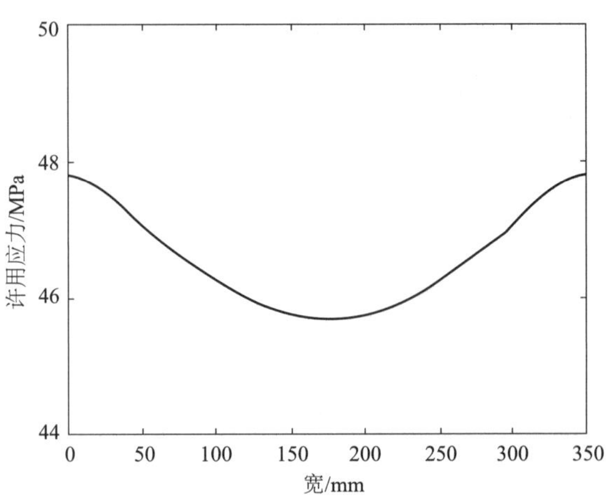

图 3 主梁下翼缘板跨中位置沿宽度方向应力分布

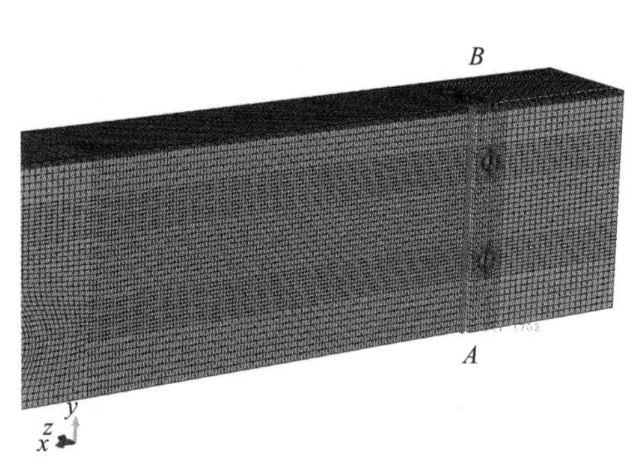

图 4 端梁腹板分析路径

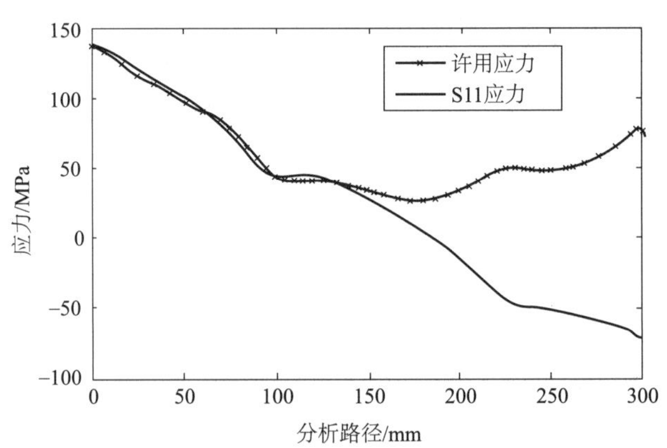

图 5 端梁腹板分析路径上应力分布

3 端梁连接螺栓预紧力分析

电动单梁起重机长期负载运行过程中，由于振动等原因端梁连接螺栓经常会发生松动，或由于起重机安装时螺栓预紧力未安装到位，导致此处结构产生不稳定性。本文在起重机数值分析模型基础上分析端梁连接螺栓的预紧力情况。同时为分析预紧力变化情况，研究三种工况下螺栓的预紧力。

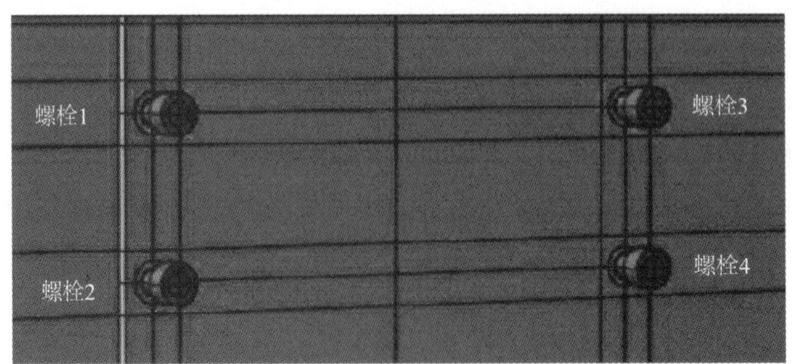

图 6 螺栓布置位置示意图

图 6 是 4 个螺栓的位置布置图。分析 4 种工况下的螺栓预紧力下的变化，工况 1 为 10T 载重量作用于靠近螺栓的跨端；工况 2 为 5T 载重量作用在跨中位置；工况 3 为空载。端梁侧腹板 4 颗螺栓的预紧力分析结果如表 1 所示变化，从表中可以看出不同载重、不同载重位置对于端梁侧腹板螺栓的预紧力基本没有影响。

表 1 不同工况下螺栓预紧力变化

工况	螺栓	预紧力/kN	工况	螺栓	预紧力/kN
工况 1	1	150.3	工况 2	1	150.1
	2	149.1		3	150.1
	3	150.3	工况 3	1	150.0
	4	149.1		3	150.0

4 实验研究

为研究起重机关键结构位置实际应力情况，本文采用应变传感器监测端梁连接位置 4 处应力情况，采用 2 主 2 从全桥连接，有温度补偿可消除导线的温度影响，应变传感器贴片方向沿端梁长度方向，型号为 BA350-5AAC117-Q30，如图 7 所示为监测位置示意图，11 与 12 位置与螺栓 2 相同高度位置，21 与 22 位置距离 A 点 26.5mm，且均距离连接板边缘 10mm，实际安装如图 8。同时采用扁圆柱形预紧力传感器安装在螺栓 2、螺栓 4 上采集 M20 螺栓预紧力情况，如图 9。

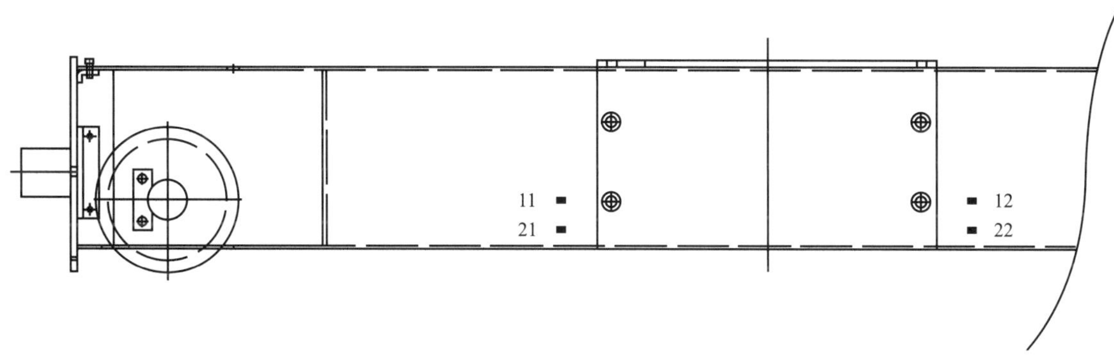

图 7 端梁关键结构位置应力监测点

图 8 应变传感器安装图

图 9 预紧力传感器安装

试验工艺为起重机载重量为 1.18t，电动葫芦从一端运行至靠近监测位置的跨端，然后大车运行一段距离。如图 10 所示为 4 个位置监测点位置应力分布，从图上可以看出，随着电动葫芦的靠近，监测位置的应力不断增加；当大车运行时四个监测位置的应力比较稳定，且 11 与 12 位置应力基本保持在 1.25 倍，21 与 22 位置应力基本维持在 1.2 倍左右，这主要是因为起重机电动葫芦的安装关于主梁是不对称的。同时从图上可以看出时间在 18 以后，12 与 22 位置应力突然增大，而 11 与 21 位置应力突然降低，这主要因为起重机安装时轨道不平整导致运行至该位置时出现了“3 条腿”运行的状态，致使端梁一侧受力较大。因此可以通过端梁关键结构位置处的应力变化对比来判断起重机是否存在 3 条腿运行、啃轨等运行情况。

如图 11 所示为螺栓预紧力变化情况，从图上可以看出，预紧力在正常运行情况下基本没有变化，但是当起重机出现 3 条腿运行时会导致螺栓预紧力出现波动后出现增大趋势。因此也可以通过定量监测螺栓预紧力情况来判断螺栓松动以及起重机运行工况。

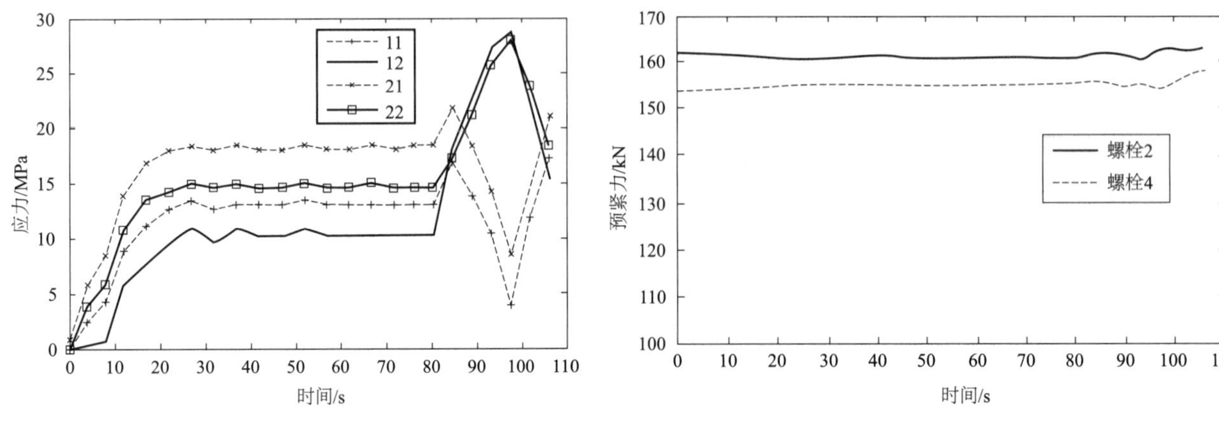

图 10 监测位置点应力变化

图 11 预紧力变化

5 结论

本文通过建立电动单梁起重机数值分析模型，分析起重机关键结构位置处应力状态，并研究了端梁连接位置螺栓预紧力变化，并通过实验研究了起重机实际运行中关键位置应力以及螺栓预紧力变化。结果表明在起重机实际运行过程中，可通过实时监测端梁连接关键结构位置应力变化以及螺栓预紧力情况来评估起重机安全运行情况，从而保障起重机的安全运行。

参考文献

［1］ 刘娟．起重机健康监测系统的设计及开发［D］．广州：中山大学，2011.

［2］ 张莉瑶．大型起重机在线寿命预测系统的研究［D］．大连：大连理工大学，2009.

［3］ 李丽．基于无线传输的起重机结构应力在线监测系统研究［D］．武汉：武汉理工大学，2009.

［4］ 徐志刚．港口大型机械金属结构应力在线监测与诊断系统研究［D］．武汉：武汉理工大学，2008.

［5］ 陈中．刘国瑞．桥式起重机结构状态监测的传感器优化布置方案［J］．起重运输机械，2014，(10)：18-21.

［6］ 裴玮，丁克勤，邬代军．起重机械安全健康监测与损伤预警方法研究［J］．机械工程与自动化，2010，(6)：120-122.

无线传感器网络在塔式起重机监测系统中的应用

雷 纯 檀 昊

武汉市特种设备监督检验所，武汉 430024

摘 要： 针对目前塔机安全保护装置的缺点，考虑到塔机运行状态的识别以及故障诊断的需要，提出了一种基于传感器网络和无线通信技术的塔机安全监测系统的设计方案。以 CC2430 为主控芯片，基于 ZigBee 协议栈构建无线网络实现了主从节点之间数据的采集与传输。使用 LabVIEW 开发工具设计上位机监测软件系统，实现了塔机参数实时显示、分析和存储功能。

关键词： ZigBee；塔式起重机；无线监测

The application of Wireless Sensor Networks in Tower Crane Monitoring System

Lei Chun, Tan Hao

Wuhan Special Equipment Inspection Institute, Wuhan 430024

Abstract: Aiming at defects of tower crane safety protection devices, considering status recognition and fault diagnosis of tower crane, in this paper, a tower crane safety monitoring system based on sensor network and wireless communication technology is proposed. By using CC2430 as the main controlling chip, the system realized data acquisition and transformation between main-node and sub-node based on ZigBee protocol. Monitoring software of host computer is designed by using the LabVIEW development tool, realized the parameters of tower crane real-time display, analysis and storage function.

Keywords: ZigBee; Tower Crane; Wireless monitoring

0 引言

塔式起重机是建筑工地高空作业的特种设备，起升高度大，覆盖面积广，一旦发生事故就可能造成设备损毁和人员伤亡的重大损失。传统塔机上仅配置了高度限位器、回转限位器、力矩限制器、起重量限制器等安全保护装置，其原理是当被检测参数超过某限制值时断电报警，缺点是监测数据单一，不能实时显示，长期使用后装置的可靠性降低。因此对塔机的各项重要参数进行数据采集和实时监测十分必要。

由于建筑工地施工现场环境复杂，塔机作业过程中处于运动状态，增加了传感器与监测终端连接布线的难度。此外机电设备运行会产生电磁噪声，对有线信号的传输产生干扰，影响系统的监控质量及进程。

ZigBee 无线传感器网络具有动态拓扑、自组织网络、多路由等特点，可以克服地理条件和环境的

作者简介：雷纯，1980 年生，男，硕士，主要从事机电类特种设备检验检测新技术研究。

限制，且易于扩展，具有传统有线监控系统无法比拟的灵活性。研究塔机无线监测系统可以提高我国塔机的安全监测及故障诊断技术水平，对提高我国塔机及相关工程机械的生产效率、优化资源配置具有重要意义。

1 系统整体概述

本系统的设计思路是在塔机上安装各种传感器实时采集运行中的参数、并将数据无线传输至施工现场监测端进行处理，由计算机统一管理，实时显示塔机运行状态信息、并能够预报警和数据备份。本文设计的塔机 ZigBee 无线传感器监测系统结构如图 1 所示。

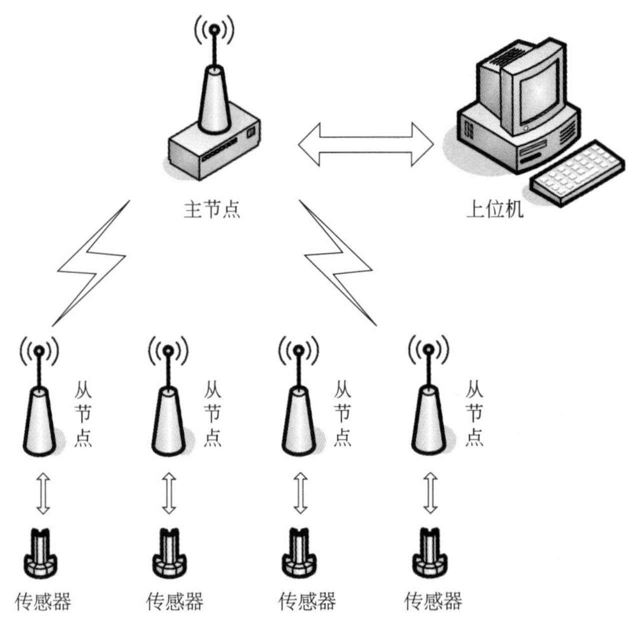

图 1 ZigBee 无线监测系统结构图

系统采用 ZigBee 星型网络拓扑结构，建立了一个主节点，多个从节点的无线传感网络，实现数据的无线传输。ZigBee 作为一种新兴的短距离、低功耗、低成本的无线通信技术，能广泛应用于工业控制、消费电子、智能家居、自动化监控等各种领域[1]。

ZigBee 的工作频段为 2.4GHz，功耗低，而且空闲时可进入休眠，两节干电池可维持单个节点正常工作 6 至 24 个月。其两节点间无线传输距离远，在没有大干扰源的室外工况环境，传输距离可达 200 至 250 米。将此技术应用到塔机的监控系统中，能够满足布置于塔机上的任何位置的传感器节点间的数据传输要求。

为了实现塔机运行的安全监控，需要实时监测多个关键参数，而这些参数涉及不同的物理量，所以需要各种传感器协同工作。系统中的每个从节点分别连接不同的传感器，实时接收采集数据，并通过无线传感网络将数据向主节点发送，主节点收到数据后通过串口传给上位 PC 机，上位机软件能够对塔机当前状态实时监测，并且能存储各参数的历史数据，分析塔机工作状态和强度，便于掌握塔机一段时间来的运行情况和故障信息，有效地消除潜在的安全隐患。

2 系统硬件设计

2.1 主节点硬件设计

选择 CC2430 作为主节点的处理器，该芯片是全球首款支持 ZigBee 协议的片上系统（SOC）解决方案，集成了一个 8051MCU 内核以及符合 IEEE802.15.4 规范的 2.4GHz 的无线收发器。芯片内部有

8kb 的 RAM，可选 32/64/128kB 的 Flash 存储单元，包含模拟数字转换器、定时器、看门狗定时器、AES128 协处理器等，同时提供了 2 个 UART 接口以及 21 个可编程 I/O 引脚。该芯片具有高度集成性和丰富的硬件资源，使得外围电路的设计变得十分简单。

主节点是整个网络的协调器，作为全功能设备（FFD），负责网络组建和维护、各从节点传感器采集数据无线接收、与上位 PC 机串口通信。因此采用 CC2430-F128（128kB Flash）芯片，并在 CC2430 典型应用电路的基础上扩展串行通信接口，选用 MAX3232 芯片实现 TTL 与 RS232 电平转换。ZigBee 主节点的硬件电路如图 2 所示。

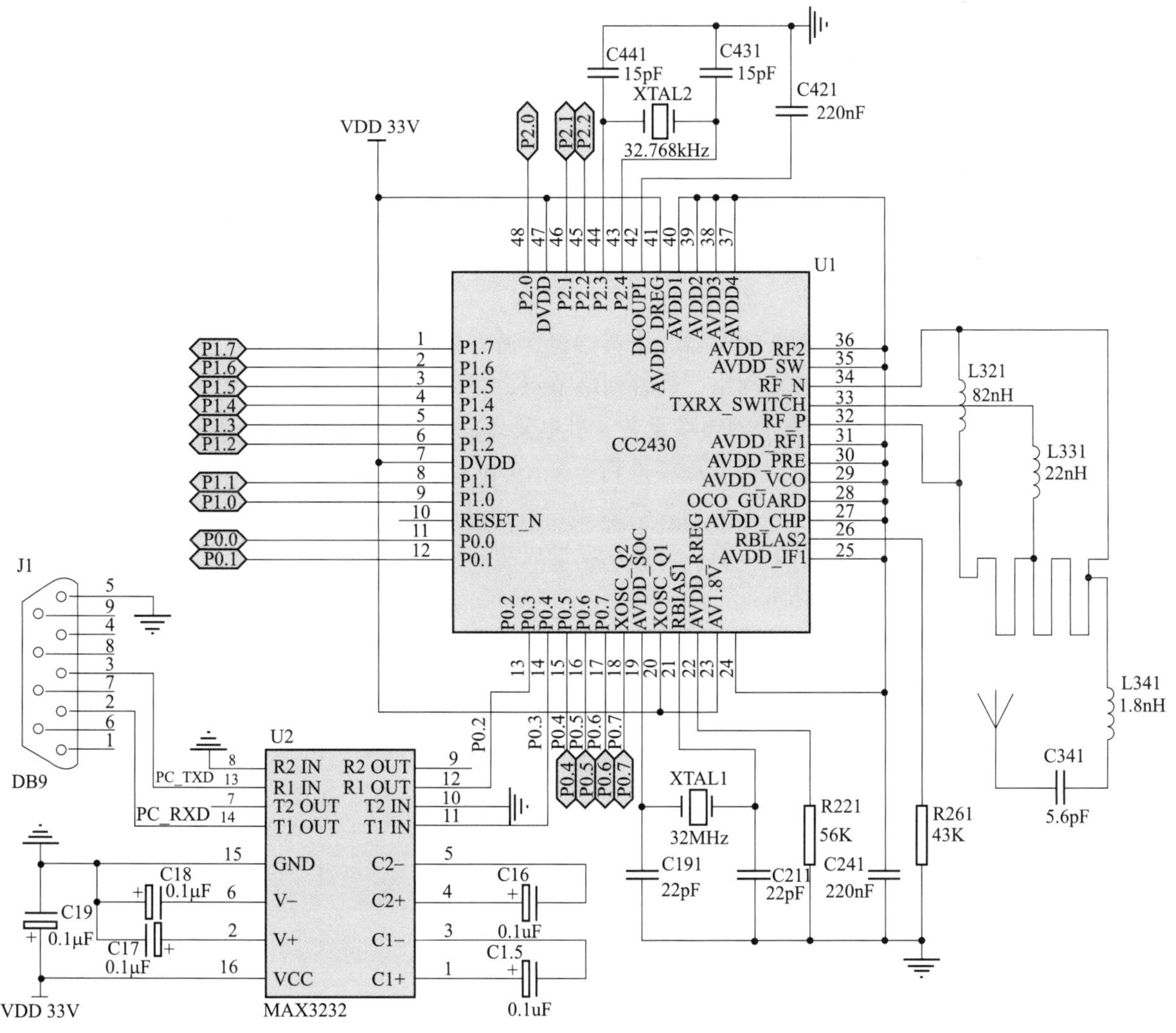

图 2 ZigBee 主节点电路

2.2 从节点硬件设计

从节点主要负责数据采集和数据无线传输，可作为简化功能设备（RFD），以降低功耗和成本。芯片采用 CC2430-F32（32kB Flash），其硬件电路和主节点大致相同，只是在从节点芯片的 I/O 口上接入各种类型的传感器，以实现对塔机重要参数信息的采集。

由于塔机各传感器采集的参数信息各不相同，传感器输出的信号可为电流、电压等模拟信号或二进制码的数字信号，因此与从节点相连的接口也不相同。本系统需要采集的塔机参数包括：起重量、起升高度、小车幅度、回转角度。起重力矩信息可由起重量和小车幅度计算得出[2]。

塔机的起重量信息采用轴销式称重传感器实时采集，传感器安装在导向滑轮的轴销中，可避免钢丝绳绕绳摆动造成的磨损，能实时、高精度地采集吊重。其输出信号是电压模拟信号，经过放大器与从节点的 AD 转换接口连接。

小车变幅、起升高度这两个物理量检测采用的传感器都是旋转编码器，分别安装在小车牵引卷筒和起升机构电机卷筒上。编码器能把角位移或直线位移转换成脉冲电信号，经放大后转换为 RS232 电平数字信号输出，与从节点的串口连接。

塔机回转角度的检测采用高精度平面数字式罗盘，通过磁传感器感应地球磁场的磁分量，精确测出塔机吊臂在地理坐标系下的方位角度，并能够直接输出 RS232 电平数字信号，与从节点的串口连接。

3 系统软件设计

3.1 ZigBee 无线组网及数据通信

ZigBee 通信协议采用分层结构，节点通过在不同层上的特定服务来完成所要执行的各种任务。本系统采用 TI 提供的协议栈 Z-stack，在 IEEE 802.15.4 标准物理层（PHY）和媒体访问控制层（MAC）基础上增加了网络层、应用层和安全服务规范，是一种较好的无线传感网络组建方案[3]。

ZigBee 设备类型按网络功能分为三种：协调器、路由器、终端。由于本系统采用星型网络拓扑结构，所以只存在协调器和终端两种设备。

本系统中主节点被初始化为网络协调器。协调器包含所有的网络消息，存储容量最大、计算能力最强。它的功能是发送网络信标、建立网络、管理网络节点、存储网络节点信息、无线收发数据。

从节点被初始化为 ZigBee 网络中的终端设备。上电复位后，即开始搜索指定信道上的网络协调器，并发出连接请求。建立连接成功后，从节点将得到一个 16 位的网络短地址，并采用非时隙 CSMA-CA 机制，通过竞争取得信道使用权，向主节点发送数据。各个从节点可按设定时间间隔读取 I/O 接口上传感器采集的数值，同时开启睡眠定时器，当数据发送成功后该节点立即进入睡眠状态，最大程度地降低功耗，延长从节点的电池使用时间。

从节点接收到传感器输出的信号后，对数据进行处理，并通过 ZigBee 无线网络发送给主节点。主节点收到数据包后，对数据进行分析，把每个传感器采集的数据值进行转换标定，然后发送给上位 PC 机。主从各节点的组网及通信流程如图 3 所示。

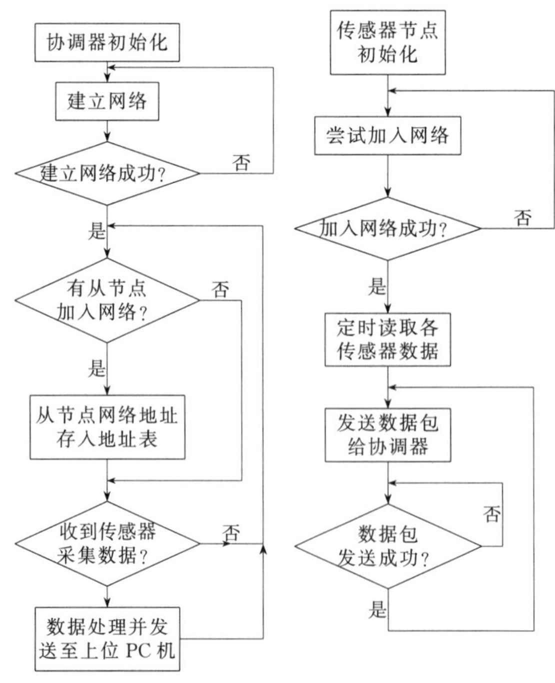

图 3 主从各节点组网通信流程图

3.2 上位机数据处理及监测

本系统采用 LabVIEW 软件开发环境搭建上位机平台。LabVIEW 是一个面向终端用户的工具，既可以增强用户共建工程系统的能力，又提供了实现仪器编程和数据采集的便捷途径。它采用图形化编程语言 G 语言，可编写由交互式用户接口、数据流程框图和图表连接端口组成的 VI 程序[4]。

上位 PC 机数据处理程序包括对串口接收到的监测数据进行显示、统计等分析功能。经过 ZigBee 主节点的处理标定后，每个传感器采集的数据被依次传送至上位 PC 机的串口，通过 waveform chart 控件，可以实时地将各时刻的历史数据描成曲线，同时显示当前接收的参数数值。方便监控人员掌握各参数在某时间段内的变化状况，同时能为日后的塔机监管部门在鉴定塔机安全事故相关责任时提供有力证据。

除了对数据进行原值显示，程序还对应各参数的额定值计算了当前数据相当额定阈值的百分比，可以更直观地查看塔机工作在安全状态还是接近满负荷临界状态。同时还设置了报警功能，当参数数据超过额定阈值时，触发蜂鸣报警。

数据处理 VI 程序如图 4 所示。

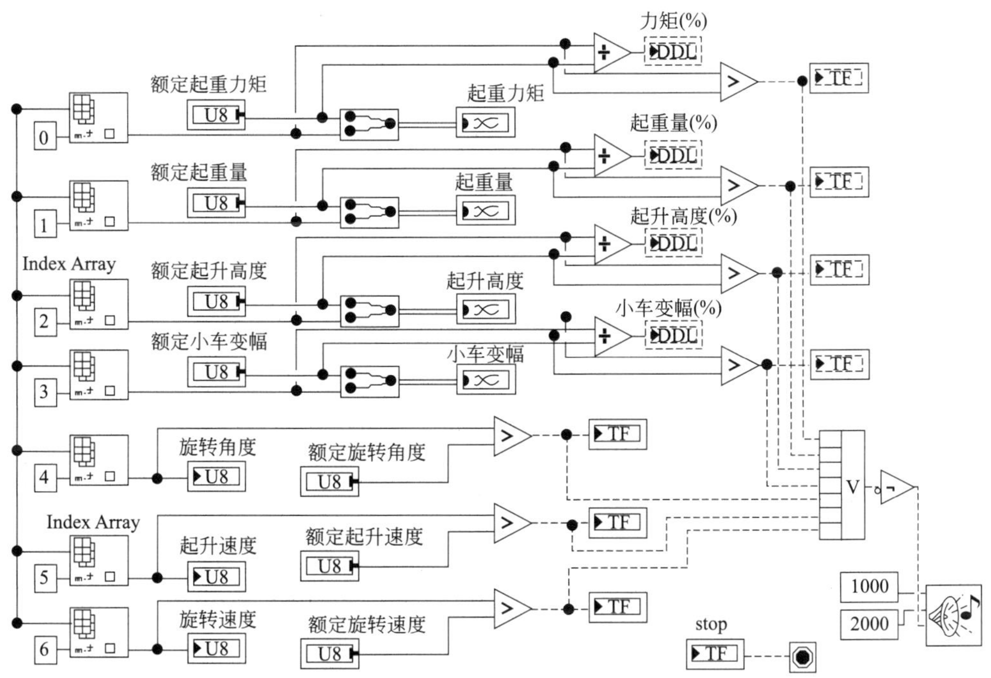

图 4 数据处理 VI 程序

4 结语

本文结合传感器技术、无线通信技术以及计算机技术，设计了基于 ZigBee 无线传感器网络和 LabVIEW 技术的塔机无线安全监测系统。有效地解决了有线式系统的线路易老化、维护困难的缺点，实现了塔机和监控室的无线通信，避免了传感器采集的数据信号在传输导线上的衰减。ZigBee 各节点均由电池供电，独立的模块便于拆卸，可以节约大量的系统安装时间。LabVIEW 搭建上位机监测软件，实现了塔机重要参数的实时监测、报警、存储备份。本系统为塔机的安全监测和信息管理提出了新的解决方案。

随着科技的高速发展，无线传感器网络在塔机监控领域的应用会越来越普遍，它与 GPRS、物联网等远距离无线通信技术相结合，还能够实现对群塔作业及防撞的远程监控，使监管部门对塔机使用状态的监控成为可能，对提高建筑塔式起重机作业的安全性有很大的推动作用。

参考文献

［1］ 瞿雷，刘盛德，胡咸斌．ZigBee技术及应用［M］．北京：北京航空航天大学出版社，2007.
［2］ 张应立．塔式起重机安全技术［M］．北京：中国石化出版社，2008.
［3］ 李文仲，段朝玉．ZigBee2006无线网络与无线定位实战［M］．北京：北京航空航天大学出版社，2008.
［4］ 陈树学，刘萱．LabVIEW宝典［M］．北京：电子工业出版社，2011.

电梯检验机构仪器设备使用管理中存在的问题与建议

罗　恒　李　智

重庆市特种设备检测研究院　重庆 401121

摘　要： 本文通过对电梯检验机构在检验仪器设备使用管理中存在的问题进行梳理，分析其对检验工作的影响。提出相关建议措施，旨在提高电梯检验质量和效率，提升检验机构公信力，保障电梯安全运行。

关键词： 电梯；检验；仪器设备；问题；建议

Problems and Suggestions in the Use and Management of Instruments and Equipment in Elevator Inspection Institutions

Luo Heng，Li Zhi

Chongqing Special Equipment Inspection Institute， Chongqing 401121

Abstract: This paper combs the problems existing in the use and management of inspection instruments and equipment of elevator inspection institutions，and analyses their impact on inspection work. Some suggestions and measures are put forward to improve the quality and efficiency of elevator inspection，enhance the credibility of inspection institutions and ensure the safe operation of elevators.

Keywords: Elevator; Test; Instrument and equipment; Influence; Analysis

0　引言

中国特色社会主义进入新时代，新时代主要矛盾已经转化为人民日益增长的美好生活需要和不平衡不充分的发展之间的矛盾。电梯是人们出行的“第一站”，回家的“最后一程”，是新时代人们美好生活中最重要的交通工具。由于电梯的重要性，人们对电梯的关注度也越来越高，电梯检验工作显得尤为重要。电梯检验仪器设备作为电梯检验的一项重要基本条件，是电梯检验机构检验能力的可靠保障。目前，电梯检验机构在电梯检验仪器设备使用、管理和研究方面还存在不足，本文就其存在的问题进行分析，提出相关建议，旨在明确检验仪器设备在电梯检验中的重要性，提高电梯检验质量和效率，提升检验机构公信力。

1　目前电梯检验机构在检验仪器设备中存在的一些问题

（1）检验仪器设备配备方面

电梯检验机构资质评审规则中明确规定：电梯检验机构应当配备能够满足各种检验要求的检验检测仪器设备、计量器具和工具。电梯检验机构大多能够按照评审规则要求配备相应的检验仪器设备，不过也存在一些问题，主要有以下几点：一是电梯增长速度快，近年来新进检验人员较多，因为招标采购等各种原因，检

作者简介：罗恒，1986 年生，男，检验师，本科，主要从事电梯检验及研究工作。

验仪器设备配备有滞后的情况；二是常规检验仪器设备配备齐全，但缺少专用的检验仪器设备，例如：钢丝绳张力测试仪、热成像仪等；三是检验仪器设备按照检验各小组配备齐全，但缺少备用仪器设备，在仪器设备需要检定、维护保养、损坏时，则可能造成仪器设备配备不齐全；四是当电梯出现新技术、新材料、新工艺或者检验技术发生变化时，未能及时配备相应的检验仪器设备，例如：斜形电梯导轨检测等。

（2）检验仪器设备检定校准方面

按照相关规定大多数电梯检验仪器设备，应按时进行检定校准，检定校准的目的是对照计量标准，评定测量装置的示值误差，确保量值准确，保证检验数据的准确可靠性。目前电梯检验仪器设备在检定校准方面主要存在以下问题：一是管理有缺失，未严格执行仪器设备检定校准管理制度，未制定检定校准计划，该检定校准的仪器设备未按时进行检定校准；二是未严格执行检定校准三色标志管理制度。检定校准的仪器设备分为三种状态，由三种颜色的标签代表其不同状态，绿色标签代表检定校准合格状态，红色标签代表停用状态，黄色标签则代表修正状态，在仪器设备使用过程中存在未执行三色标志管理制度的情况，例如：检定校准后标志脱落，未能及时补上；仪器设备检定校准标志为红色停用状态依然还在使用；检定校准标志为黄色修正状态，而在实际检验中，检验人员没有按照要求对检测数据进行修正等。

（3）检验仪器设备维护保养方面

检验仪器设备操作作为电梯检验工作中的重要一环，使用的频率很高，电梯检验环境（特别是新电梯监督检验现场）又比较复杂，要保证检验仪器设备的准确性和实用性，就得对检验仪器设备进行合理的维护保养。目前来看，检验机构普遍对检验仪器设备维护保养工作不是很重视，未严格执行检验仪器设备维护保养制度，往往重使用，轻维护；重形式，轻实效。常规检验仪器设备，由于分发给各个检验小组，设备比较分散，平时维护保养由各小组负责，缺乏有效的监督管理，维护保养工作往往流于形式，大多数检验仪器设备处于缺少维护保养、带病工作状态。而一些大型的仪器设备，例如：钢丝绳无损检测仪、电/扶梯综合检测仪等，由于使用的频率比较低，往往在一些重要的检验现场才会使用。这类仪器设备虽然集中保管，但缺少专人进行维护保养，这导致有的仪器设备由于平时缺少维护保养而损坏，无法正常使用。

（4）检验仪器设备更新换代方面

在检验仪器设备更新换代方面，缺乏相关机制。一方面随着国家仪器设备行业的发展，各种新形式、智能化、便捷式检验仪器设备不断出现，例如：数显游标卡尺、数显绝缘测试仪、红外线测距仪等，这些设备不但操作方便，而且测量准确度也很高。而检验机构配备的有些仪器设备还停留在以前的老式样，这些仪器设备技术落后、能耗高、检验效率低，例如：普通游标卡尺、手摇式绝缘测试仪等。另一方面当检验仪器设备使用一定年限后，由于老化和使用频繁的原因，其精确度和实用性必然下降。目前大多数检验机构对仪器设备更新，更多是因为其已经损坏无法使用或者检定为不合格状态，很少从实用性方面来考虑，例如：检验中最常用的卷尺，使用较长时间后，虽然检定是合格状态，但是普遍存在测量高处时，卷尺伸不直，刻度生锈掉漆无法辨识的情况。

（5）检验仪器设备操作方面

在电梯检验仪器设备操作方面，大多数检验人员经过了检验员考核和检验机构的培训后，能够熟练操作检验仪器设备，但还是存在检验人员对部分检验仪器设备使用不熟练，甚至不会使用的情况。尤其是电梯检验中C类项目需要的仪器设备，例如：由于电梯绝缘测试项目可能存在烧毁电子线路的风险，检验人员只是现场观察、确认维保人员测试，导致有的检验员从未亲自操作过，对绝缘测试仪的使用仅仅停留在理论上；另外由于检规将限速器检验项目改为了现场确认，不少新进检验员缺少实际操作的机会，对限速器测试仪的使用较为生疏。而一些大型检验仪器设备、专项检测设备，由于操作复杂，使用的频率较低，普遍存在会操作的人员较少，使用不够熟练的情况。

2 电梯检验仪器设备对检验的影响

（1）检验仪器设备对检验结果的影响

电梯检验仪器设备作为电梯检验工作的重要基本条件，对电梯检验结果产生以下重要的影响：

①如未按检规要求配备相应检验仪器设备，必然导致检验结果无效；②如使用未经按时检定校准或检定校准为停用状态的检验仪器设备，那么这次检验结果不可取，还得由经过检定校准合格的仪器设备重新进行检测，另外，当使用检定校准为修正状态的检验仪器设备时，如未对测量结果进行修正，也会影响测量数据的准确性；③检验仪器设备如缺乏必要的维护保养，轻则降低仪器设备的测量精确度，重则导致其损坏无法使用，影响检验结果的真实性；④如使用的检验仪器设备过于老化或使用一些技术落后的检验仪器设备，也会影响检验的准确可靠性，例如，钢丝绳断丝情况专项检测项目，通过肉眼观察显然误差不小，如通过钢丝绳无损检测仪等先进的检验仪器设备，则可精确检测出钢丝绳的断丝情况，从而作出准确的判断；⑤检验人员如对检验仪器设备使用不熟悉、不熟练，就无法做到对检验项目的准确测试以及C类项目的可靠确认，从而影响检验的准确性。

（2）检验仪器设备对检验效率的影响

随着电梯数量持续快速增长，检验超期风险责任不断加大，检验机构面临巨大考验，不但要保证检验质量，还得提高检验效率。仪器设备就是检验工作的一把双刃剑，用得好可以提高检验效率，起到事半功倍的效果，用得不好则可能拖慢检验流程，降低检验效率。检验仪器设备对检验效率有以下三个方面的影响：①检验人员如对检验仪器设备使用熟练，仪器设备维护保养到位，检验时轻车熟路，检验效率必然提高，反之效率也会随之下降；②电梯检验的效率一方面和检验人员对检验流程、仪器设备的熟悉有关，另一方面也和检验仪器设备的性能息息相关，如使用的检验仪器设备智能化、数字化水平较低，也会严重影响检验效率，例如，数显游标卡尺的读取效率是普通游标卡尺的两倍以上；③某些检验仪器设备，使用程序繁杂、体型繁重，虽然准备工作做好后，确实对于某些检验项目能够做到真实模拟、数据可靠，但是整个检验过程耗时耗力，检验效率很低。

（3）检验仪器设备对检验机构公信力的影响

公信力既是一种社会系统信任，又是公共权威的表达，它反映出社会对检验机构的认同度和满意度，当前全国特检机构正处在改革的浪潮中，即将面临检验社会化、市场化的严峻考验，公信力可能决定一个检验机构的生死存亡。检验仪器设备从以下几个方面影响检验机构公信力：①检验仪器设备的配备。检验仪器设备作为检验机构的一项硬实力的体现，如果一家检验机构配备的检验仪器设备较少、陈旧、技术落后、故障频发，无法满足检验条件，检测数据不能反映设备真实状况，必然会影响检验机构的公信力；②检验仪器设备的管理，如果检验机构缺乏专门的仪器设备管理部门，检验仪器设备随处放置，仪器设备缺少检定校准标志，检验工具箱外观破损不一等，展现在用户面前的形象是缺乏公信力的；③检验仪器设备的使用。一方面，在检验过程中，如果检验人员对检验仪器设备使用不熟悉、不规范、甚至不会使用，那么必然会导致用户对检验机构公信力的质疑；另一方面，在全国或者各地区举行的电梯检验的各项比对，是对检验机构能力的检验，也是对检验机构公信力的一次展示，比对过程既是对检验人员是否熟悉检验项目的考核，也是对其能否熟练操作检验仪器设备的考验，显然检验仪器设备操作熟练与否对检验机构的公信力会产生很大的影响。

3 相关的建议

（1）建机制，促进检验仪器设备管理科学合理

随着电梯检验机构的不断壮大，检验仪器设备随之增加，科学、规范、系统的检验仪器设备管理机制显得越来越重要。一是要建立检验仪器设备的管理机构，由这个机构统一管理所有仪器设备，各检验部门应设置专职或兼职的仪器设备管理员，同时应明确发放到个人（或小组）的设备由使用（领用）人负责所用设备的管理，形成“统一领导、分级分类管理（即单位、部门和个人三级）、管用结合”的原则，建立互相协调的仪器设备管理网络，使仪器设备管理工作从仪器设备的申购、采购、验收、标志、建档、使用、维护保养、维修、停用、报废等工作都可以得到落实[1]。二是要建立检验仪器设备的监督体系，以文件的形式明确各部门、人员在仪器设备管理、使用中的责任与义务，使仪器设备管理监督工作规范起来。

三是要建立仪器设备的使用台账和档案，利用大数据技术建立智能化仪器设备管理平台，通过平台做到仪器设备档案、使用手册、维护保养、检定校准状态等一键查询，既方便使用查询又能有效避免维保和检定校准超期。四是要建立仪器设备检定校准、维护保养、更新制度，做好检验仪器设备定期检定校准工作，维护保养则要指定专人负责，建立维保记录，根据维保使用情况，适时关注仪器设备状况。

（2）造计划，推进检验仪器设备适时更新

检验机构应该做好仪器设备购置、更新工作计划。一是当预计检验业务量将大幅增加时，应提前预测目前配备的检验仪器设备是否能满足检验条件，做好仪器设备购置预算，保障检验仪器设备配备充足；二是当仪器设备使用年久后，在做好维护保养的同时，适时关注仪器设备使用性能的变化，做好更新购置预算，降低因为设备老化报废从而影响检验工作开展的风险；三是要加强调研学习，了解最新检验仪器设备发展动向，收集功能强、智能化、数字化检验仪器设备资料，做好仪器设备更新换代预算，形成智能检测新模式；四是检验部门要加强与仪器设备管理部门交流，在检验业务扩展、电梯设备出现技术变革、检验技术要求等发生变化时，及时购置相应的检验仪器设备，保障检验业务的顺利开展。

（3）抓培训，提高电梯检验人员对仪器设备操作能力

随着电梯的增长，电梯检验人员队伍不断壮大，电梯检验人员能力的良莠不齐影响检验仪器设备使用效果，因此，应强化对电梯检验人员的培训。电梯检验人员必须通过培训、考核才能取得相应的资格证书，目前取证的培训和考核更加重视考核检验人员的理论知识，而仪器设备操作方面的考核内容相对比较少，要提高检验人员对检验仪器设备的熟练运用能力，更多则需要依靠检验机构内部培训。检验机构应该针对检验仪器设备制定相应的培训和考核办法。针对常规检验仪器设备，应该做到“人人会用，个个熟练，样样过关。”并定期组织对检验人员仪器设备使用情况的专项考核比对，结合考核比对情况，有针对性的组织专项仪器设备使用培训。针对不常用的大型检验仪器设备，则要做到“专人管理，专人操作，专人维护。”，由单位组织仪器设备厂家对仪器设备管理和使用人员进行专项培训，并通过定期举办专项比对等活动，提高使用人员的操作熟练性。培训内容除了仪器设备的使用方法外，还应该包括维护保养、检定校准等基本常识。

（4）共发展，建立检验仪器设备研发共享机制

随着社会生活和科学技术的进步，一方面电梯行业快速发展，电梯技术朝着更加高效、舒适、安全发展，例如：双子电梯、合成纤维曳引绳、无线传输技术等，技术的发展对检验的要求也越来越高；另一方面智能化技术的运用，推动了仪器设备的进一步发展，使仪器设备更加便捷、智能、准确。如何将两者有机结合，开发出既能保证电梯检验质量，又能提高检验效率的智能检测仪器设备，仅仅靠仪器设备生产厂是远远不够的，需要检验机构、仪器设备生产厂、电梯制造厂三者共同建立检验仪器设备研发共享机制。电梯检验机构熟悉检验流程和要求，仪器设备厂擅长仪器设备的设计和制造，电梯制造厂则了解电梯设备的性能和特征，三者发挥各自的优势，强强联手，开发出的检验仪器设备一方面能产生经济效益，另一方面又能提高检验质量和效率，提升仪器设备厂知名度，促进电梯技术发展，实现共享共赢的智能检测新局面。

电梯检验仪器设备是检验机构开展电梯检验，对检验结果进行科学施控的重要手段[2]。在新时代，电梯检验机构面临新挑战背景下，仪器设备使用、管理和研究工作应该建立新模式，形成新体系，满足社会经济发展对电梯安全运行的新要求，为检验机构科学、公正、准确、高效的检验工作提供有力的保障。

参考文献

［1］ 孔令静．检验机构的仪器设备设备管理［J］．山西建筑，2007 (5)：212.
［2］ 肖军．特种设备检验机构的仪器设备设备管理［J］．设备管理与维修，2011, (10)：3-5.

电梯制动力自监测的分析与设计

赵迎龙

江苏省特种设备安全监督检验研究院无锡分院，江苏无锡 214000

摘　要： 依据 GB 7588—2003 第 1 号修改单的要求，曳引机工作制动器需要自监测。本文基于开展制动力自监测后短期内出现监测报警的现象，结合电梯曳引及制动能力设计要求，通过计算发现按现行标准要求，对单组制动元件 125％电机额定转矩的制动力要求存在安全问题。同时结合自监测的要求，给出空载自监测力矩的设计参考值，并指出了制动力自监测设计中应该注意的问题。最后就制动力自动自监测、单独制动元件独立自监测、多组制动原件独立自监测三个发展方向进行了展望。

关键词： UCMP；制动力自监测；自监测力矩；独立自监测

Analysis and design on self-monitoring on elevator brake force

Zhao Ying-long

Jiangsu Province Special Equipment Safety Supervision Inspection Institute · Branch of Wuxi,　Wuxi 214000

Abstract: Based on the requirement of first amendment of GB 7588—2003, service brake of the traction machine needs self-monitoring. This article is based on the phenomenon that monitoring alarm was happened after the self-monitoring of the service brake of the traction machine is installed in the short term. Combining with the design capacity of the elevator traction torque and the brake force, and after calculation, it is found that, based on the requirement of current standard, if the brake force capacity is designed as 125% of motor rated torque for single brake unit, the safety problem of brake force exists. At the same time, combining with the requirement of self-monitoring, the reference value of the self-monitoring design torque with no-load is given. It is also pointed out that some problems need to be paid attention to during the brake force self-monitoring design. At last, focused on auto self-monitoring on brake force, independent self-monitoring on single brake unit, and independent self-monitoring on multiple brake units, the future outlook is provided in this three aspects.

Keywords: UCMP; Brake Force Self-monitoring; Torque Self-monitoring; Independent Self-monitoring

0　引言

2016 年 7 月 1 日开始实施的 GB 7588—2003 第 1 号修改单，提出了轿厢意外移动保护装置的要求，即“在层门未被锁住且轿门未关闭的情况下，由于轿厢安全运行所依赖的驱动主机或驱动控制系统的任何单一元件失效引起轿厢离开层站的意外移动，电梯应具有防止该移动或使移动停止的装置”。该装置应包含检测子系统和制停子系统，当“不具有符合 14.2.1.2 的开门情况下的平层、再平层和预备操作

作者简介：赵迎龙，1981 年生，女，高级工程师，主要从事特种设备智能检测技术研究。

的电梯，并且其制停部件是符合 9.11.3 和 9.11.4 的驱动主机制动器”[1] 时，无需包含检测子系统。可见根据现行电梯制造现状，大部分电梯不包含检测子系统。

对于制停子系统，根据 9.11.3 的要求“在没有电梯正常运行时控制速度或减速、制停轿厢或保持停止状态的部件参与的情况下，该装置应能达到规定的要求，除非这些部件存在内部的冗余且自监测正常工作”，“符合 12.4.2 要求的制动器认为是存在内部冗余”。可见根据现行电梯制造现状，大部分使用无齿轮主机制动器作为制停子系统的电梯，仅需要进行制动力的自监测。

依上可见，制动力自监测的设计很重要，本文主要就制动力自监测检查验证的设计，以及自监测的保障问题进行一些讨论。

1 制动力自监测的要求

在目前的规范要求下，自监测定义为：“在使用驱动主机制动器的情况下，自监测包括对机械装置正确提起（或释放）的验证和（或）对制动力的验证。”监测要求为：“对于采用对机械装置正确提起（或释放）验证和对制动力验证的，制动力自监测的周期不应大于 15 天；对于仅采用对机械装置正确提起（或释放）验证的，则在定期维护保养时应检测制动力；对于仅采用对制动力验证的，则制动力自监测周期不应大于 24 小时。”

鉴于无齿轮曳引机制动器承担着正常运行制动、紧急制动、上行超速保护、意外移动保护等多项安全保护功能，制动力自监测将成为保障电梯安全的关键环节。无论是否采用对制动器机械装置正确提起（或释放）的验证，自监测的关键还是在于对制动力的自监测。

2 制动器保证力矩的讨论

在开展制动力自监测以来，在用电梯制动器的制动力变化将依据自监测力矩的不同而暴露。在早期制动力自监测力矩设定值为 100%电机额定力矩的情况下，在不到半年的时间里，在用电梯就已出现制动力监测报警。这一现象表明了某些曳引机制动力呈现较快的下降趋势，也给曳引机厂商的制动器设计敲响了警钟。该情况导致某些维保单位擅自取消制动力自动监测功能，而改为在定期维护保养时手动检测制动力，以模糊检测力矩的设定值。但是对此必须反思的是，曳引机制动器的保证力矩到底需要多大？

从保证电梯停层装载安全性的角度，依据电梯曳引能力设计的静载要求，应该保证 125%额定载重量的静载制动能力。但是必须注意到 125%额定载重量的静载制动能力，相对于电机额定转矩的倍率并不是 125%额定转矩。由于曳引电梯有对重平衡系统，曳引机的额定转矩是以最大设计匀速运行重力差为基础的。若设额定载重量折算到曳引轮上的转矩为 M_0，则电机额定转矩 M_1 可表达为式(1)：

$$M_1 = \text{曳引轮两侧设计重力差} \times \text{曳引轮半径}\ R = k_1 M_0 \tag{1}$$

曳引轮两侧设计重力差主要取决于电梯设计的超载系统，式中 k_1 即为电机额定转矩与 M_0 之间的折算系数。由于电梯安全规范对于超载的定义从超过 110%额定载荷且不小于 75kg，即将修改为：“应最迟在载荷超过额定载重量的 110%时检测出超载”，因此该检测上限值即为最大设计载重量。因此对于 0.5～0.4 不同的平衡系数和 100%～110%的设计超载检测上限值，额定转矩对应的额定载重量应在 50%～70%之间，125%额定载重量的静载制动能力相对于电机额定转矩的倍率 k_2 在 121.4%至 150%之间，详见表 1。

表 1 125%额载的静载制动能力相对于电机额定转矩的倍率 k_2

超载检测上限	平衡系数 q	电机额定转矩 M_1	125%额载静载力矩 M_2	125%额载的静载制动能力相对于电机额定转矩的倍率 k_2
1.00	0.40	$0.6M_0$	$0.85M_0$	141%
1.10	0.40	$0.7M_0$	$0.85M_0$	121%
1.00	0.50	$0.5M_0$	$0.75M_0$	150%
1.10	0.50	$0.6M_0$	$0.75M_0$	125%

3 设计允许超载系数的讨论

根据 GB/T 24478—2009《电梯曳引机》的要求，曳引机的额定制动力矩为额定转矩折算到制动轮（盘）上的力矩的 2.5 倍[2]。以现行广泛采用的两组独立制动器为计算基础，则单组制动器的制动力应为 1.25 倍额定转矩折算到制动轮（盘）上的力矩，该制动力应能制动 125％额定载重量的静载。假定设计允许超载系数为 X，减去平衡系数 q 即为最大重力差。设 X-q 为电机额定转矩对应的重力差，则额定单组制动器的制动力矩与 125％额定载重量静载力矩之间的关系为式(2)：

$$1.25 \cdot (X-q) \cdot M_0=(1.25-q) \cdot M_0 \tag{2}$$

令平衡系数 $q=0.4$，可得 $X=1.08$；令 $q=0.5$，可得 $X=1.1$。由式(2) 可知，1.25 倍电机额定转矩的制动能力，在平衡系数 0.4 时的电机额定转矩对应的重力差应为 0.68 倍额定载重量，具体关系见表2。

表 2 设计超载系数 X 与电机额定转矩对应重力差关系表

平衡系数 q	设计超载系数 X	电机额定转矩对应的重力差系数 $X-q$
0.40	1.08	0.68
0.50	1.10	0.60

由上述分析可见，曳引机制动器的保证力矩最大值要求是 125％电机额定转矩，在此制动力需求条件下，就目前国内的平衡系数验收要求范围，制动元件设计能力即为单个制动元件失效时，能保证 108％额定载重量的超载静态制动力。

必须注意的是制动器在一组元件失效情况下，已不能保证 110％额定载重量的静态制动，还应考虑到实际使用过程中，制动器的制动力下降是常态。由此亦可见目前曳引机制动力标准中，单组制动元件 125％电机额定转矩的制动力要求存在安全问题。

另一方面，目前国内曳引机实际设计的额定转矩，对应轿厢与对重的静态重力差，普遍只能达到额定载重量的 68％以下。如果考虑到曳引绳自身重力及电梯曳引系统的不完全补偿或无补偿，实际传动效率，以及曳引电动机允许的制造性能偏差为 20％，则允许的实际载荷系数将更低，也就是超过额定载重量的允许系数值将比 1.08 更小。

4 制动力自监测的设计

曳引机制动器实施制动力自监测，自动监测涉及测试力矩的设定；手动检测涉及盘车力矩或手动设定力矩。自动监测力矩取额定力矩的多少百分比是一个实际的问题。

在轿厢空载状态，由于对重与空轿厢之间的重量差，依据不同的平衡系数设计值和设计超载系数，曳引机制动器已经承受 58％～83％的电机额定力矩。空载制动能力相对于电机额定转矩的关系见表三。因此保证轿厢 125％额定载重量静载制动力的测试力矩，仅需 50％左右的电机额定力矩。如果电机额定转矩对应为额定载重量的 68％，则在 0.48 的平衡系数及曳引绳重力全补偿的情况下，需要保证 125％额定载重量静载制动力的测试转矩，对应的重力差为 45％额定载重量，即应施加 66％电机额定转矩。

表 3 空载制动能力相对于电机额定转矩的倍率 k_3

平衡系数 q	设计超载系数 X	电机额定转矩对应的重力差系数 X-q	空载力矩对应的重力差系数	空载制动能力相对于电机额定转矩的倍率 k_3
0.40	1.08	0.68	0.4	58％
0.50	1.10	0.60	0.5	83％

另外，施加力矩后还应考虑电机的蠕动极限即编码器的允许转动值。首先需要依据制动器制动元件在旋转切线上的机械间隙考虑能带来的电机蠕动值。其次还需考虑制动轮与曳引轮之间的机械连接间隙及可能的轴的扭转弹性。最后还应考虑到机械零件的磨损间隙等。

对于设定力矩及蠕动极限后的自动监测，为了减少制动力自监测对电梯运行的影响，实施制动力自监测需要选择电梯运行空闲时段。自监测首先需要保证轿厢处于空载状态。如果轿厢内有载荷，无论载荷量多少，在原设定测试力矩情况下都将影响检测效果。为了减小轿厢内有载的不利影响，还可采用双向施加力矩的检测方法。当然由于自监测为24h一次，轿厢空闲有载状态极少发生，一次轿厢有载自监测的安全不利影响并不大。

手动盘车检测制动力涉及盘车装置，需要明确盘车力的要求；对于小于要求的盘车力应明确处置方法。在无盘车装置时还需手动设定控制系统，在制动器不通电情况下施加一个电机转矩，以检测制动力。由于手动施加电机转矩测试制动力可以保证轿厢空载，因此仅需在轿厢空载状态施加上行转矩即可检测制动力。

5 制动力自监测的发展

制动力自监测是电梯安全规范要求发展的重要节点。在此基础上，电梯制动器的可靠性将得到极大的提升。因此推动制动力自监测的发展势在必行。为了切实保障制动力，有必要逐步取消制动力手动检测，将制动力自动监测列为优先发展要求。制动力自监测的发展，还需完善制动力自监测的检查方法。在控制系统设计中应有制动力自监测检查程序，便于检查制动力自监测的动作。该程序应能手动检查制动力自监测动作性能，配合制动器机械动作与变频器输出至电机的电流检测值，测定制动力自监测的符合性。

提高制动力保障水平，还需进一步推动单组制动元件的独立自监测。在单组制动元件自监测的基础上，采用多组制动元件设计的曳引机制动器，由于设计惯例无需考虑两个及以上制动单元同时失效，因此可将单组失效后的保证制动力矩作为制动器的设计安全要求。依据目前的曳引机制动力标准要求，单组失效后的保证制动力矩为125％电机额定力矩过于严厉。在单组制动元件独立自监测的情况下，单组失效检测保证制动力矩为100％电机额定力矩已经足够。

如在曳引机采用同规格6组制动元件的情况下，每组制动元件的最小制动力仅需为25％的电机额定力矩。因此采用多组制动元件的钳盘式制动器，在每组独立自监测的条件下，设计保证制动力仅需为150％电机额定力矩。对于单组制动力小于50％电机额定力矩的制动单元，由于空载状态对重与空轿厢的重力差大于单组制动能力，独立测试已无需施加电机力矩，依据实际设计还需考虑制动单元两两组合，松开制动器的其它制动单元进行测试。

参考文献

［1］ 中国国家标准化管理委员会．GB 7588—2003. 电梯制造与安装安全规范及第1号修改单［S］．2015-07-16.
［2］ 中国国家标准化管理委员会．GB/T 24478-2009. 电梯曳引机［S］．2009-10-15.

吊运熔融金属的非冶金桥式起重机的改造

梁俊杰 张 峰

河北省特种设备监督检验研究院邯郸分院 邯郸 056011

摘 要： 本文根据相关标准及安全技术规范，结合对吊运熔融金属的非冶金桥式起重机安全技术检验中发现的问题，对该类起重机的改造所涉及的相关项目进行了系统分析，并提出了具体的改进措施。

关键词： 吊运熔融金属的非冶金桥式起重机；改造

Modification of Non-metallurgical Bridge Crane for Lifting Molten Metal

Liang Jun-jie, Zhang Feng

Hebei Special Equipment Inspection Institute, Handan 056011

Abstract: In this paper, according to the relevant standards and safety technical specifications, combined with the problems found in the inspection of safety technology of non-metallurgical bridge crane lifting molten metal, the related projects involved in the transformation of this kind of crane are systematically analyzed, and specific improvement measures are proposed.

Keywords: Non-metallurgical Overhead Traveling Cranes that Carry Motten Metal; Modification

0 引言

笔者在进行起重机安全技术检验时发现，个别冶金企业没有严格按照规定与使用工况选用铸造起重机，且由于厂房、基础等因素不具备更换铸造起重机的条件，也没有按照相关标准和安全技术规范对其进行改造，还在违规使用通用桥式起重机吊运熔融金属，存在着极大的安全隐患。笔者根据相关标准和安全技术规范，结合在安全技术检验中查出的问题，对该类起重机的改造所涉及的相关项目进行了系统分析。

1 电动机绝缘等级要求

JB/T 7688.1—2008《冶金起重机技术条件——通用要求》3.8.1.5 规定：环境温度超过 40℃的场合，应选用 H 级绝缘电动机或采取相应的必要措施。TSG Q 7016—2016《起重机械安装改造重大修理监督检验规则》起重机械安装改造重大修理监督检验项目和要求 C1.3.3（2）检查吊运熔融金属的起重机械主起升机构（电动葫芦除外）电动机：环境温度超过 40℃的场合，是否选用 H 级绝缘电动机或采取相应的必要措施。

作者简介：梁俊杰，1968 年生，男，高级工程师，学士，主要从事特种设备检测技术研究。

为安全起见，主起升机构传动电动机必须采用 H 级绝缘，而副起升机构及大车、小车运行机构传动电动机可以选用低于 H 级绝缘的电动机（如 F 级绝缘的电动机），但必须采取相应的必要措施。

① 通过采取隔热措施、降温措施或隔热和降温并用措施把电动机所处工作位置的平均温度降低至 40℃以下，可以继续使用，不必更换。

② 通过减少工作负荷、降低工作频次来降低电动机的工作电流，从而达到限制电动机温升限值，使之不能达到最高允许温度的目的。也就是说，通过降低起重机的实际使用负荷，将电动机的温升限值和最高允许温度控制在允许的范围内，就可以继续使用，不必更换。比如，正在使用的电动机绝缘等级为 F 级，常态下用电阻法测量其温升限值为 100K，最高允许温度为 140℃，在环境温度为 60℃时，只要能保证其温升限值不超过 80K，其最高允许温度也不会超过 140℃，可以继续使用。

③ 根据环境温度和海拔高度修正电动机功率。根据 GB/T 3811—2008《起重机设计规范》7.7.2.4 规定：当电动机使用地点的海拔超过 1000m 或使用环境温度与其额定环境温度不一致时，其输出功率应按实际使用地点的海拔和使用温度下的输出功率计算。计算公式是：

$$P'_{N}=P_{N}/K$$

式中 P'_{N}——根据环境温度和海拔修正后用来选用电动机的功率；

P_{N}——未修正的所需电动机的功率；

K——功率修正系数。

如一台 90kW 电动机，当环境温度为 40℃时 $K=1$，可选用功率为 90kW 电动机，当环境温度温度为 60℃时 $K=0.85$，应选用功率为 105.88kW（可以选取 110kW）的电动机才能满足使用要求。

2 起重量限制器的装设

JB/T 7688.5—2012《冶金起重机技术条件——铸造起重机》4.5.7 规定：主、副起升机构应装设符合 GB 12602 要求的起重量限制器。

装设起重量限制器目的是为了防止超载。因为该类起重机吊运的介质是熔融金属，一旦发生事故可能会造成重大、恶性事故等严重后果。

这里需要注意的是起重量限制器的连锁触头应串接在上升接触器的控制回路中，其功能必须可靠有效，综合误差不得大于±5%。当载荷达到额定起重量的 90%时必须发出指示性警报信号，当载荷大于相应工况的额定起重量并小于额定起重量的 110%时，必须自动切断使重物继续作上升方向运动的动力源，同时应保证可将重物作下降方向的运动，还应在司机室内和主梁适当部位设有明显的称重显示装置。

3 起升机构双限位的装设

JB/T 7688.5—2012《冶金起重机技术条件——铸造起重机》4.5.6 规定：主起升机构在上升极限位置应设置不同形式双重二级保护装置，并且能够控制不同的断路装置，当取物装置上升到设计规定的极限位置时，第一保护装置应能切断起升机构的上升动力源，第二保护装置应能切断更高一级动力源，需要时应装设下降极限位置联锁保护装置。

这里的断路装置是指能够切断动力电源的装置。对于桥式起重机来说，指的是总动力电源接触器和单个传动机构的动力电源上升方向接触器。对于采用电动葫芦作为起升机构的起重机而言，指的是直接切断动力电源的空气断路器和上升方向接触器。两套起升高度限位器动作的先后顺序是，桥式起重机切断总动力电源接触器的限位开关后动作，采用电动葫芦作为起升机构的起重机直接切断动力电源的后动作，目前采用重锤式和旋转式并用双重限位器配置的起升机构，基本上均是旋转式起升高度限位器切断单个机构动力电源的上升方向接触器，重锤式起升高度限位器切断总动力电源接触器。

实际在对该类起重机进行安全技术检验时发现，有的不按规定配置双限位，将重锤式、旋转式起升高度限位器同时装在起升机构上升方向接触器控制回路中，只是保护位置不同；有的虽按规定装有双限位，但一般重锤式起升高度限位器无效者居多，有的甚至连电源都不接；有的疏于日常检查和维保，致使重锤式起升高度限位器动作不灵活，功能处于无效状态；还有的为了满足重物的提升高度而缩短上升限位开关的安全距离等错误做法，必须予以纠正。

4 双制动的设置

JB/T 7688.5—2012《冶金起重机技术条件——铸造起重机》4.5.1 规定：每套主起升机构传动链的驱动轴上应装设两套符合 JB/T 6406 或 JB/T 7020 要求且能独立工作的制动器，每套制动器的安全系数应符合 GB/T 3811—2008《起重机设计规范》中 6.1.1.3.1.3c 的规定。

但需要着重指出的是，起升机构支持制动器的松开和抱紧，必须与起升机构电动机控制回路之间采取正确的联锁关系（详见本文故障保护功能），防止因电动机失电而制动器仍然在通电，导致失速坠落事故发生。

欧洲搬运协会 FEM1001《起重机设计规范》对吊运熔融金属起重机起升机构制动器的要求是，吊运熔融载荷的起重机，应设辅助制动器，在正常工作条件下，辅助制动器应延迟制动，待主制动器制动动作完成后再制动，延迟时间必须是可调的；在紧急停止情况下，辅助制动器应立即起作用；吊运熔融载荷的起重机，应按 1.6 倍起升载荷设计制动系统，并应设有两个互相独立工作的机械制动器，每一个制动器均应满足上述要求，第二个制动器应比第一个制动器滞后一定时间再进行制动，且第二个制动器必须制动卷筒，在驱动机构被破坏的十分危急的情况下，该制动器应能在载荷以 1.5 倍额定速度下降前自动动作；在这种情况下，起重机的控制系统应设有指示制动器动作的紧急制动功能，有条件的桥式起重机可以参照执行。

采用电动葫芦作为起升机构吊运熔融金属的起重机的制动器的设置，应当符合 TSG Q7016—2016《起重机械安装改造重大修理监督检验规则》的相关要求。

5 超速保护装置的设置

TSG Q 7016—2016《起重机械安装改造重大修理监督检验规则》起重机械安装改造重大修理监督检验项目和要求注 C-2 要求：吊运熔融金属的起重机，其主起升机构超速保护应当按照 JB/T 7688.1—2008《冶金起重机技术条件——通用要求》中 3.9.18 设置。

以往用作超速保护的装置主要有：超速保护开关、欠电流继电器、测速发电机、旋转编码器等，其中欠电流继电器做超速保护有其局限性，因为其主要功能是检测激磁电流，不能检测速度。对于因激磁电流消失可能引起的超速，可以起到超速保护作用。若不是因激磁电流消失原因，即使已经超速也起不到超速保护作用，而且只适用于调速的档位且因激磁电流可能引起的超速，不适合其他档位。因此，不能依赖欠电流继电器作超速保护。另外，测速发电机、旋转编码器的主要功能是闭环调速，作控制回路的速度信号反馈，而不是超速保护，通常情况下闭环调速不会使速度超过规定速度，只有在取得的速度信号大于给定源信号时，才经电子控制线路，切断电动机调速电源，使制动器抱紧制动，因此也不能起到很好的超速保护作用。目前，只有超速保护开关适用于起升机构的各个升降档位，包括不调速的档位和调速的档位。超速保护开关的动作触头接在起升机构零位保护继电器的控制回路中，其整定值主要取决于控制系统性能和额定下降速度。超速动作时，切断起升机构动力电源，制动器自动抱紧制动。

6 故障保护功能

吊运熔融金属的起重机的起升机构应具有正反向接触器故障保护功能，防止电动机失电而制动器仍然在通电进而导致失速发生。

这里主要指的是，起升机构电动机与制动器的控制回路联锁关系，即驱动接触器得电，制动器接触器同时得电，制动器松开；驱动接触器失电，制动器接触器同时失电，制动器抱紧。也就是说，不管起升机构电动机是动力电源失电还是控制电源失电，制动器接触器必须失电，制动器应能自动抱紧制动，这就要求电动机控制接触器对制动器接触器必须采取正确的控制关系。同时，起升机构电动机还必须设置有效的缺（断）相保护。造成辽宁省铁岭市清河特殊钢有限责任公司 4.18 钢水包倾覆特别重大事故的直接原因就是由于电气系统设计缺陷，特别是起升机构制动器接触器控制系统存在自锁环节，在下降接触器失电的情况下制动器接触器未能自动抱紧制动，导致钢水包失控下坠造成的。

7 电气设备防护等级

TSG Q 7016—2016《起重机械安装改造重大修理监督检验规则》起重机械安装改造重大修理监督检验项目和要求 C1.3.3（1）检查吊运熔融金属的起重机械电气设备及其元件是否与工作环境的高温等级相适应，是否有防护措施。

对电气设备外壳进行的防护的目的：一是防止人体接近壳内危险部件；二是防止固体异物进入壳内设备，包括灰尘；三是防止水进入壳内对设备造成有害影响。由于铸造的所有工序都有尘源，所以铸造环境属多尘环境，电气设备外壳防护等级必须满足规定要求，主要是做好防尘和防触电两个方面的工作。外壳防护等级通常用 IP 代码表示，代码由数字和字母组成。如 IP44D，第一个数字 4 表示防止固体异物进入，第二个数字 4 表示防止溅水，D 表示防止金属线接近壳内危险部件。同一电气设备在不同的使用环境中要求的电气设备防护等级是不一样的。安装在电气室内的电气设备，其外壳防护等级可以为 IP00，但应有适当的防护措施，如栏杆、护网等。

这里需要特别指出的是，在多尘环境中，控制屏应放在隔热防尘的电气室内。在室内使用安装在桥架上的电气设备应无裸露的带电部分，最低防护等级为 IP10。在正常条件下，电动机的外壳防护等级为 IP23，多尘环境下，电动机的外壳防护等级为 IP54；电气设备安装在室外无遮蔽防护场所时，其外壳防护等级不得低于 IP33，电动机的外壳防护等级为 IP54，在可能有凝水的情况下，要确保冷凝水出水孔畅通。这里还需要注意的是电气设备、电气元件的选用应与供电电源和工作环境及工况条件相适应，并做好其日常检查和维保工作，使其保持良好功能状态。

8 电控设备防护措施

JB/T 7688.5—2012《冶金起重机技术条件——铸造起重机》4.5.13 规定：如采用定子调压调速或变频调速系统，且当环境温度大于 40℃时，电气设备应放在起重机电气室内，电气室应采取可靠的隔热措施，同时应采取降温措施。

铸造环境的显著特点是高温、高粉尘。在这样恶劣环境中工作的电控设备（控制屏、控制柜、控制箱、控制台等）的防护显得尤为重要。对于能够安装在电气室和司机室的电控设备，应对电气室和司机室采取隔热、防尘措施，并对电控设备采取降温措施（如安装专用降温设备，通过提供自然风或强制通风，以驱散辐射热及电控设备所产生的热量），将温度控制在 40℃以下（司机室内温度控制在 35℃以下）。对于电控设备不能够安装在电气室和司机室的隔热、防尘的电气室和司机室的情况，可根据实际环境温度采取相应的防护措施。如控制柜加装空调和换气扇，采用耐高温的电线电缆，还可以采用云母等耐热管穿线或缠绕耐高温的或阻燃的材料（云母、石棉、珍珠岩等）使电控设备使用符合要求。

这里需要着重指出的是在环境温度较高的场所，起重机采用司机室操纵时，应采用封闭式司机室，并应符合 GB/T20303.5 中的有关规定，防止或减少司机室受环境热源辐射热的影响。

9 钢丝绳选用

TSG Q 7016—2016《起重机械安装改造重大修理监督检验规则》起重机械安装改造重大修理监督检验项目和要求 C1.3.3（3）检查是否选用性能不低于 GB 8918—2006《重要用途钢丝绳》规定的钢

丝绳。

用于吊运融熔金属的起重用钢丝绳，应采用金属丝绳芯或金属丝股芯的有耐高温性能的重要用途钢丝绳，其规格、型号一定要符合设计要求和按标准选用，安全系数按比设计工作级别高一级的工作级别选择，并按比该类起重机起升机构常用的工作级别高一级的机构来选择钢丝绳、滑轮和卷筒的卷绕直径。主起升机构宜采用用 4 根钢丝绳缠绕的系统；当 1 根或对角线上 2 根钢丝绳断裂后仍能将重物放到地面上。滑轮和卷筒的材质、槽型、直径应与选用的钢丝绳相匹配。钢丝绳尾部用钢丝绳夹固定时，其数量和固定方法应符合 GB/T 5976—2006 中附录 A 的规定，钢丝绳尾部用楔形接头固定时，楔形接头应符合 GB/T 5973 的规定。

这里需要着重指出的一是在吊钩组及吊运横梁等处应采取措施保护钢丝绳免受辐射热直接影响，并防止熔融金属溅到钢丝绳上。二是一定要做好钢丝绳的日常检查、维护保养和定期更换工作，使其保持良好的安全技术状态。

10　滑轮的选用

TSG Q 7016—2016《起重机械安装改造重大修理监督检验规则》起重机械安装改造重大修理监督检验项目和要求 C1.3.3（4）检查滑轮是否为非铸铁滑轮[1]。JB/T 7688.1—2008《冶金起重机技术条件——通用要求》3.6.2 规定[2]：推荐采用轧制滑轮，采用铸造滑轮时应符合 JB/T 9005 的规定[3]。GB 6067.5—2014《起重机机械安全规程 桥式和门式起重机》4.3.3.1 规定：吊运熔融金属的起重机不应采用灰铸铁滑轮，4.3.3.2 规定：冶金起重机推荐采用轧制滑轮[4]。

因为铸铁滑轮在使用过程中容易碎裂造成钢丝绳脱槽、脱落而引起重大事故发生。所以用于吊运融熔金属的起重用滑轮，应采用铸钢或钢板轧制的滑轮，其规格、型号一定要符合设计要求和按标准选用，安全系数按比设计工作级别高一级的工作级别选择。不符合要求的应立即停止使用。

11　卷筒的选用

《冶金起重机技术条件——通用要求》3.6.3.2 规定：推荐采用钢管或有钢板卷制的焊接卷筒[5]。

从实际情况来看，目前普遍使用的铸造卷筒，在使用过程中容易发生断裂，造成钢丝绳遭受突然拉力发生断裂的事故，虽未听说因此发生的重大人身伤亡事故，但确实已因此发生多起重大险肇事故。所以用于吊运融熔金属的起重用卷筒，应采用钢板卷制的，其规格、型号一定要符合设计要求和按标准选用，安全系数按比设计工作级别高一级的工作级别选择。不符合要求的应立即停止使用。

12　附加说明

经过改造的吊运熔融金属的通用桥式起重机，只能说明该起重机具备了吊运熔融金属所应具备的基本条件，并不是改造成了严格意义上的冶金铸造起重机。比如“主起升机构应采用 4 根钢丝绳缠绕系统，当 1 根或对角线上 2 根钢丝绳断裂后仍能将重物放到地面上”不易实现，“主起升机构应有两套驱动系统，当其中一套驱动系统发生故障时，另一套驱动系统应能保证在额定起重量下完成一个工作循环”亦不易实现，还有在起重机的静态刚性及零部件（如卷筒、车轮等）的选用上也有不尽相同的要求等。

13　结束语

采用不符合安全技术规范的通用桥式起重机吊运熔融金属，存在着重大安全隐患，必须对其严格按照相关标准及安全技术规范进行改造。并经由特种设备监督检验机构按照及相关标准、规范进行安全技术检验，合格后方可按照规定投入正常使用，为起重机的安全使用和运行打下良好基础，避免恶性事故的再次发生。

参考文献

［1］ TSG Q 7016—2016.
［2］ JB/T 7688. 1—2008.
［3］ JB/T 7688. 5—2012.
［4］ GB 6067. 5—2014.
［5］ GB/T 3811—2008.

机械式停车设备检验中常见问题建议与研究

门智峰　范亚辉　许　智　万　凯

河北省特种设备监督检验研究院，石家庄 050000

摘　要： 机械式停车设备使用前的监督检验及之后的定期检验，是客户放心使用及设备安全有效运行的重要保障。本文以依据起重机械安装改造重大修理监督检验规则及起重机定期检验规则进行的检验为出发点，对现行相关国家标准及行业标准中对相关安全防护设施的要求进行梳理，结合检验过程中涉及的安全隐患进行分析。在诸如型号分类，升降横移类停车设备安全设施相关要求，汽车专用升降机检验等方面发现的问题，提出见解，对完善相关标准及检验规则与相关标准的统一提出建议。

关键词： 机械式停车设备；型号分类；标准；监督检验；定期检验

Discussion and research on common problems in inspection of Mechanical parking systems

Men Zhi-feng, Fan Ya-hui, Xu Zhi, Wan Kai

Hebei Special Equipment Supervision and Inspection Institute, Shijiazhuang 050000

Abstract: Supervision and inspection before and after the use of mechanical parking equipment are important guarantees for customers to use safely and effectively. Based on the inspection of supervision and inspection rules for major repairs and periodic inspection rules of cranes in the installation and transformation of lifting machinery, this paper combs the requirements of relevant safety protection facilities in relevant national and industrial standards, and analyses the hidden safety hazards involved in the inspection process. The problems found in such aspects as type classification, safety requirements of lifting and transverse parking equipment, inspection of Special lifts for automobiles, etc. are put forward. Suggestions are put forward for perfecting the unification of relevant standards and inspection rules with relevant standards.

Keywords: Mechanical parking equipment; Type classification; Standard; Supervision and inspection; Periodic inspection

0　引言

近年来，我国经济社会发展迅速，汽车需求量和保有量居高不下，停车难已经成为了一大社会难题。机械式停车设备是最近几年刚刚出现的新产品，可有效缓解停车难问题[1]。依据新的特种设备目录，机械式停车设备属起重类特种设备，在投入使用前必须经过强制性的检验[2]。然而，在日常检验中发现，由于市场发展过快，制造厂家专业性不强等诸多原因，普遍存在施工队伍技术力量不足、对安全技术规范和标准的理解不够等问题[3]。本文分别以机械停车设备型号分类，升降横移类停车设备相

作者简介：门智峰，1979 年生，男，高级工程师，硕士，主要从事机电类特种设备检验检测技术研究。

关要求，汽车专用升降机等检验中发现的问题为切入点，对相关设备制造标准、机械式停车设备型式试验细则、起重机械安装改造重大修理监督检验规则及起重机定期检验规则等进行探讨及研究，提出相关见解。

1 机械停车设备型号分类

机械式停车设备根据工作原理的不同，可分为升降横移类、简易升降类、垂直升降类、巷道堆垛类、平面移动类、汽车专用升降机类、垂直循环类、多层循环类、水平循环类等 9 种类型[4]。然而，同类型停车设备，根据其主要结构形式，受力结构件材料和关键工艺等的差异，又可分为不同的型号。机械式停车设备型式实验细则（以下简称细则）规定，型式试验以产品型号规格（层数）为基本单位进行，不同型号的产品分别进行型式试验，相同型号的系列产品按照规格从高向低覆盖[5]。

实际检验中发现，由于细则表述不够明确，制造单位对细则理解不够透彻等原因，制造产品不能被制造单位生产资质覆盖的案例时有发生。以升降横移类设备为例，升降横移类停车设备提升方式主要有：钢丝绳提升、链条提升、钢丝绳与链条混合提升等。因提升方式的不同，设备主要受力形式、结构形式发生改变，根据升降横移类停车设备制造标准描述，应属不同型号，相应标记分别为 PSHS、PSHL、PSHSL 等[6]，应针对不同型号，分别进行型式试验。而细则中，并未对重新进行型式实验的条件做出明确，使得依据起重机械安装改造重大修理监督检验规则（以下简称监督检规）对制造资质覆盖情况进行审查时，缺乏有力的标准依据，应当加以明确。

2 升降横移类停车设备相关要求

升降横移类停车设备，是一种设备结构简单，运行方式单一，存取方便的机械式停车设备。同时，作为一种发展相对成熟的停车设备类型，占据市场份额的 70%以上。因此，升降横移类停车设备是检验过程中较为常见到的一种类型，同样也是发现问题较多的一种类型。

2.1 升降、横移时间保护

升降横移类停车设备制造标准中指出：横移机构与升降机构之间应有联锁措施，当载车装置升降未到达正确位置时，横移机构不能移动；当横移机构未到达正确位置时，升降机构不能动作[6]。

检验中发现，仅仅以横移或升降载车板是否到位作为下一个动作是否启动的依据，并不能作为设备安全运行的有效参数。以升降横移取车为例，当有异物卡入或其他原因致使横移限位开关误动作，此时设备将误认为横移载车板到达“正确”位置，进行下一步升降动作，极易造成车辆的剪切或损坏等事故的发生，并不能确保设备的安全运行。因此，在检验过程中，为避免升降、横移限位开关的误动作，应在程序中增加时间保护，即：除以限位开关动作作为下一步升降横移是否启动的条件外，还需载车板运行时间符合相关参数要求，保证载车板升降、横移在时间和空间上都符合下一个动作启动的条件。而在监督检规中，并未有对升降、横移时间保护的相关描述，应增加此类项目。

2.2 含地坑类停车设备的安全要求

升降横移类停车设备按照空间布局，主要分为地上升降横移类停车设备和含地坑升降横移类停车设备。在机械停车设备通用安全要求（以下简称通用安全要求）中，已对地上升降横移停车设备已作出较为全面的规范，此处将不再赘述。本段主要针对含地坑的升降横移类停车设备进行阐述。

2.2.1 检修通道及通道入口

由于地面停车设备与含地坑类停车设备的差异性，通常需要检修人员进入到地坑内对设备进行维护、检修。而在设备停电或地下设备运行发生故障的情况下，使进入地坑成为棘手问题。在检验过程中，往往要求施工单位在含地坑类停车设备的周边设置检修入口，同时为防止检修入口对非检修人员安全构成威胁，需加装检修入口锁闭装置，保证检修维护方便的同时，保证设备的安全运行。

2.2.2 排水设施

检验过程中发现，含地坑类停车设备的地坑内往往有存水等情况。当水量较小时，易造成停车设备的金属结构的锈蚀等。当进水量较大而不能及时排出时，将对地坑内停放车辆安全构成威胁。此外，停车设备属带电运行设备，地坑内附有多个电气开关，当电气开关内进水或有湿气进入造成开关短路时，极易造成设备运行故障，同时对操作人员的安全构成威胁。因此，及时排出地坑存水对设备的安全运行至关重要。检验中发现，在含有地坑的停车设备的地坑底部加装自动式排水设施，可有效减少存水情况的发生。

作为监督检验的依据，监督检规中并未对检修通道及入口、地坑排水设施做出相关要求，建议做出相关补充。

2.3 电气箱（柜）的设置与防护

制造标准中，对电气箱（柜）外壳的防护做出要求：设置在室内不应低于 GB/T 4208 中规定的 IP33；设置在室外不应低于 GB/T 4208 中规定的 IP65[6]。其中：IP33 指防止大于 2.5mm 的粉尘颗粒进入及防淋水；IP65 指完全密封，防喷水[7]。

检验过程中发现，除尘土及水等易对电气箱（柜）中的电气设备构成威胁外，对电气箱（柜）所处的具体位置及相关注意事项的疏忽，也是造成电气箱（柜）等损坏的一大主因。由于制造厂商设计上的缺陷，往往将电气箱（柜）设置在临近设备运行通道的位置。此时，当箱（柜）门处于打开状态且处于运行通道内，而不能及时阻止设备的运行，极易造成设备电气箱（柜）的变形、报废，甚至造成内部电气元器件的损坏。因此，对电气箱（柜）的具体安装位置或对电源箱（柜）门做出相关规定，成为保证设备安全运行的必要。检验过程中，应要求安装单位在电气箱（柜）门上加装电气开关，使得箱（柜）门处于开启状态时，设备处于断电停止状态，当门关闭时，设备方可通电运行。此外，还可在门上加装自动锁闭装置，使门在不受外力作用下，始终处于关闭状态。如此，可有效防止设备在运行过程中对电气箱（柜）的损坏。

3 汽车专用升降机

3.1 层门（轿门）设置

汽车专用升降机是指：用于停车库出入口至不同停车楼层间升降搬运汽车的机械设备[8]。监督检规及制造标准中分别对汽车专用升降机门及其框架的强度、与层门运动相关的保护、层门的锁紧和闭合及轿门的相关尺寸及电气安全装置做出要求[9]。然而在机械式停车设备型式实验细则中，并无对汽车专用升降机门机构要求的具体描述。

在河北某地的汽车专用升降机的检验过程中，型式实验机构依据细则进行实验，并做出型式实验合格的判定。而在检验机构进行监督检验过程中发现，设备门系统不能达到监督检规中对汽车专用升降机门机构的相关要求，做出不合格的结论。造成型式试验与监督检验结论相悖的原因在于，型式试验细则与相关制造标准的不统一，监督检规又同型式试验细则及制造标准不一致。因此，完善相关制造标准、型式试验细则及相关监督、定期检验规则的一致性，势在必行。

3.2 限速器与安全钳

监督检规中要求：检查人车共乘式汽车专用升降机（液压直顶式升降机除外），是否设置安全钳和限速器，速度大于0.63m/s的升降机设置的安全钳是否是渐进式安全钳；当升降机坠落或者下降速度大于限速器的动作速度时，安全钳是否能够动作，并且是否能切断驱动系统的电源[10]。此外，在起重机械定期检验规则中对安全钳和限速器还做出要求：有型式试验证明；有效标定期限为1年，在规定的有效期限内校验[11]。

实际检验发现，汽车专用升降机的升降速度一般维持在4.5～6.0m/min（即0.08～0.1m/s）之间，远小于渐进式安全钳使用界限的0.63m/s，且0.63m/s为电梯安全钳的选用参数[12]。因此，对直接选用0.63m/s作为渐进式安全钳的选用界限，在技术层面是有问题的。此外，检验中发现，汽车专用升降机限速器超过有效标定期限的情况时有发生。然而，相关文献中并未明确对该类限速器校验的机构部门，或具有何等相应资质的单位可进行限速器校验。因此，使汽车专用升降机限速器的校验工作一直处于空白阶段。对此，建议起重机定期检验规则对此问题进行明确。

4 结束语

机械式停车设备是目前我国发展速度及创新性相对较高的机电产品，标准的完善及统一是有利促进该产业健康有序发展的基石。本文先后阐述了日常检验中，在机械停车设备型号分类，升降横移类停车设备相关要求，汽车专用升降机检验等方面发现的问题，针对性的展开探讨并给出解决方案，为进一步完善统一相关标准、型式试验细则和检验规则提出了合理化建议。

参考文献

[1] 司冠楠．浅析机械式停车设备的检验［J］．城市建设理论研究，2017，26：191.
[2] 质检总局关于修订《特种设备目录》的公告［J］．劳动保护．2014（12）．
[3] 张世阔，等．机械式停车设备监督检规与标准比较研究［J］．中国特种设备安全，2016，3：8-11.
[4] GB/T 26559—2011.
[5] TSG Q 7013—2006.
[6] JB/T 8910—2013.
[7] GB/T 4942. 1—2006.
[8] GB/T 26474—2011.
[9] JB/T 10546—2014.
[10] TSG Q 7016—2016.
[11] TSG Q 7015—2016.
[12] GB 7588—2003.

基于 Ansys 的小型专用吊具校核设计及验证检验

赵 凯[1] 倪大进[1] 胡静波[1] 庆光蔚[1] 吴祥生[1] 张炜铭[2]

1. 南京市特种设备安全监督检验研究院，南京 210000
2. 东南大学 南京 210000

摘 要： 对小型专用吊具金属结构强度进行理论计算，并基于有限元分析软件（Ansys）进行建模和仿真分析，结合应力测试验证其在载荷状态下实际应力变化情况，为吊具的安全使用提供可靠的数据支撑。

关键词： Ansys；吊具；强度；应力测试

Checking design and verificating inspection of small-scale special hanger based on Ansys

Zhao Kai[1], Ni Da-jin[1], Hu Jing-bo[1], Qing Guang-wei[1], Wu Xiang-sheng[1], Zhang Wei-ming[2]

1. Nanjing special equipment inspection institute, Nanjing 210000
2. Southeast university , Nanjing 210000

Abstract: This paper calculates the strength of metal structure for a small-sized special hanger, then modele and simulate it based on finite element analysis software (Ansys) . Using stress testing technology to measure the actual stress changes under the load state, it provides reliable data support for the safe use of the hanger.

Keywords: Ansys; Hanger; Strength; Stress testing

0 引言

传统的起重机械吊具型式有限，实际吊装过程中往往满足不了所吊物品个性化、多样化、专业化的要求，在传统吊具下加装专用吊具因此也因此具有更广泛的适用性。2016 版起重机械监检和定检明确规定：起重机械吊具，是指用于将需要吊运的重物与起重机械承载钢丝绳（或者链条）联结起来，以实现吊运目的的起重机械部件，属于起重机械本体的一部分，且检验只针对检规明确的吊具进行。因此，为了实现对加装吊具的有效管理、准确把握加装吊具现状，确保安全使用，对其进行全方位检验具有十分重要的意义。

1 吊具概况

本文以某公司一额定载荷为 195 kg 的小型专用吊具（如图 1）为逆向研发对象，实测原吊具数据尺

作者简介：赵凯，1984 年生，男，工程师，硕士，主要从事特种设备检验工作。

寸和材料成分，仿制出一件样品（图 2 和图 3）。通过理论计算校核其强度（构件名称及材料信息如图 4），并基于有限元分析软件（Ansys），进行建模和仿真分析，通过应力测试获得其金属结构在载荷状下应力变化情况，研究其应力数据，验证其金属结构强度是否与理论计算结果相一致，为其安全使用提供可靠的理论和数据支撑。

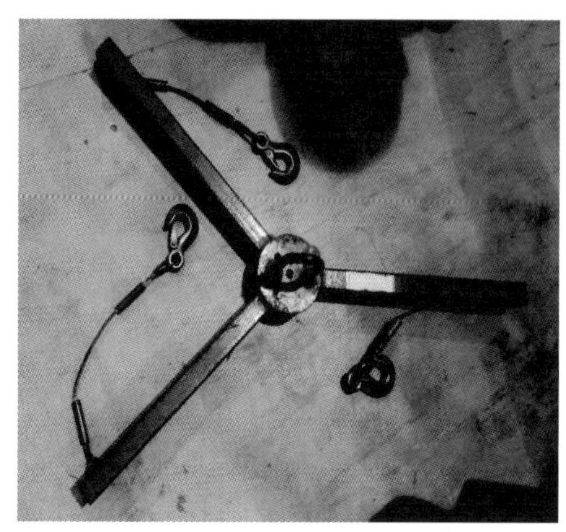

图 1　专用吊具原图

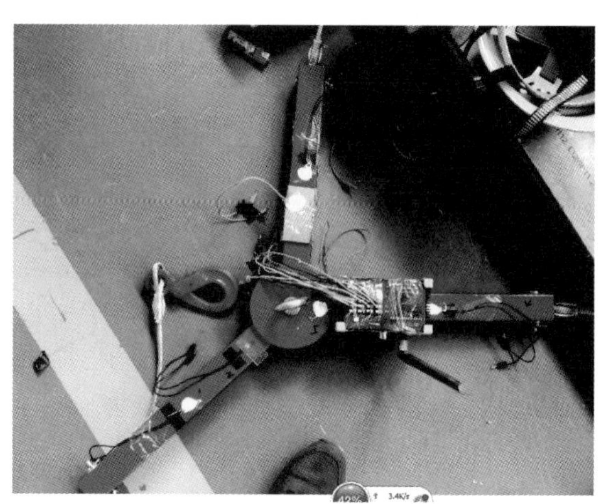

图 2　吊具样品仿制图

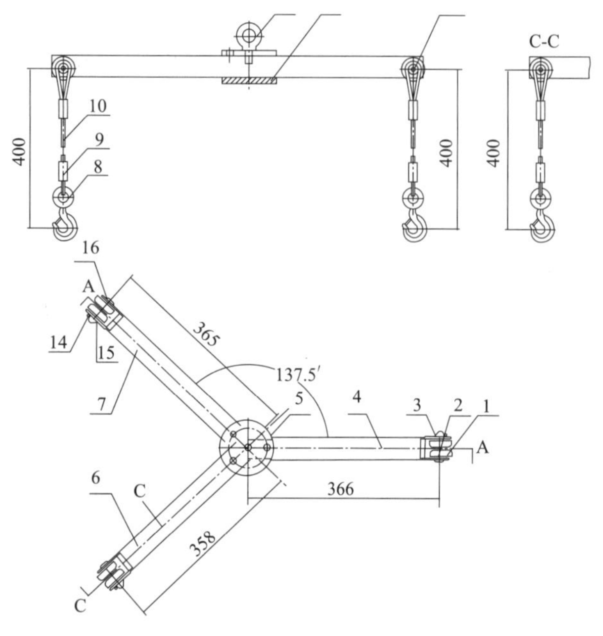

图 3　吊具视图

名称	材料规格	备注
吊梁	Q235 b	矩形材与上下圆形钢板拼装焊接
滑轮	Q235 B	/
销轴	45#钢	淬火处理
钢丝绳	6*19*6.2	镀锌钢丝绳
压头	/	铝合金压制
吊勾	/	合金钢镀锌吊勾
吊环	/	合金钢镀锌吊环

图 4　构件名称及材料信息

2　梁体强度值理论计算

强度是材料的一项力学性能指标，反映了金属材料在外力作用下抵抗变形和断裂的能力。金属材料在载荷作用下会发生形状和尺寸的变化，同时在材料内部产生一种抵抗变形的内力。随着载荷的增加，形变和内力也增大，当载荷大到一定程度时，金属材料会丧失工作能力。因此构件的强度需满足一定的要求[1]。

根据图纸，选择三个翼梁中最长的一根进行计算。长度为 365mm，薄壁构件。则荷载为末端集中力 1950/3＝650N

截面的几何性质[1]：

$$Iz=\frac{1}{12}bh^3=\frac{1}{12}h^4=\frac{1}{12}(40^4-34^4)=101972\text{mm}^4(b\text{ 为截面宽度},h\text{ 为截面高度})$$

$$W=\frac{2I}{h}=\frac{203944}{40}=5098.6\text{mm}^3$$

$$M=FL=650*(365-60)=198250\text{N}\cdot\text{mm}$$

则梁横截面上的正应力为：$\sigma_{\max}=\frac{M}{W}=\frac{198250}{5098.6}=38.9\text{MPa}$

梁横截面上的切应力计算如下[1]：

经对其结构进行受力分析，梁体结构最大切应力发生在横截面的中性轴各点处，其截面的一半面积对中性轴的静矩为：

$$\begin{aligned}S_z&=(b\delta)\left(\frac{h-\delta}{2}\right)+2\delta\left(\frac{h}{2}-\delta\right)\frac{0.5h-\delta}{2}\\&=(0.04\times0.003)\left(\frac{0.04-0.003}{2}\right)+0.003\left(\frac{0.04}{2}-0.003\right)^2\\&=2.22\times10^{-6}+0.867\times10^{-6}=3.087\times10^{-6}\end{aligned}$$

$$\tau_{\max}=\frac{F_{\max}S_Z}{2\delta I_Z}=\frac{650\times3.087\times10^{-6}}{2\times0.003\times101972\times10^{-12}}=3.3\text{MPa}$$

则整体强度值为：

$$\sigma_{r4}=\sqrt{\sigma^2+3\tau^2}=\sqrt{38.9^2+3\times3.3^2}=39.3\text{MPa}$$

3 有限元分析

有限元分析（FEA，Finite Element Analysis）是利用数学近似的方法对真实物理系统（几何和载荷工况）进行模拟，利用简单而又相互作用的元素（即单元），是用有限数量的未知量去逼近无限未知量的真实系统。本文中选用采用 Ansys 软件进行静力仿真分析，建模过程采用自下而上的方法，即在 Ansys 前处理模块中先建立点线面，然后进行网格划分得到单元[3,4]。

3.1 单元模型的选择

实体单元也是实际工程中使用最多的单元类型。常用的实体单元类型有 Solid45，Solid92，Solid185，Solid187 等等。其中把 Solid45，Solid185 是六面体单元，可以退化成为四面体和棱柱体，选取的基本原则是优先选用编号高的单元，因为同样功能的单元，编号高说明某些地方有优化或者增强。本文选用 Solid185 单元。

3.2 仿真结果及分析

为了接近实际受力情况，同时简化模型计算，仿真过程中把上圆盘和下圆盘底部进行了约束，并限制它们的所有位移。专用吊具的整体受力云图如图 5、图 6 所示。

从有限元仿真结果云图中可以看出，在额载状态下，吊具结构最大应力出现在矩形钢管与圆形钢板的上连接部位，其最大应力为 40.8MPa，与理论计算强度值基本一致。

4 现场应力测试

应力测试是指采用传感器来获得其结构在不同工况条件下的应力变化情况，通过研究其动态或者静态测试数据，为分析其金属结构强度提供数据支撑。针对该专用吊具的典型受力构件情况和现场实际情况，结合有限元分析结果，确定应变片布置图[2]。

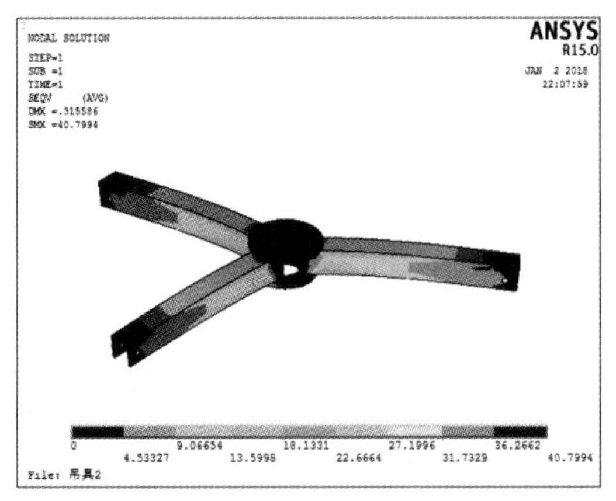

图5 受力云图

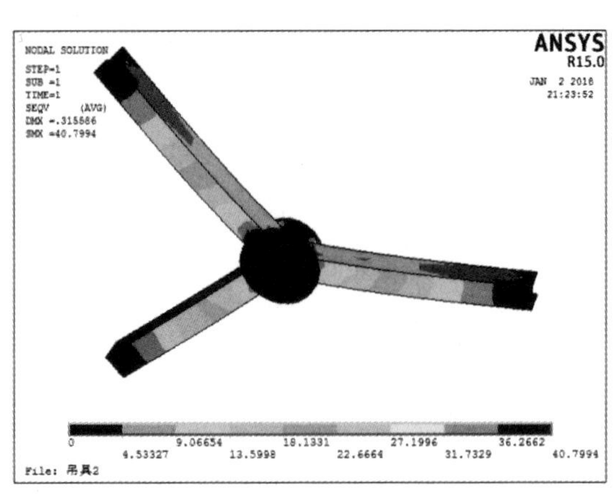

图6 受力云图

4.1 动态应力测试

动态应力测试的目的是确定其应力或者应变随时间的动态变化规律。本次测试过程中，数据采集仪选用的是东华测试的 DH5908 无线动态数据采集仪，电阻应变传感器选用中航电测 BE120-6AA（11）型应变片，接线方式采用半桥方式，温度补偿方式采用补偿片独立补偿。测点布置图及说明、各测点在 1.25 倍额载状态下的动态应力测试曲线图如图 7 和图 8 所示。

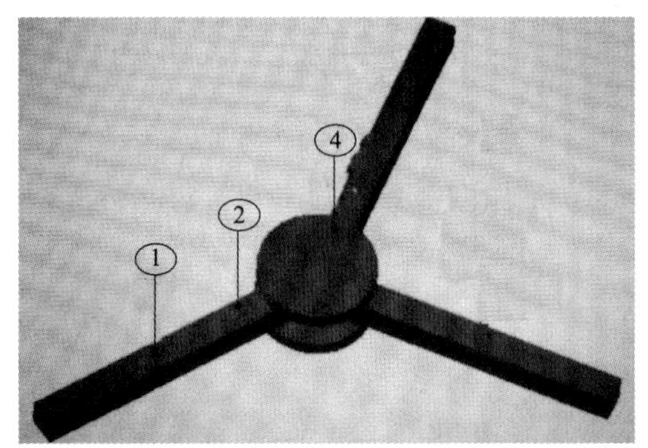

图7 测点布置图

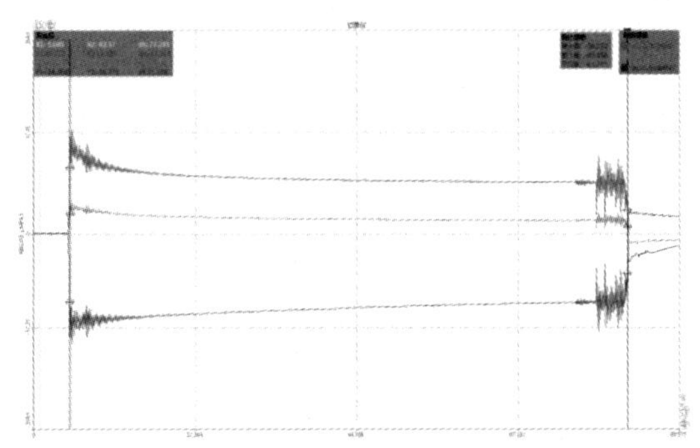

图8 1.25 倍载荷状态下各测点时间历程曲线

表1 各测点信息及应力测试数据

测点编号	位置描述	动态应力均值/MPa	峰值/MPa	载荷/kg	备注
1	吊具臂中点	11.681	23.460	245kg（由于现场条件限制，仅试验 1.25 倍额载）	应力单位：MPa（拉应力为“+”，压应力为“−”）
2	吊具连接处	42.133	78.806		
3	吊具中心点（背面）	−39.793	−70.958		

4.2 动态应力测试数据分析

该专用吊具吊梁选用的是 Q235B 碳素钢，查表得其屈服强度 σ_s 为 235MPa。由上述测试数据可知，在 1.25 倍额定载荷状态下，动态应力均值为 42.133MPa，峰值 σ_1 为 78.806MPa。吊具从地面起升，其自重力可忽略不计，综合得出动态应力峰值最小安全系数为：

$$n=\frac{\sigma_s}{\sigma_1}=\frac{235}{78.806}=2.98>2.4$$

则其余各点的动态应力峰值安全系数均大于 2.4，满足 GB/T 26079—2010 标准 A 类设计要求。

5 结论

在对小型专用吊具的理论计算、有限元分析、现场应力测试验证过程中，其金属结构的受力情况一直是研究的重点。有限元分析法和现场应力测试法是目前比较常见的验证方式，但两者都有其局限性，不能相互替代。本文将两种方法综合应用到验证小型专用吊具金属结构受力分析中，获得该金属结构安全状况。两种方法所获得结果表明该吊具金属结构强度值与理论计算值基本一致，但由于峰值压力过大，为避免应力集中和保证吊具的安全系数更为充裕，需要进一步对其进行结构上的优化设计。

参考文献

[1] 黄小清 . 材料力学，第 2 版 [M] . 广州华南理工大学出版社，2010.
[2] 赵凯，倪大进，胡静波，曹钦华 . 应力测试结合无损检测在起重机专用梁式吊具安全评估中的应用分析 [J] . 内燃机与配件，2017，24：1-3.
[3] 胡静波，倪大进，李泉 . 桅杆起重机结构强度仿真分析与应力测试 [J] . 起重运输机械，2015，10：4-6.
[4] 陈霞，等 . 发泡筒吊具结构优化及有限元分析 [J] . 航天制造技术，2018，03：3-4.

基于 HOG 和 SVM 的机械式停车设备人员误入联动报警系统

周前飞　丁树庆　冯月贵　庆光蔚　倪大进　胡静波　曹　明

南京市特种设备安全监督检验研究院，南京 210019

摘　要： 针对人员误入机械式停车设备可能造成的人员受伤和设备损坏问题，建立了一套机械式停车设备人员误入联动报警系统。系统利用目前已有的现场监控视频图像，采用方向梯度直方图（HOG）特征结合线性支持向量机分类器（SVM）算法对人体目标进行检测识别，开发了一套人员误入行为识别软件，通过串口通信与设备系统急停开关、现场声光报警模块、语音安抚模块、远程 GSM 短信报警呼救模块连接，当系统软件端识别出人员误入行为时，发出急停信号对设备进行联动控制，第一时间制停机械式停车设备，同时进行语音安抚、声光报警、远程 GSM 短信报警，呼叫救援人员将误入设备的人员救出。该系统可以有效克服机械式停车设备目前激光或红外检测系统存在盲区和失效时间段的不足，更加高效准确地检测出人员误入行为，避免人员误入引起的人员伤害和设备损伤，提高机械式停车设备的本质安全水平。

关键词： 机械式停车设备；人员误入；联动报警；机器视觉

The personnel straying linkage alarm system of mechanical parking equipment based on HOG and SVM

Zhou Qian-fei，Ding Shu-qing，Feng Yue-gui，Qing Guang-wei，Ni Da-jin，
Hu Jing-bo，Cao Ming

Nanjing Special Equipment Inspection Institute, Nanjing China, 210019

Abstract: In order to solve the problem of person injury and equipment damage caused by person's mistakenly entering the mechanical parking equipment, a set of mechanical parking equipment personnel straying linkage alarm system is established. Using the existing equipment site monitoring video image, the human body target detection and recognition algorithm based on the histograms of oriented gradients (HOG) and the support vector machine (SVM) is studied, and the personnel mistakenly entering behavior recognition software is developed. Through the serial port communication method, the software is connected with the emergency stop switch of the equipment system, the live sound and light alarm module, the speech calming module, and the remote GSM SMS alarm call module. When the system software identifies the personnel straying behavior, it sends a quick stop signal to the mechanical parking equipment, and make it stop running at first time, and simultaneous make the voice comfort, the sound and light alarm, and the remote GSM SMS alarm, so the rescuers are immediately called to save the people who strayed into the equipment. The system can effectively overcome the current garage laser or infrared detection system’s shortage of blind area or failure period, and identify the personnel mistakenly entering behavior more efficiently and accurately. It can avoid causing the personnel injury

---

基金项目：南京市质监局重点科技计划项目“机械式车库防误入预警系统研究”（编号：kj2018019）

作者简介：周前飞，1989 年生，男，工程师，博士，主要从事特种设备智能检测技术研究。

and equipment damage, and improve the mechanical parking equipment intrinsically safe level.

Keywords: Mechanical parking equipment; Person mistakenly entering; Linkage alarm; Machine vision

0 引言

随着机械式停车设备使用的普及，与之相关的事故也在增多，为了防止事故发生，设置了一些防护措施[1~3]。机械式停车设备标准中虽然有人车误入检测装置的规定[4]，但基本上为光束遮挡型，包括红外或激光扫描式，存在盲区或失效时间段问题，即在激光或红外光束扫描不到的区域存在检测盲区，即使有人员误入该区域，检测装置也无法检测出人员误入行为，而增加扫描光束数量会使检测装置成本明显增加，并且不能完全解决光束扫描盲区问题；二是如果人员是在车辆进出工作区时误入机械式停车设备，此时激光或红外光束被汽车遮挡，检测装置失效，也无法检测出汽车进出机械式停车设备这个时间段内的人员误入行为，存在失效时间段问题，这也是 2017 年 12 月江苏省人民医院立体车库一名女子低头看手机误入被撞伤事故的主要原因之一，该受害者在车辆开出时误入车库，此时车库卷帘门处的激光或红外检测系统被车辆遮挡未起作用，未能及时检测识别女子误入车库行为并制停车库，随着正常取车状态的升降台下到负一层，后被自动运行的车辆和搬运车辆的设备“撞伤”[5]。

为此，本文将智能视频分析技术应用于机械式停车设备的人员误入检测之中[6~14]，建立了机械式停车设备防人误入预警系统，并讨论了人体目标识别、人员误入行为智能识别、人员误入事故应急报警模块设计等系统关键技术。该系统可以有效克服机械式停车设备目前的激光或红外检测系统存在盲区和失效时间段的不足，更加高效准确地检测识别出人员误入行为，避免人员误入引起的人员伤害和设备损伤，提高机械式停车设备的本质安全水平。

1 机械式停车设备人员误入联动报警系统的构成及其工作原理

图 1 为机械式停车设备人员误入联动报警系统原理图。它主要由设备监控视频调取模块、人员误入检测软件、通信接口、事故应急报警模块等组成。事故应急报警模块由设备急停子模块、现场声光报警子模块、现场语音安抚子模块、远程 GSM 短信报警呼救子模块构成。为最大程度地降低设备成本，系统利用机械式停车设备目前已有的现场监控视频图像，开发了一套人员误入行为识别软件，并通过串口通信与事故应急报警模块连接，当软件检测识别出人员误入行为时，通过串口通信发送控制指令给事故应急报警模块，使之发出急停信号制停机械式停车设备，同时进行现场声光报警、现场语音安抚和远程 GSM 短信报警呼救，呼叫救援人员将误入设备的人员救出。

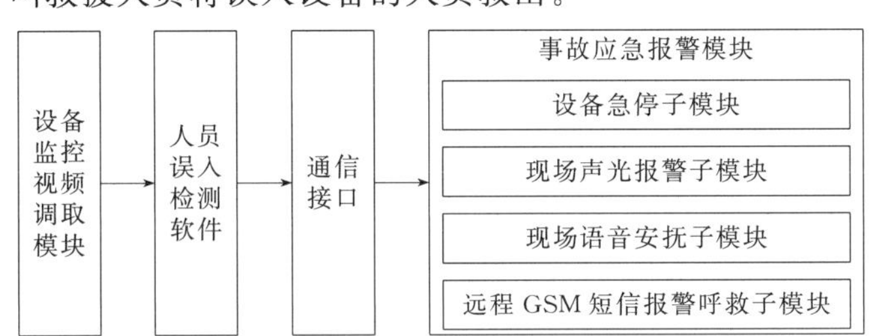

图 1 机械式停车设备人员误入联动报警系统原理图

2 机械式停车设备人员误入联动报警系统的关键技术

机械式停车设备人员误入联动报警系统首先要通过图像识别技术对人体目标进行检测、分析和识别，精确区分人和干扰物体，然后结合机械式停车设备的工作模式和流程，判定是否为人员误入行为，从而决定是否触发事故应急报警模块进行响应，系统主要从以下三个方面进行研究。

2.1 基于 HOG+SVM 的人体目标识别算法

人体目标识别一般先进行运动检测或图像分割，将目标区域从背景区域分离出来，然后提取人体几何特征、肤色特征、头发特征、脸部特征、步态特征等来对人体目标进行分类识别。车库现场监控图像一般光照条件较差，对比度低，加之人体目标本身的服饰变化、姿态变化、人体运动的随意性和随机性、遮挡等方面特点，使人体目标识别成为一个具有挑战性的难点问题。

方向梯度直方图特征（Histograms of Oriented Gradients，HOG）主要基于对稠密网格中归一化的局部方向梯度图，对图像几何的和光学的形变都能保持很好的不变性，在粗的空域抽样、精细的方向抽样以及较强的局部光学归一化等条件下，只要行人大体上能够保持直立的姿势，可以容许行人有一些细微的肢体动作，这些细微的动作可以被忽略而不影响检测效果，特别适合于做图像中的人体目标检测。因此，本文采用方向梯度直方图特征（Histograms of Oriented Gradients，HOG）结合线性支持向量机分类器（Support Vector Machine，SVM）对人体目标进行检测识别，通过提取视频图像的 HOG 特征向量，输入线性支持向量机，对特征描述向量进行分类，由分类器识别人与非人，算法流程如图 2 所示。

图 2 HOG +SVM 人体目标识别算法流程

HOG +SVM 人体目标识别算法包括如下步骤：

1）采集机械式停车设备车辆进出口的现场监控视频，提取当前视频帧，设定检测窗口，对视频帧进行灰度变换处理。

2）采用 Gramma 校正法对输入图像进行颜色空间的归一化。

3）计算图像每个像素点的梯度，具体步骤如下。

计算图像横坐标和纵坐标方向的梯度，并据此计算每个像素位置的梯度方向值；求导操作不仅能够捕获轮廓，人影和一些纹理信息，还能进一步弱化光照的影响。所述某一个像素点（x，y）处像素的梯度计算方法如下：

① 用 [−1，0，1] 梯度算子对图像做卷积运算，得到 x 方向（水平方向，以向右为正方向）的梯度分量 $G_x(x,y)$；

② 然后用 $[1，0，-1]^T$ 梯度算子对图像做卷积运算，得到 y 方向（竖直方向，以向上为正方向）的梯度分量 $G_v(x,y)$；

③ 根据以下公式计算该像素点的梯度大小和方向：

$$G_x(x,y)=H(x+1,y)-H(x-1,y) \tag{1}$$

$$G_v(x,y)=H(x,y+1)-H(x,y-1) \tag{2}$$

其中，$G_x(x,y)$、$G_v(x,y)$和$H(x,y)$分别表示图像中某一个像素点（x，y）处的水平方向梯度、垂直方向梯度和像素值；

则该像素点（x，y）处的梯度幅值G（x，y）和梯度方向α（x，y）分别为：

$$G(x,y)=\sqrt{G_x(x,y)^2+G_y(x,y)^2} \tag{3}$$

$$\alpha(x,y)=\tan^{-1}[G_y(x,y)/G_x(x,y)] \tag{4}$$

4）创建单元格，为每个单元格构建方向梯度直方图，方法如下。

① 将图像分成若干个单元格（cell），每个单元格包括$n\times n$个像素，$n\geqslant 8$。

② 设定每个单元格的梯度方向范围为$0\sim 180°$，将$180°$分为m等份方向块（$m\geqslant 9$），每个方向块对应一个角度区间，采用m个通道（bin）的直方图来统计这$n\times n$个像素的梯度信息；

③ 根据单元格中$n\times n$个像素的各自梯度方向$\alpha(x,y)$，判断各个像素落入对应的方向块中，计算各个方向块中像素的数量，对单元格内每个像素用梯度方向在直方图中进行加权投影（映射到固定的角度范围），权值根据该像素点的梯度幅值$G(x,y)$计算，得到该单元格的方向梯度直方图，即该单元格的m维特征向量。

5）将$p\times p$个单元格组合成块（$p\geqslant 2$），对块的方向梯度直方图进行归一化处理，方法如下。

① 将各个单元格组合成大的、空间上连通的块，则一个块内所有单元格的特征向量串联起来便得到该块的HOG特征；多个块是互有重叠的，则一个单元格的特征会以不同的结果多次出现在最后的特征向量中。

② 由于局部光照的变化以及前景-背景对比度的变化，使得梯度强度的变化范围非常大，因此需要对梯度强度做归一化，这里采用L2-Hys的归一化方法：

$$L_1-\text{norm}: v\leftarrow v/(\| v \|_1+\varepsilon) \tag{5}$$

$$L_1-\text{sqrt}: v\leftarrow \sqrt{v/(\| v \|_1+\varepsilon)} \tag{6}$$

$$L_2-\text{norm}: v\leftarrow v/\sqrt{(\| v \|_2^2+\varepsilon^2)} \tag{7}$$

$$L_2-\text{Hys}: \vec{v}\leftarrow \vec{v}/(\| \vec{v} \|_2^2+\varepsilon) \tag{8}$$

6）收集检测窗口内所有块的HOG特征形成表示所述视频帧的HOG特征向量，供分类使用。

7）采用包含不同种类的人体目标图片的INRIA数据集[15]作为支持向量机（SVM）训练学习的数据库，提取数据库正负样本的HOG特征及对应的标签（+1或-1），输入到支持向量机中进行训练学习，得到一个基于人体目标检测识别的分类器。

8）利用该分类器对当前视频帧的特征向量进行分类识别，判定是否有人误入机械式停车设备。

上述算法通过提取视频帧的HOG特征向量，输入到训练好的支持向量机人体目标分类器中，判别是否有人误入机械式停车设备中，有效地解决了机械式停车设备现场监控图像光照条件较差、对比度低、人体目标服饰变化、姿态变化、人体运动的随意性和随机性等人体目标检测中的难点问题。

2.2 人员误入行为识别方法研究及软件实现

本文主要研究基于可见光视频分析的机械式停车设备人员误入联动报警系统，不仅要检测出人体目标，还要根据机械式停车设备实际运行情况，对是否为人员误入行为进行进一步判定和识别，并根据判定结果决定是否触发机设备急停、报警和呼救模块。

根据GB 17907—2010中5.8.1的规定，驾驶员存取车时需进入转换区或工作区，此时检测出人员进入机械式停车设备，不应判断为人员误入行为；在手动检修模式下，人员进入机械式停车设备，也不应判断为人员误入车库行为；而省人民医院事故视频中女子是在车辆开出时走入车库，此时车库卷帘门处的激光或红外检测系统被车辆遮挡未起作用，未能及时检测识别出女子误入车库行为并制停车库，随着正常取车状态的升降台下到负一层，后被自动运行的车辆和搬运车辆的设备“撞伤”，应判断为人员误入行为，如图3所示。因此，判定是否为人员误入行为，除了检测出人体目标外，还应结合机械式停车设备的运行状态，进行科学客观的判定。

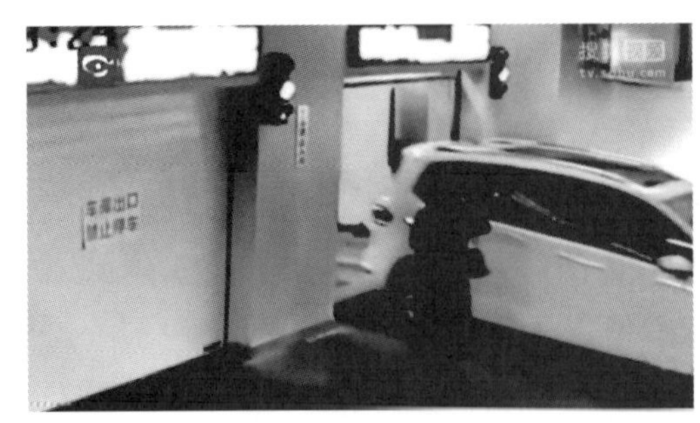

(a) 视频剪辑1

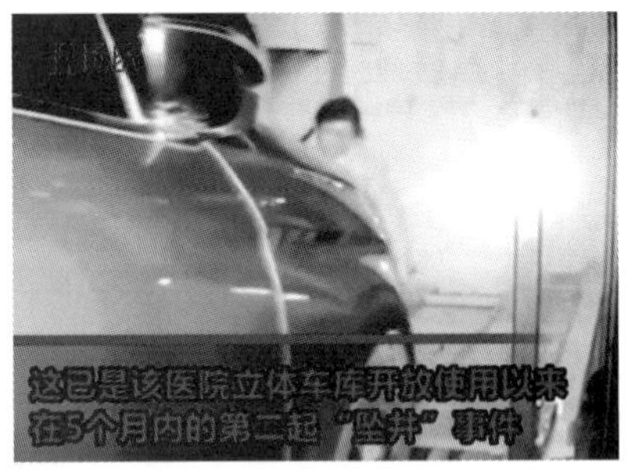

(b) 视频剪辑2

图 3 江苏省人民医院立体车库女子误入被撞伤事故监控视频剪辑

一般情况下，除手动检修模式外，只要检测到人员出现在机械式停车设备转换区或工作区内时，均应发出急停和声光报警信号，使设备制停；若判定为人员误入行为，除发出急停和声光报警信号外，还应发送报警信息到救援人员手机上，呼叫救援人员以最快速度将误入设备的人员救出。

系统软件部分主要基于上述人员误入行为智能识别算法，采用 VC＋＋编程在 PC 机端实现，通过通信接口发送指令，控制人员误入事故应急报警模块进行后续的应急、报警和呼救工作。

2.3 人员误入事故应急报警模块设计

人员误入事故应急报警模块包括设备急停子模块、现场声光报警子模块、现场语音安抚子模块、远程 GSM 短信报警呼救子模块，如图 1 所示。设备急停子模块通过串口通信接口与设备控制系统连接，当 PC 端的人员误入检测软件检测出人员误入行为时，发送指令控制急停开关动作实现设备急停。同理，现场声光报警子模块通过通信接口与设备声光报警装置连接，当系统 PC 端软件检测出人员误入行为时，发送指令使声光报警装置工作。

现场语音安抚子模块为系统单独安装的模块，与系统 PC 端软件通过串口通信接口连接，当软件检测出人员误入行为时，发送指令给语音安抚子模块，使之自动给出语音安抚提示，以缓和误入人员焦躁的情绪，使之耐心等待接受救援，避免误入人员贸然自行脱困造成的二次伤害。

GSM 短信报警子模块为系统单独安装的模块，当系统 PC 端软件检测出人员误入行为时，通过串口通信发送指令给 GSM 模块，使 GSM 模块发送报警短信到设定的手机号码，可以设置发送次数，同时会立即自动循环拨打用户设置的若干组报警电话号码，确保在人员被困第一时间通知设备管理人员前来救援，该模块采取通过 GSM 无线网络方式进行报警和回馈，可以满足系统实时性和准确性的要求。

3 实验结果及分析

HOG 特征检测算法参数如下：单元格大小为 8×8 pixels（$n=8$），每个块包含 2×2 个单元格（$p=2$），块移动步长为 8pixels，检测窗口为 64×128 pixels，包含 15×7 个块，梯度算子为［－1，0，1］并且无平滑，梯度方向 $\alpha(x,y)$投票到 0～180°间的 9 个 bin 中（$m=9$），每个块的特征向量长度为 2×2×9＝36，检测窗口的特征向量维数为 36×15×7＝3780；分类器使用带有松弛变量（$C=0.01$）的线性 SVM 分类器 SVMLight[16]，采用 INRIA 数据集作为 SVM 训练学习的数据库，训练过程中正负样本个数分别为 1500 和 2000，将训练样本归一化到 64×128 像素大小，提取数据库正负样本的 HOG 特征及对应的标签（＋1 或－1），输入到支持向量机中进行训练学习，得到一个基于人体目标检测识别的分类器，利用该分类器对设备监控视频的检测结果如图 4 所示，图 4（a）为设备监控视频图像帧，图 4（b）为图像的水平方向梯度图，图 4（c）为图像的垂直方向梯度图，图 4（d）为图像的梯度幅值图，图 4（e）为图像的 HOG 特征分布图，图 4（f）为图像中人体目标的检测结果。

(a) 设备监控视频图像帧

(b) 图像的水平方向梯度图

(c) 图像的垂直方向梯度图

(d) 图像的梯度幅值图

图 4

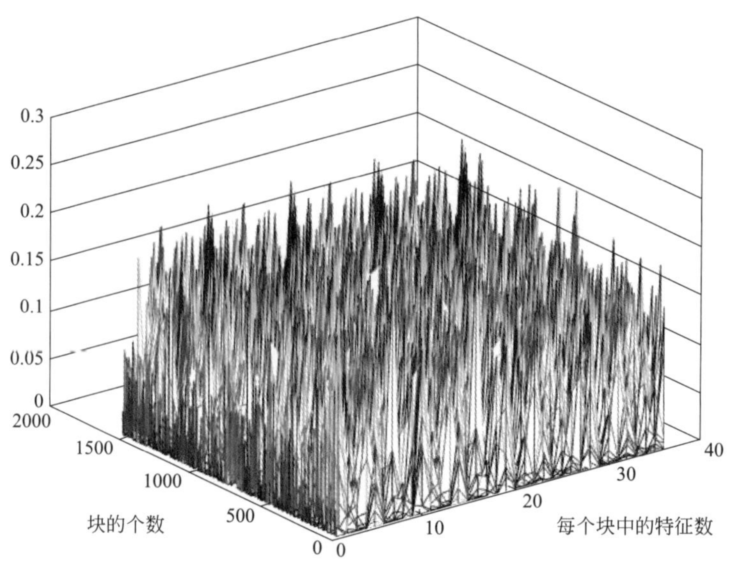

(e) 图像的HOG特征分布图

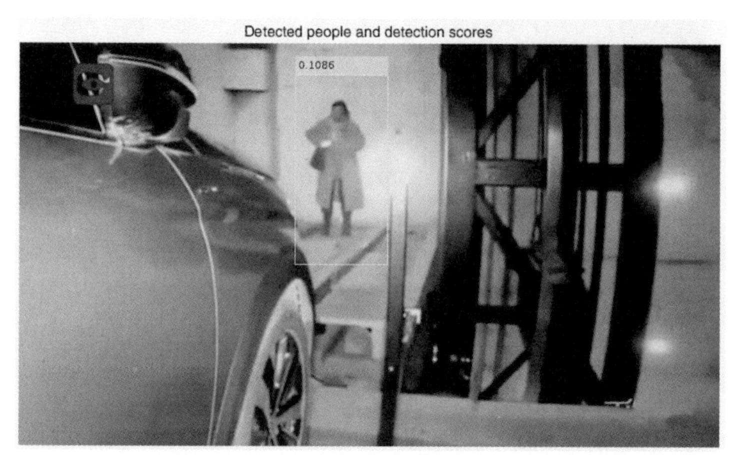

(f) 图像中人体目标的检测结果

图 4 设备现场监控视频的检测结果

从图 4 的检测结果可以看出，基于 HOG＋SVM 人体目标识别算法能够有效克服设备监控视频图像光照条件较差，对比度低的问题，实现对图像中人体目标的准确检测，在判断为人员误入设备行为后，控制急停开关动作，设备停止移动，同时进行声光报警、语音安抚、远程 GSM 短信报警呼救。设备监控视频图像大小为 480×850pixels，实验用的计算机 CPU 主频为 3.3GHz，内存为 4GB，平均检测时间为 1.3s，可以满足系统的实时响应要求。

4 结论与展望

本文为智能视频分析技术在机械式停车设备人员误入联动报警系统方面的初步尝试，主要利用设备现场监控视频图像，采用图像识别技术对“低头族”、老人、小孩、盲人、残障人士等易误入设备系统的人员进行自动检测，可以有效克服机械式停车设备目前的激光或红外检测系统存在盲区或失效时间段的不足，降低设备运行的风险，提高设备的安全使用水平，同时可以辅助设备管理人员完成设备日常看护管理，有效地节约了使用单位的管理成本，具有技术先进性和大规模市场应用推广的价值和潜力。本文主要针对人体目标误入行为进行识别和报警呼救，解决误入设备的人员安全问题，未考虑对其他目标（例如猫、狗等小动物）误入行为如何进行应急处置，下一步将开展猫、狗等其它目标误入的识别，以及对人员即将误入车库的行为进行识别与预警方面研究，在人员即将进入车库时进行报警和提示，从根源上防止人员误入车库事故发生。

参考文献

[1] 中国产业调研网 . 2017 年版中国机械式立体车库行业深度调研及市场前景分析报告 [EB/OL] . http：//www. cir. cn/.

[2] 邱伟星，陈玮 . 一起停车设备载车板坠落事故的技术分析 [J] . 中国特种设备安全，2015，31 (08)：70-74.

[3] 人民网 . 小区机械车位停车事故增多 理赔成难题 (图) [EB/OL] . http：//auto. people. com. cn/n/2014/0307/c1005-24560911. html.

[4] 全国起重机械标准化技术委员会 . 机械式停车设备标准及法规汇编 [M] . 北京：新华出版社，2017.

[5] 澎湃新闻 . 江苏省人民医院立体车库再出事故：女子低头看手机误入被撞伤 [EB/OL] . https：//www. thepaper. cn/newsDetail_ forward_ 1895454.

[6] 郑清超 . 基于红外图像分析的入侵探测系统研究 [D] . 广州：华南理工大学，2011.

[7] 陈龙 . 基于无线热释电红外传感器人体目标识别的研究 [D] . 武汉：武汉理工大学，2013.

[8] 张杨，李岩峰，焦腾，于霄，王健琪 . 超宽谱雷达人体目标识别的新方法 [J] . 信息化研究，2010，36 (08)：22-24.

[9] 杜乾，乔向阳，钱诚，潘翔，李少勇 . 变电站开关柜防误入预警系统的研究及应用 [J] . 安徽电力，2017，34 (02)：21-25.

[10] 卢俊锋，钱锋，曹康，陈朝晖，沈钢强 . 防误入带电间隔预警装置的研制 [J] . 科技与创新，2015，(01)：77-78.

[11] 牛秋月，李超，唐国良 . 基于智能监控视频的人流量统计 [J] . 电子技术与软件工程，2018 (04)：64-66.

[12] 王鑫，张鑫，徐立中，石爱业，黄凤辰 . 基于 HOG# PCA 和迁移学习的红外人体目标识别方法 [P] . 江苏：CN107292246A，2017-10-24.

[13] 刘军 . 基于 RGB-D 的人数统计方法研究 [D] . 重庆：重庆邮电大学，2017.

[14] 杨云，岳柱 . 基于融合图像轮廓矩和 Harris 角点方法的遮挡人体目标识别研究 [J] . 液晶与显示，2013，28 (02)：273-277.

[15] Dalal N, Triggs B. Histograms of oriented gradients for human detection [C] . IEEE Computer Vision and Pattern Recognition, 2005, 1 (12) : 886-893.

[16] T. Joachims. Making large-scale svm learning practical. In B. Schlkopf, C. Burges, and A. Smola, editors, Advances in Kernel Methods - Support Vector Learning. The MIT Press, Cambridge, MA, USA, 1999.

基于预测模型的起重机防风预警系统设计

潘　勇　梁一鸣

河北省特种设备监督检验研究院邯郸分院，邯郸 056002

摘　要： 提出了一种基于预测模型的起重机防风预警系统，用以解决现有起重机防风控制系统缺乏对风速变化的预见性的问题，可应用于室外露天作业的门式起重机、装卸桥、塔式起重机和门座起重机。该系统可以准确预测未来短期风速变化，及时在起重机受到超过规定值强风吹袭之前向司机发出警报，从而提早停止作业并锚定起重机，有效避免发生事故。

关键词： 起重机；防风预警

Design of Wind-proof Warning System for Crane Based on Prediction Model

Pan yong，Liang Yi-ming

Hebei Special Equipment Supervision and Inspection Institute， Handan 056002

Abstract: A crane windproof early warning system based on prediction model is proposed to solve the problem that the existing crane windproof control system lacks predictability of wind speed change. It can be applied to outdoor open-air operation of gantry crane，loading and unloading bridge crane，tower crane and portal crane. The system can accurately predict the short-term wind speed change in the future，and give warning to the driver in time before the crane is hit by strong wind exceeding the prescribed value，so as to stop operation early and anchor the crane，effectively avoiding accidents.

Keywords: Crane; Windproof early warning system

0　引言

室外工作状态的起重机受到强风吹袭，可能导致起重机失控或在轨道端部造成强烈的冲击以致整体倾翻，造成严重损失。因此室外露天运行的门式起重机、装卸桥、塔式起重机和门座起重机，均需要防风措施。现有起重机工作状态下的防风措施主要是制动装置，该装置由人来操作，对风速的变化不具有预见性，只有当驾驶员发现风速已经超过了规定值之后才能进行防风操作，此时起重机已经处于危险之中。现实工作中，有时风速变化较快，可能在较短时间内风速超过安全标准，仅靠人来操作无法及时在风速达到危险等级之前使起重机防风制动装置工作。

本文设计的防风预警系统，通过对风速的数据处理，实时预测未来几十秒的风速变化，在危险风速到来之前向司机预警，以便及时采取防风操作，及早发现隐患，降低事故发生概率，保障作业人员安全。

作者简介：潘勇，1982 年生，男，工程师，硕士，主要从事特种设备检验检测技术研究。

1 起重机防风预警系统现状

国内已有研究机构做了相关应用研究，如重庆特检院的专利《基于预测模型的起重机防风控制系统》，该系统的风速预测处理器可根据风速预测模型判断出风速变化率 dv/dt，根据最低风速和风速变化率可预先判断出会造成起重机造成损坏的风力，进而提前通过控制器控制起重机防风锚固装置开启将起重机大车锚固在锚固工位，并使起重机大车行走机构关闭，可解决传统起重机防风控制系统在风速变化较快情况下无法及时使起重机防风锚固装置工作而导致起重机损坏的问题。

2 系统组成及工作原理

本系统由风速传感器、DSP 处理器、人机界面和报警器组成。其中，DSP 数据处理器用来采集传感器的数据并进行运算，运算后将数据发送给人机界面；人机界面可以图形化显示风速的预测曲线等，采用触摸屏形式，无需键盘和鼠标；报警器用来声光报警，提醒起重机司机危险信号的发生。系统原理如图 1 所示。

图 1　系统组成及工作原理

通常如果遇到 6 级（10.8m/s）以上大风应停止起吊作业。风速传感器实时测量风速数据，DSP 处理器根据风速数据预测风速变化。通常预测周期越短，预测的精度越高。这里取预测周期为 10s，如果未来 10s 风速即将超过 10.8m/s 则发出报警信号，在驾驶室的警报器会报警，人机界面上会显示风速变化曲线和风向等信息，以便驾驶员提早采取安全措施。

3 风速预测模型的运算原理

3.1 风速模型

风速是一个随机量，统计学上认为大量的风速分布服从一定的特征。风频分布一般服从偏正态分布，目前，风速分布的应用模型主要有皮尔逊模型、瑞利分布模型和二参数 Weibull 分布模型等多种模型[1,2]。本文采用的是二参数 Weibull 分布模型，其分布函数为：

$$F(v)=p(v\leqslant v_g)=1-\exp[-(\frac{v_g}{c})^k]$$

式中，k 为形状参数；c 为尺度参数；v_g 为有效风速。

3.2 预测模型

国内外在风速短期预测方面已有大量的研究[3~6]，它对于起重机安全运行具有重要的意义。预测采用的方法主要有：持续预测法、时间序列法、卡尔曼滤波法、小波分析法、人工神经网络法等。根据风速分布的特点以及嵌入式处理器 DSP 的处理能力，本文采用时间序列法。时间序列分为平稳和非平稳两种类型，本文采用宽平稳时间序列模型，模型中均值和协方差与时间 t 无关，那么其统计特性不随时间的平移而变化。常用的宽平稳时间序列模型有 AR（p）模型、MA（q）模型以及 ARMA（p，q）

模型。本文采用基于时间序列的线性自回归 AR（p）模型，将风速变化看做一个马尔科夫随机过程。模型运算的过程为：数据预处理、计算样本的自相关函数、计算样本的偏相关函数、确定模型的一般型式、预测运算。

3.3 风速预报模型的设计条件

预测风力等级范围：0～10 级；采样周期为 0.5s；采集风速数据的样本时间为 200s；处理器每 0.5s 运算一次，每次运算都会以当前时刻之前的 200s 风速数据进行运算，得到未来 10s（20 个预测点）的预测风速数据。

3.4 数据预处理

预测算法每次运算时，首先对前 200s 的采样信息进行零均值化，将原数据在不改变其自相关函数系数及偏相关函数系数的前提下，化成便于计算的新数据。再计算新数据的自相关函数及偏相关函数系数，并根据所给数据对该数据允许的误差范围进行判定，确定其符合的时间序列模型，求出模型中的参数。

采样时间为 200s，采样周期为 0.5s，所以 200s 共有 400 个采样点。采样样本的平均值为：$\overline{X}=\frac{1}{n}$（$x_1+x_2+\mathrm{L}+x_n$），$n=400$。令 $W_t=x_t-\overline{X}$，（$t=1.2$，K，400），则 W_t 为零均值化后的样本数据。

3.5 计算样本的自相关函数

求自相关函数需要先计算自协方差函数，通常模型的阶数 k 选择为 $k<\frac{N}{4}$，N 表示样本数，这里 $n=400$，考虑到计算机的运算速度取 $k=50$。根据自协方差函数公式：$\hat{\gamma}=\frac{1}{N}\sum_{i=1}^{N-k}W_iW_{i+k}$，$k=0$，1，2，$L$，400 求得 $\hat{\gamma}_K$（第 k 个样本的自协方差函数数值）。

然后，根据公式：$\hat{\rho}_k=\hat{\gamma}_k/\hat{\gamma}_0$，$k=0$，1，2，…，400 求得自协方差基函数。其中 $\hat{\rho}_k$ 表示第 k 个样本的自相关函数值，γ_k 表示第 k 个样本的自协方差基函数值。

3.6 计算样本的偏相关函数

根据公式

$$\begin{cases}\hat{\phi}_{11}=\hat{\rho}_1\\ \hat{\phi}_{k+1,j+1}=[\hat{\rho}_{k+1}-\sum_{j=1}^{k}\hat{\rho}_{k+1}\hat{\phi}_{kj}][1-\sum_{j=1}^{k}\hat{\rho}_j\hat{\phi}_{kj}]^{-1}\\ \hat{\phi}_{k+1,j}=\hat{\phi}_{kj}-\hat{\phi}_{k+1,k+1}\hat{\phi}_{k,k-(j-1)},j=1,2,L,k\end{cases}$$

对 AP(p)模型，通常当 n 很大时，有 $P\left\{|\phi_{kk}|<\frac{2}{\sqrt{n}}\right\}\approx 95\%$，于是当 $k>p$ 时，平均 20 个 $\hat{\phi}_{kk}$ 中至多有一个使 $|\hat{\phi}_{kk}|\geqslant\frac{2}{\sqrt{n}}$，那么可认为 $\hat{\phi}_{kk}$ 截在 $k=p$ 处。考虑到程序的运算时间，这里将模型阶数取为定值 $k=50$。

3.7 确定模型的一般形式

以偏相关函数作为模型的系数，构成预测模型。由于阶数 $k=50$ 则可以确定该模型为 AR（50）。模型的一般形式如下：

$$W_t = \varphi_1 W_{t-1} + \varphi_2 W_{t-2} + L + \varphi_{50} W_{t-50}$$

其中，模型的系数取为 $\varphi_j = \hat{\phi}_{k+1,j}$，$\hat{\phi}_{k+1,j}$ 来自偏相关函数计算公式。

4 现场试验应用

现场试验在塔式起重机上距离地面约 60 米处进行，风速传感器安装在起重机臂架远端，现场平均风速 9.0m/s，实际预测效果如图 2 所示。

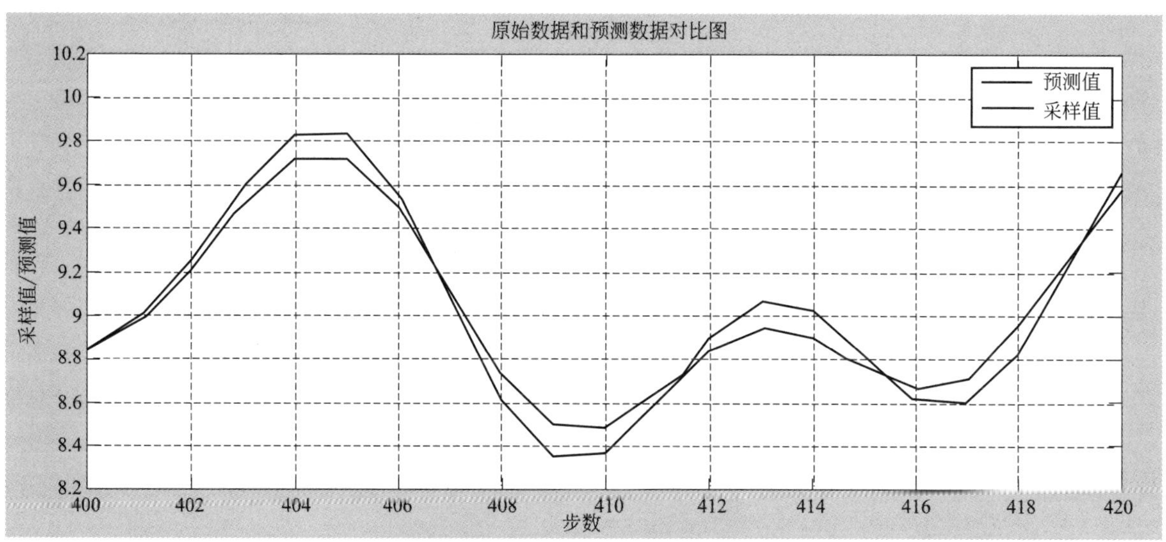

图 2 系统组成及工作原理

图中横坐标“步数”从 400 步到 420 步共计 20 步，每一步代表 0.5s，共计预测 10s 风速。从数据可知风速偏差最大出现在第 409 步，偏差为 0.1472m/s。可见预测结果比较准确。

5 结论

通过对研制系统进行现场测试，证明该系统能够有效预测风速，能够及时在受到强风吹袭之前向起重机司机发出警报，从而提早停止作业并锚定起重机，防患于未然。通过此系统的应用，提高起重机室外作业时的安全性，避免事故的发生。

参考文献

[1] 吴伟．风资源预测与风电场 CIM 模型研究［D］．合肥：合肥工业大学，2008.

[2] 丁明，吴义纯，张立军．风电场风速概率分布参数计算方法的研究［J］．中国电机工程学报，2006，29 (4)：107-110.

[3] 张浒．时间序列短期预测模型研究与应用［D］．武汉：华中科技大学，2013：2-7.

[4] 鲁坤．风电场短期风速预测与预测值的置信度检验［D］．兰州：兰州理工大学，2011：16-25.

[5] 王聚杰．短期风速统计预报方法的开发研究［D］．兰州：兰州大学，2011：61-11.

[6] 高玲．基于 GA-SVR 的短期风速预测［D］．西安，西安科技大学，2009：1-2.

基于主动式防雷技术在塔式起重机中的研究

黄明辉

福建省特种设备检验研究院，福建泉州 364200

摘　要： 针对塔式起重机遭受雷击后往往造成严重后果，本文综述了雷击产生的过程，并介绍了塔式起重机现有防雷方法及其存在问题。对主动防雷的原理和局域屏蔽原理进行描述，根据电场屏蔽与对消原理，在塔式起重机应用中提出了一种局域屏蔽式主动防雷有源防护装置，分析了该方法的理论可行性，展望了下一步的研究方向工作。

关键词： 塔式起重机；主动防雷；有源防护装置

Research on active lightning protection technology in tower crane

Huang Ming-hui

Fujian special equipment inspection and Research Institute， Quan zhou　364200

Abstract: In view of the serious consequences of lightning strike on tower crane，this paper summarizes the process of lightning strike，and introduces the existing lightning protection methods and existing problems of cranes. The principle of active lightning protection and local shielding are described. According to the principle of electric field shielding and cancellation，a local shielding active lightning protection device is proposed in crane application. The theoretical feasibility of this method is analyzed，and the future research direction is prospected.

Keywords: tower crane; active lightning protection; Active protective device

0　引言

随着工业的发展，塔式起重机也向着高、重型方向快速发展。目前大型塔式起重机都有一个共同特点，通常都是高高屹立在较为空旷的场地上，如码头、船厂、空旷的建筑工地。周边基本没有比起重设备更高的建筑物，且起重设备结构基本都是金属，因此容易受到雷击。做好塔式起重设备的防雷就显得特别重要。

自然界中下行雷电 90％是负极性雷电[1]，负极性雷电击中地面物体可以分为以下几个过程[2]：①当雷云底的负电荷累积到一定量时便在雷云底部的负电荷区形成一个强电场，电场将电离大气分子，形成负电荷向下发展的流注即先导放电通道；②当负极性雷电先导不断向下发展时，会使得地面形成极强的空间电场，这一电场使得地面的正电荷向上运动，当感应的正电荷积累到一定量，接地物体表面电磁条件满足上行先导起始条件时，则会从接地物体表面产生上行先导放

作者简介：黄明辉，1988 出生，男，工程师，硕士，主要从事特种设备检验检测研究。

电通道；③上行先导起始后，雷电下行先导和上行先导以一定的发展规律继续相向发展；④当雷电下行先导与上行先导之间的场强达到击穿场强时，则上下行先导之间迅速形成放电通道使两者连接，形成主放电通道[3]。如图 1 所示。

1 塔式起重机防雷现状

目前，雷电防护技术原理可以分为 3 类[4]，第一类，基于引雷思想，如避雷针；第二类，基于消雷思想，如半导体少长针消雷器；第三类，基于主动防雷思想，如大气等离子体避雷等。塔式起重设备使用防雷技术大部分基于引雷思想，即以传统的 Franklin 避雷针为代表，谋求在下行先导接近时优先接闪，并引雷入地。但在迎雷过程中易产生强大的电磁脉冲波，对电气设备造成严重损坏，为防止此类事故塔式起重设备通常会安装浪涌保护器保护防止或抑制此电磁脉冲的危害。虽然传统防雷能起到一定保护，但起重设备遭到雷击仍经常发生。主要原因在于传统方法中的避雷针无法全方位引雷，引下线入地也无法完全实现引雷入地；特别是可移动的起重，由于不能引雷入地，安装避雷针几乎起不到好的效果。因此传统方法已不能满足，本文将一种基于“场对消”原理结合“局域屏蔽”技术的主动防雷方法应用于塔式起重设备中，并通过理论分析该法可行性。

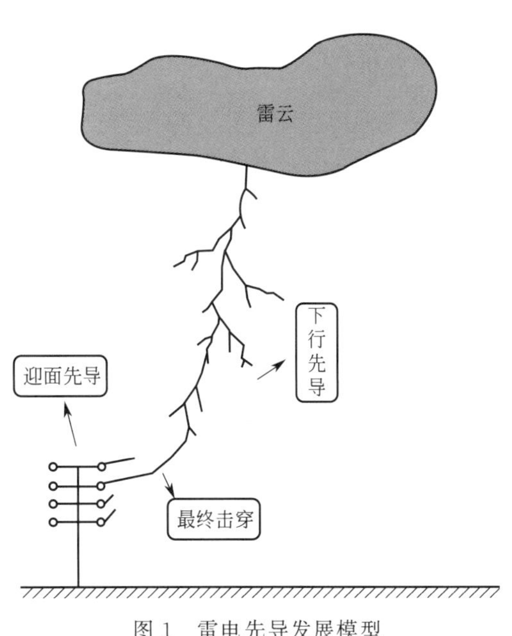

图 1 雷电先导发展模型

2 主动防雷技术原理

2.1 “场对消”主动防雷

雷击产生取决于雷云的带电量和雷云与被击物之间的电场强度[5]。一般来说，减小雷云带电量需要通过飞机或火箭在云中投放催化剂，因此在塔式起重设备使用中不可能实现，只能从塔式起重设备与雷云之间电场强度考虑防雷。除了传统的避雷针外，也可当大气中出现雷击条件时，通过人为施加电场的作用，使起重设备上方的电场强度出现大幅降低，条件允许也可激发反向电场，阻止起重设备产生上行先导并排斥下行先导，使雷击路径发生变化从而击中设备以外其他区域。理论上，只要可以有效阻止起重设备产生上行先导，就可以防止起重设备遭受雷击，这种防雷思想的应用就是“场对消”主动防雷[6]。

2.2 主动防雷系统构成及工作原理

根据雷电产生条件和“场对消”主动防雷思想，本文认为防雷系统可以由电场实时监测设备、有源防护装置和控制系统三大部分组成。该系统中的电场监测设备主要对起重设备上空电场强度实时监测，判断是否达到雷击放电条件[7]；有源防护装置就是产生与雷击相反的“对消”电场，削弱起重设备与云之间电场强度，使雷云下行先导产生抑制和排斥，破坏雷击放电条件达到防雷。控制系统就是协调实时监测设备和有源防护装置，保证雷击不发生，同时又可以优化有源防护装置的工作时间，节约能源。

当雷电产生时，监测设备实时探测大气中所带的电极性和起重设备上空的电场强度，当起重设备上的电场强度超过设定的安全阀值或者可能出现下行先导时，启动有源防护装置，激发一个反向人为电场，破坏产生雷击放电的条件，从而达到避雷的目的，如图 2 和图 3 所示。

为了产生与雷电电场反向的“对消”电场，需要施加较高的电压，该电压可以有效削弱起重设备上方局部雷电电场，同时也会对设备或周围人员造成威胁，若处理不当，同样会对被保护设备发生空气击穿放电。为防止此类危险发生可以在有源防护装置的下方设置一屏蔽金属导体面并且金属导体接地，有源防护装置与金属导体面之间填充绝缘材料，如图 2 所示。此设置可以在绝缘材料不被击穿的情况下，对有源防护装置产生的人为电场实施方向性局域屏蔽，这样既可以提供“对消”电场，又可以防止空气击穿放电发生。

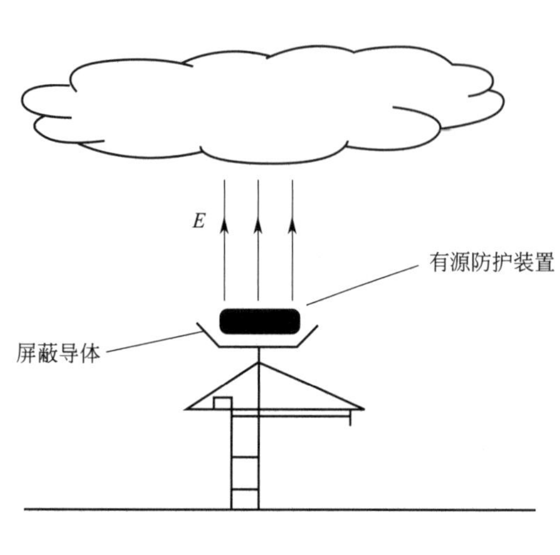

图 2 防护前电场分布图

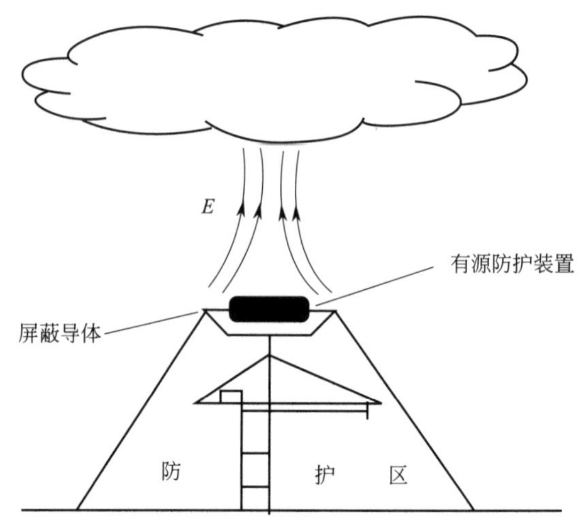

图 3 防护后电场分布图

3 可行性理论分析

局域屏蔽和“场对消”的理论基础都是电磁场的矢量叠加原理。有源防护装置下方设置的金属屏蔽体接地，可以保证屏蔽空间内的设备电荷密度趋于零，根据 Gauss 定理可知屏蔽区域内的总电场强度 E 也将趋于零，屏蔽的最理想情况是完全封闭的导体壳，现实中并无法实现。但工程实践中只要实现在屏蔽区域内电场强度对设备影响可以忽略或者不会造成影响，则屏蔽就有意义。

有源防护装置施加不同强度的激励电场，产生与雷云电场相反的对消电场，有源防护装置上方空间不同高度的电势根据电磁场理论和电磁场矢量叠加原理，分布情况如图 4 所示[8]。根据电磁场理论可知，电势在高度上的导数负值为垂直于地面的电场强度[9]。曲线 A 表示了在无任何主动防护时自由空间中电势分布情况，大部分雷云为负雷云，故本文以云层带负电进行讨论，则空间电势也认为是负值。曲线 B 表示未加激励电场时但有主动防护系统空间电势的分布情况，由于局域屏蔽导体接地故电势为 0，接地屏蔽使得有源防护装置上方的电场强度比不存在防护的自由空间电场强度强，起到了定向引雷的作用。曲线 C 表示有源防护装置上施加了临界激励电场时自由空间电势分布情况，从曲线 C 的斜率可以看出，有源防护装置上方的电场强度刚好为 0，有源防护装置产生的人为电场与雷云电场刚好在此处产生对消，此时防护系统对设备产生了一定的防护作用，但是如果要达到更好的防护则需要施加更高的激励电场。曲线 D 表示在有源防护装置中施加了理想的激励电场时自由空间中电势的分布情况，通过分析曲线 D 的斜率可以发现：斜率为 0 的零电场区域上移了，有源防护装置的上方产生了一定的反向电场，这一反向电场对雷云下行先导产生抑制或者排斥，从而有效地避免了雷击。从上分析可以得出：在对有源防护装置施加一定的激励电场可以对雷击起到一定的防护作用，曲线 D 是一种理想的防护状态。

4 小结

针对塔式起重设备的日益增多，并且设备越来越大型，高度越来越高，塔式起重设备的防雷变得更

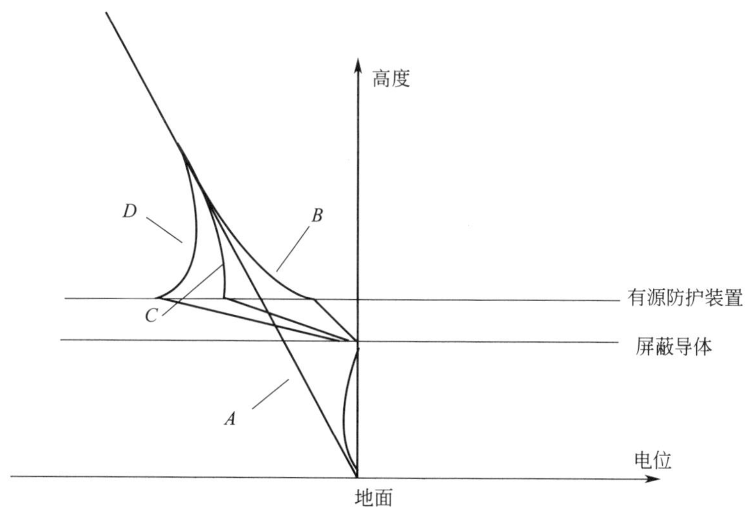

图 4 不同激励电场下电势分布

加重要。传统使用的避雷针已无法完全满足要求，本文提出了在起重设备上安装一种局域屏蔽主动防雷的有源防护装置。通过对雷击产生原理和防护装置防御原理进行理论探讨和分析得出如下结论：

① 主动防雷思想是利用“场对消”原理削弱起重设备附近的电场，并对雷云产生下行先导具有排斥作用，从而破坏雷击的放电条件，从根本上消除起重设备被雷击的危险。

② 利用局域屏蔽方法可以消除有源防护设备产生的高压威胁。

本文通过了理论分析可行性后，接下来将对起重机与雷电间关系建立起重机-电磁场模型，通过 ANSYS 软件进行仿真分析并对模型进行优化设计得到最理想的有源防护电极。

参考文献

［1］ 陈维江，余辉，等．雷电先导下行过程近地电场时空分布与模拟方法研究，中国机电工程学报 (J) 2014，34 (10)：3-4.

［2］ L. Dellera，E. Garbagnati. Lightning strokes simulation by means of the leader progression model part I：description of the model and evaluation of exposure of free-standing structures. IEEE TPWRD，1989，5 (5)：2009-2022.

［3］ 陈维江，等．正极性上行先导特性的模拟试验方法［J］．中国机电工程学报，2012，32 (10)：3-5.

［4］ 万浩江，等，直击雷防护方法的研究现状与展望［J］．军械工程学院学报，2010，22 (6)：12-13.

［5］ 陈维江，陈家宏，等．中国电网雷电监测与防护亟待研究的关键技术［J］．高电压技术，2008，34 (10)：10-13.

［6］ 潘晓东，魂光辉，万浩江，等．场对消局域屏蔽的主动防雷击技术［J］．河北师范大学学报 (自然科学版)，2011，35 (2)：145-149.

［7］ 陈渭民．雷电学原理［M］．2 版．北京：气象出版社，2006.

［8］ 万浩江，等，局域屏蔽防雷击有源防护装置的优化设计［J］．计算机仿真，2011，28 (11)：3-4.

［9］ 郭硕鸿．电动力学［M］．2 北京：高等教育出版社，1997.

减隔振技术在电梯中的应用

刘　磊　吴循真　韦方平　李德锋

江苏省特种设备安全监督检验研究院，常州 213000

摘　要： 针对电梯机房和井道的振动噪声污染问题，本文分别从机房和井道分析了振动源和噪声源，比较了目前已有的各种整治方案的优缺点，提出了初步的减振降噪方法。机房部分，主要从减振和隔振的角度，对曳引机进行二次减隔振，减弱振动源和截断振动传播的路径；井道部分，分别以导轨、导靴、导轨支架以及井道墙壁为研究对象，通过加装导轨减振模块和改变导靴设计来实现减振降噪。方法简单易行，安全可靠，通用性强，有一定的工程应用价值。

关键词： 电梯；减隔振；机房；井道

Application of vibration isolation and vibration reduction technology in elevator

Liu Lei, Wu Xun-zhen, Wei Fang-ping, Li De-feng

Special equipment safety supervision inspection institute of Jiangsu province, Changzhou 213000

Abstract: For the problems caused by the vibration and noise in the lift motor room and lift shaft, this paper analyzed the advantages and disadvantages of the existing various regulation schemes in the source of the lift motor room and lift shaft. And it putted forward an introductory method of vibration isolation and vibration reduction. In the lift motor room, the lift machine is subjected to secondary vibration reduction and vibration isolation, to reduce the vibration source and cut off the path of vibration propagation. In the lift shaft, the guide rail, guide boots, guide rail support and shaft wall are respectively taken as the research objects to reduce vibration and noise by install damping module of guide rail and change the design of guide boots. This method also has advantages of good generality and simple installation and it has certain engineering application value.

Keywords: Elevator; Vibration isolation and Vibration reduction; Lift motor room; Lift shaft

0　引言

电梯是现代都市垂直交通的主要工具，随着楼层的不断增加，电梯的运行速度越来越快，曳引机的功率随之不断升高，曳引机的体积也越来越庞大。这对电梯的制造质量和安装质量提出了更高的要求。近年来，电梯机房内和电梯井道内振动和噪声污染问题日益突出，投诉纠纷越来越多，特别是对顶楼住户和邻近井道的住户生活质量影响最为明显。

GB 50118—2010《民用建筑设计隔声规范》规定[1]，卧室、起居室（厅）内的允许噪声级，卧室昼间允许噪声级应不大于45dB，夜间允许噪声级应不大于37dB，起居室（厅）昼间和夜间均应不大于

作者简介：刘磊，1984年生，男，工程师，硕士，主要从事电梯检验和特种设备安全与节能研究工作。

45dB。同时也规定了电梯不得紧邻卧室布置，也不宜紧邻起居室（厅）布置。受条件限制需要紧邻起居室（厅）布置时，应采取有效的隔声和减振措施。同时，GB/T 10058—2009《电梯技术条件》中明确规定[2]，电梯的各机构和电气设备在工作时不应有异常振动或撞击声响，当电梯的额定速度不大于2.5m/s时，电梯以额定速度运行时机房内平均噪声值不大于80dB，运行中轿厢内最大噪声值不大于55dB，当电梯的额定速度不大于6.0m/s时，电梯以额定速度运行时机房内平均噪声值不大于85dB，运行中轿厢内最大噪声值不大于60dB。

因此在保证电梯安全运行的前提下，如何有效地减少和降低电梯运行时发出的结构振动和空气噪声污染成为目前亟需解决的民生问题。本文将分别从电梯机房和电梯井道两方面分析振动和噪声的来源以及传播路径，结合减隔振技术提出初步的电梯减振降噪方法。

1　机房内曳引机振动与噪声控制

1.1　振动和噪声源分析

电梯机房内曳引机产生的振动和噪声之所以会对顶楼住户产生振动和噪声污染，其主要原因是电梯曳引机发出的持续的中低频振动。理论上，只有消除这种中低频振动源或者截断中低频振动传播的路径才是最有效的解决方法。曳引机是电梯的动力源，也是最主要的振动源。曳引机在正常运行时产生的异常振动是研究的关注点。由于电梯是一个现场组装的机电产品，除了电梯本身的设计和质量因素外，电梯的安装质量以及与现有建筑物的匹合度也是曳引机产生异常振动的重要因素。

因为电梯机房的主要振源是曳引机的运行振动，故将曳引机作为研究对象，减隔振系统简化模型如图1所示。电梯曳引机的振动是一个复杂的多自由度振动系统。电梯曳引机运行时的产生的振动通过曳引机底座传递到电梯承重钢梁，再通过机房地面和井道墙体传递到住户家的主墙体。因此，只有减弱曳引机的运行振动或截断振动传递的路径才是最有效的振动控制方法。

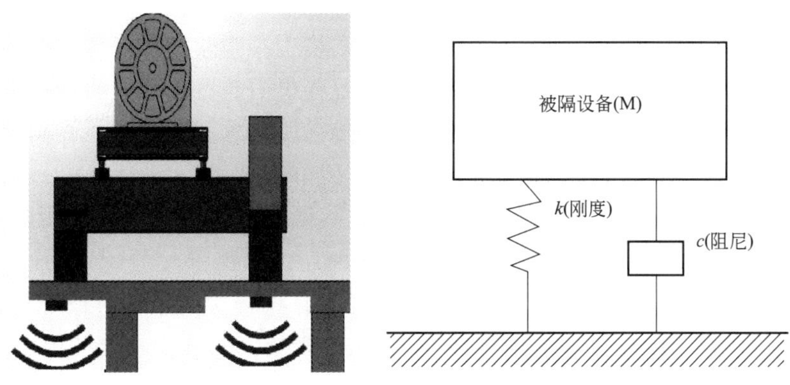

图1　减隔振系统原理图

将曳引机的运行振动简化为简谐激励运动 $f(t)=F\cos\omega t$，则力传递率 $\eta=\frac{F_a}{F}$，其中 F 为没有增加减隔振时传到基座的力幅值，F_a 为采取减隔振措施后传到基座的力幅值。由减振弹簧传到基座上的力为：$kx(t)=kA\cos(\omega t-\varphi)$，

由隔振阻尼传到基座上的力为：$c\dot{x}(t)=-c\omega A\sin(\omega t-\varphi)$

两者合力的幅值为：

$$
\begin{aligned}
F_a &= A\sqrt{k^2+(c\omega)^2} \\
&= \frac{\sqrt{k^2+(c\omega)^2}/k}{\sqrt{(1-r^2)^2+(2\zeta r)^2}}F \\
&= \frac{\sqrt{1+(2\zeta r)^2}}{\sqrt{(1-r^2)^2+(2\zeta r)^2}}F
\end{aligned}
$$

得到，力传递率 $\eta=\frac{F_a}{F}=\frac{\sqrt{1+(2\zeta r)^2}}{\sqrt{(1-r^2)^2+(2\zeta r)^2}}$，

其中，ω 为激励频率；A 为振幅；φ 为滞后相位；ζ 为黏性阻尼系数；r 为频率比。

由振动力学经典理论可知，当频率比 $r>\sqrt{2}$，传递系数 $\eta<1$ 时，减隔振效果明显，所以合理的利用减隔振技术来设计不同的频率比可以有效控制振动。

同时，电梯运行时发出的运行噪声、制动器的运行噪声和接触器的运行噪声是电梯机房内空气噪声的主要来源。电梯机房的门、窗、电缆桥架等，这些可能存在声音直接传播，或者放大效应的通道。在其与居住房间相邻的墙壁、小空间，可以进行采用钢板等高密度结构，将空气声进行阻断，阻止其向居住空间传递。

1.2 解决方案

电梯机房的振动和噪声污染问题日益严重，于是市场上出现了各种环境治理公司，处理方法不一。大部分噪音治理公司的做法是在机房四周墙壁和地面铺设隔音棉或类似隔音材料，有的甚至使用石棉等禁用材料，这样做可以适当减少电梯的运行噪声但是效果甚微且危险性较大。部分电梯维保公司也曾做过曳引机的减振措施，但大多数是不符合规范的，如增加曳引机的横向配重或改变曳引机的安装支撑方式等，这样的处理方式是不可取的。部分电梯制造单位曾进行了电梯运行振动原因分析[3]，指出了电梯振动的几种常见类型及常用的减振方法。也有部分学者进行了电梯降噪的研究[4]，较全面地分析了机房内各种噪音的来源及处理方法，但对没有涉及曳引机的振动研究。因此，研究电梯曳引机的振动控制和噪音控制是有积极意义的。

在各种不同工况下，曳引机产生的振动能量可能是中高频或者是中低频，应区别对待。当曳引机结构存在中高频能量时，中高频噪声通过非致密介质，如井道壁、电缆桥架等向周围环境传递。其特征主要表现为：只影响周围的环境，传播距离近，衰减快。这些能量通过支撑向建筑结构传递，通过房间墙壁辐射到周围空气中，形成空气噪声，需采用隔振的方法将中高频能量进行滤波，降低峰值。当曳引机结构振动存在低频强线谱时，该线谱将引起的结构噪声，如曳引机、电梯导轨的低中频振动，通过建筑结构想周围环境传递；其特征主要表现为：穿透力强、传播距离远和衰减缓慢在周围环境中可以清晰辨别出，需采用动力吸振将该低频强线谱能量衰减，降低环境噪声。

实际工况下，一般同时采用弹性隔振和减振措施，主要通过安装弹性隔振阻尼和动力吸振器来实现。现场实测曳引机结构振动数据，对比分析其频谱特性：如果频率大于 2Hz，属于中高频振动能量，可以采用隔振加阻尼的措施。如果频率低于 0.5Hz，属于低频振动能量，可以通过增加弹性阻尼的措施。对于中低频的振动能量，需同时采用弹性隔振和减振措施。弹性隔振将大部分的振动能量进行隔离，减少传向曳引机基座的能量。剩余的低频能量可以通过动力吸振的办法，利用动力吸振器的自身振动消耗能量，降低主体结构振动量级，有效控制低频振动能量。

笔者曾在检验现场发现某电梯公司在进行电梯曳引机隔振处理时，虽然增加了隔振垫但是改变了电梯曳引机的安装方式，将曳引机和工字钢由多孔位的螺栓连接改为局部点焊连接，大大降低了曳引机的安全性，增加了曳引机横向位移的风险，如图 2 所示。这样的处理方式是不可取的。

在实际工程中，应充分考虑电梯曳引机本身的重力不平衡及承载不平衡所引起的重心偏移问题。合理的方案应该是通过安装动力吸振器和隔振垫等将曳引机整体弹性支撑，再增加横向阻尼，如图 3 所示。具体方法[5] 如下：

① 测量计算曳引机的旋转重心。

② 利用千斤顶将钢梁的两端位置进行预顶，剔凿机房内原有支撑墩和承重墙相应的支撑位置，拆除原有失效橡胶减振垫。

③ 通过水平仪调平，将新的减隔振组件（隔振阻尼和动力吸振器等）安装到位。通过螺栓将曳引机和横向阻尼弹性部件固定，不改变原有安装方式。

图 2　安装错误实例

图 3　效果示意图

对于机房部分，通过减隔振前后的基础振动加速度谱线图 4 可以看出，峰值明显回落，证明该方案有效降低了曳引机基础的振动加速度，减弱了振动能量，机房的噪声明显降低，顶层住户的低频噪声明显改善。

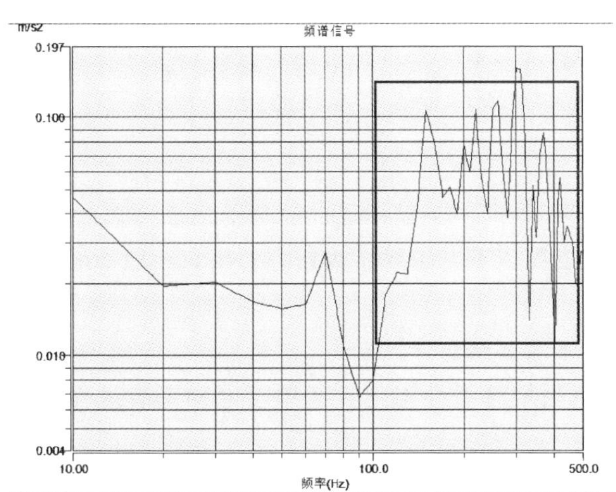

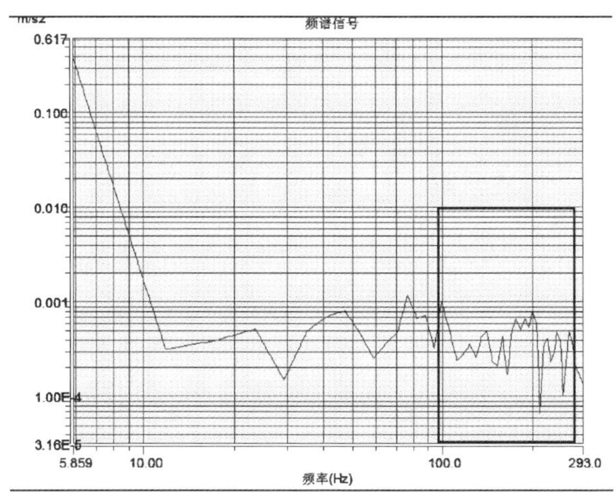

图 4　减隔振前后振动加速度对比

对于机房内曳引机组件发出的空气噪声，可以用穿孔板共振结构进行吸声或者用高密度结构门，将空气声进行阻断，阻止其向机房外扩散，如图 5 所示。穿孔板共振吸声结构由穿孔的板和板后面的空气层组合成共振吸声腔消耗噪声能量。高密度隔墙的单位面积质量越大，隔声量就越大，质量增加一倍，隔声量增加 6dB。

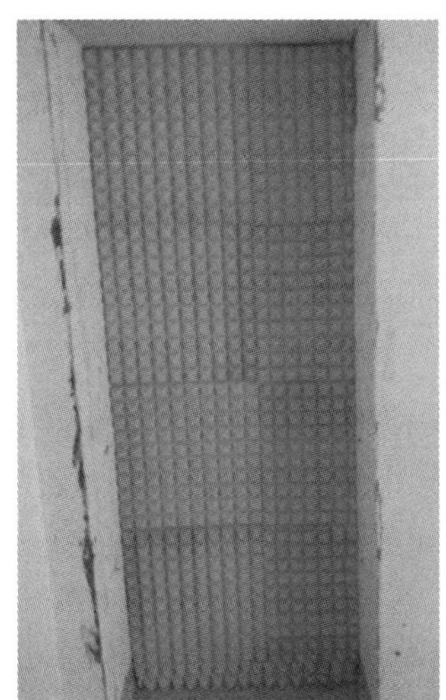

图 5　机房空气噪声处理

2 井道内振动和噪声控制

2.1 振动和噪声源分析

随着建筑物逐渐向高层发展，电梯的需求也逐渐增加。在电梯安装维保和使用过程中，除了电梯轿厢自身运行产生的振动外，电梯导轨的垂直度偏差、导轨接头存在间隙、生锈、导轨支架的变形、松动、滑动导靴缺乏润滑和滚动导靴存在异常正压力等缺陷成为主要的振动和噪声来源。

电梯导轨是电梯上的一个重要部件，是电梯垂直行驶的安全路轨。电梯导轨是由钢轨和连接板构成的电梯构件，它分为轿厢导轨和对重导轨。导轨在起导向作用的同时，有时还要承受轿厢制动时产生的冲击力等。电梯导轨通过导轨支架安装在电梯井道中，现在技术中，由于电梯导轨支架与墙体之间刚性连接，使得电梯导轨支架在电梯运行过程中振动和噪声较大。通常，相邻导轨支架的距离为2.5m，当导靴在导轨上相对运动时会产生振动，振幅最大处为相邻支架的中间位置。然而，现有的多数电梯导轨的阻尼系数较低，振幅较大，所以振动明显。另外，在电梯运行过程中，由于轿厢运行过程重心变化与导轨本身安装垂直度、同轴度不够，导致导靴与导轨之间不可避免的会产生异常摩擦，导靴和导轨以及墙体产生共振，通过导轨支架传递到电梯井道壁，从而辐射到住户室内的墙壁。

井道内的噪声控制需找出噪声产生的来源，主要通过降低噪声等级和利用微型吸声孔吸收部分噪声来解决。需测量导轨、导轨支架和导靴的一阶固有频率，分析整个运行过程中的导靴和导轨及其附件的振动特性，通过改变其振动频率和振动幅值来实现振动控制。

2.2 解决方案

电梯井道内减振降噪，需要分别以导轨、导靴、导轨支架以及井道墙壁为研究对象，一般不应改变导轨和导轨支架的受力[6]。

一般情况下，对于井道内异常振动的控制可以采取以下主要措施：

① 对于导轨。修整导轨垂直度，尤其是导轨接头，适当填补弹性阻尼。适用于电梯安装过程中电梯导轨垂直度偏差较大的工况。

② 对于导轨支架。在相邻导轨支架中间安装导轨支架减振模块，当导轨发生异常振动时，新安装的导轨支架减振模块优先吸收和消耗振动能量，减少原有导轨支架的受力，从而降低传入井道壁的能量等级。

③ 对于导靴。滑动导靴应按时润滑，避免发生干摩擦。滚动导靴应定期调整导靴工作面的滚轮张紧，张紧力应符合要求。

④ 对于振动频率。测量导轨、导轨支架和导靴的一阶固有频率，可通过增加黏滞阻尼的方法避免发生共振。

对于井道内噪声的控制可以采取以下主要措施。

① 电梯井道内的运动部件如钢丝绳、补偿链等应安装可靠，定期调整张紧力和控制延伸长度，避免发生运动干涉。

② 对于导靴，可以设计开设亥姆霍兹小孔的滚轮导靴，增加吸声结构，降低导靴和导轨摩擦运动产生的噪声。

③ 对于高速电梯活塞运动产生的啸叫声，可以在井道顶部和底部增设出风口，以减少轿厢活塞运动引起的噪声。

④ 对于局部空气噪声，可铺设吸声板，将井道中的噪声部分吸收，降低对与井道相邻空间的污染影响。

针对传入导轨支架中的振动，本文设计了一种新型的具有减振功能的导轨支架模块，可以降低由于导轨安装同轴度和垂直度偏差过大引起的异常振动，有效减少两个导轨支架中间导轨的最大振幅。这种具有减振功能的电梯导轨支架模块，包括弹簧和保持架，弹簧的一端和导轨连接，另一端和井道墙体连接，保持架安装在墙体上，保持架和弹簧配合从而限制弹簧的径向晃动，结构如图 6 所示。电梯在运行中产生的振动一般通过导轨支架传入井道墙体，再传入住户家中。在原有导轨支架下方安装新的导轨支架，当振动产生时，新的导轨支架优先于原有的导轨支架感受并吸收振动能量，减小振幅，从而减弱或消除传入住户家中的振动。这样就可以减少由于导轨制造精度和安装精度的差异导致的振动，从而提高与井道相邻住户的居住舒适感。

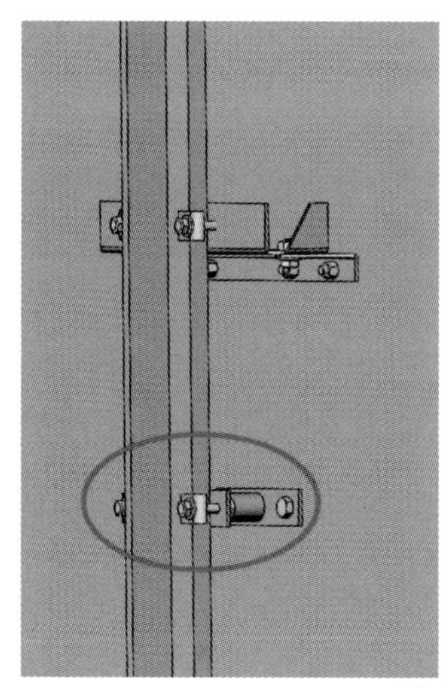

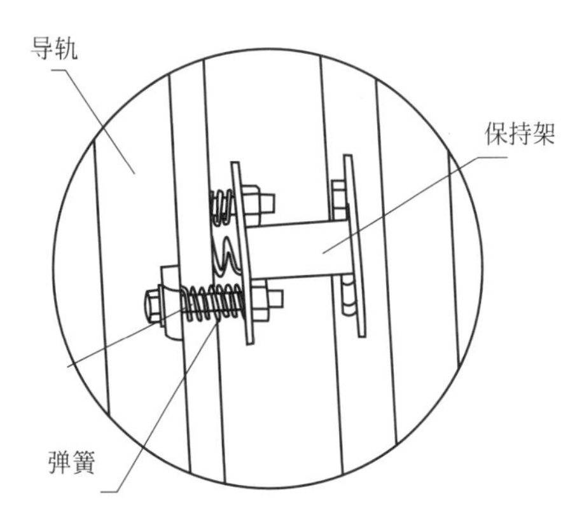

图 6　导轨支架结构示意图

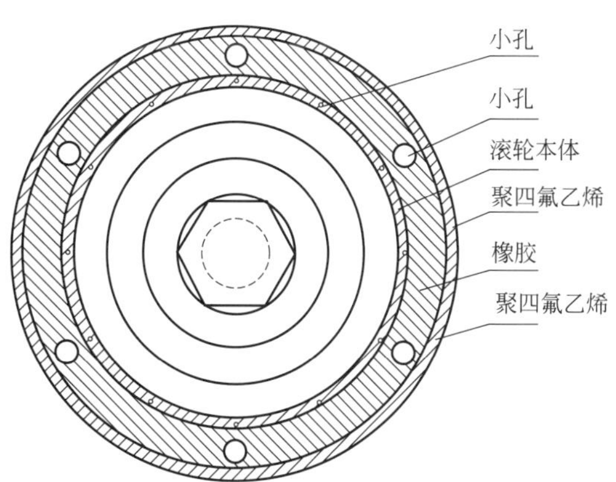

图 7　滚轮套体结构示意图

随着梯速的增加，舒适性更好的滚轮导靴使用越来越普及，但低成本的滚轮导靴缺点也很明显。在电梯检验过程中，笔者发现很多情况下滚轮导靴产生的异常振动和噪声与其制造材料有关。滚轮导靴的滚轮一般采用单一材质，通常为橡胶材质。软质的橡胶滚轮舒适性好但寿命低，硬质的橡胶滚轮寿命长但舒适性差，而且橡胶材料受气温影响较大，高温和寒冷状态下的性能差异较大。滚轮材质的弹性和支撑性直接决定了其在相对运动过程中的耦合特性。针对滚轮导靴相对运动产生的噪声，笔者建议可以采用聚四氟乙烯和橡胶两种材料分层设计的方式来达到兼顾耐磨性和降噪的要求[7]。其中滚轮的分层结构设计如图 7 所示，滚轮的套体主要由从内到外依次分布的第一聚四氟乙烯层、橡胶层和第二聚四氟乙烯层组成。聚四氟乙烯层主要减少摩擦系数、降低噪声，橡胶层主要减缓径向受力，降低振动。同时，滚轮表面增设吸声小孔，利用亥姆霍兹小孔吸声原理在滚轮上形成共振腔，以达到降低运行噪声的作用。

3　结论

电梯是使用频率最高的特种设备，也是与老百姓的日常生活联系最为紧密的一种特种设备。在高楼叠起的现代化都市，电梯在给人们带来便捷性的同时，也给人们带来了振动和噪声的烦恼，特别是大楼顶层住户和与井道相邻的住户影响最明显。本文从电梯机房和电梯井道入手，着重分析了振动和噪声的来源，利用减隔振技术提出了切实可行的解决方案，经试验对比，方法安全可靠，通用性强，有一定的工程应用价值。

参考文献

[1] GB 50118—2010.

[2] GB/T 10058—2009.

[3] 梁嘉俊．电梯运行振动原因及减振方法探讨［J］．电子制作，2015，(05)：39.

[4] 文勇．电梯机房降噪浅析［J］硅谷．2011，(16)：158.

[5] 刘磊，郭有松，李德锋，韦方平．电梯驱动主机减振隔振方法的探讨［J］．起重运输机械，2018,(06)：97-99.

[6] 刘磊，郭有松，李德锋，韦方平．电梯减振降噪方法的探析［J］．中国电梯 2018，(02)：42-43.

[7] 刘磊，韦方平，李德锋，郭有松．新型电梯滚轮导靴［J］．起重运输机械，2018，(08)：86-88.

浅谈起重机械声发射检测技术研究现状

郝宏伟　孙岱华　卞　佳

北京市特种设备检测中心，北京 100029

摘　要： 起重机械在长期的使用过程中，受交变载荷作用导致各种缺陷，使其安全性下降。声发射检测技术是一项动态检测技术，相对常规无损检测，这种技术可对起重机械进行动态检测。本文根据目前声发射检测技术在起重机械检测中的应用现状，对国内外起重机械声发射检测中存在的声发射源信号获取、声发射信号处理和声发射源识别问题进行分析。最后根据目前的研究现状，提出了几个重要问题的解决思路，可让这项检测技术获得进一步的应用和推广。

关键词： 起重机械；声发射；无损检测

A Brief Talk on the Research Status of Acoustic Emission Detection Technology for Lifting Machinery

Hao Hong-wei, Sun Dai-hua, Bian Jia

Beijing Special Equipment Inspection &Testing Center, Beijing 100029

Abstract: Many defects of cranes machines caused by alternating load are produced during long-term working, which leads to reduction of their security. Acoustic emission detection technology is a dynamic detection technology. Compared to conventional-nondestructive testing methods, this technology can be used for dynamic detection of cranes machines. In this paper, combined with the current application of acoustic emission detection technology in cranes machines detection, several important problems, such as acquisition, processing and identification of acoustic emission source signal in acoustic emission detection for cranes machines at home and abroad are analyzed. Finally, some solutions to several important problems are put forward according to the research status, which can promote further application and extension of acoustic emission detection technique.

Keywords: Cranes machines; Acoustic emission; NDT

0　引言

起重机械已成为现代工业发展不可或缺的重要工具，广泛应用在冶金、电力、物流、机械制造、建筑业等行业中，能极大地减轻劳动者的劳动强度，同时显著提高生产效率，在搬运和装卸过程中发挥着举足轻重的作用[1]。现代工业正在向大规模、多元化、高效率的方向发展，起重机械的工作量日趋繁重，但是其工作环境通常比较恶劣，使用过程中多受交变载荷的长期作用，其内部焊缝、疲劳裂纹、锈

作者简介：郝宏伟，1988 年生，男，硕士研究生，主要从事起重机及电梯等特种设备检验工作。

蚀等缺陷易导致金属结构件折断，交变载荷、摩擦磨损、疲劳也易导致结构件变形、断裂等灾难性事故。

目前起重机械的常规无损检测方法主要有：目视检测、磁粉检测、超声检测、应力测试及振动测试等。这些常规的无损检测技术都存在各自的缺陷，比如对检测物体外形敏感、必须近距离检测、只能对局部进行扫描、检测时需处于非工作状态等，而且检测过程费时、费力、花费大。常规无损检测是静态检测，无法做到在线监测，不能对金属结构进行有效的完整性评价[2]。

为了确保起重机械金属结构件的完整性和安全性，对其进行实时的监测与评价非常必要，因此采用现代化的检测技术实现对起重机械关键结构件的损伤检测与状态预警，减少人员和财产损失、促进安全生产具有重要意义。

1 声发射检测技术的基本原理

材料中局域源快速释放能量产生瞬态弹性波的物理现象称为声发射。材料中产生声发射源有多种机制，比如滑移、孪生、裂纹、第二相质点、钢中夹杂物或碳化物断裂或脱开、磁畴运动及相变等均可成为声发射信号源，用相关仪器对这些声发射信号进行探测、记录和分析，并通过特征分析推断声发射源的技术称为声发射检测技术。

声发射检测原理如图1所示，声发射源首先产生弹性波，弹性波传递到材料的表面引起表面的局部振动，传感器记录这些材料表面的位移，同时将这些传感器接收到的波信号转换为电信号，经信号放大器放大后被处理和记录。声发射检测技术主要是通过对收集到的声发射信号进行分析与推断[3]。

声发射检测主要目的：①对声发射源进行定位；②分析声发射源的性质；③评定声发射源的活性和强度；④确定声发射发生的时间和载荷。一般而言，先用声发射检测对声发射源进行定位，然后对活性声发射源，进行超声、磁粉、渗透或射线等其他无损检测，最终精确确定缺陷的性质与大小。

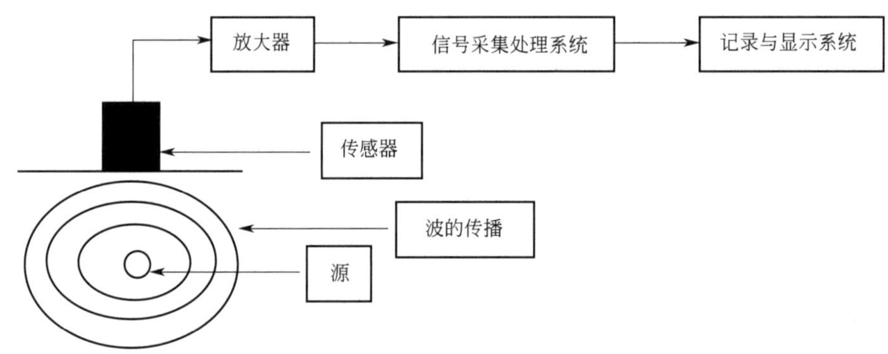

图1 声发射检测原理

2 声发射检测技术国外研究现状

声发射的研究开始于20世纪50年代，作为一种新技术如今已被应用于多个行业，特别的在动态无损检测方面，已被航空、原子能、石油化工等工业部门广泛采用，取得了许多突出的成绩。50年代，对于金属已经有了相对较为详尽的研究，并且在研究过程中发现了金属材料在形变中的声发射现象具有不可逆效应，即声发射现象仅在第一次加载时产生，材料被重新加载期间，主应力值达到了上次加载最大应力之前不产生声发射信号，这就是Kaiser效应。这一效应在工业上得到了广泛应用，成为声发射检测技术的依据。Kaiser同时提出了连续型和突发型声发射信号的概念[4]。这一现象后来被广泛应用于各个行业的声发射检测中。

20世纪60年代，欧洲各国分别先后开发了单通道、多通道声发射检测仪，并且将这些开发的仪器应用到矿井以及岩体活动预测当中。最初将声发射应用在无损检测领域的Harris D把声发射技术成功性地应用到了焊接件裂纹监测、液体泄露以及容器的检测中。并且创造性地将声发射声频范围提高到了100kHz～1MHz，从而使得背景噪声大量的减少，加速了声发射的应用。国外在声发射仪的研究比较早，先后经历了五个阶段。

① 1965—1983年，美国Dunegan推出了第一代商业化的声发射仪。

② 1983—1994年，美国PAC的SPARTAN-AT引入微处理器，并将声发射系统模块化，部分数字化，此为第二代声发射仪。

③ 1994—2003年，美国DW、美国PAC和德国Vallen将声发射仪将信号全面数字化，然后提取特征参数，此为第三代声发射仪。

④ 2003—2015年，美国PAC将18bit的高速ADC引入PCI总线声发射卡，开启了18bit的高精度采集，除了特征参数和波形外，还启用了包含全部原始信息的波形流功能。在此期间，USB接口的声发射仪也开始出现，并逐步从USB2.0发展到USB3.0，总线传输速度也从40MB提高到400MB。

⑤ 2015至今，世界各国都加紧声发射仪的研发，中国的鹏翔公司推出了PCIE总线的声发射仪，单卡8通道，每通道18bit30M采样，频率带宽高达1kHz～5MHz，且采用PCIE x8倍速传输，板卡传输带宽高达3GB/s。除了声发射特征参数和波形的硬件实时提取之外，波形流功能也得以不受带宽限制的全速采集和实时传输。同时，适合分布式检测的千兆网接口的网络声发射仪开始出现，并将逐步向光纤传输发展，实现远距离的分布式声发射检测。现在的声发射仪可以实现对采集到的声发射信号进行分析和处理。从此声发射检测技术便进入了参数分析和波形分析的发展阶段。

3 声发射检测技术国内研究现状

孙德平[5] 利用声发射检测技术对起重机梁上的人工裂纹的加载过程进行检测，根据声发射信号的特征参数可以评价裂纹的危险级别。利用声发射的线性定位可以确定声发射源的具体位置，并确定缺陷的性质及危害等级。

田建军等利用声发射技术对汽车起重机臂梁进行了比较全面的理论论证，并在实际测试试验中拟订出了汽车起重机臂梁声发射检验的检验流程，对声发射技术在起重机检测评定的运用中起到了一定的推动作用。

吴占稳[6] 等利用声发射技术对起重机箱形梁结构表面裂纹进行了检测。采用线性定位方法，可以在箱形梁构件上的裂纹缺陷进行定位。同时还发现在弹性变形阶段，其声发射信号能量增加比较平缓，发生永久变形后，其能量迅速增加。

吴占稳从起重机常用钢材（Q235钢）和（Q345钢）在拉伸过程中的声发射特征信号入手，研究起重机梁的结构弯曲的试验，提取声发射信号特征通过小波变换和人工神经网络的模式识别方法来研究，对起重机的声发射源进行模式识别。提出了基于小波分析的起重机声发射波形信号特征提取方法，论文的研究成果为制定“桥/门式起重机声发射检测及结果评价方法”标准奠定了基础。

李力等采用模拟梁加载试验，获得了起重机梁人工裂纹萌发和扩展过程的声发射信号。分析出不同载荷和裂纹扩展过程的声发射频率特征。结果表明：起重机梁活性缺陷声发射信号为突发性的，每一事件声发射所含频率成分复杂，一般裂纹萌发时的声发射信号频率较低，随着裂纹的发展，频率逐渐增高，缺陷频率范围为25～160kHz。此结果为起重机械活性缺陷声发射检测提供理论基础[7]。

4 声发射检测技术存在的主要问题

虽然声发射技术在起重机械检测中相对其他常规无损检测方法具有很多优势，但也存在着应用局限性，限制着这项技术的发展，这也是国内一直没有这方面检测标准的重要原因之一。想要让这项技术获得更进一步的应用，还需要解决以下重要问题。

（1）声发射信号准确获取

声发射源发出的声发射信号是反映声源信息的最主要依据，而声发射源一般情况下都非常微弱，同时其信号还具有突发性、多样性和不确定性等特点，声发射特性对材料甚为敏感，由于声波在金属结构中传播过程相当复杂，并且声波存在衰减、反射、波形模式转换等特性，容易造成声发射源发出的原始信号发生畸变，进而给声发射源准确识别带来很大影响。此外起重机械工作环境比较恶劣，声发射信号易受外界机械噪声、电子噪声等各种噪声的干扰，因此对真正声源的识别还处在研究阶段，没有可靠的方法。

传统的降噪方法是通过建立滤波器达到滤除信号中的噪声频率成分。但是对于脉冲信号、白噪声、非平稳过程信号等，传统的降噪方法并不能完全适用。许云飞等提出小波降噪原理，毛汉颖等提出 BP 神经网络结合模式识别的方法提取金属材料声发射信号特征的新方法，通过对几个关键特征参数的比较，确定了与裂纹扩展最相关的特征参数作为判别参数，取得了一定的效果。

（2）声发射信号处理技术

按处理信号数据类型的不同，声发射信号处理技术分为两种：一是声发射特征参数分析方法；二是波形分析法。

① 声发射特征参数分析方法：声发射技术使用最为广泛，最为经典的分析方法就是简化波形特征参数分析方法，目前在声发射检测中仍在广泛应用。声发射信号常用特征参数包括事件计数、振铃计数、幅度、能量、幅度、持续时间、上升时间和门槛等。这些统计参量为工程实际应用带来极大的方便，对于连续型声发射信号，又引入了 ASL 值和 RMS 电压两个特征参数值。

② 声发射波形分析方法：声发射波形分析方法是通过分析声发射信号的时域波形或频谱特征来获取信息的一种信号处理方法。理想的声发射波形分析可获得有关声发射源的任何信息，因此其被认为是声发射源特征表述最精确的方法。常用的波形分析技术有频谱分析、小波分析等。目前宽带、高灵敏度声发射传感器的出现以及模态声发射理论提出，使波形分析法再度兴起。

（3）声发射源的模式识别问题

为了进行更有效的声发射源识别，可以采用人工神经网络方法进行模式识别。人工神经网络方法可以克服声发射信号处理中存在的声发射源模式不易区分、不易识别，以及在信号处理过程中的人为干预、效率低等问题。因此，模式识别方法的研究，将为工程应用提供很大的帮助，更利于其应用和推广。声发射源的识别是声发射检测的主要目的之一，目前常用的声发射源识别方法包括：人工神经网络、独立分量分析、分形维数及支持向量机技术等。人工神经网络是目前声发射源识别应用最为广泛的方法。人工神经网络是一种非线性统计数据建模工具，可以解决由于声发射信号频散严重而建模困难的问题，且该方法能够有效识别不同的声发射源类型。但人工神经网络的模型建立还不够完善。

5 声发射检测技术的发展方向

结合起重机械自身结构及工作特点和声发射检测方面的经验，应该按照如下思路开展声发射技术的研究：①通过实验室研究，获取起重机械常用钢材缺陷的声发射源典型信号；②现场获取起重机械中常见的声发射源典型信号，如氧化皮剥落、电子噪声、机械摩擦、撞击等；③利用小波分析对典型声发射信号进行处理，提取特征参量；④建立人工神经网络模式识别模型，实现典型实现典型声发射信号的模式识别；⑤通过现场试验测试模式识别模型的有效性，并对声发射源进行复验；⑥提出起重机械声发射检测方法。

6 结语

①我国已有一些声发射检测标准，但是目前还没有建立起重机声发射检测标准，需要在起重机声发射检测方面制定一个统一、完善的标准。

②关于起重机声发射检测方面的实验和数据还远远不够。迫切要求建立声发射信号数据库，可以将

实践中的声发射信号与数据库进行对比，判断缺陷信号类型，同时不断丰富数据库。

③市场上的声发射仪器较多，但用于起重机的专用声发射仪器几乎没有。研究一种可实现起重机状态检测及寿命评估的专用声发射检测仪器具有重大意义。

④背景噪声干扰很大，如何屏蔽相关噪声是声发射信号特征提取与模式识别中一个急待解决的问题；传感器的安装固定方式有待改进，特别是在伸缩臂上，在现场试验过程中，如果将传感器固定于构件外表面，则吊臂将无法完成正常的伸缩。

参考文献

[1] 沈功田，耿荣生，刘时风．连续声发射信号的源定位技术［J］．无损检测，2002，24 (4)：7-8.

[2] 2012-2016年中国汽车起重机市场投资前景调查分析报告［R］．北京：中国行业咨询网，2012.

[3] 王朝晖．声发射技术在管道泄漏检测中的应用［J］．中国石油大学学报（自然科学版），2007，5 (31)：87-90.

[4] 王燕燕．金属材料疲劳损伤的声发射特性研究［D］．长沙：中南大学，2013.

[5] 孙德平．起重机梁声发射无损检测研究［D］．武汉：武汉科技大学，2004.

[6] 吴占稳．起重机的声发射源特性及识别方法研究［D］．武汉：武汉理工大学，2008.

[7] 窦艳涛，庞思勤，徐小力，等．汽车起重机结构件焊接缺陷的声发射检测方法［J］．无损检测，2013，35 (6)：32-36.

第六篇　游乐设施

游乐设施测试中的实体假人应用研究

陈卫卫[1]　张　琨[1]　颜凌波[2,3]　周　明[4]

1. 中国特种设备检测研究院，北京 100029
2. 湖南大学汽车车身先进设计制造国家重点实验室，长沙 410082
3. 湖南赛孚汽车科技股份有限公司，长沙 410205
4. 株洲方特主题乐园，株洲 412000

摘　要： 本文主要介绍了游乐设施测试假人结构、传感器选型与布置方案。针对两款典型过山车，确定了假人与数据采集仪安装方式，制定了详细测试方案。开展了游乐设施测试假人试验工作，进行了假人胸部加速度测试结果与传统无线加速度传感器测试结果的比较，证明了假人试验的可行性。分析了木质过山车测试结果，通过布置在假人不同部位的传感器可以获得加速度、力、力矩和变形等结果，为开展乘客乘坐游乐设施的舒适性和安全性评价研究奠定了基础。

关键词： 游乐设施；假人；传感器；数据采集仪；生物力学

Research of Test Dummy Application in the Amusement Rides' Test

Chen Wei-wei[1], Zhang Kun[1], Yan Ling-bo[2, 3], Zhou Ming[4]

1. China Special Equipment Inspection Institute, Beijing 100029
2. State Key Laboratory for Advanced Design and Manufacture for Vehicle Body, Hunan University, Changsha 410082
3. Hunan Saifu Automobile Technology Co., Ltd., Changsha 410205
4. Zhuzhou Fantawild Theme Park, Zhuzhou 410205

Abstract: The main components of amusement ride test dummy and selection of transducers were introduced in this paper. The dummy and data acquisition module install positions and test methods were determined for two special kinds of roller coaster. Experiments of dummy used in amusement ride test were carried out, and the feasibility of this method was verified by comparison the chest acceleration results between the traditional wirelesses transducer and the dummy. From the wooden roller coaster test results, acceleration, force, moment and deformation information of different parts of the dummy could be obtained by several types of transducer. The research achievement laid the foundation for passenger' s comfort and safety evaluation.

Keywords: Amusement Ride; Dummy; Transducer; Data Acquisition Module; Biomechanics

0　引言

我国游乐产业发展迅速，游乐设施数量逐年递增，游乐设施结构和运动型式更加复杂，检验检测方法较

基金项目：国家重点研发计划项目“游乐园和景区载人设备全生命周期检测监测与完整性评价技术研究”（编号：2016YFF0203100）；课题 2“典型游乐设施虚拟仿真、质量预测和虚拟体验技术研究与系统开发”（编号：2016YFF0203102）。

作者简介：陈卫卫，1982 年生，男，工程师，博士，主要从事游乐设施检验检测新技术开发研究。

为落后，乘客伤害和结构失效事件偶有发生。为丰富游乐设施检验检测方法，增加游乐设施检验检测科技含量，提高乘客乘坐游乐设施安全性和舒适性水平，中国特种设备检测研究院游乐设施事业部积极开展了游乐设施测试假人开发与应用研究工作。同时，实体测试假人开发与应用也是我院承担的国家重点研发计划 NQI 专项项目《游乐园和景区载人设备全生命周期检测监测与完整性评价技术研究》的重要研究内容[1]。

课题组在前期开展了实体测试假人在游乐设施检测中的应用前景研究，提出了游乐设施测试假人开发建议[2]。Hybrid Ⅲ 50 百分位成年男性假人于 1976 年由通用汽车公司开发成功并投入使用，在航空、航天、汽车和高铁等领域均有应用，是世界上迄今为止应用范围最广泛的测试假人[3~6]。本文在前期工作基础上开展了实体假人在游乐设施测试中的应用研究，联合湖南赛孚汽车科技股份有限公司开发了基于 Hybrid Ⅲ 50 百分位成年男性假人的游乐设施测试假人，并在株洲方特主题乐园进行了测试工作，课题成果将填补国内外乘客乘坐游乐设施人体生物力学响应研究方面的空白。

1 游乐设施测试假人结构

游乐设施测试假人基于 Hybrid Ⅲ 50 百分位成年男性假人开发，该假人的各种尺寸参数、部件质量和结构性能均满足国际汽车工程师学会 Society of Automotive Engineers （简写 SAE International） 标准 SAE J2856—2009《User′s Manual for the 50th Percentile Male Hybrid Ⅲ Dummy》中的相关规定[7]。假人主要包括头部、颈部、肩部、胸部、手臂、臀部、腿部和脚部等部件，如图 1 所示。

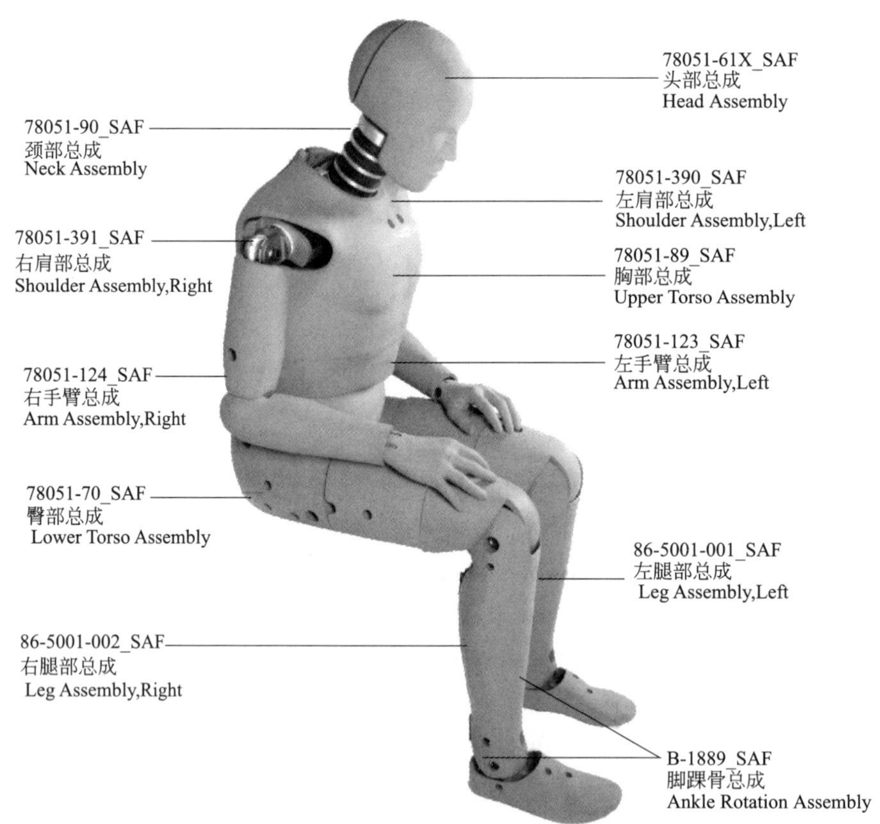

图 1 假人主要组成部分

假人各部件由若干零件组成，以头部为例：主要由颅骨和头骨后盖、皮肤、传感器安装支架以及一些连接件 （螺钉、垫圈、销轴和线卡等） 组成。其中，头部骨骼结构为铝铸件，表面包覆可拆卸的乙烯基材质皮肤，假人头部零件分解详见图 2。

游乐设施测试假人各部件之间由具有不同自由度的关节结构进行连接，以图 3 中右臂为例：上臂与肩部之间由肩关节枢轴连接，具有绕肩关节轴的转动自由度；上臂与下臂之间由肘关节枢轴连接，具有绕肘关节轴的转动自由度；下臂与手部之间由腕关节枢轴连接，具有绕腕关节轴的转动自由度等。

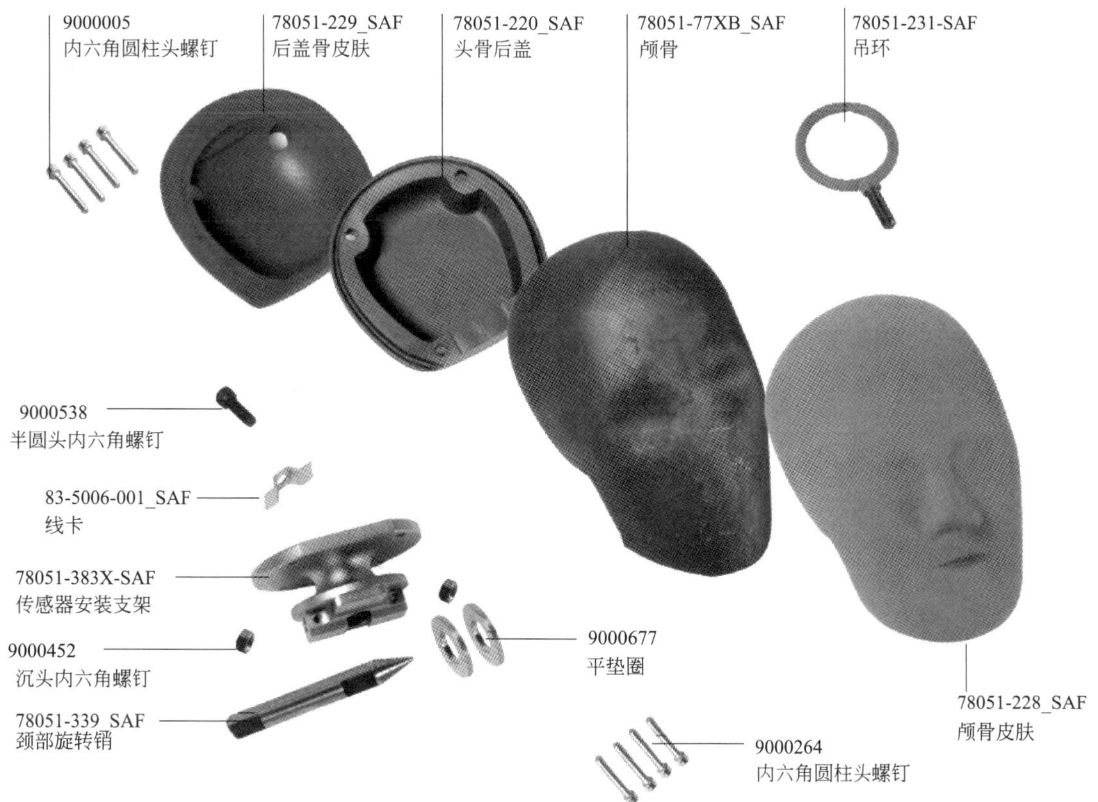

图 2　假人头部零件分解图

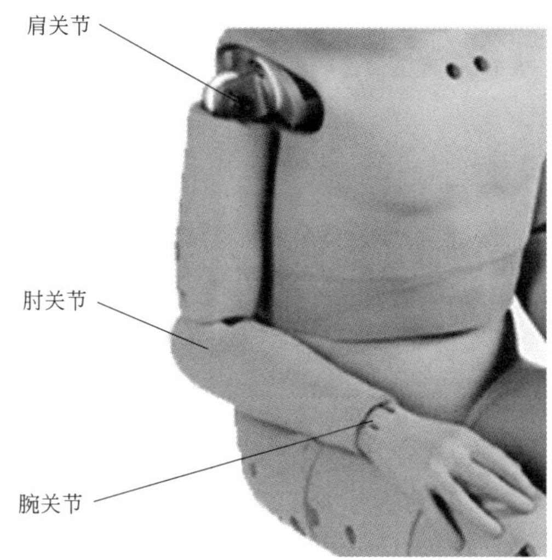

图 3　假人右臂关节自由度示例

假人的主要外形尺寸参数定义见图 4，表 1 中列出了各参数规范值。

表 1　假人主要尺寸参数及取值

序号	参数	数值/mm	序号	参数	数值/mm	序号	参数	数值/mm)
1	*A*	883.9 ± 5.1	9	*I*	337.8 ± 7.6	17	*R*	99.1 ± 7.6
2	*B*	513.1 ± 7.6	10	J	200.7 ± 10.2	18	V	429.3 ± 7.6
3	*C*	86.4 ± 2.5	11	*K*	591.8 ± 12.7	19	*W*	363.2 ± 7.6
4	*D*	137.2 ± 2.5	12	*L*	442.0 ± 12.7	20	*Y*	985.5 ± 15.2
5	*E*	88.9 ± 5.1	13	*M*	492.8 ± 7.6	21	*Z*	850.9 ± 15.2
6	*F*	147.3 ± 7.6	14	*N*	464.8 ± 12.7	22	*AA*	431.8 ± 2.5
7	*G*	297.2 ± 7.6	15	*O*	221.0 ± 7.6	23	*BB*	228.6 ± 2.5
8	*H*	43.2 ± 2.5	16	*P*	259.1 ± 7.6			

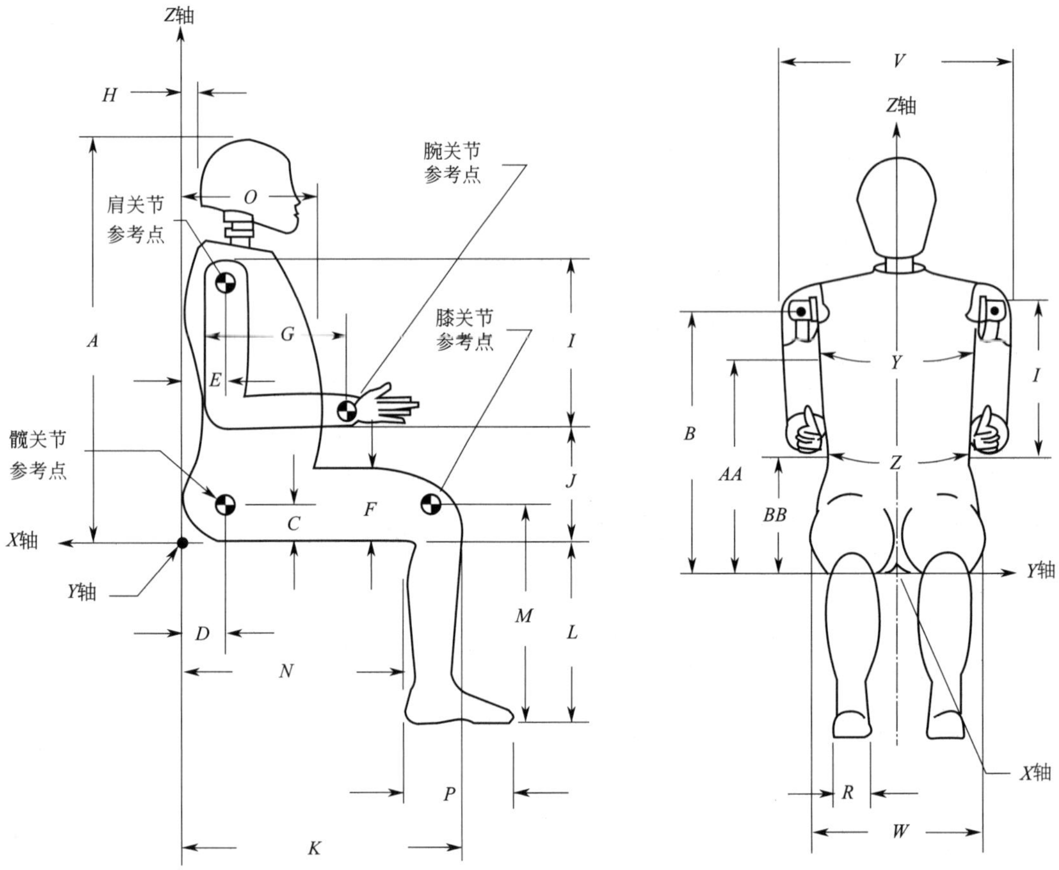

(a)侧视图

(b)前视图

图 4 假人主要外形尺寸参数定义 (坐立位)

假人的各总成及总质量规范要求详见表 2。

表 2 假人各总成及总质量取值

序号	总成	质量/kg	序号	总成	质量/kg
1	头部总成	4.54 ± 0.05	8	下躯干总成(包含股骨和下腰椎转接板)	23.04 ± 0.36
2	颈部总成	1.54 ± 0.05	9	左大腿总成	5.99 ± 0.09
3	上躯干总成(从颈部支架下部至脊骨箱底部)	17.19 ± 0.36	10	右大腿总成	5.99 ± 0.09
4	左上臂总成	2.00 ± 0.09	11	左小腿总成(包含左脚总成)	5.44 ± 0.14
5	右上臂总成	2.00 ± 0.09	12	右小腿总成(包含右脚总成)	5.44 ± 0.14
6	左下臂总成(包含左手总成)	2.27 ± 0.09	13	总质量	77.70 ± 1.18
7	右下臂总成(包含右手总成)	2.27 ± 0.09			

2 传感器选型与布置方案

Hybrid Ⅲ 50 百分位成年男性假人由美国国家公路交通安全管理局（National Highway Traffic Safety Administration，简写为 NHTSA）委托通用汽车公司开发[7]，其目的为可用于多次重复性汽车碰撞测试。目前，世界各国的新车评估规程中（New Car Assessment Program，简写为 NCAP）在正面碰撞试验时，驾驶员座椅均采用该假人进行试验[8,9]。不同国家的标准对于传感器的选择与布置要求各有不同，课题组调研了中、美、欧、日等国标准，综合各国优点并结合游乐设施标准法规进行了传感器选择与布置方案设计，详见图 5。

假人传感器清单详见表 3。

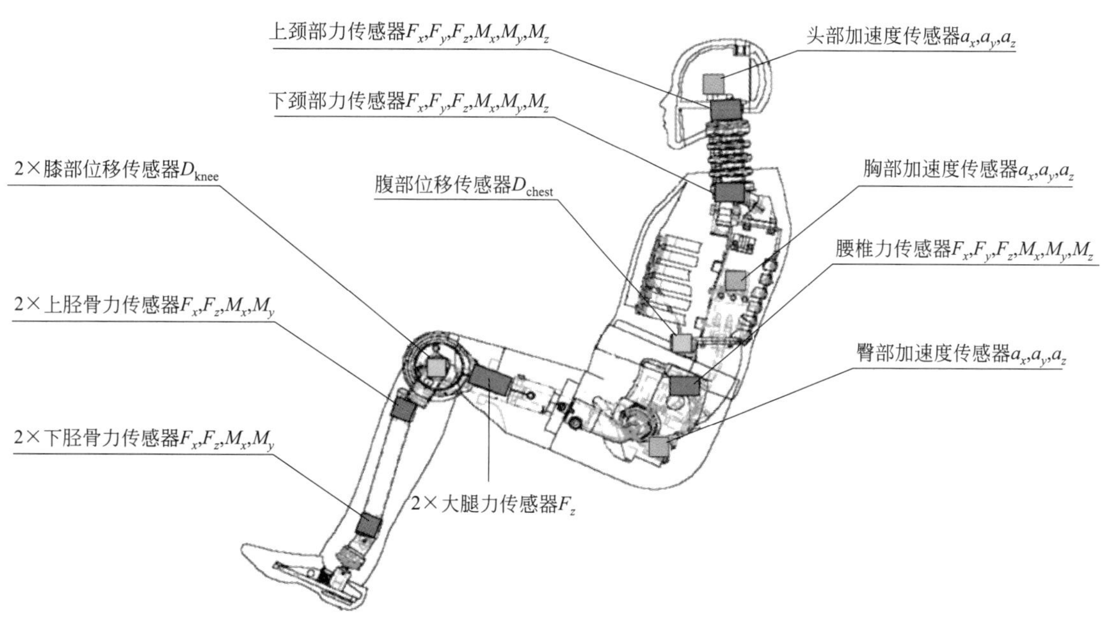

图 5　假人传感器布置方案

表 3　假人传感器清单

序号	安装位置	传感器名称	数量	测试参数
1	头部	单轴加速度传感器	3	a_x、a_y、a_z
2	上颈部	六轴力/力矩传感器	1	F_x、F_y、F_z、M_x、M_y、M_z
3	下颈部	六轴力/力矩传感器	1	F_x、F_y、F_z、M_x、M_y、M_z
4	胸部	单轴加速度传感器	3	a_x、a_y、a_z
5	胸部	单轴位移传感器	1	D
6	腰椎根部	六轴力/力矩传感器	1	F_x、F_y、F_z、M_x、M_y、M_z
7	臀部	单轴加速度传感器	3	a_x、a_y、a_z
8	左大腿	单轴力传感器	1	F_z
9	右大腿	单轴力传感器	1	F_z
10	左膝盖	单轴位移传感器	1	D
11	右膝盖	单轴位移传感器	1	D
12	左小腿上部	四轴力/力矩传感器	1	F_x、F_z、M_x、M_y
13	右小腿上部	四轴力/力矩传感器	1	F_x、F_z、M_x、M_y
14	左小腿下部	四轴力/力矩传感器	1	F_x、F_z、M_x、M_y
15	右小腿下部	四轴力/力矩传感器	1	F_x、F_z、M_x、M_y

3　假人安装方式与测试方案

利用实体假人进行游乐设施测试在国内尚属首次，为了避免试验中可能出现的各种意外情况，需制订切实可行的测试方案。鉴于假人质量较大，运输不便，课题组选择了距离假人试制地点长沙较近的株洲方特主题乐园开展前期测试，选取了具有代表性的两台游乐设施，并制订了有针对性的测试方案。

3.1　确定测试对象

过山车结构复杂、运行速度较快且三向加速度特征显著，课题组分别选取了乐园一期的矿山车和二期的木质过山车作为测试对象。矿山车为传统钢质轨道，最大运行速度 45km/h，运行较平稳；木质过山车为木结构支撑，钢板轨道，最大运行速度 85km/h，振动较强烈；两台设备均无翻滚动作，如图 6 所示。

(a) 矿山车轨道

(b) 矿山车车体

(c) 木质过山车轨道

(d) 木质过山车车体

图 6　选定测试的两台游乐设施

3.2　确定安装方式

课题组、试制方和乐园工作人员提前对两台设备进行了现场考察和测量，图 7 和图 8 分别为矿山车和木质过山车乘客座椅与约束系统及乐园中等尺寸工作人员乘坐设备的实际效果。通过实地考察和尺寸测量，确定了实体假人可以稳妥的安装在座椅上并被乘客束缚装置可靠约束。

假人试验所使用的多通道数据采集仪如图 9(a)所示，该装置为精密仪器，需稳固安装在待测游乐设施上。综合两台过山车车体结构特点，利用自身车体地板上已有的螺栓孔，设计了一款专用转接板用于数据采集仪与过山车地板的连接。转接板成品照片如图 9(b)所示，两台过山车的安装位置示意图分别如图 9(c)和图 9(d)所示。

3.3　制定试验方案

由于假人材料性能受温度影响，推荐假人测试环境温度为 20～22℃，环境湿度为 10%～70%。考

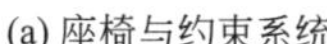

(a) 座椅与约束系统

(b) 乘坐效果

图 7　矿山车座椅空间

(a) 座椅与约束系统

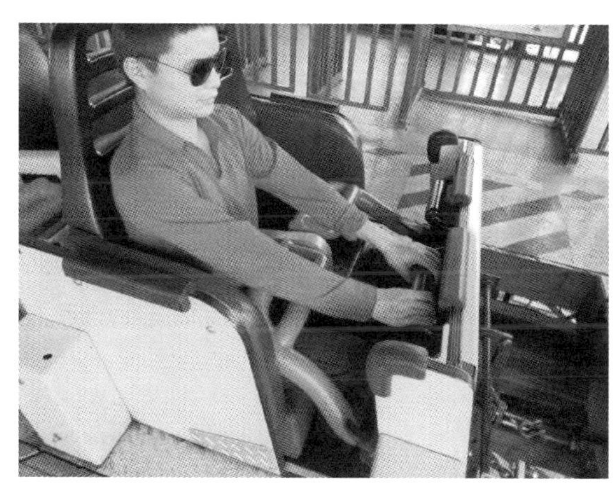

(b) 乘坐效果

图 8　木质过山车座椅空间

虑到待测设备均位于室外，将测试环境温度放宽至 18～30℃，试验前应将假人存放在 20～22℃的室内保存 24h 以上，测试时不能为雨雾天气。

假人基本测试步骤如图 10 所示，假人安装时需注意以下事项：假人为坐姿安装，背部应紧靠座椅靠背；调整小腿与大腿角度，应使大腿与座椅面完全接触；假人传感器线束绑扎牢靠；数据采集仪与车体安装可靠。

游乐设施实体假人测试在国内尚属首次且受限于数据采集仪通道数量，本次试验仅安装部分传感器开展测试。数据采集仪通道总数为 32 个，本次测试用传感器占用通道数合计 26 个，具体如表 4 所示。

表 4　测试用传感器清单

序号	安装位置	传感器名称	数量	测试参数	通道数
1	头部	单轴加速度传感器	3	a_x、a_y、a_z	3
2	上颈部	六轴力/力矩传感器	1	F_x、F_y、F_z、M_x、M_y、M_z	6
3	胸部	单轴加速度传感器	3	a_x、a_y、a_z	3
4	胸部	单轴位移传感器	1	D	1
5	左大腿	单轴力传感器	1	F_z	1
6	右大腿	单轴力传感器	1	F_z	1
7	左小腿下部	四轴力/力矩传感器	1	F_x、F_z、M_x、M_y	4
8	右小腿下部	四轴力/力矩传感器	1	F_x、F_z、M_x、M_y	4
9	车体	单轴加速度传感器	3	a_x、a_y、a_z	3
					26(合计)

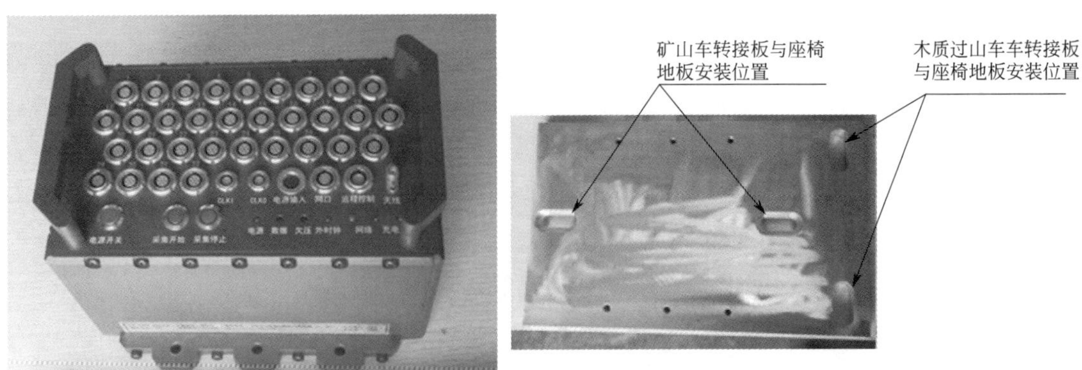

(a) 数据采集仪 (b) 专用转接板

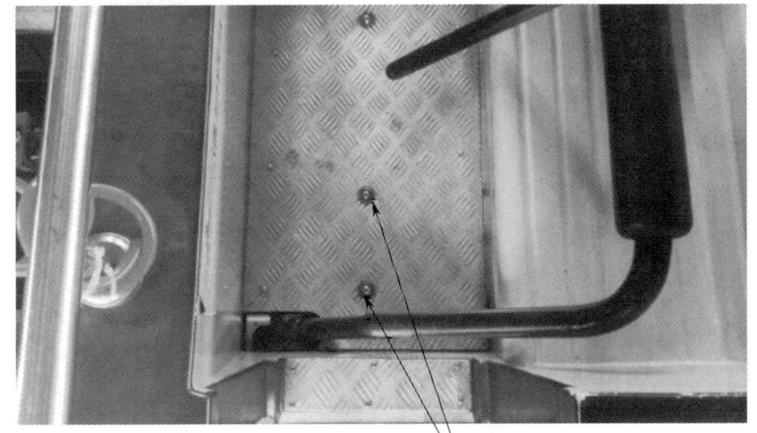

(c) 矿山车安装位置示意

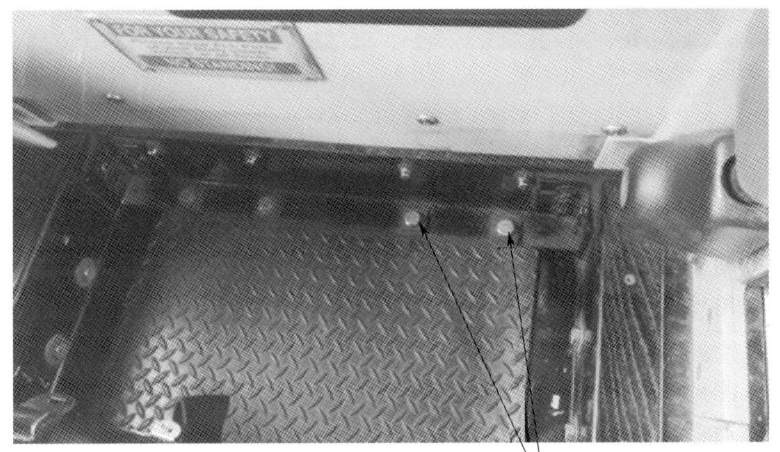

(d) 木质过山车安装位置示意

图 9 数据采集仪安装方式及位置示意图

4 游乐设施实体假人测试应用

假人体重约 78kg，搬运工作较为困难，在乐园内采用电瓶车运输，如图 11 所示。从设备入口到站台，电瓶车不能进入，需要一台专用搬运椅，上台阶时还需要至少 3 名搬运工。

测试当日环境条件如图 12 所示，环境温度 20℃，环境湿度 50%，完全符合前文试验方案中要求。将假人按测试方案要求安装于座椅合适位置，并使用乘客束缚装置将其约束固定，如图 13（a）所示。将数据采集仪安装于车体地板上，连接传感器线束并可靠绑扎，如图 13（b）所示。

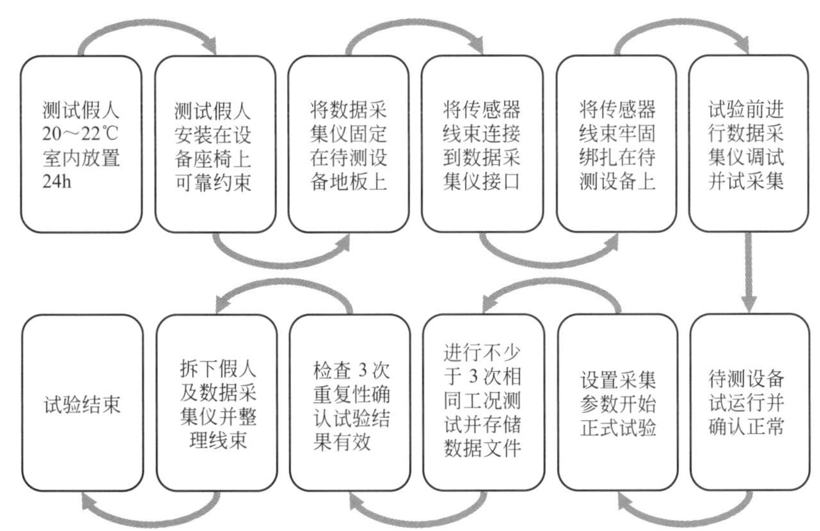

图 10　假人测试基本步骤

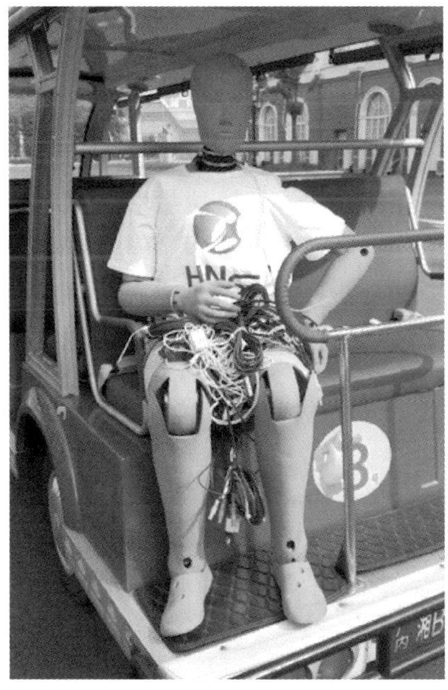

图 11　假人运输方式

图 12　测试环境条件

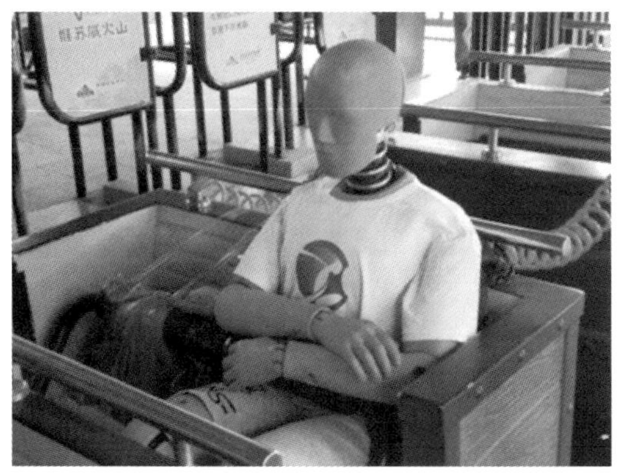

(a) 假人稳固安装

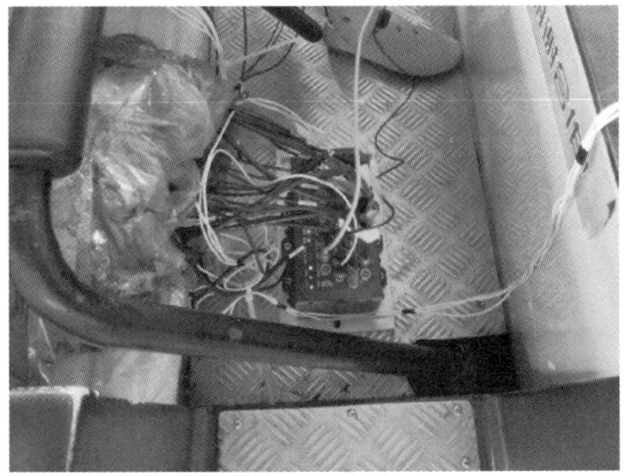

(b) 数据采集仪可靠固定

图 13　假人和数据采集仪安装照片

图 14　无线加速度传感器验证

图 15　数据采集设置及调试

为验证假人测试数据，在假人胸部等效高度位置安装了 1 台无线三轴加速度传感器用于结果比对[10]，如图 14 所示。试验前进行数据采集仪调试并试采集，如图 15 所示。为采集测试过程中假人的动态视频信息，还在假人前方安装了 GoPro 高清摄影机。确认假人和数据采集仪安装可靠，传感器线束连接无误，然后开始正式测试。

5　游乐设施实体假人测试结果

在矿山车和木质过山车上分别进行了 3 次相同工况试验，试验重复性较好。下面以木质过山车测试结果为例，分别进行假人胸部加速度传感器与无线加速度传感器测试结果比对和假人所有传感器测试结果分析等工作。

5.1　假人测试方案可行性分析

无线加速度传感器安装高度与假人胸部加速度传感器高度基本相同，无线加速度传感器直接固定于车体，假人胸部加速度传感器安装于假人胸腔内部。胸部 3 向加速度测试结果比较结果如图 16 所示，图中加速度变化趋势基本一致，无线加速度传感器测试峰值较高，假人胸部加速度传感器测试峰值较小。峰值差异来源有几种可能性：①假人表面皮肤层有一定阻尼效果；②假人内部骨骼结构有一定缓冲效果；③两个传感器安装高度不完全相同；④两种传感器量程、精度和滤波算法不一样等等。总体来说，两种测试方法结果具有一致性，证明假人测试方案可行。

5.2　假人测试结果分析

图 17～图 19 所示分别为车体、头部和胸部三向加速度测试结果，可以看到车体上加速度峰值最高，头部次之，胸部最小。这是由于运行中轮轨冲击振动直接传递到车体导致产生很多短暂的冲击加速度，假人-座椅系统隔离了一定振动，因此假人头部和胸部加速度测试结果较小。头部比胸部位置高，所以头部加速度结果要稍大于胸部结果。

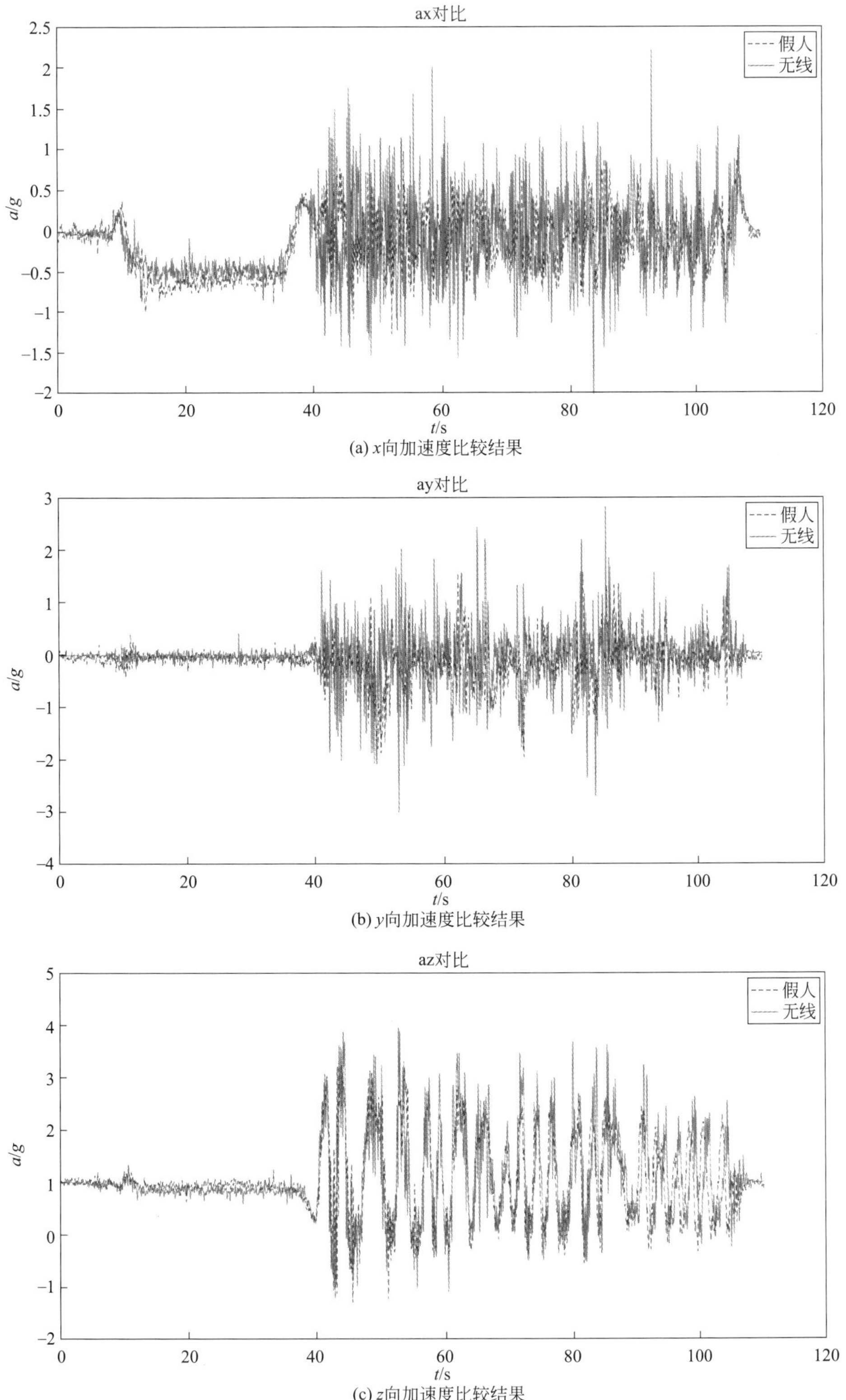

(a) x向加速度比较结果

(b) y向加速度比较结果

(c) z向加速度比较结果

图 16　胸部加速度结果比对

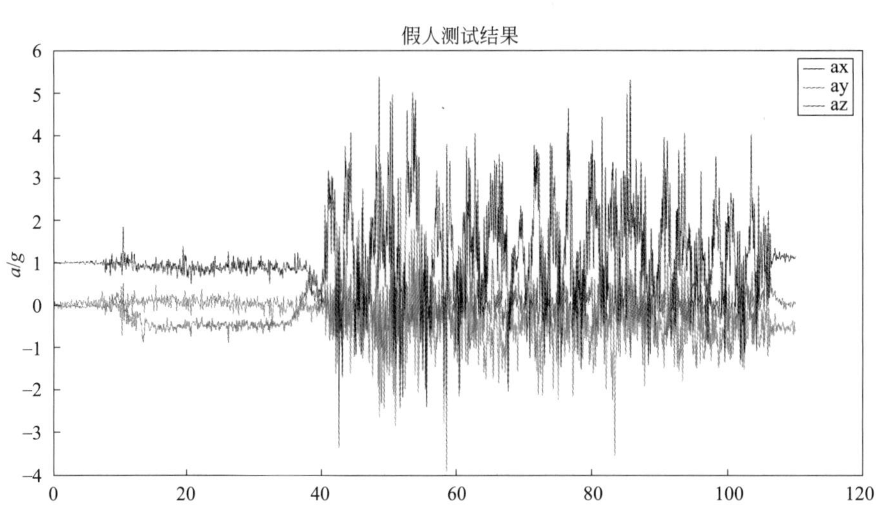

图 17　车体三向加速度结果

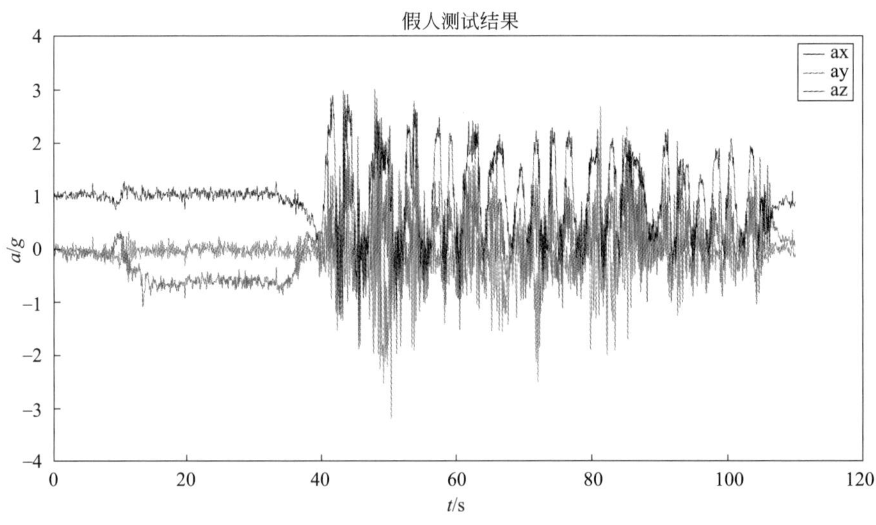

图 18　头部三向加速度结果

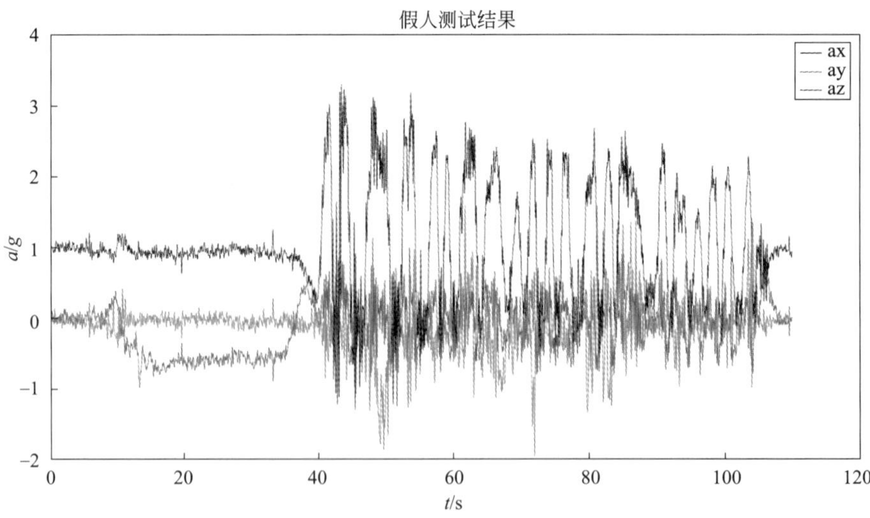

图 19　胸部三向加速度结果

图 20 所示为假人胸部压缩变形测试结果，反映了过山车压杠对胸腹部的作用情况。可以看到，在过山车运行过程中，该变形量一直处于 0.5mm 附近，在曲线尾部有一较大峰值，该值超过了 2mm。这是由于乘坐结束前，刹车力较大，造成胸部与压杠相互作用力增大导致的。图 21 和图 22 所示为假人上

颈部力和力矩测试结果，反映了过山车运行过程中由于头部甩动对颈部的作用力情况。可以看到，在过山车运行过程中，颈部最大受力超过了 130N，最大力矩超过了 8N·m。

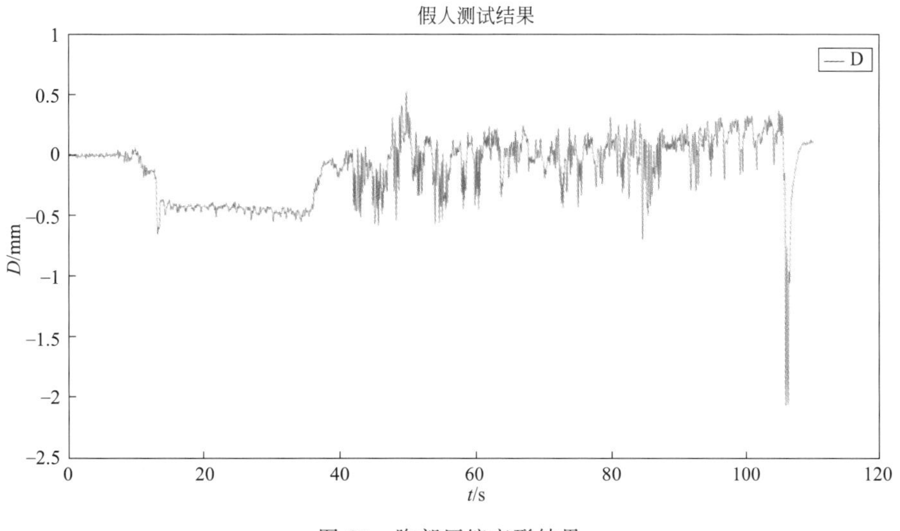

图 20 胸部压缩变形结果

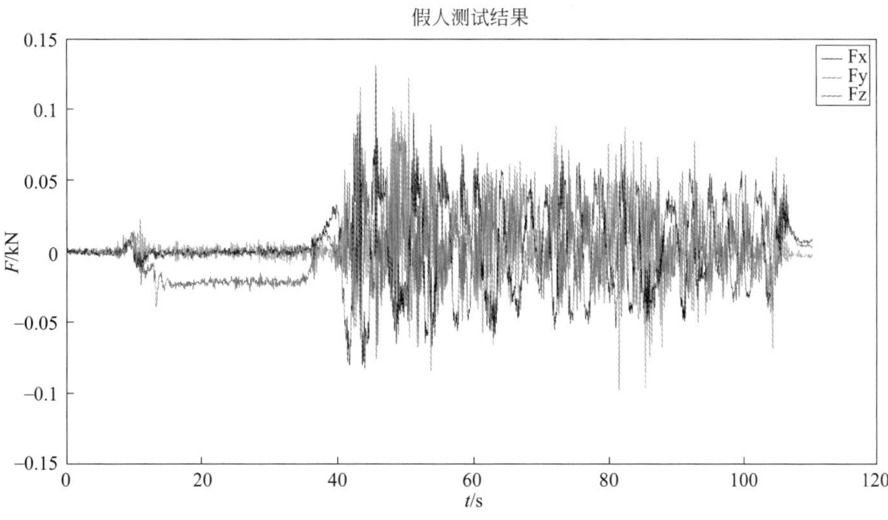

图 21 上颈部三向力测试结果

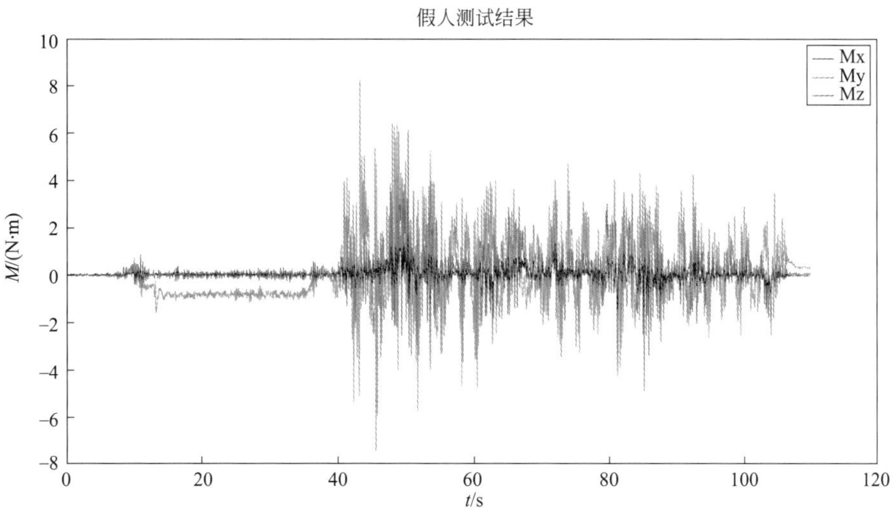

图 22 上颈部三向力矩测试结果

图 23 所示为假人左右大腿力测试结果，反映了过山车运行过程中大腿的受力情况。可以看到，在本次测试中，右大腿受力较大，最大受力接近 80N。

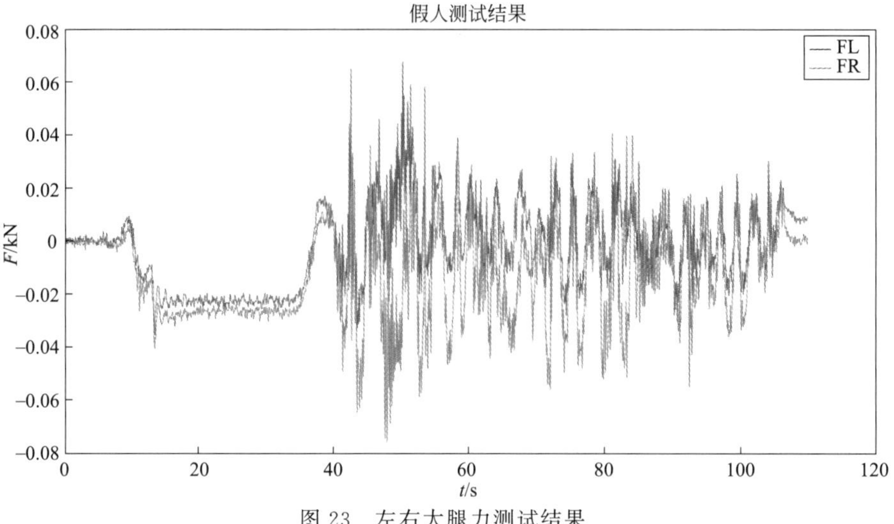

图 23　左右大腿力测试结果

图 24～图 27 所示为假人左右小腿下部力和力矩测试结果，反映了过山车运行过程中小腿的受力情况。可以看到，在本次测试中，与右大腿相似，右小腿同样受力较大，最大受力超过 250N，最大力矩超过 11N·m。

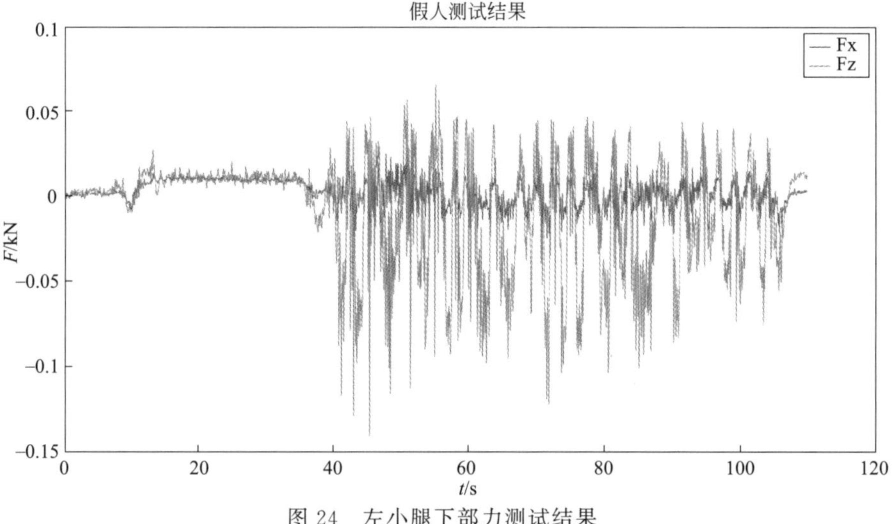

图 24　左小腿下部力测试结果

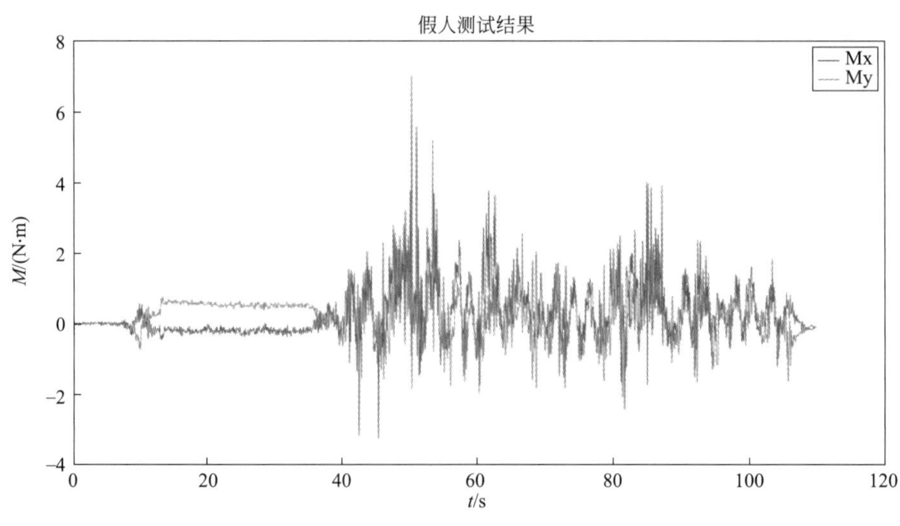

图 25　左小腿下部力矩测试结果

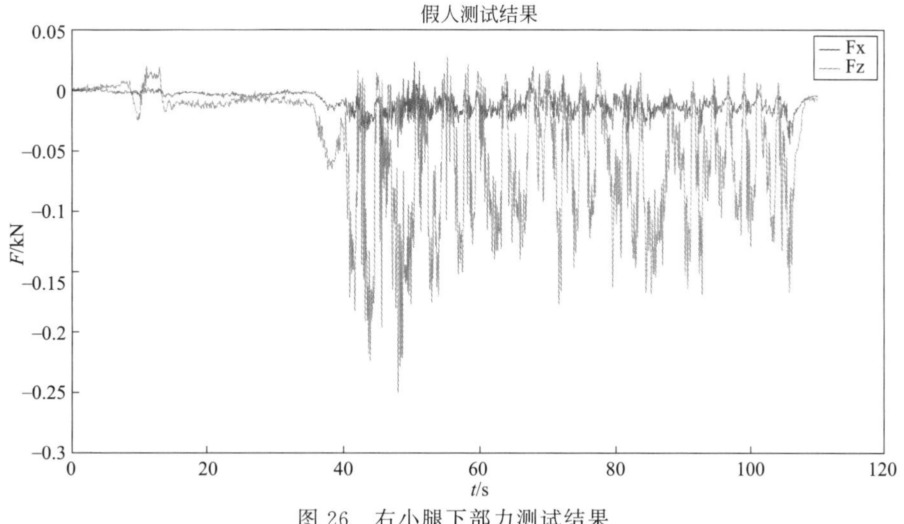

图 26　右小腿下部力测试结果

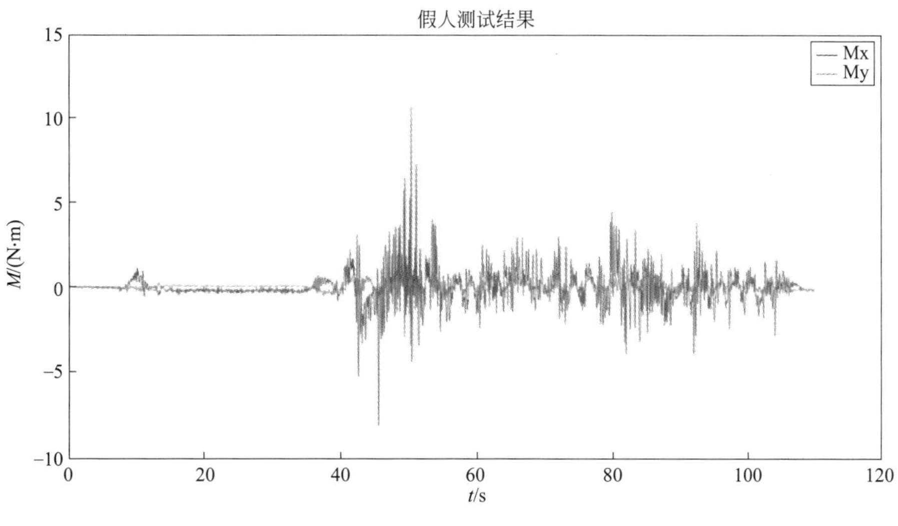

图 27　右小腿下部力矩测试结果

在游乐设施测试中开展实体假人应用研究，用假人加速度响应代替车体加速度响应，能够更加准确地反映出乘客乘坐游乐设施的真实情况。多个传感器的选择和合理布置能够测试人体的力、力矩、变形和加速度等多个部位不同变量的响应过程，为开展乘客乘坐游乐设施的舒适性和安全性评价研究奠定了基础。

6　结论

课题组通过开展游乐设施实体假人设计、试制和试验工作，取得了以下阶段性成果：

① 完成了游乐设施实体假人设计和试制工作；

② 完成了传感器选型和布置方案设计；

③ 初步制定了游乐设施假人测试方案；

④ 开展了实体假人测试工作，取得初步成果，积累了宝贵经验。

参考文献

[1]　沈功田，张勇，刘然．游乐园和景区载人设备全生命周期检测监测与完整性评价技术研究［J］．中国特种设

备安全，2016，32 (10)：5-9.

［2］ 陈卫卫，田博．实体测试假人在游乐设施检测中的应用前景［J］．中国特种设备安全，2017，33 (1)：6-11.

［3］ Crash test dummy - Wikipedia［EB/OL］. https：//en. wikipedia. org/wiki/Crash_ test_ dummy，2016-05-15.

［4］ Crash test dummy［EB/OL］. http：//www. cs. mcgill. ca/～rwest/wikispeedia/wpcd/wp/c/Crash_ test_ dummy. htm，2016-05-15.

［5］ 假人|汽车碰撞试验用假人的生产销售 - Jasti Co.，Ltd［EB/OL］. http：//www. jasti. co. jp/cn/product/dummy. html# hybrid-III50th，2016-05-15.

［6］ History of Crash Test Dummies|Humanetics ATD［EB/OL］. http：//www. humaneticsatd. com/about-us/dummy-history，2016-05-15.

［7］ SAE J2856-2009. SURFACE VEHICLE INFORMATION REPORT - User's Manual for the 50th Percentile Male Hybrid Ⅲ Dummy［S］.

［8］ 中国汽车技术研究中心．C-NCAP管理规则 (2018年版)［R］，2018.

［9］ U. S. Department of Transportation—National Highway Traffic Safety Admini-stration. Laboratory Test Procedure for New Car Assessment Program FrontImpact Test［R］，2018.

［10］ 陈卫卫，庞昂．无线加速度测试技术在过山车检测中的应用［J］．中国特种设备安全，2017，33 (2)：1-6.

游乐设施新旧标准风载荷计算方法比对及应用

徐永生　邓贵德　郑志涛　张　勇　沈功田

中国特种设备检测研究院，北京 100029

摘　要： 本文主要针对大型游乐设施新旧标准在风载荷计算方面的不同展开讨论。GB 8408—2008 中风载荷的取值及计算方法是按照 GB 50009—2001《建筑结构荷载规范》中的规定执行，而 GB 8408—2018 标准中风载荷的取值及计算方法是按照 GB 50009—2012《建筑结构荷载规范》中的规定执行。《建筑结构荷载规范》GB 50009—2012 与 2001 版相比，风压高度变化系数的选取和风振系数的计算公式均发生了较大的改变。通过对新旧标准风载荷的比对及某大型观览车的风载荷计算和有限元分析，展示了新旧标准在计算大型游乐设施风载荷工况时的差异。

关键词： 游乐设施；GB8408；GB50009；荷载规范；风载荷

Comparison and Application of New and Old Standard Wind Load Calculation Methods for Amusement device

Deng Gui-de，Xu Yong-sheng，Zheng Zhi-tao，Zhang Yong，Shen Gong-tian

China Special Equipment Inspection Institute，Beijing 100029

Abstract: The differences between the old and new standards of large-scale amusement were discussed in this paper. The value and calculation method of GB 8408—2008 standard wind load are carried out in accordance with the provisions of GB 50009—2001 “Load code for the design of building structures”, and the value and calculation method of wind load of GB 8408—2018 standard are carried out in accordance with the provisions of GB 50009—2012 “Load code for the design of building structures” . Compared with the new and old “Load code for the design of building structures” GB 50009—2012 and 2001, the selection of wind pressure height variation coefficient and the calculation formula of wind vibration coefficient have changed greatly. Through the comparison of the new and old standards and the case analysis of a large viewing vehicle, the difference between the new and old standards in the calculation of the wind load conditions of large amusement device is presented.

Keywords: Amusement device; GB8408; GB50009; Load code; Wind load

0　引言

2018 年 5 月 14 日，国家市场监督管理总局和中国国家标准化管理委员会联合发布了 GB 8408—

基金项目：国家重点研发计划项目（编号：2016YFF0203100）；课题 3“基于本质安全的游乐设施设计与建造关键技术研究”（编号：2016YFF0203103）。

作者简介：徐永生，1985 年生，男，工程师，硕士，主要从事特种设备结构研究与评价工作。

2018《大型游乐设施安全规范》[1]，本次发布的标准将替代 GB 8408—2008《游乐设施安全规范》[2]，具体实施日期为 2018 年 12 月 1 日。本文主要针对新旧标准在大型游乐设施风载荷计算方面的不同展开讨论。

在 GB 8408—2008 中，风载荷的规定出现在 4.2.2.7 条，具体内容为“风载荷分为工作状态载荷和非工作状态载荷。游乐设施的设计，按最大运行风速 15m/s 计算工作状态下的风载荷。在静止状态下（非工作状态）应能承受当地气象数据提供的风载荷，风载荷用 Q7 表示。风载荷的取值及计算方法参照 GB 50009 中的规定执行。”在 GB 8408—2018 中，风载荷的规定出现在 6.1.2.10 条中，具体内容为“风载荷分为正常使用工况载荷和极限工况载荷。游乐设施的设计，应按最大运行风速 15m/s 来计算正常使用工况下的风载荷。对于在室内使用的游乐设施，可不计算风载荷。在静止状态下（极限工况）应能承受当地气象数据提供的风载荷，风载荷用 Q9 表示。风载荷的取值及计算方法按照 GB 50009 中的规定执行。”

对比新旧标准，主要有以下两方面不同。

① 新标准增加了对室内使用游乐设施可不计算风载荷的规定，这是对旧标准的补充和完善。

② 旧标准中把风载荷分为工作状态载荷和非工作状态载荷，新标准中把风载荷分为正常使用工况载荷和极限工况载荷。

工作状态载荷和正常使用工况载荷大小一致，新旧两个标准均按最大运行风速 15m/s 计算。非工作状态载荷和极限工况载荷也是同一个载荷，但是他们的计算方法略有不同。虽然新旧标准中均规定“风载荷的取值及计算方法参照 GB 50009 中的规定执行”，但是在 2008 版标准的第 2 章规范性引用文件中明确规定了采用“GB 50009—2001《建筑结构荷载规范》”[3] 来计算，而在 2018 版标准中规定了采用“GB 50009 建筑结构荷载规范”计算，并没有规定 GB 50009 的具体版本，且规定“凡是不注日期的引用文件，其最新版本（包括所有的修改单）适用于本文件”，因此 2018 版的 GB8408 应采用“GB 50009—2012《建筑结构荷载规范》”[4] 来计算极限工况载荷。

本文对 GB8408 新旧两个标准的风载荷进行了比对，以位于某城市郊区的某大型观览车为例进行了风载荷计算对比及有限元分析

对比分析《建筑结构荷载规范》2012 版和 2001 版两个标准，风载荷是新标准主要和重点修订的内容之一[5,6]。本文通过对新旧标准风载荷的比对，以及某大型观览车的风载荷计算和有限元分析，展示了新旧标准在计算大型游乐设施风载荷工况时的差异。

1 GB 50009—2012 与 2001 版风载荷对比

建筑结构荷载规范的新旧两个标准的极限风载荷均是按照式（1）计算的。

$$w_k = \beta_Z \mu_S \mu_Z w_0 \tag{1}$$

式中 w_k——风载荷标准值，kN/m^2；

β_Z——高度 Z 处的风振系数；

μ_S——风载荷体形系数；

μ_Z——风压高度变化系数；

w_0——基本风压值，kN/m^2。

风载荷体型系数 μ_S 的计算方法和基本风压值 w_0 的选取均没有发生大的变化，但风压高度变化系数的选取和风振系数的计算公式均发生了较大的改变[7,8]。

在旧版标准中，规定 B 类地面粗糙度是田野、乡村、丛林、丘陵以及房屋比较稀疏的乡镇和城市郊区，C 类指有密集建筑群的城市市区。而在新版标准的第 8.2.1 条，地面粗糙度 B 类中取消了“城市郊区”。这意味着在新版标准中对于位于城市郊区的建筑，设计者有了比较大的灵活度，既可以取做 B 类，也可以取做 C 类。很多大型的游乐设施往往坐落于城市郊区，取不同的粗糙度类型往往对风载荷

的计算有较大的影响。此外，新版标准对风压高度系数也进行了全面的调整，除高度≤10m 的 B 类保持不变外，其余系数均有一定的减小。在旧版标准中离地面或海平面高度≥450m 时就取了 3.12 这个统一的风压高度系数，在新版标准中重新标定了 450m 和 500m 处的风压高度系数，并对于离地面或海平面高度≥550m 时的风压高度系数统一取为 2.91。所以对于大型游乐设施，采用新标准选取的风压高度系数较以前有了一定的减小。

新旧标准的风振系数计算公式发生了改变，按照 GB 50009—2001《建筑结构荷载规范》7.4 节，结构在高度 z 处的风振系数计算公式为：

$$\beta_Z = 1 + \frac{\xi \nu \phi}{\mu_Z} \tag{2}$$

式中，ξ 为脉动增大系数，可按照 GB 50009—2001 表 7.4.3 依据不同的 $w_0 T_1^2$ 值选取，w_0 为风压、T_1 为结构基本自振周期，按照附录 E.1.1 计算。ν 为脉动影响系数，总高度和宽度比值近似为 1，根据表 7.4.4-3 插值。ϕ 为振型系数，阵型系数应根据结构动力计算确定，对外形、质量、刚度沿高度按连续规律变化的悬臂型高耸结构及沿高度比较均匀的高层建筑，阵型系数也可以根据相对高度 Z/H 按附录 F 确定。μ_Z 为风压高度变化系数。

按照 GB 50009—2012《建筑结构荷载规范》8.4 节，结构在高度 Z 处的风振系数计算公式为：

$$\beta_Z = 1 + 2gI_{10}B_Z\sqrt{1+R^2} \tag{3}$$

式中 g——峰值因子，可取 2.5；

I_{10}——10m 高度名义湍流强度，对应 A、B、C 和 D 类地面粗糙度，可分别取 0.12、0.14、0.23 和 0.39；

R——脉动风载荷的共振分量因子，按照 8.4.4 条计算；

B_Z——脉动风载荷的背景分量因子，按照 8.4.5 和 8.4.6 条计算。

2 观览车风载荷计算实例对比

以位于某城市郊区的某大型观览车为例，根据新旧《建筑结构荷载规范》GB 50009—2012 和 2001 版分别计算风载荷标准值，并比较他们之间的差别。观览车的总高度为 120m，高度方向分 3 段进行计算，分别为 40m、80m 和 120m，保守计算，取分段高点处的风载荷标准值作为观览车该段的整体风载荷标准值。

2.1 按照标准 GB 50009—2001 计算风载荷标准值

观览车位于城市郊区，按照标准地面粗糙度为 B 类。根据标准中表 7.2.1 风压高度变化系数，查得 40m、80m 和 120m 时的风压高度变化系数如表 1 所示，其中 120m 高度的风压高度变化系数是依据 100m 和 150m 的数据差值计算得到的。

表 1 旧标准风压高度变化系数

高度/m	40	80	120
风压高度变化系数	1.56	1.95	2.20

依据旧标准，观览车在不同高度的自振周期、脉动增大系数、脉动影响系数、振型系数、高度变化系数及最终计算得到的风振系数如表 2 所示。

表 2 旧标准风振系数

高度/m	自振周期(t)	脉动增大系数	脉动影响系数	振型系数	高度变化系数	风振系数
40	1.56	2.52	0.48	0.167	1.56	1.13
80	1.56	2.52	0.44	0.547	1.95	1.32
120	1.56	2.52	0.39	1.000	2.2	1.45

风载荷的体型系数 μ_S 只与结构有关，基本风压值 w_0 只与地域有关，因此按照标准 GB50009-2001 计算得到观览车不同高度的风载荷标准值如表 3 所示。

表 3 旧标准风载荷标准值

高度/m	风振系数	风载荷体形系数	高度变化系数	基本风压值/(kN/m²)	风载荷标准值/(kN/m²)
40	1.13	μ_S	1.56	w_0	$1.76\mu_S w_0$
80	1.32	μ_S	1.95	w_0	$2.57\mu_S w_0$
120	1.45	μ_S	2.2	w_0	$3.19\mu_S w_0$

2.2 按照标准 GB 50009—2012 计算风载荷标准值

观览车位于城市郊区，新版标准中没有明确说明城市郊区的粗糙度类别是 B 类还是 C 类，因此我们按照 B 类和 C 类两种情况分别计算风载荷的标准值。根据标准中表 8.2.1 风压高度变化系数，查的 40m、80m 和 120m 时两种粗糙度类别的风压高度变化系数如表 4 所示，其中 120m 高度的风压高度变化系数是依据 100m 和 150m 的数据差值计算得到的。可以看出按照新标准 B 类粗糙度得到的高度变化系数略小于旧标准，按照新标准 C 类粗糙度得到的高度变化系数大幅度的小于旧标准。

表 4 新标准风压高度变化系数

高度/m	40	80	120
B 类粗糙度	1.52	1.87	2.10
C 类粗糙度	1.00	1.36	1.62

依据新标准，场地粗糙度取 B 类时，观览车在不同高度的峰值因子、10m 高度名义湍流强度、脉动风载荷的共振分量因子、脉动风载荷的背景分量因子及最终计算得到的风振系数如表 5 所示。可以看出按照新标准计算得到的风振系数明显比按照旧标准计算的要大。

表 5 新标准风振系数（B 类粗糙度）

高度/m	峰值因子	10m 高度名义湍流强度	共振分量因子	背景分量因子	风振系数
40	2.5	0.14	2.32	0.15	1.27
80	2.5	0.14	2.32	0.43	1.76
120	2.5	0.14	2.32	0.71	2.25

依据新标准，场地粗糙度取 C 类时，观览车在不同高度的峰值因子、10m 高度名义湍流强度、脉动风载荷的共振分量因子、脉动风载荷的背景分量因子及最终计算得到的风振系数如表 6 所示。可以看出场地粗糙度取 C 类时，计算得到的风振系数比取 B 类时有了进一步的增大。

表 6 新标准风振系数（C 类粗糙度）

高度/m	峰值因子	10m 高度名义湍流强度	共振分量因子	背景分量因子	风振系数
40	2.5	0.23	2.09	0.12	1.33
80	2.5	0.23	2.09	0.33	1.88
120	2.5	0.23	2.09	0.69	2.85

场地粗糙度取 B 类时，计算得到观览车不同高度的风载荷标准值如表 7 所示，由于观览车不同部件的风载荷体型系数不同，且一个地方的基本风压是一个确定的值，所以表中的风载荷体型系数和基本风压值均用字母进行了替代。场地粗糙度取 C 类时，风载荷标准值如表 8 所示。

表 7 新标准风载荷标准值（B 类粗糙度）

高度/m	风振系数	风载荷体形系数	高度变化系数	基本风压值/(kN/m²)	风载荷标准值/(kN/m²)
40	1.27	μ_S	1.52	w_0	$1.93\mu_S w_0$
80	1.76	μ_S	1.87	w_0	$3.29\mu_S w_0$
120	2.25	μ_S	2.10	w_0	$4.72\mu_S w_0$

表 8 新标准风载荷标准值（C 类粗糙度）

高度/m	风振系数	风载荷体形系数	高度变化系数	基本风压值/(kN/m²)	风载荷标准值/(kN/m²)
40	1.33	μ_S	1.00	w_0	$1.33\mu_S w_0$
80	1.88	μ_S	1.36	w_0	$2.56\mu_S w_0$
120	2.85	μ_S	1.62	w_0	$4.62\mu_S w_0$

2.3 新旧标准风载荷标准值比较

按照新标准，当把城市郊区取为 B 类粗糙度时，新旧标准风载荷标准值的比较如表 9 所示。可以看出，新标准计算得到的风载荷标准值要明显大于旧标准，且随着高度的增加风载荷标准值增大的越快。按照新标准，当把城市郊区取为 C 类粗糙度时，新旧标准风载荷标准值的比较如表 10 所示。可以看出，当高度为 40m 时，新标准的风载荷标准值比旧标准的风载荷标准值小 24.55%。当高度为 80m 时，新旧标准计算出的风载荷标准值几乎一致，新标准的只比旧标准的小 0.54%。当高度达到 120m 时，新标准的风载荷标准值比旧标准的大了 44.83%。

表 9 风载荷标准值比较（B 类粗糙度）

高度/m	旧标准/(kN/m²)	新标准 B 类粗糙度/(kN/m²)	新旧标准对比/%
40	$1.76\mu_S w_0$	$1.93\mu_S w_0$	9.66
80	$2.57\mu_S w_0$	$3.29\mu_S w_0$	28.02
120	$3.19\mu_S w_0$	$4.72\mu_S w_0$	47.96

表 10 风载荷标准值比较（C 类粗糙度）

高度/m	旧标准/(kN/m²)	新标准 C 类粗糙度/(kN/m²)	新旧标准对比/%
40	$1.76\mu_S w_0$	$1.33\mu_S w_0$	−24.55
80	$2.57\mu_S w_0$	$2.56\mu_S w_0$	−0.54
120	$3.19\mu_S w_0$	$4.62\mu_S w_0$	44.83

3 观览车风载荷有限元分析对比

观览车的风载荷分两种，一种是正常使用工况（工作状态）载荷，一种极限工况（非工作状态）载荷，本文仅考虑极限工况（非工作状态）风载荷，基本风压值取 0.4kN/m^2。

该观览车承受极限风载荷的主要结构零部件有轮缘、转轮支臂、拉索、立柱和吊箱。各部件的体型系数如表 11 所示。

表 11 体型系数

部件	轮缘	转轮支臂	拉索	立柱	吊箱
体型系数	0.185	0.42	1.2	0.084	1.3

观览车几何模型和有限元模型如图 1 所示，拉索用弹簧单元代替。观览车在极限风载荷工况下处于空载状态，仅考虑结构的自重及极限风载荷。立柱部件的底部用紧固地脚螺栓固定在地面，底部施加全约束。

按照旧标准，观览车在极限风载荷工况下的应力云图如图 2 所示，最大应力为 254.95MPa。按照新标准，当场地粗糙度取 B 类时，观览车在极限风载荷工况下的应力云图如图 3 所示，最大应力为 325.79MPa，最大应力比旧标准增大了 27.79%。当场地粗糙度取 C 类时，观览车在极限风载荷工况下的应力云图如图 4 所示，最大应力为 273.71MPa，最大应力比旧标准增大了 7.36%。观览车的最大应力均发生在中心轴桁架与支臂和中心轴的连接部位。

图 1　几何模型及有限元模型

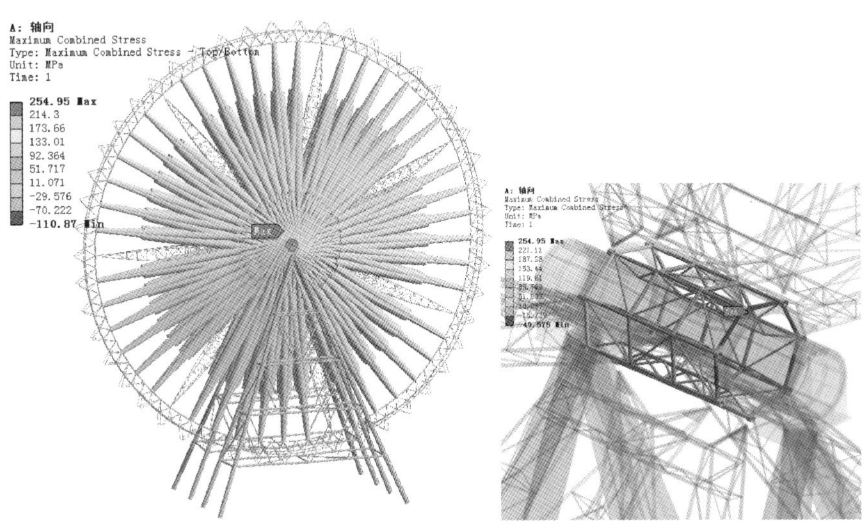

图 2　旧标准应力云图

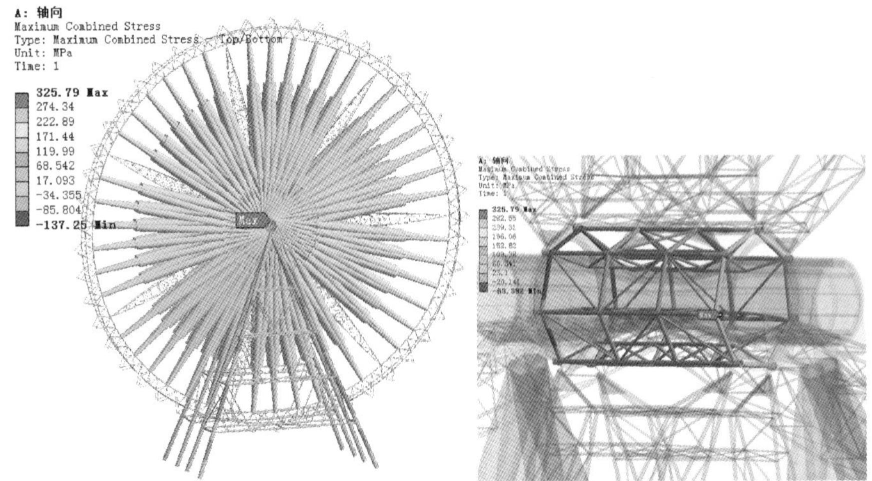

图 3　新标准（B类粗糙度）应力云图

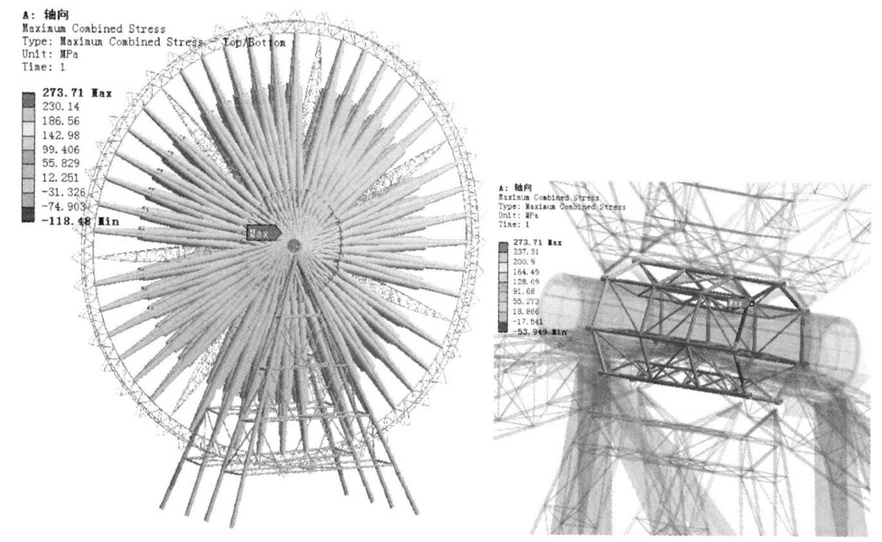

图 4 新标准（C 类粗糙度）应力云图

4 结论

本文对 GB 8408 新旧两个标准的风载荷进行了比对，以位于某城市郊区的某大型观览车为例进行了风载荷计算对比及有限元分析，得到以下结论：

① GB 8408—2008 标准中风载荷的取值及计算方法是按照 GB 50009—2001《建筑结构荷载规范》中的规定执行，而 GB 8408—2018 标准中风载荷的取值及计算方法是按照 GB 50009—2012《建筑结构荷载规范》中的规定执行；

②《建筑结构荷载规范》2001 版明确规定了城市郊区的场地粗糙度为 B 类，但 2012 版删去了对城市郊区场地粗糙度的规定；当把城市郊区取为 B 类粗糙度时，按照新标准计算得到的风载荷标准值要明显大于旧标准，且随着高度的增加风载荷标准值增大得越快；

③ 针对本文所提的观览车，通过有限元计算可知，当按照新标准把城市郊区取为 C 类粗糙度时，最大应力比旧标准增大了 7.36%，当按照新标准把城市郊区取为 B 类粗糙度时，最大应力比旧标准增大了 27.79%，因此，新标准对风载荷工况的计算更为严格。

参考文献

[1] GB 8408—2018 大型游乐设施安全规范［S］.
[2] GB 8408—2008 游乐设施安全规范［S］.
[3] GB 50009—2001 建筑结构荷载规范［S］.
[4] GB 50009—2012 建筑结构荷载规范［S］.
[5] 李永贵，高阳，戴益民．新、旧《建筑结构荷载规范》中高层建筑风载荷的对比研究［J］．钢结构，2015，9 (30) . 3-4.
[6] 金新阳．《建筑结构荷载规范》修订原则与要点［J］．建筑结构学报，2011，32 (12)：79-85.
[7] 熊铁华．新旧荷载规范关于风振系数表达形式的比较研究［J］．建筑结构学报，2013，34 (12)：149-154.
[8] 李学琛，左中杰，张华栋，翟传明．浅谈新建筑结构荷载规范风载荷计算修改［J］．建筑结构，2013，(43)：360-363.

游乐设施声发射状态监测与评价

张君娇　沈功田　吴占稳　苑一琳　刘　然

中国特种设备检测研究院，北京 100029

摘　要： 旋转部件作为游乐设施的重要结构，在设备安装完成后很难拆卸。声发射技术用于旋转机械的状态监测和故障诊断的应用效果良好，本文介绍了游乐设施声发射状态监测与故障诊断的基本原理、监测要求及监测程序等，并展示了客运索道和旋转类游乐设施的声发射现场监测应用案例。研究结果显示声发射技术能够用于游乐设施的状态监测与故障诊断。

关键词： 游乐设施；声发射；状态监测；评价

Acoustic emission condition monitoring and evaluation of amusement device

Zhang Junjiao, Shen Gongtian, Wu Zhanwen, Yuan Yilin, Liu Ran

China Special Equipment Inspection Institute, Beijing 100029

Abstract: Rotating structure, as the most important part of the amusement device, is difficult to be disassembled after its installation. Acoustic emission (AE) technology is an effective tool for condition monitoring and fault diagnosis of rotating machinery. The principle, requirements and procedure of AE condition monitoring on amusement devices were introduced. Application test on a ropeway and a rotating amusement device were carried out separately. The results indicated that the AE technique can be applied to the condition monitoring and fault diagnosis of the amusement devices.

Keywords: Amusement Device; Acoustic Emission; Condition Monitoring; Evaluation

0　引言

近年来，随着国民经济的快速发展和人民生活水平的提高，游乐设施产业发展迅猛。截至2017年底，全国大型游乐设施数量达到2.42万台，相对于2016年增长了8.5%，国内拥有400余个大型游乐园或主题公园，游乐设施年乘坐量高达上亿次。旋转部件作为游乐设施的重要结构，承载着极高的动载荷和极低的转速。一旦旋转部件出现故障，将引起事故的发生并威胁乘客的生命安全。由于旋转部件在设备安装完成后很难拆卸，状态监测和故障诊断对于游乐设施的安全运行至关重要。

目前，游乐设施检验人员仅仅在设备运行过程中观察旋转部件有无异常噪声，不能及时发现部件早

基金项目：国家重点研发计划项目（编号：2016YFF0203100）课题4“载人设备运行状态监测、故障诊断和质量性能评价技术研究”（编号：2016YFF0203104）。

作者简介：张君娇，工程师，主要从事无损检测技术研究及标准化工作。

期损伤。声发射检测技术可以实现在线监测并具有故障预警的潜力。沈功田的研究团队在游乐设施声发射状态监测技术方面已经开展了多年的研究，并得到了一些实验室和现场试验研究成果[1~5]。研究结果证实了声发射技术应用于游乐设施状态监测和故障诊断的可行性，在此基础上，课题组研制了国家标准《游乐设施状态监测与故障诊断 第2部分：声发射监测方法》[6] 并已发布。

本文介绍了标准的主要内容，包括游乐设施声发射监测基本原理、声发射仪器和探头的选取、监测程序和方法等。为了展示声发射状态监测技术的应用效果，本文给出了客运索道多次声发射监测的案例，并且依据游乐设施声发射状态监测国家标准进行评价。此外，本文还给出了一台旋转类游乐设施完美风暴实施声发射状态监测的结果，在设备正常运转过程中获取了转动部件的声发射信号，分析得到了声发射参数变化的特征。本研究为游乐设施转动部件的状态监测与故障诊断提供了一种有效的方法。

1 游乐设施声发射状态监测基本原理

游乐设施设备的转动部件在无故障正常运转时，其结构自身存在的摩擦将产生噪声，通过空气和部件壳体向外传播，被安装在壳体上的声发射传感器接收，获取的声发射信号有效值电压（RMS）或能量（Energy）较规则且幅值低。当出现机械结构损伤或磨损、润滑不当、结构不对称、安装故障等情况时，设备运转过程中结构间将发生剧烈摩擦或碰撞现象，此时获取的声发射信号有效值电压或能量出现不规则和高峰值的特点。通过监测声发射有效值电压或能量的变化，对游乐设施的转动部件进行状态监测与故障诊断。

图1为游乐设施转动部件声发射状态监测原理示意图，转动部件以滚动轴承为例，滚动轴承无故障正常运转时采集的声发射信号有效值电压（RMS）随时间变化较规律且幅值低，滚动轴承故障时采集的声发射信号RMS出现不规则的高峰值。

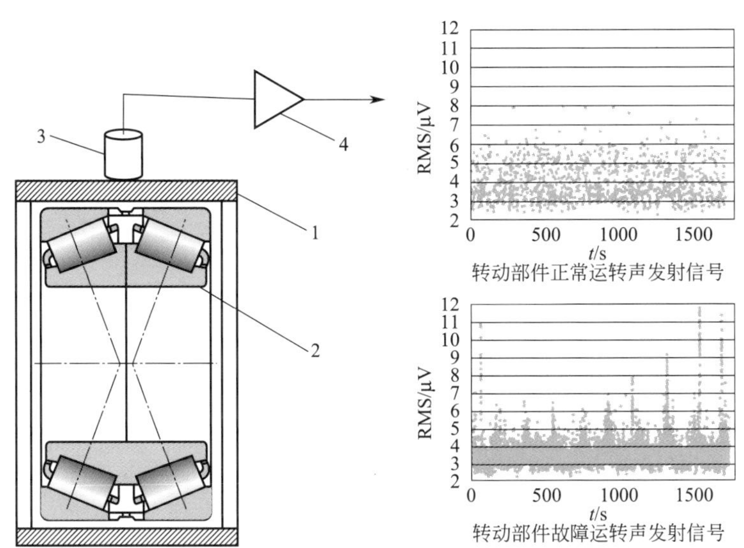

图1 游乐设施转动部件声发射状态监测原理示意图

1—部件壳体；2—转动部件（以滚动轴承为例）；3—声发射传感器；4—信号采集系统

2 声发射仪器和探头的选取

声发射系统主机应有覆盖检验区域的足够通道数，应至少能实时显示和存储声发射信号的参数（包括到达时间、门槛、幅度、振铃计数、能量、上升时间、持续时间、撞击数、有效值电压），至少具备一个通道采集波形。仪器各个通道的独立采样频率应不低于传感器响应频率中心点频率的10倍，门槛精度应控制应在±1dB的范围内。有效值电压和能量测量值的精度应在±5%范围内。

传感器的响应频率推荐在60～300kHz范围内，其灵敏度不小于60dB［表面波声场校准，相对于$1V/(m \cdot s^{-1})$］或−77dB（纵波声场校准，相对于1V/μbar）。当选用其他频带范围内的传感器时，应考虑灵敏度的变化，以确保所选频带范围内有足够的接收灵敏度。传感器在响应频率和工作温度范围内灵敏度变化应不大于3dB，传感器与被检件表面之间应保持电绝缘。

3 游乐设施声发射状态监测与故障诊断的程序和方法

3.1 监测前的准备

在游乐设施声发射监测实施前，首先要进行资料审查和现场勘查。每次监测都要审查被监测设备制造文件资料、设备运行记录资料、以往检验监测资料以及修理改造资料等，以充分监测对象的结构、运动模式、载荷变化以及出现故障的历史记录。设备现场勘查时，应找出所有可能出现的噪声源，如电磁干扰、空气噪声、运行背景噪声和机械背景噪声等，设法尽可能排除这些噪声源。并且根据现场情况确定实施条件，建立声发射监测人员和设备运行控制人员的联络方式，根据设备的类型和实际运转工况确定设备的运行程序。

3.2 在线监测的实施

启动游乐设备正常运转，在设备运行达到正常转速后开始采集声发射信号，至少连续采集设备转动部件连续运转10个周期的信号。如果设备具有不同的转速、转向或组合等多种运行工况，应在每种工况下分别实施声发射监测。

3.3 数据分析

通过实验室开展的模拟装置有无故障的声发射试验研究发现，有效值电压（RMS）和能量（Energy）是游乐设施旋转部件声发射状态监测和故障诊断的特征参数，根据特征参数曲线的变化来评价监测结果。首先应当设定基线，用于与后续的测量值进行对比以发现被监测对象的变化。基线数据的确定应准确规定游乐设施的初始稳定工况，基线数据宜在设备正常运行状态下获取。对于已经运行相当长时间的设备，其首次监测数据可以作为参考基线。

3.4 监测结果的评价

监测结果的等级根据声发射数据得到的监测曲线的平均值与基线数据的比值K来评价，监测结果可分为四个等级，如表1所示，其中a、b、c值应由试验来确定。监测结果的等级越高，表明监测对象的安全状况越差。表2给出了以滚动轴承为例的转动部件采用不同程度故障曲线的平均值与无故障数据（基线数据）的比值划分监测结果等级的推荐值。

表1 监测结果的等级划分

监测结果的等级	监测曲线的平均值与基线数据的比值K
Ⅰ	$K<a$
Ⅱ	$a\leqslant K<b$
Ⅲ	$b\leqslant K\leqslant c$
Ⅳ	$K>c$

表 2　试验滚动轴承采用不同程度故障的 RMS 曲线平均值与无故障数据的比值进行等级划分

监测结果的等级	故障曲线的平均值与无故障数据的比值 K
Ⅰ	$K<1.1$
Ⅱ	$1.1\leqslant K<1.4$
Ⅲ	$1.4\leqslant K\leqslant 1.7$
Ⅳ	$K>1.7$

3.5　监测结果的验证

监测结果等级不同，其相应的验证方法也不同。监测结果评级为Ⅰ级的，不需要进行验证。若连续几次监测结果均为Ⅰ级，可适当延长监测周期。监测结果评级为Ⅱ级的，可根据被检部件的使用情况缩短监测周期。监测结果评级为Ⅲ级的，应大幅缩短监测周期并根据实际情况确定是否需要验证。监测结果评级为Ⅳ级的，应立即停止设备的运行，拆卸转动部件，采用其他检测方法进行验证。监测结果评级的验证应按 GB/T 34370.1～GB/T 34370.6[7～12] 所规定的检测方法进行表面和（或）内部缺陷检测。

3.6　故障诊断

将监测曲线与基线数据比对，分析曲线变化的趋势与特征，结合转动部件的运转参数，诊断故障发生部位；提取监测曲线相对基线数据明显变化的声发射信号波形，分析其频谱特性，诊断故障类型。

4　现场应用

4.1　客运索道声发射监测与评价

4.1.1　监测对象及设备

课题组分别在 2012 年和 2014 年对河南某公园的一条客运索道开展了 2 次声发射监测，监测对象为该索道的驱动轮与主轴之间的滚动轴承，轴承型号为 GB 297-64 7536E，其运转周期为 12.2s。索道外观见图 2。

试验采用德国 Vallen 公司的 AMSY-6 型 12 通道全波形数字化声发射检测仪，与配套的声发射传感器、电缆线、采集卡和分析软件等组成声发射检测系统。声发射传感器选用 VS150-RIC 型谐振传感器，主要频率范围为 100～450kHz，中心频率为 150kHz，内置前置放大器增益 34dB。声发射传感器安装在滚动轴承附近，如图 3 所示。

图 2　索道外观

图 3　传感器布置

4.1.2 监测结果

启动索道在正常工况下运转，两次试验均在索道运转至正常转速后连续采集轴承运转10个周期的声发射信号。对比两次试验获取的RMS历程图，并没有发现规律的峰值信号，如图4所示。对2012年和2014年的声发射数据进行处理，得到轴承每个运转周期的RMS平均值，进而得到了两次试验的RMS平均值曲线，见图5。由于该索道运行多年来没有进行过声发射监测，因此2012年的监测结果作为参考基线。2012年和2014年的RMS平均值曲线的平均值分别为3.04和8.95，相应得到的K值即为二者之比2.94。根据表2判定索道轴承的监测结果等级为Ⅳ级，按相应的处理方法将该轴承拆卸并采用其他无损检测方法进行验证。

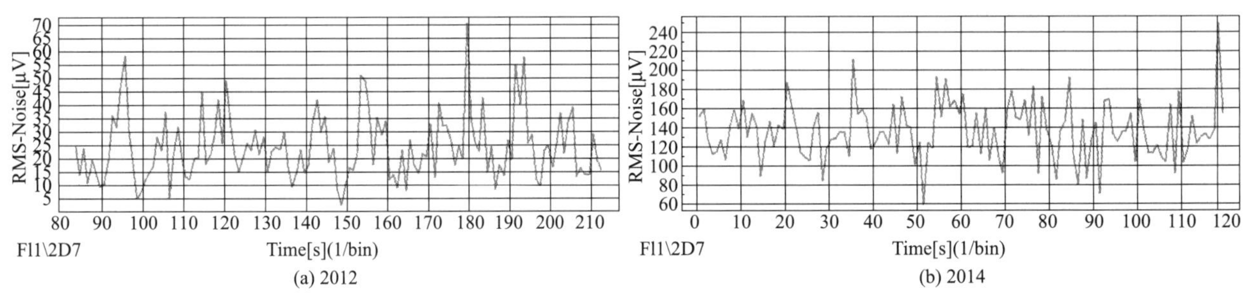

图4 两次监测的RMS历程图

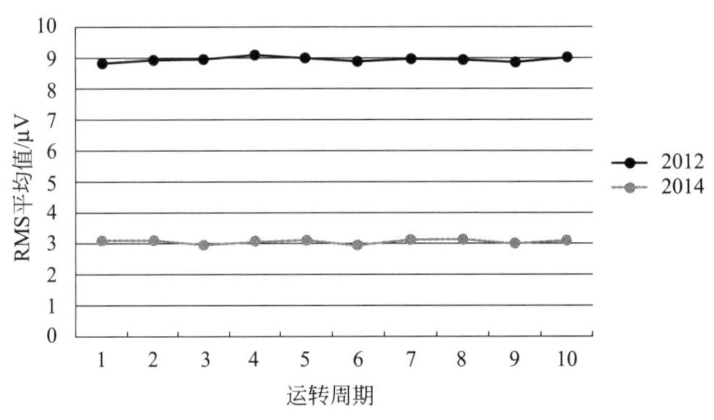

图5 两次监测的RMS平均值曲线

4.2 完美风暴游乐设备声发射监测与评价

4.2.1 监测对象及设备

完美风暴是游乐场中广受欢迎的一种旋转类游乐设备，其绕水平轴旋转，主要由旋转臂、连接轴、齿轮轴承、支柱、直流电机、船形客舱等部件组成，外观见图6。乘客乘坐的船舱可以上升并随水平轴以不同角度旋转，最高运行速度可达30km/h，最大加速度2.5g，带给乘客一种较刺激的飞行体验。声发射监测对象为完美风暴的旋转部件齿轮轴承，其旋转周期为24s。声发射监测使用的仪器和探头与索道试验相同，监测时将传感器安装在旋转部件附近的钢结构上，见图7。

4.2.2 监测结果

启动设备正常运转，在设备达到正常转速后连续采集轴承运转12个周期的声发射信号，获取了声发射参数随时间变化的历程图，见图8。观察轴承运转的声发射历程图发现，声发射各参数随时间的变化无明显规律性特征。RMS和能量的变化曲线是声发射监测结果分析和评价的基础，本次试验是对该设备的首次声发射监测，因此获得的RMS和能量数据将作为基线为以后的监测提供比对依据。

图 6 完美风暴外观

图 7 传感器布置

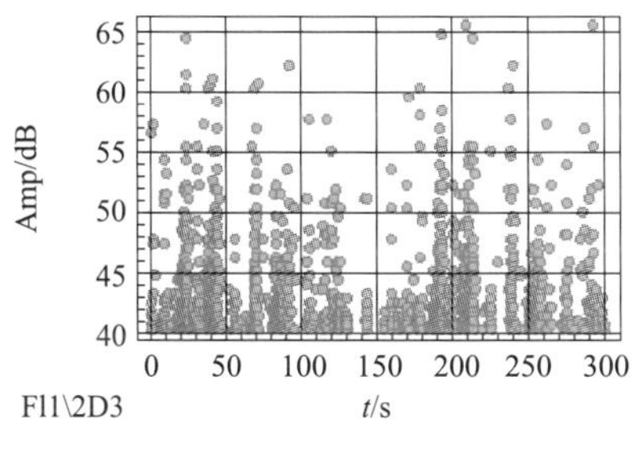

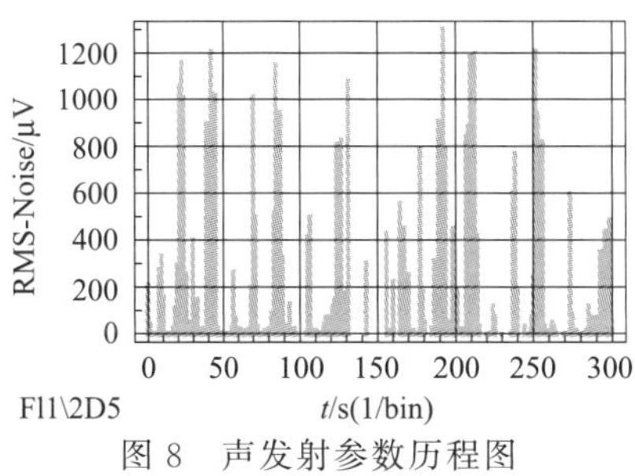

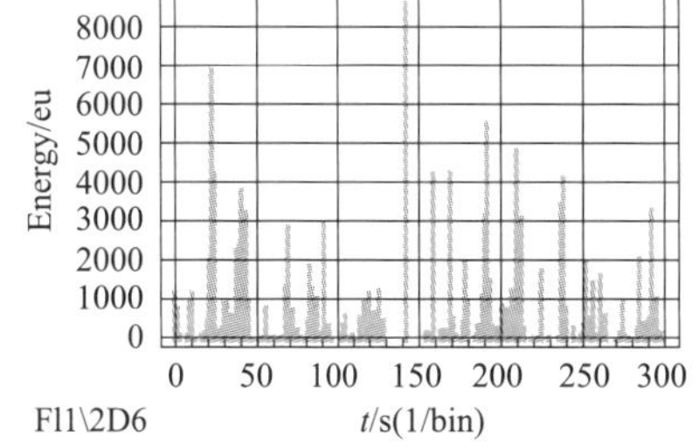

图 8 声发射参数历程图

5 结论

本文总结了课题组在游乐设施声发射状态监测与故障诊断方面的研究成果，游乐设施声发射状态监测的基本原理证实了声发射技术用于游乐设施旋转部件状态监测与诊断的可行性，监测程序给出了游乐设施声发射监测与诊断的具体操作方法和步骤，监测结果的分级为游乐设施声发射监测提供了切实可行的评价办法。客运索道滚动轴承的声发射试验展示了声发射状态监测与评价的具体实施结果，完美风暴设备的声发射监测得到了游乐设施旋转部件的声发射特性。基于研究整个过程和已取得的成果，对未来的研究具有以下思考：

① 对不同类型游乐设施的旋转部件，需要开展更多的实验室研究以完善声发射监测结果的评价分级判据；

② 对同一游乐设备，间隔一定时间开展多次声发射监测获取 RMS 和能量曲线的变化规律，积累声发射监测数据比对分析的经验。

参考文献

[1] 袁俊，沈功田，吴占稳等．轴承故障诊断中的声发射检测技术［J］．无损检测，2011，33 (4)：4-11.

[2] 吴占稳，沈功田，袁俊等．声发射技术在大型观览车主轴检测中的应用［J］．无损检测，2011，33 (5)：39-42.

[3] 吴占稳，沈功田，袁俊．大型观览车主轴系统的声发射信号特征［J］．无损检测，2011，33 (9)：29-32.

[4] 何存富，张君娇，沈功田等．大型观览车滚动轴承的声发射特性［J］．北京工业大学学报，2013，39 (5)：

653-659.
[5] 沈功田．声发射检测技术及应用［M］．北京：科学出版社，2015.
[6] GB/T 36668. 2—2018，游乐设施状态监测与故障诊断 第 2 部分：声发射监测方法［S］．
[7] GB/T 34370. 1—2017，游乐设施无损检测 第 1 部分：总则［S］．
[8] GB/T 34370. 2—2017，游乐设施无损检测 第 2 部分：目视检测［S］．
[9] GB/T 34370. 3—2017，游乐设施无损检测 第 3 部分：渗透检测［S］．
[10] GB/T 34370. 4—2017，游乐设施无损检测 第 4 部分：磁粉检测［S］．
[11] GB/T 34370. 5—2017，游乐设施无损检测 第 5 部分：超声检测［S］．
[12] GB/T 34370. 6—2017，游乐设施无损检测 第 6 部分：射线检测［S］．

电磁干扰对游乐设施应力测试的影响

王华杰　宋伟科　王增阳　张　琨

中国特种设备检测研究院 北京 100029

摘　要： 电阻应变片电测法是一种在游乐设施应力测试中被广泛采用的方法，它经常被用来测量游乐设施钢结构重要受力部位和重要受力零部件所受的应力。在磁场环境下，电阻应变片需要采取特殊的措施增强系统的抗干扰能力。在传统的游乐设施应力测试中，电磁干扰问题并不突出，但是随着新设备中使用的电磁转换装置越来越多，电磁干扰问题变得越来越明显。本文正是针对在测试过程中实际遇到的电磁干扰问题，进行了深入的研究和分析，并在文后的总结中提出了相关的抗干扰方法。

关键词： 游乐设施；应力测试；电磁干扰

Effect of Electromagnetic Interference on Stress Measurement of Amusement Facilities

Wang Hua-jie, Song Wei-ke, Wang Zeng-yang, Zhang Kun

China Special Equipment Inspection and Research Institute, Beijing 100029

Abstract: Resistance strain gauge is a widely used method in stress measurement of amusement facilities. It is often used to measure the stress of important parts and components of steel structure of amusement facilities. However, in the environment of magnetic field, the resistance strain gauge needs to take special measures to enhance the anti-interference ability. In the traditional stress testing of amusement facilities, the problem of electromagnetic interference is not prominent, but with the increasing use of electromagnetic conversion device in new equipment, the problem of electromagnetic interference becomes more and more obvious. In this paper, the electromagnetic interference problems encountered in the testing process are studied and analyzed in depth, and the relevant anti-interference methods are put forward in the summary of the paper.

Keywords: Amusement facilities; Stress testing; Electromagnetic interference

1　研究背景

电阻应变片法是一种在技术上非常成熟的表面应力逐点测量方法，应用范围涉及各种行业领域。它具有很多优点，比如：测量精度和灵敏度高，常温测量时精度可达到1%～2%；量程大，最高可达$2\times10^4\mu\varepsilon$；尺寸小，应变计栅长度最小为0.178mm，可以实现梯度较大的应变测量[1]。因此它在游乐设施钢结构表面应力测试中被广泛应用。

基金项目：本文受国家重点研发计划项目（编号：2016YFF0203100）课题3“基于本质安全的游乐设施设计与建造关键技术研究”（编号：2016YFF0203103）。

作者简介：王华杰，1987年生，男，硕士，长期在检验一线从事游乐设施检验工作。

本人在一次过山车的车体应力测试过程中偶然发现，当车体快速经过电磁制动装置时，在车体电磁刹车附近的应力测试装置时会重复产生瞬间的高应力显示。之后经过仔细研究发现，这个高应力显示是由电磁干扰引发，并在接下来的试验中消除和再现了该显示。

2 电阻应变片简介[2]

电阻应变片是将应变变化量转变成电阻变化量的转换组件，见图 1。金属丝的电阻 R 与其本身长度 L 成正比，与其横截面积 A 成反比，用公式表示为：

$$R=\rho L/A \tag{1}$$

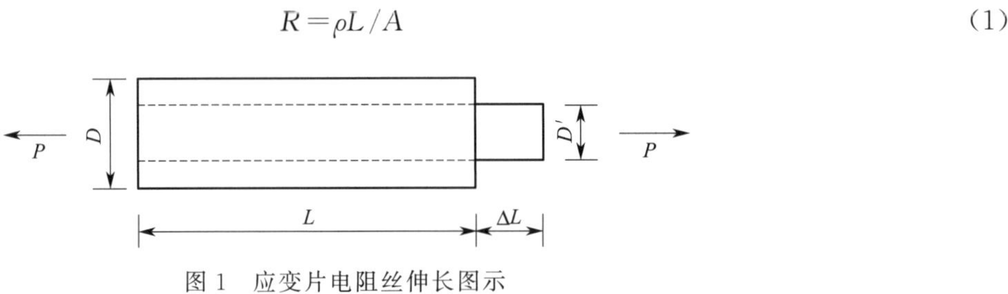

图 1 应变片电阻丝伸长图示

一般在应变极限内，金属材料电阻的相对变化与应变成正比：

$$\Delta R/R=K\varepsilon \tag{2}$$

在检验过程中，使用 1/4 桥路，如图 2 所示，惠斯通桥路中只有一个臂接测量应变片，其余三个在仪表里，S_{X-} 和 S_{X+} 之间的电压即为测量电压 U_{ss}。

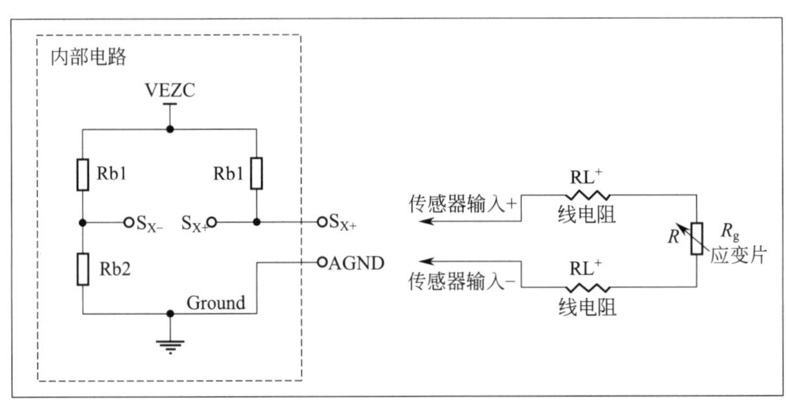

图 2 两线制 1/4 桥

电阻应力测试正是根据 U_{ss} 电压变化来确定电阻变化，进而求得应力。

3 游乐设施中电磁转换装置基本原理

在游乐设施领域的电磁转换装置主要有作为动力的电磁弹射装置和减速制动用的电磁减速装置。基于直线同步电机的电磁弹射过山车，因为其提速快，刺激性强，所以深受很多游客的喜爱。与同步电机原理一致，它一般由固定在车体上的永磁体（转子）和固定在轨道上的线圈（定子）组成。

如图 3 所示，车体上的永磁体 N，S 级交替相连，它们周围的磁场在一定区域内形成正弦曲线。在变频器的控制下，连续安装在轨道上的定子可以根据需要产生各个方向上的磁场。在每 2 片定子之间有电磁感应传感器，它能通过实时感测转子的磁场方向，来控制定子的变频器，使定子和转子磁场相序始终相差 90°，此时对车的推力最大。

在减速区域，车体利用涡流减速，相比起其他接触式的减速方法，它具有持续减速平稳，冲击小，日常使用中，无损耗，基本不需要维护。但是它不能使车速减到 0，一般来讲最小的出口速度为 0.5～1m/s[3]。所以在游乐行业中，车体在经历电磁减速后还会通过气动板式刹车，才能让车体真正的停下来。

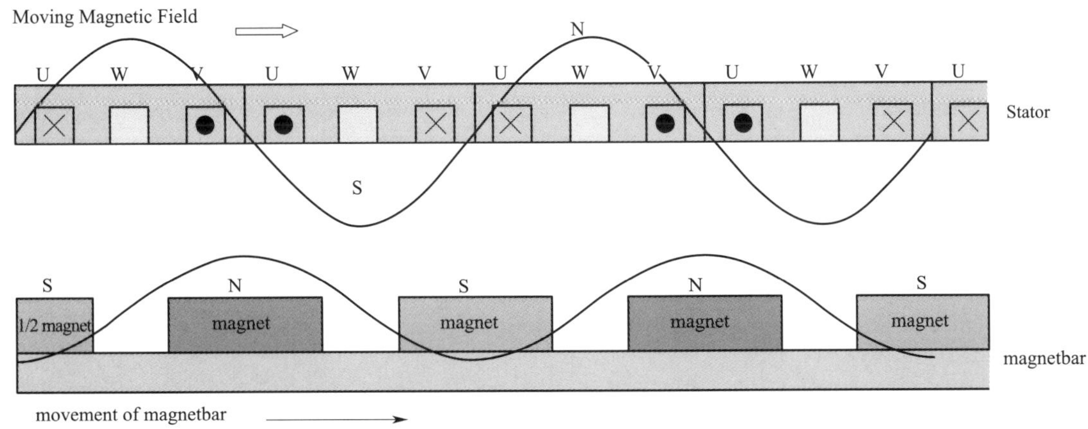

图 3 车体电磁弹射装置

4 电磁场对测试结果影响分析

4.1 场景分析

检验现场的过山车不具备电磁弹射功能，只配备了涡流减速装置。与带有弹射功能的过山车相反，过山车车体上为低电阻金属导电片（同时也作为刹车片使用），永磁体安装在轨道上。图 4 为待测车体的结构图，在制动区域，车体上的金属导电片会随车体高速经过安装在轨道上的永磁体。通过涡流效应减速，制动力可达 20kN/m[3]，这种减速方法失效安全，而且制动力大，所以在游乐设施中被广泛采用。在通过永磁体后，金属导电片会在接下来的气动刹车装置中制动。

图 5 为经过数据处理后的应力测试结果，当时其中一个被测点（如图 4 所示）距离车体电磁制动装置的金属导电片很接近。测试时 3 个周期的测量为一组，这样便于结果的前后对比，及时发现偶发问题，消除干扰。

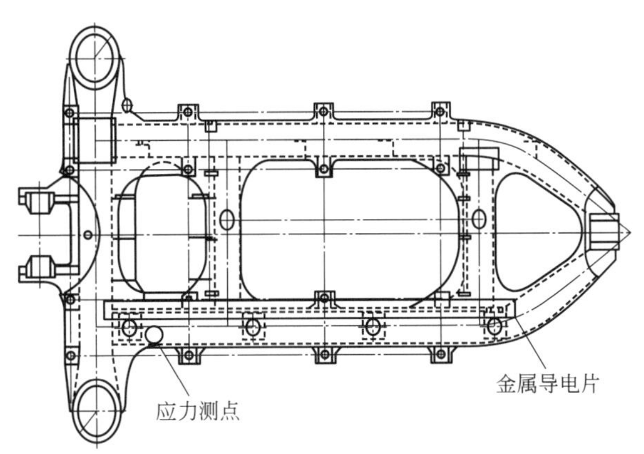

图 4 现场车体结构图

分析发现，测试结果的周期性好，重复性强，表明仪器性能稳定，但是出现了 3 个数值较大的尖峰和 3 个数值较小的尖峰，如图 5 所示。其中最大的尖峰达到了 348.02MPa，远远高于设计值，计算应力值只有 20MPa 左右。此处的金属材料为 Q345B，抗拉强度为 470MPa，如果所受应力确为 348MPa，那么安全系数只有 1.35，远低于标准要求的 3.5。

通过对高应力点出现的时间对比，发现所有点均来自于制动区域。在此过山车的轨道上有两个制动区域（制动区域 1 位于轨道中途，制动区域 2 位于进站段）。每个制动区都有一套电磁减速装置和气动板式刹车，所以推断小的高应力点来自于制动区域 1，大的高应力点来自于制动区域 2。

通过对气动板式刹车胶皮磨损程度观察发现，两块胶皮的磨损情况不一致，所以现场分析这个高应力点可能来自于板式刹车的制动板和制动器的对准不精确，导致车体在进站的瞬间冲击到了制动器导致出现了高应力点。因此最初我们重新校准了气动板式刹车的位置，但是检测结果基本无变化。

之后考虑到可能是因为气动板式刹车，压力过大，导致两块气动板接触过于紧密，车体在进入刹车区时减速过快，引起了该点的瞬间应力过大。因此我们又将气动板式刹车的气压从 0.5MPa 降为 0.3MPa，发现气压对检测结果毫无影响，所以我们又排除了气压因素。

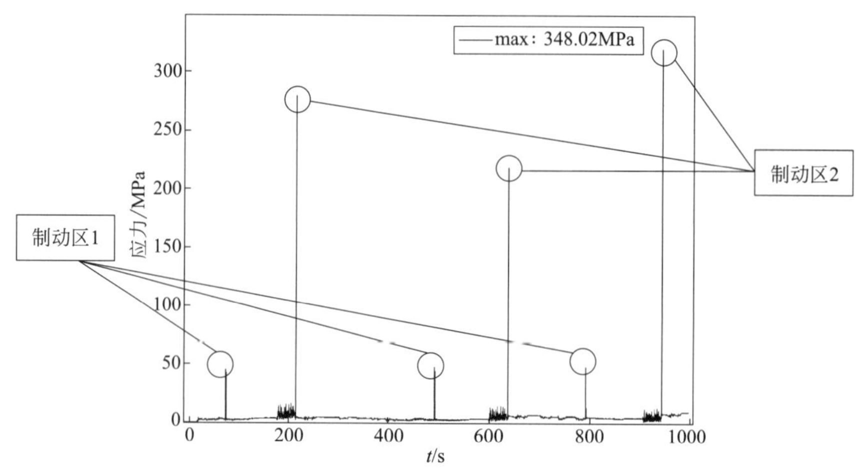

图 5 应力测试结果

4.2 原因分析

经过现场仔细观察、分析和试验，我们发现，现场待测部位的电阻应变片接线有个突出的特点。如图 6，在红色区域，两根黄色的导线中间有个比较大的空间，经过后来的分析，这个空间就是导致问题的主因。

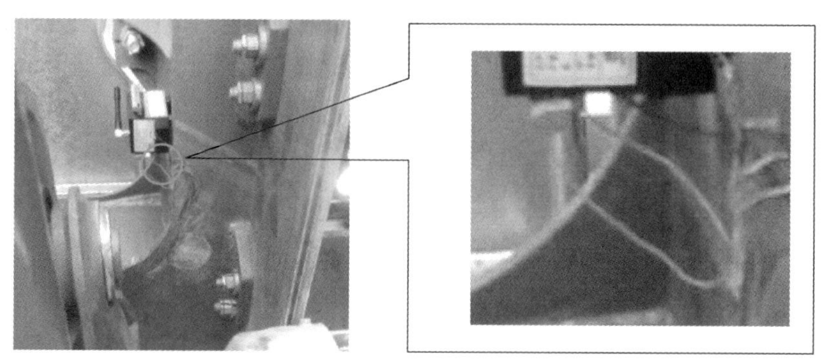

图 6 现场测点图示

如图 7，当车体上的金属导电片快速经过安装在轨道上的定子（永磁体）部分时，在导电片与永磁体接触的前端和末端会产生两个方向相反磁感应强度为 B 的感应磁场。

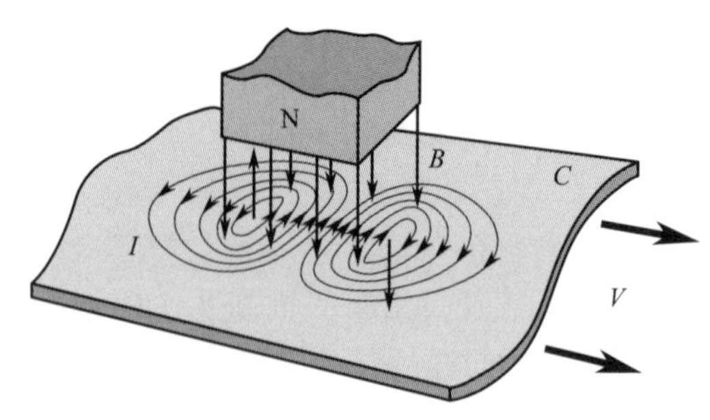

图 7 金属涡流制动片上产生感应磁场

根据法拉第电磁感应定律：

$$e(t)=-\frac{\mathrm{d}\phi(t)}{\mathrm{d}t} \tag{3}$$

在空间某个区域内产生的感应电动势与这个区域内磁通量 $\phi(t)$ 的变化率成正比，磁通量变化越快，感应电动势越大。其中 $\phi(t)=\int\vec{B}\,\mathrm{d}\vec{a}$，磁通量为磁感应强度与该区域的矢量积。根据此理论，图 6 中圆圈部位的导线正好无意中围成了空间闭合区域 A，如图 8 所示。

在空间区域 A 中，空间单位向量 $\mathrm{d}\vec{a}$ 与$\vec{B}$ 大致方向相反，所以：

$$\phi(t)=\int\vec{B}\,\mathrm{d}\vec{a}=\int B\,\mathrm{d}a\cdot(-\vec{e}_{x})\cdot\vec{e}_{x}\neq 0! \tag{4}$$

进而得出结论，$e(t)\neq 0$，这意味着此时在连接应变片的导线内将会产生不为 0 的感应电动势。即使金属表面未发生形变，应变片电阻未发生变化，在此感应电动势作用下，图 2 中 $U_{ss}\approx e(t)$，从而影

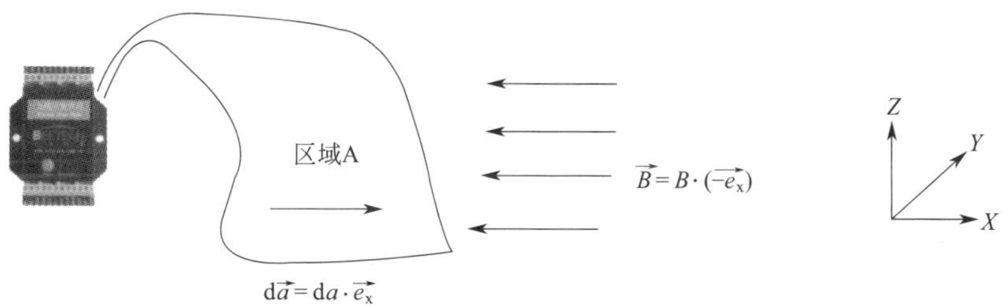

图 8　电阻应变片上产生感应电动势

响检测结果。

根据式(3)，这意味着车速越快，磁通量变化越快，$e(t)$ 越大，电磁干扰越来明显。现场情况与理论分析完全吻合，车体在区域 1 时车速较慢，所受干扰小；在区域 2 时车速快，所受干扰大。

为了验证结论，我们现场将空间区域缩小为 0，则有：

$$\phi(t)=\int \overrightarrow{B}\,d\overrightarrow{a}=\int B\,da\cdot(-\overrightarrow{e_x})\cdot\overrightarrow{e_x}=0 \tag{5}$$

则 $e(t)=0$，再次重试，如图 9 所示，结果发现高应力点消失。

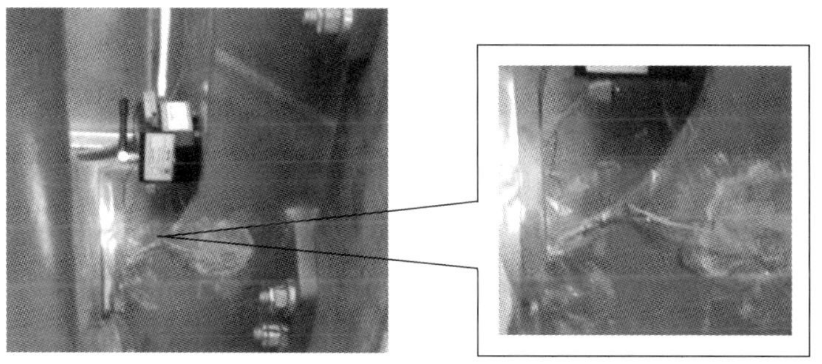

图 9　现场复测图示

图 10 为检测结果，在运行的 3 个周期中，原先的制动区域 1 和制动区域 2 内的 2 组高应力点已经完全消失，取而代之的是最高 28.21MPa 的应力显示，这与设计值基本相符。

我们再次把导线恢复到之前的状态，发现问题再次重现，如图 11 所示。虽然重现的高应力点数值上与之前的测试结果不完全相同，但是形式上基本一致。

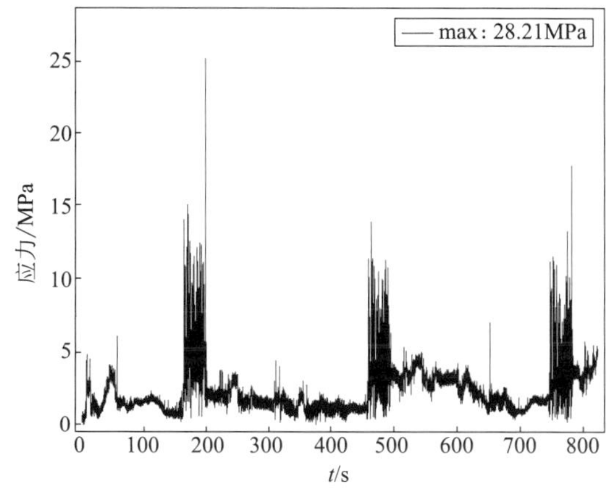

图 10　数据处理后应力显示结果

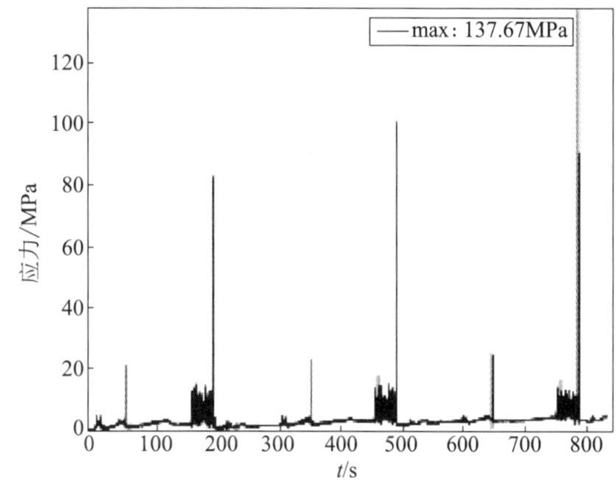

图 11　导线复原后应力测试结果

5　未来挑战

随着游乐设施行业的发展，各种电磁转换装置已经越来越多的应用到了各类游乐设备，尤其是滑行车类。为了使车体减速平稳，提高乘坐体验，本文中所提到的涡流制动器已经广泛应用于各类滑行车，不仅是国外厂商，很多大的国内生产商也开始使用。

在本文中我们通过导线的合理摆放消除了电磁干扰对试验结果的影响。但近来国外过山车制造厂商（例如：Mack，B&M 等）生产的电磁弹射式过山车，使用大功率直线电机，工作电压 690V，最高瞬时电流 1800A，它能在 3s 内将车体从 0 加速到 100km/h。

因为能量更大，所以他们带来的电磁干扰要比涡流制动装置大得多。而且国内几家大的公司，近期也在积极探索与国际先进的直线电机（LSM）公司合作，开发电磁弹射式过山车。可以预期，在未来几年内将会有大量国产的弹射式过山车投入市场。这就对我们的应力检测方法的抗干扰性能提出了更高的要求。

6 总结

除了本文主要提到的重新布置导线的方法以外，传统的抗干扰方法主要有滤波、屏蔽、接地等三大类[4]。针对目前采用的电阻应变片电测法，我们可以在数据处理软件中，增加低通滤波器来降低突变磁场对测试结果的干扰；同时我们也可以对离干扰源较近位置的测点增加屏蔽层或采用双绞线来从源头上降低干扰。

光纤光栅法和光弹性法是利用光学原理来进行应力测试，这种方法可以从原理上杜绝电磁干扰，这也是本行业未来的研究方向。

参考文献

[1] 郑俊，赵红旺，朵兴茂．应力应变测试方法综述［J］. 汽车科技，2009，(1)：5-8.
[2] 董伟．电阻应变片粘贴技巧［J］. 山西建筑，2011，37 (28)：46-48.
[3] InTraSys GmbH，Instrasys Linear Synchron Motor Drive System for Amusement Rides［Z］，HIGH SPEED LSM DRIVE SYSTEM.
[4] 郭雷宇．电子仪器仪表受到电磁干扰的处理方法略谈［J］. 山东工业技术，2018，(24)：10-12.

大数据技术在大型游乐设施检验中的应用

孙 烁 董文钊 陈红军 王 娟 孟 鹏 于 涛 石 静 杜光杰

山东省特种设备检验研究院有限公司，济南 250101

摘 要： 本文分析了大数据技术在游乐设施检验中应用的意义，并针对游乐设施行业中可获取的数据进行了分类。通过移动客户端将数据有效获取，并将数据挖掘引入游乐设施检验中，从而为检验机构提供有效，潜在的关联数据，提高大型游乐设施的可靠性以及检验机构的综合管理能力。

关键词： 大型游乐设施；大数据；检验检测；数据提取；数据分析

Application of Big Data Technology in Inspection of Amusement rides

Sun Shuo, Dong Wen-zhao, Chen Hong-jun,

Wang Juan, Meng Peng, Yu Tao, Shi Jing, Du Guang-jie

Shandong Special Equipment Inspection Institute, Jinan 250101

Abstract: This paper analyzed the significance of big data technology application in the large amusement facilities and made classification for the data of them. The data will be obtained by mobile client effectively and data mining will be introduced into the inspection, so that the effective and potential associated data is provided for inspection institutions. The reliability of large amusement facilities and the comprehensive management ability of inspection institutions will be improved thereby.

Keywords: The large amusement facilities; Big data; Inspection and testing; Data extraction; Data analysis

0 引言

社会经济的快速发展使人们对生活品质的追求也越来越高，由于大型游乐设施能够满足人们的感官刺激和冒险心理，相应的主题公园正在蓬勃发展，并呈现出高空、高速、刺激的发展趋势。大型游乐设施在给人们提供精神和身体上享受的同时，也存在一定的风险，在其运行过程中摆动幅度大、速度快、惯性大、涉及范围广，一旦设备失控或者安全防护措施不到位，将会造成严重的人员伤亡和财产损失[1~4]。

作为检验机构，如何有效提升检验质量，关系着特种设备安全，关系社会稳定和政府形象，是新时代摆在所有特检人面前的一个重要课题。做好大型游乐设施的检验工作，就是要把好特种设备的安全质量关，推进大型游乐设施的检验能力和管理体系的现代化。大数据的应用，是强化检验机构的管理水平，提高检验人员的能力，完成对检验机构，检验人员、检验设备的数据采集和汇总、分析，并做出判

作者简介：孙烁，1981 年生，男，工程师，主要从事特种设备检验和技术研究。

断，给出建议和意见的重要手段。

1 数据挖掘在游乐设施检验中的意义

大数据指无法在一定时间范围内用常规软件工具进行捕捉、管理和处理的数据集合，是需要新处理模式才能具有更强的决策力、洞察发现力和流程优化能力的海量、高增长率和多样化的信息资产。

通过对大数据的应用，检验机构能够主动、持续地加强对检验质量的管理和提升检验人员素质，将大数据运用于加强检验人员对法律、法规、规范、标准以及检验机构自身管理体系文件的学习和贯彻；运用于培训考核机制，确保学有成效；运用于引进高素质人才，增强机构人员专业素养，调整机构人员结构。检验机构主动制定切合实际、有效运行的质量管理体系，并根据运行情况实时调整。通过大数据监测检验质量管理体系的执行，优化管理流程，提高检验效率。

大数据分析可以对风险评估方法适用范围分析的基础上，结合大型游乐设施自身特点，提出适用于大型游乐设施的风险评估方法——基于层次分析法的风险评估方法。根据这种方法建立了大型游乐设施整体风险评估模型以及设备自身风险评估模型，并分别通过检验样本验证已建立模型的适用性。

大数据分析法在安全评估中可以通过数据分析确认设备延长使用寿命的方法，在工程领域各种安全评估的方法在逐步的发展、完善并得到了广泛的应用。安全评估结果的可信度、有效性很大程度上取决于评估对象的确定和评估方法的正确选择。不同的评估方法在分析问题的深度和广度上有着很大的差别，因此做好安全评估工作，通过大数据采集有效信息并加以提炼是选择正确的工作程序和方法的重要支持。

2 游乐设施中数据的分类

在计算机广泛应用的今天，数据采集的重要性是十分显著的。它是计算机与外部物理世界连接的桥梁。各数据采集种类型信号采集的难易程度差别很大。实际采集时，噪声也可能带来一些麻烦。数据采集时，有一些基本原理要注意，还有更多的实际的问题要解决。

2.1 技术参数数据

技术参数数据采集主要是前人在游乐设施安全评估研究的基础上进行关键参数的选择，并对所要监控的参数制定有效可行的方案。游乐设施的技术参数主要有：力（矩），（角）位移，速度，加速度，时间，温度，电压，电流等，各个参数的获取方法不同。

2.2 使用数据

使用单位运行和维护保养过程中的日检，周检等记录是使用数据提取的基础，完善的日检制度及检查项目的表示需要从定性结论尽量改为定量数据。我们可以通过从1到10阶梯打分来对其量化，如：旋转支撑齿轮润滑程度，重要焊缝锈蚀程度等。

现场实时数据采集在安全性能监控和事故原因分析环节是非常重要的一个环节，好的数据采集方案可把特种设备安全管理人员从处理数据的繁重工作中解放出来，有更多的时间去解决实际的安全运营管理问题，同时即时的数据采集也使系统真正地实现实时监控，尽早发现问题，避免更大的损失。

3 游乐设施数据的采集

大型游乐设施检验系统主要包括：检验信息系统服务程序、检验管理信息系统PC客户端、检验人员手持客户端、使用单位设备管理客户端、设备数据采集系统。具有卫星定位系统、数据分析系统、后台定位跟踪显示系统及相应的数据库系统组成。其中检验人员手持系统采用平板电脑（PDA），支持WIFI、GPRS，蓝牙等无线通信技术、4G通讯及GPS导航等功能。

大型游乐设施是一种机械、电气、控制、液压气动，声光电一体化等技术集合在一起的产品，各系统之间的关系错综复杂，所以需要将判定为最需要获取的数据进行筛选，并对技术参数数据进行实时监测。这可以通过传感器与测试技术，网络通信技术等实现。以设备为对象，使用单位为主体将使用数据通过客户端进行录入，如：维护保养信息，故障记录，使用频次，运行时间等。

4 游乐设施数据挖掘和运用

通过大型游乐设施快速检验系统将各个数据有效存储，通过专家知识系统，将各种数据关联从而挖掘初内在的特殊关系，数据挖掘关联流程图如图1所示。

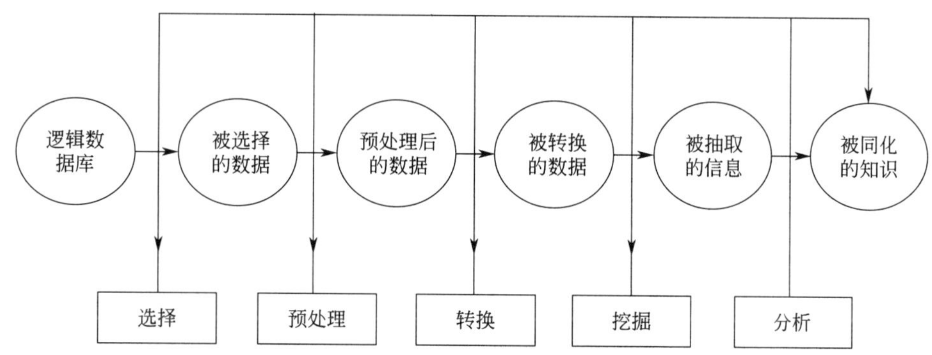

图1 数据挖掘关联流程图

关联规则挖掘过程主要包含两个阶段：第一阶段必须先从资料集合中找出所有的高频项目组，第二阶段再由这些高频项目组中产生关联规则。从高频项目组产生关联规则，是利用前一步骤的高频k项目组来产生规则，在最小信赖度的条件门槛下，若一规则所求得的信赖度满足最小信赖度，称此规则为关联规则。

游乐设施使用过程中的时间序列可以通过连续型时间变量（运行参数）和离散型时间变量（维护参数）组合建立如图2所示。

图2 使用过程中的时间序列的建立

上述因素都可通过使用过程中运行参数的时间序列实测样本反映出来。运行参数的时间序列中某些特征的改变，引起故障从量变到质变。时间序列的特征，可以用模式来描述。时间序列的模式改变，是发生故障的原因。数据挖掘的目的，就是要寻找引起故障的参数模式如图3所示。

通过各终端数据采集系统、检验人员手动输入的设备信息等，结合国内外的同类设备检验案例、事故案例对该设备进行综合分析，综合判断，对设备的安全性能进行分析、评价。输出该设备的风险点、风险指标，发出预警信息同时传送到手持客户端，分析的结论与检验报告一同输出。为使用单位、检验机构、监察机构提供有力的数据支持。

5 结束语

目前在我国游乐设施行业，“数据缺少，信息缺乏”是使用环节中存在的主要问题。大多数数据库只能体现于维护保养，定期检验中某些数据的录入、查询等较低层次的功能，而无法发现数据中存在的

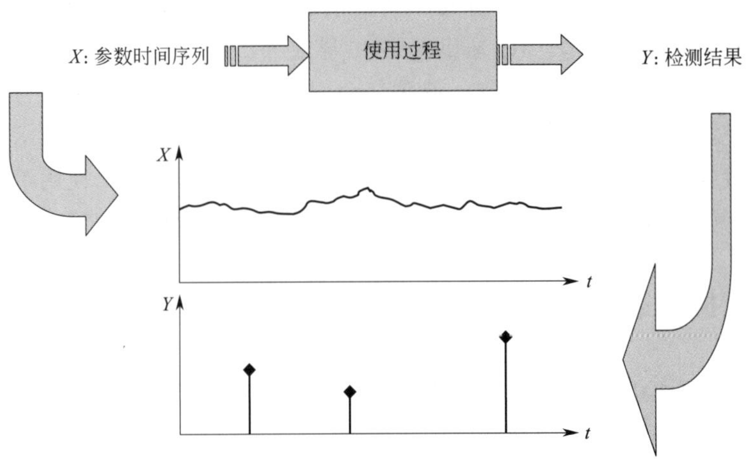

图 3 运行参数时间序列的改变与发生故障关系

各种有用的信息，如对这些数据进行分析，发现其数据模式及特征，然后可能发现某种设备参数状态、事故原因的对应关系。关联规则挖掘的大数据技术在我国游乐设施行业研究与应用具有很大潜力。

参考文献

[1] 杨静．大数据技术研究［J］．计算机时代，2015，01：3-4.

[2] 李加申等．游乐设施控制系统安全性能等级评价方法［J］．特种设备安全与节能技术进展二，2015，8：439-444.

[3] 王猛．建设工程检测信息监管系统的设计思路与功能实现［J］．建筑学报，2016，10：23-24.

[4] 陈莉，焦李成．数据挖掘现状及最新进展（研究报告）．

大型室内游乐设施游客体验影响因素分析

卢念华　王明星

深圳华侨城文化旅游科技股份有限公司，深圳， 518034

摘　要： 大型室内游乐设施发展迅速，成为了主题公园设备中的一个主要分支。通过虚实结合，室内游乐设施可以给游客提供极佳的沉浸体验。项目在设计、安装与调试过程中，存在的一些问题，或多或少会影响游客的体验。本文从游客体验的角度做研究，对项目产生过程中的各个环节的关键性影响因素作分析，为今后此类项目设计提供一些依据与参考。

关键词： 大型室内游乐设施；游客体验；因素分析

Analysis on the Influencing Factors of Tourist Experience in Large Indoor Amusement Facilities

Lu Nian-hua，Wang Ming-xing

OCT Vision Inc.， Shenzhen 518034

Abstract: Large indoor amusement facilities have developed rapidly and become a major branch of theme park equipment industry. Through the combination of virtuality and reality，indoor amusement facilities can provide tourists with excellent immersive experience. In the process of design，installation and debugging，there are some problems that will affect tourists′ experience more or less. From the perspective of tourists′ experience，this paper makes an analysis of the key influencing factors in each link of the project process，and provides some basis and reference for the future design of such projects.

Keywords: Large indoor amusement facilities; Tourist experience; Factor analysis

0　引言

随着中国的迅速崛起，广大人民群众生活水平的提高，人们对于愉悦身心的需求以不再仅仅满足于电视、互联网、户外旅游等平缓方式。快节奏、高效率的生活节奏促使人们越来越多寻求刺激，进而释放内心压力。主题公园的出现恰好迎合人们这一需求。据 2015 年底统计[1~3]，我国在用大型游乐设施两万多台套，大型主题乐园超过 40 家，中型游乐园 400 多家，年乘坐人数超过 6 亿人次。

主题公园内的游乐设施主要有两大类，一类是露天游乐设施，一类是室内游乐设施。而对于室内游乐设施而言，大型室内游乐设施组成从宏观上可分为两大部分，即软、硬两部分，或者说内容（故事）部分、硬件部分。内容是一个游乐设施所希望表达的故事。硬件部分，是内容的搭载平台，是游客体验

基金项目：国家重点研发计划“游乐园和景区载人设备全生命周期检测监测与完整性评价技术研究”（编号：2016YFF0203100）。

作者简介：卢念华，男，主要从事主题公园室内游乐设施研发设计、项目管理相关工作。

的环境与平台。

大型室内游乐设施影响游客体验的因素主要有以下几点：①环境因素如预演厅、主演厅等；②影视因素如故事设定、影片帧率、影视投影视锥、银幕等；③影视内容与载客平台运动相互结合的体验感。本文主要对这些因素进行分析，并提出合适的解决措施，为项目设计、调试提供一些依据与参考。

1 影响游客体验的因素分析

1.1 环境因素影响

环境因素这里是指游客所处的硬件环境，主要包含预演厅、主演厅等。游客进入室内游乐设施就是从现实世界进入虚拟世界，怎样的环境就决定了游客怎样的体验感。

1.1.1 预演厅

预演厅是为主演厅作缓冲，避免人群的大规模变化，提高项目吞吐能力，并提前交待故事背景，代入故事氛围。游客由现实世界进入，是盲目的、好奇的，目前常存在的主要问题有：

① 预演厅目的不明确，不知道要做什么，场景搭建杂乱无章，与故事内容不匹配；

② 预演厅体量与项目内容、故事情节不匹配，空间设计欠考虑，导致过大或过小；

③ 预演厅没有重点，场景建设千篇一律，与影视故事内容相关的主题内容不突出。

1.1.2 主演厅

主演厅是讲述故事的场所，它的所有要素都是为了完成虚实结合，或者说是为构建虚拟世界而努力的。主演厅用来还原虚拟世界中的场景，场景是讲述故事所需要的最好的背景与氛围。目前常存在的主要问题有：

① 场景元素建设没有重点，元素东拼西凑，没有搞清楚影视故事想要表达的主题；

② 场景风格与影视故事不搭配，场景建筑、背景、装饰脱离影视故事设定的环境；

③ 场景与影片之间没有互动，结合感不强，不同场景之间的切换缺少过渡。

1.2 影视因素影响

1.2.1 故事设定

影视故事作为项目设计的起点，更是一个项目成功与否的重要性因素。游客的需求在变化，审美观在提高。这些都对故事提出高的要求，不能简单追求刺激，忽略其他体验。目前常存在的主要问题有：

① 故事老套，缺少新意，照搬照抄现有的故事模式，给人千篇一律的感觉；

② 故事线不清晰，内容拼凑痕迹明显，情节拖沓，无节奏感；

③ 虚拟世界与现实世界割裂，没有做到让游客沉浸在营造的虚拟世界中。

1.2.2 影片帧率

大型室内游乐设备的特种电影需要表现震撼的效果，需要更高的帧率，而普通影片的帧率在24～25帧/秒，因为不用考虑特种效果，同时观影是以第三人称身份观影的，所以帧率能满足要求。目前常存在使用普通影片的帧率，用于大型室内游乐设备的特种电影上，这样则无法满足要求，也不会给游客带来舒适的体验。

1.2.3 影视投影视锥

影片投影后的视锥是影响体验的一个重要因素，要符合人的观影特点，目前常存在不符合人的观影视锥角的情况，这样会造成眩晕、甚至呕吐。在玩FPS射击游戏时，这种感觉就更加明显。

1.2.4 银幕

银幕是用来展示虚拟世界的重要部分，目前常存在的主要问题有：

① 银幕类型的选择与影片的需求不匹配，没搞清楚银幕类型与影片内容的关系；

② 银幕的亮度与分辨率不合适，亮度要么太亮，要么太暗，给游客很不舒适的感觉。分辨率没有考虑好人眼观影的距离，影片让人看起来模糊不清；

③ 银幕的大小与需求不匹配，没有做到让人有包围感，使游客的沉浸式体验很差。

1.3 影视内容与载客平台运动相互结合的体验感因素影响

对于大型室内游乐项目，是建立在沉浸式体验上的，而沉浸式体验必须通过影视内容运动、平台的运动等各种运动的组合才能突出表现。

1.3.1 影视内容运动

目前大型室内游乐设备在影片设计制作过程中，关于影视内容运动部分，主要存在的问题有：

① 对运动的理解不到位，没有搞清楚是需要何种运动组合才能给游客好的体验；

② 运动参照物在影视设计之初未考虑清楚，造成调试出来的效果与设定相差甚远。

1.3.2 载客平台运动

对于大型室内游乐设备，载客平台的运动是受限制的，包括空间上的限制或自身能力的限制。针对虚拟现实运动的特点，载客平台配合影片内容模拟运动过程，给游客以体验，目前常存在的主要问题有：

① 载客平台的运动机构的执行时间设计时考虑不周，造成实际载客平台动作延时；

② 载客平台的实际运动能力与和影视需求不匹配，比较敏感的加速度变化与实际要求不符。

2 提升游客体验因素有效措施

2.1 提供良好的硬件环境，增强游客的体验感

在大型室内游乐设施设计中过程，通过前文对影响游客体验因素的分析，可从以下各个方面要素着手，为游客提供良好的硬件环境，增强游客的体验感。

2.1.1 预演厅设计时要注意的要素

① 目的要明确，预演厅是以交待故事背景，引导游客进入虚拟世界为目的的。

② 体量要合适，游客在其度过的时间以交待完需要交待的时间长短为准，同时也要用一些方式，让游客探知，让游客陆续发现新的交待内容，增加趣味性。

③ 重点要突出，要清楚是在做娱乐项目，对于重点部分，要重点建设，反之则作削弱。另外，场景内容还要逐步交待，而不是一股脑扔出来。

2.1.2 主演厅设计时要注意的要素

① 要突出重要场景元素，并重点建设，反之则弱化，甚至完全黑暗，防止不合适的元素破坏场景氛围。

② 场景内容、风格和故事背景要匹配，游客的视觉决定如何建设场景建筑、背景与装饰。

③ 场景与影片内容要有结合，两者互相配合，相互延伸，构建富有纵深的虚拟世界。

④ 影片提供主要的活动部分，但场景也需要联动，即影片的一些内容在场景中要有变化，引发灯

光、特技等。另场景切换要提前有交待，中间可增加过渡。

2.2 提升影视方面的设计，增强游客的体验感

影视内容是大型室内游乐设施项目的魂，可从以下几个方面提升影视设计，增强游客的体验感。

2.2.1 故事设定时需注意的要素

① 注重选题，选择符合项目特点和游客需求的题材，这样才能吸引游客；

② 故事要精彩，故事主线要清晰，有节奏感，要做到引人入胜，让游客能沉浸在故事的情节过程中体验项目特点；

③ 虚拟世界与现实世界的设计不能割裂，不能给人以突兀感，所以要以一个完整的、丰富的虚拟世界构图为基础，逐步细化各个环节元素。

2.2.2 影片帧率

影片制作时需考虑作为大型室内游乐设施特种影视的需求，用更高的帧率。如48、60、120。帧率越高，沉浸式体验效果越好。不同的帧率表现为低帧率下可以表示慢速运动，小范围的物体运动；高帧率可以快速运动，运动的物体范围越大。对于更快的运动，在帧率低的情况下，会出现卡顿，看不清等问题，这种可采用满镜头、运动模糊等技术弥补。

2.2.3 影视投影视锥

视锥设定时，要符合游客视觉的焦点的变化，人的视觉焦点在远近变化时，视锥也在变化，影片需要同步变化，要做到符合人的观影视锥角。

2.2.4 银幕设计时要需注意的要素

① 选择符合影片需求的类型，如直幕、环幕、球幕等，这样才能给游客更好的包围感。

② 要有合适的亮度和分辨率，尽可能选择高亮度、高分辨率的投影仪提供高对比度，给游客高清晰度的观影效果。

③ 要有合适的银幕大小，重点需要考虑的是包围感，需要银幕大于人的自然观测角的包围角。人单眼的水平视角最大可达156°，人两眼重合视域为124°。一般大于160°即可提供很好的沉浸体验。如果银幕视角不能做大，可能考虑在运动平台上作遮挡，形成游客的半封闭空间，减少观影范围，也可以提供好的沉浸体验。

2.3 改进影视内容与载客平台运动相互结合的设计、调试，增强游客的体验感

2.3.1 影视内容运动设计

在影片设计制作过程中，首先要考虑做的运动是影视内容自身运动、影视内容配合载客平台运动、影视内容不动平台自身运动。

① 影视内容自身运动，这类运动，游客是作为第三者视角观看的，参照物是在影片内容所搭建的虚拟空间。

② 影视内容配合载客平台运动，这类运动需要平台配合，需要分成三个阶段来设计：运动建立阶段，影视内容与载客平台同时加速运动，共同建立游客运动判定；运动过程阶段，游客运动判定已经建立，影视内容在运动，载客平台缓慢运动、振动、或不动；运动结束阶段，影视内容与载客平台同时减速，配合相应参照物给游客以结束运动判定。

③ 影视内容不动平台自身运动，这类情况当平台运动时，影片的镜头是不做角度移动的。这时影视内容可作为参照物，载客平台自身运动。如在路面上行驶时，车身可晃动，给游客以路面崎岖感。

2.3.2 载客平台运动设计与调试

载客平台运动设计与调试针对前面所提到的问题，为了提升游客的体验感，需要做到以下几点。

① 载客平台的运动机构的执行时间在设计时应考虑周详，对于平台动作可能出现的动作延时，要留有余量。并且调试时可以考虑当载客平台需要启动或停止时，以低速度、较低加速度方式提前缓慢启动或停止，由于时间较短，不会产生真实运动，但有效解决了延迟问题。

② 载客平台的实际运动能力与和影视需求在设计时要充分考虑清楚，并留有余量。在调试过程中，充分测量部件能力、设备能力，以及实际运行曲线，计算出各种情况下的速度、加速度最大值。并根据调整影片内容，配置合适的曲线，确保需求能被满足。

③ 通过虚拟仿真技术应用优化载客平台设计。目前游乐设施向更高、更快、更复杂、更加新颖和高科技方向发展[4]。运动形式和载客平台的复杂化，对于设计而言，需要较长的研发周期和大量的人力、财力投入，这样会增加企业的负担和影响研发效率，并且会出现因设计参数考虑不足而最终影响游客的体验。因此，可通过虚拟仿真技术的应用，利用虚拟样机技术科代替物理样机对产品进行创新设计、测试和评估，缩短开发周期，降低成本，改进产品设计质量，提高面向客户与市场需求的能力[5]，提升游客的体验感。

3 结论

大型室内游乐设施项目的设计是建立虚拟世界的过程，硬件环境、影视内容、载人平台、游客等都是虚拟世界的一部分。通过对这些元素对游客体验影响因素的分析，提出了相应的提升游客体验感的措施，有助于显著提高此类项目的设计、调试水平，给游客带来更加真实、美好的项目体验，推动主题公园大型室内游乐设施的发展。

参考文献

[1] 刘然，张勇，沈功田．游乐设施风险评价程序研究［J］．中国特种设备安全，2017（11）：1-4.

[2] 沈功田，张勇，刘然．游乐园和景区载人设备全生命周期检测监测与完整性评价技术研究［J］．中国特种设备安全，2016（10）：5-9.

[3] 张勇，秦平彦，林伟明，等．大型游乐设施运行状态测试系统及关键技术研究［J］．中国安全科学学报，2008（12）：166-171.

[4] 张勇，邢友新，吕梦南，我国大型游乐设施法规标准体系现状与发展思考［J］．中国特种设备安全，2015，31（07）：1-7.

[5] 梁绍佺，浅析大型游乐设施的虚拟仿真分析方法［J］．中国科技博览，2016（6）：172-172.

大型游乐设施两点式安全带失效分析及安装要求

杨海江[1]　宋伟科[1]　王剑晖[2]　陈　涛[2]

1. 中国特种设备检测研究院，北京 100029
2. 中山市金马科技娱乐设备股份有限公司，中山 528437

摘　要： 本文介绍了安全带在大型游乐设施中的应用和作用，分析了两点式安全带的结构和工作原理。通过两点式安全带的失效分析，提出安全带安装必须注意的三大事项：安全带受力角度与锁扣盒平行，安全带选型解锁角度尽量大于 70°，安全带装配尽量实现乘客无法自行解锁。

关键词： 两点式安全带；失效分析；安装

Failure analysis and installation requirements of two-point seat belt in the large-scale amusement rides

YangHai-jiang[1]，Song Wei-ke[1]，Wang Jian-hui[2]，Chen Tao[2]

1. China Special Equipment Inspection Institute， Beijing 100029
2. Golden Horse Technology Entertainment Corp.， Ltd， Zhongshan 528437

Abstract: This paper introduces the application and function of the seat belt in the amusement equipment，and analyzes the structure and the working principle of the two-point seat belt. Then three matters needing attention in the installation proceeding of the seat belt through failure analysis：force direction of seat belt should be parallel to the lock box; the unlock angle should be greater than 70° as possible; the seat belt should can’t be unlocked by passengers themselves.

Keywords: Two-point seat belt; Failure analysis; Installation

0　引言

安全带作为一种安全束缚装置，在大型游乐设施中广泛应用。在各种各样的大型游乐设施的乘客座舱上，都可以看到安全带的身影，无论是运动相对平缓的旋转木马，还是超级刺激的过山车座舱。安全带几乎是大型游乐设施座舱的标配。安全带的形式多种多样，常见的有两点式、三点式安全带。对于安全带的使用，国家大型游乐设施安全规范特别做了规定：安全带可单独用于轻微摇摆或升降速度较慢、没有翻转、没有被甩出危险的设施上，使用安全带一般应配辅助把手，对运动激烈的设备，安全带可作为辅助束缚装置[1]。

基金项目：国家重点研发计划项目（编号：2017YFF0207100）课题 2“机电类特种设备使用管理重要技术标准研究”（编号：2017YFF0207102）。

作者简介：杨海江，1980 年生，男，高级工程师，硕士研究生，主要从事大型游乐设施安全检验和新技术研发。

对于运动激烈的设备，如过山车类，运动形式刺激，乘客可能出现倒置（座舱倒挂），侧甩（侧向加速度大）的设备，安全带作为冗余的安全束缚装置，是保护乘客的最后一道防线。其有效性、稳定性是极度重要的，在机械束缚装置（压杆、压肩、压腹装置）失效后，可以保障乘客的生命安全。

1 两点式安全带结构和工作原理

安全带的结构和形式多种多样，有两点式、三点式、四点式等。本文介绍最常见的两点式安全带，常作为运行速度慢的飞行塔、转马的安全束缚装置，或用于滑行类设备的辅助束缚装置。安全带应用场合如图 1 所示。

(a) 典型设备

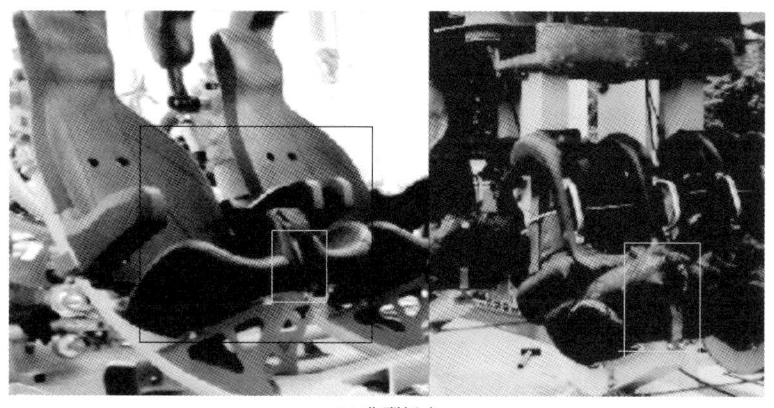

(b) 典型场合

图 1 两点式安全带的应用场合

两点式安全带结构比较简单，应用较为广泛，主要由编织带、长度调节扣、锁舌、插扣盒组成（如图 2 所示）。

如图 2 所示，安全带工作状态时，锁舌插入锁扣盒，锁扣盒子中锁臂靠扭簧保持向下压紧状态，可使锁舌被牢牢锁死在锁臂里，无法退出。编织带穿过销轴，活动端装配调节扣，固定端固定在座舱上。通过长度调节扣调节合适长度，当编织带受力时，固定端编织带会压紧内侧活动端编织带，通过摩擦力阻止固定端和活动编织带相对滑动，拉力越大，编织带压紧力越大，提供的摩擦力就越大，编织带间无相对滑动，保证安全带总长度保持不变，将乘客束缚在座椅上。

安全带解锁时，需要打开解锁臂，解锁臂打开一定角度 α 后，通过卡扣带动锁臂摆动，将锁臂抬起锁舌就可推出插口盒，实现解锁，具体过程如图 3 所示。

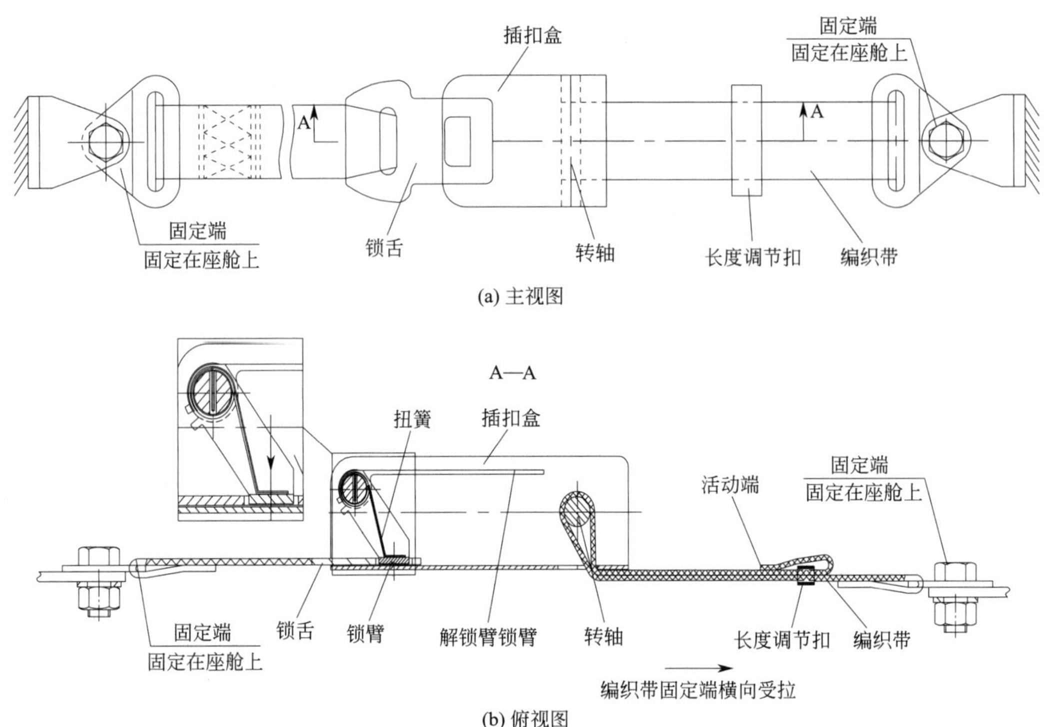

图 2　两点式安全带结构

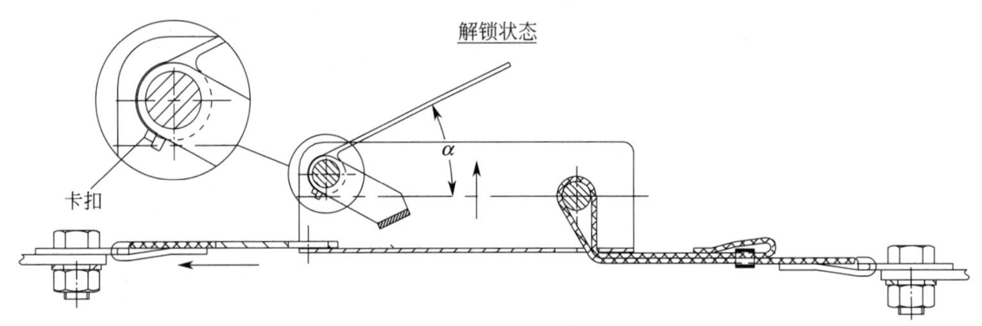

图 3　两点式安全带解锁示意图

2　两点式安全带失效分析

在大型游乐设施的乘客束缚装置中，安全带一般作为二次保险装置配合安全压杠使用。按照大型游乐设施安全规范（GB 8408—2018）对乘客束缚装置的要求，对于设计加速度在区域 5 的游乐设施，应配置两套独立的乘客束缚装置[1]。对于轻微摇摆或升降速度较慢、没有翻滚的大型游乐设施，安全带可单独使用。由于安全带在乘客束缚装置中的特殊作用，很多时候其功能和安装要求会被忽视，但多种因素的巧合又会导致严重事故的发生。例如 2018 年 4 月，河南许昌西湖公园名为“飞鹰”的大型游乐设施兜裆式安全带撕裂，乘客被甩出，直接导致了死亡事故发生。通过历年来的检验案例可以看出，安全带的失效点主要集中在如下几个方面。

（1）安全带不扣紧

由于安全带一般作为辅助乘客束缚装置使用，很多使用单位为了提高使用效率，很多时候不扣紧安全带，仅仅通过安全压杠起安全束缚作用。这就导致万一安全压杠失效时，安全带完全失效，造成严重安全事故。

（2）安全带安装不当

很多使用单位对安全带的理解有错误。认为安全带主要靠带本身破断强度其束缚作用，对其安装方式不关注。实际上通过上文的描述，安全带主要靠安装方式通过带之间的摩擦力起安全防护作用，而不是带本身的破断强度。因此安全带的错误安装方式导致了安全带的失效。

（3）安全带维保不当

安全带长时间使用会产生老化现象，法规要求设计制造单位必须明确安全带的更换周期和更换要求。但使用单位为节省成本，会私自更换不符合原要求的安全带，或私自缝制，造成安全带本身质量不满足设计要求。在使用过程中，安全带容易发生断裂等失效问题。

3 两点式安全带安装注意事项

从上节安全带的失效分析可以看出，安全带实际使用过程中的不扣紧或不按要求进行更换主要是使用单位的主观意识问题，可以通过加强设备的日常安全管理和完善规章制度进行改善。但对于影响安全带使用的主要问题还是安装问题。安全带的不正确安装方式不仅会产生安全带意外打开的失效问题，也会造成安全带使用寿命缩短，增加使用成本问题。本节主要从两点式安全带的安装方面，分析安装的注意事项，提高安全带的使用效率和安全性。

（1）安全带编织带的受力角度必须与锁扣盒子平行

安全带编织带依靠固定端与活动端之间的摩擦力来阻止相对滑动，保证安全带总长保持不变从而可靠约束乘客[2]。当乘客受惯性力脱离座舱时，会拉动安全带。安全带受拉时，固定端编织带会挤压活动端编织带，给活动端编织带提供压力。压力的大小与编织带跟锁扣盒的角度有关，见图 4 所示。

如图所示，编织带压紧力 F_i 与安全带受的拉力 F 之间满足关系：$F_i = F \times \sin O$。当编织带与插扣盒的角度 B 从 0°增大到 90°，角度 O 会逐渐变小，直至 0°。两编织带间的挤压力 F 就越来越小，如图 F_2 小于 F_1。因此，安全带的装配必须保证任意工况下，编织带的受力方向必须与插扣盒平行，才能保证足够的挤压力 F_i，确保编织带之间有足够大的摩擦力阻止摩擦带相对滑动，保证安全带总长度不变。实物如图 5 所示。

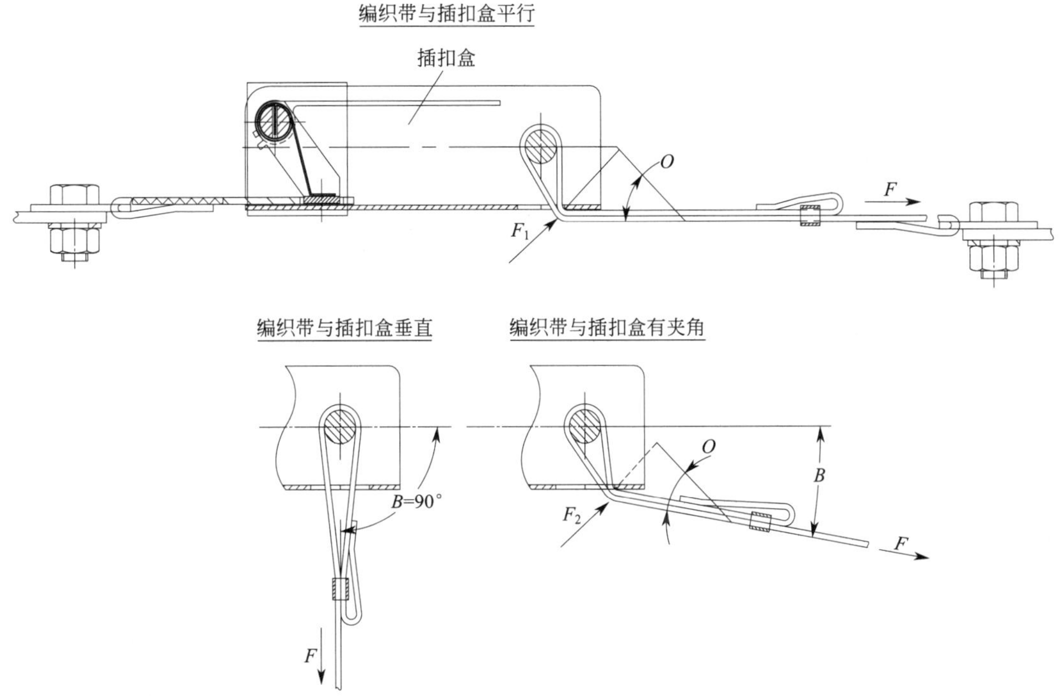

图 4 编织带与插扣盒角度关系简图

要保证编织带的受力方向与插扣盒平行，则安装安全带锁舌需提供足够的自由度，不可将锁舌直接

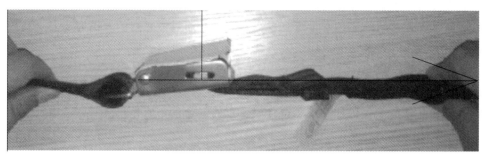

(a) 受力角度180°

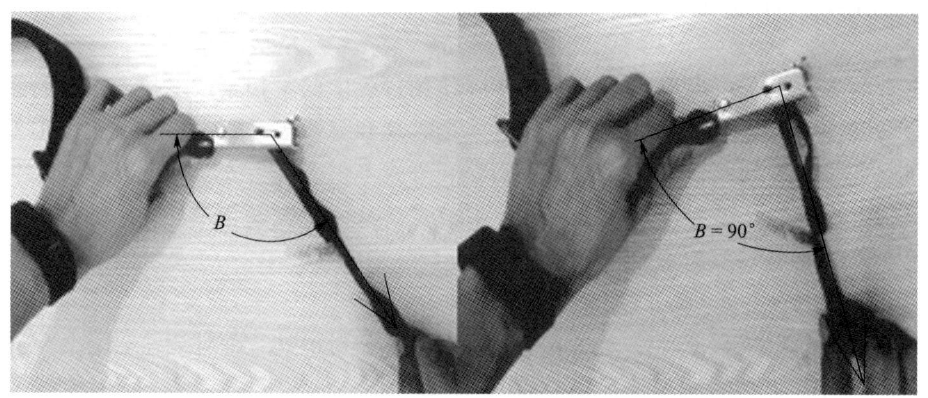

(b) 受力角度减小

图 5　安全带实物受力角度变化图

固定在座舱上[3]。可在锁舌安装球关节适应插扣盒的不同角度，如图 6 所示。

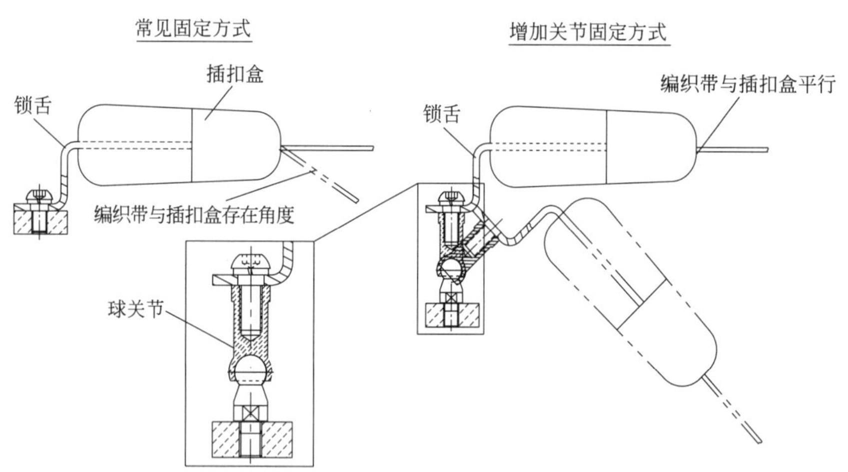

图 6　安全带锁舌增加球关节示意图

（2）安全带锁扣解锁角度越大越好

安全带的解锁需要将解锁臂打卡一定角度 α，如图 3 所示。考虑到游乐设施给游客带来的刺激性体验，安全带选型时，需要选择解锁时解锁臂打开角度较大的。因为乘客在游玩过程中，由于刺激的乘坐体验，导致有些乘客做出自然的应激反应，如大喊大叫，手舞足蹈。此时，无法控制的手舞足蹈会无意触碰到安全带插口盒的解锁臂，若安全带解锁角度比较小，则安全带很容易在游客的“手舞足蹈”中无意打开，失去安全保障。唯有安全带解锁角度尽量大，无意的触碰打开解锁臂的微小角度后，安全带不会轻易地被解锁。可以保障最后一道防线的安全。建议选型时，安全带解锁角度 α 不小于 70°。安全带解锁角度实物如图 7 所示。

（3）承载安全带装配尽量让乘客无法自己解锁

由上节可知，即使安全带解锁角度足够大，也有乘客乘坐过程中身体应激反应无意打开安全带的可

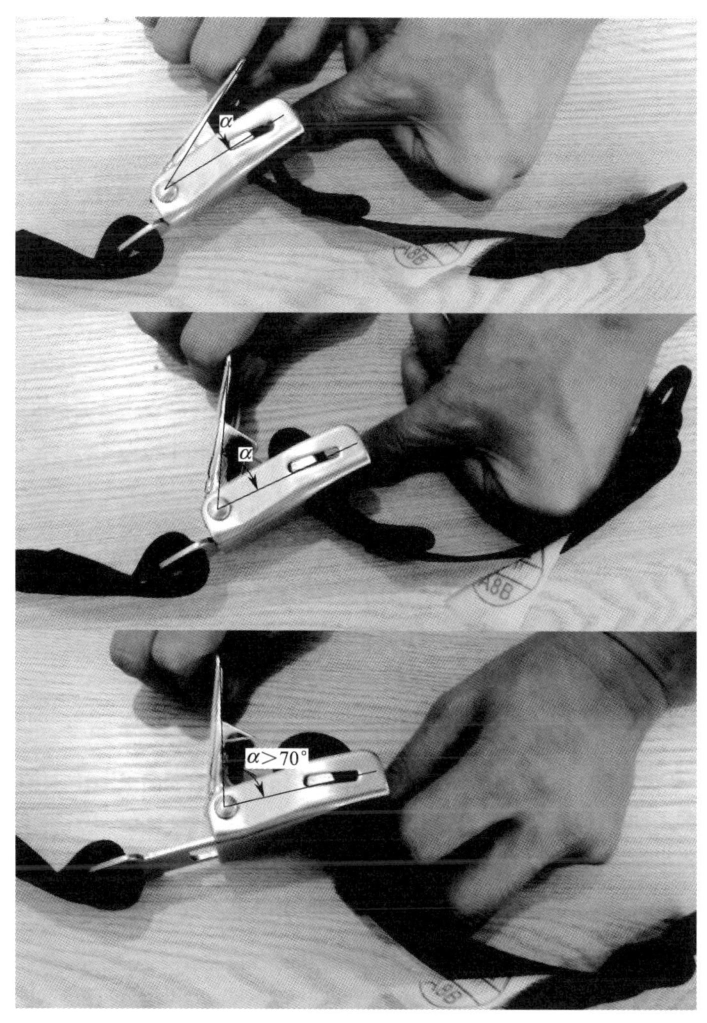

图 7 安全带解锁角度

能性存在。因此，最安全的措施莫过于让乘客无法自行解锁安全带。可以通过将安全带装置封闭，以电动方式或（服务人员手持）手动工具打开，或者将安全带装配位置布置在乘客无法触及的位置。此方式可综合评估设备安全带实施成本和安全带失效带来的安全风险选择性实施。

4 结论

本文在分析大型游乐设施两点式安全带使用工况的前提下，通过检验案例对安全带进行失效分析。在此基础上，提出了两点式安全带使用过程中的安装注意事项，为两点式安全带在游乐设施中的使用提供了指导建议。

参考文献

[1] GB 8408—2008，游乐设施安全规范 [S].
[2] 成大先．机械设计手册，第 5 版 [M]. 北京：化学工业出版社，2007.
[3] 濮良贵，纪名刚．机械设计，第 8 版 [M]. 北京：高等教育出版社，2006.

基于 ADMAS 和 ANSYS 的过山车“动静法”力学分析

王　琛　曹树坤　曹子剑

济南大学，济南 250022

摘　要： 以过山车车轮所受压力的研究方法为基础，将动力学问题与静力学问题相结合，运用 SolidWorks、ADMAS 和 ANSYS 软件进行建立过山车的三维模型以及动力学仿真过程分析、静力学静态压力分析，从而有效分析过山车在轨道上运行过程中的运行速度、加速度及各车轮的受力情况，以及分析过山车车轮支架的应力分布情况，得出有效结论，为之后的改进提供相应的基础。

关键词： 特种设备；三维建模；动力学分析；静力学分析；过山车

Mechanical Analysis of the "Motion and Static Method" of Roller Coaster Based on ADMAS and ANSYS

Wang Chen，Cao Shu-kun，Cao Zi-jian

Jinan University， Jinan 250022

Abstract: Based on the research method of the pressure on roller coaster wheels，combining the dynamic problem with the static problem，using SolidWorks，ADMAS and ANSYS software to build the three-dimensional model of roller coaster，as well as the dynamic simulation process analysis and static pressure analysis，so as to effectively analyze the speed，acceleration and the forces on the wheels of roller coaster running on the track. The situation and the stress distribution of roller coaster wheel bracket are analyzed，and effective conclusions are drawn，which provide the corresponding basis for the subsequent improvement.

Keywords: Special equipment；Three-dimensional modeling；Dynamics analysis；Static analysis；Roller coaster

0　引言

在当今这个人人追求精神需求的时代，游乐园成为每个人必去的地方之一，而过山车作为一个历史悠久的游乐设备，由于其高速度、高刺激的体验感受，成为了游乐园最火热的项目之一。随着人们需求的不断改变，更高的速度、更变化多样的运动方式等都成为人们追求的目标，所以这对过山车设计时所提供的安全保障提出了更高的要求。因为过山车属于高速度与高加速度的特种机械设备，由于其复杂的运动，导致了过山车车体的受力情况十分复杂，进行单一的受力分析得到的结果

基金项目：国家重点研发计划项目“游乐园和景区载人设备全生命周期检测监测与完整性评价技术研究”（编号：2016YFF0203100）。

作者简介：王琛，1996 年生，男，硕士。

往往误差比较大，所以为了更准确的分析过山车的运动情况和受力分析情况，在本文中分别运用 ADAMS 进行动力学仿真分析，运用 ANSYS 进行静力学分析，二者相互结合，不仅可以分析出过山车在运动过程中的速度、加速度及受力情况，还可以单独对过山车的车轮支架进行相应的静力学分析查看应力分布情况，进而降低了分析过程的困难性，而且分析结果也会更加准确，也为今后过山车的改进提供相应的技术基础。

1 过山车车体及轨道的三维模型的建立

通过运用三维建模软件 SolidWorks 2018 版进行过山车轨道和车体的三维模型建立，在使用过的建模软件中，SolidWorks 是使用最方便、上手最简单、功能最强大的三维建模软件，所以运用该软件可以更为准确的建立出过山车轨道段及车身的三维模型[1]。

通过去游乐园进行实地考察了解到过山车的轨道与车身的结构，对每个细节进行详细的拍照取样，然后通过园方提供的说明书等相关资料了解到一些内部的机械结构与配合方式，为之后的三维建模提供了非常大的便利。通过利用 Solidworks 软件将一些主要的零件进行建模，然后将其装配为整体，使装配后的三维模型与实际过山车形状保持一致。

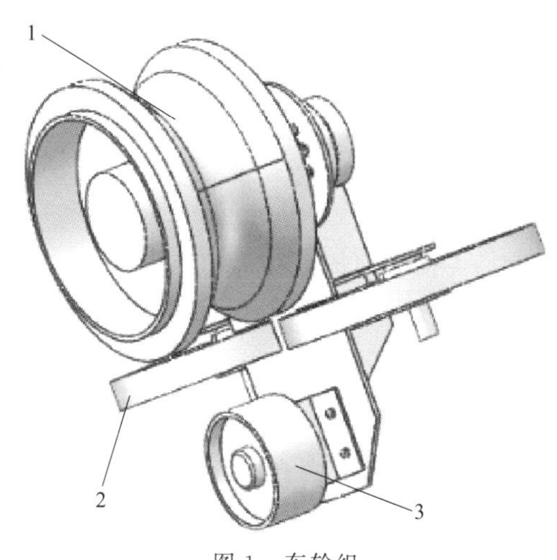

图 1　车轮组

1—行走轮；2—侧导轮；3—下导轮

过山车的车身主要是由车体、车轮组、车座三大部分组成，其中车轮组较为复杂，因为过山车的运行速度与加速度较大，所以车轮所承受的力较大，因此车轮结构主要由行走轮、侧导轮、下导轮三部分组成。行走轮的作用是在过山车停止和平稳行驶的过程中支撑着整个车身的重量，就如同平常汽车的车轮一样的作用；侧导轮的作用是使过山车在进行转向以及翻转运动时始终使车身保持在轨道的中心位置并且引导着过山车行驶完整个过程；下导轮的作用是在过山车进行快速下落以及进行倒转运动时防止车身坠落和偏离轨道[2]。如图 1 所示为车轮组的三维模型建立的装配图。

整个车身的建模基本按照市面上的过山车的车身形状进行建模，每节车厢共设有 2 排 2 列共 4 个座椅，每个座椅配有安全压杆。如图 2 所示为车身的三维模型建立的总装。

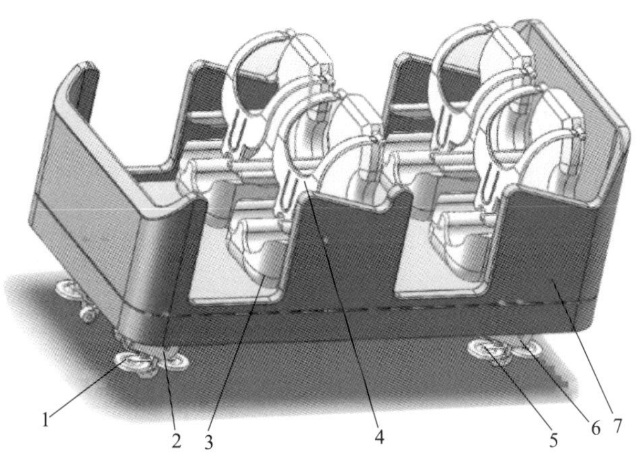

图 2　车体组

1—前轮组；2—前轮组连接杆；3—车座；4—安全压杆；5—后轮组；6—后轮组连接杆；7—车身

因为车身结构较为复杂，所以在建模的过程中简化了一些外部结构，例如车门、前排扶手等，保留了车身的基本受力结构，为之后的运动学仿真提供便利。

过山车的轨道结构较为简单，通过去游乐园的实地调查了解到，过山车轨道是由左轨道、右轨道、轨道支撑杆和轨道支架结合组成[3]，如图3所示为轨道的细节图。

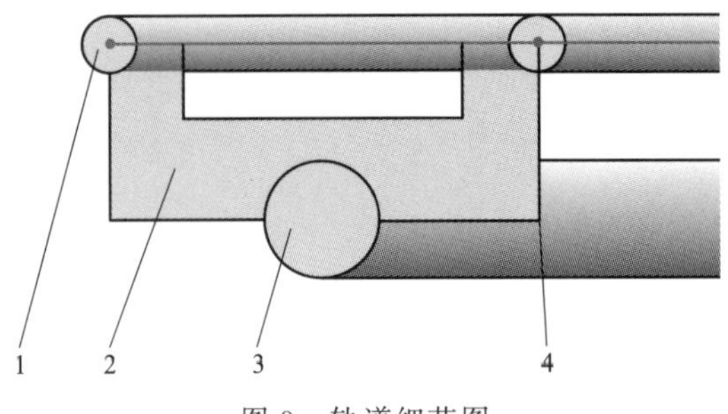

图3 轨道细节图

1—左轨道；2—轨道支架；3—轨道支撑杆；4—右轨道

因为过山车的整体轨道较长，现选取过山车轨道中较为典型的一段轨道进行建模，其中包括车站、爬升轨道、俯冲轨道和两段高度不同的驼峰轨道，整段轨道处于同一竖直平面。如图4所示为轨道段整体形状。

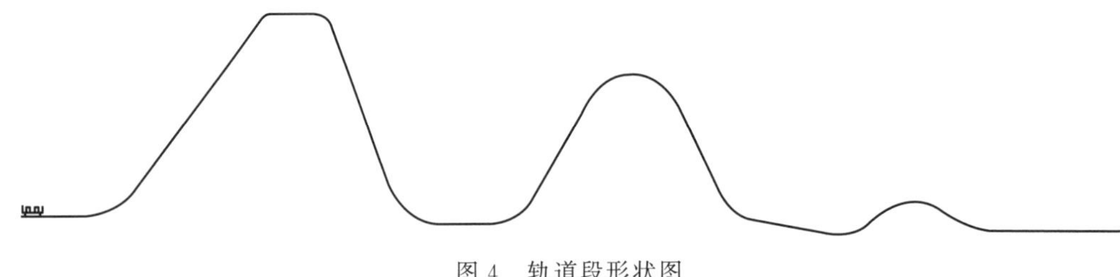

图4 轨道段形状图

2 ADAMS运动仿真

本次所应用的动力学仿真软件是ADAMS/View 2017版，虽然在该软件中也可以建立三维模型，但是建立的过程却是十分复杂，所以将在SolidWorks中建立好的三维模型保存为ADAMS可以打开使用的文件格式，利用ADAMS与SolidWorks之间的软件接口，将建立好的三维模型导入到ADAMS中。因为过山车的零件较多而且配合十分复杂，所以为了仿真过程的便利性和因为过山车本身结构的复杂性所导致的仿真失真，在仿真之前对过山车的某些结构在保证仿真结果不受到影响的情况下进行了相应的简化，例如一些连接件、螺钉轴承、外壳等。在ADAMS中可以方便地定义零部件的各种属性，例如材料、质量、密度等，如此可以更为精确地建立动态仿真模型[4]。如图5所示为过山车模型导入ADAMS之后的模型图。

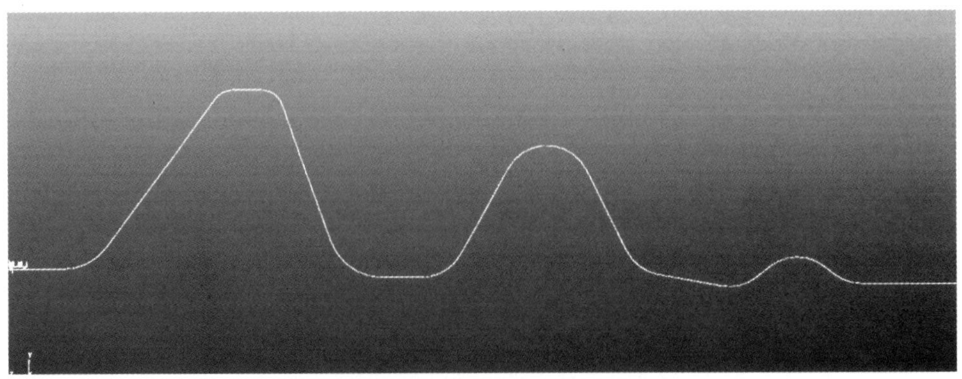

图5 ADAMS中的模型

将三维模型导入 ADAMS 之后，各零部件均作为一个独立的个体存在于 Adams 中，所以需要通过添加约束、运动副、载荷等，才可以建立一个完整仿真模型。整个模型中将过山车车体当做一个整体的活动零件，轨道与大地之间采用固定约束，车体只能沿着设定的轨道进行移动。因为过山车的车轮于轨道之间是相切接触的关系，而且在行走的过程中车轮与轨道之间的碰撞问题用软件进行直接仿真模拟会非常复杂，所以在仿真的过程中运用 ADAMS 中的碰撞约束来定义车轮与轨道之间的约束关系，这种约束不仅保证了过山车车体可以使用沿着预定的轨道进行运动，而且仿真后的结果可以满足所需要求。过山车车体除了车轮之外的部件均添加固定约束，使其成为一个整体，轮子与各自的轴之间添加转动副，并定义每个车轮的速度，以及车轮与轨道之间的摩擦因数。如图 6 所示为过山车车体的约束与运动副的添加状况。

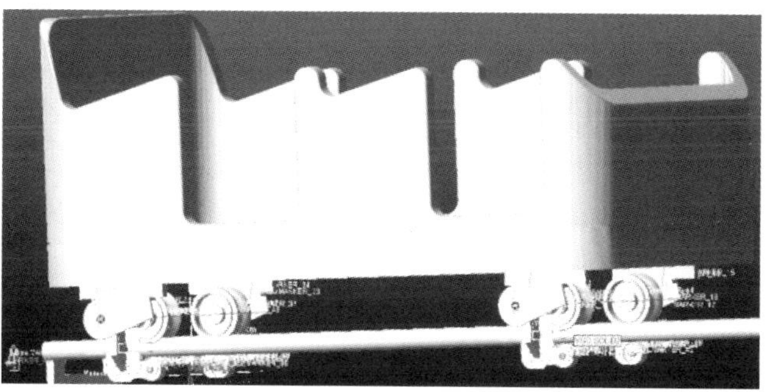

图 6　车体约束与运动副的添加

在动力分析的过程中，载荷添加的正确与否是直接影响仿真准确性的关键因素，而过山车中的载荷分布又较为复杂，不仅有初始的重力、牵引力，更为重要的是车轮与轨道之间的摩擦力，因为摩擦力决定着过山车能否完整的运行一周，同时也是受外界影响最大的一因素[5]。此外车身重量与所乘坐游客总重量进行统一定义，即将游客与车体看做同一整体。

在添加完过山车车身、车轮、座椅等的材料特性、各车轮与轨道之间的约束以及各部分所受的载荷情况之后就可以进行动力学仿真。仿真时的关键部分在给过山车车体一个初始的牵引力，使其上升到轨道的最高点，这时运用 STEP 函数进行定义，之后使其失去牵引力，依靠自身的惯性与重力完成之后运动。仿真的结果曲线包括过山车运行速度曲线、加速度曲线以及车轮所受压力力学分析曲线。

如图 7 所示为速度分析图。过山车在运动时在垂直方向运行的最大速度约为 12m/s，在水平方向上运行的最大速度约为 11.5m/s，在竖直方向上速度为 0。

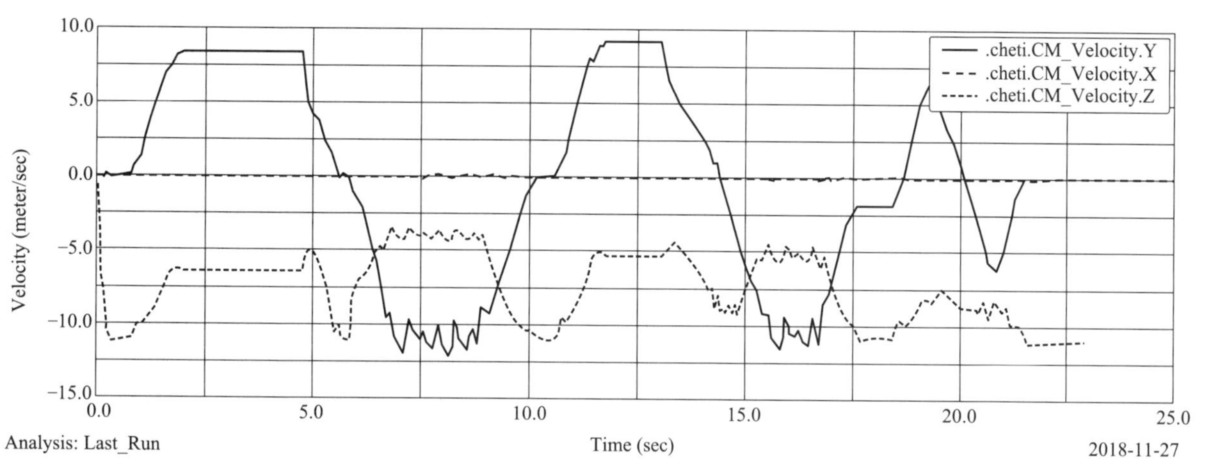

图 7　过山车的运动速度分析

如图 8 所示为加速度分析图。如图所示，运行加速度在垂直方向与水平方向上具有较大的波动，说明在运行过程中在这两个方向上加速度变化较大。在垂直方向上几乎没有波动，则加速度为 0。

如图 9 所示为过山车行走轮所受压力。如图所示，行走轮在运动的过程中受到来自垂直方向跟水平方向的压力，压力最大时为 22kN。

如图 10 所示为过山车下导轮所受压力。如图所示，下导轮与行走轮所受压力情况类似，均受到垂直方向与水平方向的力，最大为 25kN。

因为目前所分析轨道无转弯与螺旋的状况，所以侧导轮在运动过程中没有受力情况，此处不与分析。

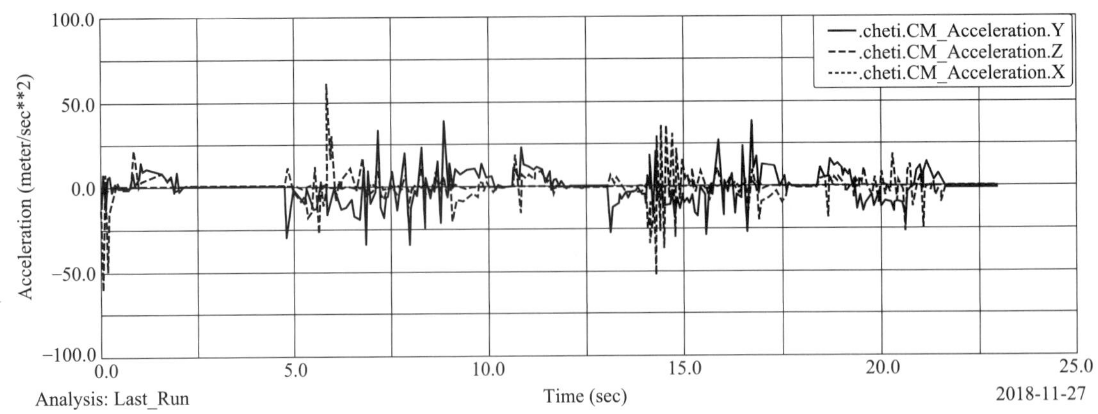

图8 过山车加速度分析

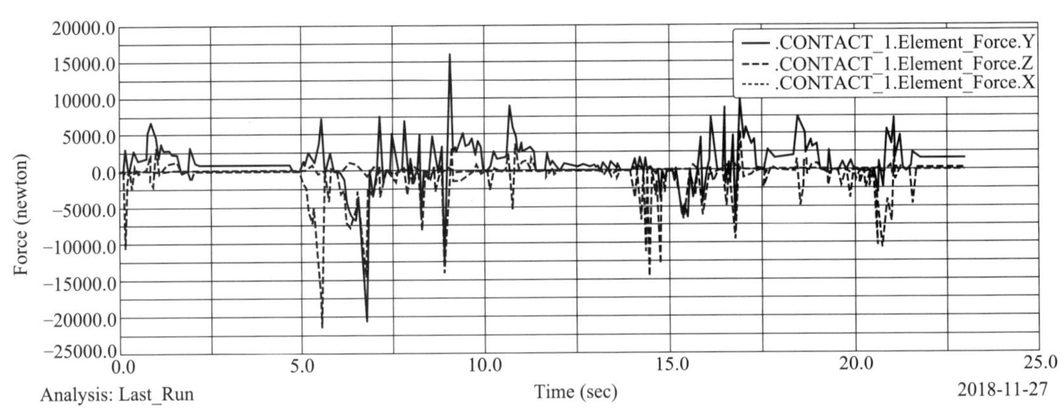

图9 过山车行走轮所受压力

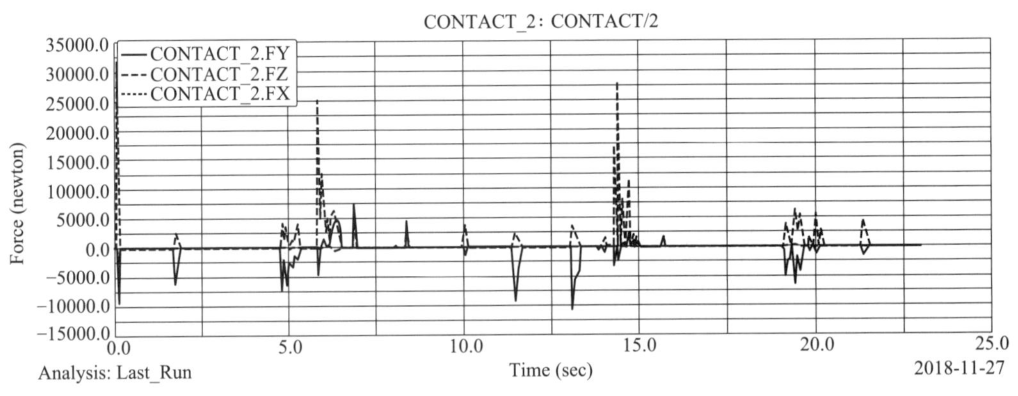

图10 过山车下导轮所受压力

3 ANSYS仿真分析

利用ANSYS Workbench软件过山车车轮支架的进行相应的有限元分析。根据ADAMS的动态仿真结果，结合理论力学知识，将动态应力转化为静态应力，运用有限元的方法对结构进行相应的分析，可以得到车轮支架在静态载荷的作用下发生的压力和等效压力分布情况，从而可以直观的看出部件中的薄弱部位，为之后的车轮支架改进提供一个良好的基础。

本次ANSYS分析车轮支架共有两种情况，第一种情况为过山车在即将达到最高点的圆弧轨道处行走轮与下导轮所受压力分析；第二种情况是在过山车行驶在俯冲轨道时行走轮与下导轮所受压力分析。

如图11、图12所示为第一种情况分析结果压力云图与等效压力云图。该情况是在行走轮受压力

22kN，下导轮受力 25kN 的情况下分析而成。根据图 11 所示，下导轮支架所受压力在支架末端为最大；根据图 12 所示，易变行处为车轮支架与车轮组连接杆的连接部位和下导轮支架连接处。

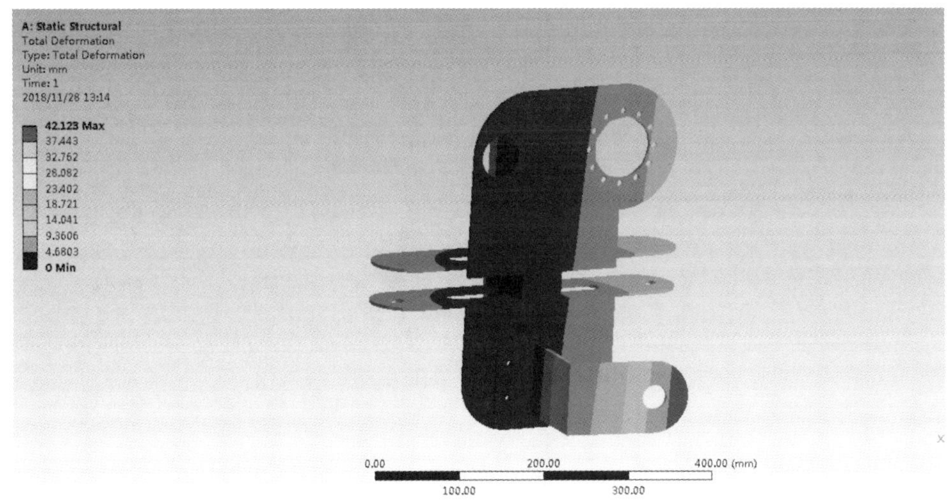

图 11　情况一压力云图

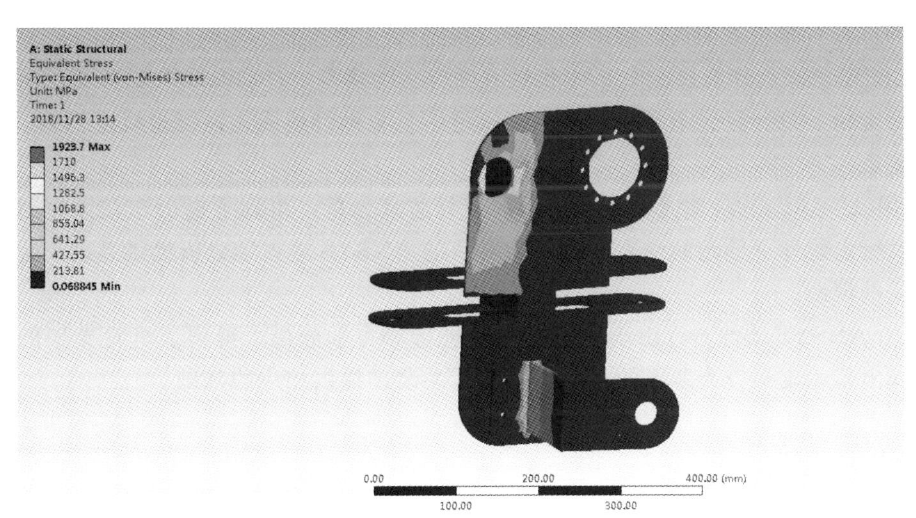

图 12　情况一等效压力云图

如图 13、图 14 所示为第二种情况分析结果压力云图与等效压力云图。该情况是在行走轮所受压力为 15kN，下导轮所受压力为 27kN 的情况下分析的。分析结果与情况一结果相同，在此不再进行叙述。

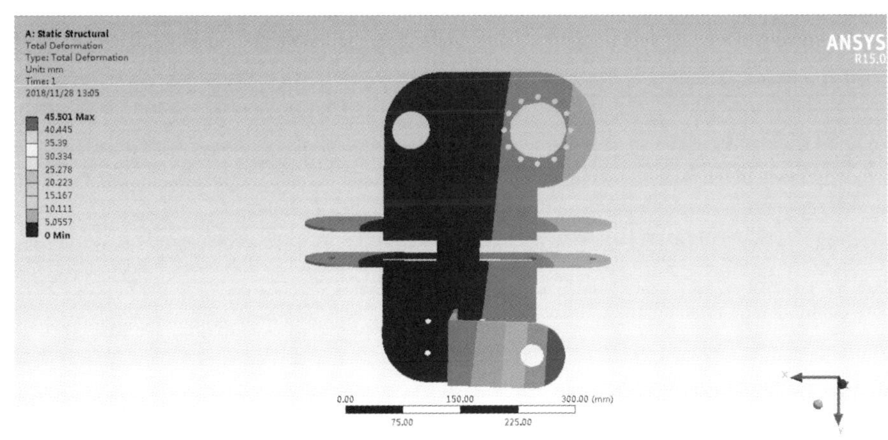

图 13　情况二压力云图

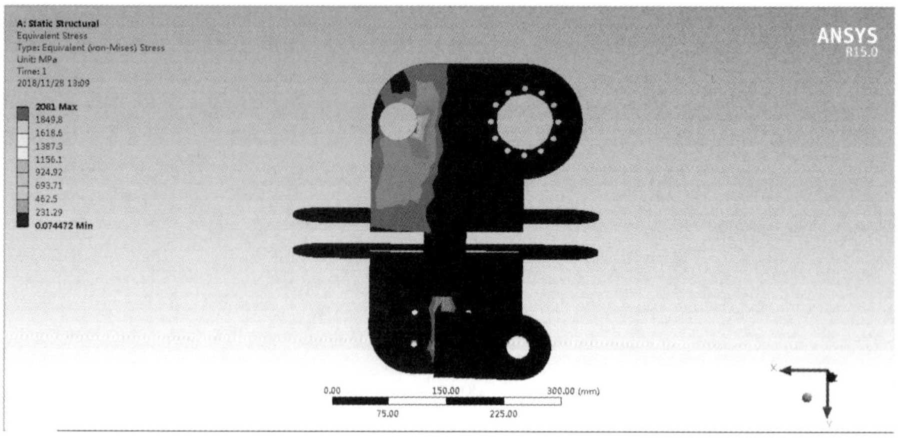

图 14 情况二等效压力云图

4 结论

通过运用 SolidWorks、ADAMS 和 ANSYS 软件对过山车进行三维建模以及对运动时的受力状况进行动力学仿真分析和对车轮支架进行静力学分析，得到如下结论：

① 运用 SolidWorks 软件对过山车车体和轨道进行三维建模。过山车车轮组共有三种不同类型的车轮，分别为：行走轮、侧导轮、下导轮。过山车轨道由三根钢管组成，左行走轨道钢管、右行走轨道钢管和一根支撑钢管。

② 通过运用 ADAMS 软件对过山车运动情况进行仿真分析，得到了过山车在该轨道段上运行的速度、加速度以及行走轮和下导轮的受力曲线，为之后的 ANSYS 静力学分析提供基础，也为之后的过山车改进提供相应的帮助。

③ 通过运用 ANSYS 软件对过山车的车轮支架进行静力学分析，得到了车轮支架的压力与等效压力分布云图，找出车轮支架较为薄弱的部分，为之后的改进提供相应的基础。

参考文献

[1] 银明，杨瑞刚．过山车轨道三维建模方法研究［J］．技术与市场，2011，5（18）：21-22.

[2] 吴纯君，三环过山车车体三维设计与仿真研究［D］．安徽工业大学．2016.

[3] 银明，杨瑞刚，杨明亮．基于 SolidWroks 的过山车轨道三维建模仿真［J］．起重与运输，2012，（6）：65-67.

[4] 张继云．过山车动力学建模与仿真［D］．华南理工大学．2013.

[5] 吴纯君，等．基于 ADAMS 的十环过山车动力学模型的建立［J］．研究与分析，2016，5（29）：24-26.

基于加速度的游乐设施乘客束缚装置应用研究

徐　锐[1]　张　勇[2]　项辉宇[1]　周哲人[1]

1. 北京工商大学 材料与机械工程学院，北京　100048
2. 中国特种设备检测研究院，北京　100029

摘　要： 游乐设施乘客束缚装置选型的合理与否直接关系到乘坐者的人身安全。当前乘客束缚装置设计选用主要是基于经验，为更好地保障乘坐安全，对安全压杠、安全带等束缚装置的功能进行分解，将加速度作为束缚装置选择的依据，提出基于设计加速度的束缚装置准则应用方法。通过一过山车作为应用实例证明了方法可行有效。

关键词： 游乐设施；加速度；乘客束缚装置；选型

Research and Application of Patron Restraint Devices in Amusement Facilities based on Acceleration

Xu Rui[1], Zhang Yong[2], Xiang Hui-yu[1], Zhou Zhe-ren[1]

1. School of Materials and Mechanical Engineering, Beijing Technology and Business University, Beijing 100048
2. China Special Equipment Inspection and Research Institute, Beijing 100029

Abstract: Type selection of patron restraint devices in amusement facilities is directly related to the safety of the patrons. At present, design and selection of the restraint devices are mainly based on experience. For a better protection of ride safety, acceleration is chosen as the basis for the selection of patron restraint devices. On the basis of studying the design criteria of the restraint device in GB 8408—2018, the function of restraint device is decomposed. And an application method of restraint device criterion based on design acceleration is proposed. The example of a roller coaster proved that the method is feasible and effective.

Keywords: Amusement Ride; Acceleration; Patron Restraint Devices

0　引言

游乐设施通过项目体验满足人们休闲娱乐需要，成为越来越多的游客释放工作和生活压力的选择。与此同时，游乐设施安全是公众关注的热点，关系到我国每年数以亿计的广大乘客尤其青少年儿童的生命安全。近年来新的游乐设施纷纷涌现，不同设备的运动形式不同，乘坐方式多样，运行参数、规模差别大，需要根据设备情况设置合适的束缚装置，保障游乐设施安全[1]。

基金项目：国家重点研发计划项目（编号：2016YFF0203100）课题2“典型游乐设施虚拟仿真、质量预测和虚拟体验技术研究与系统开发”（编号：2016YFF0203102）。

作者简介：徐锐，1994年生，男，硕士生，研究方向为机械数字化设计。

美国、欧盟的游乐设施标准选择从加速度出发，对乘客束缚装置选型提出要求[2,3]。新颁布的GB 8408—2018《大型游乐设施安全规范》中也增加了根据游乐设施设计加速度为乘客束缚装置选型的要求。新标准颁布不久，行业对其中新概念的理解还不够深入，为此本文从标准出发，对束缚装置的功能进行分解，提出了基于加速度的乘客束缚装置选型设计方法。

1 基于加速度的乘客束缚装置

1.1 游乐设施人体加速度

加速度反映了乘客受载，可以衡量乘客对设备的相对运动趋势，直接体现束缚需求。如某滑行车设备运行中乘客相对座舱以 $a_x=-0.91g$ 减速 0.6s，此时乘客若未被安全束缚，躯体会明显前倾，有脱出座椅、发生碰撞造成危险的可能。

游乐设施人体加速度以乘客躯干作为研究对象。建立固定在乘客胸部的人体坐标系如图1，其中“头-骨盆”方向为 $+a_z$ 方向，“胸-背”方向为 $+a_x$ 方向，与此平面正交的右-左方向为 $+a_y$ 方向，用与重力加速度 g 的比值来表示。

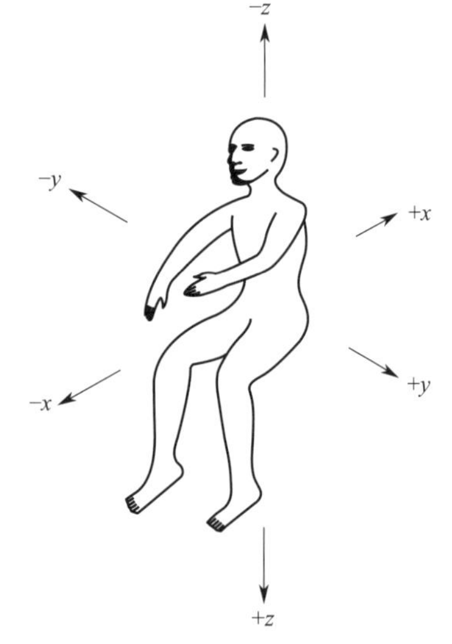

图1 人体坐标系

1.2 加速度选型依据

在考虑乘客束缚装置选型时，选择 a_x，a_z 加速度作为选型依据。由于当设备有俯冲、翻转、跃升等动作，乘客前倾和滑出的趋势较大，一旦束缚装置存在隐患，乘客最可能向 XZ 方向前倾、碰撞、摔出，X、Z 方向加速度反映了设备的关键运动状态下的乘客束缚需求。而 Y 方向加速度不作为主要依据，一方面是因为在依照 X、Z 方向加速度进行束缚装置选型后，装置同时具备保障乘客左右方向乘坐安全的束缚能力；另一方面，标准中规定乘人装置的座位和型式、乘客座椅面两边和中间应设置拦挡结构，适当增加座椅角度等。乘载系统的结构型式设计一定程度上保证了乘客左右方向的安全。因此以 X、Z 方向加速度作为选型依据较为合适。按照运动状态将 X、Z 方向加速度组合并分为1到5级加速度区如图2。

1.3 乘客束缚装置分级配置要求

以往进行乘客束缚装置选型设计时，图为游乐设施设计人员往往依靠经验，从设备的载荷和运行状态出发，参考同类设备设计制造乘客束缚装置。新标准[4] 从安全压杠、安全带、压杆等广泛应用的乘客束缚装置出发，总结其结构特点、配置功能等，提取其关键要素，对游乐设施束缚装置的选型设计提出了以下8项配置要求。

(1) 束缚装置的配置

分为是否需要配置两套独立的束缚装置或一套失效安全的束缚装置❶两种要求。

(2) 每套束缚装置保护乘客的数量

分为可保护多个乘客和仅能保护一位乘客两种要求。

(3) 束缚装置的锁紧位置

分为固定和可根据乘客要求调整两种要求。

(4) 束缚装置的锁紧和释放方式

要求锁紧和释放能手动或自动控制。

---

❶ 失效安全（fail-safe）的束缚装置是指束缚装置的任何一个部位失效，不会造成乘客脱离束缚装置。

(5) 锁紧机构的锁紧类型

分为是否需要束缚装置应自动锁紧；以及是否需要操作人员确认束缚装置已锁紧的要求。

(6) 锁紧机构的释放类型

分为乘客能手动释放束缚装置和只允许操作人员手动或自动释放束缚装置两种要求。

(7) 锁紧装置冗余

有是否需要锁紧装置有冗余两种要求。

(8) 外部指示

分为是否需要外部指示两种要求。

对不同的设备各项配置要求不同。设计制造时结合图 2 的游乐设施加速度分区，从设备加速度所在区域最高等级出发，参照对应束缚等级的每项配置要求，设置符合安全规范的乘客束缚装置。另外通过对设备乘载分析也可以设置一个更高级别的束缚装置。

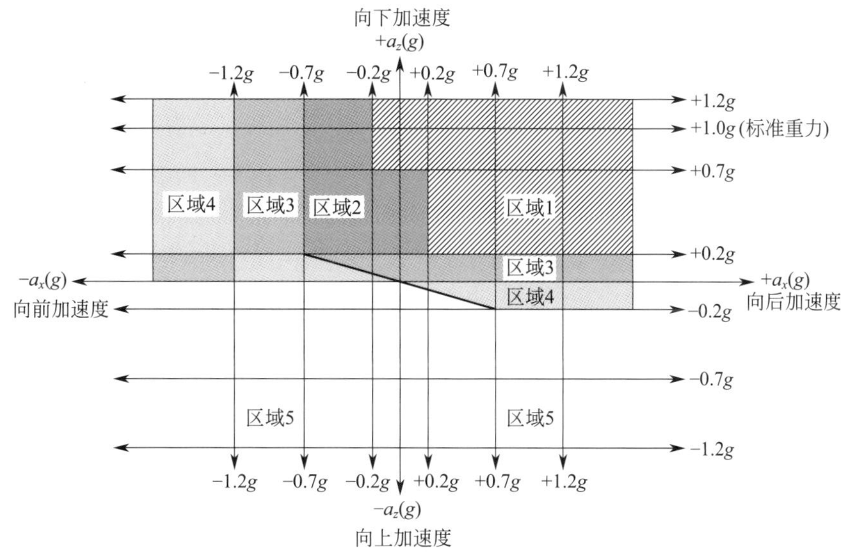

图 2 设计加速度分区图

2 束缚装置选型

对设计阶段运动学仿真得到其设计加速度，确定束缚装置级别要求，进而选型设置。设备束缚装置的选型可以按照如图 3 步骤进行。

(1) 模型运动学分析

对设备运行过程进行运动学分析。其中测量点固定在椅面向上 600mm 处的设备上。坐标轴方向可结合座椅面和靠背平面等支承面选取[5]。为保证结果准确性建议模拟时间步长不大于 0.05s。

(2) 运动加速度、姿态角输出

输出测量点局部坐标系下运动加速度，以及局部坐标系相对全局坐标的航向角 ϕ、俯仰角 θ、横滚角 γ 三个姿态角，作为束缚装置选型必要的参数。

(3) 游乐设施人体加速度转化

模拟得到的运动加速度不能直接用于加速度分区判断。需要在局部坐标叠加 1g 重力加速度[6,7] 如式 (1)，转化为游乐设施人体加速度。

$$[a_x a_y a_z]=[a'_x a'_y a'_z]+[0\ 0\ 1]\begin{bmatrix}\cos\gamma\cos\varphi+\sin\gamma\sin\theta\sin\varphi & -\cos\gamma\sin\varphi+\sin\gamma\sin\theta\cos\varphi & -\sin\gamma\cos\varphi \\ \cos\theta\sin\varphi & \cos\theta\cos\varphi & \sin\theta \\ \sin\gamma\cos\varphi-\cos\gamma\sin\theta\sin\varphi & -\sin\gamma\sin\varphi-\cos\gamma\sin\theta\cos\varphi & \cos\gamma\cos\theta\end{bmatrix} \quad (1)$$

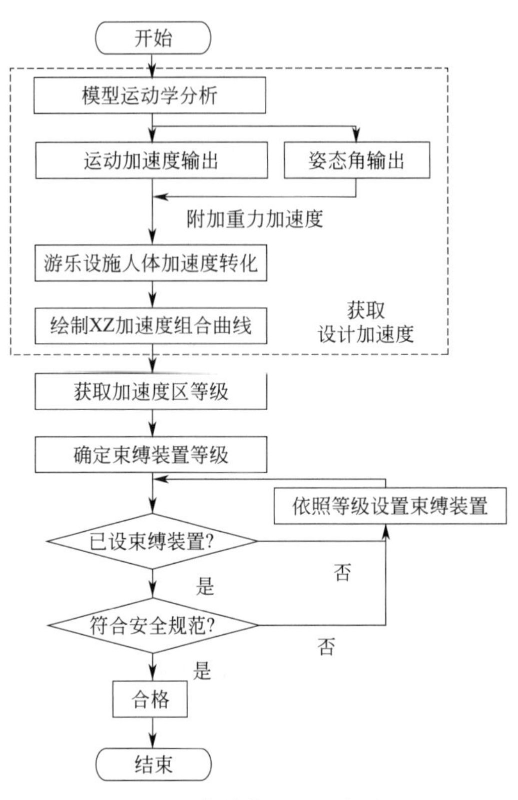

图 3 束缚装置选型步骤

其中 φ、θ、γ 分别为设备运行的航向角、俯仰角和横滚角，$[a_x\ a_y\ a_z]$ 和 $[a'_x a'_y\ a'_z]$ 分别是某时刻游乐设施人体加速度和运动加速度。

（4）绘制 XZ 加速度组合曲线

判定加速度分区采用 X、Z 方向游乐设施人体加速度，将同一时刻 X、Z 方向加速度以（a_x，a_z）的形式表示在平面直角坐标系中，并按照时间顺序连线。

（5）获取加速度区等级

将（4）中加速度坐标点及连线绘制在图 2 中，以设计加速度点和连线落在的最大区域等级作为设备加速度分区等级。

（6）确定束缚等级

加速度分区等级与束缚等级要求一一对应，从加速度分区等级出发，确定对应束缚装置等级，从而确定此设备束缚装置的具体配置要求。

（7）依照等级设置束缚装置

若设备未预先选择束缚装置，则根据（6）确定的束缚装置等级对应的要求进行选型设计；若设备已预先设置了束缚装置方案，按照其束缚装置等级，检查当前束缚装置是否满足标准中该等级的要求，若不满足，则重新选择束缚装置，直到束缚装置满足该等级要求。

另外，在为设备设计束缚装置时，还应考虑一些特殊状况，如安全空间，乘载系统中其他装置和结构如座位、靠背、靠头、护垫、约束物等的设计，乘客特殊状态，加速周期和大小，侧向加速度较大、风载等因素[1]。

3 案例应用

为验证应用方法的有效性，本文从某五环过山车设计模型出发设计符合安全规范的束缚装置。

① 进行模型运动学分析，将轨道和设备几何模型导入 Adams 中，选取 X 轴与车辆运行方向一致建立局部坐标系如图 4，进行运动学分析。

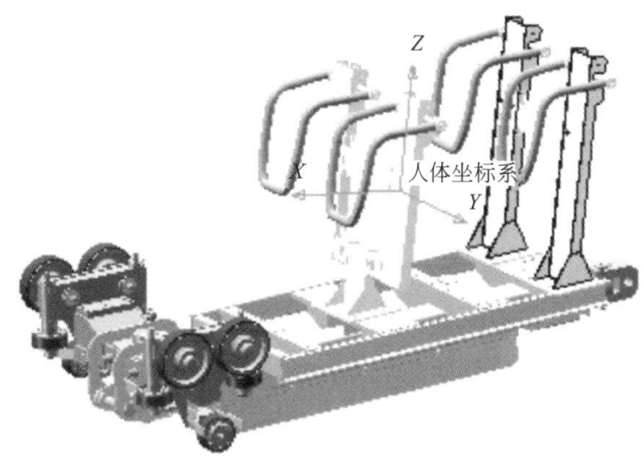

图 4　局部坐标系

② 游乐设施人体加速度转化：数值模拟输出所需的运动学参数，包括运动加速度和方向角，附加重力加速度后，转化为游乐设施人体加速度，如图 5。

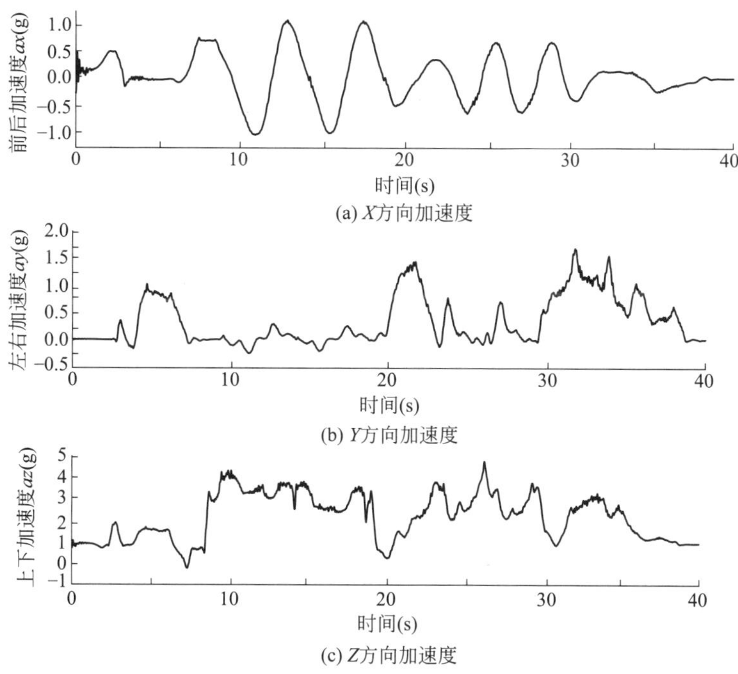

图 5　游乐设施人体加速度

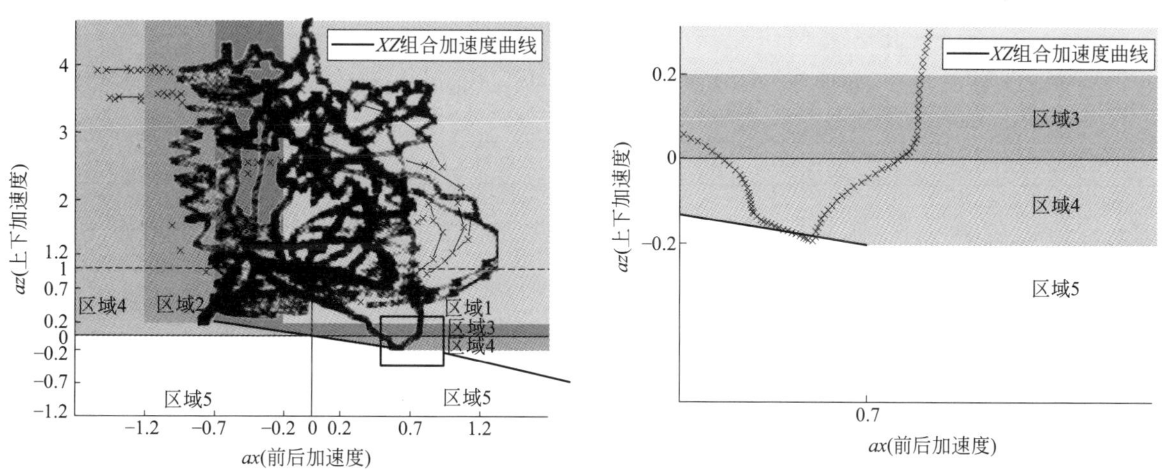

图 6　加速度等级判定图

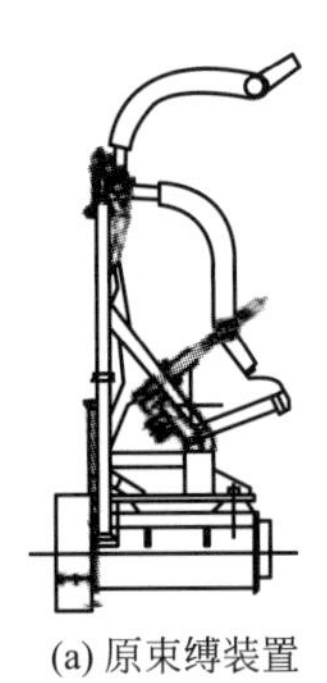
(a) 原束缚装置

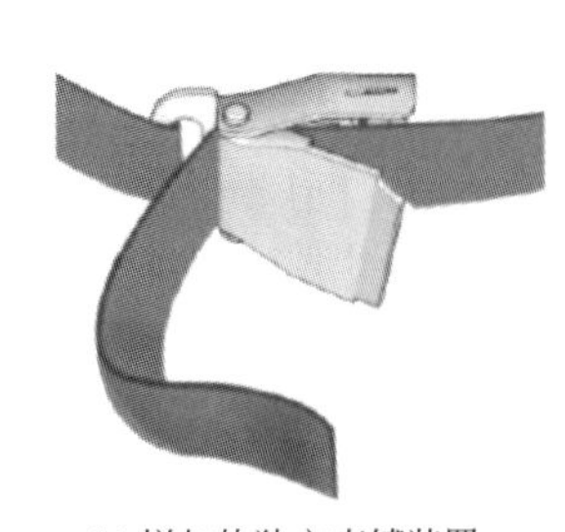
(b) 增加的独立束缚装置

图 7　束缚装置方案

③ 绘制 XZ 加速度组合曲线并获取加速度分区等级：将 XZ 加速度数据点描绘在图 6 中，可以看出设备设计加速度点和连线落在的区域的最高等级为 5 区，因此确定此设备加速度分区等级为 5 级。

④ 最后确定束缚装置等级并设计束缚装置：(3) 确定加速度分区为 5 级，束缚装置应按照 5 级束缚及 5 级冗余束缚要求设计束缚装置。设备原本设计了齿条锁定型安全压杠作为束缚装置如图 7 (a)，按 5 级及 5 级冗余要求检查其选型是否符合安全规范如表 1，检查结果表明该设计不满足安全规范的要求。

因此在齿条锁定型安全压杠的基础上，加上两点式腰带作为第二套独立束缚装置，如图 7 (b)，再次检查其是否符合 5 级及 5 级冗余要求如表 1，符合安全规范。

表 1　束缚装置选用达标检查表

配置要求类型	原有方案	是否达标	改进方案	是否达标
每套束缚装置保护乘客数量	压杠仅保护一个乘客	是	两套独立束缚装置保护一个乘客	是
(束缚装置)锁紧位置	压杠通过齿条、棘爪可实现多档锁紧位置调节	是	压杠通过齿条、棘爪可实现多档锁紧位置调节；安全带可调节带长后锁紧	是
(锁紧机构)锁紧类型	压杠锁紧机构由操作人员控制采用断电锁紧	是	压杠锁紧机构由操作人员控制采用断电锁紧；安全带可由乘客或操作人员手动锁紧，操作人员方便确认已锁紧	是
(锁紧机构)释放类型	压杠只能由操作人员通过电控系统释放	是	压杠只能由操作人员通过电控系统释放；安全带由乘客或操作人员手动释放	是
外部指示	压杠通过电控系统给出指示，乘客束缚装置具有有效锁紧后才能启动的连锁控制功能；设计便于检查	是	压杠通过电控系统给出指示，具有有效锁紧后才能启动的连锁控制功能；安全带不需外部指示；二者设计便于检查	是
(束缚装置)锁紧和释放的方式	压杠由操作人员控制安全销锁紧和释放	是	压杠由操作人员控制安全销锁紧和释放；安全带由手动锁紧和释放	是
锁紧装置的冗余	压杠有两套齿条、棘爪作为锁紧装置冗余	是	压杠有两套齿条、棘爪作为锁紧装置冗余；安全带卡扣不需要冗余	是
束缚装置的配置	此压杠作为一套独立束缚装置且不能保证失效安全	否	有安全带和压杠两套独立束缚装置	是
是否符合安全规范	否	否	是	是

通过此方法确定了设备处于 5 加速度区，明确了应按照标准中 5 级、5 级冗余束缚要求为设备选择合适的束缚装置，最后束缚装置的选型是符合安全规范的，方法可行有效。

4　结论

① 提出了基于设计加速度的乘客束缚装置准则应用方法，包括数据处理、确定束缚等级要求并选型等内容。

② 以某过山车为例说明应用此方法设计游乐设施束缚装置是可行有效的。

参考文献

[1] 张新东．关于游乐设施人体束缚装置的思考［J］．中国特种设备安全，2017，33 (05)：9-13+18.

[2] EN 13814-1—2015，Safety of amusement rides and amusement devices — Part 1：Design and manufacture［S］.

[3] F2291-13—2013，Standard Practice for Design of Amusement Rides and Devices［S］.

[4] GB 8408—2018，大型游乐设施安全规范［S］.

[5] F2137-15—2015. Standard Practice for Measuring the Dynamic Characteristics of Amusement Rides and Devices［S］.

[6] 于波．惯性技术［M］．北京：北京航空航天大学出版社，1994.

[7] 梁朝虎，沈勇，丁克勤，等．过山车动态仿真建模方法研究［J］．系统仿真学报，2006，(S1)：280-282.

我国大型游乐设施质量水平研究

张　琨　梁朝虎　张　勇　刘　然

中国特种设备检测研究院，北京 100013

摘　要： 本文从案例数据入手，对我国的大型游乐设施概况进行了总结，对大型游乐设施质量隐患排查工作中发现的问题进行了统计，分析了大型游乐设施设计制造和运营使用环节的质量状况。结果表明：我国大型游乐设施数量逐年稳步上升，生产厂家已呈现出区域集中现象，水上游乐设施、观览车类、滑行车类大型游乐设施是存在质量问题比例最高的三类设备，重要结构件、重要零部件连接和日常检查是出现问题最多的三个检查项目，上述结果为使用单位的维护保养和检验单位的检验检测提供了参考。以此为基础，提出了大型游乐设施质量提升方案，为我国的大型游乐设施质量提升提供了借鉴。

关键词： 大型游乐设施；质量；安全

Study on Quality Level of Large-scale Amusement Device in China

Zhang Kun, Liang Zhao-hu, Zhang Yong, Liu Ran

China Special Equipment Inspection & Research Institute, Beijing 100013

Abstract: This paper is based on case and data. The general situation of large-scale amusement device in China is summarized. The problems found in the investigation of potential quality hazards of large-scale amusement device is counted. The quality status of design, manufacture and operation of large-scale amusement device is analyzed. The results show that the number of large-scale amusement device in China has steadily increased year by year, and the manufacturers have shown a phenomenon of regional concentration. Water amusement ride, wonder wheel type rides and coaster type of rides are the three types of large-scale amusement device with the highest proportion of quality problems. Important structural parts, connection of important parts and daily inspection are the three most problematic inspection items. These results provide a reference for the maintenance of users and the test of the inspection units. On this basis, the quality improvement scheme of large-scale amusement device is put forward, which provides a reference for the quality improvement of large-scale amusement device in China.

Keywords: Large-scale Amusement Device; Quality; Safety

基金项目：国家重点研发计划（编号：2016YFF0203100）课题 1“载人设备质量影响因素分析、风险评价及质量提升对策研究”（编号：2016YFF0203101）。

作者简介：张琨，1991 年生，男，助理工程师，硕士，主要从事大型游乐设施的结构分析、状态监测与故障诊断、安全评价等方面的研究。

0 引言

《中华人民共和国特种设备安全法》和《特种设备安全监察条例》中规定：大型游乐设施，是指用于经营目的，承载乘客游乐的设施，其范围规定为设计最大运行线速度大于或者等于 2m/s，或者运行高度距地面高于或者等于 2m 的载人大型游乐设施。国家对特种设备实行目录管理，大型游乐设施被列为我国八大类特种设备之一。《特种设备目录》将大型游乐设施分为十三类，分别为观览车类、滑行车类、架空游览车类、陀螺类、飞行塔类、转马类、自控飞机类、赛车类、小火车类、碰碰车类、滑道类、水上游乐设施和无动力游乐设施。

大型游乐设施具有参与人数多、分布区域敏感、地标效应明显等特点，一旦发生事故，会造成重大伤亡，社会影响极其恶劣[1]。近年来，随着大型游乐设施生产技术水平的提高和主题公园的发展，游乐设施朝着大型化、高参数、新奇特、高刺激的方向发展，与之相伴随的是，我国游乐设施行业起步较晚，生产企业、运营使用企业数量多且分布广，产品质量、工程质量、服务质量和维保质量参差不齐，安全事故时有发生[2,3]，极大危害了人民群众的生命财产安全和社会经济的持续健康发展。大型游乐设施的质量水平决定着其安全状况，对我国大型游乐设施的质量水平进行研究，进而针对性的提出质量提升对策是相当重要的。

本文基于政府部门公布的大型游乐设施相关数据、游乐设施检验案例、安全事故以及全国大型游乐设施质量隐患排查，对我国大型游乐设施的质量发展情况进行了研究，分析了目前存在的主要问题和不足，初步提出了大型游乐设施质量提升对策，为我国大型游乐设施的质量提升提供借鉴。

1 大型游乐设施概况

我国游乐产业起步较晚，20 世纪 80 年代以前，国内大型游乐设施的建设基本是一片空白，以分散的小型游乐设施为主。1951 年由北京机械厂设计制造，安装在北京中山公园里的电动小乘椅是我国第一台游乐设施。1980 年我国进口首台大型游乐设施，并逐步开始仿制，国产大型游乐设施的相应工作由此拉开了序幕。随着改革开放的深入，我国的经济迅速发展，越来越多的企业开始研制和生产大型游乐设施。进入 21 世纪，尤其是近十年来，我国的大型游乐设施生产企业数量和水平迅速提高，设备质量和科技含量也越来越高，大型摩天轮、高速过山车、360 度全景飞行影院等设备已开始迈入欧美市场。

截至 2018 年 11 月 20 日，我国有大型游乐设施生产厂家 115 家，根据生产厂家所在省（市，自治区）进行了统计，如表 1 所示。

表 1　我国大型游乐设施生产厂家分布情况

省(市,自治区)	北京	天津	河北	河南	山东	江苏	浙江	上海
数量	4	1	17	10	5	8	8	5
省(市,自治区)	陕西	湖北	湖南	四川	福建	广东	沈阳	新疆
数量	6	5	2	4	2	34	3	1

注：此数据来源于 2018 年大型游乐设施安全束缚装置排查工作中我国大型游乐设施生产厂家的上报情况。

其中，广东省为大型游乐设施生产厂家最多的省份，有 34 家，占我国厂家总数的接近 1/3，其次为河北、河南，分别有 17 家和 10 家。接着根据生产厂家所在地级市进行了统计，分布情况如图 1 所示，有 5 家及以上大型游乐设施生产厂家的地级市有 6 个，数量由多到少依次为中山、郑州、广州、衡水、保定、深圳，可见大型游乐设施生产厂家已呈现出区域集中的分布特征。

当前我国已经成为世界最大的游乐设施消费市场，大型游乐设施数量逐年迅速增长。经查阅总局特种设备安全监察局对年度特种设备安全状况的通报，对我国 2006～2017 年的大型游乐设施数量及增长情况进行了统计，如图 2 所示。截至 2017 年，我国在用大型游乐设施 2.42 万台套，大中型游乐园 400

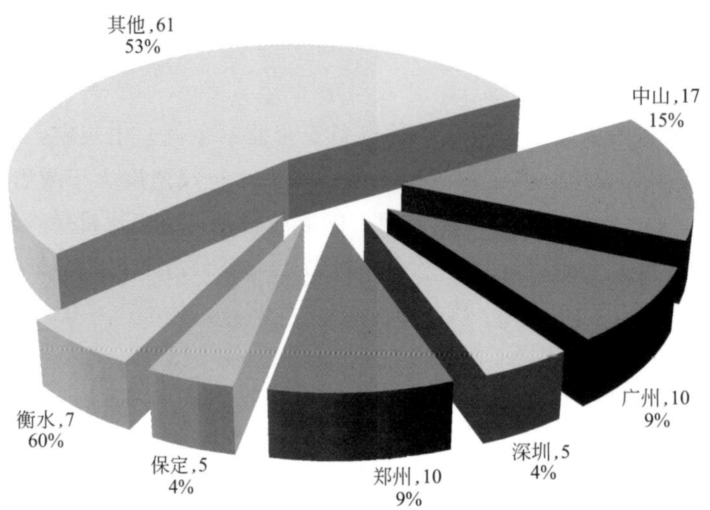

图 1 我国大型游乐设施生产厂家区域分布情况

多家，参与游乐人数 6 亿人次，年产值超过 1000 亿元。形成了多个实力较强的游乐集团，如华侨城集团、长隆集团、华强方特、宋城集团等进入世界前十行列。

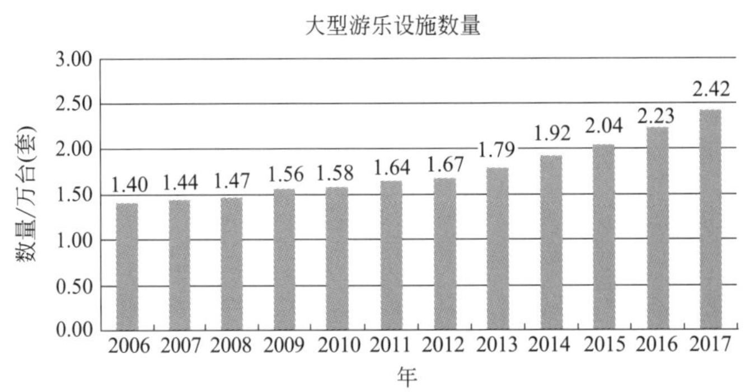

图 2 2006～2017 年我国大型游乐设施数量及增长情况

随着我国大型游乐设施监管体系、法规标准体系、安全责任体系和应急救援体系的不断完善，大型游乐设施的产品质量、工程质量、服务质量和维保质量也在不断提升。经查阅总局特种设备安全监察局对年度特种设备安全状况的通报，对我国 2009～2017 年的大型游乐设施事故情况进行了统计，如图 3 所示，安全事故数量一直在 10 起以内，其中 2010 年的数据没有公布。

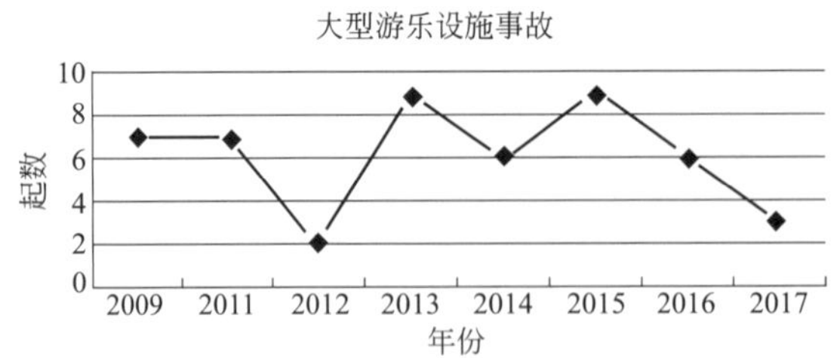

图 3 2009～2017 年我国大型游乐设施事故数量

2 大型游乐设施质量隐患排查

为了能够调查清楚在用大型游乐设施的质量状况，消除设备的质量隐患，2017 年 5 月至 11 月，由中国特检院牵头对全国的 11524 台套大型游乐设施进行了质量隐患排查，参与排查的境内企业共有 92 家，境外企业 19 家，所有境内有设备运营的企业都参与了此次大型游乐设施的质量隐患排查工作。

此次大型游乐设施质量隐患排查是对在用设备由于维护保养不及时或缺失而导致的不符合规范标准且可能引发质量问题的自检不合格项的排查，同时对设备在设计、制造、安装过程中的原生缺陷或问题的排查。经过为期 7 个月的大型游乐设施质量隐患排查，未发现质量隐患的设备 8507 台，存在质量隐患的设备 3017 台，分别占排查设备总数的 73.82％和 26.18％。其中，存在质量隐患的设备中 A、B、C 级设备分别占比为 19.04％、66.65％、14.30％。紧接着，对存在质量隐患的大型游乐设施中各类型设备的占比情况进行了统计，如图 4 所示，水上游乐设施、观览车类、滑行车类是存在质量隐患比例最高的三类大型游乐设施，占比分别为 29.14％、26.81％、15.31％，为使用单位的安全管理和维护保养提供了借鉴和参考。

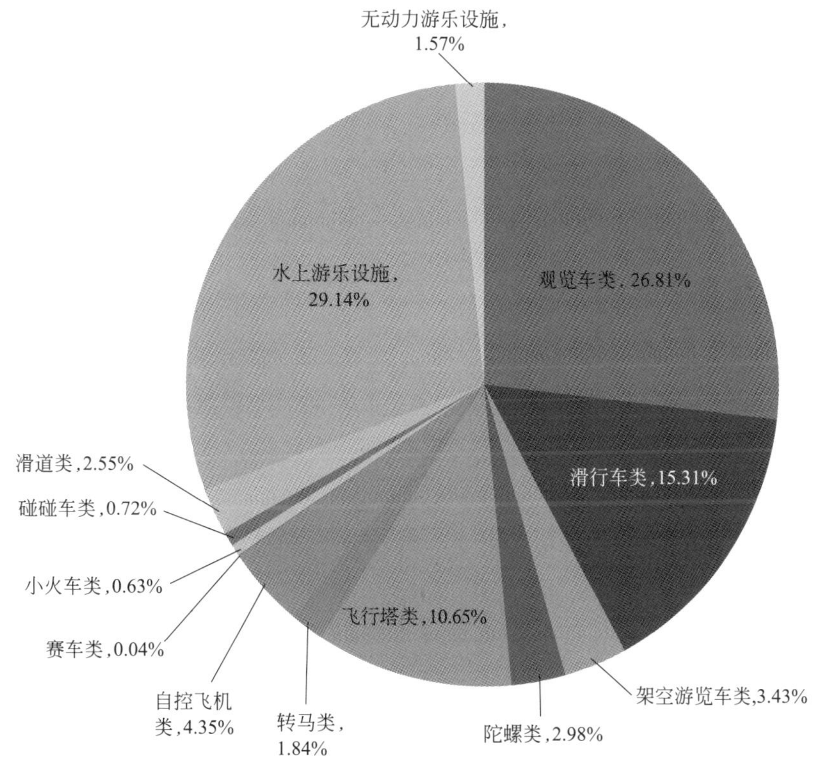

图 4 大型游乐设施质量隐患排查存在问题设备类型占比

此次大型游乐设施质量隐患排查共发现各类安全问题 5761 项，划分为日常检查、基础、重要焊缝、重要零部件连接、重要结构件、安全压杠、安全带、制动装置、止逆装置、限位装置、钢丝绳、水滑梯、润滑及渗漏、电气控制、其他等 15 类，每类问题所占的比例如图 5 所示。重要结构件、重要零部件连接和日常检查是最主要的三项问题，安全压杠、安全带是《游乐设施安全技术监察规程》中提及的八类安全装置中存在问题最多的两项，为使用单位的维护保养和检验机构的检验检测提供了重点项目和部位。

3 大型游乐设施设计制造和运营使用质量状况

大型游乐设施的设计、制造、安装、改造、修理、使用、检验检测、监督检查等各环节都影响着设备的安全和质量[4~7]。本文以大型游乐设施的检验检测、质量隐患排查以及对生产企业和使用企业的调研为依据，同时结合国内众多专家学者及技术人员的相关研究和成果，对我国大型游乐设施的设计制造和运营使用的质量状况进行总结和分析。

3.1 设计制造环节

大型游乐设施是典型的机电一体化设备，设计是其灵魂，制造是其根本。我国的大型游乐设施生产

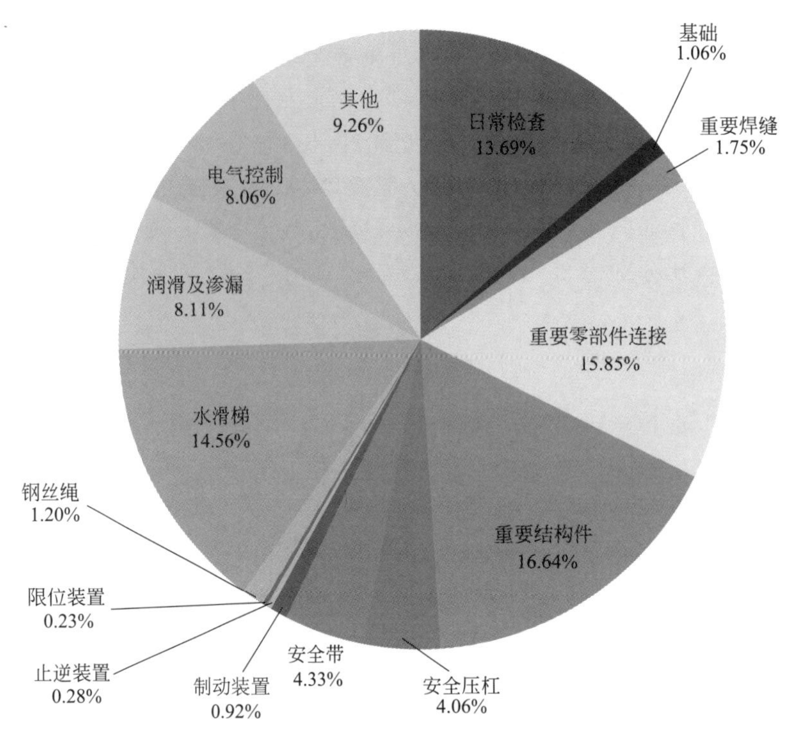

图5 大型游乐设施质量隐患排查发现问题占比

企业已经由十多年前对国外设备的仿制，到现在的自主设计和研发，一批具有我国自主知识产权的设备已经走向国内外市场，但对于设计而言，现阶段仍存在着以下几个普遍问题：

① 游乐设施安全评价的完整性和有效性较差，导致设备的危险源，损伤、故障和失效模式不完全清楚，影响其质量和安全的因素不完全确定；

② 游乐设施乘客的力学响应和生理反应规律尚未探明，未能对设计提供理论性指导，导致设备的乘坐舒适性和人群适应性存在一定偏差；

③ 游乐设施的许用应力设计采用单一安全系数法，导致设计结构笨重，难以反映不同工况载荷作用下对设备结构的不同要求；

④ 游乐设施主要载荷参数和典型材料性能参数的概率分布规律尚未探究清楚，导致在设计阶段未能根除部分危险源。

针对以上问题，我国的众多专家学者、技术人员进行了大量研究，取得了一定的理论成果，为我国大型游乐设施的设计提供了指导。沈功田、张勇、张新东等对大型游乐设施的安全评价进行了充分研究，提出了一系列的安全评价方法[8~11]。陈卫卫等应用自主开发的实体假人对游乐设施乘客的力学响应进行了研究，分析了乘客在乘坐不同游乐设施时颈部、腰部、胸部等身体部位的受力情况[12]。邓贵德等对极限状态法在游乐设施结构设计上的应用进行了研究，为以后的广泛应用提供了基础[13]。

对于制造而言，现阶段仍存在着以下几个普遍问题：

① 游乐设施制造生产装备较为落后，大型主要受力部件未能由先进装备一次性加工完成，需要大量焊接，受力复杂且产生了新的危险源；

② 制造生产技术较为落后，仍采用传统的串行设计制造模式及纸质信息传输手段，生产效率低，且无法保证信息的继承性与可追溯性，无法保证设备的本质安全；

③ 缺少游乐设施生产环节的信息采集、数据管理与分析和有效全面的质量控制技术，导致产品质量参差不齐，其质量问题无法追溯。

针对以上问题，我国的众多专家学者、技术人员进行了大量的探讨和研究。曹洪庆等针对游乐设施制造过程中的焊接质量和技术问题进行了分析[14]。沈功田等从零部件、金属结构、整机等不同角度对游乐设施制造的无损检测方法进行了研究[15]。国内的大型游乐设施生产企业还开展了游乐设施数字化工厂生产技术、大型三维轨道系统精确成型技术、大型摩天轮建造技术的研发。

3.2 运营使用环节

大型游乐设施技术集成度高，涵盖了机械、液压、气动、电气、控制、钢结构、土建等方面，对使用企业的维护保养能力要求较高。与此同时，游乐设施的人机交互性强，人的参与性广，质量影响因素复杂，既有设备本身的因素，也有环境、人员、制度管理等方面的因素，对使用单位的管理质量和服务质量要求较高。我国已成为世界最大的游乐消费市场，华侨城集团、长隆集团、华强方特等大型主题公园已跻身世界前列，但对于大型游乐设施的使用环节而言，现阶段仍存在着以下几个普遍问题：

① 大型游乐设施运行状态、管理等影响设备性能的因素众多，缺少从大数据中提取有效信息的方法和手段；

② 尚未搭建基于多数据库的大型游乐设施动态质量管理平台；

③ 自检维保过程中，对滑行车类大型游乐设施难以实现轨道的全面宏观检测、测厚及测距，对飞行塔类、观览车类等高耸类大型游乐设施无法实现立柱的晃动量检测；

④ 对大型游乐设施操作、维保过程中的人为错误因素耦合危害效应的分析存在困难，尚未搭建完整的人因错误数据库。

针对以上问题，我国的众多专家学者、技术人员进行了大量研究，取得了一定的理论成果，并逐步应用于大型游乐设施的运营使用中。张勇、陈卫卫等对大型游乐设施的运行速度、加速度、应力应变测试进行了研究[16~18]。蓝华荣等结合全面质量管理的理念和方法，对大型游乐设施的运营安全管理进行了研究[19]。曹树坤等对大摆锤的操作人员、游客和维保人员的人因要素进行了 HAZOP 分析[20]。

4 大型游乐设施质量提升

结合我国大型游乐设施行业发展特点和检验检测、隐患排查、企业调研过程中发现的突出问题，借鉴其他行业质量提升方案和对策，制定适合我国游乐设施行业发展的质量提升方案，如图 6 所示。

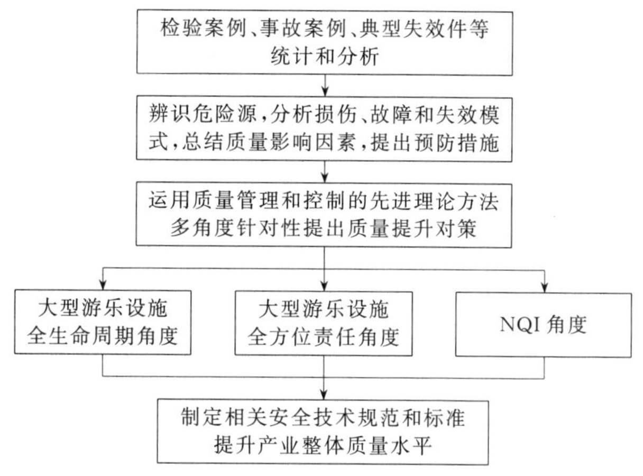

图 6　大型游乐设施质量提升方案

① 收集、整理、统计、分析设计制造、运营使用、检验检测等各个环节的危险源数据、损伤、故障和失效数据、事故数据。

② 收集到的检验案例、事故案例、典型失效件进行危险源辨识、损伤、故障和失效模式分析，从人、机、料、法、环、测角度，从随机因素、系统因素、异常因素角度，从主要因素、次要因素角度分别进行归类、分析，研究这些问题对设计、制造、安装、使用质量的影响和可能造成的后果，提出预防措施。

③ 对收集到的数据，运用质量管理和质量控制的理论方法，针对大型游乐设施全生命周期角度、

全方面责任角度、国家质量技术基础（National Quality Infrastructure，NQI）角度研究提出质量提升对策。

④ 结合行业现状和现有技术基础，制定起草相关法规标准，规范、控制、提升大型游乐设施质量和行业整体水平。

5 总结

本文基于政府部门公布的大型游乐设施相关数据、游乐设施检验案例、安全事故以及全国大型游乐设施质量隐患排查，对我国的大型游乐设施概况进行了总结，对大型游乐设施质量隐患排查工作中发现的问题进行了统计，分析了大型游乐设施设计制造和运营使用环节的质量状况，以此为基础，制定了我国大型游乐设施质量提升方案。

参考文献

[1] 沈功田，张勇，刘然．游乐园和景区载人设备全生命周期检测监测与完整性评价技术研究［J］．中国特种设备安全，2016，32（10）：5-9.
[2] 宋伟科，林伟明，郭俊杰．大型游乐设施典型案例［M］．上海：同济大学出版社，2014.
[3] 陈少鹏，林湇丹．游乐设施事故原因分析及对策［J］．机电工程技术，2017，46（07）：131-133.
[4] 付恒生，林明，梁朝虎．大型游乐设施设计［M］．上海：同济大学出版社，2015.
[5] 郑志涛，刘喜旺，陈建生．大型游乐设施制造与安装．［M］．上海：同济大学出版社，2015.
[6] 詹蕴鑫，鄂立军，陈亦．大型游乐设施运营安全［M］．上海：同济大学出版社，2015.
[7] 林伟明，王银兰，张勇．大型游乐设施监督检验［M］．上海：同济大学出版社，2014.
[8] 刘然，张勇，沈功田．游乐设施风险评价程序研究［J］．中国特种设备安全，2017，33（11）：1-4.
[9] 林伟明，肖原，叶建平，鄂立军．大型游乐设施的多级综合安全评价方法研究［J］．微计算机信息，2010，26（03）：51-52+ 58.
[10] 张新东，庄春吉，杨臣剑．基于BP神经网络的大型游乐设施安全评价［J］．安全与环境学报，2016，16（04）：28-31.
[11] 庄春吉，王志荣，张煜．基于AHP-灰色模糊理论的大型游乐设施安全评价［J］．安全与环境学报，2015，15（02）：42-46.
[12] 陈卫卫，田博．实体测试假人在游乐设施检测中的应用前景［J］．中国特种设备安全，2017，33（01）：6-11.
[13] 邓贵德，沈功田，张勇．极限状态法在游乐设施结构设计上的应用［J］．中国特种设备安全，2018，34（04）：1-7.
[14] 曹洪庆，周磊．游乐设施中焊接技术分析［J］．信息化建设，2015（10）：157.
[15] 沈功田，姚泽华，吴彦．游乐设施的无损检测技术［J］．无损检测，2006（12）：652-655.
[16] 张勇，秦平彦，林伟明．大型游乐设施运行状态测试系统及关键技术研究［J］．中国安全科学学报，2008，18（12）：166-171+ 26.
[17] 陈卫卫，庞昂．无线加速度测试技术在过山车检测中的应用［J］．中国特种设备安全，2017，33（02）：1-6.
[18] 王晓亮，陈卫卫，马东云．无线应力应变测试技术在游乐设施检验中的应用［J］．中国特种设备安全，2016，32（09）：39-44.
[19] 蓝华荣．质量管理理论在大型游乐设施运营安全管理中的应用研究［D］．天津大学，2010.
[20] 曹子剑，曹树坤，张勇．典型游乐设施大摆锤人因要素的HAZOP分析［J］．中国特种设备安全，2018，34（05）：5-8.

游乐设施人因错误行为库的系统构建

曹子剑　曹树坤　王　琛

济南大学，济南 250022

摘　要： 为了降低人因错误行为在游乐设施事故中的发生率。对国内外发生的事故案例进行收集，采用 Microsoft Excel 对案例进行整理，重点分析了管理人员、维保人员、操作人员、现场服务人员和游客的不规范行为和动作，将整理分析后的数据导入到 Visual C＋＋中，建立游乐设施事故案例数据库。本数据库的建立不仅可以为历年事故案例的查询提供平台，而且可以为人的错误行为对游乐设施事故发生率的影响研究提供有效的方法和思路。

关键词： 游乐设施；人因错误；数据库；系统构建

System construction of the rider′s error behavior library

Cao Zi-jian，Cao Shu-kun，Wang Chen

University of Jinan，　Jinan 25002

Abstract: In order to reduce the incidence of human error behavior in rides accidents. Collecting accident cases occurring at home and abroad，using Microsoft Excel to sort out the cases，focusing on the irregular behaviors and actions of managers，maintenance personnel，operators，field service personnel and tourists，and importing the analyzed data Go to Visual C+ + and build a database of ride accident cases. The establishment of this database not only provides a platform for the query of accident cases over the years，but also provides effective methods and ideas for the study of the impact of human error behavior on the incidence of accidents in amusement facilities.

Keywords: Amusement facilities; Human error; Database; System construction

0　引言

近年来，我国旅游事业发展迅猛，游乐设施也以每年超过 20％的速度增加，为保障游乐设施的安全运行，在引进先进的技术、新的检测方法，建立新的标准等方面做了大量的研究，在很大程度上降低了游乐设施的事故发生率。但由于游乐设施在运行过程中人参与其中的地方太多，人因差错不可避免，这就导致了（诸如 2017 年 2 月，一个 13 岁少女在重庆丰都县朝华公园内乘坐名叫“遨游太空”的游乐设施时，由于安全压杠未有效压紧，致使安全带断裂被甩出致死[1]；2015 年 5 月，浙江省温州市平阳县昆阳镇龙山公园游乐场，游客坐上“狂呼”的游乐设备后，在保险带还未扣上

基金项目：国家重点研发计划（编号：2016YFF0203100）。

作者简介：曹子剑，1995 年生，男，研究生，硕士。

的情况下，机器提前运行，导致5名游客当场甩飞，致2死3伤[2]；2013年9月15日秦岭欢乐世界大型游艺设备“极速风车”运行中发生惊险一幕，3名游客被从半空中甩出。后查明原因为操作人员操作失误造成[3]）等事故的发生。游乐设施的操作运行是一个动态的过程，其安全正确的运行，不仅与游乐设施各种仪器设备的无故障正常运行有关，还和维保人员按规定正确的维修检查、操作员规范的操作、工作人员正确引导乘客乘坐、乘客自身按照乘客乘坐规范乘坐有关，其次还与团体间的协调、管理人员的管理有着很大关系。

通过向主管部门查询、行业调研、公开资料检索等途径，现有游乐设施事故案例存在获取途径复杂，内容不完整等问题。对现有案例进行统计，分析人因错误行为和以后的事故的预防而言，建立一个数据库系统是十分有必要的，为从事游乐设施的相关人员提供参考，对游乐设施事故案例的存储、查询以及对其安全的进一步提高具有重要意义。

1 游乐设施事故的国内外现状

国内外，游乐设施事故每年都会发生。据资料表明[4]，自1997～2000年，美国平均每年游乐设施死亡4.4人；自2004～2015年，我国游乐设施由于设计、制造、安装等因素造成的事故占37%左右，使用不当因素造成的事故占47%左右，游客和其他因素造成的事故占16%左右，自1990～2001年，英国游乐设施事故由于设计因素造成的事故占19%左右，结构或机械系统失效因素造成的事故占20%左右，操作因素造成的事故占22%左右，其他因素造成的事故占17%左右，中国和英国游乐设施事故各因素所占百分比如图1所示。从这些数据中我们不难看出避免人的不安全行为是降低事故发生率的重要一步。

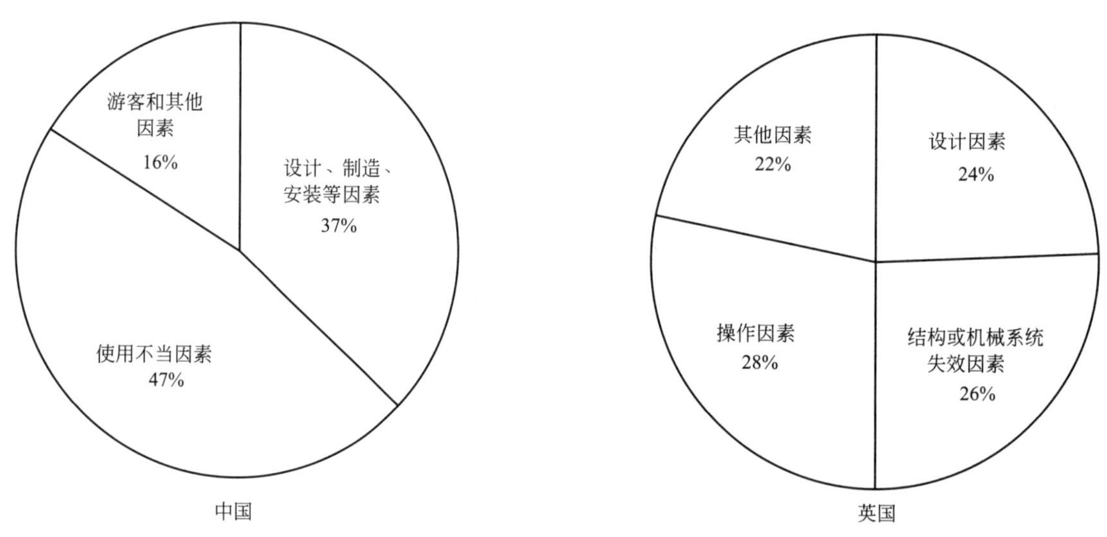

图1 游乐设施事故各因素所占百分比

2 案例收集与分析

在进行数据库建立之前，需要对国内外发生的事故案例进行收集。本次事故案例数据的收集主要从“中国游乐设施安全网”、《大型游乐设施典型案例》及互联网等渠道获取，本次收集的案例主要来源于中国和美国，还有少部分来源于其他国家，其中发生在中国的81起，发生在美国的122起，事故统计Excel表中部分信息如图2所示。

对收集来的事故案例进行整理，划分，信息分析情况如图3所示。主要包括以下内容，事故的基本

顺序＼信息	事故发生时间	国家	事故地点	游乐园名	所属时段	危害等级	建议措施
1	2009/08/08	美国	俄亥俄州	国王岛主题公园	运行时间段	高	游客要根据自己的身体情况进行乘坐
2	2009/09/16	美国	加利福尼亚州	Buena 公园	运行时间段	中	维修人员检查要彻底
3	2004/08/25	英国	默西塞德郡	开心地公园	维保时间段	高	维保人员要确保人身安全的情况下进行维修
4	2003/10/3	中国	包头市	昆都仑水库旅游区	运行时间段	高	做好应急工作的处理，严禁设备带病工作
5	2007/06/30	中国	合肥	逍遥津公园	运行时间段	低	设备在出现故障时要有避免措施

图 2　Excel 表中部分信息

信息：对事故发生的时间、地点、国家、地区、游乐园名和发生时间的所属时间段，其中发生时间所属时间段可以通过游乐设施是处于关闭时间、维保时间、早检时间等方式描述；事故设备的基本信息：包括设备名称、类型、级别、使用年数、年限、事故发生区域、事故损坏情况，其中事故发生区域可以分为维保区、操作区、运行区、等候区等区域，对事故设备相关信息进行记录，可以在某一设备发生问题时，及时对同样设备进行检查，排查是否有同样问题存在；相关人员信息：包括设备管理人员、维保人员、现场操作人员、游客等人员，本次数据库重点采集了相关人员的信息，相关人员可以通过性别、年龄、是否为事故人员、伤害程度、是否为事故人员、责任原因阐述等方式描述；事故分析：包括事故等级评定、建议措施、备注，建议措施项需要采集多方面的意见，最终给出合理的应对措施，本次数据库未涉及的其它重要内容可以在备注项中描述，供以后数据库的改进、升级提供素材，也为从事游乐设施的相关人员提供参考。

事故等级评定事故等级采用事故发生频率和后果等级两个方面综合评定，采用风险矩阵表确定风险等级如表 1 所示，其中字母 A 所在区域对应的是红色区域、B 是橙色区域、C 是黄色区域、D 为蓝色区域、E 为绿色区域。

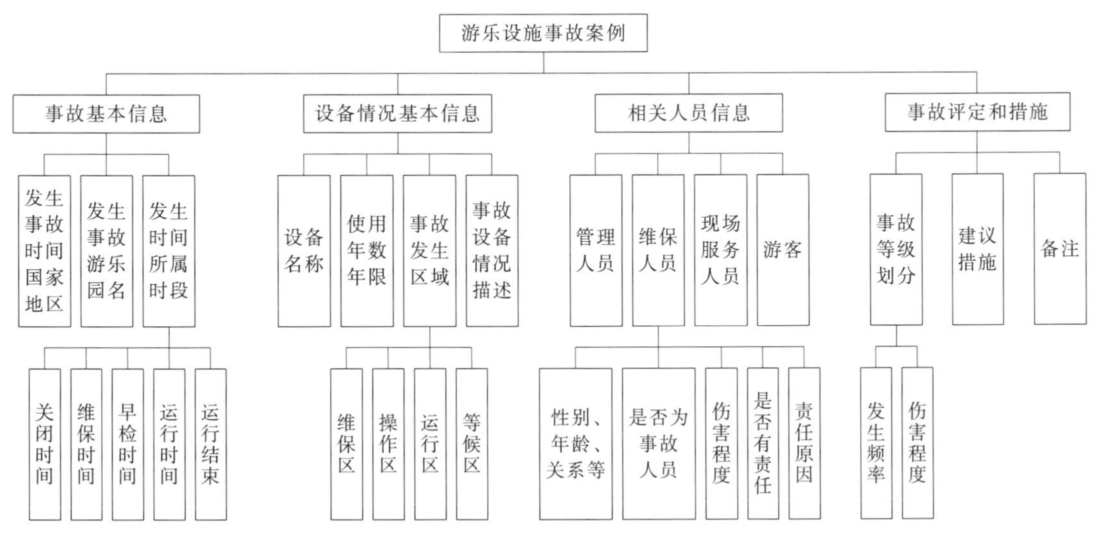

图 3　事故信息分析情况

表 1　风险矩阵表

概率(频率)	后果				
	1. 轻微	2. 较重	3. 严重	4. 重大	5. 灾难性
1. 较多发生	D	C	B	B	A
2. 偶尔发生	E	D	C	B	B
3. 很少发生	E	E	D	C	B
4. 不太可能	E	E	E	D	C
5. 极不可能	E	E	E	E	D

3 错误行为库的建立

通过使用微软公司的 Microsoft Excel 对事故案例进行收集，采用 Visual C++进行数据库的开发。VC++是现在较为通用的开发工具之一，它提了相当齐备的类库和友好的编程界面，借助于 VC++可以轻松地开发出功能强大、速度快、应用广并且占用资源少的应用程序。在信息管理系统的开发中，一般都包括数据的添加、修改、删除等操作，手动添加数据既耗时又费力，如果通过 Excel 表，工作量可大大减少[5]。

在 VC++中访问 Excel 有 2 种方法，一种是利用 ODBC 技术直接访问，首先应确保 ODBC 中已经安装有 Excel 表格文件的驱动“MICROSOFT EXCEL DRIVER（*.XLS）”，然后再在 StdAfx. h 文件中加入#include<afxdb. h>和#include <odbcinst. h>，这样就可以把 Excel 当作一个数据库文件进行访问。ODBC 通常用来访问不具备 OLE-DB 特性的非 Microsoft 数据库中的数据，而且 ODBC 需要注册 DSN，运行速度慢，给系统开发带来了不便[6]。另一种访问 Excel 的方法是利用 ActiveX Data Objects，本文的数据库访问技术采用的是 ADO，不需要注册 DSN，这样软件开发就得以统一，在读写 Excel 之前，必须向工程中添加 Excel 对象，其步骤是：选择 Menu->View->ClassWizard，打开 ClassWizard 窗口，选择 Add Class->From a type Library[7]。然后在安装 Office 目录中选择 Excel. OLB 选项，选择 _ Application，Workbooks， _ Workbook，Worksheets， _ Worksh-eet，Range，加入新类，分别为 _ Application，Workbooks， _ Workbook，Worksheets， _ Worksheet，Range。然后在 StdAfx. h 中加入" #include"、" excel. h"，这样就可以通过建立这些类的对象与 Excel 交互了[8]。启动 Excel 服务，确定所需数据所在列，写入数据库和对象的释放等步骤，便可实现数据库的创建。

4 数据库的功能

为了方便数据库的管理，对人的错误行为数据库设计了用户登录界面如图 4 所示，和其它数据库类似，分别设置了注册、注册、取消、用户类型、用户名、和密码等功能，为了保证数据库的更新，用户类型设计成普通用户模式和管理员两种模式。

为了方便用户的查询，数据库查询界面设计如图 5 所示，数据库设计了两种检索模式，分别为粗略检索和精确检索，粗略检索时用户可以输入任意关键词，数据库系统根据关键词在所有存入的信息中进行检索，速度较精确检索要稍慢，精确检索分别设置了设备名称、游乐园名称、事故时间、地点和国家 5 个对话框，这些关键词是新闻媒体经常出现的字眼，可以很好地满足用户的需求。

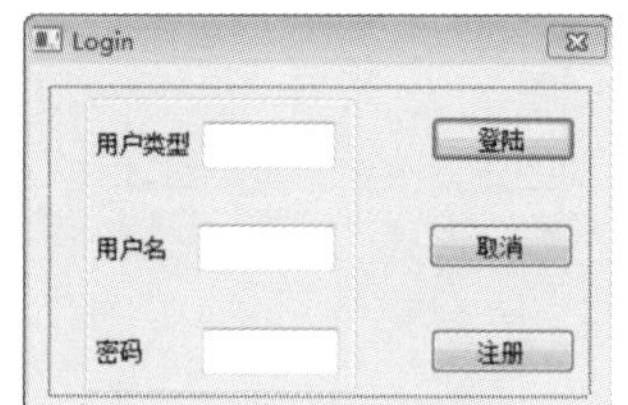

图 4 登录界面

为了实现数据的存储，对数据库存储界面进行了设计，存储界面如图 6 所示，存储界面重点对游乐设施的相关人员信息进行收集，为了更好的对人的错误行为进行采集，人员的基本信息应收集所有参与该游乐设施的信息。如某一设备发生故障，负责该设备的所有管理人员、维保人员、现场服务人员、游客的相关信息都应该记录下来，若还有其他重要信息可以在备注中描述，这样可以更好地对事故进行分析，提出针对性避免措施。

5 结论

通过对游乐设施事故案例的采集、整理、分析，建立人的错误行为数据库系统，可以得到以下结论

① 通过对事故案例的统计和现有资料表明，游乐设施中人因要素导致事故发生率较大，人的错误行为数据库的构建可以更好的指导设计人员，避免将不合理的风险留给使用者，降低设备在使用过程中的事故率。

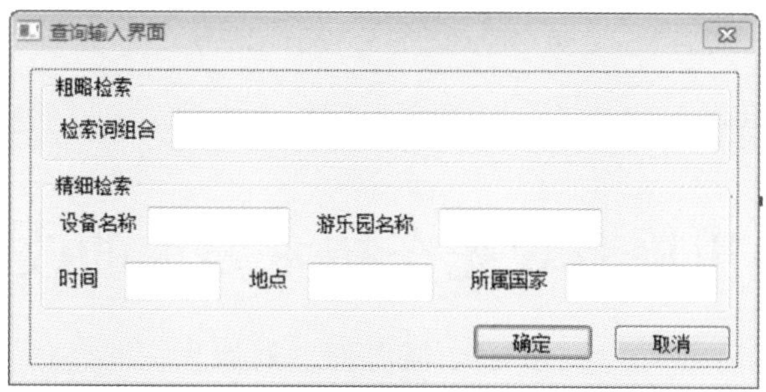

图 5 查询界面

输入对话框
时间地点信息
时间 国家 地区 游乐园名称 所属时段
事故设备情况
设备名称 使用年限 事故发生区域 事故设备情况描述
管理人员
基本信息 是否为事故人员 伤害程度描述
是否为事故责任人 责任阐述
维保人员
基本信息 是否为事故人员 伤害程度描述
是否为事故责任人 责任阐述
现场服务人员
基本信息 是否为事故人员 伤害程度描述
是否为事故责任人 责任阐述
游客
基本信息 是否为事故人员 伤害程度描述
是否为事故责任人 责任阐述
事故等级划分 建议措施 备注
确定 取消

图 6 存储界面

② 通过数据库的构建，可以为游乐设施事故案例的查询提供平台，为人的错误行为对游乐设施事故发生率的影响研究提供有效的方法和思路。

参考文献

[1] 央视新闻．重庆少女游乐场坠亡，家属获赔 87 万［EB］. http：//blog. sina. com，2017. 2.

[2] 兰网．主题公园安全管理警钟敲响［EB］. http：//www. lzrb. com，2017. 3.

[3] 新京报网．你乘坐的摩天轮安全吗？［EB］. http：//www. vccoo. com，2017. 3.

[4] 宋伟科，林伟明，郭俊杰．游乐设施典型案例［M］. 上海：同济大学出版社，2015.

[5] 于国莉，张磊，桑金歌．基于 MATLAB 与 VC++ 混合编程的脑电偶极子源定位的仿真计算［J］. 河北工业科技，2008，25 (5)：287-290.

[6] 王文会，陈静，严翠玲．VC++ 中用 Excel 实现数据库表的导入与导出［J］. 河北工业科技，2008，25 (6)：382-385.

[7] 岳炜杰．“三高”油气井溢流先兆在线监测与预警系统设计与开发［D］. 中国石油大学 (华东)，2014.

[8] 董红丽．轨道客车箱体温度场数据管理与分析系统［D］. 吉林大学，2012.

非公路用旅游观光车技术要求的改进建议

叶超，吴占稳，刘然

中国特种设备检测研究院，北京 100029

摘　要： 随着旅游行业的快速发展，旅游观光车的数量也在快速增加。因其承载人数多、行驶路况复杂，其运行的安全性、可靠性显得尤为重要。车辆相关规范和标准中的技术要求是保证其基本安全性能的重要手段。本文从旅游观光车安全运行目标出发，对车辆轮胎载重、胎压监测、内燃车发动机故障指示灯、车辆总里程表、最大自由转动量等五方面的技术要求提出了改进的建议。

关键词： 非公路用旅游观光车；技术要求；安全运行

Suggestions on garden patrol minibus technical requirements

Ye Chao，Wu Zhan-wen，Liu Ran

China Special Equipment Inspection Institute, Beijing 100029

Abstract: With the rapid development of tourism industry, the number of garden patrol minibus is also increasing rapidly. Because of its large number of passengers and complex road conditions, the safety and reliability of its operation is very important. The technical requirements in minibus-related specifications and standards are important means to ensure their basic safety performance. Starting from the safe operation target, this paper puts forward some suggestions for improvement on the technical requirements of bus tire load, tire pressure monitoring, internal combustion engine fault indicator, vehicle total odometer and maximum free rotation.

Keywords: Garden patrol minibus；Technical requirement；Operation safety

1　引言

近年来我国旅游行业快速发展，为了便于实施统一管理，保障游客人身安全，很多景区都进行了封闭或半封闭管理，限制社会车辆在景区内行驶。同时为了方便游客，非公路用旅游观光车在旅游景区、公园等场所得到越来越广泛的使用。国家将非公路用旅游观光车作为场（厂）内机动车辆的一个重要类别纳入特种设备实施监管。截至 2017 年年底，国内在用场（厂）内机动车辆 81.01 万台，且正以每年约 10 万台的速度增加[1]。

通常景区内部道路车道较窄、行人较多，许多自然风景区还有大量的弯道和急坡，较市政道路路况更加复杂多变。观光车经常满载着游客，且车厢为开放式，其安全运行直接关系着车上乘客和景区行人

基金项目：国家重点研发计划项目“游乐园和景区载人设备全生命周期检测监测与完整性评价技术研究”（编号：2016YFF0203100）。

作者简介：叶超，1988 年生，男，工程师，硕士，主要从事机电类特种设备检验。

的安全，一旦出现事故会造成群死群伤的严重后果。2017 年，全国场（厂）内机动车辆事故 52 起，事故起数和死亡人数分别占当年全国的 21.85%和 19.12%[1]。国家对其安全监管十分重视，对生产企业实行严格的准入制，对新型号车辆也规定需要由经监管部门核准的特种设备检验检测机构对其进行型式试验，验证其性能是否满足基本要求。同时对在用观光车的日常管理、使用、维护保养和自检也都进行了严格的要求，并要由检验检测机构实施首次检验和年度定检检验。

观光车技术检验（包括型式试验、首次检验、定检检验）现依据 2017 年 1 月颁布的 TSG N0001—2017《场（内）专用机动车辆安全技术监察规程》（以下简称《规程》）。GB/T 21268—2014《非公路用旅游观光车通用技术条件》也是制造单位进行观光车设计制造和检验的重要标准，是观光车技术检验的重要参考依据。

许多观光车的设计制造人员、检验人员、维保管理人员都对如何提高车辆的安全性能，保证车辆安全运行进行了积极的研究。胡静波对《规程》中关于观光车行驶路线最大坡度规定的检验方法进行了研究[2]，刘刚等人充分考虑安全性和舒适性，对车辆座椅扶手的结构进行了优化研究[3]，青岛理工大学的李春景对电动观光车关键零部件进行了系统故障树、有限元分析及性能仿真的研究[4]，易文武对车辆在侧倾试验平台及流程进行了解析，总结出一套试验方法[5]。但在车辆行驶系统、转向系统、仪表信号等涉及乘客人身安全的技术要求方面仍有一定的缺失和不足。

本文从非公路用旅游观光车安全稳定运行考虑，结合现有汽车技术的发展情况，从零部件安全、车辆仪表装置等方面提出对观光车技术要求的改进建议。

2 观光车技术要求改进建议

2.1 观光车辆轮胎

《规程》及 GB/T 21268—2014《非公路用旅游观光车通用技术条件》等相关规范和标准中，对观光车辆的轮胎要求是：需要采用 CCC 认证产品、应该满足使用场地的条件、同一轴上的轮胎规格与花纹应当相同、车轮不应超出车体等。但对轮胎规格的选用并无具体要求，其规格由车辆设计单位确定。

在对车辆实施检验的过程中发现，大多数车辆设计单位虽然都能很好地考虑胎宽、轮毂直径、扁平比等，为车辆选择合适规格的轮胎，但经常疏忽车辆对于轮胎载重的要求，选用了普通轿车轮胎。普通家用轿车的整备质量大概在 1.5t，加上不到 0.5t 的荷载，一般总重量不到 2t。四个轮胎每个轮胎承载重量只有不到 500kg。而观光车辆乘载人数较多，14 座是旅游观光车的一个主流车型，标准规定乘客连同行李的质量为 85kg，承载人员和行李的质量就有近 1.2t。蓄电池观光车车体内承载大量蓄电池，整备质量也较大，一般在 1.3～1.5t，因此车辆满载时总重会达到 2.5t 以上，按照四个轮胎计算，每个轮胎的承载能力应保证至少在 600kg 以上。大多数家用轿车的轮胎就无法满足观光车的承载要求了。轮胎超负荷运行可能会使轮胎积聚过多的热量，导致突然毁坏，威胁整车运行安全。

此外，在车辆技术检验中，发现车辆轮胎存在不均匀磨损、车辆行驶跑偏、车辆行驶噪声较大等不合格项，与车辆胎压不正常有关。在车辆的日常运行中，胎压不正确也容易造成车辆爆胎，威胁车辆安全运行。目前机动车的胎压监测手段及装置已经很成熟，可以直接应用在观光车辆上，便于车辆驾驶人员、保养人员及时掌握胎压进行调整。

因此，建议相关标准规范增加对车辆轮胎承载质量的设计计算要求；考虑到轮胎属于易损件，在车辆制造厂家的维护保养说明中也应对轮胎载重明确要求，并增加相关检验项目；增加对车辆加装胎压监测装置的要求。

2.2 观光车辆仪表装置

《规程》中规定，观光车仪表和信号装置应符合 GB/T 21268—2014 中 5.4.1、5.4.2 的要求。

该要求中内燃观光车辆和电动观光车辆应装配里程表，但没有装配总里程表的要求。很多在用观光车和新型号的车辆装备的都是短程里程表，用于记录车辆在一段运行周期内的行驶里程，并没有配置总里程表。

中国幅员辽阔，自然环境差异很大，车辆使用环境有较大差别，且观光车辆运行在景区和游乐场所内，使用频率随着景区和游乐场所的淡旺季也有很大区别。例如，一台在黑龙江等寒冷地区使用的观光车辆，每年使用的时间仅百余天，而在广东、浙江等气候适宜的地区，同样的车辆，天天游客爆满，即使使用年限相同，车辆的新旧、车况、保养内容也会有很大不同。与普通机动车一样，车辆的保养需求应与车辆的使用时间，行驶里程都有关系。而总里程表的缺失，会给车辆使用单位的按需维保带来麻烦，也不方便特种设备监察机构对车辆的分类管理。

此外，内燃观光车发动机的工作状态不止影响到车辆的动力，大多数内燃观光车的转向和制动系统的工作状态和能力也与发动机的运行状态有直接关系。一旦内燃车发动机发生故障，车辆将置于危险的状态下运行。目前内燃发动机的故障指示技术上已经很成熟，可以应用在观光车辆上，保障车辆的运行安全。

因此，建议观光车相关标准规范中增加配置车辆总里程表的要求；增加对内燃观光车配置发动机故障指示装置的要求。

2.3 观光车辆转向系统

《规程》2.2.4.3.3条对方向盘在空转阶段的角行程，即自由转动量进行了规范性要求：车辆方向盘最大自由转动量从中间位置向左和向右转角均不大于15°。方向盘自由行程的存在对缓和路面冲击、避免操作员过度疲劳有重要意义，但如果过大又会影响到转向系统的灵敏性，弱化车辆的控制性能。

在对车辆实施检验的过程中，规定中的方向盘“中间位置”不好确定，测量时难以掌握。一是由于转向系统安装误差的存在，使得方向盘的物理摆正位置并不一定就是方向盘自由转动量的中心位置；二是检验人员靠经验摆正方向盘，误差不易控制。

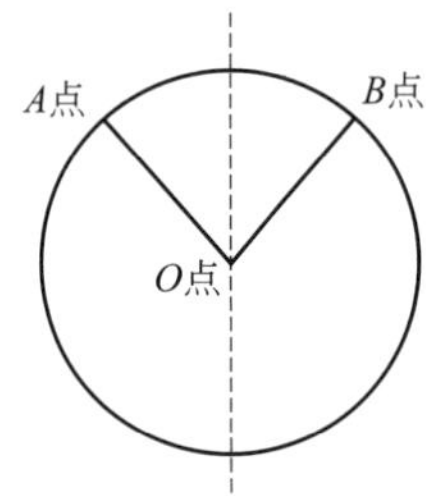

图1 方向盘自由转动量示意图

如图1所示，$\angle AOB$为方向盘的自由转动角，方向盘轮缘上AB间的距离即为方向盘的自由转动量。由于中心位置的不易确定性，在自由转动角较大时，极有可能会造成单侧自由转动角超标的误判。

因此，建议观光车相关标准规范中将自由转动量不分左右角，整个方向盘的自由转动角$\angle AOB \leqslant 30°$；同时对自由转动量最小值，建议规定为$\angle AOB \geqslant 10°$。

3 结论

本文通过分析现有非公路用旅游观光车相关法规标准中的要求，结合实际检验、保养工作和车辆故障案例，对车辆轮胎载重、胎压监测、内燃车发动机故障指示灯、车辆总里程表、最大自由转动量等方面技术要求提出了改进建议。

参考文献

[1]《国家市场监督管理总局关于2017年全国特种设备安全状况情况的通报》[EB].

[2] 胡静波，关于场车规程中坡度检验要求的几点思考[J].中国特种设备安全，2018，(11)：10-12.

[3] 刘刚，黎森文，卢双桂.观光车座椅扶手的设计改进研究[J].大众科技，2018，(9)：39-41.

[4] 李春景，电动观光车关键零部件有限元分析与仿真[D].青岛：青岛理工大学，2015.

[5] 易文武，非公路用旅游观光车侧倾试验解析[J].建设机械技术与管理，2014，(7)：111-114.

第七篇　综　　合

改进型 9Cr-1Mo 耐热钢焊接接头高温蠕变行为研究

任发才　汤晓英

上海市特种设备监督检验技术研究院，上海 200062

摘　要： 通过对改进型 9Cr-1Mo 耐热钢焊接接头进行高温拉伸蠕变试验，获得了其在温度为 545℃和 565℃、应力范围从 175～225MPa 条件下的蠕变应变-时间曲线，并研究了其蠕变变形及断裂行为。借助光学显微镜和扫描电镜等手段对耐热钢焊接接头蠕变后的微观组织及断口进行了观察和分析，结果表明，在本试验条件下，改进型 9Cr-1Mo 耐热钢焊接接头蠕变断裂位置都处于焊接热影响区，断面收缩率的值为 82.12%～87.57%。

关键词： 耐热钢；焊接接头；蠕变行为；微观组织

Investigation on welded joint creep behavior of modified 9Cr-1Mo heat-resistant steel at elevated temperatures

Ren Fa-cai, Tang Xiao-ying

Shanghai Institute of Special Equipment Inspection and Technical Research, Shanghai 200062

Abstract: Through the tensile creep experiments conducted at 545℃ and 565℃ and stresses ranging from 175 to 225MPa, the welded joint of modified 9Cr-1Mo heat-resistant steel creep strain-time curves were obtained. Microstructures of the welded joint of modified 9Cr-1Mo heat-resistant steel after creep and fractographs were analyzed by optical microscope and scanning electron microscope. The results show that the fracture locations lie at the heat affected zone in this study. The values of reduction in area range from 82.12% to 87.57%.

Keywords: Heat-resistant steel; Welded joint; Creep behavior; Microstructure

0　引言

近些年来，随着电力工业的迅速发展，尤其是大容量、高参数的超临界发电机组的广泛应用，加速了耐热钢材料的研究、开发以及使用，同时也对耐热钢材料的综合质量提出了更高的要求。耐热钢的发展与能源、动力机械的进步有着密切的关系。在火力发电、原子核能、宇航、航空、石油和化学工业等新技术开发领域中，耐热钢性能的优劣是其成功与否的关键，因此其重要性日益提高。改善热效率主要是热动力问题，电厂主要是通过提高蒸汽温度来提高热效率[1]。发展大容量、高蒸汽参数的电站机组是提高燃料使用效率、降低二氧化碳排放的有效手段，但提高机组运行参数，尤其是蒸汽温度，对电站锅炉用耐热钢提出了更高的要求。

作者简介：任发才，1980 年生，男，工程师，博士，主要从事特种设备结构完整性研究。

改进型9Cr-1Mo钢在实际服役条件下，焊接接头的总体性能是决定构件结构完整性的关键，而焊接热影响区“第四类区”（Ⅳ区）通常认为是焊接接头总体性能最薄弱的区域。大量研究表明，改进型9Cr-1Mo钢与其他Cr-Mo耐热钢类似，当加载应力水平较高时，焊接接头的蠕变断裂强度接近于母材，而在低应力水平下长期服役时，则较易出现低塑性早期失效断裂，断裂强度降低明显。由于Ⅳ型蠕变损伤发生在材料的亚表面，所以传统的金相复型非破坏检查方法无法对其进行有效监控[2]。因此，高温长期服役条件下的耐热钢焊接接头的Ⅳ型蠕变失效受到各国学者的广泛关注。开展改进型9Cr-1Mo钢焊接接头高温蠕变行为及其微观组织演变的研究，对于反推防止蠕变失效措施，发展相关数值仿真技术，开发有效监控手段，进而保证高温构件安全可靠运行具有重要理论意义和应用价值。

本文针对改进型9Cr-1Mo耐热钢焊接接头进行了一系列高温蠕变试验，研究了改进型9Cr-1Mo耐热钢焊接接头的高温蠕变行为及微观组织演变。

1 试验材料及方法

试验用焊接接头母材采用ArcelorMittal公司生产的SA387Gr91C12耐热钢热轧板，其化学成分如表1所示。热轧钢板供货态的热处理方式为正火＋高温回火。焊接坡口形式采用单面U型坡口。采用规格为ϕ3.2mm的E9015-B9焊条进行手工电弧焊打底，规格为ϕ2.4mm的焊丝EB9配焊剂FP9Z埋弧自动焊填充、盖面。在焊接过程中，层间温度控制在200～300℃之间。按照中国标准GB/T 2039—2002《金属拉伸蠕变及持久试验方法》从焊接试块上制取标准蠕变圆棒试样，在GWT2504高温蠕变持久强度试验机上进行高温蠕变试验，试验温度为545℃和565℃，应力区间为175～225MPa。蠕变试样尺寸如图1所示。

表1 SA387Gr91C12钢化学成分 质量分数，%

化学成分	C	Mn	Si	Ni	Cr	Mo	Cu	Al	S	P	Sn	V	Nb	N	Ti	Zr	N/Al
质量分数	0.10	0.40	0.23	0.13	8.34	0.98	0.06	0.009	0.002	0.0101	0.005	0.229	0.079	0.044	0.002	0.001	4.9

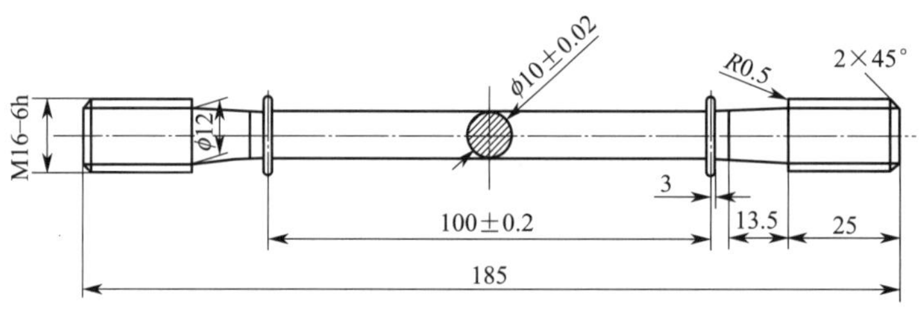

图1 焊接接头蠕变试样尺寸

2 结果分析及讨论

2.1 蠕变试验数据分析

蠕变试验结束之后，提取出蠕变试验中变形和时间的数据，得出焊接接头在545℃和565℃以及不同应力条件下的应变-时间曲线，如图2所示。从图中可以看出，本试验条件下，改进型9Cr-1Mo耐热钢焊接接头蠕变试验曲线可以分为典型的三个阶段，即蠕变减速、稳态及加速阶段。当温度相同时，随着应力水平的减小，蠕变时间相应的延长。

2.2 焊接接头断口位置及断口形貌SEM分析

图3所示分别为焊接接头在不同温度以及不同应力条件下的断裂试样宏观图片。从图中可以看出，本试验条件下，应力水平都处于175MPa以上，蠕变试样的断裂位置都位于细晶热影响区，通常称为Ⅳ型开裂。

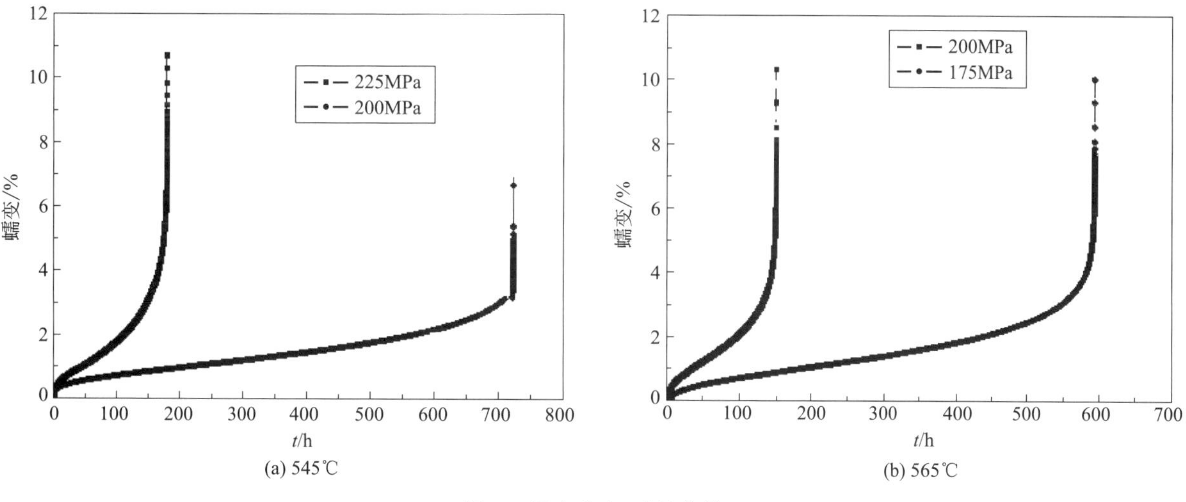

图 2　蠕变应变-时间曲线

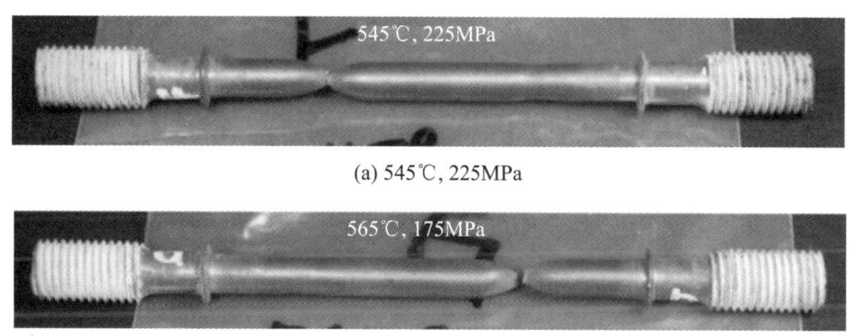

(a) 545℃, 225MPa

(b) 565℃, 175MPa

图 3　蠕变断裂试样宏观图片

图 4 所示为焊接接头在温度为 545℃、应力为 225MPa [图 4 (a)]和温度为 565℃、应力为 200MPa [图 4 (b)]条件下的断口宏观形貌。从图中可以看出，断口均为典型的杯锥状，为韧性断裂。在 545℃、225MPa 和 200MPa 条件下，断面收缩率分别为 85.10%和 82.12%。在 565℃、200MPa 和 175MPa 条件下，断面收缩率分别为 87.48%和 87.57%。表明材料在该蠕变条件下，具有较好的塑性变形。

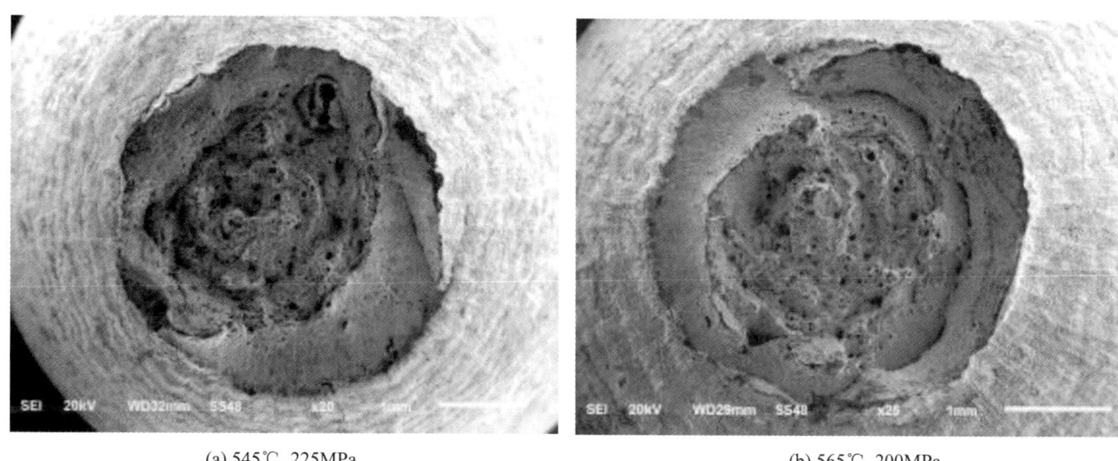

(a) 545℃, 225MPa　　(b) 565℃, 200MPa

图 4　焊接接头蠕变断裂试样断口宏观形貌

焊接接头在温度为 545℃和 565℃，应力水平为 200MPa 条件下的断口中间区域的 SEM 形貌如图 5 所示。从图中可以看出，各温度和应力水平条件下，断口纤维区均分布有尺寸大小和深度不同的韧窝。应力水平影响材料塑性变形的能力，从而间接影响着韧窝的尺寸。部分孔洞的底部存在第二相粒子。对比图 5 (a) 和图 5 (b) 可以看出，应力水平相同时，孔洞的深度随着温度的升高而变深。

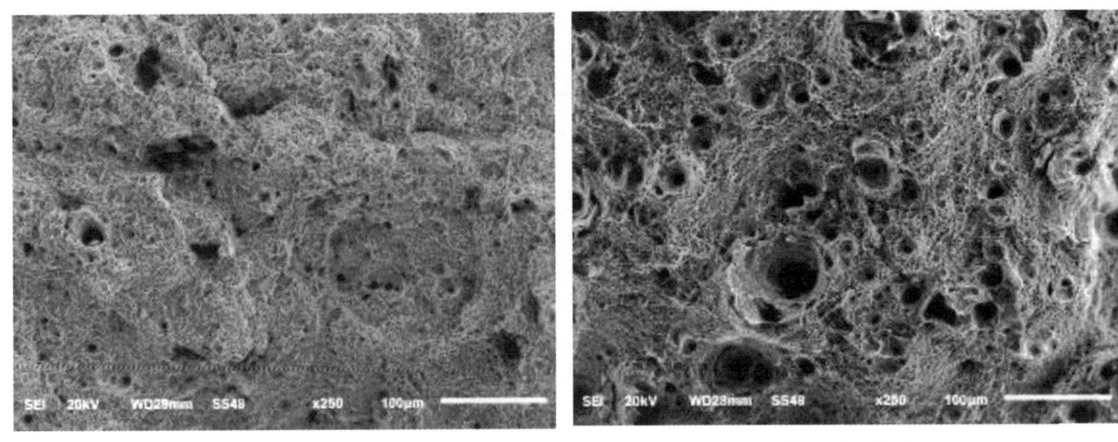

(a) 545℃, 200MPa (b) 565℃, 200MPa

图 5 焊接接头蠕变断裂试样断口 SEM 形貌

2.3 焊接接头断口纵剖面微观组织分析

在靠近断口区域纵剖取样，制备金相试样进行观察。图 6 所示为本文试验条件下的低倍组织形貌。从图中可以看出，断口附近存在大量的沿应力方向的长条状孔洞，最大尺寸约为 150μm，这些孔洞最终会导致蠕变断裂。

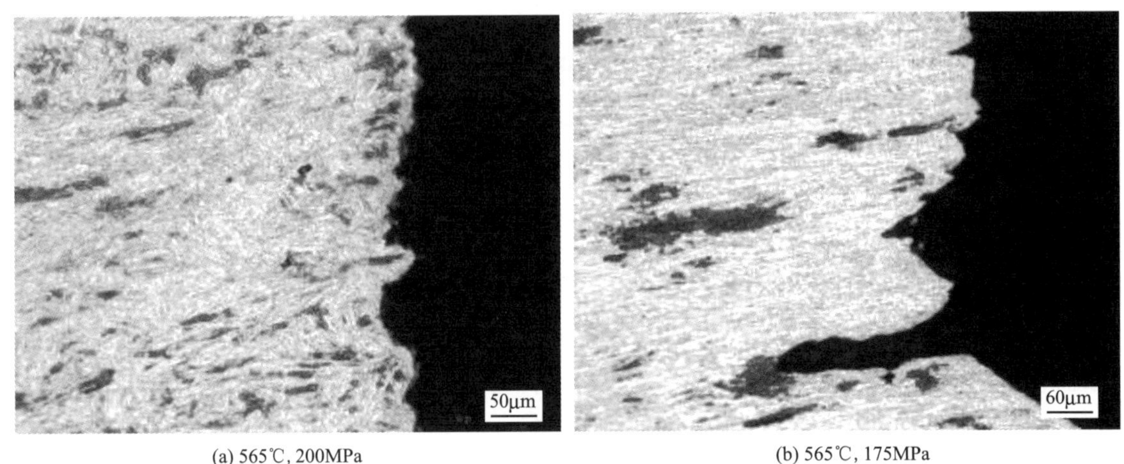

(a) 565℃, 200MPa (b) 565℃, 175MPa

图 6 断口附近低倍组织形貌

3 结论

通过对改进型 9Cr-1Mo 耐热钢焊接接头进行了一系列高温蠕变试验，并借助光学显微镜和扫描电镜等手段对耐热钢焊接接头蠕变后的微观组织和断口进行了观察和分析，得到如下结论：

① 改进型 9Cr-1Mo 钢焊接接头在本试验条件下，蠕变断裂位置都处于焊接热影响区，为Ⅳ型开裂。

② 本试验条件下，断面收缩率的值位于 82.12%～87.57%之间，表明材料在该蠕变条件下，具有较好的塑性变形能力。

参考文献

［1］ 宁保群．T91 铁素体耐热钢相变过程及强化工艺［D］．天津大学，2007.
［2］ 马崇．P92 钢焊接接头 IV 型蠕变开裂机理及预测方法研究［D］．天津大学，2010.

基于失效事故的工业管道精准风险防控

姚 钦

福建省特种设备检验研究院 福州 350008

摘 要： 本文分析了近年来工业管道的事故原因，归纳出最容易导致工业管道事故的三大直接影响因素：压力管道元件、材质、焊接，提出了检验机构应当采取的精准检测评价风险防控措施。本文指出只有掌握失效模式，通过系统的精准的质量管理才能有效防止工业管道事故。

关键词： 关键词：事故；压力管道元件；材质；焊接

Accurate risk prevention and control of industrial pipeline based on failure accident

Yao Qin

Fujian Special Equipment Inspection and Research Institute， Fuzhou 350008

Abstract: This paper analyses the causes of industrial pipeline accidents in recent years. The three direct influencing factors of industrial pipeline accidents are concluded: Pressure pipe element, material and welding. The preventive measures of accurate detection and evaluation should be taken by the inspection institution are put forward. It indicates that Industrial pipeline accidents can be effectively prevented through system accurate quality management only based on mastering failure modes

Keywords: Accident; Pressure pipe element; Material; Welding

1 引言

2015年4月某大型石化装置发生爆炸着火重大事故，装置长期未恢复生产，造成巨大的经济损失。事故原因：在装置开工引料操作过程中出现压力和流量波动，引发液击，存在焊接质量问题的管道焊口作为最薄弱处断裂。管线开裂泄漏出的物料扩散造成爆炸着火事故。大型石化装置中时有发生泄漏着火爆炸事故，而这些装置都经历了规定的无损检测和水压试验还是发生了事故，研究归纳分析事故原因，采取有效的精准风险防控措施是必要的。

2 压力管道事故原因、无损检测及质量管理

分析近年来工业管道的事故原因，归纳出最容易导致工业管道事故的三大直接影响因素是压力管道元件、材质、焊接。

作者简介：姚钦，1962年生，教授级高级工程师，主要研究方向承压类特种设备检验检测和失效分析。

2.1 压力管道元件

由于压力管道元件没有实施制造监检，在源头上存在管道元件的粗制滥造，虽然有的制造厂有制造许可证，但是因为未实施过程监督，不按标准制造，产品质量低劣，检验的责任全部落在最后的法定安装监检上，湖北当阳的811事故，漳州的730事故都不断印证这一点。图1是某双相钢管道元件铁素体含量超标造成的开裂。压力管道元件失效原因主要有：元件焊缝未经无损检测、材质用错、热处理导致组织性能的劣化等。

按照TSG D7002—2006《压力管道元件型式试验规则》[1] 规定，规则范围内的压力管道元件应进行型式试验，型式试验是验证产品安全性能是否满足安全技术要求而进行的技术文件审查、样品检验测试和安全性能试验。有的压力管道元件的焊接施工由无证焊工施焊、无焊接工艺评定、无无损检测，质量根本无法保障，而管道元件与管道一样的直径，承受同样的压力与介质，是压力管道的组成部分，必须纳入检验的范围，对于压力管道元件应基于风险做相应的无损检测，双相不锈钢再进行硬度和铁素体含量检测，压力管道元件带有焊缝的必须进行100%的无损检测。

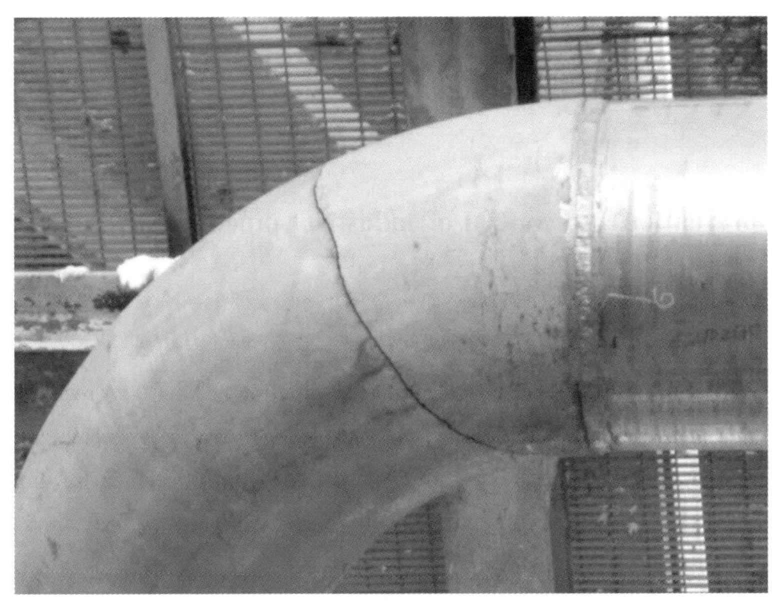

图1 铁素体和硬度超标的管道元件开裂

2.2 材质

某氮肥厂由于错把中碳钢钢管当作20号钢管使用在合成氨的高压管道，焊接接头产生开裂（图2）引起爆炸伤亡事故。材料用错造成焊接接头开裂主要是由于焊接过热区冷裂纹造成的，冷裂纹的影响有三要素：过热区的淬硬组织、焊接接头的拘束应力、氢的作用。在上述氮肥厂的爆炸事故中，焊接接头过热区淬硬组织是开裂最主要的影响因素[2]。20171223嘉兴事故，以碳钢代替合金钢，材料用错，材料质量证明书造假，使压力管道的机械强度和冲击韧度大大降低，从而使管道运行中发生断裂爆炸事故。

2.3 焊接

从某事故管道焊口看，焊接未焊透有的部位超过管子壁厚的一半，是非常明显的未焊透（图3），这样的未焊透与焊接工艺无关，而与焊接巡检监控和无损检测有关。焊接施工单位应在焊接施工时派检验员随机巡检焊接施工情况，随机巡检在施工单位的质量计划中应该体现。监检单位也应随机检查焊接施工与焊接工艺的符合性，由于监检人力不可能做到每一道焊缝都能现场检查到，可以结合以照片视频等信息方式进行确认。

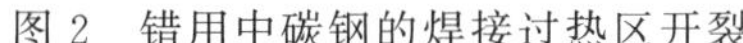

图 2 错用中碳钢的焊接过热区开裂

图 3 严重未焊透的管道焊口断裂

2.4 无损检测

2.4.1 底片涉嫌造假

某石化装置发生压力管道焊口断裂重大事故，经调查该焊口检测报告、原始记录及底片均是一级，而实际断口存在严重的未焊透，射线检测报告、检测记录及底片与实际焊缝不符合。

无损检测单位涉嫌拍假片，整个流程可能是检测现场由Ⅰ级检测人员拍假片，提供假片给无损检测单位的评片人员和审核人员，评片和审核人员在不知情的情况下，评定了所提交的“合格的”底片，出具合格的检测报告，并提交监督单位人员审查，造假的检测报告和底片就这样生成并通过了审核批准。

监督单位应根据相关规范进行一定比例的监督抽样射线检测，事实证明，科学公正的监督抽样射线检测能够有效检出底片与焊缝的不一致，特别在首次实施监督抽样射线检测会发现大量的不符合，并对焊接施工和射线检测产生强大的震摄作用，能够有效地防止拍假片，保障特种设备的焊接工程质量。

2.4.2 射线检测操作与检测报告脱离

按现行标准规范考规，射线检测可以由Ⅰ级人员进行检测操作，填写检测记录，由Ⅱ级人员进行射线底片的评片和审核，生成检测报告，在射线检测报告上并不出现现场Ⅰ级射线检测人员的名字，这里形成巨大的漏洞，出具射线检测报告的Ⅱ级检测人员可以声称自己只是评片并未参与检测，对检测底片的造假不知情，射线检测操作与检测报告脱离，射线检测报告只有评片人员的签字而没有检测人员的签字，根据 CNAS-CL01-A006：2018《检测和校准实验室能力认可准则在无损检测领域的应用说明》第6.2.2条[3]，检测工作人员应具有所从事无损检测专业的Ⅱ级人员资格。因此由Ⅰ级射线检测人员在现场操作不符合该准则要求，相关考规应恢复规定由Ⅱ级射线检测人员在现场带领射线检测操作，包括检测和评片内容的射线检测报告应由现场检测的Ⅱ级人员出具，避免评片人员与检测人员的脱节，达到检测报告与检测人员的责任一致，谁出报告谁负责，使射线检测报告成为真正的射线检测报告而不是底片评定报告。

2.4.3 射线检测抽样公正性监督

在大型石化装置安装中压力管道一定比例无损检测是抽样活动，抽样不能预先设定更不能造假，在实际检测中有的施工单位检测单位只有一定比例的检测结果而没有抽样，易造成一定比例的抽样检测变为事先预知的定点检测，因此无损检测的抽样应该列入建设单位、施工单位、检测单位、监理单位和监检单位的抽样质量计划，在每次无损检测前应由建设单位、施工单位、检测单位、监理单位、监检单位共同随机指定焊口进行无损检测，以达到科学抽样的目的。

2.4.4 大型石化装置易燃易爆有毒介质特种设备100%无损检测可行性探讨

大型石化装置特别是易燃易爆有毒介质的承压特种设备，一旦发生事故影响重大，而且经常会发生次生重大灾害，如46事故就是因为事故管道可燃介质的爆炸引起四台储油罐的持续四天大火而造成的重大爆炸着火事故，因此对易燃易爆有毒介质的承压特种设备在安装时进行100%的无损检测，一是可以保障焊缝质量有效防止承压设备事故，二是在运行后的检修可以减少无损检测比例节约检修的时间，也避免在检修时无损检测发现原始制造安装焊接缺陷而无时间处理的问题。

2.5 建设单位的质量管理活动

大型石化装置的承压特种设备的焊缝虽然是施工单位焊接，检测单位进行无损检测，但是工程的质量与建设单位质量管理有着最直接的关系。首先最低价中标是质量没有保障的最根本的原因。低于成本的工程造价必然造成低于标准的工程质量，如大量的未焊透。建设单位应对大型石化装置的承压特种设备安装施工进行必要的管理，包括设置管理机构，配备专职、兼职管理人员，建立质量管理体系，明确安全质量管理责任等内容，有效实施对大型石化装置的承压特种设备安装施工的管理。

2.6 检验机构基于风险的质量管理

检验机构应采取基于风险的质量管理方法和有效措施识别可能的事故风险，采取精准检测评价防范措施。只有掌握失效模式，通过系统的精准的质量管理才能有效防止工业管道事故。

3 结语

① 导致工业管道事故的三大直接影响因素是压力管道元件、材质、焊接。

② 大型石化装置承压设备焊接接头由监检机构进行一定数量的无损检测抽查是科学和必要的，能够有效监督保障焊缝的焊接质量。

③ 压力管道元件必须按《压力管道元件型式试验规则》进行型式试验，并基于风险做相应的无损检测，双相不锈钢须进行硬度和铁素体含量检测，压力管道元件带有焊缝的必须进行100%的无损检测。

④ 建议相关考规应恢复规定由Ⅱ级射线检测人员在现场带领射线检测操作，包括检测和评片内容的射线检测报告应由现场检测的Ⅱ级人员出具，避免评片人员与检测人员的脱节，达到检测报告与检测人员的责任一致。

⑤ 鉴于大型石化装置运行的安全性及将来停机检修的短暂性，建议大型石化装置特别是易燃易爆有毒介质的焊缝实施100%的无损检测，从规范上保障大型石化装置的安全性。

⑥ 焊接施工单位应在焊接施工时派检验员随机巡检焊接施工情况，随机巡检在施工单位的质量计划中应该体现，监检单位也应随机检查焊接施工与焊接工艺的符合性。

⑦ 在大型石化装置安装中压力管道一定比例无损检测应该列入抽样质量计划，在每次无损检测前应由建设单位、施工单位、检测单位、监理单位、监检单位共同随机指定焊口进行无损检测。

⑧ 只有掌握失效模式，通过系统的精准的质量管理才能有效防止工业管道事故。

参考文献

［1］ TSG D 7002—2006.
［2］ Yao Qin. Influence of Weld Crack on Special Equipment Failure. China Special Equipment safety［J］，2008，(15)：3-4.
［3］ CNAS-CL01-A006：2018.

Fe_3O_4 纳米颗粒在磁粉检测中的应用研究

洪　勇[1]　史红兵[1]　王恩和[1]　胡孔友[1]　沈明奎[2]

1. 安徽省特种设备检测院，合肥 230051
2. 吴江市宏达探伤器材有限公司，苏州 215237

摘　要： 将磁粉颗粒纳米化后，按照 JB/T 6063—2006《无损检测　磁粉检测用材料》进行了型式检验，其性能符合标准要求。利用制作的表面以及近表面人工裂纹缺陷试块，尝试了将纳米级磁粉应用于已知裂纹缺陷试块的磁粉检测，并将其磁痕显示与常规红磁膏的磁痕显示特征进行了比较，结果表明：纳米级磁粉比常规磁粉对同一裂纹缺陷的显示长度更长。

关键词： 纳米 Fe_3O_4；磁悬液；磁痕；型式检验

Study on the application of Fe_3O_4 Nano particles in magnetic particle testing

Hong Yong[1], Shi Hong-bin[1], Wang En-he[1], Hu Kong-you[1], Shen Ming-kui[2]

1. AnHui Special Equipment Inspection Institute,　HeFei 230051
2. Wujiang Hyperd NDT-Material Co.,　Ltd Suzhou 215237

Abstract: After the size of magnetic particles decreased to nanometer, the type testing performance was consistent with Non-destructive testing-Materials for magnetic particle testing JB/T 6063-2006. The performance of nondestructive testing magnetic powder test was carried out in accordance with this standard requirements. An artificial production of surface and near surface crack defects block were prepared. We compared the characteristics of nanoscale magnetic powder to that of red magnetic paste and known the display length of the same crack is longer than that of conventional magnetic powder.

Keywords: Nano-Fe_3O_4; Magnetic fluid; Magnetic display; Type testing performance

0　引言

磁粉作为一种重要的漏磁场传感器，是显示缺陷的重要手段，其质量的优劣直接影响磁粉检测的效果。通常缺陷磁痕的显示清晰度不仅与缺陷性质、磁化方法、磁粉施加方式以及工件表面状况等有关，还会与磁粉本身的磁特性、粒度、形状等性能密切相关[1]。因此，深入研究磁粉的粒度与磁痕显示特征的关系，具有较大的工程意义。

我们研究组曾报道过纳米材料能够应用于磁粉检测[2]。随后，戚政武[3] 预测总结了纳米 Fe_3O_4 黑

基金项目：国家质检总局科技计划项目“近可见光激发的微纳荧光磁粉检的磁粉检测研究”（编号：2017QK165），安徽省质量技术监督局科技支撑项目“基于纳米磁性材料的轴向通电法磁化规范研究”（编号：2018AHQT23）。

作者简介：洪勇，1983 年生，男，高级工程师，博士，主要从事材料学、无损检测研究。

磁粉应用于磁粉无损检测的优点，并特别强调对于带有涂覆层缺陷工件的检测，纳米 Fe_3O_4 相比常规材料具有更大的应用前景。近年来，利用先进的纳米化技术，我们研究组分别制备了片状以及球形纳米 Fe_3O_4 水基磁悬液，比较了片状纳米 Fe_3O_4 水基磁悬液和常规红磁膏，以及片状纳米 Fe_3O_4 水基磁悬液和球形纳米 Fe_3O_4 水基磁悬液对同一近表面人工裂纹缺陷试块的磁痕显示特征，分析了在检测的不同阶段，磁痕显示之间存在的微小变化[4,5]。

本文系统地研究了片状纳米 Fe_3O_4 水基磁悬液的型式检验性能，比较了纳米 Fe_3O_4 水基磁悬液与常规红磁膏对同一人工裂纹缺陷试块的磁粉显示特征，从而为进一步阐释纳米材料能够应用于磁粉无损检测，并且优异于常规磁粉提供了试验基础。

1 试验过程

1.1 片状纳米材料的制备与人工裂纹试块的制作

按照我们研究组曾经报道过的制备方法[6]，作部分改动，即利用 28%氨水控制反应溶液的 pH 值为 10，同时向反应溶液中加入 0.4 g 聚乙二醇 4000，油浴电磁搅拌，温度控制为 80℃，反应 2 h 后，磁沉淀分离，用无水乙醇和水多次冲洗使上层清液呈中性为止，然后加入 400mL 去离子水配置成水基纳米 Fe_3O_4 磁流体备用，以上化学试剂都为分析纯，图 1 为制备样品的 TEM 图，由图可知片状 Fe_3O_4 颗粒尺寸在 18 nm 左右。

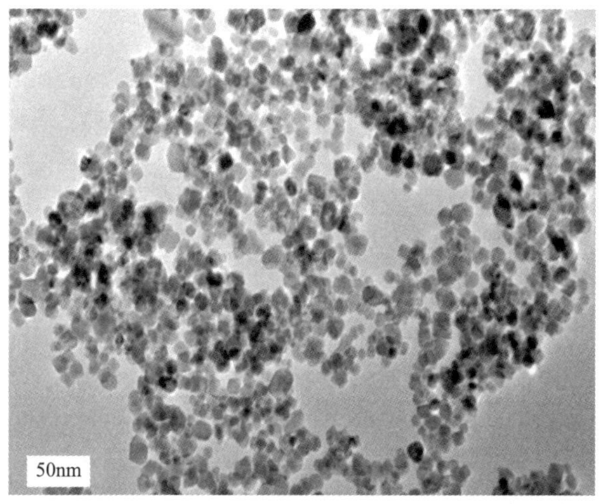

图 1 TEM 图

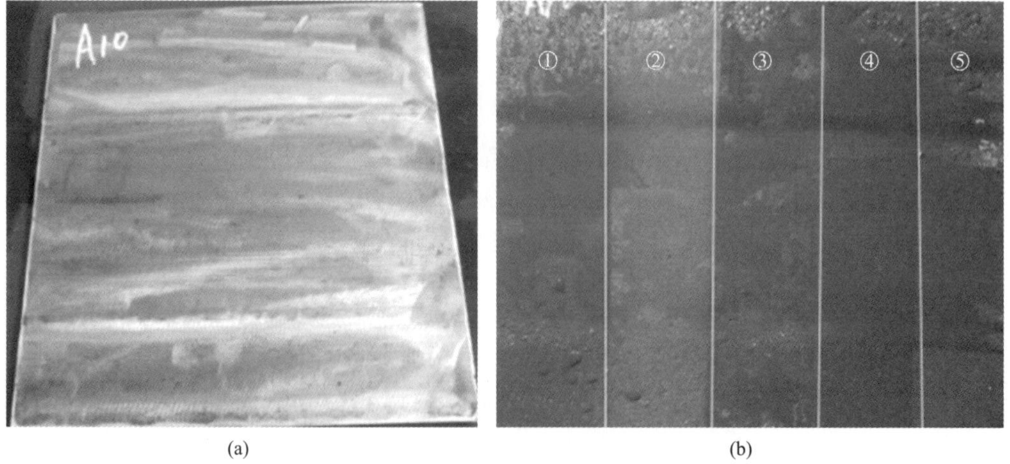

图 2 (a) 表面裂纹缺陷试块；(b) 近表面裂纹缺陷试块

表面以及近表面人工裂纹缺陷试块的制作[7,8]，主要是按照中国专利制作了一种表面人工裂纹缺陷试块，如图 2 中（a）所示；按照中国专利制作了一种近表面人工裂纹缺陷试块，试块制作完成后放干燥处备用，如图 2 中（b）所示。

1.2 片状纳米材料的型式检验性能

图 3 为片状 Fe_3O_4 水基磁悬液型式检验性能，其中：(a) 是 2 型参考试块，从中我们可以看出，2 型试块的裂纹磁痕显示长度均大于 40 mm，符合 JB/T 6063—2006《无损检测 磁粉检测用材料》标准中的相关规定；(b) 是 1 型参考试块的磁痕显示图，(c) 为 1 型试块标准裂纹参考图，比较 (b) 和 (c) 可知，片状 Fe_3O_4 样品可以显示 1 型参考试块的裂纹，其显示裂纹缺陷的磁痕清晰度和试块上的裂纹条数基本符合 1 型试块标准裂纹参考图。因此，所制备的 18 nm 的片状 Fe_3O_4 水基磁悬液符合 JB/T 6063—2006《无损检测 磁粉检测用材料》标准中的型式检验性能要求。

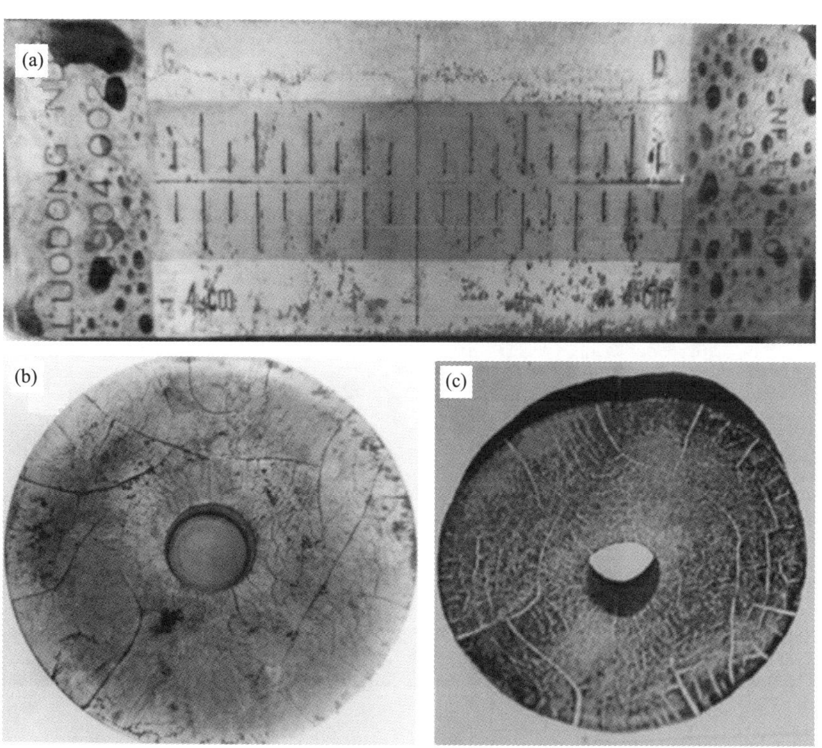

图 3 片状 Fe_3O_4 水基磁悬液型式检验性能

(a) 为 2 型试块；(b) 为 1 型试块；(c) 是标准裂纹参考图

1.3 片状纳米 Fe_3O_4 磁悬液与常规红磁膏的检测磁痕分析

我们进一步利用片状纳米 Fe_3O_4 磁悬液对已知裂纹缺陷人工试块的磁粉检测磁痕显示特征进行分析，常规红磁膏和纳米 Fe_3O_4 磁悬液浓度都配置为 11.6 g/L，利用 XDYY-ⅢA 型多用磁粉探伤仪，连续湿法对制作的人工裂纹缺陷试块进行磁粉检测，磁痕显示如图 4 所示。其中图 4 (a) 是用常规磁悬液对模拟人工试块的磁痕显示，图 4 (b) 纳米 Fe_3O_4 磁悬液对模拟人工试块的磁痕显示，(c) 和 (d) 分别为 (a) 和 (b) 中椭圆形区域的磁痕显示局部放大图。从图 4 中可以看出两种磁悬液都能很好的显示试块上已知裂纹缺陷，两种磁悬液作为同一缺陷的传感器，纳米 Fe_3O_4 磁悬液显示长度稍大于常规红磁膏。

在相同的磁化规范和相同的磁悬液浓度下，我们又将纳米 Fe_3O_4 磁悬液对标准试片 A1-30/100 进行验证，轴向通电后，试片上的纵向人工缺陷同样都能成功显示［图 5 (a)］，从而我们可知粒径为 18 nm 左右的纳米 Fe_3O_4 磁悬液能够应用于磁粉检测，这不同于 JB/T 6063—2006《无损检测 磁粉检

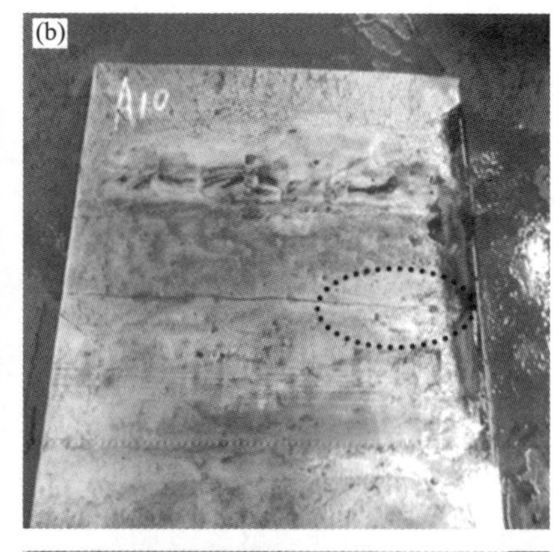

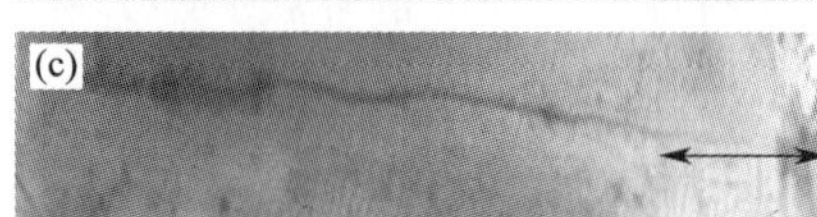

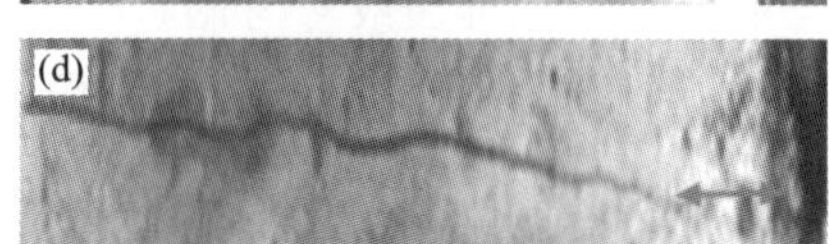

图 4　人工试块裂纹的磁痕显示

(a) 为常规磁悬液；(b) 为纳米磁悬液；(c)、(d) 分别为 (a) 和 (b) 中椭圆形区域的磁痕放大图

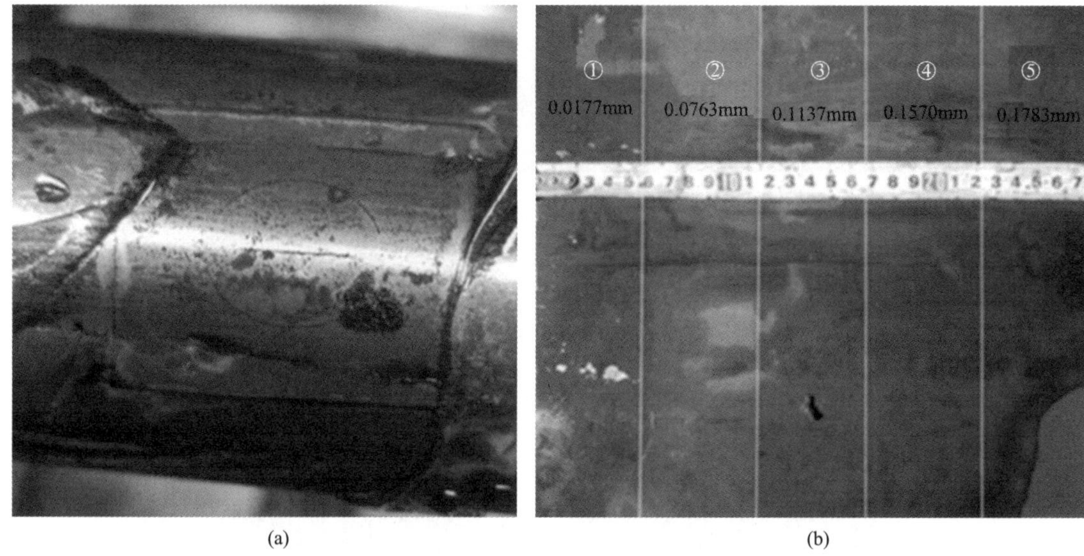

图 5　(a) 为纳米 Fe_3O_4 磁悬液的 A1-30/100 标准试片（轴向通电法）；(b) 为近表面人工试块裂纹的磁痕显示

测用材料》中磁粉颗粒尺寸下限直径小于 1.5 μm 不应多于 10%的有关条款的规定。纳米材料能够检测出微米级裂纹缺陷而不被缺陷淹没，其主要原因是纳米 Fe_3O_4 磁悬液在外加磁场的作用下形成链状结构，很容易搭接跨过裂纹缺陷。为了考察涂覆层厚度对纳米材料检测性能的影响，我们在表面裂纹缺陷试块的基础上，涂上一层承压类特种设备常用的硅酸锌涂料，试块上五个区域的涂覆层厚度分别为 0.0177、0.0763、0.1137、0.1570、0.1783 mm，和图 4 相比，涂覆层厚度为 0.1137 mm 时，几乎不影响试块上的裂纹缺陷磁痕显示，这明显大于标准给定的大于 0.05 mm 的涂覆层厚度就必须要打磨去除的条款[9]。

2　结论

通过制备一种颗粒直径约 18 nm 的 Fe_3O_4 纳米磁悬液，并按照 JB/T 6063—2006《无损检测　磁粉检测用材料》进行型式检验性能试验和对已知裂纹缺陷试块磁粉检测试验，得到如下结论：

① 将磁粉纳米化后，满足 JB/T 6063—2006《无损检测　磁粉检测用材料》标准中关于型式检验性能的要求；

② 已知人工裂纹缺陷的磁粉检测表明，对同一裂纹缺陷，纳米材料的磁痕显示长度大于常规红磁膏的磁痕显示长度；

③ 对于带有涂覆层的裂纹缺陷，当涂覆层的厚度为 0.1137 mm 时，几乎不影响纳米材料的磁粉检测，其磁痕显示仍很清晰。

参考文献

［1］ 宋志哲．磁粉检测［M］．北京：中国劳动社会保障出版社，2007.

［2］ 洪勇，史红兵，吴玉程 纳米 Fe_3O_4 磁悬液应用于磁粉无损检测的探讨［J］化学工程与设备，2015 (8)：223-225.

［3］ 戚政武，杨宁详，王磊 纳米四氧化三铁黑磁粉的优点和应用前景，特种设备安全技术［J］，2016（5）43-44.

［4］ 洪勇，史红兵，沈沆，舒霞，吴玉程．不同水基磁悬液对不同厚度涂覆层近表面裂纹试块的磁粉探伤研究［J］．无损检测，2016，38（5）：23-25.

［5］ 洪勇，史红兵，张俊斌，舒霞，吴玉程．不同形状纳米 Fe_3O_4 水基磁流体对工裂纹缺陷试块的磁粉探伤研究［J］．无损检测，2016，38（10）：23-25.

［6］ 史红兵，洪勇，舒霞 纳米 Fe_3O_4 磁流体对人工裂纹缺陷试块的磁粉检测研究［J］无损探伤．2016，（2）：25-26.

［7］ 中国专利，一种磁粉检测用带涂覆层人工裂纹缺陷试块的制作方法，专利授权号：ZL 201510688217. 0.

［8］ 中国专利，一种磁粉检测用人工表面裂纹缺陷试块的制作方法，专利授权号：ZL 201510688217. 0.

［9］ NB/T 4730. 4—2015.

蓄热室单通道换热特性的数值模拟研究

张海涛[1,2]　汪艳娥[1]　杨必应[1]　刘红晓[1]　林其钊[2]

1. 安徽省特种设备检测院，合肥 230001

2. 中国科学技术大学，合肥 230001

摘　要： 蓄热室通过回收高温烟气的热能用来预热助燃空气，以达到节约能源、提高系统热效率以及保护环境的目的，当前已经在许多类型的工业燃烧设备中得到应用。本文通过建立基于质量守恒和能量守恒的蓄热室单通道换热模型，在模型中考虑了系统热损失，并引入导热热阻因子进行修正，研究了不同边界条件对蓄热室换热特性和换热效率的影响，计算结果与实际蓄热室的实验测量结果吻合较好。通过对该蓄热室换热特性的数值模拟，可以为优化蓄热室换热效率和进行蓄热室的结构设计提供技术支撑，有助于余热利用技术在工业燃烧设备中更安全、更高效的应用。

关键词： 蓄热室；换热效率；数值模拟；周期性边界条件

Numerical study on heat transfer and energy storage in single channel of regenerator

Zhang Hai-tao[1, 2], Wang Yan-e[1], Yang Bi-ying[1], Liu Hong-xiao[1], Lin Qi-zhao[2]

1. Anhui Special Equipment Inspection Institute,　Hefei 230001

2. University of Science and Technology of China,　Hefei 230001

Abstract: Regenerators are widely used in industrial production to store the energy from hot flue gas and heat combustion air，which can improve the efficiency of heat transfer for energy-saving and help to protect environment. A model based on mass balance and energy balance is provided in this study，while the energy loss and correlation factor are also considered in the model for the accuracy of results. The effect of different boundary conditions on the heat transfer efficiency are discussed. The results show that the method is in good agreement with experimental data，the model is capable of giving reliable results for regenerator system design，while these results are of great significance in the field of energy saving and safe operation during industrial production.

Keywords: Regenerator；Heat transfer efficiency；Numerical simulation；Periodic boundary condition

0　引言

作为工业生产中的核心设备，工业锅炉和工业窑炉具有高耗能和高排放的特点，对环境造成了很多

基金项目：国家重点基础研究发展计划（973 计划）项目“多能源互补的分布式冷热联供系统基础研究”（编号：No. 2010CB227300）；国家自然科学基金面上项目“热伴流稀释液雾射流燃烧的实验与理论研究”（编号：No. 51376171 ）。

作者简介：张海涛，1988 年生，男，博士，主要从事承压类设备节能及安全技术研究。

负面影响，受到社会日益关注。当前一些节能技术比如富氧燃烧和余热发电技术可以降低能耗，但是考虑到改造周期和投入成本，更广泛地使用蓄热室来收集高温烟气的热能来加热助燃空气，从而获得更高的燃烧温度和更低的燃料消耗。有研究表明，设计良好的蓄热系统可以节省 60%～65%的能源消耗[1]，同时也对缓解温室效应和环境污染有利。此外，蓄热室周期性的换向，可以使得燃烧产物烟气中的杂质颗粒及腐蚀性物质可以被周期换向的气流夹带流出燃烧室，防止窑炉系统受到腐蚀或堵塞，提高设备的安全和耐久度。

针对蓄热室的换热和能量的贮存已经有了大量研究，包括对理论模型的不断改进，对流场特性的实验测量，以及对能量交换效率的分析。Hausen H.[2] 提出经典换热模型，并通过两个无量纲数定义热效率，Shah R. K.[3] 和 Heggs P. J.[4] 验证了这种方法与 $\eta_{th}-NTU$ 方法相似，然而许多实际的影响因素让理论模型的数学方程难于求解。基于计算机数值模拟技术和计算流体力学（computational fluid dynamics）的发展，Foumeny E. A.[5] 和 Sardeshpande[6] 提出新的计算模型，利用总换热效率来预测蓄热室的运行特性，并且用周期性边界条件进行修正。该模型还考虑了系统热损失，结果表明气体泄漏造成的热损失将使热效率明显下降。基于这种方法，后人不断提出改进。Shen C. M. 和 Worek W. M.[7,8] 通过研究旋转式蓄热体中的导热和非平衡热熔速率（unbalanced heat-capacity rates）对换热效率的影响，提出蓄热体壁面热传导的影响不能被忽略。Reboussin[9]使用 k-ε RNG 湍流模型和增强型壁面函数法，对蓄热室单一通道内的湍流辅助混合对流现象（turbulent aiding mixed convection phenomenon）进行研究，提出不同边界条件对换热特性的影响；Basso[10] 研究了蓄热室整体流场结构和换热，优化蓄热室结构设计，同时讨论了蓄热室内废气再循环与高温空气燃烧的关系。Zanoli 等[11] 和 Wu Z. Y.[12] 通过实验对比研究了不同蓄热格子砖材料对换热特性的影响。Sadrameli S. M.[13] 和 Zarrinehkafsh M. T.[14] 通过实验结合数值模拟分析了不同直径的铝制球形蓄热材料组成的蓄热室的换热，讨论了气流速度、换向周期及蓄热球直径对换热特性的影响。虽然前人已对蓄热室进行大量研究，但是对国内更多采用筒形格子蓄热砖的蓄热室换热特性，特别是考虑系统热损失的情况下，不同边界条件对换热效率的影响还没有更多针对性的研究。研究和提高筒形格子蓄热砖蓄热室的换热效率，优化蓄热室的结构设计，对提升我国工业燃烧设备余热利用技术的效率及安全十分重要。

1 数学模型

1.1 研究对象描述

传统蓄热室通常由耐火砖堆垒出一系列垂直的蜂窝状通道，供高温烟气和助燃空气在其中流动时传递热能。工业窑炉蓄热室结构示意图如图 1 所示，蓄热室在工业窑炉两侧呈对称式布局，分别运行热周期和冷周期两个阶段，并由换向阀进行周期性换向，冷热周期相互切换，保证了工业燃烧设备的持续高效运行。高温从燃烧室流入一侧蓄热室，将热能传递给蓄热耐火砖，即为该蓄热室的热周期；同时另一侧的蓄热室通入助燃空气，即为该蓄热室的冷周期，将上个热周期贮存的高温烟气热能传递给助燃空气，助燃空气被预热后流入燃烧室与燃料混合并燃烧。

1.2 数学模型

假设高温烟气和助燃空气的质量流速和入口温度恒定不变，入口和出口符合周期性边界条件。蓄热格子砖以及气体流场的温度是时间和空间的函数，系统为非稳态换热。基于本研究中蓄热体矩阵通道的结构和布局，其中的气体流场假设为湍流流场。忽略气体中杂质之间可能存在的化学反应以及系统气体泄漏造成的质量和能量不守恒。Favre 密度加权平均的可压缩瞬态流场控制方程为：

$$\frac{\partial \bar{\rho}}{\partial t}+\frac{\partial}{\partial x_j}(\bar{\rho}\tilde{u}_j)=0 \tag{1}$$

$$\frac{\partial}{\partial t}(\bar{\rho}\tilde{u}_i)+\frac{\partial}{\partial x_j}(\bar{\rho}\tilde{u}_i\tilde{u}_j)=\frac{\partial}{\partial x_j}(\bar{\tau}_{ij}+\bar{\tau}_{ij}^R)-\bar{\rho}g-\nabla\bar{p} \tag{2}$$

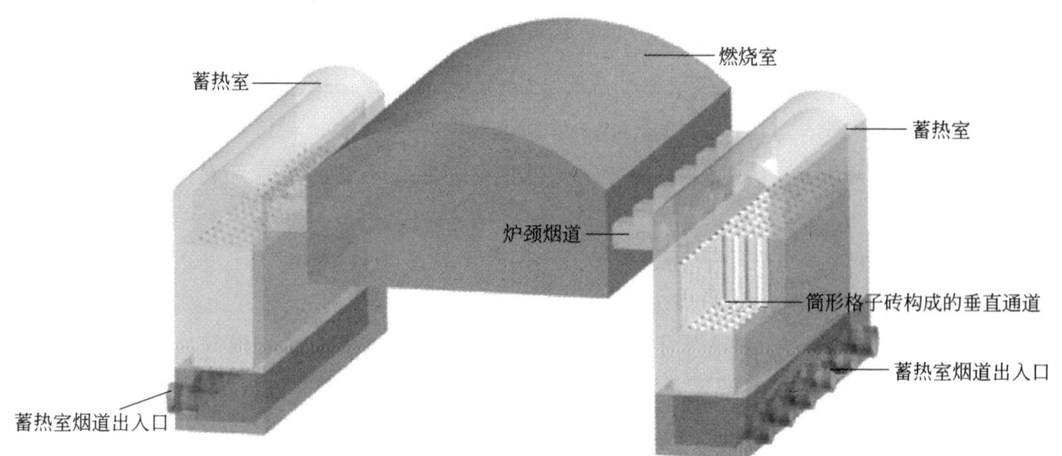

图 1 工业窑炉蓄热室结构示意图

对于气相的能量守恒方程为：

$$\frac{\partial}{\partial t}(\bar{\rho}c_p\widetilde{T}_g)+u_j\frac{\partial}{\partial x_j}(\bar{\rho}c_p\widetilde{T}_g)=\frac{\partial}{\partial x_j}(\lambda_g\frac{\partial\widetilde{T}_g}{\partial x_j})+\dot{Q}_r \tag{3}$$

对于固体的能量守恒方程为：

$$\bar{\rho}_s c_s\frac{\partial\widetilde{T}_s}{\partial t}=\lambda_s\nabla^2\widetilde{T}_s \tag{4}$$

其中“～”为 Favre 平均参数[15]，“－”为空间平均参数。下标 g 和 s 分别代表气体和固体。$\bar{\rho}$ 为气体平均密度，基于理想气体状态方程，压力和温度的关系为：$\bar{p}M=\bar{\rho}R_0\widetilde{T}_g$，$R_0$ 为通用气体常数，$\bar{p}$ 为平均压力。气体定压热容的多项式表达式为：

$$\frac{c_p}{R_0}=a+b\widetilde{T}_g+c\widetilde{T}_g^{\ 2}+d\widetilde{T}_g^{\ 3} \tag{5}$$

其中系数 a，b，c 和 d 均为压力的函数。

τ_{ij} 是黏性应力张量并且可以通过平均应变率张量计算求得。湍流雷诺应力张量 τ_{ij}^R 可由 SST k-ω 湍流模型计算。λ_g 为气体热导率，可由基于气体动力学理论的欧肯近似给出：

$$\frac{\lambda_g}{\bar{\rho}c_v}=1.32+\frac{1.77}{(c_p/R_0-1)} \tag{6}$$

蓄热砖的热导率 λ_s 和比热容 c_s 基于蓄热室平均温度 1123 K 时的值，并假设恒定不变。$\dot{Q}_r$ 为辐射换热项，包含烟气与蓄热砖之间的辐射换热量 $\dot{Q}_{r,g}$ 以及烟气对环境的辐射热损失 $\dot{Q}_{loss}$。

基于浮力修正的 RNG k-ε 方程表述为：

$$\frac{\partial}{\partial t}(\bar{\rho}k)+\frac{\partial}{\partial x_j}(\bar{\rho}\widetilde{u}_j k)=\frac{\partial}{\partial x_j}[(\mu+\frac{\mu_t}{\sigma_k})\frac{\partial k}{\partial x_j}]+S_k \tag{7}$$

$$\frac{\partial}{\partial t}(\bar{\rho}\varepsilon)+\frac{\partial}{\partial x_j}(\bar{\rho}\widetilde{u}_j\varepsilon)=\frac{\partial}{\partial x_j}[(\mu+\frac{\mu_t}{\sigma_\varepsilon})\frac{\partial \varepsilon}{\partial x_j}]+S_\varepsilon \tag{8}$$

其中 k 和 ε 分别代表湍动能和湍流耗散率，μ 为层流黏性系数，μ_t 为湍流黏性系数，$\mu_t=\rho C_\mu\frac{\kappa^2}{\varepsilon}$，$C_\mu$ 为常数，其值为 0.09。S_k 和 S_ε 分别代表浮力修正的源项。常数 $\sigma_k=0.9$，$\sigma_\varepsilon=1.3$。

2 边界条件

考虑到热能的贮存和释放是瞬态现象，蓄热砖和流体的温度随时间增加或减小。假设蓄热室中每个通道的流场特性和换热特性相同，每个通道之间由蓄热砖表面的辐射换热相互平衡，本文主要针对单个通道的换热特性进行研究。为避免计算更加复杂，简化了一些蓄热砖材料的物性参数和环境影响因素。高温烟气和助燃空气的入口质量流速作为单一通道的入口边界条件，出口边界条件使用outflow边界条件以保证残差的良好收敛性。单一通道计算区域的边界条件如图2所示。

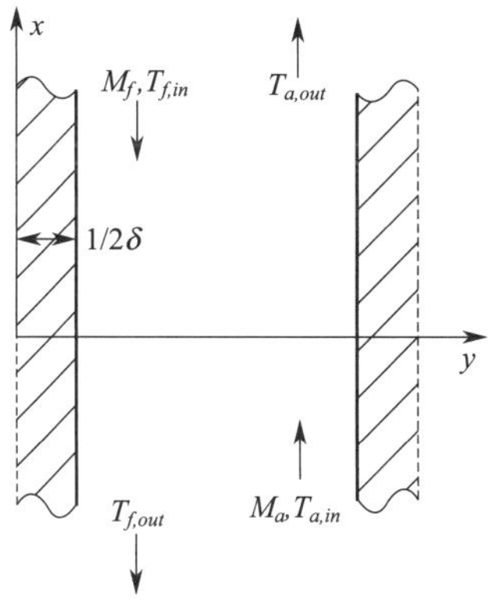

将气相能量守恒方程（3）与固体能量守恒方程（4）耦合的边界条件为：

在蓄热砖的1/2厚度位置处，

$$\frac{\partial \widetilde{T}_s}{\partial t}=0,0<x<H \tag{9}$$

图2 单一通道计算区域的边界条件示意图

在热周期时的蓄热砖表面，

$$\lambda_s \frac{\partial \widetilde{T}_s}{\partial y}=\dot{Q}_{h,w}+\dot{Q}_{r,g},0<x<H \tag{10}$$

在冷周期时的蓄热砖表面，

$$\lambda_s \frac{\partial \widetilde{T}_s}{\partial y}=\dot{Q}_{c,w},0<x<H \tag{11}$$

其中 $\dot{Q}_{h,w}$，$\dot{Q}_{r,g}$ 和 $\dot{Q}_{c,w}$ 分别代表热周期的对流换热，热周期烟气与蓄热砖的辐射换热，冷周期的对流换热。

2.1 热周期

蓄热室在热周期内高温烟气通过对流换热和辐射换热将热能传递给矩阵通道内的蓄热砖。由于高温烟气中含有大量 H_2O 和 CO_2，可以被认为是半透明介质。由于在此周期内辐射换热达到总换热量的80%～90%，所以不能被忽视。于是，方程（10）可以被写为：

$$\dot{Q}_{h,w}+\dot{Q}_{r,g}=\frac{1}{\dfrac{1}{\alpha_{\text{hot}}}+\dfrac{\delta}{\sigma\lambda_s}}\cdot A'_{\text{reg,surf}}\cdot(\widetilde{T}_g-\widetilde{T}_s) \tag{12}$$

其中 $A'_{\text{reg,surf}}$ 为单位长度上的换热面积，T_s 为蓄热格子砖的表面温度。方程（12）通过引入导热热阻因子进行修正，$\xi=\dfrac{\delta}{\sigma\lambda}$，$\delta$ 为蓄热格子砖厚度，σ 为常数，通常与蓄热格子砖材料有关。换热系数 α_{hot} 在热周期内可以看做由对流换热系数和辐射换热系数构成[6]，

$$\alpha_{\text{hot}}=\alpha^k_{\text{hot}}+\alpha^r_{\text{hot}} \tag{13}$$

其中对流换热系数 α^k_{hot} 基于Dittus-Boelter方程求解[16]，辐射换热系数 α^r_{hot} 基于Hottel和Sarofim提出的 H_2O 和 CO_2 气体辐射计算方法求解[17]。蓄热系统对环境的热损失 $\dot{Q}_{\text{loss}}$ 可根据文献[18]计算。

2.2 冷周期

蓄热室处于冷周期内时，由于助燃空气所含强辐射特性的 H_2O 和 CO_2 较少，所以此时蓄热格子转对助燃空气的辐射换热可以被忽略。两者之间的热传递主要为对流换热。此阶段的对流换热系数 α_{cold} 与热周期阶段的对流换热系数 α^k_{hot} 类似。于是方程（11）中右端的 $\dot{Q}_{c,w}$ 项在冷周期内的表达式可以写为：

$$\dot{Q}_{c,w}=\frac{1}{\dfrac{1}{\alpha_{\text{cold}}}+\dfrac{\delta}{\sigma\lambda}}\cdot A'_{\text{reg,surf}}\cdot(\widetilde{T}_s-\widetilde{T}_a) \tag{14}$$

2.3 初始边界条件

蓄热室系统初始边界条件可以被定义为：

$$T_f(H,t'_{hot})=T_{f,i}=\text{Constant},0<t'_{hot}<t_{hot}$$
$$T_a(o,t'_{cold})=T_{a,i}=\text{Constant},0<t'_{cold}<t_{cold} \quad (15)$$

其中 T_f 代表高温烟气在热周期内某一时刻 t'_{hot} 的入口温度，H 为蓄热室高度，$T_{f,i}$ 是热周期高温烟气的初始入口温度，t_{hot} 是热周期的持续时间；T_a 代表助燃空气在冷周期内某一时刻 t'_{cold} 的入口温度，$T_{a,i}$ 为冷周期助燃空气的初始入口温度，t_{cold} 是冷周期的持续时间。

在热周期结束的时刻，蓄热格子砖表面上任意一点的温度等于冷周期开始时刻的温度；在冷周期结束时刻，蓄热格子砖表面任意一点的温度等于热周期开始时刻的温度。因此，蓄热室系统换向时刻的边界条件可以被定义为：

$$T_{s,hot}(x,0)=T_{s,cold}(x,t_{cold})$$
$$T_{s,cold}(x,0)=T_{s,hot}(x,t_{hot}) \quad 0<x<H \quad (16)$$

其中，下标 s 代表蓄热格子砖的表面温度，hot 和 cold 分布代表热周期和冷周期。

2.4 数值求解方法

针对气体流畅周期换向的蓄热室矩阵单一通道，上文所述控制方程联合边界条件通过 CFD 计算流体力学仿真模拟软件 ANSYS-Fluent 的非稳态求解器进行计算和求解。前人已验证该软件可以利用有限的计算时间和资源，高效且精确地模拟蓄热室的换热特性[10,18]。使用 SIMPLE 算法和在时间和空间上采用二阶精度离散的半隐式差分格式求解离散方程，松弛因子为默认值。收敛条件为能量方程的残差小于 10^{-6}，其他残差小于 10^{-3}。对于流体，湍流模型采用浮力修正的 RNG k-ε 湍流模型，使用标准壁面方程处理近壁面的湍流流场。

3 计算结果与分析

3.1 实验结果对比

通过对一台 200 TPD 燃煤玻璃窑炉蓄热室冷热周期运行参数进行测量，得到的测量数据与数值模拟计算结果进行对比来验证数值计算模型的精确度。蓄热室采用筒形格子砖，布置 24 通道结构，具体的结构参数如表 1 所示，运行参数如表 2 所示。助燃空气和高温烟气的质量流速相对误差小于 1%，每条单一通道的质量流速则为总质量流速与通道数量之比，其结果与实际流速相比精度为±3%。

表 1 蓄热室主要结构参数

项目	参数	项目	参数
蓄热室类型	矩阵通道	倒角尺寸	内 50mm×45°,外 66mm×45°
蓄热室尺寸（长×宽×高）	4.9m×3.1m×7.5 m	蓄热格子砖密度	2900kg/m^3
圆角蓄热格子砖尺寸(长×宽×厚)	420mm×420mm×40mm		

表 2 蓄热室主要运行参数

变量	参数	变量	参数
高温烟气质量流速	8043kg/h	高温烟气平均入口温度	1300K
助燃空气质量流速	7510kg/h	助燃空气平均入口温度	300K

蓄热室冷热周期内出口处的气体温度由耐高温热电偶测量，测量得到的温度数据与相同工况下采用数值模型计算得到的结果进行比较，图 3 和图 4 显示了两种方法得到的冷热周期内进出口温度随时间变化的趋势。由于高温烟气在离开燃烧室经过炉颈烟道时不可避免的热损失，高温烟气的实验测量结果在热周期开始时的出口温度小于计算值；随着热周期时间的发展，实验测量值与计算值具有较好的吻合

度。相反，由于数值计算模型考虑了蓄热室区域对环境的热损失，助燃空气的计算值在冷周期开始时刻的出口温度小于实验测量值，其余时刻两种结果吻合度较好。由此可以认为本文采用的数值计算模型对蓄热室单一通道冷热周期内的整体换热特性模拟具有较高的精确度，使用该模型计算的结果可以对蓄热室的换热及结构优化设计提供较高的参考价值。

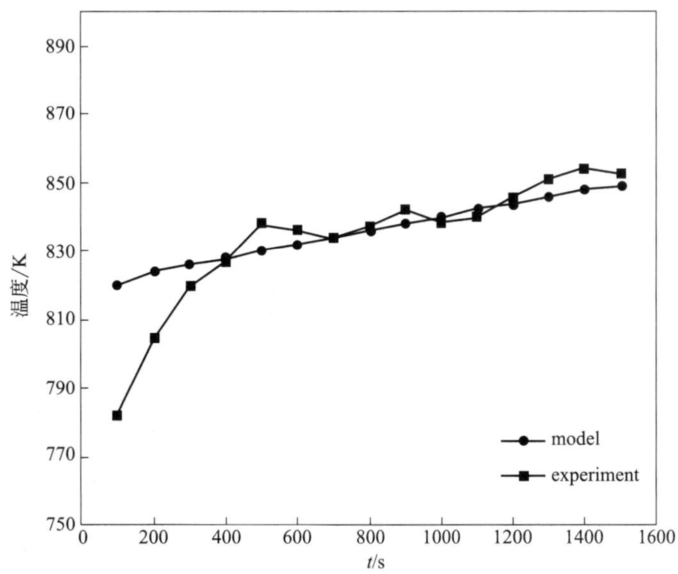

图 3　高温烟气在热周期内的出口温度随时间的变化趋势比较

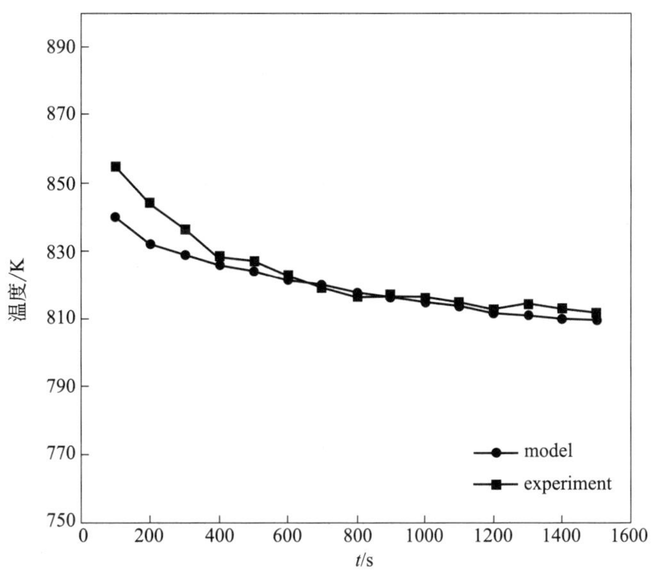

图 4　助燃空气在冷周期内的出口温度随时间的变化趋势比较

3.2　不同边界条件对蓄热室换热特性的影响

图 5 (a) 和 (b) 显示了蓄热室单一通道达到热平衡时从入口到出口在不同径向位置处的温度分布。蓄热格子砖在热周期内由入口到出口的表面温度在 1220 K 到 460 K 之间变化，而在烟气出口位置不同径向位置处 (0～0.15 m) 的温度从 980 K 到 740 K。在冷周期时，被蓄热格子砖加热的助燃空气出口温度在不同径向位置处的温度范围为 900 K 到 675 K，由入口到出口的表面温度在 390 K 到 1170 K 之间变化。这两幅图说明，不论是在冷周期还是热周期，通道内不论是高温烟气和助燃空气，当径向位置距离轴心越远时，温度随位置的变化越不线性，这与 Delrieux[19] 的结论一致。温度的这种非线性变化趋势是因为不同位置处的换热系数和比热随温度的不同而发生变化，进而影响到

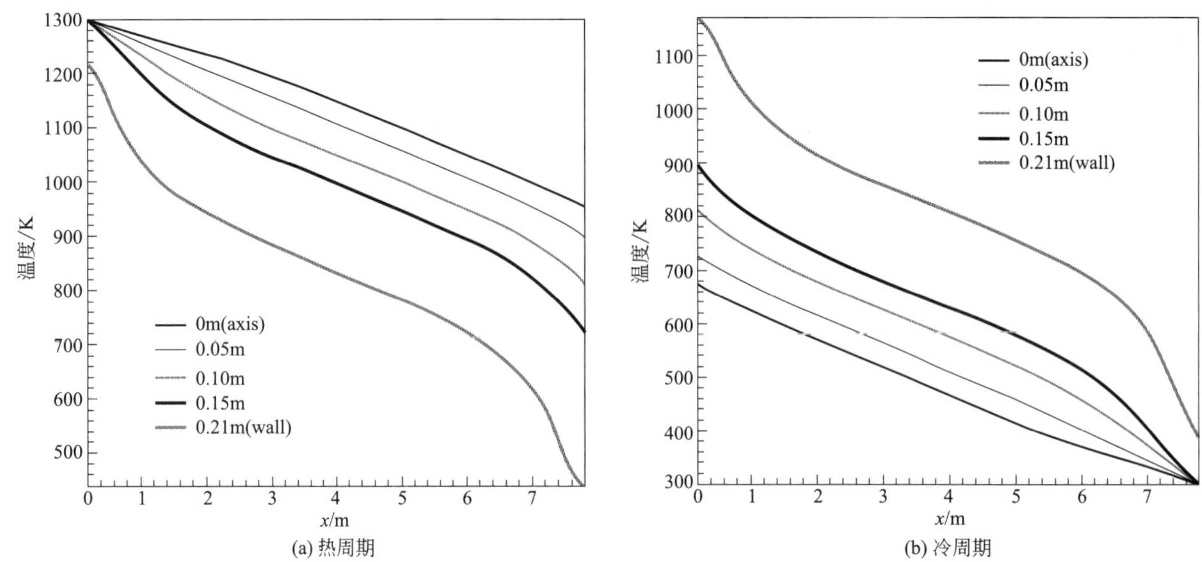

(a) 热周期　　(b) 冷周期

图 5　蓄热室单一通道入口到出口不同径向位置处的温度分布

换热量的大小。所以由 Hausen 和 Shah[2,3] 提出的传统换热器理论模型得出的气流温度线性变化的规律在这里不再适用。

处于热周期中的高温烟气在不同入口速度条件下流出蓄热室的出口温度变化规律如图 6 显示。由图可以看出高温烟气的入口速度对出口温度具有一定的影响。当入口速度大于 0.225 m/s 时（从 0.225～0.30 m/s），随着入口速度的增大，高温烟气的出口温度也增加。这是由于虽然随着速度的增加，气体与壁面之间的对流换热系数和换热量都相应增加，但是气体在通道内的滞留时间显著缩短，导致高温烟气没有充足的时间与壁面换热，排入环境中的废热损失就更多。入口速度在 0.15～0.30 m/s 之间变化时，随着入口速度的增加，在热周期刚开始的阶段，高温烟气的温度变化的斜率不断减小。这也是由于随着入口速度的增大，高温烟气在通道内的滞留时间减小，导致在刚进入热周期阶段高温烟气与蓄热格子砖的换热更加不充分。另一方面，当入口速度小于 0.225 m/s 时，烟气出口温度依然高于 0.225 m/s 时的温度，这可能是由于更小的换热系数导致了更小的换热量，即使更长的滞留时间增加了烟气与蓄热格子砖之间的换热，此时，换热系数的变化起到主导作用。

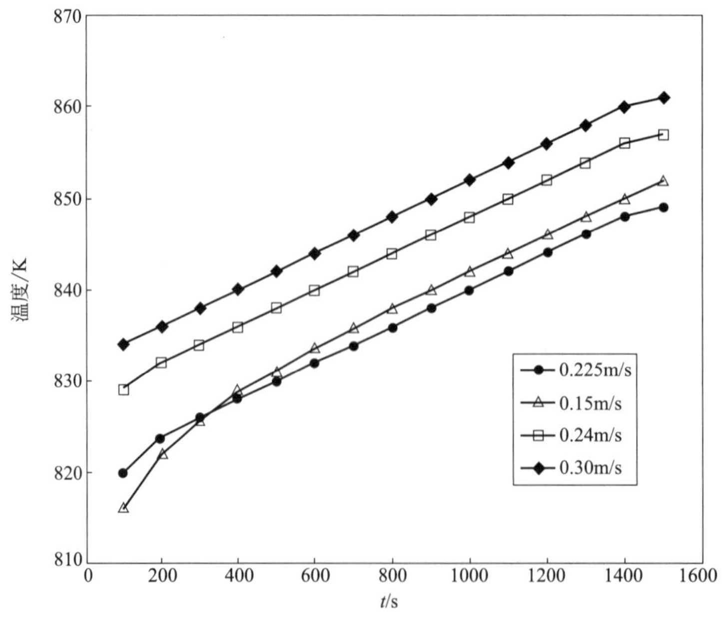

图 6　热周期中高温烟气在不同入口速度条件下的出口温度随时间的变化

图 7 显示了热周期中蓄热室单一通道内高温烟气的不同入口速度条件下，烟气与壁面之间的换热系数从入口到出口随位置的变化。由图可看出换热系数在经过入口一小段过渡区域以后就逐渐趋于平稳。相同位置处若入口速度越大，则换热系数越大。与热周期内的换热系数相似，冷周期的换热系数也与气体入口速度直接相关。所以高温烟气与助燃空气的入口速度将直接影响到蓄热室的换热，而由图 6 可以看出，在所取的几种入口速度中，0.225 m/s 时高温烟气的出口温度最低，此时烟气与蓄热格子砖的换热最有效。

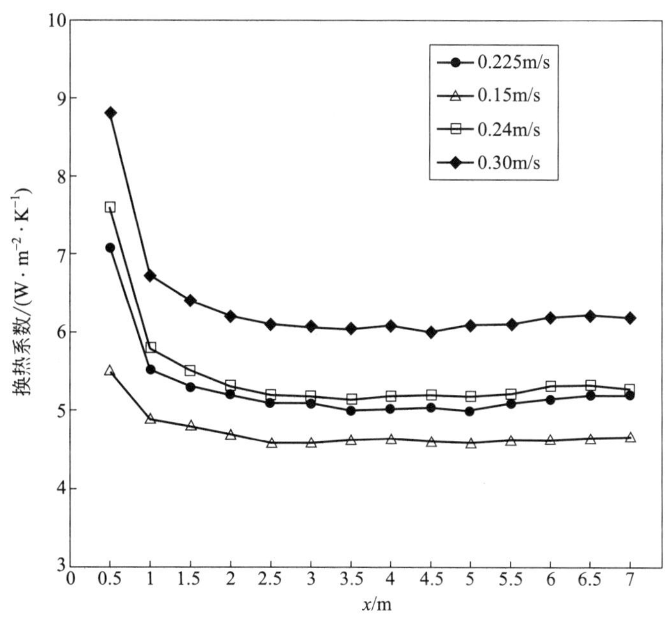

图 7 热周期中高温烟气在不同入口速度条件下，烟气与壁面之间的换热系数从入口到出口随位置的变化

冷热周期不同的换向时间对高温烟气和助燃空气平均出口温度和入口温度的影响如图 8 和图 9 所示。图 8 显示了高温烟气入口在经历一个热周期和一个冷周期的时间内的温度变化，图 9 则显示了助燃空气入口在经历一个热周期和一个冷周期时的温度变化。由图可看出处于热平衡状态下的高温烟气和助燃空气平均出口温度基本维持在统一区域，即不受换向时间快慢的影响。根据图 8，当热周期开始时，

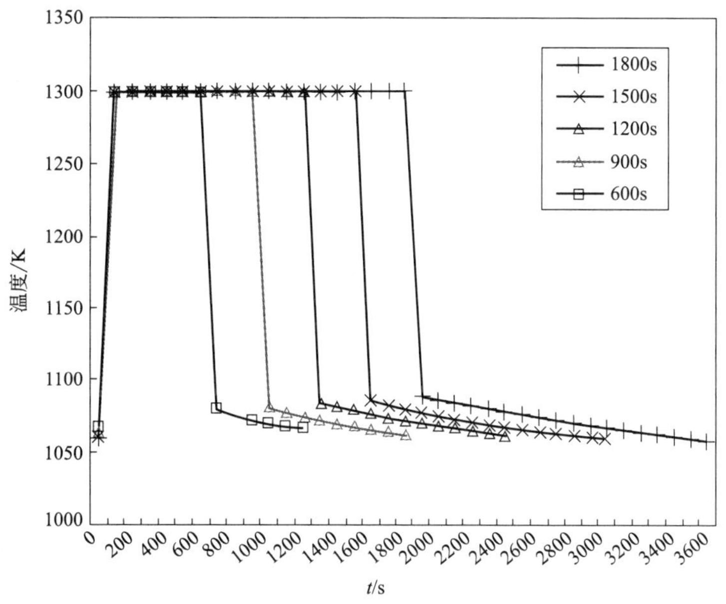

图 8 不同换向时间条件下高温烟气入口的温度随时间变化

高温烟气进入蓄热室通道，入口平均温度迅速上升；当热周期结束时，通过系统换向阀换向，该通道随即进入冷周期，热周期高温烟气的入口转变成冷周期助燃空气的出口，助燃空气通过吸收蓄热格子砖的热能后从该出口流出，进入燃烧室。计算结果显示，不论换向时间如何变化，高温烟气的平均出口温度始终在 825 K 到 875 K 之间变化；而助燃空气的平均出口温度在 750 K 到 800 K 之间变化。换向时间对两种气体出口温度的影响很小，这与 Schmidt F. W.[16] 的结论相同。然而，换向时间对换热效率则具有明显的影响，进而影响了蓄热室的换热性能。

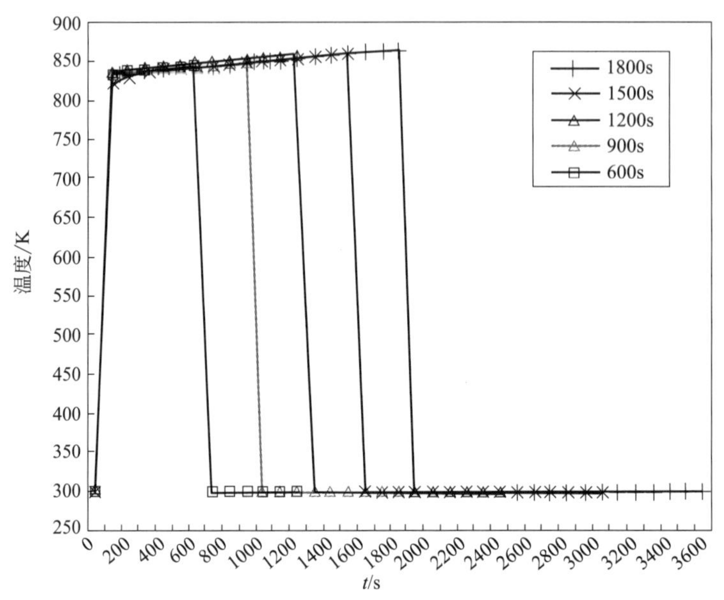

图 9 不同换向时间条件下助燃空气入口的温度随时间变化

为了描述不同边界条件对蓄热室单一通道换热性能的影响，引入换热效率这一变量，并且定义其为烟气与蓄热格子砖的换热量同蓄热室最大累计热能之比。后者是假设高温烟气出口温度降至助燃空气入口温度相同情况下烟气所能传递给蓄热格子砖的能量。于是换热效率的表达式可以写为：

$$\eta_{\mathrm{reg}}=\frac{\int_0^{t_{\mathrm{hot}}}\int_{T_{\mathrm{f}}}^{T_{\mathrm{out}}} c_{\mathrm{p}}(T)\mathrm{d}T \cdot \mathrm{d}t}{t_{\mathrm{hot}}\int_{T_{\mathrm{f}}}^{T_{\mathrm{a,i}}} c_{\mathrm{p}}(T)\mathrm{d}T} \tag{17}$$

其中，T_{out} 为高温烟气出口瞬态温度。由公式(17) 可以看出，高温烟气出口温度对蓄热室换热效率具有直接影响。

图 10 显示了蓄热室换向时间和入口流速对蓄热室换热效率的影响。由图可以看出随着换向时间和入口流速的增加，换热效率呈下降趋势。虽然不同换向时间条件下气体出口温度差别不大，但是更长的换向时间就对蓄热格子砖的储热能力有更高要求。随着换向时间的增长，相比于更短的换向时间，由于蓄热格子砖与气体的有效换热面积下降，所以有效热容随之下降，这导致了换热效率的下降。另一方面，如前文所述，随着入口流速的增加，烟气出口温度上升，并且在蓄热室通道内的滞留时间减少，这导致了换热效率的下降。

对于蓄热格子砖，不同的材料和排列方式直接影响蓄热室的热容，进而影响换热效率。表 3 罗列了几种常用耐火蓄热砖材料的物性参数。其中热导率和比热容都是针对蓄热室平均温度 1123 K 时的值。透热深度 S 是蓄热格子砖壁厚的一半。图 11 显示了同为垂直矩阵通道排列方式，不同蓄热砖材料蓄热室单一通道高温烟气进口壁面温度在达到热平衡以后的一个热周期和一个冷周期内随时间变化分布。由图可看出不同蓄热砖材料对蓄热室换热特性的影响差异并不大。在这几种材料中，采用二氧化硅材料时的换热效果最好，但是考虑到高温烟气中含有一定比例的芒硝水和碱蒸气，其很容易使二氧化硅材料的

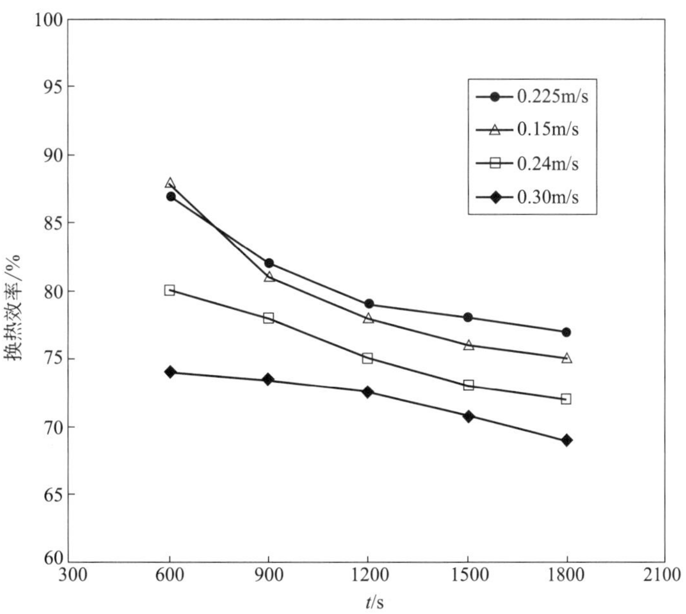

图 10　不同换向时间和入口流速对蓄热室换热效率的影响

蓄热砖受到腐蚀继而存在坍塌危险，影响蓄热室寿命和安全。考虑到这些材料的抗冲蚀性、抗热震性和抗蠕变性，镁砖是兼顾安全与效率的最优选择。

表 3　常用耐火蓄热砖材料的物性参数

材料	λ/[W·(m·K)$^{-1}$]	C_s/[J·(kg·K)$^{-1}$]	ρ/kg·m^{-3}	S/m	τ_h/h	τ_c/h	α_h/[W·(m·K)$^{-1}$]	α_c/[W·(m^2·K)$^{-1}$]	σ
耐火黏土砖	1.6	1241	1560	0.03	1/3	1/4	25.2	15.4	1.2
镁砖	2.6	1153	2700	0.02	1/5	1/7	24.1	11.8	1.6
电熔锆刚玉	3.1	1126	3450	0.03	1/7	1/7	12.6	10.9	1.8
二氧化硅	6.1	1059	2300	0.06	1/6	1/8	20.4	14.3	2.2

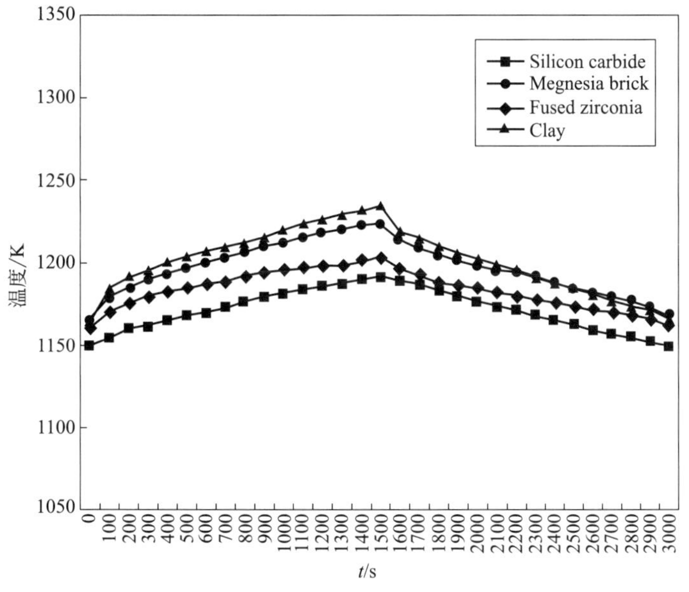

图 11　不同蓄热砖材料蓄热室单一通道高温烟气进口壁面温度随时间变化分布

基于方程（12）和（14），可以看出提高换热面积可以提高换热量，这可以通过适当地减小蓄热格子砖厚度以增加矩阵通道数量，从而获得更大的换热面积。模拟计算的结果证明了这种推断。由图12和图13所示，蓄热格子砖厚度20 mm条件下的高温烟气出口温度比40 mm厚度的出口温度低很多，而20 mm砖厚的助燃空气出口温度也明显高于40 mm砖厚的出口温度。然而，考虑到高温烟气中常含有的SiO_2，V_2O_5和CaO等组分很容易腐蚀蓄热砖，造成蓄热室通道的坍塌和堵塞，所以蓄热格子砖的厚度不能过薄。为了避免上述安全隐患，提高蓄热室使用寿命和维修周期，需要结合工业燃烧系统实际情况来选择最合适的蓄热砖厚度。

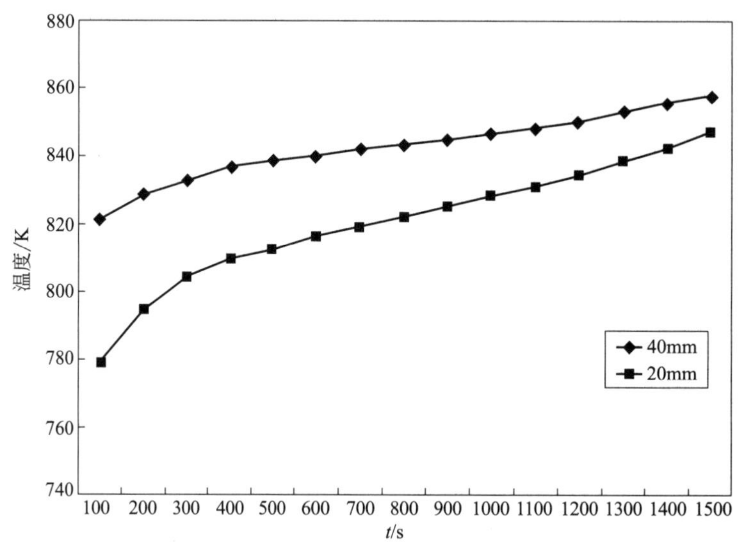

图12 不同蓄热砖壁厚对高温烟气出口温度的影响

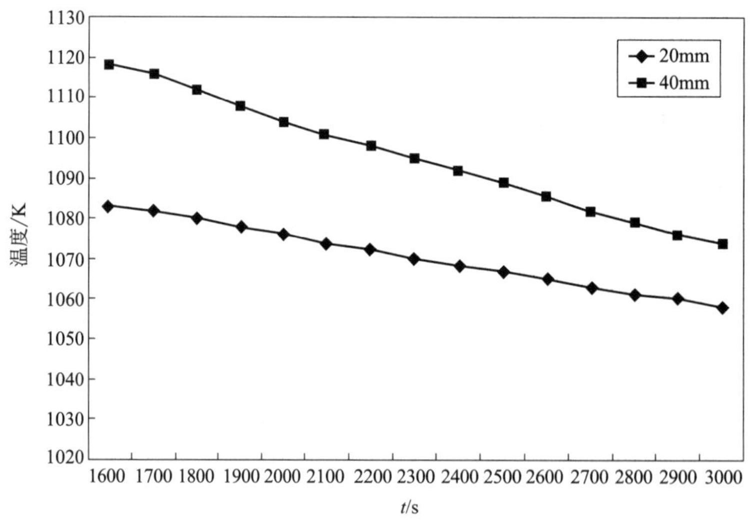

图13 不同蓄热砖壁厚对助燃空气出口温度的影响

4 结论

本文主要针对基于工业燃烧设备余热利用技术的蓄热室单通道的换热特性进行数值模拟研究，提出了基于质量守恒和能量守恒的换热模型，在模型中考虑了系统热损失，并引入导热热阻因子进行修正，提高了模型的精确度。通过对蓄热室换热过程的数值计算，分析了边界条件（如气体入口速度、温度等）、工况参数（换向周期时间、炉膛温度等）、结构参数（蓄热砖材料几何结构、蓄热砖热导率等）对蓄热室换热特性及换热效率的影响，并得出如下结论。

① 蓄热室单一通道内不同径向位置的温度分布呈非线性变化，高温烟气和助燃空气的入口流速对两种气体的出口温度具有明显影响；气体与蓄热砖壁面的换热系数正比于气体入口流速，然而出口温度随入口速度的变化趋势显示，在考虑气体滞留时间的因素时，换热效果并不随入口流速单调递增，而是具有最优值。

② 蓄热系统换向阀的换向时间和蓄热格子砖的材料对高温烟气和助燃空气出口温度影响较小，然而换向时间影响了蓄热室有效热容和高温烟气在通道内的滞留时间，从而对蓄热室换热效率有明显影响。通过比较不同边界条件下的换热系数和换热效率，可以证明运行参数的不同对蓄热室换热和贮存能量特性具有明显影响。

③ 考虑到高温烟气中夹带的杂质很多，具有高耐久度和耐腐蚀性的蓄热砖材料更适合应用在蓄热室内。而在相同换向时间和气体入口流速的情况下，蓄热砖厚度的减小以增加蓄热室整体换热面积也可以明显提高换热效果。

④ 本文提出的蓄热室单一通道换热模型可以为蓄热室换热特性提供较高精度的数值模拟结果，对优化蓄热室系统设计和提高安全生产等级具有一定的参考价值。

参考文献

[1] CREE，W. Saint-Gobain，and France Cavaillon. New cruciform solutions to upgrade your regenerator. 72nd Conference on Glass Problems：Ceramic Engineering and Science Proceedings，2012，33，91-104.

[2] Hausen H. Berechnung der Steintemperatur in winderhitzern [J]. steel research international，1939，12 (10)：473-480.

[3] Shah R K，Sekulić D P. Thermal design theory for regenerators [J]. Fundamentals of Heat Exchanger Design，1981：308-377.

[4] Heggs P J. Experimental techniques and correlations for heat exchanger surfaces：packed beds [J]. Low Reynolds Number Flow Heat Exchangers，1983：341-368.

[5] Foumeny E A，Pahlevanzadeh H. Performance evaluation of thermal regenerators [J]. Heat Recovery Systems and CHP，1994，14 (1)：79-84.

[6] Sardeshpande V，Anthony R，Gaitonde U N，et al. Performance analysis for glass furnace regenerator [J]. Applied energy，2011，88 (12)：4451-4458.

[7] Shen C M，Worek W M. The effect of wall conduction on the performance of regenerative heat exchangers [J]. Energy，1992，17 (12)：1199-1213.

[8] Shen C M，Worek W M. Second-law optimization of regenerative heat exchangers，including the effect of matrix heat conduction [J]. Energy，1993，18 (4)：355-363.

[9] Reboussin Y，Fourmigué J F，Marty P，et al. A numerical approach for the study of glass furnace regenerators [J]. Applied thermal engineering，2005，25 (14-15)：2299-2320.

[10] Basso D，Cravero C，Reverberi A P，et al. CFD analysis of regenerative chambers for energy efficiency improvement in glass production plants [J]. Energies，2015，8 (8)：8945-8961.

[11] Zanoli A，Begley E R，Vidil R，et al. Experimental studies of the thermal performance of various cruciform regenerator packings [C]. Proceedings of the 50th Conference on Glass Problems：Ceramic Engineering and Science Proceedings，Volume 11，Issue 1，2. John Wiley & Sons，Inc.，1991：127-144.

[12] Wu Z Y，Zhao H S，Gao X P. Research on glass furnace regenerator refractories [J]. Journal of Wuhan University of Technology，2010，32 (22)：96-97.

[13] Sadrameli S M，Ajdari H R B. Mathematical modelling and simulation of thermal regenerators including solid radial conduction effects [J]. Applied Thermal Engineering，2015，76：441-448.

[14] Zarrinehkafsh M T，Sadrameli S M. Simulation of fixed bed regenerative heat exchangers for flue gas heat recovery [J]. Applied thermal engineering，2004，24 (2-3)：373-382.

[15] Favre，A. The Mechanics of Turbulence. Gordon and Breach，New York，1964.

[16] Schmidt F W，Willmott A J. Thermal energy storage and regeneration [M]. Washington，DC，USA：Hemisphere Publishing Corporation，1981.

[17] Hottel H C，Sarofim A F. Radiative transport [J]. McCravv Hill，New York，1965.

[18] Sardeshpande V，Gaitonde U N，Banerjee R. Model based energy benchmarking for glass furnace [J]. Energy Conversion and Management，2007，48 (10)：2718-2738.

[19] Delrieux J. Influence of the thermal properties of refractories and their mode of utilization on the heat balance in regenerators. Glass Technology，1980，21，162-172.

基于 NB/T 47014 的焊接工艺专家系统的开发

陈文杰[1]　黎文航[2]

1. 四川省特种设备检验研究院，成都 610061
2. 江苏科技大学，镇江 212003

摘　要： 基于 NB/T 47014—2011《承压设备焊接工艺评定》开发研制了一套焊接工艺专家系统。该系统采用（Client/Server）架构开发，在局域网内可以实现多个用户同时使用专家系统。知识库采用数据库形式进行表示，具有开放性，可以随时进行知识库的扩展，能够适应标准纳入新技术新工艺的发展。

关键词： NB/T 47014；焊接工艺评定；专家系统；数据库

Development of welding procedure qualification expert system based on NB/T47014

Chen Wen-jie[1]，Li Wen-hang[2]

1. Sichuan Special Equipment Inspection Institute， Chengdu， 610061
2. Jiangsu University of Science and Technology， Zhenjiang 212003

Abstract: Based on NB/T 47014-2011 "Welding Procedure Qualification for Pressure Equipment" Standard，a set of expert system for welding procedure was developed. The system is developed by (Client/Server，hereinafter referred to as C/S) architecture，and multiple users can simultaneously use the expert system in the LAN. The knowledge base is expressed in the form of a database，which is open，and can be expanded at any time to adapt to the development of new technologies and procedures.

Keywords: NB/T 47014; Welding Procedure Qualification; Expert system; Database

0　引言

专家系统是近 40 多年来发展起来的一种极富代表性的智能应用系统，旨在研究如何设计一种基于知识的计算机程序系统来模仿人类专家求解专门问题的能力。合理的焊接工艺是保证产品焊接质量的关键，对中小企业来说由于焊接专业人才的缺乏，对标准理解不透，焊接工艺制定和评定存在不小的困难。本项目针对目前我国承压设备焊接工艺设计专家系统缺乏、存在的不足和标准实际发展的需要，开发了基于 NB/T 47014—2011《承压设备焊接工艺评定》的新型焊接工艺专家系统。

1　焊接工艺专家系统国内外研究概况

焊接工艺专家系统研究开始于 20 世纪 80 年代[1,2]。由于焊接领域知识的复杂性、经验性，焊接领

作者简介：陈文杰，1972 年生，男，高级工程师，博士，主要从事特种设备检验检测技术研究。

域被认为是最适合于开发专家系统的领域之一[3]，因此，焊接工艺专家系统的研究虽然起步较晚，仍取得迅速发展。

1.1 国外工艺专家系统研究状况

焊接工艺专家系统目前在国外已经广泛应用并商品化。表1所示为国外部分工艺专家系统。这些系统中有约40%达到了商业化水平[4]。

表1 国外主要工艺专家系统

名称/功能	类型	开发者/提供商	备注
Welding Procedure selection expert system	工艺选择	Stone& Webster Eng(美)	已商品化
Weldex	工艺制定	Tech. Univ. Berlin	用Prolog开发
Weldsys1/Weldsys2	工艺选择	Osaka Univ.(日)	已商品化

1.2 国内工艺专家系统研究状况

我国也几乎与国外同时开始了焊接工艺专家系统的研究工作。表2列出部分国内开发的焊接工艺专家系统[5]。

表2 国内主要工艺专家系统

名称/功能	类型	开发者	备注
焊接方法选择专家系统	方法选择	南昌航空工业学院	
弧焊工艺选择专家系统	工艺选择	哈尔滨工业大学	
弧焊工艺制定与咨询专家系统(ESW)	工艺制定	清华大学	已商品化

纵观目前的焊接工艺设计专家系统，仍存在以下问题：

① 应用范围比较窄；主要以弧焊方法为主，并主要是单一的焊接方法，对于组合的焊接方法，考虑比较少。

② 多数按照通用知识设计，没有结合具体标准，所设计的系统与实际有差距。

③ 缺少开放性；一般都缺少知识库扩展的接口，难以更新，难以适应新工艺的发展。

2 基于NB/T 47014的焊接工艺专家系统的开发

2.1 专家系统架构

2.1.1 客户机/服务器模式

本系统采用基于客户机/服务器（Client/Server，以下简称C/S）模式的大型网络数据库系统设计。如图1所示，客户机/服务器结构的实质是将数据库存取与应用程序分离出来，分别由数据库服务器及客户机来执行。C/S之间的关系体现为“请求/响应”关系，即客户向服务器提出某种信息和数据请求（通常以SQL语句的方式来完成），服务器针对请求完成相应处理，将结果作为响应发送回用户。

由于SQL Server操作简单，功能强大，而且与Windows相结合能够发挥良好的性能，适用于网络开发，所以选择了SQL Server 2008 R2作为服务器端的数据库服务器。

2.1.2 专家系统数据库设计

本系统把知识库单独放在后台数据库当中，如表3所示为存储在数据库表中的主要焊接工艺数据库表。

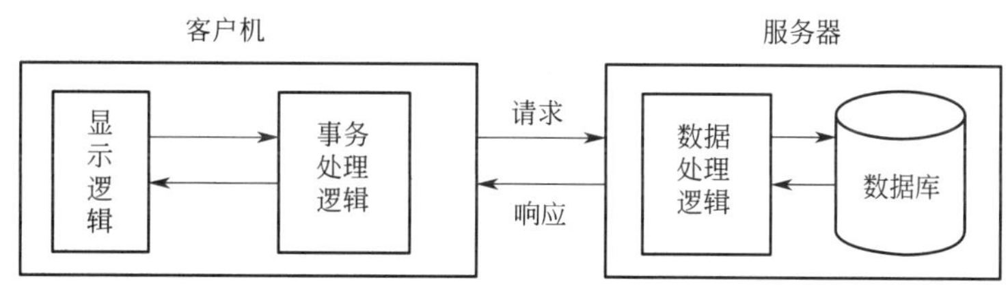

图 1 C/S 体系结构

表 3 主要的焊接工艺数据库表

表名称	数据库表	备注
焊接方法表	tbWeldMethod	包括了标准支持的 11 种焊接方法
母材表	tbBaseMetalName	用于自动识别金属材料类别号、组别号，自动判断母材的最低抗拉强度、冲击试验温度、冲击功合格值，根据母材钢号智能化推荐相应的焊接材料
焊条表	tbElectrode	用于自动识别选择的焊接材料类别代号、标准号及是否需要进行分类报告
气保护焊用焊丝	tbWireOfGasShield	气体保护焊丝分类表
埋弧焊用焊丝	tbWireOfSAW	埋弧焊丝分类表
工艺评定因素表	tbWeldFators	各种焊接方法的重要因素，补加因素和次要因素表
有效厚度覆盖表	tbThickEdge	试件评定合格适用于焊件厚度的有效范围

利用 SQL Server 的管理界面和应用工具，可以直接添加、修改、删除知识数据库，因为知识库是整个专家系统的核心，其拥有的知识量决定专家系统的水平，其正确与否决定专家系统推理结论的可靠性，所以，必须确保知识库的安全，防止它被人恶意修改。

本系统为了保障知识库的安全，从以下几个方面来加强知识数据库的安全性。

（1）严格划分 SQL Server 用户的权限

本系统把用户按权限分为两类，一类用户只能够进行浏览，另一类用户能够进行编辑、添加、删除等功能。

（2）使用视图和存储过程

用户可被授予对一视图的许可权，而不直接对基表操作，只是通过视图间接地对其中的可见部分操作，提高了数据库数据的安全性。利用存储过程可以实现有限的、基于函数的访问。可以授权用户使其只能通过存储过程对表进行访问。

2.2 专家系统客户端

客户端采用 Visual C＋＋ 作为开发语言。系统功能的实现采用模块化设计，所有模块组合形成一个整体，本系统主要包括模块如图 2。

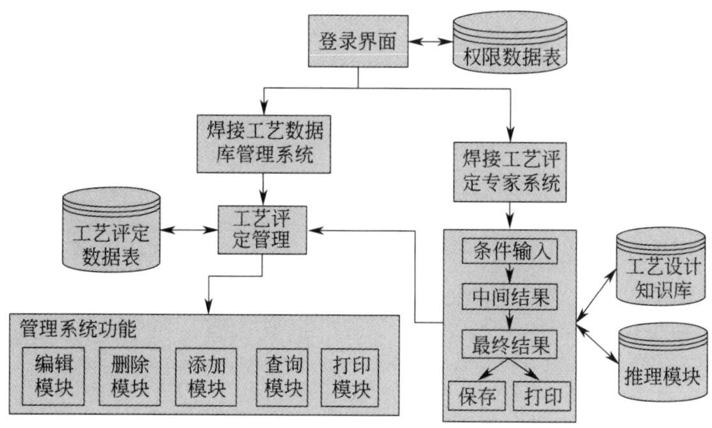

图 2 焊接工艺评定专家系统模块组成

2.3 工艺评定设计模块

2.3.1 已知条件

已知条件，对应本专家系统就是初始条件的输入。系统要求用户按照顺序选择，如图 3 所示。首先要求用户确定焊接方法，本系统能够对焊条电弧焊，埋弧焊，熔化极气体保护焊，钨极气体保护焊，气焊，等离子弧焊，气电立焊，螺柱电弧焊，摩擦焊进行推理。在选择完焊接方法和评定标准 NB/T 47014 之后，系统调用后端相应数据库，给出各种方法所适用的钢种。

母材牌号的选择与焊接方法和钢种标准有关，母材牌号按照材料牌号进行下拉框选择，也直接输入部分字符，然后在数据库中搜索，找到后则自动识别其类别和组别号。若母材牌号与所选焊接方法不相适则会给出提示。母材的厚度由用户输入。

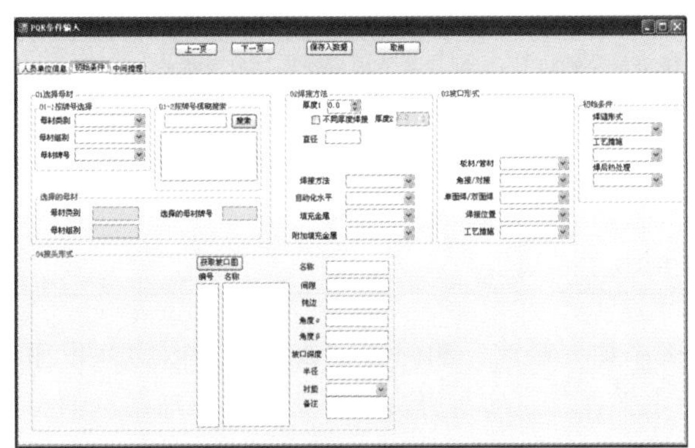

图 3 初始条件输入界面

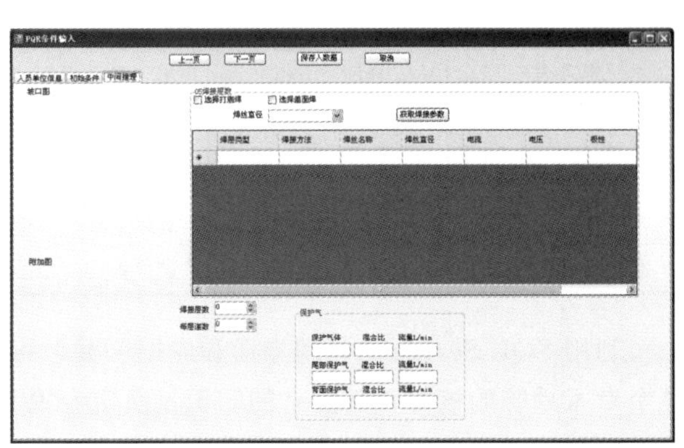

图 4 中间推理

2.3.2 中间推理

“中间推理”如图 4，能根据母材牌号智能化推荐焊接材料、接头形式。根据母材厚度推荐预热和焊后热处理规范。在中间推理结果的“其他选项”子页面，还涉及“保护气体”和“保护气体流量”（包括背面流量和正面流量）以及“钨极种类”的选择和“钨极直径”，送丝速度等项目的推理。根据中间推理，最终完成推理。

2.3.3 生成预焊接工艺指导书

在系统完成对输入条件的中间推理和最终推理之后，就可以利用推理结果生成预焊接工艺指导书，如图 5 所示。用户也可以在该界面上对推理结果进行修改，以符合用户焊接工艺评定需要。

本系统报表采用微软的 Crystal report，能够生成符合焊接工艺评定的报表，并提供强大的打印功能。生成的预焊接工艺指导书还可以根据施焊记录、力学性能试验数据形成焊接工艺评定报告。评定合格的焊接工艺评定报告，还可以纳入工艺评定数据库进行管理。

3 结论与展望

焊接工艺的设计与管理在焊接生产中占有重要地位。焊接工艺评定专家系统的出现，能够提高焊接工艺的编制效率，降低焊接成本，为焊接工程师提供技术支持，推动对焊接领域知识的理解和传播。

本项目研究开发了基于 NB/T 47014—2011《承压设备焊接工艺评定》的焊接工艺评定专家系统框架。

① 基于我国承压设备焊接工艺评定标准 NB/T 47014，具有实用性和新颖性。

② 在 Intranet 下开发基于客户机/服务器的新型焊接工艺评定专家系统。可以实现多个用户同时使

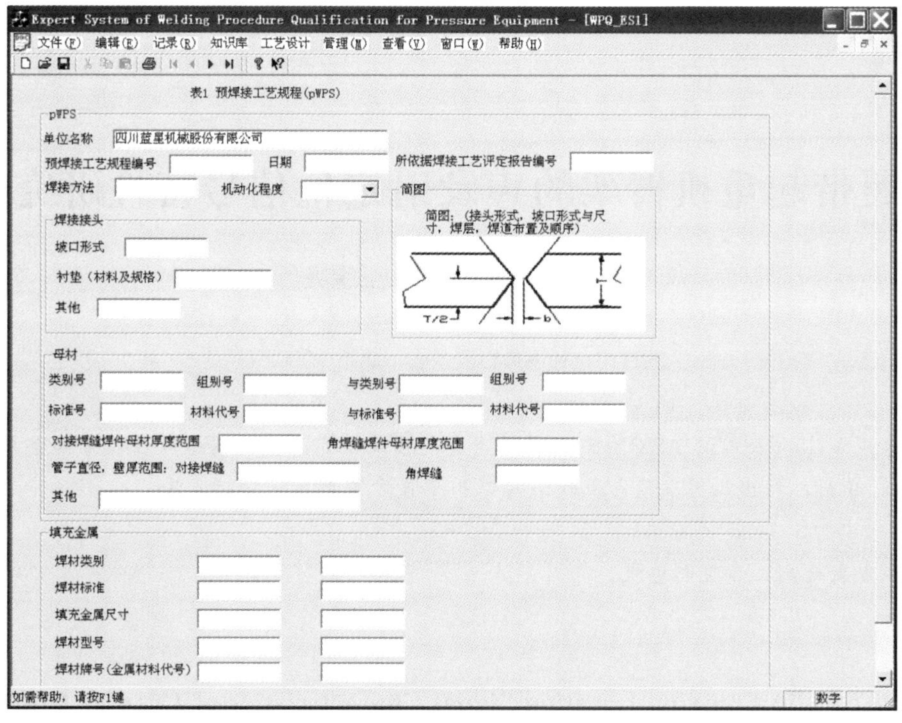

图 5　预焊接工艺评定指导书

用专家系统，利用率高。

③ 实现专家系统的知识库采用数据库形式进行表示，从而使得专家系统的知识库能够实现在网络上进行操作。

④ 知识库具有开放性，可以随时进行知识库的扩展，能够适应新技术新工艺的发展。

⑤ 本项目目前虽只完成了预焊接工艺指导书制定，但为后续工艺评定报告及 WPS 编制等功能的继续开发和部署、企业试用打下了坚实的基础。

参考文献

[1] W. A. Taylor. Expert Systems to Generate Arc Welding Procedures. Metal Construction. 1986，18 (7)：426-431.

[2] 张建勋．焊接工程计算机专家系统的研究现状与展望［J］．焊接技术，2001，30 (9)：11-13.

[3] 康慧，付荣华，曲平．焊接专家系统设计及开发技术［J］．电焊机，2007，39 (8)：17-19.

[4] P. Pecas，L. Quintino. State-of-the-art on the Use of Expert Systems in Welding. IIW Doc. XII-1329-93.

[5] 乔燕，基于 ASME 的压力容器焊接制造数据库及专家系统［D］．南京：南京航空航天大学，2011.

履带起重机臂架的声发射定位信号特性研究

闫　琪　孙岱华　王宝龙

北京市特种设备检测中心，北京 100029

摘　要： 采用 Vallen 公司的 ASMY-6 32 通道声发射系统研究了声发射信号在履带起重机臂架中的衰减特征和定位特性，分析总结出能够准确定位缺陷的探头布置方案和数据分析方法。

关键词： 声发射检测；履带起重机

Study on Acoustic Emission Location Signal Characteristics of Crawler Crane Boom

Yan Qi，Sun Dai-hua，Wang Bao-long，

Beijing Special Equipment Inspection&Testing Center，　Beijing 100029

Abstract: The attenuation and location characteristics of acoustic emission signal in crawler crane boom are studied by using ASMY-632 channel acoustic emission system of Vallen Company，and the probe layout scheme and data analysis method which can accurately locate defects are analyzed and summarized.

Keywords: Acoustic emission detection; Crawler crane

0　引言

履带起重机因其结构庞大、机构繁多、操纵复杂、力矩安全控制系统先进、设有超起系统、臂架组合形式多样，在起重机械的 9 大类中具有代表性。通过对 1999 年至 2015 年，29 起流动式起重机事故的统计分析，发现超载事故 11 起，占比 38%，非超载事故 18 起占比 62%，在非超载事故中，因设备自身缺陷造成的事故 6 起，占比 33%，造成事故的缺陷分别有履带起重机臂架失稳、回转支承连接螺栓断裂、起升钢丝绳固定端楔块从楔套中脱落等。其中，履带起重机臂架因疲劳裂纹的扩展引发臂架整体失稳而造成的事故，会造成重大的人员伤亡和财产损失，对社会造成不良的影响。所以，在履带起重机检验中如何发现、评价其臂架存在的缺陷，进而有效防止上述事故的发生至关重要，也是本项目研究的主要内容。

随着履带起重机臂架结构庞大且组合形式多样化，对其臂架的检测现场检验难度较大且目前目测的检验方法存在局限性。北京市现有 300 多台履带起重机，其中很多服役年代久远，存在隐患。所以，对臂架采取何种检验手段，亟待研究解决。本项目以履带起重机标准工况最长主臂组合为例，通过计算模型与试验确定试验载荷及危险区域，并进行履带起重机臂架弦杆破坏性试验过程的声发射特性研究，以期研究出一种科学、可靠的履带起重机臂架声发射检测方法[1]，使上述问题能有效解决，力争填补相关检验方法的空白，并推动相关标准的制定。

作者简介：闫琪，1989 年生，男，助理工程师，主要从事特种设备的检验工作。

1 试验过程

1.1 实验对象

实验对象为框架结构起重机悬臂梁（如图 1 所示），其长度为 9m，截面边长 1.3m。

图 1 框架结构悬臂梁

1.2 实验仪器

声发射检测仪器为德国 Vallen 公司的 ASMY-6 32 通道声发射系统，传感器为中心频率 150kH、内置 34dB 放大器 的 VS150 谐振传感器。模拟信号源为 ϕ0.3mmHB 的铅芯折断信号。信号采集过程中声发射仪参数设置如表 1 所示。

表 1 声发射仪参数设置

采样率	重整时间/μs	撞击定义时间/μs	通带宽度
5M	32000	400	25～850kHz

1.3 衰减、定位测试布置

为了确定相邻传感器的间距，合理布置传感器，首先对悬臂梁的声发射信号衰减特性和定位特性进行研究。首先分别在悬臂梁一弦杆的一端及中间部位各安装一个传感器，如图 2 所示。然后以端部的传感器为基准，每间隔 50cm 处进行 3 次断铅，通过分析模拟源信号的幅度和到达传感器的时间，获取该结构中声发射信号的衰减和定位特性。而后将中部传感器移至另一端，在新的区域每间隔 50cm 继续进行 3 次断铅，获取该区域的声发射信号衰减和定位。衰减测试结果见表 2 及图 3。随着距 1# 传感器距

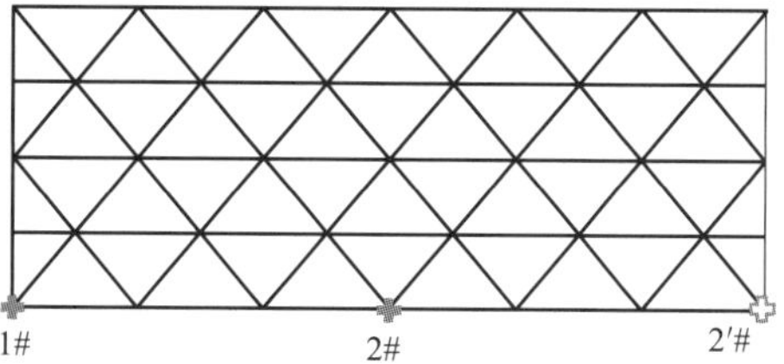

图 2 传感器布置示意图

离的增大，声发射信号幅度总体上呈逐渐下降的趋势，但是有部分区域的声发射信号幅度升高，分析由于主臂为管状结构，声信号发生折射、散射等现象。

表 2 悬臂梁主梁的声发射衰减特征

距离/cm	3	50	100	150	200	250	300	350	400	450
一次/dB	97.5	88.3	86.3	77.9	81.7	77.4	76.2	76	74.7	74.1
二次/dB	98.4	88.6	85.2	79	80.6	75.5	76	72.6	72.1	73.7
三次/dB	98.4	88.3	82.8	81.2	80.8	74.1	76.1	78.6	71.5	73.9
平均	98.1	88.4	84.8	79.4	81.0	75.7	76.1	75.7	72.8	73.9
距离/cm	500	550	600	650	700	750	800	850	900	
一次/dB	68.4	65.7	66.5	66.6	65.0	62.6	66.6	65.1	65.5	
二次/dB	68.4	64.7	68.3	66.1	64.4	66	65	65.3	65.5	
三次/dB	68.2	65.8	68.1	69.3	64.5	65.3	64.6	62.9	69.1	
平均/dB	68.3	65.4	67.6	67.3	64.6	64.6	65.4	64	66.7	

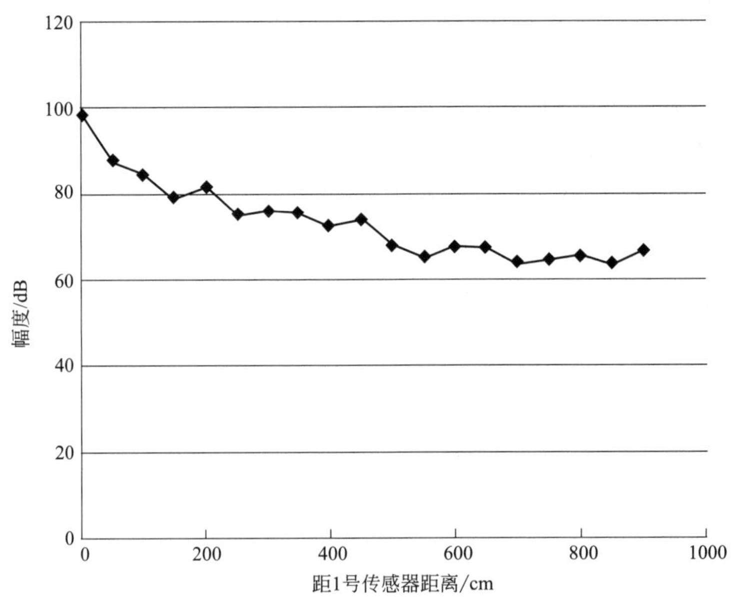

图 3 悬臂梁弦杆的声发射衰减曲线

2 试验结果与分析

获得声发射信号在悬臂梁中的声速，是实现缺陷精准定位的基础。本实验利用声发射信号到达两个传感器之间的时差，计算声发射在悬臂梁中的声速，所得结果见表 3 和表 4 所示。由此可知传感器相对位置一定时，模拟源位置不同，测得的声速也有较大差别；传感器相对位置变化时，模拟源距其中一传感器位置相关，测得的声速也不同。分析这与声发射信号在管状结构中传播时具有不同的模态相关。在此声速下，0cm、50cm、100cm 处模拟源的定位如图 4 所示，其余各点也都如此，可准确定位。

表 3 传感器相距 450cm 时，声发射信号在悬臂梁中的声速

距 1# 传感器距离/cm	0	50	100	150	200	250	300	350	400	450
声速 cm/ms	536	524	544	1084	447	137	246	302	308	339

表 4 传感器相距 900cm 时，声发射信号在悬臂梁中的声速

距 1# 传感器距离/cm	450	500	550	600	650	700	750	800	850	900
声速 cm/ms	100	201	218	245	268	280	293	310	315	328

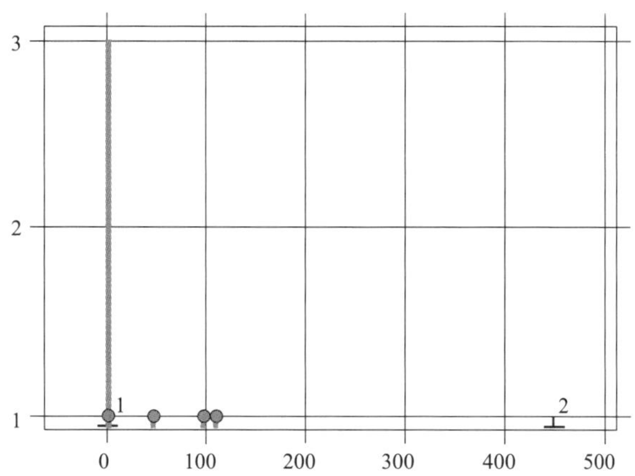

图 4　传感器相距 450cm 时，0cm、50cm、100cm 处模拟源定位

缺陷的定位精度不仅受声速的影响，同时与选择的定位方法及传感器布局密切相关。为了优化传感器布局，对 1＃～10＃这 10 个传感器的布置如图 5 所示，这不仅可以对比分析柱面定位，平面定位，线定位时模拟源信号定位结果的影响，还可以对比传感器数量对模拟源定位信号的影响。

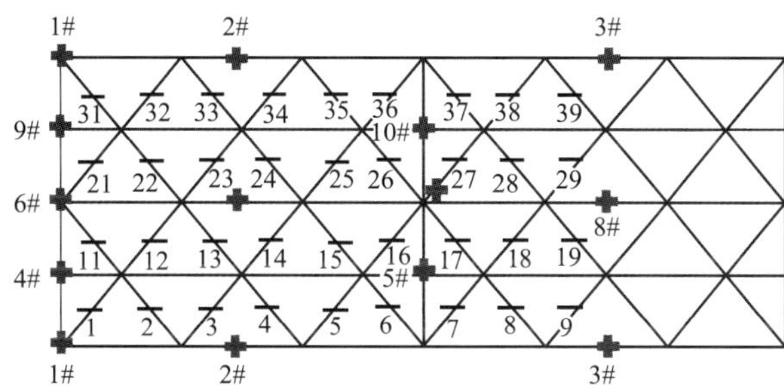

图 5　定位调试时传感器的布局

此次模拟源位置均选为悬臂梁腹杆的中部位置，在测试了 1＃～10＃各传感器灵敏度，确保各传感器连接通畅后，依次对 1-39 个模拟位置进行了测试，数据被分成 1-9、11-19、21-29、31-39 四组进行对比分析，图 6 为 11-19 采用不同定位方法和传感器数量时的定位图。

通过对图 6 中的不同定位图进行分析，可以得出在不同模拟源信号定位测试时，采用不同定位方法和不同数量传感器对得到的定位数据的精确性有影响。在分别选取 1＃、2＃、3＃传感器和 6＃、7＃、8＃传感器采用进行线性定位时，只能得到模拟源沿悬臂梁弦杆方向的定位。当采用的传感器数量不同时，分别对比选取 2＃、3＃、4＃、5＃、7＃、8＃、9＃、10＃传感器和采用 1＃～10＃全部传感器的柱面定位图和平面定位图，当采用的传感器数量越多时，得到的模拟源信号位置越准确。当采用的传感器数量一样时，对比柱面定位图和平面定位图，可得到采用柱面定位时的定位结果比平面定位时得到的定位结果更符合模拟源信号的真实位置。

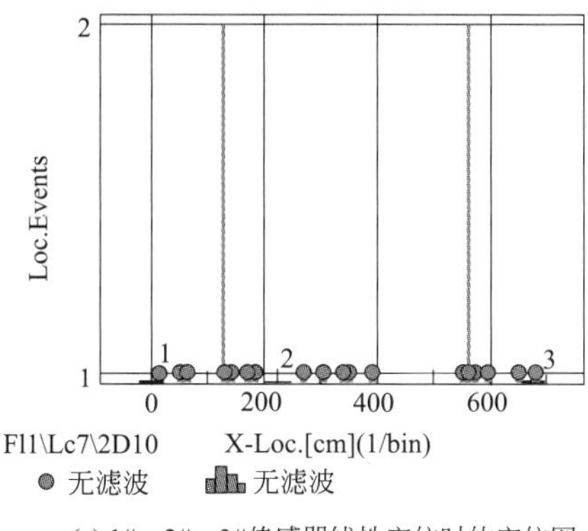

(a) 1#、2#、3#传感器线性定位时的定位图

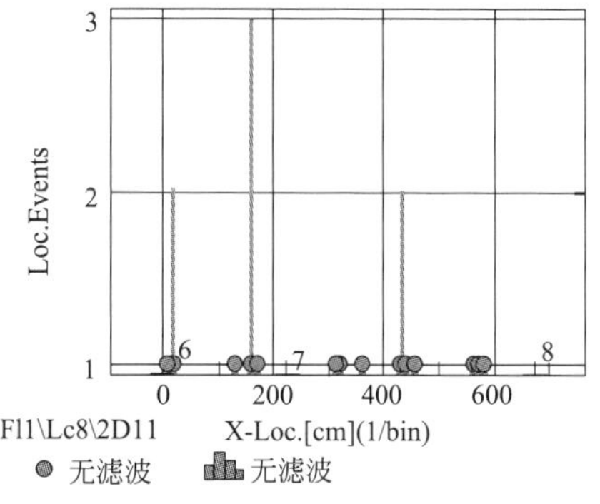

(b) 6#、7#、8#传感器线性定位时的定位图

图 6

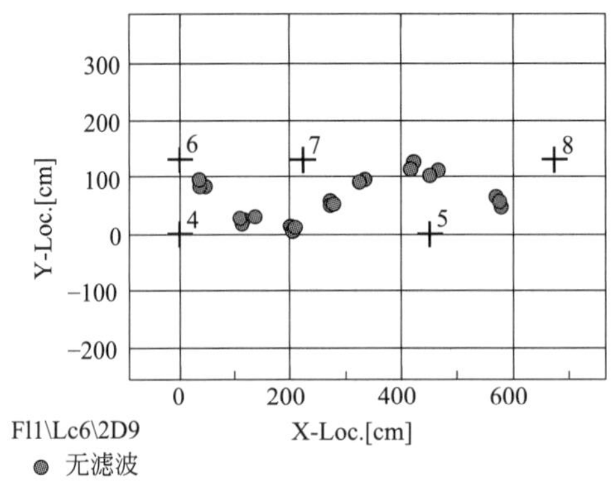

(c) 4#、5#、6#、7#、8#传感器平面定位时的定位图

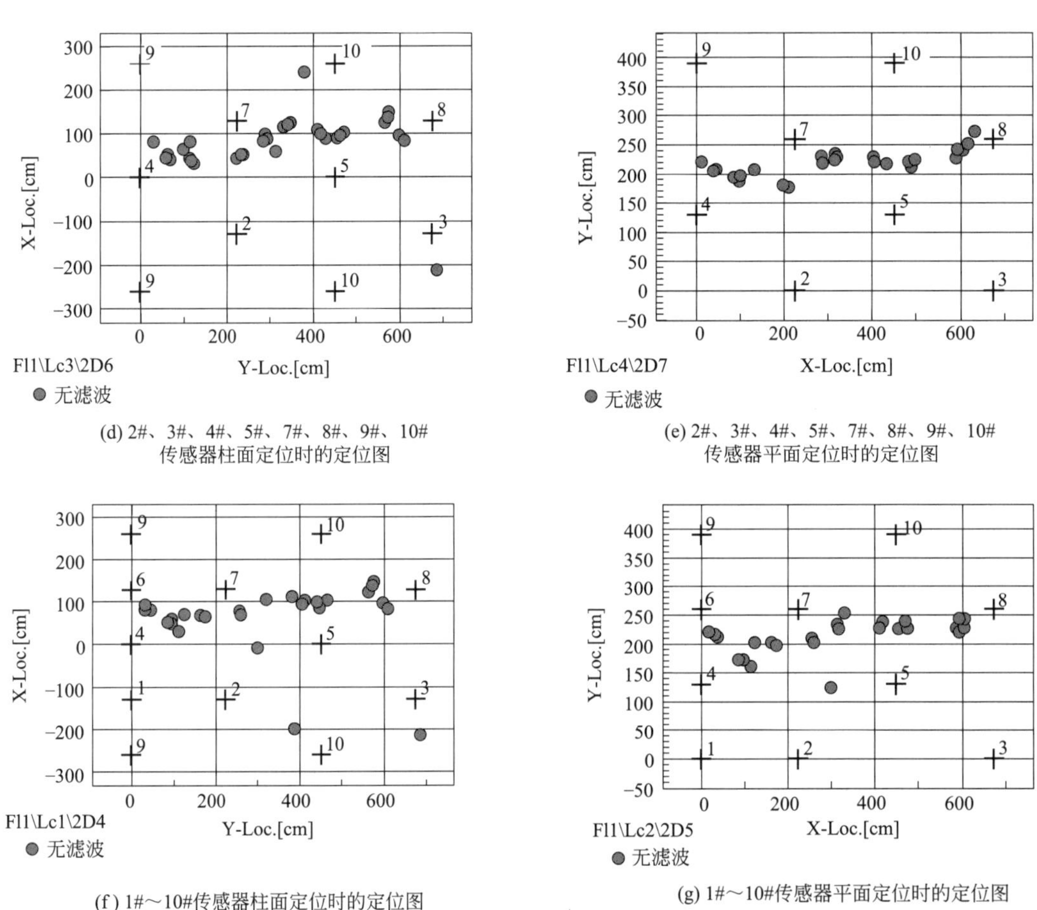

(d) 2#、3#、4#、5#、7#、8#、9#、10#传感器柱面定位时的定位图

(e) 2#、3#、4#、5#、7#、8#、9#、10#传感器平面定位时的定位图

(f) 1#～10#传感器柱面定位时的定位图

(g) 1#～10#传感器平面定位时的定位图

图 6　11-19 号模拟源的定位图

3　结论

① 声发射信号在臂架中的衰减受弦杆腹杆焊接结构和管状结构材质的影响。

② 缺陷定位受信号传播路径影响，通过合理布置传感器位置和调整传感器数量可有效降低影响，柱面定位法优于平面定位法和线性定位法。

参考文献

［1］ 吴占稳．起重机的声发射源特性及识别方法研究［D］．武汉：武汉理工大学，2008.

唯象论涡流探头设计优化方法

刘　烨[1]　解社娟[2]

1. 新疆维吾尔自治区特种设备检验研究院，乌鲁木齐 830011
2. 西安交通大学，西安 710000

摘　要： 本文以管道金属部件结构中裂纹和腐蚀缺陷的定量涡流无损评价为目标，研究了涡流探头优化设计方法，结合理论分析和数值模拟提出了基于激励磁场分布和环电流模型的新型涡流探头唯象论设计方法。唯象论涡流探头设计优化方法和技术的开发，提高了涡流检测对不同应用对象的检测能力和定量精度，为压力管道特种设备检测应用中提供了有力支撑。

关键词： 定量涡流；裂纹检测；探头；优化设计

A Design and Optimization of Phenomenological Eddy Current Probe

Liu Ye[1], Xie She-juan[2]

1. Xinjiang Uygur Autonomous Region Inspection Institute of Special Equipment, Wulumuqi 830011
2. Xi'an Jiao Tong University, Xi'an 710000

Abstract: This paper investigates the design and optimization of eddy-current probe aims at the Quantitative Eddy-current nondestructive evaluation of the cracks and corrosion defects in the metal components of pipes, presents the design and optimization of a new type phenomenological eddy current probe based on excitation magnetic field distribution and loop current model combining the theoretical analysis and data simulation. The design and optimization of phenomenological eddy current probe and its technology development do have already increased the detection capability and quantitative accuracy about different application objects in eddy current testing, and also provide a great support in the adhibition of pressure pipeline special equipment inspection.

Keywords: Quantitative Eddy-current; Crack detection; Probe; Optimum design

0　引言

大型装备的运行经验表明，振动和热循环会引起疲劳开裂，腐蚀、磨损可能引起器壁减薄、应力腐蚀和点蚀引起的开裂和泄漏，威胁系统安全。研究其影响因素和作用机理，开发定量无损检测和安全评价技术，对保障在役装备的安全运行，具有重要价值。为此，在役和役前无损检测是保障关键装备和系统可靠运行和避免恶性事故的关键技术。

涡流检测（ECT）技术是管道、容器及其他金属部件结构无损检测中不可或缺的技术手段之一。

作者简介：刘烨，1989 年生，女，工程师，硕士，主要从事特种设备无损检测技术研究。

由于其非接触、电信号输出、灵敏度高等特点，涡流检测被广泛应用于特种设备、石油化工等关键设备的无损检测和定量评价[1]。

1 基于涡流检测的研究概况

为了提高涡流检测探头的信噪比和灵敏度，需要开发高性能探头。传统的探头设计和优化方法都是基于先验知识，随着计算电磁场的发展，基于有限元等数值模拟方法的探头设计已成为可能。然而，三维数值模拟计算成本高，同时，还没有有效的系统探头设计方法指导新 ECT 探头的开发。ECT 探头的设计和优化的困难之处在于参数众多，不仅需要给定探头线圈参数，它的形状、排列，还有激励线圈和检出线圈的数量等也需要确定。因此，传统的优化方法很难直接用于 ECT 探头的优化设计，除非已经明确确定高性能探头的基本结构。为确定高性能探头基本结构，一些预测裂纹探头相互作用和探头检测性能的定性方法非常重要[2]。

目前已有几个简化模型可用于定性描述裂纹扰动涡流场。其中一个是由 Atherton 等提出的环电流模型。然而，这种模式不考虑裂纹开口宽度的影响，对于浅人工裂纹问题会导致较大误差。为此，本研究通过导入一组额外环电流，提出了修正的环电流环模型。同时，作为判断涡流分布的唯象论方法，本研究提出了一种描述激励磁场和涡流分布的简化关系，可以有效确定无缺陷导电板或管壁中的涡流分布。通过这一关系以及环电流模型，本研究提出了一种探头性能评价的唯象论方法，可满足探头设计定性分析的要求。同时，提出了基于环电流模型进行高性能探头设计的基本原则和方法。以下分别给出唯象论探头评价和设计方法，以及其验证和应用结果[3]。

2 涡流分布唯象论评价方法

现在有多种方法可以评估交变磁场感生的涡流场。解析解虽然有封闭表达式，但是复杂的无限积分形式，很难从中直接得到清晰的涡流密度分布。同时，解析求解通常非常困难，即使是简单的导体几何形状如管道，也很难获得。因此，本文提出了一个唯象关系来描述导电平板上的源磁通密度和感应涡流分布之间的关系。这一关系是通过大量的数值计算归纳得来，但也得到了简化理论推导的证明。通过对通入不同频率激励电流的不同位置激励线圈产生涡流分布的数值计算，研究发现对于无缺陷管道模型中这个关系也可成立。当探头位置距导体边缘较远时，这一关系在圆柱坐标系下可表示为：

$$\check{J}_e(r,\theta,z,t)=\alpha(r,\omega)\check{n}\times\check{B}_0[r_0(\omega),\theta,z]\cos[\omega t+\Phi(r,\theta,z)] \tag{1}$$

其中，$\check{J}_e(r,\theta,z,t)$ 是在柱坐标（r，θ，z）点 t 时刻的涡流密度，$\check{n}$ 是管表面在点（r_{in}，θ，z）的外法线单位矢量，$\check{B}_0$ 是由激励线圈产生的励磁磁感应强度，r_{in} 是管道内径，$r_0(\omega)$ 是一个常数，可以基于给定频率和对象管道外径基于数值计算结果设定。

方程（1）中，系数 α 和涡流密度的相位差可通过考虑导电半空间中涡流的解析解来近似如下求得

$$\alpha(r,\omega)=\alpha_0 e^{-\frac{r-r_{in}}{\delta}} \tag{2}$$

$$\phi=0.75(r-r_{in})/\delta+\pi/4[1-\cos(d\pi/6R)] \tag{3}$$

其中 $\delta=(2/\omega\mu_0\sigma)^{1/2}$ 是涡流集肤深度，R 是激励线圈的外径，d 是场点与激励线圈中心间平面距离。(2) 式中 α_0 是一个未知常数，在计算信号的信噪比时会被消掉。式(3) 中的常数 0.75 和 6 是基于圆形饼式探头的数值模拟进行标定的数据，对于距励磁线圈中心较近的导体区域和通常的蒸汽发生器换热管检验频率（100kHz～500kHz）均可适用。由于检出线圈通常布置在励磁线圈附近，式(1) 特别适合于检出信号的计算。图 2 和图 3 分别给出了基于有限元数值计算所得涡流分布和方程（1）计算结果

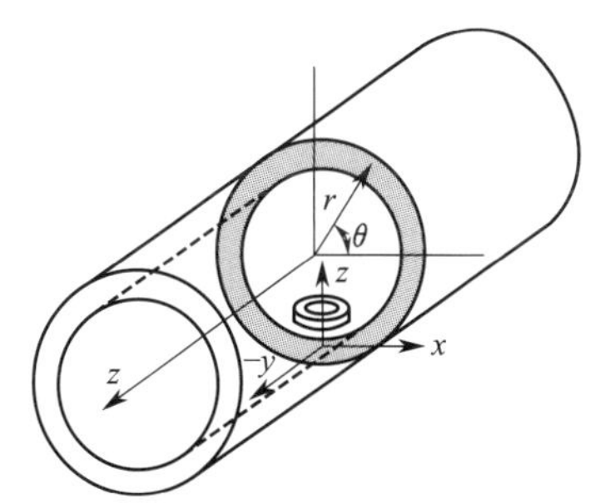

图 1 典型双坐标 SG 管道涡流模型

的比较。图中，坐标进行了归一化处理，涡电流矢量投影到 X-Y 平面上。在四分之一管内的涡流分布的实数部分的有限元数值模拟结果和唯象论计算结果分别如图 2（a）和图 2（b）所示。其中方形激励线圈被垂直放置在区域中心，其激励频率为 400 kHz。图 2（c）是 $y=0$ 线上的涡流分布比较，其中涡流大小通过最大值进行了归一化。图 3 为与管轴线有 45°螺旋角的螺旋励磁线圈产生涡流的比较。该螺旋线圈的半径为换热管内半径减去提离高度。可以看出，所提唯象论公式的结果和有限元计算结果很好一致，说明了所提 J_e-B_0 关系可以适用于平板和管形检测对象。

式(1)～式(3) 表明导体各层的涡流分布可以利用激励磁通密度在给定层内［半径 $r_0(\omega)$］的分布来描述，其中 $r_0(\omega)$ 只和激励频率有关，可以通过这些公式来预测任何几何形状激励线圈在常规激励频率下在非磁性平板或管道中产生的涡流。一般来说，$r_0(\omega)$ 在高频时可选择管道内径，在低频时选择为管道外径。在实际的蒸汽发生器检测采用的频率范围中，数值结果表明 $r_0(\omega)$ 选择外半径是合理的。在式(2)、式(3) 中，我们假设涡流大小在板厚方向指数衰减，相位差则呈线性变化。

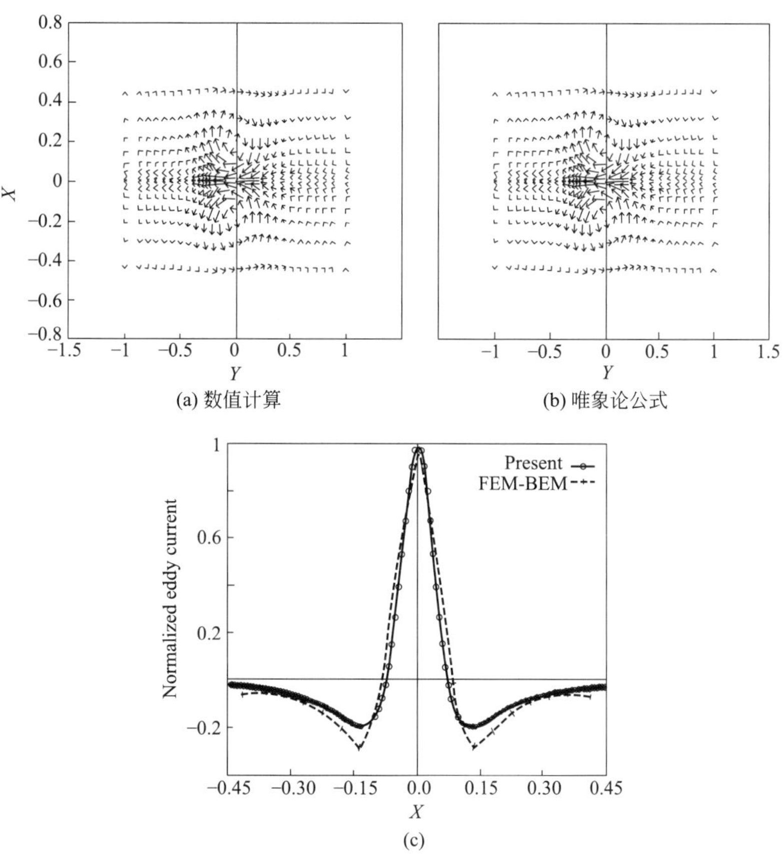

图 2 垂直矩形线圈激励外层的涡流分布

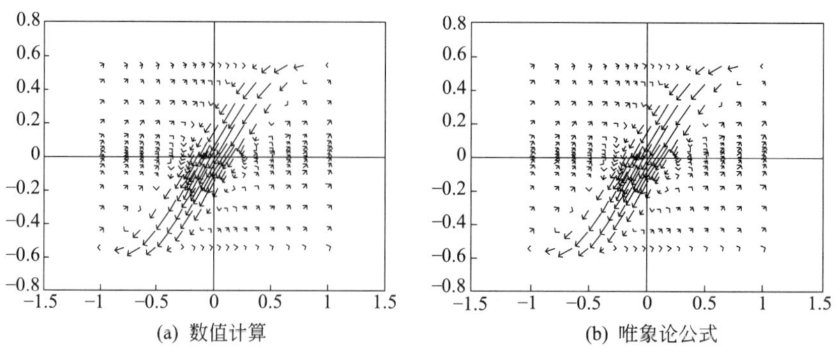

图 3 螺旋线圈激励的涡流分布

3 裂纹扰动涡流场简化模型

到目前为止，主要有两个定性描述裂纹扰动涡流场的模型，一个是环电流模型，另一个是电流偶极子模型。为了考虑浅裂纹不能忽略的裂纹宽度影响，本研究提出了一个新的具有两组环电流的改进型环电流模型，如图 4 所示。图中的环电流集（b）是垂直于裂纹平面扰动涡电流分量的近似（以下：垂直环电流），环电流集（c）为平行分量（以下：平行环电流）的近似。在裂纹平面两侧流动的涡流扰动分量效果由于相应的电流环成对存在其影响可以忽略。将环电流模型应用于导电板的涡流检测信号近似分析得到了和有限元数值模拟很好一致的结果。为了验证该模型对换热管问题的有效性，本研究分别计算了由环电流产生的磁场分布和精确数值计算所得磁场分布，通过比较验证了环电流模型对管道的涡流检测问题同样有效[4,5]。

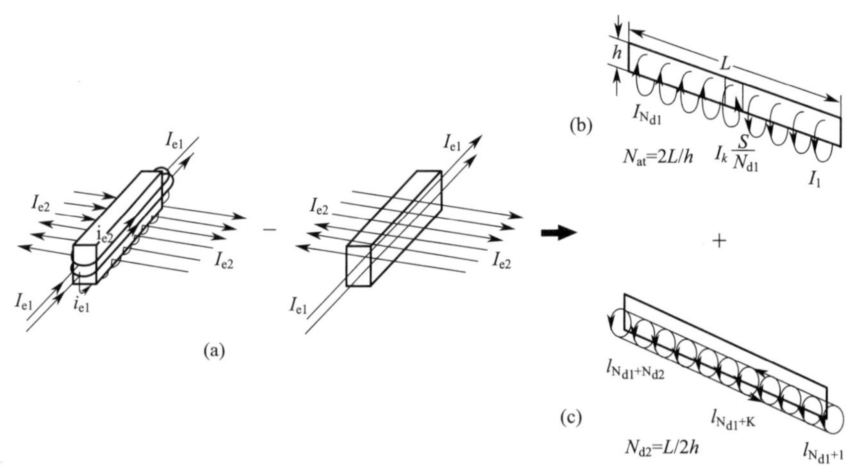

图 4 环电流模型概念图

基于环电流模型，裂纹导致的线圈阻抗变化可认为是由其相应的环电流引起的线圈阻抗变化，可以利用以下方程进行计算

$$\Delta Z=\frac{N}{I_0}j\omega\sum_p\int_{\Gamma_p}\check{A}_{\text{ring}}\cdot \mathrm{d}\check{l}_p \tag{4}$$

其中，环电流导致的矢量位可用毕奥萨伐尔定律进行计算

$$\overset{\text{r}}{A}_{\text{ring}}=\frac{\mu_0}{4\pi}\sum_{k=1}^{N_{d1}+N_{d2}}\int_{\Gamma_{\text{ring},k}}\frac{\check{I}_k}{r}\mathrm{d}l_k \tag{5}$$

最后，裂纹导致的阻抗变化可以通过如下方程得到

$$\Delta Z=\frac{\mu_0}{4\pi}Nj\omega\sum_{p=1}^{N}\int_{\Gamma_p}\sum_{k=1}^{N_{d1}+N_{d2}}\int_0^{2\pi}\frac{\vec{I}_k}{r}R_k d\Theta\cdot d\vec{l}_p \tag{6}$$

其中，N_{d1} 是垂直环电流数量，N_{d2} 是平行环电流数量，$\vec{I}_k$ 是第 k 个等效环电流的电流大小，R_k 是第 k 个等效环电流的半径，r 是源点到场点的距离，I_0 是检出线圈中的总电流，它将感生电压转化为线圈阻抗，j 是虚数单位，N 是检出线圈的匝数，积分路径 Γ_p 对应第 p 个检出线圈路径，$\Gamma_{\mathrm{ring,k}}$ 是第 k 个环电流的路径。根据涡流扰动场的有限元数值计算结果，我们设定环电流中心位于裂纹底部，其半径为浅裂纹的裂纹深度。环电流的大小近视为无缺陷时裂纹中心位置的涡流成分。此外，本研究引入一个系数来调整环电流大小，以考虑扰动环电流路径和实际路径之间的差异。对于 c 组电流环，由于等效涡流分量在裂纹底部，可用 $\alpha_1=i_{e1}/I_{e1}$ 来描述 i_{e1} 在整个平行于裂纹面总电流分量中的占比，如图 4 (a) 所示。当裂纹给定时，这些系数可作为一个常数，可以通过计算垂直于表面的饼式探头有限元数值模拟结果来校准这些参数。β_1 可以通过激励线圈垂直于裂纹面的结果、α_1 可以通过激励线圈平行于裂纹面的计算结果来确定。对于微小裂纹，环电流模型也可适用于管形导体，但这时系数 β_1 和 α_1 需要使用一个管道模型的有限元结果来校正。

环电流 $\vec{I}_k$ 可以基于式(1) 和修正系数从源磁通密度 B_0 直接计算得到。对于垂直环电流集，其各环电流的大小为

$$I_k=\beta\frac{S_1}{N_{d1}}\alpha_0 e^{-\frac{r-r_{\mathrm{in}}}{\delta}}\vec{n}\times\vec{B}_0[r_0(\omega),\theta_k,z_k]e^{j\phi_k}\cdot\vec{n}_{ck}\quad k=1,2,\cdots,N_{d1} \tag{7}$$

对于平行环电流集，其电流大小为

$$I_k=\beta\alpha_1 S_2\alpha_0 e^{-\frac{r-r_{\mathrm{in}}}{\delta}}\vec{n}\times\vec{B}_0[r_0(\omega),\theta_k,z_k]e^{j\phi_k}\cdot\vec{t}_{ck}\quad k=N_{d1}+1,N_{d1}+2,\cdots,N_{d1}+N_{d2} \tag{8}$$

其中，θ_k，z_k 是第 k 个环电流的坐标，ϕ_k 是环电流中心的初始相位，S_1 是裂纹平面面积，S_2 是裂纹的横截面积，$\vec{n}_{ck}$，$\vec{t}_{ck}$ 分别是裂纹平面的法向和长度方向单位向量。

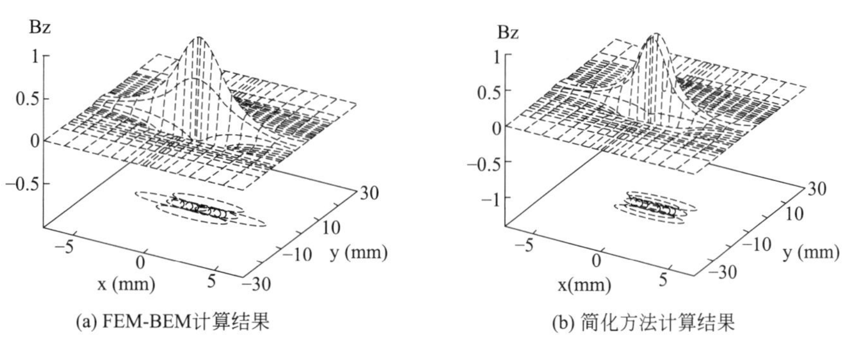

(a) FEM-BEM计算结果　　(b) 简化方法计算结果

图 5　四线圈激励的扰动磁场

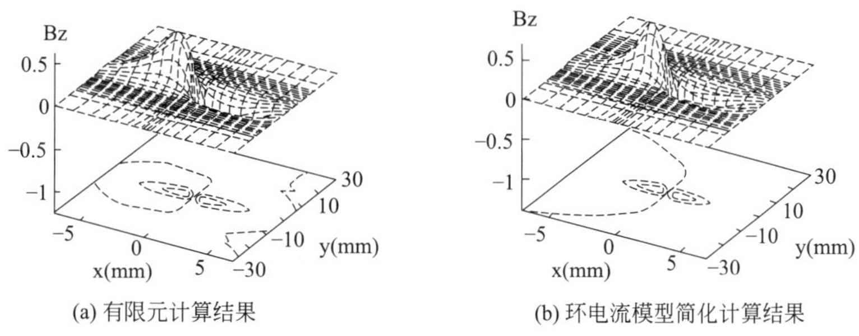

(a) 有限元计算结果　　(b) 环电流模型简化计算结果

图 6　平行于裂纹平面的方激励线圈的磁场扰动

为验证环电流模型和唯象涡流分布公式的有效性，利用有限元方法和近似方法分别计算了距管内表面 1mm 圆柱面上的磁场分布。有限元计算采用了项目组拥有的三维 FEM-BEM 混合法程序进行，扰动

磁场通过对有裂纹和无裂纹模型磁场进行差分得到。对于环电流模型，则利用式(7)、式(8) 给出的电流大小，基于毕奥萨伐尔定律进行计算得到。为了考察不同励磁线圈环电流模型在不同线圈位置的可行性，用简化的方法与 FEM-BEM 程序分别计算了不同励磁线圈在不同轴向位置时的磁场。所有包括图5、图6所示计算结果均表明两种方法计算所得磁场分布有很好一致性，验证了环电流模型的有效性。这些结果显示，通过使用简化模型可以计算出扰动磁场分布，进而确定检出线圈的合理位置。图5给出的是一个四线圈激励系统的裂纹扰动磁场 BZ 分量的分布，这时管道外表面存在一个 5mm 长的裂纹，裂纹的宽度和深度分别为 0.2mm 和管厚度的 20%，励磁电流频率为 100 kHz，四线圈励磁单元位于裂纹中心上方。图中，BZ 的大小用其最大值进行了归一化处理。

图6给出了矩形线圈垂直放置于管道壁面上，且与裂纹面平行时的扰动磁场分布比较。其中，其裂纹尺寸和激励频率与图5所用相同。由于裂纹宽度为 0.2mm，即使无缺陷的涡流流动平行于裂纹面也会出现扰动磁场。图6所示的这两种结果的定性一致性验证了引入环电流平行于裂纹的必要性。总结计算结果可以发现，环电流模型可以给出很好的磁场扰动近似，通过这一模型可以来确定最优的检出线圈位置。

4 使用环电流模型和简化方法的探头设计和优化

由于实际裂纹（例如，应力腐蚀裂纹）的宽度通常较小，对检出信号的影响可以忽略不计。换句话说，虽然裂纹宽度对于评价浅裂缝非常重要，但对一个实际腐蚀应力裂纹，只考虑垂直于裂纹平面的电流环来进行探头裂纹相互作用定性分析是合适的。在此，我们使用该模型来定性分析裂纹产生的扰动磁场，以确定检出线圈的最佳配置。

由于基于环电流可以预测磁场的分布，因此只需分析环电流的分布，即可讨论检出线圈的最佳布置。式(7)、式(8) 表征了激励磁场和环电流的联系，探头优化设计可以通过对不同激励线圈条件下检出线圈的位置优化入手。通常，为了使探头对于轴向和环向的缺陷都有较高检出灵敏度，需要该探头可同时引发在这两个方向上的涡流分量。一些典型的激励线圈结构如图7所示。

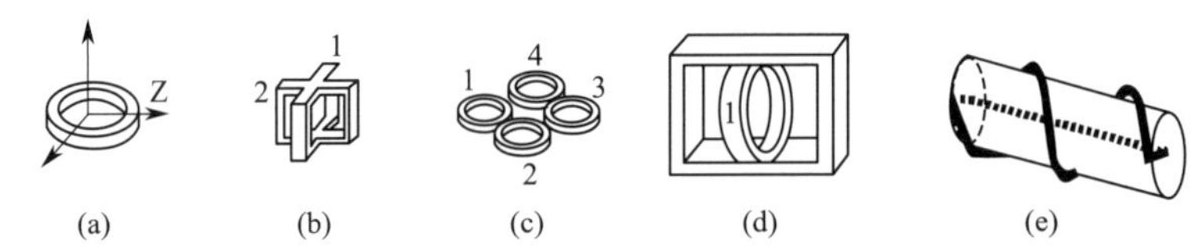

图7 励磁线圈的可能方式

(a) Pancake；(b) Plus point；(c) Four coil；(d) Hybrid coil；(e) Spiral coil

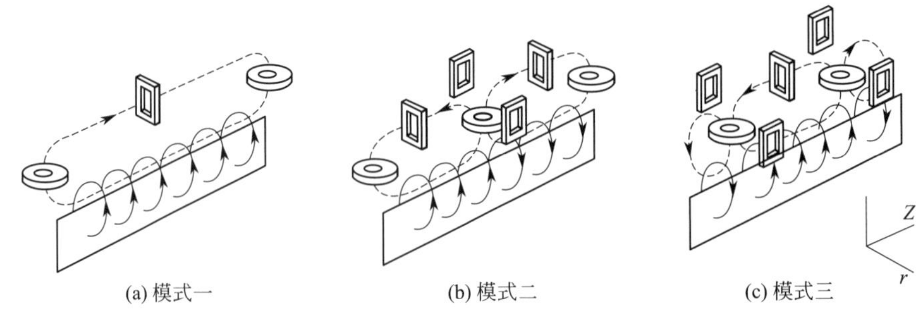

图8 环电流的分布模式和检出装置的可能位置

通常情况下，励磁线圈位于裂纹的端部或中心可能诱发最大的涡流扰动。通过分析图7所示励磁线圈在这两种特殊位置的环电流，可以发现环电流引起的磁场和最优检出线圈位置如图8所示。图8给出了轴向裂纹对应的环电流和可能检出线圈位置。周向裂纹具有类似环电流分布和检出线圈位置特征但方向不同。

在通常情况下，先进 ECT 探头需要裂纹检测信号大、提离和倾斜噪声低。为了拾取较大的裂纹信号，检出线圈必须设置于磁场扰动峰值位置。考虑到环电流分布的特征，检测线圈的可能放置位置并不很多。对于轴向裂纹，这些可能的位置如图 8 所示。对于周向裂纹也有类似特点。除了检测位置，一些新型高性能探头的基本结构也需要考虑在探头设计中。通常互感式差动式探头对提离噪声更具鲁棒性。同时，探头的倾斜噪声可以通过多个检测线圈信号的累加来降低。当要同时减小提离和倾斜噪声时，可以在轴向和周向分别围绕励磁线圈中心对称布置检测线圈，然后通过以周向和信号减去轴向和信号，最终达成提离和倾斜噪声的同步降低。要确定最佳的线圈布置，一个关键就是既要减低噪声信号，又不能过于弱化缺陷信号。这样，检出线圈的可能设置位置又会进一步减少。

为评价不同激励方式和相应的最佳检测线圈位置构成的优化涡流检测探头，最直接的方法是分析每个激励线圈和检出线圈组合的检测性能，然后对可能探头组合根据其检测能力（信噪比）排行选择。这一检测能力计算，如采用有限元程序需要大量的计算机资源。然而，由于检测能力指标仅用于选择可能的探头结构且这时最佳探头尺寸一般未知，采用简化分析方法由于直观、快速会非常有效。

探头的检测能力评价指标并没有一般定义。由于提离噪声很难被常规滤波方法消除，相对提离噪声的信噪比是一个很好检测性能指标选择。以下采用提离噪声信噪比对各探头的检测性能进行比较评价。

实际评价中，我们定义管内和管外 5mm 长，深 20％管壁厚度的裂纹信号作为检测缺陷信号，由于 0.115mm（在蒸发器换热管的胀管过渡区半径增量）提离变化造成的信号作为噪声，来定义探头的 S/N 比。计算中采用两个换热管常用的典型频率 100kHz 和 400kHz 作为评价探头能力的激励频率。

5 结论

总结以上基于唯象论公式的涡流探头设计过程，本研究提出一个新的涡流探头优化设计规范过程。具体步骤如下。

步骤 1　选择一个激励源线圈，能在轴向和周向上激发大的涡流。

步骤 2　应用唯象关系式(1)，预测源磁场导致的无缺陷涡流分布。

步骤 3　选择环电流模式，用式(7) 和上一步得到的涡流分布确定环电流产生磁场分布的峰值位置，即可能的检出线圈的放置位置。

步骤 4　根据环电流模式和下列条件选择可能的最佳拾波线圈：

① 峰值磁场扰动的位置。

② 对称布置和差分输出的提离和倾斜噪声消除。

③ 不由于差动操作明显削弱裂纹信号。

步骤 5　通过对组合激励和检测探头，利用简化方法评价信噪比，然后通过比较寻求最佳探头结构。

以上即为本研究提出的 ECT 探头基本结构设计方法。当探头基本结构和参数确定后，其详细尺寸优化，仍可采用常规有限元数值模拟方法。

参考文献

［1］ Zhenmao Chen，N. Yusa，K. Miya，Enhancements of ECT Techniques for Quantitative NDT of Key Structural Components of Nuclear Power Plants，Nuclear Eng. Design，238，1652-1656.

［2］ 果艳．基于模块组合式电磁传感器阵列系统的金属裂纹定量化检测研究［D］．北京：北京理工大学，2016.

［3］ 唐金元，王翠珍，邱兆杰．基于矢量 FEM-BEM 方法的三维目标电磁散射矩阵特性分析［J］．青岛大学学报(工程技术版)，2009，24 (2)：29-33.

［4］ 蔡桂喜，董瑞琪．用磁介质环电流模型对裂纹状缺陷磁粉和漏磁探伤能力的研究［J］．冶金分析，2004，24 (z2)：588-593.

［5］ 杨宾峰，罗飞路．脉冲涡流无损检测技术对不同截面形状裂纹的定量检测研究［J］．计量技术，2006，(6)：5-7.

随桥敷设燃气管道检验案例分析

浦 哲[1] 王等等[2] 任 彬[1] 王少军[1] 宋 盼[1] 鲁红亮[1]

1. 上海市特种设备监督检验技术研究院，上海压力管道智能检测工程技术研究中心，上海 200062
2. 中交第三航务工程勘察设计院有限公司，上海 200032

摘 要： 随桥敷设的燃气管道由于在地面以上，容易受到环境因素及第三方破坏等影响从而导致安全事故的发生。本文以某城市随桥敷设燃气管道为例，提出了针对随桥敷设燃气管道定期检验的检验方案，针对检验中发现的管道支架脱空失稳的情况利用理论公式计算以及 CAESAR Ⅱ 软件进行模拟分析论证，以及对管道本体外出现腐蚀凹坑进行了安全评价以及原因分析，希望为该类型燃气管道的定期检验提供一些借鉴。

关键词： 燃气管道；失稳；腐蚀；案例分析

Case Analysis of Gas Pipeline Inspection with Bridge Laying

Pu Zhe[1], Wang Deng-deng[2], Ren Bin[1], Wang Shao-jun[1], Song Pan[1], Lu Hong-liang[1]

1. Shanghai Institute of Special Equipment Inspection and Technology Research, Shanghai Engineering Research Center of Pressure Pipeline Intelligent Inspection, Shanghai 200062
2. CCCC Third Harbor Consultants Co., Ltd, Shanghai 200032

Abstract: Gas pipelines laid with bridges are vulnerable to environmental factors and third- party damage above the ground, resulting in safety accidents. Taking the gas pipeline laid with bridge in a city as an example, this paper puts forward a periodic inspection scheme for gas pipeline laid with bridge, and uses theoretical formula calculation and CAESAR II software to simulate and analyze the situation of void and instability of pipeline support found in the inspection. In view of the corrosion pits in the pipeline body, safety assessment and cause analysis are carried out. This paper hopes to provide some reference for the regular inspection of this type of gas pipeline.

Keywords: Gas pipeline; Instability; Corrosion; Case analysis

0 引言

根据《上海市能源发展“十三五”规划》新增的如东-海门-崇明岛天然气输送管道、上海天然气主干管网二期和崇明岛天然气管道等重大工程相继建成通气，累计建成高压天然气管道超过 750 公里[1]，城市燃气是城市能源结构和城市基础设施的重要组成部分，它为城市工业、商业和居民生活提供优质气体燃料，它的发展在城市现代化中起着极其重要的作用，城市埋设的地下燃气管网犹如城市的血脉，不

作者简介：浦哲，1986 年生，男，本科，工程师，主要从事特种设备的检验检测与研究工作。

断为城市提供新鲜血液。天然气主要成分为CH_4，危险货物编号：21007，火灾危险类别属甲类，爆炸极限为5%～15%，与空气混合能形成爆炸性混合物，遇明火、高热极易燃烧爆炸，容易发生安全事故。随着经济的快速发展，城市燃气管网建设发展很快，这些管道大多埋设于地下，受到土壤和内部介质以及其它不确定性因素的影响和破坏作用而容易发生泄漏事故，城市燃气管道的安全与否直接关系到城市的公共安全及社会稳定，因此必须对燃气输配系统的安全给予高度重视[2,3]。

1 工程概况

1.1 检验方案的确定

某燃气销售公司在用燃气管道进行定期检验，涉及管道全部长度约45km，管道所经过区域为三、四级地区，管道所经过区域大多为城市道路下，该段燃气管道工作压力0.2MPa，管道规格ϕ219×8mm，材质为20#无缝钢管，工作温度为常温，属于GB1-V级中压燃气管道，管道规格参数见表1。现场针对一段由北侧往南的随桥梁敷设燃气管道进行全面检验，管道敷设如图1所示。

表1 燃气管道参数表

管道材料	设计内容	单位	数值
20#	操作压力	MPa	0.2
	设计压力	MPa	0.4
	操作温度	℃	常温
	设计温度	℃	常温
	管道外径	mm	219
	壁厚	mm	8
	埋地防腐层	—	环氧煤沥青
	地上防腐层	—	油漆

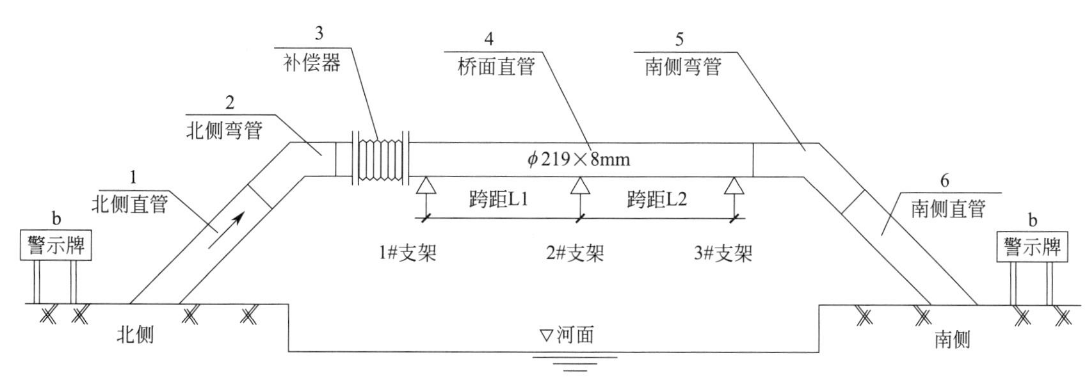

图1 管道敷设示意图

1—北侧直管；2—北侧弯管；3—补偿器；4—桥面直管；5—南侧弯管；6—南侧直管；b—警示牌

《城镇燃气设计规范》(GB 50028—2006)第6.3.10条规定如下：对于燃气管道随桥梁敷设，宜采取如下安全防护措施：①敷设于桥梁上的燃气管道应采用加厚的无缝钢管或焊接钢管，尽量减少焊缝，对焊缝进行100%无损探伤；②跨越通航河流的燃气管道管底标高，应符合通航净空的要求，管架外侧应设置护桩，其中航道上的管道必须满足《中华人民共和国航道法》以及《航道通航条件影响评价审核管理办法》的有关规定，一般在设计阶段必须进行明确；③在确定管道位置时，与随桥敷设的其他管道的间距应符合现行国家标准《工业企业煤气安全规程》[4] (GB 6222—2005) 6.2.1.3的规定；④管道应设置必要的补偿和减振措施；⑤对管道应做较高等级的防腐保护；对于采用阴极保护的埋地钢管与随桥管道之间应设置绝缘装置；⑥跨越河流的燃气管道的支座（架）应采用不燃烧材料制作。

根据《压力管道定期检验规则—公用管道》(TSG D 7004—2010)[5] 附件B1.3“对跨越管道的检查参照工业管道定期检验的有关要求进行并且按照相应国家标准或者行业标准对跨越段附属设施进行检查”，而《压力管道定期检验规则—工业管道》(TSG D 7005—2018)[6]，也没有明确对桥管的定期检验列出详细的检验项目。综合以上规范要求及现场检验的一些经验，该类管道的检验方案中一般包含外部宏观检测和仪器检验检测两个方面，具体检验项目及流程如图 2 所示。

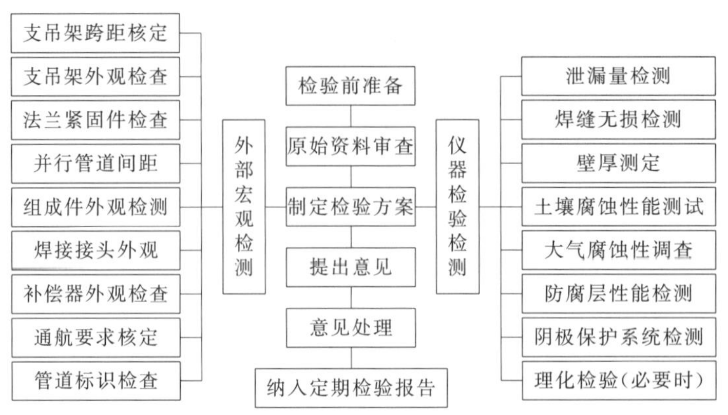

图 2　全面检验项目及流程图

1.2　管道检验中发现的问题

按照指定的检验方案对现场管道进行检验检测，该管道全部水平长度为 22m，跨度 L_1＝9m，跨度 L_2＝9m。主要发现有以下两个问题：①支撑补偿器的鞍型支架（1＃支架）发生脱空失稳，该段管道的另一端由北侧支管段的土壤进行支撑；②管道在北侧直管段发现多处管道腐蚀凹坑，凹坑近似椭圆形，大小从 5mm 至 20mm 不等，凹坑深度最大为 3.6mm，管道外表面呈现高低不平。现场问题如图 3 所示

(a)　(b)

图 3　问题管道现场图

2　管道支架脱空失稳分析

2.1　管道最大跨距的计算

架空燃气管道，隔一定的距离就要用管架（管墩）、吊托架来支撑，两个支撑点之间的间距称为管道的跨度；如果跨度过大，将影响管道的安全运行。跨度过小，则造成支承布置过密，增加了投资。现场支撑补 1＃支架发生脱空失稳，管道该部分的支撑由支架 2 及北侧的土壤进行支撑，因此管道的跨度比原来增加。对于连续敷设的管道允许跨度的确定，一般需要同时满足以下强度条件以及两个方面[7]，即取利用刚度条件及刚度条件计算所得管道跨距的最小值作为管道最大允许跨度。本案例中管道末端支

撑非水平布置，应该按照管道弯管部分两支架间管道的展开长度应不小于水平基本跨距的 0.6～0.7 倍[8] 倍为合格标准。

在外载荷作用下，管道截面上产生的最大应力不得超过管材的许用应力，对于连续敷设、均布荷载的水平直管，得出强度条件下管道最大允许跨度为[7]：

$$L_{强度}=0.071\sqrt{\frac{[\sigma]^{t}W}{q}} \tag{1}$$

$$W=\frac{\pi(D_0^4-D_1^4)}{32D_0} \tag{2}$$

其中，$L_{强度}$ 为强度条件下管道支架最大允许跨距，m；$[\sigma]^t$ 为管道材料在设计温度下的许用应力，MPa；q 为管道单位长度计算荷载（包括管道自重、介质和保温层重量），N/m；W 为管道抗弯界面模量，mm^3；D_0 为管道外径，mm；D_1 为管道内径，mm。计算 $W=269766\ mm^3$，$L_{强度}=17.5m$。

管道在一定跨距下会有一定的挠度，根据对挠度的限制（装置外最大挠度不超过 38mm）计算得出的跨距称为按照刚度条件确定的管道最大允许跨度[7]。具体公式如下：

$$L_{刚度}=0.048\sqrt[4]{E^{t}I/q} \tag{3}$$

$$I=\frac{\pi}{64}(D_0^4-D_1^4) \tag{4}$$

其中，E^t 为管道材料在设计温度下的弹性模量，MPa；I 为管道截面惯性矩，mm^4；q 为管道单位长度计算荷载（包括管道自重、介质和保温层重量），N/m。计算 $L_{刚度}=15.6m$。

因此最大水平允许管道跨度为 {17.5，15.6} min，取值为 15.6，从支架 2 至北侧土壤支撑点展开间距为 10.6m，为最大水平允许跨度的 67.9%，满足上述规范的要求。

2.2 管道建模应力分析

根据《压力管道定期检验规则-工业管道》（TSG D 7005—2018）第 3.2.8 条，对脱空失稳的管道进行应力分析。分析的内容主要包括各种工况下各节点的受力情况以及位移量。管道建模是将管道、管件以及设备之间按照各种约束条件建立的数学模型。CAESAR Ⅱ 软件是美国 COADE 公司研制开发的专业管道应力分析软件，利用软件进行分析首先将管道数据中的规格尺寸、介质密度、材料密度、工作温度、管道牌号、许用应力、泊松比、等数据作为原始条件进行输入，然后根据实际情况对管道设定边界条件，接着按照可能出现的各种工况进行工况定义、如果模型检查没有错误可以进行直接进行分析计算，根据计算的结果来判断管道的安全状态。

为了模拟管道的准确性，根据实际情况在架空管道两侧出土端、入土端各增加了一段埋地管道。燃气管道从 10＃节点开始埋地敷设至 20＃节点后，沿着 45°弯头斜向上敷设至 30＃节点后出地面，继续敷设至 40＃节点（北侧弯管）后水平往南敷设经过波纹补偿器（50＃节点）后依次经过 70＃节点（1＃支架）、80＃节点（2＃支架）、90＃节点（3＃支架）后沿 100＃节点（南侧弯管）斜向下敷设，经过 110＃节点后进入地下至 120＃节点后，通过 45°弯头水平继续往南敷设。其中所有管道采用 $R=1.5D$ 长半径弯头，30＃节点以及 110＃节点为管道的入土及出土端，70＃节点、80＃节点、90＃节点为管道的支撑支架位置，其中 70＃节点为现场发现管道支架脱空的位置。

根据现场节点的实际情况输入边界条件，给管道增加某些约束，边界条件包括：管件的约束条件、附加位移以及土壤的约束条件等，整个管系统中，80＃节点、90＃节点为滑动支架，软件中设置为＋Y。最后根据地质勘探报告利用“CAESAR Ⅱ Basic Soil Model”的土壤模型进行参数输入，本工程中土壤摩擦系数取 0.3；土壤密度取 $0.0025kg/cm^3$ 管顶埋地深度取 1000mm；摩擦角取 30°；土壤压实系数取 3；屈服位移系数：屈服位移为埋深的 0.015 倍；热膨胀系数取 11.2×10^{-6}mm/(mm·℃)；操作态与安装态温差为 20℃，建立好的管道模型如图 4 所示。

本文采用 ASME B31.3[8] 规范进行管线应力校核，使其管线上各节点的一、二次应力值应小于许

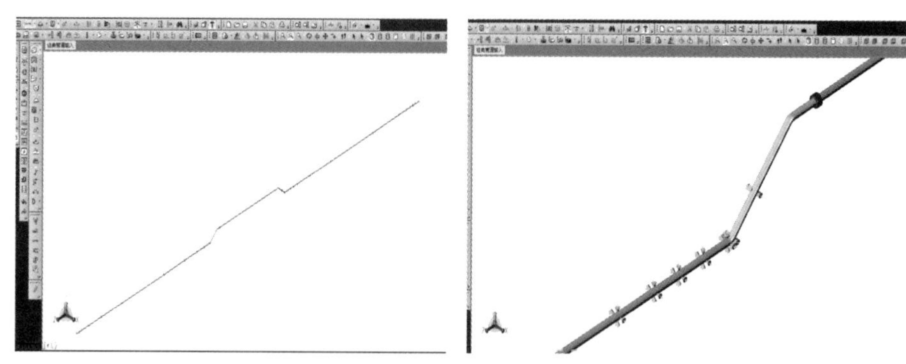

图 4　管道三维模型图

用应力。燃气管道的工况包含了安装、试压、运行各种工况，每种工况压力、温度等均有差别，对于在用管道，一般按照在正常工作状态下的情况进行计算，软件工况中各字母符号含义如下：其中 T_1 为操作温度℃，P_1 为操作压力，W 为管道及介质重量，为了校验管道应力情况，将 1# 支架脱空定义为情况 1，将 1# 支架增加支撑定义为情况 2。计算情况 1 的管道一次应力（SUS1）及二次应力（EXP1），一次最大应力发生在埋地管道 99# 节点处、最大综合应力占比为 20.7%，二次最大应力发生 24# 节点处，最大综合应力占比为 7.7%，应力校验合格。计算情况 2 下的一次应力（SUS2）及二次应力（EXP2），最大一次应力以及最大二次应力较情况 1 的数据没有变化，计算结果如表 2 所述。

表 2　各工况最大应力一栏表

序号	工况	节点位置	综合应力/kPa	许用应力/kPa	比例%	结论
1	(SUS1)$W+P_1$	99#	28599.1	137895.1	20.7	合格
2	(SUS2)$W+P_1$	99#	28599.1	137895.1	20.7	合格
3	(EXP1)$L_5=L_2-L_4$	24#	118964.5	25233.4	7.7	合格
4	(EXP2)$L_5=L_2-L_4$	24#	118964.5	25233.4	7.7	合格

3　管道腐蚀凹坑适用性评价

3.1　管道外腐蚀的安全评价

在管道北侧直管段发现多处管道腐蚀凹坑，凹坑最深度为 3.6mm，腐蚀处纵向投影长度为 20mm，管道规格为 ϕ219mm×8mm。按照管道最薄弱危险点部位为依据进行评价，评价方法采用《钢制管道管体腐蚀损伤评价方法》[9]（SY/T 6151—2009）其评价流程为首先计算腐蚀坑相对深度 A，然后计算最大允许轴向长度 L，将实测纵向投影长度 L_m 与 L 比较，当实测纵向投影长度 L_m 大于 L 时，再按照腐蚀区域最大安全工作压力 p' 与最大允许工作压力 MAOP 的比值进行评价。具体计算见公式（5）～式（7）

$$A=d/t\times100\% \tag{5}$$

$$B=\{[A/(1.1A-0.15)]^2-1\}^{1/2} \tag{6}$$

$$L=1.12B\sqrt{D\cdot t} \tag{7}$$

其中，A 为腐蚀坑相对深度；d 为实测的腐蚀区域最大腐蚀坑深度，mm；t 为管道公称壁厚，mm；L 为最大允许纵向长度，mm；D 为管道公称壁厚，mm；B 为系数。计算得到 $A=45\%$，$B=0.83$，$L=44$mm，计算 L 值大于实测的腐蚀区域最大纵向投影长度，据此为 3 类腐蚀，鉴定结论为：腐蚀程度不严重，能维持正常运行，但监控使用。

对于该种管道外腐蚀的体积型缺陷，如果参考《钢制管道及储罐腐蚀评价标准 埋地钢质管道外腐蚀直接评价》[10]（SY/T0087.1—2006）进行评价，管道减薄程度采用三步评价方法，评价流程为①最小剩余壁厚评价；②危险界面评价；③残余强度评价。凡是前一步骤已经给出明确结论的，无需进行下一步评价。一、最小剩余壁厚评价：管道最小剩余壁厚 T_{mm} 为 4.4mm，其与公称壁厚的比值为 55%；二、危险界面评价：计算管道最小安全壁厚 T_{min}，计算剩余厚度比 R_t，即管道最小剩余壁厚 T_{mm} 与最小安全壁厚 T_{min} 的比值，具体计算见公式（8）～式（9）。

$$T_{min}=\frac{pD}{2F\cdot\phi\cdot\sigma\cdot t} \tag{8}$$

$$R_t=\frac{T_{mm}}{T_{min}} \tag{9}$$

其中，p 为管道运行压力，MPa；D 为管道外径，mm；F 为设计系数，四级地区取 0.4；ϕ 为焊接系数，取 1；σ 为管材最低屈服强度，MPa；t 为温度折减系数，常温取 1。计算得到 $T_{min}=0.4$mm，剩余厚度比 $R_t=11>1$，因此评价等级为ⅡA 级。处理意见为：腐蚀不严重，尚能使用，但最好加强监测，安排中长期维修计划。

将《钢制管道管体腐蚀损伤评价方法》（SY/T 6151—2009）以及《钢制管道及储罐腐蚀评价标准 埋地钢质管道外腐蚀直接评价》（SY/T 0087.1—2006）方法进行对比如表 3 所示，两种方法的结论基本一致，均属于监控使用。

表 3　各标准评价结论一览表

序号	评价标准	评价等级(类别)	结论
1	SY/T 6151—2009	3	监控使用
2	SY/T 0087.1—2006	ⅡA	监控使用

3.2　管道腐蚀剩余寿命预测

预测管道基于腐蚀状况下的剩余寿命，其实就是预测管道的腐蚀发展趋势，管道腐蚀剩余寿命预测的难点在于实际环境中影响腐蚀的因素较多，因此对于评价腐蚀剩余寿命比较存在很多不确定性。埋地钢制管道外腐蚀剩余寿命预测方法有很多种，《基于风险的埋地钢质管道外损伤检验与评价》[11]（GB/T 30582—2014）附录 F 介绍了利用壁厚法、MAPA 法、极值统计法剩余寿命预测，梁成浩[12]等提出来基于人工神经网络理论的管线寿命预测模型计算方法，本文采用《压力管道定期检验规则—公用管道》（TSG D 7004—2010）推荐的公式计算如下：

$$RL=0.85\times\left(\frac{P_f}{P_{yield}}-\frac{\mathrm{MAOP}}{P_{yield}}\right)\times t/GR \tag{10}$$

其中，RL 为腐蚀寿命，年；P_f 为计算失效压力，MPa；MAOP 为最大允许工作压力，MPa；P_{yield} 为屈服压力，MPa；GR 为腐蚀速率，mm/年；t 为名义厚度，mm。计算腐蚀剩余寿命得到 $RL=8.5$ 年。

3.3　管道外腐蚀原因分析

通过对管道材料的理化试验分析，排除了该段 20＃钢管可能出现的材料问题。燃气管道为由北侧向南侧输送，检验中发现外腐蚀的外置为北侧直管段，该处是埋地管道出土端位置，现场防腐油漆出现表面剥离的情况，综上所述，管道外表面的腐蚀主要是由于管道内部燃气流速较快导致管道内温度下降以及埋地管道内介质温度低于地面管道外环境温度，由此在管道出土端北侧直管处产生内外温度差，在管道外防腐保护层失效的情况下，管道外表面空气中的水蒸气凝结成水滴吸附在管道表面，管道受空气中水分、氧气和腐蚀性介质（包含 Cl^-、CO_2、烟尘、表面沉积物等）的共同作用而产生腐蚀。该处管道大气腐蚀分为两个部分，分别为化学腐蚀以及电化学腐蚀。其中化学腐蚀主要指的铁在酸性溶液中产生的化学反应，其化学方程式为 $Fe+2H^+\longrightarrow Fe^{2+}+H_2$；同时由于金属表面上如果油漆防腐层脱落或者有微小的缝隙、氧化物、小孔、析产的盐类及灰尘等存在，当大气中的 CO_2、SO_2、NO_2 或者盐类溶解于金属表面的水膜中时，则该水膜成为电解质溶液，此时金属表面进行电化学腐蚀。阴极过程主要表现为金属在有氧存在的溶液中发生氧的去极化腐蚀，其化学方程式为 $O_2+2H_2O+4e \longrightarrow 4OH^-$，阳极过程是金属作为阳极的溶解过程，阳极过程的反应为 $Fe+2H_2O \longrightarrow Fe^{2+} \cdot 2H_2O+2e$。管道建造时间较长，早期桥管外表面油漆质量一般，现场巡检力度不到位，导致了管道外腐蚀的发生。

4 检验问题的处理方案

针对支撑补偿器的鞍型支架（1＃支架）发生脱空失稳情况，根据最大跨距计算以及 CAESAR Ⅱ 软件模拟计算一次及二次应力，结果均满足规范要求，但是修复 1＃支架后某些弯头的受力会好于脱空失稳状态下的受力且单式波纹管补偿器仅可以沿轴向位移，而不能承受横向位移和弯曲位移，据此建议对 1＃支架尽快进行修复。修复 1 比较容易，可以采用增加垫板支撑等方式。

针对北侧直管段发现多处管道腐蚀凹坑的情况，首先按照《涂装前钢材表面处理规范》[13]（SY/T 0407—2012）的有关规定，对涂装管道表面进行处理，合格后再利用 2 遍底漆＋2 遍中间漆＋2 遍面漆进行加强级防腐处理，同时根据安全评定的结果，该段管道目前需要加强日常使用中的检查力度，进行监控使用，同时应该制定中长期维修改造计划，对该段管道进行更换处理。改造施工开工前应书面告知特种设备安全监督管理部门，保证施工改造的顺利完成。

5 结束语

相关生产企业应建立健全管道巡查制度和安全生产责任制度并将其落到实处，应定期对天然气管道穿跨越、线路交叉、水工保护、违章占压以及管道沿线环境情况进行重点隐患排查，加强对管线运营管理的记录监控。同时需要对相关人员进行安全及技术的培训，使其加强技术能力及安全责任方面的能力，从而确保管道的安全运行。

本文提出了随桥敷设燃气管道全面检验的策略，并针对检验中发现随桥燃气管道支架脱空失稳情况采用最大跨度计算及利用 CAESAR Ⅱ软件模拟计算一次及二次应力；同时针对管道外腐蚀凹坑采用多标准安全评定的对比分析、腐蚀剩余寿命预测以及对产生的原因进行了分析，特别是由于温差变化产生结露的情况，应该加以重视。

参考文献

［1］ 上海市人民政府．上海市能源发展“十三五”规划［E］. http: //www. shanghai. gov. cn/nw2/nw2314/nw2319/nw12344/u26aw51932. html. 2017.

［2］ 松原市“7·4”城市燃气管道泄漏爆炸事故调查组．松原“7·4”城市燃气管道泄漏爆炸较大事故调查报告［R］. 2018.

［3］ 《城镇燃气设计规范》(GB 50028—2006)［S］.

［4］ 《工业企业煤气安全规程》(GB 6222—2005)［S］.

［5］ TSG D 7004—2010 压力管道定期检验规则—公用管道［S］.

［6］ TSG D 7005—2018 压力管道定期检验规则—工业管道［S］.

［7］ 唐永进．压力管道应力分析［M］. 北京：中国石化出版社，2010：44-47.

［8］ ASME B 31. 3—2016 工艺管道［S］.

［9］ SY/T 6151—2009 钢制管道管体腐蚀损伤评价方法［S］.

［10］ SY/T 0087. 1—2006 钢制管道及储罐腐蚀评价标准 埋地钢质管道外腐蚀直接评价［S］.

［11］ GB/T 30582—2014 基于风险的埋地钢质管道外损伤检验与评价［S］.

［12］ 梁成浩，庄琐良．石油化工设备材料腐蚀寿命预测系统［J］. 石油化工设备，2001，30 (1)：21-23.

［13］ SY/T 0407—2012 涂装前钢材表面处理规范［S］.

B/S架构下特种设备信息化管理平台设计与应用

邹定东　张　莉　张昆瑜　张晋豪　赖天杰　郭　嘉

重庆市特种设备检测研究院，重庆 401121

摘　要： 在机构改革和职能转变的大背景下，特种设备安全监管和检验检测工作任务尤为艰巨，特别是新时代对特种设备的监管工作效能提出了更高更新的要求，一方面来源于对特种设备进行动态监管和检验管理的迫切需要，另一方面来源于对内要提供科学准确的大数据决策支持服务和对外要提供及时可靠的信息服务的迫切需要。针对以上需求，本文主要阐述了重庆市特种设备信息化管理平台的设计理念、系统架构和成果应用。

关键词： 特种设备；信息化管理平台；动态监管；安全

The design and application of special equipment management information system based on B/S pattern

Zou Ding-dong, Zhang Li, Zhang Kun-yu, Zhang Jin-hao, Lai Tian-jie, Guo Jia

Chongqing Special Equipment Inspection and Research Institute, Chongqing 401121

Abstract: Under the background of institution reform and function transformation, the task of special equipment safety supervision and inspection is difficult, in particular, the more demands for the regulation of special equipment have been proposed under the new era. On the one hand, it comes from the urgent need of dynamic supervision and inspection management of special equipment, on the other hand, it is needed to provide scientific and accurate big data decision support services internally and timely and reliable information services externally. For the above requirements, the design concept, system structure and application of the chongqing information management platform of special equipment mainly have been introduced in this paper.

Keywords: Special equipment; Information management platform; Dynamic regulation; Security

0　引言

随着经济的高速发展，特种设备数量也在不断增加。重庆作为西部唯一的直辖市，特种设备总量已达到27万台套，特种设备数量大，范围广，但信息化建设起步较晚，信息化管理也相对落后。以前使用的监管系统和检验系统采用C/S架构，系统跨平台运行能力不强，综合化管理程度不高，管理覆盖面不大，管理流程不是很规范，监察机构与社会企业、检验机构之间信息互动、交流交换机制等功能薄弱，几乎处于脱节、半脱节状态，不同管理系统几乎不能实现信息交换，数据准确性得不到保障，重复录入率高，在提高工作效率方面作用不明显，由此造成资源浪费。因此，提高工作效能，优化服务水平

作者简介：邹定东，1963年生，男，高级工程师，主要研究方向为特种设备安全技术。

是重庆市特种设备管理部门亟需解决的问题[1~3]。

本文以重庆市特种设备信息化管理平台为背景，重点阐述了该平台的设计理念、功能架构和成果应用，有效解决了信息缺乏互动、数据时效性差、工作效能低等问题，提高了特种设备管理和服务水平，用户满意度和便捷度得到显著提升。

1 特种设备信息化管理平台设计

特种设备信息化管理平台采用基于 WEB 的 B/S 结构，采用 J2EE 标准的多层架构，所有服务均可通过私有云平台对外提供 Web 浏览器访问。平台包括一个数据中心，五个子系统，其中，业务系统 2 个：安全监察动态监管系统、检验管理系统，公共服务系统 1 个：公众服务系统，辅助系统 2 个：统计分析系统和移动应用系统 (APP)，如图 1 所示。

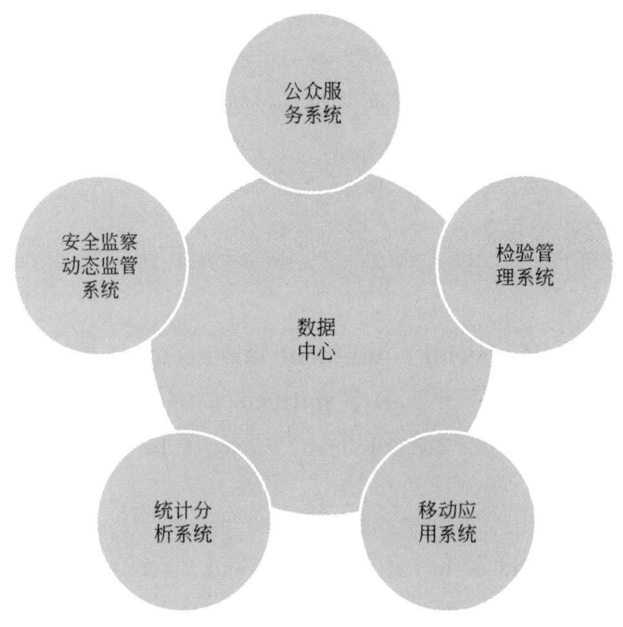

图 1 平台应用架构

数据中心从业务系统和公众服务系统采集数据，包括基础数据和部分共享业务数据，支持基础和共享数据的更新维护，在此基础上，完成基础数据的整合和完善相关业务数据，建立主题数据库和元数据库，为宏观决策提供数据支持。主要实现数据的采集、交换、整理比对、共享、备份与恢复、数据管理和访问等。

安全监察动态监管系统通过对特种设备安全监察及检验工作信息的管理，实现工作任务和工作重点的预警管理，支持行政机关的高层决策、中层控制和基层运作。涵盖特种设备安全监察各项业务工作，包括行政许可事项、安全监察与检验管理事项、作业人员管理等，并满足生产单位、使用单位、检验机构、评审机构、考试机构等相关单位提交和获取有关信息的需求。

检验管理系统通过对电梯、起重机械、场（厂）内机动车辆、大型游乐设施、客运索道、锅炉、压力容器、压力管道和安全阀等特种设备检验检测各个环节的管理，实现检验业务办理、人员资质管理、检验质量管理、检验设备预警、重大问题和隐患事故上报、档案管理等功能。系统涵盖特种设备法定检验各项业务工作，并满足生产单位、使用单位、监察机构等相关单位信息交互的需求。根据检验检测工作的特点，建立分布式信息处理系统，规范业务处理流程，提高检验检测管理信息的准确性和工作效率。

公众服务系统为特种设备相关单位，如使用单位、安装单位、修理改造单位、维保单位等，参与特种设备管理提供了统一的接口。相关单位通过系统管理设备和作业人员信息、自助申办业务、跟踪业务进度，为监察机构、检验机构和特种设备相关单位提供信息交流的渠道，提升了用户满意度。

统计分析系统是基于平台的单位、人员、设备、事故等数据，根据业务管理的需要，支持常用报表、主题分析、多维分析等统计方式，统计结果支持报表、饼图、柱状图等展现方式，支持基于数据立方的多维分析方法，能够实现对维度，指标，维度层次，以及每个维度值进行控制，支持常用的多维分析操作。

移动应用系统基于移动应用平台结合 HTML5，支持平板、手机 (包括苹果和安卓版本) 等移动终端。利用平台单位、人员、设备、事故等数据，实现了设备信息、地理信息和预警信息的查询和地理信息采集，在现场执法过程中，可通过手持打印设备，现场出具安全监察指令书和现场监督检查记录。

平台遵循一数一源原则，通过数据和应用的高度集成，统一的流程协作，为客户提供各类服务，完成各类业务处理，实现了特种设备实时监管、行政许可、作业人员管理、现场执法、检验检测管理、企业客户自助服务等功能，平台全部功能如图 2 所示。

2 特种设备信息化管理平台应用

特种设备信息化管理平台形成了从开工告知到出具合格报告的一个全周期闭环管理。以监督检验为例，企业用户在公众平台上进行安装、修理、改造告知后才能进行监督检验的申报，检验系统根据设备类型和设备所在区域将任务分发到相应的检验部门，检验部门受理后安排检验工作，检验报告审批通过后，更新设备档案信息，安全监察动态监管系统可实时查看设备检验情况。定检设备若在预警管理界面中有信息显示，则此时恢复正常，否则继续预警，对设备的整个检验过程实现了实时动态监管[4~7]。

企业用户在公众服务系统可对作业人员进行管理，平台与考试中心数据库进行对接，以身份证号码作为唯一标示，当平台中的作业人员资质信息与考试中心不一致时，可发起校核申请，由考试中心核对后更新平台中的资质信息，如图 3 所示。此外，还可以对设备进行管理，申报检验，实时跟踪设备检验进度、费用情况。

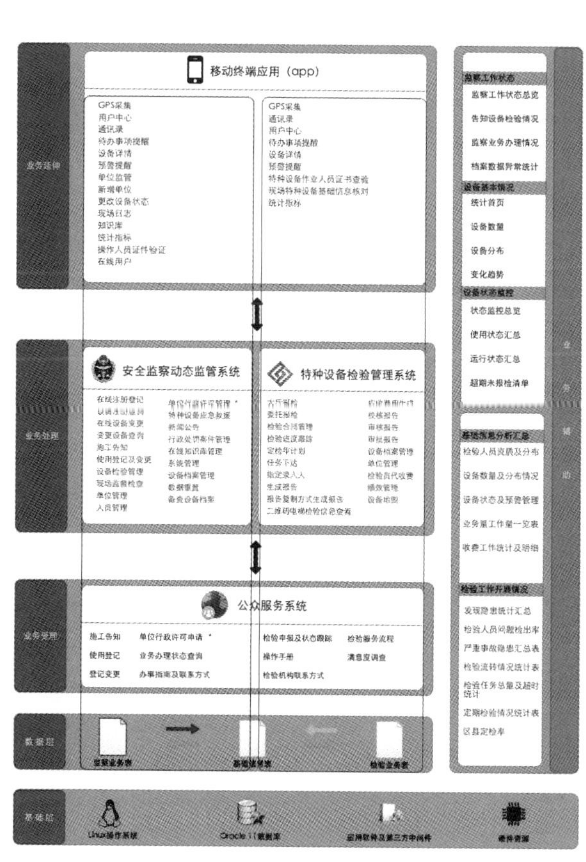

图 2 平台功能图

图 3 作业人员管理

平台实现了特种设备的实时动态预警，如图 4 所示。以特种设备下次检验日期为基准，当特种设备即将到期或超期时，对设备信息进行飘黄或飘红处理，提醒相关责任人及时进行操作，检验机构出具合格报告后，该设备信息即恢复正常状态，提高了监管和检验工作效能。

图4　设备预警管理

检验管理系统中将人员资质进行预警设置（如图5所示），并将资质与出具检验报告相关联，检验人员资质过期时，将不能出具检验报告，进一步确保了检验报告的合法性。

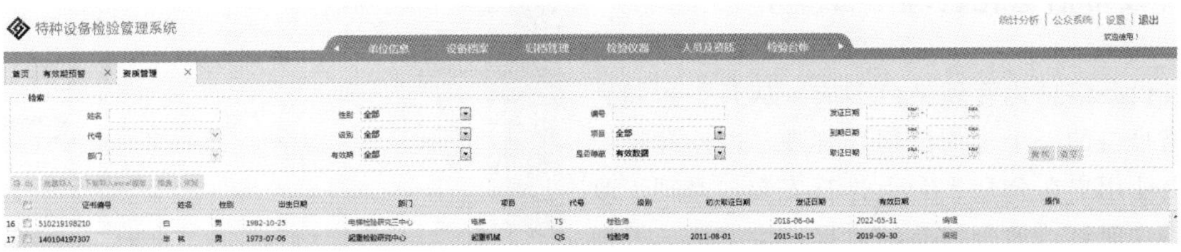

图5　检验人员资质管理

监察机构进行现场执法时，可现场根据对单位或设备的检查情况，通过移动终端录入相应数据，系统后台自动生成对应的特种设备安全监督检查记录、指令书和整改复查意见书，wifi连接手持打印设备后，现场打印并交给用户，有效提高了现场执法的时效性和便捷度。图6为现场出具的特种设备安全监察指令书。

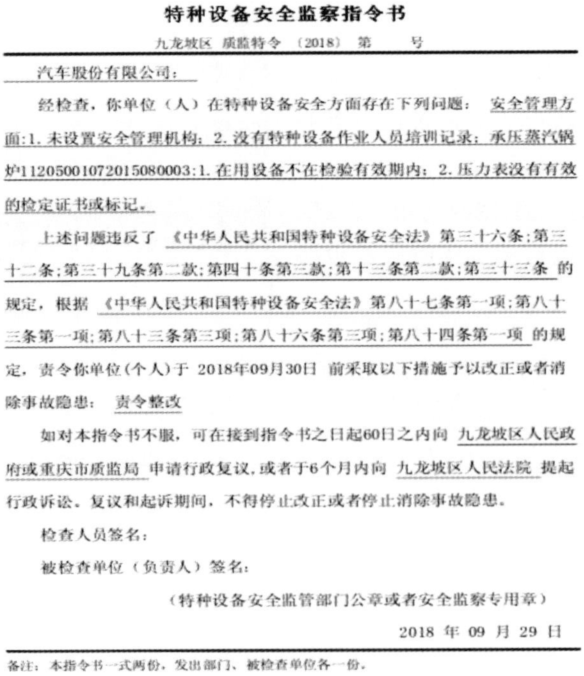

特种设备安全监察指令书

九龙坡区 质监特令 〔2018〕 第　　号

汽车股份有限公司：

经检查，你单位（人）在特种设备安全方面存在下列问题：安全管理方面：1.未设置安全管理机构；2.没有特种设备作业人员培训记录；承压蒸汽锅炉11205001072015080003：1.在用设备不在检验有效期内；2.压力表没有有效的检定证书或标记。

上述问题违反了《中华人民共和国特种设备安全法》第三十六条；第三十二条；第三十九条第二款；第四十条第三款；第十三条第二款；第三十三条的规定，根据《中华人民共和国特种设备安全法》第八十七条第一项；第八十三条第一项；第八十三条第三项；第八十六条第三项；第八十四条第一项的规定，责令你单位(个人)于2018年09月30日前采取以下措施予以改正或者消除事故隐患：责令整改

如对本指令书不服，可在接到指令书之日起60日之内向九龙坡区人民政府或重庆市质监局申请行政复议，或者于6个月内向九龙坡区人民法院提起行政诉讼。复议和起诉期间，不得停止改正或者停止消除事故隐患。

检查人员签名：

被检查单位（负责人）签名：

（特种设备安全监管部门公章或者安全监察专用章）

2018年09月29日

备注：本指令书一式两份，发出部门、被检查单位各一份。

图6　现场出具的安全监察指令书

3 结论

随着经济社会发展，特种设备数量必将不断增加，监管和检验工作受到的关注也越来越多，特种设备信息化管理平台的建设和应用有利于对特种设备的实时运行进行有效监管，提高了管理效率和管理水平，给用户提供了更便捷高效的服务，大幅提升了用户满意度。

参考文献

[1] 栾玮 . B/S 模式的特种设备检测管理信息系统的研发［D］. 重庆大学，2008.
[2] 刘兆彬，张纲，胡可明 . 特种设备安全监察条例释义［M］. 北京：中国标准出版社，2003.
[3] 梁广炽 . 美国特种设备安全管理综述［J］. 林业劳动安全，2005. 1.
[4] 雷燕 . 关于健全安全监管体制的探讨［J］. 煤炭科学技术，2005. 12.
[5] 李永亮 . 特种设备监管要有新思路［J］. 中国质量技术监督，2003. 07.
[6] 钟茂生 . 动态设备管理系统的设计与实现［J］. 科技广场 . 2004，(11)：37.
[7] 李葆文 . 国外设备管理模式及发展趋势［J］. 设备管理与维修 . 2001，(1)：42-43

Q345R 和 S22053 异种钢焊接工艺

刁志锋　吴佳艺

江苏省特种设备安全监督检验研究院江阴分院，江苏 江阴 214434

摘　要： 异种钢焊接过程中，由于在物理和化学性能方面差异较大，存在着焊缝稀释、碳迁移和焊接应力的问题。本文针对 Q345R 和 S22053 异种钢的焊接工艺问题，采用熔合比小的氩弧焊打底，焊条电弧焊盖面，选用含镍量高的焊丝 H03Cr24Ni13Mo2 和焊条 A042，采用合理的坡口形式和焊接工艺参数，控制层间温度，焊后进行消除应力热处理，进行外观检查、无损检测、力学性能试验，焊接接头满足标准规定。

关键词： Q345R；S22053；异种钢焊接接头；焊接工艺评定

Study on welding procedure of Q345R and S22053 dissimilar steels

Diao Zhi-feng，Wu Jia-yi

Jiangsu Province Special equipment Safety Supervision Inspection Institute Jiangyin Branch，Jiangyin 214434，China

Abstract: In the welding process of dissimilar steel，there exist problems of the dilution of weld，carbon migration and welding stress，because the differences in physical and chemical properties. In this paper，the welding process of Q345R and S22053 dissimilar steel was investigated，the small penetration ratio welding process were adopted，the back weld using GTAW，the cosmetic welding adopts SMAW，the solid wire of H03Cr24Ni13Mo2 and the electrode of A042 with high nickel content were selected，adopting the reasonable groove type and welding parameters，controlling interlayer temperature，After welding，stress relieving heat treatment was carried out. And the appearance inspection，the non-destructive test and mechanical properties test were proceeded after welding. The weld joints met the requirements of the standards.

Keywords: Q345R; S22053; Welded joint of dissimilar steels; Welding procedure qualification

0　前言

近年来异种钢焊接应用十分广泛，在航空航天、石油化工、机械行业等行业应用越来越多[1]。在某些承压设备中使用了双相不锈钢和低合金钢的焊接结构，这就涉及异种钢的焊接问题。由于异种钢在化学成分、冶金相容性、物理性能和化学性能等方面存在较大差异，在焊接过程中会出现合金元素的迁移、化学成分、金相组织的不均匀，还会产生热应力、焊接变形、出现焊接裂纹等，降低焊接接头的力学性能[2]。

作者简介：刁志锋，1980 年生，男，高级工程师，硕士研究生，主要从事特种设备技术管理及检验工作。

本文针对Q345R低合金钢和S22053双相不锈钢的异种钢焊接接头，进行焊接性分析，选择合适的焊接方法、焊接材料和焊接工艺参数，并进行焊后热处理，根据NB/T 47014《承压设备焊接工艺评定》进行焊接工艺评定，分析异种钢焊接接头的力学性能，制定焊接作业指导书，用于指导实际生产。

1 焊接性分析

Q345R钢是锅炉压力容器专用钢板，具有良好的综合力学性能和工艺性能，焊接性能良好，S22053钢是双相不锈钢，既有奥氏体不锈钢韧性好、抗晶间腐蚀、力学性能和焊接性能好的优点，又具有铁素体不锈钢导热系数大、耐点蚀和耐氯化物应力腐蚀性能的特点。两种钢材之间化学成分、金相组织、物理性能和化学性能等方面有较大差异，焊接时容易出现以下问题：

① 在焊接过程中，焊缝金属会受到Q345R熔敷金属的稀释作用，在紧靠Q345R钢一侧熔合区的焊缝金属中，形成和焊缝金属成分不同的过渡层，熔合比越大，稀释率也越大。Q345R钢一侧过渡层可能会因稀释而产生脆性马氏体组织。

② 高温下，由于铬元素与碳原子的亲和能力很强，易形成碳化铬的化合物，在焊接过程中，Q345R钢一侧因贫铬而使碳原子脱离形成脱碳区，进而软化，晶粒粗大，脆性增大，抗腐蚀能力下降，而S22053钢一侧因富含铬而使碳原子向其迁移形成增碳层，进而硬化，晶粒变细，性能变好。

③ 由于两种材料的热导率和线膨胀系数不同，焊接过程中，高温区产生热应力，并且该热应力无法消除，使焊缝和熔合区附近产生附加拉应力，在冷却过程中，因收缩不一致产生焊接残余应力，导致产生裂纹。

2 焊接工艺评定

2.1 材料的化学成分

评定用材料为Q345R钢和S22053双相不锈钢，规格均为400mm×150mm×40mm，两种材料的化学成分如表1所示。

表1 材料的化学成分（质量分数） %

元素	C	Si	Mn	Cr	Mo	Ti	Cu	Nb	Ni	Alt[b]	V	N	P	S
Q345R	0.18	0.30	1.01	0.21	0.06	0.014	0.18	0.034	0.12	0.032	0.022	—	0.015	0.006
S22053	0.016	0.43	1.10	22.33	3.12	—	—	—	5.60	—	—	0.15	0.026	0.002

2.2 焊接方法和焊接材料

为了减少焊缝的稀释，避免焊接过程中发生碳迁移，Q345R和S22053异种钢焊接时应选用熔合比小、稀释率低的焊接方法，选用含镍量高的焊接材料，钨极氩弧焊和焊条电弧焊的熔合比较小，焊缝成分也比较稳定，因此，该异种钢选用氩弧焊打底，焊条电弧焊盖面的焊接方法，选用含镍量高的焊丝H03Cr24Ni13Mo2和焊条A042，化学成分如表2所示。在焊接过程中利用镍的石墨化作用阻碍形成碳化物，减小过渡层，防止产生脆性的马氏体组织，进一步抑制Q345R中的碳迁移。

表2 焊接材料的化学成分（质量分数） %

元素	C	Si	Mn	Cr	Ni	Mo	Cu	P	S
H03Cr24Ni13Mo2	0.021	0.38	1.71	23.97	12.63	2.36	0.37	0.025	0.008
A042	0.019	0.43	1.28	22.85	12.81	2.61	0.26	0.019	0.010

2.3 焊接坡口

对于焊接坡口形式，应尽量考虑焊接层数、填充金属量、熔合比和焊接残余应力，设计的坡口形式及尺寸如图 1 所示。

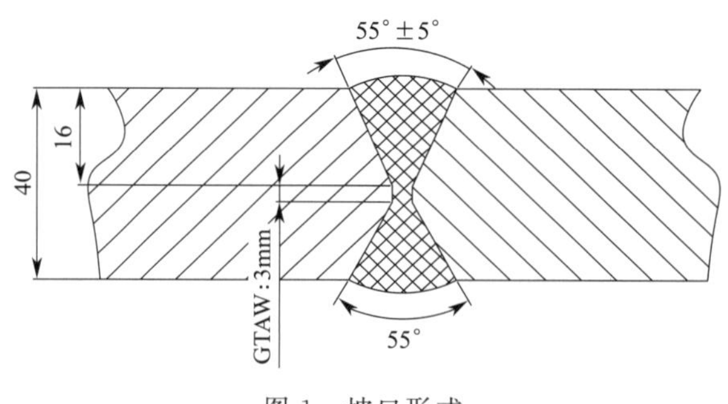

图 1 坡口形式

2.4 预热和层间温度控制

Q345R 钢显微组织为珠光体和铁素体，S22053 双相不锈钢显微组织为奥氏体和铁素体，均具有良好的焊接性，并且过高的预热温度和层间温度会增大熔合比，增加焊缝的稀释，还会造成晶粒粗大及产生脆性组织，考虑到 Q345R 钢板的厚度，低合金钢侧预热温度为 80℃，层间温度控制在 100℃之内。

2.5 焊接工艺参数

焊前，对坡口及两侧各 200mm 之内的氧化层、油污、水分、铁锈等进行清理，具体的焊接工艺参数如表 3 所示。

表 3 焊接工艺参数

焊接层次	焊接方法	焊材牌号及规格	电流极性	焊接电流 I/A	焊接电压 U/V	焊接速度 v/cm·min^{-1}
点焊	GTAW	H03Cr24Ni13Mo2ϕ2.4	直流正接	130～150	13～15	8～10
正 1—2	GTAW	H03Cr24Ni13Mo2 ϕ2.4	直流正接	130～150	13～15	8～10
3～end	SMAW	A042 ϕ4.0	直流反接	140～170	23～26	16～20
反 1—2	GTAW	H03Cr24Ni13Mo2ϕ2.4	直流正接	130～150	13～15	8～10
3～end	SMAW	A042 ϕ4.0	直流反接	140～170	23～26	16～20

2.6 焊后消除应力热处理

焊后消除应力热处理是防止焊接裂纹的重要工艺措施，Q345R 和 S22053 异种钢焊接时，会产生很大的焊接残余应力，考虑到板厚因素，焊后需要进行（620±10)℃×2h 的热处理，以消除焊接残余应力，避免裂纹的产生。

3 工艺评定结果及分析

焊接工艺评定采用 NB/T 47014—2011《承压设备焊接工艺评定》标准进行，对评定试板进行外观检查，表面没有气孔、夹渣、裂纹等缺陷，然后进行 100％射线检测，射线检测按照 NB/T 47013.2—2015《承压设备无损检测 第 2 部分：射线检测》评定，Ⅱ级合格。按照 NB/T 47014—2011 标准要求加工试样，进行拉伸、弯曲和冲击等力学性能试验，力学性能试验结果如表 4～表 6 所示。拉伸、弯曲和冲击试验都合格，说明所制定的焊接工艺满足要求，焊接接头的性能符合规定。

表 4 拉伸试验

编号	宽度/mm	厚度/mm	横截面积/mm^2	最大载荷/kN	抗拉强度/MPa	断裂部位和特征
L1	20.20	40.06	809.2	486.80	602	热影响区，韧性断裂
L2	20.22	40.10	810.8	476.96	588	热影响区，韧性断裂

表5 弯曲试验

试样编号	试样类型	试样厚度/mm	弯心直径/mm	弯曲角度/(°)	试验结果
C1	侧弯	10	d=40	180	合格
C2	侧弯	10	d=40	180	合格
C3	侧弯	10	d=40	180	合格
C4	侧弯	10	d=40	180	合格

表6 冲击试验

试样编号	试样尺寸/mm	缺口位置	试验温度/℃	冲击吸收功/J	备注
R1	10×10×55	Q345R侧热影响区	0	91.3	焊接方法SMAW
R2	10×10×55	Q345R侧热影响区	0	101	焊接方法SMAW
R2	10×10×55	Q345R侧热影响区	0	100	焊接方法SMAW
R4	5×10×55	Q345R侧热影响区	0	40.5	焊接方法GTAW
R5	5×10×55	Q345R侧热影响区	0	50.7	焊接方法GTAW
R6	5×10×55	Q345R侧热影响区	0	51.0	焊接方法GTAW

4 结论

① 采用氩弧焊打底，焊条电弧焊盖面的焊接方法，使用焊丝H03Cr24Ni13Mo2和焊条A042对Q345R和S22053异种钢进行焊接，通过合理的焊接工艺，获得了性能符合要求的焊接接头。

② 按照NB/T 47014—2011《承压设备焊接工艺评定》[3,4]，对焊接接头进行了力学性能试验，拉伸试样断在Q345R侧的热影响区，抗拉强度满足标准要求，弯曲试样和冲击式样满足标准要求。

参考文献

[1] 王可，郑振太，薛海涛，等. 254SMo/Q235B异种钢焊接接头显微组织［J］. 焊接学报，2013，34 (2)：105-108.
[2] 李亚江. 特殊及难焊材料的焊接［M］. 北京：化学工业出版社，2003.
[3] NB/T 47014—2011.
[4] NB/T 47013. 2—2015.

TOFD 图像优化处理算法研究与实现

余焕伟　欧阳星峰　蒲建忠

绍兴市特种设备检测院，绍兴 312071

摘　要： TOFD 检测技术在特种设备的无损检测中占据着重要地位，其图像质量对缺陷的定量识别结果有重要影响。为改善 TOFD 图像质量，提高对缺陷识别和定位精度，对 TOFD 图像优化处理算法进行了研究并开发了一款 TOFD 图像优化处理软件，实现了 TOFD 图谱的直通波拉直和去除、维纳滤波去噪、合成孔径聚焦成像等功能。试验结果表明，本文提出 TOFD 图像优化处理算法及开发的软件能有效改善 TOFD 图谱质量，增强对缺陷的识别和定位精度，为高分辨 TOFD 技术的实现提供了重要的方法途径。

关键词： TOFD；图像优化处理；合成孔径聚焦；维纳滤波

Research and Implementation on Image Processing and Optimizing Algorithms of Time of Flight Diffraction

Yu Huan-wei，Ouyang Xing-feng，Pu Jian-zhong

Shaoxing Special Equipment Testing Institute，Shaoxing 312071

Abstract: Time of Flight Diffraction (TOFD) technique plays an important role in the field of nondestructive testing of the special equipment and its image quality has a significant impact on the quantitative identification of defects. In order to improve TOFD image quality and the accuracy of defect identification and location，Image processing and optimizing algorithms of TOFD were researched and then relevant software was developed. The finial testing results showed that the proposed methods could improve TOFD image quality effectively and enhance the accuracy of defect identification and location，thusly provided an important approach of the high resolution TOFD technique.

Keywords: TOFD；Image processing and optimizing；Synthetic aperture focusing；Wiener filter

0　绪论

TOFD 超声法不受缺陷与入射波之间角度的影响，缺陷定位不依靠信号振幅，具有可靠性好、定量精度高、信息量丰富、检测效率高等优点[1,2]，但也存在着自身的缺点[3,4]：在缺陷的检测方面，对近表面缺陷的可靠性不够，横向缺陷比较难检测、缺陷长度测量也存在一定误差，在缺陷的识别方面比较困难，这些缺点给利用 TOFD 的原始检测结果进行缺陷表征带来较多的精度差，严重制约了该技术在特种设备检测领域的推广应用。

作者简介：余焕伟，1983 年生，男，高级工程师，主要从事特种设备检测及研究工作。

针对 TOFD 图谱的图像特点，本文从 TOFD 图谱成像原理出发对 TOFD 图谱处理算法进行了优化设计，建立了 D 扫 TOFD 图像的合成孔径聚焦成像和维纳滤波去噪模型，并采用 Labview 和 VC＋＋混合编程方法开发了一套 TOFD 图谱优化处理软件，实现了多种图谱处理方法的综合集成，为高分辨 TOFD 技术的实现提供了重要的方法途径。

1 TOFD 图像优化处理算法

1.1 直通波优化

一副典型的 TOFD 图谱如图 1 所示，主要由直通波、纵波衍射区域、底面回波、波形转换区域、底面反射横波等组成，对缺陷的定位和分析也主要集中在直通波和底面回波之间的纵波衍射区域。

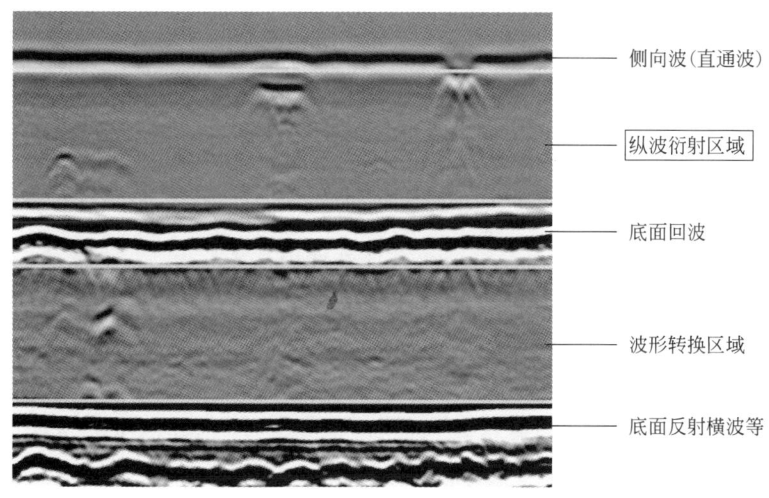

图 1 典型 TOFD 图谱分解

根据 TOFD 成像原理，直通波、底面回波、底面反射横波这 3 条近似水平线将图谱分割如下 2 个主要区域：纵波衍射区域、波形转换区域。直通波是超声接收探头最先检测到的具有明显特征的信号，靠近 TOFD 扫查图谱（B 扫、D 扫）的上边界，但由于 TOFD 采集方式所致，工件表面状况并不完全一致会造成直通波的变形或弯曲，对缺陷定位和识别产生影响，因此需要进行直通波拉直处理。另外，TOFD 信号的脉冲时宽对直通波有“拖尾”效应，导致表面缺陷信号被直通波掩盖、混叠而产生“表面盲区”，影响了近表面缺陷的有效检出和评价，因此有时也需要对直通波进行局部去除以达到显示近表面缺陷的目的。

直通波弯曲区域对应的 A 扫信号如图 2 所示，可以发现要实现由图中 A 图到 B 图的变换，需对弯曲区域的直通波逐条重排，可以临近区域的某一波峰或者波谷为基准点对直通波弯曲区域的 A 扫信号进行重排，在此过程中最最关键的是直通波峰值与谷值位置的精确搜索算法。

通过对直通波波形结构分析，提出了极值－阈值搜索算法，即先搜索 A 扫信号的波峰和波谷，并判断后续搜索点是否达到一定阈值，只有满足设定的阈值条件，先前确定的极值点才能被认定为波峰或波谷，经过实验，本项目采用极值迭代法，并以灰度平均值的 4/5 作为截止阈值；为了避免局部范围内直通波拉直后形成的突变，提出了直通波容忍梯度的算法，具体做法是根据需要进行直通波拉直区域左右两端的偏离度，计算出每个 A 信号平均偏离梯度 LRK，对直通波拉直进行修正。整个直通波拉直的基本流程如下：

① 标记直通波待处理区域两端最近邻的两条 A 扫信号，搜索其直通波第一个波峰和波谷的位置坐标，计算出波峰波谷之间的中值坐标 M_a，M_b 作为参照；

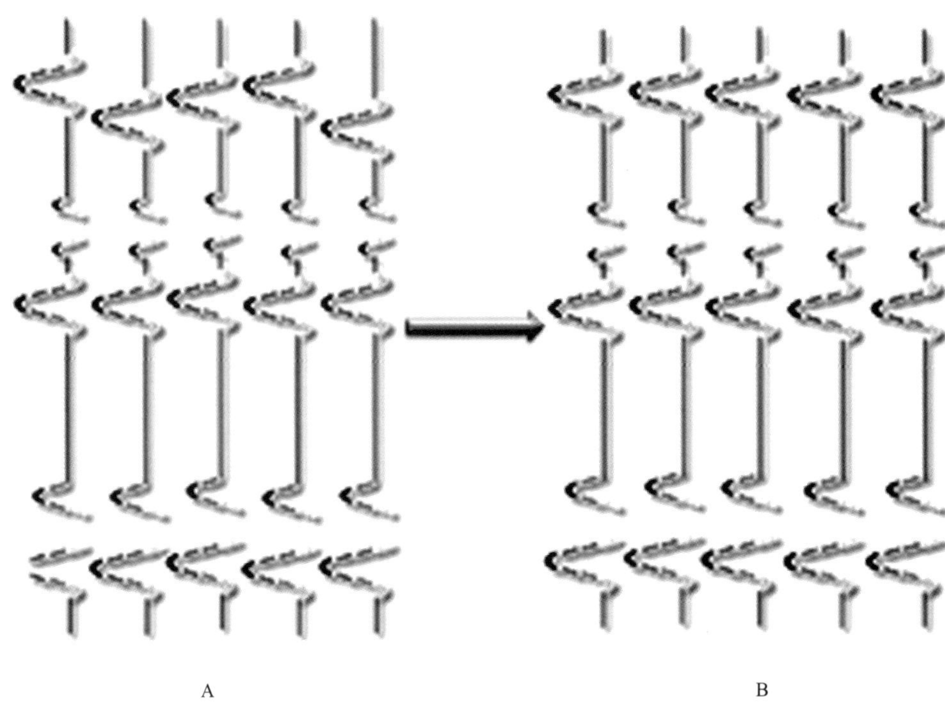

图2 直通波弯曲区域A扫曲线

② 计算待处理区域A扫信号个数N，A扫信号计数器记为1；

③ 根据M_a，M_b值计算待处理区域的平均梯度LRK；

④ 根据极值-阈值算法搜索当前计数i下的A扫直通波的波峰和波谷坐标，计算其中值坐标M_i与参照点M_a的坐标差值；

⑤ 将当前计数为i的A扫信号片段整体移动（M_i-M_a）×（1+LRK）个像素位置；

⑥ 计数器递增为i++，重复第④步，直到$i \leqslant N$停止循环。

直通波消除是在直通波拉直的基础上，对选定区域内的直通波信号进行背景去除，从而获得混叠或掩盖在直通波中的缺陷信号的方法。本文中综合了三种不同的去除方法。

① 差分去除算法　在前面部分直通波拉直算法的基础上，对选定区域在扫查长度方向进行差分运算，由于直通波前后变化基本一致，而缺陷衍射波随位置关系变化较大，差分运算后背景信息可以被去除。

② 平均谱去除算法　以近选定区域边界附近A扫信号的平均值为背景信号，选定区域信号直接减去该背景信号。

③ 阈值去除算法　首先计算选定区域A扫信号的平均能量ME，再与A扫信号的能量E_i进行比较，如式（1）所示，其中N为选定区域的高度或选定区域内A扫信号的数据点数，M为选定区域A扫信号的个数。通过阈值THR调节比较结果，当A扫信号能量小于THR×ME时采用差分算法进行背景信息去除，当大于THR×ME时采用平均谱去除算法。

$$E_i=\sum_{j=1}^{N} I_j^2 ; ME=\frac{1}{M}\sum_{i=1}^{M}\sum_{j=1}^{N} I_j^2 \tag{1}$$

1.2 维纳滤波

维纳滤波器通常用于提取被噪声污染的有用信号，是平稳随机过程的最优线性滤波理论[5]，以最小均方误差准则进行滤波的，在频域范围内可表示为：

$$P(\omega_1,\omega_2)=\frac{H^*(\omega_1,\omega_2)}{H(\omega_1,\omega_2)^2+k}G(\omega_1,\omega_2) \tag{2}$$

式中，P为滤波去噪后的信号，G表示含有噪声的原始信号，H为维纳滤波函数，可由最小均方误差原理求得，H^*表示H的复共轭函数，k为大小可调的常数表示原始图像的信噪比，ω_1、ω_2表示图像频域的两个分量。在实际的图像中，一般很难准确得到图像的先验知识，如果把图像划分成 M 个小块，维纳滤波器依次作用在小块局部图像空间，那么 $h(n_1, n_2)$ 就可以由局部图像信息确定。对于均值为零的白化随机噪声 $V(n_1, n_2)$，其功率谱可与方差相等，即：$P_v(\omega_1, \omega_2)=\sigma_v^2$。在小的局部图像空间中，信号 $f(n_1, n_2)$ 可认为是稳定的，可表示为：

$$f(n_1,n_2)=E\{f(n_1,n_2)\}+\sigma_f w(n_1,n_2) \tag{3}$$

式中，σ_f 为 $f(n_1, n_2)$ 的标准差，$w(n_1, n_2)$ 为均值零、方差为1的单位白噪声。

在小的局部图像空间中，维纳滤波器 $H(\omega_1, \omega_2)$ 可表示为：

$$H(\omega_1,\omega_2)=\frac{P_f(\omega_1,\omega_2)}{P_f(\omega_1,\omega_2)+P_v(\omega_1,\omega_2)}=\frac{\sigma_f^2}{\sigma_f^2+\sigma_v^2} \tag{4}$$

时域内维纳滤波器 $h(n_1, n_2)$ 可表示为：

$$h(n_1,n_2)=\frac{\sigma_f^2}{\sigma_f^2+\sigma_v^2}\delta(n_1,n_2) \tag{5}$$

维纳滤波器依次作用在小块局部图像空间，滤波函数 $p(n_1, n_2)$ 就可以由局部图像信息确定，在时域范围内可表示为[6]：

$$p(n_1,n_2)=\mu+\frac{\sigma_f^2-\sigma_v^2}{\sigma_f^2}[f(n_1,n_2)-\mu(n_1,n_2)],\sigma_v^2=\frac{1}{M}\sum\sigma_f^2 \tag{6}$$

式中，μ 为局部图像范围内的均值，σ_f^2 为局部图像方差，而且在每个局部范围内的 μ 和σ_f 值均不相同，σ_v^2 为噪声方差，可以由所有图像局部方差的平均值来估算。

1.3 SAFT 成像算法原理

超声领域的 SAFT 是根据各成像点的空间位置对接收到的散射信号作适当的声时延或相位延迟后再合成得到的逐点聚焦声像[7]，SAFT 的方位分辨率只与超声波激发晶片的尺寸有关，与声波频率和声程无关，通过 SAFT 可以提高超声图像横向分辨率到探头激发晶片尺寸的一半[8]。如图3所示，一组 TOFD 探头以速度 v 在焊缝两侧作非平行扫查（D扫），超声波速度为 c、缺陷 O 处的深度为 h，经过时间 t 后探头从 AA'点移动到 BB'，假设接收到缺陷衍射波 A 扫信号的时间分别为 t_A、t_B，探头中心间距离（PCS）为 $2S$，由几何位置关系可得：

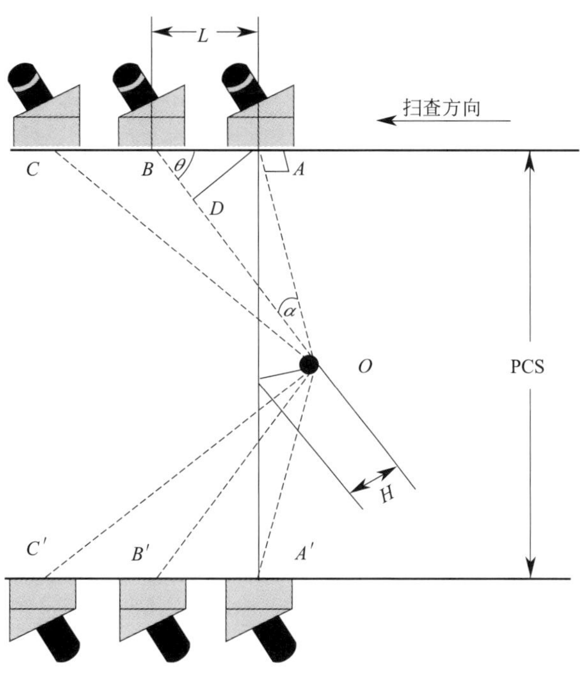

图3 TOFD 非平行扫查时合成孔径聚焦成像示意图

$$\Delta t = t_B - t_A = \frac{2\left(\sqrt{S^2+H^2+L^2}-\sqrt{S^2+H^2}\right)}{c} \tag{7}$$

式中，Δt 表示接收到缺陷波信号的时间延时，$L=vt$ 为探头移动的距离。

在 TOFD 检测中，A 扫信号在扫查方向上是与扫查分辨率 ΔL 相对应，因此探头移动距离 L 可用 $n\Delta L$ 来代替；TOFD 图像中沿扫查方向第 i 个 A 扫信号中第 j 个 AD 采样数据点相对应的像素点记为 $A_i(x_i, t_j)$，x_i 表示扫查距离，t_j 表示接收到当前数据点的时间。假设 TOFD 探头在 AA`位置时，TOFD 图像中代表缺陷 O 的图像点为 A_i（x_i，t_j），则缺陷 O 距离上表面的深度 H_j 可表示为：

$$H_j = \sqrt{\left(\frac{t_j}{2}\right)^2 - S^2} \tag{8}$$

在式（8）中利用 $n\Delta L$ 替代 L，H_j 替代 H，则式（8）可改写为：

$$\Delta t_{nj} = \frac{2\left[\sqrt{S^2+H_j^2+(n\Delta L)^2}-\sqrt{S^2+H_j^2}\right]}{c} \tag{9}$$

同理，在平行扫查（B 扫）时，将 TOFD 探头中心点移动 $n\Delta L$ 距离时，探头接收到缺陷 O 散射的 A 扫信号的时间延时可表示为：

$$\Delta t_{nj} = \frac{2\left[\sqrt{(S+n\Delta L)^2+H_j^2}+\sqrt{(S-n\Delta L)^2+{h_j}^2}-2\sqrt{S^2+H_j^2}\right]}{c} \tag{10}$$

根据时间延时 Δt_{nj} 对 A_i（x_i，t_j）进行时运算，假设参与合成孔径运算的数据点数为 $2N+1$，则 TOFD 图像中 A_i（x_i，t_j）点的合成孔径表达式为：

$$A_i^{kj}(x_i, t_j) = \sum_{n=-N}^{N} \frac{A_{i+n}(x_{i+n}, t_j - \Delta t_{nj})}{2N+1} \tag{11}$$

式中，A_i^{kj}（x_i，t_j）为 SAFT 处理后的聚焦图像点，合成孔径窗口大小 $2N+1$ 可以通过近似公式来计算[9]，也可以通过试验来估算。式（11）即为进行 SAFT 超声图像重建的基本公式，通过改变聚焦点 $A_i(x_i, t_j)$ 的位置即可实现对 TOFD 图像的逐点聚焦成像，但是由于探头频带、信号噪声以及相位误差等因素的影响，常常需要采用其他方法来提高 SAFT 的成像质量。

（1）SAFT 的时移线性插值

SAFT 超声成像需要对一组邻近的 A 扫信号进行时移运算，假设超声系统的 A/D 采样周期 ΔT，记 $t_j - \Delta t_{nj}$ 为（$I+\alpha$）ΔT，其中 I 为整数，α 为小数，可以看出，当 α 不为零时 $A_{i+n}(x_{i+n}, t_j - \Delta t_{nj})$ 代表的点是落在两个相邻像素点之间，常规的方法是在 $I\Delta T$ 和（$I+1$）ΔT 之间取距离最近的点，这样不可避免地会造成一定的时移误差。为提高时移运算的精度，对延时时移进行线性插值处理，如下式（12）所示。

$$A_{i+n}(x_{i+n}, t_j - \Delta t_{nj}) = A_{i+n}(x_{i+n}, I\Delta T) + \alpha\left[A_{i+n}(x_{i+n}, (I+1)\Delta T) - A_{i+n}(x_{i+n}, I\Delta T)\right] \tag{12}$$

（2）SAFT 的匹配滤波

随着 TOFD 探头的连续移动，探头接收到的缺陷散射信号的时间序列发生延时，而且其相位和频率也会变化，这种现象可以用多普勒频移来解释。SAFT 成像时如果仅进行时移运算而不考虑相位变化，在下一步进行聚焦求和运算时会造成相位混淆或干扰，引起图像方位分辨率的下降，因此为了提高 SAFT 成像质量必须要对此相位变化项进行滤波处理。匹配滤波器是最佳线性滤波器的一种，以输出信噪比最大为准侧，其传递函数是输入信号的复共轭，滤波过程可以理解为求自相关，可以抵消各频率成分的相位，匹配滤波器的冲击响应为：

$$h(n) = \exp\left(\frac{i2\pi(n\Delta L)^2}{\lambda R}\right) \tag{13}$$

匹配滤波器对信号的处理可以在时域做卷积运算，也可变换到频域作乘法运算，时域方法通常用于信号采样频率不高、滤波器系数点较少的情况，利用卷积运算来实现。

在 TOFD 图像的距离方向上对参与合成孔径运算的 $2N+1$ 个 A 扫信号进行匹配滤波，考虑到参与运算的 A 扫信号数量较少，选用时域卷积算法，如下式所示：

$$A_n^h(x_n,t)=\sum_{k=-N}^{N}h(k)A_{n-k}(x_{n-k},t) \tag{14}$$

式中，$A_n^h(x_n,\ t)$表示匹配滤波后的 A 扫信号序列。

(3) 超声波束旁瓣抑制

根据式 (11) 对 TOFD 图像进行合成孔径聚焦时，对孔径中心位置左右两侧的 A 扫信号进行延时叠加过程中采用的是等权叠加。由于 TOFD 采用的大扩散角探头，波束旁瓣相对较强，采用等权重叠加会降低对旁瓣的抑制，影响合成孔径聚焦图像质量。考虑到不同位置数据点对缺陷散射波贡献率的差异，可以对合成孔径窗口不同位置的数据进行幅度加权叠加，孔径中心点分配权重最高，中心点两侧权重依次降低，这样就有效抑制了参与时移运算的波束旁瓣，这种方法称为波束幅度变迹。

结合式 (11) 可知需要进行幅度变迹处理的 A 扫信号数为 $2N+1$，变迹窗函数 $w(n)$ 需满足在 $n=0$ 时取最大值 1，$n=\pm N$ 时取最小值，在保留最大信息的同时尽可能地消减旁瓣波束，符合上述要求的窗函数有 Hanning 函数和高斯函数等[10]。经窗函数进行幅度变迹处理的合成孔径聚焦的时移运算可写作：

$$A_i^{kj}(x_i,t_j)=\frac{1}{2N+1}\sum_{n=-N}^{N}w(n)A_{i+n}(x_{i+n},t_j-\Delta t_{nj}) \tag{15}$$

根据以上所述的 SAFT 及信号处理算法，采用 Labview 和 C++混合编程的方法，编写了 TOFD 图像处理软件，软件主要功能如表 1 所示。

表 1 TOFD 图谱优化处理软件功能表

序号	软件功能		功能描述	编程语言
1	图谱处理	直通波拉直	对畸变直通波进行拉直校正	C++
		直通波去除	去除直通波，包括三种算法（差分、平均、阈值）	C++
		维纳滤波	对整幅或局部 TOFD 图谱进行维纳滤波去噪	C++
		合成孔径	采用本文的合成孔径聚焦算法对缺陷弧状信号进行抑制，提高横向分辨率	C++
		图谱校正	对声程、直通波、探头延时、PCS 进行校正	Lab
2	TOFD 参数	文件读取	BMP 图片或二进制数据	Lab
		手动参数	手动输入 TOFD 图谱采集参数	Lab
		自动参数	自动读取二进制数据中包含的 TOFD 采集参数	Lab
3	游标显示	游标工具	十字形游标、弧形光标、深度测量	Lab、C++
		缩放工具	通过鼠标的点击、拖曳或画窗动作，实现 TOFD 图谱的局部放大或缩小	Lab
		显示范围	TOFD 图谱显示范围调整	Lab

2 实验结果及分析

直通波拉直示例如图 4 所示，图 4 (a) 为原始图谱，红色方框内为待处理区域，图 4 (b) 为直通波拉直后的图谱，可以看出经过处理后，直通波两端衔接平滑，过渡自然，处理区域基本看不到毛刺出现。

图 5 为一带有近表面缺陷的 TOFD 图谱，为了对该缺陷进行准确定量，需要消除直通波的干扰，采用三种不同的算法对缺陷处的直通波进行去除，如图 6 所示。

从图 6 可以看出，三种方法都可以消除选定区域的直通波，但是对近表面缺陷信号的处理效果不同：图 (a) 中差分算法在消除直通波时，缺陷信号也被消除；图 (b) 和图 (c) 中，缺陷信号都保留较好，其中平均谱去除算法得到的缺陷信号图像端部轮廓更清晰但存在较多的线状突变区，阈值去除算法得到的缺陷信号图像更平滑。软件中同时保留了以上三种算法，在应用中可以实际效果进行选用。

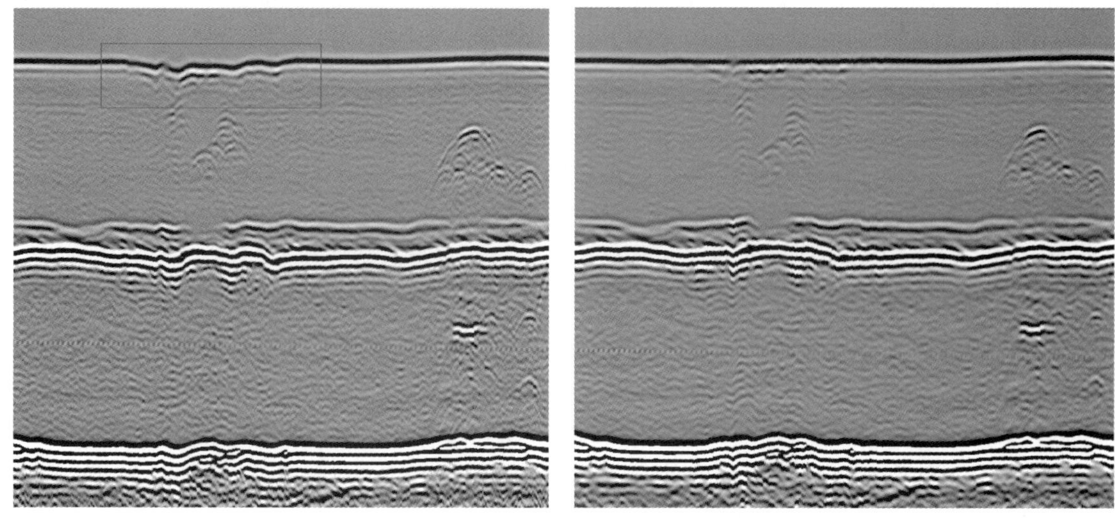

(a) 原始TOFD图谱　　(b) 直通波拉直TOFD图谱

图 4　直通波拉直处理示例

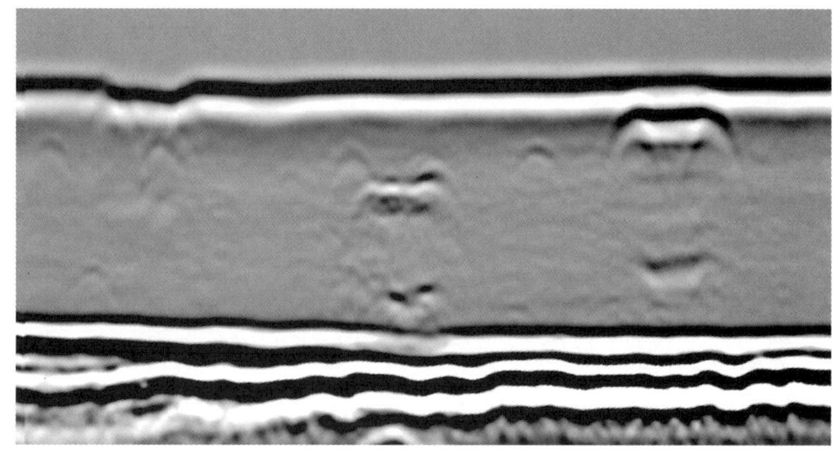

图 5　近表面缺陷的 TOFD 图谱

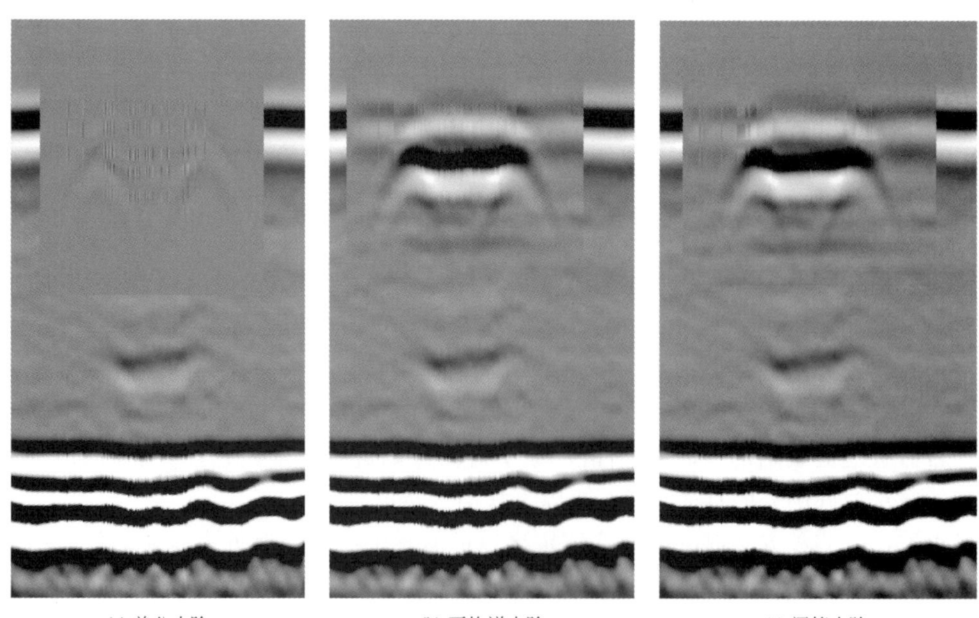

(a) 差分去除　　(b) 平均谱去除　　(c) 阈值去除

图 6　近表面缺陷的直通波消除

图 7 为厚度 25mm 的钢制试块，其中心有一 ϕ5.6mm 平底孔，距离开口表面的深度为 10mm。图 8（a）为进行 4×4 窗口维纳滤波后的 TOFD 非平行扫查（D 扫）图像，扫查面在平底孔开口面，扫查长度为 80mm，TOFD 采样频率为 100MHz，探头规格为 ϕ6mm，探头角度为 60°，中心频率为 5MHz，PCS 为 56mm，从图 8（a）可以看出，平底孔开口处缺陷信号与直通波重叠，从图谱上很难进行分辨。图 8（b）为相应的经直通波阈值去除算法处理后的图像，可以看出直通波被去除的同时缺陷信号被较好的保留下来，经十字坐标测量，平底孔开口处和底部的深度分别为 0mm 和 10.38mm，与实际深度符合较好。

图 7 厚度为 25mm 的 ϕ5.6mm 平底孔试块

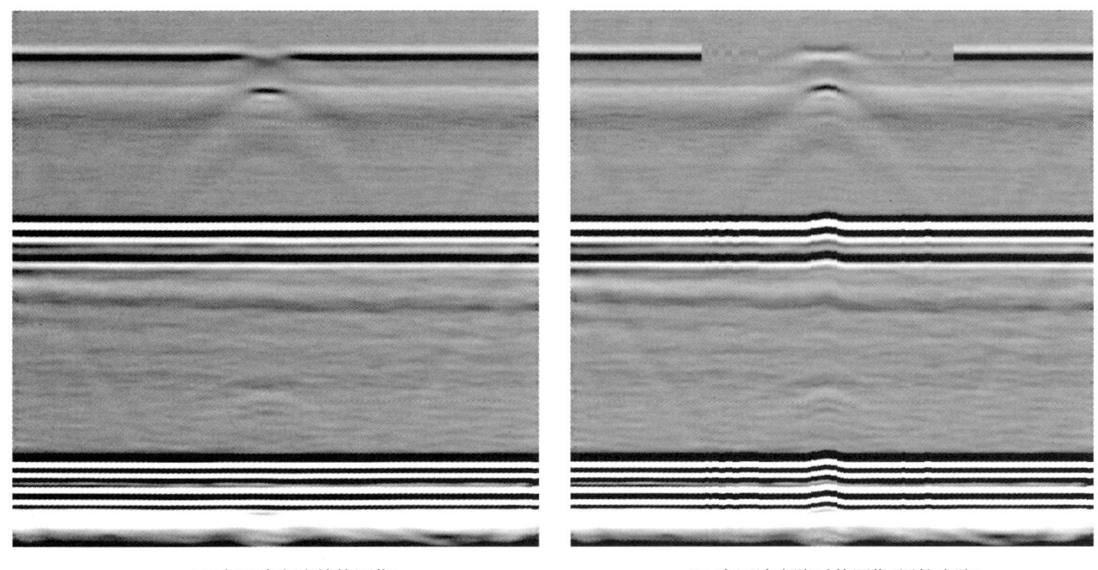

(a) 直通波去除前的图像　　(b) 直通波去除后的图像(阈值去除)

图 8 ϕ5.6mm 平底孔开口面朝上时的 TOFD 非平行扫查图像（维纳滤波 4×4）

图 9（a）为图 7 中的平底孔试块开口面朝下时的 TOFD 非平行扫查（D 扫）图像，扫查长度为 80mm，其它参数与图 8 中的参数相同；图 9（b）为维纳滤波处理后的 TOFD 图像，其中维纳滤波窗口大小为 4×4。从图 9 可看出，平底孔上端部的 TOFD 图像呈双圆弧状，靠近直通波的弧线比较明显，为平底孔的主散射图像，下部较短的弧线为部分声波沿平底孔边缘散射引起，其位置在主信号之后且强度较弱，经过维纳滤波处理后原始图谱中的背景噪声基本被去除，整个图片更加平滑而且平底孔缺陷处信号保留完好。

由于 TOFD 探头的扩散角较大，旁瓣效应明显，平底孔端部两侧的衍射弧相互叠加，造成缺陷的横向分辨率降低。图 10 为平底孔缺陷经维纳滤波再合成孔径处理后的 TOFD 图像，其中图 10（a）为海宁窗变迹处理，图 10（b）为高斯窗变迹处理，图中的虚线为游标线，图底为长度标尺（mm），可看出经 SAFT 处理后原有的衍射弧分解重构为三段离散条纹，中间的水平条纹清晰的指示出了平底孔的位置和长度，经测量分别为 4.1mm 和 4.7mm，与处理前相比提高了缺陷的横向分辨率。

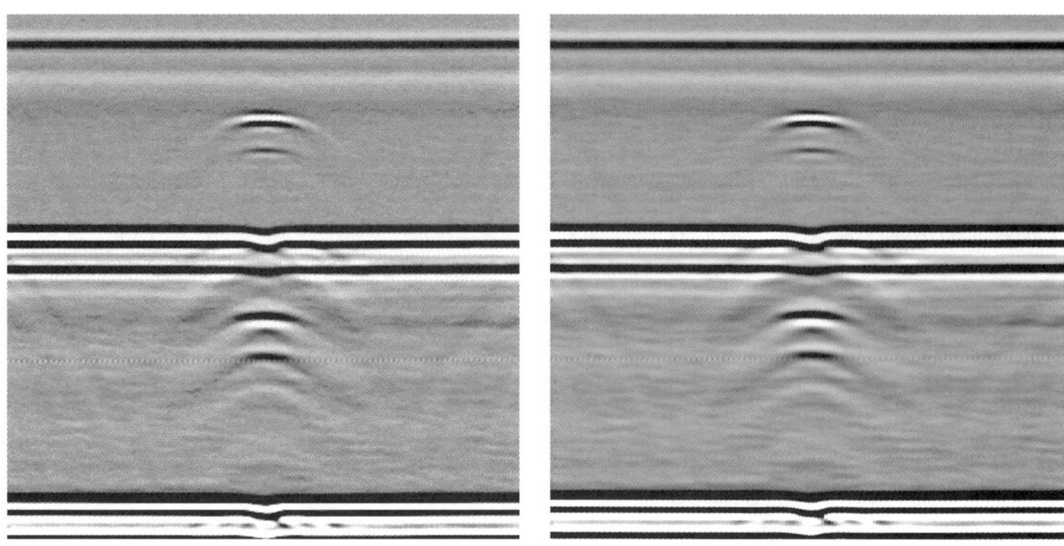

(a) 原始图像　　(b) 维纳滤波处理

图 9　ϕ5.6mm 平底孔开口面朝下时的 TOFD 非平行扫查图像

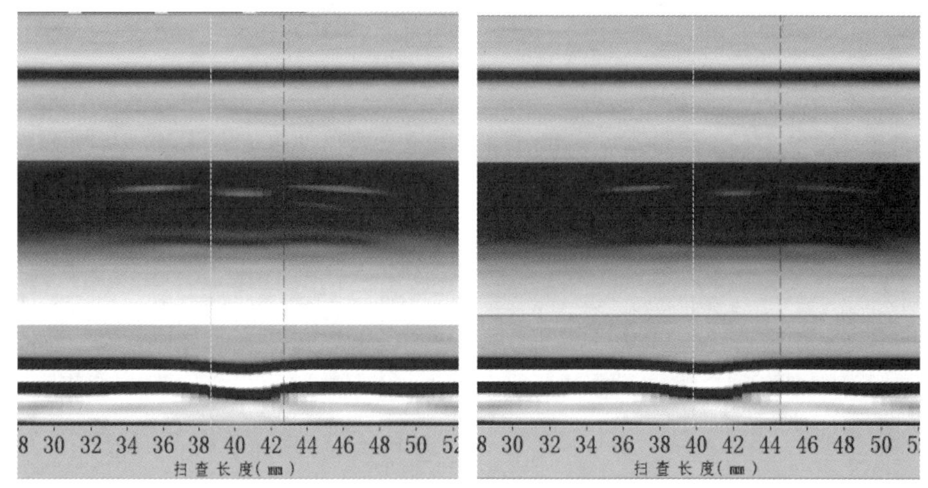

(a) SAFT(海宁窗)　　(b) SAFT(高斯窗)

图 10　经过软件处理后的平底孔 TOFD 图像

图 11（a）为厚度 20mm 焊接试板，图 11（b）为其 D 扫图像，包括直通波、底波以及二者之间的缺陷衍射图像，扫查长度为 250mm，PCS 为 38mm，整个图谱经过 4×4 窗口大小的维纳滤波 处理。对图中红色方框内的 TOFD 图谱进行 SAFT 处理，孔径数为 27，结果如图 11（c）所示。对比发现，经 SAFT 处理后抑制了缺陷处的弧状衍射波，提高了对缺陷的横向分辨率。

(a) 焊缝试板

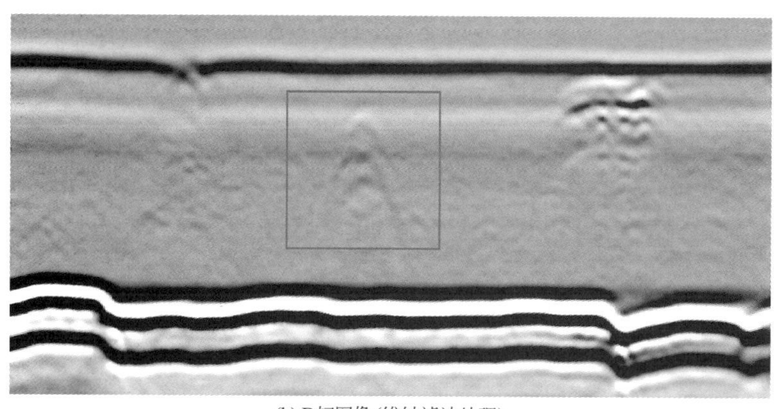

(b) D扫图像(维纳滤波处理)

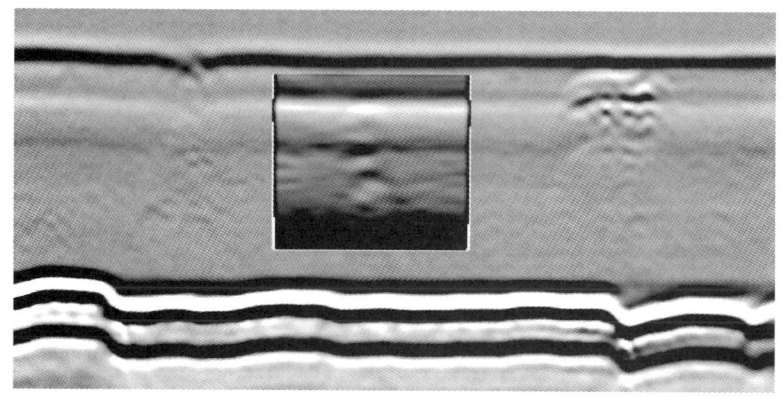

(c) SAFT(海宁窗)

图 11 焊接试板的 D 扫 TOFD 图像

3 结论

本文结合 TOFD 的技术特点对通波拉直与去除算法进行了优化，建立了 D 扫 TOFD 图像的维纳滤波和合成孔径聚焦成像模型，设计开发了一套 TOFD 图谱优化理软件，可实现对 TOFD 图谱的直通波拉直与去除、维纳滤波去噪、合成孔径聚焦成像等功能。试验结果表明，本文设计开发的 TOFD 图像优化处理软件，能有效提高 TOFD 图谱的图像质量，增强对缺陷尺寸的定位和识别。

参考文献

[1] 李衍．超声衍射时差法探伤和定量技术—焊缝超声检测最新欧洲标准介绍［J］．无损检测，2004，26 (1)：47-53.

[2] 李衍．超声 TOFD 原理和方法要领［J］．无损检测，2007，29 (2)：88-93.

[3] 迟大钊，刚铁，袁媛，等．面状缺陷超声 TOFD 法信号和图像的特征与识别［J］．焊接学报，2005，26 (11)：1-4.

[4] 董镌．超声 TOFD 技术在焊缝检测中的应用及缺陷分析研究［D］．兰州：兰州理工大学，2013.

[5] 张小波．基于维纳滤波的图像去噪算法研究［D］．西安: 西安电子科技大学，2014.

[6] J. S. Lim. Two-Dimensional Signal and Image Processing［M］. Upper Saddle River，NJ: Englewood Cliffs Inc.，1990, 469-476.

[7] 于婧．高性能合成孔径超声成像方法研究［D］．沈阳：东北大学，2014.

[8] 姚冰．合成孔径声呐成像及目标检测与识别技术的研究［D］．哈尔滨：哈尔滨工程大学，2010.

[9] 宋志明，李金龙，王黎，等．合成孔径聚焦成像算法研究［J］．现代电子技术，2010，33 (23)：17-20.

[10] 艾春安，蔡笑风，李剑，等．干耦合超声波激励信号研究［J］．中国测试，2016，42 (12)：12-17.

电动闸阀阀杆断裂失效分析

陈　勋

武汉市锅炉压力容器检验研究所，武汉 430024

摘　要： 某电厂锅炉主给水管道上的闸阀阀杆在服役过程中发生断裂，采用断口分析、微区能谱分析、化学成分分析、力学性能试验与金相检验等方法，对阀杆断裂原因进行了分析，结果表明：阀杆断裂由于在制造时退刀槽处未加工倒角，造成开启时阀杆截面突变处应力集中加剧，同时阀杆材料本身冲击韧性值偏低，导致开阀瞬间阀杆在退刀槽处断裂。

关键词： 电动闸阀；阀杆；38CrMoAlA；断裂分析

FAILURE ANALYSIS OF THE STEM OF ELECTRIC GATE VALVE

Chen Xun

Wuhan Boiler Pressure Vessel Inspection Institute， Wuhan 430024

Abstract: Fracture of gate valve stem used for main water supply pipe of power plant boiler occurred during service process， and means such as fracture analysis， energy spectrum analysis， chemical composition analysis， metallographic examination were used to analyze the reasons of stem. The results show that the fracture of stem was that unmachined chamfer at tool withdrawal groove increase stress concentration of abrupt change in stem section when valve open， besides the impact toughness of stem reduces obviously， then the valve stem was fractured at tool withdrawal groove when valve open.

Keywords: Electric gate valve; Stem; 38CrMoAlA; Failure analysis

0　引言

电动闸阀是电厂主给水管道上的重要启闭装置，由于受安装空间及使用条件的限制，要求该阀门必须具有结构简单、密封性能好、开启灵活、抗冲击、使用寿命长和便于维修等特点。

某电厂主给水管道上所用电动楔式双闸板闸阀型号为 Z962Y-P_{54} 10I，工作压力 PN10MPa，公称直径 DN250mm，电装扭矩 1800N·m，安装在锅炉主给水管道上，介质为水、蒸汽，最高工作温度 540℃，已累计运行 800h，机组启停约 10 次。2017 年 5 月，该闸阀在开启过程中阀杆退刀槽处发生断裂，如图 1 所示，阀杆结构如图 2 所示，为了避免类似事情的发生，保障阀门使用的安全性，现对该阀杆断裂原因进行分析并提出了相应的改进措施。

断裂阀杆材料为 38CrMoAlA 锻件，执行标准 JB/T9626—1999 Ⅱ级，检验项目：硬度、力学性能、金相，热处理状态为调质，工艺过程：锻造—退火—调质热处理—机械加工—抗腐蚀离子渗氮。

作者简介：陈勋，1987 年生，男，工程师，主要从事承压类特种设备检验检测工作。

38CrMoAlA 为高级渗氮钢，具有良好的耐热性和耐蚀性，经渗氮处理后能够得到高的表面硬度和疲劳强度，长期使用组织稳定，是一种较成熟的材料，广泛用于制造在 540℃以下工作的高压阀门、阀杆等零部件[1]。

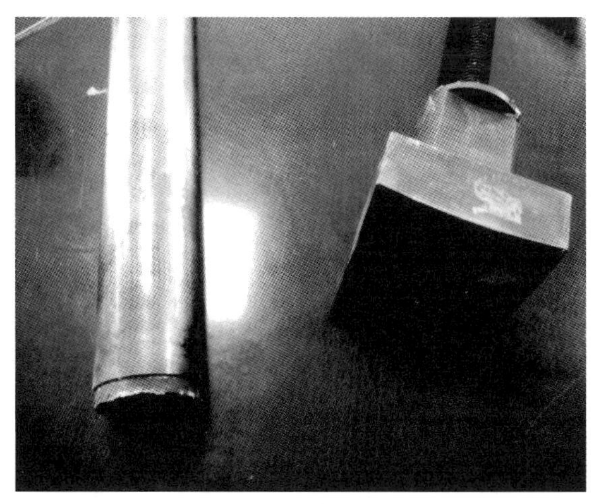

图 1 断裂阀杆

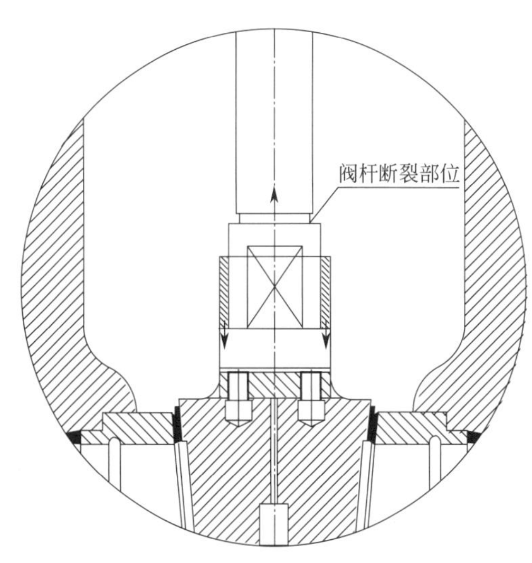

图 2 阀杆受力状态示意图

1 阀杆材质分析

1.1 化学成分分析

从断裂阀杆直段上距离断裂面 15mm 处取块状样品，使用 QSN750 型只读光谱仪，对其进行化学分析，结果如表 1 所示。根据化学成分分析结果可知，该阀杆所使用材料化学成分符合标准 GB/T 3077—2015 的要求。

表 1 阀杆材料的化学成分 %

成分	C	Si	Mn	P	S	Cr	Mo	Al
断裂阀杆	0.37	0.33	0.42	0.020	0.004	1.45	0.18	0.86
GB/T3077 /38CrMoAl	0.35～0.42	0.20～0.45	0.30～0.60	≤0.025	≤0.025	1.35～1.65	0.15～0.25	0.70～1.10

1.2 力学性能分析

表 2 阀杆力学性能

材料	抗拉强度/MPa	屈服强度/MPa	伸长率/%	断面收缩率/%
断裂阀杆直段	1075	835	16.0	53.0
JB/T9626	≥834	≥735	≥16	≥50

表 3 阀杆硬度值（HB）

部位	截面边缘区域			截面中心区域		
阀杆直段部位	330	328	321	338	335	330
阀杆断口下方	330	330	325	340	338	335

表 4 阀杆冲击韧性（A_{KU}）

项目	断口附近区域/(J/cm^2)			远离断口区域/(J/cm^2)		
阀杆冲击韧性	36	40	45	38	45	46

从断裂阀杆直段上取样，对其进行力学性能分析，结果如表 2 所示，在阀杆直段部位及阀杆断口下

方分别取样进行硬度检测，结果如表 3 所示，在断口附近区域和远离断口区域分别取样进行冲击试验，结果如表 4 所示。由表 2 可知，该阀杆材料的抗拉强度、屈服强度、延伸率和断面收缩率均符合标准 JB/T 9625—1999 的要求。由表 3 可知，阀杆截面边缘及中心区域的硬度值相当，均高于标准 JB/T 9625—1999 的要求（标准要求布氏硬度值 250～300），由表 4 可知，阀杆断口附近及远离断口区域材料冲击相当，均远低于标准 JB/T 9626—1999 要求（标准要求冲击韧性 $A_{KU} \geqslant 88J/cm^2$）。综合分析以上检测结果，表明阀杆材料硬度值稍微偏高，而冲击韧性明显偏低。

1.3 显微组织分析

图 3 阀杆直段显微组织

图 4 阀杆断裂部位显微组织

在阀杆直段远离断裂处和断裂部位分别取样进行金相显微组织分析，分别如图 3、图 4 所示。由图 3、图 4 可知，阀杆直断和断裂处显微组织均为回火索氏体，晶粒度均为 4 级，显微组织中渗碳体具有明显的位相性，这表明淬火后马氏体晶粒中形成了针状的渗碳体，在回火过程中针状渗碳体由于保温时间不够或回火温度不够未能充分扩散，不是呈现均匀的弥散分布，而仍具有明显的位相[2]。

2 断口分析

2.1 断口宏观形貌分析

断裂阀杆的断裂部位位于阀杆中间光杆部位与方头部位退刀槽处，断口较为平齐，无塑性变形，宏观上呈现明显的脆性断裂特征，如图 5 所示。

图 5 阀杆断口宏观形貌

2.2 断口微观形貌分析

采用超声波清洗阀杆断口后，用扫描电镜对阀杆断口进行微观形貌分析，可以看到层片状形貌，台阶、河流花样、扇形花样等，几乎没有韧窝，属于解理断裂和准解理断裂的特征花样，如图 6 所示，而对于热处理后的钢铁零件，由于第二相析出、孪晶、位错及化学元素的微观起伏等因素，很少见到解理断裂，多数脆性断口显示为准解理断裂，解理断裂断口是金属在应力作用下沿特定的结晶学平面发生分离的断口，断裂过程几乎不发生任何塑性变形，裂纹扩展速度极快[3]。整个断面上未发现疲劳辉纹和白点，可以排除螺柱断裂与疲劳和氢脆的关系。

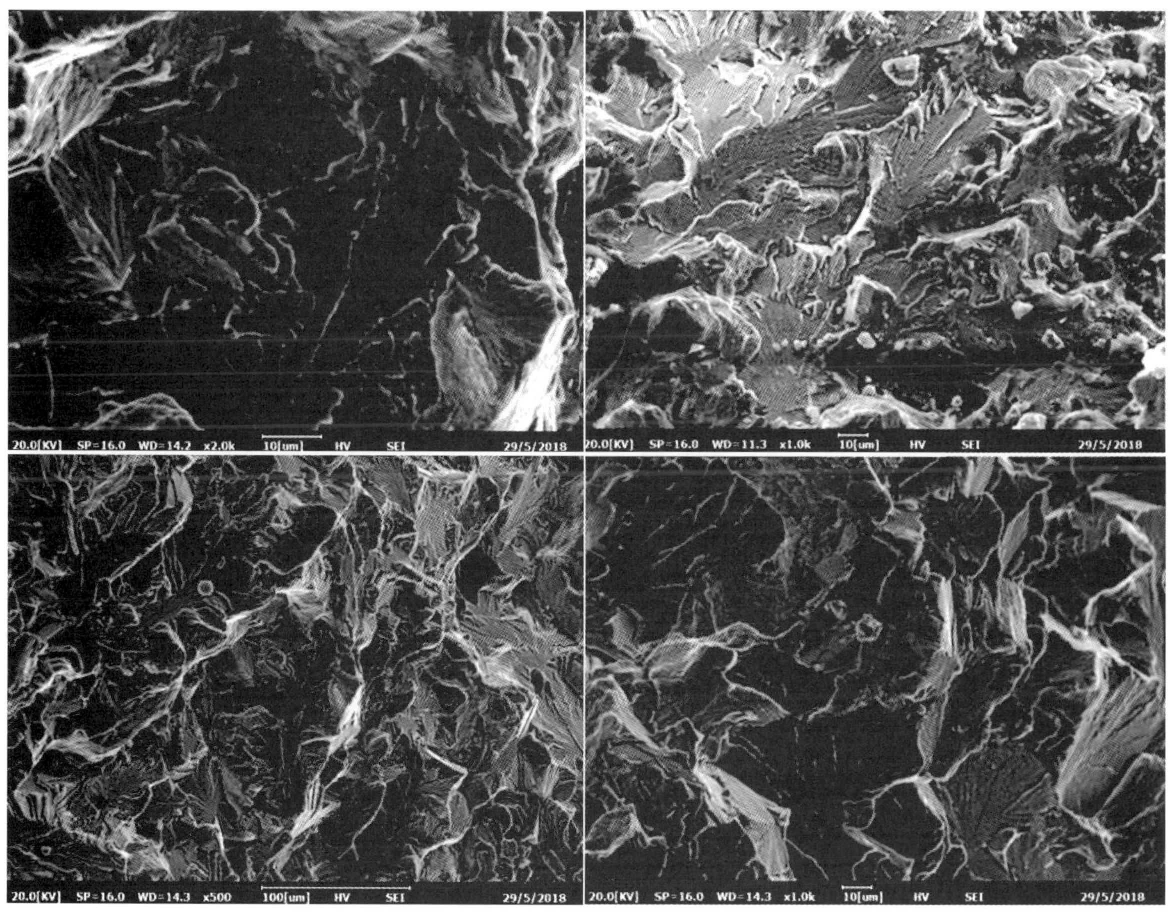

图 6 阀杆断口扫描电镜图片

采用能谱仪对断口表面腐蚀产物的进行成分分析，分析结果如图 7 所示，具体成分及含量如表 5 所示，能谱分析的结果表明，断口表面主要含有 Fe、Mn、P、C、O、Al、Si 等元素，腐蚀敏感元素 S 和 Cl 元素含量极低，结合阀门使用环境分析，可以排除阀杆断裂是由应力腐蚀造成。

表 5 断口表面的腐蚀产物成分及含量

元素	质量比/%	元素	质量比/%
C	38.72	Al	7.03
O	8.89	Si	0.22
P	2.21	N	0.14
S	0.17	Cl	0.06
Fe	42.13	Mn	0.3

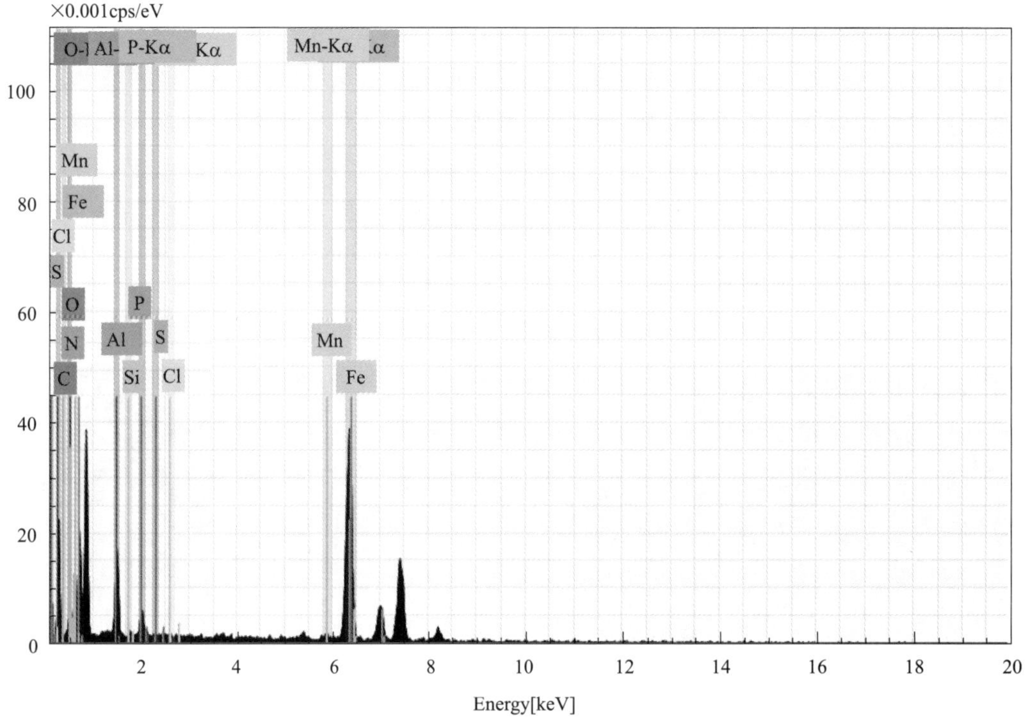

图 7　断口表面的腐蚀产物能谱分析结果

3　电动闸阀阀杆断裂原因分析

由上述检验分析可知，阀杆材料的抗拉强度、屈服强度、伸长率、断面收缩率均符合标准要求，显微组织为回火索氏体，显微组织中渗碳体具有明显的位相性，阀杆硬度值偏高而冲击韧性明显降低，阀杆断裂断口宏观呈现明显脆性断裂特征，微观上呈现解理断裂特征。

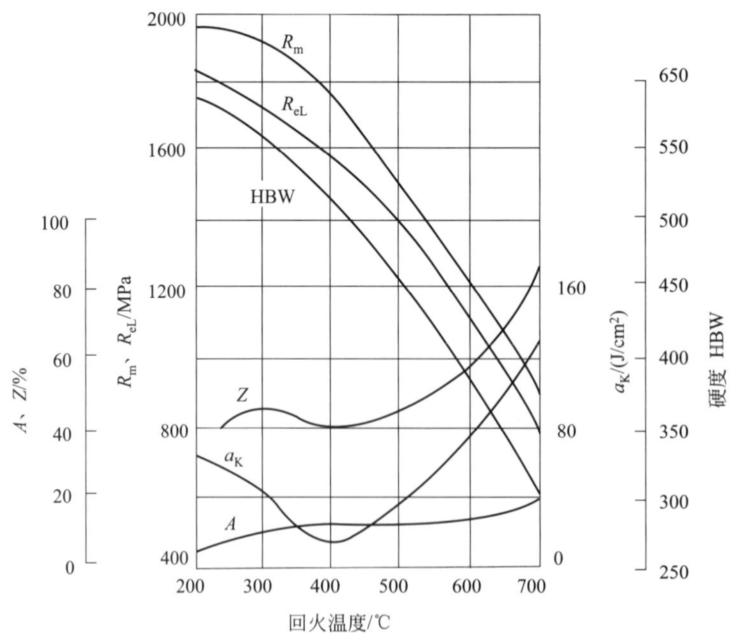

图 8　38CrMoAl 钢力学性能与回火温度的关系[4]

图 8 为 38CrMoAl 钢力学性能与回火温度关系曲线图[4]，由图 8 可知 38CrMoAl 钢的硬度随回火温度升高而降低，阀杆材料的布氏硬度值 321～340，抗拉强度 1075MPa，屈服强度 835MPa，伸长率 16%，对应的回火温度应在 650～700℃之间，若在此温度区间回火，冲击韧性值应在 100～120J/cm^2 之间，而实测该阀杆材料冲击韧性值却在 36～46 J/cm^2 之间，这说明阀杆在热处理过程中回火保温时间不够[5]。

由图 1 和图 5 可知，阀杆下部 T 形槽部分形状复杂，阀杆与 T 形槽之间的过渡区上存在退刀槽，设计图纸上退刀槽处设有倒角，而该阀杆上却没有加工倒角，过渡区上存在截面突变，且该过渡区直径变小。当阀门在关闭位置开启时，电机启动转矩应当是其最大扭矩，开阀瞬间阀杆截面突变处会出现应力集中现象，正常情况下这种应力集中产生的最大应力应当在设计允许范围之内，由于该阀杆制造时退刀槽处未加工倒角，导致截面突变更明显，应力集中加剧，退刀槽处直径变小是阀杆受力最薄弱处，同时由于阀杆材料冲击韧性值偏低，在开阀瞬间将形成足以破坏阀杆材料完整性的应力，导致阀杆在退刀槽处断裂。

4 结论

综合以上分析，阀杆断裂是由于在制造时退刀槽处未加工倒角，导致开启瞬间阀杆截面突变处应力集中加剧，同时阀杆材料本身冲击韧性值偏低，导致在开阀瞬间阀杆在退刀槽处断裂。

5 预防措施

① 严格控制阀杆原材料热处理过程，提高热处理合格率。

② 严格按标准要求对阀杆原材料的硬度、力学性能、金相组织进行检验，不符合标准要求一律不予使用。必要时可提高锻件级别，增加超声波探伤要求。

③ 阀杆开槽部位改为圆角设计，退刀槽处应避免尖角，尽量减小应力集中，制造加工工艺严格按照设计要求执行。

参考文献

[1] 曾正明．新编钢铁材料手册［M］．北京：中国电力出版社，2009.

[2] 樊东黎，等．热处理工程师手册［M］．北京：机械工业出版社．2011.

[3] 张剑锋，等．38CrMoAl 钢镗杆断裂原因分析［J］．金属热处理．2015，40 (7) ：193-196.

[4] 马伯龙，等．热处理技术图解手册［M］．北京：机械工业出版社，2015.

[5] 魏仕勇，等．42CrMo 钢阀杆断裂失效分析［J］．热处理技术与装备，2013, 34 (5) ：65-68.

厚板对接焊缝无损检测方法探讨

唐亮萍　刘丽红　张希旺　杨生泉　刘荟琼

湖南省特种设备检验检测研究院，长沙 410000

摘　要： 结合检测案例和各检验标准中无损检测方法选择要求，对厚板对接焊缝无损检测主要方法应用和局限性进行对比分析，最后得出，对厚板对接焊缝，尤其是采用裂纹敏感材质的，建议取消 RT 检测，采用 TOFD 和 UT 结合，附加 MT 或 PT 检测近表面盲区的方法，必要时可采用其他无损检测方法加以验证的结论。

关键词： 厚板；对接焊缝；无损检测方法

Discussion on the Non-destructive Detection Method of Thick Plate Docking Welds

Tang Liang-ping，Liu Li-hong，Zhang Xi-wang，Yang sheng-quan，Liu Hui-qiong

Hunan Special Equipment Inspection and Inspection Institute，Changsha 410000

Abstract: Combined with the selection of non- destructive testing methods in the test list and various inspection standards，the main methods for non-destructive testing of thick plate butt welds are compared and analyzed. Finally，it is concluded that for thick plate butt welds，especially those using crack sensitive materials，it is recommended to cancel the RT test. Using TOFD and UT combined with MT or PT to detect near-surface blind areas，other non-destructive testing methods can be used to verify the conclusion

Keywords: Thick plates; Docking weld; Non-destructive testing methods

0　引言

随着我国工业制造水平的不断进步，出现了越来越多的高参数特种设备，尤其是厚板对接焊缝广泛应用到高参数特种设备的制造中，为保证特种设备安全可靠运行，对其焊缝的无损检测也提出了更高的要求。常用的无损检测方法有射线检测（RT）、脉冲反射法超声波检测（UT）、衍射时差法超声波检测（TOFD）以及声发射检测（AE）等，在相应设备的检验检测标准中作出了具体的规定，但在实际的检验检测应用中，经常会出现缺陷漏检或缺陷定性定量不准确的问题，如果因为这些缺陷失效发生泄漏或爆炸事故，将带来巨大的灾难。本人结合厚板对接焊缝检测的实际案例，分析对比不同无损检测方法的应用特点，对不同无损检测方法在厚板对接焊缝检测的组合应用进行探讨。

1　各检验标准中无损检测方法选择要求

① TSG 21—2016《固定式压力容器安全技术监察规程》规定，压力容器的对接接头应当采用射线

作者简介：唐亮萍，1984 年生，女，硕士，主要从事特种设备检验工作。

或超声检测，超声检测包括脉冲反射法超声波检测（UT）和衍射时差法超声波检测（TOFD），当采用不可记录的脉冲反射法超声波检测时，还应当采用射线检测或者衍射时差法超声波检测进行附加局部检测；当大型压力容器的对接接头采用 γ 射线全景曝光射线检测时，还应当另外采用 X 射线检测或者衍射时差法超声波检测进行 50%附加局部检测，如果发现超标缺陷，则应当进行 100%X 射线检测或者衍射时差法超声波检测复查[1]。

② TSG D 0001—2009《压力管道安全技术监察规程》规定，名义厚度小于或者等于 30mm 的管道，对接接头采用射线检测，如果采用超声检测代替射线检测，需要取得设计单位的认可，并且其检测数量应当与射线检测相同，管道名义厚度大于 30mm 的对接接头可以采用超声检测代替射线检测[2]。

③ TSG G 0001—2012《锅炉安全技术监察规程》规定，无损检测主要采用射线（RT）、超声（UT）、磁粉（MT）、渗透（PT）等检测方法，当选用衍射时差法（TOFD）时，应当与脉冲回波法（PE）组合进行检测，检测结论以 TOFD 与 PE 方法的结果进行综合判定。壁厚小于 20mm 的焊接接头应当采用射线检测方法，壁厚大于或等于 20mm 时，可以采用超声检测方法，超声检测仪宜采用数字式可记录仪器，如果采用模拟式超声检测仪，应当附加 20%局部射线检测[3]。

2 检测案例

① 某厂一台氨冷器的制造过程中，对该设备的封头与管板的对接焊接接头（焊接接头的工艺参数见表 1），采用 Co^{60}-γ 射线，源在内中心透照方法进行检测，检测技术等级 AB 级，合格级别Ⅱ级，检测标准 NB/T 47013.2—2015，未检出超标缺陷，检测结论合格，射线底片见图 1（a）。按有关标准规范要求，不需要进一步复查。由于壁厚较大，为防止缺陷漏检，制造厂使用探头型号 2.5P13×13K1，2.5P13×13K2，外面双侧，内面单侧方法对该焊接接头进行 UT 检测，检测技术等级 B 级，合格级别 I 级，检测标准 NB/T 47013.3—2015，经检测，发现距焊缝表面深度 74.7mm 处，一条长 152.3mm 的超标缺陷。为验证缺陷的客观真实性，采用 TOFD 检测技术对该焊接接头重新进行了检测，检测技术等级 B 级，合格级别Ⅱ级，检测标准 NB/T 47013.10—2015，同样发现了该条超标缺陷，TOFD 检测图谱见图 1（b）。按 TOFD 显示缺陷位置，将焊缝挖开，找到了一条长为 158mm 的裂纹，焊缝挖开后照片见图 1（c）。

表 1　焊接接头的工艺参数

封头材质、厚度	管板材质、厚度	坡口形式	焊接方法
Q345R、100mm	20MnMo1V、115mm	X 型	SMAW+SAW

② 某厂一台水分离器的制造过程中，对该设备的封头与筒体的对接焊接接头（焊接接头的工艺参数见表 2），采用 Ir192-γ 射线，源在内中心透照方法，同上案例检测标准，未检出超标缺陷，检测结论合格，射线底片见图 2（a）。按有关标准规范要求，也不需要进一步复查。为防止缺陷漏检，制造厂使用同上案例的探头和检测标准，双面单侧方法对该焊接接头进行 UT 检测，经检测，在焊缝热影响区位置，距焊缝表面深度 34.6mm 和 36.8mm 处，分别找到一条长度为 15.2mm 和 7.6mm 的超标缺陷。同时采用 TOFD 检测技术对该焊接接头重新进行了检测，检测标准同上案例，同样发现了该两条超标缺陷，TOFD 检测图谱见图 2（b）。按 TOFD 显示缺陷位置，将焊缝挖开，找到这两条长度分别为 15.8mm 和 7.2mm 的裂纹，焊缝挖开后照片见图 2（c）。

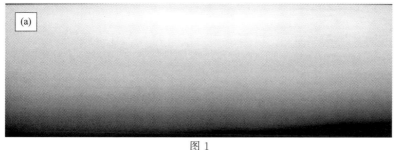

图 1

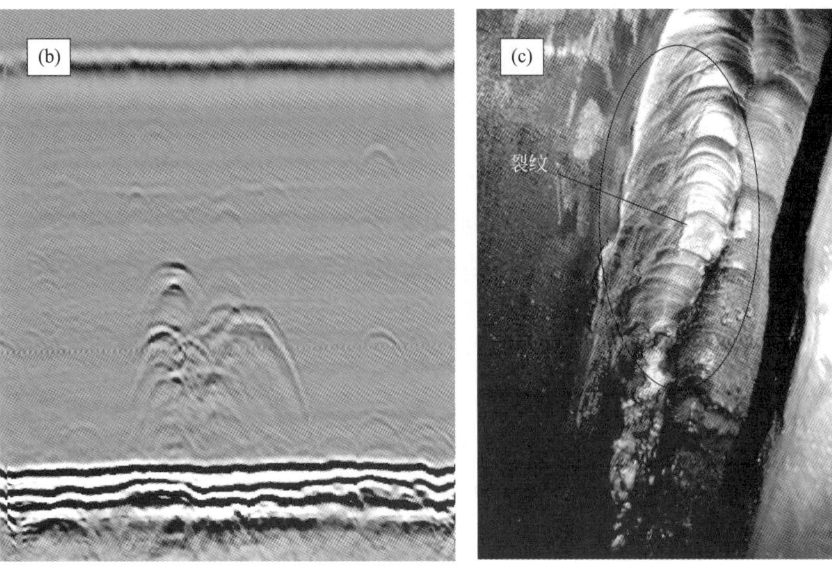

图 1 案例 1 缺陷照片

(a) 缺陷处射线检测底片；(b) TOFD 检测图谱；(c) 焊缝挖开后照片

表 2 焊接接头的工艺参数

封头材质、厚度	筒体材质、厚度	坡口形式	焊接方法
Q345R、52mm	Q345R、46mm	X 型	SMAW+SAW

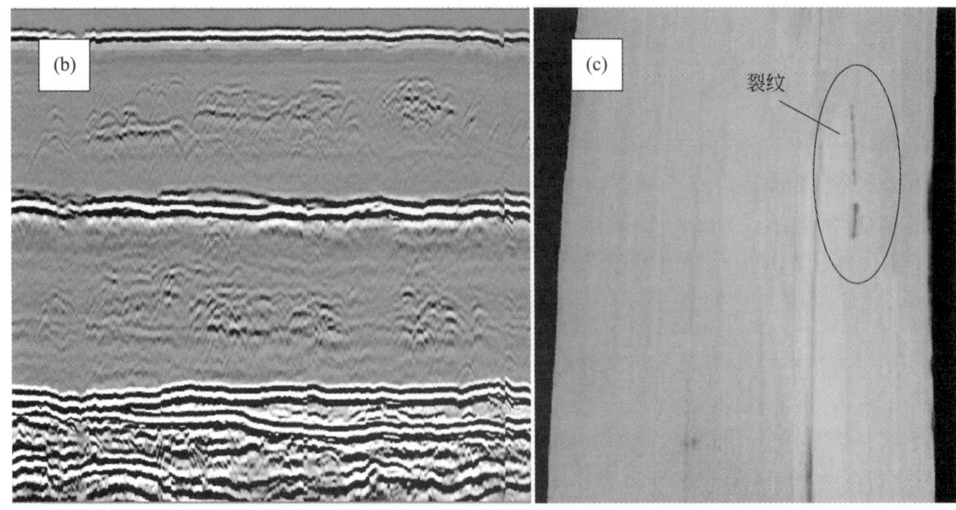

图 2 案例 2 缺陷照片

(a) 缺陷处射线检测底片；(b) TOFD 检测图谱；(c) 焊缝挖开后照片

3 厚板对接焊缝无损检测方法应用对比分析

① 射线检测（RT）。这是传统的检测方法之一，检测的基础理论和检测工艺都比较成熟，应用非常广泛。尽管具有检测成本高，辐射大，效率低等弊端，但仍被广大用户所接受，可见大家对RT检测信任程度高；经过一个世纪的发展，已经发展成为较先进的数字技术，如射线照相检验技术、射线实时成像检验技术以及射线层析检测技术等[5]。但是在对厚板对接焊缝检测中，RT也遇到很难突破的瓶颈，超标缺陷漏检情况时有发生。如本文两案例中，裂纹这种危险性缺陷被漏检。漏检的原因主要是两个方面，一是检测工艺及设备选择，如射线源能量，焦距，胶片质量选择不当等；在本文案例中，采用的γ射线，为线状谱，其能量不可调节，在大多数情况下得不到最佳的对比度，而且其曝光时间相比于X射线成倍增加，这样导致γ射线的照相灵敏度和成像质量远不如X射线；部分可通过调整工艺参数或提高灵敏度，降低漏检率。二是被检工件规格或缺陷自身形态等原因，如裂纹对工件表面法线倾角大、裂纹开口宽度小及形状等原因，造成裂纹影像的对比度下降，使其难以检出；工件厚度对检测也有明显的影响，工件厚度越大，散射比越大，射线照相的对比度就降低，固有不清晰度和颗粒度增大等[4]，厚工件射线照相，不仅小裂纹检出率低，即使较大尺寸裂纹，也可能因为细节显示不清而发生漏检或误判。这是射线检测本身的局限所致，目前看来还没有可靠的解决方法。《固定式压力容器安全技术监察规程》《压力管道安全技术监察规程》《锅炉安全技术监察规程》中对厚板对接焊缝无损检测，都可只采用100%RT检测，不需其它方法复检，如合格，则判定无损检测合格。这对厚板对接焊缝，尤其是采用裂纹敏感材质的，留下了漏检的隐患。

② 超声检测（UT）。只要检测前制定出合适的DAC曲线，其检测缺陷的能力基本不受工件厚度的影响。根据不同材质、厚度的工件，选择合适的探头和工艺参数，或增加探头进行组合检测，严格执行检测工艺，提高检测人员水平和责任心，对裂纹等超标缺陷的检出率很高，并且检测灵活，成本低，比射线检测更加可靠高效，可以有效控制厚板的内部焊接质量。其缺点为，显示不够直观，对检测人员技术水平和经验要求高，并且无原始数据保存，目前可记录超声波检测仪器已有研发应用，应加快推广。

③ 衍射时差法超声波检测（TOFD）。这是一种相对较新的检测技术，现在应用越来越多，其可靠性也逐步提高，可以准确测量缺陷尺寸和高度。TOFD采用一个发射探头，一个接收探头在焊缝两侧，当有缺陷时，接收探头会接收到缺陷上端点和下端点的衍射波，显示于表面波和底面反射波之间[6]，其优越性表现在：一次扫查几乎能够覆盖整个焊缝区域（除上下表面盲区），可以实现非常高的检测速度；可靠性好，对于焊缝中部缺陷检出率很高；能够发现各种类型的缺陷；采用D-扫描成像，缺陷判读更加直观；对缺陷垂直方向的定量和定位非常准确，精度误差小于1mm；和脉冲反射法相结合时检测效果更好，覆盖率100%。其局限性为：近表面存在盲区，对该区域检测可靠性不够，需加做MT或PT；对缺陷定性比较困难，建议与UT方法结合检测，可对检出缺陷进行表征定性；对粗晶材料，检出比较困难；对复杂几何形状的工件比较难测量；对图像判读需要丰富经验，并对细小气孔夹渣等缺陷也非常灵敏，易造成严判。TOFD检测不受焊缝厚度限制，能准确地检出裂纹、未熔合等危险缺陷，在本文案例及工作实际中，得到证实，TOFD在厚板检测中有较高的可靠性。

4 结论

综上所述，以上三种焊缝无损检测方法都有其客观存在的合理性，也各自存在一定的局限性。我们在实际的工作中，应在正确理解和执行标准规范的前提下，充分了解检测设备现状和人员技术状况，充分利用检测设备资源和检测人力资源，根据被检设备的材质、厚度、结构等选择合理的无损检测方法。对一般材质的薄板焊缝多采用RT方法检测，对厚板对接焊缝，尤其是采用裂纹敏感材质的，建议取消RT检测，采用TOFD和UT结合，附加MT或PT检测近表面盲区的方法，必要时可采用其它无损检测方法加以验证。当交叉验证发现疑难，切莫随意放过，决不能让带有裂纹等严重隐患的超标缺陷的特种设备，进入使用环节。

参考文献

[1] TSG 21—2016《固定式压力容器安全技术监察规程》[S].
[2] TSG D 0001—2009《压力管道安全技术监察规程》[S].
[3] TSG G 0001—2012《锅炉安全技术监察规程》[S].
[4] 强天鹏，射线检测[M]. 北京：中国劳动社会保障出版社，2007.
[5] 吴国忠，崔伟. 对射线检测之中缺陷漏检分析[J]. 科技创业月刊，2015：117-119.
[6] 袁涛，等. TOFD超声成像检测技术在压力容器检验中的应用[J]. 化工管理，2016：58-61.

化工仓储公司压力管道全面检验案例分析

闻炯明　孙　磊

江苏省特种设备安全监督检验研究院常熟分院，江苏常熟 215500

摘　要： 对常熟市某化工仓储公司约 40 公里长的 GC2 级压力管道进行全面检验，RT 抽查中发现存在大量未焊透超标缺陷，而且较多未焊透深度达到管道壁厚的 50%。按“在用工业管道定期检验规程（试行）”要求，对发现的超标缺陷采用安全评定的方法进行评定，满足合于使用的要求。

关键词： 压力管道检验；RT；未焊透超标缺陷；安全评定

Overview of comprehensive inspection for pressure piping of one chemical storage company

Wen Jiong-ming　Sun Lei

Changshu Branch Of The Jiangsu Sheng Special Equipment Safety Supervision And Inspection Institute，Jiangsu sheng Changshu City 215500

Abstract: A comprehensive inspection of 40 km GC2 pressure piping of one chemical storage company in changshu city. A large number of exceeding defeats for the Lack of penetration were found in RT，and many of the Lack of penetration depth reached 50% of the thickness of pipe wall. According to the requirements of “periodic inspection regulation for used industrial piping (trial) ”，safety assessment method shall be adopted for the exceeding defeats for the Lack of penetration，meeting the requirements for suitable use.

Keywords: Inspection for pressure piping; RT; exceeding defeats for the Lack of penetration; Safety assessment

0　引言

2016 年底至 2017 年 5 月，对常熟市某化工仓储有限公司库区 15 根、罐区 95 根，共计长约 40km 的危化品压力管道（管道相关设计、安装规范和运行参数详见表 1）进行了首次全面检验。检验中发现问题如下：

① 管道设计图纸及竣工资料已不全，且其布置、规格与现场实际情况有较大出入；

② 宏观检验中发现：管道静电接地装置与钢管有虚焊以及焊缝撕裂现象，部分管道的三通有补焊现象但未见相关修理资料，部分管道缺支架，不锈钢管道与碳钢阀门有直接连接现象等；

作者简介：闻炯明，1968 年生，男，高级工程师，主要从事压力容器和压力管道检验方面的质量和技术管理工作。

③ 焊口射线检测抽查中普遍发现存在未焊透的超标缺陷。

另外，设计资料对介质（溶剂油、汽油、柴油、煤油、化工品）的腐蚀裕量没有明确，经过外观检验和壁厚测定获知该管道内部几乎没有什么腐蚀性，所以实际处理C（腐蚀裕量）为0；管道也没有应力腐蚀和疲劳产生。

表1 某化工仓储有限公司在用工业管道明细表

设计单位：中国石化集团南京化工设计院　　设计规范：GB 50316—2000

安装单位：南通通博设备安装工程有限公司　　安装与验收规范：GB 50235—1997

设计日期：2007.03　　验收及投用日期：2009.06

管道名称	管道级别	敷设方式	规格/mm		长度/m	材质	设计参数		最大工作参数		工作参数		介质
			直径	厚度			压力/MPa	温度/℃	压力/MPa	温度/℃	压力/MPa	温度/℃	
溶剂油、汽油、柴油、煤油、化工品管线	GC2	架空	159、219、273	4～7	650～1350	20＃、0Cr18Ni9	1.0	常温	0.7	常温	0.4	常温	溶剂油、汽油、柴油、煤油、化工品

1 缺陷处理

① 针对管道设计图纸及竣工资料不全，且其布置、规格与现场实际情况有较大出入的问题，由该化工仓储有限公司委托具有相应设计资质的南京某化工工程有限公司对管道现场实际情况进行复勘，并依据现场实际情况出具相关的设计资料及符合性结论报告（包括单线图）。

② 针对宏观检验中发现的问题，由该化工仓储有限公司根据“相关“特种设备检验工作联络单”逐条进行整改，并出具了“关于特种设备检验工作联络单问题整改反馈单”。

③ 针对前期管道检验中进行对接焊口射线检测（RT）抽查中普遍发现的管道“未焊透”现象，经双方协商决定，将原检验方案中规定的RT抽查比例由10%提高至15%，对管子未焊透深度采用NB/T 47013.2—2015[1] 附录L规定的Ⅱ型（通用槽型对比试块）进行测定。共检测对接焊口计657个，其中存在超标缺陷焊口［此处超标缺陷是指超过NB/T 47013.2—2015中表24规定的Ⅲ级以及“在用工业管道定期检验规程（试行）”[2]（以下简称“定检规”）中第47条及49条对管道未焊透深度要求规定的缺陷］共计538个。其中经无损检测单位评定：有较多焊口的未焊透长度超过了3/4周长、其深度达到了管道壁厚的50%（2～2.5mm）。针对发现的问题，为了慎重起见和更深入的了解缺陷情况，对存在超标缺陷的管线对接焊口选择性地切割了10个焊口（覆盖20＃、0Cr18Ni9材料），并委托具有相关理化检测资质的检测单位进行宏观剖样检测，并对宏观剖样组织技术人员测量及分析。图1和图2分别为0Cr18Ni9、20＃材料的取样焊口的10倍宏观剖样放大图（图1为4号样，材料为0Cr18Ni9，规格为ϕ219×4mm，管线编号为HG11-200-1.6K1的34＃焊口的10倍宏观剖样放大图；图2为8号样，材料为20＃，规格为ϕ219×6mm，管线编号为RY200-1.6A2的62＃焊口的10倍宏观剖样放大图）。

2 缺陷处理的分析和说明

① 超过“定检规”第49条及47条对管道未焊透深度要求规定的超标缺陷分析和说明。

按照“定检规”第49条第4款未焊透（1）规定，管子材料为20钢、16Mn、或奥氏体不锈钢时，未焊透按局部减薄定级。所以某化工仓储有限公司的压力管道RT抽查发现的未焊透缺陷均按局部减薄定级。

按照“定检规”第47条第（二）款规定：局部减薄超过制造或验收规范所允许的范围时，如果同时满足以下5个条件，则按照“定检规”表3或表4的规定定级，否则安全状况等级定为4级。根据检验情况，某化工仓储有限公司的压力管道都满足“定检规”的5个条件，所以可以应用表3的规定来进行相应的计算（允许继续使用的压力即管道最大工作压力为0.6MPa；下一检验周期局部减薄深度扩展

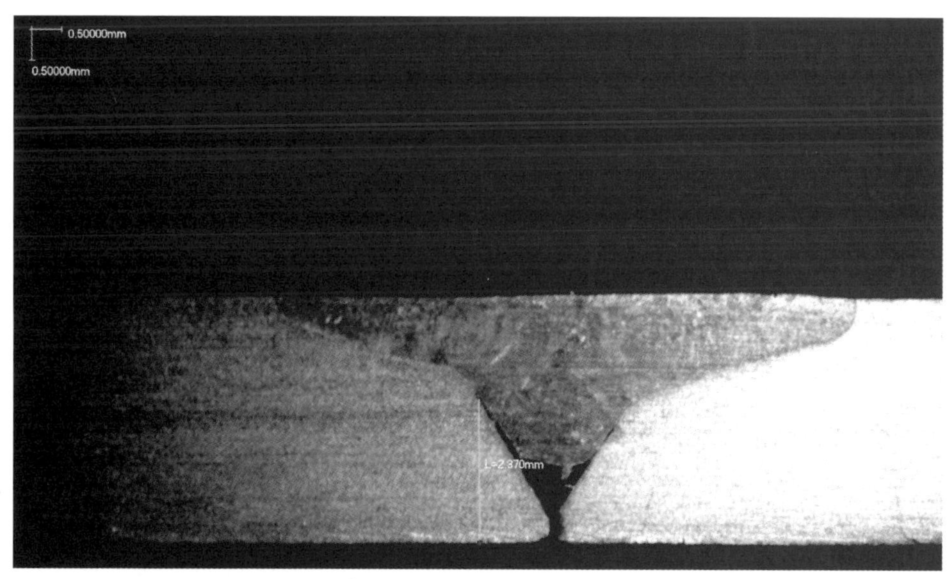

图 1　编号为 HG11-200-1.6K1 的 34＃焊口的 10 倍宏观剖样放大图

（4 号样，规格 ϕ219×4mm，实测最大未焊透深度为 2.37mm）

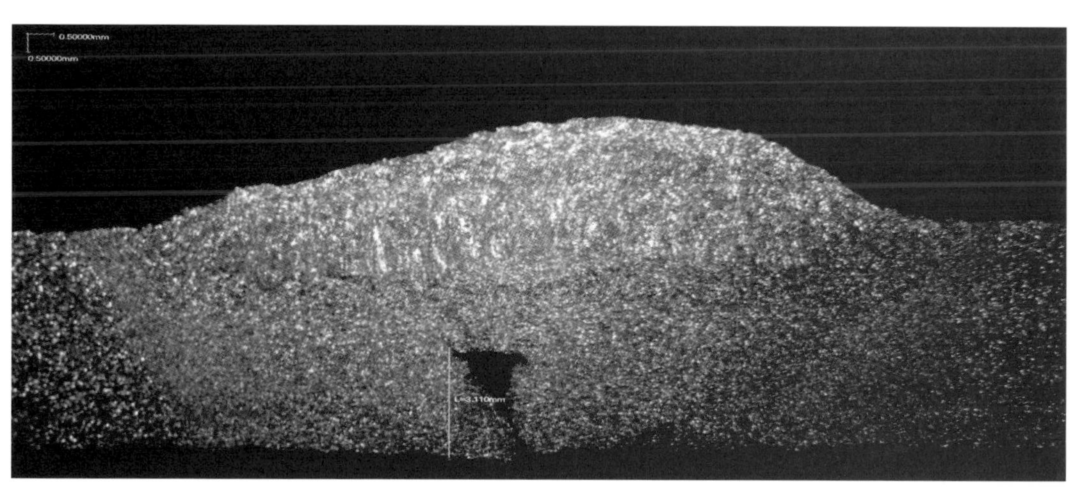

图 2　编号为 RY200-1.6A2 的 62＃焊口的 10 倍宏观剖样放大图

（8 号样，规格 ϕ219×6mm，最大未焊透深度为 3.11mm）

量的估计值 C 值为 0），然后给 RT 抽查发现的未焊透缺陷进行定级，结果都达不到 3 级，安全状况等级均定为 4 级。

② 利用槽型对比试块来测试未焊透深度的方法有一定误差。

目前对 *DN*100 以上管子的未焊透深度的检测是按照 NB/T 47013.2—2015 附录 L 规定的Ⅱ型（通用槽型对比试块）的要求，因为手工电弧焊盖面的缘故，焊缝的余高在一定范围内是变动的（一般是 0～2mm），并不是一个已知的固定数值（2mm）。加上对接时存在错边，所以利用通用槽型对比试块来测试管子的未焊透深度的方法有一定误差，从管道编号为 HG11-200-1.6K1 的 34＃焊口的一张底片（详见图 3）可以看出，通用槽型对比试块上 1.5mm 槽处的黑度远小于未焊透处的黑度，另外底片黑度的测量受黑度计精度的影响，特别是受黑度计测量孔大小的限制 ，像图 3 里未焊透处的宽度较微小，所以其黑度是无法测量的。对此相关标准和文章都有叙述，例如 SY/T 4109—2005《石油天然气钢质管道对接焊缝射线照相及质量分级》[3] 也指出：如何在射线底片上测试未焊透深度，在技术上还有待解决；《沟槽对比试块的对比作用浅说》[4] 也讲述：利用测深试块测试未焊透深度的方法有一定误差，对未焊透深度的定量检测尚不精准。所以如果现场情况允许，还是应选择性地切割相关焊口进行宏观剖样检测。从本次检验选择的 4 号样（管线编号为 HG11-200-1.6K1，材料为 0Cr18Ni9，规格 ϕ219×4mm，焊口号 34＃）的 10 倍宏观剖样放大图（详见图 1）看出：实测最大未焊透深度为 2.37mm，而相关的无损检测公司 RT 报告上给出的未焊透深度为 2.0mm；从 8 号样（管线编号为 RY200-1.6A2，材料为 20＃，规格 ϕ219×6mm，焊口号 62＃）的 10 倍宏观剖样放大图（详见图 2）看出：实测最大未焊透深度为 3.11mm，而相关的无损检测公司 RT 报告上给出的未焊透深度为 1.3 mm。所以对于最大未焊透深度，评片数值和实测值还是存在一定误差。

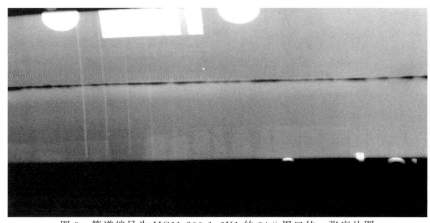

图 3　管道编号为 HG11-200-1.6K1 的 34＃焊口的一张底片图

③ 由于管道竣工资料不全（尤其是竣工验收资料中焊接质量及无损检测资料严重缺失），尽管在本次全面检验中，射线抽查比例已由规定的 10%提高至 15%，仍无法 100%反映焊口处的缺陷情况。

按照制定的“处理意见”，全面检验发现超标缺陷（按“定检规”评为 4 级的缺陷）时，是直接返修加上扩大 RT 抽查比例，如果扩大 RT 抽查比例后发现缺陷较多，则应从严处理，要求企业修理或者更换。但由于时间问题，常熟某化工仓储有限公司决定采用“定检规”要求对检验中发现的超标缺陷的第 2 个处理原则（采用安全评定的方法确认缺陷是否影响管道安全运行到下一检验周期）来处理，待日后再逐年更换管道。故邀请南京工业大学—中石化南京失效分析及预防研究中心对缺陷按 GB/T 19624—2004《在用含缺陷压力容器安全评定》[5] 标准进行安全评定，由安全评定单位对评定结果负责，最终综合南京工业大学—中石化南京失效分析及预防研究中心的安全评定报告及常熟某化工仓储有限公司对缺陷的其他整改情况对管道安全状况等级做评定。

3　结论

南京工业大学-中石化南京失效分析及预防研究中心汇总了相关管道的宏观检测、壁厚测定、射线检测超标缺陷情况数据后，对库区 15 根、罐区 95 根管道依据《在用含缺陷压力容器安全评定》的“双判据法”对焊口缺陷进行了评定，评定后出具了“常熟某化工仓储有限公司库区含缺陷管道安全评价报告”及“常熟某化工仓储有限公司罐区含缺陷管道安全评价报告”。在两份报告中对总计 538 个焊口超标缺陷进行了安全评价，其结论是满足缺陷常规评定的要求。

经过缺陷安全评定，本次含有超标缺陷的焊口均满足了《在用含缺陷压力容器安全评定》中平面缺陷常规评定的要求，评定点均落在 FAC 曲线下方，满足合于使用的要求，本次含有超标缺陷的管道安全状况等级均定为 3 级，允许在全面检验报告允许的参数下运行，管道下次全面检验周期定为 3 年。

缺陷评价本身并不能消除缺陷。某化工仓储有限公司应加强管道日常的巡检及检漏工作和每年的在线检验工作，尤其对本次检测未焊透深度达到 2mm 以上的管子焊口应加强跟踪检验。特别是对应力集中的管口应加强跟踪检验，严防管道超压及水击（如泵空载，启停时阀门启闭，管道内介质未排空在两端封闭的情况下阳光暴晒）。对管道及管段进行分级管理，对缺陷比较严重的管道及管段应有计划的每年进行更换或者修理。

参考文献

[1] NB/T 47013. 2—2015.
[2] 在用工业管道定期检验规程（试行）.
[3] SY/T 4109—2005，石油天然气钢质管道对接焊缝射线照相及质量分级.
[4] 苏声斌，沟槽对比试块的对比作用浅说［J］. 无损探伤，2006，02（30）：45-46.
[5] GB/T 19624—2004.

进口锅炉燃烧装置爆裂故障的分析

陈　辉

北京市特种设备检测中心

摘　要： 本文通过对一起锅炉燃烧装置爆裂的分析，提出了由于锅炉房在设计布置和锅炉设置位置的局限致使锅炉燃料的不充分燃烧，最终导致燃烧器炉排爆裂故障。

关键词： 锅炉；燃烧装置；爆裂

Analysis of Burst Fault of Imported Boiler Combustion Device

Chen　Hui

Beijing Special Equipment Inspection&Testing Center

Abstract: Based on the analysis of a burst of a boiler combustion device, this paper points out that due to the limitation of the design layout of the boiler room and the location of the boiler, the insufficient combustion of the boiler fuel will eventually lead to the burst failure of the combustion device.

Keywords: Boiler; Combustion apparatus; Furnace bed crack

0　前言

近几年随着社会经济的发展和环保要求的提高，北京市作为首都在城市规划，锅炉改造，环境治理等工作中对锅炉合理选择首先是以降低污染，节约能源为前提的。这样燃气锅炉作为目前最清洁而且排放污染最少的锅炉逐步取代了燃煤锅炉，目前各种进口锅炉以节能环保、占地小、安装方便以及安全系数大等优点在北京市场所占份额在不断增大。但进口锅炉在设计安装和安全使用应引起我们的足够重视[1,2]。

1　现场勘察

北京市海淀区某干部修养所在 2015 年安装了 6 台 DTG-320-20Eco. Nox 型大气混燃落地式铸铁热水锅炉，安装后厂家安装调试均正常。但 2016 年 2 月的某一天编号为 219 和 220 的两台锅炉出现了异常。在燃烧过程中产生噼啪的异常响声，随即司炉人员停止锅炉运行，并通知锅炉厂家到现场检查。拆开锅炉下部面板检查发现：

① 锅炉燃烧炉排每根出现程度不同的局部变色；

作者简介：陈辉，1973 年生，男，高级工程师，主要从事大型工业锅炉和电站锅炉的监督检验工作，进口锅炉的监督检验，锅炉事故鉴定工作。

② 两台锅炉中仅存 5 根燃烧器炉排可以继续使用，其余燃烧器炉排都在距离根部 10～20mm 的位置处出现裂纹或缺口。

现场实地勘察发现锅炉房高度 5.5m，锅炉房的大门的墙壁上开 2 扇窗户距离地平面高度约为 3.5m。每扇窗户的尺寸约为 2×1.5m 可通风的面积为 1.0m²。两扇窗户中有一个排风扇，直径约为 50mm 锅炉房左侧墙壁有 2 个距离地面约为 4m 的百叶窗的风口面积约为 0.8m²。剩余的两面墙壁中有一扇门通往锅炉附机设备间，另外有一扇门常年不开。

2 故障分析

大气混燃落地式铸铁热水锅炉的结构见图 1。锅炉型号为 DTG-320-20Eco. Nox，主体材质为铸铁，使用压力 0.4MPa，燃料为天然气。

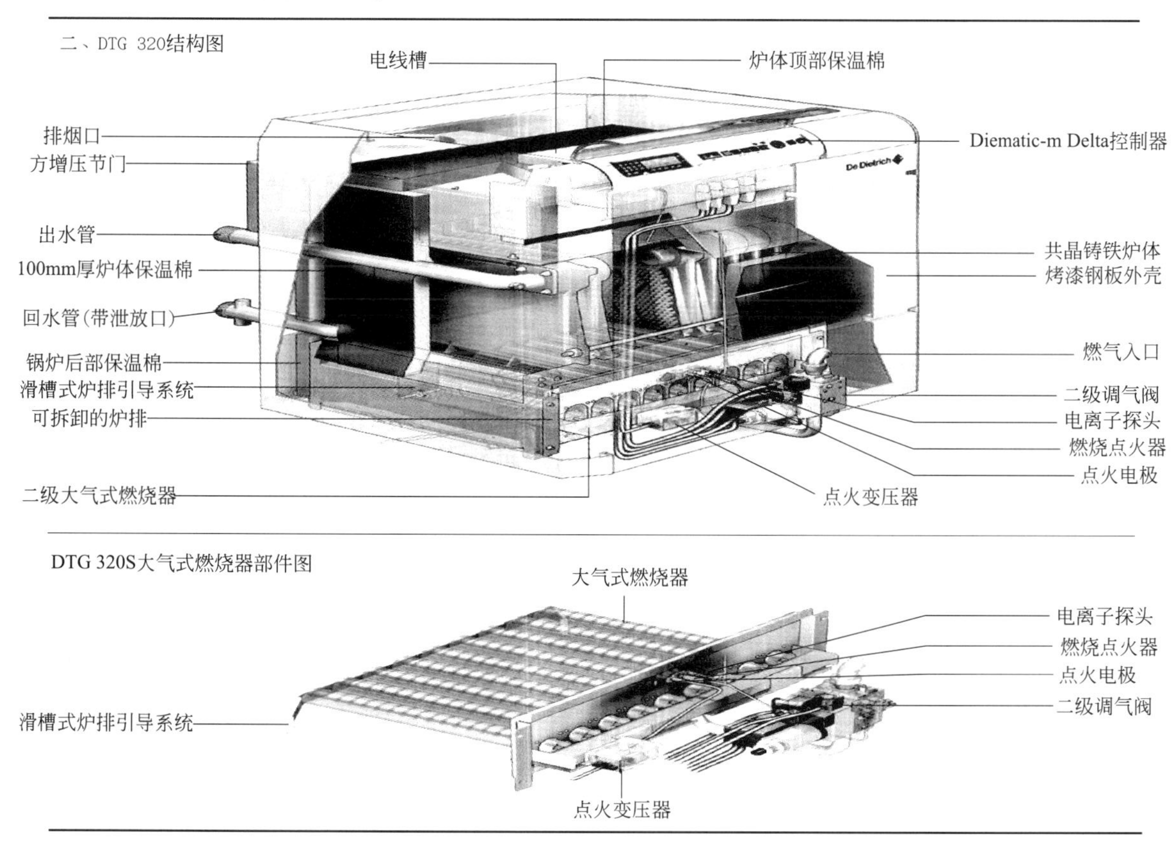

图 1 锅炉结构示意图

2.1 锅炉房的布置和锅炉位置设置对燃烧工况的影响

DTG-320-20Eco. Nox 型大气混燃落地式铸铁热水锅炉明确提出了锅炉的正常使用时的通风要求，在不造成强大扰动气流的前提下，确保燃烧需要的新鲜空气从锅炉的前面进入燃烧器。如果进风口位于锅炉后部烟箱处，新风会被烟道直接抽出，根本不会参与燃烧。进风口的位置选择应设置在下方，通风口设置应选择高位。而且空气入口的位置和上部通风口的位置应确保锅炉房内的空气流通。根据 DTU61.1（法国 NFP45—204）标准规定：锅炉额定 25～70kW 之间时，采用直接通风口，在直接进气的情况下，规定通风口最小截面积 70m²。根据 DTU65.4（法国 NFP52－221）标准规定锅炉额定功率大于 70kW 时采用高位和低位通风口。高位要求通风口的面积等于烟囱总截面积的 1/2。低位通风口要求 S（dm²）≥0.86P/20。其中 P 为锅炉安装功率。也就是说锅炉能够正常的燃烧要求进风的方向能靠近锅炉正前方，保证有足够的空气。现场勘查显示，现场安装的 6 台锅炉正面也就是燃烧器进风的位置背对锅炉正门布置，如果在开锅炉大门的时候会有足够的空气从正面进入。而距离地面 4m 百叶窗的风口既高位通风口只能保证锅炉房高位的少量空气流通，对于低位的空气流通是不起作用的。所以低位通风口位置不满足锅炉厂家给出的通风要求。另外锅炉在安装调试和试运行时正常，是因为一般的锅炉都会在取暖前安装调试完毕，在8～9月份气温不是很低，锅炉房的大门以及各个窗户都敞开，能有足够的空气流通，能保证燃料充分燃烧不会出现问题。冬季取暖期间天气寒冷，锅炉房并没有设立独立的操作人员休息室。为保持室内温度操作人员关闭了锅炉房内所有的门窗。造成通风不畅。从现场看到的实际情况也是一样。

2.2 不充分燃烧是导致炉排损坏的直接原因

燃料是经过燃烧将化学能转化成热能的物质。所谓燃烧是指含C和H的物质与氧或者含氧的物质（空气）急剧化合发生化学反应，同时释放热量。实质是燃料中的可燃物和空气中的氧进行剧烈的化学反应。燃料燃烧充分的必须条件为第一必须有可燃物、第二必须有可燃物着火的温度、第三必须有足够的空气量、第四可燃物与空气要充分混合、第五要有足够的时间和空间。气体燃料燃烧反映比较快，为了保证燃料的充分燃烧，就必须保证燃料和氧有合适的浓度，而氧是由空气供应的，空气量过小，燃料不能完全燃烧，产生固体未完全燃烧热损失 Q_4 和 Q_3。空气量过多，由于空气的温度较低，会影响燃烧速度。也会增加未完全燃烧损失，而且产生烟气量过多，造成热损失。所以理论上空气过量系数为1是最佳状态，所谓空气过量系数是实际空气量和理论空气量的比值。锅炉实际工作中空气燃料混合的不均匀导致局部区域缺氧或某个时段缺氧。在锅炉实际使用中过量空气系数一般都为1.1～1.2，同时还有采取措施加强燃料和空气的充分混合。大气混燃落地式这种类型的锅炉就是能更加充分使燃料和空气混合燃烧。结合上述分析的原因不难看出：锅炉在冬季运行锅炉房处于封闭状态，就锅炉房而言只有高位存在少量的空气流动，而低位的进风只能靠室内空气的自然流动，长久下去无法得到充分、均匀的燃烧空气，对于严重缺乏新鲜的燃烧空气的锅炉，燃烧火焰会不正常贴近燃烧器炉排和聚集在燃烧器炉排的前部。造成燃烧器炉排局部颜色变色。经过长期燃烧就会导致燃烧器炉排的损坏，严重会产生爆裂。

3 改进措施

① 加大高位通风口空气流动，增加排风扇或者增大排风扇的功率。

② 在每台锅炉前设置进风口。锅炉的进风口设计可以有两种方案：一是引风的管道靠墙安装，在锅炉的正前方留出进风口可；二是以引风的管道在地下，在锅炉的正前方留出进风口位置。要求进风口的面积不小于 $16dm^2$。

③ 加大锅炉房左侧墙壁百叶窗的尺寸，并保持常开通风。

4 一点启示

目前在一些设计、使用单位存在一些认识误区，认为大气混燃落地式锅炉结构和安装都比较简单，许多锅炉房改造项目或增容项目并没有对锅炉房进行重新设计，并综合考虑。认为只要把锅炉本体安装就位和管道焊接就可以了。

其次作为锅炉施工方忽略了锅炉制造厂家对具体锅炉安装位置、通风方向位置的具体要求。进口锅炉经销商大多只针对锅炉销售到用户，对用户也仅注重提供锅炉的质量证明书等出厂技术资料，对实际进行锅炉安装的安装单位不会提出很具体的指导工作，因此会出现一些问题。所以说锅炉的安装不仅是一个单位，一个部门的行为，它是一个系统工程需要各个部门的协调。应该引起我们更多的关注。

参考文献

［1］ 庞丽君，孙恩召．燃烧技术及设备．［M］哈尔滨：哈尔滨工业大学出版社 1987.
［2］ 刘福仁，郑得生．锅炉基础知识．［M］北京：中国劳动出版社 1991.

浅析压力管道安装监督检验的质量控制

黄志镕　陈　明

武汉市锅炉压力容器检验研究所，武汉 430000

摘　要： 为提高压力管道安装监督检验的质量，本文通过对压力管道安装监检过程中容易出现安装质量问题的环节进行分析研究，总结出在监督检验过程中需要注意的问题。以期通过科学有效的监督管理，提高压力管道安装工程的质量，减少事故隐患，保证压力管道的安全运行。

关键词： 压力管道；安装质量；监督检验

Discussion on Quality Control of Supervision and Inspection of Pressure Pipe Installation

Huang Zhi-rong，Chen Ming

Wuhan Boiler and Pressure Vessel Inspection Institute, wuhan, 430000

Abstract: To improve the quality of supervision and inspection of pressure pipeline installation. This paper investigates the links that are prone to quality problems during the supervision and installation of pressure pipeline installation，and summarizes the problems that need to be paid attention to during the supervision and inspection process. It is hoped that through scientific and effective supervision and management，the quality of pressure pipeline installation works will be improved，the hidden dangers of accidents will be reduced，and the safe operation of pressure pipelines will be guaranteed.

Keywords: Pressure pipeline; Installation quality; Supervision and inspection

0　引言

近年来，压力管道重大安全事故频发。2016 年 8 月，湖北省某公司一个热电联产项目在试生产过程中，发生一起重大高压蒸汽管道爆裂事故，造成 22 人死亡，4 人重伤的重大事故。事故调查结论之一是该管道检验检测没有按标准规范进行，监管缺失，没有发现焊缝隐患。2017 年 12 月 23 日 13 时 45 分左右，嘉兴市某热电公司一台高温高压锅炉主蒸汽管道旁通蒸汽回收支管（该管段位于主蒸汽管道上三通与蒸汽回收支管一次阀之间，属于锅炉范围内管道）发生爆裂，造成 6 人死亡，3 人重伤。事故直接原因为事故管段材质不符合设计要求。事故管段材质设计为 12Cr1MoVG 合金钢，实际事故管段材质为相当于 20G 的碳素钢。

从多起压力管道事故的调查结果可知，压力管道事故涉及的原因有很多，如设计缺陷、安装制造质

作者简介：黄志镕，男，1984 年生，工程师，硕士，从事压力容器和压力管道检验检测工作。

量问题、缺乏有效的管理，操作不当原因和应急处理不及时等原因。其中安装制造质量问题是最容易导致事故的原因之一，因为安装工程一旦结束，缺陷隐患已存在，后期再发现整改的难度很大。而运行和使用操作的问题可以通过检查、管理、培训等手段提升改进和防范措施。因此如何控制压力管道的安装质量，如何在压力管道监督检验过程中提高监督检验的针对性和有效性，保证压力管道的安装质量以及合理规避检验风险，是值得检验员在压力管道安装监督检验过程中需要认真总结和重点关注的问题[1,2]。

1 现状分析

一直以来我国对压力管道的安装都未能完全规范管理，由于政府质量监督管理力量薄弱，导致压力管道安装市场混乱。2002版的《压力管道安装安全质量监督检验规则》也已不能完全适应目前的监检要求，例如该规则要求建设单位、设计单位、安装单位、监理单位、检测单位、防腐单位等相关单位必须接受并配合监检机构的监检工作，并对其出具安全质量管理行为的评价报告，这项要求不仅增大了检验员的责任，实施难度也很大；该规则对监检程序的要求也太过宏观，指导性不是很强，容易导致检验员在具体执行的过程中对于监检项目的尺度把握不统一。

通过对多个安装工程进行调查分析，发现目前压力管道安装过程中存在很多问题：如存在无证或超范围施工承建，施工单位将承接的工程层层转包或以包代管、建设单位搞低价中标或将施工项目肆意肢解后分包给多个企业施工，施工单位资质挂靠、现场质量控制体系失控，不按设计要求施工、管道元件和管道组成件不合格、无损检测质量控制不符合要求等现象严重影响着压力管道的安装质量。具体到施工阶段，有些工程施工单位未办理相应手续就开始施工；部分分包的工程，分包单位甚至无相应的安装资质；有些施工图纸未经审查即开工，也未办理告知手续进行安装监督检验，甚至存在先施工后补图纸，边施工边设计的现象。安装单位还存在质量控制责任不到位，如忽视施工要求，盲目赶进度抢时间，压缩工期，为节省成本暗地偷工减料，以次充好等现象。这些行为都给安装工程留下了很多质量和安全隐患。

2 正确认识并开展安装监督工作

面对如此复杂的压力管道安装市场以及发生事故后对监检人员的严厉追责，很多检验人员面对安装监检任务都唯恐避之不及。其实检验机构和检验人员应转变观念，正确认识监督检验，不能因事故追责就谈虎色变，觉得一旦参与就承担了无限的责任。压力管道的质量是安装单位依靠其良好运行的技术管理和质量管理体系安装出来的，安装监督检验不减轻安装单位自行检验的责任，压力管道安装监检是在受检单位自检合格基础上，由承担安装监督检验工作的检验机构依据相关规范对压力管道安装过程实施的监督验证和满足基本安全要求的符合性验证，监检工作不能代替受检单位的自检。安装监督检验也是代表质量监督部门对安装工程实施监督，应着眼于工程重点监督和宏观把关，重点在于审查各方主体资质、资格的合法性，指导和监督各方主体有效的实施质量保证体系，并监督各方质量行为的合法性和尽责性，以达到质量监督的目的。安装工程质量的责任主体是业主、设计和施工单位，质量监督应当充分尊重各方的权利并明确工程质量是由各方主体在合同范围内承担，而不是由质量监督人员或监检机构承担。

工程质量贯穿于工程建设的全过程，只有遵循客观规律，切实搞好工程建设各个阶段、各个过程的质量控制与监督，才能有效防止工程质量事故和质量隐，从根本上保证安装工程建设项目的质量。监督检验机构应把握在安装监督检验中的自身定位，即不能搞保姆式的具体指导，也不能是放任施工单位自由施工，应科学有效的行使好质量监督职能，保证监检质量。

3 监督检验工作的主要内容

安装监督检验是监检机构对压力管道安装过程实施的监督验证和满足基本安全要求的符合性验证。监检单位需依法依规按照监检程序对安装工程实施有针对性的质量监督工作，监督工程质量的全过程受控，确保工程质量监督效果。安装监督检验包括对设计、施工、检测及工程建设管理的监督，对安装过程中“人、机、料、法、环”各生产要素的配置和使用情况的监督，主要包含以下几点内容。

（1）受理监检

施工单位安装告知后，应当向相应监检机构申报实施监督检验。监检机构接受监检申报后，应当对施工单位提交的相关资料进行审查。重点审查安装单位的安装资质和人员资质是否与工程相适应，安装合同，分包单位的分包协议是否齐全。如发现资质方面问题不能满足施工要求的应停止监检并告知工程所在地质监部门。审查了解工程概况后办理监检手续，按照施工难度组成监检项目组，指定监检组负责人，并且配备必要的监检人员。

（2）准备工作、制定监检方案

监检项目组接到监检任务后应认真审查设计文件、施工组织设计、焊接工艺评定报告等资料。了解工程的具体情况，并根据资料审查情况对施工单位进行施工能力评估，然后编制有针对性的监检方案。监检机构应当与建设单位、施工单位建立工作联系程序，并向各责任主体联系人进行工作交底，监检负责人应结合压力管道安装技术特性和施工实际情况，将监检项目、监检内容、监检方式等告知受检单位并提出相关要求。同时还需要收集工程相关安全技术规范、标准，组织监检人员熟悉监检工作。

（3）监检实施

监检过程中，监检人员应当根据监检方案所规定的监检项目和监检方式开展监检工作，通过在施工现场的资料审查、现场监督、实物检查以及对受检单位提交的工作见证等安装质量技术资料进行审查确认等方式，对安装过程及其结果是否满足安全技术规范要求进行验证；同时还需要结合监检情况对受检单位的质量保证体系实施状况进行检查与评价，确保受检单位现场的质保体系能正常运转以保证施工质量。

（4）出具监检证书

压力管道安装监检工作完成后，监检人员对压力管道安装技术资料进行审查，当所有监检项目均符合安全技术规范及其标准、设计文件的要求时，监检单位出具监检证书，并做好监检记录存档，完成整个监检流程。

4 如何有效的开展监督检验工作

4.1 重视前期监检策划工作

监检机构接到监检申请后首先要基于目前法律和法规的要求重点检查施工单位资质与所承担工程是否相符，相关告知手续是否齐全。然后按照施工难度和工艺复杂程度对监检工作进行评估，成立监检项目组，指定监检组负责人，并配备资格和能力与工程相适应的监督检验人员。施工难度评估可综合考虑以下因素：

① 压力管道种类和级别；

② 压力管道介质危险程度，如易燃易爆、有毒有害；

③ 是否存在特殊材料、特殊安装工艺；

④ 安装工程量以及施工难度，如单条管道单种介质、成套装置多管道不同介质等；

⑤ 安装单位资质等级施工能力，历史业绩。

4.2 制定针对性的监检方案，确定监检项目

监检项目组接到监检任务后应认真审查设计文件、施工组织设计、焊接工艺评定报告等资料。了解工程的具体情况，并根据资料审查情况对施工单位进行施工能力评估，然后根据工程具体情况编制有针对性的监检方案，确定监检项目以及监检方式。不同的施工项目可能有不同的影响压力管道安全性能的关键项目、重点项目和一般项目，每种项目监检的方式也不一样。对于关键项目受检单位应当提前通知监检人员到现场，经监检人员确认该项目的实施符合要求后，受检单位方可继续施工；对于重点项目监检人员一般在现场监督、实物检查，如不能及时到达现场，受检单位在自检合格后可以继续进行该项目的施工，监检人员随后对该项施工结果进行现场检查，确认是否符合要求；对于一般项目，监检人员通过审查受检单位相关的自检报告、记录等施工技术质量资料资料，确认是否符合要求。

因此根据设计文件、设备安装特点以及施工单位水平、业主要求、经验反馈等有针对性的编制监检方案并报监检单位相关部门审批，是保证安装监督检验质量的重要前提，也是项目组实施监督检验的依据。合理设置监检项目和确定监检方式，提前明确监督要求，有利于监督思想的统一，提高监督检验质量，也有利于监检资源的有效利用，做到务实高效。

4.3 确保监检方案落实有力

对于安装监检工作来说，不论监检方案、策划、理论如何完整、科学，监检活动的执行与最终落实才是最关键的一个环节。监检方案要通过顺畅的途径及时传达到监督执行者和受检单位联络人手中，监检单位和受检单位都应明确具体责任人。此举可以最大限度地限制人为的随意性，也有利于对人力资源的调配。

由于资源条件限制，监检人员不可能持续现场跟踪，但可以充分有效的利用目前发达的即时通讯工具，如QQ、微信等随时和施工单位联络人沟通，实时了解工程进度，对于需要重点关注的环节，可以要求其以图片，视频的形式传送，这样既能第一时间发现问题，也能对施工单位造成监督震慑作用，督促其按照施工方案规范施工，保证施工质量。电子沟通记录也可作为监检过程记录的一部分存档，追溯安装质量。

4.4 监检过程中不符合项的控制

对于监检过程中不符合问题的处理和跟踪也是压力管道安装监检工作中重点关注的问题之一。施工单位的现场质量体系中应考虑建立设备安装质量不符合项的管理办法，建立不符合项的快速处理机制，对于发生的不符合项，现场相关责任人应能准确定性，分析产生的原因，并采取有效的纠正措施，推动问题的处理。

监检人员在监检过程中发现一般问题和严重问题时，应当按照单位的管理程序及时处理。要求受检单位对所列出问题予以整改，整改完成后，将有关见证资料报送监检机构。监检人员应当对整改见证资料进行审查确认，如对检验检测结果有怀疑或者检验检测的项目结论为不合格时，监检人员应当要求受检单位进行复验或者补充试验。监检机构在发现受检单位存在造假行为或者出具虚假报告以及所提交质量技术资料的真实性和有效性存在问题时，应书面告知建设单位，并向发证机关以及所在地特种设备安全监管部门报告。

4.5 形成翔实的监检记录

压力管道安装监检对于任何活动必须具有可追溯性的要求，设备监督人员在开展监督活动中必须有完整的监检记录，监检记录信息应翔实、具体。遵循质量安全“凡事有据可查”的观点，压力管道安装监检过程应尽可能保留完整的监检活动过程和相关信息、技术记录文件。做好安装监检记录不仅是单位质量管理的要求，也是对监检人员自身的保护，一旦有事故发生，监检记录也是为监检人员脱责有力的证据之一。

4.6 提高监检人员的素质

监检人员综合素质是保证安装监检任务完成的基础。监检机构应从思想政治素质和业务技术素质两方面入手，不断提高监督人员的综合素质。所谓思想政治素质是指正确处理与建设各方主体的关系，以其良好的职业道德，做到公正廉洁，不参与有损质量监督公正性和客观性的业务行为，不以权谋私，以维护监督机构的形象；所谓业务技术素质是指专业技术能力，对于新技术、新工艺、新检测等知识的更新，与施工单位沟通交流，应对多变环境、处理复杂问题的能力。

5 结论

压力管道由于管线分布复杂，管道组成件、支承件品种非常多，且一个工程可能涉及多种材料和不同的安装工艺要求，加之安装过程多为露天作业，环境条件比较恶劣等原因，使得安装质量难以得到有效的保证。为了保证压力管道安装监检的质量，在压力管道安装监督检验环节要实施科学有效的监督管理，通过资料审查等手段对施工单位进行施工能力评估，然后根据工程具体情况编制有针对性的监检方案。在监检过程中严格按照监检方案实施监检，对质量体系控制、施工过程、检验检测、耐压试验等关键环节进行重点控制，并根据现场情况按需调整监检策略，充分利用发达的通讯手段随时把握安装进度，并做好相关的监检记录，留好记录痕迹便于追溯。只要能科学有效的实施监督检验，就能提高压力管道的安装质量，最大程度地保证压力管道的安全运行。

参考文献

［1］ TSG D 0001—2009.
［2］ 国家质量监督检验检疫总局．压力管道安装安全质量监督检验规则 (2002 版)，2008.

燃油/燃气燃烧器性能评价方法概述

刘 峰[1] 陈新中[1] 黎亚洲[2]

1. 中国特种设备检测研究院，北京 100013
2. 上海焱晶燃烧设备检测有限公司，上海 201821

摘　要： 目前我国国内燃油/燃气燃烧器制造质量参差不齐，因此对燃油/燃气燃烧器进行性能评价是十分必要的。本文主要从燃油/燃气燃烧器的安全性能、运行性能、环保性能和节能性能四个方面论述了评价方法。

关键词： 燃烧器；性能；评价；方法

Review of Performance Evaluation Methods for Oil / Gas Burners

Liu Feng[1], Chen Xin-zhong[1], Li Ya-zhou[2]

1. China Special Equipment Inspection Institute, Beijing 100013
2. Shanghai Yanjing Combustion Equipment Testing Co., Ltd., Shanghai 201821

Abstract: At present, the manufacturing quality of oil / gas burners in China was not uniform, so it was necessary to evaluate the performance of oil / gas burner. This paper mainly discussed the evaluation method of oil / gas burners from four aspects: safety performance, operation performance, environmental protection performance and energy saving performance.

Keywords: Burners; Performance; Evaluation; Methods

0 引言

燃烧器是热能装置的核心设备，是一种集成了燃烧、热工、流体、控制与监测等技术的机电一体化产品，由燃料供给系统、供风系统、点火系统、燃烧系统、自动调节系统和安全与控制系统组成，广泛应用于石油化工、建材、电力等工业领域和民用领域[1]。近年来，各大中城市逐步淘汰市区内燃煤锅炉，改用油、气、电等清洁燃料或集中供热。“西气东输”的战略措施，为燃气锅炉的应用提供了物质基础。同时，国外燃油/燃气锅炉大量涌入国内市场，国产燃油/燃气锅炉也得到了很大的发展。这些客观因素促使燃油/燃气锅炉应用越来越多，呈逐年上升的趋势[2]。同时，这也带来了国产燃烧器制造质量参差不齐的问题，由于国内制定的污染物排放限制比欧洲宽松，锅炉的排放有相关要求，但是对燃烧器的排放却没有，燃烧器工作曲线、火焰形状与炉膛阻力及炉膛尺寸不匹配，燃料品种繁多造成同牌号燃料成份和性能差别较大，从而造成大量的设计合理、性能优良的燃烧器在实际使用中其可靠性、安全

基金项目：国家重点研发计划：“电站锅炉安全服役风险防控关键技术研究”（编号：2016YFC0801904）。

作者简介：刘峰，1983年生，男，高级工程师，硕士，主要从事电站锅炉检验及燃烧器测试技术研究。

性、环保与节能的优点大打折扣，会发生不能满足生产要求、浪费能源、污染环境等问题，严重时更会造成安全事故。因此，提出燃油/燃气燃烧器性能评价能更好地规范我国燃油/燃气燃烧器市场，促进我国燃油/燃气燃烧器制造水平的提升，并使我国国产燃烧器更加安全、节能与环保。

1 燃油/燃气燃烧器性能评价方法

燃油/燃气燃烧器性能包括安全性能、运行性能、环保性能和节能性能四个方面。下面将分别介绍以上四种性能的分级评价方法。

1.1 安全性能

安全性能包括前、后吹扫时间，点火安全时间，启动热功率，安全切断阀关闭时间，程序控制器类型，电气安全性能及防护等级，火焰监测装置及阀门检漏装置类型等项目。

（1）前、后吹扫时间

前吹扫时间是测试燃烧器在点火前，风门处于吹扫位置的持续吹扫时间；后吹扫时间是测试燃烧器在停机后，风门处于吹扫位置的持续吹扫时间[3]。上述前、后吹扫时间的测试次数各不少于 3 次，每次测试结果均应当符合《燃油（气）燃烧器安全技术规则》中第二十二条（对燃油燃烧器）和第二十三条（对燃气燃烧器）的要求。

（2）点火安全时间

测试燃烧器点火火焰点燃的安全时间，即无点火火焰形成时，点火燃料控制阀得到开启信号与关闭信号之间的时间间隔[3]。点火安全时间试验次数应不少于 3 次，每次试验结果均应当符合《燃油（气）燃烧器安全技术规则》中第十九条（对燃油燃烧器）和第二十条（对燃气燃烧器）的要求。

（3）启动热功率

测试燃烧器在启动时段的输出热功率。测量燃烧器在点火过程中的燃料（油或气）输入量，并参照 TSG ZB 002—2008《燃油（气）燃烧器型式试验规则》附录 Ba，计算出燃烧器的启动热功率。

（4）安全切断阀关闭时间

测试燃烧器主火焰点燃的安全时间，即无主火焰形成时，主燃料控制阀得到开启信号与关闭信号之间的时间间隔[3]。

（5）程序控制器类型

验证程序控制器类型，主要分为 PLC 和专用程序控制器两种。PLC 程控器是利用可编程逻辑控制器（PLC），根据燃烧器标准要求编程进行燃烧时序控制和信号处理的自动控制器，控制程序可修改。专用程控器是由专业制造商根据燃烧器的标准要求，专门用于燃烧时序控制和信号处理的自动控制器，一般情况下程序无法修改。

（6）电气安全性能及防护等级

为保证正常运行和防止电流的直接作用造成的危险，电气设备应有足够的绝缘电阻、介质强度、耐热能力、防潮湿、防污秽、阻燃性、耐漏电起痕等性能。电气设备应具有足够的机械强度、良好的外壳防护和相应的稳定性，以及适应运输的结构。外部导电部件应可靠保护接地，接地电阻小于或等于 4Ω。

（7）火焰监测装置

验证火焰是否存在；火焰监测装置的安装位置，能够使其不受外部信号的干扰；在点火火焰和主火焰分别设有独立的火焰监测装置的场合，点火火焰不能影响主火焰的检测。点火燃烧器和主燃烧器各自安装火焰监测装置时，主火焰的火焰监测装置应不能监测到点火火焰。对于主燃烧器运行时点火燃烧器仍然在运行的系统，应安装相互独立的火焰监测装置，分别用以监测点火火焰和主火焰。对于主燃烧器运行时点火燃烧器已经熄灭的燃烧器，可只安装一只能监测到点火火焰和主火焰的火焰监测装置。

（8）阀门检漏装置类型

验证燃烧器所使用的阀门检漏装置类型，主要分为增压检漏装置和逻辑检漏装置两种。增压检漏是利用气泵对两只阀门之间进行增压，检测判断阀门是否泄漏。逻辑检漏是通过阀门开启和关闭，检测两只阀门之间的燃气压力变化，逻辑判断阀门是否泄漏。

1.2 运行性能

运行性能包括火焰稳定性、点火可靠性、燃烧稳定性、部件表面温度、输出热功率、过量空气系数（α）和自振动等项目。

（1）火焰稳定性

测试燃烧器处于最大输出热功率运行状态；测试燃烧器处于最小输出热功率运行状态；测试电压改变时（0.85～1.1倍额定电压）运行状态。根据供热装置对燃烧器的要求，还应当根据燃烧器工作曲线上相应测量点的要求，进行火焰稳定性试验。

（2）点火可靠性

点火可靠性主要是验证燃烧器的点火成功次数（以10次为基准，不得少于8次）。

（3）燃烧稳定性

计算燃烧稳定性主要是验证烟气中氧含量（体积百分数）的差值。

（4）部件表面温度

燃油燃烧器部件表面温度测试是将燃烧器的输出热功率调整至最大值，燃烧室内压调整至最小值、过量空气系数（α）调整至设计值，同时，供以额定电压；测量燃烧器在冷态状况时控制装置与安全装置的表面温度；在燃烧器运行30min以后，测量燃烧器在热态状况时控制装置与安全装置的表面温度。

燃气燃烧器部件表面温度测试是燃烧器被供以最大热功率下的标准燃气，测量燃烧器在冷态状况时控制装置与安全装置的表面温度，在燃烧器运行30min以后，测量燃烧器在热态状况时控制装置与安全装置的表面温度。

（5）输出热功率

按照TSG ZB 002—2008《燃油（气）燃烧器型式试验规则》B3.1输出热功率范围测试要求进行。

（6）过量空气系数（α）

测试燃烧器在额定输出热功率下的过量空气系数（α），以锅炉出口氧气含量为依据计算得出。

（7）自振动

自振动应符合GB/T 6075.3—2011标准的要求。

1.3 环保性能

环保性能包括一氧化碳（CO）排放浓度、氮氧化物（NO_X）排放浓度和噪声等项目。

（1）一氧化碳（CO）排放浓度

按照TSG ZB 002—2008《燃油（气）燃烧器型式试验规则》B3.2.1烟气成分测试要求进行。

（2）氮氧化物（NO_X）排放浓度

按照TSG ZB 002—2008《燃油（气）燃烧器型式试验规则》B3.2.1烟气成分测试要求进行。

（3）噪声

测试在燃烧器处于额定输出热功率运行状态下的噪声。测试时，在距离燃烧器1m处选定前、左和右3个测点，用声级计分别测量该点在前、左和右3个方向上的噪声，各测量3次，取所有结果中最大的平均值作为测试结果。

1.4 节能性能

节能性能包括电机能效、调节比、负荷调节方式和能效比等项目。

（1）电机能效

电机能效参照 GB 18613 能效等级或 IE 能效等级的要求进行分级。

（2）调节比

测试燃烧器最大输出热功率与最小输出热功率的比值。

（3）负荷调节方式

验证燃烧器负荷调节方式，主要分为机械调节和电子比例调节两种。

（4）能效比

测试燃烧器的额定输出热功率与消耗电功率的比值。

2 结论

通过对燃油/燃气燃烧器的安全性能、运行性能、环保性能和节能性能进行评价，可以有效规范我国燃烧制造企业的燃烧器制造质量，使燃烧器的制造水平向着更加优质、安全、节能与环保的方向迈进。同时，也必将对我国的大气污染防治起到推动作用。

参考文献

[1] 廖晓炜，窦文宇，李国政．全自动燃气燃烧器点火安全分析．中国特种设备安全，2011；27（10）：5-8.

[2] 杨伟杰．燃烧器技术．1004-8774（2008）04-23-03.

[3] GB/T 36699—2018.

石墨烯改性导热油及其特种设备节能技术应用研究

刘　峥[1,2]　**区炳显**[1,2]　**王勤生**[1,2]　**孙小伟**[1,2]

1. 江苏省特种设备安全监督检验研究院无锡分院，江苏省无锡市 214174

2. 国家石墨烯产品质量监督检验中心（江苏），江苏省无锡市 214174

摘　要： 采用物理法制备了高品质的石墨烯，通过拉曼光谱、原子力显微镜、扫描电镜等检测手段对其进行表征。使用剪切共混技术对导热油基础油进行改性，获得的改性产品中，石墨烯具有良好的分散性和稳定性。进一步对石墨烯改性导热油研究，发现添加石墨烯的导热油相较于没有添加的导热油具有明显的热稳定性，随着石墨烯添加量的增加，石墨烯的添加对其热扩散系数最高可以提高一倍。

关键词： 石墨烯；导热油；改性；节能

Study on Graphene Modified Heat Transfer Oil and Its Special Equipment Energy Saving Technology Application

Liu Zheng[1, 2], Ou Bing-xian[1, 2], Wang Qin-sheng[1, 2], Sun Xiao-wei[1, 2]

1. Wuxi Branch of Jiangsu Province Special Equipment Safety Supervision and Inspection Institute (Yanxin road 330. Huishan. 214174 Wuxi. China.)

2. National Graphene Products Quality Supervision and Inspection Center (Jiangsu), (Yanxin road 330. Huishan. 214174 Wuxi. China.)

Abstract: High-quality graphene was prepared by physical method and characterized by Raman spectroscopy，atomic force microscopy and scanning electron microscopy. The heat- conducting oil base oil is modified by shear blending technology，and the obtained modified product has good dispersibility and stability. Further research on graphene modified heat transfer oil found that the heat transfer oil with graphene added has obvious thermal stability compared with the heat transfer oil without added. With the increase of graphene addition，the thermal diffusivity of graphene is added. The maximum can be doubled.

Keywords: Graphene; Heat transfer oil; Modification; Energy saving

0　引言

导热油又称有机热载体、热传导液、热媒、热介质等，是一类有机传热介质，主要用于高温加热及低温冷却工艺，在现代工业中具有广泛的用途。一般导热油的热效率为 70％～80％，最高可达 90％，

基金项目：国家重点研发计划“典型高耗能工业设备节能 NQI 技术集成及应用示范”（编号：2018YFF0216004）；江苏省质监局科技计划项目“高取向石墨烯宏观组装材料的电场调控制备及检测技术研究”（编号：KJ175935）；江苏省特检院科技项目“基于石墨烯的导热油纳米流体特性研究”（编号：KJ（Y）2017017）。

作者简介：刘峥，1985 年生，男，工程师，博士，主要从事石墨烯应用检测技术研究及标准制定。

而蒸汽锅炉或者电加热的热效率只能达到 30%～40%。导热油虽然有很好的应用前景，同时也存在易老化结焦、热导率低、使用稳定性较差等缺点，导热油品质直接影响导热油锅炉的安全运行。

石墨烯具有优异的力学、电学和热学性能，可与聚合物、金属、陶瓷等材料复合，这些新材料在各自领域都具有非常诱人的应用前景，是如今国内外科学研究和产品开发的热点。极高的热导率是石墨烯一个突出的优点，实际测得单层石墨烯的热导率达到了 5300 W/mK，同时，石墨烯是一种高效的自由基捕捉剂。将石墨烯与导热油结合，制备石墨烯改性导热油将会形成新的导热油产品，极大地提高工业生产效率。

1 导热油改性应用国内外概况

对于导热油性能的提高或者改善工作主要集中于以下几点：①导热油成分的改进和不同成分比例的调控；②新型有机分子的合成和使用，主要是合成型导热油使用比较多；③新型添加剂的合成和使用，主要是抗氧化剂、阻焦剂、防锈剂和金属减活剂等；④无机粒子或者纳米粒子填充改善导热油的热导率、黏度、老化等特性参数。本项目在现有合理配方导热油的基础上，重点研究石墨烯添加导热油性能的影响及其初步的规模化生产应用[1]。

目前，关于导热油纳米流体的制备和性能研究已经有一些报道，许多学者已经进行了大量的前期研究工作，最初的研究仅局限于用微米级或毫米级的固体粒子悬浮在液体中，虽然传热效果提高了，但由于粒子尺寸问题造成了一些影响。而且，大部分的研究工作都是基于水作为传热介质，对于导热油等相关油性介质的研究相对较少。

常规金属的热导率一般在 100～400W/(m·K)，远远大于导热油的热导率［<1W/(m·K)］，因此，金属纳米粒子是研究得比较多的纳米流体添加剂。Eastman 等[2] 采用气相沉积法制备了 CuO/水、Cu/机油、Al_2O_3/水等几种纳米流体，通过电镜观察及静置实验发现，纳米流体悬浮液中粒子分散性较好、悬浮稳定性较高。Wilson 等通过浓缩金属盐制备金属纳米粒子，用该方法制备了 AuPd 合金胶状颗粒，其 TEM 照片表明纳米粒子分散均匀且具有非常窄的尺度分布。Patel[3] 等研究了 Au 和 Ag 纳米粒子添加到水和甲苯中的导热性能，温度变化为 30～60℃时，Au 纳米粒子的体积比低至 0.011%时，形成的纳米流体的热导率提高 7%～14%；Ag 纳米粒子的体积比低至 0.00026%时，形成的纳米流体的热导率提高 5%～21%。

Choi 等[4] 报道了在合成油中加入 1%的碳纳米管导热系数可以增加 50%。同样，Gao 等[5] 报道了纳米流体的导热性与碳纳米管体积分数并不成线性变化。Hong 等[6] 首次利用外加磁场的方法提高纳米流体的传热系数，在水中添加 0.01%碳纳米管和 0.02% Fe_2O_3（5～25 nm）纳米粒子，并添加十二烷基苯磺酸钠作为分散剂，外加磁场通过对 Fe_2O_3 的磁性作用，使得 Fe_2O_3 纳米粒子紧连碳纳米管形成规则分布，促进纳米流体的热导率提高 50%。

2 基于石墨烯的导热油改性原理

石墨烯的厚度为 0.34 nm，在平面方向上尺寸可以从纳米级到微米级，可以把其作为一种特殊的纳米粒子进行研究。1995 年，美国 Argonne 国家实验室的 Choi 等人首次提出了“纳米流体”的概念[7]。以一定方式和比例将纳米级金属或非金属氧化物粒子添加到流体类的传统换热介质中，形成一类新的换热介质即纳米流体[8]。根据理论计算，在相同的传热负荷下，相对于纯液体介质作为换热介质，增大了 3 倍热导率的纳米流体可以在同样的泵功率下，效率提高 2 倍[4]。纳米流体在能源、化工、汽车、建筑、微电子、信息等领域具有巨大的潜在应用前景，从而成为材料、物理、化学、传热学等领域的研究热点。

现有文献只是简单的复合并测试性能，对于石墨烯这种特殊的纳米粒子并没有提及。在实际应用中，纳米流体中纳米粒子的形状、粒径大小、体积分数、团聚程度，纳米粒子本身的热导率、表面特性，基液的影响，悬浮稳定性，固液界面的特性等都是影响石墨烯改性导热油材料的因素。因此，针对石墨烯这一新物质形态的关键问题及前沿发展动态，结合团队的工作基础和特检院实际工作开展研究。重点围绕高质量石墨烯材料这一主线，将物理、化学、材料和加工相结合，研究石墨烯改性导热油材料的热有机传导介质显得尤为急迫和重要。

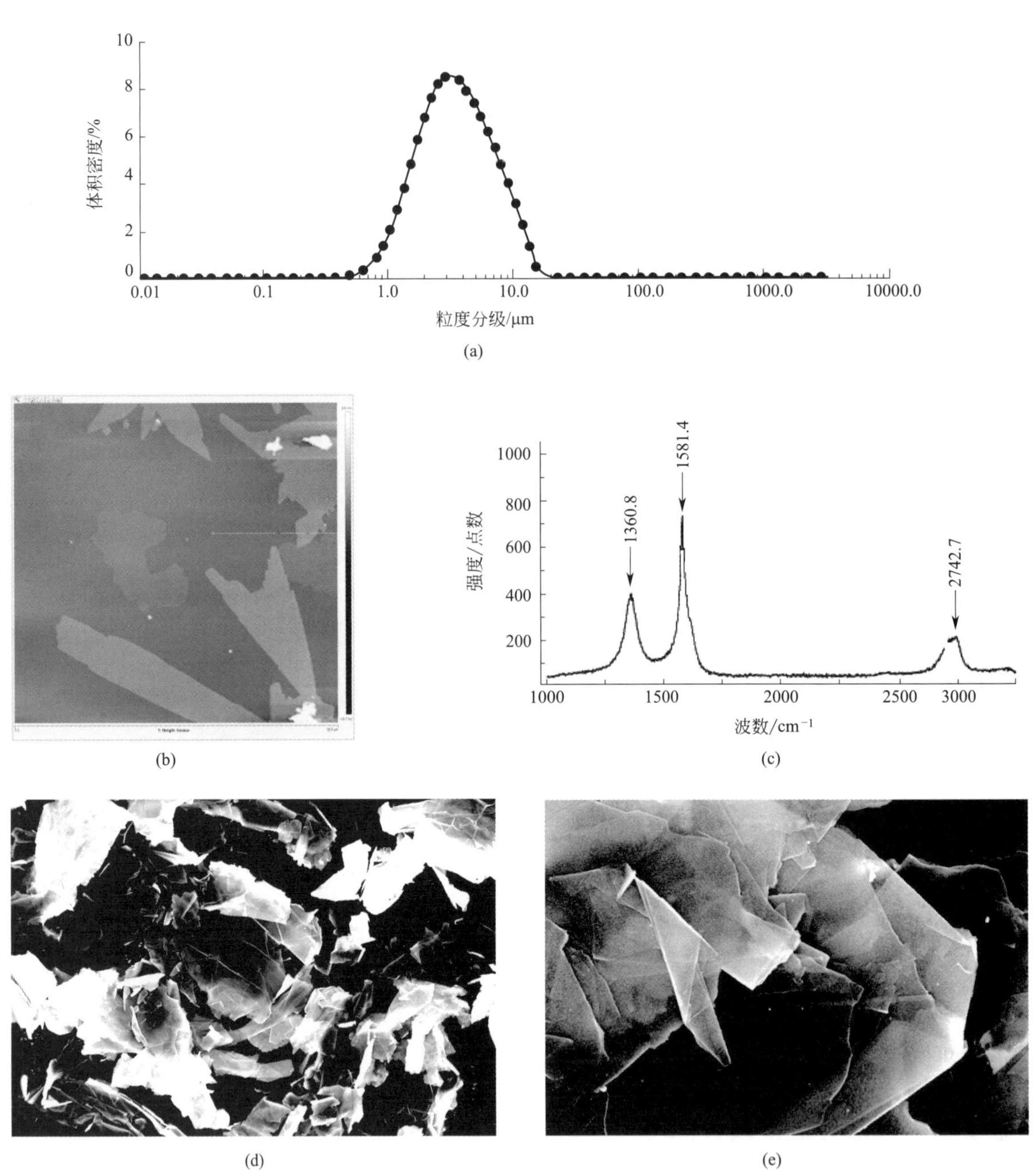

图 1 (a) 石墨烯材料动态光散射结果图；(b) 石墨烯材料的原子力显微镜图；(c) 石墨烯材料的拉曼光谱图；(d)，(e) 石墨烯材料的扫描电镜图

3 石墨烯材料的表征

本文使用的石墨烯材料是以石墨为原料，通过物理法制备的，通过分级纯化优选结构性能最好的石墨烯。使用 Malvern Mastersizer 进行激光衍射粒度分析，结果如图 1 (a) 所示，测量表明石墨烯的 D10，D50 和 D90 分别为 1.46，3.436 和 8.454 μm，。原子力显微镜（AFM）使用布鲁克公司 Dimension FastScan 在轻敲模式下在测定，石墨烯样品溶液以 1000 rpm 旋涂到新剥离的云母基底上制备样品。从图 1（b）可以观察到，样品具有二维平面结构，石墨烯片表面比较平整，样品厚度为 1.037 nm。拉曼光谱是一种用于研究石墨烯性质的通用工具，使用 Horiba 公司的 LabRam HR 高分辨率光谱仪测试，在 800～3000 cm^{-1} 的波长范围内，发现了三个主峰［图 1（c）］。缺陷浓度诱导 D 峰为 1360.8 cm^{-1}，与布里渊区双重简并声子模式相关的 G 峰为 1581.4 cm^{-1}，对层数敏感的 2D 峰出现在 2742.7 cm^{-1} 处。图 1（d）和图 1（e）是样品的扫描电子显微镜（SEM）图片，粉体形态的样品从 SEM 图片中仍然可以观察到石墨烯直接的堆叠，因为在粉体的制备过程，单片的石墨烯片必须相互支撑才能成为宏观的粉体材料。

4 石墨烯改性导热油的制备

在保证石墨烯材料不团聚的前提下将石墨烯与导热油复合，称取一定量的石墨烯，将其与导热油基础油混合，并用剪切分散机混合 10～30min。研究石墨烯改性导热油复合材料的分散稳定性，从图 2 可以看出，所有复合石墨烯的导热油都明显是黑色的，含有 0.03%石墨烯的改性导热油仍然可以看出导热油基础油的颜色，其他的不能观察到原料油的颜色。

图 2 石墨烯改性导热油图

5 石墨烯改性导热油性能测试

为研究不同石墨烯的复合对导热油热导率等性能指标的影响，通过 NETZSCH LFA467 激光导热仪对石墨烯复合导热油的热扩散系数进行研究和分析。添加不同含量石墨烯导热油从室温到 150 ℃的热扩散系数如图 3 所示，没有添加石墨烯的导热油在测试过程明显表现出不稳定性，在同一个温度下，三次测试的结果有较大的偏差，而添加了石墨烯的导热油在同一温度下的测试结果有更好的重复性。而从升温过程的变化规律来看，热扩散系数随温度升高而升高，可能是测试样品内部的微型对流引起的。当添加量达到 5%时，三次测试的结果几乎一致。而添加石墨烯能够提高导热油的热扩散系数，添加量为 0.03%时热扩散系数提高约 20%，添加量到 0.05%时的热扩散系数与 0.03%相比略微有提高，而添加量为 5%时，热扩散系数相对于基础导热油提高了 100%。

6 结论

石墨烯优异的性能使其成为热传导介质的理想填料、热传导材料的改性剂优异选择。石墨烯改性导热油研究及其规模化生产应用的技术方案与现有研究基础高度匹配。用物理法制备的石墨烯通过拉曼光谱、原子力显微镜、扫描电镜等表征其有良好的稳定性。而添加石墨烯的导热油具有明显的热稳定性，石墨烯的添加对其热扩散系数最高可以提高一倍。考虑到石墨烯添加对其他性能的影响，石墨烯改性导热油在一些特定领域的应用，能有效提高特种设备运行效率、减少维护周期、降低安全隐患，实现特种设备的安全与节能应用。

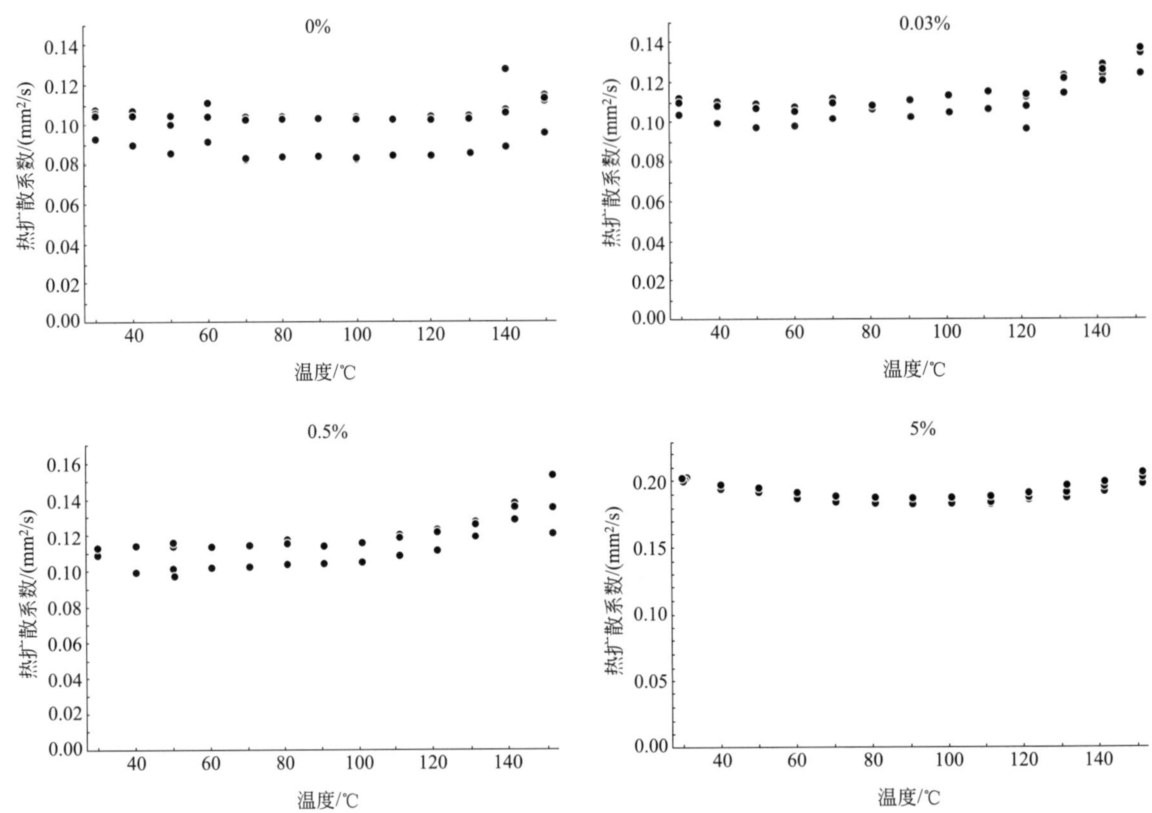

图 3　不同石墨烯添加量导热油在不同温度的热扩散系数

参考文献

[1]　林璟，方利国．纳米流体强化传热技术及其应用新进展［J］．化工进展，2008，27（04）：488-494.

[2]　Eastman J A，Choi S U S，Li S，et al.［J］. Appl. Phys. Lett.，2001，78（6）：718-720.

[3]　Patel H E.［J］. Appl. Phys. Lett.，2003，83（14）：2931-2933.

[4]　Choi S U S，Zhang Z G，Yu W，et al. Anomalous thermal conductivity enhancement in nanotube suspensions［J］. Appl. Phys. Lett.，2001，79：2252-2254.

[5]　Gao L，Zhou X F，Ding Y L. Effective thermal and electrical conductivity of carbon nanotube composites［J］. Chemical Physics Letters，2007，434：297-300.

[6]　Hong H P，Wright B，Wensel J，et al. Enhanced thermal conductivity by the magnetic field in heat transfer nanofluids containing carbon nanotube［J］. Synthetic Metals，2007，157：437-440.

[7]　张立德，牟季美，纳米材料和纳米结构［M］．北京：科学出版社，2001.

[8]　梁中丽．纳米流体强化传热实验研究［D］．青岛：青岛科技大学，2005.

特种设备检验检测机构三合一管理体系初探

胡秉霜

大连市特种设备检测研究院，大连 116013

摘　要： 特种设备检验检测机构根据自身需要先后建立了特种设备检验检测机构质量管理体系、检验机构能力认可的管理体系和检验检测机构资质认定的质量管理，三体系分别独立运行，会造成一定的资源浪费，从而降低管理的效率。通过建立“三合一”管理体系，不仅能够减少管理成本，还能增强特种设备检验检测机构整体管理水平和市场竞争力。

关键词： 质量管理体系；“三合一”管理体系

Preliminary study on three in one management system of special equipment inspection and testing institutions

Hu Bing-shuang

Dalian special equipment inspection and Research Institute， Dalian 116013

Abstract: Special equipment inspection and testing institutions according to their own needs has set up a special equipment inspection and testing institutions quality management system，quality management of the management system and the qualification accreditation of the inspection institution. Three systems are run separately，which will result in a waste of resources，thereby reducing the efficiency of management. Through the establishment of “three in one” management system，not only to reduce the management costs，but also to enhance the overall management level and market competitiveness of special equipment inspection and testing institutions.

Keywords: Quality management system; Three in one management system

0　前言

目前，很多特种设备检验检测机构都取得了核准资质、检验机构能力认可资质（ISO 17020）和检验检测机构资质认定资质（CMA）这三个资质，这就需要根据 TSG Z7003—2004《特种设备检验检测机构质量管理体系要求》[1]、CNAS-CI01：2012《检验机构能力认可准则》[2] 和《检验检测机构资质认定评审准则》的要求建立一个整合型的“三合一”管理体系[3]。

若分别建立管理体系，并运行和审核，不仅会增加机构的负担，还会影响各部门之间的管理对接，因此建立一个整合型的“三合一”管理体系是特种设备检验检测机构的努力方向。

作者简介：胡秉霜，1971 年生，男，高级工程师，硕士，主要从事机电类特种设备检验技术研究和质量管理工作。

1 “三合一”的可行性

三个准则既各自独立，又有交叉兼容。现对三者之间的兼容性进行分析比较，从而找出实行“三合一”管理体系的出发点。三者之间的对照关系如表1所示。

表1 《特种设备检验检测机构质量管理体系要求》《检验机构能力认可准则》和《检验检测机构资质认定评审准则》之间的对照关系

特种设备检验检测机构质量管理体系要求		检验机构能力认可准则		检验检测机构资质认定评审准则	
章节	条目	章节	条目	章节	条目
第一章	总 则	—	—	1	总则
第一条	编制目的	—	—	1.1	编制目的
第二条	适用范围	1	范围	1.2	适用范围
第三条	补充要求	—	—	1.3	补充要求
—	—	2	规范性引用文件	2	参考文件
第二章	术语和定义	—	—	—	—
第四条	术语和定义	3	术语和定义	3	术语和定义
第三章	质量管理体系	—	—	—	—
第五条	质量管理体系总要求	4.1	公正性和独立性	4.1.4	公正和诚信
		4.2	保密性	4.1.5	保密和所有权
		5.1	行政管理要求	4.1.1	机构的法律地位和法律责任
		5.2	组织和管理	4.1.2	组织结构关系
				4.1.3	诚信基本要求
第六条	质量体系结构	8.1	管理体系方式	4.5.1	管理体系总要求
第七条	质量手册	8.2	管理体系文件		
第八条	程序文件				
第九条	文件控制	8.3	文件控制	4.5.3	文件控制
第四章	管理职责	—	—	—	—
第十条	管理承诺	8.2.2	管理承诺	—	—
第十一条	法律责任	5.1.1	法律责任	4.1.1	机构的法律地位和法律责任
第十二条	质量方针	—	—	4.5.2	质量方针、质量目标
第十三条	质量目标	—	—		
第十四条	部门人员职责和权限	6.1	人员	4.2	人员
第十五条	内部沟通	—	—	—	—
第十六条	管理评审	8.5	管理评审	4.5.13	管理评审
第五章	资源配置、管理及技术支持	—	—	—	—
第十七条	资源的配备	—	—	—	—
第十八条	人员	6.1	人员	4.2.1	人员管理
				4.2.2	最高管理者
				4.2.3	技术负责人和质量负责人
				4.2.4	授权签字人
				4.2.5	相关人员
				4.2.6	人员培训
				4.2.7	人员档案
第十九条	检验检测设备	6.2	设施与设备	4.4	设备设施
				4.4.1	设备设施配备
				4.4.2	设备设施管理
				4.4.3	设备设施检定或校准
				4.4.4	设备设施维护
				4.4.5	设备设施故障或异常处理
				4.4.6	标准物资管理
第二十条	设施和环境条件	—	—	4.3	工作场所和环境
				4.3.1	场所要求
				4.3.2	环境要求
				4.3.3	环境影响

续表

特种设备检验检测机构质量管理体系要求		检验机构能力认可准则		检验检测机构资质认定评审准则	
第六章	检验检测实施	—	—	—	—
第二十一条	检验过程控制	—	—	—	—
第二十二条	与政府和客户有关的过程	—	—	4.5.4	合同评审
				4.5.7	满足客户要求
第二十三条	检验检测方法	7.1	检验方法和程序	4.5.14	检验检测方法
第二十四条	采购服务和供应品	—	—	4.5.6	采购和供应品
第二十五条	分包	6.3	分包	4.5.5	分包
第二十六条	抽样及样品处置	7.2	检验项目和样品的处置	4.5.17	抽样控制
				4.5.18	样品管理
第二十七条	检验检测安全	—	—	4.3.4	安全和环境管理
第二十八条	记录控制	8.4	记录控制	4.5.11	记录控制
		7.3	检验记录	4.5.27	检验检测记录归档
第二十九条	检验检测报告和证书	7.4	检验检测报告和证书	4.5.20	检验检测结果
				4.5.21	报告和证书
				4.5.22	抽样的检验检测结果
				4.5.23	检验检测结果的解释
				4.5.24	检验检测结果的分包标注
				4.5.25	检验检测结果的传递
				4.5.26	报告和证书的补发
第三十条	检验检测过程和结果的监督	6.1.8	监督	—	—
		6.1.9	现场观察	—	—
		—	—	4.5.19	能力验证和比对
第七章	质量管理体系分析与改进	—	—	—	—
第三十一条	内部审核	8.6	内部审核	4.5.12	内部审核
第三十二条	不符合控制	8.7.1	不符合控制	4.5.9	不符合控制
第三十三条	投诉与抱怨	7.5	投诉和申诉	4.5.8	投诉
		7.6	投诉和申诉过程		
第三十四条	数据分析	—	—	4.5.16	数据完整性和安全性
第三十五条	持续改进	—	—	—	—
第三十六条	纠正措施	8.7	纠正措施	4.5.10	纠正措施和预防措施
第三十七条	预防措施	8.8	预防措施		
第八章	附 则	—	—	—	—
第三十八条	解释权	—	—	—	—
第三十九条	施行日期	—	—	—	—
—	—	—	—	4.5.15	测量不确定度
—	—	—	—	4.6	评审补充要求

具体地说，TSG Z 7003—2004《特种设备检验检测机构质量管理体系要求》是特种设备检验检测机构必须要满足的条件，它是行业准入的前提，而 CNAS-CI01：2012《检验机构能力认可准则》和《检验检测机构资质认定评审准则》是特种设备检验检测机构根据自身情况自主决定是否进行认可或评定的。三者的实施方法、管理手段和运行模式都大致相同，均依照 PDCA 循环，实现持续改进，从而各自满足用户的要求；包含大部分的共同要素，某些要素也具有一定的相对性；职责分工及依据文件相似，各自按照相同层次的文件履行相同的职责；核准、认可和评审的要求、方法及时间周期等大致相同。只有部分要素不同，如信息沟通、测量不确定度、检验过程控制等。

TSG Z 7003—2004《特种设备检验检测机构质量管理体系要求》、CNAS-CI01：2012《检验机构能力认可准则》和《检验检测机构资质认定评审准则》之间的主要差异：三者的关注对象和控制重点不同，《特种设备检验检测机构质量管理体系要求》关注的对象是检验机构的质量管理，控制重点是质量管理体系的建立和有效运行；《检验机构能力认可准则》关注的对象是检验活动和人员的能力，控制重点是检验活动的公正性和一致性；《检验检测机构资质认定评审准则》关注的对象是检验机构的基本条件和技术能力，控制重点是计量认证。

针对三者认证审核的不同要求，在审核过程中进行协调处理。按各自的要求，同步审核，组内分工，各有侧重。

2 整合思路

（1）组织机构融合

三个体系均需要检验机构各层人员来推进并实行，因此必须首先成立体系管理工作小组。各部门的主管领导亲自负责，并成立相应的工作组。

（2）制定推进计划

将整合的计划及条件等工作分解并下发到各个部门，“横向到边，纵向到底”的推进整合工作。

（3）开展学习培训

通过培训并且考核通过的内审员，他们既了解特种设备的检验工作，又具备质量管理的经验，是开展体系管理非常关键的资源。请专家进行相关的培训，使这些人员掌握《特种设备检验检测机构质量管理体系要求》、《检验机构能力认可准则》和《检验检测机构资质认定评审准则》的相同点和区别。

（4）进行现状调查

将机构的基本情况充分摸清，包括特种设备检验工作的受理、计划安排、检验依据、岗位设置、仪器设备配备、现场检验条件、工作环境、检验工作流程，以及相关法律、法规、安全技术规范的规定等等。

（5）开展整合设计，修改完善文件

将三者的体系文件进行融合，形成三合一的一体化体系文件，同时符合三个体系评审的需要。融合的文件目录如表 2 所示。

表 2　三合一体系的文件目录

章节号	内容	对应条款		
		特种设备检验检测机构质量管理体系要求	检验机构能力认可准则	检验检测机构资质认定评审准则
0.1	手册修订页	—	—	—
0.2	目录	—	—	—
0.3	颁布令	—	—	—
0.4	独立性、公正性和诚实性声明	第五条	4.1	4.1.4
0.5	保密声明	第五条	4.2	4.1.5
1	质量方针、质量目标	第十二条、第十三条	—	4.5.2
2	前言	—	—	—
2.1	检验检测机构简介	—	—	—
2.2	适用范围	第二条	1	1.2
2.3	依据和引用标准	—	2	2
2.4	术语和定义	第四条	3	3
3	职责与权限	—	—	—
3.1	组织机构图	第五条	5.2	4.1.2
3.2	部门职责	第十四条	6.1	4.2
3.3	人员职责	第十四条	6.1	4.2
3.4	岗位代理	第十四条	6.1	4.2
4	质量管理体系	—	—	—
4.1	质量管理体系文件总要求	第五条	4.1、4.2、5.1、5.2	4.1.1、4.1.2、4.1.3、4.1.4、4.1.5
4.2	质量手册	第七条	8.1、8.2	4.5.1
4.3	文件控制	第九条	8.3	4.5.3
4.4	记录控制	第二十八条	7.3、8.4	4.5.11、4.5.27
5	管理职责	—	—	—
5.1	管理承诺	第十条	8.2.2	—
5.2	内部沟通	第十五条	—	—

续表

章节号	内容	对应条款		
		特种设备检验检测机构质量管理体系要求	检验机构能力认可准则	检验检测机构资质认定评审准则
5.3	管理评审	第十六条	8.5	4.5.13
6	资源配置、管理及技术支持	第十七条	—	—
6.1	资源的配备	—	—	—
6.2	人力资源的管理	第十八条	6.1	4.2.1、4.2.2、4.2.3、4.2.4、4.2.5、4.2.6、4.2.7
6.3	检验检测设备	第十九条	6.2	4.4.1、4.4.2、4.4.3、4.4.4、4.4.5、4.4.6
6.4	设施和环境条件	第二十条	—	4.3.1、4.3.2、4.3.3
6.5	测量不确定度	—	—	4.5.15
7	检验检测实施	—	—	—
7.1	总则	第二十一条	—	—
7.2	与政府和客户有关的过程	第二十二条	—	4.5.4、4.5.7
7.3	检验检测方法	第二十三条	7.1	4.5.14
7.4	采购服务和供应品	第二十四条	—	4.5.6
7.5	分包	第二十五条	6.3	4.5.5
7.6	抽样及样品处置	第二十六条	7.2	4.5.17、4.5.18
7.7	检验检测安全	第二十七条	—	4.3.4
7.8	记录控制	第二十八条	7.3、8.4	4.5.11、4.5.27
7.9	检验检测报告和证书	第二十九条	7.4	4.5.20、4.5.21、4.5.22、4.5.23、4.5.24、4.5.25、4.5.26
7.10	检验检测过程和结果的监督	第三十条	6.1.8、6.1.9	4.5.19
8	质量管理体系分析与改进	—	—	—
8.1	内部审核	第三十一条	8.6	4.5.12
8.2	不符合控制	第三十二条	8.7.1	4.5.9
8.3	申诉、投诉和抱怨	第三十三条	7.5、7.6	4.5.8
8.4	数据分析	第三十四条	—	4.5.16
8.5	持续改进	第三十五条	—	—
8.6	纠正措施	第三十六条	8.7	4.5.10
8.7	预防措施	第三十七条	8.8	4.5.10
附录	质量管理体系职能分配表	第七条	5.3.2	—

(6) 新文件的发布运行

新文件应发放及时到位，并有重点、分主次地进行培训，使相关人员充分掌握，并按其实施。

(7) 难点分析和解决方法

三个准则中对同一要素的表述和要求不尽相同，这是在做三合一体系时需要特别注意的，稍不注意就会顾此失彼。如技术负责人、质量负责人、授权签字人三个称谓，在《检验检测机构资质认定评审准则》和《特种设备检验检测机构质量管理体系要求》中称负责检验检测机构的技术运作的人为技术负责人，而《检验机构能力认可准则》中称为技术经理。《检验检测机构资质认定评审准则》和《特种设备检验检测机构质量管理体系要求》中称确保质量管理体系得到实施和保持的人为质量负责人，而《检验机构能力认可准则》中则没有任何名称，只是说应在管理层任命一名人员确保管理体系所需的过程和程序得到建立、实施和保持。

3 结论

① 建立“三合一”管理体系是提高特种设备检验检测机构综合管理能力的需要。需要认证的体系越来越多，如果各个体系都分别独立运行，就会降低工作效率，成为机构管理的包袱。为了使各系统有效运行，建立“三合一”管理体系是必要的，也是未来发展的方向。

② 分开建立管理体系，这样会形成庞大的组织机构，人员重复设置、职责互相交叉，造成了人力资源的浪费。建立“三合一”管理体系可以优化人力资源配置，更好地管理整个过程。三个管理体系都对人员有清楚的要求，按规定进行配备。

参考文献

［1］ 中华人民共和国国家质量监督检验检疫总局．TSG Z7003—2004. 特种设备检验检测机构质量管理体系要求［S］．北京：中国计量出版社，2014.

［2］ CNAS-CI01：2012. 检验机构能力认可准则［EB/OL］．北京：中国合格评定国家认可委员会，2016.

［3］ 国认实［2016］33号 国家认监委关于印发《检验检测机构资质认定评审准则》及释义和《检验检测机构资质认定评审员管理要求》的通知［EB/OL］．北京：中国国家认证认可监督管理委员会，2016.

有机热载体锅炉设计文件鉴定常见问题分析及探讨

刘丽红　何争艳　刘荟琼　杨生泉

湖南省特种设备检验检测研究院，长沙 410111

摘　要： 本文简要介绍了有机热载体锅炉设计文件存在的常见问题，分析了常见问题的主要原因，提出了在设计文件鉴定过程中应注意的环节。

关键词： 有机热载体锅炉；设计文件鉴定

Analysis and Discussion of Several Common Problems for Organic heat carrier Boiler Design Documents Appraisal

Liu Li-hong，He Zheng-Yan，Liu Hui-qiong，Yang Sheng-quan

Hunan Special Equipment Inspection & Testing Research Institute, Changsha 410111

Abstract: Several common problems about Organic heat carrier Boiler Design Docments were briefly introduced，the main reasons were analyzed and the important items that should be paid more attention in Design Docments Appraisal were put forward.

Keywords: Organic heat carrier Boiler; Design Documents Appraisal

0　引言

近年来，随着社会对有机热载体锅炉的需求逐渐增加，有机热载体锅炉的产量在逐年增大，同时对该品种锅炉的安全性能和能效的要求在逐渐提高。因此，作为锅炉生产的首要环节设计尤为重要。

依据 TSG G 0001—2012《锅炉安全技术监察规程》[1]、TSG G 0002—2010《锅炉节能技术监督管理规程》[2] 等法规标准，结合多年锅炉设计文件鉴定经验，通过列举锅炉设计各个环节的常见问题，进一步说明有机热载体锅炉设计文件鉴定过程中应当着重注意的方面。

1　有机热载体锅炉设计文件鉴定送审资料存在的问题

（1）锅炉系统的确定和有机热载体的选用

按照 GB 23971—2009《有机热载体》[3] 的规定，不同的有机热载体产品品种，所适用的锅炉系统

基金项目：湖南省标准化项目“锅炉设计文件鉴定通用要求”（编号：DB43/T 1499－2018）。

作者简介：刘丽红，1978 年生，女，高级工程师，硕士，主要从事锅炉设计文件鉴定和承压类特种设备检验检测工作。

类型不同。比如：选用 L-QC 型有机热载体，适用于闭式系统。而有的设计文件明显为开式系统，不符合要求。

有机热载体最高允许使用温度未按照标准确定。比如：L-QC320 的最高允许使用温度应为 320℃，按照 TSG G 0001—2012 规定，最高工作温度应当低于其最高允许使用温度 20℃。而实际上有的设计文件最高允许使用温度设计为 340℃，最高工作温度为 330℃，不符合标准要求。

（2）设计说明书

与锅炉经济运行有关的主要参数指标缺少循环泵调节方式、排烟处的过量空气系数、锅炉金属消耗量和锅炉安全稳定运行的工况范围，不符合 TSG G 0002—2010 的要求。

结构简述中缺少介质流程、介质总注入量、二次风的设计说明、空预器的设计说明、防爆门的设计说明，以及缺少燃烧机风量风压及调节方式，未对膨胀罐、储油槽的设计予以说明。

当液相有机热载体总注入量大于 $5m^3$ 时，按照 TSG G 0001—2012 规定，要求装设安全保护装置，如炉膛灭火系统、系统报警装置、加热装置联锁保护、系统联锁保护、液相系统的流量控制阀等，实际上设计文件的控制装置设置不全，缺乏设计说明书的完整性。

（3）安装使用说明书

未对燃烧器的选型参数进行描述，参数包括燃烧器功率、压力、火焰直径和长度曲线图、调节方式等参数及安全保护措施要求，未给鉴定人员提供燃烧器型式试验证书。

未明确有机热载体型号在使用过程中应符合总图的要求，未明确在安装投入运行时应提供有机热载体型式试验报告和在用有机热载体每年至少取样检验一次。

未明确膨胀槽设高液位报警装置的要求和系统的循环方式，缺少有机热载体脱气和脱水、锅炉和系统的维护和修理规定，不符合 TSG G 0001—2012 的规定。

（4）总图

技术要求应增加以下要求：一般情况下，锅炉燃烧器应当由锅炉制造企业负责选配；特殊情况需由锅炉使用单位选配时，使用单位应当确认所选配的燃烧器符合锅炉制造企业规定的配置技术要求[4]。

应明确出厂型式，是整体出厂还是散装出厂，哪些部件在厂里制造，哪些部件在现场组装，以确保锅炉按照正确的方式出厂。

（5）本体图

技术要求中应当明确有机热载体锅炉管子、管道的对接焊缝应当采用氩弧焊打底；液压试验应明确试压介质。

无损检测应补充焊接在受压元件上承受载荷的非受压元件的连接焊缝应进行 10％磁粉探伤[5]；补充无直段弯头的焊接接头应当 100％射线或超声探伤。

根据 GB/T 17410—2008[6] 要求液相炉管法兰应采用凸面或凹凸面带颈平焊法兰，垫片应当采用缠绕式垫片或柔性石墨复合垫片，而实际上有的采用的是平面板式平焊钢制管法兰。并且法兰材质应满足 HG/T 20592—2009[7] 的要求。

（6）能效测试测点图

应设置列表明确具体测试点的编号、监测项目、功能要求，并应满足 TSG G 0002—2010 的要求。有的设计文件缺少排烟含氧量、炉膛出口烟温、空预器出口空气、烟气温度测点；本体出口未设置能效测试孔，不能满足测点的日常监控和能效测试的要求。

（7）平台扶梯图

栏杆高度和踢脚板高度不满足 GB 4053.3—2009[8] 的要求。而且有的设计文件技术要求未按照 GB 4053.3—2009 及 NB/T 47043—2014[9] 进行设计、制造和验收。

（8）工艺流程图

应当明确系统为开式或是闭式，在循环泵和过滤器进出口、受压部件以及调节控制阀前后应当装设压力表，以满足 TSG G 0001—2012 的规定。

（9）空预器

缺少受热面积、烟气流通面积等规范参数，无法给设计计算提供依据。

(10) 膨胀槽、储油罐

根据 TSG G 0001—2012《锅炉安全技术监察规程》释义[10] 的规定，用于有机热载体的非承压容器应当按照压力容器进行设计和制造，并应提供强度计算。

(11) 液膜温度计算和最小流速计算

未进行最高允许液膜温度计算，不满足 TSG G 0001—2012 的要求。在最小流速计算中，辐射、对流流速应按照 GB/T 17410—2008 标准要求分别进行计算，如液相炉辐射受热面积管内热载体流速应不低于 2.0m/s，对流受热面管内热载体流速应不低于 1.5m/s。

(12) 热力计算

尾部配置有空预器的锅炉，进风按照冷风计算，未按照热风计算；锅炉管束计算中管子壁厚、纵向排数与图纸不符，这样计算下来的数据不真实可靠。

(13) 介质阻力计算

计算中导热油及循环泵型号与总图不符。循环泵选型及参数与总图不一致；辐射段最小流速不满足 GB/T 17410—2008 标准要求；循环泵扬程不能满足要求，会导致实际运行过程中循环不畅，引发事故。

(14) 保温计算

未按照不同燃料分别进行保温计算，炉墙外表面温度超过了 50℃，不满足 TSG G 0002—2010 的要求。

(15) 烟风阻力计算

所选风机不能满足烟气阻力和风量的要求，应按不同的燃料分别计算烟风阻力，为合理选用风机提供依据。

2 问题产生的主要原因

① 部分锅炉设计人员对法规标准理解和认识不够，尤其缺乏对 TSG G 0001—2012、TSG G 0002—2010 和 GB 23971—2009 等法规标准的熟练掌握，对区别于热水、蒸汽的有机热载体特殊性的认知欠缺，导致这些法规标准的执行不到位。

② 制造单位的设计责任师工作能力不够、责任心不强，未承担起设计的管理职责。设计文件中低级错误不少，整体技术水平偏低。

③ 锅炉制造单位只追求产品的数量，质量意识不强，对设计文件不重视。针对存在的问题，没有及时总结经验教训，没有采取有效措施进行纠正和预防。

3 结论

① 总结了有机热载体锅炉设计文件鉴定送审资料存在的 15 个常见问题，鉴定过程应加以足够重视。

② 有机热载体区别于蒸汽锅炉、热水锅炉，设计文件鉴定人员和制造单位设计人员应深刻学习领会锅炉设计、制造及其他相关法规标准，保证锅炉设计文件满足法规标准的要求。

③ 鉴定人员应审查设计文件的齐全性和内容符合性，如设计说明书、安装使用说明书、总图、本体图、其他图纸及相关计算书是否齐全，内容是否符合国家最新的政策通知通告，是否符合相关国家标准和能源部的标准，确保设计文件的能效达到国家最新政策和法规标准的要求。

总之，做好有机热载体锅炉设计文件鉴定工作，抓好有机热载体锅炉生产环节的源头，确保锅炉安全使用，预防和减少安全事故发生、节能减排和提高经济效益均具有非常重要的意义。

参考文献

[1] TSG G 0001—2012. 锅炉安全技术监察规程［S］.
[2] TSG G 0002—2010. 锅炉节能技术监督管理规程［S］.
[3] GB 23971—2009. 有机热载体［S］.
[4] 质检总局办公厅关于燃气锅炉风险警示的通告 (2017年第2号) .
[5] GB/T 16508—2013. 锅壳锅炉［S］.
[6] GB/T 17410—2008. 有机热载体炉［S］.
[7] HG/T 20592—2009. 钢制管法兰 (PN系列)［S］.
[8] GB 4053. 3—2009. 固定式钢梯及平台安全要求 第3部分：工业防护栏杆及钢平台［S］.
[9] NB/T 47043—2014. 锅炉钢结构制造技术规范［S］.
[10] 郭元亮，等. TSG G 0001—2012. 锅炉安全技术监察规程释义［M］. 北京：化学工业出版社，2012.

障碍物对重气泄漏扩散影响的数值模拟

段林林[1]　刘岑凡[1]　王泽涛[2]　邓贵德[1]

1. 中国特种设备检测研究院，北京， 100029

2. 太原理工大学，太原， 030024

摘　要： 利用计算流体力学CFD软件，根据氟利昂12泄漏扩散实验建立三维模型，对比分析有无障碍物的两种情况下地面重气扩散的浓度分布和流场流线图。结果表明，瞬时泄漏的圆柱体源背风面重气浓度分布受泄漏源外形的影响，障碍物的形状影响扩散气体的浓度和流线，地面流场流线的方向与重气浓度分布相关。

关键词： 重气；瞬时泄漏；浓度分布；流线

Simulation of the Influence of Obstacles on Dense Gas Diffusion

Duan Lin-lin[1], Liu Cen-fan[1], Wang Ze-tao[2], Deng Gui-de[1]

1. China Special Equipment Inspection And Research Institute, Beijing 10029, China

2. Taiyuan University of Technology, Taiyuan 030024, China

Abstract: According to the experiment of Freon-12 diffusion, a three-dimensional model was established with CFD software, concentration distribution and flow lines of dense gas on the ground were compared and analyzed under barrier and free objects. The results showed that the distribution of dense gas concentration in the leeward surface of instantaneous diffusion for cylindrical source was affected by the shape of the leaking source, and the diffused gas concentration and flow lines was affected by the obstacle shape, the direction of ground flow lines was related to the dense gas concentration distribution.

Keywords: Dense gas; Instantaneous diffusion; Concentration distribution; Flow lines

0　引言

在石油、天然气等能源工业领域和精细化工、冷冻等生产作业中，轻烃、液化石油气、氯气、氨气等气体被广泛使用。具有危险特性气体的泄漏扩散影响环境安全和公众健康。重气扩散是泄漏气体与空气混合形成的密度大于大气的扩散气体，在扩散过程中具有重气沉降效应，表现为沿地表随风扩散[1]，而地形条件是影响其扩散的重要因素。障碍物存在影响风场的流动状态，因此对比有无障碍物的地形条件对危险气体泄漏扩散的影响具有重要的意义。

基金项目：国家质检总局科技计划项目（编号：2016QK196）。

作者简介：段林林，1987年生，女，硕士，工程师，主要从事流体仿真研究工作。

为了掌握重气泄漏扩散的影响因素以及扩散规律，各国的研究人员[2~10] 对此做了大量的工作。1982年英国健康和安全执行局（HSE）在Thorney Island进行了一系列大规模的重气瞬时泄漏扩散实验[11]。希腊的Spyros Sklavounos等[12] 利用CFD的k-ε、k-ω、SSG、SST四种湍流模型进行了TI26模拟分析，结果与实验数据相近。虽然研究表明利用数值模拟的方法能够准确仿真重气泄漏扩散，但是对有无障碍物以及障碍物形状对流场流线和障碍物浓度分布的影响分析较少。

本文利用CFD软件对重气瞬时泄漏扩散的现象进行了研究分析，根据Thorney Island 26号实验（简称TI26）建立三维物理模型，为了对比分析障碍物对重气瞬时泄漏扩散过程的影响，建立相同条件下无障碍物的模型，分析同一时间有无障碍物两种情况下地面重气扩散的浓度分布和流场流线。

1 数值模拟设置

1.1 26号实验

TI26实验是在粗糙度0.005m的平坦地面进行的常温常压下重气瞬时泄漏扩散研究，实验介质由体积分数68.4%的氮气与31.6%的氟利昂12组成。泄漏之前混合气体充满于2000m^3 圆柱形密闭容器内，圆柱体直径14m、高13m，利用转动装置保持直立。距圆柱体密闭容器下风向50m处设置立方体障碍物。实验时大气稳定度等级为B级，实验条件如表1所示。

表1 实验条件

相对密度(ρ/ρ_a)	10m高度风速	Richardson数	障碍物大小	障碍物位置
2	1.9m/s	34.8	9m×9m×9m	下风向50m

1.2 几何模型

本模拟根据TI26实验建立三维几何模型，如图1所示，计算域是200m×150m×50m，圆柱体泄漏源的底面中心位于地面坐标（50，75，0）处，大小为直径14m，高度13m；与泄漏源相距50m的立方体障碍物的中心位于地面坐标（100，75，0）处，大小为9m×9m×9m。建立与TI26实验相同计算域的无障碍物的三维几何模型。

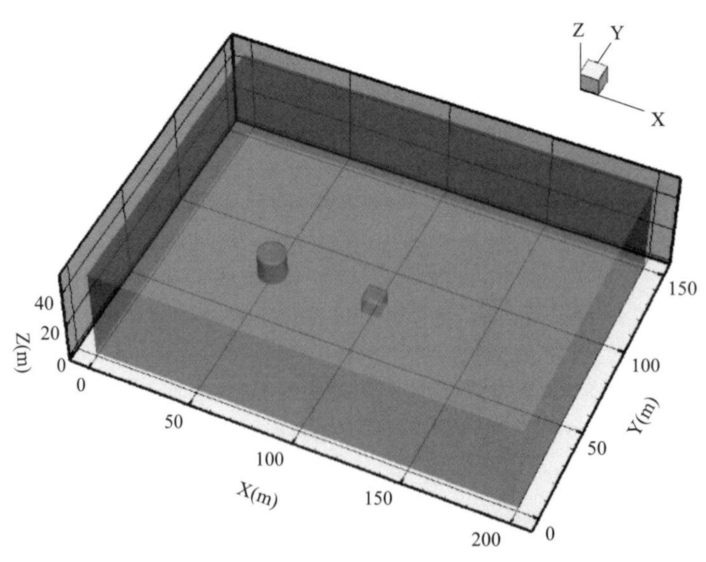

图1 三维几何模型

1.3 模拟设置

模拟采用 Mixture 的多相流模型，泄漏气体密度为空气密度 2 倍（氮气占比 68.4%；氟利昂占比 31.6%），存在负浮力的影响，重力加速度设为$-9.81\mathrm{m/s^2}$。湍流模型采用雷诺时均模拟方法的双方程 Realizable k-ε 模型。

大气入口边界设置为 velocity-inlet，气体出口边界采用 outflow。忽略大气风在 y 轴方向的流动，以风在 x 轴水平方向运动来研究重气扩散的特征。考虑由于近地面地表摩擦使风速降低的因素，大气入口边界的风速采用指数率风速函数：

$$u_z = u_0 \times \left(\frac{Z}{Z_0}\right)^{\lambda} \tag{1}$$

式中，u_z 为高度 z 处的入口边界风速，m/s；u_0 为高度 $Z_0=10\mathrm{m}$ 处的风速，给定值 1.9m/s；λ 为一无量纲参数，由大气稳定度和表面粗糙度而定，根据实验当时的条件，大气稳定度 B 级、表面粗糙度 0.005m 对应的 $\lambda=0.07$。

模拟采用压力速度耦合的 SIMPLE 算法，空间离散化的梯度选用 Least Squares Cell Based，压力插值方式为 Body Force Weighted，动量离散方式为 Second Order Upwind，Volume Fraction 为 First Order Upwind，其他选项设置为二阶迎风格式[13]。

2 有无障碍物模拟结果的对比分析

2.1 稳态模拟结果

重气瞬时泄漏扩散的数值模拟过程分为两步进行：第一步，在混合气体未泄漏、圆柱体源存在下模拟稳态计算时均湍流风场，计算结果如图 2 所示；第二步，以稳态时均湍流风场的模拟结果为基础，计算瞬态湍流模型的混合气体泄漏扩散。

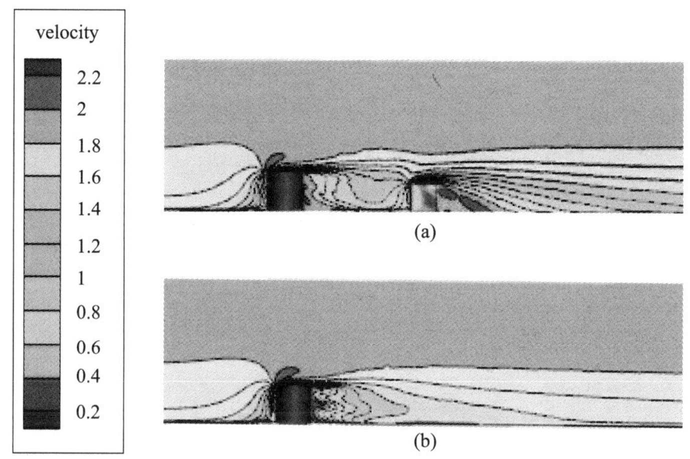

图 2　稳态时均湍流风场

图 2 是有无障碍物两种情况下稳态时均湍流风场流速分布的模拟结果，截面是在 y 轴中间位置处的 XZ 平面。从中可看出，图（a）中圆柱体源与立方体障碍物的迎风面和背风面均形成一个低速区，两者迎风面的低速区域较背风面小，且迎风面速度大于背风面，是由于迎风面受入口风正压，背风面受负压。圆柱体和立方体背风的低压区速度分布形状不同，立方体背风面流场区域的速度梯度大，形成的尾迹较长，风场最小速度分布在部分尾迹区域，说明物体的形状和高度影响风场的速度分布。图（b）是圆柱体源的风流场速度分布，从中可看出，在距离圆柱体源下风向 50m 左右处风场受到物体阻滞的影响变小。对比图（a）和图（b）可知，物体的形状、高度、个数是影响风场流动形态的主要因素，而建

筑物周围风场流态影响泄漏气体扩散，风速大的位置利于泄漏气体扩散，气流阻塞区不利于泄漏气体扩散，障碍物的布置对泄漏气体扩散形态具有重要作用。

2.2 有无障碍物的地面流线图和浓度分布

重气泄漏扩散过程中地面上的气体流线由两部分构成，一部分是入口大气的流线，另一部分是泄漏气体的流线。为分析障碍物对重气的扩散影响，对比地面上不同时刻重气扩散的程度以及重气周围的流线。

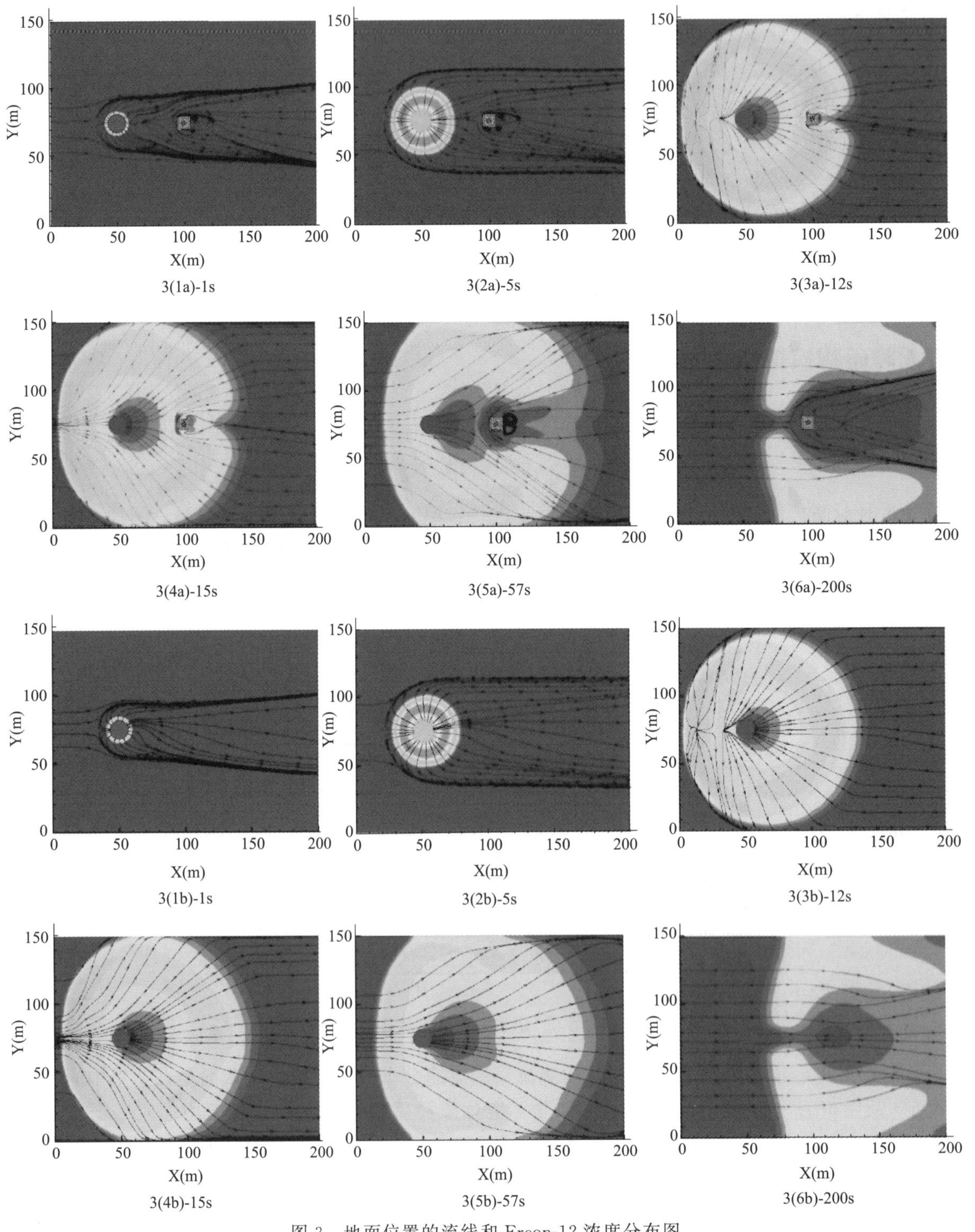

3(1a)-1s　3(2a)-5s　3(3a)-12s

3(4a)-15s　3(5a)-57s　3(6a)-200s

3(1b)-1s　3(2b)-5s　3(3b)-12s

3(4b)-15s　3(5b)-57s　3(6b)-200s

图3　地面位置的流线和Freon-12浓度分布图

图3（1a）、（1b）分别是气体泄漏扩散1s时有无障碍物的两种情况下地面上泄漏气体的浓度分布

和流线图，从图中可看出，风与泄漏气体的流线总体向右，在距离风入口最近的逆风方向气体流线分为相反的两部分，重叠汇合后向右扩散。在障碍物与泄漏源之间，泄漏气体的流线方向受到障碍物影响，分为沿障碍物两边扩散，障碍物背风面风压较低，气体聚集形成漩涡[14]。

图 3（2a）、（2b）是泄漏 5s 时的状态，从中可看出，随着扩散时间的延长，泄漏气体的扩散范围变大，浓度变小，气体以泄漏源为中心等距离向四周扩散。随着形成的扩散圆形直径增大，泄漏气体流线沿逆风方向的长度变长。当扩散气体靠近障碍物，气体流线在障碍物前方较近位置处分两部分向右扩散，障碍物前方的正压增大，风从障碍物侧面向右流动。

图 3（3a）、（3b）是泄漏 12s 时的状态，从中可看出，泄漏源气体向右移，且泄漏源中心沿逆风方向出现两个流线汇聚点，靠近逆风方向的汇聚点重气浓度大，另一汇聚点的浓度较小，汇聚点的气体分为两部分向右扩散。此时泄漏气体最前端到达并越过障碍物，障碍物前面和侧面的重气浓度大于背面，背风面的强烈湍流运动将气体带走，不利于重气的聚积。此时重气浓度整体上是扩散外区域大于内区域，泄漏源背风区的重气浓度分布较低，重气低浓度区域形成的椭圆形受泄漏源的圆柱体外形影响。

图 3（4a）、（4b）是泄漏 15s 时的状态，从中可看出，扩散区域流线以风的流线为主，重气从主动扩散变为被动扩散，从浓度分布来看，在障碍物的前方和后方均有低浓度区域存在，障碍物后面一定范围内重气的浓度较小。无障碍物模型的顺风方向最右端重气扩散突出，出现扩散形状不规则。

图 3（5a）、（5b）是泄漏 57s 时的状态，从中可看出，风带动重气向右扩散，扩散区域变大，浓度降低。风绕过障碍物，障碍物和泄漏源之间的重气浓度降低，立方体障碍物的形状影响扩散气体的浓度分布和流线方向，地面流场流线的方向与重气浓度分布相关。

图 3（6a）、（6b）是泄漏 200s 时的状态，从中可看出，随着扩散时间的推移，障碍物前端流线趋于顺风方向，在障碍物后端产生一汇聚点，从该点沿顺风和逆风方向扩散，当重气越过泄漏源位置，无障碍物条件下重气扩散形成的区域形状仅受泄漏源圆柱体影响，有障碍物的情况下其受圆柱体和立方体共同影响。

3 结论

本文对 TI26 试验进行了模拟研究，观察了混合气体瞬时泄漏的过程；对比了无障碍物模型下气体扩散，得到障碍物对流场的流线影响。得到以下结论：

① 重气瞬时泄漏初期受当地风场的影响较小，表征为沿地面主动向泄漏源四周等距扩散，气体浓度高。

② 瞬时泄漏的圆柱体源背风面重气浓度分布受泄漏源外形的影响，障碍物的形状影响扩散气体的浓度分布和流线方向，地面流场流线的方向与重气浓度分布相关。

③ 以后的研究工作应考虑模拟环境的温度、泄漏气体的相变以及多形式障碍物等因素对泄漏气体的浓度分布、扩散速率的影响，便于利用 CFD 软件模拟实际工况下的气体泄漏，进行风险分析和安全评价。

参考文献

[1] 张启平，麻德贤．危险物泄漏扩散过程的重气效应［J］．北京化工大学学报（自然科学版），1998（03）：88-92.

[2] S. M. Tauseef, D. Rashtchian. CFD-based simulation of dense gas dispersion in presence of obstacles［J］. Journal of Loss Prevention in the Process Industries, 2011, 24（4）：371-376.

[3] 沈艳涛，于建国．有毒有害气体泄漏的 CFD 数值模拟（Ⅰ）模型建立与校验［J］．化工学报，2007（03）：745-749.

[4] 魏利军，张政．重气扩散的数值模拟［J］．中国安全科学学报，2000，10（2）：26-34.

[5] 冯长根，郑远攀，钱新明，等．重气瞬时扩散数值模拟的实验验证及应用研究［J］．北京理工大学学报，2009，29（12）：1052-1057.

[6] 吴玉剑，潘旭海．障碍物地形条件下重气泄漏扩散实验的CFD模拟验证［J］．中国安全生产科学技术，2010，6（03）：13-17.

[7] 黄琴，蒋军成．重气泄漏扩散实验的计算流体力学（CFD）模拟验证［J］．中国安全科学学报，2008（01）：50-55+179.

[8] 余建星，张龙，刘源，周清基．针对浮式液化天然气生产装置不同形状储罐的重气泄漏扩散研究［J］．海洋技术，2013，32（02）：73-75.

[9] Arntzen，B. J. Modelling of turbulence and combustion for simulation of gas explosions in complex geometries. Phd thesis: Norwegian University of Science and Technology. 1998.

[10] Crowl D. A，Louvar J. F. Chemical process safety: Fundamentals with Applications［M］(2nd editon). New Jersey: Prentice Hall PTR, 2002.

[11] M. E. DAVIES，S. SINGH. The phase Ⅱ trials: a data set on the effect of obstructions［J］. Journal of Hazardous Materials，1985，11: 301-323.

[12] Spyros Sklavounos，Fotis Rigas. Validation of turbulence models in heavy gas dispersion over obstacles［J］. Journal of Hazardous Materials，2004，A108: 9-20.

[13] 王福军．计算流体动力学分析—CFD软件原理与应用［M］．北京：清华大学出版社，2004.

[14] 庄仕琪．建筑物周围气流流动与污染物扩散机制研究［D］．沈阳：东北大学，2014.

阻火器阻火性能的影响因素

李生祥　刘　刚

沈阳特种设备检测研究院，沈阳 110179

摘　要： 为了研究阻火器阻火性能的影响因素，搭建了阻火器阻火性能测试平台，对阻火器阻火性能进行试验研究。试验以一台 DN100 阻爆燃型阻火器为样机，在相同规格试验管路、相同点火距离，不同管路长度的情况下进行试验，得到阻火器阻火成功与失败时测试点处的火焰速度和爆炸压力值，研究发现爆炸压力和火焰速度都是阻火器阻火性能的重要参数。

关键词： 阻火器；阻火性能；火焰速度；爆炸压力

The influencing factors of flame retardant performance

Li Sheng-xiang，Liu Gang

Shenyang Institute of Special Equipment Inspection and Research， Shenyang 110035

Abstract: In order to study the influencing factors of flame retardant performance，a fire retardant performance test platform was set up，and the fire retardant performance of the flame retardant was tested. Taking a DN100 flameproof flame arrester as a prototype，the flame velocity and explosion pressure at the test point when the flame arrester is successful or failed are obtained under the conditions of the same specification test pipeline，the same ignition distance and different pipeline length. It is found that both explosion pressure and flame velocity are important parameters of flame retardant performance.

Keywords: Flame Arrester; Quenched Flame Performance; Flame Propagation Speed; Explosion Pressure

0　引言

随着现代工业的发展，石油化工和天然气在人类的生产生活中占有越来越重要的位置。与此同时，这类重大的危险源无论是在生产、输运，还是存储的过程中会因意外和人为原因泄漏，由此导致的燃烧爆炸事故频繁发生，成为工业爆炸灾害的主要形式。阻火器是装置运行过程中发生火灾等意外情况下阻止火焰向源头传播的安全装置，广泛应用于储罐、管道、排风、火炬等系统。作为阻止灾害发生的最后一道安全屏障，其阻火性能至关重要。火焰与流动的相互作用，涉及火焰结构、火焰传播、火焰不稳定性等基本环节，因此一直是燃烧研究的重点课题之一。在工业灾害中，压力波作用于火焰会进一步加快燃烧速度，同时火焰会失稳而诱发湍流，甚至可能出现燃烧转爆轰现象。管道内火焰传播过程是一个加

作者简介：李生祥，1990 年生，男，研究员，硕士，主要从事阻火器检测技术研究。

速、加压的燃烧爆炸过程，所造成的危害极大。阻火器核心部件阻火单元允许介质流通，阻止火焰传播。国内外不少学者研究了爆炸火焰传播速度、压力变化等宏观参数，也研究了火焰阵面结构特性及其影响因素等微观特性，多作为实验室课题对管道内火焰传播规律进行研究，对于阻火器产品的阻火性能和测试试验方法研究很少[1~3]。本文将从火焰速度和爆炸压力对阻火器阻火性能进行研究。

1 阻火器阻火机理

对于阻火器的工作原理，目前主要有两种观点：一种认为壁面传热作用是阻火器能够阻火的主要原因，而另一种则认为器壁效应对火焰的熄灭影响很大[3,4]。

（1）传热作用

阻火器能够阻止火焰继续传播并迫使火焰熄灭的因素之一是传热作用。我们知道，阻火器是由许多细小通道或孔隙组成的，当火焰进入这些细小通道后就形成许多细小的火焰流。由于通道或孔隙的传热面积很大，火焰通过通道壁进行热交换后，温度下降，到一定程度时火焰即被熄灭。

（2）器壁效应

根据燃烧与爆炸连锁的反应理论，认为燃烧与爆炸现象不是分子间直接作用的结果，而是在外来能源（热能、辐射能、电能、化学反应能等）的激发下，使分子键受到破坏，产生具备反应能力的分子（称为活性分子），这些具有反应能力的分子发生化学反应时，首先分裂为十分活泼而寿命短促的自由基。这样自由基又消耗又生成如此不断地进行下去。已知可燃气体自行燃烧的条件是：新产生的自由基数等于或大于消失的自由基数。当然，自行燃烧与反应系统的条件有关，如温度、压力、气体浓度、容器的大小和材质等。随着阻火器通道尺寸的减小，自由基与反应分子之间碰撞概率随之减少，而自由基与通道壁的碰撞概率反而增加，这样就促使自由基反应降低，当通道尺寸减小到某一数值时，这种器壁效应造成了火焰不能继续进行的条件，火焰即被阻止。

不同试验条件下，火焰淬熄的原因可能不同，但就爆燃火焰在通道中传播而言，一般认为壁面传热是火焰熄灭的主要原因。

2 试验装置

阻火性能试验装置主要包括试验管路、高精度配气系统、数据采集系统。试验中，利用配气系统向管路中充入指定浓度的可燃气体，并采用火花塞点火。通过安装压力传感器和火焰传感器，测量火焰传播速度与爆炸压力值。

（1）配气系统

配气系统由计算机、电气控制部分、气体浓度分析仪及配套阀门和管路组成，如图1所示。该配气系统可以实现静态、动态混合配气的要求，实现静态配气的最高误差精度要求为0.1%、流量不低于1 m^3/min，实现动态配气的最高误差要求为0.2%。气源经减压器和稳压器粗调再经各调节阀控制，进入混合器。计算机根据所要配混合气各组成气体的浓度比及各气源气体浓度，确定电气控制参数，向执行阀门发送控制信号，利用阀门的动作，控制各组成气体进行混合的流量。计算机实时监控配气过程并记录过程数据。控制程序根据浓度差异，调节电磁调节阀开度，变动其通流面积，经反馈控制进行连续配气[5]。

（2）采集系统

在试验中，需要对火焰速度和压力变化进行实时的采集。由于火焰传播的速度很快，所以对采集板卡的要求很高。本系统基于NI高性能的PXI Express平台，配合以高精度、具有隔离性能的数据采集板卡，可以实现对压力、温度、应变、电压、电流等信号的准确采集，同时保证了系统的安全性。数据采集系统如图2所示。

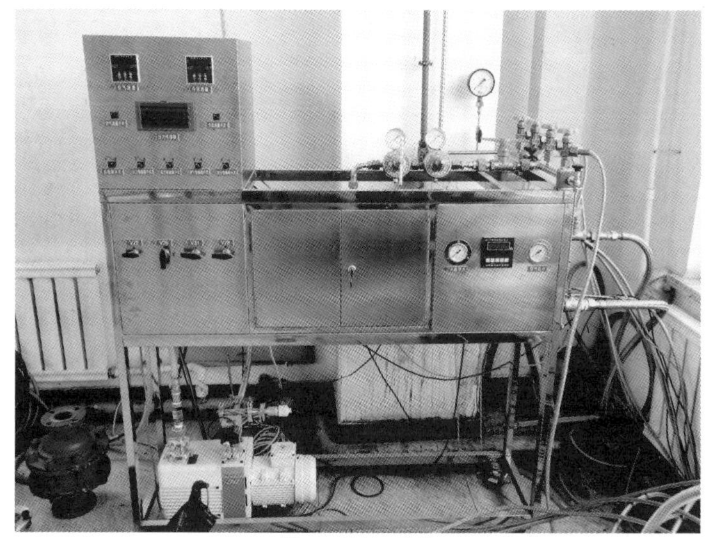

图 1　配气系统

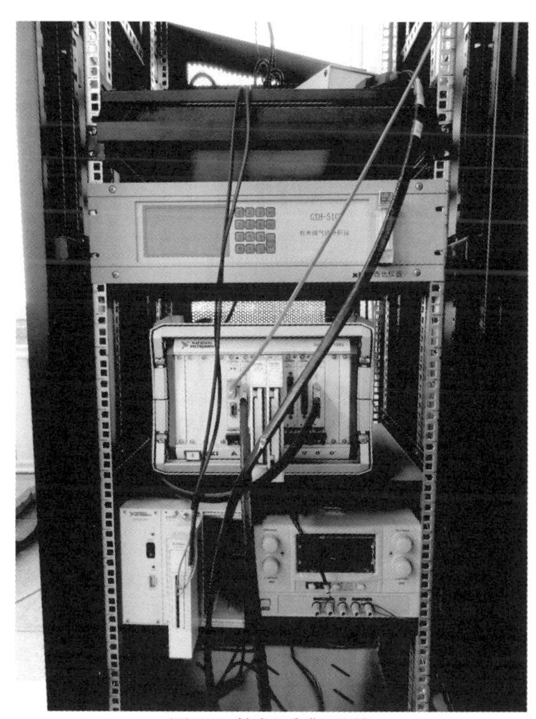

图 2　数据采集系统

3　试验研究

试验采用丙烷-空气混合气体，丙烷浓度为 4.2%[6]，试验压力为 101.3kPa，点火方式为火花塞点火，点火电压为 12kV。保护侧管道长度为 50D，点火距离为 40D。第一次阻火试验阻火器前端管道长度为 40D，第二次阻火试验阻火器前端管道长度为 50D，管道点火端用盲板密闭，另一端用 PE 薄膜封闭。通过保持点火距离不变，得到不同长径比下测试点处不同火焰传播速度和压力值，获得阻火器阻火与否的试验数据，并由数据采集系统采样记录[7]。

图 3 为第一次阻火试验测试信号图，其中（a）、（b）为阻火器前端测速信号，（c）为压力信号，（d）为阻火器后端火焰探测信号，由图中（a）、（b）数据可以计算出此次火焰到达测试点处的火焰速度为 220m/s，由（d）可知该处火焰传感器未探测到火焰存在，证明阻火器此次阻火成功。由（c）可知火焰到达测试点处的最大爆炸压力为 0.17MPa。

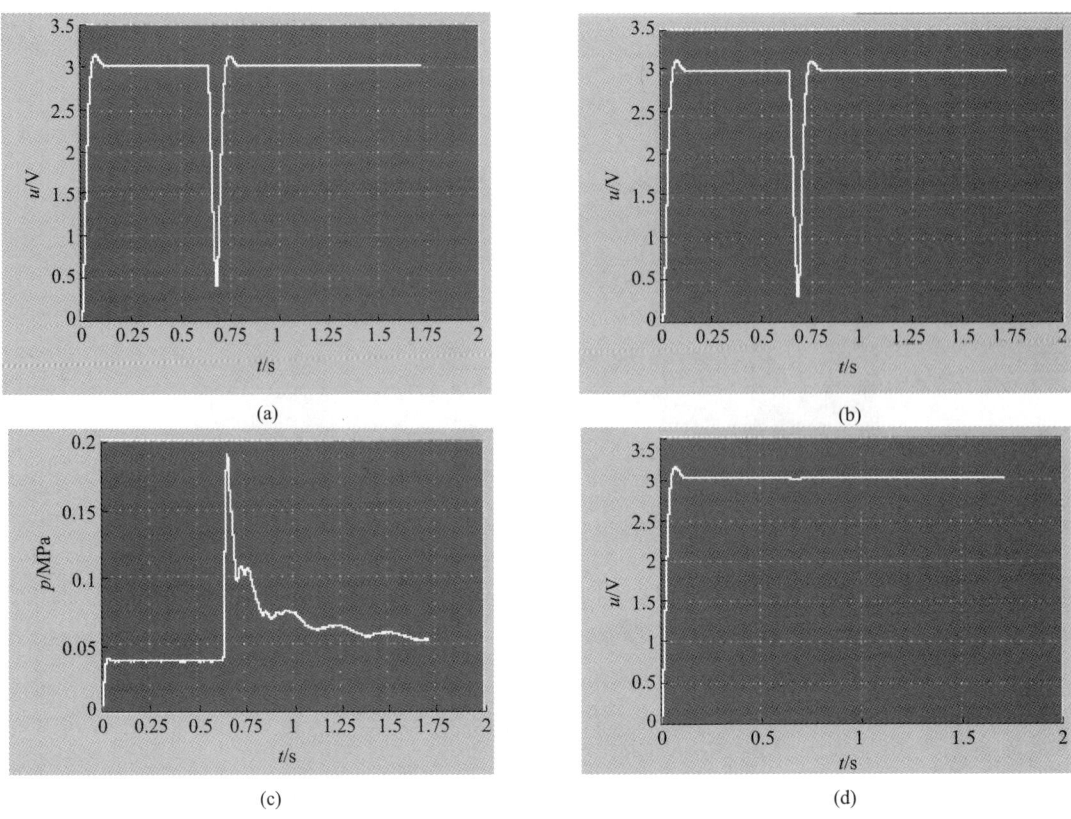

(a) (b) (c) (d)

图3 第一测阻火试验测试信号

图4为第二次阻火试验测试信号图，由图中（a）、（b）数据可以计算出此次火焰到达测试点处的火焰速度为133m/s，由（d）可知该处火焰传感器探测到火焰存在，证明阻火器阻火失效。由图4中（c）可知火焰到达测试点处的最大爆炸压力为0.36MPa。

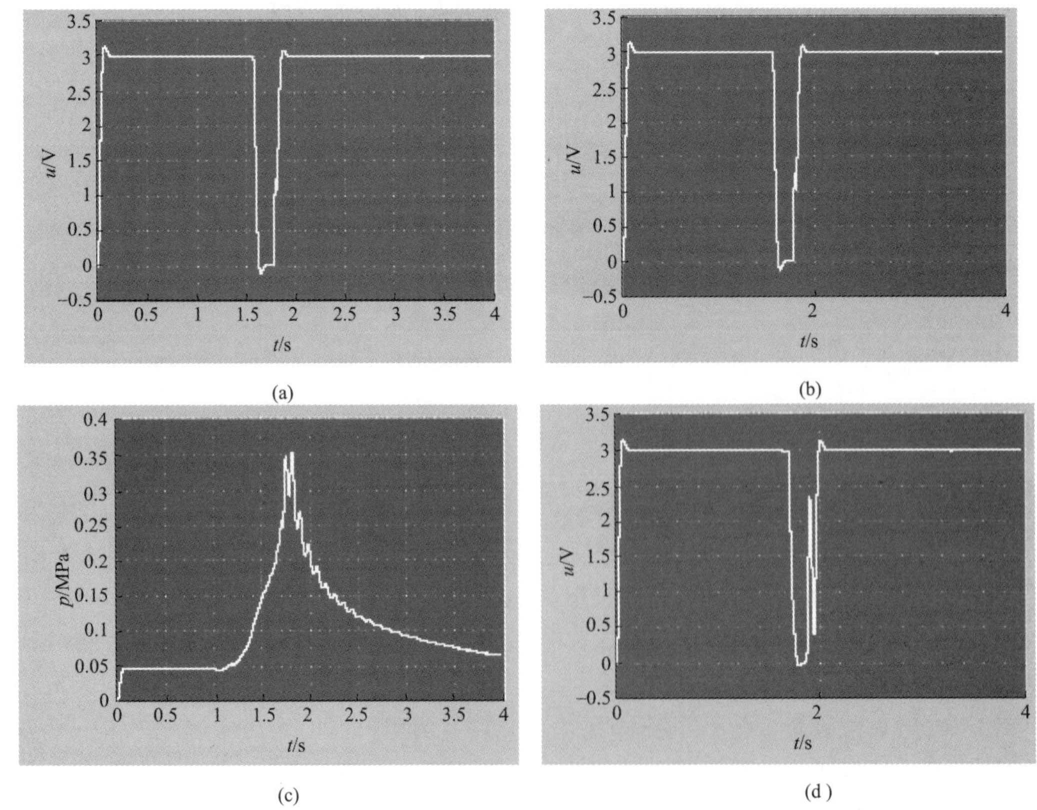

(a) (b) (c) (d)

图4 第二次阻火试验测试信号

本试验针对丙烷—空气混合气体爆燃传播过程中，火焰速度和爆炸压力进行了研究，试验过程分别按两种不同的点火方案进行。

① 一般情况下，火焰速度、爆炸压力会随着阻火端长径比的增大而增加，直到达到稳定爆轰。封闭管道内的爆燃过程是一个复杂的传播变化过程，在不同长径比，相同点火距离的情况下，测试火焰传播速度或压力值出现波动现象，两组测试过程的测量值分别是火焰速度 133m/s 、爆炸压力为 0.36MPa，阻火失败；火焰速度 220 m/s、爆炸压力为 0.17MPa，阻火成功。由图 3、图 4 中（a）、（b）可以看出火焰传感器的火焰信号过程是两个从有到无的反复过程，可见火焰阵面在此测试点处有震荡过程存在，即火焰没有在遇到阻火单元处熄灭。

② 由图 3、图 4 中（c）可以看到，压力波在测试点处的震荡明显。压力波与火焰的相互作用，包括压缩波、反射压缩波及稀疏波对火焰的作用。由图 3 中（c）可以看到，压力信号有多个波峰，峰值由大到小，直至出现负压，说明燃烧过程结束，管内形成短时负压[8]；由图 4 中（c）可以看到，压力信号有多个波峰，峰值逐步增大再减小，直至出现负压，说明燃烧过程持续，多种压力波出现叠加现象，直至气源耗尽。

4 结论

从火焰传感器和压力传感器的信号可以看到，管道内火焰传播过程伴随着流场压力的变化，表征为火焰和压力波的震荡。在相同点火距离，不同点火位置情况下，出现高火焰速度情况下阻火器阻火成功，低火焰速度情况下阻火器阻火失败的试验结果。可见，以火焰传播速度和爆炸压力为特征的火焰传播能量是阻火成败的关键，而阻火速度并不是阻火器成功阻火的唯一标准，爆炸压力也是一个重要参数。

参考文献

［1］ 林柏泉．瓦斯爆炸动力学特征参数的测定及其分析．煤炭学报，2002 (2)：165-168.
［2］ 曲志明，周心权，王海燕，等．瓦斯爆炸冲击波超压的衰减规律．煤炭学报，2008，33 (4)：410-414.
［3］ 喻健良，周崇，刘润杰．管道内预混气体爆燃过程的实验研究．石油与天然气化工，2004，33 (6)：453-457.
［4］ 杨勇，马卫民，杨宏旻，等．湍流扩散火焰细微结构特性分析．燃烧科学与技术，1999，5 (3)：283-287.
［5］ 陈先锋，陈明，张庆明，等．瓦斯爆炸火焰精细结构及动力学特性的实验．煤炭学报，2010，35 (2)：246-249.
［6］ 孙少辰．波纹管道阻火器系统的阻爆特性研究：［学位论文］．大连：大连理工大学，2018.
［7］ GB/T 13347—2010 石油气体管道阻火器．
［8］ 刘刚，张志毅，孙少辰．火焰速度和爆炸压力对阻火器阻火性能的影响试验．石油化工设备，2016，45 (1)：1-5.

超声导波在碳素钢弯管中的缺陷模拟仿真

丁 菊[1] 林金峰[1] 邓建强[2] 唐登超[2] 王 立[3]

1. 上海市特种设备监督检验技术研究院，上海 200062
2. 西安交通大学，西安， 710049
3. 南昌航空航天大学，南昌， 330063

摘 要： 采用L模态超声导波进行管道的检测，具有检测距离长、效率高、检测成本低、全质点参与检测等优势，但是在不连续结构的工件内部，导波易发生模态转换，影响检测效果，因此本文在有限元模型中引入系列缺陷参数研究了L模态波下裂纹缺陷和圆孔缺陷对导波幅值及反射率的影响。通过用ABAQUS软件对常用碳素钢弯管的缺陷进行模拟仿真，并对模拟结果进行分析。

关键词： 软件仿真；超声导波；碳素钢；弯管

Defect simulation of ultrasonic guided wave in carbon steel elbow tube

Ding Ju[1], Lin Jin-feng[1], Deng Jian-qiang[2], Tang Deng-chao[2], Wang Li[3]

1. Shanghai Special Equipment Inspection Institute, Shanghai 200062
2. Xi'an Jiaotong university, Xi'an 710049
3. Nanchang Hangkong university, Nanchang 330063

Abstract: Ultrasound guided wave detection as an inspection technology has been widely used in pipeline, for long inspection distance, meeting the requirement of high efficiency, economical and easy-using. However, where discontinuous structure appears in work-piece, the guided wave is prone to mode conversion, which affects the detection effect. In this paper, different artificial defect geometrical dimensions should have an effect on the defect reflection echo amplitude, which can exhibited by simulation software. The typical material carbon steel was selected to represent the propagation characteristics, and the results can be analyzed.

Keywords: Simulation; Ultrasonic guided wave; Carbon steel; Elbow tube

0 引言

超声导波在检测过程中，由于被检测工件存在非连续结构，导致导波的模态转换，为检测工作带来难度。例如U形、S形换热管束，架空弯管管道等结构。针对导波检测的现状和存在问题，上海市特种设备监督检验技术研究院和西安交通大学共同合作，开展非连续结构的导波检测技术研究，通过对几

基金项目：上海市质量技术监督局青年科技启明星项目“乙烯裂解炉LMPH管的导波检测技术研究”（编号：QMX2018010）。

作者简介：丁菊，1987年生，女，工程师，硕士，主要从事特种设备检验检测研究。

个典型缺陷进行分析模拟，并对比导波在不同位置不同参数特性的检验结果，为超声导波检测弯管的现场应用提供了依据。

1 导波检测换热管的国内外概况

在超声导波应用于无损检测领域中，直管段已经有了非常成熟的检验技术和量化分析方法 JRN M 等[1] 模拟直管道，加载不同的影响因素进行分析，发现当两者处于统一外界因素下，T（0，1）模态导波的能量更易衰减。Gresil. M 等[2] 为了节约消耗，采用有限元模拟复合管中对缺陷的检测效果是否明显，同时研究复合管中导波的模态转换，研究总结了合适的监测条件。孙雅欣等[3] 对弯管中缺陷进行模拟和实验验证，证明有限元模拟的可行性。彭芬等[4] 利用有限元分析了管道中的缺陷检测，验证了缺陷尺寸和缺陷幅值的正相关性。通过以上文献可以知道，超声导波检测技术已经越来越成熟，虽说国内的超声导波检测理论和实验研究都有了很大的进步[5]，本文将基于国内外研究者已有的成果研究弯曲管道上缺陷与回波幅值之间的关系，研究不同弯曲角度对超声导波传播特性的影响。

2 有限元理论分析及 ABAQUS 软件简介

有限元法作为高效率的数值模拟算法，常用于解决波在固体介质中的传播问题。在役管道中存在的物料介质阻抗与金属的阻抗相差较大，所以本文不考虑管内介质对导波检测结果的影响。只考复杂的边界及传播问题，模拟其在架空压力弯管中的传播特性问题。

由于动态载荷关系，模拟依据的动力学中有限元的控制方程如下：

$$[\mathrm{M}]\left\{\ddot{D}\right\}+[C]\left\{\dot{D}\right\}+[K]\{D\}=\{R^{\mathrm{ext}}\} \tag{1}$$

其中，$[M]$ ＝质量矩阵，$[C]$ ＝阻力矩阵，$[K]$ ＝刚度矩阵，r 是加载载荷，$[D]$ 为节点自由度，$\left\{\dot{D}\right\}$、$\left\{\ddot{D}\right\}$ 分别是 $[D]$ 的一阶和二阶导数。

使用两步法，确定节点自由度依照泰勒技术展开，其中的速度、加速度以及位移相关参数都可以从 $\{D\}n+1$ 和 $\{D\}n$ 于时间域内求解得出。

$$\{D\}_{n+1}=\{D\}_{n+1/2}+\frac{\Delta t}{2}\left\{\dot{D}\right\}_{n+1/2}+\frac{(\Delta t/2)^2}{2}\left\{\ddot{D}\right\}_{n+1/2}+\frac{(\Delta t/2)^3}{6}\left\{\dddot{D}\right\}_{n+1/2}+\cdots \tag{2}$$

$$\{D\}_{n}=\{D\}_{n+1/2}-\frac{\Delta t}{2}\left\{\dot{D}\right\}_{n+1/2}+\frac{(\Delta t/2)^2}{2}\left\{\ddot{D}\right\}_{n+1/2}-\frac{(\Delta t/2)^3}{6}\left\{\dddot{D}\right\}_{n+1/2}+\cdots \tag{3}$$

将公式（2）和公式（3）联立求解，忽略高次幂的项，可以得到（4）和（5）：

$$\{D\}_{n+1}-\{D\}_{n}=\Delta t\left\{\dot{D}\right\}_{n+1/2} \tag{4}$$

$$\{D\}_{n+1}=\{D\}_{n}+\Delta t\left\{\dot{D}\right\}_{n+1/2} \tag{5}$$

同理，亦可推出式公式（6）：

$$\{D\}_{n+1/2}=\{D\}_{n-1/2}+\Delta t\left\{\ddot{D}\right\}_{n} \tag{6}$$

波动控制方程，那么公式（2）就可以写成：

$$[M]\left\{\ddot{D}\right\}_{n}+[C]\left\{\dot{D}\right\}_{n+1/2}+[K]\{D\}_{n}=\{R^{\mathrm{ext}}\}_{n} \tag{7}$$

由于式（7）中忽略包含 t 的高次幂项，所以求得的误差可以精准到 $(\Delta t/2)2$，误差可以减少到大约 1/4，ABAQUS/Explicit 在模拟波的传播问题使用中心差分法。

ABAQUS 软件是由美国 HKS 公司研发，拥有丰富的、可以对各种复杂构件进行模拟的材料模型。

应用范围非常广泛，基于此，可以引入其模拟超声导波在换热管中弯曲管道弯头处的传播情况。有限元模拟过程通常分为三个阶段，前处理过程、仿真过程、后处理过程，分析的步骤如图 1 所示。

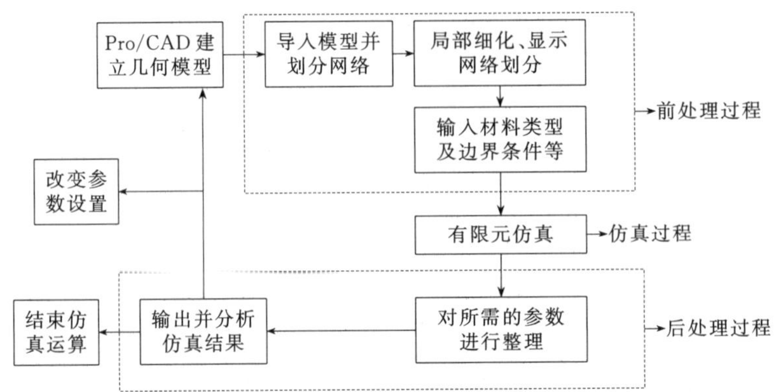

图 1　有限元分析过程

3　模型建立和边界条件的确定

将弯曲管道分为两部分，直管段和弯管段，直管段有较成熟的理论和检测方法，并得出了较好的模拟结果。本文重点模拟超声导波在弯曲管段的传播特性。管道模型参数如表 1 所示，建立三维模拟图形。

在波的模态选择中，纵向模态具有容易激励，传播速度快，易越过弯头的特点。高阶模态的导波激励方式复杂，t 波则对弯头和焊缝较为敏感，所以本文采用超声导波的 $L(0,\ 2)$ 纵向模态形式，采用了轴向加载应力的方式，在模型上为管道的端面加载瞬态轴向位移函数，而如图 2 所示。

边界条件的确定。考虑到现实检验中，管子一般会固定于管板上或者固定于支撑结构上，其中换热管等类型结构的管子采用强度胀加贴焊，所以将管道一端部设为约束面，并固定六个自由度（模拟现实中管板结构）。

激发状态的确定。无论在有管廊的弯管的导波检测，还是在有管板的换热管束的导波检测过程中，激励布置难以全管进行布置，只能在管头处进行激励贴片或者布置强磁激励装置，所以才有一发一收的信号发射和接受方式。将激励端面的中间区域作为激励信号的加载，内部和外部区域作为激励信号的接收区域。如图 3 所示。

综合考虑计算速度及精度，本次分析中采用四面体单元 C3D10 与 C3D10 相结合对管道进行划分。

表 1　管道模型参数

类型	外径/mm	壁厚/mm	弹性模量/GPa	泊松比	密度/(kg/m^3)	弯头中心线曲率半径/mm
弯管	60.3	3.91	217	0.286	7932	100

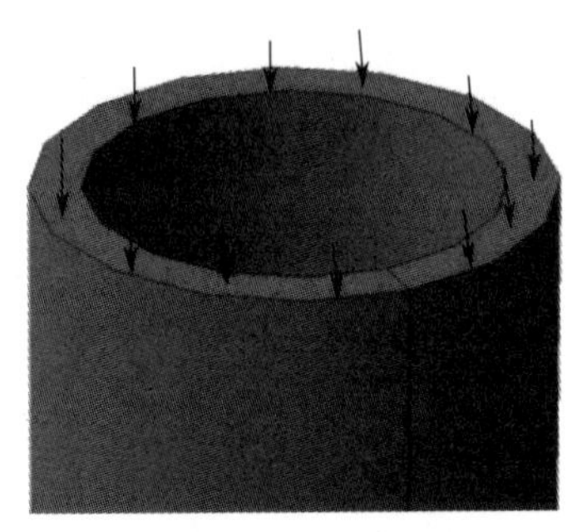

图 2　纵向模态导波加载方式示意图

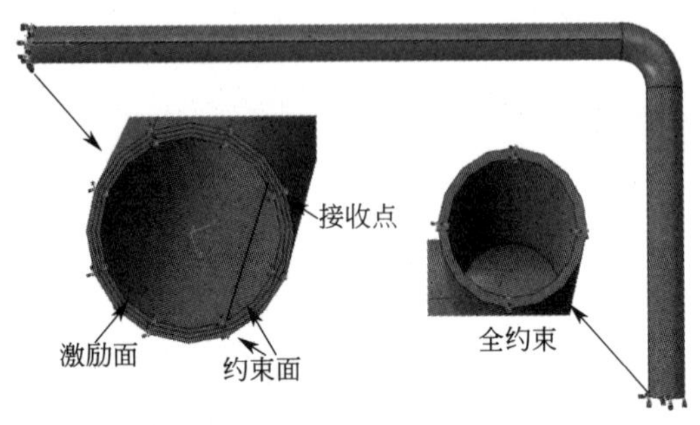

图 3　边界条件固定

4 弯曲管道缺陷对导波传播的影响

如图 4 所示，(a) 用于模拟裂纹缺陷以及局部减薄，该缺陷通过编辑 a 和 b 两个参数，能够模拟出横向缺陷和周向缺陷。通过放大 a 和 b 的值，能够模拟出弯头的局部减薄的面积，(b) 用于模拟穿孔腐蚀或者点腐蚀，由 ϕ 表示直径，h 表示深度。

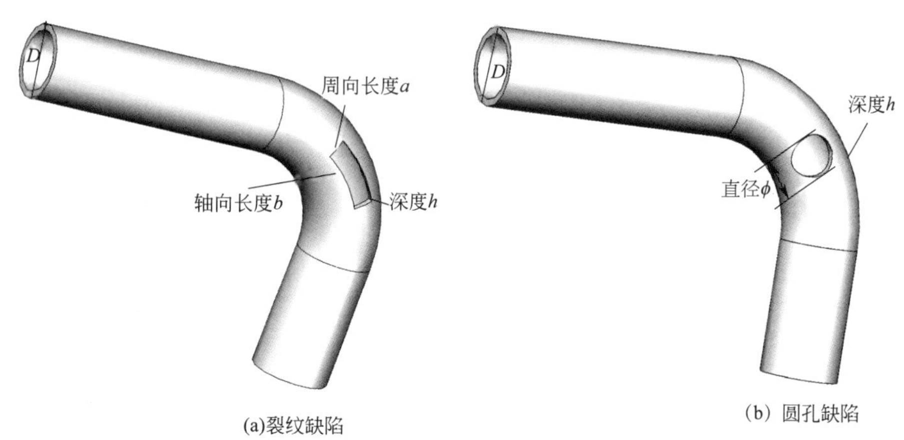

图 4 模拟缺陷示意图

4.1 缺陷对 $L(0, 2)$ 导波传播特性的影响

在管道端面（图 3 所示）施加频率为 70kHz 的导波信号，依照前述的激发接受状态来进行模拟，并对缺陷部位采用精细化网格进行划分处理，令 $a=20\text{mm}$，$b=1\text{mm}$，由此模拟弯管处的横向裂纹。提取出时域波形如图 5 所示。

从图 5 中可以得出，时域波形中存在明显的缺陷回波，证明在弯头上的缺陷同样能够检测出来。

从图 6 可以得出：L（0，2）模态导波穿过弯头，产生新的模态 F（1，1），位移场不平衡。并会伴随少量的非零阶导波出现，但由于 L（0，2）模态较快的传播速度，较容易将缺陷的信号传递出来。由此证明缺陷的存在对 L（0，2）模态有一定影响，但影响有限。

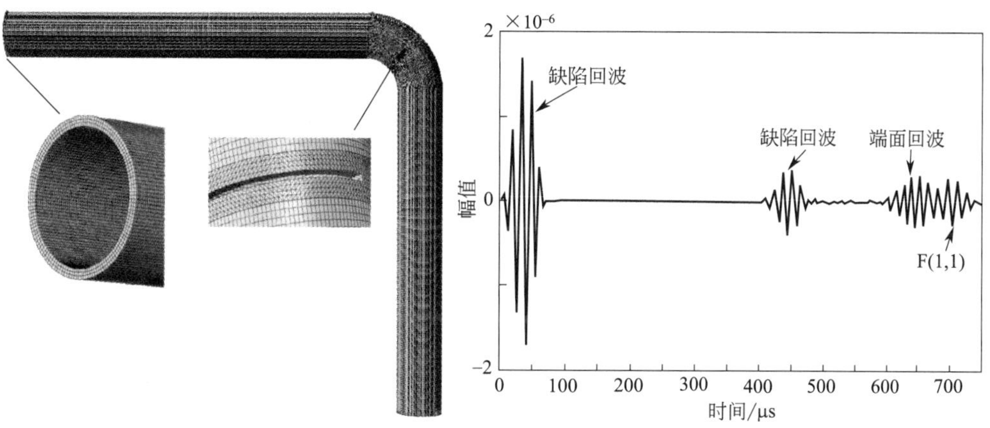

图 5 外径 60.3mm，壁厚 3.91 钢管仿真模型和缺陷监测时域波形

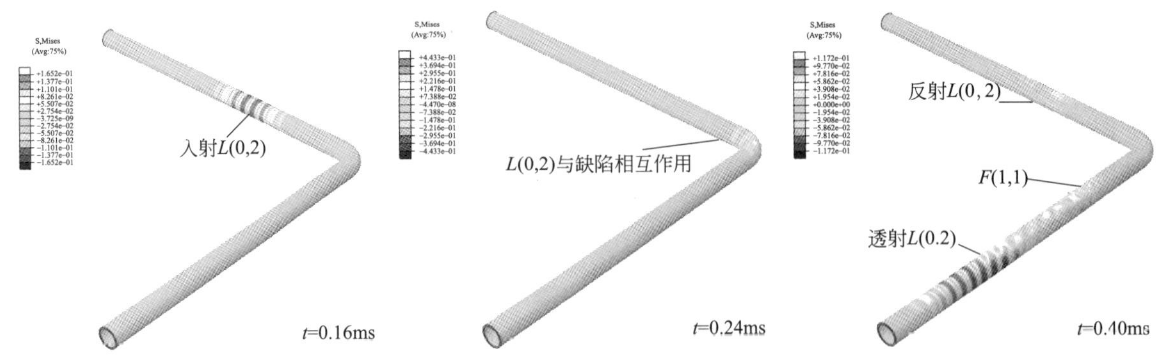

图 6 L(0，2)模态导波与缺陷相互作用的波场快照

4.2 缺陷位置对 L(0，2)导波传播的影响

为了研究弯头上不同位置处缺陷对 L（0，2）导波检测的影响，以管道背弯的中心面作为基准面，为 0°，每隔 45°切割一个 20×1（mm×mm）的裂纹槽，分别表示为 A、B、C、D、E，如图 7 所示，提取接收到的 A、C、E 三点的缺陷反射波的幅值曲线如图 8 所示。

缺陷分布位置。从图 9 中可以看出，从 0°到 180°之间，缺陷的幅值总体呈现非均匀递减的趋势，每隔 45°下降分别为 51.6%、48.9%、46.4%、29.1%，在弯头外侧下降最快。这个现象可以总结出：弯头外侧的缺陷比较容易监测出来，弯头内侧的缺陷还是需要传统的超声检测方法进行检测。

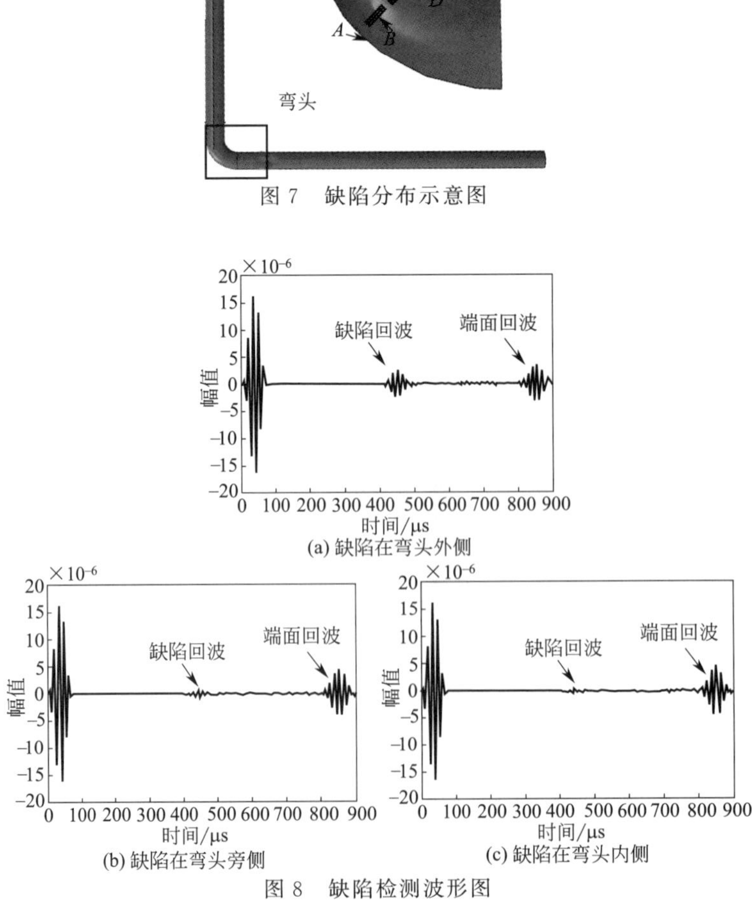

图 7 缺陷分布示意图

图 8 缺陷检测波形图

4.3 不同参数缺陷对导波的影响

将图 4 中的模拟缺陷数值参数由表 2 给出，依据的方法为比对法，将 a，b，h 三个参数做为管道的缺陷的参数，通过固定其中两个值，改变变量的赋值，研究缺陷对导波的影响，并将该种影响得到的结果表示在图 10～图 13 中，通过反射回波的幅值大小，确定出不同参数的缺陷对导波在弯头处缺陷的传播特性。

表 2 管道模型参数

影响参数	固定量/mm	固定量/mm	变量	设定值/mm	图示
缺陷周向长度	$a=1$	$H=3.91$	b	5,10,15,20,25,30	图 10
缺陷深度	$a=1$	$B=30$	h	0.5,1,1.5,2,2.5,3,3.5	图 11
缺陷截面比	$b=30$	a(同时改变)	h(同时改变)	0.8,1.2,1.6,2.0,2.6	图 12
缺陷轴向宽度	$b=30$	$h=3.91$	a	1,1.5,2.0	图 13

可以看出：当缺陷的位置和轴向长度以及深度不发生变化时，缺陷的反射幅值起伏很小，说明 L（0，2）导波来说，周向缺陷宽度 b 的变化并不是引起缺陷幅值变化的主要因素。h 分别为 0.8mm、1.2mm、1.6mm、2.0mm、2.6mm（缺陷面积占整个截面的面积比分别是 1%、2%、3%、4%、5%）的缺陷来分析缺陷截面比对检测的影响发现：当缺陷的截面占比不断变化时，缺陷的回波逐渐上升，上升速率先加快然后减缓，在截面占比 3% 和 4% 时其中的两个转折点。从图中分析可以看出，对于 L（0，2）导波来说，缺陷截面占比是影响缺陷幅值的一个重要因素。

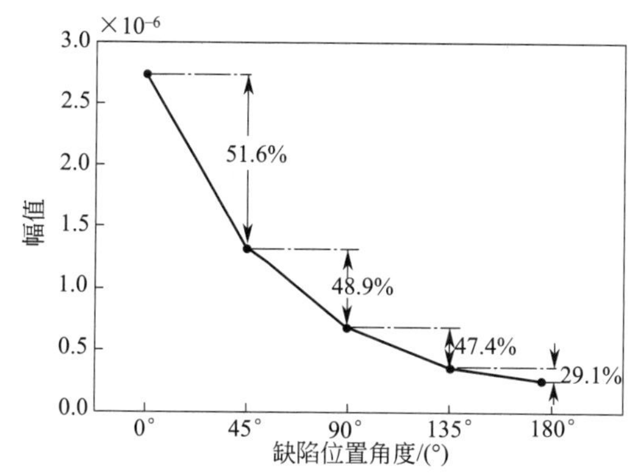

图 9 缺陷位置幅值关系

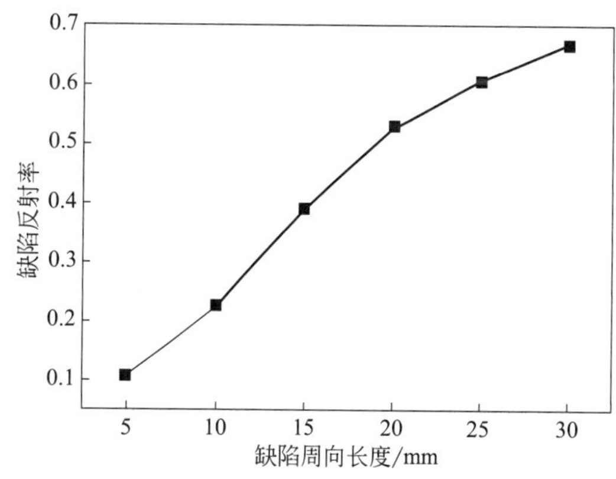

图 10 缺陷长度反射率曲线

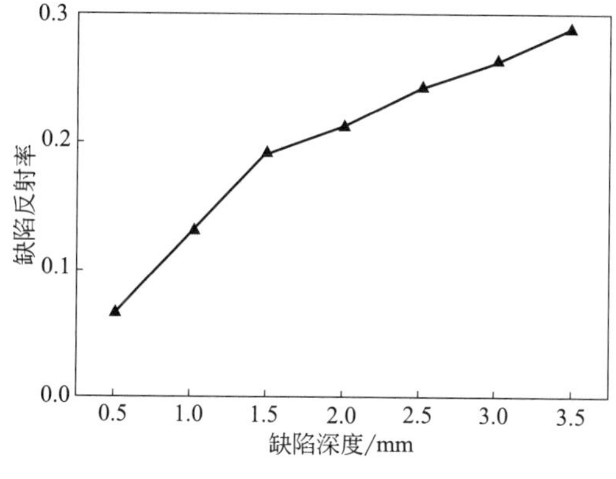

图 11 缺陷深度反射率曲线

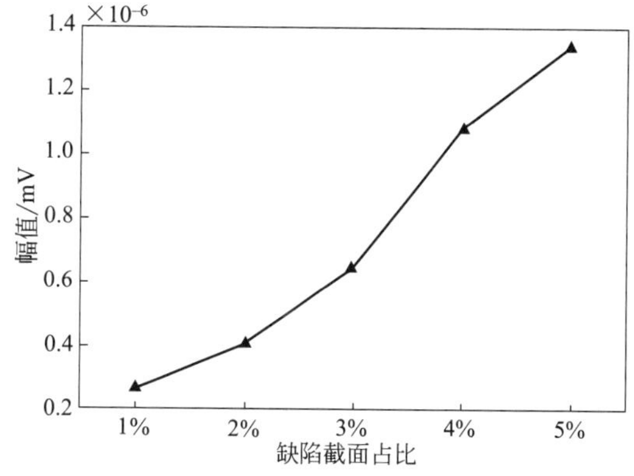

图 12 缺陷截面占比幅值关系

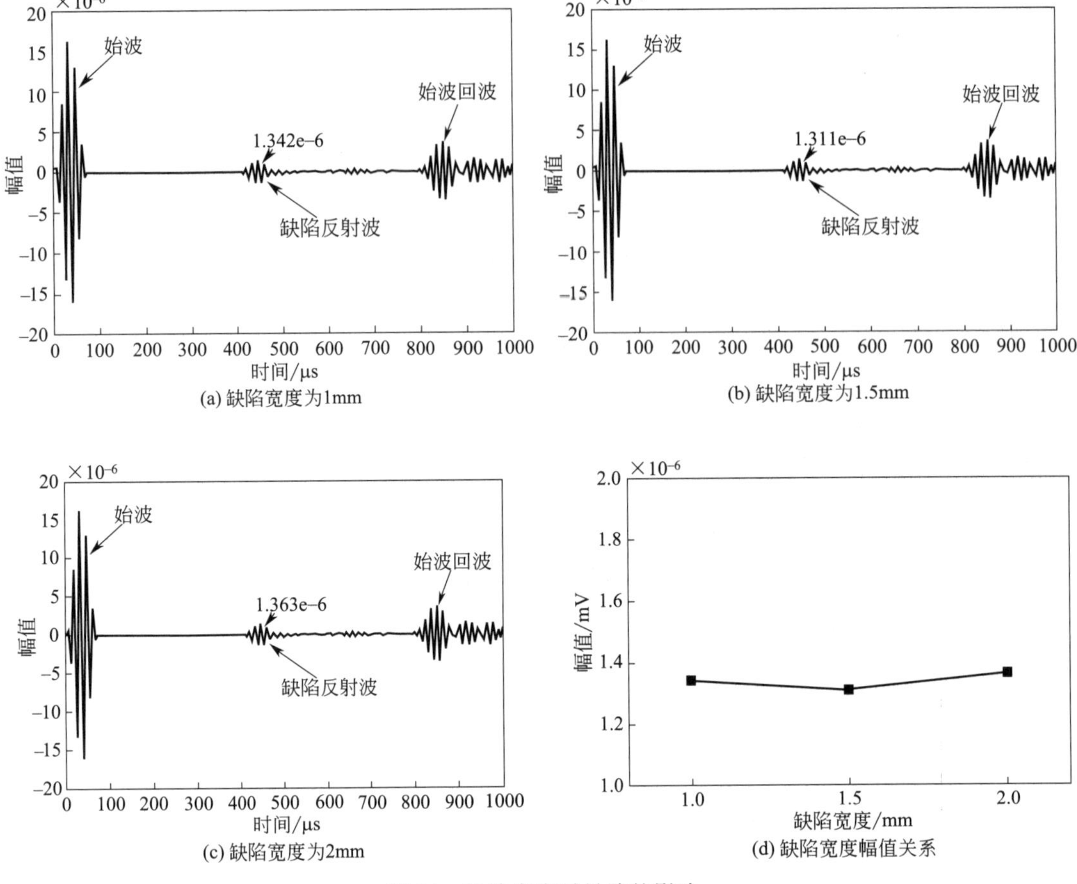

图 13 缺陷宽度对导波的影响

5 结论

本文采用 ABAQUS 软件对外径 60.3mm，壁厚为 3.91mm 的弯曲管道进行了缺陷有限元分析，得到了以下研究结论：

① 弯头外侧导波对缺陷敏感，而弯头内侧几乎没有缺陷回波，故需要其他方法进行复检。

② 不同周向和轴向缺陷长度对 $L(0, 2)$ 模态导波的存在影响。且导波幅值随缺陷长度而递增的。

③ 随着截面比的递增，导波幅值也呈上升趋势，且横截面是一个重要的影响因素。

参考文献

［1］ M. J R N, Hayatgheib B S，Sodagar S. A Simulation Study of Attenuation Factors in a Gas Pipeline Guided Wave Testing: Iranian International Ndt Conference，2017［C］.

［2］ Gresil M, Chandarana N. Guided Wave Propagation and Damage Detection in Composite Pipes Using Piezoelectric Sensors［J］. Procedia Engineering，2017, 188: 148-155.

［3］ 何存富，孙雅欣，刘增华等．弯管缺陷超声导波检测的有限元分析［J］．北京工业大学学报，2006, 32 (4) : 289-294.

［4］ 彭芬，许斌，陈洪兵等．基于压电超声导波的管道缺陷检测数值模拟［J］．压电与声光，2017, 39 (3) : 462-466.

［5］ 焦敬品，何存富，吴斌等．管道超声导波检测技术研究进展［J］．实验力学，2002, 17 (1) : 1-9.

基于图谱的特种设备法规体系多维度模式评价和风险分析

胡素峰[1] 张绪鹏[2] 储昭武[3] 王会方[4]

1. 中国特种设备检测研究院 北京 100088
2. 北京市特种设备检测中心 北京 100029
3. 上海市大数据中心 上海 200233
4. 南京市特种设备安全监督检验研究院 南京 210009

摘 要： 本文探讨了特种设备法规体系多维度模式评价和风险分析，提出特种设备法规体系多维度模式的评价方法，介绍了特种设备法规体系风险分析方法，并用展示了发现分析实例。依靠特种设备法规体系多维度模式评价和风险分析的手段，能够展现特种设备法规体系的架构，发现特种设备相关法规的发展和热点，考查特种设备法规文件相关机构，构建特种设备法规文件理论研究的新框架，为特种设备管理部门的科学决策提供参考。

关键词： 特种设备法规 ，多维度 ，模式评价 ，风险分析

Research on Elevator Public Opinion and Countermeasures

Hu Su-feng[1], Zhang Xu-peng[2], Chu Zhao-wu[3], Wang Hui-fang[4]

1. China Special Equipment Inspection and Research Institute Beijing 100029
2. Beijing Special Equipment Inspection and Testing Center Beijing 100029
3. Shanghai Municipal Big Data Center, Shanghai 200233
4. Nanjing Special Equipment Safety Supervision and Inspection Institute, Nanjing 210009

Abstract: In this paper, the multi-dimensional model evaluation and risk analysis of the special equipment regulation system has been discussed, and the evaluation method of the multi-dimensional model of the special equipment regulation system has been proposed too. It been introduced that the risk analysis method of the special equipment regulation system, and demonstrates the discovery analysis example. Relying on the multi-dimensional model evaluation and risk analysis means of special equipment regulation system, it can show the structure of special equipment regulation system, discover the development and hotspots of special equipment related regulations, examine the relevant institutions of special equipment regulations documents, and construct theoretical research on special equipment regulations documents. The new framework provides a reference for scientific decision-making by special equipment management departments.

Keywords: Special equipment regulations, Multi-dimension , Model evaluation, Risk Analysis

1 引言

特种设备是指涉及生命安全、危险性较大的锅炉、压力容器、压力管道、电梯、起重机械、游乐设

作者简介：胡素峰，男，高级工程师。

施、客运索道、场（厂）内专用机动车辆等设备设施，是国民经济和人民生活的重要基础设施。我国的特种设备法规体系经过长时间的发展、完善，呈现出多层次的关系，主要层次关系为包含、从属，以及逻辑上的承接。特种设备法规体系图谱表达，就是利用图谱的形式，显示个体之间的包含、从属、承接等层次关系，通过法规条目的数字化处理、分析，对其碎片化、结构化、指标化，实现文字到数字化，数字化到知识化的转换。

我国特种设备法规标准体系的结构层次是："法律—行政法规—部门规章－安全技术规范—相关标准文件"。特种设备法规标准体系集合特种设备安全的各个要素，是对特种设备安全监察、安全性能、安全管理、安全技术措施等的完整描述，是实现依法监管的基础，是完善法制建设的重要内容。

2 特种设备法规体系多维度模式评价和风险分析的意义

一是展现特种设备法规体系的架构，揭示追踪特种设备法规体系的演进和发展规律。通过信息化手段表达的知识图谱技术，将传统的文件知识结构的形式直观地展现出来，提供动态的多视角的分析，通过图谱方法，对现有的文件进行网络图形化，可以更好地掌握特种设备法规体系的发展过程，把特种设备知识发展的客观规律。

二是发现特种设备相关法规的发展和热点。特种设备法规文件的关键词和主题词是该领域研究的集中表现，基于关键词和主题词的可视化分析，提炼出包括关键节点及关键词、主题词的前沿热点，为特种设备法规文件研究提供大量可供分析的指标信息。

三是考查特种设备法规文件相关机构。直观展示特种设备法规文件相关机构，并对各机构加以计量，可以分析出各个部门和机构在各个环节领域代表的关键点，通过聚类分析和文本标识，可以深入探测到各个部门和机构的地位及其在法规体系中所起的作用。

四是构建特种设备法规文件理论研究的新框架。可以通过图谱提供的指标探测网络中的结构，通过计算网络中的节点和指标，找出存在问题。进一步，能够发现新的关键节点，探寻特种设备法规文件理论知识，完善特种设备法规文件框架，为特种设备理论研究提供支持。

五是特种设备管理部门的科学决策提供参考。图谱技术，不仅是计量重要手段，也是管理领域研究和决策分析的重要工具，通过对特种设备领域知识的演进规律和前沿热点分析可视化分析，为特种设备相关管理科学发展以及政策制定提供重要的决策依据。

3 特种设备知识多维度模式评价

通过多维度模式评价，能够分析出文件的风险，一是应当在某个维度讲，有而没有涉及的"缺位"；二是不应该涉及的维度，出现了该文件的内容"错位"；三是同一维度上出现了不同的、矛盾的说法。图 1 为特种设备安全法在各个维度上的映射，图 2 为特种设备监察条例在各个维度上的映射，1 为有关系，0 或空白为没有关系，区别在于一个确认一个为目前的认定。

4 特种设备法规体系风险分析

特种设备法规体系风险包括法律风险、行政风险、人员风险、本体风险。

法律风险。目前特种设备相关法律法规存在不少问题，包括空白和灰色区域存在，无法可依，法规文件体系陈旧，缺乏实用价值或代差冲突，以及规定笼统，提及相应的权力，但却没有制定详细的操作规范，容易自由裁量。此外，一些法规文件是作为政府部门文件形式制定的，法律效力不足。

行政风险。一方面，在实际执法时，特种设备监察部门有可能会超越法定权力限度作出一些不属于自己行政职权范围的行政行为，行政不合乎规范可能会引起行政诉讼和投诉。与之相对，若有相应的法

ItemNo	单位	人员	设备	综合	制造	安装	使用	维修改造	检验	检验	检测	监管	综合
第一条	1	1	1	1	0	1							1
第二条	1	1	1	1	0	1				1	1		1
第三条	1	1	1	1	0	1							1
第四条	1	1	1	1	0	1						1	1
第五条	1	1	1	1	0	1						1	1
第六条	1	1	1	1	0	1							1
第七条	1	0	0	0	0	1							1
第八条	1	1	1	1	0	1				1	1		1
第九条	1	0	0	0	0	1							1
第十条	1	1	1	1	0	1							1
第十一条	1	0	0	0	0	1							1
第十二条	1	0	0	0	0	1							1
第十三条	1	0	0	0	0	1							1
第十四条	0	1	0	0	0	1					1		1
第十五条	1	0	0	0	0	1				1	1		1
第十六条	1	0	0	0	0	1							1
第十七条	1	0	0	0	0	1							1
第十八条	1	0	0	0	0	1							1
第十九条	1	0	0	0	0	1							1
第二十条	1	0	0	0	0	1				1			1
第二十一	0	0	1	0	1								
第二十二	0	0	1	0	0	1							1
第二十三	0	0	1	0	0	1							

图 1　99《特种设备安全法》多维度评价（部分）

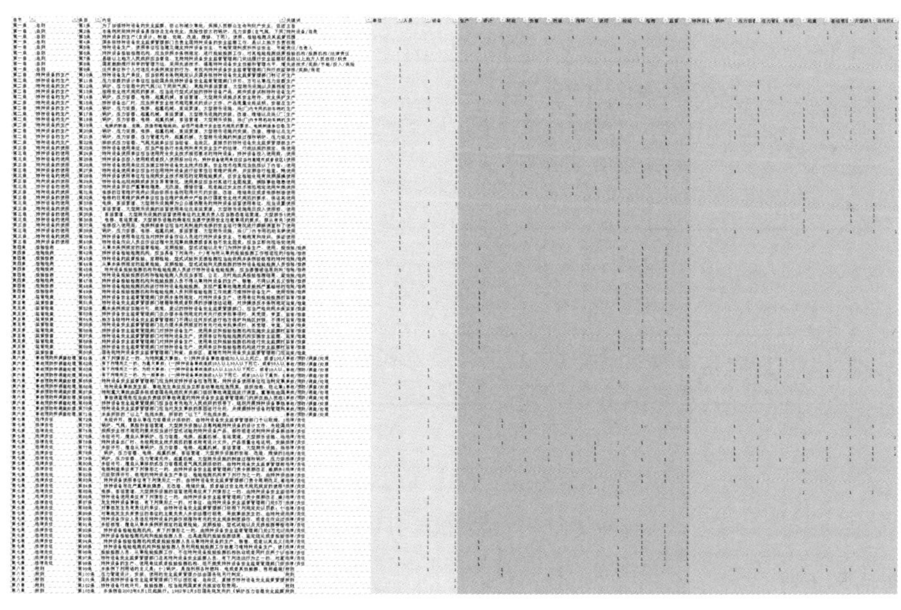

图 2　监察条例在各个维度上的映射

规，监察部门在有作为义务并且能够履行该义务的前提之下却不履行职责的，会作为行政不作为，被问责或被诉。另一方面，行政机构真正的决策理由，包括技术理由和政策理由，都离不开特种设备法规文件体系的支撑，但操作人员对法规文件理解操作的裁量权的掌握不尽相同。

人员风险。法律知识匮乏，行为适用法律不当；违背法律规范冲突适用规则，上位法与下位法、特别法与一般法选择错误；程序适用错误引起的行政诉讼；解释法条时，任意扩大或缩小解释，甚至违背已有规范性文件所作出的政策性解释，滥用自由裁量权。

本体风险。王群对某市《电梯管理办法》提出了十个问题：层次混乱、前后矛盾、搭配不当、用词不准、顾此失彼、概括失度、成分余缺、表意不明、内容不妥等。综合考虑，特种设备法规文件的本身错误，一部分是文法错误，另一部分是指代错误，前者对内，后者指条目之间或与外部文件的关系。

5 特种设备法规体系风险分析实例

对于节能，特种设备法第三条规定“特种设备安全工作应当坚持安全第一、预防为主、节能环保、综合治理的原则。”第七条规定“特种设备生产、经营、使用单位应当遵守本法和其他有关法律、法规，建立、健全特种设备安全和节能责任制度，加强特种设备安全和节能管理，确保特种设备生产、经营、使用安全，符合节能要求。”中间涉及特种设备生产单位、经营单位、使用单位、安全责任制度、节能责任制度、安全管理、节能管理，以及生产、经营、使用多个环节。但是目前，规章有《高耗能特种设备监督管理办法》，在技术规范方面仅有锅炉节能相关的 TSG G 0002—2010 锅炉节能技术监督管理规程和 TSG G 0003—2010 工业锅炉能效测试与评价规则，细则明显缺失。

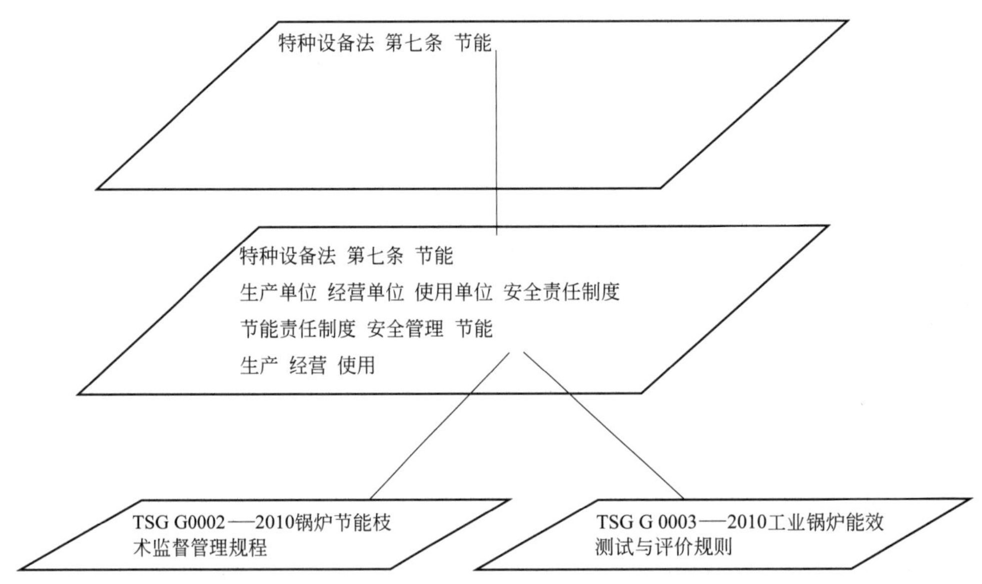

图 3 《特种设备安全法》风险分析（节能缺失环节）

再比如，特种设备法第八十条中有“逾期未改正的，处一万元以上十万元以下罚款”，与其他罚则相比，缺少一个环节——停止施工或使用，成了一罚了之。某市的《电梯管理办法》中，对于应急演练的规定，12 条和 15 条分别规定维保单位每半年一次、使用单位定期演练，二者冲突。

6 结束语

依靠特种设备法规体系多维度模式评价和风险分析的手段，能够展现特种设备法规体系的架构，发现特种设备相关法规的发展和热点，考查特种设备法规文件相关机构，构建特种设备法规文件理论研究的新框架，为特种设备管理部门的科学决策提供参考。

参考文献

[1] 宋继红．特种设备法规体系建设研究［J］．中国特种设备安全，2016，(4)：19-23，76.
[2] 陈悦，刘则渊．悄然兴起的科学知识图谱［J］．科学学研究，2005，(2)：149-154.
[3] 焦李成，刘芳，缑水平．智能数据挖掘与知识发现［M］．西安：西安电子科技大学出版社，2006.

［4］ 饶克勤，王明亮．知识管理理论、方法与实践：知识管理与卫生循证决策［M］．北京：科学出版社，2010.
［5］ 阿肖克·贾夏帕拉．管理科学与工程经典译丛：知识管理·一种集成方法（第2版）［M］．北京：中国人民大学出版社，2013.
［6］ 张玲玲，石勇，朱正祥．智能知识管理：基本理论及其拓展［M］．北京：科学出版社，2015.
［7］ 徐戈，王厚峰．自然语言处理中主题模型的发展［J］．计算机学报，2011，(8)：1423-1436.
［8］ 王群．品味公文［M］．北京：北京联合出版公司，2016.

基于知识图谱的特种设备法规可视化表达研究

张绪鹏[1]　胡素峰[2]　王会方[3]　储昭武[4]

1. 北京市特种设备检测中心　北京　100029

2. 中国特种设备检测研究院　北京　100088

3. 南京市特种设备安全监督检验研究院 南京 210009

4. 上海市质量技术监督局信息中心 上海 200233

摘　要： 知识图谱把知识点作为实体显示其相关信息，提供深入完整的知识体系。本文探讨了基于知识图谱的特种设备法规可视化表达方法，提出基于知识图谱的特种设备法规知识表达需要的关键问题，规范处理特种设备法规标准知识，指出可视化表达方法包括文本信息处理和文本可视化表达两大部分，文本可视化表达包括文本内容可视化和文件关系可视化。

关键词： 知识图谱；特种设备；法规；可视化；表达

Research on Visualization of Special Equipment Regulations Based on Knowledge Mapping

Zhang Xu-peng[1] Hu Su-feng[2] Wang Hui-fang[3] Chu Zhao-wu[4]

1. Beijing Special Equipment Inspection and Testing Center　Beijing 100029

2. China Special Equipment Inspection and Research Institute　Beijing 100029

3. Nanjing Special Equipment Safety Supervision and Inspection Institute,　Nanjing 210009

4. Shanghai Municipal Big Data Center,　Shanghai 200233

Abstract: The knowledge map displays knowledge points as entities to provide relevant information and provides an in-depth and complete knowledge system. This paper discusses the visualization method of special equipment regulations based on knowledge map, proposes the key issues needed for knowledge representation of special equipment regulations based on knowledge map, standardizes the knowledge of special equipment regulations and standards, and points out that visual expression methods include text information processing and text visualization. For the most part, text visualizations include text content visualization and file relationship visualization.

Keywords: Knowledge map; special equipment; regulations; visualization; expression

1　引言

我国特种设备法规标准体系的结构层次是："法律—行政法规—部门规章—安全技术规范—相关标准文件"。基于知识图谱的特种设备法规知识表达需要解决的问题是建立层次化的特种设备法规标准知识库文件，在此基础上实现知识内容的可视化。特种设备法规体系可视化表达的优点一是直观、简洁的展示信息等知识元素，二是让用户能够准确了解信息等知识，与传统的录入查询统计数据库相比，更好

作者简介：张绪鹏，男，高级工程师。

的发现信息等知识元素中存在的关系和规则，并利用现有的知识发现新知识。

信息检索技术和标签技术已经成为许多网站展示其关键词和进行知识检索的常用技术，而信息网络图也是各个媒体辅助用户理解的必备方法，帮助用户看到查询词相关的更加智能答案。2012 年 5 月，谷歌在它的搜索界面中首次引用了知识图谱可视化表达方法——把一个知识点认为成一个实体，在它的右侧显示它的基本资料，以及相关实体的信息。很快各个搜索公司都推出了自己的相关产品，微软的“必应”，百度的“知心”，搜狗的“智立方”，也采用了相同的方式。比如说在百度中输入质监局，这时候除了正常的市场监管总局的相关网页外，在网页的右端会出现相关机构，市场监管总局的属性以及网友正在讨论的事情。如果更精确的直接输入“国家市场监管总局”，则会更精确会列出相关人物，比如说现任局领导，相关机构，如各地区局和特种设备研究院。可以看出，关键词越精确，指向性越强。通过这种方式实现了从杂乱的网页，到结构化的知识表现，为用户提供更具条理的信息，能够提供更为深入、广泛、完整的知识体系。

2 特种设备法规文件可视化表达的方法

知识本体的形式化可以用三元组来表示，即知识原子（词）、词的关系集合、规则与操作集，通俗的讲就是本体、关系和说明。对应知识的三元结构，建立基于知识图谱的特种设备法规知识表达体系包括特种设备知识库、特种设备关系库和特种设备案例库。

特种设备法规体系图谱表达方法分为两部分，第一是特种设备法规文件的文本信息处理，包括语意的理解，通过提取实意词，确定关键词，规定提取文法；第二是语意的表达，包括特种设备法规体系知识的可视化表达。具体步骤如图 1 所示。

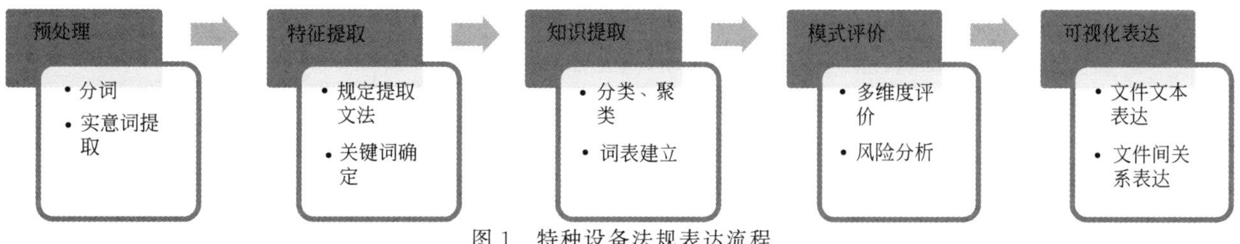

图 1 特种设备法规表达流程

3 特种设备法规文件的文本信息处理方法

文本信息挖掘按照知识表达的任务需求，分析原始文本数据，从文本中提取关键词等相应信息，包括文本数据的预处理，文本信息的抽取和文本特征的度量。文本信息提取基于文本内容，然而原始文本中存在着很多无用甚至干扰的信息，同时文本数据的格式也是多种多样，通过进行预处理，过滤掉文本中的错误信息和无用信息，方便处理更重要的信息。文本信息的抽取的工作是提取有用的信息，包括关键词以及关键词的词频分布，文档的主题，实体信息和适用的文法规则。文本特征的度量包括关键词好主题的相似性度量、聚类分类等算法，向量空间的度量也是常用的方法。

特征提取主要的内容是选择适用的语法规则或提取文法，提取关键词和索引词。因为文件的层级不同，语法规则或提取文法也不同。比如特种设备安全法，法条言简意赅，每个词语都必须重视，又处于第一层级，采用分词的方式，提出名词、动词，在其中选择词表中或与词表相近的词语，加上主旨、目的等关键词，作为索引词。而对于一般文件，整个文件或是某一段主要的目的是说明一个问题，该问题的实意可能还隐含在段落中，对此情况，可以采用计算实意词与文件关键词的距离，找出索引词，采用人工识别的方式做补充。一个特设法法条或文件有若干个关键词作为索引词，其他关键词与实意词作为关系，内部只存在索引词＋其他关系词的形式，内部没有二级关系。比如特种设备安全法，法条言简意赅，每个词语都必须重视，采用分词的方式，提出名词、动词，在其中选择词表中或与词表相近的词语，加上关键词，如第一条是特设法的主旨和目的，作为索引词。而对于一般文件，以《质检总局关于实施新修订的＜特种设备目录＞若干问题的意见（国质检特〔2014〕679 号）》为例。整个文件或是某一段主要的目的是说明一个问题，该问题的实意可能还隐含在段落中，对此情况，可以采用计算实意词与文件关键词的距离，找出索引词，并可以采用人工识别的方式做补充，如表 1 所示。

表 1　文件特征提取实例

章节条目	内容	主题词
0	质检总局关于实施新修订的《特种设备目录》若干问题的意见(国质检特〔2014〕679 号)	特种设备/目录/意见
1	各省、自治区、直辖市及新疆生产建设兵团质量技术监督局，各有关单位：	对象
2	根据《中华人民共和国特种设备安全法》《特种设备安全监察条例》，经国务院批准，质检总局于 2014 年 10 月 30 日公布了《质检总局关于修订〈特种设备目录〉的公告》(2014 年第 114 号)，新修订的《特种设备目录》(以下简称新目录)自公布之日起施行，同时《关于公布〈特种设备目录〉的通知》(国质检锅〔2004〕31 号)和《关于增补特种设备目录的通知》(2010 年 22 号)(以下简称原目录)予以废止。为确保规范有效的实施新目录，现就有关问题提出以下意见，请认真贯彻执行	依据/内容
1	一、关于特种设备的监管范围 《特种设备安全监察条例》第九十九条对各类特种设备的基本概念进行了描述。在《特种设备安全监察条例》规定的基本概念内，新目录以定义和列表的形式，明确了纳入监管的特种设备类别、品种的具体范围。自新目录施行之日起，各级质量技术监督部门按照职责分工，负责对新目录范围内的特种设备进行安全监督管理	特种设备/监管范围
2	二、关于原目录之内、新目录之外的特种设备 对于原目录之内、新目录之外的特种设备，新目录施行前已经进入程序的行政许可、检验检测、监督检查、行政处罚、事故调查处理等工作，处理意见如下	原目录之内/新目录之外/特种设备
21	(一)使用登记。已经受理、未发放证书的，登记机关应终止登记程序，并告知使用单位该设备不再纳入特种设备监管范围，提醒其加强安全管理；涉及收费的，退回相关费用。新目录施行后，原目录之内、新目录之外特种设备的使用登记证不再有效。登记机关应对现有在用特种设备档案和数据库逐步进行清理，将新目录之外的特种设备档案和数据单独存储，将失效的使用登记证以适当方式予以公告。自 2015 年开始，新目录之外的特种设备不再纳入特种设备统计范围	使用登记
22	(二)生产单位许可、检验检测机构核准、作业人员资质认定。已经受理、未完成证书签发的，行政许可实施机关应依法终止许可程序，并通知申请单位或申请人。许可程序终止后，涉及鉴定评审、考试收费的，鉴定评审机构、考试机构应与申请单位或申请人协商退回相关费用	生产单位/许可/检验检测机构/核准/作业人员/资质认定
23	(三)设计文件鉴定、监督检验、定期检验、型式试验。已经报检、未完成报告(证书)签发的，检验检测机构应征求生产单位、使用单位意见，由其决定是否继续开展相关工作。生产单位、使用单位需要继续开展相关工作的，检验检测机构应继续开展并出具委托检验报告，否则，检验检测机构应终止相关流程，涉及收费的，应与生产单位、使用单位协商退回相关费用。已经完成报告(证书)签发、未出具相应报告(证书)的，检验检测机构应继续出具相应报告(证书)，并告知生产单位、使用单位该设备不再纳入特种设备监管范围	设计文件鉴定/监督检验/定期检验/型式试验
24	(四)监督检查。已经出具特种设备安全监察指令书、未完成整改的，不再对整改情况进行监督检查，通知行政相对人该设备不再纳入特种设备监管范围，提醒其加强安全管理，存在安全隐患的，应向当地安委会或政府报告	监督检查

续表

章节条目	内容	主题词
25	(五)事故调查。新目录施行前发生的事故,各级质量技术监督部门正在进行调查处理的,应继续完成调查处理工作,纳入特种设备事故统计范围。新目录施行后,不再列入特中设备事故	事故调查
3	三、关于分类方式调整及类别、品种名称变化的特种设备 新目录对原目录中部分特种设备的分类方式进行了调整,部分类别、品种名称发生了变化,各级质量技术监督部门应对照新目录与原目录涉及分类方式调整及类别、品种名称变化的对应关系表(见附件)进行监管。检验检测机构核准项目按照特种设备的对应关系相应进行调整。新目录施行后,签发的许可(核准)证、作业人员证,按照新目录名称颁发。新目录施行前,生产单位、气瓶和移动式压力容器充装单位、检验检测机构以及作业人员已经取得的相应证书(报告)在有效期内继续有效,质检总局公布的鉴定评审机构的鉴定评审项目、范围继续有效。新目录施行前,已经办理使用登记的特种设备,原特种设备代码不变;新目录施行后,办理使用登记时,按照新目录的代码编制特种设备代码	分类/调整/类别/品种/变化/特种设备
4	四、其他有关问题	
41	(一)特种设备安全技术规范、规范性文件中规定的特种设备范围与新目录不一致的,以新目录为准	安全技术规范/规范性文件/新目录/不一致/为准
	(二)总局和各级质量技术监督部门依据《特种设备安全法》和新目录,陆续调整行政许可、检验检测、监督检查、事故调查处理等安全技术规范、规范性文件及相关规定,修改行政许可相关信息化系统	调整安全技术规范/规范性文件/规定/修改/相关信息化系统
附件	新目录与原目录涉及分类方式调整及类别、品种名称变化的对应关系表	附件/对应关系表

4 特种设备法规可视化表达

特种设备法规可视化表达是对法规的文本信息进行分析，抽取其特征，并以图形方式进行展示的方法，结合了自然语言处理、信息处理、可视化技术。特种设备法规的文本可视化表达，必须紧密结合特种设备领域现状，结合相应的任务和需求开展，针对特定的文档类别和分析需求研究特定的可视化方法。有的是仅仅需要通过文档关键词表达主题，有的需要说明一个专题的文件集合中各个文档之间的关系，还有的用于展示知识框架或是揭示演化规律——需求各不相同外，对象也不相同——有单个文档，有多个文档，还有时序文档。因此需要可视化表达的关键问题是图类型的选择、图的设计和图的布置方法。需要考虑到准确无误的承载文本的特征信息，选择最适宜的图形类型，而图的设计和图的布置方法则是使可视化表达更符合人类感知，实现人机界面的有机互动。

4.1 法规文件内容可视化

文本内容的可视化是以文本内容作为信息对象的可视化。文本内容可视化，是对文本进行分析，抽取其中的特征信息，并将这些信息，用图形的方式进行展示。图 2 是用 Mindmanager 软件，用树的方式对《特种设备安全法》进行可视化处理的结果。图 3 是对特种设备法第 42 条的主题表达处理结果。

4.2 多层次文件关系可视化表达

基于文本关系的可视化旨在表达文本的关系信息，包括文档之间的引用、承接、溯源等的层次性、相似性关系，这些关系信息通常具有不同的结构和含义，考查这些关系信息，能够发现其中的规律和异常。文件关系可视化需要一定的经验和专业背景，针对输入的法律法规条文，配合其相应的各种所需属性，进行分析。各种图布局和投影是常用的表达文本关系的方法，将各种条文，按多种维度进行关系运算预处理，以便能提供更准确、高效、快速的处理方式。图 4 为关键词目录在法律、法规、文件三个层面上的映射。从图中可以看出，对特种设备实施目录管理法律依据出现在《特种设备法》的第二条，目录的制订单位是国务院负责特种设备安全监督管理的部门，在法规方面的层级上是《特种设备监察条

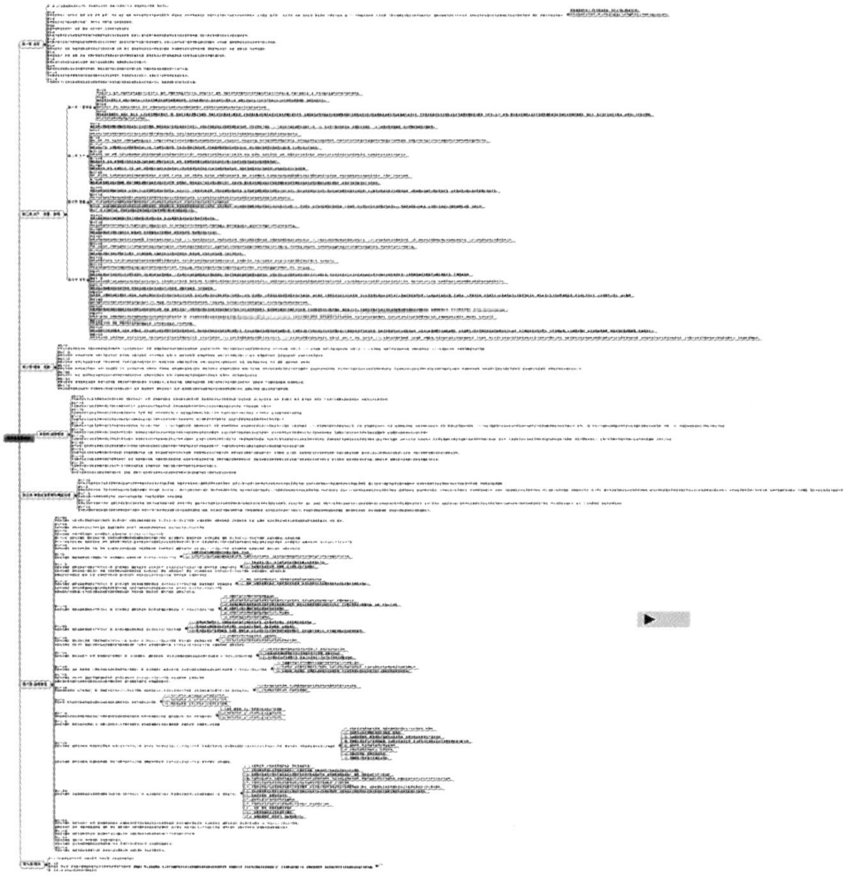

图2　树的方式对《特种设备安全法》进行可视化处理

项目	内容	
主键	特种设备	
关键词	特种设备、故障、异常、使用单位、全面检查、消除事故隐患，继续使用、检验检测机构	
描述规则	$M_{64.42.1}$=（对象、描述、行为、指标、相关性、备注）	
对象	使用单位、检验检测机构	
	特种设备出现故障或者发生异常情况，特种设备使用单位应当对其进行全面检查，消除事故隐患，方可继续使用。	
描述	文件名称	《中华人民共和国特种设备安全法》第四十二条
	时间指标	出现故障或者发生异常情况
	故障系统	故障或者发生异常情况
	行为	全面检查、消除事故隐患，继续使用
	案例	2015.05.10
关系库	**溯源** **引申**	
相关性	**A1．4．20** **A2．**包括本条中"特种设备"涉及的下位法条，也包括列出冲突条款，以后可能包括向上溯源。如与《行政许可法》的关系，行业管理和监察部门能否在使用单位的特种设备发生重大安全隐患时介入，比如电梯投诉举报多次、有严重安全隐患。	
备注	无	

图3　纸牌方式对《特种设备安全法》第42条可视化处理

例》中的第二条，相应的文件层级有两个：一个是《质检总局关于修订〈特种设备目录〉的公告》（2014年第114号），一个是《质检总局关于实施新修订的〈特种设备目录〉若干问题的意见》（国质检特〔2014〕679号），前者是其最近的一次修订文件，后者是特种设备目录修订后的国家特种设备安全监督部门对实施过程中的若干问题的一致性规定，层级上和效力上前者高于后者。

图5为标签云方式表达多层次中文件及关键词关系，以无损人员考核在法律、规章、规范和标准文件上的关系为例。无损人员考核在法律的依据在于《特种设备法》的第五十一条，规范的依据在于国家质量监督检验检疫总局《检验检测机构资质认定管理办法》（第163号），标准文件层级的具体规定在TSG Z 8001—2013《特种设备无损检测人员考核规则》，文中也列出了北京市的具体规定，即文件层级

的《北京市特种设备无损检测人员考核大纲》。

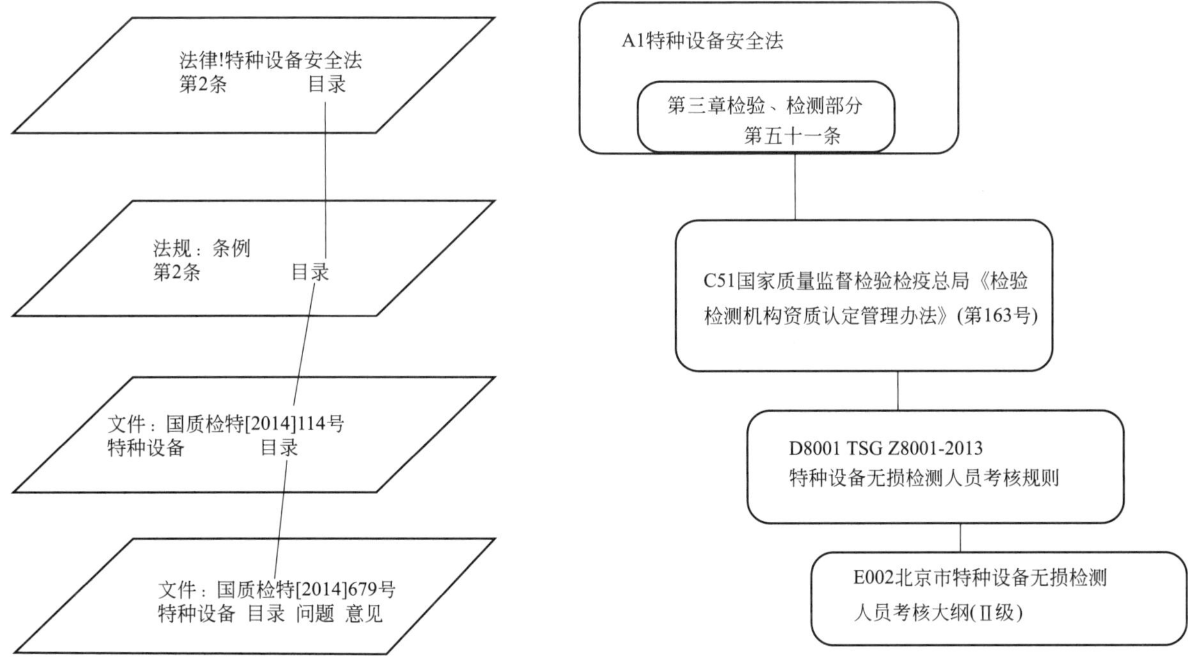

图 4　多层次中关系可视化

图 5　标签云方式表达多层次中文件及关键词关系

文本集合存在着多种层面的信息和上下文，如时间、地点等。这些信息通常具有不同的结构和含义，解读需要一定的经验和专业背景。用户分析文本时需要同时考查这些多层面信息，以便挖掘其中的规律和异常。为了辅助用户的分析任务，文本的可视表达如何有效的整合多层面的信息，是文本可视化的研究方向之一。

5　结束语

信息无处不在，在信息表达方面可视化的优势和效率是单纯文本表达所无法比拟的，所谓“一纸胜千言”，可视化使信息处理更为有效、快速。目前特种设备法规体系图谱可视化表达面临的困难在于没有现成的完整技术可以依托，同时现有知识架构的缺陷需要做好顶层设计，统一开发规则。现有法规数量多，时间跨度大，带来的异构体系及海量工作量，也是工程上需要解决的问题。

参考文献

［1］ 宋继红．特种设备法规体系建设研究［J］．中国特种设备安全，2016，(4)：19-23，76.

［2］ 陈悦，刘则渊．悄然兴起的科学知识图谱［J］．科学学研究，2005，(2)：149-154.

［3］ 秦长江，侯汉清．知识图谱——信息管理与知识管理的新领域［J］．大学图书馆学报，2009，(1)：30-37，96.

［4］ 焦李成，刘芳，缑水平．智能数据挖掘与知识发现［M］．西安：西安电子科技大学出版社，2006.

［5］ 饶克勤，王明亮．知识管理理论、方法与实践：知识管理与卫生循证决策［M］．北京：科学出版社，2010.

［6］ 阿肖克·贾夏帕拉．管理科学与工程经典译丛：知识管理·一种集成方法（第2版）［M］．北京：中国人民大学出版社，2013.

［7］ 张玲玲，石勇，朱正祥．智能知识管理：基本理论及其拓展［M］．北京：科学出版社，2015.

［8］ 刘知远，崔安颀．大数据智能 互联网时代的机器学习和自然语言处理技术［M］．北京：电子工业出版

社，2016.
[9] 徐戈，王厚峰．自然语言处理中主题模型的发展［J］．计算机学报，2011，(8)：1423-1436.
[10] 王灿辉，张敏，马少平．自然语言处理在信息检索中的应用综述［J］．中文信息学报，2007，(2)：35-45.
[11] 胡玉杰，李善平，郭鸣．基于本体的产品知识表达［J］．计算机辅助设计与图形学学报，2003，(12)：1531-1537.
[12] 鄢珞青．知识库的知识表达方式探讨［J］．情报杂志，2003，(4)：63-64.